Handbuch der Werkstoffprüfung

Zweite Auflage

Herausgegeben
unter besonderer Mitwirkung
der Staatlichen Materialprüfungsanstalten Deutschlands
der zuständigen Forschungsanstalten der Hochschulen
der Max-Planck-Gesellschaft und der Industrie

Von

Erich Siebel

Zweiter Band

Die Prüfung der metallischen Werkstoffe

Springer-Verlag
Berlin / Göttingen / Heidelberg
1955

Die Prüfung der metallischen Werkstoffe

Bearbeitet von

K. Bungardt, Krefeld · U. Dehlinger, Stuttgart · A. Eichinger Emmenbrücke · K. Fink, Düsseldorf · A. Fry, Frankfurt/Main W. Hengemühle, Dortmund · R. Kobitzsch, Heidenheim F. Körber † · A. Krisch, Düsseldorf · R. Kühnel, Minden N. Ludwig, Stuttgart · R. Mailänder, Wülfrath · H. Müller, Stuttgart · H. Nowotny, Wien · A. Pomp † · C. Rohrbach, Düsseldorf · F. Schwerd † · H. Sigwart, Darmstadt K. Wellinger, Stuttgart · F. Wever, Düsseldorf

Herausgegeben von

Professor Dr.-Ing. E. Siebel

Direktor der Staatlichen Materialprüfungsanstalt an der Technischen Hochschule Stuttgart

unter Mitwirkung von

Dipl.-Ing. N. Ludwig

Geschäftsführer des Fachnormenausschusses Materialprüfung im D. N. A.

Zweite verbesserte Auflage

Mit 960 Abbildungen

Neudruck 1959

Springer-Verlag

Berlin / Göttingen / Heidelberg

1955

ISBN 978-3-642-52822-4 ISBN 978-3-642-52821-7 (eBook)
DOI 10.1007/978-3-642-52821-7

Softcover reprint of the hardcover 2nd edition 1955

Vorwort.

Das Handbuch der Werkstoffprüfung umfaßte in der ersten Auflage 5 Bände, von denen Band I die Prüfmaschinen und Sondereinrichtungen sowie die Meßverfahren und -einrichtungen, Band II die Prüfung der metallischen Werkstoffe, Band III die Prüfung der nichtmetallischen Baustoffe, Band IV die Papier- und Zellstoffprüfung und der voraussichtlich erstmalig 1956 erscheinende Band V die Prüfung der Textilien behandeln.

Die erste Auflage hatte allgemeine Anerkennung gefunden. Nach dem Kriege entstand daher der Wunsch, dieses Standardwerk baldmöglichst in einer zweiten Auflage erscheinen zu lassen, welche die deutsche und ausländische Entwicklung auf dem Gebiete des Materialprüfungswesens in den Kriegs- und Nachkriegszeiten berücksichtigt. Die nach dem Kriege auftretenden Schwierigkeiten haben aber das Erscheinen der Neuauflage zunächst verzögert. In den letzten drei Jahren konnten die Vorarbeiten dann so gefördert werden, daß, nachdem schon der IV. Band erschienen ist, nunmehr die Herausgabe des II. Bandes erfolgen kann, dem in Kürze der I. Band und im Jahre 1956 der III. Band folgen werden.

Die bei der ersten Auflage gewählte Stoffgliederung hat sich bewährt, so daß sie, von kleineren Abänderungen abgesehen, auch bei der 2. Auflage beibehalten werden konnte. Der nunmehr erscheinende Band II des Handbuchs umfaßt dementsprechend wiederum die Prüfung der metallischen Werkstoffe, während der in Vorbereitung befindliche I. Band die Prüf- und Meßeinrichtungen umfassen wird. Die starke Tätigkeit auf dem Normungsgebiet, die nach dem Kriege einsetzte, und die sich insbesondere auch auf dem Gebiete der Prüfverfahren auswirkte, hat eine völlige Neubearbeitung der die Prüfverfahren betreffenden Abschnitte erforderlich gemacht. Im übrigen wurde im II. Band die Gliederung des Stoffes in Festigkeitsuntersuchungen bei zügiger, schlagartiger und schwingender Beanspruchung, bei hohen und tiefen Temperaturen, Härteprüfungen, Technologischen Prüfungen, Sonderprüfverfahren usw. beibehalten. Zwei neue Abschnitte über die Prüfung von Schweißungen sowie von Draht und Drahtseilen wurden aufgenommen.

Stuttgart, Juli 1955. **E. Siebel.**

Inhaltsverzeichnis.

Einleitung. Physikalische Grundlagen des metallischen Zustandes.

Von U. DEHLINGER, Stuttgart.

I. Festigkeitsprüfung bei ruhender Beanspruchung.

Von F. KÖRBER† und A. KRISCH, Düsseldorf.

II. Festigkeitsprüfung bei Schlagbeanspruchung.

III. Festigkeitsprüfung bei schwingender Beanspruchung.

Von H. Sigwart, Darmstadt.

Seite

IV. Festigkeit bei hohen und tiefen Temperaturen.

V. Härteprüfung.

Von W. HENGEMÜHLE, Dortmund.

VI. Technologische Prüfungen.

Von K. Wellinger, Stuttgart.

VII. Prüfung von Schweißungen.

Von N. Ludwig, Stuttgart.

VIII. Prüfung von Draht und Drahtseilen.

Von H. MÜLLER, Stuttgart.

IX. Prüfungen verschiedener Art.

XI. Festigkeitstheoretische Untersuchungen.

Von A. Eichinger, Emmenbrücke.

Einleitung.

Physikalische Grundlagen des metallischen Zustandes.

Von U. DEHLINGER, Stuttgart.

Durch die Arbeit der letzten 40 Jahre sind die Erkenntnisse vom Aufbau der Stoffe aus Atomen und Elektronen so gefestigt worden, daß der heutige Physiker ganz selbstverständlich atomistisch denkt. Auch bei der hier gestellten Aufgabe, dem Materialprüfer die grundsätzlichen physikalischen Ursachen der für ihn wichtigen Eigenschaften von Metallen und Legierungen zusammenfassend darzustellen, wird von der atomistischen Beschreibung als der anschaulichsten und umfassendsten auszugehen sein. Stellen wir uns aber vor, wir hätten ein Mikroskop, mit dem wir jedes einzelne der 10^{23} in einem Kubikzentimeter Eisen befindlichen Atome mit seiner Elektronenwolke sehen könnten, so würden wir zunächst die Dynamik der Zusammenhänge ebensowenig erkennen können wie ein Laie, der ohne Erklärung in das Innere einer komplizierten Maschine gestellt wird. Um Ursachen und Wirkungen sehen zu können, müssen wir an Hand verschiedener, ganz bestimmter Fragestellungen, die von der Physik und physikalischen Chemie zum Teil lange vor der Atomistik ausgearbeitet wurden, nach räumlichen und zeitlichen Regelmäßigkeiten in der Atomgruppierung suchen. Die für die Technologie der Metalle wichtigsten von diesen Fragen sind in Abschn. B, C und D erörtert, nachdem in A der durch die Röntgeninterferenzen fast unmittelbar sichtbar zu machende Kristallgitterbau beschrieben wurde.

Für die Materialprüfung werden diese verschiedenen Gesichtspunkte, unter welchen der Zustand der festen Körper anzusehen ist, deshalb wichtig sein, weil jeder von ihnen eine besondere Mannigfaltigkeit für den Werkstoff bedeutet, eine neue Variable, die unabhängig von den andern im Einzelfall verändert sein und dadurch zu ganz neuen Werkstoffeigenschaften führen kann[1].

A. Atome und Elektronen in den Kristallgittern der Metalle.

1. Das ideale Gitter.

Wenn wir eine Röntgeninterferenzaufnahme[2] nach LAUE, BRAGG oder DEBYE und SCHERRER von einem Metall machen, stellen wir damit folgende Frage: Mit welcher Genauigkeit sind die Atome in regelmäßig wiederkehrenden

[1] Die klassischen, für alles Folgende grundlegenden Methoden in den Lehrbüchern der Metallkunde: G. TAMMANN, 4. Aufl. Leipzig 1932. — P. GOERENS, 8. Aufl., Halle 1948. — F. SAUERWALD: Berlin 1929. — G. SACHS: Berlin 1935. — G. MASING: Berlin/Göttingen/Heidelberg 1950.

Die physikalische Theorie der Kristalle: F. SEITZ: Modern Theorie of Solids. New York u. London 1940 — Physics of Metals. New York 1943. — B. CHALMERS: Metal Physics. New York 1949.

[2] Methoden und Ergebnisse der Strukturbestimmung: R. GLOCKER: Materialprüfung mit Röntgenstrahlen, 3. Aufl., Berlin/Göttingen/Heidelberg 1949. — J. M. BIJVOET, N. H. KOLKMEIJER u. C. H. MCGILLAVRY: Röntgenanalyse von Kristallen. Berlin 1940.

Abständen angeordnet? Bekanntlich erhält man bei solchen Aufnahmen von Metallen und Legierungen im festen Zustand stets nahezu scharfe Punkte oder Linien; daraus folgt, wie sich mathematisch streng zeigen läßt, daß der größte Teil der Atome ein nahezu vollkommenes Raumgitter mit einer immer wiederkehrenden Gitterkonstanten bildet. Demgegenüber erhält man bei flüssigen und amorphen Stoffen unscharfe Interferenzen, welche auf einen nur geringen Grad von Regelmäßigkeit schließen lassen.

Die mathematische Auswertung der Röntgenaufnahmen ergibt dann die dem idealen Kristallgitter zukommenden Abstände und Winkel mit großer Genauigkeit; diese Größen sind als Mittel über die *in dem wirklichen*, mit dem idealen nur angenähert übereinstimmenden Kristallgitter mehr oder weniger schwankenden Werte aufzufassen. Die Röntgenaufnahmen geben auch Aufschluß über den Grad der Abweichung des Gitters von der mathematischen Vollkommenheit; dagegen erlauben sie nicht, Einzelheiten über die Art dieser Abweichungen auszusagen. Die dazu führenden Untersuchungsmethoden werden in den folgenden Kapiteln behandelt; hier sollen die idealen Gitterstrukturen der Elemente und Legierungen betrachtet werden.

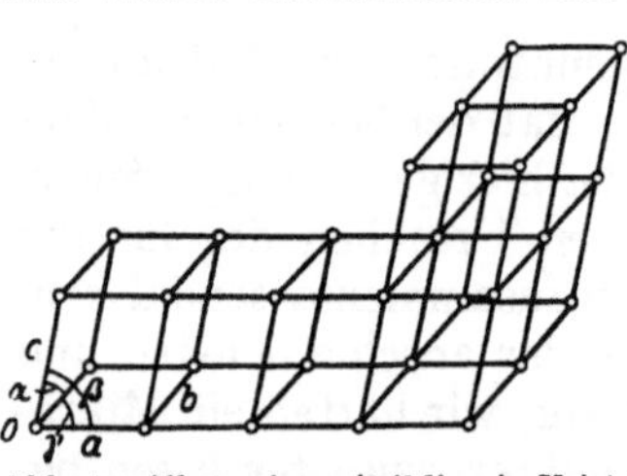

Abb. 1. Allgemeines (triklines) Kristallgitter mit einfacher Basis. Die Grundzelle hat die Kantenlängen a, b und c, die Kanten schließen die Winkel α, β und γ ein. a, b und c sind gleichzeitig die Längen der Grundtranslationen.

(Nach R. GLOCKER: Materialprüfung mit Röntgenstrahlen, 3. Aufl. Berlin/Göttingen/Heidelberg: Springer 1949.)

Man kann nach Abb. 1 das ideale Kristallgitter dadurch aufbauen, daß man eine nur wenige Atome umfassende „Grundzelle" immer wieder um die drei „Grundtranslationen" parallel mit sich verschiebt. Kennt man diese und ihre gegenseitigen Winkel, somit die Abmessungen der Grundzelle, außerdem die Koordinaten der in einer Grundzellen liegenden Atome (die sog. Basis des Gitters) so kennt man das ganze ideale Gitter. Daher wird in Tabellenwerken meist nur die Grundzelle und Basis zur Charakterisierung der Gitter angegeben. Es ist aber zu betonen, daß ein und dasselbe Gitter durch viele verschiedene Grundzellen beschrieben werden kann, von welchen im allgemeinen die mathematisch einfachste ausgewählt wird. Physikalisch bedeutungsvoller sind häufig andere Kenngrößen, z. B. die Koordinationszahl des Gitters (s. a. Abschn. A 2).

Die Grundzellen werden von der Kristallographie nach ihrer Symmetrie geordnet: Die höchste Symmetrie hat die kubische (würfelförmige) Grundzelle, dann kommt die tetragonale und hexagonale, sowie die rhomboedrische, schließlich die rhombische, die monokline und die trikline Form. Die Verteilung der Atome in der Grundzelle gehorcht erfahrungsgemäß der Grundzellensymmetrie, daher kann man das ganze Gitter als kubisch, tetragonal usw. bezeichnen. Es ist aber auch hier zu betonen, daß die Symmetrie meist kein sehr tiefes physikalisches und chemisches Kennzeichen des Gitters ist. Zum Beispiel kann in einem kubischen und einem tetragonalen Gitter die Koordination, d. h. die Art, wie die Atome von ihren Nachbaratomen umgeben sind, viel ähnlicher sein als in zwei kubischen, etwa einem flächenzentrierten und einem innenzentrierten Gitter.

2. Die Kristallgitter der wichtigsten Elemente.

Die wichtigsten metallischen Elemente kristallisieren in dem sog. flächenzentriert kubischen Gitter, dessen Grundzelle in Abb. 2a dargestellt ist. Sie ist dadurch gekennzeichnet, daß nicht nur (wie beim „einfach kubischen Gitter") in den Ecken, sondern auch in den Mitten der Seitenflächen der würfelförmigen Grundzelle Atome sich befinden. Man sieht leicht (wenn man nicht nur eine einzelne Grundzelle, sondern auch die anschließenden betrachtet), daß jedes Atom des Gitters 12 Nachbarn in gleichem Abstand hat; man nennt diese Zahl die Koordinationszahl. Weiter sieht man bei näherer Betrachtung (nämlich dadurch, daß man von den in einer die Würfelecken abschneidenden sog. Oktaederebene liegenden Atomen ausgeht), daß die Atome eine dichteste Kugelpackung bilden, d. h. dieselben Lagen einnehmen, welche die Mittelpunkte von aufeinandergeschichteten, untereinander gleichen Kugeln haben würden. Flächenzentriert kubische Gitter haben u. a. die Elemente Al, Cu, Ag, Au, Ni, Pd, Pt, Rh, Ir, Pb, sowie die Modifikationen γ von Fe, β von Co und Tl und α von Ca.

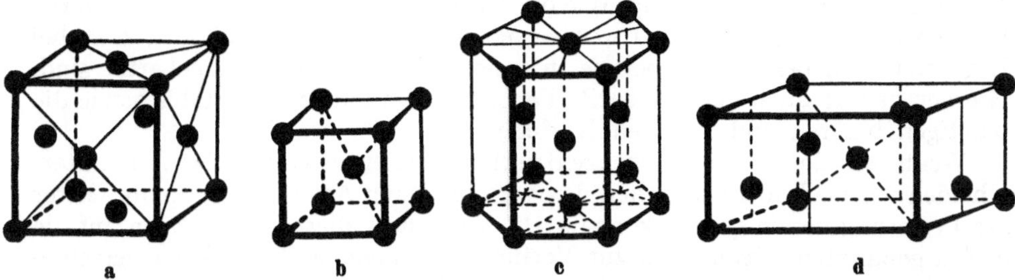

Abb. 2a—d. Gitterbau des kubisch flächenzentrierten Gitters (a), des kubisch raumzentrierten Gitters (b) der hexagonalen dichtesten Kugelpackung (c) und der Struktur des weißen Zinns (d). Im Fall a, b und d ist gerade eine Grundzelle gezeichnet, im Fall der hexagonalen Kugelpackung baut sich aber die wahre Grundzelle nicht auf dem ganzen Sechseck, sondern nur auf einem der 3 eingezeichneten Rhomben als Grundfläche auf. Wie man sieht, gehören die eingezeichneten Atome stets gleichzeitig zu mehreren benachbarten Grundzellen; auf eine Grundzelle fallen im flächenzentrierten Gitter 4, im innenzentrierten 2, in der hexagonalen Kugelpackung 2, in der Zinnstruktur 4 Atome.

(Aus Schmid u. W. Boas: Kristallplastizität. Berlin: Springer 1935.)

Die Struktur der hexagonalen dichtesten Kugelpackung hat trotz der verschiedenen Gesamtsymmetrie große innere Ähnlichkeit mit der vorhergehenden. Auch sie ist eine dichteste Kugelpackung mit der Koordinationszahl 12, und die geometrische Beziehung zwischen je zwei aufeinanderfolgenden Kugelschichten ist genau dieselbe wie dort; nur zwischen der ersten und dritten Schicht ist sie etwas anders. Hexagonale dichteste Kugelpackung haben Be, Mg, Ru, Os, Ti, Zr, Hf, sowie die α-Modifikation von Co und Tl, außerdem, aber in einer längs der hexagonalen Achse stark gestreckten Abart, Zn und Cd.

Die Grundzelle des innenzentriert (auch raumzentriert genannten) kubischen Gitters ist ein Würfel, an dessen Ecken und in dessen Mitte Atome liegen. Die Koordinationszahl ist demgemäß 8. Diese Struktur besitzen Cr, Mo, W, V, Nb, Ta, sowie die Alkalimetalle, außerdem das α-, β- und δ-Eisen. Für Lithium fand C. S. Barrett[1] bei Temperaturen unter $-19{,}6\,^\circ$C eine hexagonal dicht gepackte Modifikation.

Nur wenige Metalle besitzen kompliziertere Strukturen. Technisch am wichtigsten ist das Zinn, welches in seiner metallischen Form als weißes Zinn eine noch verhältnismäßig einfache tetragonale Struktur mit der Koordinationszahl 6 hat, während es als graues Zinn ebenso wie Si und Ge Diamantstruktur mit der Koordinationszahl 4 hat. Demgegenüber kristallisiert Mn, ebenso As, Sb, Bi wesentlich komplizierter.

Die letztgenannten Elemente werden technisch nicht in reinem Zustand, sondern nur als Legierungszusätze verwendet, weil sie — offenbar infolge

[1] Phys. Rev. Bd. 72 (1947) S. 245.

ihres komplizierten Gitters — außerordentlich spröde sind. Bei den hexagonalen und tetragonalen Metallen hat die bevorzugte Symmetrieachse aus geometrischen Gründen technologische Besonderheiten zur Folge, die in Abschn. C näher besprochen werden. Weitere Unterschiede in den physikalischen Eigenschaften[1], die ausschließlich auf die Gitterstruktur als solche und nicht auf die chemische Natur der eingebauten Atome oder auf Umwandlungen usw. zurückzuführen wären, haben sich für die drei erstgenannten einfacheren Gitter trotz mancher Versuche nicht finden lassen[2].

3. Die Gitter der technischen Legierungen.

Auch die Legierungen, soweit sie technisch verwandt werden, haben in den meisten Fällen kubisch innen- oder flächenzentrierte Gitter oder eine hexagonale dichteste Kugelpackung. Wie bei den Elementen sind die komplizierteren Gitter wesentlich spröder und werden daher nur in Ausnahmefällen, z. B. bei Lagermetallen, benützt, wobei sie in weichere Bestandteile eingebettet sind. Hierher gehört auch der Zementit (Fe_3C) als Bestandteil des Stahls sowie die sonstigen binären und ternären Karbide[3]

Wenn wir dabei von flächenzentriertem Gitter usw. sprechen, so unterscheiden wir noch nicht zwischen den verschiedenen Atomsorten, die im Gitter der Legierung vereinigt sein können. Die Verteilung dieser Atomsorten auf die in den genannten Gittertypen zur Verfügung stehenden Plätze kann verschiedenartig sein; die Röntgeninterferenzen im Verein mit Dichtemessungen gestatten aber meistens, die einzelnen Fälle zu unterscheiden. Verhältnismäßig selten, nämlich beschränkt auf die Legierungen, in welchen Kohlenstoff, Stickstoff oder Wasserstoff[4] in nicht zu großen Konzentrationen enthalten ist (z. B. Austenit), sind die sog. Einlagerungsmischkristalle. Bei ihnen befinden sich die Atome des Kohlenstoffs usw. eingesprengt in die Lücken eines vollbesetzten Metallgitters, das genau gleich oder nur wenig anders ist wie das des reinen Metalls. Soweit wir wissen, liegt in allen andern Fällen Substitution vor, bei welcher ein Teil der normalen Plätze der obengenannten Gittertypen durch die Atome der einen, der übrige Teil durch die der andern Sorte besetzt ist. Werden in jeder von den vielen Grundzellen des Gitters die gleichen Plätze von den Atomen einer Sorte besetzt, so spricht man von einer regelmäßigen Verteilung, andernfalls von einer statistisch ganz oder teilweise regellosen[5]. Die regelmäßige Verteilung macht sich u. a. durch zusätzliche Röntgenlinien bemerkbar, man spricht daher auch von Überstruktur und nennt die Linien Überstrukturlinien. Selbstverständlich ist eine streng regelmäßige Verteilung nur dann möglich, wenn die Legierung in bestimmten einfachen stöchiometrischen Verhältnissen zusammengesetzt ist; meist sind diese Verhältnisse 1 : 1 oder 1 : 3. So treten bei AuCu und $AuCu_3$ Überstrukturen innerhalb des flächenzentrierten, bei FeAl und Fe_3Al innerhalb des innenzentrierten Mischkristalls

---

[1] Übersicht über die physikalischen Eigenschaften der Metalle. W. BORELIUS: Handbuch der Metallphysik, Bd. I, 2. Leipzig 1935.

[2] Man kann also nicht etwa sagen, alle innenzentrierten Elemente seien härter als die flächenzentrierten oder neigen mehr zum Ferromagnetismus usw.

[3] Zusammenstellung der Strukturbestimmungen und genaue Darstellung der Gitter: Strukturberichte der Zeitschrift für Kristallographie. Leipzig 1931—1943. — Structure Reports for 1947—48, hrsg. von A. I. C. Wilson. Utrecht 1951.

[4] Das sind die Elemente, deren „Atomradius" wesentlich kleiner ist als der der Metalle. Auch Bor kann hierhergehören.

[5] Siehe das Sonderheft: Übergänge zwischen Ordnung und Unordnung in festen und flüssigen Phasen. Z. Elektrochem. Bd. 45 (1939) H. 1. — Außerdem CH. S. BARRETT: Metals and Alloys. Sept. 1937.

auf. Bei danebenliegenden Zusammensetzungen sind die Verteilungen dann nur teilweise regelmäßig. Es ist aber zu betonen, daß nicht immer bei solchen stöchiometrischen Zusammensetzungen, wo sie geometrisch möglich wäre, eine regelmäßige Verteilung vorhanden ist, auch nicht bei allen intermediären Phasen (intermetallischen Verbindungen [s. Abschn. B 2]), während ja bei klassischen chemischen Verbindungen die regelmäßige Verteilung selbstverständlich ist. Insbesondere bei höheren Temperaturen sind die Verteilungen vielfach ganz oder teilweise regellos. Und zwar nimmt die teilweise Regellosigkeit mit steigender Temperatur allmählich zu, um dann im allgemeinen bei einer bestimmten Temperatur nahezu vollständig regellos zu werden. Zwischen der teilweise und der vollständig regellosen Verteilung kann — muß aber nicht — im Gleichgewichtsschaubild ein zweiphasiges Gebiet aus beiden Zuständen liegen. Dies ist z. B. bei Fe-Ni-Al wichtig geworden[1]. Hier wie auch bei AuCu entstehen beim Übergang zu der mit der regelmäßigen Verteilung verknüpften kleineren Gittersymmetrie Zwischenzustände, die mechanisch und magnetisch besonders hart sind.

Wenn die chemischen Ordnungszahlen der verschiedenen, in einem Gitter regelmäßig verteilten Atomarten nahezu gleich sind, werden die Überstrukturlinien sehr schwach und meist nicht mehr feststellbar. Dann kann man die Anwesenheit einer regelmäßigen Verteilung nur indirekt erkennen, z. B. daran, daß der elektrische Widerstand des Mischkristalls, als Funktion der Konzentration aufgetragen, bei einer bestimmten Zusammensetzung ein Minimum hat, oder daran, daß der Widerstand einer von hohen Temperaturen abgeschreckten Probe wesentlich größer ist als der einer bei tieferen Temperaturen angelassenen Probe. Da häufig, z. B. bei Fe-Ni-Al und bei den HEUSLERschen Legierungen, der Ferromagnetismus an das Bestehen einer regelmäßigen Verteilung geknüpft ist, können auch ferromagnetische Vergleiche von abgeschreckten und von angelassenen Proben zum Nachweis einer regelmäßigen Verteilung dienen. Zu beachten ist, daß in verformtem Material die regelmäßigen Verteilungen häufig nicht mehr existenzfähig sind, also beim Verformen verschwinden, beim Rekristallisieren aber wiederkehren.

Durch die Regellosigkeit der Atomverteilung wird stets die Härte und der elektrische Widerstand des Gitters erhöht (während der Temperaturkoeffizient des Widerstands sinkt); wird die Verteilung regelmäßig, so sinken beide wieder, wenn auch nicht ganz bis auf die Werte der reinen Metalle.

So sind z. B. Zink und Kupfer im flächenzentriert kubischen Gitter des α-Messings regellos verteilt, und deshalb ist diese Legierung härter als das reine Kupfer. Bei höheren Zinkgehalten bildet sich entsprechend dem Zustandsdiagramm außerdem noch die intermediäre Phase β-Messing, welche ein innenzentriert kubisches Gitter mit einer unterhalb 460° C regelmäßigen Verteilung hat.

Will man für elektrische Leitungen ein Metall von möglichst kleinem Widerstand, so muß man entweder ein sehr reines Element ohne Zusatz oder aber einen Zusatz wählen, der nicht in das Gitter eintritt, sondern als zweite Phase bestehenbleibt.

4. Die Elektronen in den Metallen.

Bekanntlich hat jedes Atom im neutralen Zustand einen positiv geladenen Kern und so viele Elektronen, wie seine Ordnungszahl im Periodischen System der Elemente beträgt. Diese Elektronen sind zu Schalen zusammengefaßt, und

[1] BRADLEY, A. J., u. A. TAYLOR: Proc. roy. Soc., Lond. A. Bd. 166 (1938) S. 353. — G. BUMM u. H. G. MÜLLER: Wiss. Mitt. Siemenskonz. Bd. 17 (1938) S. 425.

jede Schale kann nur eine bestimmte Höchstzahl von Elektronen aufnehmen (PAULI-Prinzip). Eine Schale, die voll besetzt ist, hat keine chemische Valenz mehr; Atome mit vollen Schalen sind Edelgase. Die Metallatome besitzen in ihrer äußersten Schale eine ihrer Valenz entsprechende Anzahl von „Valenzelektronen". Bei den „Übergangsmetallen"[1] (vor allem Eisen- und Platinmetalle) ist auch die zweitäußerste Schale nicht voll besetzt und hat daher vor allem ein magnetisches Moment, das den Para- und Ferromagnetismus dieser Stoffe erzeugt[2].

Die Metallatome können ihre Valenzelektronen abgeben und so positive Ionen bilden. Andererseits können die Atome der Halogene, aber in manchen Fällen auch die des Wismuts, des Antimons und Arsens Elektronen aufnehmen und negative Ionen mit voll besetzter Schale bilden. Da sich die entgegengesetzt geladenen Ionen mit elektrostatischen Kräften anziehen, entstehen so die heteropolaren (salzartigen) Verbindungen, z. B. NaCl, Mg_3Bi_2, SnSb. In ihren Kristallgittern spielt die elektrostatische (COULOMBsche) Kraft die entscheidende Rolle, sie sucht die entgegengesetzt geladenen Ionen so nahe wie möglich zu bringen, die gleich geladenen so entfernt wie möglich zu halten. Daher kann die Koordinationszahl in solchen Gittern nicht größer als 8 sein (Cäsiumchlorid), vielfach ist sie auch 6 (Natriumchlorid).

Die homöopolare (Valenzstrich-) Bindung, wie sie in den Molekülen der organischen Chemie sowie im Diamantgitter, in den Silikaten usw. vorhanden ist, entsteht dadurch, daß sich Elektronenpaare mit „abgesättigtem Spin" aus je einem Valenzelektron der zu bindenden Atome ausbilden. Jedes Elektronenpaar entspricht einem Valenzstrich; in homöopolar gebundenen Gittern ist daher die Koordinationszahl gleich der Valenz, z. B. beim Diamant Vier.

Die Bindung im Gitter der metallischen Elemente und Verbindungen[3] ist eine quantentheoretisch zu verstehende Wirkung des „Elektronengases", das von den Valenzelektronen gebildet wird und der Träger der elektrischen und thermischen Leitfähigkeit, damit auch des optischen Glanzes, also aller für Metalle charakteristischen Eigenschaften ist. Da die Valenzelektronen in Form von Elektronenwellen (BLOCH-Wellen) von einem Atom zum anderen übergehen, sind sie nicht mehr den einzelnen Atomen zugeordnet, können daher in gewissem Sinn als Gas betrachtet werden, jedoch darf dabei die elektrostatische Anziehung zwischen ihnen und den positiv geladenen „Atomrümpfen" nicht vergessen werden. Die von ihr herrührende potentielle Energie ist um so größer, je näher die Atomrümpfe zusammengerückt sind; andererseits wird die kinetische Energie des Elektronengases mit abnehmendem Atomabstand kleiner.

So kommt es, daß bei einer ganz bestimmten Gitterkonstanten ein Minimum der Gesamtenergie vorhanden ist; dieser Wert stellt sich im mechanischen Gleichgewicht ein. Die Krümmung der Energieabstandsfunktion in der Nähe des Minimums bestimmt die Kompressibilität, sowie die Elastizitätsmoduln des Stoffs. Zahlenmäßige Berechnungen für einzelne Fälle liegen noch wenig vor; allgemein läßt sich sagen, daß die Kompressibilität um so kleiner ist, je mehr Valenzelektronen je Atom vorhanden sind. Zum Beispiel ist sie bei Na mit einem Valenzelektron $15{,}6 \cdot 10^{-6}\ \mathrm{cm^2/kg}$, bei Mg mit 2 solchen 2,95 und bei Al mit 3 Elektronen 1,34. Bei Cr, Mo, W mit 6 Valenzelektronen ist sie 0,61 bzw.

---

[1] Vgl. z. B. A. GRIMM: Handbuch der Physik, 2. Aufl., Bd. 24, 2. Berlin 1936.

[2] Dabei ist zu beachten, daß die im Dampf spektroskopisch gefundene Zahl von s-Elektronen beim Übergang zum festen Metall vielfach verkleinert wird (Elektronenrücktritt), vgl. U. DEHLINGER: Chemische Physik der Metalle und Legierungen. Leipzig 1939.

[3] FRÖHLICH, G.: Elektronentheorie der Metalle. Berlin 1936.

$0{,}36$ und $0{,}32 \cdot 10^{-6}$ cm²/kg; kleiner ist sie nur noch bei dem in der Nähe von W im Periodischen System stehenden Ir mit $0{,}27 \cdot 10^{-6}$ cm²/kg.

So bildet das Elektronengas den „Zement", der zwischen die Atomrümpfe als Gitterbausteine gefügt ist. Es sei noch bemerkt, daß dieses „Gas" als solches nur eine verschwindend kleine spezifische Wärme besitzt und daher die spezifische Wärme der Metalle je Mol nicht etwa größer ist als die der anderen festen Körper. Es ist das eine Folge des PAULI-Prinzips, aus dem hervorgeht, daß das Elektronengas auch am absoluten Nullpunkt der Temperatur eine beträchtliche innere Energie und einen merkbaren Druck besitzt, die sich dann mit zunehmender Temperatur erst oberhalb 10000° C merkbar ändern. Daher sind die Eigenschaften der Valenzelektronen weitgehend temperaturunabhängig, nicht jedoch die des Gitters der Atomrümpfe.

Nur in erster Näherung kann man annehmen, daß die bindenden Elektronen im Gitter wie die Atome in einem gewöhnlichen Gas eine ununterbrochene Folge von Energiestufen (Termen) einnehmen[1]. In Wirklichkeit besetzen sie einzelne „Energiebänder", die durch „verbotene" Energiestufen getrennt sind und die um so schmäler sind, je kleiner die kinetische Energie im Vergleich zur Energie der Anziehung zwischen Rumpf und Elektron ist. Infolge des PAULI-Prinzips hat jedes Band nur eine bestimmte Zahl von Plätzen, im einfachsten Fall $2N$, wo N die Zahl der Atome des Gitters ist und der Faktor 2 von den 2 Einstellungen des Spins herrührt. Ist ein Band mit Elektronen voll besetzt, so gibt es keinen Beitrag zur Leitfähigkeit. Kristalle, in denen alle Bänder ganz besetzt oder ganz leer sind, sind daher Isolatoren, Kristalle mit halbbesetzten Bändern besitzen metallische (d. h. mit der Temperatur abnehmende) Leitfähigkeit. Stoffe, in denen die besetzten Bänder durch die Temperaturbewegung oder durch Störatome aufgelockert werden können, sind Halbleiter.

Für das Verständnis der Gittertypen der Metalle wichtig ist die Feststellung, daß die metallische Bindung zunächst keine Absättigung ergibt. Das heißt, daß an einem Atom beliebig viele Nachbarn mit gleicher Festigkeit gebunden werden können, wenn sie nur Platz haben. Man sieht, daß eine solche Bindung bei Atomen von gleicher Größe immer zu dichtesten Kugelpackungen führt, wie sie nach Abschn. 3 in der Tat auch sehr häufig sind. Aus dem gleichen Grund[2] entstehen bei Legierung aus Atomen mit größerer Atomradiendifferenz die sog. Lavesphasen vom Typ $MgCu_2$ und $MgZn_2$.

Bei Legierungsbildung ändert sich der Zustand des Elektronengases und damit die Bindung meist stark; daher hängt die Fähigkeit zur Legierungsbildung wesentlich von dem Elektronenbau der Atome ab. Auch der Gitterbau der Legierungen wird vielfach durch den Valenzelektronenzustand bestimmt[3], z. B. rührt das innenzentrierte Gitter des β-Messings mit der ungefähren Zusammensetzung CuZn entsprechend der „HUME-ROTHERYschen Regel" davon her, daß im Durchschnitt 1,5 Valenzelektronen, also eine nichtganze Zahl, je Atom vorhanden sind. Dasselbe Gitter tritt dementsprechend auch auf bei AgZn, AuZn, CuBe, Cu_5Sn, Cu_3Al. Da Cu, Ag, Au je ein, Zn, Be je zwei, Al drei, Sn vier Valenzelektronen besitzen, ist hier überall das Valenzelektronenverhältnis 1,5 vorhanden. Ein komplizierteres kubisches Gitter, dessen Grundzelle 52 Atome enthält, tritt in der Nähe der Zusammensetzungen Cu_5Zn_8, Cu_5Cd_8, Cu_9Al_4, $Cu_{31}Sn_8$ auf, also wenn das Valenzelektronenverhältnis 21/31 vorhanden ist. Dieselbe Struktur (wenn auch oft nicht mehr ganz kubisch) zeigt sich auch bei

---

[1] MOTT, N. F., u. H. JONES: The Theory of the Properties of Metals and Alloys. Oxford 1936.

[2] DEHLINGER, U., u. G. E. R. SCHULZE: Z. Kristallogr. A 102 (1940) S. 377.

[3] Vgl. U. DEHLINGER: Chemische Physik der Metalle und Legierungen. Leipzig 1939.

Fe_5Zn_{21}, Co_5Zn_{21}, Ni_5Zn_{21}, Pt_5Zn_{21}, Pd_5Zn_{21}, was darauf hinweist, daß man in diesen Legierungen dem Fe, Co, Ni, Pd, Pt den Beitrag von null Valenzelektronen zuschreiben muß. Hier wie in anderen „intermetallischen Verbindungen" ist die metallische Bindung überlagert von anderen Bindungsarten, vor allem von heteropolaren Kräften. Das hat zur Folge, daß die Koordinationszahlen meist kleiner als 12 sind.

Es sei noch betont, daß zwar die spezifische Wärme, Leitfähigkeit, Elastizität, magnetische Sättigung usw. grundlegend durch die Einzelheiten im Zustand des Elektronengases bedingt sind, nicht aber die im folgenden besprochenen, für die strukturempfindlichen Eigenschaften (vgl. D 1) maßgebenden Begriffe, wie Umwandlungs- und Ausscheidungszustände, Gitterstörungen und innere Spannungen. Diese hängen im allgemeinen nur von den Gitterformen ab, und wenn man die Gittertypen und ihre Zustandsdiagramme als gegeben hinnimmt, so braucht man sich um die Elektronen nur noch selten zu kümmern.

B. Gleichgewichts- und Nichtgleichgewichtszustände.

1. Grundgesetze.

Ein Metallstück im festen Zustand scheint zunächst etwas sehr Unveränderliches zu sein, mit feineren experimentellen und theoretischen Untersuchungsmitteln sieht man aber, daß schon bei Zimmertemperatur, noch mehr aber bei höheren Temperaturen, einzelne wenige, an beliebigen Stellen befindliche Atome des Gitters ihre Plätze verlassen, wobei sie sie meist mit andern vertauschen. Man nennt dies häufig allgemeine Selbstdiffusion. Die theoretische Statistik im Verein mit der Erfahrung bei Diffusion[1] u. ä. zeigt, daß die Wahrscheinlichkeit dafür, daß bei der absoluten Temperatur T ein bestimmtes Atom innerhalb eines Tages seinen Platz verläßt, gleich

$$w = A\,\mathrm{e}^{-B/RT}$$

ist, wo R die universelle Gaskonstante von der Größe 2 Kalorien je Mol und B die Höhe der Energieschwelle ist, welche das Atom überwinden muß, um von seiner Bindung im Gitter freizukommen. Bei Platzaustauschvorgängen[1] liegt B erfahrungsgemäß zwischen 16000 und 40000 Kalorien je Mol, während A in der Größenordnung 10^{10} je Tag ist; wenn dagegen das Atom einen bis dahin freien Platz besetzen soll, liegt B zwischen 3000 und 20000 Kalorien je Mol[2]. Man nennt B auch Aktivierungswärme. An Stellen, wo der regelmäßige Bau des Gitters etwa infolge regelloser Verteilung verschiedener Atomarten oder vorhergegangener Verformung gestört ist, vor allem auch an den Korngrenzen, wird B wesentlich kleiner.

Es sind nun zwei Möglichkeiten streng zu unterscheiden. Entweder: Es gibt in der Zeiteinheit ebenso viele von den beschriebenen Atomsprüngen, die in einer bestimmten Richtung, wie solche, die in der entgegengesetzten gehen. Dann bleibt der „thermodynamische Zustand", der bestimmt ist durch Temperatur, Druck und Konzentration der einzelnen Bestandteile des Systems, bei dem aber über Ungleichmäßigkeiten in atomaren Dimensionen hinweggemittelt wird, im Laufe der Zeit unverändert. Man nennt dies „thermodynamisches Gleichgewicht", und die Thermodynamik sagt auf Grund ihres ersten und zweiten Hauptsatzes aus, daß jedes System, d. h. jede Mischung beliebiger Elemente, bei gegebener

[1] Vgl. W. Jost: Diffusion und Chemische Reaktion in festen Stoffen. Dresden u. Leipzig 1937.

[2] Zum Beispiel ergeben die Messungen bei der Diffusion von C in Fe einen Wert von 20100 cal/Mol. C. A. Wert: Phys. Rev. 79 (1950) S. 601.

Temperatur und gegebenem Druck einen bestimmten thermodynamischen Gleichgewichtszustand besitzt, während es bekanntlich viele verschiedene mechanische Gleichgewichtszustände geben kann. Über die Art der Gleichgewichtszustände kann die Thermodynamik zahlreiche einzelne Aussagen machen[1], vor allem die, daß ein System im Gleichgewicht entweder als Ganzes homogen ist oder aus einzelnen, in sich homogenen Bestandteilen, „Phasen", besteht; weiterhin die „Phasenregel", daß die Zahl dieser Phasen mit der Zahl der anwesenden Elemente in bestimmter Beziehung steht. Das „Zustandsdiagramm" eines Systems sagt dann aus, wie viele und welche Phasen bei gegebener Temperatur und gegebener Gesamtzusammensetzung im Gleichgewicht vorhanden sind; im festen Zustand entspricht jeder Phase ein besonderes Gitter.

Oder: Es kompensieren sich die Atomsprünge gegenseitig nicht, dann ändert das System im Laufe der Zeit seinen Zustand. Die Thermodynamik macht auch hierüber eine Aussage, nämlich daß die Änderung stets in der Richtung auf den Gleichgewichtszustand hin geht. Dagegen sagt sie über die Geschwindigkeit der Veränderung gar nichts aus; diese ist bestimmt durch die absolute Größe der verschiedenen mitwirkenden Wahrscheinlichkeiten, während die Thermodynamik nur deren Differenzen erfaßt. So kann es kommen, daß auch ein Nichtgleichgewichtssystem sich nur unmerklich langsam verändert und damit auch technisch als Werkstoff verwendet werden kann. In der Tat sind so gut wie alle technisch verwendeten Legierungen nicht ganz im thermodynamischen Gleichgewicht, einige von ihnen, z. B. die gehärteten Stähle, das ausgehärtete Duralumin, sogar sehr weit entfernt davon. Dann können geringe Temperaturveränderungen, Unterschiede in der Zusammensetzung oder auch Verformungen plötzlich die Geschwindigkeit der Änderung des Zustands und damit auch der physikalischen und technologischen Eigenschaften, die zunächst unmerkbar klein war, so stark erhöhen, daß das Material technisch unbrauchbar wird. Demgegenüber ändern Legierungen, die im Gleichgewicht sind, ihren Zustand im wesentlichen nur dann, wenn man in ein anderes Feld des Zustandsdiagramms kommt, wozu im allgemeinen die Temperatur- und Zusammensetzungsvariation groß sein muß. Der einfachste Fall eines solchen Übergangs vom Nichtgleichgewicht ins Gleichgewicht ist die gewöhnliche Diffusion[2], das ist der Ausgleich der zunächst an einzelnen Stellen angehäuften Konzentration der Bestandteile einer Mischung. Nach dem FICKschen Gesetz ist dabei der Diffusionsstrom je Zeiteinheit gleich der „Diffusionskonstanten" D mal dem Konzentrationsgefälle. D ergibt sich durch eine Summierung der Platzwechselwahrscheinlichkeiten (im Fall idealer Mischungen) zu

$$D = C\,\mathrm{e}^{-B/RT}.$$

Für die Korngrenzen ist C und B kleiner als für das Innere des Gitters. Daher geht bei tieferen Temperaturen die Diffusion vorzugsweise entlang der Korngrenzen, bei höheren durch das Innere der Körner.

2. Das Zustandsdiagramm.

Das Zustandsdiagramm zeichnet nur Gleichgewichtszustände auf; man erhält diese, wenn man eine durch Zusammenschmelzen oder Sintern hergestellte innige Mischung genügend lange bei Temperaturen glüht, bei welchen schon eine genügende Platzwechselgeschwindigkeit vorhanden ist. Oft, z. B. bei Fe-Ni mit

[1] Zum Beispiel W. SCHOTTKY, G. ULICH u. C. WAGNER: Thermodynamik. Berlin 1929.

[2] Vgl. W. SEITH: Diffusion in Metallen, 2. Aufl. Berlin/Göttingen/Heidelberg: Springer 1955. — W. SEITH: Chemie Bd. 56 (1943) S. 21.

10 bis 30% Ni unterhalb Zimmertemperatur, kann man einen auch nur angenäherten Gleichgewichtszustand nicht herstellen und kennt daher das Zustandsdiagramm in diesem Gebiet nicht. Wenn ausnahmsweise ein gleichgewichtsbildender Vorgang viel langsamer ist als alle anderen Vorgänge im System, wie es z. B. der Zerfall des Fe_3C in Fe und C ist, so ist der Nichtgleichgewichtszustand, der sich ohne Mitwirkung dieses Vorgangs einstellt, verhältnismäßig beständig und kann dann in einem sog. metastabilen Zustandsdiagramm beschrieben werden.

Die Phasenregel bildet das Rahmengesetz für die Zustandsdiagramme; ihre Einzelheiten müssen für jedes System empirisch festgelegt werden[1]. In letzter Zeit ist es aber gelungen, Regeln zu finden, nach welchen an Hand der Stellung im Periodischen System und der Gittertypen der Komponenten der grundsätzliche Charakter des Zustandsdiagramms vorausgesagt werden kann. So bilden z. B. nur Gitter von gleichem Gittertyp im festen Zustand lückenlos Mischkristalle miteinander und auch nur dann, wenn ihre Gitterkonstante nicht zu stark (etwa um mehr als 10%) verschieden ist und wenn die Komponenten nicht, wie z. B. Aluminium und Silber, im Periodischen System zu weit entfernt sind[2]. Sonst treten entweder zweiphasige Gebiete oder intermediäre Phasen (Verbindungen) mit ganz anderem Gitter auf. Auf die HUME-ROTHERYsche Regel, durch die die Ausbildung der intermediären Phasen in den bronzeartigen Legierungen bestimmt wird, wurde schon in Abschn. A 4 hingewiesen. Die nach dieser Regel entstehenden innenzentrierten Gitter bilden mit andern innenzentrierten vielfach lückenlose Mischkristalle, so z. B. NiAl, das hierhergehört, mit α-Eisen. Nach einer von WEVER aufgestellten Regel läßt sich auch überblicken, ob das α-Gebiet oder das γ-Gebiet des Eisens durch ein Zusatzelement vergrößert wird[3].

3. Zwischenzustände von Umwandlungen.

Nichtgleichgewichtszustände können wir außer durch beliebiges Mischen auch noch auf eine andere Weise herstellen: Wir stellen einen Gleichgewichtszustand her und bringen ihn durch schnelle Temperaturänderung, d. h. meist Abschrekken, über eine Grenze des Zustandsdiagramms hinweg in ein Temperaturgebiet, in dem er nicht mehr im Gleichgewicht ist. Dieser Nichtgleichgewichtszustand, den wir Anfangszustand nennen, unterscheidet sich von den durch beliebiges

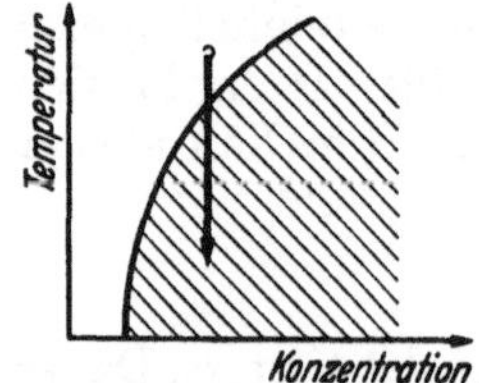

Abb. 3. Zustandsdiagramm eines aushärtungsfähigen Systems. Schraffiert das im Gleichgewicht zweiphasige Zustandsgebiet. Die dieses Gebiet begrenzende Kurve gibt an, welche Konzentrationen im Mischkristall bei den verschiedenen Temperaturen im Gleichgewicht maximal noch gelöst sein können. Ist die Konzentration im Mischkristall höher, so spricht man von Übersättigung. Die wesentliche Bedingung für die Aushärtbarkeit ist das Vorhandensein einer mit steigender Temperatur zunehmenden Löslichkeit; durch rasche Abkühlung entlang dem eingezeichneten Pfeil kann man dann einen übersättigten und daher ausscheidungsbereiten Mischkristall herstellen.

Mischen hergestellten Zuständen dadurch, daß seine einzelnen Phasen noch homogen sind. Wir können ihn durch einen über ein Grenzlinie hinwegführenden Pfeil im Zustandsdiagramm darstellen (s. Abb. 3). (Hierher gehört z. B. der technisch verwendete austenitische Zustand der Chrom-Nickelstähle mit der Markenbezeichnung V2A, der im Gleichgewicht zum Teil in Martensit übergehen müßte.) In ihren physikalischen Eigenschaften unterscheiden sich diese Zustände zunächst noch nicht von den Gleichgewichtszuständen, aber

---

[1] Zusammenstellung aller binären Diagramme: M. HANSEN: Der Aufbau der Zweistofflegierungen. Berlin 1936. — Allgemeines: R. VOGEL: Handbuch der Metallphysik. Bd. II. Leipzig 1937.

[2] DEHLINGER, U.: Chemische Physik der Metalle. Leipzig 1939.

[3] WEVER, F.: Mitt. K.-Wilh.-Inst. Eisenforschg. Bd. 13 (1931) S. 183.

sie gehen im Laufe der Zeit mehr oder weniger schnell in den nach dem Zustandsdiagramm bei der betreffenden Temperatur anzunehmenden Gleichgewichtszustand über, den wir dann auch Endzustand nennen. Die bei solchen Übergängen durchlaufenen Zwischenzustände haben häufig ganz andere physikalische und technologische Eigenschaften als die Anfangs- und Endzustände, insbesondere sind sie oft inhomogen und deshalb härter als diese. So kann man durch reine Wärmebehandlung ohne Verformen Legierungen härten. Die Erforschung dieser technisch sehr wichtigen Zwischenzustände ist also eine Frage der Reaktionskinetik[1].

Als eigentliche Umwandlungsvorgänge bezeichnen wir diejenigen Vorgänge, bei welchen ein einphasiger Anfangszustand in einen ebenfalls einphasigen Endzustand übergeht. Sie sind im allgemeinen nur bei reinen Elementen zu verwirklichen; sie gehen dann entweder sehr langsam, z. B. die Umwandlung des weißen in graues Zinn (Zinnpest), oder sehr schnell und vollständig, wie z. B die Umwandlung α-β-Kobalt (vgl. A 1), vor sich, so daß ihre Zwischenzustände technisch kaum gebraucht werden können.

Der wichtige Fall der Stahlhärtung ist dagegen etwas verwickelter; hier geht ein einphasiger Anfangszustand (Austenit) in einen zweiphasigen Endzustand (Perlit) über, jedoch wird dabei ein noch nahezu einphasiger Zwischenzustand (Martensit) durchlaufen, so daß der technisch wichtige Teil des Vorgangs sich nur wenig von einer eigentlichen Umwandlung unterscheidet.

Im Austenit besetzt das Eisen ein flächenzentriert kubisches Gitter, in dessen Lücken einzelne Kohlenstoffatome eingelagert sind. Der Martensit hat dagegen ein (noch schwach tetragonales) innenzentriertes Gitter und enthält ebenfalls noch den Kohlenstoff gelöst; erst bei weiterem Anlassen tritt dieser als Zementit Fe_3C aus. Wie die Umwandlung α-β-Kobalt geht auch der Übergang Austenit-Martensit sehr schnell vor sich; man bezeichnet derartige Umwandlungen nach E. SCHEIL als allotrope Umklappvorgänge. Nach röntgenographischen Orientierungsbestimmungen an Einkristallen[2] entsteht dabei die Gitteränderung dadurch, daß bestimmte kristallographische Ebenen mit den sie besetzenden Atomen in einer ganz bestimmten Richtung um ein ganz bestimmtes Stück aufeinander abgleiten, ähnlich wie die Karten eines Kartenspiels (Abb. 4), also das Gitter eine nach Richtung und Betrag bestimmte Scherung erfährt. Jedes dieser Atome muß dabei einen der in Abschn. 1 beschriebenen Sprünge ausführen; wie aber besondere dynamische Untersuchungen[3] gezeigt haben, geht diese Umwandlungsart deshalb so schnell vor sich, weil der Sprung eines Atoms einer Ebene zwangsläufig die aller anderen Atome derselben Ebene mit sich führt. Es ist also jetzt die Wahrscheinlichkeit dafür, daß ein Atom einen Sprung macht, nahezu gleich $N \cdot w$, wo N die Zahl der Atome der Netzebene ist und etwa

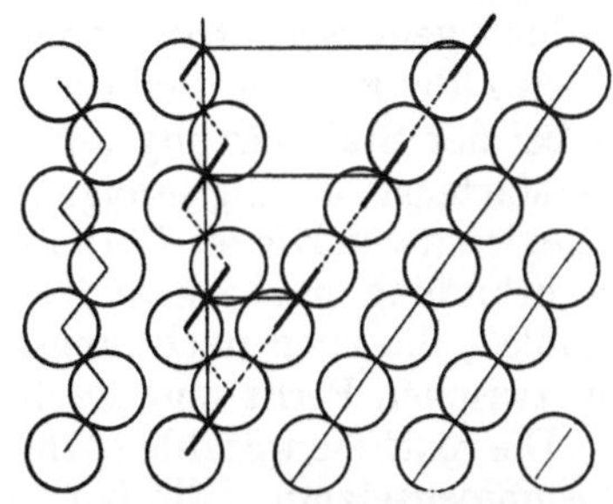

Abb. 4. Kristallographie der Umwandlung hexagonal-kubisch oder umgekehrt von Kobalt. Links ist die Anordnung der Atome entlang der hexagonalen Achse einer hexagonalen dichtesten Kugelpackung dargestellt. Beim Gleiten verschieben sich die Atompaare entlang der waagerechten Linien und kommen dadurch in eine Anordnung, die im flächenzentriert kubischen Gitter vorhanden ist. Die schrägen Atomreihen sind dann Flächendiagonalen dieses Gitter; die Ebene der Zeichnung ist die Rhombendodekaederebene (110) des kubischen Gitters, die Gleitebene steht senkrecht dazu, es ist eine Oktaederebene (111) dieses Gitters. [Nach G. WASSERMANN: Metallwirtsch. Bd. 11 (1932) S. 61.]

[1] Eingehende Darstellung bei U. DEHLINGER: Chemische Physik der Metalle. Leipzig 1939.

[2] Zuerst an Martensit ausgeführt von G. KURDUMOW u. G. SACHS: Z. Physik Bd. 64 (1939) S. 325.

[3] DEHLINGER, U.: Z. Physik Bd. 105 (1937) S. 21.

10^{15} sein kann. Daher gehen diese Umklappvorgänge bei gleicher Schwellenenergie fast N-mal schneller vor sich als die „Umwandlungen durch Einzelsprünge der Atome". Außerdem behindern sich bei den gemeinsamen Sprüngen der ganzen Ebenen die Atome gegenseitig weniger als bei den Einzelsprüngen. Daher sind die letzteren vorzugsweise an Grenzflächen des Gitters, Gitterstörungen, oder aber an die Grenze zwischen schon umgewandelten und noch nicht erfaßtem Gitter gebunden, wo schon Lücken vorhanden sind; man bezeichnet dies als Keimwirkung[1].

Ein experimenteller und theoretischer Vergleich zwischen dem Umklappen des kohlenstoffhaltigen Stahls[2] und dem reinen Eisen-Nickel[3] lehrt nun, daß der in die Lücken des Eisengitters eingelagerte Kohlenstoff die Richtung der Gleitung an einzelnen Stellen ablenkt. Dabei entstehen außergewöhnliche Gitterverzerrungen, welche zur Folge haben, daß der Kohlenstoffmartensit wesentlich härter ist als der reine Eisen-Nickel-Martensit, weiterhin, daß die Temperatur, bei welcher das Umklappen einsetzen kann, die sog. Martensittemperatur, um etwa 200° C unterhalb der Grenztemperatur im Zustandsdiagramm (Perlitpunkt) liegt, bei der nach der rein thermodynamischen Gleichgewichtsrechnung die Umwandlung einsetzen könnte (sog. Temperaturhysterese), schließlich, daß das Umklappen nicht vollständig vor sich geht, sondern immer noch Austenit übrigbleibt[4]. Erst bei sehr tiefen Temperaturen wird das thermodynamische Umwandlungsbestreben des Austenits (der freie Energieunterschied zwischen Austenit und Martensit) so groß, daß es alle Verzerrungen überwindet und auch den letzten Rest von Austenit in Martensit überführt.

In dem Temperaturgebiet zwischen Perlitpunkt und Martensittemperatur ist der Austenit nach dem Zustandsdiagramm ebenfalls nicht im Gleichgewicht und kann zwar nicht in Martensit, aber dafür unmittelbar in Perlit übergehen. Dieses Material kann dann selbstverständlich nicht mehr Martensit bilden. Die Perlitbildung geht wesentlich langsamer vor sich als der Umklappvorgang der Martensitbildung, außerdem führt er zu einem nicht so harten Zustand; daher wird er bei der Stahlhärtung durch das Abschrecken unterdrückt, während das für die Martensitbildung infolge ihrer großen Schnelligkeit nicht möglich ist. Durch Zulegieren von Nickel, Chrom usw. zum Kohlenstoffstahl wird diese unmittelbare Perlitbildung noch mehr verlangsamt; man erhält dann die „lufthärtenden Stähle", die auch nach langsamerem Abkühlen noch martensitisch sind[5] oder ein zwischen Perlit und Martensit liegendes Zwischengefüge (Bainit) enthalten.

Die rostfreien Stähle enthalten noch größere Mengen Nickel und Chrom. Ihre Zusammensetzung fällt bei Zimmertemperatur in das zweiphasige Gebiet des Zustandsdiagramms, in welchem Austenit und Martensit, d. h. flächen- und innenzentriertes Gitter, mit verschiedener Konzentration nebeneinander im Gleichgewicht sind. Kühlt man den aus der Schmelze gebildeten Austenit in dieses Gebiet hinein ab, so muß daher das Umklappen aus thermodynamischen Gründen mit einer Entmischung verbunden sein, die ein langsamer Vorgang ist und somit die Umwandlung im allgemeinen sehr stark abbremst. Daher sind die

---

[1] Zum Beispiel bei der Zinnumwandlung: G. TAMMANN u. K. L. DREYER: Z. anorg. allg. Chem. Bd. 109 (1931) S. 94.

[2] Siehe die zahlreichen Untersuchungen von WEVER, ENGEL, LANGE u. WASSERMANN in Mitt. K.-Wilh.-Inst. Eisenforschg. Düsseldorf.

[3] BUMM, H., u. U. DEHLINGER: Z. Metallkde. Bd. 199 (1931) S. 97.

[4] Vgl. J. H. HOLLOMON, L. D. JAFFE u. D. C. BUFFUM: J. appl. Physics Bd. 18 (1947) S. 780.

[5] Siehe die umfassende Darstellung bei E. HOUDREMONT: Handbuch der Sonderstahlkunde. Berlin: Springer 1943. 2. Aufl. in Vorbereitung. — F. RAPATZ u. R. DAEVES: Werkstoffhandbuch. Düsseldorf: Stahl u. Eisen 1937.

rostfreien Stähle im austenitischen Zustand zwar nicht im thermodynamischen Gleichgewicht, aber doch praktisch gut beständig. Es sei noch bemerkt, daß der Austenit unmagnetisch, der Martensit dagegen ferromagnetisch ist.

Auch die Invarstähle sind austenitisch; infolge ihres hohen Nickelgehaltes, der 36 bis 42% beträgt, sind sie aber wieder ferromagnetisch. Jedoch liegt der Curiepunkt tief, nämlich in der Nähe von 200° C. Ihre Invareigenschaft beruht darauf, daß bei der unterhalb des Curiepunktes mit steigender Temperatur allmählich eintretenden Abnahme der Sättigungsmagnetisierung sich stets das Volumen verkleinert; man kann zeigen[1], daß dieser Effekt bei Eisen mit flächenzentriertem Gitter besonders groß sein muß, so daß er die normale, bei allen Körpern nahezu gleiche Zunahme des Volumens mit steigender Temperatur, die von der Zunahme der Wärmeschwingungen herrührt, nahezu kompensiert.

Bei den zahlreichen, für magnetische Sonderzwecke gebrauchten Eisenlegierungen (Dauermagnetstähle, Permalloy usw.) kommt es auf den Betrag von Remanenz, Koerzitivkraft, magnetischer Hysterese und sonstige in der „technischen Magnetisierungskurve" enthaltenen Größen an. Im Gegensatz zur Sättigungsmagnetisierung sind diese aber ganz wesentlich abhängig von den inneren Spannungen, also von der Vorbehandlung des Stoffs. Vielfach spielen dabei allotrope Umwandlungen, aber auch die im folgenden zu besprechenden Aushärtungsvorgänge eine wichtige Rolle[2].

4. Aushärtungszustände.

Die Aushärtung des Duralumins usw. ist nach MERICA an die Zwischenzustände von Ausscheidungen geknüpft. Von Ausscheidungsvorgängen sprechen wir dann, wenn ein einphasiger Anfangszustand in einen zweiphasigen Endzustand übergeht, wobei aber das Gitter einer dieser beiden Phasen sich nur wenig von dem des Anfangszustandes, dem „Grundgitter", unterscheidet; das Zustandsdiagramm hat demnach die Form der Abb. 3. Die zweite entstehende Phase nennen wir auch das „neue Gitter".

Zweierlei atomistische Kräfte bewirken diese Ausscheidungen: Einmal die verbindungsbildenden Affinitäten, die zwar auch im verdünnten, regellos verteilten Mischkristall vorhanden sein können, aber dann am stärksten sich auswirken, wenn die Konfigurationen der intermetallischen Verbindungen erreicht sind. Zum andern das Bestreben nach regelmäßiger Verteilung der verschiedenen, sich durch den Atomradius unterscheidenden Atome des Mischkristalls, wobei das durch die Regellosigkeit aufgerauhte Gitter geglättet und die von der Aufrauhung herrührende „Fehlordnungsarbeit" abgegeben wird. Auch dazu ist aus geometrischen Gründen erforderlich, daß sich die verschiedenartigen Atome an verschiedenen Stellen anhäufen, also der zunächst homogene Mischkristall inhomogen wird. Bei hohen Temperaturen werden diese beiden Kräfte durch das mit der Temperaturbewegung verbundene Bestreben nach Regellosigkeit und Homogenität überwunden, bei tieferen Temperaturen aber können sie sich auswirken.

Langjährige technologische Untersuchungen[3], sowie Röntgenpräzisionsmessungen der allmählichen Änderung der Gitterkonstanten des Grundgitters bei der Ausscheidung[4] haben nun gezeigt, daß es — in Analogie zu den zwei oben be-

---

[1] DEHLINGER, U.: Z. Metallkde. Bd. 28 (1936) S. 194.

[2] Vgl. Probleme der technischen Magnetisierungskurve. Berlin 1938. — R. BECKER u. W. DÖRING: Ferromagnetismus. Berlin 1939.

[3] Von FRAENKEL, SCHEUER, K. W. MEISSNER, GAYLER, PRESTRON, DAHL.

[4] Von E. SCHMID, WASSERMANN, SACHS, v. GÖLER, HENGSTENBERG, MARK, STENZEL u. WEERTS; vgl. U. DEHLINGER: Z. Metallkde. Bd. 29 (1931) S. 401.

schriebenen verschiedenen Arten des Übergangs Austenit-Perlit — drei verschiedene Arten der Ausscheidung gibt, die sich häufig überlagern, in besonderen Fällen und bei besonderer Vorbehandlung aber auch einzeln auftreten können.

Die erste Art ist bei der sog. Kaltaushärtung des Duralumins und ähnlicher Legierungen (Aushärtung beim Lagern in Zimmertemperatur und bis etwa 100° C) allein vorhanden. Bei ihr ändert sich die Gitterkonstante des Grundgitters nicht, d. h. die gelösten Atome haben das Grundgitter noch nicht verlassen, die Kaltaushärtung ist allein auf Umordnungen der Atome innerhalb des Gitters zurückzuführen. Dabei nimmt die Härte zunächst zu und bleibt dann konstant, ebenso wächst der Widerstand zunächst, fällt dann aber häufig wieder ab.

Zahlreiche „Tauchversuche" haben ergeben, daß der Kaltaushärtungszustand sehr schnell wieder in den Anfangszustand zurückgeht (Rückbildung), wenn man ihn über eine bestimmte, noch weit unterhalb der Grenzlinie des Zustandsdiagramms liegende Temperatur (bei Duralumin etwa 150° C) erhitzt[1].

GUINIER und PRESTON[2] fanden an Einkristallen aus Al-Cu und Al-Ag während der Aushärtung neue, verwaschene Überstrukturinterferenzen (vgl. Abschn. A 3), die zeigen, daß bei Al-Cu Ansammlungen von Cu-Atomen in Formen dünner, kristallographisch orientierter Platten sich bilden, während bei Al-Ag die Ag-Atome in Form kleiner Kugeln angehäuft werden. Diese Bildung von „Komplexen" an beliebigen Stellen des Gitters ist thermodynamisch eine „negative Diffusion", d. h. der umgekehrte Vorgang wie die normale Diffusion (Abschn. B 1). Thermodynamisch läßt sich zeigen, daß die letztere und damit die Rückbildung der Komplexe im Innern des Gitters schon bei Temperaturen einsetzen muß, die beträchtlich unterhalb der Grenztemperatur im Zustandsdiagramm liegen.

Die Warmaushärtung unterscheidet sich von der Kaltaushärtung dadurch, daß jetzt die Gitterkonstante des Grundgitters sich im Laufe der Zeit ändert; die Warmaushärtung beruht also auf einer wirklichen Ausscheidung, während der Kaltaushärtungszustand (wenn er rein vorliegt) nach den bisherigen Erfahrungen auch nach sehr langer Zeit nicht in den Gleichgewichtszustand, den eine wirkliche Ausscheidung darstellen würde, übergeht. Dem entspricht die auf Grund zahlreicher anderer Erfahrungen gewonnene Auffassung, daß die wirkliche Ausscheidung überhaupt nicht im Innern des Gitters vor sich gehen kann, sondern an die Korngrenzen oder die in Abschn. C zu besprechenden, im Innern der Körner liegenden Mosaikblockgrenzen gebunden ist, wo sich die erforderlichen Keime eines ganz neuen Gitters aus räumlichen Gründen leichter bilden können. Diese Keime sind gegenüber dem Grundgitter kristallographisch orientiert. Ihre Bildung erfordert eine gewisse „Latenzzeit", während der die Ausscheidung noch nicht vor sich geht. Die Komplexe der Kaltaushärtung bilden sich ohne eine solche Verzögerung[3].

Die Mosaikblöcke sind so klein, daß sie vom Mikroskop nicht mehr aufgelöst werden. Wenn sich daher das neue Gitter an den Grenzen dieser Blöcke im Grundgitter bildet, so werden die Abmessungen seiner Teilchen ebenfalls von sehr

---

[1] Zur Feststellung des Abhärtungsgrades wurden dabei außer Messungen der Brinellhärte solche des elektrischen Widerstands, der Thermokraft [A. DURER u. W. KÖSTER: Z. Metallkde. Bd. 30 (1938) S. 306 u. 311], magnetische Größen [s. H. AUER: Z. Metallkde. Bd. 30 (1938) S. 48] sowie der Wärmetönung [N. SWINDELLS u. C. SYKES: Proc. roy. Soc. Lond. A Bd. 168 (1938) S. 158] benutzt. — W. KÖSTER u. a.: Z. Metallkde. Bd. 43 (1952) S. 193 u. 202.

[2] Vgl. H. JAGODZINSKI u. F. LAVES: Z. Metallkde. Bd. 40 (1949) S. 296. — A. GUINIER: Z. Metallkde. Bd. 43 (1952) S. 217.

[3] Besonders deutlich ergab sich dies bei Messungen der Thermokraft und elektrischen Leitfähigkeit von Al-Ag durch W. KÖSTER u. H. STEINERT: Z. Metallkde. 1951.

kleiner Größenordnung sein müssen. So wird sich bei der wirklichen Ausscheidung zunächst ein hochdisperses, mikroskopisch nicht auflösbares Gemenge aus den beiden Phasen des Endzustands bilden. In der Tat entspricht das der Erfahrung: Oft ist von der durch Röntgenpräzisionsmessungen festgestellten wirklichen Ausscheidung mikroskopisch zunächst gar nichts zu sehen, in anderen Fällen bemerkt man ein allgemeines Dunklerwerden des Schliffs, dem dann auch eine stärkere Korrodierbarkeit des Zustands entspricht. Erst nach längerem Glühen ballen sich die hochdispersen Teilchen zu größeren, mikroskopisch sichtbar werdenden rundlichen oder plattenförmigen Gebilden zusammen (Koagulation)[1]. Die feine Verteilung hat ähnliche Härtungseffekte wie bei der Kaltaushärtung zur Folge, bei der Koagulation gehen sie wieder zurück. Es ist aber bemerkenswert, daß bei der Kaltaushärtung des Duralumins der Härte- und Festigkeitsanstieg von einer gringeren Dehnungsabnahme begleitet ist als bei der Warmaushärtung desselben Werkstoffs[2]; die erstere ist also hier technologisch unter Umständen wertvoller.

Im einzelnen können bei der wirklichen Ausscheidung selbst wieder zwei Arten des Ablaufs unterschieden werden. Bei der einen Art, der sog. „mikroskopisch homogenen wirklichen Ausscheidung", geht der Vorgang an allen Mosaikgrenzen mit ungefähr[3] gleicher Geschwindigkeit vor sich. Bei der „mikroskopisch inhomogenen" dagegen beginnt die Ausscheidung an den Korngrenzen und geht weiterhin infolge einer Autokatalyse nur an denjenigen Mosaikgrenzen vonstatten, die an der Grenze des Gebiets liegen, in welchem die (hochdisperse) Ausscheidung schon beendet ist. Dieses Gebiet schreitet also im Laufe der Zeit von den Korngrenzen aus ins Innere der Körner hinein fort; man hat also im Präparat nebeneinander zwei Arten von Gebieten, im einen liegt schon das fertige hochdisperse (gelegentlich auch schon etwas koagulierte) Gemenge vor, im andern, das allmählich aufgezehrt wird, hat man noch den unveränderten Anfangszustand. Da das Gemenge chemisch wesentlich unedler ist als der unzerteilte Anfangszustand, bilden sich bei Korrosionsangriff oder Ätzen zwischen den beiden Gebieten Lokalelemente, wobei das Gemenge wesentlich stärker angegriffen wird und dann schwarz erscheint. Wir beobachten also bei dieser Ausscheidungsart im Mikroskop von Korngrenzen aus fortschreitende „schwarze Zonen". Ihr Auftreten ist ein Zeichen dafür, daß das Material in einem besonders korrosionsempfindlichen Zustand ist, der meist durch Herstellen der Koagulation beseitigt wird. Bei Temperaturerhöhung wird die inhomogene vor der homogenen Ausscheidung bevorzugt. Durch kleine Zusätze wird die Aushärtungsgeschwindigkeit oft stark verändert, z. B. wird die Ausscheidung von Cu aus Al, auf der die Aushärtung des Duralumins beruht, durch das stets beigefügte Mg beschleunigt.

Durch eine Verformung des abgeschreckten Zustands wird die wirkliche Ausscheidung stark vorangetrieben, so daß dann z. B. bei Duralumin auch im ursprünglichen Kaltaushärtungsgebiet eine wirkliche Ausscheidung an den stärkst verformten Stellen beobachtet werden kann. Besonders merkwürdig ist, daß der Einfluß einer Verformung auch nach Rekristallisieren noch zu bemerken ist, offenbar weil die Mosaikblöcke immer noch kleiner sind als im niemals verformten Gußzustand.

[1] Die ersten Stadien der wirklichen Ausscheidung zeigen bei Al-Cu und in anderen Fällen eine metastabile besondere Gitterform, die erst später in das Al_2Cu-Gitter übergeht.

[2] Stenzel, W., u. J. Weerts: Metallwirtsch. Bd. 12 (1933) S. 353. — P. Brenner: Z. Metallkde. Bd. 30 (1938) S. 269.

[3] Mit magnetischen Untersuchungsverfahren konnte W. Gerlach: Z. Metallkde. Bd. 28 (1936) S. 80, gewisse Ungleichmäßigkeiten feststellen.

C. Einkristalle und Vielkristalle.

1. Allgemeines über metallische Einkristalle.

Unter Kristall stellt man sich zunächst einen von ebenen Flächen und scharfen Kanten begrenzten Körper vor; in dieser Form treten die Metalle nur selten auf. Die Kristallographie nennt einen homogenen festen Körper dann einen Kristall, wenn er anisotrop ist[1], d. h. wenn seine physikalischen Eigenschaften von der Richtung abhängen, unter der sie gemessen werden, und man weiß, daß in diesem Fall die Atome ein regelmäßiges Raumgitter bilden. Die Form der äußeren Begrenzungsflächen ist dabei unwesentlich. So erkennt man auch metallische Kristalle (Einkristalle) nicht an der äußeren Begrenzungsform, die meist vom Tiegel stammt, in dem sie erstarrt sind, sondern etwa daran (Abb. 5), daß nach dem Ätzen die einzelnen Stellen der zylindrischen Oberfläche das auffallende Licht verschieden stark reflektieren, so daß parallel zur Zylinderachse helle und dunkle Streifen auftreten, die ganz dem helleren oder dunkleren Aussehen der verschiedenen Kristallite eines vielkristallinen Schliffbildes entsprechen.

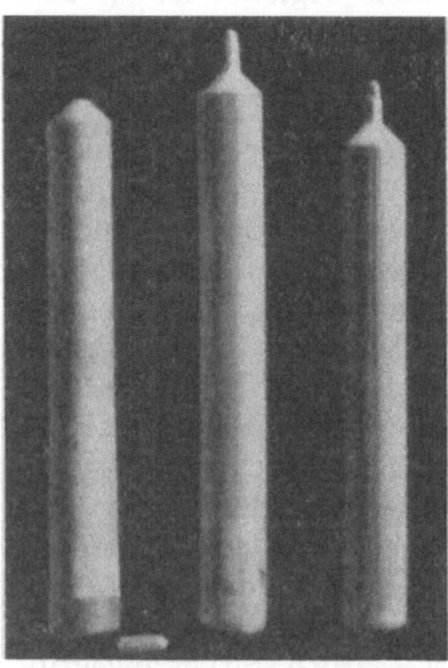

Abb. 5. Durch Erstarrenlassen im Tiegel hergestellte stabförmige Einkristalle aus Silber. An den beiden rechtsstehenden Kristallen sind an der Spitze die Ansatzstellen der Keimkristalle zusehen, die beim Schmelzen in den Tiegel eingebracht waren und die ihre kristallographische Orientierung auf den ganzen Kristall übertragen haben.
[Nach L. Graf: Z. Physik Bd. 67 (1931) S. 388.]

Um eine Metallschmelze in Form eines Einkristalls erstarren zu lassen[2], muß man gerade das Gegenteil von dem tun, was der Gießer zu tun gewohnt ist, wenn er einen möglichst feinkörnigen Guß haben will. Man muß nämlich erstens die Schmelze möglichst hoch erhitzen, um die erfahrungsgemäß in ihr vorhandenen Keime des festen Zustands zu zerstören, und man muß zweitens dafür sorgen, daß während der Erstarrung nur an einer einzigen Stelle die Erstarrungstemperatur herrscht; dazu man muß die Schmelze möglichst ruhig lassen, also im Tiegel erstarren lassen und die Wärme so abführen, daß das Temperaturgefälle gleichmäßig wird.

Außer diesen „Schmelzflußkristallen" kann (Carpenter, Elam und Czochralski[3]) man auch „Rekristallisationskristalle" herstellen. Dazu wird ein möglichst gleichmäßiges und feinkörniges Ausgangsmaterial um einige Prozente gedehnt und dann bei hoher Temperatur stundenlang ausgeglüht; entsprechend dem Rekristallisationsschaubild entstehen so sehr große Körner, die oft das ganze Stück umfassen. In Blechen kann man nach Dahl auf eine ganz andere Art sehr große Rekristallisationskristalle herstellen: Man glüht das stark gewalzte Blech wenige Grade unterhalb des Schmelzpunktes.

Man trifft immer noch die Meinung, die Einkristalle zeichnen sich vor den Vielkristallen allgemein durch eine größere Reinheit oder durch ein ideales Gitter (s. Abschn. A 1) aus. Das erstere wird widerlegt durch die Tatsache, daß aus

[1] Auf die Fälle anisotroper Flüssigkeiten sowie anisotroper und daher z. B. doppelbrechender inhomogener Körper und Gemenge sei nur hingewiesen.
[2] Vgl. Schmid/Boas: Kristallplastizität. Berlin 1935.
[3] Siehe J. Czochralski: Moderne Metallkunde. Berlin 1925.

allen möglichen Mischkristallen (z. B. auch Austenit) Einkristalle hergestellt werden konnten, weiter, daß es Einkristalle mit schichtförmig zwischengelagertem Eutektikum gibt, das ohne weiteres umwachsen wurde. Auch die zweite Behauptung ist durch den mikroskopischen Befund, durch Röntgenintensitätsmessungen der Mosaikstruktur (s. Abschn. C 4) sowie durch Festigkeitsmessungen widerlegt. Danach ist auch das Gitter eines Einkristalls genauso wie das jedes Korns eines Vielkristalls in einzelne Blöcke aufgeteilt und noch mehr oder weniger verzerrt. Bei Schmelzflußkristallen sind die Blöcke größer (d. h. die Mosaikstruktur ist weniger stark) als bei Rekristallisationskristallen, bei welchen sich noch die vorhergegangene Verformung geltend macht.

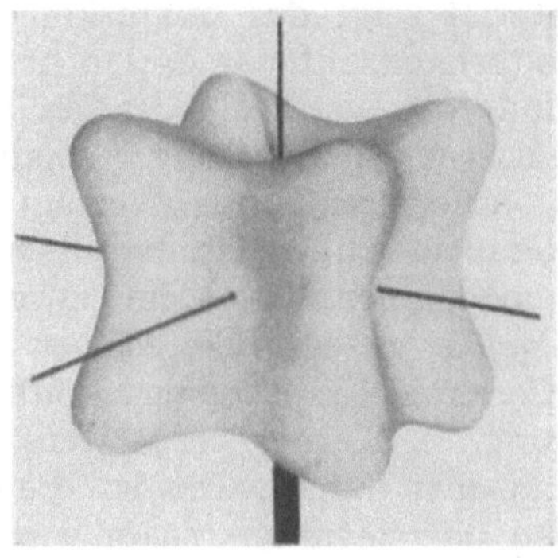

E-Modul Au

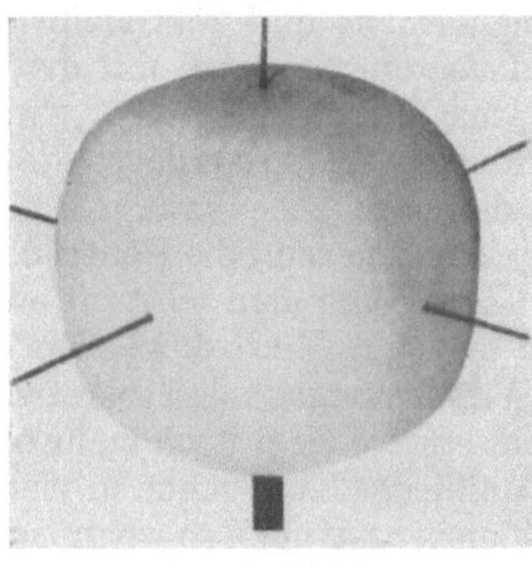

E-Modul Al

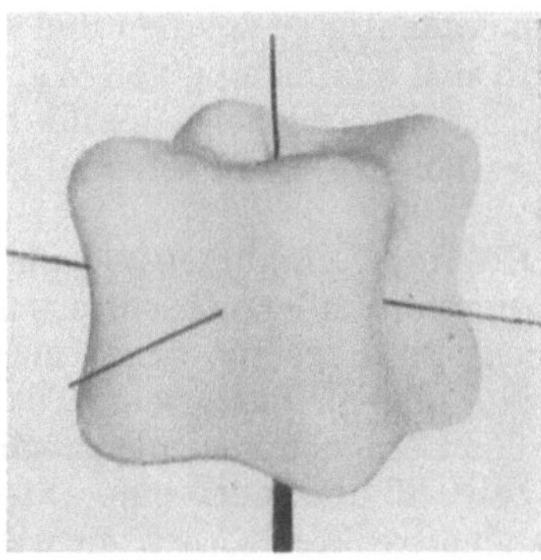

E-Modul Fe

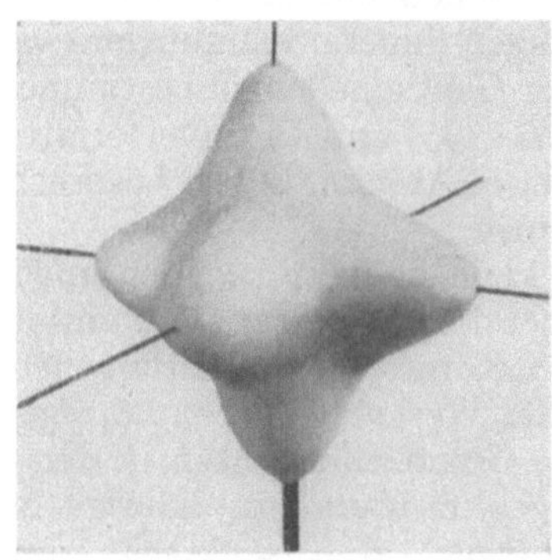

G-Modul Fe

Abb. 6. Abhängigkeit des *E*- bzw. *G*-Moduls in Einkristallen von der kristallographischen Richtung. Die Stäbe geben die Richtung der kubischen Achsen an. Wie man sieht, verhält sich Al im Gegensatz zu Au und Fe nahezu isotrop, d. h., der *E*-Modul ist in allen Richtungen nahezu gleich groß.

Ein Einkristall ist also nichts anderes als ein kristalliner Körper, in dem alle Grundzellen nahezu parallel sind und der keine Korngrenzen aufweist. Er kann somit dazu dienen, diejenigen Eigenschaften, die richtungsabhängig sind und deshalb beim vielkristallinen Körper nur über viele Richtungen gemittelt zutage treten, im einzelnen zu studieren.

So zeigt[1] Abb. 6 anschaulich die Abhängigkeit des Elastizitätsmoduls von der kristallographischen Richtung für Eisen und Aluminium nach Messung von Goens und Schmid, sowie Rühl. Diese Formen hängen ganz von den in

[1] Nach E. Schmid u. W. Boas: Kristallplastizität. Berlin 1935.

Abschn. A 4 beschriebenen Elektronenbindungskräften ab, sind aber im einzelnen noch nicht theoretisch berechenbar.

Etwas weniger kompliziert ist diese „Anisotropie" für den elektrischen und thermischen Widerstand, die thermische Ausdehnung, die Thermokraft und die magnetische Suszeptibilität. Wie die Theorie zeigt, ist hier der Abb. 6 entsprechende Körper für hexagonale, rhomboedrische und tetragonale Kristalle stets ein Rotationsellipsoid, für kubische Kristalle stets eine Kugel; die letzteren sind also in bezug auf die genannten Eigenschaften isotrop.

2. Der vielkristalline Werkstoff.

Bei gegossenem und rekristallisiertem Material zeigt das mikroskopische Schliffbild übereinstimmend mit der Röntgeninterferenzaufnahme, daß nebeneinander verschiedene „Körner" vorhanden sind, von welchen jedes ein Einkristall mit eigener „kristallographischer Orientierung", d. h. mit besonderer Richtung der Grundzellenkanten, ist. Bei stark verformten Stoffen versagt das Mikroskop, dagegen zeigt die Röntgenaufnahme, daß auch hier dasselbe gilt, wenn auch die Körner, die man jetzt oft auch Gleitlamellen nennt, so klein geworden sind, daß sie vom Mikroskop nicht mehr aufgelöst werden. Bei kleinen und mittleren Verformungsgraden (bis etwa 40%) differieren Mikroskop und Röntgenbefund; das erstere zeigt noch mehr oder weniger große Körner, der letztere sagt aber aus, daß jedes Korn schon in viele kleine Lamellen aufgespalten ist, die sich in ihrer Orientierung noch so wenig unterscheiden, daß sie im Mikroskop wie eine zusammenhängende Einkristalloberfläche erscheinen. Durch Verfeinerung der Aufnahmemethode ist es gelungen[1], an gewalztem Material die von der Kleinheit der Teilchen herrührende Verbreiterung der Röntgenlinien von der durch Gitterverzerrungen (innere Spannungen) verursachten eindeutig zu trennen und so die Größe der Gleitlamellen zu bestimmen. Sie ergab sich unabhängig von Walzgrad zu etwa $6 \cdot 10^{-6}$ cm. In unverformtem Material ist die Teilchengröße (d. h. die Länge der in Abschn. C 4 zu besprechenden Mosaikblöcke) etwa zehnmal größer anzunehmen.

Man kann — hauptsächlich mit Hilfe von Röntgenaufnahmen — eine Statistik über die nach einer bestimmten Behandlung vorhandene Orientierung der einzelnen Körner bzw. Gleitlamellen aufnehmen; ihr Ergebnis nennt man die Textur des Werkstoffs[2]. Feinkörniger Guß hat im allgemeinen „keine Textur", d. h., die Grundzellenkanten in den einzelnen Körnern nehmen alle möglichen Richtungen im Raum ein; häufig[3] findet sich bei Guß aber auch eine „Stengelkristallisation", d. h. senkrecht zur Wand langgestreckte Körner, in welchen nach der Röntgenaufnahme stets eine bestimmte kristallographische Richtung, meist eine Kante der würfelförmigen Grundzelle, nahezu senkrecht zur Wand steht. In kaltverformtem Material bemerkt man nach Verformungsgraden von über 30% eine zunehmende „Verformungstextur", deren Einzelheiten von der Verformungsart, wie Walzen, Ziehen durch Düsen, aber auch von der Stichzahl und vom Zwischenglühen sowie von kleinen Beimengungen abhängen. So ist bei den meisten flächenzentrierten Metallen in einem durch Düsen gezogenen Draht in allen Körnern die Raumdiagonale der Grundzelle nahezu, d. h. bis auf eine Abweichung von 5 bis 10°, parallel zur Drahtachse (Fasertextur); in Eisen ist es statt dessen die Flächendiagonale. Meist finden sich daneben noch Körner, in

[1] KOCHENDÖRFER, A., u. U. DEHLINGER: Z. Metallkde. Bd. 31 (1939) S. 231; Z. Kristallogr. (A) Bd. 105 (1944) S. 393.

[2] WASSERMANN, G.: Texturen metallischer Werkstoffe. Berlin 1940.

[3] Siehe SCHEIL, E.: Z. Metallkde. Bd. 29 (1934) S. 404.

welchen statt dessen die Würfelkante parallel zur Drahtachse ist. Bei gewalzten Eisenblechen liegt eine Würfelkante parallel zur Walzebene und gleichzeitig eine Flächendiagonale parallel zur Walzrichtung; bei der „Walztextur" ist also, im Unterschied von der Fasertextur, die Orientierung der Körner vollständig festgelegt, selbstverständlich abgesehen von den auch hier vorhandenen Schwankungen. Es ist zu beachten, daß die Verformungstexturen in der Nähe der Oberfläche häufig etwas anders sind als im Innern, was auf die bei den technischen Formgebungsverfahren auftretenden zusätzlichen Schiebungen in die Nähe der Oberfläche zurückzuführen ist. Beim Rekristallisieren verschwindet die Verformungstextur meist nicht; wir erhalten eine „Rekristallisationstextur"; sie ist in der Mehrzahl der Fälle identisch mit der vorhergegangenen Verformungstextur, kann aber auch von dieser verschieden sein. Bei gewalztem Kupfer, ebenso auch bei hochprozentigen Eisen-Nickel-Legierungen, ist nach Köster und Glocker die Rekristallisationstextur eine „Würfellage" und wesentlich einfacher als die Walztextur; es ist nämlich in allen Körnern je eine Würfelkante parallel zur Walzrichtung und zur Walzebene. Dabei ist die Schwankung klein, so daß diese Bleche fast dieselbe Anisotropie wie ein Einkristall besitzen, was z. B. beim Tiefziehen technisch ungünstig, für ferromagnetische Verwendung oft günstig ist[1].

Zwischen den Körnern befindet sich die „Korngrenzensubstanz", deren Verhalten für die technologischen Eigenschaften des Werkstoffs oft ebenso wichtig ist wie das der Körner selbst. Bei manchen Legierungen scheidet sich beim Erstarren entsprechend dem Zustandsdiagramm zuletzt eine zweite Phase in kleiner Menge ab: sie lagert sich in den Korngrenzen ein, und in diesen Fällen hat die Korngrenzensubstanz eine andere chemische Zusammensetzung wie die Körner. So kann man z. B. bei nicht ganz reinem Eisen in Korngrenzen das Auftreten von Zementit (Fe_3C) mikroskopisch nachweisen. Gelegentlich sammeln sich auch unbeabsichtigte Verunreinigungen in dieser Weise an den Korngrenzen an.

Vielfach wird sich aber die Korngrenzensubstanz chemisch nicht merklich von dem Material der Körner unterscheiden. Es gelingt dann mit keinem Ätzmittel, eine echte „Korngrenzenätzung", d. h. eine Differenzierung der Korngrenzen gegen die Körner und nicht nur der Kornfelder untereinander, herbeizuführen. Dagegen unterscheidet sich der physikalische Zustand der Korngrenzen immer stark von dem Innern der Körner. Da hier zwei verschiedene Kristallgitter aneinanderstoßen, sind die Atome der Grenze in viel weniger regelmäßiger Weise von ihren Nachbarn umgeben als die des Innern. Daraus folgt dann, daß sie in Richtung der Grenze wesentlich leichter beweglich sind als die Atome des Innern, d. h., die in Abschn. B 1 erwähnte Schwellenenergie ist für Sprünge parallel zur Grenze wesentlich kleiner als im Innern. Man kann auch sagen, die Korngrenzensubstanz ist nahezu eine zweidimensionale Flüssigkeit. Dem entspricht der experimentelle Befund, daß die Diffusionsgeschwindigkeit, die proportional ist der Größe w in Abschn. B 1, in den Korngrenzen um viele Größenordnungen größer ist als im Innern der Körner. Dagegen darf man nicht annehmen, daß diese Beschaffenheit der Korngrenzen nun auch eine leichte Verschieblichkeit der ganzen Körner parallel mit den Korngrenzen bedinge; die Korngrenzen sind ja keine glatten Ebenen, sondern greifen mit Zacken und Vertiefungen in die Körner ein[2].

Ein besonderer, technisch oft wichtiger Fall ist noch zu besprechen: Wurde in einem übersättigten Mischkristall die in Abschn. B 4 beschriebene, von den Korngrenzen ausgehende mikroskopisch inhomogene Ausscheidung eingeleitet,

[1] Vgl. G. Wassermann: Z. Metallkde. Bd. 30 (1938) S. 53.

[2] Ein atomistisches Modell des Korngrenzenzustandes: W. T. Read u. W. Shockley: Phys. Rev. 78 (1950) S. 275.

so hat das Material in der Umgebung der Korngrenzen zwar noch die gleiche chemische Gesamtzusammensetzung wie das Innere der Körner, aber da in ihm die hochdisperse Verteilung der zwei neugebildeten Phasen besteht, ist sein physikalischer Zustand ganz anders geworden. Vor allem ist es chemisch wesentlich unedler geworden, so daß wir beim Ätzen wie auch bei der technischen Korrosion wieder eine Korngrenzenätzung erhalten, die sich von dem Fall des Gleichgewichtszustands nur dadurch unterscheidet, daß die schwarzen Korngrenzen ungewöhnlich breit sind oder im Lauf weiteren Glühens breiter werden. So erhält man z. B. bei Duralumin im abgeschreckten und im kalt ausgehärteten Zustand noch keine Korngrenzenätzung[1], sondern erst nach kurzzeitigem Anlassen auf Temperaturen oberhalb 100° C. Auch die Koagulation geht meist in der Nähe der Korngrenzen bevorzugt vonstatten, daher sieht man im länger angelassenen Zustand häufig in der Nähe der Korngrenzen Anhäufungen der rundlichen Teilchen der neuen Phase.

Die von der kristallographischen Orientierung abhängigen Eigenschaften der vielkristallinen Werkstoffe ergeben sich durch eine geeignete Mittelung aus den in Abschn. C 1, Abb. 6, beschriebenen Körpern der Einkristalle, bei welcher selbstverständlich eine etwaige spezielle Textur sowie das Verhalten der Korngrenzensubstanz beachtet werden muß. Da man das letztere theoretisch noch nicht im einzelnen erfassen konnte, wurde z. B. bei den Elastizitätskonstanten empirisch untersucht, welches von den in Frage kommenden Mittelungsverfahren die beim Vielkristall gemessenen Werte am besten wiedergibt; es zeigte sich nach E. Schmid, Huber und Boas[2], daß eine einfache Mittelung der Moduln selbst hierzu genügt, allerdings nur in erster Näherung.

3. Die plastische Verformung.

Die Anisotropie des plastischen Verhaltens der Metalle ist zunächst sehr kompliziert, läßt sich aber mit Hilfe anschaulicher kristallographischer Vorstellungen gut erklären.

Zunächst ist der Unterschied zwischen elastischer und plastischer Formänderung festzusetzen. Äußerlich besteht er darin, daß die erstere beim Wegnehmen der Last wieder zurückgeht, während die letztere bleibt. Die Röntgeninterferenzen zeigen, daß die elastische Formänderung letzten Endes eine Formänderung der Grundzelle des Gitters ist[3], also die Gitterkonstante ändert und somit unmittelbar die zwischen den Atomen bestehenden Kräfte beansprucht. Demgegenüber ändert sich bei der plastischen Verformung die Gitterkonstante

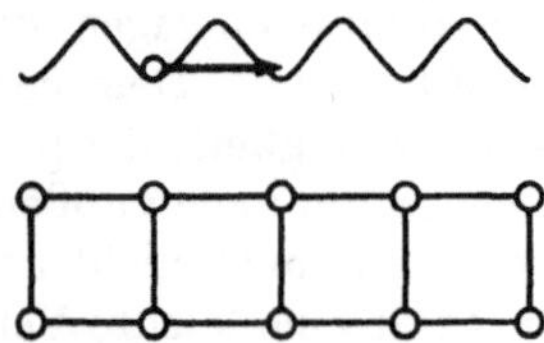

Abb. 7. Die Sinuslinie deutet das periodische Potential an, welches von den Atomen des unten liegenden Gitterteils auf ein darüberliegendes Atom ausgeübt wird. Soll ein solches Atom entlang dem Pfeil von einer Potentialmulde zur nächsten bewegt werden, so ist dazu eine durch die Amplitude der Sinuslinie bestimmte Schwellenenergie erforderlich.

oder Grundzelle nicht[4], sondern es verschieben sich größere Gitterteile gegeneinander so lange, bis die Atome in ein neues Minimum des nach Abb. 7 im

[1] Lay, H.: Z. Metallkde. Bd. 28 (1936) S. 376.

[2] Vgl. E. Schmid: Z. Metallkde. Bd. 30 (1938) S. 5.

[3] Bei der röntgenographischen Messung elastischer Spannungen wird dies unmittelbar benutzt, s. Bd. I Abschn. VIII. Demgegenüber gibt es kein allgemeines Verfahren, um stattgefundene plastische Verformungen lokal nachzuweisen.

[4] Die während der plastischen Verformung vorhandenen elastischen Spannungen gehen größtenteils wieder zurück.

Gitter periodischen Potentials gelangt sind, also wieder ohne äußere Kraft im mechanischen Gleichgewicht sind.

Wird ein zylindrischer Stab aus einem vielkristallinen Werkstoff in der Zugmaschine plastisch gedehnt, so schnürt er sich zunächst selbstverständlich allseitig gleichmäßig ein. Dagegen nimmt ein Einkristall elliptischen Querschnitt an, und die Abmessungen dieser Ellipse sind ganz unmittelbar durch die Anisotropie, d. h. durch die kristallographische Orientierung des Kristalls in bezug auf die Zugrichtung, bedingt. Die Röntgenuntersuchung sowie in einzelnen Fällen die Beobachtung der äußerlich auftretenden Streifung (Gleitlinien, slip bands) hat bewiesen, daß dies auf eine kristallographisch gesetzmäßige Verschiebung von Gitterteilen nach Abb. 8 zurückzuführen ist[1]. Es gleiten also ganz bestimmte Ebenen des Gitters, die sog. Gleitebenen, in ganz bestimmten Richtungen, den Gleitrichtungen, aufeinander ab. Bei dem in Abb. 8 zugrunde gelegten hexagonalen Kristall ist die Gleitebene eine sog. hexagonale Basisebene, d. h. die untere Begrenzungsebene der hexagonalen Grundzelle in Abb. 2c; die Gleitrichtung ist parallel einer Kante der Grundzelle. Diese „Translation" ist ganz ähnlich wie die in Abschn. B 3 beschriebene Gleitung bei allotropen Umklappvorgängen. In der Tat sind auch die Gleitebenen häufig in beiden Fällen dieselben; jedoch besteht der Unterschied, daß bei der allotropen Gleitung jede einzelne Ebene auf ihrer Nachbarebene gleiten muß, während bei der Translation der Betrag der Abgleitung für die einzelnen Ebenen verschieden groß, auch Null sein kann. So ist auch durch eine bestimmte Translation eine beliebig große Formänderung ausführbar.

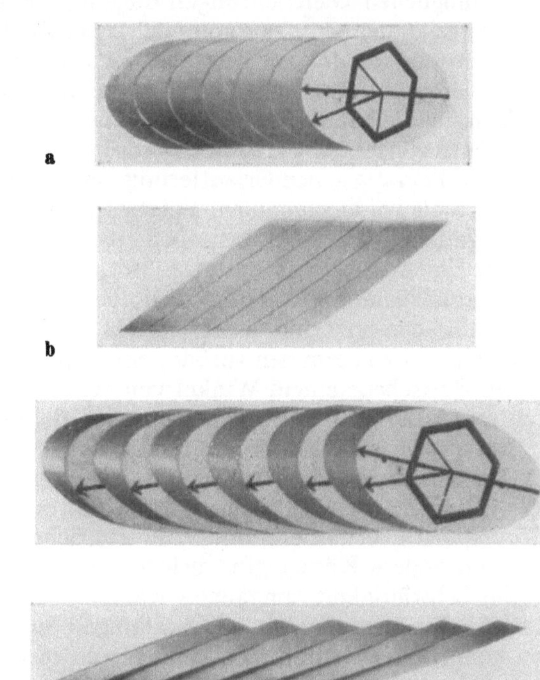

Abb. 8a—d. Schematische Darstellung des Gleitvorgangs für einen hexagonalen Kristall. — a u. b Ausgangszustand mit eingezeichneter hexagonaler Basisebene als Gleitebene. Der lange Pfeil stellt die Richtung der Ellipsenhauptachse dar, der kurze Pfeil die Gleitrichtung, längs der die Ellipsen aufeinander gleiten. — c u. d Endzustand der Dehnung.
(Aus SCHMID/BOAS: Kristallplastizität. Berlin: Springer 1935.)

Belastet man gleich vorbehandelte Einkristalle verschiedener kristallographischer Orientierung mit dem gleichen Längszug, so bemerkt man, daß sie bei ganz verschiedener Belastung zu fließen beginnen. Nach E. SCHMID läßt sich dies in einfacher Weise deuten: Die Translation beginnt nämlich stets erst dann, wenn die in die oben erwähnte Gleitrichtung fallende Schubspannungskomponente einen ganz bestimmten, von den sonstigen Spannungskomponenten weithin unabhängigen Wert erreicht hat, den man auch die kritische Schubspannung nennt. Dieser Wert nimmt im Laufe des Abgleitens zu, es tritt also Ver-

[1] Siehe E. SCHMID u. W. BOAS: Kristallplastizität. Berlin 1935. — C. F. ELAM: Distortion of metal crystals. Oxford 1935.

festigung ein; außerdem ist er um so höher, je größer die Verformungsgeschwindigkeit ist.

In einem Metallkristall gibt es stets verschiedene Gleitrichtungen. So sind nach Abb. 8c im hexagonalen Gitter innerhalb der Basisebene drei aus Symmetriegründen gleichberechtigte Gleitrichtungen vorhanden; dagegen gibt es hier nur eine Gleitebene. Demgegenüber sind im kubischen Gitter stets mehrere Gleitebenen aus Symmetriegründen gleichberechtigt; die Auswahlmöglichkeit ist dort also größer. Bei einer bestimmten Beanspruchung wird nun von den verschiedenen möglichen Gleitrichtungen diejenige betätigt, welcher die größte Schubspannungskomponente zukommt, also bei Zugbeanspruchung diejenige, welche der Richtung von 45° zur Zugrichtung am nächsten kommt. Auch die nichtbetätigten Gleitrichtungen werden beim Fließen verfestigt (latente Verfestigung)[1].

Man sieht leicht, daß infolge der größeren Zahl von möglichen Gleitrichtungen, die nahezu gleichmäßig im Raum verteilt sind, die Variation des Fließbeginns mit der kristallographischen Orientierung bei kubischen Kristallen wesentlich kleiner sein wird als bei hexagonalen. Bei diesen kann sie aber außerordentlich deutlich ins Auge fallen; liegt die Basisebene nahezu senkrecht zur Zugrichtung, so wird die zur Einleitung der Translation nötige Zugspannung so groß, daß inzwischen die Normalspannung auf die Basisebene über die „kritische Reißspannung" hinausgewachsen ist und der Kristall in der Basisebene reißt. Dieser Kristall verhält sich also vollkommen spröde; ein anderer aus genau dem gleichen Material, dessen Basisebene einem Winkel von etwa 45° mit der Zugrichtung bildet, läßt sich schon bei sehr kleinen Belastungen dehnen.

Bei einem vielkristallinen grobkörnigen Werkstoff mit hexagonalem Gitter, wie Mg, Zn, Cd, macht sich diese Orientierungsabhängigkeit der Plastizität ebenfalls geltend; schon bei kleinen Kaltverformungen treten in einzelnen Körnern, die ungünstig orientiert sind, zur Zugrichtung nahezu senkrechte Risse auf, während andere Körner gut verformbar sind. Bei Magnesium kann diese technische Schwierigkeit umgangen werden; es zeigte sich nämlich, daß oberhalb etwa 210° C mehrere neue, gleichmäßiger verteilte Fließrichtungen[2] sich betätigen können. Oberhalb dieser Temperatur verhält sich also Magnesium plastisch fast wie ein kubisches Metall.

Wie man aus Abb. 8 leicht sieht, müssen sich bei Zugbeanspruchung im Laufe der Translation die Gleitlamellen so drehen, daß die Gleitrichtung allmählich in die Zugrichtung fällt (Biegegleitung). Dadurch kommt vor allem bei kubischen Metallen häufig eine zweite Gleitrichtung näher an die 45°-Lage heran und kann daher die erste ablösen. So kann es kommen, daß sich bei langem Ziehen eine ganz bestimmte, von der anfänglichen nahezu unabhängige, symmetrisch zu den möglichen Gleitrichtungen liegende Orientierung einstellt. Man kann auf diese Weise, abgesehen von einigen noch ungeklärten Fällen, nach KÖRBER, WEVER und W. E. SCHMID das Zustandekommen der oben beschriebenen Verformungstexturen der vielkristallinen Werkstoffe erklären[3]. Die Biegegleitung hinterläßt im allgemeinen unregelmäßige Verbiegungen und Verzerrungen des Gitters (innere Spannungen), die einen Beitrag zur Verfestigung geben und sich an Hand des Asterismus der Röntgeninterferenzaufnahmen nachweisen lassen. Wenn man in besonderen Anordnungen reine Schubverformung erhält, fällt diese weg.

---

[1] Experimentelle Untersuchung: F. RÖHM u. A. KOCHENDÖRFER: Z. Naturforschg. Bd. 3a (1948) S. 648 — Z. Metallkde. Bd. 41 (1950) 265.

[2] Dies Fließen scheint dabei aber nicht durch Gleitung zu erfolgen; vgl. T. ERNST u. F. LAVES: Z. Metallkde. Bd. 40 (1949) S. 1.

[3] Vgl. die Diskussion bei SCHMID/BOAS, S. 318.

Außer der Translation gibt es noch eine zweite Art der Formänderung, die Zwillingsbildung. Auch sie geht durch Gleitung der Gitterebenen übereinander vor sich; der Betrag der Abgleitung ist aber für jede parallele Ebene bestimmt und gleich, so daß nur begrenzte Formänderungen möglich sind. Da außerdem bei der Zwillingsbildung die Grundzelle zwar nicht ihre Form, aber ihre Richtung ändert, ähnelt die Zwillingsbildung den allotropen Umklappvorgängen (Abschn. B 3) stark. An dem Auftreten anders orientierter, geradlinig begrenzter Bereiche innerhalb der Körner kann die Zwillingsbildung mikroskopisch leicht erkannt werden. (Hierbei ist zu bemerken, daß es nicht nur Verformungszwillinge, sondern auch Rekristallisationszwillinge gibt.) Sie ist besonders bei hexagonalen Werkstoffen deshalb wichtig, weil sie die starke Orientierungsabhängigkeit der Plastizität überbrücken kann, wenn auch wegen der begrenzten Formänderung nur zum Teil.

Das Fließen von Einkristallen unter einer über den Querschnitt hinweg sich ändernden Spannung wurde bisher nur in zwei Fällen untersucht: R. Roscoe[1] belastete stabförmige Cd-Kristalle so, daß die Spannung von Null an einem Rand bis auf einen Maximalwert am anderen Rand anstieg. Es zeigte sich, daß Fließen über den ganzen Querschnitt hinweg eintrat, wenn die maximale Schubspannung gleich der kritischen Schubspannung bei gleichmäßiger Beanspruchung war. Dagegen wurden von Dehlinger und Mitarbeitern[2] Zn-, Sn- und Naphthalin-Einkristalle auf reine Biegung beansprucht; es geht dann bekanntlich die Spannung linear von einem negativen Maximalwert über Null zu einem positiven Maximum. Hierbei trat eine deutlich ausgeprägte Fließgrenze auf, wenn die maximale Schubspannung gleich dem 1,6- bis 2,0fachen des sonstigen kritischen Wertes war. Um diesen Unterschied zu erklären, muß man folgendes beachten: Eine allgemeine, örtlich ungleichmäßige Deformation kann durch Gleiten allein, bei dem es sich ja stets um eine Parallelverschiebung handelt, nicht erreicht werden, sondern das Gleiten muß dabei von einer elastischen Verzerrung begleitet sein. Die von außen angelegte Spannung wird dann nur zum Teil zum Aufrechterhalten des Fließens benützt, der übrige Teil wird zur Erzeugung der elastischen Verzerrung verbraucht. So entsteht allgemein die Überhöhung der kritischen Schubspannung über den für reine Scher- und Zugversuche gültigen Wert; wie man leicht sieht, ist ja nur bei diesen speziellen Beanspruchungen Gleiten ohne weitere elastische Deformation möglich. Im einzelnen muß noch berücksichtigt werden, daß durch die äußere Beanspruchung eines Probekörpers der Deformationsweg häufig nicht vollständig festgelegt ist. Es wird sich dann im Gebiet des Fließens diejenige Deformationsart einstellen, deren elastische Verzerrung am kleinsten ist. So ist bei der Anordnung des Versuches von Roscoe ein Abgleiten ohne weitere Biegung möglich, daher findet man hier keine Überhöhung der Fließgrenze; andererseits ist beim Biegungsversuch, wenn nur eine Gleitebenenrichtung vorliegt, kein solches Ausweichen möglich, daher hat man in diesem Fall die Überhöhung. Bei Beanspruchung durch Druck sind dementsprechend wegen der Möglichkeit des Ausknickens andere Verhältnisse zu erwarten als bei Zugbeanspruchung.

Die plastische Verformung eines vielkristallinen Werkstoffes beginnt stets schon bei verhältnismäßig kleinen Spannungen, nämlich dann, wenn in einzelnen Körnern die kritische Schubspannung einer günstig gelegenen Gleitrichtung erreicht ist. Da jedoch diese Körner durch die Umgebung in ihrem Formänderungsvermögen beschränkt sind, muß die Gleitung von zunehmenden elastischen Verbiegungen und Verzerrungen in kleinen Bereichen (verborgen elastischen

---

[1] Phil. Mag. Bd. 21 (1936) S. 399.

[2] Dehlinger, U., H. Held, A. Kochendörfer u. F. Lörcher: Z. Metallkde. Bd. 33 (1941) S. 233.

Spannungen) begleitet sein. Die dazu nötige äußere Belastung nimmt mit zunehmender Verformung zu, es überlagert sich also ein Verfestigungsanteil, den man Spannungsverfestigung nennen kann, der beim Gleiten auftretenden Kristallverfestigung. G. Sachs[1] hat berechnet, bei welcher Belastung ein Einkristall im Mittel über alle Orientierungen zu fließen beginnt, wenn man das Schmidsche Schubspannungsgesetz zugrunde legt. Er findet so, daß die „mittlere Dehnungskurve des Einkristalls" sich aus der Schubspannungs-Abgleitungsfunktion des Einkristalls (der sog. Verfestigungskurve) durch Multiplikation von Ordinate und Abszisse mit 1,24 ergibt.

Infolge der Spannungsverfestigung liegt nun — wie sich bei den hexagonalen Metallen auch empirisch bestätigt — die wirkliche vielkristalline Dehnungskurve beträchtlich über dieser gemittelten Einkristallkurve und entfernt sich mit zunehmender Verformung immer weiter von ihr. Eine deutlich ausgeprägte Streckgrenze ist nicht vorhanden. Die hexagonalen Metalle sind im vielkristallinen Zustand wesentlich spröder als einkristallin.

Anders ist es bei den kubischen Metallen, wo wegen der kristallographischen Symmetrie acht oder zwölf nicht in ihrer Ebene liegende gleichwertige Gleitrichtungen vorhanden sind, die bei höherer Belastung sich betätigen können. G. J. Taylor[2] hat geometrisch abgeleitet, daß durch geeignete Abgleitung (Translation) längs mindestens fünf nicht in einer Ebene liegenden Gleitelementen jede beliebige Formänderung erzeugt werden kann. Daher kann jetzt von einer bestimmten Belastung ab die Verformung jedes Korns, auch wenn es von seinen Nachbarn behindert ist, ohne weitere Erhöhung der verborgen elastischen Spannungen vor sich gehen. In der Tat findet man bei den kubischen Metallen eine deutlich ausgeprägte (allerdings wie die kritische Schubspannung der Einkristalle von der Geschwindigkeit abhängende) Streckgrenze, von der ab nach einem empirischen Befund von A. Kochendörfer[3] die Dehnungskurve des vielkristallinen Werkstoffs überraschend genau parallel der des gemittelten Einkristalls läuft[4].

Während also unterhalb der Streckgrenze auch bei den kubischen Werkstoffen eine gemischt plastisch-elastische Verformung vorhanden ist, geht von der Streckgrenze ab die Formänderung nahezu vollständig durch reines Gleiten vor sich. Die Arbeit der äußeren Kraft wird im ersteren Gebiet zu einem beträchtlichen Teil in elastische Energie umgesetzt, im letzteren größenteils in Reibungswärme. Nur ein kleiner, in seinem Ausmaß noch nicht genau gemessener Anteil wird als Energie der Versetzungen, also einer besonderen Art innerer Spannungen (vgl. Abschn. D 2) aufgespeichert.

Über das Fließen bei mehrachsiger Beanspruchung kann für kubische Werkstoffe folgendes gesagt werden[5]: Wenn das Schmidsche Schubspannungsgesetz für die Einzelkörner gilt und wenn das Material genügend isotrop, also die Korngrenze klein gegenüber den Abmessungen des Querschnitts ist, beginnt nach einer mathematischen Mittelbildung das durch reine Gleitung erzeugte Fließen dann, wenn die „Gestaltänderungsenergie"

$$\frac{(s_1 - s_2)^2}{2} + \frac{(s_2 - s_3)^2}{2} + \frac{(s_3 - s_1)^2}{2}$$

[1] Z. VDI Bd. 72 (1928) S. 734.

[2] J. Inst. Met. Bd. 62 (1938) S. 307.

[3] Plastische Eigenschaften von Kristallen und metallischen Werkstoffen. Berlin 1941.

[4] Davon ausgehend gelang es dann A. Kochendörfer [Z. Metallkde. Bd. 41 (1950) S. 322] die Zugfestigkeit flächenzentrierter Metalle in einem großen Temperatur- und Geschwindigkeitsbereich aus den Einkristalldaten (vgl. Abschn. D 2) für kritische Schubspannung und Verfestigung zu berechnen.

[5] Dehlinger, U.: Z. Metallkde. Bd. 35 (1943) S. 182.

einen bestimmten kritischen Wert erreicht hat. Dabei sind $s_1 s_2 s_3$ die Hauptspannungen. Unter anderem ergibt sich daraus, daß das Verhältnis von Torsions- zu Zugstreckgrenze 0,577 sein muß. Wenn das Fließen nicht vollkommen in Gleitungen nach dem SCHMIDschen Gesetz besteht, sondern von zunehmenden Verknüllungen begleitet wird, ist ein zusätzlicher Einfluß der Hauptspannungssumme $s_1 + s_2 + s_3$ zu erwarten.

Die Dehnungskurve bei mehrachsigem Spannungszustand erhält man nach M. ROŠ und A. EICHINGER[1] so, daß man die Wurzel aus der Gestaltänderungsenergie als Ordinate gegen die entsprechende Invariante

$$\frac{2}{3}\sqrt{(e_1 - e_2)^2 + (e_2 - e_3)^2 + (e_3 - e_1)^2}$$

des Verzerrungstensors aufträgt. Mindestens in erster Näherung scheint diese Kurve für alle verschiedenartigen Spannungszustände gültig, also mit der gewöhnlichen Dehnungskurve bei einachsiger Beanspruchung ($s_2 = s_3 = 0$) identisch zu sein, bei der ja keine Volumänderung eintritt, also $e_2 = e_3 = -\frac{1}{2} e_1$ gilt[2].

Bei inhomogener, d. h. über den Querschnitt hinweg sich ändernder Beanspruchung, wie sie im einfachsten Fall schon bei der Biegung, komplizierter bei Kerben auftritt, beginnen diejenigen Teile des Werkstücks zunächst zu fließen, an welchen die Spannung den durch die Fließbedingungen geforderten kritischen Wert erreicht hat. Dadurch wird der Spannungszustand verändert, die Spannungsspitze wird abgebaut. Wird die Last weiter erhöht, so bildet sich ein gemischt plastisch-elastischer Zustand aus, dessen Einzelheiten vom Verlauf der Dehnungskurve abhängen. Technisch interessiert im allgemeinen die Belastung, bei der der ganze Querschnitt unbeschränkt zu fließen beginnt; sie liegt oft beträchtlich höher als die des anfänglichen Fließens (Stützwirkung). Die mathematische Berechnung der plastisch-elastischen Zustände wird oft, z. B. beim Knicken, dadurch erschwert, daß ihre Ausbildung von kleinen Änderungen in der anfänglichen Spannungsverteilung, vor allem auch von Eigenspannungen (Gußspannungen, Walzspannungen, Abschreckspannungen), stark beeinflußt wird. Über Stützwirkung bei Wechselbeanspruchung vgl. Abschn. D 3.

Die elastische Nachwirkung und Hysterese sowie der BAUSCHINGER-Effekt vielkristalliner Werkstoffe lassen sich nach MASING, SACHS, v. WARTENBERG, BECKER (s. auch SCHMID/BOAS) zwanglos aus dem plastischen Verhalten der Einkristalle erklären. Bei Beanspruchung in der Nähe der kritischen Schubspannung wird je nach ihrer kristallographischen Orientierung ein Teil der Körner plastisch, ein anderer Teil nur elastisch verformt werden. Durch die plastische Verformung der Umgebung werden die elastischen Spannungen auch nach Rückgang der äußeren Belastung zum Teil stabilisiert, es sind sog. Eigenspannungen[3] geworden, die aber im Mittel so gerichtet sind, daß sie der ursprünglichen äußeren Belastung entgegenwirken, also eine in umgekehrter Richtung aufgebrauchte äußere Belastung unterstützen (BAUSCHINGER-Effekt). Die bei der erwähnten plastischen Verformung eintretende Verfestigung ergibt unmittelbar die

---

[1] Die Bruchgefahr fester Körper. Bericht Nr. 172 der E. M. P. A. Zürich 1949.

[2] Die weitere Frage nach den Komponenten des Verzerrungstensors beim Fließen unter mehrachsiger Beanspruchung wurde an Al von W. SAUTTER, Stuttgarter Diss. 1952, experimentell untersucht. Er fand, daß hierfür mit großer Genauigkeit die sog. Fließ- oder Inkremententheorie von W. PRAGER gilt. Vgl. W. PRAGER u. P. G. HODGE: Theory of perfectly plastic solids. New York u. London 1951. — W. PRAGER: Ergebn. exakt. Naturw. Bd. 13 (1939) S. 310.

[3] Von diesen „verborgen elastischen Spannungen" unterscheidet man die „groben" Guß-, Reck-, Abschreckspannungen. Über deren Stabilität vgl. U. DEHLINGER: Metallwirtsch. Bd. 16 (1937) S. 853.

Hysterese, das langsame Fließen (s. auch Abschn. D 2) unter dem Einfluß der Eigenspannungen die elastische Nachwirkung.

Die Dämpfung elastischer Schwingungen bei kleinen Amplituden rührt meist nicht von einer beginnenden plastischen Verformung her. Wie vor allem C. Zener[1] festgestellt hat, entsteht sie meist dadurch, daß die elastische Kompression und Dilatation nicht vollkommen adiabatisch ist, sondern daß sich die geringen örtlichen Temperaturänderungen infolge von Wärmeleitung ausgleichen, was zu Verlusten an elastischer Energie führt. Zweitens[2] werden lokale Diffusionsbewegungen leichtbeweglicher Atome, z. B. des Kohlenstoffs im Ferritgitter, durch die elastischen Verzerrungen hervorgerufen; da sie der Schwingung etwas nachhinken, dämpfen sie diese. Weiter können auch Magnetisierungsänderungen (Verschiebungen der Weissschen Bezirke) sowie Thermoströme mit den elastischen Zustandsänderungen gekoppelt sein und diese dämpfen, da sie selbst mit Reibung verbunden sind. All diese Vorgänge hängen von der Temperatur und der Schwingungsfrequenz ab. Die von ihnen hervorgerufene Dämpfung hat bei bestimmten charakteristischen Frequenzen ein Maximum.

Bei statischer Belastung verursachen die genannten Effekte eine „Relaxation", d. h. ein langsames Anwachsen der zunächst eingestellten elastischen Dehnung nach der Formel

$$\varepsilon(t) = \varepsilon_1 + (\varepsilon_0 - \varepsilon_1)\, e^{-t/\tau}$$

Die Relaxationskonstante τ folgt der Beziehung $\tau = \tau_0 e^{-B/RT}$, wo B die Aktivierungswärme des atomistischen Vorgangs ist. Die obengenannte Frequenz maximaler Dämpfung ist $\nu = \frac{1}{2\pi\tau}$. Eine ähnliche Relaxation der Magnetisierung bei konstant gehaltener Feldstärke wird ebenfalls von der Diffusion des Kohlenstoffs im Eisen verursacht.

4. Erholung und Rekristallisation.

Der kaltverformte Zustand weicht infolge seiner stärkeren Aufteilung in Teilbereiche, seiner Gitterverbiegungen und -verzerrungen wesentlich mehr vom idealen Gitter ab als der Gußzustand; er ist daher nicht im thermodynamischen Gleichgewicht und geht im Laufe der Zeit in ein mehr ideales Gitter über, welches dem vollständigen Gleichgewichtszustand näherkommt[3].

Insbesondere rührt nach Abschn. D 2 auch die Verfestigung von einer besonderen Art starker, aber in kleinen Gebieten des Gitters lokalisierter Verzerrungen her. So kann es vorkommen, daß schon bei Zimmertemperatur, noch mehr aber bei etwas höheren Temperaturen die Verfestigung allein allmählich zurückgeht, während die Aufteilung noch bleibt. Man nennt dies Erholung; mikroskopisch ist dabei noch nichts zu bemerken, dagegen werden die bei der Kaltverformung häufig verbreiterten Röntgeninterferenzlinien schärfer.

Bei höheren Temperaturen tritt dann die Rekristallisation ein: Im Mikroskop sieht man jetzt neugebildete Körner, gleichzeitig geht die Verfestigung nochmals, und zwar meist stärker, zurück. Der empirische Zusammenhang zwischen dem Verformungsgrad der vorhergegangenen Kaltverformung, der Glühtemperatur und der nach einigen Minuten Glühzeit sich einstellenden Korngröße wird durch das räumliche Rekristallisationsschaubild der Abb. 9 dargestellt. Man sieht in der Abbildung zunächst deutlich die „Rekristallisationsschwelle", d. h. die Tat-

[1] Elasticity and Anelasticity of Metals. Chicago 1948.

[2] Snoek, L.: Physica, Haag Bd. 5 (1938) S. 663. — Vgl. W. Köster: Arch. Eisenhüttenw. Bd. 21 (1950) S. 305.

[3] Vgl. W. G. Burgers: Handbuch der Metallphysik. Bd. 3, 2. Leipzig 1941.

sache, daß unterhalb einer bestimmten Temperatur keine neuen Körner gebildet werden. Es ist hierzu zu bemerken, daß nach sehr langen Glühzeiten diese Schwelle nicht mehr so scharf ausgeprägt ist. Weiter erkennt man in Abb. 9 in den Kurven konstanter Querschnittsverminderung ein Minimum. Dieses Minimum erscheint wahrscheinlich nur bei einzelnen Stoffen und auch bei diesen nur dann, wenn die Rekristallisationsschwelle sehr schnell überschritten wurde. Immerhin kann es nicht als anomal behandelt werden, sondern zeigt an[1], daß sich allgemein zwei verschiedene Ursachen für die Ausbildung der Korngröße überlagern. Die erste nennt man Bearbeitungskristallisation; sie besteht darin, daß sich in dem verformten Werkstoff Keime der neuen Körner bilden, welche dann so lange weiterwachsen, bis die neuen Körner zusammenstoßen[2]. Nach der Theorie nimmt die Keimzahl mit wachsender Temperatur zu, also würde durch die Bearbeitungskristallisation allein ein Schaubild entstehen, welches bei höherer Temperatur immer kleinere Körner ergibt. Es tritt aber jetzt die „Oberflächenrekristallisation" ein, welche darin besteht, daß von den mit ihren Oberflächen zusammenstoßenden neuen Körnern ein Teil durch die übrigen wieder aufgezehrt wird; einzelne Körner werden also auf Kosten der anderen vergrößert. Dies wird durch höhere Temperatur begünstigt, und so kommt die Zunahme der Korngröße mit der Temperatur, im Rekristallisationsschaubild zustande. Durch sehr kurze Erhitzung kann man es nach GRAF in einzelnen Fällen, vor allem bei kleinen Verformungsgraden, erreichen, daß die Bearbeitungsrekristallisation fertig, die Oberflächenrekristallisation aber noch nicht eingetreten ist; dann erhält man im Widerspruch zum normalen Rekristallisationsschaubild bei hohen Temperaturen ein sehr feines Korn.

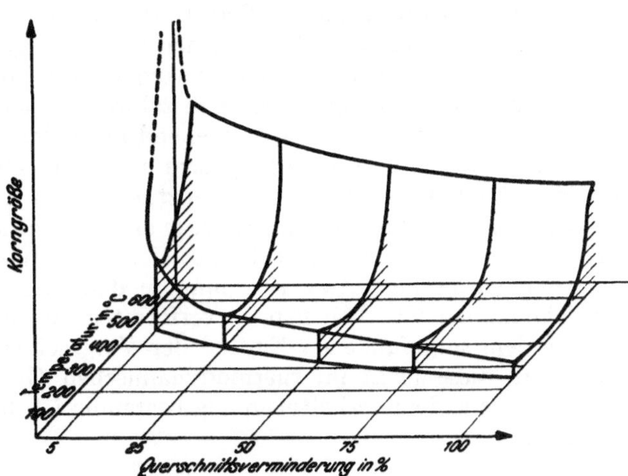

Abb. 9. Rekristallisationsschaubild von Aluminium bei rascher Erhitzung auf die angegebenen Temperaturen. (Nach V. FUSS: Metallographie des Aluminiums und seiner Legierungen. Berlin 1934.)

Besonders bei kleinen und mittleren Verformungsgraden hängt die beim letzten Glühen sich einstellende Korngröße oft stark von der Stichzahl bei der Verformung und dem Zwischenglühen ab. Kleine Beimengungen setzen die Rekristallisationsgeschwindigkeit meist stark herab und erhöhen die Rekristallisationsschwelle. Es gibt aber auch Fälle, in welchen die Schwelle durch kleine, unlösliche Beimengungen herabgesetzt wird. Es sei noch bemerkt, daß man über die Geometrie der Atombewegungen während der Rekristallisation noch sehr wenig weiß; vermutlich handelt es sich um eine komplizierte Überlagerung von Einzelsprüngen und Gleitungen.

---

[1] GRAF, L.: Z. Metallkde. Bd. 30 (1938) S. 103.

[2] Genauere Untersuchungen darüber: W. G. BURGERS: Proc. Kön. Akad. Wiss. Niederl. Bd. 50 (1947) S. 452 u. 595. — P. A. BECK, J. C. KREMER u. L. DEMER: Phys. Rev. Bd. 71 (1947) S. 555. — R. SMOLUCHOWSKI: Phys. Rev. Bd. 72 (1937) S. 533.

Der innere Zustand eines rekristallisierten Korns ist mit den meisten Untersuchungsverfahren, z. B. im Mikroskop, nicht von dem eines niemals verformt gewesenen „Schmelzflußkorns" zu unterscheiden. Die in Abschn. B 4 erwähnte höhere Geschwindigkeit der Ausscheidung in einem verformten und dann rekristallisierten Kristall hat aber den Anlaß gegeben, nach einem solchen Unterschied mit feineren Hilfsmitteln zu suchen. Es ergab sich in der Tat[1], daß die kritische Schubfestigkeit eines durch Rekristallisation hergestellten Einkristalls aus Aluminium größer ist als die eines aus dem Schmelzfluß gezogenen. Weiter zeigte sich, daß dies auf einen Unterschied in der Mosaikstruktur zurückzuführen ist[2].

Die Mosaikstruktur ist ein Begriff, der seit langen Jahren bei den Kristallstrukturbestimmungen der BRAGGschen Schule ausgebildet wurde[3]; er stellt eine ganz bestimmte Art der Abweichung vom idealen Gitter dar. Es zerfällt nämlich das äußerlich sichtbare große Korn in zahlreiche „Mosaikblöcke" von submikroskopischer Größe, die in sich weitgehend ideal sind, aber in ihrer gegenseitigen kristallographischen Orientierung sich um ganz kleine Winkelbeträge unterscheiden. Nach der Röntgeninterferenztheorie von EWALD und DARWIN hat das Bestehen einer solchen Mosaikstruktur eine wesentliche Verstärkung der Interferenzen zur Folge. Zahlenmäßig läßt sich die Länge der Mosaikblöcke nur abschätzen; sie beträgt etwa 10^{-4} mm, in derselben Größenordnung dürfte die Ausdehnung der Gleitlamellen im verformten Zustand sein.

Aus dem so gefundenen Einfluß der Vorgeschichte auf die Mosaikstruktur folgt, daß diese nicht im thermodynamischen Gleichgewicht ist. Die Frage, warum sie trotzdem verhältnismäßig beständig ist, bedarf noch weiterer Untersuchung.

D. Atomistische Theorie der Festigkeit.

1. Fragestellung.

Wie in Abschn. A 4 ausgeführt wurde, kennt man die zwischen zwei Atomen eines Metallgitters bestehenden Kräfte mindestens der Größenordnung nach. Will man daraus die Reißfestigkeit des Metalls berechnen, so wird man zunächst, um einfache Verhältnisse zu haben, annehmen, daß die voneinander zu trennenden Atomschichten parallel sind und während des Reißens stets parallel und in sich unverändert bleiben, also nur ihren Abstand vergrößern. Man kann bei dieser Rechnung nach M. POLANYI[4] die unmittelbare Einführung der Atomkräfte dadurch umgehen, daß man die gemessene, theoretisch allein von den Atomkräften abhängende Oberflächenspannung α einführt und dann in folgender Weise schließt: Da beim Reißen zwei neue Oberflächen geschaffen werden, muß von der Reißspannung Z längs des Weges Δl, auf dem sie sich betätigt, die Arbeit 2α geleistet werden. Es muß also sein

$$Z\Delta l \approx 2\alpha.$$

Unter der obenerwähnten Annahme des Parallelbleibens ist der Reißvorgang beendet, wenn die beiden Schichten so weit voneinander entfernt sind, daß zwei gegenüberstehende Atome sich nicht mehr merklich anziehen; es ist also Δl in der Größenordnung der atomaren Wirkungssphäre, die etwa $5 \cdot 10^{-8}$ cm beträgt. Da α etwa 1000 Dyn/cm ist, folgt für Z ein Wert von etwa $4 \cdot 10^{10}$ Dyn/cm²

[1] GISEN, F., u. U. DEHLINGER: Z. Metallkde. Bd. 27 (1935) S. 256.
[2] ZEHENDER, E., u. A. KOCHENDÖRFER: Phys. Z. Bd. 45 (1944) S. 93.
[3] Vgl. das Sonderheft „Ideal- und Realkristall" der Z. Kristallographie Bd. 89 (1934); Bd. 93 (1936).
[4] Z. Phys. Bd. 7 (1921) S. 323.

$= 40000 \text{ kg/cm}^2$. Man nennt diese Größe auch die theoretische Reißfestigkeit, wobei aber hinzugefügt werden sollte, daß sie unter der willkürlichen Annahme eines „atomistisch homogenen Reißvorgangs" berechnet ist.

Experimentelle Beobachtungen[1] der Reißfestigkeit an Einkristallen haben gezeigt, daß das Reißen wie die Translation nach ganz bestimmten kristallographischen Ebenen erfolgt, und daß wie dort die Schubspannung, so hier die Normalspannung senkrecht zur Reißebene einen bestimmten kritischen Wert erreicht haben muß, damit das Reißen beginnt. Außerdem hat sich gezeigt, daß eine vorhergegangene plastische Verformung diesen Wert verändert (Reißverfestigung). Die gemessenen Zahlenwerte für die kritische Reißspannung liegen für nichtkubische Metalle, wie Zn, Bi, Te, in der Größenordnung von 100 kg/cm^2; für kubische Kristalle gibt es noch kaum Messungen, da dort die sich überlagernde plastische Verformung Meßschwierigkeiten verursacht. Für vielkristallines Material ist die Zugfestigkeit (bezogen auf den Reißquerschnitt) ein gewisses Maß für die Reißfestigkeit; bekanntlich liegt sie in der Größenordnung von 1000 bis 10000 kg/cm^2. Wir können also feststellen, daß die experimentelle Reißfestigkeit um 1 bis 3 Zehnerpotenzen kleiner ist als die „theoretische Festigkeit".

Ähnlich wie die theoretische Reißfestigkeit kann man auch eine „theoretische Schubfestigkeit bei homogener Gleitung" berechnen. Wir nehmen dazu an, daß die in Abb. 7 gezeichneten aufeinander gleitenden Atomreihen während des Gleitens in sich unverändert bleiben. Es müssen dann alle Atome genau gleichzeitig die eingezeichneten Schwellen der potentiellen Energie überschreiten. Nach Abschn. B 1 muß dazu eine Energie von etwa $B = 3000$ cal/mol, das ist ungefähr $3000 \cdot 6{,}5$ kgcm je cm^3, aufgebracht werden. Der Wert der Schwellenenergie hängt wie der der Oberflächenenergie ganz unmittelbar mit den Atomkräften zusammen und ist in einem Fall, bei Diamant, auch schon zahlenmäßig daraus berechnet worden. Die Arbeit B muß bei der angenommenen Art der Gleitung zum weitaus größten Teil von der äußeren Schubspannung S geleistet werden, nur für ganz wenige Atome wird sie, bei nicht unendlich langen Wartezeiten, von der Temperaturbewegung aufgebracht. Nun denken wir uns die Spannung S an den Endflächen eines Würfels von 1 cm^3 Inhalt wirkend. Damit die Gleitung über jeweils eine Energieschwelle hinweg in ein neues Potentialminimum fährt, muß nach Abb. 7, Abschn. C 3, eine Schiebung um ungefähr 45° stattfinden; um diese zu bekommen, muß der Angriffspunkt der Schubspannung S sich gerade um 1 cm verschieben. Die Schubspannung S leistet dabei auf den Würfel die Arbeit $S \cdot \frac{1}{2}$, und diese Arbeit muß gleich B sein. Wir bekommen also für die theoretische kritische Schubspannung S den Wert $2B$, also etwa $2 \cdot 3000 \cdot 6{,}5 \approx 40000 \text{ kg/cm}^2$.

Demgegenüber liegt die nach Abschn. C 3 experimentell gemessene kritische Schubfestigkeit von Einkristallen bei Zimmertemperatur und tieferen Temperaturen in der Größenordnung von 10 bis 100 kg/cm^2; infolge von Verfestigung kann sie bei kubischen Kristallen bis auf mehr als das Zehnfache steigen und erreicht dann Werte von etwa 1000 kg/cm^2. Das ist eine mit der Streckgrenze vielkristalliner Werkstoffe übereinstimmende Größenordnung, während bei nichtkubischen Kristallen etwa 200 kg/cm^2 erreicht werden. Durch Mischkristallbildung, weiter durch Gitterverzerrungen infolge von Umwandlungen und Ausscheidungen können die Werte nochmals um einen Faktor von etwa fünf heraufgesetzt werden, während spröde Kristalle, wie z. B. Zementit, schon von vornherein eine sehr große, unter Umständen über der Reißfestigkeit liegende Schubfestigkeit zeigen. Auf alle Fälle ist aber die experimentelle Schubfestigkeit oder Streckgrenze wesentlich kleiner als die oben berechnete theoretische.

[1] Schmid, E., u. W. Boas: Kristallplastizität. Berlin 1935.

Die Aufklärung dieses Widerspruchs liegt nahe: Es muß von der keineswegs begründeten Annahme homogenen Reißens oder Gleitens abgegangen werden. Es müssen also während des Reißens oder Gleitens Ungleichmäßigkeiten („Lokkerstellen") im Gitter vorhanden sein, die in Beziehung zu den schon von vornherein vorhandenen Abweichungen vom idealen Gitter stehen werden. Die Aufgabe der Theorie ist es, in Anlehnung an die in den vorhergehenden Abschnitten vielfach beschriebenen Erkenntnisse über Mosaikstruktur und Gitterverzerrungen das Entstehen und die Ausbreitung der Inhomogenitäten beim Reißen und Gleiten zu beschreiben und daraus die wirklich gemessenen Festigkeitswerte samt ihrer Temperaturabhängigkeit zu erklären.

Es sei noch bemerkt, daß man diejenigen Eigenschaften der festen Körper, die wesentlich von atomistischen Inhomogenitäten des Aufbaus bedingt werden und daher durch Kaltverformung um Größenordnungen geändert werden, wozu insbesondere die Festigkeit, weiterhin auch die ferromagnetische Remanenz und Koerzitivkraft gehört, nach A. SMEKAL als „strukturempfindliche Eigenschaften" den strukturunempfindlichen, wie Sättigungsmagnetisierung, Gitterbau, Dichte usw., gegenüberstellt[1].

2. Theorie der Plastizität.

Die folgende Darstellung schließt sich an das Buch von A. KOCHENDÖRFER[2] an, in welchem Ansätze von PRANDTL, BECKER, OROWAN, W. L. TAYLOR und W. G. BURGERS zusammengefaßt und zu einem vollständigen, zahlenmäßig auswertbaren Gleichungssystem erweitert wurden.

Setzen wir einen Kristall mit Mosaikstruktur unter eine Schubspannung S, so wird diese in der Nähe der Blockgrenzen infolge der „Kerbwirkung" der dort herrschenden Unregelmäßigkeiten um einen Faktor q erhöht. Ist B die in Abschn. B 1 eingeführte Schwellenenergie, so ergibt sich die Wahrscheinlichkeit dafür, daß in der Zeiteinheit ein in der Nähe der Blockgrenze gelegenes Atom einen Einzelsprung in Richtung der Schubspannung (die mit der Gleitrichtung übereinstimmen möge) macht, zu

$$w = A\,\mathrm{e}^{-\frac{B}{kT}\left(1 - q\frac{S}{S_{\mathrm{th}}}\right)^2}.$$

Darin ist S_{th} die oben berechnete theoretische Schubspannung; aus der gemessenen Temperatur- und Geschwindigkeitsabhängigkeit der kritischen Schubspannung kann B sowie S_{th}/q einzeln zahlenmäßig bestimmt werden und ergibt sich zu etwa 50000 cal/mol bzw. zu etwa 100 kg/cm^2, so daß q die Größenordnung 400 erhält. B wird wesentlich größer als der in § 14 zugrunde gelegte Wert, weil hier ein einzelnes Atom springt und daher an der Stelle, an der es auftrifft, die Nachbaratome zurückdrücken muß. Dies kann bei genügend dichtgepackten Gittertypen und dichtbelegten Richtungen dazu führen, daß auch ein Nachbaratom über eine Energieschwelle gehoben wird usw.; dann wandert der durch den ersten Atomsprung geschaffene Verzerrungszustand, der nach POLANYI Versetzung, nach TAYLOR Dislocation heißt, durch das Gitter bis an den anderen Mosaikblockrand (Abb. 10). Dabei sind alle Atome einer Reihe über eine Energieschwelle gelangt, es ist also innerhalb des Mosaikblocks ein atomarer Gleitschritt entstanden. Wie man sieht, bildet sich dieser Gleitschritt unter dem kombinierten

[1] SMEKAL, A.: Handbuch der Physik. 2. Aufl. Bd. 24, 2. Berlin 1933. — Formal-statistische Theorie der Streckgrenze auf Grund der Fehlstellenannahme: W. PRAGER: J. appl. Physics Bd. 18. (1947) S. 375.

[2] Plastische Eigenschaften von Kristallen und metallischen Werkstoffen. Berlin 1941.

Einfluß von äußerer Schubspannung, Kerbwirkung und Temperaturbewegung mit einer bestimmten Wahrscheinlichkeit schon bei sehr kleinen äußeren Schubspannungswerten.

Im dreidimensionalen Gitter setzt sich der in Abb. 10 gezeichnete Versetzungszustand einer „Stufenversetzung" senkrecht zu der Zeichenebene als „Versetzungslinie" fort. Diese muß entweder von einem Rand zum anderen gehen oder sie muß geschlossen sein, wobei eine etwas andere Art von Versetzungen, die „Schrauben"- oder „Querversetzungen" mitwirken[1].

Es ist noch zu bemerken, daß der oben eingeführte Kerbwirkungsfaktor q sicher den Tatbestand nur roh und vorläufig darstellt. In Wirklichkeit sind an den Korn- und Mosaikgrenzen Versetzungen in irgendeiner Form schon vorgebildet (vgl. Abschn. C 2) und werden unter dem Einfluß von Temperatur und Schubspannung mit der Wahrscheinlichkeit w wanderungsfähig.

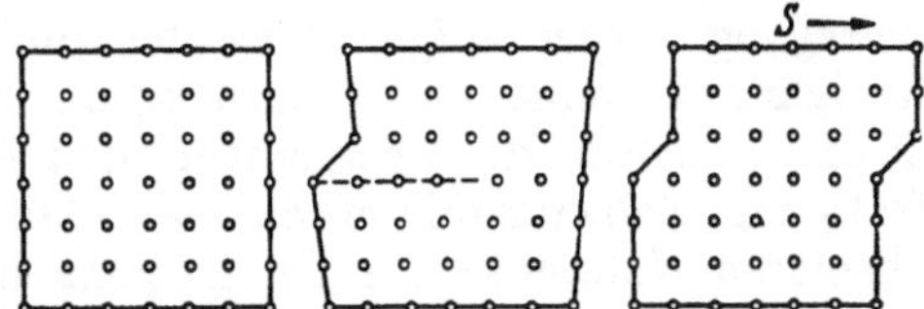

Abb. 10. Links das unversehrte Kristallgitter. Unter dem Einfluß der Schubspannung S entsteht eine Versetzung am linken Rand. In der rechts stehenden Figur ist die Versetzung durch das Kristallstück durchgewandert und hat so einen atomaren Gleitschritt gebildet.

[Nach G. I. Taylor: Z. Kristallogr. Bd. 89 (1934) S. 375.]

Es sei n die Zahl der Atome in der Volumeinheit, dann erfolgen wn solcher Abgleitungen in der Zeit- und Volumeinheit. Bei jeder Abgleitung werden L/a Atome verschoben, so daß diese Atomreihe eine Schiebung vom Betrag Eins ausführt (L sei die Blocklänge, a die Gitterkonstante). Soll die ganze Volumeinheit diese Schiebung ausführen, so müssen alle n Atome verschoben werden. Wir können also die Größe L/an proportional dem Schiebungsbetrag setzen, welcher von einer Versetzung erzeugt wird; somit gibt $u = wnL/an = wL/g$ die Schiebung an, welche durch die Versetzungen in der Zeiteinheit entsteht, also die Verformungsgeschwindigkeit unter dem Einfluß der in w enthaltenen Schubspannung S bei der Temperatur T.

Wie man aus den Formeln sieht, gehört zu jeder Verformungsgeschwindigkeit bei gegebener Temperatur T eine ganz bestimmte Schubspannung S, die nötig ist, um die Verformung aufrechtzuerhalten, und für sehr langsame Verformungen braucht man nur sehr kleine Schubspannungen (Kriechen). Es gibt also keine absolute kritische Schubspannung, sondern nur eine funktionale Beziehung zwischen Schubspannung und Verformungsgeschwindigkeit. Man muß daher bei Messung der kritischen Schubspannung sorgfältig die Belastungsgeschwindigkeit beachten. Insbesondere gilt das für sehr weiche Stoffe; bei härteren zeigt sich, daß praktisch die kritische Schubspannung innerhalb des Gebiets von Belastungsgeschwindigkeiten, welches für die technischen Zugmaschinen in Frage kommt, nur noch wenig von dieser abhängt, daß also die Belastungsgeschwindigkeit nur bei sehr langsamen Versuchen beachtet werden muß.

Die beim Fortgang des Gleitens an die Mosaikgrenzen gewanderten Versetzungen verschwinden dort nicht ohne weiteres, sondern bleiben bestehen, und die von ihnen hervorgerufenen Spannungen V wirken der äußeren Spannung S entgegen, so daß jetzt in die Gleichung für u anstatt S die Differenz $S - V$ einzusetzen ist. V mißt also die beim Gleiten entstehende Verfestigung[2].

Für hexagonale Metalle und für kubische — wenn ihre Gleitung homogen, also nicht durch Verbiegungen des Gitters gehemmt ist —, scheint V proportional

[1] Siehe A. Kochendörfer: Z. Metallkde. Bd. 41 (1950) S. 33.

[2] Zum folgenden vgl. A. Kochendörfer: Plastische Eigenschaften von Kristallen und vielkristallinen Werkstoffen. Berlin 1941.

mit der Zahl der aufgespeicherten Versetzungen, also auch mit der gesamten, nicht erholten Abgleitung zuzunehmen[1]. Bei der Biegegleitung kubischer Einkristalle und vielkristalliner Werkstoffe dagegen findet man, daß V quadratisch mit der Abgleitung geht. Beim hin- und hergehenden Gleiten von Einkristallen fand HELD eine zunehmend kleinere Verfestigung als bei einsinniger Verformung. Diese besondere Art des BAUSCHINGER-Effekts — wie auch die Temperaturabhängigkeit der Verfestigung — kann nur durch die Annahme erklärt werden, daß die Spannungen V die Entstehung und nicht nur das „Wandern" der Versetzungen hemmen.

Schließlich besteht noch eine Wahrscheinlichkeit w', deren Ausdruck ganz ähnlich wie w aussieht, dafür, daß die an den Mosaikblockgrenzen bestehenden Versetzungen unter dem Einfluß der äußeren Spannung und der Temperaturbewegung wieder aufgelöst werden und die von ihnen hervorgebrachte Verfestigung V somit wieder zurückgeht. Die gleichzeitige Berücksichtigung von w und w' ergibt die Temperatur- und Geschwindigkeitsabhängigkeit der Verfestigung. Zahlenmäßig erhält man, daß zwischen Zimmertemperatur und dem absoluten Nullpunkt die Verfestigung noch etwa um das Zehnfache ansteigt, während die kritische Schubspannung hierbei nur etwa den doppelten Wert erreicht.

Von dieser „dynamischen Erholung" ist zu unterscheiden die ohne äußere Schubspannung unter dem Einfluß der Temperatur vor sich gehende „statische Erholung"[2]. Nur im Fall der oben gekennzeichneten homogenen Gleitung beseitigt sie die ganze Verfestigung. Nach Biegegleitung verschwindet ein beträchtlicher Anteil der Verfestigung erst bei höheren Temperaturen im Gefolge der Rekristallisation. Hier wird also nur ein Teil der Verfestigung durch die Wechselwirkung der Versetzungen selbst verursacht, der übrige Teil besteht offensichtlich in einer Hemmung der wandernden Versetzungen durch Gitterverzerrungen. Diese können durch die Biegegleitung, aber auch durch Umwandlungen oder durch eingelagerte Fremdatome hervorgebracht sein[3].

Es sei bemerkt, daß experimentell und theoretisch, auch in bezug auf die Zahlenwerte, nach KOCHENDÖRFER sich die Verhältnisse bei Naphthalinkristallen, in welchen eine Molekülbindung (durch sog. VAN DER WAALsche Kräfte) besteht, ganz ähnlich wie bei den Metallkristallen ergaben. (Dagegen ist, was technisch entscheidend ist, die Reißfestigkeit der verfestigten Naphthalinkristalle viel kleiner als die der Metallkristalle.) Die Plastizität ist also nicht von den speziellen Verhältnissen des Elektronensystems abhängig; vermutlich ist sie nur daran geknüpft, daß die Atome oder die abgegrenzten Moleküle im Gitter möglichst allseitig eng von Nachbarn umgeben sind, so daß die Versetzungen durchwandern können. In der Tat zeigen die Gitter mit kleiner Koordinationszahl, wie Diamant, keine merkliche Plastizität.

Neben der bisher betrachteten „Kristallplastizität" gibt es auch eine „amorphe Plastizität", die von den Korngrenzen ausgeht und bei der die Versetzungen nicht durch das Gitter wandern. Es muß dann also das Fortschreiten jedes einzelnen Atoms durch einen neuen thermischen Sprung erzwungen werden[4]. Bei

---

[1] RÖHM, F., u. A. KOCHENDÖRFER: Z. Metallkde. Bd. 41 (1950) S. 265.

[2] Vgl. G. MASING, D. KUHLMANN u. J. RAFFELSIEPER: Z. Metallkde. Bd. 40 (1949) S. 241.

[3] Obwohl die geschilderten Ansätze atomistisch noch nicht vollständig begründet werden können, kann mit ihnen nicht nur die Temperatur- und Geschwindigkeitsabhängigkeit der Schubspannung, sondern auch der zeitliche Verlauf der Erholung sowie die komplizierten Spannungs- und Zeitabhängigkeit des Kriechens befriedigend dargestellt werden. Vgl O. G. FOLBERTH: Stuttgart. Diss. 1952 — Naturwiss. Bd. 39 (1952) S. 187.

[4] Vgl. W. BRAUNBEK: Z. Phys. Bd. 57 (1929) S. 501. — A. KOCHENDÖRFER: Z. Naturforschg. Bd. 3a (1938) S. 329.

Versuchen[1] über das Kriechen von Blei bei verschiedenen Temperaturen konnten die beiden Arten der Plastizität deutlich getrennt werden; bei tieferen Temperaturen überwiegt die amorphe, bei höheren die kristalline Plastizität, was auch theoretisch zu begründen ist. Außerdem zeigt sich, daß die Korngrenzen (wenn keine zweite Phase in ihnen ausgeschieden ist) bei Beginn der Verformung weicher, später infolge Verfestigung härter sind als die Kristalle[2].

Ein besonderes Problem bildet der verfestigungslose Fließbereich und die doppelte Streckgrenze des kohlenstoff- oder stickstoffhaltigen Eisens. Nach A. H. COTTRELL[3] kommt dies dadurch zustande, daß die leichtbeweglichen C- und N-Atome vom Spannungsfeld der entstehenden Versetzungen angezogen werden, daher dorthin diffundieren und als umgebende „Atomwolke" die Bewegung der Versetzungen hemmen. Durch eine genügend große Schubspannung werden diese frei von der Atomwolke und erzeugen den Fließbereich. Die weitere Verformung geht normal vor sich. Bei längerem Lagern („Altern") sammelt sich die Atomwolke wieder um die Versetzungen, die doppelte Streckgrenze tritt von neuem auf. Bei höherer Temperatur ist die Diffusionsgeschwindigkeit der Atomwolke etwa gleich der Wanderungsgeschwindigkeit der Versetzungen bei höheren Verformungsgeschwindigkeiten (etwa bei der Kerbschlagprobe). Dann verschwindet der Fließbereich, statt dessen tritt eine außergewöhnliche Verfestigung, also ein Rückgang der Dehnung und eine Versprödung des Materials auf (Blaubrüchigkeit). Von welchem speziellen Zustand aus die C- und N-Atome die Atomwolke bilden können, ist noch nicht ganz geklärt[4]. Jedenfalls werden alle genannten Effekte durch Karbidbildung unterdrückt.

3. Theorie des Reißens.

A. SMEKAL[5] hat an Steinsalzkristallen gefunden, daß bei Versuchen an genau gleichem Material die Reißfestigkeit stark schwankte und sich nach einer verhältnismäßig breiten GAUSSschen Fehlerkurve um einen Mittelwert verteilte, während bei gleichen Verhältnissen die Schubfestigkeit viel schärfer bestimmt war. Daraus ist zu schließen, daß für das Reißen nicht, wie für die Plastizität, die vielen, an den Mosaikblockgrenzen liegenden kleinen Inhomogenitäten, sondern einige größere Lockerstellen in Betracht kommen, die sich schon den äußerlich sichtbaren Rissen nähern. Auf die Bedeutung von Rissen für den Bruch hat GRIFFITH als erster hingewiesen. Über die Frage, wie diese submikroskopischen oder schon sichtbaren Risse mit der Vorgeschichte des Werkstoffs zusammenhängen, weiß man noch wenig. Jedenfalls können sie schon beim Aufwachsen größerer Einkristalle entstehen.

Die Bruchfläche eines spröde, d. h. ohne merkliche Verformung gebrochenen Körpers zeigt zwei Teile von verschiedenem Aussehen, einen glatten, oft fast spiegelnden und einen rauhen, faserigen Teil. Nach Zeitlupenaufnahmen von SCHARDIN u. a. an Gläsern breiten sich die Ränder des anfänglichen Risses mit etwa halber Schallgeschwindigkeit aus. Dem Riß voraus gehen longitudinale und transversale, d. h. scherende Schallwellen. Wenn sie am entgegengesetzten Rand des Querschnitts reflektiert werden und daher mit der Spannungsstauung am fortschreitenden Riß zusammentreffen, erzeugen sie den faserigen Teil der Bruchfläche.

[1] HANFFSTENGEL, K. v., u. H. HANEMANN: Z. Metallkde. Bd. 30 (1938) S. 41.
[2] TING SUITTÊ: Phys. Phys. Rev. Bd. 72 (1947) S. 534.
[3] Rep. of a conf. on the strength of solids of the Physical Society Bristol. London 1948. — H. MASING: Arch. Eisenhüttenw. Bd. 21 (1950) S. 315.
[4] KÖSTER, W.: Stahl u. Eisen Bd. 49 (1929) S. 357.
[5] Metallwirtsch. Bd. 16 (1937) S. 189 — Ergebn. exakt. Naturwiss. Bd. 15 (1936) S. 106.

Der Mechanismus des mit Verformung verbundenen Bruchs ist kaum untersucht. Dagegen zeigen die Bruchflächen des Wechselbruchs, d. h. des durch fortwährende Wechselbelastung unterhalb der statischen Festigkeit entstandenen Bruchs, genau dasselbe Aussehen wie die des oben beschriebenen spröden Bruchs[1]. Man wird also auch beim Wechselbruch die Wirksamkeit einiger weniger Risse annehmen.

Eine Reihe von Erfahrungen zeigt, daß der Wechselbruch dann eintritt, wenn durch eine hin- und hergehende, oft wiederholte, wenn auch nur kleine plastische Verformung das Gefüge zerrüttet ist. Hierher gehört erstens die Beobachtung von E. SCHMID[2], wonach bei Wechselbeanspruchung von Einkristallen oberhalb der Dauerfestigkeitsgrenze Fließlinien entlang den auch bei der normalen Plastizität tätigen Gleit- und Zwillingsebenen sich zeigten und auch der Bruch nach diesen Ebenen eintrat. Zweitens zeigten Härtemessungen usw. von SCHMID an wechselbeanspruchten Kristallen, daß sie durch die Wechselbeanspruchung ebenso wie durch eine normale Verformung verfestigt wurden. Nach größeren Wechselzahlen geht jedoch diese Verfestigung wieder zurück[3], so daß die Wechselfestigkeit der Einkristalle mit ihrer statischen Fließgrenze zusammenfällt. Diese entfestigende Wirkung plastischer Wechselverformungen bei größeren Spielzahlen ist der physikalische Effekt, der letzten Endes dem Unterschied zwischen wechselnder und zügiger Beanspruchung, der „Schädigung", zugrunde liegt. Atomistisch ist er vermutlich darauf zurückzuführen, daß bei der Wechselbeanspruchung die Versetzungen sich sehr häufig aneinander vorbeibewegen und daher eine erhöhte Vermischung, d. h. diffusionsartige Bewegung, einzelner Atome veranlassen, welche die atomistischen Gitterverzerrungen rückgängig macht. Auch Aushärtungseffekte können dadurch abgebaut werden.

Beim vielkristallinen Werkstoff beginnt nach Abschn. C 3 schon weit unterhalb der Streckgrenze in einzelnen Körnern eine plastische Formänderung. Wie G. MÖLLER und M. HEMPEL[4] beobachtet haben, führt diese von einer bestimmten, unterhalb der Streckgrenze liegenden Belastung ab, die mit der Wechselfestigkeit identisch zu sein scheint, zu einer Verbreiterung einzelner Röntgeninterferenzpunkte, d. h. zu stärkeren Verbiegungen in einzelnen Körnern. Da dieser Effekt in dem erwähnten Belastungsbereich nur bei oft wiederholter wechselnder, nicht aber bei zügiger Belastung auftritt, ist er eine Folge der oben besprochenen physikalischen Entfestigung. Die Verformung der Körner unterhalb der Wechselfestigkeitsgrenze ergibt, wie oben erwähnt, zunächst eine Verfestigung. Sie kann bei geeigneter Versuchsführung so weit gehen, daß sie auch bei erhöhter Belastung die weitere Gleitung vollständig unterbindet und damit die Entfestigung und den Wechselbruch unterdrückt. So ist der bekannte Erfolg des „Hochtrainierens" zu erklären.

Die zur Rißbildung notwendige Oberflächenenergie wird vermutlich von den Gitterverbiegungen geliefert, die im Augenblick des Bruchs örtlich zurückgehen.

An der Stelle einer Spannungsspitze (Kerbe), an der örtlich die Wechselfestigkeit überschritten wird, muß grundsätzlich nach genügend vielen Wechseln ein Anriß entstehen, der den Querschnitt weiter schwächt, während bei zügiger Beanspruchung in der Umgebung der Spannungsspitze Verfestigung eintritt. Daher ist der Einfluß einer Kerbe bei wechselnder Beanspruchung viel stärker als bei zügiger Belastung. Jedoch ist auch hier eine gewisse Stützwirkung zu erwarten, wenn der Differentialquotient der Spannung in der Nähe der Spitze so groß ist, daß der Riß nicht weiter vordringt.

[1] Siehe z. B. A. THUM u. G. OSCHATZ: Metallwirtsch. Bd. 13 (1934) S. 1.

[2] Vgl. E. SCHMID u. W. BOAS: Kristallplastizität.

[3] Dasselbe zeigte sich bei Versuchen mit reiner Schiebung von Zinnkristallen: H. HELD: Z. Metallkde. Bd. 32 (1940) S. 201.

[4] Mitt. K.-Wilh.-Inst. Eisenforschg. Bd. 20 (1938) S. 15 u. 229.

I. Festigkeitsprüfung bei ruhender Beanspruchung.

Von F. KÖRBER † und A. KRISCH.
Neu bearbeitet von A. KRISCH, Düsseldorf.

A. Allgemeines.

Mit der Belastung eines metallischen Werkstoffes ist in jedem Fall eine Formänderung verbunden, und umgekehrt ist zu jeder Formänderung eine Kraft, sei es eine äußere oder eine innere, notwendig. Der Werkstoff setzt also seiner Verformung einen gewissen Widerstand entgegen, der durch diese Kräfte überwunden werden muß.

Bei den in diesem Abschnitt zu behandelnden Verfahren der Festigkeitsprüfung, die vielfach auch als „statische" Festigkeitsprüfungen bezeichnet werden, wird das zu untersuchende Metall in einer geeigneten Vorrichtung (Werkstoffprüfmaschine) der Wirkung einer ruhenden oder langsam anwachsenden (stoßfreien) Beanspruchung ausgesetzt, deren Größe entweder unmittelbar aus der jeweils aufgebrachten Belastung oder mittelbar mit Hilfe einer Kraftmeßvorrichtung angegeben werden kann. Die Belastung der Probe geschieht dabei derart, daß die Formänderungen stetig und mit so kleiner Geschwindigkeit anwachsen, daß Beschleunigungskräfte nicht auftreten oder vernachlässigt werden können. Die Zuordnung der auf die Probe wirkenden äußeren Kräfte zu den entsprechenden Verformungen, die am übersichtlichsten in *Kraft-Verformungs-Schaubildern* dargestellt wird, und die zur Erreichung bestimmter Verformungen bzw. zur Zerstörung des Stoffzusammenhanges erforderlichen Beanspruchungen kennzeichnen das mechanisch-technologische Verhalten des Werkstoffes; ihre Bestimmung ist Gegenstand der statischen Festigkeitsprüfung. Dabei werden die Kräfte als Spannungen auf die Flächeneinheit des beanspruchten Querschnittes, die Formänderungen als spezifische Verformungen auf die Längen- oder Querschnittseinheit bezogen.

Je nach der Art der angreifenden Kräfte und den dabei auftretenden Formänderungen werden unterschieden: Zug-, Druck-, Biege-, Verdreh- und Scherversuche; bei den ersteren drei Prüfarten erzeugen die wirksamen Kräfte im beanspruchten Querschnitt Normalspannungen, bei den letzten beiden Schubspannungen.

Die unter der Wirkung dieser Kräfte auftretenden Verformungen können verschiedener Art sein: Es sind zu unterscheiden vorübergehende oder federnde (elastische) und bleibende oder bildsame (plastische) Verformungen. Die Formänderungen im elastischen Bereich, die meistens den aufgewendeten Kräften proportional ansteigen, sind verhältnismäßig klein; sie gehen nach Aufhören der Krafteinwirkung wieder vollständig zurück, so daß keine bleibende Gestaltsänderung feststellbar ist. Mit Überschreiten einer gewissen Grenzbelastung, der Elastizitätsgrenze, treten zu den elastischen auch plastische Formänderungen, die nach Aufhebung der äußeren Kraft nicht verschwinden. Diese plastische Formänderung ist nicht etwa wie die elastische Verformung der weiteren Belastungszunahme verhältnisgleich, sondern steigt beschleunigt an. Dieses Anwachsen zu großen, schon mit einfachen Meßgeräten oder gar schon unmittelbar wahrnehmbaren Verformungen erfolgt bei den verschiedenen Werkstoffen ganz verschieden. Während sich der Übergang bei den meisten Metallen in einem mehr oder weniger ausgedehnten Belastungsbereich, aber durchaus stetig vollzieht, erfolgt in Sonderfällen, vornehmlich bei vielen technisch wichtigen Stahlsorten, das Einsetzen der großen Formänderungen, des „Fließens" des Werkstoffes, sprunghaft bei einer als „Fließgrenze" bezeichneten Belastungsgrenze.

Im technischen Werkstoffprüfwesen ist es gebräuchlich, die den Werkstoff kennzeichnenden Festigkeitswerte in der Weise anzugeben, daß die äußeren Kräfte auf die Ausgangsabmessungen des zu prüfenden Körpers bezogen werden. Insbesondere gilt als das gebräuchlichste Maß der *Festigkeit* des Werkstoffes die auf die Ausgangsabmessungen bezogene Höchstbelastung, die je nach der Art der Beanspruchung als *Zug-*, *Druck-*, *Biege-*, *Verdreh-* und *Scherfestigkeit* bezeichnet wird. Von diesen sind die bei wiederholter Belastung gefundenen entsprechenden Wechselfestigkeiten zu unterscheiden. Die so berechneten „Spannungs"werte geben aber nur bei kleinen Formänderungen, etwa im elastischen Bereich, ein Maß der tatsächlichen Beanspruchung des Werkstoffes, während mit wachsenden Formänderungen, insbesondere im überelastischen Bereich der die äußere Kraftwirkung aufnehmende Querschnitt von dem ursprünglichen immer stärker abweicht. Bei spröden Werkstoffen, bei denen beim Erreichen der Höchstkraft der Bruch ohne vorherige bildsame Verformung erfolgt (Trennungsbruch), ist die Bedeutung des auf den Ausgangsquerschnitt bezogenen Festigkeitswertes als größte von dem Werkstoff zu tragende Spannung klar. Bei dehnbaren Werkstoffen, bei denen vor Erreichen der Höchstkraft eine beträchtliche Verformung erfolgt und der Bruch häufig mit Erreichen der Höchstkraft noch nicht eintritt, fehlt aber der als Quotient der Höchstkraft und des Ausgangsquerschnittes berechneten Festigkeitszahl diese einfache, physikalisch klare Bedeutung. Im Bereich starker Verformungen sind tiefere Einblicke in die Beziehungen zwischen Spannung und Formänderung nur zu erwarten, wenn die im Verlauf der Prüfung sich im Werkstoff ausbildenden Spannungen als „wahre Spannungen" auf die jeweiligen Abmessungen des beanspruchten Querschnittes bezogen werden.

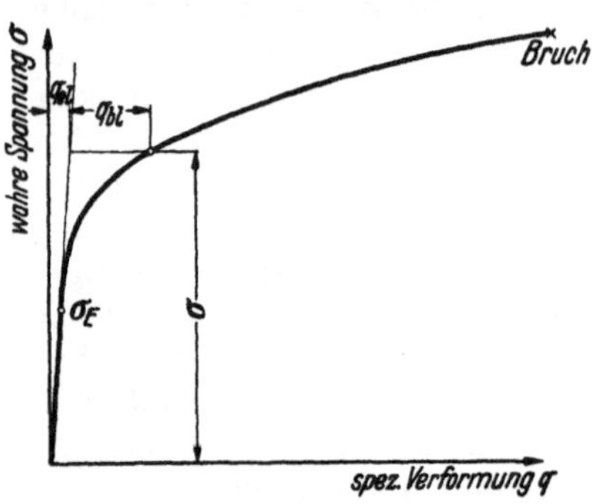

Abb. 1.
Schema der Spannungs-Verformungs-Kurve.

Die sich dann ergebende allgemeine Form der Spannungs-Verformungs-Kurve ist in Abb. 1 für dehnbare metallische Werkstoffe angegeben, sie gilt in dieser grundsätzlichen Darstellung nicht nur für den Zugversuch, sondern auch für Druck, Biegung und Verdrehung. Während bis zur Elastizitätsgrenze σ_E die Formänderung q_{el} rein elastisch ist, tritt bei höherer Spannung σ zu der weiterhin angenähert proportional ansteigenden elastischen Formänderung eine bleibende q_{bl}, die mit der Spannung stark beschleunigt anwächst. Dieser bei Metallen im allgemeinen festzustellende Anstieg der wahren Spannung mit der blebeinden Formänderung wird als *Verfestigung* bezeichnet. Nach Erreichen einer bestimmten plastischen Verformung unter einer bestimmten Spannung tritt dann häufig eine Trennung des Stoffzusammenhanges, der *Bruch*, ein. Bei spröden Metallen, die nicht zu einer plastischen Verformung fähig sind, bricht die Spannungs-Formänderungs-Kurve alsbald nach Überschreiten der Elastizitätsgrenze ab, ist also im wesentlichen auf den steil ansteigenden Ast im Bereich der elastischen Formänderung beschränkt.

B. Der Zugversuch.

1. Der Zugversuch als Grundversuch der statischen Festigkeitsprüfung.

Beim Zugversuch wird die Probe in ihrer Längsrichtung Zugkräften ausgesetzt, die sie zu verlängern bzw. zu zerreißen streben. In den für die Ausführung des Zugversuches meist Verwendung findenden Werkstoffprüfmaschinen (siehe Band I) werden diese Längszugkräfte dadurch erzeugt, daß die Probe zwischen den Einspannköpfen der Maschine bis zum Eintreten des Bruches gedehnt wird. Dabei wird am Kraftmesser der Maschine der Verlauf der in der Probe wirksamen Zugkraft verfolgt und vor allem die dabei auftretende Höchstkraft ermittelt.

Zugversuche werden zuweilen an fertigen Konstruktionssteilen durchgeführt, für die die Zugbeanspruchung in der Längsrichtung einen besonders wichtigen Fall ihrer Beanspruchung im Gebrauch darstellt; zu nennen sind Drahtseile, Ketten, Schweiß- oder Nietverbindungen u. dgl. mehr, deren Tragfähigkeit für den Fall einer stoßfreien Belastung somit unmittelbar bestimmt wird. Abschnitte von Drähten, Bändern und häufig auch Metallstäben mit einfachen Querschnittsformen können ebenfalls ohne weitere Bearbeitung mit Hilfe geeigneter Einspannbacken dem Zugversuch in der Prüfmaschine unterworfen werden. In der Regel, besonders für genauere Prüfungen, arbeitet man aber aus dem zu prüfenden Werkstoff oder Bauteil geeignet geformte Proben mit einem mittleren prismatischen oder zylindrischen Teil, der Versuchslänge, heraus; die Probenenden werden als unnachgiebige Einspannköpfe von größerem Querschnitt (s. Abschn. B 6 i) der Einspannvorrichtung der Prüfmaschine (siehe Band I) angepaßt und haben die Aufgabe, die mittige Belastung der Probe in ihrer Längsachse zu sichern.

Bei ausreichender Versuchslänge und nicht zu schroffem Querschnittsübergang zu den Einspannköpfen kann man für den mittleren Stabteil eine gleichmäßige Verteilung der in ihm hervorgerufenen Längszugspannungen (Normalspannungen) über den Querschnitt annehmen, die eine einfache und anschauliche Deutung der Versuchsergebnisse ermöglicht. Diese klar zu übersehenden Beanspruchungsverhältnisse bleiben allerdings für dehnbare Metalle im letzten Abschnitt des Zugversuches nicht mehr aufrechterhalten.

Der Idealfall einer homogenen Beanspruchung durch reine Normalspannungen trifft natürlich nur für die Querschnittsebenen senkrecht zur Achse der Probe zu. In allen anderen zur Probenachse geneigten Ebenen wirken neben Normalkräften auch Schubkräfte, die ihren Höchstwert auf den unter 45° zur Probenachse geneigten Ebenen annehmen. Während die axialen Zugspannungen bestimmend für den Trennungswiderstand spröder Metalle sind, kommt diesen Schubspannungen eine besondere Bedeutung für den bildsamen Verformungsvorgang sowie häufig auch für den Bruchvorgang dehnbarer Metalle zu.

Ein bemerkenswertes Kennzeichen des Zugversuches, das ihm besonders bei der Prüfung dehnbarer Metalle gegenüber dem Druck- und Biegeversuch eine bevorzugte Stellung einräumt, liegt darin, daß er in jedem Fall bis zum völligen Erschöpfen der Verformbarkeit des Werkstoffes, also bis zum Bruch, getrieben werden kann und so stets die zahlenmäßige Angabe eines Festigkeitswertes gestattet. Gleichzeitig ermöglicht die Ermittlung der bis zum Bruch der Probe eingetretenen Verformungen die Angabe von Kennziffern für das Verformungsvermögen des Werkstoffes.

Die gekennzeichneten Sonderheiten und Vorzüge des Zugversuches haben ihm in Verbindung mit der einfachen versuchsmäßigen Durchführung unter allen Werkstoffprüfverfahren bis auf den heutigen Tag die Rolle des grundlegenden Festigkeitsprüfverfahrens und unter allen statischen Festigkeitsprüfungen die bei weitem häufigste Anwendung gesichert. Diese führende Rolle des Zugversuches erklärt es auch, daß man immer wieder bemüht gewesen ist, die nach anderen Prüfverfahren ermittelten Werkstoffkennziffern, z. B. die Härte, zu den im Zugversuch ermittelten Eigenschaftswerten in Beziehung zu setzen. Damit zielen diese Bemühungen gleichzeitig darauf ab, aus den grundlegenden Ergebnissen der Prüfung im Zugversuch auch Aussagen über das zu erwartende Verhalten des Werkstoffes unter den andersgearteten Beanspruchungen anderer Prüfverfahren zu machen.

2. Das Spannungs-Dehnungs-Schaubild.

Das Verhalten des metallischen Werkstoffes beim Zugversuch wird am anschaulichsten gekennzeichnet durch das *Spannungs-Dehnungs-Schaubild,* in dem die an der Probe wirksame Zugkraft P in Abhängigkeit von der jeweiligen Verlängerung, bezogen auf die Querschnitts- und die Längeneinheit, dargestellt wird. Da an den Enden der prismatischen Versuchslänge L_v[1] die Belastung infolge der Wirkung der benachbarten Einspannköpfe im allgemeinen nicht gleichmäßig über den Probenquerschnitt verteilt ist, wird der Messung der Verlängerung eine kürzere *Meßlänge* L_0 zugrunde gelegt, die innerhalb der Versuchslänge in einem ausreichenden Abstand von dem Übergang zu den verstärkten Einspannköpfen abgegrenzt wird (vgl. Abb. 35 bis 45, S. 81 bis 87). Wird die gegebene Zugkraft P unmittelbar als Ordinate, die Verlängerung der Meßlänge $\Delta L = L - L_0$ als Abszisse aufgetragen, so erhält man das *Kraft-Verlängerungs-Schaubild.* Bezieht man die Kräfte auf den Ausgangsquerschnitt F_0: $\sigma = P/F_0$ und die Verlängerung auf die Meßlänge L_0: $\varepsilon = \Delta L/L_0$, so ergibt die entsprechende Auftragung das *Spannungs*(σ)-*Dehnungs*(ε)-*Schaubild,* das das Verhalten des Werkstoffes beim Zugversuch weitgehend unabhängig von den Probenabmessungen zur Darstellung bringt.

Wird das Kraft-Verlängerungs-Schaubild mit Hilfe der Schreibvorrichtung der Prüfmaschine (siehe Band I) während der Durchführung des Zugversuches selbsttätig aufgezeichnet, so ist die Zuverlässigkeit der Übertragung meist nicht ausreichend, um die Belastungen und insbesondere die Verlängerungen mit größerer Genauigkeit aus dem Schaubild zu entnehmen. Man begnügt sich daher für gewöhnlich mit der Festlegung des allgemeinen Kurvenverlaufes. Hierfür ist es nicht notwendig, die Formänderung der Meßlänge der Probe selbst auf das Schreibgerät zu übertragen; vielmehr genügt die weit einfacher durchzuführende Übertragung der gegenseitigen Bewegung der beiden Einspannköpfe der Maschine, die außer der Verlängerung der Meßlänge die Verlängerung der außerhalb derselben liegenden Probenteile, die elastischen Verformungen der Einspannvorrichtungen, sowie auch etwaige Verschiebungen der Probenköpfe in den Einspannungen einschließt.

Kennzeichnende Ausbildungsformen von Kraft-Verlängerungs-Schaubildern sind in Abb. 2 zusammengestellt, und zwar entspricht das Teilbild *a* einem

---

[1] Die Bezeichnungen wurden möglichst in Übereinstimmung mit DIN 50145, Ausg. 6. 1952 gewählt.

spröden Werkstoff, während sich die Teilbilder *b* und *c* auf verschieden zähe Werkstoffe beziehen.

Zu Beginn der Dehnung der Probe in der Maschine erfolgt durchweg ein schneller Anstieg der dadurch hervorgerufenen Zugkraft, so daß man zunächst die Dehngeschwindigkeit sehr klein wählen wird, um den Verlauf des Spannungsanstieges verfolgen zu können. Die in diesem Bereich auftretenden Verlängerungen sind so klein, daß sie nur mit sehr empfindlichen Feinmeßgeräten festgestellt werden können. Spannungen und Dehnungen ändern sich in diesem

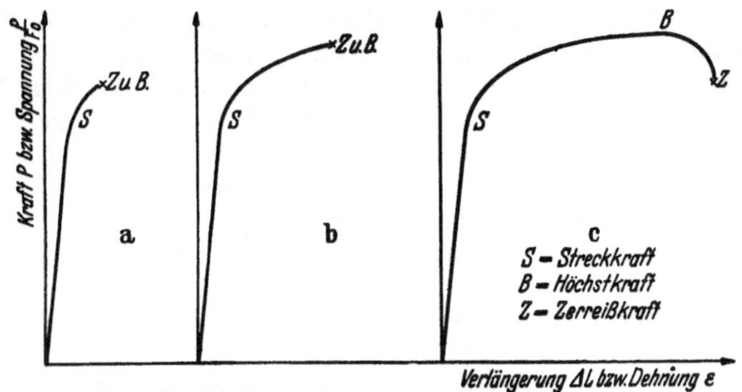

Abb. 2a bis c. Kraft-Verlängerungs-Schaubilder (grundsätzlich).

Bereich häufig verhältnisgleich (HOOKEsches Gesetz). Mit Überschreiten des als Proportionalitätsgrenze σ_P (näheres s. Abschn. 5 und 6e) bezeichneten Spannungswertes folgt der Spannungsanstieg nicht mehr in dem gleichen Maße dem Dehnungszuwachs; es tritt ein allmählich stärker werdendes Abbiegen von der ursprünglichen HOOKEschen Geraden, eine Krümmung der Spannungs-Dehnungs-Kurve zur Abzissenachse ein.

Wird eine im Bereich des geradlinigen Spannungsanstieges gedehnte Probe wieder entlastet, so verschwindet im allgemeinen auch die Verlängerung wieder. Die Probe nimmt also ihre ursprüngliche Länge wieder an; die Dehnung war eine rein federnde (elastische). Das in diesem Bereich unveränderliche Verhältnis von Spannung zu Dehnung ergibt den *Elastizitätsmodul* $E = \sigma/\varepsilon$; der reziproke Wert ist die Dehnzahl $\alpha = \varepsilon/\sigma$. Die Grenzspannung, nach deren Überschreiten die wieder entlastete Probe ihre Ursprungslänge nicht wieder annimmt, bei der also nach Rückgang der federnden Dehnung ein bleibender Dehnungsrest festzustellen ist, nennt man die *Elastizitätsgrenze* (E-Grenze; näheres s. Abschn. 6d). Oberhalb der Elastizitätsgrenze setzt sich die an der belasteten Probe gemessene Dehnung aus einem elastischen Anteil, der in ähnlichem Ausmaß wie im elastischen Bereich mit der Spannung weiter ansteigt, und einem plastischen Anteil zusammen, dessen weit schnellerer Anstieg mit steigender Spannung der Grund für die schon erwähnte Krümmung der Spannungs-Dehnungs-Kurve nach Überschreiten der Proportionalitätsgrenze ist (Abb. 1).

Mit der Verlängerung ist eine Querschnittsverminderung verbunden. Diese Querzusammenziehung ist das μ-fache der Verlängerung (μ = POISSONsche Konstante), μ hat im elastischen Gebiet einen anderen Wert als im plastischen. Elastische Verlängerung und Querzusammenziehung bewirken zusammen eine Volumenvergrößerung, während ein plastischer Verformungsanteil das Volumen unverändert läßt. Bei größeren plastischen Verformungen kann man daher mit einem unveränderlichen Volumen rechnen.

Bei spröden Werkstoffen (Abb. 2a) tritt schon nach geringen Verformungen, also bald nach Überschreiten der Elastizitätsgrenze, der Bruch ein, bevor der Probestab größere bleibende Dehnungen erfahren hat. Bei zähen Werkstoffen (Abb. 2b und c) wird der Spannungsanstieg für gleiche Dehnungsbeträge immer kleiner; die Spannungs-Dehnungs-Kurve krümmt sich immer stärker zur Dehnungsachse, wobei sich im allgemeinen ein starker Richtungswechsel in einem mehr oder weniger eng begrenzten Bereich vollzieht. Oberhalb des durch einen Kleinstwert des Krümmungsradius oder gar durch einen Knick ausgezeichneten Punktes der Spannungs-Dehnungs-Schaulinie (Abb. 2b, Punkt S) erleidet der Werkstoff bei weiterer Steigerung der Belastung starke bildsame Verformungen; die auftretenden Verlängerungen der Meßlänge nehmen ein solches Ausmaß an, daß sie unschwer mit einfachen Meßstäben oder einfachen Dehnungsmessern (siehe Band I) zu bestimmen sind. Um den Versuch in erträglicher Zeit zu Ende führen zu können, wird nach Einsetzen dieses verstärkten Dehnungsanstieges eine erhebliche Zunahme der Dehngeschwindigkeit der Maschine erforderlich; hierbei ist zu beachten, daß die Verformungsgeschwindigkeit die Höhe der Spannung zusätzlich beeinflußt.

Sobald mit weiter fortgesetzter Dehnung das Verformungsvermögen des Werkstoffes erschöpft ist, reißt die Probe. Dieser Bruch kann entweder im ansteigenden Ast der Kraft-Verlängerungs-Linie erfolgen, d. h. die Zugkraft steigt stetig bis zum Bruch an (Abb. 2b), oder diese erreicht einen Höchstwert, von dem sie bei weiterer Dehnung des Probestabes wieder zu kleineren Werten absinkt (Abb. 2c). Beim Erreichen dieses Höchstkraftpunktes bleibt der Kraftanzeiger der Maschine über einen größeren Bereich der Verlängerung praktisch unverändert stehen; bei Weiterführung des Versuches mit gleicher Reckgeschwindigkeit der Maschine beginnt der Kraftanzeiger dann zunächst langsam und bald immer schneller abzufallen, bis schließlich der Bruch eintritt (Abb. 2c, Punkt Z).

Mit Überschreiten des Höchstkraftpunktes tritt eine wesentliche Änderung der äußeren Gestalt der Probe ein. Erfuhr bis dahin die ganze Meßlänge der Probe eine gleichmäßige Dehnung und Querschnittsverminderung, so daß die prismatische Form erhalten blieb, so nimmt an dem weiteren Recken nur noch ein begrenzter Teil der Meßlänge teil. An einer durch die Probenform, bei

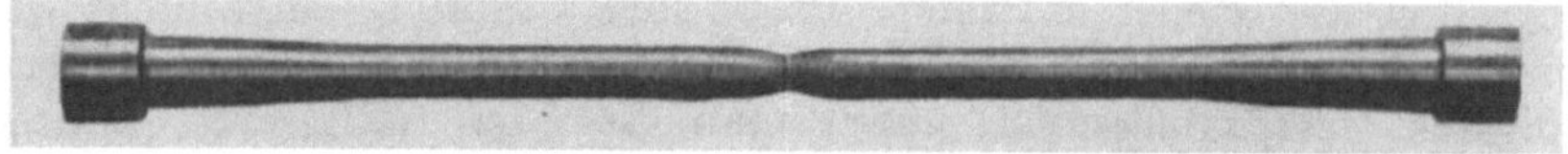

Abb. 3. Zerrissene Probe aus mittelhartem, einschnürendem Stahl (MOSER).

längeren Proben meist aber durch Zufälligkeiten im Werkstoff bedingten Stelle beginnt die Probe, örtlich eine Einschnürung zu zeigen (Abb. 3). Die Verlängerung der Probe bleibt bei weiterer Reckung auf dieses Einschnürgebiet beschränkt, während die von der Einschnürstelle weiter entfernt liegenden Abschnitte meist keine weitere bleibende Formänderung erleiden. Die Probe bricht gewöhnlich im kleinsten Querschnitt des Einschnürgebietes. Der Anteil der im Einschnürgebiet erfolgenden örtlichen Dehnung an der Gesamtdehnung ist verschieden für die verschiedenen metallischen Werkstoffe, hängt aber für den Werkstoff sehr stark von der Gestalt der Probe ab (s. Abschn. 6f).

In Abb. 4 sind einige Kraft-Verlängerungs-Schaubilder zusammengestellt, wie sie vom Schreibgerät der Prüfmaschine aufgezeichnet werden. Grauguß ist als Beispiel eines spröden Werkstoffes angeführt; ähnliche Schaubilder ergeben gehärtete Stähle, die ebenfalls ohne nennenswerte bildsame Verformung zu Bruch gehen. Während die für Gußmessing angegebene Art des Schaubildes im wesentlichen auf diese Werkstoffgruppe und auf Bronze beschränkt ist, werden für eine große Anzahl von stark verformbaren Werkstoffen Kurven in der für Kupfer wiedergegebenen Ausbildungsform beobachtet; zu nennen sind hier von

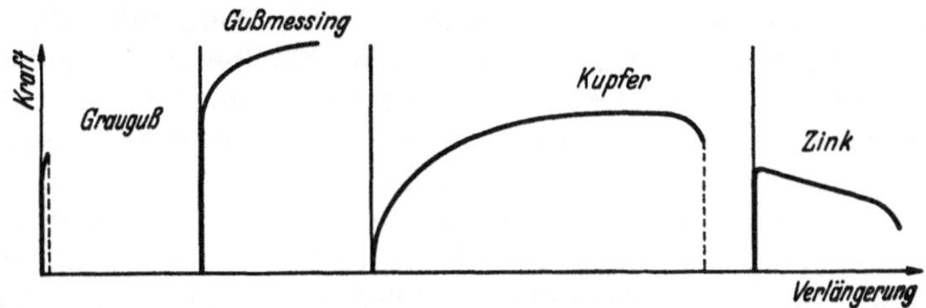

Abb. 4. Kraft-Verlängerungs-Schaubilder verschiedener Metalle und Legierungen.

technisch wichtigen Werkstoffen Aluminium, Blei, Stähle höherer Festigkeit, vor allem hochlegierte und vergütete Stähle. Das für Zink wiedergegebene Schaubild unterscheidet sich von dem für Kupfer dadurch, daß der Höchstkraftpunkt nicht erst nach einer erheblichen bildsamen Verformung, sondern alsbald nach deren Einsatz erreicht wird; das Schaubild gibt also vornehmlich ein Bild des Verhaltens dieses Werkstoffes im Einschnürgebiet wieder. Kraft-Verlängerungs-Schaubilder ähnlicher Form werden auch für stark kaltverformte Metalle beobachtet, bei denen ebenfalls die Kraft ohne nennenswerte bildsame Verformung schnell bis zum Höchstkraftpunkt ansteigt. In diesem Falle ist die Dehnung aber im wesentlichen auf den Bereich einer örtlich begrenzten Einschnürstelle beschränkt, während sie sich beim Zink als Folge einer Kette entstehender und sich wieder ausgleichender Einschnürungen unter entsprechend unregelmäßigem Kraftverlauf über die ganze Versuchslänge verteilt.

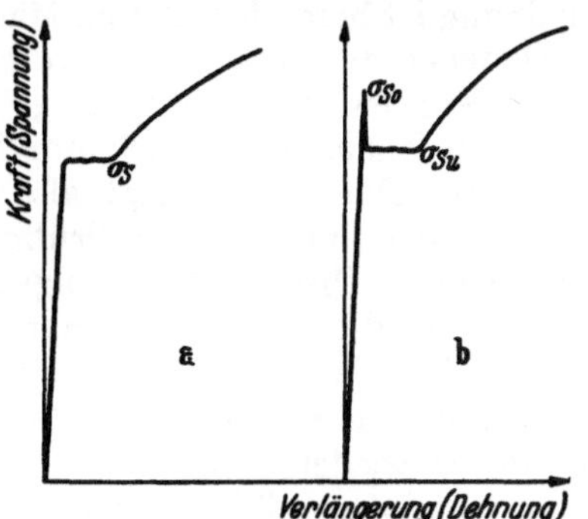

Abb. 5a u. b. Ausbildungsformen der Streckgrenze.

Eine Sonderform des Kraft-Verlängerungs-Schaubildes wird häufig bei Stählen, vor allem bei weicheren Stahlsorten im gewalzten oder geglühten Zustand, sowie vereinzelt auch bei Legierungen, vornehmlich bei bestimmten Bronzen beobachtet. Abweichend von dem in Abb. 2b und c sowie in den entsprechenden Schaulinien der Abb. 4 zu beobachtenden stetigem Anstieg der Kraft mit zunehmender Reckung der Probe tritt nach Erreichen einer bestimmten Grenzdehnung, bis zu der sich die Probe im wesentlichen elastisch verformt, unvermittelt eine beträchtliche bildsame Verformung, ein „Fließen" des Werkstoffes, unter gleichbleibender oder gar absinkender Kraft ein. Erst nachdem die Probe eine beträchtliche weitere Verlängerung erlitten hat, findet mit fortschreitender Reckung ein Wiederanstieg der Kraft statt. Abb. 5 zeigt schematisch kennzeichnende Formen derartiger Schaubilder mit ausgeprägtem Fließbereich. Die Grenzspannung, bei der trotz weiter zunehmender Dehnung der Probe die Kraftanzeige der Prüfmaschine erstmalig unverändert bleibt (Abb. 5a) oder zurückgeht (Abb. 5b), bei der also das Fließen einsetzt, ist die *Fließgrenze* des Werkstoffes. Für den Zugversuch wird sie als *Streckgrenze* σ_S bezeichnet. Im Fall eines Kraftabfalles wird sie als *obere Streckgrenze* σ_{So} von der *unteren Streckgrenze* σ_{Su} unterschieden, auf die die Spannung absinkt und unter der zunächst die weitere Verformung der Probe abläuft (näheres s. Abschn. 4.)

Bei der großen technischen Bedeutung dieser Grenzspannung, bei der beim technisch wichtigsten Werkstoff, dem weichen Stahl, der Fließvorgang sprunghaft einsetzt, ist es verständlich, daß man auch für Werkstoffe, deren Kraft-Verlängerungs-Schaubild keinen ausgeprägten Fließbereich, sondern einen stetigen Anstieg der Kraft mit der Verformung zeigt, eine entsprechende Grenzspannung für das Einsetzen starker bildsamer Verformungen festgelegt hat. Da, wie bereits angegeben, der Übergang von dem Gebiet vorwiegend elastischer Dehnung zu dem Gebiet starker bildsamer Verformung sich für die verschiedenen Werkstoffe ganz verschieden scharf ausprägt, ist man übereingekommen, als Streckgrenze für Werkstoffe ohne Fließbereich die Spannung festzulegen, bei der die bleibende Formänderung 0,2% erreicht; sie wird als 0,2-Grenze ($\sigma_{0,2}$) bezeichnet (vgl. Abschn. 5 und 6c).

Bei den meisten Metallen ist die von der Maschine aufgezeichnete Kraft-Verlängerungs-Kurve eine glatte Kurve, die keinerlei Unstetigkeiten aufweist. Eine Ausnahme hiervon macht das soeben erwähnte Verhalten der weichen Stähle beim Beginn der bleibenden Dehnungen; auf diese Erscheinungen im „Fließbereich" soll später näher eingegangen werden (s. Abschn. 4).

Anderseits kann man bei diesen Stählen, aber auch bei legierten Stählen oft beobachten, daß der weitere Anstieg der Kraft nicht ganz gleichmäßig erfolgt. Dehnt man eine Probe mit gleichbleibender geringer Geschwindigkeit, so zeigt die Kraftmeßvorrichtung oft für eine gewisse Zeit keine Änderung an, um dann plötzlich um einen kleinen Betrag anzusteigen. Offenbar hat sich in diesen Fällen eine kleine Verformungsstufe über die ganze Stablänge ausgebreitet, so daß die Überwindung eines höheren Formänderungswiderstandes erst erforderlich ist, wenn ein Probenteil weiter verformt werden soll. Diese Erscheinung ist besonders gut an Maschinen mit Laufgewichtswaage zu verfolgen.

Daneben zeichnet das Schreibgerät der Prüfmaschine in einer Reihe von Fällen Kurven, die über einen größeren Bereich der plastischen Dehnung, zuweilen über das ganze Schaubild, dicht aufeinanderfolgende Unstetigkeiten aufweisen. Die Kraft steigt also bei diesen Versuchen nicht stetig mit der Dehnung des Stabes in der Prüfmaschine an, sondern zeigt zahlreiche sprunghafte Abfälle. Diese sind die Folge einer plötzlichen starken Dehnung begrenzter Probenteile, die im Vergleich zur Reckgeschwindigkeit der Maschine so schnell erfolgt, daß sie zu einer teilweisen Entlastung der Probe führt, bis dieselbe durch die erneute Spannungssteigerung infolge der fortschreitenden Reckung der Probe wieder ausgeglichen wird. Diese Unstetigkeiten in den Kraft-Verlängerungs-Schaubildern treten bei einzelnen Werkstoffen in begrenzten Temperaturbereichen besonders deutlich hervor, so bei Stählen vornehmlich im Gebiet der Blauwärme, 150 bis 300° C. Bei Raumtemperatur werden sie nur selten beobachtet, so bei Duralumin nach besonderer Wärmebehandlung. In der Regel sind die plötzlichen Kraftänderungen infolge der sprunghaften Dehnungen so klein, daß sie von einer Zugprüfmaschine mit normaler Kraftmeßeinrichtung (z. B. Federmanometer) nicht angezeigt werden. Auf der anderen Seite sind auch Maschinen, bei denen die Kraft durch ein Pendelmanometer gemessen wird, für die Untersuchung dieser Erscheinungen nicht geeignet, da durch diese Sprünge das Pendel in Eigenschwingungen versetzt werden kann, die die an der Probe auftretenden Unstetigkeiten der Kraft und

Dehnung völlig überdecken. Für solche Untersuchungen sind vielmehr besonders empfindliche und vor allem trägheitslos arbeitende Dehnungsmeßvorrichtungen erforderlich[1].

Häufig machen sich derartige Dehnungssprünge durch ein deutliches Knacken bemerkbar. Zuweilen, so bei Leichtmetallen, sind die Vorgänge in der Probe auch sichtbar, indem man bei Flachstäben sehen kann, wie eine unter etwa 45° gegen die Probenachse geneigte Schicht plötzlich einen kleineren Querschnitt annimmt. Diese Dickenabnahme schreitet dann in vielen kleinen Sprüngen über die ganze Probenlänge fort, wobei sie manchmal von einer zweiten gekreuzt wird.

Da diese Vorgänge in den meisten Fällen nur mit Feinmeßgeräten besonderer Art zu beobachten sind, liegt die Vermutung nahe, daß man es hier mit einem Vorgang zu tun hat, der bei allen Zugversuchen im plastischen Gebiet auftritt, daß die Unstetigkeiten aber so klein sind, daß sie sich im allgemeinen der Wahrnehmung entziehen. Die heute allgemeingültigen Vorstellungen vom Mechanismus der bildsamen Verformung als unstetige Gleitungen in den Kristallkörnern des Metalls entlang ausgezeichneten Gleitflächen sind mit der Annahme einer gleichmäßig fortschreitenden Dehnung nicht zu vereinbaren und legen die Annahme eines sprunghaften Dehnvorganges nahe. Wenn solche Sprünge bisher nur bei gewissen Gruppen von Werkstoffen unter besonderen Versuchsbedingungen beobachtet worden sind, so sind in diesen Fällen wahrscheinlich die Unstetigkeiten des Verformungsmechanismus größer als bei anderen Stoffen.

In der technischen Werkstoffprüfung beschränkt sich die Auswertung des Zugversuches vielfach auf die Ermittlung der *Höchstkraft* P_{max}, aus der sich, bezogen auf den Ausgangsquerschnitt, die *Zugfestigkeit* $\sigma_B = \frac{P_{max}}{F_0}$ als die für die Festigkeitseigenschaften des Werkstoffes wichtigste Kennziffer errechnet, und die der *Bruchdehnung*, die aus der bleibenden Verlängerung der Meßlänge des zerrissenen Stabes bestimmt wird: $\delta = \frac{L - L_0}{L_0} \cdot 100$. Als weiterer, technisch bedeutsamer Festigkeitswert wird häufig die *Streckgrenze* σ_S ermittelt, die für die Beurteilung der Tragfähigkeit eines Werkstoffes in einem statisch auf Zug beanspruchten Bauwerk wichtig ist. Schließlich wird zur Beurteilung der Verformbarkeit des Werkstoffes neben der Bruchdehnung zuweilen auch die *Brucheinschnürung* (*Querschnittsverminderung*) $\psi = \frac{F_0 - F_B}{F_0} \cdot 100$ ermittelt; F_0 bedeutet den Ausgangsquerschnitt, F_B den kleinsten Querschnitt der Probe an der Bruchstelle.

Zur Ermittlung dieser Kennwerte ist die Aufnahme eines vollständigen Kraft-Verlängerungs-Schaubildes nicht notwendig, jedoch vermittelt dieses ein Bild von dem Verhalten des Werkstoffes im Zugversuch von solcher Übersichtlichkeit und Vollständigkeit, daß nicht nur bei der Erforschung und Prüfung neuentwickelter Werkstoffe, sondern auch in der technischen Werkstoffprüfung häufig aus seiner Festlegung großer Nutzen gezogen werden kann.

Die von der Spannungs-Dehnungs-Schaulinie OS_oS_uBZ (Abb. 6) begrenzte Fläche, deren Größe durch Ausplanimetrieren zu bestimmen ist, ist ein Maß der Arbeit, die zum Recken des Probestabes bis zum Bruch je Raumeinheit der Meßlänge aufgewendet werden muß. Dieser spezifische Arbeitsverbrauch, gemessen in Millimeterkilogramm je Kubikmillimeter, wird als das *Arbeitsvermögen* des Werkstoffes bezeichnet. Der so zu ermittelnde Wert ist abhängig

[1] ENDERS, W., u. W. LUEG: Mitt. K.-Wilh.-Inst. Eisenforschg. Bd. 17 (1935) S. 77.

von dem Anteil der Einschnürdehnung an der gesamten Bruchdehnung, also bestimmt durch die Probenform. Zuweilen wird daher bei der Bestimmung des Arbeitsvermögens der im Bereich der örtlichen Einschnurung verbrauchte Arbeitsbetrag als für die Tragfähigkeit des Werkstoffes bedeutungslos ausgeschieden und nur der Arbeitsbedarf bis zur Erreichung des Höchstkraftpunktes berechnet (in Abb. 6 gestrichelt).

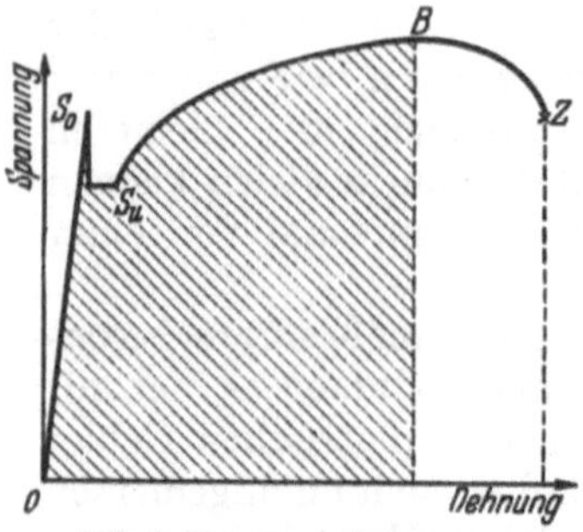

Abb. 6. Spannungs-Dehnungs-Schaubild mit ausgeprägter Streckgrenze (grundsätzlich).

Das Arbeitsvermögen wird nur selten ermittelt. Eine angenäherte Bestimmung läßt sich so vornehmen, daß statt der von der Spannungs-Dehnungs-Schaulinie umschlossenen Fläche der Flächeninhalt des umschließenden Rechteckes als Produkt aus Zugfestigkeit σ_B und Bruchdehnung δ berechnet und mit einem Faktor, dem *Völligkeitsgrad*, multipliziert wird, der sich für gleichartige Werkstoffe weitgehend unveränderlich erwiesen hat.

Form und Aussehen der Bruchfläche zeigen je nach Art des Werkstoffes, seiner Zusammensetzung und seiner Gefügeausbildung, zuweilen auch beeinflußt durch die Versuchsdurchführung, sehr große Verschiedenheiten, so daß hier nur auf einige wenige kennzeichnende Erscheinungen hingewiesen werden kann[1]. Spröde Werkstoffe zeigen im allgemeinen eine fast ebene Bruchfläche

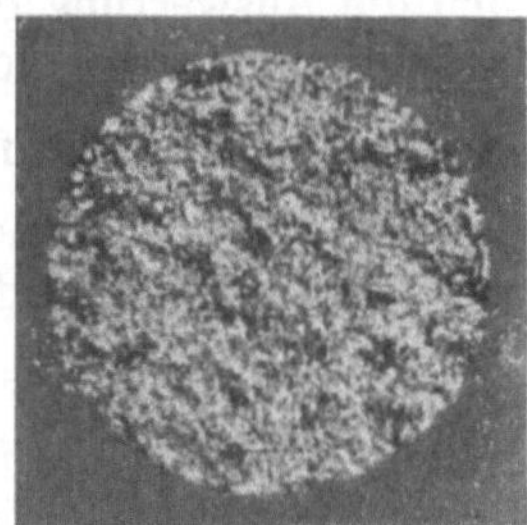

Abb. 7. Bruchfläche eines spröden Stoffes mit feinem Korn (Grauguß) (BACH-BAUMANN).

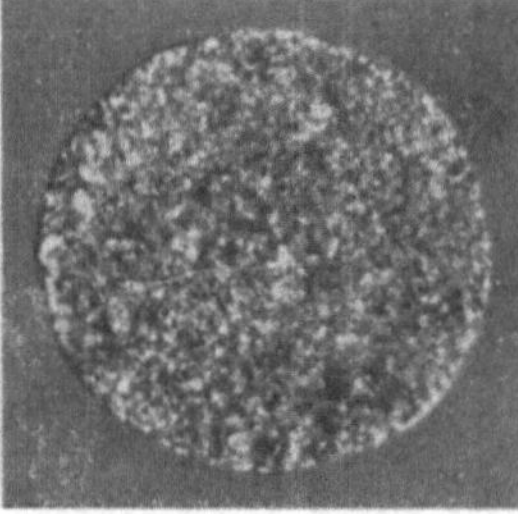

Abb. 8. Bruchfläche eines spröden Stoffes mit grobem Korn (Grauguß) (BACH-BAUMANN).

Abb. 9. Bruchfläche von gehärtetem Stahl (SACHS-FIEK).

senkrecht zur Stabachse (Abb. 7 bis 9); unter der Wirkung der gleichmäßig über den Querschnitt verteilten Normalspannungen wird die Kohäsion des Werkstoffes überwunden, und es erfolgt ein Trennungsbruch. Das Bruchaussehen wird dabei durch den kristallinen Gefügeaufbau und vor allem auch durch die Korngröße des Werkstoffes beeinflußt, indem bei grobkörnigem Werkstoff im allgemeinen die glatten, vielfach spiegelnden Spaltflächen der einzelnen Kristallkörner deutlich hervortreten (körniger Bruch, Abb. 8), während eine feine Gefügeausbildung, wie sie z. B. bei gehärteten Stählen vorliegt, eine glatte Bruchfläche im Gefolge hat (Abb. 9). Bei dehnbaren Metallen ist dagegen in der Bruchausbildung häufig die Wirkung der in der Probe wirksamen Schubkräfte deutlich zu erkennen (Abb. 10). In Sonderfällen wird die Bruchform allein durch deren Wirkung bestimmt, so z. B. bei dem

[1] Näheres siehe C. BACH u. R. BAUMANN: Festigkeitseigenschaften und Gefügebilder der Konstruktionsmaterialien. Berlin 1921. — G. SACHS u. G. FIEK: Der Zugversuch, S. 62 bis 67. Leipzig 1926.

unter einem bestimmten Reißwinkel erfolgenden Bruch flacher Metallbänder[1] (Abb. 11). Auch bei den mit ausgeprägter örtlicher Einschnürung zu Bruch gehenden Rund- oder Vierkantproben verformbarer Metalle sind diese Schubkräfte von Einfluß auf die Bruchausbildung; im Verein mit der im Einschnürgebiet sich ausbildenden inhomogenen Spannungsverteilung über den Querschnitt sind hier die mannigfaltigsten Bruchausbildungen zu beobachten, je nachdem der sich unter der Wirkung der Schubkräfte ausbildende trichterförmige Schiebungsbruch oder der infolge der Normalspannungen eintretende ebene Trennungsbruch überwiegt.

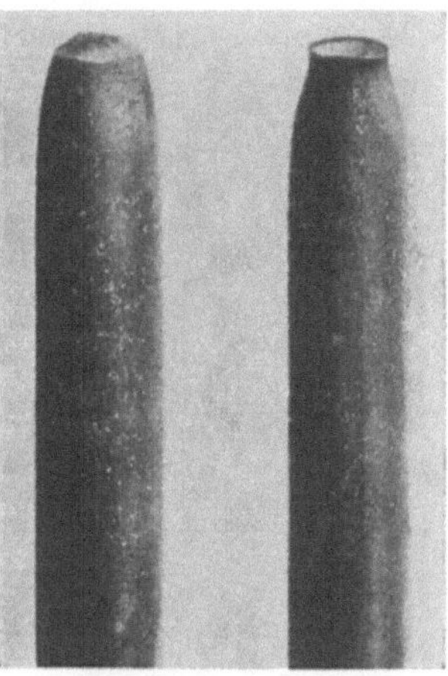

Abb. 10. Trichterförmiger Schiebungsbruch (MOSER).

Bei legierten, vergüteten Stählen finden die Abschiebungen oft unter Bevorzugung radial verlaufender Gleitebenen statt (Fräserbruch, Abb. 12), die in Sonderfällen, z. B. bei tiefer Temperatur in Aufspaltungen des Einschnürkegels übergehen können[2].

Bei Werkstoffen, deren Fließvermögen bei der Prüftemperatur nicht erschöpft wird, was für Blei bereits bei Raumtemperatur, für andere Metalle erst bei höheren Temperaturen zutrifft,

Abb. 11. Ausbildung des Reißwinkels an dünnen Blechen (KÖRBER-HOFF).

zieht sich die Probe je nach ihrem Ausgangsquerschnitt zu einer Spitze oder Schneide aus (Abb. 13). Nach P. LUDWIK ist in solchen Fällen anzunehmen, daß infolge des geringen Verfestigungsvermögens der Gleitwiderstand nicht bis zum Trennwiderstand ansteigen kann.

Fehlstellen im Werkstoff, wie Einschlüsse, Hohlräume, Dopplungen u. dgl., sowie Verletzungen der Oberfläche, wie sie bei der Probenherstellung (Dreh- und Schleifriefen) oder durch Körnermarken, eingeritzte Teilstriche und ähnliches hervorgerufen werden, vermögen die Bruchausbildung und das Aussehen der Bruchfläche sehr stark zu beeinflussen. Besonders scharf

Abb. 12. Fräserbruch.

---

[1] KÖRBER, F., u. H. HOFF: Mitt. K.-Wilh.-Inst. Eisenforschg. Bd. 10 (1928) S. 175. — F. KÖRBER u. E. SIEBEL: Mitt. K.-Wilh.-Inst. Eisenforschg. Bd. 10 (1928) S. 189.

[2] POMP, A., A. KRISCH u. G. HAUPT: Mitt. K.-Wilh.-Inst. Eisenforschg. Bd. 21 (1939) S. 231. — A. KRISCH u. G. HAUPT: Arch. Eisenhüttenw. Bd. 13 (1939/40) S. 299.

treten diese Wirkungen auf der Bruchfläche spröder Stoffe hervor, bei denen der Bruch von derartigen Fehlstellen oder Verletzungen seinen Ausgang nimmt (Kerbwirkung) und sich von diesen Ausgangspunkten vielfach strahlig durch den Querschnitt des Stabes ausbreitet (Abb. 14). Bei stark dehnbaren

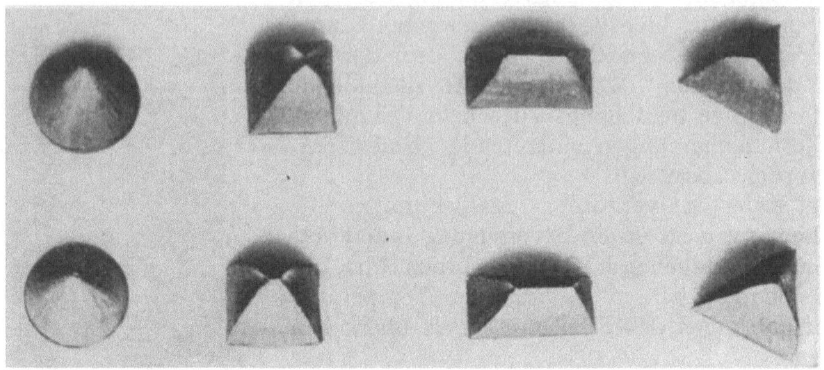

Abb. 13. Aufsicht auf Fließkegel von Blei-Zugproben verschiedener Querschnittsform (SACHS-FIEK).

Metallen wird dagegen die Kerbwirkung von Fehlstellen und Verletzungen durch die an ihrem Rande frühzeitig einsetzende bildsame Verformung stark herabgesetzt. Daher beginnt bei örtlich einschnürenden Zugproben der Bruch in der Regel in der Mitte des Querschnitts unabhängig von Teilmarken od. dgl.; dies gilt besonders für Proben mit gemischter Bruchform (Basis- und Trichterausbildung, siehe Abb. 10). Im eingeschnürten Teil der Probe ist die Spannung in der Mitte am größten, so daß dort der Trennwiderstand zuerst überschritten wird. Mit dem Aufreißen der Probe an dieser Stelle kann in der dann noch allein tragenden Randzone das Verhältnis zwischen Längs- und Querspannung so geändert werden, daß dort der Bruch unter Abschiebungen (Trichterbildung) erfolgt.

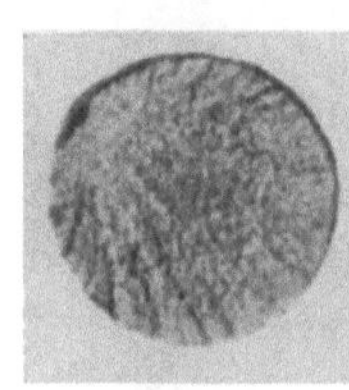

Abb. 14. Bruchfläche von Stahl mit Strahlen, die von einer Fehlstelle an der Oberfläche ausgehen (SACHS-FIEK).

Die Unterscheidung, ob Besonderheiten der Bruchflächenausbildung durch Fehlstellen oder die Art des Bruchvorganges bedingt sind, ist häufig sehr schwierig und setzt große Erfahrung des Prüfers voraus.

3. Fließkurve und wahre Spannungen.

Im Bereiche kleiner Verformungen, bei spröden Metallen im allgemeinen bis zum Bruch, bei dehnbaren Metallen nur bis zur Fließgrenze, entspricht die auf den Ausgangsquerschnitt bezogene Kraft innerhalb der Fehlergrenzen der Bestimmung den im Werkstoff wirksam werdenden Spannungen. Mit dem Einsetzen größerer bleibender Verformungen kann dagegen die unmittelbar aufgenommene Kraft-Verlängerungs-Kurve nicht mehr als Unterlage für eine physikalische Ausdeutung der Vorgänge im Werkstoff beim Zugversuch dienen, weil auf der einen Seite die den Dehnungen ε unter Voraussetzung der Volumenkonstanz entsprechende Querschnittsverminderung $q = \frac{\varepsilon}{1+\varepsilon}$ bei der Berechnung der im Werkstoff tatsächlich wirksamen Spannungen nicht vernachlässigt werden darf und auf der anderen Seite im Bereich der örtlichen Einschnürung der Dehnung eine nicht mehr einfach zu übersehende Bedeutung zukommt (vgl. Abschn. 6f).

Werden dagegen die Spannungen, wie bereits im Abschn. A angedeutet, auf den jeweils kleinsten, am stärksten verformten Querschnitt bezogen, so kommt den so berechneten Werten der „wahren Spannungen" σ eine klare physikalische Bedeutung zu, solange im Gebiet gleichmäßiger Dehnung der Versuchslänge eine gleichmäßige Spannungsverteilung über den Querschnitt angenommen werden darf. Damit können auch die Bedingungen für den Eintritt weiteren Fließens als klargestellt gelten, für die bei dieser homogenen Spannungsverteilung die unter 45° zur Probenachse wirksame größte Schubspannung vom halben Wert der wahren Zugspannung bestimmend ist:

$$\tau_{\max} = \frac{\sigma}{2}.$$

Im Bereich der örtlichen Einschnürung der Probe ist die Spannungsverteilung nicht mehr einachsig, da zu den Längsspannungen Radial- und Tangentialspannungen hinzukommen. Obendrein ist die Verteilung dieser Spannungen nicht mehr gleichmäßig. Der auf den engsten Probenquerschnitt bezogene mittlere Wert der Längsspannungen gestattet daher keine vollständige Aussage mehr über die in diesem Querschnitt auftretenden Spannungsverhältnisse, und die für die Verformung maßgebende größte Schubspannung ergibt sich nicht mehr allein aus der wahren Längsspannung σ, sondern wird durch die räumliche Spannungsverteilung als halbe Differenz der größten und kleinsten dort herrschenden Normalspannung bestimmt:

$$\tau = \frac{\sigma_1 - \sigma_3}{2}.$$

Sie ist also kleiner als der halbe Wert der wahren Spannung σ. Nach E. Siebel und S. Schwaigerer[1] kann man die Spannungsverteilung im kleinsten Querschnitt der Einschnürung mit Hilfe der Schubspannungstheorie aus der wahren Spannung in der Längsrichtung (σ_l), in der Radialrichtung (σ_r) und der Umfangsrichtung (σ_u), aus dem Krümmungsradius der Mantellinien des Stabes ϱ_a und seinem Radius r an der engsten Stelle näherungsweise angeben, wobei x der Abstand von der Stabachse ist ($x < r$):

$$\sigma_l = 2\tau\left(1 + \frac{r^2 - x^2}{2\varrho_a r}\right),$$

$$\sigma_r = 2\tau \frac{(r^2 - x^2)}{2\varrho_a r},$$

$$\sigma_u \sim \sigma_r.$$

Die höchsten Spannungen bestehen danach in der Probenachse, sie betragen

$$\sigma_{l_{\max}} = 2\tau\left(1 + \frac{r}{2\varrho_a}\right),$$

$$\sigma_{r_{\max}} = 2\tau \frac{r}{2\varrho_a},$$

$$\sigma_{u_{\max}} = \sigma_{r_{\max}}.$$

Als Mittelwert für die Längsspannung ergibt sich

$$\sigma_{l_{\text{mittel}}} = 2\tau\left(1 + \frac{r}{4\varrho_a}\right).$$

[1] Arch. Eisenhüttenw. Bd. 19 (1948) S. 145.

Die als mittlere Normalspannung berechnete „wahre Spannung“ ist also gegenüber dem durch τ gemessenen jeweiligen Formänderungswiderstand des Werkstoffes im Einschnürgebiet um einen Betrag erhöht, der von der Gestalt des Probestabes im Einschnürgebiet abhängig ist (Gestaltsverfestigung). Wegen der schwierigen und nur mit einer gewissen Annäherung möglichen Bestimmung von τ sollen die weiteren Ausführungen dieses Abschnittes auf die versuchsmäßig weit einfacher zu ermittelnde „wahre Normalspannung“ beschränkt werden, deren Abhängigkeit von der Querschnittsänderung schon vertiefte Einblicke in den Zugvorgang gestattet.

Als Maßstab der Verformung soll die prozentuale Querschnittsverminderung $q = \frac{F_0 - F}{F_0} \cdot 100$ gewählt werden[1]. Die so ermittelte „wahre Zugkurve“ zeigt einen stetigen Anstieg der Spannung mit abnehmendem Querschnitt bis zum Bruch (Abb. 15 und 16). In ihrem Verlauf prägt sich die Höchstkraft in keiner Weise aus, jedoch ist eine mathematische Bestimmung aus dem Kurvenverlauf möglich. Da die Kraft P in jedem Augenblick gleich dem Produkt aus der wahren Spannung σ und dem jeweiligen Querschnitt F ist:

$$P = \sigma F,$$

gilt für die Kraftänderung

$$dP = \sigma\, dF + F\, d\sigma .$$

Im Höchstkraftpunkt ist die Kraft ein Maximum oder die Kraftänderung gleich Null:

$$\sigma_h\, dF + F_h\, d\sigma = 0 .$$

Hieraus ergibt sich

$$\left(\frac{d\sigma}{dF}\right)_{\substack{\sigma = \sigma_h \\ F = F_h}} = -\frac{\sigma_h}{F_h} .$$

Für die Tangente der $\sigma - F$- oder $\sigma - q$-Kurve im Punkte σ_h; F_h, der dem Erreichen der Höchstkraft im normalen Spannungs-Dehnungs-Schaubild entspricht, gilt also die Gleichung

$$\sigma - \sigma_h = \frac{\sigma_h}{F_h}\,(F_h - F) .$$

Setzt man darin $F = 0\,(q = 100\%)$, so erhält man $\sigma = 2\,\sigma_h$. Die Tangente der wahren Spannungskurve im Höchstkraftpunkt schneidet also die Ordinate

[1] MÖLLENDORFF, W. v., u. J. CZOCHRALSKI: Z. VDI Bd. 57 (1913) S. 931, 1014. — F. KÖRBER: Mitt. K.-Wilh.-Inst. Eisenforschg. Bd. 3II (1922) S. 1. — F. KÖRBER u. W. ROHLAND: Mitt. K.-Wilh.-Inst. Eisenforschg. Bd. 5 (1924) S. 55. — Weitere Verformungsmaßstäbe sind:

1. die effektive Dehnung, die sich auch im Einschnürgebiet nach der Formel

$$\varepsilon = \frac{q}{1 - q}$$

errechnet (CONSIDÈRE, LUDWIK).

2. die prozentuale Durchmesserabnahme (STEAD),

3. die spezifische Schiebung

$$\gamma = 2 \ln (1 + \lambda)$$

(LUDWIK).

4. Bei technologischen Versuchen wird vielfach der Ausdruck

$$\varphi = \left(\frac{\gamma}{2} =\right) \ln \frac{F_0}{F}$$

angewandt.

für $F = 0 (q = 100\%)$ in der doppelten Höhe der wahren Spannung σ im Höchstkraftpunkt (Abb. 15). Für $\sigma = 0$ schneidet die Tangente die Abszissenachse im Abstande F_h vom Höchstkraftpunkt (Abb. 16).

Das Auftreten einer Höchstkraft im Kraft-Verlängerungs-Schaubild bildsamer Metalle läßt sich hiernach in folgender Weise deuten: In der Gleichung der Kraftänderung $dP = \sigma dF + F d\sigma$ ist das Glied σdF wegen des mit zunehmender Dehnung ständig abnehmenden Querschnittes F stets negativ, das Glied $F d\sigma$ wegen der mit der Verformung immer weiter steigenden *Verfestigung* des Werkstoffes dagegen positiv. Auf dem ansteigenden Ast des Kraft-Verlängerungs-Schaubildes, $dP > 0$, überwiegt das 2. Glied; die Zugprobe kann daher an der stärker verformten Stelle eine größere Kraft ertragen

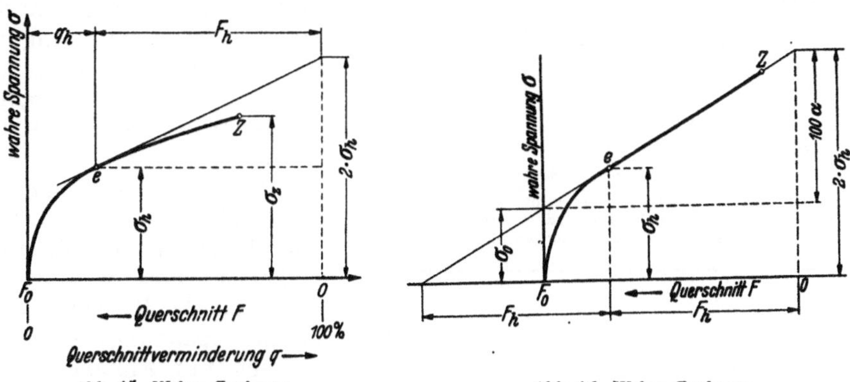

Abb. 15. Wahre Zugkurve.

Abb. 16. Wahre Zugkurve.

als an der weniger verformten, so daß die Verformung sich von dem stärker verformten Bereich über die ganze Probenlänge ausbreitet (gleichmäßige Dehnung der Probe). Nach Erreichen der Höchstkraft beginnt dagegen das 1. Glied zu überwiegen; der Querschnitt nimmt an der am stärksten verformten Stelle schneller ab, als seine Tragfähigkeit durch die weiter steigende Verfestigung zunimmt, so daß die Kraft sinkt ($dP < 0$). Alsdann ist eine Ausbreitung der Formänderung auf benachbarte Stabteile nicht mehr gegeben, und die örtliche Einschnürung wird immer stärker, bis der Bruch erfolgt. Somit deckt sich die Bedingung für das Erreichen der Höchstkraft mit der für den Beginn der örtlichen Einschnürung. In Übereinstimmung damit steht die Beobachtung, daß die örtliche Einschnürung sich stets im Höchstkraftbereich des Kraft-Verlängerungs-Schaubildes auszubilden beginnt. Daß aber das Erreichen der Höchstkraft, der Abschluß der gleichmäßigen Dehnung und der Beginn der örtlichen Einschnürung nicht vollkommen zusammenfallen, hat seinen Grund, abgesehen von den Wirkungen irgendwelcher Ungleichmäßigkeiten im Werkstoff oder in der Zugprobe, vor allem in einem Einfluß der Verformungsgeschwindigkeit, der im ganzen plastischen Bereich wirksam ist. Mit Erhöhung der Geschwindigkeit steigt in der Regel der Verformungswiderstand merklich an. Da nun bei unveränderter Maschinengeschwindigkeit mit dem Beginn der Einschnürung die Verformungsgeschwindigkeit örtlich plötzlich anzusteigen beginnt, kann infolge der damit verbundenen Erhöhung des Fließwiderstandes an dieser Stelle die Verformung wiederum auf andere Probenteile übergreifen, so daß der Vorgang der gleichmäßigen Dehnung verlängert und der Einschnürvorgang verzögert wird (vgl. das Auftreten mehrfacher Einschnürungen beim Schlag-Zugversuch, s. Abschn. II A 6g).

Bei der versuchsmäßigen Festlegung der „wahren Zugkurven" hat sich ergeben, daß diese für viele Metalle im Einschnürgebiet fast geradlinig verlaufen (Abb. 17 und 18)[1]. In diesem Fall schneidet die geradlinige Verlängerung auf der Ordinate für $q = 100\%$ unmittelbar die doppelte Höchstkraftspannung ab. Im geradlinigen Bereich gilt dann die Beziehung $\sigma = \sigma_0 + \alpha q$, in der die Neigung der Geraden α ein Maß der Verfestigung des Werkstoffes mit der Verformung darstellt (Verfestigungszahl, vgl. Abb. 16). Es darf dabei aber nicht übersehen werden, daß die versuchsmäßig ermittelten Werte der wahren Spannung im Bereich der Einschnürung den bereits als Gestaltsverfestigung bezeichneten Betrag einschließen[2]; eine weitere Verschiebung der Kurven nach zu hohen Spannungswerten ist vielfach mit Annäherung an den Bruchpunkt Z festzustellen, indem sich die wahren Zugkurven deutlich nach oben krümmen. Nach C. W. McGREGOR[3] erhält man eine geradlinige Beziehung, wenn man die wahre Spannung über dem Logarithmus des Querschnitts- bzw. Durchmesserverhältnisses aufträgt, so daß die Bestimmung von zwei Punkten genügt.

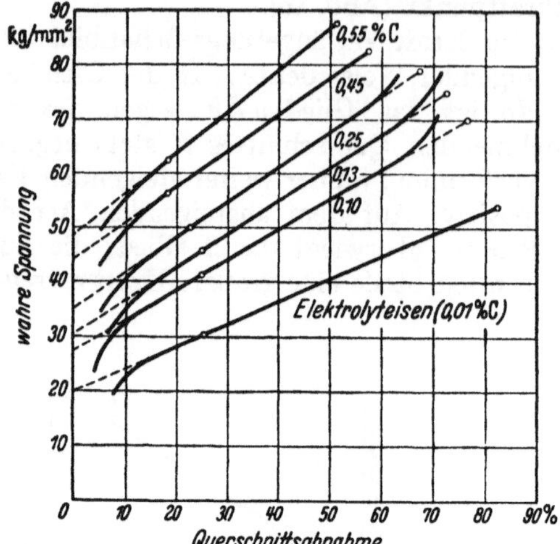

Abb. 17. Spannungs-Querschnittsverminderungs-Kurve (wahre Spannungen, Fließkurven) für mehrere Kohlenstoffstähle (KÖRBER-ROHLAND).

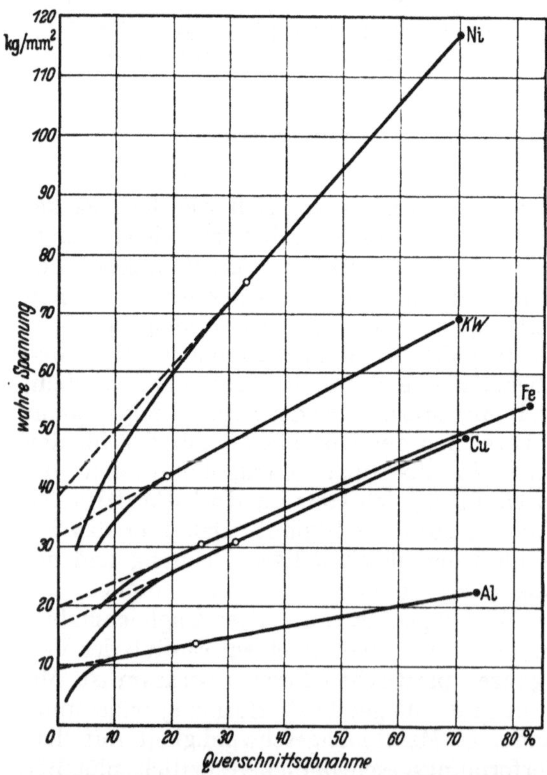

Abb. 18. Kurve der wahren Spannungen für Metalle (KÖRBER-ROHLAND). Ni Nickel, *KW* Kruppsches Weicheisen, Fe Elektrolyteisen, Cu Elektrolytkupfer, Al Aluminium.

Für Werkstoffe mit einem annähernd geradlinigen Verlauf der wahren Zugkurve im Einschnürgebiet läßt sich eine angenäherte Konstruktion der gesamten Kurve angeben, sofern die im normalen Zugversuch leicht bestimmbaren Kennziffern des Werkstoffes bekannt sind: Streckgrenze σ_S, Zugfestigkeit σ_B, Querschnittsverminderung bei der beginnenden Einschnürung q_g und

[1] KÖRBER, F., u. W. ROHLAND: Mitt. K.-Wilh.-Inst. Eisenforschg. Bd. 5 (1924) S. 55.
[2] KÖRBER, F., u. H. MÜLLER: Mitt. K.-Wilh.-Inst. Eisenforschg. Bd. 8 (1926) S. 181.
[3] Sheet Metals Industries Bd. 15 (1941) S. 610 u. 877.

Brucheinschnürung ψ. Auf diesem Wege läßt sich auch die dem Endpunkt Z der Zugkurve zugeordnete Spannung σ_Z berechnen[1]

$$\sigma_z = \sigma_B \frac{1 + \psi - 2q_e}{(1 - q_e)^2},$$

die in der technischen Werkstoffprüfung auch als *Reißfestigkeit* Beachtung gefunden hat, deren versuchsmäßige Bestimmung aber sehr schwierig ist.

4. Die Fließgrenze als ausgeprägte (natürliche) Streckgrenze.

Prägt sich die Fließgrenze im Spannungs-Dehnungs-Schaubild durch einen Fließbereich unter unveränderter Spannung (Abb. 5a) oder durch einen Spannungsabfall (Abb. 5b) aus, so handelt es sich offensichtlich um eine im Wesen des Werkstoffes liegende Spannungsgrenze, bei deren Überschreiten der Fließvorgang spontan einsetzt. Verglichen mit dem in Abb. 2b und c dargestellten Kraft-Verlängerungs-Schaubild, das beim Einsetzen plastischer Verformungen keine Unstetigkeit erkennen läßt, zeigt sich der wesentliche Unterschied darin, daß die Kurve bis zu verhältnismäßig hohen Belastungen geradlinig, in ihrer Neigung durch den Elastizitätsmodul des Werkstoffes bestimmt, ansteigt; dabei tritt eine bleibende Dehnung nicht ein (näheres s. jedoch Abschn. 5). Der sich nach Erreichen der Streckgrenze im Fließbereich abspielende Vorgang der Dehnung unter gleichbleibender Spannung läßt die Probe gewissermaßen die bis dahin versäumte bleibende Dehnung nachholen, und zwar wird der zeitliche Verlauf dieser Dehnung unter gleichbleibender Belastung im wesentlichen durch die Geschwindigkeit des bewegten Spannkopfes der Maschine geregelt. Im weiteren Verlauf des Zugversuches weicht dann die Kurve nicht mehr grundsätzlich von der in Abb. 2b und c wiedergegebenen Ausbildungsform ab.

Das Ausbleiben der bleibenden Dehnung bis zur Streckgrenze kann so gedeutet werden, daß bei diesen Werkstoffen mit ausgeprägtem Fließbereich, z. B. Stahl, gegenüber Kupfer und ähnlich sich verhaltenden Metallen im Gefügeaufbau bedingte zusätzliche Widerstände gegen die inner- bzw. zwischenkristallinen Verschiebungen auftreten, die erst beim Erreichen der Streckgrenze überwunden werden. Da diese Metalle in sehr grobkörnigem Gefügezustand sowie auch Einkristallproben die Erscheinung des ausgeprägten Fließbereiches meist nicht zeigen, wurde die Erklärung durch Annahme einer Korngrenzensubstanz von besonderer Festigkeit im Vergleich zu den leichter verformbaren Kristallen nahegelegt. Insbesondere wurde bei Stählen mit niedrigem Kohlenstoffgehalt die Bildung eines versteifenden Gerippes von hartem Perlit bzw. Zementit längs der Korngrenzen angenommen, durch das die plastische Verformung der weicheren Ferritkristalle zunächst behindert wird, bis die Spannung so hoch angestiegen ist, daß das Korngrenzengerippe zusammenbricht[2, 3]. Allerdings lassen sich die Beobachtungen über das Auftreten einer scharf ausgeprägten Fließgrenze in Elektrolyteisenproben in Abhängigkeit von ihrer thermisch-mechanischen Behandlung[4] dieser Vorstellung nicht unterordnen, so daß auch mit anderen Ursachen zu rechnen ist[5]. Bei entsprechenden Beobachtungen an einigen Nichteisenmetallen werden Ausscheidungen angenommen[6].

[1] Sachs, G., u. G. Fiek: Der Zugversuch, S. 45. Leipzig 1926.
[2] Nádai, A.: Der bildsame Zustand der Werkstoffe, S. 63. Berlin 1927.
[3] Kuroda, M.: Tetsu to Hagane Bd. 27 (1941) S. 213.
[4] Ludwik, P., u. R. Scheu: Ber. Werkstoffaussch. VDEh. 70 (1925).
[5] Dies, K.: Arch. Eisenhüttenw. Bd. 16 (1942/43) S. 333.
[6] Edwards, C. A., D. L. Phillips u. Y. H. Liu: Iron Steel Bd. 16 (1943) S. 370.

Neuere Vorstellungen gehen davon aus, daß im Atomgitterbau Unregelmäßigkeiten, sog. Versetzungen, bestehen und daß eine Verformung schrittweise über solche Versetzungen erfolgt. Die Versetzung bewirkt vermöge der größeren Atomabstände eine Diffusion der Kohlenstoff- und Stickstoffatome, so daß es zur Bildung einer „Atomwolke" um die Versetzung kommt. Bei der plastischen Verformung beginnt die Versetzung zu wandern und versucht dabei, ihre Atomwolke mitzunehmen. Hierbei ist die Geschwindigkeit der Versetzung durch die Verformungsgeschwindigkeit, die der Atomwolke durch die Diffusionsgeschwindigkeit des Kohlenstoffs gegeben, die letztere ist temperaturabhängig. Bei verhältnismäßig großer Verformungsgeschwindigkeit vermag sich daher die Versetzung nach Überwindung des ersten Widerstandes von der Wolke zu lösen und vermag dann unter geringerem Widerstand weiterzuwandern, d. h., die Spannung fällt von der oberen auf die untere Streckgrenze ab[1–4].

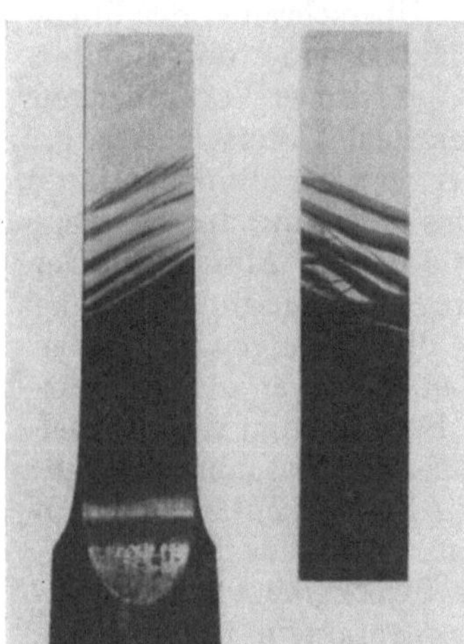

Abb. 19. Fließlinien an weichem Stahl.

Bemerkenswert ist, daß mit dem Überschreiten der scharf ausgeprägten Streckgrenze der Fließvorgang nur in einem beschränkten Teil der Versuchslänge, und zwar meistens an den Probenköpfen, einsetzt und sich von dort aus über die ganze Versuchslänge der Probe ausbreitet (Abb. 19). F. PILNY[5] führt dies auch auf einseitige Einspannung der Probe zurück. Dabei bleibt die Spannung fast unverändert, weil der Fortfall bzw. die Erniedrigung der gekennzeichneten zusätzlichen Fließwiderstände jeweils durch die örtlich eintretende Verfestigung infolge der Reckung ausgeglichen wird, bis die ganze Versuchslänge der Probe gleichmäßig geflossen ist. Dehnungsmeßgeräte werden daher beim Einsetzen des Fließens verschieden ansprechen, je nachdem, ob ihre Meßlänge den fließenden Bereich einschließt oder noch nicht; bei Messungen auf zwei gegenüberliegenden Seiten können die Zeiger sich infolge der Schräglage der Fließlinien verschieden verhalten.

Bei dem in Abb. 5b veranschaulichten Verlauf der Spannungs-Dehnungs-Schaulinie eines weichen Stahles bleibt das Fließen nicht nur bis zu der Spannung aus, unter der es ohne Belastungssteigerung fortzuschreiten vermag, wenn es nur einmal örtlich eingesetzt hat, sondern es findet eine Überhöhung der Spannung bis zur oberen Streckgrenze σ_{S_o} statt. Mit Auslösen des Fließvorganges fällt die Spannung plötzlich auf den tieferen Wert der unteren Streckgrenze σ_{S_u}. Die Ausbreitung des Fließvorganges über die ganze Versuchslänge vollzieht sich dann unter dieser im allgemeinen nur geringe Schwankungen zeigenden Spannung; die Spannungssprünge werden nur von empfindlichen Kraftanzeigern bzw. Schreibgeräten geringer Trägheit richtig angezeigt.

---

[1] COTTRELL, A. H.: Report of a conference on strength of solids of the Physical Society Bristol, London 1948, S. 30.

[2] NABARRO, F. R. N.: Report of a conference on strength of solids of the Physical Society Bristol, London 1948, S. 38.

[3] NABARRO, F. R. N.: Z. Metallkde. Bd. 40 (1949) S. 81.

[4] MASING, G.: Arch. Eisenhüttenw. Bd. 21 (1950) S. 315.

[5] Z. VDI Bd. 84 (1940) S. 773.

Die Abhängigkeit der oberen Streckgrenze von den Versuchsbedingungen, insbesondere der Versuchsführung[1] (Abschn. 6b), legt die Vermutung nahe, daß die Probe in diesem Gebiet in einen labilen Beanspruchungszustand gelangt, so daß der werkstoffbedingte höchste Wert der oberen Streckgrenze im Zugversuch nur schwer zu erreichen ist. Mit dem Spannungsabfall auf die untere Streckgrenze geht dann die Beanspruchung in den stabilen plastischen Zustand über. Die beim Erreichen der oberen Streckgrenze einsetzende Verformung erfolgt so schnell, daß bei der zunächst kleinen, dem starken Anstieg der Zugkurve im elastischen Bereich angepaßten Geschwindigkeit der Prüfmaschine die angezeigte Kraft zurückgeht, bis die plastische Verlängerung durch Rückgang der elastischen Verformung von Probe und Maschine, dem Spannungsabfall entsprechend, ausgeglichen ist.

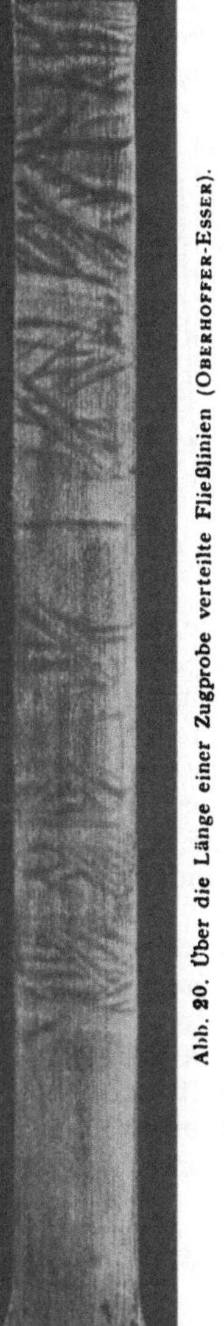

Abb. 20. Über die Länge einer Zugprobe verteilte Fließlinien (OBERHOFFER-ESSER).

Das Erreichen der oberen Streckgrenze und der plötzliche Spannungsabfall zur unteren Streckgrenze tun sich auf der polierten Oberfläche des Probestabes durch das Auftreten von Streck- oder Fließfiguren (LÜDERSsche Linien) kund. Diese schmalen Streifen sind die Schnittspuren der unter etwa 45° zur Stabachse geneigten Gleitschichten, in denen sich die Teile der Probe gegeneinander verschieben. Bei dem ersten Kraftabfall von der oberen Streckgrenze erscheint nur eine oder nur eine ganz beschränkte Zahl von solchen Fließlinien, die sich mit fortschreitender Dehnung der Probe im Fließbereich über die Probenlänge ausbreiten (Abb. 20); zuweilen bilden sich auch ohne Zusammenhang mit den bereits bestehenden neue Gleitschichten in dem Stab aus. M. MOSER[2] beobachtete, daß die Ausbildung einer neuen Fließlinie zeitlich mit einem Kraftabfall zusammentrifft, wodurch die schon erwähnten kleinen Schwankungen der Spannung im Fließbereich hervorgerufen werden. Diese Vorgänge treten bei gut polierten Flachproben im allgemeinen schärfer hervor als bei Rundproben. Besonders deutlich prägen sich die Fließlinien an gewalztem Stahl aus, dem noch der Walzzunder anhaftet. Die spröde Walzhaut kann die bildsame Verformung des Metalls in den Gleitschichten nicht mitmachen, sie platzt ab und läßt dadurch die verformten Bereiche sehr deutlich erkennen. Diese Erscheinung kann auch als Hilfsmittel bei der Streckgrenzenbestimmung nutzbar gemacht werden, besonders an verwickelt gestalteten Werkstücken. Die Stellen des ersten Fließens und damit der höchsten Beanspruchung lassen sich auf diese Weise erkennen.

Die bleibende Verformung, die weicher Stahl beim Auftreten einer Gleitschicht örtlich erleidet, entspricht einer Reckung um den Betrag von etwa 1 bis 2%, zuweilen noch mehr. Ihr Querschnitt weicht daher von dem des noch nicht geflossenen Probenabschnittes deutlich meßbar ab. In diesen Gleit-

[1] POMP, A., u. A. KRISCH: Mitt. K.-Wilh.-Inst. Eisenforschg. Bd. 19 (1937) S. 187.

[2] Stahl u. Eisen Bd. 48 (1928) S. 1601.

schichten treten Kalthärtungen auf, die durch Härtesteigerung im Vergleich zum nicht geflossenen Metall deutlich nachweisbar sind[1]. Da die Gesamtdehnung, die eine Probe aus weichem Stahl im Fließbereich erfährt, aber meist wesentlich größer ist und häufig zwischen 3 und 7% beträgt, müssen mehrere Wellen von Gleitschichten die Probe durchlaufen, bis sie über ihre ganze Versuchslänge eine gleichmäßige Reckung um den gesamten Betrag erfahren hat. Erst dann steigt die Spannung mit fortschreitender Dehnung der Probe wieder an. Während der Reckung im Fließbereich ist also damit zu rechnen, daß die Probe sehr ungleichmäßig verformt ist, so daß es im allgemeinen nicht möglich ist, in diesem Bereich eine Zugprobe aus Stahl einer gleichmäßigen Dehnung durch Reckung in der Prüfmaschine zu unterwerfen. Andere Werkstoffe, z. B. schwachlegierte Stähle, haben, wenn überhaupt, weit kleinere Fließbereiche.

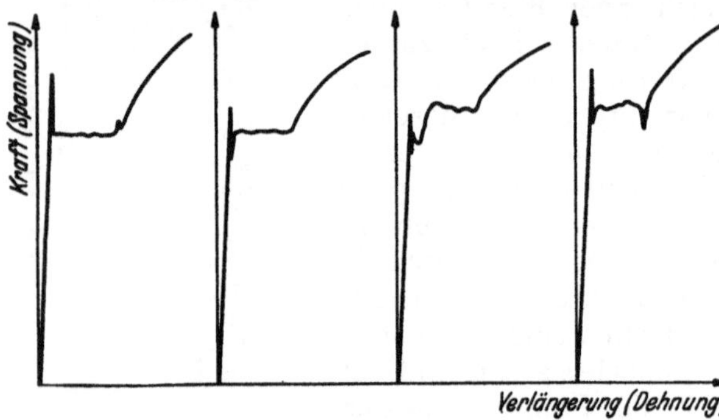

Abb. 21. Ausbildungsformen der Streckgrenze an Kesselblech (KÖRBER-POMP).

Die Unstetigkeiten des Fließvorganges im Fließbereich und die damit zusammenhängenden Spannungsschwankungen machen eine eindeutige Begriffsbestimmung für die untere Streckgrenze σ_{Su} und damit eine Bestimmung derselben sehr schwierig. C. BACH[2] bezeichnet als untere Streckgrenze den kleinsten Wert der Spannung, auf den die Kraft während des Reckens sinkt, oder die kleinste Spannung, unter der das Recken vor sich geht. Die Unsicherheit dieser Begriffsbestimmung tritt deutlich durch die in Abb. 21 zusammengestellten Ausschnitte von Kraft-Verlängerungs-Schaubildern weichen Kesselbaustahles hervor, wie sie bei gleicher Probenform und gleichen Versuchsbedingungen zu beobachten sind (näheres s. Abschn. 6b).

Während es durch möglichst sorgfältige Einhaltung der Versuchsbedingungen gelingt, die Schwankungen in den Versuchsergebnissen für die untere Streckgrenze stark einzuschränken, ist dies allgemein für die Werte der oberen Streckgrenze nicht im gleichen Maß möglich. Es ist dies ein Kennzeichen für die hohe Labilität des Spannungszustandes an der oberen Streckgrenze. Diese tritt mit besonderer Deutlichkeit auch dadurch hervor, daß der Grad der labilen Spannungsüberhöhung an der oberen Streckgrenze durch Änderung der Versuchsbedingungen sehr stark beeinflußt werden kann (s. auch Abschn. 6 b).

5. Das Gebiet kleiner Verformungen. Feinmessungen beim Zugversuch.

Die unterhalb der Streckgrenze auftretenden Verformungen und ihre Abhängigkeit von den Spannungen lassen sich nur mit Feinmeßgeräten bestimmen. Hierzu dient in erster Linie das MARTENSsche Spiegelmeßgerät, dessen Wirkungsweise und Handhabung in Band I beschrieben ist.

Trägt man die für eine stufenweise gesteigerte Belastung einer Probe gemessenen Dehnungswerte in Abhängigkeit von der Belastung (Spannung)

[1] MOSER, M.: Stahl u. Eisen Bd. 48 (1928) S. 1601.

[2] BACH, C., u. R. BAUMANN: Elastizität und Festigkeit, 9. Aufl., S. 10. Berlin 1924. — Z. VDI Bd. 48 (1904) S. 1040—1043.

schaubildlich auf, so ergibt sich für zahlreiche metallische Werkstoffe ein praktisch geradliniger Anstieg der Spannungs-Dehnungs-Linie (HOOKEsches Gesetz). Die Neigung dieser Geraden wird durch den *Elastizitätsmodul* $E = \sigma/\varepsilon$ bzw. durch die *Dehnzahl* $\alpha = \varepsilon/\sigma$, die Dehnung je Spannungseinheit, gemessen. Mit steigender Belastung geht diese Proportionalität zwischen Spannung und Dehnung verloren, die Dehnung beginnt beschleunigt gegenüber der Spannung anzusteigen. Da die Schaulinie vom zunächst geradlinigen Verlauf ganz allmählich abbiegt, bleiben die Abweichungen zunächst in den Grenzen der Genauigkeit der Spannungs-Dehnungs-Messung, so daß auch bei Verwendung hochempfindlicher Meßgeräte eine zuverlässige Angabe der Grenzspannung, der *Proportionalitätsgrenze* σ_P, im allgemeinen nicht möglich ist. Da somit das Meßergebnis für die Proportionalitätsgrenze von der Versuchsführung, insbesondere von der Genauigkeit des Dehnungsmeßgerätes abhängig ist, verzichtet man in der technischen Werkstoffprüfung auf eine genaue Bestimmung der wahren Proportionalitätsgrenze. Sie wird in der Regel durch graphische Interpolation aus den schaubildlich aufgetragenen Versuchswerten für Spannung und Dehnung ermittelt.

Die im Bereich des geradlinigen Verlaufes der Spannungs-Dehnungs-Linie auftretenden Dehnungen sind im allgemeinen elastischer Art; bei der Wiederentlastung nimmt die Probe ihre ursprüngliche Länge wieder an. Der Elastizitätsmodul E bzw. die Dehnzahl α sind Kennziffern für das elastische Verhalten des Werkstoffes. Mit Überschreiten einer bestimmten Grenzspannung, der *Elastizitätsgrenze* σ_E, verschwinden die Dehnungen bei der Wiederentlastung nicht völlig. Es bleibt ein Dehnungsrest, der zunächst wiederum so klein ist, daß für seine Bestimmung die bei der Proportionalitätsgrenze gekennzeichneten Schwierigkeiten in entsprechender Weise bestehen. Man pflegt daher in der technischen Werkstoffprüfung der Bestimmung der Elastizitätsgrenze einen zuverlässig meßbaren kleinen Wert der bleibenden Dehnung zugrunde zu legen. Die Werkstoffprüfung verzichtet also auf eine Ermittlung der wahren Elastizitätsgrenze als Grenzspannung für das Auftreten der ersten bleibenden Dehnungen und beschränkt sich auf die Bestimmung der technischen Elastizitätsgrenze als *Dehngrenze*, für die das Ausmaß der zulässigen bleibenden Dehnung durch Vereinbarung festgelegt wird. Mit der Festsetzung dieser Dehnbeträge auf 0,01% oder gar noch kleinere Werte (bis 0,005, früher auch 0,001%) ist man bemüht, die Meßgenauigkeit des Bestimmungsverfahrens möglichst weitgehend auszunutzen.

In entsprechender Weise wird für Metalle mit einem stetigen Verlauf der Spannungs-Dehnungs-Kurve, d. h. ohne ausgeprägten Fließbereich, als kennzeichnende Grenzspannung für das Einsetzen größerer bleibender Verformungen, der *Streckgrenze* entsprechend, ebenfalls eine Dehngrenze gewählt. Dem höheren zulässigen Dehnbetrag von 0,2% entsprechend, wird diese als 0,2-*Grenze* ($\sigma_{0,2}$) bezeichnet und gilt für derartige Werkstoffe als Streckgrenze. Im Spannungsbereich der 0,2-Grenze sind elastische und plastische Formänderung von gleicher Größenordnung[1]. Im Bereich der Elastizitätsgrenze ist die plastische Formänderung dagegen um Größenordnungen kleiner als die elastische, und zwar abhängig von der für die Festlegung der Elastizitätsgrenze vereinbarten Dehngrenze (s. Abschn. 6d).

Das Verhalten der metallischen Werkstoffe im Bereich der elastischen und der beginnenden bildsamen Verformungen steht in einer empfindlichen Ab-

[1] SPÄTH, W.: Arch. Eisenhüttenw. Bd. 16 (1942/43) S. 465, weist auf die großen Unterschiede hin, die in dem Verhältnis der bleibenden zur elastischen Dehnung je nach der Höhe der 0,2-Grenze bestehen können.

hängigkeit von der Vorbehandlung. Insbesondere werden die Grenzen des rein elastischen Verhaltens durch geringe Kaltreckungen der Probe leicht verschoben. Bereits BAUSCHINGER[1] hat über diese Veränderungen im Stahl ausführliche Versuche durchgeführt, so daß diese Erscheinungen als „BAUSCHINGER-Effekt" bezeichnet werden. Seine wichtigsten Beobachtungen sind im folgenden kurz zusammengefaßt[2]: Belastet man eine Probe über die Proportionalitätsgrenze, so wird diese erhöht, sie fällt dagegen ab, wenn die Belastung bis über die Streckgrenze gesteigert wird, um beim Lagern der Probe wieder anzusteigen. Der Elastizitätsmodul wird bei Beanspruchungen über die Streckgrenze ebenfalls erniedrigt und steigt beim Lagern wieder. Wiederholte Belastungen zwischen der Proportionalitäts- und der Fließgrenze erhöhen die Proportionalitätsgrenze, bei höheren Belastungen aber nicht bis zu dieser Belastung. Beanspruchungen in einer Richtung (Zug bzw. Druck) über die Proportionalitätsgrenze hinaus erniedrigen die Proportionalitätsgrenze in der entgegengesetzten Richtung; durch niedrige Wechselbeanspruchungen kann die Proportionalitätsgrenze wieder in beiden Richtungen gehoben werden. Diese Ergebnisse sind in zahlreichen Arbeiten bestätigt worden[3].

Mit Erhöhung der von der Maschine aufgegebenen Verformungsgeschwindigkeit tritt auch eine Erhöhung des Verformungswiderstandes, also der von der Maschine angezeigten Kraft ein. Umgekehrt schreitet die Verformung auch dann im Laufe der Zeit weiter fort, wenn man die Maschinengeschwindigkeit bis auf Null herabsetzt und die Probe nur dem Einfluß der Belastung überläßt (z. B. Maschinen mit Gewichtsbelastung, diese Versuchsführung trifft auf viele praktische Beispiele besser zu als die Steuerung der Verformung). Das Ausmaß und der zeitliche Verlauf dieses Nachfließens hängt von dem Werkstoff, der Höhe der Belastung und der Versuchstemperatur (s. Abschn. IV A 2, Standversuche) ab. Während bei Werkstoffen mit niedriger Rekristallisationstemperatur, z. B. Blei und Zink, diese Erscheinung schon bei Raumtemperatur auch bei geringen Belastungen große Bedeutung hat[4], zeigen Stähle bei Raumtemperatur erst bei oder über der Streckgrenze deutliches Nachfließen[5, 6], das sich über viele Stunden erstrecken kann.

Wenn die Probe nach plastischer Verformung entlastet wird, tritt die entgegengesetzte Erscheinung der „Nachkürzung" auf. Die Probe nimmt bei ihrer Entlastung nicht sofort ihre endgültige Länge ab, sondern erfährt über einen längeren Zeitraum eine weitere Verkürzung, die allmählich abklingt. Auch die Nachkürzung oder Rückdehnung ist von Werkstoff, Temperatur, vorausgegangener Belastung (oder Verformung) und Belastungszeit abhängig[6, 7]. Obwohl die Nachwirkung der Größenordnung nach mit elastischen Verformungen zu vergleichen ist, gehört sie nach H. v. WARTENBERG[8] und G. MASING[9] sowie

---

[1] BAUSCHINGER, J.: Mitt. mech. Labor. Techn. Hochschule München 1886, H. 13. — Civiling. Bd. 27 (1881) S. 289.

[2] Vgl. A. MARTENS: Handbuch der Materialienkunde für den Maschinenbau. Bd. 1, S. 207. Berlin 1898.

[3] Zum Beispiel G. MASING u. W. MAUKSCH: Wiss. Veröff. Siemens-Konz. Bd. 4 (1925) S. 74 (Versuche an Messing) und F. KÖRBER u. A. EICHINGER: Mitt. K.-Wilh.-Inst. Eisenforschg. Bd. 26 (1943) S. 37.

[4] HOFMANN, W., T. B. LEY u. H. HANEMANN: Z. Metallkde. Bd. 36 (1944) S. 43.

[5] KRISCH, A.: Arch. Eisenhüttenw. Bd. 15 (1941)/42) S. 539. — A. POMP u. A. KRISCH: Mitt. K.-Wilh.-Inst. Eisenforschg. Bd. 26 (1943) S. 59.

[6] JÄNICHE, W., u. G. THIEL: Arch. Eisenhüttenw. Bd. 21 (1950) S. 105.

[7] KRISCH, A., u. A. POMP: Arch. Eisenhüttenw. Bd. 20 (1949) S. 189.

[8] Verh. dtsch. phys. Ges. Bd. 20 (1918) S. 113.

[9] Z. Metallkde. Bd. 12 (1920) S. 33.

F. KÖRBER und W. ROHLAND[1] in das Gebiet plastischer Verformung. Über ihre Ursachen werden verschiedene Auffassungen vertreten[2, 3], sie wird teils als Folge innerer Spannungen, die sich nach der Entlastung auszugleichen streben[1, 4–6], teils als Folge von Ausscheidungen erklärt[7].

Kann ein eingespannter Stab seine Länge nicht ändern und sind, durch Temperatur und Höhe der Belastung bedingt, die Vorbedingungen für ein Nachfließen gegeben, so wird ein Teil der elastischen Verformung in plastische Verformung übergehen und dementsprechend die Spannung absinken. Dieser Vorgang kann in einer Abart des Zugversuches, dem *Entspannungsversuch* (*Relaxationsversuch*) überprüft werden. Hierbei wird eine Probe einer Anfangsbelastung ausgesetzt bzw. um ein gegebenes Maß vorgereckt. Sobald ein aufgesetztes Meßgerät eine Verformung, die als Nachfließen plastischer Natur ist, anzeigt, wird — möglichst selbsttätig — die Belastung soweit vermindert, daß diese zusätzliche Verformung vermöge der elastischen Zusammenziehung rückgängig gemacht wird[8]. Der elastische Teil der Anfangsverformung geht also allmählich in plastische Verformung über. Auch diese Versuchsführung wird besonders bei erhöhter Temperatur angewandt, hat aber neuerdings auch für Stahl bei Raumtemperatur Bedeutung erhalten (Spannbetoneinlagen)[9, 10]. Da beim Entspannungsversuch dem Werkstoff nur die beschränkte Anfangsverformung aufgezwungen wird, ist zu erwarten, daß die Spannung zwar auf niedrigere Beträge absinken kann, aber nicht, daß ein Bruch eintritt, es sei denn, daß der Werkstoff sein Verformungsvermögen während des Versuches ändert.

Im Gegensatz zur plastischen Verformung, bei der eine Erwärmung der Probe eintritt, wird bei der elastischen Verformung infolge der Volumenvergrößerung Wärme verbraucht. Versuche, den beim Eintritt der ersten bildsamen Formänderungen zu erwartenden Wechsel in der Wärmetönung zur Bestimmung der Elastizitätsgrenze zu verwerten, haben zu höheren Werten der Elastizitätsgrenze geführt, als sie durch Dehnungsmessungen ermittelt werden[11].

6. Die im Zugversuch bestimmten Werkstoffeigenschaften.

Begriffsbestimmung; Bestimmungsverfahren; Einfluß der Versuchsausführung und der Probenform.

Um bei der Prüfung eines Werkstoffes, auch durch verschiedene Versuchsstellen, stets eindeutige und vergleichbare Versuchsergebnisse zu erhalten, ist es notwendig, möglichst klar festzulegen, was unter den einzelnen zu bestimmenden Werkstoffkennziffern verstanden wird und wie sie gemessen werden sollen.

Dieser Festlegung dienen in Deutschland die entsprechenden DIN-Normen. Für die allgemeinen Begriffe der Werkstoffprüfung durch Festigkeitsversuche an metallischen Werkstoffen ist das Blatt DIN 1602, für die mechanische

---

1 Mitt. K.-Wilh.-Inst. Eisenforschg. Bd. 5 (1924) S. 37.
2 Siehe Fußnote 6, S. 56.
3 Siehe Fußnote 7, S. 56.
4 Siehe Fußnote 8, S. 56.
5 Siehe Fußnote 9, S. 56.
6 TAPSELL, H. J.: Int. Ass. Test. Mater. London Congr. 1937, S. 1.
7 POMP, A.: Stahl u. Eisen Bd. 58 (1938) S. 461.
8 WELLINGER, K.: Arch. Eisenhüttenw. Bd. 12 (1938/39) S. 543.
9 NAKONZ, W.: Bautechnik Bd. 25 (1948) S. 246.
10 KRISCH, A.: Arch. Eisenhüttenw. Bd. 22 (1951) S. 313.
11 GOERENS, P., u. R. MAILÄNDER in: WIEN-HARMS: Handbuch der Experimentalphysik, Bd. V, S. 222. Leipzig: Akademische Verlagsgesellschaft 1930.

Prüfung der metallischen Werkstoffe im Zugversuch bei Raumtemperatur DIN 50145, 50146, 50143 und 50144 maßgebend[1].

Die einzelnen im Zugversuch zu ermittelnden Eigenschaften und ihre Bestimmungsverfahren sollen im folgenden vornehmlich unter Zugrundelegung der Bestimmungen dieser Normblätter und unter Erörterung der darüber hinaus bei der Versuchsführung und Auswertung zu beachtenden Gesichtspunkte, die zum Teil schon in den vorhergehenden Abschnitten behandelt worden sind, erläutert werden. Ergänzend sind Hinweise auf abweichende Vorschriften in anderen Ländern aufgenommen worden.

Die Spannungen werden aus den Belastungen, die an der Kraftmeßvorrichtung der Prüfmaschine abgelesen werden, und den Abmessungen des ursprünglichen Querschnittes berechnet und in kg/mm² angegeben[2]. Nach den neuen Festsetzungen der Physikalisch-Technischen Reichsanstalt, daß Kräfte in Kilopond zu messen sind, müßte man freilich Spannungen in kp/mm² ausdrücken, doch wurde mit Rücksicht auf die bisher noch nicht allgemeine Anerkennung dieser Festlegung die Dimension kg/mm² beibehalten. In England und USA werden die Spannungen in tons/sq. inch (= 1,575 kg/mm²) bz. lbs/sq. inch (= 0,000703 kg/mm²) ausgedrückt. Die Festigkeitswerte werden meist mit Hilfe des Buchstaben σ gekennzeichnet; sofern aus dem Zusammenhang nicht ohne weiteres hervorgeht, daß es sich um Zugspannungen handelt, ist zur Kennzeichnung der Zeiger z anzufügen: σ_z.

a) Zugfestigkeit.

Die statische Festigkeit beim Zugversuch, Zugfestigkeit genannt, wird aus der von der Probe ertragenen höchsten Kraft und dem ursprünglichen Querschnitt der Probe berechnet. Mit den üblichen Bezeichnungen ergibt sich also

$$\sigma_B = \frac{P_{max}}{F_0}.$$

Auch mit Rücksicht darauf, daß für Werkstoffprüfmaschinen Fehler bis zu 1% zugelassen sind, sind die Zugfestigkeiten und auch andere Spannungen

bei Werten über	50 kg/mm²	auf	0,5 kg/mm²,
„ „ von 20 bis	50 „	auf	0,2 „
„ „ bis	20 „	„	0,1 „

anzugeben (DIN 50146 Ausg. 5. 51).

Der prismatische Teil der Probe, der allmählich in den dickeren Probenkopf übergehen soll, kann nach DIN 50125 jede Querschnittsform haben. Kleine Rohre und Profilstäbe können als Ganzes zerrissen werden und ergeben dann, Gleichmäßigkeit des Werkstoffes vorausgesetzt, die gleichen Zugfestigkeiten wie herausgearbeitete Proben. Bei dehnbaren Metallen ist zur richtigen Bestimmung der Zugfestigkeit eine prismatische Probenlänge von mindestens dem Durchmesser der Probe notwendig; kürzere Proben, insbesondere gekerbte Proben, haben infolge ungleichmäßiger Spannungsverteilung und des damit verbundenen räumlichen Spannungszustandes veränderte, meist erhöhte Zug-

[1] Außerdem: Für dünne Bleche DIN 50114, für Grauguß DIN 50109, für Temperguß DIN 50149, für Druckguß DIN 50148, für Drahtseile DIN 51201.

[2] Die von W. SPÄTH [Schweizer Arch. angew. Wiss. Techn. Bd. 16 (1950) S. 28] genannten Vorzüge des reziproken Wertes der Spannung, des „spezifischen Querschnitts", in mm²/kg gemessen, für die Festigkeitsrechnung sind nur für gleichmäßige Spannungsverteilung zu erwarten; bei ungleichmäßiger Verteilung (Biegeversuch, Spannungsanhäufung in Kerben), und vor allem bei mehrachsigen Spannungszuständen dürften sich Begriffsschwierigkeiten ergeben.

festigkeiten (s. Abschn. H 3). Bei spröden Metallen, z. B. Grauguß (DIN 50109) kann die prismatische Versuchslänge fortfallen, jedoch ist auch in diesem Fall der Übergang vom kleinsten Probenquerschnitt zum Probenkopf allmählich zu gestalten.

Namentlich bei spröden Werkstoffen ist besondere Sorgfalt auf genau mittige Beanspruchung der Probe zu legen, da sonst infolge zusätzlicher Biegebeanspruchung vorzeitiger Bruch eintreten kann. Ebenso kann frühzeitiger Bruch an Oberflächenverletzungen eintreten, so daß es sich bei spröden Metallen empfiehlt, die Teilmarken der Meßlänge (s. Abschn. 6 f) nicht einzuritzen, sondern durch Farbe (Tinte) aufzutragen.

Bei Stahl und zahlreichen anderen metallischen Werkstoffen ist die Abhängigkeit der Zugfestigkeit von der Verformungsgeschwindigkeit bei Raumtemperatur gering; sie steigt bei hohen Verformungsgeschwindigkeiten (z. B. Schlag-Zugversuch) an. Abb. 22 zeigt als Beispiel einige Versuchsergebnisse von A. Nádai und M. J. Manjoine[1] an Stahl, Kupfer und Aluminium über einen weiten Geschwindigkeitsbereich. Eine Ausnahme bilden austenitische Stähle, vermutlich infolge von Umwandlungen[2]. Als höchste Verformungsgeschwindigkeit sind in DIN 50146 oberhalb der Streckgrenze 0,4%/sek (0,25%/min) zugelassen. Bei Werkstoffen, bei denen nahe der Raumtemperatur Umwandlungen oder Rekristallisationsvorgänge stattfinden, wird die Zugfestigkeit von der Verformungsgeschwindigkeit stärker beeinflußt, und es sind zur Beurteilung der statischen Tragfähigkeit des Werkstoffes Zeitstandversuche (s. Abschn. IV A 2) notwendig. Eine ungefähre Bestimmung der Zugfestigkeit ist bei einigen verformbaren Metallen mit Hilfe der Härteprüfung möglich, für Stahl gilt die angenäherte Beziehung

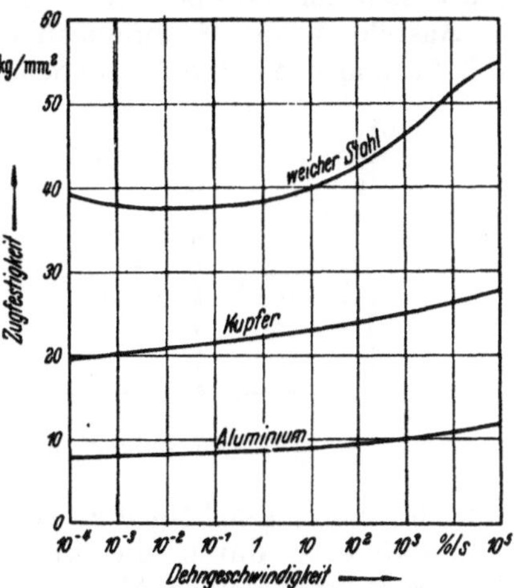

Abb. 22. Einfluß der Dehngeschwindigkeit auf die Zugfestigkeit von weichem Stahl, Kupfer und Aluminium (Nádai-Manjoine).

$$\sigma_B \approx 0{,}35 \cdot \mathrm{HB}\ 30$$

(DIN 50351, Ausg. 10. 42). Diese Umrechnung vermag aber einen Zugversuch nicht zu ersetzen[3].

b) Streckgrenze (Fließgrenze).

Als natürliche Streckgrenze σ_S wird in DIN 50145 diejenige auf den Anfangsquerschnitt der Probe bezogene Kraft bezeichnet, bei der das Kraft-Verlängerungs-Schaubild unter Auftreten einer merklichen bleibenden Dehnung eine Unstetigkeit zeigt. Tritt dabei ein merklicher Kraftabfall ein (Abb. 5b u. 6), so wird zwischen oberer und unterer Streckgrenze unterschieden. Die obere Streckgrenze entspricht dem ersten Knick des Spannungs-Dehnungs-Schaubildes, die untere Streckgrenze derjenigen Kraft, die sich nach Überschreiten der oberen Streckgrenze unter Ausbildung merkbarer bleibender Dehnung (etwa 0,5 bis 4%) einstellt. Die natürliche Streckgrenze ist mit dem „Yield point" der

---

[1] J. appl. Mech. Bd. 8 (1941) S. A-77.
[2] Puzicha, W., u. A. Krisch: Z. Metallkde. Bd. 40 (1949) S. 93.
[3] s. a. DIN 50150, Härtevergleichstafel.

amerikanischen und der „Limite d'élasticité" der französischen Norm zu vergleichen. Für die verlangte Genauigkeit gilt das in Abschn. 6a Gesagte.

Die obige Fassung ist eine Änderung der früheren Festlegung in DIN 1602, Ausg. 2. 44x, nach der die Fließgrenze (Streckgrenze) bei scharfer Ausprägung die Spannung ist, bei der trotz zunehmender Formänderung die Kraftanzeige der Prüfmaschine erstmalig unverändert bleibt oder zurückgeht. Die neue Fassung bedeutet, daß bereits Unstetigkeiten, die mit einem Kraftanstieg verbunden sind, als Streckgrenze bezeichnet werden, während die ältere Fassung dies nicht zuließ. Vom metallkundlichen Standpunkt dürfte dieser Erweiterung nichts entgegenzuhalten sein; ob sie prüftechnisch nicht zu Schwierigkeiten führt, bleibt abzuwarten.

Die in den einzelnen Werkstoffnormen festgelegten Streckgrenzenwerte beziehen sich auf die obere Streckgrenze. Da aber, wie in Abschn. 4 erläutert, die Ausbildung der Spannungsüberhöhung zur oberen Streckgrenze (vgl. die Abb. 5a und b, 21 und 23) manchen Zufälligkeiten (s. unten) unterliegt, bringt

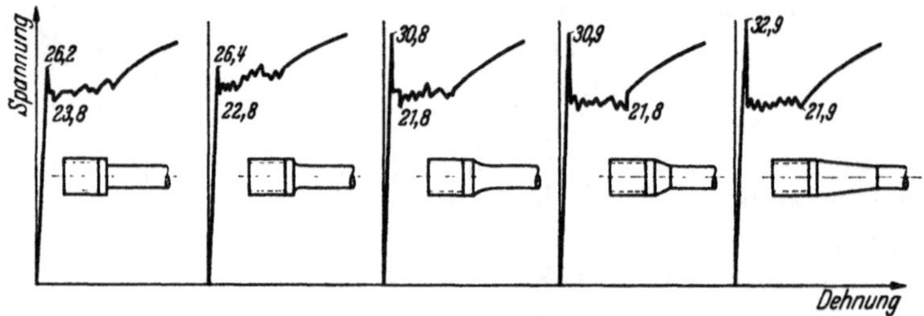

Abb. 23. Probenform und Streckgrenze bei Flußstahl.

diese Bestimmungsart für die Streckgrenze eine gewisse Unsicherheit; tatsächlich sind aber durch die in DIN 50125 aufgenommenen Probenformen (Abschn. 6i) mit kleinen Abrundungsradien am Übergang zum Probenkopf die Unterschiede zwischen oberer und unterer Streckgrenze nicht so groß, daß diese Vorschrift zu Unzuträglichkeiten führt. Daß nicht einheitlich die weniger streuende untere Streckgrenze gewählt worden ist, liegt in den Schwierigkeiten einer sicheren und schnellen Bestimmung begründet (vgl. Abschn. 4). Diese haben ihre Ursache vor allem darin, daß bei den verschiedenen Arten der Prüfmaschinen der Lastabfall von der oberen Streckgrenze in verschieden scharfer Ausprägung erfolgt.

Sofern man Flach- oder Rundproben in Beißkeilen einspannt, besteht die Möglichkeit, daß durch Rutschen der Proben in den Keilen oder der Keile in den Führungen eine zusätzliche Maschinenbewegung und ein Kraftabfall eintritt. Dieses Rutschen hat natürlich mit der Streckgrenze des Stabes nichts zu tun und ist auch für den ungeübten Beobachter leicht an dem meist damit verbundenen Knacken zu erkennen, kann aber den Abfall oder Stillstand der Kraftanzeige infolge des Erreichens der Streckgrenze vollständig überdecken, so daß eine sichere Bestimmung dann nicht möglich ist. Die Bestimmung der Streckgrenze erfordert also vom Beginn des Versuches an eine sorgfältige Beobachtung des Kraftzeigers der Maschine.

Das bei Proben mit Walzhaut beim Überschreiten der Streckgrenze zu beobachtende Abblättern der spröden Zunderschicht und das Auftreten von Fließlinien (LÜDERSsche Linien) auf polierten Proben kann zu einer angenäherten Bestimmung der Streckgrenze dienen. Diese Beobachtungen gestatten die Feststellung des Ortes des ersten Fließens und eine Verfolgung des sich über die Versuchslänge ausbreitenden Fließvorganges.

Die obere Streckgrenze, die bei weichem Stahl auftreten kann, ist stärker als andere Werte des Zugversuches von den Versuchsbedingungen, z. B. von der Probenform, von der Versuchsgeschwindigkeit und auch von der gewählten Maschinenbauart abhängig.

Ein Einfluß der Probenform ergibt sich daraus, daß das mit dem Kraftabfall zusammenfallende erste Strecken meistens von den Enden des prismatischen Teiles ausgeht, also von den Stellen, an denen das im mittleren Teil der Versuchslänge gleichmäßige, rein axiale Spannungsfeld durch den Übergang zum Stabkopf gestört wird. Eine gleichmäßige Spannungsverteilung begünstigt offenbar die Ausbildung einer solchen labilen Streckgrenzenüberhöhung. Dieses wird bestätigt durch die Tatsache, daß Proben, die am Übergang zum Probenkopf einen großen Abrundungsradius und deshalb in den Randzonen eine niedrigere Spannungsspitze haben als Proben mit einem kleineren Abrundungsradius, eine höhere Streckgrenze erreichen. Besonders deutlich wird dieser Unterschied, wenn zwischen Versuchslänge und Einspannkopf noch ein schlanker konischer Übergang eingefügt wird; alsdann findet man Streckgrenzenwerte, die erheblich über den Werten für Stäbe mit Hohlkehlübergang liegen. Abb. 23 veranschaulicht diesen Einfluß des Überganges zu den Probenköpfen durch Versuchsergebnisse an weichem Flußstahl. Also gerade die Probe, die man früher[1] als „Normalstab“ bezeichnete (ganz rechts im Bild), zeigt die labile Spannungsüberhöhung an der oberen Streckgrenze am krassesten; sie erreicht 50% des Spannungswertes an der unteren Streckgrenze, die nahezu unabhängig von der Probenform gefunden wurde. — A. M. BAXTER und C. F. ELAM[2] versuchten den Übergang zum Kopf dadurch auszuschalten, daß sie diesen etwas dünner drehten, dann den Stab soweit reckten, daß nur diese Stellen verfestigt wurden, und nun erst den Stab fertig bearbeiteten.

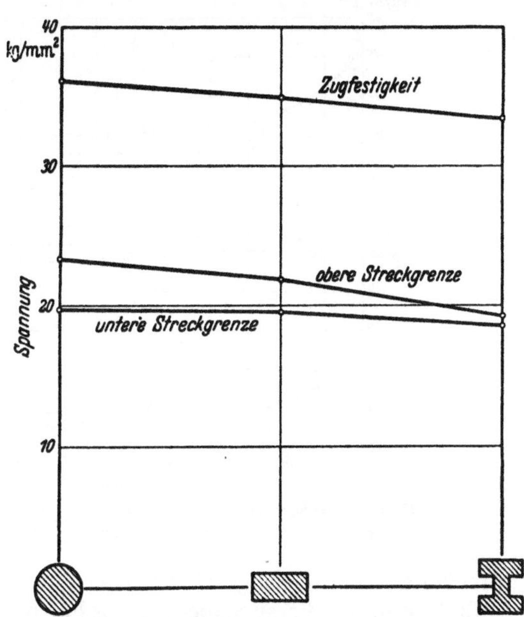

Abb. 24. Querschnittsformen und Festigkeitswerte (BACH).

Wenn das Maß der Überhöhung der Streckgrenze somit in enger Beziehung zu der Spannungsverteilung am Übergang zum Probenkopf steht, so erscheint es verständlich, daß eine Vierkantprobe diese Erscheinung meist in geringerem Maße zeigt als eine Rundprobe. Besonders wird die übliche Einspannung der Probe an zwei Flachseiten die Spannungsverteilung an den Übergängen ungleichmäßiger gestalten, als es bei einer Rundprobe der Fall ist. Die aus einem Blech oder Breiteisen ausgefräste Flachprobe neigt daher viel eher als eine Rundprobe dazu, die Streckgrenze nur durch ein Stehenbleiben und nicht durch ein Absinken des Kraftanzeigers anzuzeigen, d. h. die Überhöhung an der oberen Streckgrenze ganz zu unterdrücken und beim Erreichen der unteren

[1] FIEK, G.: Festigkeitsversuche. In: Das Materialprüfungswesen, 2. Aufl., S. 57, hrsg. von K. MEMMLER, Stuttgart 1924.

[2] Engineering Bd. 149 (1940) S. 176.

Streckgrenze zu fließen, ohne daß besondere Unstetigkeiten in der Kraftanzeige auftreten. Noch stärker wird die labile Spannungsspitze an der oberen Streckgrenze bei Stabformen mit verwickelteren Querschnittsformen erniedrigt[1] (Abb. 24).

Bei großen Dehngeschwindigkeiten werden meistens höhere Streckgrenzenwerte erhalten als bei niedrigen Geschwindigkeiten[2], entsprechend der allgemeingültigen Tatsache, daß der Formänderungswiderstand mit der Verformungsgeschwindigkeit ansteigt (Abb. 25). Man läßt daher im allgemeinen keine höhere Geschwindigkeit als 1 kg/mm² sek für die Belastung zu (ent-

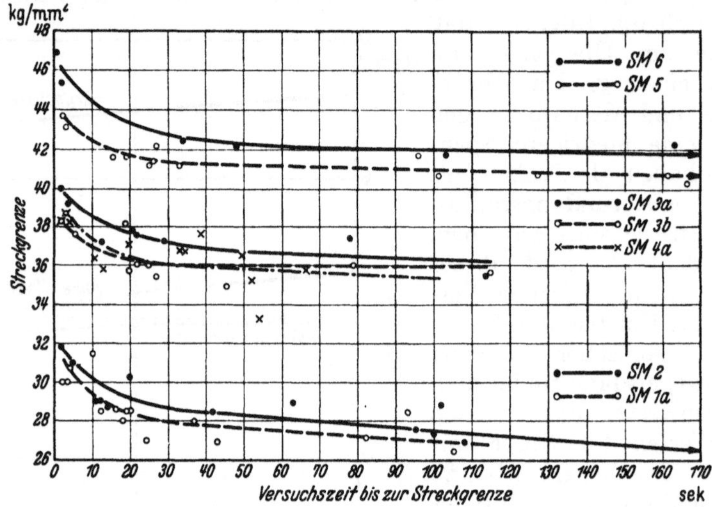

Abb. 25. Die Streckgrenze in Abhängigkeit von der Prüfgeschwindigkeit bei Siemens-Martin-Stahl (E. H. SCHULZ).

sprechend einer Dehngeschwindigkeit von rund 0,005%/sek für Stahl). Bei Einhalten dieser Versuchsbedingung hat man die Gewähr, daß die Streckgrenze durch die Versuchsgeschwindigkeit nur wenig beeinflußt wird.

Über den Einfluß der Bauart der Prüfmaschine auf die obere Streckgrenze läßt sich noch kein bestimmtes Urteil abgeben. Es spielen hierbei Massenkräfte in der Kraftmessung, Erschütterungsfreiheit und die Elastizität des Maschinengestells eine Rolle. So wurden bei vergleichenden Untersuchungen mehrerer Stellen[3] zwar erhebliche Unterschiede in den beobachteten Streckengrenzenwerten festgestellt, aber diese Streuungen ließen sich nicht eindeutig bestimmten Ursachen zuordnen, so daß wahrscheinlich der Einfluß der Bauart der Maschine für die Streckgrenzenbestimmung gegenüber dem der Probenform im allgemeinen zurücktritt. Hierher gehört auch der Einfluß einer genau mittigen Einspannung der Probe, die namentlich bei geringen Verformungsgeschwindigkeiten wichtig ist[4]. Bereits eine Außermittigkeit von 1/100 des Probendurchmessers bewirkt die Überlagerung einer Biegebeanspruchung über die Zug-

[1] BACH, C.: Z. VDI Bd. 49 (1905) S. 615.

[2] KÖRBER, F.: Zwangl. Mitt. DVM Nr. 8 (1926) S. 88. — E. H. SCHULZ: Mitt. Versuchsanst. Ver. Stahlw. Bd. 2 (1926) Heft 1.

[3] KÖRBER, F., u. A. POMP: Mitt. K.-Wilh.-Inst. Eisenforschg. Bd. 16 (1934) S. 179.

[4] SIEBEL, E., u. S. SCHWAIGERER: Arch. Eisenhüttenw. Bd. 11 (1937/38) S. 319. — A. KRISCH: Arch. Eisenhüttenw. Bd. 11 (1937/38) S. 323. — A. POMP u. A. KRISCH: Mitt. K.-Wilh.-Inst. Eisenforschg. Bd. 19 (1937) S. 187. — F. UEBEL: Arch. Eisenhüttenw. Bd. 11 (1937/38) S. 329. — E. SIEBEL u. S. SCHWAIGERER: Arch. Eisenhüttenw. Bd. 13 (1939/40) S. 37. — F. PILNY: Z. VDI. 84 Bd. (1940) S. 773.

beanspruchung von fast 10% derselben (S. 119). Auch von zwischengeschalteten Kugelschalen darf man nicht allzuviel Hilfe beim Einrichten der Probe erwarten, da die Reibung in den Kugelflächen bereits bei geringen Belastungen zu groß wird, um ein Nachstellen oder Selbsteinstellen der Probe zu ermöglichen.

Die *untere Streckgrenze* ist nach DIN 50145 diejenige Kraft, bezogen auf den Anfangsquerschnitt, die sich nach Überschreiten der oberen Streckgrenze unter Ausbildung merkbarer bleibender Dehnung (etwa 0,5 bis 4%) einstellt. Diese Kraft ist aber, bedingt durch die Unterschiede in den einzelnen Fließlinien, nicht über den ganzen Bereich gleichmäßig. Nach C. BACH[1] ist als die untere Streckgrenze die niedrigste Spannung anzusehen, bei der das Fließen vor sich geht. Auf die Schwierigkeiten der Bestimmung auch dieses Wertes wurde schon kurz im Abschn. 4 hingewiesen.

Nach W. JÄNICHE und G. THIEL[2] kann ein Fließen noch eintreten, wenn die Probe längere Zeit (bis 100 h) unter ruhender Last steht. Im Augenblick des Kraftabfalles erfolgt das Fließen der Probe unabhängig von der Antriebsgeschwindigkeit der Prüfmaschine um einen gewissen Mindestbetrag, der sich aus der Lage des ersten Fließbereiches ergibt (s. Abschn. 4). Das Ausmaß des damit verbundenen Kraftabfalles ist von den Federungen der Probe und der Prüfmaschine abhängig. Nehmen wir den Grenzfall an, daß die Maschine so starr gebaut ist, daß sie gegenüber der Probe keine meßbare Federung aufweist, so läßt sich der größtmögliche Spannungsabfall aus dem Maß der sprungweise auftretenden ersten bleibenden Dehnung ε_{bl} zu $\Delta\sigma = E\varepsilon_{bl}$ berechnen. Denkt man sich als entgegengesetzten Fall eine sehr weiche Prüfmaschine, etwa eine hydraulische Maschine üblicher Bauart, die aber mit Preßluft statt mit einer Preßflüssigkeit getrieben wird, oder eine Maschine mit unmittelbarer Gewichtsbelastung[3], so wird man vom Kraftabfall an der oberen Streckgrenze am Kraftanzeiger oder im Spannungs-Dehnungs-Schaubild kaum etwas merken; vielmehr wird dann die in der Maschine aufgespeicherte Arbeit ausreichen, um die Probe sofort über den ganzen Fließbereich durchzurecken, und man findet keinen Spannungsabfall bis auf die untere Streckgrenze. So stark federnde Maschinen lassen die Eigentümlichkeiten des Werkstoffes nicht erkennen und sind daher für das Prüfwesen ungeeignet. Die üblichen Prüfmaschinen haben Eigenfederungen zwischen diesen Grenzfällen, nähern sich aber meistens dem ersten Fall.

Eine Fehlerquelle bei der Ermittlung der unteren Streckgrenze nach der Definition von BACH (kleinster Wert) ist die Trägheit der Kraftmessung. Bei Pendelmanometern z. B. erfährt das Pendel durch den Abfall der Kraft eine Beschleunigung, durch die es in eine Schwingung um die spätere Ruhelage kommt[4]. Auf diese Weise ist es bei diesem recht verbreiteten Maschinentyp schwierig anzugeben, welcher Ausschlag von den Fließvorgängen im Stab und welcher von den Massenkräften hervorgerufen ist.

M. ENSSLIN[5] bestimmte die untere Streckgrenze, indem er beim Lastabfall die Maschine sofort abstellte und wartete (mindestens 5 bis 10 min), bis sich ein stabiler Zustand einstellte. Nach den neueren Beobachtungen über das

---

[1] BACH, C.: Z. VDI Bd. 48 (1904) S. 1040. — C. BACH u. R. BAUMANN: Elastizität und Festigkeit, 9. Aufl., S. 10. Berlin 1924.

[2] Arch. Eisenhüttenw. Bd. 21 (1950) S. 105.

[3] POMP, A., u. A. KRISCH: Mitt. K.-Wilh.-Inst. Eisenforschg. Bd. 19 (1937) S. 187. — H. ESSER: Arch. Eisenhüttenw. Bd. 11 (1937/38) S. 327.

[4] SPÄTH, W.: Physik der mechanischen Werkstoffprüfung, S. 20. Berlin 1938.

[5] Z. VDI Bd. 71 (1927) S. 1486; Bd. 72 (1928) S. 1625.

Kriechen wäre dieses Verfahren nur unter Angabe der Meßgenauigkeit anwendbar[1]. Stellenweise war es üblich, nach dem Absinken der Kraft an der oberen Streckgrenze die Probe noch einmal vorsichtig zu belasten und dann die Kraft als untere Streckgrenze anzugeben, bei der das Dehnungsmeßgerät, z. B. der MARTENSsche Spiegel, ein Fortschreiten der plastischen Dehnung anzeigt. Im weiteren Verlauf des Fließens sinkt aber oft die Kraft auf einen noch tieferen Wert, so daß dieses Verfahren ebensowenig der Begriffsbestimmung von C. BACH[2], als auch der nach DIN 50145 zu entsprechen braucht[3].

Nur wenige Werkstoffarten, vornehmlich geglühte Stähle, besonders solche niedrigerer Festigkeit, einige Sonderbronzen und aushärtbare Leichtmetalllegierungen weisen in ihrem Spannungs-Dehnungs-Schaubild einen ausgeprägten Fließbereich an der Streckgrenze auf. Gemessen an der Zahl der in der Technik Verwendung findenden Werkstoffe hat somit die Bestimmung der Streckgrenze in der soeben beschriebenen Weise als Sonderfall zu gelten. Die Häufigkeit und Vielseitigkeit der Verwendung von weichem Flußstahl und die überragende Höhe seiner Erzeugung unter allen metallischen Werkstoffen sind aber der Grund, daß diesem Bestimmungsverfahren der Streckgrenze im technischen Werkstoffprüfwesen eine sehr hohe Bedeutung zukommt.

c) 0,2-Grenze.

Ist die Streckgrenze beim Zugversuch nicht scharf ausgeprägt, so sehen die Normen an deren Stelle die Bestimmung der Spannung vor, bei der die bleibende Dehnung 0,2% der ursprünglichen Meßlänge beträgt. Diese (vereinbarte) Dehngrenze wird als 0,2-Grenze ($\sigma_{0,2}$) bezeichnet. Ihre Bestimmung, wie überhaupt die Aufnahme der Beziehung zwischen Kraft und bleibender Verformung, erfolgt in der Weise, daß man die Probe, von einer möglichst niedrig gewählten Vorlast ausgehend, stufenweise belastet und nach jeder Stufe unter Entlastung auf die Vorlast die bleibende Dehnung mit einem geeigneten Dehnungsmesser feststellt. Bei verformungsgesteuerten Prüfmaschinen, zu denen z. B. die hydraulischen Maschinen zählen, wird die (nicht gemessene) Dehnung gesteigert, bis sich die gewollte Kraft eingestellt hat, und dann die zugehörige Dehnung der Meßlänge mit Feinmeßgeräten abgelesen.

Für die Ermittlung der 0,2-Grenze sind in DIN 50144 (Ausg. 10. 44) Regeln aufgestellt worden. Danach werden die üblichen Proben nach DIN 50125 verwandt. Die Meßvorrichtung muß gestatten, eine Längenänderung der Probe von 0,05% der Meßlänge, mindestens von 0,01 mm festzustellen. Dieser Forderung genügen z. B. das MARTENS-KENNEDY- bzw. KRUPP-KENNEDY-Gerät oder die mit einer Meßuhr arbeitenden Dehnungsmesser (siehe Band I). Die Vorlast muß im elastischen Bereich des Werkstoffes liegen und so groß sein, daß Ober- und Untergehänge der Prüfmaschine unter Spannung stehen, sie kann bei geeigneter Maschinenbauart auch Null sein.

Der Ausgangspunkt für die Messung ist die Ablesung bei dieser Vorlast, so daß die bis dahin eingetretene Verformung unberücksichtigt bleibt. Die Probe wird dann bei einer Belastungsgeschwindigkeit von höchstens 1 kg/mm^2 sek bis etwa 90% der erwarteten 0,2-Grenze belastet, und zwar so lange, bis die Meßvorrichtung kein weiteres Verformen erkennen läßt, mindestens aber 10 sek. Das Nachfließen der Werkstoffe unter unveränderter Kraft wird also hier in ähnlicher Weise berücksichtigt, wie es auch bei der Warmstreckgrenze

[1] POMP, A., u. A. KRISCH: Mitt. K.-Wilh.-Inst. Eisenforschg. Bd. 26 (1943) S. 59. — W. JÄNICHE u. G. THIEL: Arch. Eisenhüttenw. Bd. 21 (1950) S. 105.

[2] Z. VDI Bd. 48 (1904) S. 1040. — C. BACH u. R. BAUMANN: Elastizität und Festigkeit. 9. Aufl., S. 10. Berlin 1924.

[3] Vgl. die Versuche von W. HOLTMANN: Arch. Eisenhüttenw. Bd. 11 (1937/38) S. 334.

geschieht (Abschn. IV A 1); bei schneller Versuchsführung erhält man kleinere bleibende Dehnungen und damit eine höhere 0,2-Grenze als bei langsamer Führung. Danach wird bis etwas unter die Vorlast entlastet, die Vorlast selbst wieder eingestellt und die bleibende Verformung abgelesen. Dies wird mit stufenweise um etwa 1 bis 2 kg/mm² gesteigerter Belastung wiederholt, bis die bleibende Verformung 0,2% der Meßlänge erreicht oder überschritten hat, wie es in Abb. 26 für zwei Beispiele gezeigt ist. Die Stufen werden zweckmäßig um so kleiner gewählt, je näher man an die 0,2-Grenze herankommt, da sich in diesem Gebiet die Dehnung bereits erheblich mit der Spannung ändert (siehe Stahl 1 in Abb. 26). Auf zeichnerischem Wege läßt sich aus den einzelnen Meßpunkten die 0,2-Grenze auf 0,5 kg/mm² genau ermitteln.

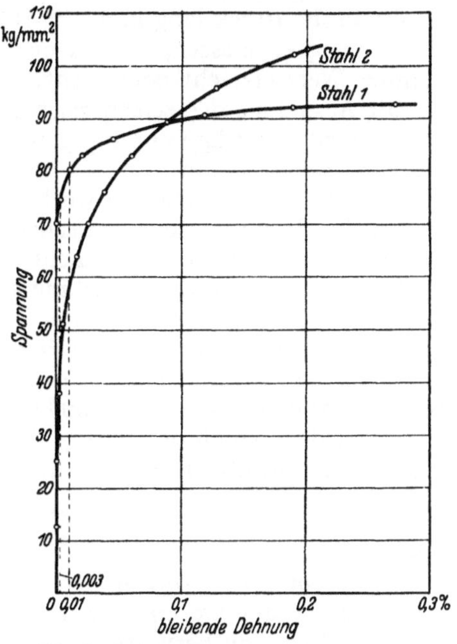

Abb. 26. Bleibende Dehnung von Werkstoffen mit im Verhältnis zur 0,2-Grenze hoher (Stahl 1) und niedriger (Stahl 2) Elastizitätsgrenze.

Die wortgetreue Anwendung dieses Verfahrens setzt voraus, daß der Werkstoff in seinen Eigenschaften bekannt ist, da sonst die erste Kraftstufe nicht mit 90% der erwarteten 0,2-Grenze errechnet werden kann. Außerdem erfordert es durch die wiederholten Be- und Entlastungen viel Zeit. In einem zweiten Verfahren, das besonders bei Stahl anwendbar ist, ist daher vorgesehen, daß bei Werkstoffen mit anfänglich geradlinigem Verlauf der Spannungs-Verformungs-Linie vor dem Versuch die Summe aus der federnden und aus einer zusätzlichen bleibenden Verformung von 0,2% der Meßlänge berechnet wird. Dann wird die Probe ohne Entlastung so hoch belastet, bis die gemessene Gesamtverformung den berechneten Wert erreicht hat, hierauf wird entlastet. Dabei wird aber empfohlen, kurz vor dem Erreichen der vorausbestimmten Verformung durch Entlasten auf die Vorlast die bleibende Verformung zu bestimmen und weiter stufenweise nach dem oben geschilderten Verfahren zu arbeiten. Diese Verbindung beider Ausführungsarten dürfte praktisch am meisten angewendet werden, wenigstens dann, wenn die Werkstoffe im einzelnen nicht bekannt sind.

Ein weiteres „zeichnerisches" Verfahren sieht vor, die gemessenen Gesamtverformungen in Abhängigkeit von der Spannung aufzutragen und zu der Verbindungslinie der einzelnen Meßpunkte, soweit sie auf einer Geraden liegen, eine Parallele im Abstand von 0,2% der Meßlänge zu ziehen. Der Schnittpunkt dieser Parallelen mit der Spannungs-Verformungs-Kurve ergibt dann die gesuchte 0,2-Grenze. Dieses Verfahren entspricht den amerikanischen Normen und wurde von E. v. Rajakovics und H. O. Maier[1] näher untersucht. Ist der geradlinige Ast am Anfang der Kurve sehr kurz, so daß die Parallele nicht mit genügender Sicherheit zu ziehen ist, so wird empfohlen, am Schluß des Versuches zu entlasten, die bleibende Verformung zu messen und zu dieser Ent-

[1] Aluminium Bd. 22 (1940) S. 380.

lastungslinie die Parallele im Abstand von 0,2% vom Ausgangspunkt der Kurve zu ziehen. Zeichnet die Prüfmaschine selbsttätig ein genügend genaues Schaubild, so kann unmittelbar in dieses die Parallele im Abstand von 0,2% eingezeichnet und aus dem Schnittpunkt die zugehörige Spannung als 0,2-Grenze bestimmt werden.

In der Praxis wird man sich oft darauf beschränken können, nachzuweisen, daß ein vorgeschriebener Mindestwert nicht unterschritten wird. Dann genügt es, die Probe 10 sek lang in dieser Höhe zu belasten und danach die bleibende Verformung zu messen, woraus man dann sieht, ob die 0,2-Grenze den verlangten Wert erreicht oder nicht.

Mit Ausnahme des zeichnerischen Verfahrens wird in dem Normblatt eine Genauigkeit von 1 kg/mm² angegeben, die aber bei sorgfältigem Arbeiten überschritten werden kann.

In England und Amerika wird als Yield-Strength die Spannung ermittelt, in der eine Parallele zur elastischen Linie, meist im Abstand von 0,2%, die Spannungs-Dehnungs-Linie schneidet. Daneben wird unter gleicher Bezeichnung vielfach die zu einer Gesamtdehnung von 0,5 bzw. 0,6% gehörende Spannung als Streckgrenze bestimmt. Unter Berücksichtigung eines Elastizitätsmoduls von 21000 kg/mm² für Stahl würde diese Bestimmung bei Streckgrenzen unter rd. 63 bzw. 84 kg/mm² höhere, bei solchen über dieser Zahl niedrigere Werte als die 0,2-Grenze nach DIN 50144 ergeben.

Neben dem absoluten Betrag der Streckgrenze bzw. 0,2-Grenze wird besonders bei vergüteten Stählen das *Streckgrenzenverhältnis*

$$\frac{\sigma_S}{\sigma_B} \quad \text{bzw.} \quad \frac{\sigma_{0,2}}{\sigma_B}$$

bewertet.

Als „proof-stress“ wird in den englischen Normen die Spannung bezeichnet, bei der die Spannung eine bestimmte, in den einzelnen Normen festgesetzte bleibende Dehnung hervorruft. Diese wird teils nach Be- und Entlastung als bleibende Dehnung gemessen, teils wird der Schnittpunkt einer Parallelen zur Hookeschen Gerade in festgesetztem Abstand mit der Spannungs-Dehnungs-Kurve bestimmt[1].

Während die Vorschläge für die Internationalen Normen (ISO) vom April 1954 (ISO/TC 17, Nr. 97) für die Streckgrenze mit den deutschen Normen übereinstimmen, unterscheiden sie je nach der Ermittlung zwei verschiedene Dehngrenzen, nämlich „stress at permanent set limit“ und „stress at proof limit“. Eine Elastizitätsgrenze ist in den ISO-Vorschlägen nicht angeführt.

d) Elastizitätsgrenze.

Die Elastizitätsgrenze eines Werkstoffes ist die Grenzspannung, bis zu der keine bleibenden Formänderungen auftreten. Diese physikalische Begriffsbestimmung ist auch in DIN 50143 (Ausg. 10.44) aufgenommen. Unter Berücksichtigung der Schwierigkeiten der sicheren Bestimmung dieser Grenzspannung hat man schon frühzeitig festgelegt, welche Beträge die bleibende Dehnung bis zu einer technischen Elastizitätsgrenze erreichen darf, wobei in den älteren Arbeiten häufig kleinere Beträge genannt werden als in den jüngeren. Die Zahlen bewegen sich zwischen 0,001 und 0,05% der Meßlänge[2]. In DIN 50143

[1] Vgl. R. G. Batson and J. H. Hyde: Mechanical Testing. Vol. I. London: Chapmann & Hall 1931.

[2] Auf der Tagung des IVM in Kopenhagen 1909 wurde 0,001% festgesetzt. — O. Wawrziniok (Handbuch des Materialprüfungswesens, 2. Aufl. Berlin 1923) gibt ebenfalls 0,001% an, doch sind auch 0,03% bei entsprechender Vereinbarung nicht zu beanstanden. — G. Fiek

und 50145 wird jetzt als technische Elastizitätsgrenze die Spannung erklärt, bei der sich eine bleibende Dehnung oder Stauchung von 0,01% der Meßlänge ergibt ($\sigma_{0,01}$). Falls es notwendig ist, eine feinere Grenze zu bestimmen, wird die 0,005-Grenze empfohlen.

Als Proben sind zweckmäßig solche mit Gewindekopf nach DIN 50125 zu verwenden. Die Meßvorrichtung muß eine Ablesegenauigkeit von 0,001% der Meßlänge, aber mindestens von 0,0005 mm gestatten. Meßuhren reichen also nicht mehr aus. Die Meßgeräte sind doppelseitig anzusetzen, um zu vermeiden, daß infolge einseitiger Spannungsverteilung die Elastizitätsgrenze fehlerhaft gemessen wird.

Die Vorschriften für die Bestimmung der Elastizitätsgrenze durch mehrmalige Be- und Entlastung stimmen mit denen für die Bestimmung der 0,2-Grenze (Abschn. c) überein. Falls die Größe der Elastizitätsgrenze nicht bekannt ist, kann der Beginn der stufenweise vorzunehmenden Be- und Entlastung unter Ausnutzung der Regel gefunden werden, daß im elastischen Bereich bei Belastungszunahme um den gleichen Wert (z. B. 3 kg/mm²) auch der Zuwachs der Gesamtdehnung gleich sein muß. Wird der Dehnungszuwachs größer, so ist das Gebiet der plastischen Verformung erreicht, und man beginnt mit der stufenweisen Belastung.

Um die Elastizitätsgrenze genauer festzulegen, wird man die gemessenen bleibenden Verformungen in Abhängigkeit von der Belastung oder der Spannung auftragen und kann dann die Elastizitätsgrenze auf 0,5 kg/mm² genau angeben.

Auch das „zeichnerische" Verfahren stimmt mit dem für die Bestimmung der 0,2-Grenze genannten überein; ebenso enthält das Blatt 50143 den gleichen Vermerk, daß man sich in der Praxis oft mit dem Nachweis begnügen kann, daß die Elastizitätsgrenze mindestens gleich einem vorgeschriebenen Wert ist.

Der Unterschied zwischen den verschiedenen im Laufe der Zeit festgelegten Beträgen für die bleibende Dehnung an der Elastizitätsgrenze erscheint recht groß. Vergleicht man jedoch die zu diesen Dehngrenzen gehörenden, im Versuch ermittelten Spannungen, so findet man, daß in zahlreichen Fällen alle diese Dehngrenzen recht nahe beieinander, und zwar ziemlich dicht unterhalb der Streckgrenze liegen; alsdann ist es von untergeordneter Bedeutung, welche dieser Grenzen man wählt (s. Abb. 26, Stahl 1). Treten aber schon bei Belastungen weit unterhalb der Streckgrenze bleibende Dehnungen auf, so fallen die für die verschiedenen Dehnbeträge ermittelten Dehngrenzen weit auseinander, z. B. Stahl 2 in Abb. 26. In Hundertteilen der Zugfestigkeit ausgedrückt ist

	$\sigma_{0,003}$	$\sigma_{0,005}$	$\sigma_{0,01}$	$\sigma_{0,2}$
für Stahl 1	69	71	74	85%
für Stahl 2	29	37	42	75%

Beide Kurven wurden an vergüteten Stählen erhalten. Daher ist es in jedem Falle zweckmäßig, den jeweiligen Wert der Elastizitätsgrenze zu erläutern, indem man angibt, welche bleibende Dehnung ihrer Bestimmung zugrunde gelegt worden ist.

(in: Das Materialprüfungswesen, 2. Aufl., hrsg. von K. Memmler, Stuttgart 1924) nennt 0,003% bis herab zu 0,001%, während 0,03% zu hoch seien. — P. Goerens u. R. Mailänder (in: Wien-Harms: Handbuch der Experimentalphysik Bd. 5, S. 189. Leipzig 1930) nennen als bleibende Dehnung 0,001 bis 0,05%, bevorzugt 0,03%, M. Moser (in: Walzwerkswesen, hrsg. von J. Puppe u. G. Stauber, Bd. 1, 1929) 0,03%. — E. Siebel gibt hierfür 0,01 und 0,03% an (Hütte, des Ingenieurs Taschenbuch, 27. Aufl., Bd. 1, 1949, S. 741). In DIN 1602 wurde früher 0,003 bis 0,01% bleibende Dehnung genannt, doch wurde dieses Blatt 1944 hierin geändert.

Das frühzeitige Auftreten bleibender Dehnungen, die mit steigender Spannung ganz allmählich zunehmen, wird besonders in den Fällen beobachtet, in denen infolge von Inhomogenitäten im Gefüge unter der Wirkung der äußeren Kraft Störungen des gleichmäßigen Spannungsfeldes eintreten. Daher hat Grauguß eine sehr niedrige Elastizitätsgrenze, während umgekehrt bei sehr reinen Stählen die Elastizitätsgrenze fast die Höhe der Streckgrenze erreicht[1]. Hier wäre noch einmal auf die leichte Beeinflussung der Elastizitätsgrenze durch geringe Kaltverformung, z. B. beim Herausarbeiten der Probe, hinzuweisen (Abschn. B 5).

Im Zusammenhang hiermit sei der Elastizitätsgrad nach C. BACH und R. BAUMANN[2]

$$\mu = \frac{\text{federnde Dehnung}}{\text{gesamte Dehnung}}$$

erwähnt. Ist der Elastizitätsmodul eines Werkstoffes bekannt, so gestattet die Angabe des Elastizitätsgrades für eine bestimmte Spannung, die bleibende Dehnung für diese Belastung zu berechnen. E. SIEBEL[3] schlägt vor, die bleibenden Dehnungen auf die elastischen zu beziehen und aus diesem Verhältnis Kennwerte für den Konstrukteur abzuleiten. W. SPÄTH[4] stellt dieses Verhältnis der beim Schwingungsversuch gemessenen Dämpfung gegenüber.

Die *limite d'élasticité* der französischen Normen stimmt praktisch mit der deutschen Begriffsbestimmung der Streckgrenze überein, ist also keine „Elastizitätsgrenze".

e) Proportionalitätsgrenze.

Die Proportionalitätsgrenze eines Werkstoffes ist die Spannung, bis zu der die Gesamtdehnungen den Spannungen proportional sind, sie wird in DIN 1602 nur mit dem Hinweis erwähnt, „daß sie in der Werkstoffprüfung nicht mehr angewendet werde". Eine Angabe über die erforderliche Meßgenauigkeit findet sich daher in den Normen nicht. Die Proportionalitätsgrenze wird in zahlreichen älteren Arbeiten und auch im Ausland noch jetzt vielfach genannt.

Belastet man eine Probe in kleinen Stufen und trägt die zugehörige Gesamtdehnung in Abhängigkeit von der Belastung auf, so erhält man zunächst eine geradlinige Beziehung, die HOOKEsche Gerade. Bei höheren Belastungen beobachtet man ein allmähliches Abbiegen der Spannungs-Dehnungs-Kurve. Der Beginn dieser Richtungsänderung, den man am einfachsten durch Anlegen der Tangente an die Kurve ermittelt, ist die Proportionalitätsgrenze. Mit Rücksicht auf die unvermeidlichen Streuungen in den einzelnen Meßpunkten muß man für die Abweichung ein gewisses Mindestmaß zugrunde legen[5].

A. MARTENS[6] kennzeichnet die Proportionalitätsgrenze als die Spannung, bei der die Dehnung aufhört, der Spannung proportional zu sein, und bemerkt hierzu, daß diese Grenze keine bestimmte sein kann, da die Zustandsänderungen im Werkstoff stetig vor sich gehen. Ihre Ermittlung hänge von der Feinheit

---

[1] MOSER, M.: Ber. Werkstoffaussch. VDEh. 96 (1926).

[2] Elastizität und Festigkeit, 9. Aufl., S. 103. Berlin: Springer 1924.

[3] Stahl u. Eisen Bd. 57 (1937) S. 196.

[4] Physik der mechanischen Werkstoffprüfung. Berlin: Springer 1938.

[5] Die Auswertung einer Reihe von Messungen an Kontrollstäben unter Berücksichtigung der theoretischen Fehler des MARTENSschen Spiegelgerätes ergab, daß eine weit bessere Übereinstimmung mit einer quadratischen Funktion $\varepsilon = A\sigma + B\sigma^2$ bestand als mit einer linearen gemäß dem HOOKEschen Gesetz. Das quadratische Glied ist hierin freilich sehr klein. Eine Verallgemeinerung dieser Beobachtung würde bedeuten, daß es eine Proportionalitätsgrenze im strengen Sinne nicht gibt.

[6] Handbuch der Materialienkunde für den Maschinenbau. Bd. I. Berlin: Springer 1898.

der Meßwerkzeuge und den Anschauungen des Beobachters ab. Ähnliche Auffassungen über die Proportionalitätsgrenze äußert C. BACH[1], der auch zwischen der Proportionalitätsgrenze der federnden und der der Gesamtdehnungen unterscheidet.

O. WAWRZINIOK[2] gibt eine genaue Erklärung für die Proportionalitätsgrenze und bestimmt sie als die Spannung, bis zu der die Dehnungen für 1 kg/mm² Spannungssteigerung um nicht mehr als 0,0005 % der Meßlänge von dem Mittel der vorausgegangenen Stufen abweichen. Den gleichen Wert nennen P. GOERENS und R. MAILÄNDER[3]. Die Proportionalitätsgrenze wird also im Gegensatz zur Elastizitätsgrenze aus den Gesamtdehnungen bestimmt. Infolgedessen läßt sich keine feste Beziehung zu dieser angeben. Bei einem Stahl nach Abb. 26, Linie 1, der bis zu verhältnismäßig hohen Belastungen der HOOKEschen Geraden folgt und bei dem Elastizitäts- und 0,2-Grenzen dicht zusammen liegen, liegt die Proportionalitätsgrenze unterhalb der Elastizitätsgrenze, da z. B. die Begriffsbestimmung nach WAWRZINIOK in diesem Fall nahezu gleichbedeutend mit der Festsetzung einer bleibenden Dehnung von 0,0005% ist. Treten jedoch schon frühzeitig bleibende Dehnungen auf (Abb. 26, Linie 2), so kann die nach WAWRZINIOK bestimmte Proportionalitätsgrenze sehr wohl über der Elastizitätsgrenze liegen (vgl. auch P. GOERENS und R. MAILÄNDER[4]).

In den englischen und amerikanischen Normen finden sich entsprechende Begriffsbestimmungen für die Proportionalitätsgrenze; sie ist die Spannung, bei der die Dehnung aufhört, den zugehörigen Spannungen proportional zu sein. Dabei wird in den englischen Normen auf die Notwendigkeit hingewiesen, ein hohes Maß von Empfindlichkeit und Genauigkeit für Dehnungs- und Kraftmessung anzuwenden. Die Proportionalitätsgrenze unterscheidet sich oft nicht von der Elastizitätsgrenze, weshalb auch der Ausdruck „proportional elastic limit" gebraucht wird. Bestimmte Angaben über die zulässige Abweichung von der HOOKEschen Geraden werden nicht gemacht.

J. B. JOHNSON[5] bestimmte aus der aufgenommenen Spannungs-Dehnungs-Linie die Belastung, bei der die Neigung der Linie gegen die Spannungsachse den 1,5fachen Betrag der ursprünglichen Neigung angenommen hat (JOHNSON-Limit), d. h. den Wert, für den $\Delta\sigma = \frac{E \cdot \Delta\varepsilon}{1,5}$ wird (gegenüber $\Delta\sigma \sim \frac{E \cdot \Delta\varepsilon}{1,1}$ [für Stahl] nach dem von WAWRZINIOK sowie GOERENS und MAILÄNDER genannten Wert für die Proportionalitätsgrenze).

f) Dehnung und Bruchdehnung.

Die *Dehnung* ε ist in jedem Zeitpunkt des Versuches die Änderung der Meßlänge, bezogen auf den ursprünglichen Wert derselben, also

$$\varepsilon = \frac{L - L_0}{L_0} = \frac{\Delta L}{L_0}.$$

Es kann sich hierbei um eine elastische, bleibende oder Gesamtdehnung handeln (ε_{el}, ε_{bl} oder ε_{ges}). Von besonderer Bedeutung ist die Bestimmung der *Bruchdehnung*. Die Bruchdehnung ist die nach erfolgtem Bruch gemessene

[1] BACH, C., u. R. BAUMANN: Elastizität und Festigkeit. 9. Aufl. Berlin: Springer 1924.
[2] Handbuch des Materialprüfungswesens. 2. Aufl., S. 21. Berlin 1923.
[3] In: WIEN-HARMS: Handbuch der Experimentalphysik. Bd. V. S. 216. Leipzig: Akademische Verlagsgesellschaft 1930.
[4] In: WIEN-HARMS: Handbuch der Experimentalphysik. Bd. V. S. 218. Leipzig: Akademische Verlagsgesellschaft 1930.
[5] Materials of Construction, 1918 edition, S. 10. — Proc. Amer. Soc. Test. Mater. Bd. 22 (1922) I, S. 516.

Verlängerung einer bestimmten Meßlänge der Probe, bezogen auf die ursprüngliche Meßlänge L_0; sie wird in Hundertteilen derselben angegeben:

$$\delta = \frac{L_B - L_0}{L_0} \cdot 100 \quad (\text{in } \%),$$

wobei L_B die Meßlänge der Probe nach dem Bruch ist. Die Größe der Bruchdehnung ist stark abhängig von der Meßlänge; sie setzt sich zusammen aus der *Gleichmaßdehnung*, die bis zur Höchstlast über die ganze Meßlänge erfolgt, und der *Einschnürdehnung*, die sich während der Einschnürung örtlich begrenzt ausbildet und von der Meßlänge nahezu unabhängig ist.

Dieser Unterschied zwischen Gleichmaß- und Einschnürdehnung ist deutlich in Abb. 27 zu erkennen, in der die Verteilung der Dehnung über die Meßlänge einer in 22 Abschnitte geteilten Zugprobe von 20 mm Durchmesser wiedergegeben ist; gleichzeitig sind die Durchmesser dieser Teilstrecken nach dem Versuch eingetragen. Gestrichelt sind darüber die ursprünglichen Begrenzungslinien der Probe gezeichnet. Die dem Kopf am nächsten gelegenen Abschnitte der Meßlänge haben die kleinste Dehnung und den größten Durchmesser (Dehnungsbehinderung durch den Übergang zum Kopf), es folgen dann beiderseits sieben Abschnitte der „Gleichmaßdehnung", die aber nicht so gleichmäßig ist, wie der Name vermuten läßt, und auch bei diesem Beispiel gewisse Schwankungen zeigt. In der Mitte der Probe weisen sechs Abschnitte infolge der örtlichen Einschnürung eine größere Dehnung bei Verminderung des Durchmessers an der dünnsten Stelle der Probe bis auf 58% seines ursprünglichen Wertes auf. Diese Einschnürung bildet sich erst nach der Höchstlast aus, wie Abb. 28 zeigt, in der die Dehnung der einzelnen Abschnitte dieser Probe über der Meßlänge aufgetragen ist. Die Kreuze bezeichnen die Dehnung der Teilstrecke bei einer Belastung von 96% der späteren Höchstkraft und lassen noch kaum eine stärkere Dehnung an der Stelle der späteren Einschnürung erkennen, während die Kreise die Ausmessung nach dem Bruch wiedergeben. Die weitere Dehnung hat sich also fast ganz auf den Einschnürabschnitt beschränkt, während die rechts und links davon liegenden Teile der Probe ihre Dehnung nur wenig vergrößert haben. Die Bruchdehnung der Probe wäre die mittlere Höhe der über der fraglichen Meßlänge liegenden Fläche.

Fast immer begnügt man sich aber mit der Bestimmung der Bruchdehnung allein, ohne Unterteilung in Gleichmaß- und Einschnürdehnung.

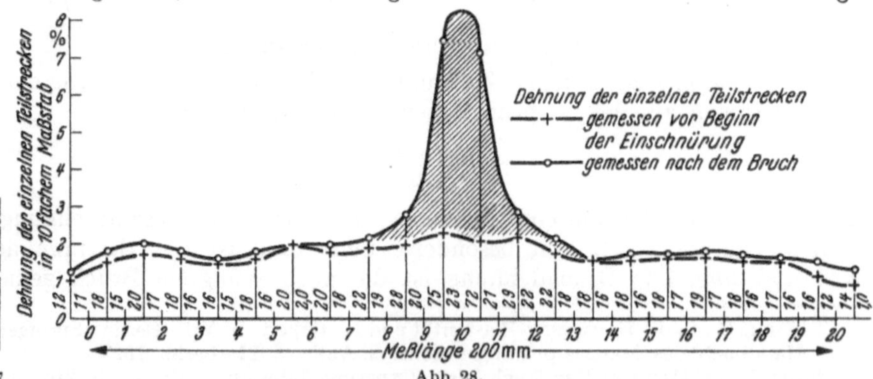

Abb. 27. Abb. 28.

Abb. 27. Dehnung und Querschnittsverminderung der einzelnen Teilstrecken einer Zugprobe (MOSER).

Abb. 28. Gleichmäßige und örtliche (Einschnür-) Dehnung der in Abb. 27 wiedergegebenen Zugprobe (MOSER).

Hierzu werden vor dem Versuch an den Enden der Versuchslänge zwei Marken eingeritzt oder Körnermarken eingeschlagen, deren Abstand der Meßlänge L_0 entspricht. Nach dem Bruch werden die Bruchstücke möglichst gut passend aneinandergelegt, und der Abstand L_B der beiden Meßmarken wird mit einem Meßlineal oder durch Abgreifen mit dem Steckzirkel bestimmt. Flachproben, deren Bruchflächen manchmal in der Mitte auseinanderklaffen, mißt man zweckmäßig auf den Schmalseiten aus.

Die nach obigem Verfahren bestimmte Bruchdehnung ist von der Lage des Bruches innerhalb der Meßlänge abhängig. Die höchsten Zahlen erhält man, wenn die Probe in der Mitte der Meßlänge bricht; diese Werte gelten als normal. In diesem Fall liegt beiderseits der Einschnürung ein etwa gleich langer Abschnitt, der um den Betrag der Gleichmaßdehnung verlängert worden ist. Liegt jedoch der Bruch dicht am Ende der Meßlänge, an die sich ja meistens nach einem kurzen Übergangsstück der verstärkte, unverformt bleibende Einspannkopf anschließt, so kann sich die Einschnürdehnung nicht unbehindert ausbilden; nach dem angegebenen Bestimmungsverfahren würde man unter diesen Umständen niedrigere Werte für die Bruchdehnung erhalten. Erfahrungsgemäß beginnt dieser Einfluß sich auszuwirken, sobald der Bruch in den äußeren Dritteln der Meßlänge erfolgt. Die deutschen Normen (DIN 50146) erklären daher für Zwecke der Abnahme solche Versuche für ungültig, bei denen zwar die Festigkeitswerte, aber nicht die Bruchdehnung genügen, wenn der Abstand des Bruches von der nächsten Endmarke weniger als 1/3 (bei kurzen Proportionalstäben, s. S. 73) bzw. weniger als 1/5 der Meßlänge (bei langen Proportionalstäben) beträgt. Der Ersatzversuch gilt dann nicht als Wiederholungsversuch für eine ungenügende Probe.

Da mit der Ausbildung der Einschnürung in der Nähe der Einspannköpfe gerechnet werden muß und diese Erscheinung sich manchmal bei ganzen Reihen von gleichartigen Proben zeigt, ist zur Vermeidung des Ersatzversuches ein Verfahren für die Umrechnung auf den Normalwert der Bruchdehnung bei der Lage des Bruches in der Probenmitte vorgesehen. Hiernach wird die Meßlänge der Probe vor dem Versuch mittels einer Teilmaschine oder einer Ratsche in 2 N, mindestens 10 gleiche Teile durch Zwischenmarken geteilt und darüber zweckmäßig ein Längsriß gezogen. Die Umrechnung der infolge der einseitigen Lage der Bruchstelle bei unmittelbarer Ausmessung der Meßlänge zu niedrig gefundenen Bruchdehnung sei an dem Beispiel aus DIN 50146 erläutert (Abb. 29):

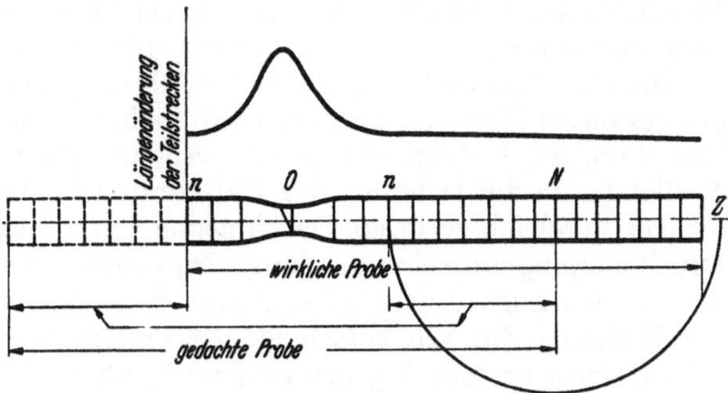

Abb. 29. Verlegung des Bruches in die Stabmitte für die Bruchdehnungsmessung.

Ist die Probe in einem Abstand von weniger als 1/3 bzw. 1/5 der Meßlänge von der Endmarke gebrochen, so wird zuerst der dem Bruch am nächsten liegende Teilstrich mit Ziffer 0 bezeichnet. Von diesem Teilstrich ausgehend, werden die Abschnitte bis zum Ende der Meßlänge auf dem kürzeren Bruchstück ausgezählt, ihre Anzahl betrage n. Auf dem langen Bruchstück werden darauf n und N Abschnitte abgezählt und markiert.

Zur Bruchdehnungsmessung werden jetzt die Entfernungen zwischen N und dem Ende des kurzen Bruchstückes einerseits und der Abstand zwischen N

und *n* auf dem langen Bruchstück anderseits gemessen und zusammengezählt, so daß insgesamt über 2 N Teilstriche gemessen wird. Die Meßlänge nach dem Versuch ist vereinbarungsgemäß gleich der Summe dieser beiden Größen. Die Verlängerung ΔL erhält man durch Abziehen der ursprünglichen Länge L_0 von dem so gemessenen Betrag.

In der Praxis ist es oft bequemer, im Punkte N einen Stechzirkel einzusetzen, diesen Zirkel zu öffnen bis zum Teilstrich *n* auf dem langen Stück, einen Halbkreis bis Z zu beschreiben, und daselbst mit der Spitze dieses Zirkels eine Marke anzubringen. Die Meßlänge der Probe nach dem Versuch ist dann gleich der Entfernung des Teilstriches *n* auf dem kurzen Bruchstück bis zum Teilstrich Z auf dem langen Stück (Abb. 29).

Ein ähnliches Verfahren ist auch in mehreren ausländischen Normen vorgesehen, z. B. denen von USA.

Das Verfahren ergibt in vielen Fällen gute Übereinstimmung mit den Proben, die in der Mitte der Meßlänge gerissen sind. Liegt der Bruch jedoch sehr dicht am Einspannkopf, so erhält man auch bei diesem Umrechnungsverfahren immer noch zu niedrige Werte für die Bruchdehnung. Es ist jedoch nicht zulässig, zur Vermeidung des Endbruches die Probe in der Mitte dünner zu drehen, da hierdurch die Bruchdehnung infolge Verminderung der Gleichmaßdehnung zu niedrig ausfällt.

Eine beim statischen Zugversuch seltene Erscheinung muß hier noch erwähnt werden, die die Bestimmung der richtigen Bruchdehnung eines Werkstoffes unmöglich machen kann. Manche Proben zeigen in größerem oder kleinerem Abstand von der Bruchstelle eine zweite oder sogar noch mehr Einschnürungen, die aber nur eine geringere Formänderung als die Bruchstelle erfahren haben. Die Ursache ist darin zu suchen, daß der Übergang von der Gleichmaß- zur Einschnürdehnung am Höchstkraftpunkt durchaus nicht zwangsläufig auf einen Punkt beschränkt zu sein braucht. Im Bereich der zweiten Einschnürung ist die Dehnung natürlich größer als die Gleichmaßdehnung, so daß solche Proben viel zu hohe Bruchdehnungen aufweisen können und deshalb zur Kennzeichnung des Werkstoffe nicht brauchbar sind. Nach DIN 50146 sind solche Versuche daher zu wiederholen. Falls an derartigen Proben die Gleichmaßdehnung gemessen werden kann, kann man aus dieser und der Brucheinschnürung einen Näherungswert für die Bruchdehnung nach den Umrechnungsverfahren von W. KUNTZE[1] und F. UEBEL[2] ermitteln.

Die Zusammensetzung der Bruchdehnung aus der gleichmäßigen Dehnung der gesamten Meßlänge und der zusätzlichen Dehnung im Bereich der örtlichen Einschnürung bedingt eine starke Abhängigkeit der Bruchdehnung von der Meßlänge, da die Dehnung der Einschnürstelle von dieser nahezu unabhängig ist. Im Vergleich zu ihrem Durchmesser kurze Zugproben müssen eine größere Bruchdehnung aufweisen als lange Zugproben. Die Normen der einzelnen Länder für den Zugversuch befassen sich daher am ausführlichsten mit der Wahl der Meßlänge für die verschiedenen Probenformen. In der Wahl der Querschnittsform besteht dagegen größere Freiheit, da nach F. KICK[3] und anderen Forschern die Möglichkeit besteht, die Bruchdehnung von Proben verschiedenen Querschnittes und verschiedener Querschnittsform miteinander zu vergleichen, wenn nur das Verhältnis zwischen der Meßlänge L_0 und der Wurzel aus dem Stabquerschnitt F_0 gleich ist, obwohl die Bruchdehnung aus so ungleichen Verformungsvorgängen zusammengesetzt ist (KICKsches Ähnlichkeitsgesetz).

---

[1] Arch. Eisenhüttenw. Bd. 9 (1935/36) S. 509.

[2] Arch. Eisenhüttenw. Bd. 9 (1935/36) S. 515.

[3] Das Gesetz der proportionalen Widerstände. Leipzig 1885.

Tabelle 1. *Übersicht über die in Deutschland sowie in verschiedenen anderen Ländern üblichen Meßlängenverhältnisse und feste Meßlängen für die Bruchdehnungsmessung.*

Land und Norm	Meßlangenverhaltnis L_0/d_0	feste Meßlangen mm bzw. "
Deutschland: Deutscher Normenausschuß DIN 50125, April 1951	5 10	100 200
Belgien: Institut Belge de Normalization NBN 117, Juni 1950	5 7,25	
Finnland: Finlands Standardiserings commission SFS H, I. 6. März 1937	5 10	100 200
Frankreich: L'association française de Normalization (AFNOR) A 03–101 Februar 1946	7,25 5	
Großbritannien: (zugleich Neuseeland) British Standards Inst. BS 18, Mai 1950	8 4 3,54 $(4\sqrt{F})$	2" 4" 8" 10"
Indien: Indian Standards Institution IS: 223–1950	8 4 3,54 $(4\sqrt{F})$	2" 4" 8" 10"
Italien: UNI-Ente nazionale per l'unificacione nell'industria UNI 556–557, Oktober 1937	10 5	200 100
Niederlande: Hoofdcommissie voor de Normalisatie in Nederland V 1031, Mai 1947	5 (10)	
Österreich: Gilt vorläufig die Deutsche Norm DIN 50125		
Polen: Polskiego Komitetu Normalizacyjnego PN-H-04310, 1949	4 5	
Schweiz: Normen des Vereins Schweizerischer Maschinenindustrieller VSM 10921, November 1950	5 (10)	100 200
Sowjetunion: Staatl. Normenorganisation GOST 1497–42	5 10	
Tschechoslowakei: Českomoravská Společnost Normalisační ČSN 1038–1942	5 10	100 200
Vereinigte Staaten von Nordamerika: Amer. Soc. Test. Mater. Standards 1952, E 8–52 T	4	1,0" 1,4" 2,0" 8,0" 10,0"
Internationale Organisation für Normung (ISO) ISO/TC 17, Nr. 97, April 1954	3,54 4,43 5 7,25 10	

Die *deutschen Normen*, s. Tab. 1, sehen „kurze" und „lange" *Proportionalstäbe* vor, bei denen die Meßlänge das 5- bzw. 10fache des Durchmessers beträgt und deren Dehnung als δ_5 bzw. δ_{10} bezeichnet wird[1]. Die Beibehaltung des langen Proportionalstabes in DIN 50125 ist nur als eine Übergangsmaßnahme zu betrachten, bis die jetzt geltenden Vorschriften über die Wahl dieser Probe abgeändert sind. Bei Schiedsversuchen dürfen nur Proportionalstäbe verwendet

[1] In älteren Arbeiten findet man hierfür die Bezeichnungen $\delta_{5,65}$ und $\delta_{11,3}$; die Indizes 5,65 und 11,3 sind die Faktoren, mit deren Hilfe die Meßlänge aus den Wurzeln der Querschnitte zu berechnen ist: $l_{5d} = 5{,}65\sqrt{F_0}$ und $l_{10d} = 11{,}3\sqrt{F_0}$.

werden, wenn nicht in Sonderfällen abweichende Vereinbarungen getroffen werden. Die prismatische Länge der Probe soll mindestens um ihren Durchmesser länger sein als die Meßlänge und stetig, d. h. ohne Unterschneidung und Überhöhung in die Stabköpfe übergehen und gleichmäßigen Querschnitt haben, da sonst die Bruchdehnung vermindert wird. Ist der Querschnitt der Probe nicht kreisförmig, sondern z. B. rechteckig, so ist die Meßlänge nach dem Durchmesser des flächengleichen Kreises zu wählen; die Meßlänge für δ_5 ergibt sich daraus zu $5{,}65\sqrt{F_0}$, die für δ_{10} zu $11{,}3\sqrt{F_0}$. Diese Regel findet besonders Anwendung bei der Prüfung von Blechen, aus denen man gewöhnlich Flachproben (Seitenverhältnis im allgemeinen nicht größer als 4: 1) entnimmt, und von kleinen Profilen und Rohren, die man im ganzen prüft. Besonders bei diesen muß man auf sorgfältige Ermittlung der Abmessungen achten und danach die Meßlänge berechnen.

Bei einer Reihe von Erzeugnissen, wie Formstahl, Bandstahl usw. verzichtet man aus wirtschaftlichen Gründen auf die Einhaltung des genauen Verhältnisses zwischen Meßlänge und Wurzel aus dem Querschnitt. Die Meßlänge beträgt dann vorzugsweise 100 bis 200 mm für jeden vereinbarten Querschnitt. Daneben sind in den DIN-Normen noch mehrfach Sonderbestimmungen vorgesehen, auf die im Abschn. 6 i „Form der Zugproben" näher eingegangen wird.

Im *Ausland* sind vielfach kleinere Meßlängen gebräuchlich, namentlich in England und in den Vereinigten Staaten von Nordamerika, so daß die Bruchdehnungswerte für ausländische Werkstoffe oft günstiger scheinen als für die deutschen. In Tab. 1 sind außer den deutschen Zugproben die in den Normen der wichtigsten Länder angegebenen Proben aufgeführt.

In der internationalen Werkstoffnormung ist die Normung des Zugversuches noch nicht abgeschlossen. Der letzte Vorschlag enthält die deutschen (kurzen und langen) sowie die englischen und französischen Proportionalstäbe (mit einem Meßlängenverhältnis von 3,54, 4,43 bzw. 7,25).

Die *Umrechnung der Bruchdehnung* von einer Meßlänge auf eine andere ist recht umständlich, so daß sie in der Praxis bisher wenig eingeführt ist.

A. MARTENS[1] ging von einer sehr langen Zugprobe aus, bei der keine Einflüsse der Einspannköpfe innerhalb der Meßlänge wirksam sind und bei der man die Bruchdehnung δ in die Gleichmaßdehnung δ_g und die zusätzliche Dehnung der Einschnürstelle λ_e, bezogen auf die Ausgangsmeßlänge L_0, zerlegen kann:

$$\delta = \delta_g + \frac{\lambda_e}{L_0} \cdot 100. \tag{1}$$

Kennt man die Bruchdehnung für zwei Meßlängen, so könnte man hiernach die für eine dritte berechnen. A. MARTENS weist aber selbst darauf hin, daß bei den kurzen in der Werkstoffprüfung üblichen Proben die Genauigkeit obiger Gleichung durch den Einfluß der Stabköpfe und durch die ungenügende Trennung zwischen den Abschnitten der Gleichmaß- und der Einschnürdehnung herabgemindert wird. C. BACH[2] gibt für die Berechnung der Bruchdehnung in Abhängigkeit von der Meßlänge L_0 die Gleichung

$$\delta = A + \frac{B}{\sqrt{L_0}} \tag{2}$$

[1] Handbuch der Materialienkunde für den Maschinenbau. Bd. I. S. 94. Berlin: Springer 1898.

[2] VDI-Forsch.-Heft 29 (1905) S. 69.

an; die Konstanten A und B sind von Werkstoff und Querschnittsform abhängig. Nach umfangreichen Untersuchungen von M. RUDELOFF[1] gibt die Berechnung nach MARTENS die bessere Übereinstimmung mit der Messung.

Aus Berechnungen von S. GALLIK[2] ergibt sich für die Beziehungen zwischen Bruchdehnung δ_x, Gleichmaßdehnung δ_g, Brucheinschnürung ψ und der Meßlänge x (als Vielfaches des Probendurchmessers) die Gleichung

$$\delta_x = \delta_g + \frac{C}{x\sqrt{1+\frac{\delta_g}{100}}}\left[\psi\left(1+\frac{\delta_g}{100}\right) - \delta_g\right]. \tag{3}$$

S. GALLIK gibt für C den Wert 1,33 an.

F. UEBEL[3] änderte diesen Wert für C auf Grund der Messungen an über 500 Stäben, größtenteils im warmgewalzten Zustand, in 1,46 um und entwarf hierfür Kurventafeln für die Beziehungen zwischen der Brucheinschnürung, der Gleichmaßdehnung und den Bruchdehnungen $\delta_{3,55}$, δ_5, $\delta_{7,5}$ und δ_{10}. In einer späteren Untersuchung stellte er aber fest[4], daß dieser Wert C in erheblichem Maße vom Streckgrenzenverhältnis abhängig ist, so daß seine Tafeln auf andere Werkstoffgruppen nur in beschränktem Maße Anwendung finden können.

Von A. KRISCH und W. KUNTZE[5] wurde für die Beziehungen zwischen der Bruchdehnung δ_x einer bestimmten Meßlänge vom x-fachen Durchmesser der Probe, der größten Dehnung an der Einschnürung δ_e und der Gleichmaßdehnung δ_g die Gleichung

$$\delta_x = (\delta_e - \delta_g)\, a^{x^{2n}} + \delta_g \tag{4}$$

aufgestellt. Hierin ist δ_e aus der gemessenen Einschnürung ψ zu

$$\delta_e = \frac{100\cdot\psi}{100-\psi} \tag{5}$$

nach dem Gesetz des konstanten Volumens bei plastischer Verformung zu berechnen; a und n sind Konstanten, die sich im wesentlichen nur von der zusätzlichen örtlichen Einschnürung

$$\psi_e' = \frac{100(\psi_e - \psi_g)}{100 - \psi_g} \tag{6}$$

(ψ_e = Einschnürung am Bruch, ψ_g = Querschnittsverminderung im Gebiet der Gleichmaßdehnung) abhängig zeigten.

Infolgedessen konnte W. KUNTZE[6] die für die Anwendung recht umständliche Gl. (4) mit Hilfe einer Größe y_x, die aus der Abb. 30 zu entnehmen ist, in die einfachere Gleichung

$$\delta_x = y_x(100 + \delta_e) - 100 \tag{7}$$

überführen. Ist z. B. für eine Meßlänge $x = 5$ die Bruchdehnung $\delta_5 = 26{,}6\%$ bei einer Einschnürung von $\psi_e = 49$ bzw. $\delta_e = 96\%$ gegeben, so errechnet sich aus Gl. (7) die Größe y_5 zu

$$y_5 = \frac{100 + 26{,}6}{100 + 96} = 0{,}646.$$

---

[1] Mitt. kgl. Mat.-Prüf.-Anst. Lichterfelde Bd. 34 (1916) S. 206. — Stahl u. Eisen Bd. 37 (1917) S. 324 u. 374. — VDI-Forsch.-Heft 215 (1919).

[2] Vergleichende Untersuchung der Dehnungen der Eisen- und Stahlmaterialien bei Zerreißversuchen mittels Probestäben von verschiedenen Längen. Als Beitrag zu den internationalen IFeN-Stahl- und Eisennormen. Budapest 1930.

[3] Arch. Eisenhüttenw. Bd. 9 (1935/36) S. 515.

[4] UEBEL, F.: Arch. Eisenhüttenw. Bd. 13 (1939/40) S. 179.

[5] Arch. Eisenhüttenw. Bd. 7 (1933/34) S. 305.

[6] Arch. Eisenhüttenw. Bd. 9 (1935/36) S. 509.

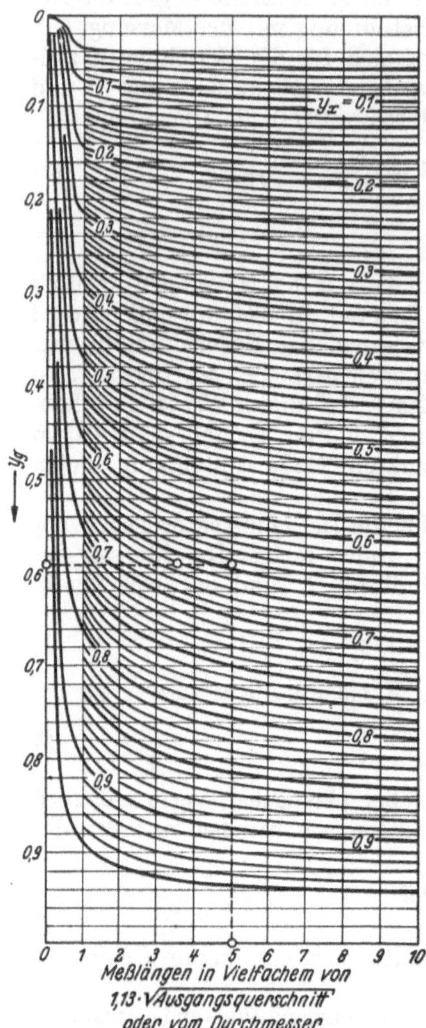

Abb. 30. Umrechnungstafel für Bruchdehnungen aller Meßlängen mit Hilfe der Größe y (KUNTZE).

Diesen Punkt sucht man in Abb. 30 auf und zieht durch ihn eine Parallele zur Abszisse. Für andere Meßlängen ergibt sich dann die Größe y_x aus dem Schnittpunkt dieser Parallelen mit der Kurvenschar, z. B. für die Meßlänge $x = 3,55$ die Größe $y_{3,55} = 0,663$. Diesen Wert setzt man in Gl. (7) ein und erhält $\delta_{3,55} = 29,9\%$.

Für die Umrechnung der in Deutschland üblichen Meßlängen δ_5 und δ_{10} wurde diese allgemeine Größe y eliminiert und eine Kurvenschar aufgestellt, die die Beziehungen zwischen der Querschnittsverminderung ψ, der Gleichmaßdehnung δ_g und den Bruchdehnungen δ_5 und δ_{10} zeigt. Nach Messungen von KUNTZE liefert diese Kurvenschar gute Übereinstimmung mit Messungen an Kohlenstoffstählen. A. KRISCH[1] zeichnete für den praktischen Gebrauch die Tafel von W. KUNTZE um (Abb. 31) und überprüfte ihre Brauchbarkeit an über 800 Zugproben aus legiertem vergütetem Stahl.

Eine Umrechnungstafel von E. DAMEROW[2] läßt sich in die Gleichung

$$\delta_x = \delta_{10} + A + B(\psi - 50) \tag{8}$$

zusammenfassen, wobei A und B wie in untenstehender Tabelle einzusetzen sind.

Der Vorteil der Tafel liegt in dem großen Bereich der Meßlängenverhältnisse und der Möglichkeit, andere Verhältnisse zu interpolieren.

Meßlängenverhältnis	2,5	3,75	5	6,25	7,5	8,75	10
A	14	8	5	3	2	1	0
B	0,4	0,2	0,1	0,075	0,05	0,025	0

Für die schnelle Umrechnung einer Bruchdehnung in eine andere, bei der man auf besondere Genauigkeit keinen Wert legt, gab F. GENTNER[3] die Tafel in Abb. 32 an. Sie beruht auf der RUDELOFFschen Gleichung

$$\frac{\delta_5 - \delta_g}{\delta_x - \delta_g} = \frac{x}{5} \tag{9}$$

[1] Mitt. K.-Wilh.-Inst. Eisenforschg. Bd. 21 (1939) S. 197. — Arch. Eisenhüttenw. Bd. 13 (1939/40) S. 175.

[2] Werkstoffabnahme in der Metallindustrie. S. 41. Berlin 1935.

[3] Arch. Eisenhüttenw. Bd. 9 (1935/36) S. 520.

und erfordert die Messung der Gleichmaßdehnung im Gegensatz zu den Verfahren von KUNTZE, KRISCH, UEBEL und DAMEROW, die außer der Bruchdehnung für eine Meßlänge die Kenntnis der Brucheinschnürung verlangen. Die Gleichmaßdehnung δ_g wird aus einer Durchmessermessung am längeren

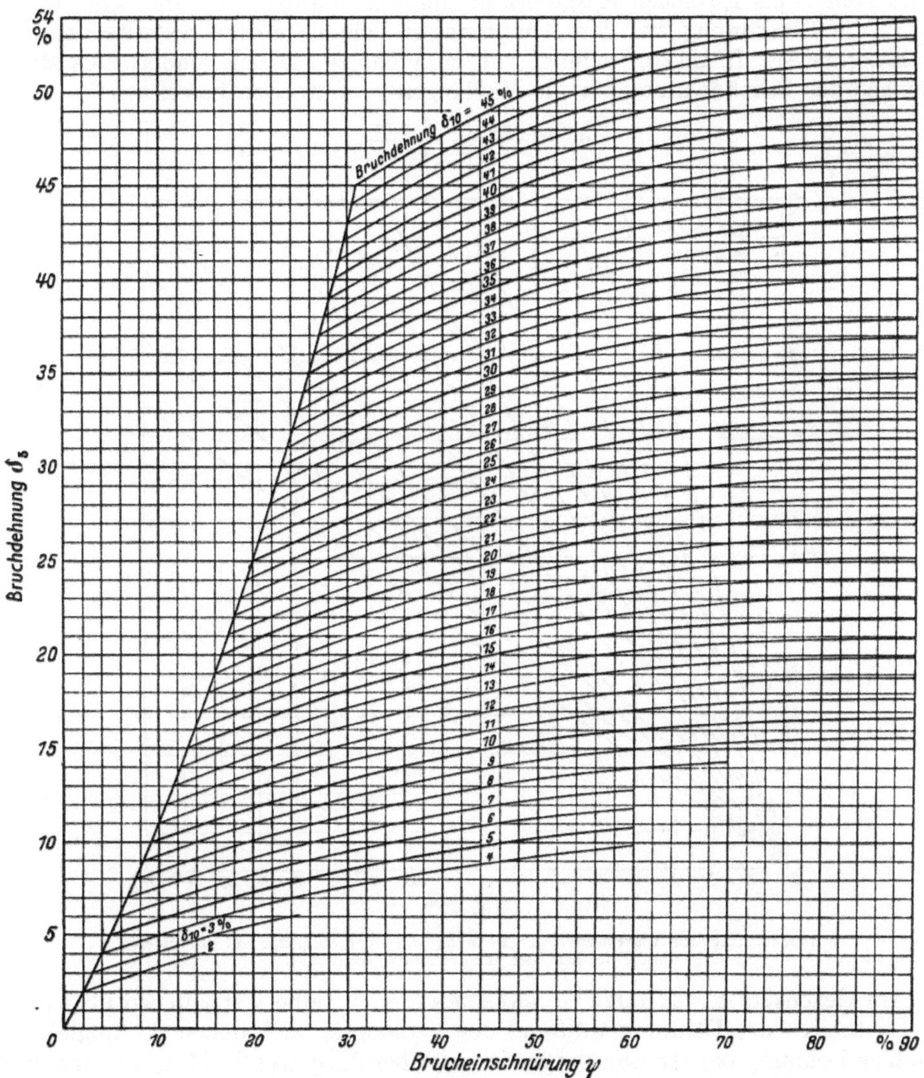

Abb. 31. Umrechnungstafel für die Bruchdehnungen δ_5, δ_{10} und die Brucheinschnürung (KRISCH).

Abschnitt einer Probe etwa in der Mitte zwischen Meßlängenende und Bruch mit der Schieblehre ermittelt und nach der Beziehung

$$\delta_g = \left[\left(\frac{d_0}{d_g}\right)^2 - 1\right] \cdot 100 \qquad (10)$$

(d_0 = Durchmesser der Probe vor dem Versuch, d_g = Durchmesser an der Meßstelle) nach dem Gesetz des konstanten Volumens berechnet.

Für die *Gleichmaßdehnung* hat sich trotz des scheinbar einfachen Zusammenhanges mit Bruchdehnung und Brucheinschnürung bisher noch kein einheitliches Meßverfahren eingeführt, besonders da man sich bisher nicht verständigen konnte, in welchem Abstand von Bruch und Kopf die Messung erfolgen soll. W. Kuntze[1] mißt die Gleichmaßdehnung am längeren Bruchstück in einer Entfernung vom 1,5- bis 2fachen Ausgangsdurchmesser von der Bruchstelle und vom 1- bis 1,5fachen Ausgangsdurchmesser von der Einspannstelle, während die Berechnung aus dem Durchmesser, wie sie oben Gentner angibt, schwieriger sei. F. Uebel[2] schlägt vor, sie nicht zu messen, sondern aus Messungen der Bruchdehnung für die Meßlängen x_1 und x_2 zu berechnen:

$$\delta_g = \frac{\delta_{x1} x_1 - \delta_{x2} x_2}{x_1 - x_2}. \tag{11}$$

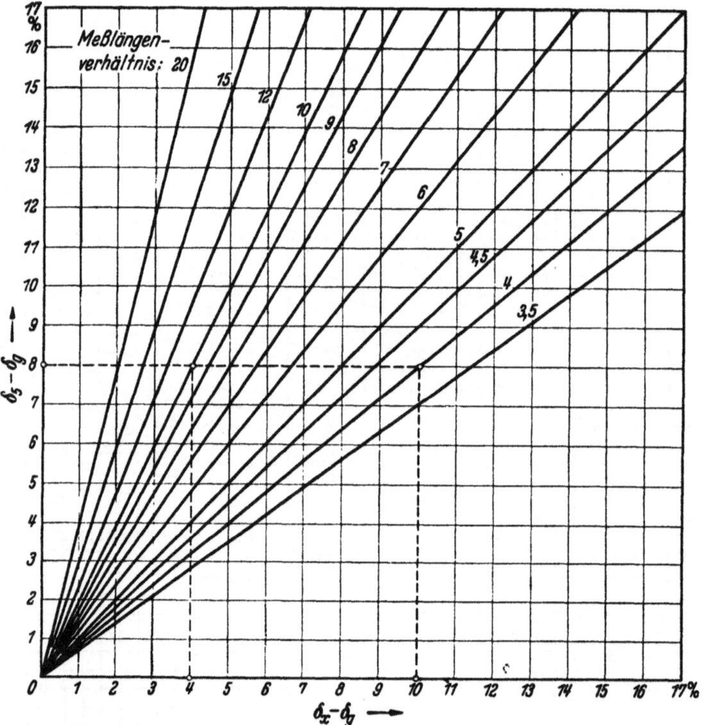

Abb. 32. Tafel zur Umrechnung der Dehnung von einer Meßlänge auf die andere mit Hilfe der Gleichmaßdehnung (Gentner).

Im Gegensatz hierzu zeigt G. Malmberg[3] eine Reihe von Kurven über das Fortschreiten der Dehnung während des Versuches, nach denen die ungleichmäßige Dehnung bei der Einschnürung sich über die ganze Stablänge erstreckt, bis sie der hemmenden Wirkung der Stabköpfe begegnet (Abb. 33). Solche Messungen, daß beide Bruchstücke über größere Längen konisch sind, daß sich also kein Abschnitt mit gleichmäßiger Dehnung bildet, werden auch an anderer Stelle genannt[4] und sind dem Verfasser aus eigener Anschauung bekannt. Sie

[1] Arch. Eisenhüttenw. Bd. 9 (1935/36) S. 509.
[2] Arch. Eisenhüttenw. Bd. 9 (1935/36) S. 515.
[3] Jernkontorets Ann. Bd. 128 (1944) S. 197.
[4] Wawrziniok, O.: Handbuch des Materialprüfungswesens. 2. Aufl. Berlin 1923. — Siehe auch die Ergebnisse von W. Kuntze [Mitt. dtsch. Mat.-Prüf.-Anst., Sonderheft 20 (1932) S. 21] an gekerbten Proben.

dürften aber eine Ausnahme bilden, und die Schlußfolgerung von MALMBERG, daß eine Berechnung der Bruchdehnung für eine beliebige Meßlänge aus zwei Bruchdehnungsmessungen unmöglich sei, dürfte zu weit gehen.

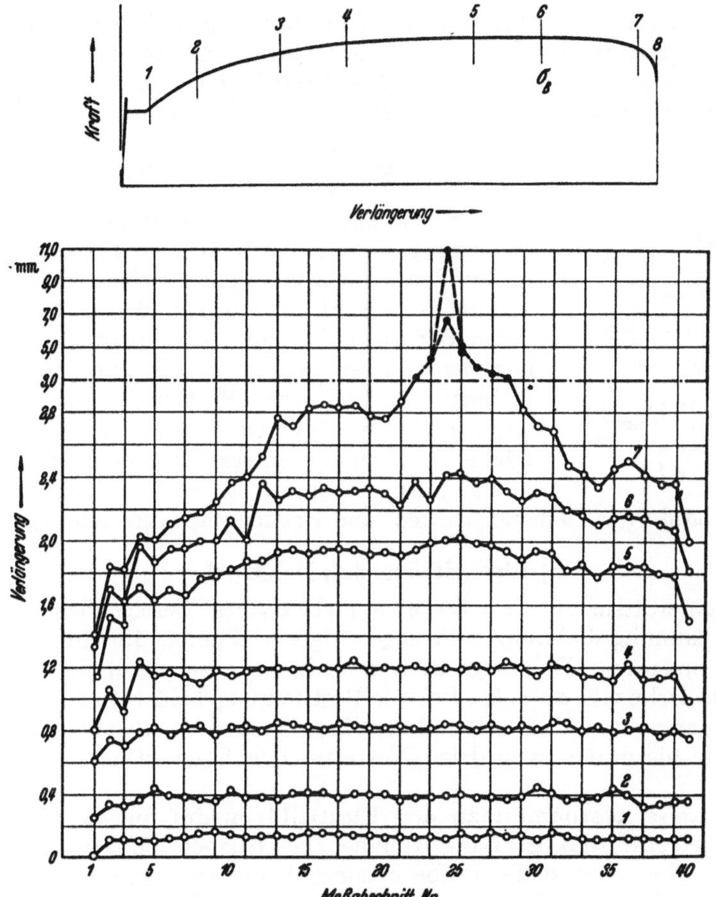

Abb. 33. Verteilung der Dehnung über die Länge eines Stabes von 20 mm Durchmesser und 400 mm Meßlänge aus Stahl mit 0,2 % C während des Zugversuches (MALMBERG).

g) Querschnittsänderung und Brucheinschnürung (Bruchquerschnittsverminderung).

Die Querschnittsänderung der Zugprobe während des Versuches ist der Unterschied zwischen dem ursprünglichen Querschnitt F_0 und dem jeweiligen Querschnitt F, bezogen auf den ursprünglichen Querschnitt

$$q = \frac{F_0 - F}{F_0} \cdot 100 \quad (\text{in}\,\%).$$

Beim Bruch der Probe ergibt sich die Brucheinschnürung oder Bruchquerschnittsverminderung

$$\psi = \frac{F_0 - F_B}{F_0} \cdot 100,$$

worin F_B der kleinste Querschnitt an der Bruchstelle und F_0 der Anfangsquerschnitt ist. Die Einschnürung ist ein Maß für die höchste von dem Stab im

Zugversuch erreichte Formänderung. Sie gibt aber nicht die Grenze der Verformbarkeit an, da sie z. B. bei Herstellungs- und Prüfverfahren, die eine mehrachsige Beanspruchung mit sich bringen (Walzen, Ziehen unter Querdruck), erheblich übertroffen werden kann.

Bei *Rundproben* bestimmt man die Einschnürung, indem man an der am stärksten eingeschnürten Stelle den Durchmesser in zwei zueinander senkrechten Richtungen mißt und daraus das Mittel bildet. Aus diesem Mittelwert berechnet man die Brucheinschnürung nach der Gleichung

$$\psi = \left[1 - \left(\frac{d}{d_0}\right)^2\right] \cdot 100\,(\text{in}\,\%).$$

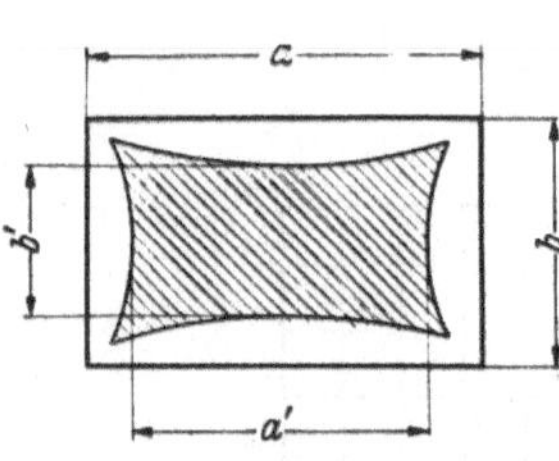

Abb. 34. Ermittlung der Einschnürung einer Flachprobe $\psi = \left(1 - \frac{a' \cdot b'}{a \cdot b}\right) \cdot 100$

Bei Proben anderer Querschnittsform erhält man meistens geringere Werte für die Einschnürung als bei runden Proben aus dem gleichen Werkstoff. Bei Vierkant- und Flachproben sind die Begrenzungslinien der Bruchflächen meist nicht eben, sondern hohl nach innen gekrümmt. Erfahrungsgemäß errechnen sich bei diesen Proben die gleichen Werte wie für Rundproben, wenn man nicht die Bruchfläche, sondern die eingeschriebene Rechteckfläche in die Formel einsetzt, d. h. die Fläche, die man aus dem Produkt der kleinsten Dicken- und Breitenmaße errechnet (Abb. 34)[1].

h) Elastizitätsmodul, Dehnzahl.

Der Elastizitätsmodul $E = \sigma/\varepsilon$ ist im elastischen Bereich das Verhältnis zwischen Spannungsänderung und zugehöriger Dehnung. Er entspricht dem Anstieg der Spannungs-Dehnungs-Linie nahe der Spannung Null. Sein reziproker Wert ist die Dehnzahl $\alpha = \varepsilon/\sigma$. Bei der Bestimmung beider Größen ist daher stets darauf zu achten, daß während der Messung keine bleibenden Dehnungen auftreten, da hierdurch zu niedrige Werte für den Elastizitätsmodul erhalten werden.

Üblicherweise bestimmt man den Elastizitätsmodul mit dem MARTENSschen Spiegelgerät, das in Band I näher beschrieben und in DIN 50107 genormt ist. Hierzu wird die Probe in einer Prüfmaschine, die es gestattet, die Kraft genügend genau einzustellen und sie über die zur Ablesung notwendige Zeit unverändert zu halten, belastet und die zugehörige Dehnung gemessen. Sobald die Elastizitätsgrenze überschritten ist, was man daran erkennt, daß bei der Entlastung bleibende Dehnungen auftreten, muß man damit rechnen, daß der Elastizitätsmodul verändert wird[2, 3], weshalb man bei der Wahl der Kraft, bis zu der man die Messung ausführen will, vorsichtig sein muß. Um sicher zu sein, daß keine bleibenden Dehnungen aufgetreten sind, kann man den Wert noch durch mehrmaliges Be- und Entlasten nachprüfen.

Mißt man an einer Zugprobe vom Querschnitt F_0 über eine Meßlänge L_0 zwischen zwei Kräften P_1 und P_2 die Verlängerung ΔL, so ist der Elastizitätsmodul gemäß obiger Begriffsbestimmung

$$E = \frac{(P_1 - P_2)\,L_0}{F_0\,\Delta L}, \quad \text{die Dehnzahl} \quad \alpha = \frac{F_0\,\Delta l}{(P_1 - P_2)\,L_0}.$$

---

[1] Siehe auch W. KUNTZE u. G. SACHS: Stahl u. Eisen Bd. 47 (1927) S. 219.

[2] BAUSCHINGER, J.: Mitt. mechan. Labor.Techn. Hochsch. München 1886, Heft 13. — Civiling. Bd. 27 (1881) S. 289.

[3] KÖRBER, F., u. W. ROHLAND: Mitt. K.-Wilh.-Inst. Eisenforschg. Bd. 5 (1924) S. 37.

Dieses Bestimmungsverfahren gilt nur in dem Bereich der HOOKEschen Geraden. Bei Werkstoffen, die eine solche lineare Beziehung zwischen Spannung und Dehnung nicht aufweisen, z. B. Gußeisen, Kupfer und Aluminium, muß zur Bestimmung des Elastizitätsmoduls die $\sigma - \varepsilon$-Kurve mittels Feinmessungen möglichst genau aufgenommen und an diese Kurve die Tangente für $\sigma = 0$ gelegt werden. Aus dieser Tangente ist der Elastizitätsmodul zu berechnen. Praktisch wird man die erste Kraftstufe möglichst klein wählen und aus dem Ergebnis dieser Dehnungsmessung den Elastizitätsmodul bestimmen. Auch dieses Verfahren gibt einen Näherungswert, da hierbei die Sehne der Kurve gemessen wird und nicht die Tangente. Durch die Verkleinerung der Stufe kann der Fehler so weit herabgedrückt werden, daß er für technische Zwecke bedeutungslos wird.

Ein anderes Verfahren zur Bestimmung des Elastizitätsmoduls beruht auf der Ermittlung der Eigenfrequenz bei Biegeschwingungsversuchen[1] (s.a. Abschn. X). Hierbei erreichen die Amplituden nur einen Bruchteil der Verformungen, wie sie für Feindehnungsmessungen nach MARTENS notwendig sind. Während Messungen bei Raumtemperatur nach beiden Verfahren praktisch die gleichen Werte ergeben haben, sind bei erhöhten Temperaturen nach dem Schwingungsverfahren vielfach deutlich höhere E-Moduli beobachtet worden als bei den höheren Belastungen des Zugversuches und Anwendung des MARTENSschen Spiegelgerätes[2]. Wahrscheinlich spielt hierbei die größere Zeitdauer der Messung beim Zugversuch infolge des Nachfließens und der Nachkürzung eine Rolle[3].

Die POISSONsche Konstante μ (Querdehnungszahl) erhält man durch gleichzeitige Messung von Längsdehnung und Querdehnung in entsprechender Weise oder durch Berechnung aus Elastizitäts- und Gleitmodul G (s. Abschn. F1) nach der Gleichung

$$\mu = \frac{E - 2G}{2G}.$$

Die Meßgeräte für die Querdehnungsmessung sind ebenfalls in Band I behandelt.

i) Form der Zugproben.

Um die Arbeit in den Prüflaboratorien durch Vereinheitlichung der Zugproben zu vereinfachen, sind in DIN 50125 (Ausg. 4.51) eine Reihe von Beispielen für diese angegeben. In dem Blatt sind sieben verschiedene Probenformen vorgesehen, s. Abb. 35 bis 39 und Tab. 2 und 3. Bei *Rundproben* mit

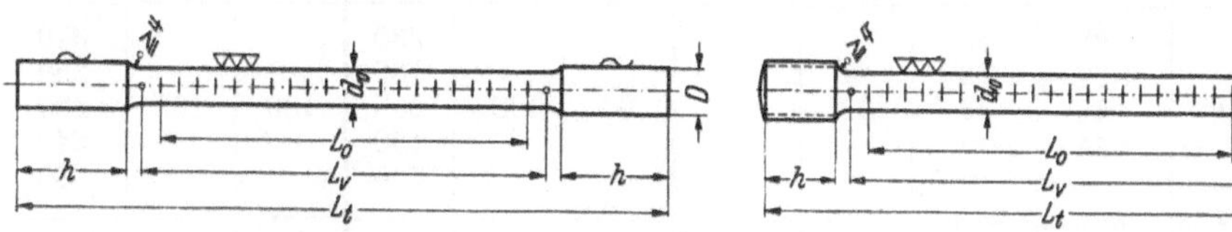

Abb. 35. Rundzugprobe mit glatten Zylinderköpfen (Probenform A).

Abb. 36. Rundzugprobe mit Gewindeköpfen (Probenform B).

glatten Zylinderköpfen (Abb. 35 und Tab. 2), die zur Prüfung von Rundstangen geeignet sind, können die Köpfe unbearbeitet gelassen werden, wenn die

[1] GÜTTNER, W.: Diss. Göttingen 1936. — F. FÖRSTER: Z. Metallkde. Bd. 29 (1937) S. 109.

[2] KÖSTER, W.: Z. Metallkde. Bd. 35 (1943) S. 194; Bd. 39 (1948) S. 145. — M. H. ROBERTS u. J. NORTCLIFFE: J. Iron Steel Inst. Bd. 157 (1947) S. 345.

[3] ESSER, H., u. S. ECKARDT: Arch. Eisenhüttenw. Bd. 14 (1940/41) S. 397.

Tabelle 2. *Abmessungen der Rundzugproben nach DIN 50125, Ausg. 4. 51 (Probenform A: Abb. 35; B: Abb. 36; C: Abb. 37; D: Abb. 38; F = unbearbeitet).*

Proben-form	Probendurchmesser d_0 mm	Kopf- bzw. Gewindedurchmesser D mm	Kopflänge h mm	Halsdurchmesser d_h mm	Halslänge g mm	$L_0 = 5\,d$ Meßlänge L_0 mm	$L_0 = 5\,d$ Versuchslänge L_v mm	$L_0 = 5\,d$ Gesamtlänge L_t mm	$L_0 = 10\,d$ Meßlänge L_0 mm	$L_0 = 10\,d$ Versuchslänge L_v mm	$L_0 = 10\,d$ Gesamtlänge L_t mm
A		8	25	—	—			95			125
B		M 10	8	—	—			60			90
C	6	11	11	8	6	30	36	80	60	66	110
D		20	6	—	—			55			85
F		—	—	—	—			100			130
A		10	30	—	—			115			155
B		M 12	10	—	—			75			115
C	8	14	13	10	8	40	48	100	80	88	140
D		24	8	—	—			70			110
F		—	—	—	—			120			160
A		12	35	—	—			140			190
B		M 16	12	—	—			90			140
C	10	18	15	12	10	50	60	120	100	110	170
D		28	10	—	—			90			140
F		—	—	—	—			140			190
A		15	40	—	—			160			220
B		M 18	15	—	—			110			170
C	12	21	17	15	12	60	72	140	120	132	200
D		32	12	—	—			105			165
F		—	—	—	—			170			230
A		17	45	—	—			180			250
B		M 20	17	—	—			125			195
C	14	25	19	17	14	70	84	160	140	154	230
D		36	14	—	—			120			190
F		—	—	—	—			190			260
A		20	50	—	—			205			285
B		M 24	20	—	—			145			225
C	16	28	21	20	16	80	96	180	160	176	260
D		40	16	—	—			145			215
F		—	—	—	—			210			290
A		22	55	—	—			230			310
B		M 27	22	—	—			160			250
C	18	31	23	22	18	90	108	200	180	198	290
D		44	18	—	—			150			240
F		—	—	—	—			240			330
A		24	60	—	—			250			350
B		M 30	24	—	—			175			275
C	20	35	25	24	20	100	120	220	200	220	320
D		48	20	—	—			170			270
F		—	—	—	—			260			360
A		30	70	—	—			300			425
B		M 33	30	—	—			220			345
C	25	44	30	30	25	125	150	270	250	275	395
D		58	25	—	—			210			335
F		—	—	—	—			310			435

Stange von der Maschine gut zentriert wird, so daß nur die Meßlänge abgedreht zu werden braucht. Entsprechende Proben können auch aus Vierkantstangen oder anderen Profilen hergestellt werden. Die Probe wird mit Beißkeilen in die Maschine eingespannt. Um ein gleichmäßiges Fassen der Beißkeile zu erleichtern, sollen die Einspannköpfe, namentlich bei härteren Werkstoffen, ebenso lang oder länger als die Beißkeile sein, weshalb man die Köpfe zweckmäßig länger ausführt als mit den in der Norm genannten Mindestmaßen. Nachteilig ist bei dieser Einspannung, daß die Proben in den Beißkeilen oder

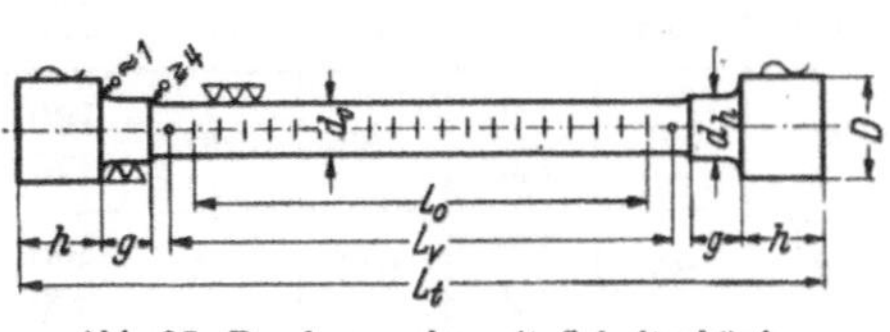

Abb. 37. Rundzugprobe mit Schulterköpfen (Probenform *C*).

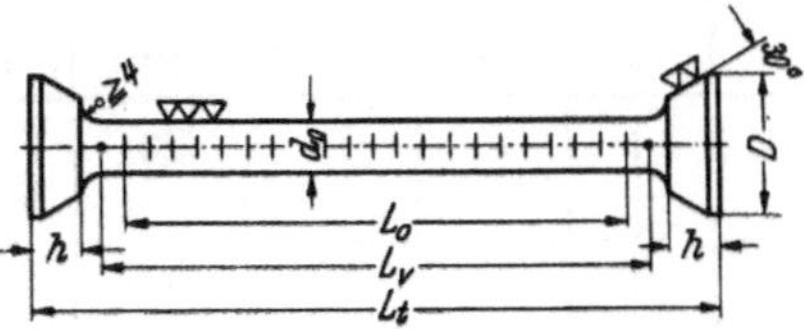

Abb. 38. Rundzugprobe mit Kegelköpfen (Probenform *D*).

diese in ihren Führungen rutschen können, so daß diese Stabform für genaue Versuche, z. B. für Feinmessungen, nicht geeignet ist. Hierfür empfehlen sich Proben mit Gewindeköpfen nach Abb. 36. Da die Muttern und die anderen Einspannteile nur geringe elastische Verformungen erleiden, aber ihre Lage in der Maschine nicht verändern, hat man bei dieser Probenform die geringsten Störungen von der Maschine zu erwarten. Man wird daher diese Form zur Bestimmung des Elastizitätsmoduls oder der Dehngrenzen bevorzugen. Dasselbe ist von der Rundprobe mit Schulterköpfen (Abb. 37) zu sagen. Bei dieser Probe erfolgt die Zentrierung durch den Halsansatz. Die Meßlänge ist bei ihr nicht in gleichem Maße zugänglich wie bei der Rundprobe mit Gewindeköpfen, was bei Feinmessungen von Nachteil sein kann. Die genormten Kopfdurchmesser ergeben jedoch recht hohe Flächendrücke. Eine Sonderform der Probe mit Schulterkopf ist die Probe mit Kegelkopf (Abb. 38); sie hat den großen Vorteil, daß sie infolge der großen tragenden Fläche sicher in der Einspannbuchse des Maschinenkopfes gefaßt wird, auch wenn der Kegelmantel nicht vollständig ist, was bei der Probenahme aus Bauteilen oft nicht möglich ist. Der Kopf darf innerhalb des Durchmessers *D* über das Maß *h* verlängert werden.

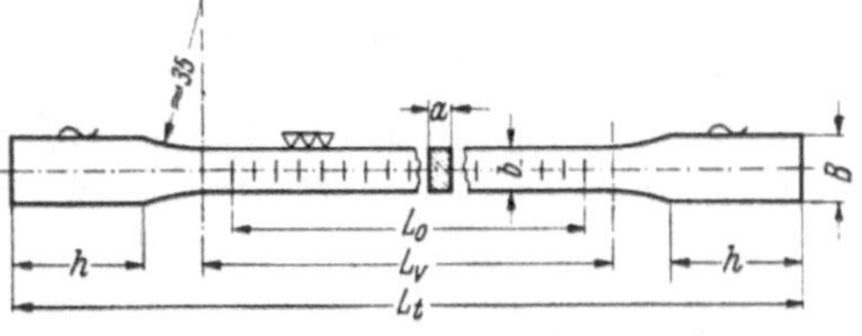

Abb. 39. Flachprobe mit Köpfen für Beißkeile (Probenform *E*).

Die *Flachzugproben* für Dicken von 5 mm und mehr (Abb. 39 und Tab. 3) kommen in erster Linie für die Prüfung von Blechen in Frage. Da häufig die Walzhaut nicht abgearbeitet werden soll, wird dann die Dicke der Probe gleich der Dicke des untersuchten Bleches. Auch bei den Flachproben muß man darauf achten, daß die Köpfe möglichst lang sind, bei harten Werkstoffen länger als die Einspannbacken. In besonderen Fällen, z. B. bei Warmzugversuchen und Feinmessungen, kann man auf die Einspannköpfe von Flachproben Gewinde schneiden. Ist der tragende Gewindequerschnitt infolge geringer Blechdicke zu klein, so muß man die Köpfe durch aufgenietete Blechstücke verstärken.

Namentlich bei der Prüfung von Stangen und ähnlichem Material wird es oft nicht notwendig sein, die Proben in der Meßlänge zu bearbeiten. Für diese Fälle sind in DIN 50125 Mindestlängen angegeben (Tab. 2 und 3, Probenform *F* und *G*).

Tabelle 3. *Abmessungen der Flachzugproben sowie der Proben aus unbearbeiteten Profilen nach DIN 50125, Ausg. 4. 51. Probenform E: Abb. 39, G: unbearbeitet.*

Probenform	Probendicke a mm	Probenbreite b mm	Kopfbreite B mm	Kopfhöhe h Kleinstmaß mm	Probenquerschnitt F_0 mm²	$L_0 = 5{,}65\sqrt{F_0}$: Meßlänge L_0 mm	Versuchslänge L_v mm	Gesamtlänge L_t Kleinstmaß mm	$L_0 = 11{,}3\sqrt{F_0}$: Meßlänge L_0 mm	Versuchslänge L_v mm	Gesamtlänge L_t Kleinstmaß mm
E	5	10	15	30	50	40	50	140	80	90	180
G	—	—	—	—	50			130			170
E	5	16	22	30	80	50	65	155	100	115	205
G	—	—	—	—	78			150			200
E	6	20	27	50	120	60	80	210	120	140	270
G	—	—	—	—	113			170			230
E	7	22	29	50	154	70	90	220	140	160	290
G	—	—	—	—	154			190			260
E	8	25	33	60	200	80	105	260	160	185	340
G	—	—	—	—	200			210			290
E	10	25	33	60	250	90	115	275	180	205	360
G	—	—	—	—	254			230			320
E	10	31	40	70	310		130	300		230	400
E	12	26	34	70	312	100	125	300	200	225	400
G	—	—	—	—	314		125	250		225	350
G	—	—	—	—	380	110	135	270	220	245	380
E	15	30	40	70	450	120	150	325	240	270	445
G	—	—	—	—	452			290			410
E	18	30	40	70	540	130	160	335	260	290	465
G	—	—	—	—	530			310			440

Tabelle 4. *Zugproben aus Grauguß nach DIN 50109, Ausg. 10. 50 (Abb. 40).*

Nenndurchmesser d mm	Querschnitt F_0 mm²	Gewinde nach DIN 13 D	Kopfhöhe mindestens h mm	Länge zwischen den Köpfen[1] a mm	Gesamtlänge mindestens[1] L_t mm	In DIN 1691 vorgeschrieben für die Wanddicken mm
6	28,3	M 10	13	28	54	—
8	50,3	M 12	16	31	63	4 bis 8
10	78,5	M 16	20	34	74	—
12,5	122,7	M 20	24	37	85	über 8 bis 15
16	201	M 24	30	40	100	—
20	314	M 30	36	43	115	über 15 bis 30
25	491	M 36	44	46	134	—
32	804	M 45	55	50	160	über 30 bis 50

[1] Bei Proben mit zylindrischem Mittelteil werden a und L_t um das Maß d verlängert.

In verschiedenen DIN-Blättern bestehen Sondervorschriften für die Wahl der Zugprobe, die nachstehend kurz aufgeführt seien.

Beim *Grauguß* (DIN 50109, Ausg. 10. 50) verzichtet man auf die Dehnungsmessung und läßt daher für gewöhnlich den zylindrischen Abschnitt, also die Meßlänge, fort, um kurze Proben zu erhalten (Abb. 40). Die Probe besteht daher sozusagen aus zwei aneinandergesetzten Hohlkehlen. Daneben ist aber in dem Normblatt auch die Einschaltung eines zylindrischen Abschnittes von der Länge des Durchmessers zugelassen, wobei auf die notwendige gute Bearbeitung des Überganges hingewiesen wird. Die Abmessungen der Proben zeigt Tab. 4, sie sind der Wanddicke des zu untersuchenden Gußstückes anzupassen.

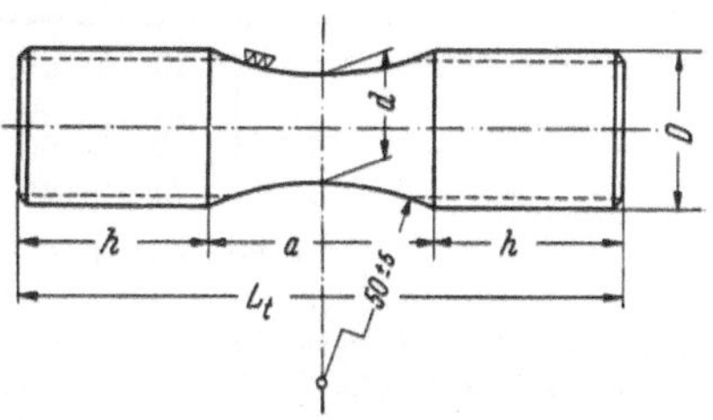

Abb. 40. Zugprobe für Grauguß (DIN 40109).

Die Zugversuche an *Temperguß* (DIN 50149, Ausg. 3. 51) sind mit unbearbeiteten Probestäben nach Abb. 41 und Tab. 5 durchzuführen, die aus der gleichen Schmelzung stammen und die gleiche Wärmebehandlung erfahren haben wie die Gußstücke. Der Probendurchmesser soll möglichst der maßgebenden Wanddicke der zugehörigen Gußstücke entsprechen. Die Bruchdehnung ist bei Temperguß über eine Meßlänge gleich dem dreifachen Probendurchmesser zu bestimmen (δ_3), wobei nur die Werte als richtig gelten, bei denen der Bruch im mittleren Drittel erfolgt ist.

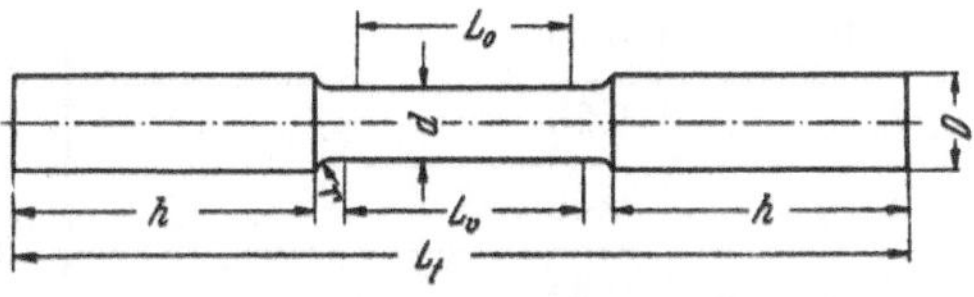

Abb. 41. Zugprobe für Temperguß (DIN 50149).

DIN 50114 (Ausg. 1. 44 ×) enthält die Abmessungen für Zugproben aus *dünnen Blechen*, s. Abb. 42 und Tab. 6. Während aber bei den Beispielen in DIN 50125 die Abmessungen der Proben so angegeben sind, daß die Meßlänge möglichst genau dem 5- bzw. 10fachen Probendurchmesser entspricht, enthält dieses Blatt nur zwei Probenformen mit abgerundeten Meßlängen, die nach dem Normblatt als $11{,}3\sqrt{F_0}$ bzw. halbiert als $5{,}65\sqrt{F_0}$ gelten. Namentlich bei den dünnen Abmessungen bestehen größere Abweichungen, weshalb in Zweifelsfällen die genaue Meßlänge aus dem Probenquerschnitt zu errechnen und auf volle Millimeter zu runden ist. Das Blatt gilt für Bleche von 0,2 bis unter 5 mm Nenndicke, bei denen Zugfestigkeit und Bruchdehnung, und für Bleche unter 0,2 mm Dicke, bei denen die Zugfestigkeit, aber keine Bruchdehnung gemessen wird.

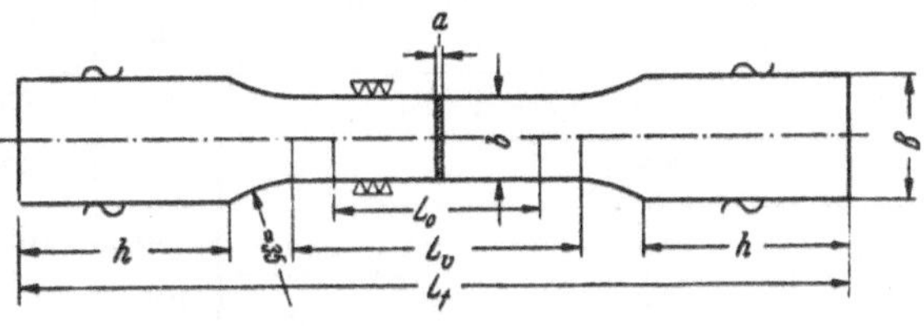

Abb. 42. Zugprobe für dünne Bleche (DIN 50114).

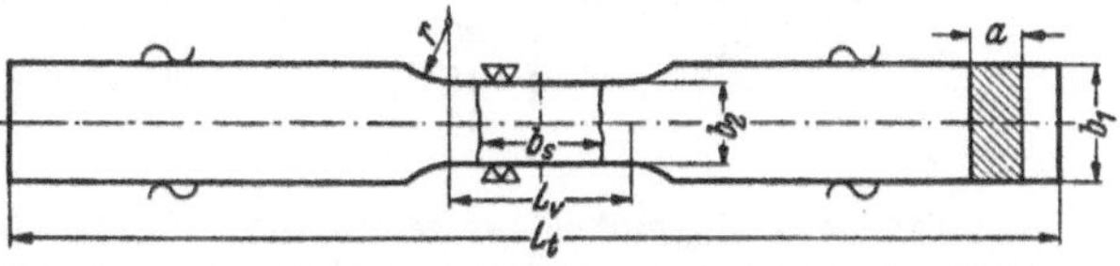

Abb. 43. Flachzugprobe zur Prüfung einer Schweißverbindung (DIN 50120).

Für vergütete Stahlbleche unter 0,6 mm Dicke sind nach dem Normblatt noch besser geeignete Probenformen zu entwickeln. Es wird noch besonders darauf hingewiesen, daß die Schmalseiten der Proben möglichst mit spanabhebenden Werkzeugen zu bearbeiten sind; falls ausgestanzt wird, muß so viel nach-

Tabelle 5. *Zugproben aus Temperguß nach DIN 50149, Ausg. 3.51 (Abb. 41).*

Nenndurchmesser d mm	Kopfdurchmesser D mm	Kopfhöhe h[1] mm	Meßlänge $L_0=3d$ mm	Versuchslänge L_v mm	Gesamtlänge L_t[1] mm	Hohlkehlradius r mm
9	13	40	27	30	120	6
12	16	50	36	40	150	8
15	19	60	45	50	180	8
18	22	70	54	60	210	10

[1] Mindestmaß

Tabelle 6. *Abmessungen der Zugproben aus dünnen Blechen nach DIN 50114, Ausg. 1.44 × (Abb. 42). Für alle Dicken gilt: Probenbreite $b = 15$ oder 20 mm, Kopfbreite $B = 20$ oder 30 mm, Kopfhöhe $h = 50$ mm (Kleinstmaß).*

<table>
<tr><th rowspan="2">Blechdicke a
mm</th><th colspan="3">$b = 15$ mm</th><th colspan="3">$b = 20$</th></tr>
<tr><th>Meßlänge L_0
mm</th><th>Versuchslänge L_v
mm</th><th>Gesamtlänge L_t ≈
mm</th><th>Meßlänge L_0
mm</th><th>Versuchslänge L_v
mm</th><th>Gesamtlänge L_t ≈
mm</th></tr>
<tr><td>bis unter 0,25 . . . .</td><td rowspan="2">20</td><td rowspan="2">35</td><td rowspan="2">145</td><td>20</td><td>40</td><td>170</td></tr>
<tr><td>0,25 „ „ 0,35 . . . .</td><td rowspan="2">30</td><td rowspan="2">50</td><td rowspan="2">180</td></tr>
<tr><td>0,35 „ „ 0,45 . . . .</td><td rowspan="2">30</td><td rowspan="2">45</td><td rowspan="2">155</td></tr>
<tr><td>0,45 „ „ 0,65 . . . .</td><td rowspan="2">40</td><td rowspan="2">60</td><td rowspan="2">190</td></tr>
<tr><td>0,65 „ „ 0,80 . . . .</td><td rowspan="2">40</td><td rowspan="2">55</td><td rowspan="2">165</td></tr>
<tr><td>0,80 „ „ 1,2 . . . .</td><td>50</td><td>70</td><td>200</td></tr>
<tr><td>1,2 „ „ 1,6 . . . .</td><td>50</td><td>65</td><td>175</td><td>60</td><td>80</td><td>210</td></tr>
<tr><td>1,6 „ „ 2,2 . . . .</td><td>60</td><td>75</td><td>185</td><td>70</td><td>90</td><td>220</td></tr>
<tr><td>2,2 „ „ 2,8 . . . .</td><td>70</td><td>85</td><td>195</td><td>80</td><td>100</td><td>230</td></tr>
<tr><td>2,8 „ „ 3,5 . . . .</td><td>80</td><td>95</td><td>205</td><td>90</td><td>110</td><td>240</td></tr>
<tr><td>3,5 „ „ 4,3 . . . .</td><td>90</td><td>105</td><td>215</td><td>100</td><td>120</td><td>250</td></tr>
<tr><td>4,3 „ „ 5,0 . . . .</td><td>100</td><td>115</td><td>225</td><td>110</td><td>130</td><td>260</td></tr>
</table>

Tabelle 7. *Zugprobe aus geschweißten Blechen (Prüfung der Schweißverbindung).*

<table>
<tr><th>Dicke a</th><th>bis 10</th><th>über 10 bis 25</th><th>über 25 bis 35</th><th>über 35</th></tr>
<tr><td>Gesamtlänge L_t</td><td>250</td><td>250</td><td>300</td><td>350</td></tr>
<tr><td>Versuchslänge L_v</td><td colspan="4">Schweißnahtbreite b_s + (0 bis 5)</td></tr>
<tr><td>b_1</td><td>20</td><td>30</td><td>35</td><td>40</td></tr>
<tr><td>b_2</td><td>15</td><td>20</td><td>25</td><td>30</td></tr>
<tr><td>r</td><td>10</td><td>15</td><td>20</td><td>25</td></tr>
</table>

Tabelle 8. *Zugproben aus geschweißten Blechen (Prüfung der Schweißnaht).*

<table>
<tr><th>Dicke a</th><th>bis 6</th><th>über 6 bis 8</th><th>über 8 bis 10</th><th>über 10 bis 12</th><th>über 12 bis 14</th><th>über 14 bis 16</th><th>über 16 bis 18</th><th>über 18 bis 20</th></tr>
<tr><td>L_t</td><td>200</td><td>200</td><td>200</td><td>250</td><td>250</td><td>250</td><td>250</td><td>250</td></tr>
<tr><td>b_1</td><td>18</td><td>24</td><td>30</td><td>36</td><td>42</td><td>48</td><td>54</td><td>60</td></tr>
<tr><td>b_2</td><td>12</td><td>16</td><td>20</td><td>24</td><td>28</td><td>32</td><td>36</td><td>40</td></tr>
<tr><td>r</td><td colspan="3">24</td><td colspan="3">40</td><td colspan="2">60</td></tr>
</table>

gearbeitet werden, bis die beeinflußte Randzone entfernt ist. Die Kanten innerhalb der Versuchslänge sind zu entgraten. Eingeritzte Dehnungsmarken sollen auf der Mitte der Breitseite aufgebracht werden, um Einflüsse durch Kerbwirkung besonders an den Kanten zu vermeiden. Für die Dehnungsmessung ist zu beachten, daß eine beim Zusammenlegen der Bruchenden etwa vorhandene Lücke zur Verlängerung zuzurechnen ist.

Nach DIN 50120 (Ausg. 11. 52) ist zwischen der Prüfung der *Schweißverbindung* und des *Schweißgutes* grundsätzlich zu unterscheiden. Im ersten Fall (Abb. 43 und Tab. 7) sollen Schweiße, Übergangszonen und Grundwerkstoff der gleichen Beanspruchung ausgesetzt werden, daher wird die Nahtwulst bis auf die Oberfläche der Probe abgearbeitet. Soll die Schweißnaht selbst geprüft werden, so verwendet man eine Kerbflachprobe nach Abb. 44 und Tab. 8 mit abgearbeiteter Nahtwulst, bei der aber durch die Kerbform die Zugfestigkeit im Mittel etwa 10% zu hoch gefunden wird (s. a. Abschn. VII B 1).

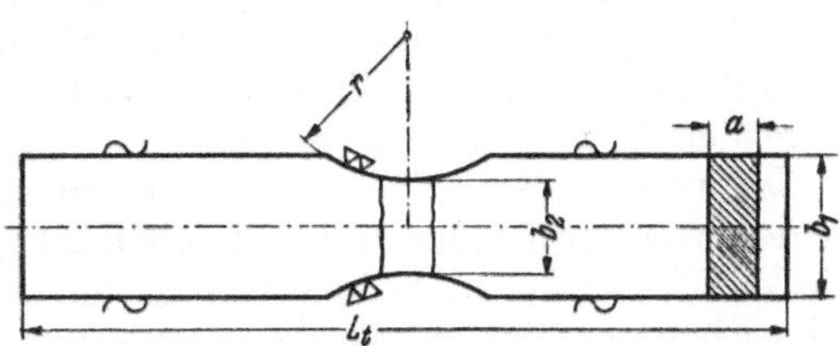

Abb. 44. Kerb-Flachzugprobe zur Prüfung einer Schweißnaht (DIN 50120).

Für *Druckguß* aus Nichteisenmetallen ist eine besondere getrennt zu gießende Probe vorgesehen (DIN 50148, Ausg. 11. 50), bei der die Meßlänge nicht genau prismatisch ist (Abb. 45). Die Verjüngung zur Probenmitte beträgt höchstens 1 : 300. Aus Gußstücken herausgearbeitete Proben gelten nicht für die Abnahme.

Bei *Drähten* wird die Dehnung in der Regel auf 100 mm bezogen, wenn wegen der kleinen Durchmesser die 5fache Meßlänge nicht tunlich ist.

Obwohl in DIN 50146 gesagt wird, daß der lange Proportionalstab nur noch beibehalten werden soll, solange die entsprechenden Werkstoffnormen nicht geändert sind, ist diese lange Probe noch in vielen DIN-Normen, auch solche neueren Datums, zu finden. Von den in den DIN-Taschenbüchern 4A und 4B „Werkstoffnormen" 18. Aufl. 1952 bzw. 1954 abgedruckten Normblättern schreiben, soweit sie Festigkeitsangaben enthalten, etwa 3/6 der Blätter δ_5, 1/6 δ_{10} und 2/6 δ_5 und δ_{10} vor.

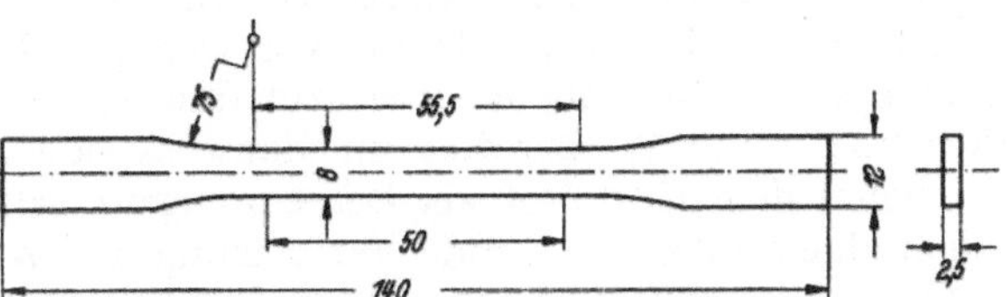

Abb. 45. Zugprobe für Druckguß (DIN 50148).

Demgegenüber ist die Zahl der Normblätter, in denen nicht Proportionalstäbe angegeben werden, sehr gering. Die Bruchdehnung δ_5 wird z. B. verlangt für nahtlose Stahlrohre mit gewährleisteter Warmfestigkeit (DIN 17175, Ausg. 10. 51), Automatenstähle (DIN 1651, Ausg. 8. 54), Vergütungsstähle (DIN 17200, Ausg. 12. 51), Stahlguß (DIN 1681, Ausg. 3. 42 × und DIN 17245, Ausg. 10. 51), Messing (DIN 1709 Bl. 1, Ausg. 12. 53), Magnesiumlegierungen (DIN 1729 Bl. 2, Ausg. 11. 43), die Bruchdehnung δ_{10} für Mittel- und Feinbleche (DIN 1622 und DIN 1623), Messingrohre (DIN 1775, Ausg. 6. 36), während Werte für δ_5 und δ_{10} z. B. für Maschinenbaustahl (DIN 1611, Ausg. 12. 35), Schraubenstahl (DIN 1613, Ausg. 9. 43 ×), nahtlose Flußstahlrohre (DIN 1629, Ausg. 9. 32) und Messingvollprofile (DIN 1776, Ausg. 7. 41), Aluminiumbleche (DIN 1745, Ausg. 11. 51) genannt sind. Nicht proportionale Lang- bzw. Kurzstäbe werden für Grobbleche (DIN 1621, Ausg. 9. 24), überlapptgeschweißte Rohre (DIN 1628, Ausg. 9. 32) sowie für Formstahl, Stabstahl und Breitflachstahl (DIN 1612, Ausg. 3. 43), hier aber zugleich mit Proportionalstäben angegeben. Neuentwürfe sehen auch hier δ_5 vor.

7. Bedeutung der im Zugversuch ermittelten Werkstoffeigenschaften.

Das Ziel jeder Art von Werkstoffprüfung ist, ein Urteil über die Güte des zu prüfenden Werkstoffes zu gewinnen, möge es sich dabei um eine Nachprüfung seiner Eignung für einen bestimmten Verwendungszweck oder um die Auswahl des für die betreffenden Zwecke bestgeeigneten Werkstoffes handeln. Dabei sollen die im Versuch ermittelten Werkstoffkennziffern als Grundlage für die vergleichende Bewertung der Werkstoffe und gleichzeitig als Maßstab für die von ihnen ohne Gefährdung der Betriebssicherheit zu ertragenden Beanspruchungen dienen.

Die verschiedenen Verwendungsarten stellen verschiedene Anforderungen an den Werkstoff, oder anders ausgedrückt, die ungleichen Eigenschaften der Werkstoffe bewirken, daß sie für die verschiedenen Zwecke auch unterschiedliche Eignung besitzen. In der Praxis kann sich die Prüfung der Werkstoffe natürlich nicht auf all die mannigfaltigen und verwickelten Bedingungen erstrecken, denen sie im Betrieb ausgesetzt sind, vielmehr müssen die Prüfbedingungen vereinfacht werden. Es gilt, besonders kennzeichnende Eigenschaften zu untersuchen und zahlenmäßig festzulegen, die leicht und zuverlässig bestimmbar und einfach zu deuten sind. Solange unsere Erkenntnisse noch nicht ausreichen, das Verhalten des Werkstoffes auf seine Grundeigenschaften zurückzuführen und lückenlos aus diesen abzuleiten, und solange wir noch nicht in der Lage sind, diese echten Stoffkennwerte auf einfache und eindeutige Weise zu bestimmen, sind wir gezwungen, zur Kennzeichnung des technischen Verhaltens der Werkstoffe auf die in den Werkstoffprüfverfahren ermittelten Eigenschaftswerte zurückzugreifen. Unter diesen stehen als brauchbarer Gütemaßstab die im Zugversuch ermittelten Eigenschaften Zugfestigkeit und Bruchdehnung an erster Stelle; dazu tritt in vielen Fällen noch die Streckgrenze.

Die Zugfestigkeit wurde bis vor wenigen Jahrzehnten fast allgemein als Grundlage gewählt, um unter Hinzunahme eines Sicherheitsfaktors die zulässige Belastung eines Werkstoffes im Bauwerk oder in der Maschine anzugeben; sie diente dem Gestalter als Berechnungsunterlage. Da aber in vielen Fällen schon eine größere bleibende Verformung das Werkstück unbrauchbar macht, wird in neuerer Zeit als Berechnungsunterlage für den Fall rein „statischer" Beanspruchung die Streckgrenze bevorzugt, wiederum unter Hinzunahme eines Sicherheitsfaktors, der aber kleiner gewählt werden kann, da der Spannungsbereich zwischen Streckgrenze und Zugfestigkeit eine zusätzliche Sicherheit gegen das Eintreten eines Bruches bietet. Bei der Beurteilung des Betriebsverhaltens der Werkstoffe auf Grund der im einfachen Zugversuch an der glatten Zugprobe gewonnenen Prüfwerte sind aber gewisse Einschränkungen nicht außer acht zu lassen. In den meisten Maschinen und Bauteilen treten vornehmlich an Verbindungen und Querschnittsübergängen, die häufig unvermeidbar sind, mehrachsige Spannungszustände auf, unter denen für den Beginn des Fließens, für den Verlauf der Spannungs-Formänderungs-Linie, für die Größe der Formänderung bis zum Bruch und schließlich für die Bruchkraft selbst wesentlich andere Bedingungen bestimmend sind als beim einachsigen Spannungszustand einer glatten Zugprobe. Daher können auch bei statischen Beanspruchungen Brüche in Bauteilen unter Umständen auftreten, die sich von den Bruchbedingungen eines glatten Stabes wesentlich unterscheiden. Namentlich ist die Formänderung bei diesen Brüchen unter mehrachsigen

Spannungen oft verschwindend klein, so daß der Werkstoff wie ein spröder Stoff ohne vorherige plastische Verformung bricht, ohne daß jedoch bei einer Prüfung der Bruchstücke unter den Bedingungen des Zugversuches eine Versprödung festzustellen ist. Trotzdem ist in allen Fällen eine gute Formänderungsfähigkeit, für die Bruchdehnung und Einschnürung ein Maß bilden, erwünscht, da diese in der Regel eine gewisse Gewähr gegen eine Zerstörung des Werkstoffes durch Rißbildung bei örtlichen Beanspruchungen über die Streckgrenze bietet.

Noch viel weniger zuverlässige Aussagen gestatten die im Zugversuch ermittelten Werkstoffwerte über das Betriebsverhalten von Bau- und Maschinenteilen, die häufig wechselnden Beanspruchungen ausgesetzt sind. Die für die Haltbarkeit solcher Bauteile maßgebliche Wechselfestigkeit liegt weit unterhalb der Zugfestigkeit und besonders im Fall von Kerbwirkungen auch erheblich unterhalb der Streckgrenze (vgl. hierzu Abschn. III).

Für die laufende Erzeugung ist der Zugversuch ein einfaches Mittel, um die Gleichmäßigkeit der verschiedenen Lieferungen des Werkstoffes festzustellen. Weichen die Prüfergebnisse von den für eine praktisch bewährte Werkstoffart vorliegenden Normalwerten stark nach oben oder unten ab, so ist damit zu rechnen, daß sich dieser Werkstoff namentlich unter verwickelten Betriebsbeanspruchungen anders verhält als der bekannte. Höhere Werte des Zugversuchs, sei es der Zugfestigkeit, der Streckgrenze oder der Bruchdehnung und Einschnürung, gewährleisten keineswegs immer eine größere, besonders nicht etwa eine in gleichem oder auch nur ähnlichem Ausmaß gesteigerte Ausnutzbarkeit des Werkstoffes unter den veränderten Beanspruchungsverhältnissen des Betriebes und der veränderten Gestaltung des Werkstückes.

Die besondere Eignung der Zugfestigkeit und Bruchdehnung sowie auch der Streckgrenze für eine Kennzeichnung und Nachprüfung der Werkstoffgüte ist in Verbindung mit ihrer einfachen und zuverlässigen Bestimmung und ihrer verbreiteten Anwendung im In- und Ausland der Hauptgrund dafür, daß sie in den Abnahmebedingungen und Liefervorschriften (Abschn. 8) sowie den Werkstoffnormen unter den mechanischen Eigenschaften an erster Stelle bewertet und am häufigsten vorgeschrieben werden.

Bei den Stahlnormen ist es dem Hersteller der Werkstoffe freigelassen, wie er diese mechanischen Eigenschaften erreicht, wobei er außer der Änderung der chemischen Zusammensetzung in den zulässigen Grenzen in manchen Fällen auch die Möglichkeit einer Beeinflussung der Eigenschaften durch eine Wärmebehandlung ausnutzen kann. Sofern aber die mechanischen Eigenschaften für eine bestimmte Wärmebehandlung angegeben sind, können gleichzeitige Vorschriften über Zusammensetzung und mechanische Eigenschaften zu Schwierigkeiten führen, da die in den Normen genannten Grenzen für beide nicht überall in Einklang zu bringen sind. In einzelnen DIN-Blättern, z. B. in DIN 1606 (Ausg. 1.35 ×), DIN 1651, DIN 17200 und DIN 17210 (Ausg. 12.51) sind für diese Fälle Anweisungen gegeben. Bei den Nichteisenmetallen wird vorzugsweise die chemische Zusammensetzung an erster Stelle genannt, unter den mechanischen Eigenschaften haben wieder die Ergebnisse des Zugversuches die größere Bedeutung.

Wenn in den einzelnen Normblättern mechanische Festigkeitswerte festgelegt sind, so wird in erster Linie und regelmäßig eine bestimmte Zugfestigkeit verlangt, wogegen Streckgrenzenwerte (auch in Hundertteilen der Zugfestigkeit) nur in einigen Fällen, in erster Linie bei Vergütungsstählen vorgeschrieben werden. Daneben sind vielfach Grenzen für die Bruchdehnung vorgesehen, die aber wenig einheitlich teils für eine Meßlänge gleich dem 5fachen, teils für eine solche gleich dem 10fachen Durchmesser gelten; zuweilen werden auch nicht proportionale Lang- oder Kurzproben vorgeschrieben. In Sonderfällen werden darüber hinaus auch für andere mechanische Werkstoffeigenschaften bestimmte Werte vorgeschrieben, z. B. für Grauguß die Biegefestigkeit und Bruchdurchbiegung (s. Abschn. E), für Vergütungsstähle und Lagermetalle die Brinellhärte (s. Abschn. V B 1), für Feinbleche Tiefungs- (s. Abschn. VI A) und für Drähte Hin- und Herbiege- und Verwindezahlen (s. Abschn. VI C).

8. Werkstoffabnahme.

Vielfach ist es üblich, daß das fertige Stück bzw. die gesamte Lieferung in Gegenwart von Hersteller und Verbraucher auf seine Festigkeitseigenschaften nachgeprüft wird (Abnahme der Lieferung). Hierzu sind in den deutschen Normen (DIN 1605, Bl. 1, Ausg. 2.36 und DIN 50049, Ausg. 12.51) Bestimmungen erlassen.

Als *Probe* versteht man dabei das Werkstück, das im bearbeiteten oder nichtbearbeiteten Zustand für die Durchführung des Versuches bestimmt ist, *Probestück* ist der Teil einer Lieferung, aus dem die Probe herausgearbeitet wird, während man mit *Versuch* den Prüfvorgang selbst bezeichnet.

Wenn nichts Besonderes vereinbart ist, erfolgt die Prüfung im Lieferwerk. Die Festigkeitsangaben beziehen sich nur auf den Anlieferungszustand, d. h. den Zustand, in dem das Werk liefern soll, falls (z. B. bei vergüteten Werkstoffen) nichts Besonderes vereinbart oder in den Normen vorgesehen ist. Die Auswahl der Probestücke und der Stellen für die Probenahme bleibt im allgemeinen dem Abnehmer vorbehalten, doch soll dadurch die durchschnittliche Eigenschaft der Lieferung erfaßt werden. Über die Anzahl der Proben sind vielfach in den einzelnen Werkstoffnormblättern Angaben gemacht. Zur Werkstoffersparnis sollen möglichst Abfallenden oder durch Formfehler unbrauchbare Teile verwendet werden. Dagegen dürfen Proben mit sichtbaren Fehlern, die das Ergebnis beeinflussen können, nicht zu Festigkeitsversuchen gebraucht werden, ebenso sind Versuchswerte, die durch unrichtige Einspannung oder andere Versuchsfehler beeinflußt sind, nicht zu berücksichtigen. Durch das Herausarbeiten der Proben darf eine Beeinflussung nicht erfolgen; Walzstahl ist möglichst mit der Walzhaut zu prüfen. Querproben werden nur bei besonderen Vereinbarungen entnommen.

Die Dicke der Proben für Zug- und Faltversuche soll nicht mehr als 30 mm betragen, soweit nichts Besonderes vereinbart ist. Wird das Gebrauchsstück geglüht oder später heruntergeschmiedet, so ist mit dem Probestück in gleicher Weise zu verfahren.

Für die Beurteilung der gesamten Lieferung besteht nach DIN 1605, Blatt 1 der Grundsatz, daß diese als abgenommen gilt, wenn alle Versuche den Anforderungen genügen. Entspricht mehr als die Hälfte der untersuchten Proben den Anforderungen nicht und ist nichts anderes vorgeschrieben oder vereinbart, so kann die zugehörige Lieferung verworfen werden. Geschieht dies nicht oder entspricht weniger als die Hälfte der untersuchten Proben nicht den Anforderungen, so können für jede ungenügende Probe aus anderen Stücken der Lieferung bis zu zwei neue Proben entnommen werden. Genügt auch nur eine dieser Ersatzproben nicht, so kann die zugehörige Lieferung verworfen werden.

In den einzelnen Normen sind im Zusammenhang mit den Angaben über den Umfang der Abnahmeprüfung vielfach etwas abweichende Vorschriften hierfür enthalten.

Geringe äußere Fehler, welche die Verwendbarkeit nicht beeinträchtigen, sollen kein Hindernis für die Abnahme sein. Die Beseitigung von Walzsplittern, Schalen, Schiefern und Rissen (von geringer Tiefe) ist unter Anwendung geeigneter Mittel gestattet, doch dürfen die hierdurch gebildeten Vertiefungen nicht größer sein als die zulässigen Dickenabweichungen.

9. Probenahme.

Für die richtige Bestimmung der mechanischen Eigenschaften eines Werkstoffes ist bereits die Probenahme und -herstellung wichtig. Lediglich dann, wenn das zu untersuchende Stück in seinen Festigkeitseigenschaften gleichmäßig ist, ist man in der Wahl der Probenform nicht weiter gebunden. Ist dies nicht der Fall, so muß man, um einen Gesamtwert zu erhalten, den Probenquerschnitt möglichst groß machen. Will man dagegen die Unterschiede in einem Werkstück erfassen, so muß man umgekehrt mehrere kleine Proben entnehmen und wird dann vielfach die Härteprüfung zu Hilfe nehmen, um Festigkeitsabweichungen zu finden. Im allgemeinen soll man die Proben möglichst groß wählen.

Bei der Entnahme und Bearbeitung der Proben muß darauf Rücksicht genommen werden, daß durch manche Arbeitsgänge die Eigenschaften der Probe oder kleiner Abschnitte verändert werden können. Hat man z. B. ein Blech zu prüfen, so wird man öfters als Probenform einen rechteckigen Streifen wählen, den man mit Beißkeilen einspannt und zerreißt, ohne die Meßlänge um mehrere Millimeter schmäler als die Einspannköpfe zu machen. Solch eine Probe darf man nur mit der Säge entnehmen. Schneidet man sie mit der Blechschere aus, so wird man stets die Ränder verquetschen. Dies bedeutet eine Kalthärtung von Teilen der Probe, die die Festigkeits- und Dehnungswerte verändert, besonders dann, wenn die Probe noch Zeit zur Alterung hat (vgl. Abb. 46). Nimmt

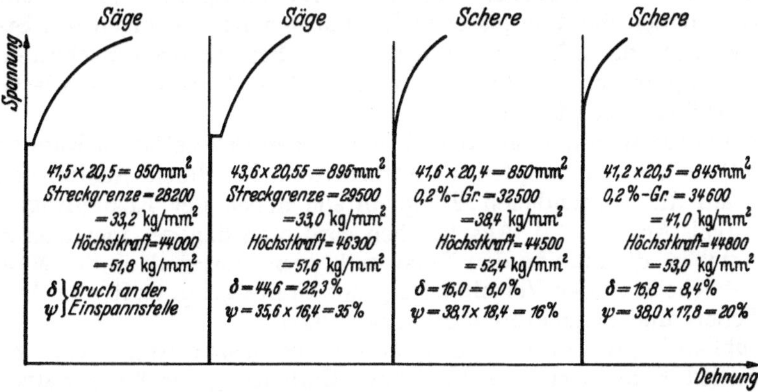

Abb. 46. Einfluß der verschiedenartigen Entnahme der Probe aus einem Flußstahlblech auf den Streckvorgang (MOSER).

man dagegen den Schneidbrenner, so können die Schnittkanten erheblich in ihrem Gefügezustand verändert werden, da örtliches Überhitzen, Normalisieren oder Abschrecken (Härten) hierbei eintreten kann. Auch auf die Möglichkeit, daß weiter von der Schnittfläche entfernte Stellen durch zufällige Berührung mit der Flamme ausgeglüht oder oberflächengehärtet werden, muß hingewiesen werden. Ist man daher gezwungen, mangels anderer Hilfsmittel Blechschere oder Schneidbrenner zur Probenahme zu verwenden, so muß man für eine genügende Zugabe sorgen, die nachher durch Fräsen oder Hobeln entfernt werden muß. Beim Brennschneiden genügt nämlich nicht ein Glattfeilen der Schnittkante, da die erwärmte Randschicht viel weiter geht als die Unregelmäßigkeiten des Schnittes. Die Probe darf auch nicht gerichtet oder in anderer Weise kalt bearbeitet werden. Dies ist besonders wichtig, wenn mit der Probe Feinmessungen zur Bestimmung der Proportionalitäts- oder Elastizitätsgrenze beabsichtigt sind, da diese Grenzen besonders auf Vorbelastungen jeder Art ansprechen. Hat man Proben aus Rohren zu entnehmen, so darf man nur die Einspannköpfe flachschlagen, nicht die Meßlänge, da hierdurch größere Fehler entstehen, als durch die schwierigere Querschnittsmessung beim Rohrsegment zu erwarten sind. Sind dagegen bei Rohren Querzugproben vorgeschrieben, so sind die Proben warm zu richten und dann normal zu glühen (DIN 1628 und DIN 1629). Bei der spanabhebenden Bearbeitung muß man darauf achten, daß die letzten Späne nur fein sein dürfen, da durch den Andruck des Werkzeuges Oberflächenkalthärtungen entstehen können. Die Proben müssen eine glatte Oberfläche haben; beim Schleifen muß man auf gute Kühlung achten, da sonst die Proben in ihren Eigenschaften beeinflußt werden können. Namentlich bei vergütetem und kaltbearbeitetem Werkstoff muß man das Auftreten örtlicher Erwärmungen vermeiden, da diese die gleiche Wirkung wie das Anlassen und das Weichglühen haben können.

Vielfach soll bei einer Abnahmeprüfung das fertige Schmiede- oder Gußstück geprüft werden. Dann geht man so vor, daß man das Werkstück an vorher vereinbarten Stellen größer ausführt, um aus diesem überflüssigen Stück die Proben zu entnehmen. Bei der Wahl dieser Stellen muß man mit großer Umsicht vorgehen, da man einmal die später im Betrieb am höchsten beanspruchten Stellen prüfen möchte, um festzustellen, welche Eigenschaften gerade hier vorhanden sind, und anderseits die Probe auch nicht an Stellen legen soll, bei denen man z. B. nur eine schwächere Verschmiedung als an anderen Stellen vornehmen kann. Bei Gußstücken (vgl. DIN 50108, Ausg. 10. 50, DIN 1681 und DIN 17245) müssen die angegossenen Leisten den Abmessungen des Stückes angepaßt werden, da z. B. Grauguß in seinen Festigkeitseigenschaften sehr wandstärkenempfindlich ist. Auch darf durch diese Leisten nicht die Gefahr einer Lunkerbildung entstehen.

Im allgemeinen wird man aus den entnommenen Probestücken Rundproben mit besonderen Einspannköpfen herausarbeiten, für deren Ausführung die Rücksicht auf die vorhandenen Einspannteile neben der Kostenfrage maßgebend ist (vgl. Abschn. 6 i). Aus Blechen wird man dagegen meistens Flachproben herstellen, die man an den Einspannköpfen breiter als in der Meßlänge läßt. Das übliche Maß der Verminderung der Breite genügt oft, um den Einfluß von Schere und Schneidbrenner zu beseitigen.

Da es üblich ist, die Proben vor dem Versuch auszumessen, verlangt man von der Werkstatt nicht eine solche genaue Einhaltung der Maße, namentlich der Meßlänge, wie sie bei Bauteilen vielfach notwendig ist. Dagegen ist unbedingt zu fordern, daß die Meßlänge genau prismatisch, also nicht etwa konisch ist und daß an den Übergängen zu den Einspannköpfen kein Untermaß vorhanden ist, da hierdurch Fehler entstehen können. Früher machte man vielfach Zugproben in der Mitte etwas dünner, um einen Bruch an den Einspannköpfen zu vermeiden; hierdurch wurde die Bruchdehnung der Probe manchmal um mehrere Dehnungsprozente vermindert. Eine solche Vorschrift bestand z. B. noch in den Normen DIN 1724 (Ausg. 7. 44), DIN 1725 (Ausg. 7. 43) und DIN 1729 (Ausg. 11. 43) für Druckguß, ist aber jetzt durch DIN 50148 abgeändert.

C. Der Druckversuch.

1. Bedeutung und Anwendung des Druckversuches.

Im Druckversuch wird das Verhalten einer Werkstoffprobe unter der Einwirkung äußerer Kräfte verfolgt, die im Gegensatz zur Verlängerung beim Zugversuch eine Verkürzung der Probe bewirken. Druckversuche werden zur

Prüfung metallischer Werkstoffe selten herangezogen; ihre Anwendung ist auf Sonderfälle beschränkt. So werden Lagermetalle häufig auf Druck geprüft (vgl. DIN 1728, Ausg. 5. 44 ×), ferner Werkstoffe, die z. B. in Widerlagern oder in Zwischenlagern vornehmlich Druckbeanspruchungen ausgesetzt werden. Besondere Bedeutung hat der Druckversuch, wenn für derartige Zwecke gegossene Werkstoffe Verwendung finden, da bei diesen der meist angewandte Zugversuch nicht immer Aufschluß über das Verhalten des Werkstoffes unter Druckbeanspruchung gibt. Weiterhin hat die Bestimmung von Werkstoffkennwerten im Druckversuch Vorteile, wenn es gilt, für die Berechnung von Kraft- und Arbeitsbedarf bei der Durchführung technischer Verarbeitungsverfahren durch bildsame Verformung geeignete Unterlagen zu gewinnen, da bei diesen im allgemeinen Druckkräfte auf den zu verarbeitenden Werkstoff ausgeübt werden.

Der Druckversuch ist die Umkehrung des Zugversuches, von dem er sich zunächst nur in der Richtung der auftretenden Spannungen und Verformungen unterscheidet. Im übrigen entspricht die Spannungsverteilung der des Zugversuches; in der prismatischen oder zylindrischen Probe bildet sich, wenn man von den an den Einspannstellen auftretenden Störungen absieht, ein gleichmäßiges einachsiges Spannungsfeld parallel zur Druckrichtung aus. Insbesondere treten ebenfalls in der um 45° gegen die Probenachse geneigten Ebene die größten Schubbeanspruchungen auf.

Auf den Druckversuch lassen sich daher die beim Zugversuch erörterten Begriffe und Gesetzmäßigkeiten sinngemäß übertragen. Die auf die Querschnittseinheit bezogene Druckkraft wird als Druckspannung $\sigma_d = P/F_0$ (in kg/mm²) bezeichnet; zur Kennzeichnung der Umkehrung der Kraftrichtung wird sie häufig mit einem negativen Vorzeichen geschrieben. Mit jeder Anspannung durch Druckkräfte sind Verformungen verbunden, die eine Verkürzung der Probe in Richtung der wirkenden Kraft zur Folge haben. Diese sind wieder in elastische und plastische zu trennen, je nachdem, ob sie mit der Entlastung zurückgehen oder ob sie bleibende sind. Die auf die Ausgangshöhe der Probe h_0 bezogene Verkürzung $\Delta h = h_0 - h$ wird als Stauchung bezeichnet:

$$\varepsilon = \frac{\Delta h}{h_0} = \frac{h_0 - h}{h_0}$$

und häufig in Hundertteilen der ursprünglichen Länge angegeben. Die Formänderung kann auch ausgedrückt werden durch die Querschnittsvergrößerung, die die Probe bei der Zusammendrückung im Gegensatz zum Zugversuch erfährt, wiederum bezogen auf den Ausgangsquerschnitt

$$q = \frac{F - F_0}{F_0} \cdot 100 \quad (\text{in}\,\%).$$

Ebenso wie beim Zugversuch (s. S. 48) wird auch beim Druckversuch die Verformung vielfach aus dem Logarithmus des Querschnittverhältnisses bestimmt:

$$q = \ln \frac{F}{F_0} \left(= -\ln \frac{h}{h_0} \right).$$

Der Druckversuch wird gewöhnlich in einer besonderen Druckpresse oder in einer Universalprüfmaschine ausgeführt. Die prismatische oder zylindrische Probe mit Endflächen senkrecht zur Probenachse wird zwischen zwei sauber bearbeiteten, möglichst genau parallel geführten Druckflächen der Maschine zusammengedrückt. Auch hierbei muß man beachten, daß in diesen Maschinen in den meisten Fällen die Beanspruchung der Probe so erfolgt, daß sie eine Zusammendrückung erfährt und der von der Probe gegen diese Stauchung geleistete Widerstand an der Kraftanzeige gemessen wird.

2. Das Spannungs-Stauchungs-Schaubild. Brucherscheinungen.

Einen anschaulichen Überblick über die Beziehungen zwischen Spannungen und Stauchungen gibt wiederum das Kraft-Verformungs- bzw. Spannungs-Stauchungs-Schaubild. Dabei ist es in der technischen Werkstoffprüfung wie beim Zugversuch gebräuchlich, die Kraft auf den Ausgangsquerschnitt der

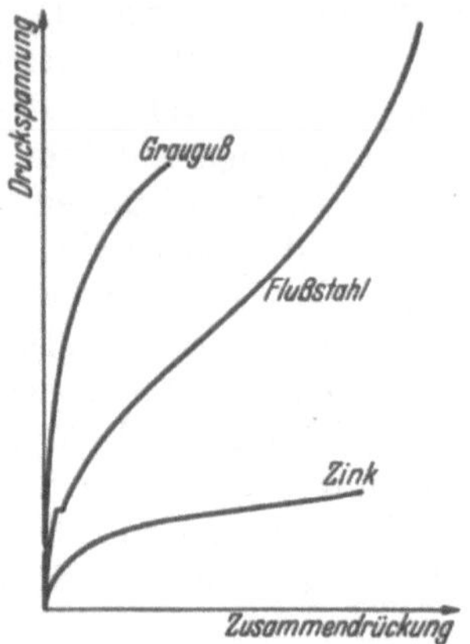

Abb. 47. Spannungs-Stauchungs-Schaubilder für Grauguß, Zink und Flußstahl.

Abb. 48. Zylindrische Druckprobe aus Grauguß nach dem Druckversuch (MOSER).

Probe zu beziehen. Abb. 47 zeigt für Grauguß als Beispiel eines spröden Werkstoffes und für weichen Flußstahl und Zink als Beispiele gut verformbarer Metalle die vom Schreibgerät aufgezeichneten Spannungs-Stauchungs-Schaubilder.

Für Grauguß steigt die Schaulinie zunächst nahezu geradlinig, mit zunehmender Belastung sich stärker zur Verformungsachse krümmend, an, bis unter der höchsten erreichbaren Kraft ein Bruch der Probe erfolgt; diese Höchstkraft, bezogen auf den Ausgangsquerschnitt, wird als *Druckfestigkeit* bezeichnet: $\sigma_{dB} = P_{\max}/F_0$. Die bleibende Verformung der Probe vor Eintreten des Bruches bleibt gering. Die Kurve hat in ihrem Verlauf große Ähnlichkeit mit dem Zug-Kraft-Verlängerungs-Diagramm des Graugusses (s. Abb. 4, S. 41), jedoch liegt infolge der Kerbwirkung der eingelagerten Graphitblättchen die Zugfestigkeit des Graugusses im allgemeinen beträchtlich niedriger als die Druckfestigkeit;

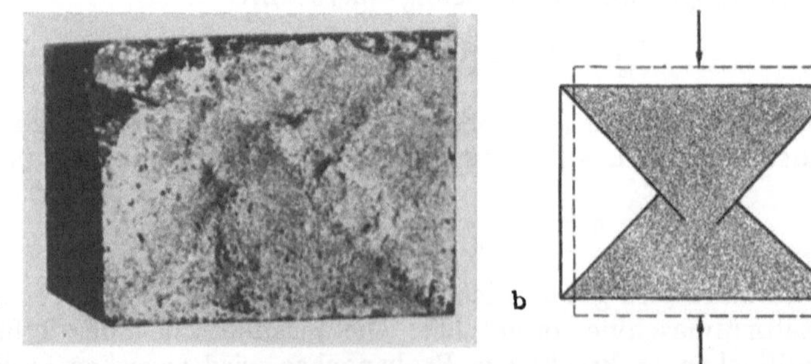

Abb. 49a u. b. Würfelförmige Druckproben aus Grauguß beim Druckversuch (MOSER).

auch sind die im Druckversuch bis zum Bruch eintretenden Verformungen bei Grauguß meist viel größer als beim Zugversuch. Eine bei spröden Metallen häufig zu beobachtende Bruchausbildung zeigt die Abb. 48. Sie läßt die Abschiebung an einem Zylinder aus Grauguß beim Eintritt des Bruches erkennen; die beiden Hälften schieben sich gegeneinander längs einer zur Druckrichtung geneigten Ebene ab.

Wird vor dem Erreichen der Druckfestigkeit eine stärkere bleibende Verformung des Werkstoffes beobachtet, so wird die Grenzspannung, bei der diese deutlich zu erkennen ist, als *Quetschgrenze* (Fließgrenze) bezeichnet. Abb. 49a

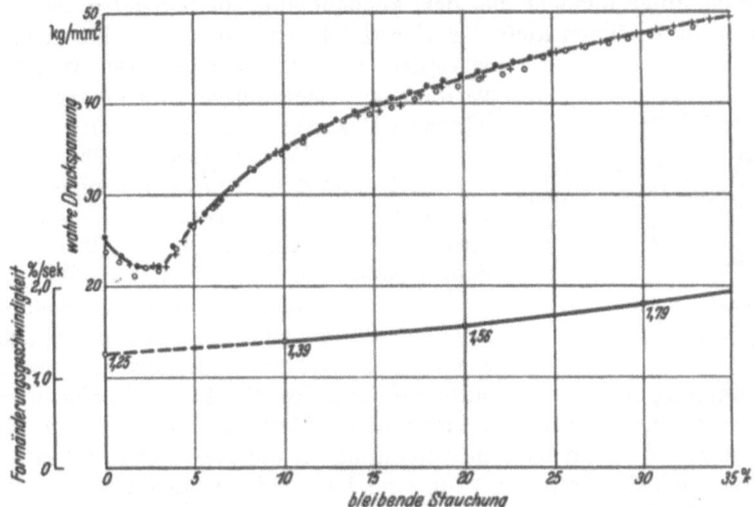

Abb. 50. Beziehung zwischen wahrer Spannung und Stauchung bei Weicheisen. Unveränderliche Maschinengeschwindigkeit 0,5 mm/sek entsprechend etwa 1,25%/sek (SIEBEL-POMP).

zeigt einen bis über die Quetschgrenze belasteten Graugußwürfel; die Abschiebungen entlang den unter 45° geneigten Ebenen größter Schubkraft, deren Verlauf in der grundsätzlichen Skizze (Abb. 49b) dargestellt ist, sind deutlich zu erkennen.

Die Stauchkurve des weichen Flußstahles zeigt zunächst einen geradlinigen Anstieg bis zur Quetschgrenze, die sich infolge des plötzlichen Einsetzens der bildsamen Verformung in einem Fließbereich unter unveränderter Belastung deutlich zu erkennen gibt. Bei sorgfältiger Versuchsführung, besonders bei genau mittiger Belastung ist zuweilen wie beim Zugversuch ein Kraftabfall, also das Auftreten einer oberen Fließgrenze zu erkennen, s. Abb. 50, in der die auf den jeweiligen Querschnitt bezogene wahre Druckspannung (Abschnitt 3) in Abhängigkeit von der bleibenden Stauchung nach Versuchen von E. SIEBEL und A. POMP[1] aufgetragen ist. Bei fortschreitender Verformung steigt die Spannung immer weiter an, wenn auch nicht so schnell wie im sich vorwiegend elastisch verformenden Bereich unterhalb der Quetschgrenze. Bei gut verformbaren Metallen, wie weichem Flußstahl, wird im allgemeinen ein Bruch

Abb. 51a u. b. Tonnenförmige Ausbauchung und darauffolgende Radialrisse in einer gestauchten Probe (WAWRZINIOK).

[1] Mitt. K.-Wilh.-Inst.: Eisenforschg. Bd. 10 (1928) S. 63.

der Probe (Druckfestigkeit) nicht erreicht, vielmehr steigt der Druck nach Durchschreiten eines Wendepunktes der Stauchkurve unter ständiger Vergrößerung des Probenquerschnittes immer rascher an, bis die Belastungsgrenze der Maschine erreicht ist. Die bei sehr starken Verformungen auf der Mantelfläche der sich tonnenförmig ausbauchenden Probe (Abb. 51a) eintretenden radialen Risse (Abb. 51b) machen sich im allgemeinen in der Kraftanzeige nicht bemerkbar, beeinträchtigen also die Tragfähigkeit der Probe nicht merklich; sie sind eine Folge der sich bei der Ausbauchung ausbildenden tangentialen Spannungen und können nicht als Kennzeichen für das Erreichen der Druckfestigkeit gedeutet werden. Bei weniger weit verformbaren Metallen, wie mittelharten Stählen, härteren Messingsorten u. dgl., wird die Druckfestigkeit des Werkstoffes erreicht, unter der eine Zerlegung der mehr oder weniger stark gestauchten Probe in einzelne Teile, vornehmlich durch Abschiebungen nach den Flächen größter Schubspannungen eintritt (Abb. 52).

Abb. 52. Abschiebungen in den Flächen größter Schubbeanspruchung (Bach-Baumann).

Zeigt der Werkstoff keinen ausgeprägten Fließbereich, so geht die Stauchkurve, ähnlich wie beim Diagramm des Zugversuches, in stetiger Krümmung aus dem geradlinigen Anstieg für kleine Verformungen in den Bereich großer bildsamer Verformungen über, wie es die Kurve für Zink in Abb. 47 zeigt. Alsdann wird in Anlehnung an die Streckgrenzenbestimmung beim Zugversuch die Spannung für eine bleibende Stauchung von 0,2% als *Quetschgrenze* bestimmt.

Während die Zugprobe unter der Höchstkraft örtlich einzuschnüren beginnt, so daß infolge der starken Querschnittsverminderung trotz Anstieges der wahren Spannung ein Weiterdehnen unter absinkender Belastung festzustellen ist, wird beim Druckversuch die Querschnittsfläche der Probe, die die Kraft aufnimmt, stetig größer. Infolgedessen kann sich eine Höchstkraft bei der Spannungs-Stauchungs-Kurve nicht ausbilden; die Belastung kann immer weiter bis zum Eintreten des Bruches (Druckfestigkeit) oder bis zur Erschöpfung der Leistungsfähigkeit der Maschine gesteigert werden.

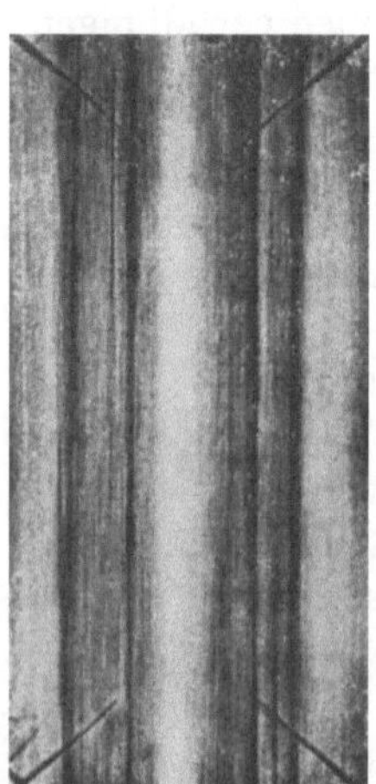

Abb. 53a u. b. Kraftlinienätzung an zylindrischen Druckproben aus Flußstahl, Ausbildung von Zonen behinderter Verformung (Meyer-Nehl).

Die erwähnte tonnenförmige Ausbauchung der zylindrischen Druckprobe ist verursacht durch die Behinderung der Querdehnung an den Endflächen infolge der an den Preßflächen der Maschine auftretenden Reibung. Diese Behinderung der Verformung erstreckt sich, von dessen Endflächen ausgehend, in einem kegelförmigen Bereich in das Innere der Probe hinein. Die plastische Verformung bei der Stauchung beschränkt sich infolgedessen im wesentlichen auf die außerhalb dieser kegelförmigen Bereiche liegenden Teile der Probe. Die Hauptverformung besteht infolgedessen in einem

Abgleiten längs der Mantelflächen der in ihrer Verformung behinderten Kegel, die infolgedessen auch als Rutschkegel[1, 2] bezeichnet worden sind (Abb. 53). Dieser Verformungsmechanismus macht sich besonders bei längeren zylindrischen Druckproben bildsamer Metalle dadurch bemerkbar, daß die ersten größeren Ausbauchungen der Probe nicht in der Mitte, sondern in der Nähe der Endflächen auftreten und von hier aus mit fortschreitender Stauchung gegeneinander zur Probenmitte fortschreiten. Bei spröden und wenig verformbaren Werkstoffen erfolgt der Bruch beim Erreichen der Druckfestigkeit in diesen Flächen der größten Schiebungen, so daß in den Bruchstücken die sogenannten Rutschkegel mehr oder weniger deutlich zu erkennen sind. Mit einer Verminderung der Reibung, etwa durch Schmierung der Preßflächen, kann der Ausbildung dieser kegelförmigen Zonen behinderter Verformung entgegengewirkt werden: bei sehr geringem Reibungswiderstand an den Preßflächen spalten die Proben in Flächen parallel zur Druckrichtung.

3. Fließkurve und wahre Spannungen.

Beim Zugversuch wurde bereits erörtert, daß die auf den Ausgangsquerschnitt F_0 bezogenen Belastungen nicht die im Werkstoff unter der Wirkung der äußeren Kräfte auftretenden Spannungen richtig angeben, sobald eine nicht mehr zu vernachlässigende Änderung der Größe des beanspruchten Querschnittes der Probe eingetreten ist. Wegen der beim Druckversuch auftretenden Querschnittsvergrößerung sind die auf den Ausgangsquerschnitt bezogenen Spannungswerte stets größer als die auf den jeweils vorhandenen Querschnitt bezogenen Werte der „wahren" Spannung. Die gegenseitige Lage der „wahren" Stauchkurve (*b*) gegen eine solche, für die die Spannungswerte auf den Ausgangsquerschnitt bezogen wurden (*a*), veranschaulicht Abb. 54.

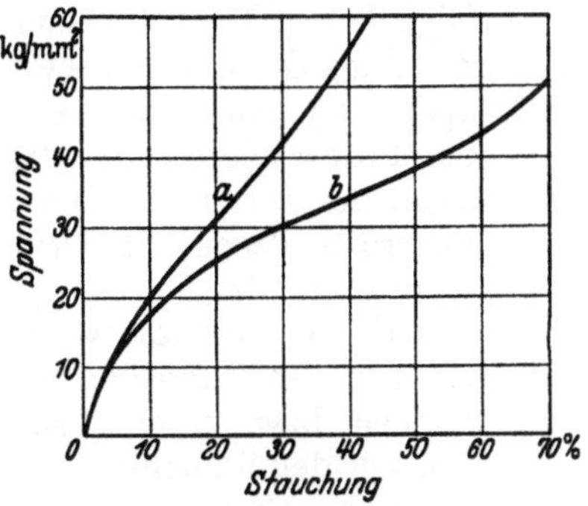

Abb. 54. Spannungs-Stauchungs-Kurven, bezogen auf den Anfangsquerschnitt *a* und den jeweiligen Querschnitt *b* (Sachs).

Beim Zugversuch ist es möglich, durch Wahl einer genügend großen Versuchslänge und eines nicht zu schroffen Überganges zu den dickeren Probenköpfen mit großer Annäherung zu erreichen, daß die Probe bis zur beginnenden Einschnürung im Bereich der Höchstkraft ihre prismatische bzw. zylindrische Form und damit einen gleichmäßigen einachsigen Spannungszustand beibehält. In diesem Bereich der Verformung der Probe ist die physikalische Bedeutung der auf den verkleinerten Querschnitt berechneten „wahren" Spannung also völlig klar, und erst im Bereich der örtlichen Einschnürung macht sich ein Einfluß der sich dann ausbildenden ungleichmäßigen Spannungsverteilung über den der Spannungsberechnung zugrunde gelegten kleinsten Querschnitt geltend. Beim Druckversuch ist es aber nicht möglich, die Wirkung der Auflagerflächen so weitgehend wie beim Zugversuch auszuschalten, da der Länge der Probe wegen der Gefahr des Ausknickens (s. Abschn. D) sehr enge Grenzen gesetzt sind. Die Erfahrung hat gelehrt, daß schon bei einer Probenhöhe von mehr als dem Dreifachen des Probendurchmessers unter den üblichen Versuchsbedingungen mit einer Störung des Versuches durch Ausknicken der Probe

[1] Blass, E.: Stahl u. Eisen Bd. 2 (1882) S. 283.
[2] Riedel, F.: VDI-Forsch.-Heft 141 (1913).

zu rechnen ist. Ein solches Ausknicken würde zusätzliche Biegebeanspruchungen hervorrufen und dadurch die Beziehungen zwischen Stauchung und Belastung der Probe fälschen.

Die störenden Wirkungen, die von den Druckflächen der Maschine gegen die Auflagerflächen der Probe ausgehen, sind, wie schon erwähnt wurde, eine Folge der in diesen Berührungsflächen auftretenden Reibung. Die durch die Stauchung der Probe bedingte Querschnittszunahme wird durch diese Reibung an den Probenenden gehemmt, wodurch die ursprünglich gleichmäßige Spannungsverteilung über den Querschnitt gestört wird. Infolge des nun nicht mehr einachsigen Spannungszustandes wird die Probe ungleichmäßig verformt. Innerhalb eines gewissen Bereiches wird an den Probenenden durch die in der Querrichtung zusätzlich auftretenden Druckspannungen der Verformungswiderstand der Probe in Richtung ihrer Achse gesteigert. Die Folge ist die schon erwähnte Ausbauchung im mittleren Teil der Probe, so daß sie frühzeitig Tonnenform (s. Abb. 51 a) annimmt. Nur bei besonders schlanken Proben werden unter dem schon gekennzeichneten Einfluß der Verformungsbehinderung an den Endflächen zuweilen tonnenförmige Ausbauchungen in der Nähe beider Probenenden beobachtet, während die Querschnittszunahme im mittleren Teil der Probe dagegen zunächst zurückbleibt; bei stärkerer Stauchung baucht aber auch in diesen Fällen die Probe am stärksten in der Mitte aus, sofern ein Ausknicken vermieden werden kann.

Infolge dieser Querschnittsunterschiede in der gestauchten Probe unterliegt die Ermittlung der auf den jeweils vorhandenen Querschnitt bezogenen „wahren“ Spannung einer gewissen Willkür. Entsprechend dem Zugversuch den kleinsten Probenquerschnitt dieser Berechnung zugrunde zu legen, verbietet sich wegen der gerade an den Probenenden wirksamen Störungen durch die Reibungskräfte gegen die Druckflächen. Man wählt daher als Bezugsquerschnitt entweder den jeweils größten Querschnitt, in dem die Verformungen am stärksten sind und am wenigsten durch die Reibungskräfte gestört werden, oder den mittleren Querschnitt, wie er sich unter der Annahme einer homogenen zylindrischen bzw. prismatischen Verformung bei Unveränderlichkeit des Volumens aus der Stauchung errechnen läßt. Die so berechnete „wahre“ Spannung

$$\sigma = \frac{P}{F} = \frac{P}{\frac{F_0}{1-\varepsilon}} = \frac{P}{F_0}(1-\varepsilon)$$

liegt zwischen der auf den kleinsten oder größten Querschnitt bezogenen und weicht von diesen im allgemeinen nur um wenige Prozent ab.

Diese Werte der „wahren“ Spannungen sind aber besonders bei Proben mit im Vergleich zum Durchmesser kleiner Höhe, aber auch bei schlankeren Proben im Bereich höherer Stauchgrade im Gegensatz zum Zugversuch stark von der Probengestalt abhängig (Abb. 55)[1], da sich alsdann der Einfluß der Behinderung durch die Preßflächenreibung um so stärker auswirkt, und zwar liegt die gesamte so berechnete wahre Stauchkurve um so höher, je kleiner das Verhältnis von Höhe und Durchmesser ist. Mit zunehmendem Schlankheitsgrad der Proben rücken die Stauchkurven dagegen zu immer niedrigeren Spannungswerten und streben der Grenzlage für die unendlich hohe Probe zu, deren Stauchkurve die idealen Spannungsverhältnisse für einen reinen Druckversuch, ungestört durch zusätzliche Reibungskräfte an den Auflagerflächen, wieder-

[1] Sachs, G.: Mechanische Technologie der Metalle. Leipzig 1925.

geben würde. Nur bei geometrisch ähnlichen Proben fallen die Stauchkurven für die auf den mittleren Probenquerschnitt bezogenen Spannungswerte nahezu zusammen[1], woraus auf die Gültigkeit des Ähnlichkeitsgesetzes auch für den Druckversuch geschlossen werden kann, vorausgesetzt, daß die störenden Reibungseinflüsse sehr klein gehalten werden oder sich bei den Proben zu den Druckwirkungen verhältnisgleich auswirken.

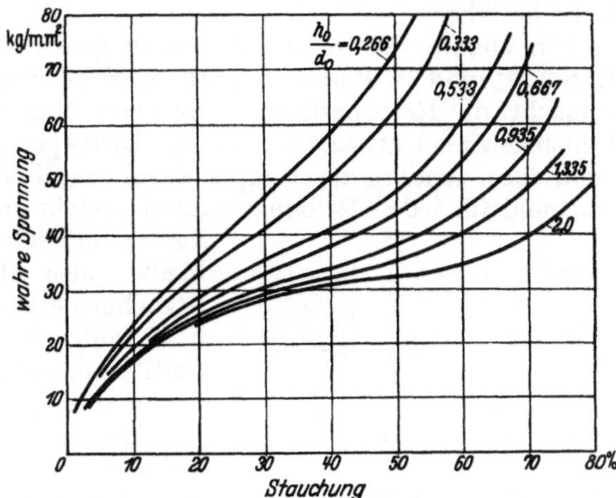

Abb. 55. Spannungs-Stauchungs-Kurven von Kupfer für verschiedene Verhältnisse von Durchmesser zur Höhe (nach SACHS).

Über Maßnahmen, durch die es gelingt, die Verformung der Probe im Druckversuch der idealen gleichmäßigen Verformung anzunähern, soll im folgenden berichtet werden. Da diese ungleichmäßigen Verformungen der gestauchten Probe ihre Ursache in erster Linie in den Reibungskräften zwischen Probenendfläche und Druckfläche der Maschine haben, hat man auf verschiedenen Wegen versucht, diese zu beseitigen oder in ihrer Wirkung auf den Verformungsvorgang abzuschwächen. Zunächst ist auf eine völlig ebene und äußerst saubere Bearbeitung der in gegenseitige Berührung kommenden Flächen größter Wert zu legen. Durch sorgfältige Schmierung gelingt es, die Reibung und damit die störenden Radial- und Tangentialkräfte herabzusetzen, so daß die Verformung der Probe bis zu ihren Enden hin viel gleichmäßiger wird[2]. Je besser aber die Schmierung und je gründlicher damit die Beseitigung der Reibungskräfte ist, desto größer werden andere Versuchsschwierigkeiten. Sind z. B. die Druckflächen der Maschine nicht genau parallel oder hat eine der Druckflächen seitliches Spiel, so kann die Probe bei der Labilität der Anordnung infolge der fehlenden Reibungskräfte sich leicht verschieben. Die vollständige Beseitigung der Reibungskräfte durch Schmierung dürfte nicht möglich sein und ist nach vorstehendem auch nicht erwünscht, so daß eine einwandfreie einachsige Stauchung auf diesem Wege nicht zu erzielen ist.

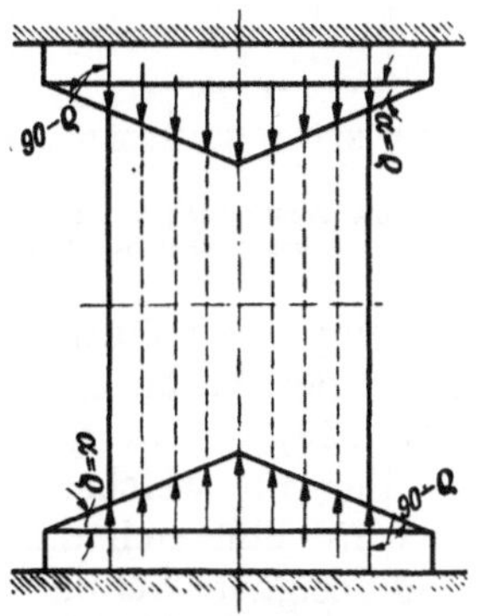

Abb. 56. Kegelstauchverfahren (SIEBEL-POMP).

Ein anderer Weg, die Reibungskräfte an den Endflächen der Proben auszuschalten, ist von K. RUMMEL[3] sowie H. MEYER und F. NEHL[4] angegeben worden. Da im mittleren Drittel einer Stauchprobe die Verformung im allgemeinen so gleichmäßig ist, daß die prismatische oder zylindrische Form weitgehend erhalten bleibt, setzten sie ihre Stauchproben aus drei Zylindern zusammen. Dieses Hilfsmittel ist aber nur bei kleinen Verformungen anwendbar, da bei größeren Stauchungen die zylindrische Form auch im mittleren Teilzylinder nicht erhalten bleibt. Ein weiterer

[1] SACHS, G.: Mechanische Technologie der Metalle, S. 39, Abb. 26. Leipzig 1925.
[2] HÜBERS, K.: Ber. Walzwerksaussch. VDEh. 32 (1922).
[3] Stahl u. Eisen Bd. 39 (1919) S. 237, 267 u. 285.
[4] Stahl u. Eisen Bd. 45 (1925) S. 1961.

Nachteil ist, daß zur Aufstellung einer genaueren Kraft-Verformungs-Kurve Stauchungsmessungen am mittleren Probenabschnitt notwendig sind; die einfach auszuführende Messung der Bewegung der Druckplatten gegeneinander genügt nicht, da zwischen den Stauchungen des mittleren und der äußeren Teilzylinder einfache Beziehungen, die eine Umrechnung ermöglichen würden, nicht bestehen.

Ein anderes Mittel zur Erzielung gleichmäßiger Stauchung ist das von E. Siebel und A. Pomp[1] entwickelte Kegelstauchverfahren. Bei diesem wird versucht, die Reibungskräfte durch eine Neigung der Preßflächen unter dem Reibungswinkel auszugleichen. Die Druckplatten und die Probenenden sind nicht eben, sondern als stumpfe Kegel ausgebildet (Abb. 56). Für jeden Werkstoff und für jeden Reibungszustand besteht ein bestimmter Winkel, bei dem die zylindrische Form der Probe erhalten bleibt, also die gewünschte gleichmäßige Stauchung erzielt wird. So ergab sich für weiche Flußstahlproben, die ohne Schmierung an den Endflächen gestaucht wurden, bei einem Kegelwinkel mit $\mathrm{tg}\,\alpha = 0{,}2$ eine leichte Ausbauchung nach außen, bei $\mathrm{tg}\,\alpha = 0{,}25$ blieb die Probe zylindrisch und bei $\mathrm{tg}\,\alpha = 0{,}3$ schnürte sie sich etwas ein (Abb. 57). Eine ähnliche Wirkung wurde erzielt, wenn man die Reibung bei dem als richtig erkannten Winkel $\mathrm{tg}\,\alpha = 0{,}25$ durch Schmierung oder durch zwischengefügten feinen Sand änderte.

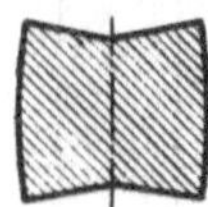

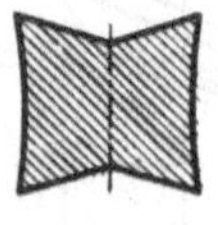

Abb. 57. Stauchversuche mit verschiedenen Kegelwinkeln (Siebel-Pomp).
a: $\mathrm{tg}\,\alpha = 0{,}2$, b: $\mathrm{tg}\,\alpha = 0{,}25$, c: $\mathrm{tg}\,\alpha = 0{,}3$.

Ein Nachteil der Kegelstauchversuche ist die ungleiche Stauchlänge von Probenmitte und Probenrand. Wird z. B. eine Probe, die ursprünglich doppelt so hoch war wie ihr Durchmesser und eine Winkelneigung von $\mathrm{tg}\,\alpha = 0{,}3$ hatte, im Mittel um 50% gestaucht, so ist die Formänderung an der Außenzone 45%, in der Mitte aber bereits 60%. Um diese Ungleichmäßigkeit klein zu halten, muß man einerseits schlanke Proben wählen, anderseits versuchen, mit kleinen Kegelwinkeln die Reibungskräfte auszuschalten. Eine genügende Schlankheit läßt sich einhalten, wenn man den Stauchvorgang bei spätestens einem Verhältnis $h : d \sim 1 : 2$ unterbricht, aus dem Kern der Probe eine neue schlanke Probe herstellt und diese weiterstaucht (Abb. 58).

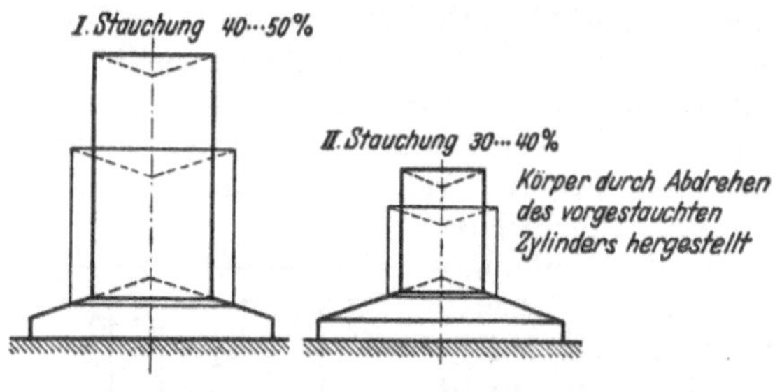

Abb. 58. Ausführung eines Stauchversuches in zwei Stufen bei großen Stauchwegen (Siebel-Pomp).

Der für weichen Flußstahl angegebene Preßflächenwinkel $\alpha = 14°$ ($\mathrm{tg}\,\alpha = 0{,}25$) läßt sich durch sauberes Schleifen der kegelförmigen Druckflächen und geeignete Schmierung noch wesentlich verkleinern. Mit einer Neigung der konischen Preßfläche von etwa 3° ($\mathrm{tg}\,\alpha = 0{,}05$) sind auf diese Weise gleichmäßige Stauchungen durchzuführen. Damit werden gleichzeitig die durch die Unterschiede der Probenhöhe zwischen Kern und Randzone bedingten Abweichungen so verkleinert, daß sie in die sonstigen Fehlergrenzen des Prüfverfahrens fallen. Den Neigungswinkel noch weiter herabzusetzen, empfiehlt sich nicht, da der Kegel zugleich die Zentrierung der Probe übernehmen muß

[1] Mitt. K.-Wilh.-Inst. Eisenforschg. Bd. 9 (1927) S. 157.

und der richtige Einbau der Probe dann zu schwierig und zeitraubend wird. Wegen der Gefahr einer Verschiebung der Probe bei solch kleinem Neigungswinkel der Preßflächen ist es zweckmäßig, die Kegelpreßflächen nicht unmittelbar in die oft nicht ausreichend geführten Druckstücke der Prüfmaschine einzusetzen, sondern ihnen in einer besonderen Vorrichtung eine zuverlässige Führung zu geben; in einer solchen Vorrichtung lassen sich auch Meßuhren zur Bestimmung der Stauchung leicht anbringen (Abb. 59 und 60). Bei solchen Messungen muß man aber beachten, daß nicht nur die Probe, sondern auch die Kegeldruckplatten elastische Verformungen erfahren, die im Gebiet kleiner Stauchungen merklich ins Gewicht fallen können.

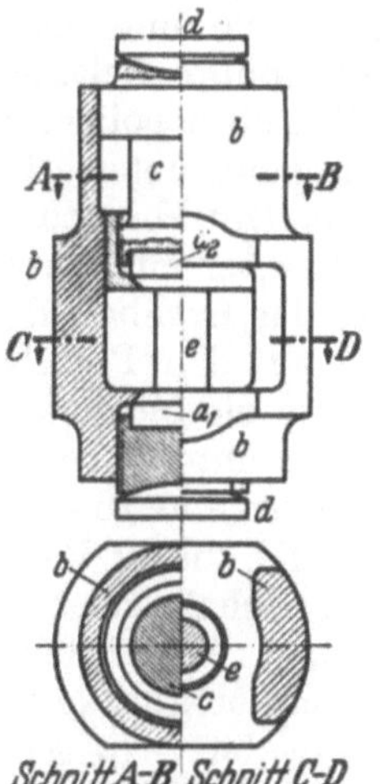

Abb. 59. Kegelstauchvorrichtung (Schnittzeichnung) (SIEBEL-POMP). a_1, a_2, Druckplatten, b Führungskörper, c oberer Druckplattenhalter, d Kugelschalen, e Probe.

Abb. 60. Kegelstauchvorrichtung mit Meßuhren zur Ausführung von Feinmessungen (SIEBEL-POMP).

Das Kegelstauchverfahren bietet die Möglichkeit, die „wahre" Stauchkurve im Versuch zu ermitteln, und zwar im Bereich größerer Stauchungen durch einfache Diagrammaufnahme, die durch Feinmessungen im Bereich kleiner Verformungen ergänzt werden kann. Ein Vergleich der experimentell ermittelten Stauchkurven mit den wahren Spannungskurven des Zugversuches (Fließkurven) führte bei Kupfer und Aluminium zu recht guter Übereinstimmung, während bei den untersuchten Stählen die wahren Stauchkurven im allgemeinen bei um 5 bis 10% höheren Spannungen verlaufen als die wahren Zugkurven[1–3].

Infolge dieser guten Übereinstimmung geben E. SIEBEL und A. POMP[4] auch Verfahren an, die *Zugfestigkeit*, für die es einen entsprechenden Wert beim Druckversuch meist nicht gibt, aus der wahren *Stauchkurve* zu ermitteln. Trägt man die im Druckversuch bestimmte wahre Spannung in Abhängigkeit von der Stauchung ($\Delta h/h_0$) auf, so entspricht diese Darstellung der Fließkurve des Zugversuches in Abhängigkeit von der Querschnittsverminderung (s. Abb. 15, S. 49); dementsprechend schneidet die Tangente im (gedachten) Höchstkraftpunkt die Ordinate für die Stauchung 100% bei der doppelten wahren Spannung im Höchstkraftpunkt. Wählt man anderseits als Abszisse die Querschnittsänderung ($\Delta F/F_0$) — entsprechend der Dehnung beim Zugversuch —, so trifft die Tangente an diese Kurve die Abszissenachse im Punkte — 100%[5]. Aus den so bestimmten Zug-Höchstkraft-Punkten kann man auch die Gleichmaßdehnung einer Zugprobe ermitteln und damit aus der Stauchkurve Rückschlüsse auf die Bruchdehnung ziehen.

---

[1] SIEBEL, E., u. A. POMP: Mitt. K.-Wilh.-Inst. Eisenforschg. Bd. 9 (1927) S. 157.

[2] MORRISON, J. L. M.: J. & Proc. Instn. mech. Engrs., London 142 (1940) Nr. 3, Journ. S. 193.

[3] KÖRBER, F., u. A. EICHINGER: Mitt. K.-Wilh.-Inst. Eisenforschg. Bd. 26 (1943) S. 37.

[4] Mitt. K.-Wilh.-Inst. Eisenforschg. Bd. 10 (1928) S. 55.

[5] NIELSEN, F.: Stahl u. Eisen Bd. 42 (1922) S. 1687. — F. KÖRBER u. F. NIELSEN: Stahl u. Eisen Bd. 43 (1923) S. 196.

4. Durchführung des Druckversuches.

Für die Durchführung des Druckversuches an Metallen ist vom Deutschen Verband für die Materialprüfungen der Technik ein Prüfverfahren ausgearbeitet worden (DIN 50106 [Ausg. 2. 33]). Als Prüfmaschine kann eine mittels eines mechanischen Getriebes oder hydraulisch angetriebene Druckpresse oder eine Universalprüfmaschine verwandt werden. Die Belastung muß stufenweise einstellbar sein. Diese letzte Bestimmung wird auch von den Maschinen erfüllt, bei denen die Probe gestaucht und die Kraft gemessen wird, da man mittels des Stauchweges eine bestimmte Belastung einstellen kann.

Die Druckplatten sollen eben poliert und härter als der zu prüfende Werkstoff sein. Die Forderung einer hohen Härte ist an sich selbstverständlich, da die Druckplatten sonst bei dem Versuch eingedrückt und unbrauchbar werden. Solch ein Eindruck würde aber eine zusätzliche Behinderung der Verformung der Probe bedeuten, also das Ergebnis des Versuches in gleicher Richtung wie eine verstärkte Reibung auf den Preßflächen beeinflussen. Außerdem würde eine zu weiche Druckplatte die Messung der Stauchung aus der gegenseitigen Bewegung der Druckplatten unmöglich machen, da man infolge der plastischen Verformung der Druckplatten eine zu große Stauchung messen würde. Eine der Druckplatten, am besten die, die zu Beginn des Versuches nicht an der Probe anliegt, soll in einer Kugelschale gelagert werden, so daß sie sich selbsttätig einstellen kann, um geringe Abweichungen der Parallelität der Probenendflächen auszugleichen. Nach Möglichkeit sollen die Druckplatten mittels einer besonderen Vorrichtung in der richtigen Lage gehalten und geführt werden. Eine Schmierung der Druckflächen ist nicht vorgesehen, freilich auch nicht untersagt. Bei einem Versuch nach DIN 50106 muß man also damit rechnen, daß die Proben nicht zylindrisch gestaucht werden, sondern ausbauchen, und daß die Versuchswerte durch die Endflächenreibung beeinflußt sind.

Die Proben sollen bei metallischen Werkstoffen in der Regel zylindrisch sein. Ihr Durchmesser richtet sich nach den Abmessungen des zu prüfenden Werkstoffes und der Prüfmaschine, auf der der Versuch ausgeführt werden soll. Im allgemeinen wählt man Durchmesser von 10 bis 30 mm. Die Höhe der Probe hängt von der beabsichtigten Art der Formänderungsmessung ab. Werden nur Grobmessungen vorgesehen, so wählt man die Höhe gleich dem Durchmesser (Normalprobe). Bei Feinmessungen dagegen macht man die Höhe gleich dem 2,5- bis 3fachen des Durchmessers (Langprobe) und nimmt die Meßlänge um den halben Durchmesser kleiner als die Probenhöhe, um den Einfluß der Endflächenreibung auszuschalten. Bei noch längeren Proben besteht die Gefahr, daß sie ausknicken. Die Probe ist allseitig fein zu schlichten oder zu schleifen. Die Endflächen müssen planparallel sein und zur Probenachse möglichst genau senkrecht stehen. Feinmessungen werden in gleicher Weise ausgeführt wie beim Zugversuch; neben Sondermeßgeräten, wie sie z. B. von C. Bach entwickelt worden sind, dient vor allem der Martenssche Spiegelapparat (DIN 50107) zur genauen Messung der Zusammendrückung der Probe im Bereich kleiner, vornehmlich elastischer Verformungen. Für Messungen geringerer Genauigkeit können Meßuhren, Maßstäbe mit Nonius oder ähnliche Geräte benutzt werden.

Wie beim Zugversuch muß man darauf achten, daß die Probe mittig belastet wird. Da eine Führung in den Druckplatten, von Sonderfällen (Kegelstauchversuch) abgesehen, nicht möglich ist, muß man die Proben sorgfältig nach der Maschinenachse ausrichten. Um dies zu erleichtern, werden die Druckplatten häufig mit konzentrischen Rillen, eingeritzten Quadraten oder Achsenkreuzen versehen. Diese Einteilung auf den Druckplatten darf aber nur durch sehr schwach eingeritzte Linien erfolgen, da der Verformungsvorgang sonst durch zusätzliche Reibung auf den Preßflächen beeinflußt wird. Wenn die Maschinenachse mittig zu den Maschinensäulen liegt und diese bearbeitete Flächen haben, kann man die Probe mittels gekreuzter Fäden nach den Säulen ausrichten; allerdings ist dies bei der bei neueren Maschinen vorherrschenden Zweisäulenbauart schwieriger als bei viersäuligen Maschinen. Für die Sicherung des mittigen Kraftangriffs parallel der Probenachse unter möglichster Ausschaltung von Biegespannungen in der Probe ist eine genaue Paralleleinstellung beider Druckplatten von gleicher Wichtigkeit wie die Ausrichtung nach der Maschinenachse bzw. der Mitte der Druckplatte. Zur Erleichterung dieser Parallelstellung dient die bereits erwähnte Lagerung einer der Druckplatten, bei stehenden Maschinen der oberen, in Kugelschalen. Diese Einrichtung ist am wirksamsten für eine selbsttätige Einstellung der Druckflächen, wenn die Mittelpunkte der beiden Kugelflächen in der Mittelachse der Maschine, und zwar möglichst nahe der Druckfläche liegen (Abb. 61). Wie beim Zugversuch darf man aber auch beim Druckversuch von der Wirkung dieser Kugellagerung zur selbsttätigen Parallelstellung der Druckflächen nicht zu viel erwarten, da die Reibung gegenüber den Richtkräften meist zu groß ist. Man muß daher darauf achten, daß sie sich bei der Belastung von vornherein gleichmäßig auf die Probenflächen aufsetzen. Ist keine Kugelschalenlagerung vorhanden, so müssen die Druckplatten der Maschine in genau paralleler Lage zueinander möglichst starr geführt werden. Die Lagerung beider Druckplatten in Kugelschalen kann ein Ausknicken der Probe begünstigen. Abb. 62 zeigt, welch große Verformungen dabei momentan auftreten können.

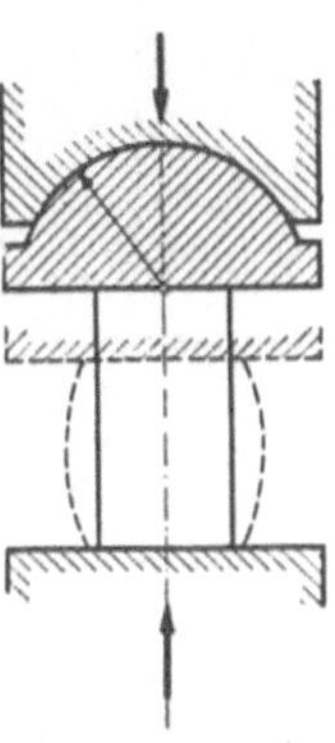

Abb. 61. Anordnung der einstellbaren Druckplatte beim Druckversuch.

Vor dem Versuch muß der Querschnitt der Probe genau ausgemessen werden, um die Spannung beim Druckversuch aus Kraft/Querschnitt berechnen zu können. Dagegen ist es in der Regel nicht notwendig, eine Meßlänge auf der Probe anzuzeichnen, da die Probe keine verstärkten Köpfe hat und man daher — von Feinmessungen abgesehen — als Meßlänge die gesamte Probenlänge wählen kann. Infolgedessen mißt man die Stauchung meist nicht an der Probe selbst, sondern man verfolgt die Bewegung beider Druckplatten gegeneinander. Da sich besonders bei kugeliger Lagerung die Druckplatten während des Versuches schief gegeneinander stellen können, empfiehlt es sich, je ein Meßgerät (z. B. Meßuhr) zu beiden Seiten der Probe anzuordnen und die Stauchung als Mittel aus den Anzeigen beider zu ermitteln.

Abb. 62. Druckprobe, die unter Verwendung von zwei Kugelschalen gestaucht wurde und momentan ausknickte, wobei Probe und Kugelschalen aus der Maschine sprangen.

Dünne Proben kann man so nicht stauchen, da sie ausknicken würden. Daher hat man versucht, sie im Paket zu drücken[1]. Für Einzelproben geben H. La Tour und D. S. Wolford[2] eine Vorrichtung an, mit der dünne Bleche

[1] Aitchison, C. S., u. L. B. Tuckermann: Nat. Advisory Commitee Aeronautics, Rep. 649 (1939) u. 789 (1940); vgl. A. A. Moore u. J. C. McDonald: Proc. Amer. Soc. Test. Mater. Bd. 45 (1945) S. 698.

[2] Proc. Amer. Soc. Test. Mater. Bd. 45 (1945) S. 671.

von 0,25 bis 2,5 mm Dicke gestaucht werden können (Abb. 63). In dieser wird die Probe gegen seitliches Ausknicken abgestützt, wobei auf eine gute Schmierung in der Führung zu achten ist. Die Bleche stehen an beiden Enden nur etwa 0,5 mm über, so daß die Vorrichtung besonders zur Ausführung von elastischen Messungen, z. B. mit Hilfe des HUGGENBERGER-Tensometers geeignet ist.

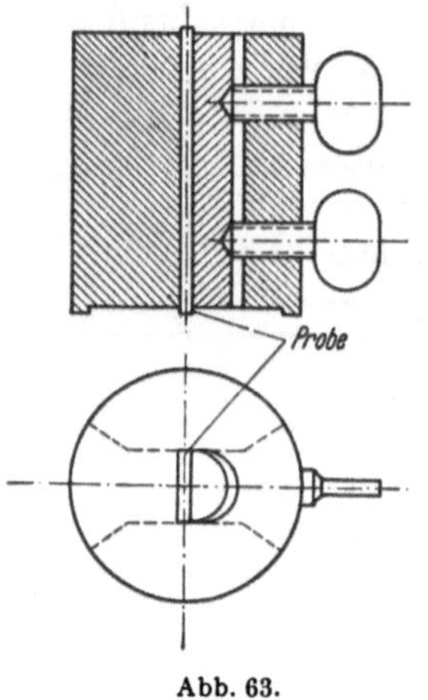

Abb. 63. Stauchvorrichtung für dünne Bleche (LA TOUR-WOLFORD).

5. Die im Druckversuch bestimmten Werkstoffeigenschaften.

a) Druckfestigkeit.

Die statische Festigkeit beim Druckversuch, Druckfestigkeit genannt, wird berechnet aus der Höchstkraft P_{max}, unter der der Bruch der Probe eintritt, und dem ursprünglichen Querschnitt der Probe: $\sigma_B = P_{max}/F_0$. Geht aus dem Zusammenhang nicht ohne weiteres hervor, daß es sich um Druckspannungen handelt, so ist zur Kennzeichnung der gegen den Zugversuch umgekehrten Richtung der Zeiger d anzufügen: σ_{dB}.

Als Normalprobe für die Bestimmung der Druckfestigkeit von Metallen gilt ein Zylinder, dessen Höhe gleich seinem Durchmesser gewählt wird. Mit Vergrößerung der Probenhöhe bei gleichbleibendem Querschnitt werden bei sonst gleicher Versuchsausführung niedrigere Werte der Druckfestigkeit erhalten (vgl. Abb. 55).

Die Bestimmung der Druckfestigkeit ist nur möglich, wenn unter der stetig steigenden Druckkraft ein Bruch der Probe eintritt. Bei weitgehend verformbaren Werkstoffen tritt in der Regel ein Bruch nicht ein; zuweilen wird bei diesen an Stelle der Druckfestigkeit die Spannung bestimmt, bei der Risse im Werkstoff auftreten, ohne daß dadurch die Tragfähigkeit der Probe entscheidend beeinträchtigt wird.

b) Quetschgrenze.

Die Quetschgrenze σ_{dF} ist die Fließgrenze beim Druckversuch, die durch das Eintreten größerer bleibender Stauchungen gekennzeichnet wird. Bei Werkstoffen mit ausgeprägter Fließgrenze ist sie an dem erstmaligen Fortschreiten der Stauchung unter unveränderlicher Belastung zu erkennen, wobei zuweilen auch ein Spannungsabfall von der oberen zur unteren Quetschgrenze beobachtet wird; sie kann in diesem Fall auch näherungsweise aus der mit einem Schreibgerät selbsttätig aufgezeichneten Stauchkurve als die Spannung entnommen werden, bei der die zunächst nahezu geradlinig ansteigende Schaulinie plötzlich zu größeren Verformungswerten abbiegt.

Bei Werkstoffen ohne ausgeprägte Fließgrenze, bei denen die Stauchkurve aus dem steilen Anstieg im elastischen Bereich mit stetiger Krümmung in den plastischen Bereich übergeht, wird an Stelle der Quetschgrenze die Dehngrenze für eine bleibende Stauchung von 0,2% ($\sigma_{0,2}$) ermittelt. Ihre Bestimmung erfolgt mittels Feindehnungsmessern unter entsprechender Anwendung von DIN 50144 (vgl. S. 64—66).

Während spröde Werkstoffe in ihrem Verhalten gegen Druckbeanspruchungen durch die Druckfestigkeit gekennzeichnet werden, kommt für gut verformbare Metalle der Quetschgrenze als Gütemaßstab die höhere Bedeutung zu.

c) Elastizitäts- und Proportionalitätsgrenze.

Ihre Bestimmung erfolgt mit Hilfe von Feindehnungsmessern in ganz entsprechender Weise wie beim Zugversuch; es kann daher auf die Ausführungen für den Zugversuch (Abschn. B, 6 d und e) sowie DIN 50143 verwiesen werden. Infolge der Beschränkung der Probenlänge wegen der Knickgefahr kommen nur kurze Meßlängen in Frage.

d) Stauchkurve.

Besonders für weitgehend verformbare Werkstoffe ist zur Kennzeichnung des Werkstoffverhaltens unter Druckbeanspruchung eine Ergänzung der Bestimmung der Quetschgrenze durch die Aufnahme eines vollständigen Spannungs-Stauchungs-Schaubildes wertvoll. In Abb. 64 sind nach Versuchen von A. POMP[1] die Stauchkurven für gleich große Druckproben aus verschiedenen Metallen wiedergegeben, die deren unterschiedliches Verhalten beim Druckversuch sehr deutlich hervortreten lassen. Bemerkenswert ist, daß der oben erwähnte Wendepunkt in diesen Kurven etwa bei gleichen Stauchgraden der Probe auftritt.

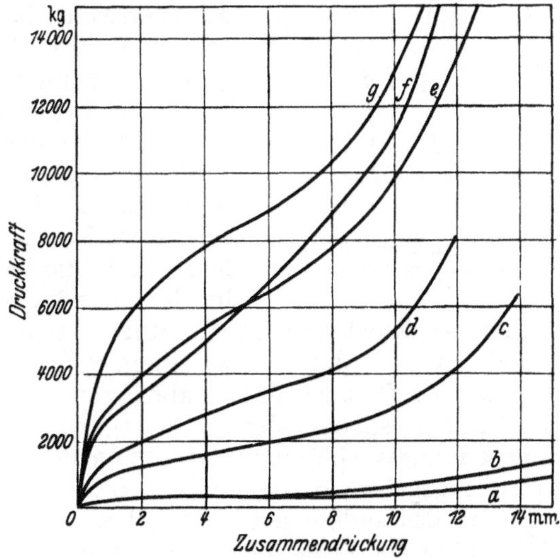

Abb. 64. Kraft-Stauchungs-Schaubilder von Druckproben mit $d = 10$, $h = 20$ mm aus verschiedenen Metallen (POMP). *a* Blei, *b* Blei mit 3% Sn, *c* Aluminium, *d* Kupfer, *e* Stahl mit 0,06% C, gezogen, *f* Messing mit 62% Cu, *g* Stahl mit 0,5% C.

Zur Kennzeichnung des Verhaltens gut verformbarer Werkstoffe im Druckversuch kann auch die Druckspannung dienen, die einer gleich großen Stauchung (etwa 10%) entspricht. Eine solche Bestimmung kann für eine vergleichende Bewertung von Metallen, die keine ausgeprägte Quetschgrenze besitzen, als Ersatz für die umständlichere Ermittlung der 0,2-Grenze dienen.

E. SIEBEL und A. POMP[2] weisen darauf hin, daß man aus der Stauchkurve auch die Zugfestigkeit des Werkstoffes ermitteln kann (vgl. Abschn. C 3).

D. Der Knickversuch.

1. Allgemeines.

Bei der Behandlung des Druckversuches wurde bereits darauf hingewiesen, daß bei längeren Proben ($h : d$ oder $h : \sqrt{F} > 3$) die Gefahr besteht, daß sie seitlich ausknicken. Bei der Zusammendrückung einer so schlanken Probe tritt früher oder später eine seitliche Ausbiegung ein, die mit steigender Last anwächst. Dabei bleibt aber zunächst noch ein Gleichgewichtszustand erhalten, d. h. die Belastung ändert sich nicht, wenn die Zusammendrückung unverändert bleibt, und umgekehrt. Mit steigender Belastung nimmt die seitliche Ausbiegung

[1] Z. VDI Bd. 64 (1920) S. 745.

[2] Mitt. K.-Wilh.-Inst. Eisenforschg. Bd. 10 (1928) S. 55.

immer mehr zu, bis schließlich das System instabil wird. Entweder bricht die Probe (z. B. bei Grauguß) oder sie knickt zusammen, falls nicht infolge der großen Formänderung eine Entlastung erfolgt. Die Kraft, unter der der Bruch oder das Ausknicken eintritt, wird als *Knickkraft* bezeichnet. Ihre Ermittlung erfordert eine sehr sorgfältige Probenvorbereitung und Versuchsführung, da zu der reinen Druckbeanspruchung Biegebeanspruchungen infolge von außermittigen Belastungen und nicht genügend sorgfältig bearbeiteten Probenenden hinzukommen können. Auch Ungleichmäßigkeiten im Werkstoff, insbesondere jede Abweichung der Probenachse von einer vollkommenen Geraden, können diese Biegespannungen hervorrufen.

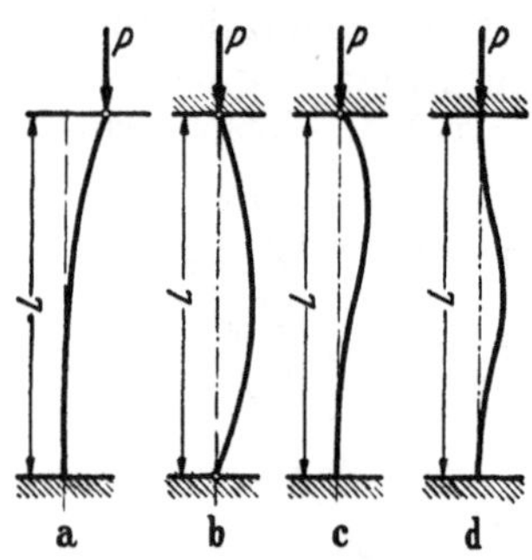

Abb. 65a–d. Wichtigste Belastungsfälle beim Knickversuch.

Je länger die Probe ist, um so früher wird die Kraft erreicht, bei der die elastische Stabilität überschritten wird; dann wird die Ausbiegung so groß, daß die Spannung der Randfaser über die Fließgrenze wächst und die Probe ausknickt. Der Knickversuch ist daher in erheblichem Maße von der Probenform abhängig; daneben spielt die Spannungsverteilung und ihre Änderung im Laufe des Versuches mit, so daß er im Grunde mehr in die Elastizitätslehre als in die Werkstoffprüfung gehört; er soll daher hier nur kurz behandelt werden.

Da der Knickvorgang ein Stabilitätsproblem ist, ist es verständlich, daß die Knickkraft, d. h. die zu einem vollständigen Ausknicken der Probe notwendige Kraft, auch davon abhängig ist, ob die Enden der Proben geführt werden, eingespannt oder frei beweglich sind. Für die in Abb. 65 dargestellten Einspannungsverhältnisse hat EULER Formeln für die Berechnung der Knickkräfte angegeben. Bei dem Fall a) ist die Probe an einem Ende fest eingespannt, während das andere seitlich frei beweglich ist. Beim Fall b) ist die Lage der Endpunkte der Probe festgelegt, ohne daß eine Einspannung vorliegt; dieser Fall wird in den statischen Berechnungen am häufigsten angenommen, da alle Einspannungen eine gewisse Nachgiebigkeit aufweisen. Fall c) ist durch feste Einspannung an einem Ende und bewegliche am anderen Ende gekennzeichnet, während Fall d) eine feste Einspannung an beiden Probenenden verlangt. Bedeutet E den Elastizitätsmodul des Werkstoffes, L die Länge der Probe zwischen den Einspannungen und J das kleinste äquatoriale Trägheitsmoment des Querschnittes, so ist die Knickkraft

$$P_K = \frac{\pi^2 E J}{L^2} c.$$

Für die vier in Abb. 65 gekennzeichneten Arten der Einspannung ist die Größe $c = \frac{1}{4}$, 1, 2 oder 4. Die Größe $i = \sqrt{J/F}$ (F = Querschnitt der Probe) bezeichnet man als Trägheitshalbmesser und bestimmt aus $L/i = \lambda$ den Schlankheitsgrad der Probe. Für die Knickspannung $\sigma_K = P_K/F$ ergibt sich dann $\sigma_K = (\pi^2 E/\lambda^2)\, c$. In der EULERschen Formel tritt also der Einfluß des Werkstoffes nur durch den Elastizitätsmodul, nicht aber in einer Festigkeitszahl in Erscheinung. In zahlreichen Versuchen sind die EULERschen Formeln für Werte von $\lambda = 80$ bis 100 ($\lambda = 100$ gilt z. B. für eine Probe mit kreisförmigem Querschnitt mit $L = 25\,d$) und höhere Schlankheitsgrade bestätigt worden[1–3].

[1] TETMAYER, L. v.: Mitt. Mat.-Prüfungsanst. Schweiz. Polytechn., Zürich 8. Heft (1896).
[2] KÁRMÁN, TH. v.: Forsch.-Arb. Ing.-Wes. 81 (1910).
[3] REIN, W.: Ber. Aussch. Vers. Stahlbau Heft 4 (1930).

Bei kleineren Werten von λ zeigen sich Abweichungen der Versuchsergebnisse von den nach der EULERschen Formel errechneten Knickkräften, da in diesem Gebiet die Knickspannung sich der Quetschgrenze des Werkstoffes, wie sie bei einem Druckversuch mit einer kurzen Probe gefunden wird, nähert

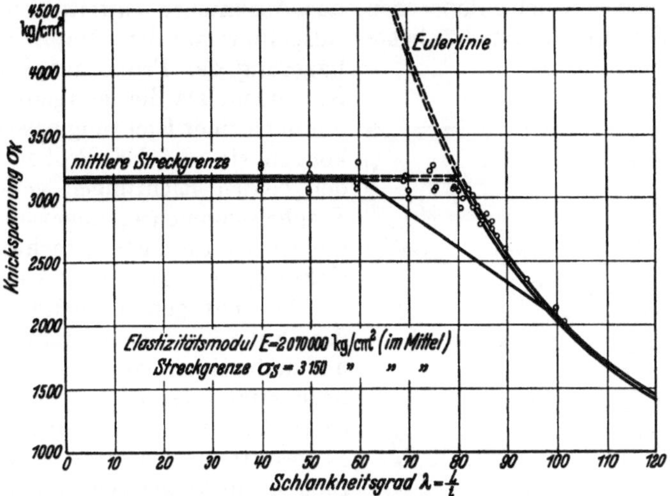

Abb. 66. Verlauf der Knickspannungslinie (MEMMLER).

(Abb. 66). Bei Berechnungen in diesem Gebiet sind daher die Abweichungen von der elastischen Linie zu berücksichtigen[1, 2], bis bei ganz kurzen Stäben das Verhalten des Werkstoffes überwiegend durch die Quetschgrenze und die Druckfestigkeit bestimmt wird (vgl. Abschn. C).

Da die Werkstoffeigenschaften, wie Proportionalitätsgrenze, Quetschgrenze und Druckfestigkeit, die Ergebnisse des Knickversuches mit langen Proben im allgemeinen nicht beeinflussen, diese vielmehr durch Probenform, Art der Einspannung u. dgl. bedingt werden, wird der Knickversuch nur selten zur vergleichenden Werkstoffprüfung ausgeführt. Seine Bedeutung liegt vielmehr in erster Linie darin, daß er, auf ganze Bauteile angewandt, dem Gestalter wertvolle Unterlagen für die Beurteilung der Tragfähigkeit und der Spannungsverteilung in denselben zu geben vermag. Unter Beachtung dieses Zieles ist bei der Durchführung der Knickversuche an solchen Bauteilen Wert darauf zu legen, daß die Versuchsbedingungen möglichst den Beanspruchungsverhältnissen anzupassen sind, denen das Bauteil im fertigen Bauwerk ausgesetzt wird.

2. Einspannung.

Aus der EULERschen Gleichung ergibt sich der große Einfluß der Einspannung, die die Knickkräfte infolge der Änderung des Beiwertes c im Verhältnis 1 : 16 ändern kann. Bei der Ausführung eines Versuches muß man daher dieser besondere Aufmerksamkeit widmen, um den beabsichtigten Einspannungsfall aufrechtzuerhalten. So weist K. MEMMLER[3] darauf hin, daß die Lagerung der Probenenden auf Kugelschalen infolge deren Reibung keine aus-

[1] BACH, J.: Z. VDI Bd. 77 (1933) S. 610.

[2] ENSSLIN, M.: In: Hütte, des Ingenieurs Taschenbuch, 27. Aufl. I. Band (1949) S. 707.

[3] Materialprüfungswesen Bd. 1, S. 50. Berlin u. Leipzig: Walter de Gruyter & Co. 1930.

reichende Beweglichkeit hat, um Beanspruchungsfälle nach Abb. 65b oder c zu gewährleisten, so daß bei höheren Belastungen der Versuch eher dem Fall *d* (Einspannung der Probe an beiden Enden) entspricht. Anderseits ist eine vollständig feste Einspannung schwer herzustellen, selbst bei Anwendung breiter Stützflächen, so daß meistens schon bei etwas niedrigeren Kräften, als der EULERschen Formel entsprechen, das Ausknicken eintritt. Für die Versuche nach Fall b), die am häufigsten ausgeführt werden, empfiehlt sich die Lagerung der Probe auf Spitzen oder Schneiden. Da die letztgenannten aber nur nach einer Richtung beweglich sind, können sie nur bei Proben mit nach den beiden Richtungen verschiedenen Trägheitsmomenten angewandt werden und wirken für die Senkrechte zur Kipprichtung als nahezu feste Einspannung.

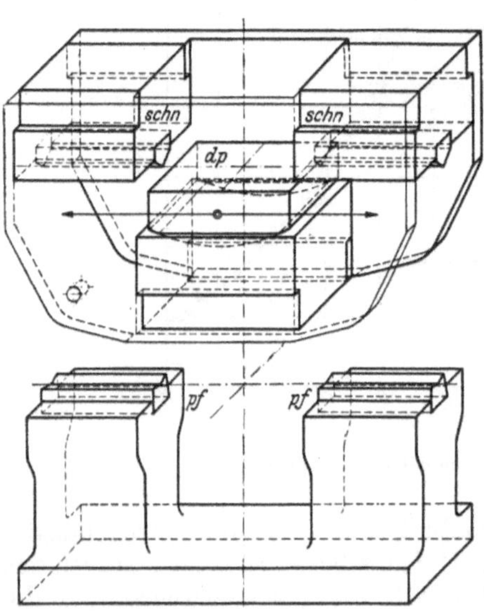

Abb. 67. Schneidenlager für Knickversuche (MARTENS). *dp* Druckplatte, *pf* Pfanne, *schn* Schneide.

Da nicht genau mittige Belastung der Probe die Biegespannungen erhöht und dadurch ein vorzeitiges Ausknicken begünstigt, versieht man die kippbaren Auflagerplatten mit Schlitten, die es gestatten, den Stab in zwei Richtungen um kleine Beträge zu verschieben. Die Zwischenschaltung eines Kipplagers und eines Schlittens zur Verschiebung der Probe bewirkt, daß die Knicklänge nicht gleich der Probenlänge ist. Eine von A. MARTENS angegebene Abstützvorrichtung (Abb. 67) umgeht diese Schwierigkeit, da Schneiden und Druckplatten in gleicher Höhe liegen. Bei liegenden Maschinen werden durch das Gewicht der Probe bereits störende Biegespannungen hervorgerufen, die durch Aufhängung der Probe ausgeglichen werden müssen. Diese Aufhängung darf aber die Beweglichkeit der Probe nicht behindern.

3. Durchführung des Knickversuches.

Beim Knickversuch belastet und entlastet man die Probe abwechselnd unter Messung der Ausbiegung der Probe. Hierzu muß die seitliche Bewegung der Probenmitte gegenüber den Probenenden gemessen werden. Haben die Proben in zwei oder mehr Richtungen nahezu das gleiche Trägheitsmoment, so müssen diese Messungen in zwei zueinander senkrechten Richtungen ausgeführt werden. Als Meßinstrumente verwendet man dabei vorwiegend Meßuhren. Bei der Anordnung der Meßgeräte muß man darauf achten, daß der Andruck, der zu ihrem sicheren Arbeiten notwendig ist, ausgeglichen wird, ohne daß seitliche Kräfte auf die Probe übertragen werden, da diese zu einem frühzeitigen Ausknicken Anlaß geben können. Außerdem muß die Verbindung zwischen den Meßstellen und den Festpunkten so sein, daß die durch die elastische Zusammendrückung der Probe entstehenden Längsverschiebungen der Meßstellen die Messung nicht beeinflussen. Beobachtet man bei diesen Vorbelastungen seitliches Ausbiegen der Probe, so muß man versuchen, dieses vorzeitige Ausbiegen durch Einrichten der Probe in die genaue Belastungsachse zu beseitigen. Das Ausgleichverfahren von ZIMMERMANN gestattet, diese Einstellfehler („Fehlerhebel") zu berechnen, wenn außer der Ausbiegung in der Mitte δ_m noch die Ausbiegung in zwei symmetrisch zur Probenmitte liegenden Punkten δ_1 und δ_2 gemessen wird (Abb. 68). Alsdann sind die Fehlerhebel:

$$f_1 = g\delta_1 - k\delta_2$$
$$f_2 = g\delta_2 - k\delta_1$$
$$\tfrac{1}{2}(f_1 + f_2) = m\delta_m,$$

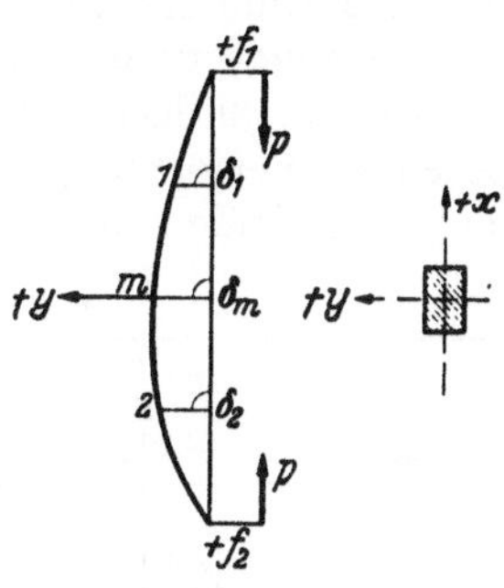

Abb. 68. Fehlerhebel beim Knickversuch.

worin g, k und m Konstanten sind, die von dem Verhältnis der eingestellten Spannungen zur EULERschen Knickspannung abhängen. Bei der Beseitigung der Fehlerhebel geht man zweckmäßig so vor, daß man zunächst die Probe bis zu einer Stufe belastet, die Ausbiegung mißt und nach der Entlastung die Probe verschiebt, bis eine untere Grenze des Fehlers erreicht ist. Hiernach erhöht man die Belastungsstufe, wobei sich wieder größere Ausbiegungen zeigen werden, und wiederholt das Ausrichten, bis man die Belastung weiter steigern kann.

Ein anderes Meßverfahren besteht darin, an Stelle der Ausbiegungen die Winkel zu messen, um die sich die Probenenden bei der Belastung drehen, indem man z. B. Spiegelmessungen ausführt. Dieses Verfahren empfiehlt sich auch im Fall d) der Abb. 65 zur Überprüfung der Einspannung.

E. Der Biegeversuch.

1. Kräfte, Spannungen und Durchbiegungen beim Biegeversuch.

Der Biegeversuch unterscheidet sich von den vorher behandelten Zug- und Druckversuchen dadurch, daß bei ihm nicht Einzelkräfte, sondern Kräftepaare wirksam sind. Betrachtet man z. B. den rechten Abschnitt des in Abb. 69 dargestellten Balkens, der an seinem linken Ende fest eingespannt ist, so muß die am freien Ende wirkende Einzelkraft A aus Gleichgewichtsgründen eine gleich große Gegenkraft B hervorrufen. An dem Querschnitt im Abstande x bilden beide Kräfte ein Kräftepaar mit dem Moment $M = A\,x$, das die ursprünglich gerade Längsachse des Balkens zu krümmen, also den Balken zu biegen bestrebt ist; diesem Moment wird von dem gleich großen Moment eines zweiten in dem Balken sich ausbildenden Kräftepaares, den Beanspruchungen in dem untersuchten Querschnitt, das Gleichgewicht gehalten. Dieses Moment ruft im oberen Teil des Querschnittes Zugkräfte, im unteren Teil Druckkräfte hervor, die mit dem Abstand x vom Angriffspunkt der äußeren Kraft A anwachsen. Beide Querschnittsteile müssen senkrecht zur Kraftrichtung A durch eine Zone getrennt sein, in der weder Druck- noch Zugkräfte bestehen; es ist dies die „neutrale Faserschicht" des Biegebalkens.

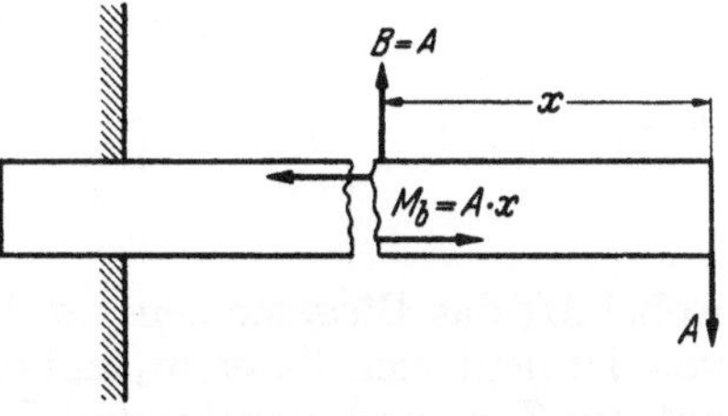

Abb. 69. Kräfte am eingespannten Balken, belastet durch Einzelkraft am freien Ende.

Der Querschnitt des Stabes ist also den verschiedensten Normalspannungen unterworfen. Der Biegeversuch ergibt somit keine gleichmäßige Beanspruchung, wie sie beim Zug- oder beim Druckversuch erwünscht ist, sondern wir haben, von Sonderfällen abgesehen, in jedem Querschnitt Zug- und Druckspannungen nebeneinander, jede für sich von Null bis zu einem Höchstwert ansteigend. Diese ungleichmäßige Spannungsverteilung erschwert die Deutung des Biegeversuches, wobei weiterhin zu beachten ist, daß in den meisten Belastungsfällen in den Stabquerschnitten obendrein noch Schubspannungen, den Querkräften entsprechend, zu übertragen sind.

Wie bei anderen Beanspruchungsarten sind die beim Biegeversuch auftretenden Verformungen in elastische und plastische, d. h. bei der Entlastung verschwindende und nach der Entlastung bleibende, zu unterteilen. Nur für das Gebiet der elastischen Verformungen gilt die Berechnung der beim Biegeversuch auftretenden Spannungen, die man gewöhnlich dem Spannungs-Dehnungs-Bild des Biegeversuches zugrunde legt.

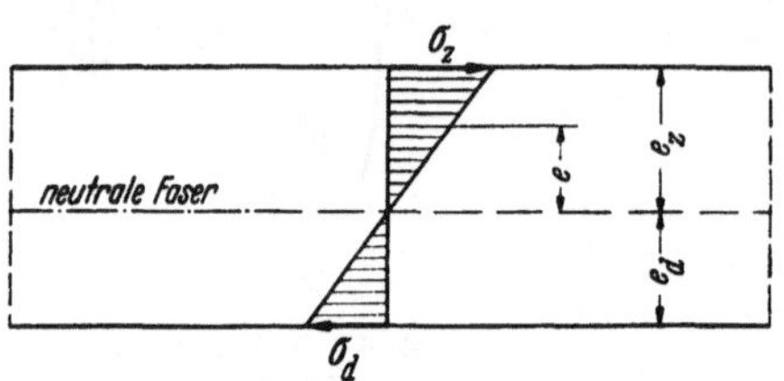

Abb. 70. Elastische Spannungsverteilung bei Biegebeanspruchung.

Nach der Festigkeitslehre ergibt sich im *elastischen Zustand* für einen beliebigen, durch ein Kräftepaar auf Biegung beanspruchten Querschnitt eine lineare Spannungsverteilung nach Abb. 70. Die Normalspannung fällt von einem Höchstwert auf der Zugseite nach Null in der neutralen Faserschicht, wobei dieser Nullpunkt in der Schwerachse des Stabes liegt, und steigt dann geradlinig bis zu einem Höchstwert der Druckspannung wieder an. Für diesen Fall geradliniger Verteilung der Spannung genügt die Berechnung der höchsten Zug- und Druckspannungen, um die Spannungen in jedem Teil des Querschnittes zu kennen. Aus dem Integral für das Biegemoment

$$M_b = \int_{e_d}^{e_z} e\,\sigma\,df \tag{1}$$

ergeben sich die höchsten Spannungen zu

$$\sigma_z = \frac{M_b e_z}{J} \tag{2}$$

und

$$\sigma_d = \frac{M_b e_d}{J}, \tag{3}$$

wobei M_b das Biegemoment, σ die Spannung an der Fläche df im Abstand e von der neutralen Faser, σ_z und σ_d die gesuchten höchsten (Rand)-Spannungen auf der Zug- und Druckseite, J das äquatoriale Trägheitsmoment des Querschnittes und e_z bzw. e_d (vgl. Abb. 70) die Abstände der äußersten Faser von der neutralen Faserschicht, d. h. der Schwerebene, bedeuten. Den Ausdruck J/e nennt man auch das Widerstandsmoment W, so daß die Gleichungen (2) und (3) übergehen in

$$\sigma_z = \frac{M_b}{W_z} \tag{4}$$

und

$$\sigma_d = \frac{M_b}{W_d}. \tag{5}$$

Bei symmetrischen Querschnitten, z. B. dem Kreis, dem regelmäßigen Vier- oder Sechseck, sind die Entfernungen des Schwerpunktes von der Randfaser e_z und e_d gleich, so daß auch das Bild der Spannungsverteilung symmetrisch wird und die größten am Rande auftretenden Zugspannungen umgekehrt gleich den größten Druckspannungen sind. Bei unsymmetrischer Lage des Querschnitts zur neutralen Faserschicht, wie sie bei einem Dreieck oder dem technischen Beispiel eines T-Eisens, eines U-Eisens oder einer Eisenbahnschiene häufig gegeben ist, sind dagegen die Zug- und Druckspannungen nicht gleich und müssen getrennt berechnet werden.

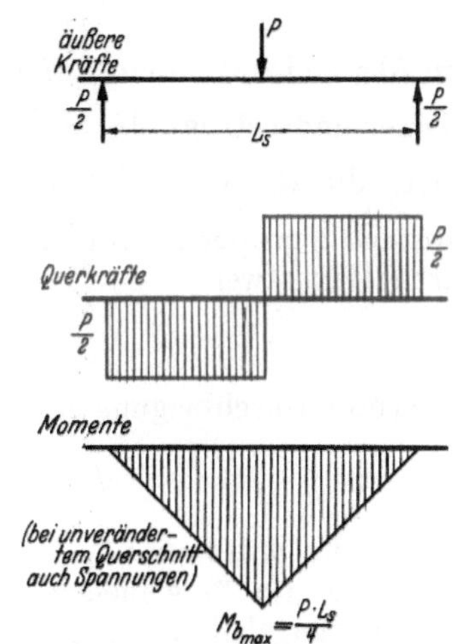

Abb. 71. Äußere Kräfte, Querkräfte und Momente am Balken auf zwei Stützen mit einer Einzelkraft in der Mitte.

Ebenso wie die Festigkeitslehre befaßt sich die Werkstoffprüfung beim Biegeversuch besonders mit den höchsten auftretenden Spannungen, also mit den Randspannungen. Wenn daher beim Biegeversuch von Spannungsgrenzen gesprochen wird, so sind im allgemeinen diese Randspannungen gemeint.

Die beim Biegeversuch bereits im elastischen Gebiet auftretenden Durchbiegungen der Probe sind erheblich größer als z. B. die elastischen Verlängerungen und Verkürzungen beim Zug- oder Druckversuch. Die Beziehungen zwischen den Kräften (bzw. den Randspannungen) und den Formänderungen lassen sich aber beim Biegeversuch nicht in entsprechend einfacher Form darstellen, da beide Größen von der Anordnung der an der Probe angreifenden Auflager- und Belastungskräfte weitgehend abhängig sind. Einzelheiten über die verschiedenen Beanspruchungsfälle, die dabei auftretenden gefährlichen Querschnitte (die Stellen der höchsten Beanspruchung), die Höhe der Beanspruchung in Abhängigkeit von den Kräften, die dabei auftretenden Verkrümmungen der Proben und die größten Durchbiegungen finden sich in den verschiedenen Handbüchern (z. B. Hütte, 27. Aufl., Bd. I, S. 665—672). Die Werkstoffprüfung begnügt sich im allgemeinen mit der Untersuchung zweier Belastungsfälle, nämlich 1. des in der Mitte durch eine Einzelkraft (Abb. 71) und 2. des durch zwei gleiche Einzelkräfte (Abb. 72) symmetrisch belasteten Balkens auf zwei Stützen. Während bei dem durch eine Einzelkraft belasteten Balken die über die Länge der Probe aufgetragenen Biegemomente und also auch die Randspannungen ein gleichschenkeliges Dreieck darstellen, bildet dieser Linienzug bei dem durch zwei Einzellasten belasteten Balken ein Trapez. Der zwischen den gleich großen Kräften liegende Abschnitt der Probe ist frei von Querkräften, also nur durch das Biegemoment beansprucht und daher für Untersuchungen über das Verhalten des Werkstoffes bei Biegungen besonders geeignet. Für diese beiden Fälle seien daher die Auflagerkräfte, die Randspannnngen und die Durchbiegungen angegeben.

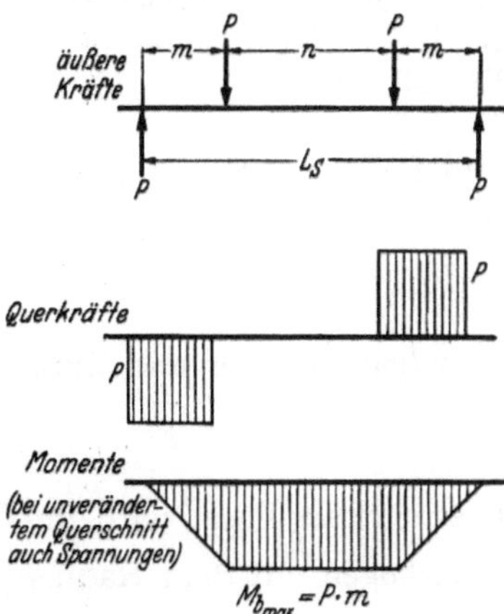

Abb. 72. Äußere Kräfte, Querkräfte und Momente am Balken auf zwei Stützen mit Belastung durch zwei symmetrische Einzelkräfte.

Belastungsfall 1. Bei dem in der Mitte durch die Einzelkraft P belasteten Balken auf zwei Stützen mit der Stützweite L_S sind die beiden Auflagerkräfte gleich $P/2$ (Abb. 71). In dieser Höhe wirken auch über die ganze Länge des Stabes Querkräfte. Die Momentenfläche hat die Form eines Dreiecks; die größte Biegebeanspruchung tritt unter der Einzelkraft in der Mitte der Probe auf und hat das Moment

$$M_{b\,\max} = \frac{P\,L_s}{4}. \tag{6}$$

Im Abstand x von dem Auflager ($x < L_S/2$) ist das Biegemoment entsprechend kleiner und beträgt $M_b = \frac{P\,x}{2}$. Die Beanspruchung der Probe, gekennzeichnet durch die Randzone, ist bei über der Länge konstantem Querschnitt diesem Abstand x proportional und beträgt $\sigma = \frac{P\,x}{2W}$; sie erreicht in der Mitte der Probe ihren Höchstwert

$$\sigma_{\max} = \frac{P\,L_s}{4\,W}, \tag{7}$$

die größte Durchbiegung entsteht im Angriffspunkt der Einzelkraft und beträgt

$$f = \frac{1}{48}\,\frac{P\,L_s^3}{E\,J} = \frac{1}{12}\,\frac{\sigma_{\max}\,L_s^2}{E\,e}. \tag{8}$$

Auf die Stützweite L_S bezogen, wird dieses Maß als *Biegepfeil* $\varphi = \frac{f}{L_s} \cdot 100$ bezeichnet (in % gemessen).

Belastungsfall 2. Bei dem Balken auf zwei Stützen mit der Stützweite L_S und zwei symmetrisch angreifenden gleichen Einzelkräften P im Abstand m von den Stützen (d. h. $L_S > 2m$) sind die Auflagerkräfte gleich P. Zwischen den Auflagern und den Kraftangriffsstellen treten Querkräfte von ebenfalls der Größe P auf, zwischen den Kraftangriffsstellen sind dagegen die Querkräfte Null. Die Biegemomente betragen über dem ganzen Abschnitt zwischen den Einzelkräften

$$M_{b\,\max} = P\,m \tag{9}$$

und fallen nach den Auflagern geradlinig auf Null ab. Dementsprechend betragen die Randspannungen zwischen den Angriffspunkten der Einzelkräfte

$$\sigma_{\max} = \frac{P\,m}{W}, \tag{10}$$

zwischen Auflager und Einzelkraft im Abstand $x\,(x < m)$

$$\sigma = \frac{P\,x}{W}. \tag{11}$$

Die neutrale Faser wird im Gebiet des konstanten Biegemomentes zu einem Kreisbogen mit dem Radius $\varrho = \frac{E\,J}{Pm}$ gebogen, und die größte Durchbiegung der Mitte zwischen den Einzelkräften beträgt (gemessen gegen die äußeren Auflagepunkte):

$$f = \frac{P\,m}{24\,E\,J}\,(3\,L_s^2 - 4\,\mathrm{m}^2). \tag{12}$$

2. Durchführung des Biegeversuches.

Der Biegeversuch wird meist mit Proben von kreisförmigem oder rechteckigem Querschnitt in einer Universalprüfmaschine oder in einer Biegepresse durchgeführt. Vor Beginn des Versuches muß man besonders darauf achten, daß die Auflager und Druckstempel sich in der richtigen Anordnung befinden, d. h. daß alle Hebelarme die gewünschten Maße haben und daß sich diese während des Versuches nicht verändern können. Ebenso muß man die Geräte zur Messung der Durchbiegung auf ihre richtige Einstellung und Anbringung nachprüfen. Bei den meisten Maschinen erfolgt der Biegeversuch durch Bewegung der Auflager und Druckstempel gegeneinander unter Messung der dabei auftretenden Kräfte.

Durchbiegungen und Belastungen wachsen zunächst verhältnisgleich an, und die Durchbiegungen gehen bei der Entlastung auf Null zurück, sind also elastischer Natur. Die Durchbiegungen der Probe in diesem Gebiet sind meist größer als die Verlängerungen in Zugversuchen bei entsprechenden Beanspruchungen. Dies ergibt sich z. B. aus Gl. (8) für den Balken auf zwei Stützen mit Einzelkraft, nach der die Durchbiegungen bei gleichen Randspannungen das $L_S/12e$-fache der Verlängerung eines gleich langen Stabes im Zugversuch betragen. Bei einer Stützweite von beispielsweise $L_S = 600$ mm und einem Probendurchmesser von $2\,e = 30$ mm ist also die elastische Durchbiegung für die Biegerandspannung σ 3,3mal so groß wie die Verlängerung unter der gleichen Zugspannung σ.

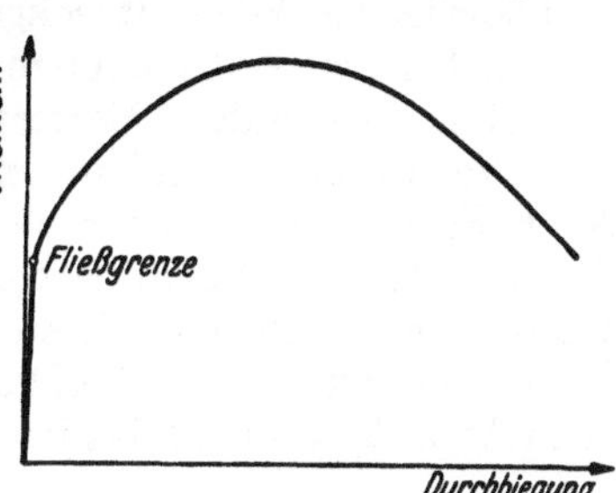

Abb. 73. Belastungs-Durchbiegungsschaubild von zähem Werkstoff.

Bei höheren Durchbiegungen wachsen die Belastungen nicht mehr so schnell wie die Durchbiegungen, es treten zuerst kleinere, dann größere bleibende Durchbiegungen auf. Die Elastizitätsgrenze des Werkstoffes ist überschritten. Mißt man außer den Durchbiegungen auch die Dehnungen und Stauchungen auf der Zug- und Druckseite der Probe mit entsprechend empfindlichen Meßgeräten, so wird man in ähnlichem Maße bleibende Verformungen finden. Treten also bleibende Durchbiegungen auf, so gehören hierzu auch bleibende Dehnungen bzw. Stauchungen in den Zug- und Druckzonen. Bei der Fortsetzung des Versuches steigen mit dem Fortschreiten der Durchbiegung auch die Auflager- und Belastungskräfte an (Abb. 73). Eine ausgeprägte Fließgrenze wie beim Zugversuch wird nur selten gefunden; bei *zähen Werkstoffen* gelingt es nicht, die Proben bis zum Bruch zu bringen, da sie sich oft bis zu 180° biegen lassen, ohne einen Anriß zu bekommen. Die Ursache hierfür ist darin zu suchen, daß die Dehnungen in der äußersten Zugfaser auch bei Biegungen um kleine Dorndurchmesser kleiner bleiben als die Einschnürdehnungen beim Zugversuch. *Spröde Werkstoffe* brechen dagegen schon bei kleineren Biegewinkeln, so daß der Biegeversuch als technologische Probe zum Nachweis der Zähigkeit Anwendung findet (s. Abschn. VI A)[1].

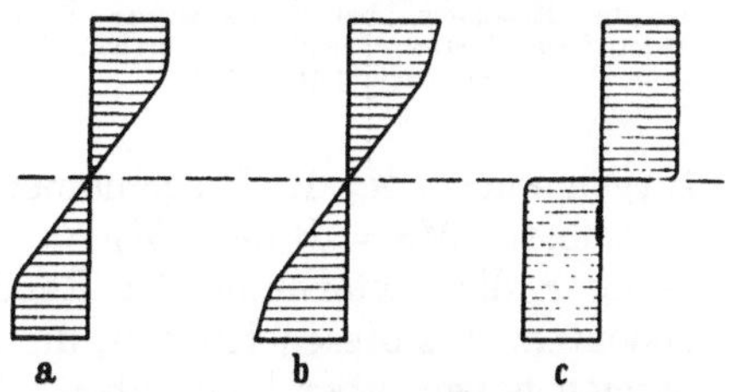

Abb. 74a—c. Spannungsverteilung bei Biegebeanspruchung unter Überschreitung der Fließgrenze, a ohne Verfestigung, b mit Verfestigung, c vollplastischer Zustand.

In diesem Gebiet der überwiegend plastischen Verformung, strenggenommen bereits nach dem Einsetzen der ersten plastischen Verformungen, gelten aber nicht mehr die Gleichungen für die lineare Spannungsverteilung über den Querschnitt entsprechend Abb. 70, sondern die Spannungsverteilung geht allmählich in die nach Abb. 74 über, wobei die Randspannung nach dem Einsetzen des Fließens in der Randfaser unverändert bleibt (Abb. 74a) oder der eintretenden Verfestigung des Werkstoffes entsprechend ansteigt (Abb. 74b). Im äußersten Fall des vollplastischen

[1] Eine Abänderung des Biegeversuches ist die technologische Erprobung von Drähten und dünnen Blechen im Hin- und Herbiegeversuch (s. Abschn. VIII und VI A 2b).

Zustandes geht dabei die Verteilung nach Abb. 74b in zwei Rechtecke über (Abb. 74c). Es ist daher im plastischen Zustand wohl möglich, die Auflager- und Belastungskräfte der Probe, aber nicht mehr die Spannungen nach den oben genannten Gleichungen anzugeben.

Infolge der ungleichmäßigen Spannungsverteilung und der Verschiebung der Spannungen beim Eintritt bleibender Verformungen folgen Dehn- und Fließgrenzen beim Biegeversuch anderen Beziehungen als beim Zugversuch und liegen oft höher, wobei die Querschnitts*form* der Probe von Einfluß ist. Insbesondere hat man dabei Werkstoffe zu unterscheiden, bei denen ein Fließbereich ohne Verfestigung im Zugversuch erscheint (weicher Kohlenstoffstahl mit unterer Streckgenze) und solche, die keine Streckgrenze zeigen, bei denen also auch mit der kleinsten bleibenden Verformung eine Verfestigung verbunden ist. Nach F. Rinagl[1] ergeben sich für die erste Werkstoffgruppe bei verschiedenen Querschnittsformen beim Biegeversuch Fließkurven nach Abb. 75, wobei M das jeweilige

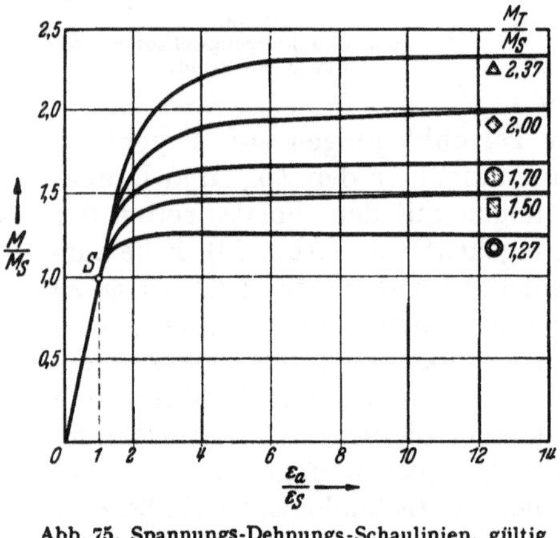

Abb. 75. Spannungs-Dehnungs-Schaulinien, gültig für die Randfaser, bei verschiedener Querschnittsform. Werkstoff mit Fließbereich ohne Verfestigung (Rinagl).

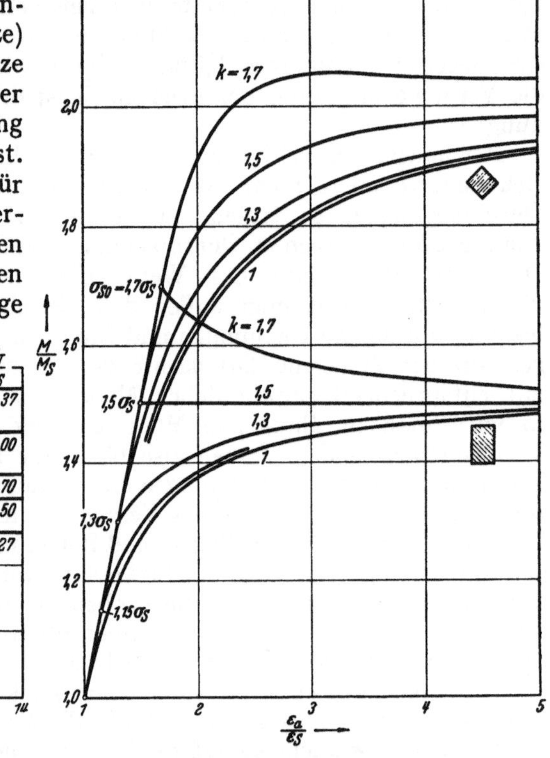

Abb. 76. Spannungs-Dehnungs-Schaulinien, gültig für die Randfaser, bei Rechteck- und über Eck gestelltem Quadratquerschnitt für Werkstoff mit beim Zugversuch ausgeprägter oberer Fließgrenze ($k = \sigma_{S_0}/\sigma_{S_u}$) (Rinagl).

Biegemoment, M_S das Biegemoment an der Streckgrenze, aus dem Zugversuch berechnet ($M_S = W\sigma_S$), M_T der Grenzwert für die rein plastische Verformung, ε_a die Verformung der Randfaser, ε_S die zu M_S gehörende Verformung bedeuten. Aus diesen Kurven, die für Werkstoffe gelten, die wohl einen Fließbereich haben, aber keine obere Streckgrenze im Zugversuch aufweisen, berechnet Rinagl die Kurven für die Überhöhungen $k = \sigma_{So}/\sigma_{Su}$ der oberen über die untere Streckgrenze (Abb. 76). Danach kann ein Abfall von einer oberen auf eine untere Biegefließgrenze nur bei einem besonders hohen Verhältnis k eintreten. Aus dem Vergleich von versuchsmäßig gefundenen Spannungs-Verformungs-Linien mit diesen Berechnungen folgert Rinagl, daß

[1] Bauingenieur Bd. 17 (1936) S. 431; dort weiteres Schrifttum zu dieser Frage.

die beim Zugversuch gefundene obere Streckgrenze noch nicht die dem Werkstoff eigentümliche sein kann.

Von anderer Seite werden für diese Erscheinung abweichende Erklärungen gegeben. So sprechen A. THUM und F. WUNDERLICH[1], W. KUNTZE[2] sowie E. SIEBEL und H. F. VIEREGGE[3] u. a. umgekehrt von einer Fließbehinderung seitens der näher der neutralen Faserschicht liegenden und daher niedriger belasteten Teile, wodurch die Fließgrenze der hochbelasteten Schichten gegenüber der im Zugversuch gemessenen erhöht wird (Stützwirkung), und erklären damit auch ähnliche Erscheinungen an Spannungsspitzen gekerbter Stäbe.

Nach E. SIEBEL und Mitarbeitern[4–7] besteht die Möglichkeit, diese Stützwirkung auszunutzen. Bei Bauteilen mit ungleichmäßiger Spannungsverteilung können danach örtliche Überschreitungen der Streckgrenze an diesen Spannungsspitzen zugelassen werden. An die Stelle der Berechnung einer zulässigen Spannung tritt dann die einer zulässigen bleibenden Dehnung an der höchst beanspruchten Stelle von z. B. 0,2%. Hierbei wird vorausgesetzt, daß die Dehnung auch oberhalb der Streckgrenze der im elastischen Gebiet vorhandenen Verteilung verhältnisgleich bleibt.

In der *Werkstoffprüfung* wird der Biegeversuch vielfach in Gestalt der technologischen Faltprobe (s. Abschn. VI A) ausgeführt, bei der keine Kräfte gemessen werden und auf die hier nicht weiter eingegangen werden soll. Dagegen wird bei spröden Stoffen, die nur eine geringe bleibende Durchbiegung ertragen können, die Biegefestigkeit bestimmt. Man berechnet in diesen Fällen als Biegefestigkeit die Beanspruchung der gezogenen Randfaser im Augenblick des Bruches. Für die Festigkeitsprüfung spröder Metalle hat der Biegeversuch gegenüber dem Zugversuch den Vorteil, daß es leichter ist, den gewünschten Spannungszustand — wenigstens solange die Durchbiegungen rein elastisch sind — ungestört einzuhalten. Beim Zugversuch sind spröde Werkstoffe besonders empfindlich gegen zusätzliche Biegespannungen infolge einseitiger Zugbelastung (s. Abschn. 5), da sie nicht fähig sind, diese durch plastische Verformung auszugleichen. Sie reißen daher meist vorzeitig, sobald die Zug- und die (unbekannte) Biegespannung zusammen die Festigkeit des Werkstoffes erreichen. Beim Biegeversuch ist die Berechnung dagegen sicherer, und man erhält höhere Festigkeitszahlen, die der wahren Festigkeit des Werkstoffes näherkommen.

Von besonderer Bedeutung ist der Biegeversuch für die *Prüfung von Grauguß* geworden. Bei diesem Werkstoff sind die Unterschiede zwischen Zug-, Biege- und Druckfestigkeit besonders ausgeprägt. Grauguß bricht bereits nach sehr kleinen bleibenden Verformungen, bei denen noch keine großen Abweichungen der nach der Elastizitätstheorie berechneten gegen die tatsächlich auftretenden Spannungen zu erwarten sind. Da die Druckfestigkeit des Graugusses erheblich über seiner Zugfestigkeit zu liegen pflegt, hat man bei ihm die Erhöhung der Biegefestigkeit über die Zugfestigkeit auch mit einer Verschiebung der neutralen Faser zu erklären versucht[8].

---

1 Forsch.-Arb. Ing.-Wes. Bd. 3 (1932) S. 261.

2 Stahlbau Bd. 6 (1933) S. 49.

3 Mitt. K.-Wilh.-Inst. Eisenforschg. Bd. 16 (1934) S. 225.

4 SIEBEL, E.: Technik Bd. 1 (1946) S. 265.

5 SIEBEL, E.: Z. VDI Bd. 90 (1948) S. 135.

6 SIEBEL, E., u. K. RÜHL: Technik Bd. 3 (1948) S. 218.

7 SIEBEL, E., u. S. SCHWAIGERER: Z. VDI Bd. 90 (1948) S. 335.

8 zum Beispiel: O. WAWRZINIOK: Handbuch des Materialprüfungswesens. 2. Aufl. Berlin: Springer 1923, und P. GOERENS u. R. MAILÄNDER in WIEN-HARMS: Handbuch der Experimentalphysik, Bd. V, S. 288. Leipzig: Akad. Verlagsgesellschaft 1930.

Da die Festigkeitseigenschaften des Graugusses von der Gießart, den Abkühlungsverhältnissen und der Wanddicke abhängig sind, sind über die Entnahme der Probe in DIN 50108 Angaben gemacht. Auch für die Durchführung des Biegeversuches sind Normen (DIN 50110, Ausg. 10.50) aufgestellt worden, in denen fünf unbearbeitete oder bearbeitete Biegestäbe vorgesehen sind (Tab. 9). Die Proben sind entweder getrennt gegossen oder werden z. B. aus einer angegossenen Probeleiste herausgearbeitet. Bei den unbearbeiteten Proben darf die Probenoberfläche keine Gußnähte und Unebenheiten enthalten. Der Durchmesser ist in zwei zueinander senkrechten Richtungen zu bestimmen; beide Maße sollen nicht um mehr als 5% des Nenndurchmessers voneinander abweichen. Bei bearbeiteten Proben soll die Probenoberfläche glatt und ohne Drehriefen sein.

Die Probe wird bei einer Stützweite gleich dem 20fachen Durchmesser beiderseits auf drehbare oder feste zylindrische Auflager gelegt und durch eine Einzelkraft in der Mitte belastet (vgl. Abb. 71). Die Belastung ist allmählich und stoßfrei bis zum Bruch des Stabes zu steigern, so daß die Spannungszunahme 3 kg/mm² in der Sekunde nicht überschreitet. Um Fehler in der Bestimmung der Durchbiegung infolge Verschiebung von Druckstück und Auflager auszuschalten, soll die in Tab. 9 angegebene Vorlast angewandt werden.

Tabelle 9. *Abmessungen und Versuchsbedingungen für die Biegeproben aus Grauguß nach DIN 50110.*

Nenndurchmesser d	Zulässige Abweichung vom Nenndurchmesser		Probenlänge mindestens	Auflagerrollendurchmesser	Druckstückhalbmesser	Stutzweite L_s	Genauigkeit der Ablesung für			Vorlast etwa
	unbearbeitet	bearbeitet					Stabdurchmesser d_0	Höchstkraft P_{max}	Bruchdurchbiegung f_B	
mm	mm	mm	mm	mm	mm	mm	mm	kg	mm	kg
10	*	±0,1	220	20 bis 30	10 bis 15	200	0,05	1	0,1	2 bis 4
13	±1,0	±0,1	300			260	0,1	2	0,1	4 bis 8
20	±1,0	±0,2	450	50 bis 60	25 bis 30	400	0,1	5	0,1	10 bis 20
30	±1,2	±0,2	650			600	0,1	10	0,2	20 bis 40
45	±1,4	—	1000			900	0,2	20	0,2	40 bis 80

Die Biegefestigkeit soll auf 0,5 kg/mm² genau angegeben werden. Neben der aus der Elastizitätslehre abgeleiteten Formel für die Biegefestigkeit als größte Randspannung σ_{bB} im Augenblick des Bruches

$$\sigma_{bB} = \frac{P L_s}{4 W} \qquad \left(W = \frac{\pi}{32} d^3\right) \tag{13}$$

[P = Bruchlast in kg, L_S Stützweite in mm, d ursprünglicher mittlerer Durchmesser der Probe in der Mitte in mm, vgl. Gl. (7)] wird die Formel,

$$\sigma_{bB} = \frac{c}{1000} P_{max} \tag{14}$$

genannt, wobei alle Größen außer der Biegekraft in den Faktor c zusammengefaßt und für die normgerechten Prüfbedingungen zahlenmäßig angegeben sind.

Die Biegefestigkeit des Graugusses ist, wenn keine Fehlstellen vorliegen, höher als die Zugfestigkeit, das Verhältnis beider Werte $\frac{\sigma_{bB}}{\sigma_{zB}}$ wird Biegefaktor genannt.

---

* Die Probe mit d = 10 mm wird im allgemeinen nur allseitig bearbeitet verwendet.

3. Messung der Durchbiegungen.

Während die Kräfte beim Biegeversuch mit den üblichen Kraftmeßvorrichtungen der Prüfmaschinen gemessen werden, müssen für die Messung der Durchbiegung der Probe besondere Geräte zu Hilfe genommen werden. In einfachster Weise kann dies durch Messung des Weges des Belastungsstempels gegen die Auflager erfolgen, wobei die Einschaltung einer Übersetzung zur Erhöhung der Ablesegenauigkeit zweckmäßig ist; ein Beispiel hierfür zeigt Abb. 77. Eine derartige Vorrichtung mißt Verquetschungen der Proben an den Auflagern und die Durchbiegung des Biegetisches mit. Darf man diese Fehler in Kauf nehmen (z. B. bei dem Biegeversuch an Grauguß), so kann man die Bewegung des Biegetisches gegen den Maschinenrahmen auch an einer Skala ablesen, wie sie an den Säulen der neueren Universalprüfmaschinen angebracht ist; bei genaueren Messungen setzt man eine Meßuhr zwischen Biegetisch und Maschinenrahmen. Für fehlerfreie Messungen der Durchbiegungen empfiehlt es sich, die Meßgeräte an der neutralen Faser angreifen zu lassen und die Bewegung der Auflager und der weiteren Meßpunkte nicht gegenüber Teilen der Prüfmaschine zu bestimmen, sondern hierfür einen festen Rahmen zu wählen, den man unabhängig von der Prüfmaschine aufstellt. Als Meßgeräte sind wieder die vielseitig verwendbaren Meßuhren zu empfehlen, die eine Ablesung in $^1/_{100}$ bzw. $^1/_{1000}$ mm gestatten und die älteren BAUSCHINGERschen Rollen- und MARTENSschen Spiegelgeräte hierfür fast ganz verdrängt haben. Muß man mit unerwarteten Brüchen rechnen und will man daher keine teuren Meßgeräte an der Probe selbst anbringen, so kann man die Bewegung von an der Probe angebrachten Marken gegenüber dem Fußboden mit dem Kathetometer bestimmen, oder man bringt feingeteilte Maßstäbe an den Meßpunkten an und beobachtet ihre Wanderung über das Fadenkreuz eines feststehenden Fernrohres.

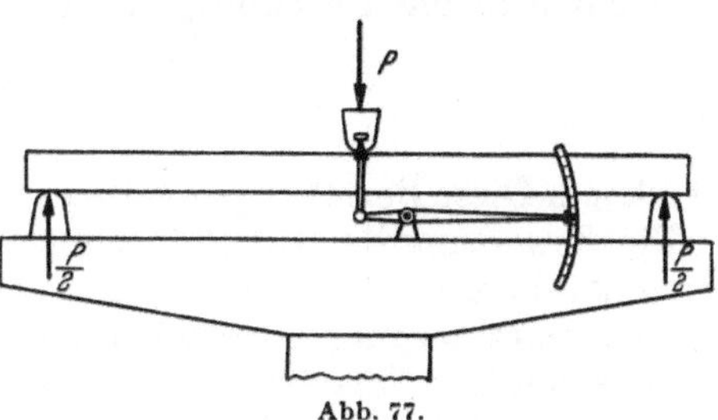

Abb. 77. Vorrichtung zur Messung der Durchbiegung.

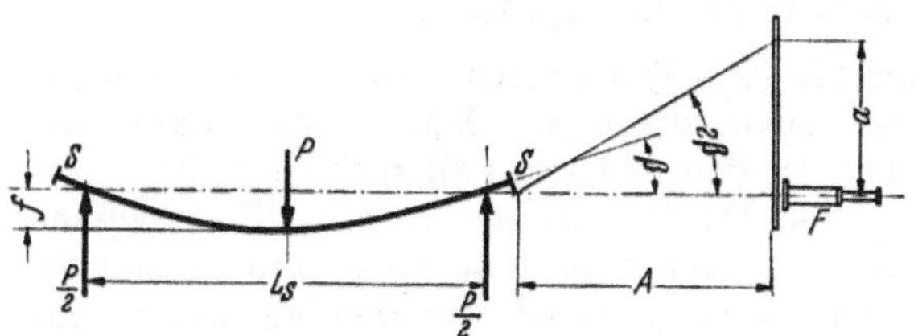

Abb. 78. Messung der Durchbiegung aus der Neigung der Stabenden (GOERENS-MAILÄNDER). S Spiegel, F Fernrohr, $\operatorname{tg} 2\beta = \frac{a}{A}$

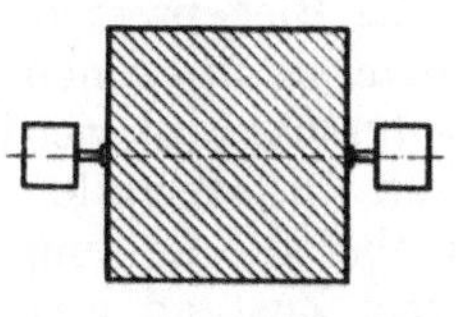
Abb. 79. Anordnung der Spiegel in der Ebene der neutralen Faser.

An Stelle der Messung der Durchbiegung kann man auch den Winkel bestimmen, um den sich die Probenenden bei der Durchbiegung der Probe drehen. Man setzt feste Spiegel auf die Probenenden und liest die Bewegung mittels einer Skala in einem Fernrohr ab (Abb. 78). Zur Ausschaltung räumlicher Bewegungen der Probe empfiehlt es sich, diese Messung an beiden Enden vorzunehmen und beide Werte zu mitteln. Um Verschiebungen der Probe auszuschalten, bringt man die Spiegel am besten über den Auflagern in der neutralen Faserschicht an (Abb. 79).

Nach der Elastizitätstheorie gilt für den durch eine Einzelkraft belasteten Balken auf zwei Stützen (Abb. 71), solange man die Schubspannungen vernachlässigen kann, was beim Kreis, Quadrat und ähnlichen Querschnitten zulässig ist, für den Durchbiegungswinkel β die Gleichung:

$$\operatorname{tg}\beta = \frac{P L_s^2}{16 E J}. \tag{15}$$

Da die Durchbiegung in der Mitte des Stabes nach Gl. (8)

$$f = \frac{P L_s^3}{48 E J} \tag{16}$$

ist, kann man die Durchbiegung auch aus dem Winkel zu

$$f = \frac{L_s \operatorname{tg}\beta}{3} \tag{17}$$

berechnen. Diese Beziehungen gelten natürlich nur für den elastischen Bereich.

Die Bewertung der Bruchdurchbiegung f_B beim Biegeversuch an Grauguß in mm ist dadurch erschwert, daß aus dieser Zahl nicht zu ersehen ist, welcher Teil der Durchbiegung elastischer und welcher plastischer Natur ist. Für die vielfach üblichen Versuchsbedingungen mit 600 mm Stützweite, 30 mm Durchmesser beträgt bei Annahme eines Elastizitätsmoduls von $E = 8000$ kg/mm² die elastische Durchbiegung $f = \sigma/4$, bei $E = 12000$ kg/mm² $f = \sigma/6$ (f in mm, σ in kg/mm²). Von der bei einem Grauguß mit etwa 35 kg/mm² Biegefestigkeit häufig gefundenen Bruchdurchbiegung von rd. 10 mm kann somit nur ein kleiner Anteil durch plastische Verformung bedingt sein. Zur Unterscheidung des plastischen und des elastischen Anteils der Bruchdurchbiegung bewerten A. THUM und H. UDE[1] das Verhältnis von Biegefestigkeit und Bruchdurchbiegung σ_{bB}/f_B, das in DIN 50110 als Maß der Steifigkeit (Durchbiegungsziffer) aufgenommen ist. Je kleiner das Verhältnis ist, desto höher ist der plastische Anteil. Mehrfach ist auch der reziproke Wert $\frac{f_B}{\sigma_{bB}}$ untersucht worden[2–4], der umgekehrt mit dem Anteil der plastischen Verformung wächst.

4. Die Auflagerung der Biegeproben.

Um die Biegepressen nicht nur für eine Probenform benutzen zu können, pflegt man sie mit einem Biegetisch auszurüsten, auf dem verschiebbare Auflager festgeschraubt werden können. In den meisten Fällen werden diese mit drehbaren Auflagerrollen verschiedenen Durchmessers versehen. Für gewöhnlich ist aber die Reibung der Rollen in ihren Lagern so groß, daß sie sich in belastetem Zustand nicht mitdrehen, wenigstens ist von den Verfassern ein solches Mitdrehen der Rollen noch nicht beobachtet worden[5].

Auflager und Druckstempel fertigt man zweckmäßig aus hartem Stahl an. Da die Rollen sich oft in die Proben eindrücken und dadurch das Gleiten der Probe über die Rolle erschweren, benutzt man mitunter Zwischenstücke nach Abb. 80. Bei windschiefen Proben, die sonst nur an den Kanten statt über

[1] THUM, A.: Gießerei Bd. 16 (1929) S. 1164. — A. THUM u. H. UDE: Gießerei Bd. 17 (1930) S. 105.

[2] MEYERSBERG, G.: Gießerei Bd. 17 (1930) S. 473 u. 587; Krupp. Mh. Bd. 12 (1931) S. 301.

[3] MAILÄNDER, R., u. H. JUNGBLUTH: Techn. Mitt. Krupp 1933 S. 83.

[4] SIEBEL, E., u. M. PFENDER: Gießerei Bd. 21 (1934) S. 21.

[5] Vgl. auch L. W. SCHUSTER: Proc. Instn. Mech. Engrs. Bd. 129 (1935) S. 251.

die ganze Breite der Flächen von den Auflagern und dem Belastungsstempel berührt werden, ist es von Vorteil, wenn sich die Auflager auch in der Richtung quer zur Stabachse einstellen können. Bei Sonderprüfungen, z. B. von Federn, wird man die Versuchsanordnung den Betriebsverhältnissen möglichst anpassen (Abschn. VI A).

Bei genauen Versuchen, z. B. zur Messung der Spannungsverteilung oder der Elastizitätsgrenze, wird man an Stelle der Rollen die Übertragung der Auflager- und Belastungskräfte mittels Pfannen und Schneiden vorziehen, besonders bei dem Belastungsfall nach

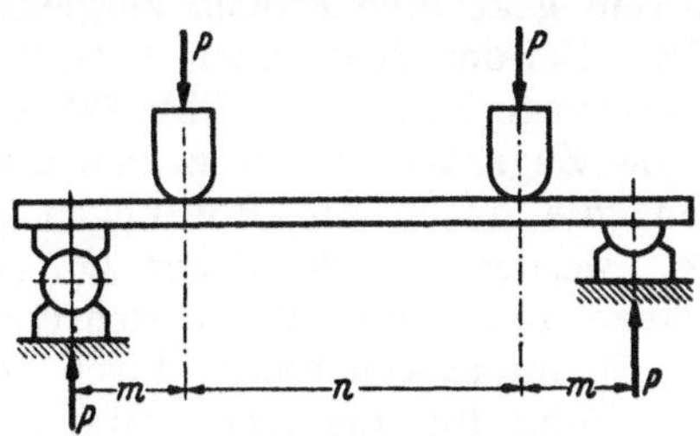

Abb. 80. Ausbildung der Druckstücke und Auflager (GOERENS-MAILÄNDER).

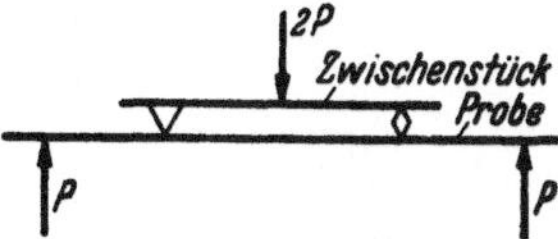

Abb. 81. Anwendung eines Zwischenstückes zur Erzielung von zwei gleichen Belastungskräften.

Abb. 72, um die Abstände genauer einhalten zu können. Durch Anwendung eines Zwischenstückes hat man die Möglichkeit, die beiden Kräfte P_1 und P_2 genau gleichzuhalten (Abb. 81), so daß man ein querkraftfreies Mittelfeld bekommt.

5. Biegebeanspruchung bei außermittigem Zug.

Es sei hier noch ein kurzer Abschnitt angefügt, um zu zeigen, welche Biegebeanspruchungen bei außermittigem Zug auftreten. Solch ein Zugversuch kann namentlich beim Einsetzen der bleibenden Dehnungen kennzeichnende Erscheinungen des Biegeversuches aufweisen, indem z. B. bei Flußstahl der Kraftabfall an der oberen Streckgrenze unterdrückt wird, so daß die besonderen Beanspruchungen beim schiefen Zug in der Werkstoffprüfung nicht übersehen werden dürfen.

Wird eine Zugprobe mit der Kraft P, die im Abstand c außerhalb ihrer Achse angreift, gezogen, so wirkt außer der Zugkraft P auf sie das Kräftepaar Pc, das sie auf Biegung beansprucht. Der Zugbeanspruchung P/F überlagert sich also noch die Zug- bzw. Druckbeanspruchung $\frac{Pc}{W}$, so daß auf einer Seite die Zugbeanspruchung erhöht, auf der entgegengesetzten erniedrigt wird.

Die Gesamtbeanspruchung bei außermittigem Zug ist in den Randfasern der Probe

$$\sigma = \frac{P}{F} \pm \frac{Pc}{W}. \tag{18}$$

Bei der Rundprobe läßt sich die Gleichung umformen in

$$\sigma = \frac{P}{F}\left(1 \pm \frac{8c}{d}\right), \tag{19}$$

bei der Flachprobe in

$$\sigma = \frac{P}{F}\left(1 \pm \frac{6c}{h}\right). \tag{20}$$

Bereits bei einer Exzentrizität von $c = d/8$ bei der Rundprobe und $c = h/6$ bei der Flachprobe würde also die Zugbeanspruchung der einen Faser verdoppelt werden, während auf der anderen Seite die Spannung Null wäre[1]. Wie F. PILNY[2] zeigte, darf aber beim Zugversuch der Einfluß einer einseitigen Einspannung nicht überschätzt werden, da infolge der Beweglichkeit des Einspannkopfes in seiner Aufhängung der Faktor c praktisch klein bleibt.

Für die Prüfung von Schiffsblechen auf Schweißempfindlichkeit, bedingt durch Empfindlichkeit gegen mehrachsige Beanspruchung, sind in Amerika Zugbiegeversuche an großen, meist obendrein gekerbten Proben ausgeführt worden. Bei der Probe nach A. B. BAGSAR[3] (Clevage Tear Test, Abb. 82) werden die Zugkräfte durch Bolzen übertragen, die durch die Bohrungen gesteckt werden; nach obiger Gl. (20) errechnen sich ohne Berücksichtigung einer Spannungserhöhung durch die Kerbwirkung für die eine Seite Zugspannungen von $5{,}86 \cdot P/F$, für die andere Seite Druckspannungen von $3{,}86 \cdot P/F$. Ähnliche Versuche wurden z. B. von N. A. KAHN und E. A. IMBEMBO[4], C. J. OSBORN, A. F. SCOTCHBROOK, R. D. STOUT und B. J. JOHNSTON[5] und E. P. KLIER, F. C. WAGNER und M. GENSAMER[6] ausgeführt (s. a. Abschn. VII B 2b). Größere Biegebeanspruchungen sind auch bei einseitiger Auflage des Probenkopfes zu erwarten. K. MATTHAES[7] sowie H. KIESSLER und W. CONNERT[8] führten solche Kerbzugversuche mit überlagerter Biegebeanspruchung durch, indem sie die Köpfe der Zugproben auf nichtparallele Ringe auflegten, und fanden bei den härteren untersuchten Stählen einen Einfluß der Kerbschlagzähigkeit auf die Kerbzugfestigkeit.

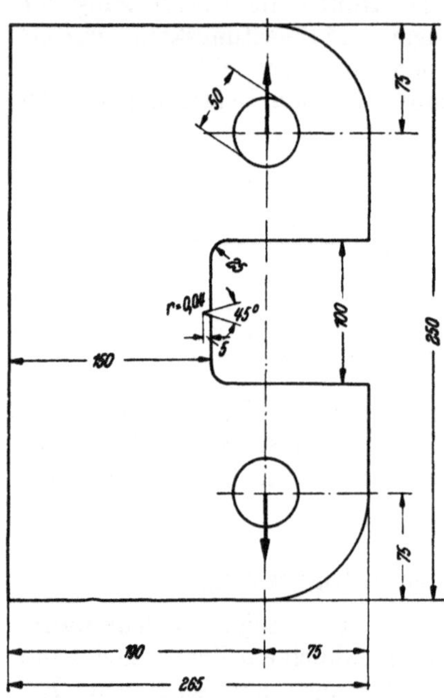

Abb. 82. Zugbiegeversuch an einem gekerbten Blech (Clevage Tear Test nach BAGSAR).

F. Der Verdrehversuch.

1. Beanspruchungen und Verdrehungen.

Wird ein Stab an einem Ende eingespannt und an seinem freien Ende durch ein in seiner Querschnittsfläche angreifendes Kräftepaar beansprucht, so werden in jedem anderen Querschnitt des Stabes gleich große Kräftepaare auftreten, denen durch im Querschnitt liegende Spannungen, also durch Schubspannungen, das Gleichgewicht gehalten werden muß (Abb. 83). Durch das Drehmoment M_d des Kräftepaares wird eine Verdrehung des Stabes hervorgerufen.

[1] Vgl. F. UEBEL: Arch. Eisenhüttenw. Bd. 11 (1937/38) S. 329, sowie H. J. KRUG: Diss. Stuttgart 1938, der u. a. den Einfluß der ungleichmäßigen Beanspruchung auf die Zugfestigkeit spröder Stoffe untersuchte.
[2] VDI Bd. 84 (1940) S. 773.
[3] Weld. Res. Counc. Bd. 13 (1948) S. 97; Bd. 14 (1949) S. 484.
[4] Weld. Res. Counc. Bd. 13 (1948) S. 169 u. 216.
[5] Weld. Res. Counc. Bd. 14 (1949) S. 24.
[6] Weld. Res. Counc. Bd. 14 (1949) S. 50.
[7] Luftf.-Forschg. Bd. 15 (1938) S. 28.
[8] Arch. Eisenhüttenw. Bd. 14 (1940/41) S. 555.

Bei der Verdrehung eines kreiszylindrischen Stabes gehen zur Stabachse parallele Linien in Schraubenlinien über, während senkrechte zur Stabachse senkrecht bleiben. Ursprünglich ebene Querschnitte bleiben daher eben. Die Steigung der schraubenförmig verdrehten Mantellinien bleibt, homogenen Werkstoff vorausgesetzt, über die Stablänge unverändert. Die Verdrehung zweier Querschnitte gegeneinander, die durch den Verdrehwinkel ψ in Abb. 84 gemessen wird, ist infolgedessen ihrem Abstand l proportional. Für die Längeneinheit wird die Verdrehung als die Drillung $\vartheta = \psi/l$ bezeichnet. Bei zylindrischem Querschnitt des Stabes kennzeichnet die Verdrehung der Längeneinheit der Mantellinie auf der Mantelfläche, die durch den Winkel γ in Abb. 84 gemessen wird, das Maß der Verformung des Werkstoffes, die als Schiebung bezeichnet wird. Sie ist im elastischen Gebiet der Entfernung von der Stabachse proportional, so daß sich verhalten

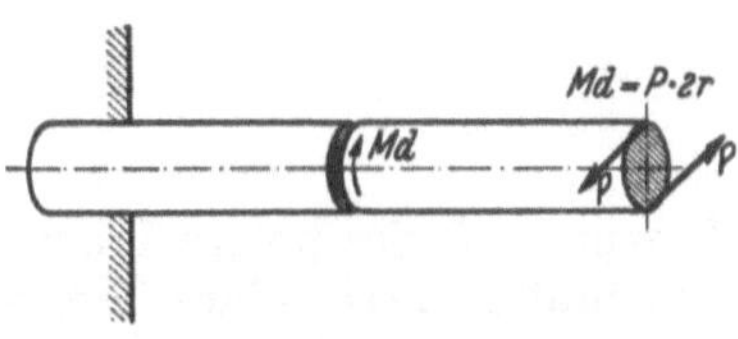

Abb. 83. Kräfte am eingespannten, verdrehten Stab.

$$\frac{\gamma'}{\gamma} = \frac{\varrho}{r}. \tag{1}$$

In der Stabachse ist die Schiebung und also auch die Beanspruchung Null. Für Querschnitte, die nicht kreisförmig sind, gilt dagegen die Beziehung (1) nicht, da hier die Voraussetzung, daß ebene Querschnitte eben bleiben, nicht erfüllt ist. Sie ist jedoch auf kreisringförmige Querschnitte anwendbar. Die Berechnung für andere als kreis- bzw. kreisringförmige Querschnitte ist meist recht umständlich[1].

Die Schiebungen γ sind mit den Schubspannungen τ im elastischen Gebiet (ähnlich den Gesetzen für die Normalspannung) durch den Gleit- oder Schubmodul G bzw. die Schubzahl β nach den Gleichungen

$$\tau = G\gamma \tag{2}$$

bzw.

$$\gamma = \beta\tau \tag{3}$$

verknüpft; d. h., die Schiebungen sind den zugehörigen Schubspannungen proportional. Der Gleitmodul G ist mit dem Elastizitätsmodul E durch die Gleichung

$$G = \frac{E}{2}\,\frac{1}{(1+\mu)} \tag{4}$$

verbunden, worin μ die POISSONsche Konstante (s. Abschn. B, S. 39 und 81) ist. Im allgemeinen ist für Metalle $G \sim 0{,}38\,E$.

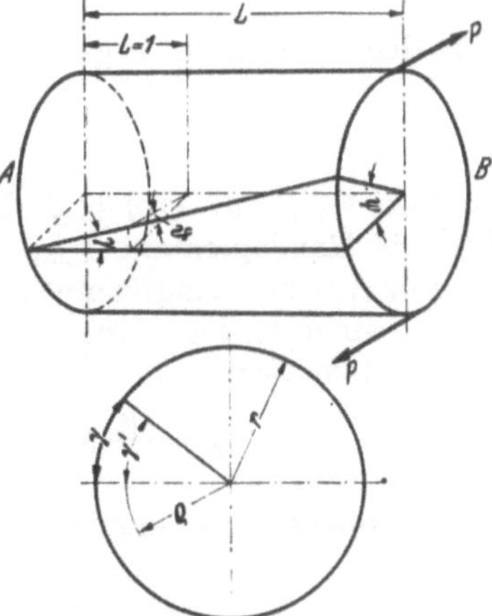

Abb. 84. Beziehungen zwischen Schiebungen und Verdrehwinkeln an einem Zylinder.

Wie beim Biegeversuch ist für die Beurteilung des Spannungszustandes die höchste Beanspruchung, also die Beanspruchung der Randfaser, am wichtigsten. Für einen Stab mit kreisförmigem Querschnitt ergibt sich aus der Integration der Spannungen

[1] zum Beispiel A. NÁDAI: Der bildsame Zustand der Werkstoffe. S. 92. Berlin: Springer 1927.

über den Querschnitt das Drehmoment

$$M_d = \int_0^{d/2} \varrho \tau \, df. \qquad (5)$$

Im elastischen Bereich erhält man hieraus die größte Randspannung τ_{max} zu

$$\tau_{max} = \frac{M_d \frac{d}{2}}{J_p}. \qquad (6)$$

Hierin ist J_p das polare Trägheitsmoment des Querschnitts und $d/2$ der Radius des Stabes. Das polare Trägheitsmoment beträgt für einen Kreis

$$J_p = \frac{\pi d^4}{32}, \qquad (7)$$

so daß die Gl. (6) übergeht in

$$\tau_{max} = \frac{16 M_d}{\pi d^3}. \qquad (8)$$

Zur Bestimmung der Schiebung mißt man am einfachsten die gegenseitige Verdrehung zweier Querschnitte. Nach Abb. 84 besteht zwischen der Schiebung γ und der Verdrehung ψ zweier im Abstand l befindlichen Querschnitte die Beziehung

$$\psi = \frac{\gamma l}{d/2}. \qquad (9)$$

Da $\tau = G\gamma$ ist, ergibt sich hieraus die Beziehung zwischen dem Drehmoment und der im elastischen Gebiet gemessenen Verdrehung

$$\psi = \frac{32 M_d l}{\pi d^4 G}, \qquad (10)$$

$$M_d = \frac{\pi d^4 \psi G}{32 l}. \qquad (11)$$

Für den Gleitmodul ergibt sich die Auflösung:

$$G = \frac{32 M_d l}{\pi d^4 \psi}. \qquad (12)$$

In diese Gl. (1) bis (15) sind alle Winkel ($\gamma, \gamma', \vartheta, \psi$) im Bogenmaß einzusetzen. Für die Randspannung τ_{max} gilt Gl. (8).

Für den kreisringförmigen Querschnitt (das Rohr) mit d_1 als äußerem und d_2 als innerem Durchmesser gelten entsprechende Gleichungen. Das polare Trägheitsmoment ist

$$J_p = \frac{\pi}{32}(d_1^4 - d_2^4) = \frac{\pi}{32}(d_1^2 + d_2^2)(d_1^2 - d_2^2). \qquad (13)$$

Die Randspannung ergibt sich zu

$$\tau_{max} = \frac{16 M_d d_1}{\pi(d_1^4 - d_2^4)} = \frac{16 M_d d_1}{\pi(d_1^2 + d_2^2)(d_1^2 - d_2^2)} \qquad (14)$$

und zwischen Verdrehung und Drehmoment gilt die Beziehung

$$M_d = \frac{\pi}{32}(d_1^4 - d_2^4)\frac{\psi G}{l} = \frac{\pi}{32}(d_1^2 + d_2^2)(d_1^2 - d_2^2)\frac{\psi G}{l}. \qquad (15)$$

Für eine Anzahl anderer Querschnitte sind die entsprechenden Gleichungen unter anderem in der Hütte, 27. Aufl., Bd. I, S. 687—689 angegeben.

Wie gesagt, gelten diese Gleichungen nur für das elastische Gebiet. Sobald bleibende Verformungen auftreten, ist mit einer Verschiebung der zugrunde gelegten linearen Spannungsverteilung zu rechnen, so daß der plastische Zustand weit ins Stabinnere vordringen kann und in den Beziehungen zwischen Drehmoment, größten Randspannungen und Verdrehungen Abweichungen eintreten[1]. Infolgedessen werden bei größeren Verformungen bis zur Stabachse Verfestigungen gefunden (Abb. 85).

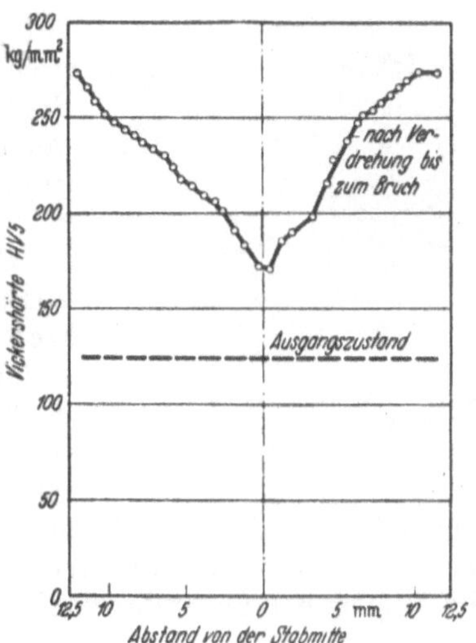

Abb. 85. Härtemessung über den Querschnitt eines bis zum Bruch verdrehten Stabes.

2. Erscheinungen beim Verdrehversuch.

Verdreht man eine zylindrische Probe in einer Verdrehmaschine und mißt das hierdurch hervorgerufene Drehmoment, so erhält man zunächst einen schnellen Anstieg des Momentenmessers. Bei der Rückdrehung der Probe bis zum Drehmoment Null (bzw. bis auf die Vorlast) erhält man bei niedrigen Beanspruchungen wieder den Ausgangszustand, d. h., eine bleibende Verdrehung hat nicht stattgefunden. Bei stärkeren Verdrehungen nimmt das Drehmoment nicht mehr in gleichem Maß zu wie zu Anfang, die Elastizitätsgrenze ist überschritten, und bei der Entlastung zeigen sich bleibende Verdrehungen. Da diese bleibenden Verformungen zunächst nur in der Randzone auftreten, soweit die Elastizitätsgrenze überschritten ist, treten sie im Moment-Verdrehungs-Schaubild weniger in Erscheinung als beim Zug- oder Druckversuch. Dagegen zeigt sich ähnlich wie beim Zugversuch bei weichem

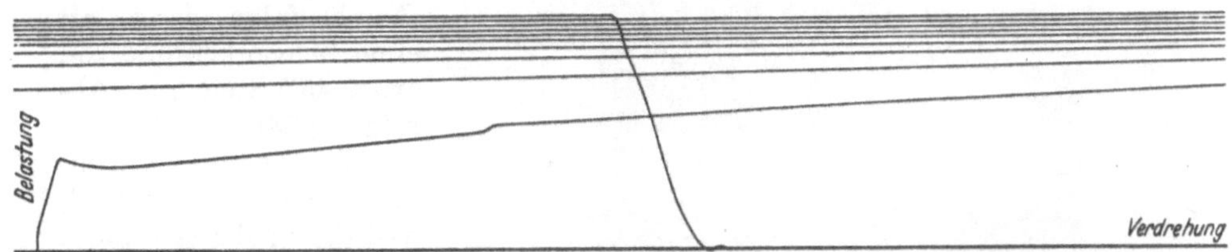

Abb. 86. Belastungs-Verdrehungs-Schaubild einer Rundprobe aus weichem Flußstahl. Der Antrieb der Schreibtrommel ist so gewählt, daß der Verdrehung eines Probenendes um 360° die gleiche Drehung der Schreibtrommel entspricht. Da die Probe sich mehr als 9mal um sich selbst drehen ließ, zeigt das Schaubild 9 bis 10 übereinanderliegende Linien.

Stahl oft eine ausgeprägte obere Fließgrenze, auf die unter Absinken der Beanspruchung auf die untere Fließgrenze ein Abschnitt des über den Querschnitt und die Länge des Stabes fortschreitenden Fließens folgt (Abb. 86).

In dem auf den Fließbereich folgenden Abschnitt beobachtet man einen langsam fortschreitenden Anstieg des Drehmomentes. Bei gleichmäßigem Werkstoff ist die Verdrehung über die Länge der Probe bis zum Bruch gleichmäßig, ein Abfall des Drehmomentes vor dem Bruch (entsprechend dem Einschnürvorgang beim Zugversuch) tritt nicht ein. Stellt man das Drehmoment-Ver-

[1] Ludwik, P.: Elemente der technologischen Mechanik. Berlin: Springer 1909. Vgl. auch A. Nádai: Der bildsame Zustand der Werkstoffe, S. 91. Berlin: Springer 1927.

drehungs-Schaubild dem Spannungs-Dehnungs-Bild eines Zugversuches gegenüber, so entspricht der Bruchpunkt beim Verdrehversuch nicht der Höchstkraft, sondern eher der Zerreißkraft, und die Verdrehung bis zum Bruch ist der Brucheinschnürung bzw. der Einschnürdehnung zu vergleichen.

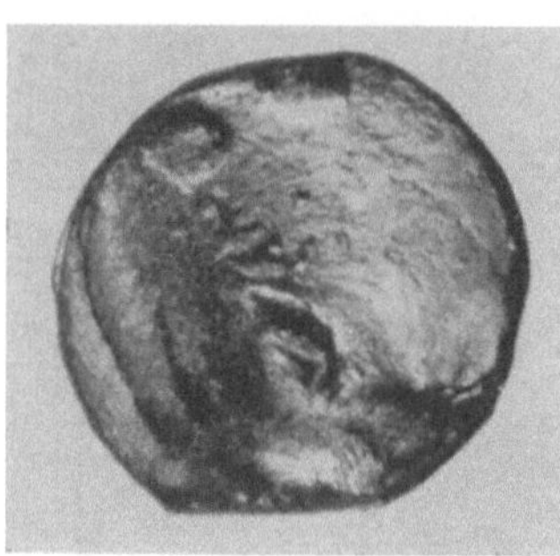

Abb. 87. Verdrehbruchfläche eines zähen Werkstoffes (Gleitbruch) (SCHULZE-VOLLHARDT).

Wie beim Zug- und Druckversuch lassen sich auch beim Verdrehversuch Dehngrenzen angeben, entsprechend der Elastizitäts- und der Fließgrenze. E. SIEBEL und A. POMP[1] zeigten, daß die bleibenden Dehnungen beim Zug- bzw. Druckversuch den doppelten Schiebungen beim Verdrehversuch entsprechen, daß also $\sigma_{0,01}$ und $\sigma_{0,2}$ zu vergleichen ist mit $\tau_{0,02}$ und $\tau_{0,4}$.

Da die Schubspannungen an einem Element aus Gleichgewichtsgründen stets zu viert auftreten, sind beim Verdrehversuch die Ebenen senkrecht und parallel zur Probenachse gleich hoch beansprucht. Infolgedessen treten auch bei dehnbaren Metallen Brüche in einer Querschnittsebene (Abb. 87) oder Aufspaltungen in der Längsrichtung auf, je nachdem, ob die Festigkeit des Werkstoffes in der einen oder der anderen Richtung größer ist. Spröde Werkstoffe, z. B. Grauguß, die beim Zugversuch unter der Wirkung von Normalspannungen ohne vorhergegangene größere Abschiebungen reißen, zeigen auch beim Verdrehversuch oft Brüche in der Ebene der größten Normalspannung, die um 45° gegen die Probenachse geneigt ist; der Bruch folgt dann oft einer Schraubenlinie von etwa 45° Steigung (Abbildung 88).

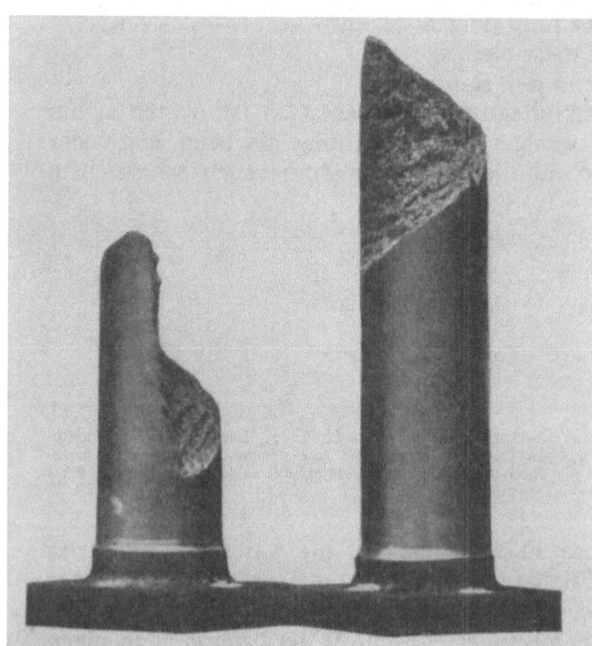

Abb. 88. Verdrehbruchfläche eines spröden Werkstoffes (Grauguß) (SCHULZE-VOLLHARDT).

Wenn beim Verdrehversuch beobachtet wird, daß die Probe sich nicht gleichmäßig verformt, so ist dies ein Zeichen für eine Ungleichmäßigkeit im Werkstoff. Dies ist von Bedeutung für die technologische Erprobung von Drähten durch den Verwindeversuch. Bei den großen, dabei üblichen Prüflängen kann man oft beobachten, daß die Drähte in einzelnen Abschnitten nacheinander verwunden werden, daß sich aber beim Bruch schließlich doch eine recht gleichmäßige Schraubenlinie

[1] Mitt. K.-Wilh.-Inst. Eisenforschg. Bd. 12 (1930) S. 85.

auf dem Draht abzeichnet. An der Bruchstelle selbst ist eine stärkere Verformung sichtbar.

Bei Zug- und Druckversuchen lassen die Verformungen sich nicht nur als Verlängerungen bzw. Verkürzungen, sondern auch als Schiebungen infolge der in zur Kraftrichtung geneigten Ebenen wirkenden Schubbeanspruchungen angeben. Somit lassen sich diese Verformungen in dem gleichen Maß ausdrücken wie die Verformungen beim Verdrehversuch. Auf diese Weise hat P. Ludwik[1] für eine Reihe metallischer Werkstoffe aus einem Zugversuch, einem Druckversuch und einem Verdrehversuch die „Fließkurven" (s. Abschn. B 3 und C 3) berechnet. Er vergleicht dabei die doppelte beim Verdrehversuch gemessene Schubspannung mit der beim Zug- bzw. Druckversuch gemessenen Normalspannung und die Schiebung γ mit der halben Dehnung ε_z bzw. Stauchung ε_d [als Näherung für die Beziehungen

$$\gamma = 2 \ln (1 + \varepsilon_z)$$

für den Zugversuch und

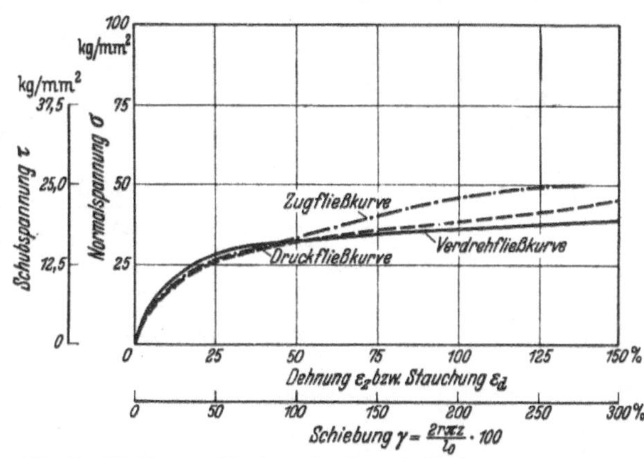

Abb. 89. Fließkurven für Zug-, Druck- und Verdrehbeanspruchung von Kupfer. (Nach Ludwik).

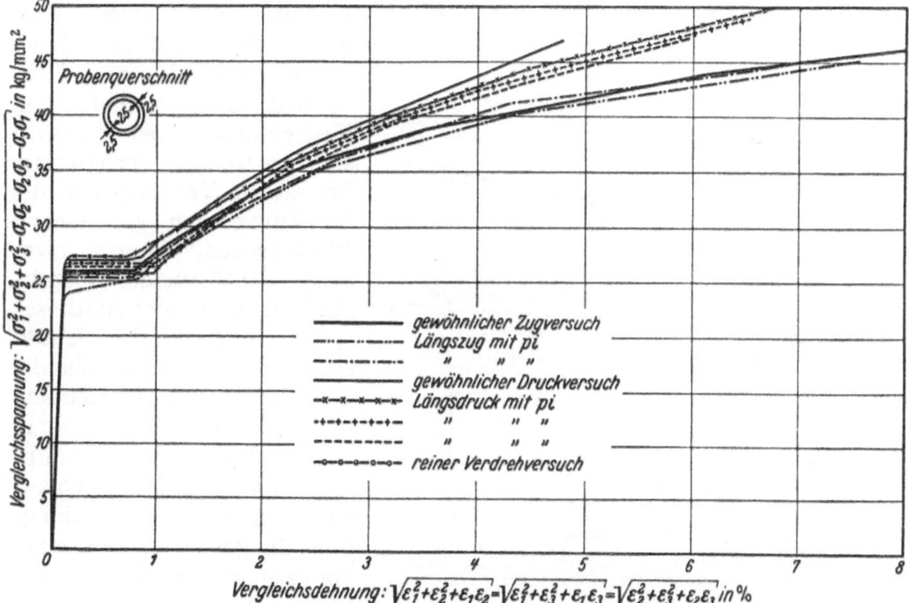

Abb. 90. Fließkurven für Siemens-Martin-Flußstahl unter mehrachsiger Beanspruchung, dargestellt als Abhängigkeit der Vergleichsspannung von der Vergleichsdehnung (Roš-Eichinger)

[1] Ludwik, P.: Elemente der technologischen Mechanik. Berlin: Springer 1909. — P. Ludwik u. R. Scheu: Stahl u. Eisen Bd. 45 (1925) S. 373.

$\gamma = 2 \ln \frac{1}{1 - \varepsilon_d}$ für den Druckversuch]. Die so umgerechneten Zug-, Druck- und Verdrehkurven fallen nahezu zusammen (Abb. 89). Hieraus wird gefolgert, daß grundsätzliche Unterschiede zwischen den drei Beanspruchungsarten nicht bestehen und daß daher die Eigenschaften der Werkstoffe aus jeder dieser Versuchsarten abzuleiten sind. Für die Werkstoffprüfung wird freilich aus versuchstechnischen Gründen die eine oder die andere Versuchsart vorzuziehen sein. In ähnlicher Weise haben M. Roš und A. EICHINGER[1] die bei verschiedenen mehrachsigen Beanspruchungen (Zug, Druck und Verdrehung mit und ohne Innendruck) erhaltenen Anstrengungs-Verformungs-Kurven gegenübergestellt. Für Ordinate und Abszisse wählten sie dabei die sich aus der Gestaltänderungsenergiehypothese ergebenden Ausdrücke für die Vergleichsspannung und -dehnung und erhielten dann gute Übereinstimmung für die einzelnen Kurven (Abb. 90 und 91).

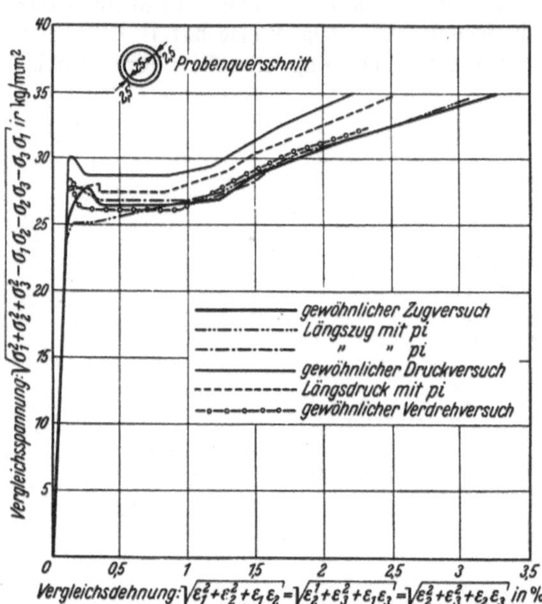

Abb. 91. Fließkurven für geglühten Stahlguß unter mehrachsiger Beanspruchung, dargestellt als Abhängigkeit der Vergleichsspannung von der Vergleichsdehnung (Roš-EICHINGER)

Aus den verschiedenen Festigkeitstheorien ergeben sich bestimmte Verhältnisse für die im Verdreh- und die im Zugversuch gemessenen Fließgrenzen, und zwar $\tau_F/\sigma_S = 0{,}57$ für die Gestaltänderungsenergiehypothese, $\tau_F/\sigma_S = 0{,}50$ für die Schubspannungshypothese. Wie die aus Abb. 89 umgezeichnete Abb. 92 zeigt, bleibt auch das Verhältnis von Schubspannung und Normalspannung für gleiche Schiebung über die ganze Verformungskurve in diesen Grenzen erhalten.

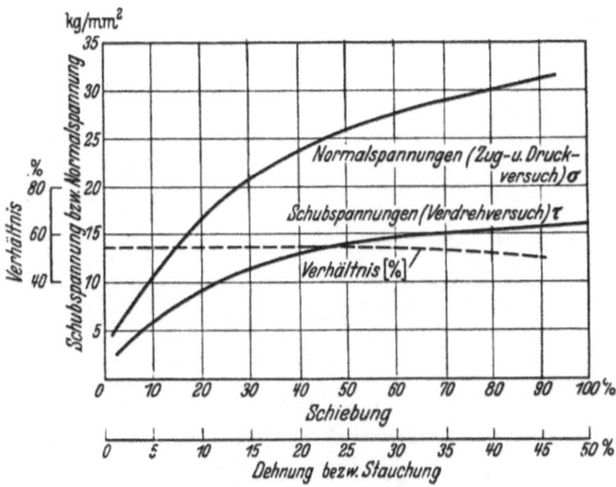

Abb. 92. Beziehung zwischen Normalspannung (Zug- und Druckversuch) und Schubspannung (Verdrehversuch) bei Weichkupfer (LUDWIK und SCHEU).

[1] Die Bruchgefahr fester Körper. Eidgenössische Materialprüfungs- und Versuchsanstalt Zürich, Bericht 172 (1949).

3. Form der Proben und Einspannung.

Zur Prüfung metallischer Werkstoffe im Verdrehversuch wählt man meistens Proben mit kreisförmigem Querschnitt. Proben mit anderen Querschnitten bleiben Sonderversuchen vorbehalten. Noch mehr als bei den Zugproben empfiehlt es sich, die Einspannköpfe der Proben stärker auszuführen als die Versuchslänge, um Verformungen und Brüche in den Einspannungen zu vermeiden. Den Übergang zwischen Kopf und Versuchslänge versieht man mit einer mäßigen Abrundung und macht die Meßlänge etwas kürzer als die zylindrische Versuchslänge. Für die Meßlänge selbst, über die die Verdrehung gemessen wird, haben sich noch keine allgemeinen Regeln eingeführt, da Verdrehversuche nur wenig ausgeführt werden; zweckmäßig wählt man sie zu etwa 5 bis $10 \cdot d$. Bei der technologischen Erprobung von Drähten bis zu 7 mm Durchmesser (DIN 51212, s. Abschn. VIII), die man gewöhnlich ohne verstärkten Kopf in gehärtete Keile einspannt, soll die Versuchslänge im allgemeinen gleich dem 100fachen Durchmesser, jedoch zwischen 50 und 300 mm gewählt werden.

Die sicherste Einspannung einer Verdrehprobe ist bei rechteckigem oder quadratischem Querschnitt der Einspannköpfe gewährleistet; bei Rundproben versieht man die Einspannköpfe mit zwei gegenüberliegenden Abflachungen. Die Proben müssen im Einspannkopf der Maschine festgespannt werden können, da die örtliche Flächenpressung zu groß werden würde, wenn die Probe nur in

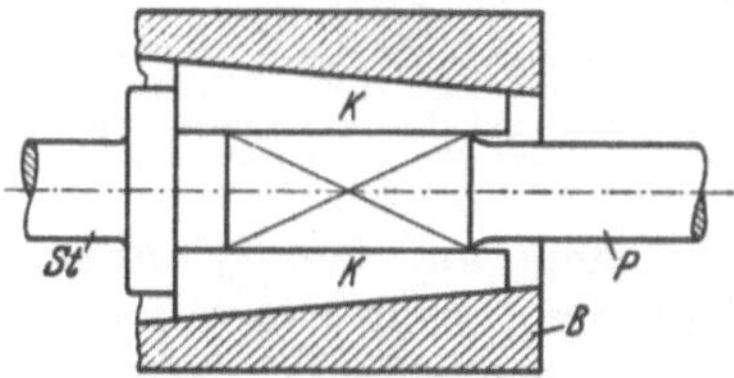

Abb. 93. Einspannung einer Probe mit Vierkantkopf für Verdrehversuche.
P Probe; *K* Keil; *B* Büchse zur Übertragung des Drehmomentes unter Nachziehen der Keile; *St* Stempel zum Anspannen der Keile.

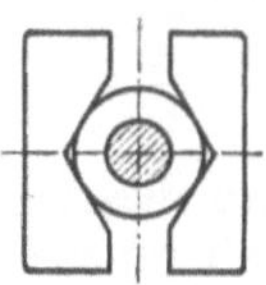

Abb. 94. Einspannung einer Rundprobe für Verdrehversuche.

eine passende Vierkantöffnung eingeschoben würde. Zur Aufrechterhaltung der festen Einspannung während des Versuches verwendet man Keile, die sich mit Erhöhung des Drehmomentes fester ziehen (Abb. 93). Die Probe wird hierbei in einer Richtung mittig eingespannt, so daß die andere Richtung nur noch gegen Verschiebungen zu sichern ist. Eine Einspannung auf mehr als zwei Seiten, z. B. auf den vier Flächen eines Vierkantes, läßt sich meistens nicht gleichmäßig anziehen, so daß das Drehmoment doch nur von zwei Flächen übertragen wird. Runde Einspannköpfe spannt man in gehärtete Beißkeile mit feinem längslaufendem Feilenhieb und rautenförmiger Öffnung (zur Zentrierung) ein (Abb. 94).

Ein Einspannkopf der Maschine muß so ausgebildet sein, daß er Längenänderungen der Probe und Verschiebungen der Einspannteile während des Versuches frei folgen kann[1].

4. Messung der Verdrehung und Schiebung.

Die Verdrehung wird am einfachsten durch die Messung der gegenseitigen Verdrehung beider Einspannköpfe bestimmt. Diese Art kommt besonders dann in Frage, wenn die Zahl der Verdrehungen bis zum Bruch der Probe (z. B. bei

[1] DIN 51212 (Ausg. 8. 37). Vgl. auch H. W. Swift: Engineering Bd. 163 (1947) S. 253.

technologischen Verwindeversuchen an Drähten, s. Abschn. VIII) bewertet werden soll. Sie schließt die Fehler ein, die durch Nachrutschen der Einspannköpfe eintreten, auch ist die Meßlänge unbestimmt, da bei Proben mit verstärkten Köpfen die Übergänge hierzu an der Verdrehung nicht im gleichen Maße wie die Versuchslänge beteiligt sind, bei Proben ohne besondere Einspannköpfe dagegen sich Abschnitte der eingespannten Probenenden ebenfalls verdrehen können. Ist ein Einspannkopf nicht starr mit der Maschine verbunden, sondern folgt er z. B. dem Ausschlag eines Pendelmomentenmessers, so muß seine Drehbewegung von der des angetriebenen Einspannkopfes abgezogen werden. Selbsttätige Schreibvorrichtungen an den Verdrehmaschinen pflegen nur die Bewegungen der Einspannköpfe aufzuzeichnen.

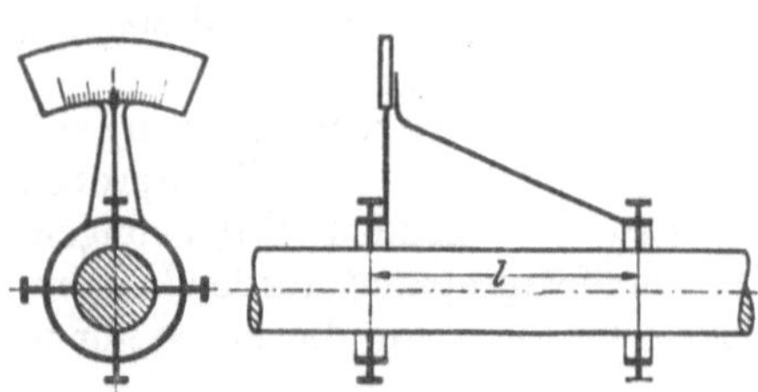

Abb. 95. Vorrichtung zur Messung des Verdrehwinkels, l Meßlänge.

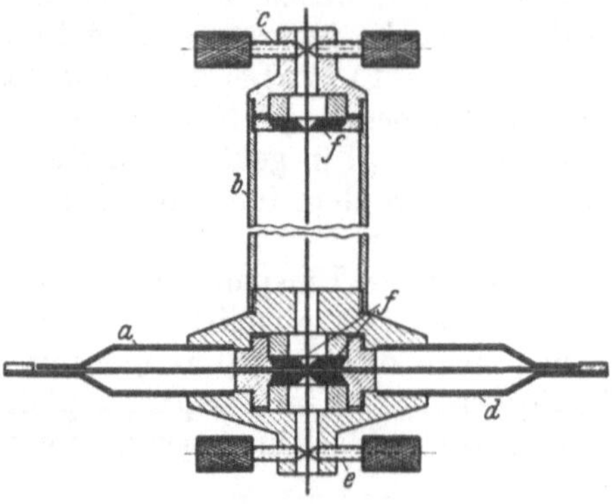

Abb. 96. Vorrichtung mit Nonius zur Messung des Verdrehwinkels von Drähten (SIEBEL-POMP). a Teilscheibe, b Rohr, c, e Klemmschrauben, d Scheibe mit Nonius, f Führungsringe.

Für genauere Messungen muß man eine Meßlänge auf dem zylindrischen Teil der Probe abgrenzen. Will man nur die Verdrehung beim Bruch der Probe bestimmen, so genügt die Anzeichnung einer zur Probenachse parallelen Linie, deren Verdrehung nach dem Bruch unter Aneinanderfügen der Bruchhälften ausgemessen wird. Während des Versuches kann man Verdrehungen mit einer Vorrichtung nach Abb. 95 messen. Diese besteht aus zwei Ringen, die im Abstand l mit je vier Spitzschrauben auf der Probe festgeklemmt werden; ein Ring trägt die Skala, der andere den Zeiger. Die Vorrichtung kann zur Erhöhung der Ablesegenauigkeit auch mit Nonius ausgestattet werden (Abb. 96), wird dann aber leicht so schwer, daß sie nur für stehende Maschinen geeignet ist.

Feinmessungen zur Bestimmung des Gleitmoduls und der Elastizitätsgrenze führt man ähnlich wie beim Zugversuch mittels Fernrohr und Spiegel aus (Abb. 97).

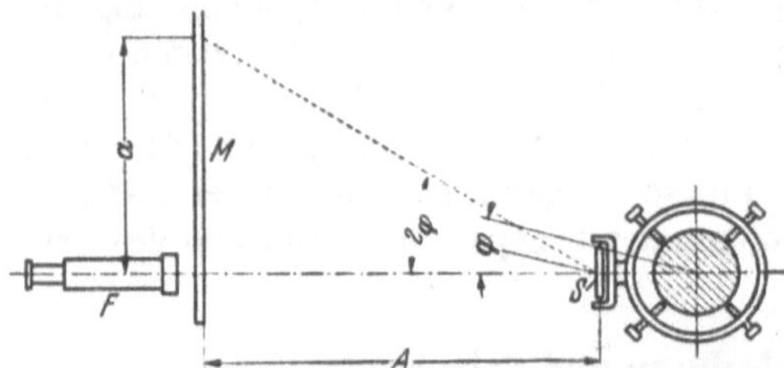

Abb. 97. Messung der Verdrehung mit Fernrohr und Spiegeln. A Skalenabstand, M Maßstab, F Fernrohr, S Spiegel, ψ Verdrehwinkel, a Ausschlag.

Für kleine Winkel, bei denen man $\psi = \operatorname{tg}\psi$ setzen kann, ergibt sich

$$\psi = \frac{a}{2A}, \tag{16}$$

bei größeren muß man die genaue Gleichung

$$\operatorname{tg} 2\psi = \frac{a}{A} \tag{17}$$

anwenden. Bei der Drehung der Probe ändert sich der Abstand zwischen Skala und Spiegel, weshalb man Probe, Spiegel und Fernrohr in eine Linie bringen muß, um diesen Fehler klein zu halten. Die Aufstellung der beiden Fernrohre und Meßskalen auf dem Fußboden, wie sie beim Zugversuch üblich ist, kann beim Verdrehversuch nur angewandt werden, wenn ein Einspannkopf der Maschine fest im Raum steht und die Probe nicht in der Einspannung nachrutscht. Ist dies nicht der Fall, dreht sich z. B. ein Einspannkopf mit dem Ausschlag eines Pendelmomentenmessers, so können schon bei kleinen Unterschieden in den Ausschlägen beider Spiegel die Skalen aus den Fernrohren wandern. Zur Abhilfe stellt man die Fernrohre und Skalen nicht auf den Fußboden, sondern befestigt sie mit einem Ausleger an einem der Einspannköpfe. Obwohl die Befestigung am waagenseitigen Einspannkopf, dessen Ausschlag stets begrenzt ist, die Anwendbarkeit der Vorrichtung für größere Verdrehungen ermöglicht, empfiehlt sich diese Anordnung nicht, da die Vorrichtung in diesem Fall genauestens für alle Stellungen ausgewogen sein muß.

Ein Gerät zur Messung der Schiebung nach K. HUBER[1] zeigt Abb. 98. Es besteht aus zwei um den Punkt *0* gegeneinander verdrehbaren Hebeln *m* und *n*, die beim Ansetzen senkrecht zueinander mit den Spitzen *1* und *3* bzw. *2* und *4* auf der Probe angeklemmt werden, so daß die beiden Hebel den Winkeländerungen infolge der Schubkräfte folgen. Mittels der MARTENSschen Spiegelschneiden zwischen den beiden Hebeln *m* und *n* kann der Ausschlagwinkel der Hebel stark vergrößert gemessen werden. Die Schiebung beträgt

$$\gamma = (\varphi_1 + \varphi_2)\frac{h}{2l + h} \tag{18}$$

Abb. 98. Vorrichtung zur Messung der Schiebung (HUBER).

(h = Schneidenbreite der MARTENSschen Spiegel, l = Länge der Hebel, vgl. Abb. 98). Durch entsprechende Aufstellung von Fernrohr und Skala lassen sich die Winkel φ_1 und φ_2 und damit γ sehr genau messen.

G. Scher- und Lochversuche.

1. Der Scherversuch.

In seiner idealen Ausführung soll der Scherversuch eine reine Schubbeanspruchung im Werkstoff hervorrufen, indem die Probe durch zwei gegeneinander wirkende und in der gleichen Ebene liegende Kräfte belastet wird. Dieser Zustand wäre durch zwei Messer von unendlich dünnem Querschnitt zu erreichen. Da aber die Messer eine endliche Dicke haben müssen (vgl. Abb. 99), wandern schon bei geringem Eindringen der Messer in die Probe die Resultierenden der Kräfte auseinander (Abb. 100) und bilden statt der erwünschten Gegenkräfte ein Kräftepaar mit endlichem Hebelarm *a*, so daß außer den Scherkräften noch Biegespannungen in dem geprüften Querschnitt auftreten.

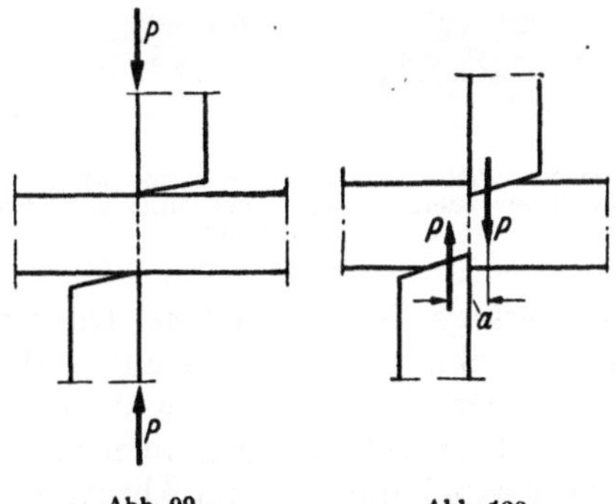

Abb. 99. Einschnittiger Scherversuch, Beanspruchung beim Ansetzen der Messer.

Abb. 100. Einschnittiger Scherversuch, Beanspruchung nach dem Eindringen der Messer.

[1] Z. VDI Bd. 67 (1923) S. 923. — H. PETERMANN: Arch. techn. Messen 1943 Liefg. 145, V 91129 S. T 83.

Auch bei der gebräuchlicheren Ausführung des Scherversuches mit einer zweischnittigen Vorrichtung (Abb. 101) tritt keine reine Scherbeanspruchung auf, sondern es sind daneben Biegespannungen wirksam. Beim Beginn dieses Versuches ist die Probe durch über die Länge verteilte Kräfte auf Biegung beansprucht. Mit stärker werdender Durchbiegung bleibt die Belastung in der Mitte der Ringe gegen die Schnittkanten zurück, so daß an den beiden Scherflächen Beanspruchungen nach Art der Abb. 100 entstehen; es bleiben immer noch biegende Momente erhalten, so daß eine reine Scherbeanspruchung während des ganzen Versuches nicht auftritt. Abb. 102 und 103 zeigen zwei Beispiele hierfür. Bei der ersten Probe aus weichem Stahl sieht man in dem mittleren ausgescherten Teil deutlich die Verbiegung, die sie vor dem Abscheren erlitten hat, und die andere Probe aus Grauguß ist infolge der Biegebeanspruchung schon zwischen den Messern gebrochen, bevor sie abgeschert wurde. Da beim Scherversuch die gewünschte reine *Schub*beanspruchung also nicht erreicht wird, hat man dies auch in der Bezeichnung zum Ausdruck gebracht, indem man von der „*Scher*festigkeit" spricht. Die Beanspruchung des Werkstoffes im Scherversuch ist also nicht der Schubbeanspruchung beim Verdrehversuch gleichzusetzen.

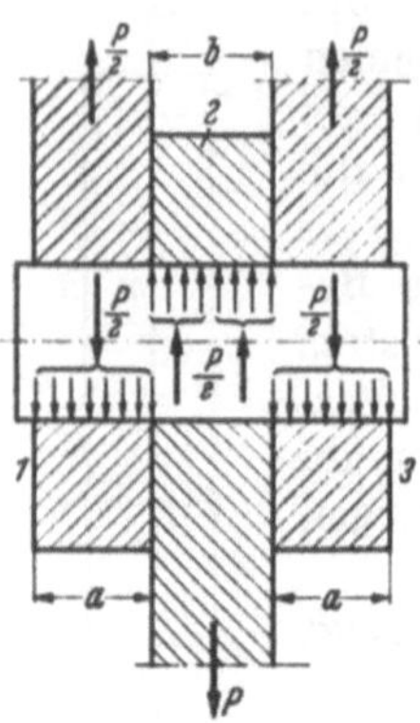

Abb. 101. Zweischnittiger Scherversuch.

Bei der praktischen Bestimmung der Scherfestigkeit wird diese meistens mit dem zweischnittigen Gerät ermittelt, weil es eine sichere Führung der Messer bei gleichzeitiger sicherer Probenlagerung erlaubt. Für dieses zweischnittige Gerät sind daher auch Ausführungsformen in DIN 50141 (Ausg. 5.44) enthalten (s. Band I). Die Vorrichtung kann so ausgebildet werden, daß sie entweder durch Zug oder durch Druck betätigt wird. Die Schneiden der drei Messer werden von gleichen Bohrungen gebildet, in die die Probe eingeschoben wird. Die Messer bildet man am besten als gehärtete und geschliffene auswechselbare Stahlringe aus. Der mittlere Ring muß mit möglichst wenig Spiel zwischen den beiden äußeren Ringen geführt werden und darf dabei doch nur eine geringe Reibung haben. Die Breite der Ringe wählt man meistens gleich dem Durchmesser der Bohrung, daher müssen die Proben etwa dreimal so lang wie ihr Durchmesser sein und möglichst genau in die Bohrung passen.

Abb. 102. Probe aus zähem Werkstoff nach dem zweischnittigen Scherversuch, in der Mitte verbogen (WAWRZINIOK).

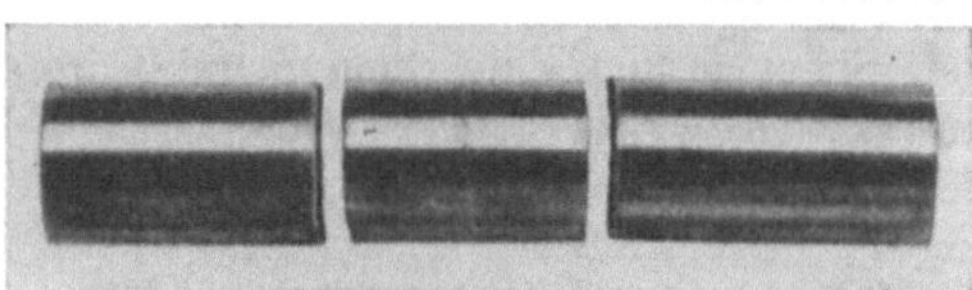

Abb. 103. Probe aus sprödem Werkstoff nach dem zweischnittigen Scherversuch, in der Mitte durchgebrochen (WAWRZINIOK).

Mit Rücksicht auf den nicht eindeutigen Beanspruchungszustand wird beim Scherversuch nur die zum Abscheren erforderliche Höchstkraft P_{max} gemessen. Aus dieser berechnet man die Scherfestigkeit τ_S unter der an sich nicht zutreffenden Annahme, daß die Spannungsverteilung über den Querschnitt der Probe gleichmäßig sei. Für den einschnittigen Versuch an einer Probe mit dem Querschnitt F_0 wird die Formel

$$\tau_s = \frac{P_{max}}{F_0}, \qquad (1)$$

für den zweischnittigen Versuch

$$\tau_s = \frac{P_{max}}{2 F_0} \tag{2}$$

benutzt.

Der Scherfestigkeit kommt in der Werkstoffprüfung im allgemeinen nur die Bedeutung einer vergleichenden Kennzahl zu, da sie nicht aus einer eindeutigen Beanspruchung gewonnen wird. Sie ist auch von der Genauigkeit abhängig, mit der die Probe in die Bohrungen der Messerscheiben eingepaßt ist. Sie liegt meistens höher als die bei dem Verdrehversuch gefundene Schubfestigkeit. Von C. Bach und R. Baumann[1] wird als Verhältnis Scherfestigkeit/Zugfestigkeit (beim zweischnittigen Versuch) für Stahl 0,75 bis 0,8, für Grauguß 1,1 angegeben, von E. Damerow[2] für Flußstahl 0,7 bis 0,8.

Der Scherversuch hat eine gewisse Bedeutung für die Prüfung von Nietstahl, der in ähnlicher Weise in der Konstruktion beansprucht wird. In anderen Teilen überwiegt gewöhnlich die Biegebeanspruchung. Außerdem wird der Scherversuch zur Bestimmung der Gleichmäßigkeit eines Werkstoffes ausgeführt, sowie zur richtigen Bemessung von Scheren. Für harte Werkstoffe ist er wegen der Schneidenabnutzung, die sehr beachtet werden muß, nicht geeignet.

Für die Bestimmung der Scherfestigkeit von Grauguß wurde von K. Sipp[3] eine Probe nach Abb. 104 vorgeschlagen. Der Stempel der Presse drückt den oberen Zapfen der Probe gegen die Matrize und schert dabei den Ring ab. Der untere Zapfen dient lediglich zur Zentrierung der Probe. Nachteilig ist hierbei, daß der Ring beim Abscheren der Probe gesprengt werden muß; dieser wurde daher von M. Rudeloff[4] vor der Prüfung durch Sägeschnitte in drei Teile zerlegt, wodurch die Werte gleichmäßiger und außerdem von der Breite des Ringes unabhängig werden. Die Ergebnisse Rudeloffs zeigen gute Übereinstimmung zwischen Zugfestigkeit und der so bestimmten Scherfestigkeit, so daß mit verhältnismäßig kleinen Proben Güteprüfungen an Gußstücken vorgenommen werden können.

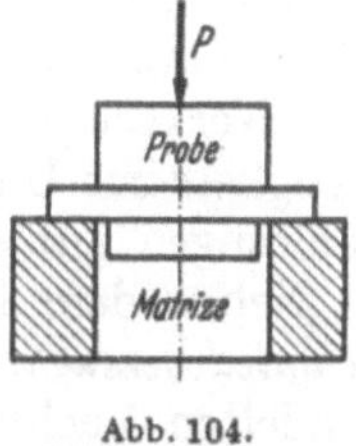

Abb. 104. Scherversuch an Grauguß (Sipp).

2. Der Lochversuch.

Bei Blechen läßt sich der oben beschriebene Scherversuch nicht ausführen und wird daher durch den Lochversuch ersetzt. Auch dieser Versuch sollte in idealer Ausführung eine reine Schubbeanspruchung der Probe erzeugen; aber genau wie beim Scherversuch wird dieser Schubbeanspruchung eine zusätzliche Biegebeanspruchung überlagert, so daß auch mit diesem Versuch die Schubfestigkeit nicht bestimmt werden kann.

Für die Lochversuche wird meistens eine Vorrichtung nach Abb. 105 (siehe auch Band I) benutzt, die eigentlich eine Stanzvorrichtung für runde Teile ist. Damit die aus dem Blech ausgestanzte Ronde sich infolge ihrer elastischen Rückfederung in der Matrize nicht festklemmt, sondern glatt herausfällt, erweitert man die Bohrung der Matrize konisch nach unten; aus dem gleichen Grund wird der Stempel nach oben verjüngt. Der Stempel wird nicht in die Matrize eingepaßt, sondern man läßt zwischen

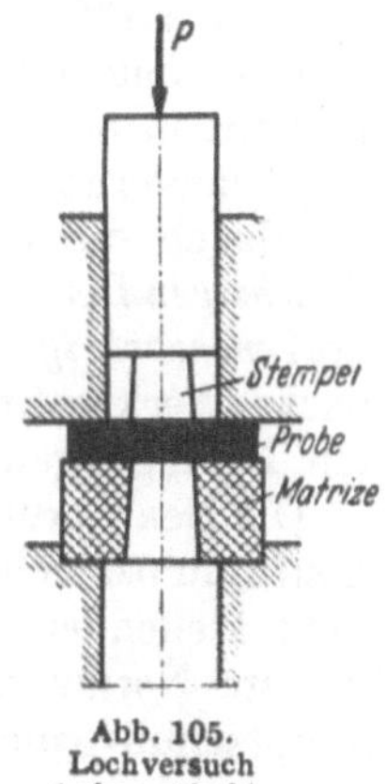

Abb. 105. Lochversuch (schematisch).

[1] Elastizität und Festigkeit, 9. Aufl., S. 411. Berlin: Springer 1924.
[2] Die praktische Werkstoffabnahme in der Metallindustrie. Berlin: Springer 1935.
[3] Stahl u. Eisen Bd. 40 (1920) S. 1697.
[4] Stahl u. Eisen Bd. 46 (1926) S. 97.

beiden ein Spiel von etwa 0,5 mm. Hierüber liegen jedoch keine bindenden Vorschriften vor. Dieses für ein glattes Stanzen zweckmäßige Spiel verursacht die eingangs besprochenen Biegebeanspruchungen. In vielen Fällen wird die untere Fläche des Stempels nicht eben, sondern hohl ausgeführt.

Auch beim Lochversuch beschränkt man sich auf die Bestimmung der höchsten zum Ausstanzen der Ronde erforderlichen Kraft. Die Scherkraft ist außer von dem Werkstoff und seinen Abmessungen von der Ausführung des Werkzeugs (z. B. dem Spiel zwischen Stempel und Matrize und der ebenen oder hohlen Ausführung des Stempels) abhängig. Mit zwei verschiedenen Lochgeräten erhaltene Werte sind daher nicht immer vergleichbar.

Die Lochungsfestigkeit τ_L ergibt sich aus der zum Lochen erforderlichen Kraft P_{max} und der Größe der Scherfläche $F_0 = \pi ds$ (d = Durchmesser der Ronde, s = Blechdicke) zu

$$\tau_L = \frac{P_{max}}{\pi d s}. \tag{5}$$

Die Lochungsfestigkeit erhöht sich bei gleichen Werkzeugen mit der Blechdicke und nimmt mit wachsendem Durchmesser des Stempels ab. Da die Lochungsfestigkeit also keine echte Werkstoffkennziffer ist, kann sie zur Kennzeichnung einer Blechsorte nicht verwandt werden. Auch kann sie zur Bestimmung der zum Stanzen erforderlichen Kräfte nur dann als Annäherung dienen, wenn das Werkzeugspiel entsprechend ausgeführt ist. Dagegen ist die Lochungsfestigkeit zur Untersuchung der Gleichartigkeit von verschiedenen Werkstofflieferungen gut geeignet.

Neben dem beschriebenen Versuch kennt man noch den *Lochversuch als Schmiedeversuch*, der aber eine technologische Probe ist und mit dem hier behandelten Lochversuch nichts zu tun hat (s. Abschn. VI A).

H. Prüfung der Werkstoffe unter mehrachsiger Beanspruchung.

1. Allgemeines.

Bei den vorstehend behandelten Prüfverfahren greifen an der Probe die äußeren Kräfte so an, daß sie, zumindest bei Beginn des Versuches, Beanspruchungen in nur einer Richtung ausgesetzt ist. Auch beim Biegeversuch herrscht in der Probe eine solche einachsige Spannungsverteilung, da die auf Zug beanspruchten Felder des Querschnittes von den auf Druck beanspruchten durch die neutrale Faserschicht getrennt sind. Neben diesen Fällen der *einachsigen* Beanspruchung haben aber die Belastungsfälle, bei denen der Werkstoff *mehrachsig* beansprucht wird, Bedeutung, allerdings weniger für die technische Werkstoffprüfung als für die Beurteilung des Werkstoffverhaltens unter den Bedingungen des Betriebes.

Die Beanspruchung eines Körperelementes ist in der hier zugrunde gelegten Kontinuumsmechanik vollständig bestimmt durch die drei aufeinander senkrecht stehenden Hauptspannungen, nämlich die größte, die mittlere und die kleinste Normalspannung σ_1, σ_2 und σ_3 dieses Elementes, aus denen sich die Hauptschubspannungen

$$\tau_{1,3} = \frac{\sigma_1 - \sigma_3}{2}, \quad \tau_{1,2} = \frac{\sigma_1 - \sigma_2}{2}, \quad \tau_{2,3} = \frac{\sigma_2 - \sigma_3}{2}$$

ergeben (Normal-Zugspannungen sind darin positiv, Normal-Druckspannungen negativ einzusetzen). Die verschiedenartigen Beanspruchungsfälle lassen sich z. B. durch die Mohrschen Spannungskreise[1] anschaulich darstellen (Abb. 106). In

[1] Mohr, O.: Abhandlungen auf dem Gebiete der technischen Mechanik. Berlin: Wilhelm Ernst 1928.

dieser Darstellung werden auf der Abszissenachse die Normalspannungen, auf der Ordinatenachse die Schubspannungen aufgetragen. Bei dem mit *I* bezeichneten Kreis ist σ_1 positiv, $\sigma_3 = 0$; es handelt sich um den beim Zugversuch im mittleren prismatischen Teil der Probe verwirklichten Spannungszustand. Umgekehrt ist bei dem Druckversuch, Kreis *II*, $\sigma_1 = 0$, σ_3 negativ. Reine Schubbeanspruchung, z. B. den Verdrehversuch, kennzeichnet der Kreis *III*, bei dem $\sigma_1 = -\sigma_3$ ist. Mehrachsiger Zug wird dagegen durch Kreis *IV*, $\sigma_1 > \sigma_3 > 0$, mehrachsiger Druck durch Kreis *V*, $0 > \sigma_1 > \sigma_3$, dargestellt. Dem Fall einer Zugspannung in einer Richtung, Druckspannung in der anderen Richtung entspricht Kreis *VI*, $\sigma_1 > 0 > \sigma_3$.

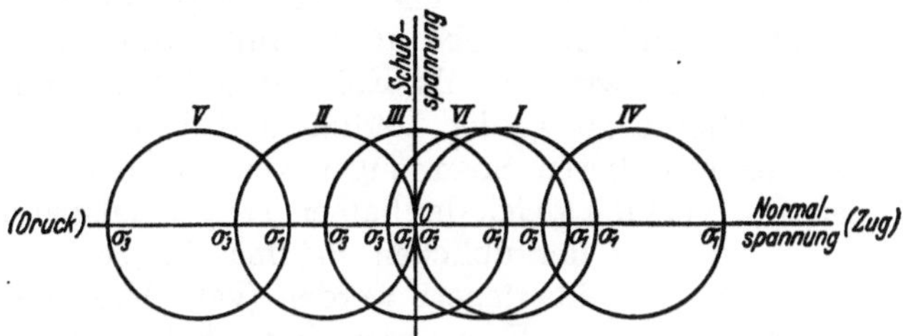

Abb. 106. Mohrsche Spannungskreise (1. und 3. Hauptspannung) für die verschiedenen Fälle der ein- und mehrachsigen Beanspruchung.

Die mittlere Hauptspannung σ_2 ist in dieses Bild der Übersicht halber nicht aufgenommen, sie liegt jeweils zwischen σ_1 und σ_3, wie es z. B. für den Kreis *IV* (allseitiger Zug) gezeigt wird, der in Abb. 107 herausgezeichnet ist; sie kann in Sonderfällen mit σ_1 oder σ_3 zusammenfallen. Die Hauptschubspannungen sind bei dieser Darstellung in allen Fällen gleich den Radien der entsprechenden Kreise. Es sei noch darauf hingewiesen, daß in den Fällen, in denen zwei oder drei Hauptspannungen gleich sind, die entsprechenden Kreise zu Punkten zusammenschrumpfen, d. h. Schubspannungen treten in diesem Fall nicht auf.

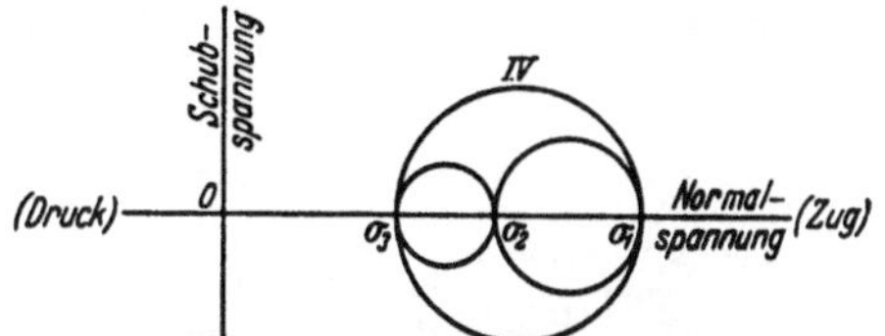

Abb. 107. Mohrsche Spannungskreise (1., 2. und 3. Hauptspannung) für dreiachsige Zugbeanspruchung.

Die verschiedenen Beanspruchungsfälle sind Gegenstand einer großen Anzahl von Arbeiten geworden, deren Ziel in erster Linie eine Prüfung der verschiedenen Festigkeitstheorien[1] (Fließbedingungen) ist. Auf deren Behandlung soll hier verzichtet werden, vielmehr soll nur ein kurzer Überblick über die versuchsmäßige Durchführung gegeben werden.

---

[1] Nach den verschiedenen Festigkeitstheorien ist für den Beginn des Fließens maßgebend: a) die größte Normalspannung (bereits bei Galilei, Leibniz u. Navier), b) die größte Dehnung (Navier, St. Venant), c) die größte Schubspannung (Coulomb); O. Mohr (Abhandlungen auf dem Gebiete der technischen Mechanik, Berlin 1928) setzt diese in Beziehung zur Normalspannung (Mohrsche Hüllkurve); d) die größte Gleitung in Beziehung zur positiven Volumenänderung (Sandel: Diss. T. H. Stuttgart 1919), e) die größte elastische Formänderungsarbeit (Beltrami: Opera matematiche, IV. t. 1920, Abh. 81 vom Jahre 1885), f) die größte Gestaltänderungsarbeit (Huber, M. T.: Czasopisme technize. Lemberg 1904), in etwas anderer Formulierung bei R. v. Mises (Göttinger Nachrichten, Math.-phys. Kl. 1913, S. 582) und bei H. Hencky [Z. angew. Math. Mech. Bd. 4 (1924) S. 323; Bd. 5 (1925) S. 115], g) die größte Formänderungsarbeit in Beziehung zur Volumendehnung [Schleicher, F.: Z. angew. Math. Mech. Bd. 6 (1926) S. 199)]. M. Roš u. A. Eichinger (Die Bruchgefahr fester Körper, Eidgenössische Materialprüfungs- und Versuchsanstalt für Industrie, Bauwesen und Gewerbe, Zürich, Bericht 172, 1949) dehnten die Theorie nach Coulomb — Mohr — Guest u. Huber — v. Mises — Hencky auf die Spannungszustände bis kurz vor dem Bruch aus und unterscheiden für den Bruch selbst zwischen dem Gleitungsbruch und dem Trennungsbruch, die nach verschiedenen Bedingungen eintreten.

2. Versuche unter mehrseitigem Zug oder Druck.

Als Hilfsmittel zur Erzeugung einer mehrachsigen Beanspruchung findet in erster Linie der hydraulische Druck Anwendung. Zur Erzeugung von Druckspannungen wird die Probe unter Außendruck gesetzt, zur Erzeugung von Zugspannungen wird sie als Rohr ausgebildet und eine Flüssigkeit hineingepreßt. Hierdurch werden Radial- und Tangentialspannungen σ_r und σ_t erzeugt; der mit diesen Spannungen verbundenen Längsspannung σ_l, die beim Innendruckversuch gleich der halben Tangentialspannung σ_t ist, kann mit Hilfe der üblichen Prüfmaschinen eine weitere Längsspannung überlagert werden (vgl. Abb. 108).

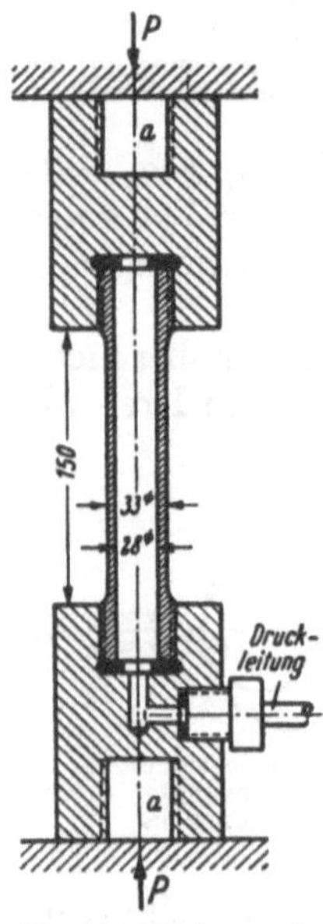

Abb. 108. Probe und Einspannköpfe für Untersuchungen unter Innendruck und Längsbelastung. Bei Längszugbelastung werden Zugbolzen in die Gewindelöcher *a* eingeschraubt (SIEBEL-MAIER).

Es sei hier eingeschaltet, daß in der Werkstoffabnahme Rohre auf Dichtheit geprüft werden, indem man sie einem bestimmten Innendruck aussetzt (z. B. DIN 50104, DIN 1629), sie also einem mehrachsigen Spannungszustand unterwirft (s. Abschn. VI A).

Die Beanspruchung des dünnwandigen Rohres ist hierbei angenähert:

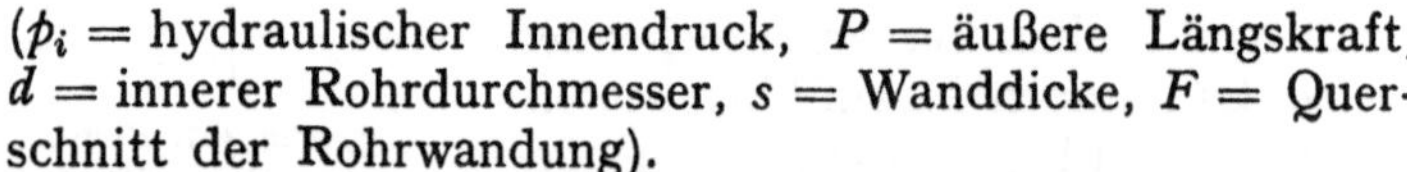

$$\sigma_l = \frac{1}{4} \cdot \frac{d}{s} p_i + \frac{P}{F},$$

$$\sigma_t = \frac{1}{2} \frac{d}{s} p_i,$$

$$\sigma_r = -\frac{1}{2} p_i \quad \text{(für die Mitte der Rohrwandung)}$$

(p_i = hydraulischer Innendruck, P = äußere Längskraft, d = innerer Rohrdurchmesser, s = Wanddicke, F = Querschnitt der Rohrwandung).

Das Verhältnis von Tangential- und Radialspannung ist durch die Rohrabmessungen festgelegt; bei einem Rohr, dessen Wanddicke z. B. $s = 0{,}1\,d$ ist, ist $\sigma_r = -0{,}1\,\sigma_t$, so daß man bei dünnwandigen Rohren für σ_r näherungsweise Null setzen kann. Das Verhältnis der zwei übrigen Hauptspannungen ergibt sich aus dem Innendruck und der Längsspannung. Hält man den Innendruck und damit auch Tangential- und Radialspannung unverändert (Abb. 109), so ergeben sich je nach der Größe der Längsspannung verschiedene mehrachsige Spannungszustände. Für eine große Zugspannung (im Verhältnis zu σ_t, also für niedrigen Innendruck) nähert sich der Spannungszustand dem einachsigen des Zugversuches. Sind σ_l und σ_t von gleicher Größenordnung (d. h. $P/F \sim \sigma_t/2$), so liegt ein zweiachsiger Zug vor. Wir haben somit Verhältnisse, die gegenüber einem einachsigen Zugversuch den Einfluß der mittleren Hauptspannung deutlich hervortreten lassen. Solange P/F dabei größer ist als $\sigma_t/2$, ist die Längsspannung die größte Hauptspannung, andernfalls ist dies die Tangentialspannung. Für $P/F = 0$, d. h. für das Rohr, das nur einem Innendruck ausgesetzt ist, ist $\sigma_l = \sigma_t/2$. Wird das Rohr gestaucht, so ist für $P/F = -\sigma_t/2$ die Längsspannung $\sigma_l = 0$ und die Beanspruchung des Rohres wieder fast einachsig, nur daß jetzt die Tangentialbeanspruchung wirksam ist. Ein weiterer Sonderfall liegt vor, sobald $\sigma_l = -\sigma_t$ oder $P/F = -1{,}5\,\sigma_t$ ist. Zugbeanspruchung in einer und Druckbeanspruchung in der anderen Richtung sind dann gleich, d. h. das Rohr wird auf reinen Schub beansprucht. Wächst die Druckbelastung P/F weiter, so nähert sich die Beanspruchung dem reinen Druck, also wieder einem einachsigen Zustand.

Wählt man an Stelle eines Rohres einen Vollstab, den man unter Außendruck setzt, wobei man in einer Richtung eine Längsspannung hinzufügt, so kann man die Spannungszustände weiter verändern. Jetzt sind aber stets zwei Hauptspannungen σ_t und σ_r einander gleich, und zwar sind beide Druckspannungen. In Abb. 110 sind die Spannungsverteilungen schematisch dargestellt, wobei die einander gleichen Druckspannungen unverändert gehalten werden und die zusätzliche Längsspannung von hohen positiven zu negativen Werten geändert wird. Mit der Abnahme der Längsspannung im Verhältnis zum hydraulischen Druck findet wieder ein stetiger Übergang vom angenähert einachsigen Zug (σ_l positiv und sehr groß gegenüber $\sigma_t = \sigma_r$) über die Schubbeanspruchung ($\sigma_l = -\sigma_t = -\sigma_r$) zum zweiachsigen Druck ($\sigma_l = 0$) statt. Es folgt der allseitige Druck (σ_l negativ), wobei zunächst die beiden gleichen Hauptspannungen ohne Berücksichtigung des Vorzeichens größer, dann gleich (dreiachsig gleicher Druck) und schließlich kleiner als die dritte Hauptspannung sind. Bei weiterem Anstieg der zusätzlichen Druckspannung nähert sich der Spannungszustand wie beim Rohr dem einachsigen Druck.

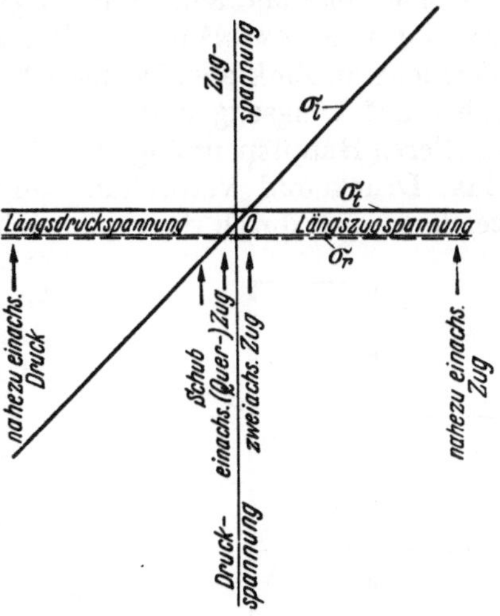

Abb. 109. Spannungszustand in einem Rohr unter Innendruck und Längsbelastung.

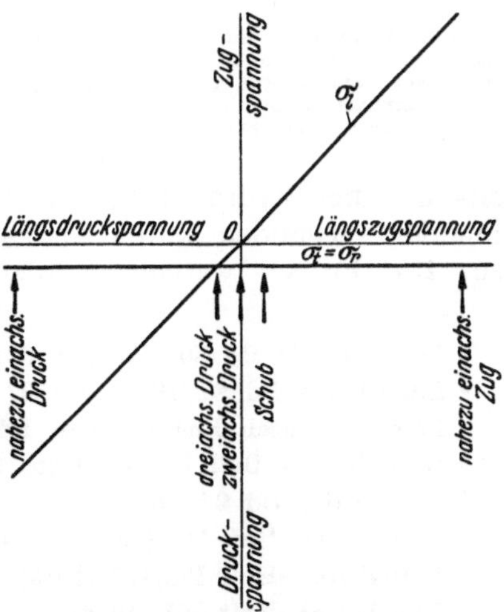

Abb. 110. Spannungszustand eines Stabes unter Außendruck und Längsbelastung.

Außer diesen Zug- und Druckversuchen mit zusätzlichem hydraulischen Druck sind auch Verdrehversuche mit gleichzeitigem hydraulischen Druck, zum Teil auch noch mit überlagertem Zug und Druck ausgeführt worden. Dadurch wird über die soeben behandelten Spannungszustände eine Schubbeanspruchung gelagert; da die Verdrehbeanspruchung für sich Hauptspannungen unter 45° zur Achse hervorruft, werden die Hauptspannungsrichtungen gegen die Probenachse gedreht, ohne daß aber grundsätzlich andere Spannungszustände entstehen. Das gleiche gilt für Zug- oder Druckversuche mit gleichzeitiger Verdrehung.

Die ausgeführten Versuche befassen sich hauptsächlich mit der Bestimmung des Spannungszustandes beim Fließbeginn in der Absicht, Unterlagen für die Gültigkeit der den verschiedenen Festigkeitstheorien entsprechenden Fließbedingungen zu schaffen. Die folgenden Angaben sollen nur einen kleinen Ausschnitt aus dem umfangreichen Schrifttum wiedergeben.

Von älteren Arbeiten seien die Versuche von A. FÖPPL[1] genannt, der Versuche an Steinen und Zementkörpern unter allseitigem Druck ausführte.

---

[1] Mitt. mech.-techn. Labor. München Bd. 27 (1900); Bd. 28 (1902); Bd. 29 (1904).

J. J. GUEST[1] prüfte dünnwandige Rohre aus Eisen, Kupfer und Messing auf Längszug, Innendruck und Verdrehung, ebenso wurden von L. B. TURNER[2] Eisenrohre untersucht. W. MASON[3] sowie A. J. BECKER[4] prüften dünnwandige Eisenrohre auf Zug, Druck und Innendruck, während G. COOK und A. ROBERTSON[5] dickwandige Rohre auf Innendruck prüften. Besondere Beachtung haben die an Marmor und Sandstein vorgenommenen Versuche unter allseitigem Druck von TH. V. KÁRMÁN[6] und R. BÖKER[7] gefunden. BÖKER führte außerdem solche Versuche an Zink aus. W. LODE[8] untersuchte Flußstahl-, Kupfer- und Nickelrohre auf Längszug und Innendruck unter besonderer Berücksichtigung der mittleren Hauptspannung. Die Versuche von M. ROŠ und A. EICHINGER[9] auf Zug, Druck und Verdrehung unter gleichzeitigem Innen- bzw. Außendruck zeichnen sich durch die große Zahl der untersuchten Werkstoffe aus. Weitere derartige Versuche liegen von J. M. LESSELS und C. W. MCGREGOR[10], J. L. M. MORRISON[11] sowie J. MARIN[12] vor. R. SCHMIDT[13] führte Zug-Verdrehversuche an Rohren aus Flußstahl durch, ebenso E. A. DAVIS[14] und W. M. SHEPHERD[15]. Abweichend von den meisten dieser Arbeiten untersuchten E. SIEBEL und A. MAIER[16], sowie E. SIEBEL und E. KOPF[17] die Formänderung von Stählen und Nichteisenmetallen im mehrachsigen Spannungszustand bis zum Bruch, und zwar an Rohren unter Innendruck und Längsbeanspruchung sowie an Vollstäben unter Außendruck.

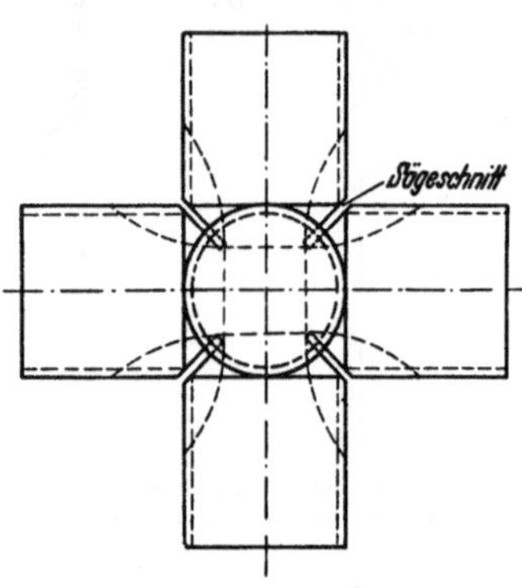

Abb. 111. Würfelprobe mit 6 Gewindestutzen zur Prüfung unter dreiachsiger Beanspruchung. An den 12 Würfelkanten ist die Probe eingekerbt (WELTER).

G. WELTER[18] belastete Würfelproben mit 6 Gewindestutzen nach Abb. 111 gleichzeitig in den drei Achsrichtungen, teils in einer mechanischen Vorrichtung, in der die Belastung in den drei Richtungen nacheinander schrittweise gesteigert wurde, teils in einer hydraulischen Vorrichtung mit 6 Arbeitszylindern, die miteinander verbunden waren und so eine gleichmäßige Laststeigerung erzeugten. Die Proben waren an allen zwölf Würfelkanten durch Sägeschnitte

---

[1] Phil. Mag. (5) Bd. 50 (1900) S. 69.

[2] Engineering Bd. 87 (1909) S. 169, 203; Bd. 92 (1911) S. 115, 183, 246, 305.

[3] Proc. Inst. mech. Engrs. Lond. Bd. 4 (1909) S. 1205.

[4] Univ. Illinois Bull. Engng. Exp. Station Bd. 85.

[5] Engineering Bd. 92 (1911) S. 786.

[6] VDI-Forsch.-Heft 118 (1912) S. 37.

[7] VDI-Forsch.-Heft 175/176 (1915).

[8] VDI-Forsch.-Heft 303 (1928).

[9] Eidgen. Mat.-Prüf.-Anst. Zürich, Disk.-Ber. Bd. 34 (1929); Bericht 172 (1949).

[10] Proc. Fifth Int. Congr. Applied Mech. Cambridge (Mass.) 1938. New York u. London (1939) S. 201. J. Franklin Inst. Bd. 230 (1940) Nr. 2, S. 163.

[11] J. & Proc. Instn. mech. Engrs., London, Bd. 142 (1940) Journ. S. 193.

[12] J. Franklin Inst. Bd. 248 (1949) Nr. 3 S. 231.

[13] Diss. Göttingen 1932.

[14] Steel Bd. 107 (1940) Nr. 5 S. 42 u. 71.

[15] J. & Proc. Instn. mech. Engrs., London, Proc. Bd. 159 (1948) Nr. 39 S. 95.

[16] Z. VDI Bd. 77 (1933) S. 1345.

[17] Z. Metallkde. Bd. 26 (1934) S. 169.

[18] Weld. Res. Counc. (1948) Nr. 11, S. 529.

eingekerbt. Infolgedessen ist schwer zu überblicken, welcher Einfluß den Spannungsspitzen an den Kerben und welcher Einfluß dem mehrachsigen Spannungszustand zukommt.

3. Mehrachsige Spannungen durch Kerbwirkung.

Der Spannungszustand einer prismatischen Zugprobe ist in genügender Entfernung von den Einspannköpfen einachsig. Ist jedoch dieser prismatische Abschnitt durch einen Kerb unterbrochen, so wird infolge der Verformungsbehinderung durch die niedriger beanspruchten überstehenden Teile die gleichmäßige Spannungsverteilung gestört und in eine ungleichmäßige überführt, wobei an dem Kerb Spannungsspitzen auftreten, die ein Mehrfaches der für eine gleichmäßige Verteilung berechneten Spannungen betragen können. Diese ungleichmäßige Spannungsverteilung erzeugt auch dann, wenn die Beanspruchung in den zylindrischen Teilen des Stabes einachsig ist, zusätzliche Querspannungen, so daß sich in den Querschnittsübergängen Gebiete mit mehrachsigen Spannungszuständen einstellen. Diese Spannungsverteilungen und -zustände lassen sich für einfache Fälle berechnen, daneben sind besondere an gekerbten Flachproben eine große Anzahl von örtlichen Dehnungsmessungen bei elastischer Beanspruchung unter Zugrundelegung besonders kleiner Meßlängen ausgeführt worden, aus denen die zugehörigen Spannungen berechnet wurden. Es sei nur auf die Arbeiten von E. Preuss, besonders die Untersuchungen an Lochstäben[1], sowie die von A. Thum und Mitarbeitern[2] verwiesen. Zusammenfassende Arbeiten sind die von E. Lehr[3] und H. Neuber[4]. Weitere Ergebnisse liegen aus spannungsoptischen[5] (s. Bd. I) und röntgenographischen Messungen[6] (s. Bd. I) vor.

Bei gekerbten *Flachproben* ist die Hauptspannung senkrecht zur Probenebene nahezu Null, so daß die Beanspruchung dieser Proben praktisch zweiachsig ist. Zugversuche an gekerbten Flachproben geben keine sehr großen Abweichungen der Fließ- und Dehngrenzen oder auch der Zugfestigkeit gegenüber den an der prismatischen Probe gemessenen; dies steht im Einklang mit anderen Untersuchungen über den zweiachsigen Spannungszustand[7]. Offenbar geht der aus den elastischen Messungen bekannte Spannungszustand im Fließ-, Verfestigungs- und Einschnürgebiet erst allmählich in einen dreiachsigen Zustand über, ähnlich dem, der sich auch im Einschnürgebiet eines prismatischen Stabes[8] ausbildet.

Bei engen und tiefen Kerben in *Rundproben* ist im Gegensatz zur Flachprobe der Spannungszustand vom einachsigen so weit zum dreiachsigen verschoben[9] und bleibt offenbar auch bis zum Bruch dreiachsig, daß die Spannungs-Verformungs-Kurve erheblich ansteigt und somit auch die Zugfestigkeit im Sinne des Werkstoffprüfers, d. h. die auf den Ausgangsquerschnitt bezogene Höchstkraft, größer wird. Auch die anderen Kennziffern des Zugversuches werden

[1] Preuss, E.: VDI-Forsch.-Heft 126 (1912) S. 47.

[2] Zum Beispiel A. Thum u. O. Svenson: Schweiz. Arch. angew. Wiss. Techn. Bd. 15 (1949) S. 161.

[3] Spannungsverteilung in Konstruktionselementen. Berlin: VDI-Verlag 1934.

[4] Kerbspannungslehre. Berlin: Springer 1937.

[5] Föppl, L., u. E. Mönch: Praktische Spannungsoptik. Berlin/Göttingen/Heidelberg: Springer-Verlag 1950.

[6] Neerfeld, H.: Mitt. K.-Wilh.-Inst. Eisenforschg. Bd. 27 (1944) S. 13.

[7] Lode, W.: VDI-Forsch.-Heft 303 (1928).

[8] Siebel, E.: Ber. Werkstoffaussch. VDEh. 71 (1925) — E. Siebel u. S. Schwaigerer: Arch. Eisenhüttenw. Bd. 19 (1948) S. 145.

[9] Kuntze, W.: Mitt. dtsch. Mat.-Prüf.-Anst. Sonderheft 20 (1932). — A. Krisch: Diss. T. H. Berlin 1935. — H. Neuber: Kerbspannungslehre. Berlin: Springer 1937.

beträchtlich verändert. Beispiele hierfür bringen A. MARTENS und E. HEYN[1], P. LUDWIK und R. SCHEU[2] und besonders W. KUNTZE[3]. Von W. KUNTZE sowie von M. PFENDER[4] liegen auch ausführliche Messungen über die Verformungen bis zum Bruch vor. Auf Grund dieser Untersuchungen wurden gekerbte Rundstäbe mehrfach angewandt, um Werkstoffe auf ihre Neigung zum Trennbruch bei mehrachsiger Beanspruchung zu prüfen, doch ist diese Entwicklung noch nicht als abgeschlossen zu betrachten[5]. Das gleiche Ziel wird bei der Prüfung von einseitig gezogenen, gekerbten Flachstäben verfolgt, die im Abschnitt E 5 besprochen ist.

4. Prüfung von Konstruktionen bzw. Konstruktionsteilen.

Bei der Beanspruchung von Konstruktionen und Konstruktionsteilen bilden sich oft an mehreren Stellen infolge ihrer Gestaltung mehrachsige Spannungszustände aus, die häufig so unübersichtlich sind, daß nicht ohne weiteres angegeben werden kann, welches bei dem beabsichtigten Gebrauch der gefährlichste Querschnitt ist, bzw. wie hoch dieser belastet werden kann. Über die Höhe der zulässigen Beanspruchung gibt die Prüfung des Werkstoffes im einachsigen Spannungszustand, z. B. durch den Zugversuch, nur ein ungenügendes Bild. Mitunter kann die Untersuchung einer gekerbten Probe als einfaches Modell eines Konstruktionsteiles bereits aufschlußreiche Unterlagen für das Verhalten des Werkstoffes unter der mehrachsigen Beanspruchung erbringen, doch wird man oft auf die Prüfung des ganzen Teiles nicht verzichten können.

In vielen Fällen ist die Erprobung des fertigen Bauwerkes bzw. der ganzen Maschine üblich. So werden z. B. Brücken durch besonders schwere Fahrzeuge, Eisenbahnbrücken durch mehrere Lokomotiven unter Ausführung von Verformungsmessungen vor der Inbetriebnahme belastet. Bei Dampfkesseln und -fässern ist eine Probebelastung mit einem Mehrfachen des Betriebsdruckes gesetzlich vorgeschrieben. Aber auch jeder Abnahmeversuch an einer Maschine, bei dem in erster Linie Leistungs- und Verbrauchsmessungen ausgeführt werden, stellt eine Werkstoffprüfung im übertragenen Sinne dar, da man bei dem bis zur vollen Belastung durchgeführten Versuch eine Bewährung des Werkstoffes als selbstverständlich voraussetzt.

Darüber hinaus werden aber oft Konstruktionen bzw. Konstruktionsteile in der Werkstoffprüfmaschine bis zum Unbrauchbarwerden belastet, um die schwachen Stellen aufzudecken. Besonders ist hierbei die richtige Anordnung der Belastung zu beachten. Die Teile sind in der Prüfmaschine möglichst so einzubauen, daß die Belastung dem ungünstigsten Fall, der tatsächlich auftreten kann, entspricht. Handelt es sich dabei nur um zwei Gegenkräfte, die z. B. an einer Kette angreifen, so ist dieses Problem einfach zu lösen. Schwieriger ist schon die Einhaltung des richtigen Verhältnisses zwischen drei oder mehr Einzelkräften während des ganzen Versuches, namentlich dann, wenn diese nicht in einer Richtung liegen, und sobald größere Verformungen auftreten. Hier kann man sich oft durch die Einschaltung von Zwischenhebeln helfen. Auch die Aufbringung einer auf eine größere Fläche verteilten Kraft kann Schwierigkeiten bringen; hierbei spricht die Steifigkeit der Kraftverteilungs-

---

[1] Handbuch der Materialienkunde für den Maschinenbau II, Teil A, S. 373. Berlin: Springer 1912.

[2] Stahl u. Eisen Bd. 43 (1923) S. 999.

[3] Arch. Eisenhüttenw. Bd. 2 (1928/29) S. 109; Mitt. dtsch. Mat.-Prüf.-Anst., Sonderheft 20 (1932).

[4] Arch. Eisenhüttenw. Bd. 11 (1937/38) S. 595.

[5] KUNTZE, W.: Technik Bd. 3 (1948) S. 432; Arch. Eisenhüttenw. Bd. 22 (1951) S. 387.

und Übertragungsglieder im Verhältnis zur Formänderung des Bauteiles eine große Rolle. Ein Ausweg ist, die Prüfkraft mit Hilfe von Sandsäcken, Gummikissen oder ähnlichen Mitteln zu verteilen oder sie in eine große Zahl parallel angreifender Einzelkräfte aufzulösen.

Zur Prüfung ganzer Konstruktionsteile sind die üblichen Werkstoffprüfmaschinen zwar oft stark genug, bieten aber nicht den notwendigen Raum. Es werden dann Sonderbauarten notwendig, bei denen der Abstand der Hauptsäulen besonders groß und die Querhäupter entsprechend stark bemessen sind. Vielfach löst man auch die Maschine in verstellbare feste Rahmen auf, die als Widerlager dienen, und setzt in diese als Kraftquellen einzelne hydraulische Pressen mit Pumpe und Manometer zur Krafterzeugung und -messung. Die Durchführung des Versuches ist damit natürlich weit schwieriger als in einer Werkstoffprüfmaschine, bei der die Kraft nur an einer Stelle erzeugt wird.

Allgemeine Richtlinien für die an Konstruktionsteilen auszuführenden Messungen lassen sich nicht geben; diese werden sich meistens auf die gesamten oder bleibenden Verformungen an bestimmten Abschnitten bei den praktisch in Frage kommenden Kräften, d. h. die Aufnahme der von Punkt zu Punkt verschiedenen Kraft-Verformungs-Linien, und auf die Kräfte und Stellen erstrecken, bei denen ein Bruch oder unzulässige Verformungen auftreten.

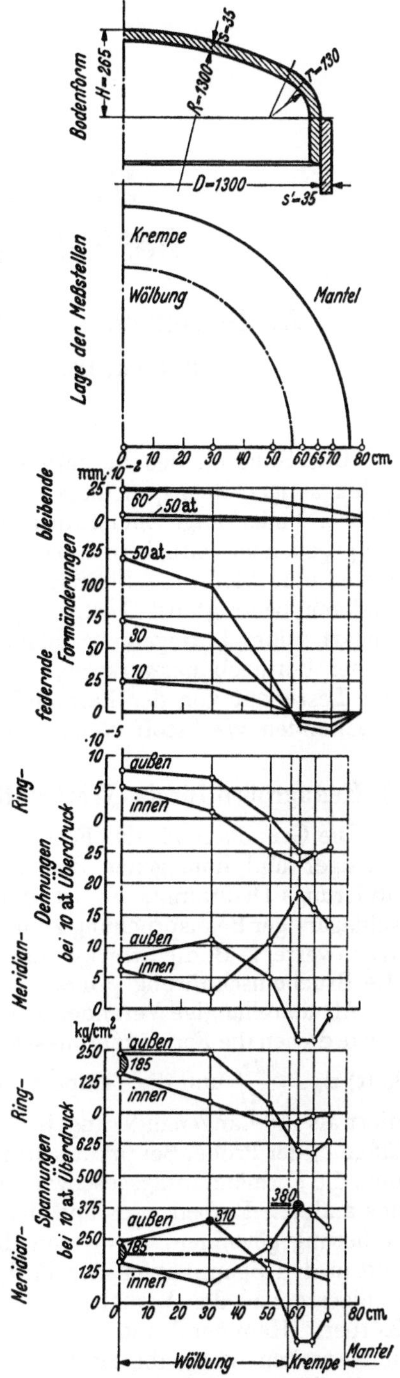

Abb. 112. Verlauf der Formänderungen, der Dehnungen und der Spannungen an einem Kesselboden unter Innendruck (SIEBEL-KÖRBER).

Als Beispiel hierfür ist in Abb. 112 das Ergebnis einer Versuchsreihe zur Bestimmung der Formänderungen und der daraus berechneten Spannungen an einem Kesselboden bei der Beanspruchung durch inneren Druck wiedergegeben[1]. Über der Abwicklung des Meridians des Kesselbodens sind als Ordinaten aufgetragen die bleibenden und federnden Formänderungen senkrecht zur Oberfläche (gemessen mit Meßuhren), die Dehnungen in Richtung des Meridians und senkrecht dazu (gemessen mit Hilfe von Dehnungsmessern an der Außenfläche) und die daraus berechneten Ring- und Meridianspannungen. Die Abbildung läßt die auf der Innenseite im Bereich der Krempe sich ausbildenden Höchstwerte der Meridianspannung erkennen, die besonders bei kleinem Krempenradius Anlaß zu den gefährlichen Krempenrissen geben können.

[1] SIEBEL, E., u. F. KÖRBER: Mitt. K.-Wilh.-Inst. Eisenforschg. Bd. 7 (1925) S. 113; Bd. 8 (1926) S. 1.

II. Festigkeitsprüfung bei Schlagbeanspruchung.

A. Homogene und einachsige Schlagbeanspruchung.

Von **K. Fink**, Düsseldorf, und **Chr. Rohrbach**, Düsseldorf.

1. Einführung.

Das Studium des Verhaltens von Werkstoffen bei schnellen, insbesondere schlagartigen Beanspruchungen ist in zweifacher Hinsicht von besonderer praktischer Bedeutung. Einmal interessiert es den Konstrukteur, ob ein Bauteil bei vorgegebenem zeitlichem Belastungsablauf nur elastisch beansprucht wird oder ob es eine bleibende Formänderung erfährt bzw. sogar zu Bruch geht. Zum anderen benötigt der Technologe Unterlagen über den Kraft- und Leistungsbedarf seiner Formgebungsanlagen und insbesondere über die Beanspruchung seiner Formgebungswerkzeuge; zahlenmäßige Angaben über die Abhängigkeit der Festigkeit von der Formänderungsgeschwindigkeit für den jeweils zu verarbeitenden Werkstoff können ihm daher sehr von Nutzen sein.

2. Kenngrößen für das Werkstoffverhalten bei schlagartiger Beanspruchung.

Die Grundlage für das Festigkeitsverhalten der Werkstoffe bei ruhender einachsiger und homogener Beanspruchung ist das statische Spannungs-Formänderungs-Diagramm. Es ist daher naheliegend, dessen Veränderungen bei schlagartiger Beanspruchung zu untersuchen, zumindest aber die entsprechenden Kennwerte, z. B. die Streckgrenze σ_S, die Zugfestigkeit σ_B, die Bruchdehnung δ, die Brucheinschnürung ψ usw., beim Schlagzugversuch zu ermitteln.

Als unabhängige Veränderliche für die Ermittlung der obengenannten Kennwerte dienen die Formänderungsgeschwindigkeit (Dehn- bzw. Stauchgeschwindigkeit) $w_0 = \frac{d\varepsilon_0}{dt}$ und die Temperatur. Die Formänderungsgeschwindigkeit ist definiert als die Längenänderung je Zeiteinheit, bezogen auf die ursprüngliche Meßlänge L_0 der Probe. Bei praktisch starrer Befestigung des einen Probenendes kann man die Formänderungsgeschwindigkeit aus dem Quotienten der Geschwindigkeit des anderen Probenendes und der ursprünglichen Probenmeßlänge L_0 in erster Näherung gewinnen, wenn man die elastische Verformung in den Hohlkehlen und in den Spannköpfen der Probe vernachlässigen darf. Weiterhin kann man weniger genau das Verhältnis aus der Schlaggeschwindigkeit v_0 des stoßenden Körpers (Hammers) und der Probenmeßlänge als Formänderungsgeschwindigkeit ansehen, wenn die elastischen Verformungen aller Bauteile zwischen der Stoßstelle und dem bewegten Probenende klein gegenüber den Verformungen der Probe sind. Von der Formänderungsgeschwindigkeit w_0 ist die wahre Formänderungsgeschwindigkeit $w_\varepsilon = \frac{d\varepsilon}{dt}$ zu unterscheiden, die auf die jeweilige (wahre) Meßlänge bezogen ist. Zwischen beiden Formänderungsgeschwindigkeiten besteht die Beziehung:

$$w_\varepsilon = \frac{1}{1+\varepsilon_0} w_0 . \qquad (1$$

Im elastischen Bereich kann man statt der Formänderungsgeschwindigkeit die Beanspruchungsgeschwindigkeit $d\sigma/dt$ als unabhängige Veränderliche angeben. Es gilt

$$\frac{d\sigma}{dt} = E\, w_\varepsilon, \tag{2}$$

worin E den Elastizitätsmodul bedeutet.

Bei höheren Schlaggeschwindigkeiten und größeren Probenlängen, bei denen nicht mehr eine annähernd gleichmäßige Verteilung der Spannung und Verformung über die Probenlänge während des Schlages angenommen werden kann, ist es zweckmäßig, als unabhängige Veränderliche für die Kenngrößen die Schlaggeschwindigkeit v_0 zu wählen, weil dann die Angabe einer Formänderungsgeschwindigkeit ihren Sinn verliert.

Erreicht die Schlaggeschwindigkeit bei Zugbeanspruchung einen so hohen Wert, daß unmittelbar an der Stoßstelle ohne merkliche Veränderungen längs der übrigen Probenlänge ein Bruch entsteht, so nennt man diese Schlaggeschwindigkeit die *kritische Zuggeschwindigkeit* v_c. Die kritische Zuggeschwindigkeit hängt vom Werkstoff ab und gilt daher als Werkstoffkenngröße (s. unten).

3. Besonderheiten infolge endlicher Ausbreitungsgeschwindigkeit von Spannung und Dehnung beim Schlagzugversuch[1].

Vom Zugversuch her ist man gewöhnt, die Spannung und die Dehnung bis zum Beginn der Einschnürung als praktisch gleichmäßig über die ganze Probenlänge anzusehen. Diese Voraussetzung gilt beim Schlagzugversuch oberhalb einer bestimmten Schlaggeschwindigkeit bei vorgegebener Probenlänge nicht mehr; vielmehr breiten sich von der Stoßstelle elastische und plastische Wellen in die Probe aus, die eine über die Probenlänge recht unterschiedliche Spannung und Dehnung bewirken können.

a) Elastische Wellen beim zentralen Stoß zweier Körper.

B. DE ST. VENANT [*1*] und F. NEUMANN [*2*] haben eine Theorie des zentralen elastischen Stoßes prismatischer Körper entwickelt [*3, 4*], die C. RAMSAUER [*5*] experimentell bestätigen konnte. Danach breitet sich von der Stoßstelle in beide Körper je eine elastische Welle mit der diesen Körpern eigenen Schallgeschwindigkeit aus. Die Änderung der elastischen Verformung oder Spannung des von der Welle beanspruchten Bereichs eines Körpers bekommt man aus

$$\varepsilon_0 = \frac{v_1}{c_0} \quad \text{bzw.} \quad \sigma = \varrho\, c_0\, v_1 = \frac{v_1}{c_0} E, \tag{3}$$

worin

$$c_0 = \sqrt{\frac{E}{\varrho}} \tag{4}$$

die Schallgeschwindigkeit in dünnen Stäben, ϱ die Dichte des Stabes, E den Elastizitätsmodul und v_1 die durch den Stoß hervorgerufene Geschwindigkeitsänderung der von der Welle erfaßten Masse bedeuten. Trifft eine elastische Welle bei ihrer Ausbreitung auf Querschnitts- oder Werkstoffübergänge, so wird sie teilweise reflektiert, wobei die Grenzbedingungen der Kraft- und Geschwindigkeitsgleichheit gelten. Um die sich dabei ergebenden Überlagerungen der elastischen Wellen übersehen zu können, hat K. J. DE JUHASZ [*6*] ein graphisches Ver-

[1] Zusammenstellung der Literatur s. S. 146.

fahren angegeben, um die Formänderungs- (Spannungs-) und Geschwindigkeitsverteilung über Ort und Zeit in den aufeinanderstoßenden Körpern bei Verschiedenen Bedingungen zu ermitteln.

Ein Beispiel für die Vorgänge bei der Ausbreitung elastischer Wellen in begrenzten Körpern ist der in Abb. 1 wiedergegebene zeitliche Formänderungsverlauf in einem Stahlstab von 1000 mm Länge, der zentral von einem 200 mm langen Stahlstab gleichen Querschnitts gestoßen wurde [7]. Man erkennt, wie der Stab an der Meßstelle von einer Druckwelle durchlaufen wird, die nach ihrer Reflexion am freien Ende, d. h. an einem Werkstoff- oder auch Querschnittsübergang, als Zugwelle nach einer Zeit wiedererscheint, die durch die Schallgeschwindigkeit für Stahl und die zweimal durchlaufene Strecke zwischen Meßstelle und freiem Stabende gegeben ist. Diese Zugwelle reflektiert am (inzwischen entlasteten) Stoßende wieder als Druckwelle, die wegen der kürzeren Entfernung zwischen Meßstelle und Stoßstelle der Zugwelle unmittelbar folgt, usw.

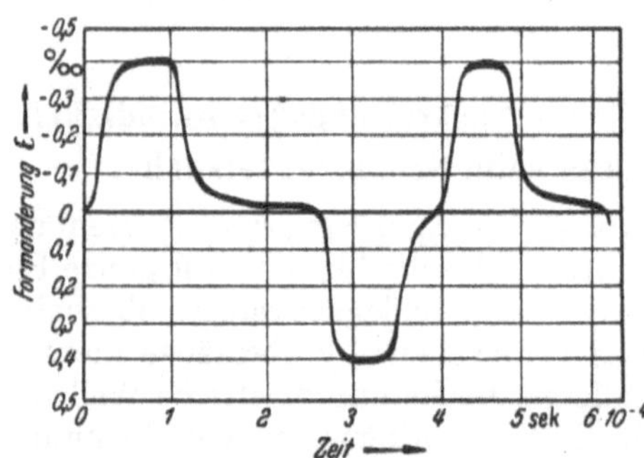

Abb. 1. Formänderungs-Zeit-Verlauf beim zentralen elastischen Stoß zweier Stahlstäbe (gemessen mit Dehnungsmeßstreifen 340 mm hinter der Stoßstelle); $L_1 = 200$ mm; $L_2 = 1000$ mm; $v_0 = 4{,}23$ m/sek. (Nach K. Fink.)

Weiterhin sieht man aus Abb. 1, daß der Höchstwert der Druck- bzw. Zugbelastung in der elastischen Welle und die Entlastung nicht unmittelbar, sondern allmählich erreicht wird; diese Abflachung der sonst theoretisch als „unendlich steil" angenommenen Front der Stoßwelle rührt daher, daß eine der aufeinanderstoßenden Flächen ballig ausgeführt werden mußte, weil sonst kein zentraler Stoß der Stäbe möglich gewesen wäre. Durch Verknüpfung der Hertzschen Theorie des Stoßes [3, 4, 8] mit der St. Venant-Neumannschen Elastizitätstheorie läßt sich der zeitliche Verlauf der durch den Stoß verursachten Belastungsänderung, deren maximale Steilheit als *Stoßhärte* bezeichnet werden möge, berechnen [7, 9, 10, 11].

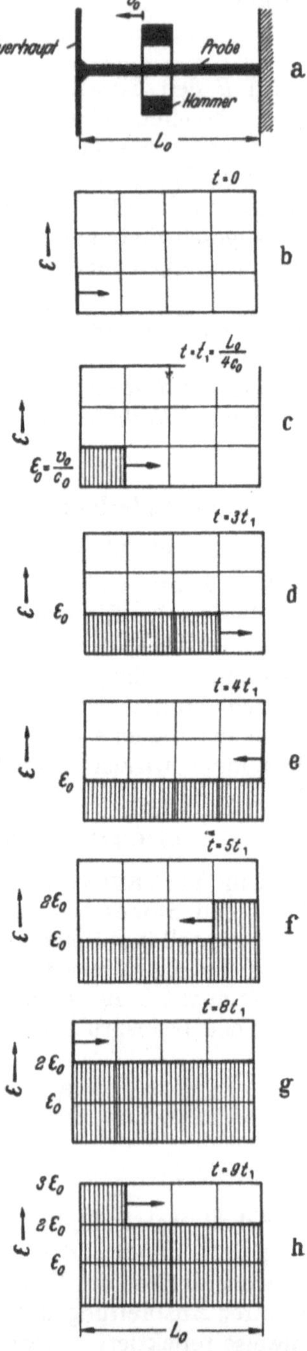

Abb. 2 a—h. a) Schlag-Zug-Prüfeinrichtung, schematisch. — b) bis h) Zeitlicher Verlauf der Dehnung in der Probe innerhalb des elastischen Bereiches der Schlag-Zug-Beanspruchung.

Innerhalb der elastischen Belastung wirken sich die Ausbreitungsvorgänge in Schlagfestigkeitsprüfeinrichtungen etwa so aus, wie in Abb. 2 dargestellt [*12, 13, 14*]. Abb. 2a zeigt schematisch eine Prüfeinrichtung, bei der eine starr eingespannte Probe über ein Querhaupt von einem Hammer schlagartig gereckt, also einer Zugbeanspruchung unterworfen wird. Ist das Verhältnis der Massen von Hammer und Probe groß, was konstante Schlaggeschwindigkeit bedeutet, und sind Hammer, Querhaupt und Probeneinspannung völlig starr, so erhält man zu verschiedenen Zeiten nach dem Schlag den in Abb. 2b bis 2h dargestellten Dehnungs- (Spannungs-) Verlauf über die Probenlänge. Zur Zeit $t = 0$ (Abb. 2b) bildet sich eine Stoßwelle aus, die mit Schallgeschwindigkeit die Probe durcheilt und zur Zeit $t = 4\,t_1$(Abb. 2e) am starr eingespannten Probenende auf den doppelten Wert reflektiert wird. Zur Zeit $t = 8\,t_1$ (Abb. 2g) erfolgt eine weitere Reflexion, jetzt an der Stoßstelle, die Dehnung steigt auf den dreifachen Wert usw. Dieser Vorgang setzt sich so lange fort, bis schließlich die Streckgrenze oder die „Trennfestigkeit" (bei verformungslosem Bruch) erreicht wird. Wesentlich ist dabei, daß von einer gleichmäßigen Beanspruchung längs der Probe zu irgendeinem Zeitpunkt nicht mehr die Rede sein kann und damit die Angabe einer Dehngeschwindigkeit der Probe ihren Sinn verliert. Diese Unterschiede in der Beanspruchungsverteilung prägen sich um so mehr aus, je größer die Schlaggeschwindigkeit v_0, je härter der Stoß und je länger die Probe bei gleicher Stoßhärte ist. Diese Erscheinungen können, wenn sie nicht berücksichtigt werden, beträchtliche Fehler, z. B. bei der Ermittlung der Streckgrenze bei schlagartiger Beanspruchung, verursachen, worauf K. FINK [*11*] sowie D. S. CLARK und P. E. DUWEZ [*15*] besonders hingewiesen haben.

Bei den bisherigen Ausführungen über die Ausbreitung elastischer Wellen wurde vorausgesetzt, daß die Stäbe als dünn angesehen werden dürfen, so daß man für die Fortpflanzung die Schallgeschwindigkeit $c_0 = \sqrt{\frac{E}{\varrho}}$ zugrunde legen kann. In diesen Fällen kommt die Querdilatation bzw. -kontraktion voll zur Auswirkung, d. h. die ebene elastische Spannungswelle ist einachsig. Sind im Frequenzspektrum der sich durch einen Stab ausbreitenden elastischen Welle jedoch wesentliche Frequenzanteile enthalten, deren Wellenlängen in Größenordnung des Stabdurchmessers kommen, so ist die Ausbreitungsgeschwindigkeit nicht mehr gleich der Schallgeschwindigkeit c_0, und die elastische Spannungswelle wird mehrachsig [*16—28*]. Für die Fortpflanzungsgeschwindigkeit $\bar{c}$ einer ebenen elastischen Längswelle mit den Hauptspannungen σ_1, σ_2, σ_3 in der Richtung von σ_1 hat A. EICHINGER [*29*] die Beziehung angegeben:

$$\bar{c} = \sqrt{\frac{E}{\varrho\left(1 - \mu\,\frac{\sigma_2 + \sigma_3}{\sigma_1}\right)}}\,. \tag{5}$$

Gl. (5) läßt grundsätzlich alle Fortpflanzungsgeschwindigkeiten von Null bis ∞ zu und gibt mittelbar die von E. GIEBE und E. BLECHSCHMIDT [*30—32*] bestimmten Eigenfrequenzen von dünnwandigen Rohren (zweiachsige elastische Spannungswelle) wieder. Die unmittelbare Bestätigung aus Laufzeitmessungen von Schallwellen in Vollstäben und damit der Beweis der Allgemeingültigkeit dieser Beziehung steht noch aus.

b) Plastische Wellen beim zentralen Stoß zweier Körper.

Die Zug- oder Druckspannung σ, die durch einen elastischen Stoß erregt wird, kann durch ein- oder mehrmalige Reflexion oder bei Steigerung der Schlaggeschwindigkeit auch unmittelbar den Wert der Fließgrenze erreichen. Sobald die Fließgrenze überschritten wird, entstehen plastische Wellen [*33*].

Wird ein langer Stab plötzlich mit einer Schlaggeschwindigkeit v_0 gestoßen, die unmittelbar im Stab eine Spannungswelle hervorruft, deren Betrag oberhalb der Fließgrenze liegt, so erhält man nach TH. VON KÁRMÁN [*34*], G. I. TAYLOR [*35*] sowie M. P. WHITE und LEVAN GRIFFIS [*36*] die Formänderung ε_1 oder die Spannung σ_1 an der Stoßstelle aus

$$v_0 = \int\limits_0^{\varepsilon_1} c_n \, d\varepsilon = \frac{1}{\varrho} \int\limits_0^{\sigma_1} \frac{d\sigma}{c_n}, \tag{6}$$

worin c_n die Ausbreitungsgeschwindigkeit der Formänderung ε_n oder der Spannung σ_n zwischen 0 und ε_1 bzw. σ_1 bedeuten. Die Geschwindigkeit c_n beträgt

$$c_n = \sqrt{\frac{\frac{d\sigma}{d\varepsilon}}{\varrho}}. \tag{7}$$

$d\sigma/d\varepsilon$ ist der Plastizitätsmodul (Steigung des für diese Formänderungsgeschwindigkeit gültigen Spannungs-Formänderungs-Diagramms in irgendeinem Punkt des plastischen Bereiches bis zur höchsten ertragbaren Spannung an der Stelle ε_n, σ_n). Erreicht z. B. bei schlagartiger Zugbeanspruchung die Schlaggeschwindigkeit einen kritischen Betrag v_c entsprechend der Gleichmaßdehnung δ_g oder der Zugfestigkeit σ_B, also Werte, die der Stelle im Spannungs-Dehnungs-Diagramm entsprechen, an welcher der Plastizitätsmodul und damit c_n Null werden, so tritt unmittelbar an der Stoßstelle ein Bruch ein, ohne daß es zur Ausbreitung einer plastischen Welle gekommen ist. v_c nennt man die ***kritische Zuggeschwindigkeit.***

Die bleibende Formänderung nach dem Schlag ist der sich ausbreitenden Stoßwelle ähnlich in ihrem Verlauf und vermittelt deshalb ein anschauliches Bild der Ausbreitungsvorgänge. Abb. 3a zeigt die bleibende Dehnung ε_{bl} bei schlagartiger Zugbeanspruchung nach dem Schlag längs verschiedener Drähte aus weichem Kupfer von 2000 mm Länge, wenn die Schlaggeschwindigkeit konstant gehalten, die „*Stoßdauer*" (Dauer der Berührung der sich stoßenden Körper) jedoch verändert wurde [*34, 37*]. Abb. 3b gibt die bleibende Dehnung ε_{bl} an ähnlichen Drähten wieder, die mit verschiedener Schlaggeschwindigkeit beansprucht wurden; die Stoßdauer war nicht konstant. In beiden Fällen war die Stoßdauer entsprechend der Probenlänge so kurz gewählt, daß keine stören-

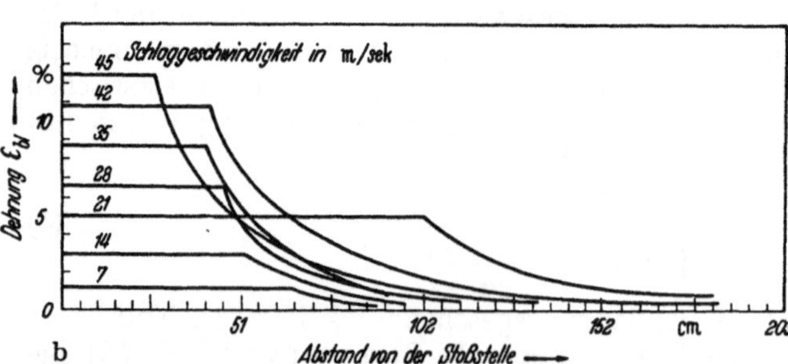

Abb. 3a u. b. a) Verteilung der bleibenden Dehnung ε_{bl} bei schlagartiger Zugbeanspruchung mit verschiedener Schlagdauer und während des Schlages konstanten Schlaggeschwindigkeiten; Probenlänge 2000 mm; Werkstoff: geglühtes Kupfer. (Nach TH. v. KÁRMÁN, P. E. DUWEZ und D. S. CLARK.) — b) Abhängigkeit der bleibenden Dehnung ε_{bl} an der Stoßstelle von der Höhe der während des Schlages konstanten Schlaggeschwindigkeit; Werkstoff: geglühtes Kupfer. (Nach TH. v. KÁRMÁN, P. E. DUWEZ und D. S. CLARK.)

den Reflexionen am anderen Probenende auftreten konnten. Man erkennt, daß die Front der plastischen Welle um so weiter fortgeschritten ist, je länger der Stoß gedauert hat, und daß die Dehnung ε_{bl} an der Stoßstelle unabhängig von der Stoßdauer ist. Außerdem steigt die Dehnung ε_{bl} mit der Schlaggeschwindigkeit v_0. Bei einer Schlaggeschwindigkeit von 50 m/sek ging der Kupferdraht in unmittelbarer Nähe der Stoßstelle zu Bruch. Die aus dem statischen Spannungs-Dehnungs-Diagramm abgeleitete kritische Zuggeschwindigkeit v_c betrug 35 m/sek.

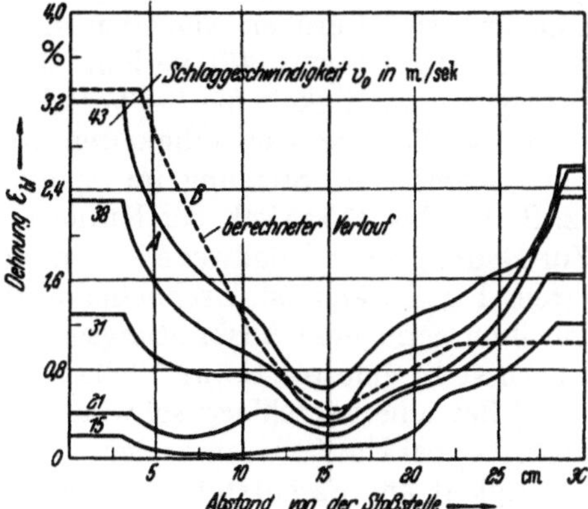

Abb. 4. Verteilung der bleibenden Stauchung nach schlagartiger Druckbeanspruchung mit verschiedenen, während des Schlages konstanten Schlaggeschwindigkeiten;

Probenlänge 300 mm; Werkstoff: kaltgewalzter Flußstahl.

(Nach TH. v. KÁRMÁN, P. E. DUWEZ und D. S. CLARK.)

Wird eine plastische Welle in einer Probe endlicher Abmessungen ausgelöst, so erfährt sie beim Auftreffen auf die Grenzflächen Veränderungen, die wiederum durch die Grenzbedingungen der Kraft- und der Geschwindigkeitsgleichheit festgelegt sind. Abb. 4 zeigt als Beispiel die Verteilung der bleibenden Formänderung nach kurzzeitiger, schlagartiger Stauchung an 300 mm langen an einem Ende festen Proben aus kaltgewalztem Flußstahl mit der Schlaggeschwindigkeit als Parameter. Durch Reflexion der primären plastischen Welle entstehen sekundäre plastische Wellen am eingespannten Ende der Probe, die Anlaß zu der in Abb. 4 gezeigten Verteilung der bleibenden Stauchung geben.

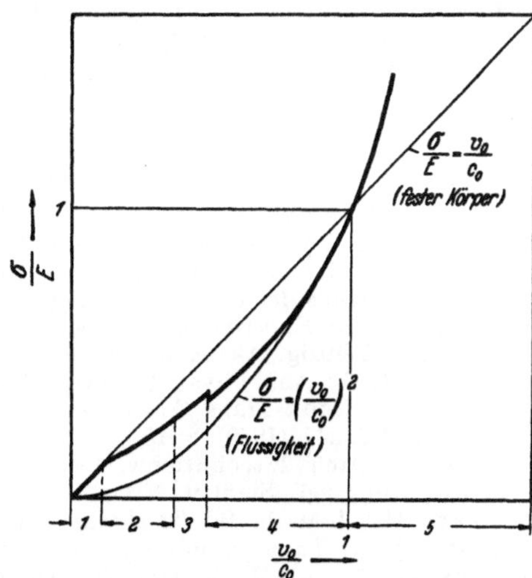

Abb. 5. Übersicht über das Verhalten elastisch-plastischer Werkstoffe bei schlagartiger Druckbeanspruchung in einem weiten Schlaggeschwindigkeitsbereich.

1 Elastischer Bereich; *2* Normaler plastischer Bereich; *3* Normaler Knallwellen-Bereich; *4* Ausfließbereich; *5* Überschallbereich.

(Nach M. P. WHITE und LE VAN GRIFFIS.)

Während die Theorie der Ausbreitung plastischer Wellen bei Werkstoffen mit normaler Fließkurve die experimentellen Ergebnisse weitgehend unter der Annahme zu deuten gestattet, daß das Spannungs-Formänderungs-Diagramm praktisch von der Formänderungsgeschwindigkeit unbeeinflußt ist, versagte diese Voraussetzung bei Werkstoffen mit ausgeprägter oberer Fließgrenze [*37*]. Die Fließgrenze bei schlagartiger Beanspruchung wird vielmehr beträchtlich, z. B. um 100% und mehr, erhöht [*11*]. Weiterhin zeigt die Verteilung der bleibenden Formänderung längs einer langen Probe, daß die Ausbreitungsgeschwindigkeit c_n verhältnismäßig klein und außerdem praktisch konstant, also unabhängig von der Formänderung sein muß [*37*, *38*]. Eine Theorie plastischer Wellen, die den Einfluß der Formänderungsgeschwindigkeit berücksichtigt [*39*] und die experimentellen Ergebnisse vollständig befriedigt, gibt es noch nicht.

Während bei Metallen im Zugversuch die Steigung im Spannungs-Dehnungs-Diagramm mit wachsender Dehnung monoton abnimmt, bis schließlich der Bruch eintritt, wird der Plastizitätsmodul im normalen Spannungs-Stauchungs-Diagramm beim Druckversuch bei größeren Stauchungen wegen der Querschnittszunahme wieder größer. Nach den theoretischen Überlegungen von M. P. WHITE und LEVAN GRIFFIS [*40*] verhält sich der Werkstoff je nach der Größe der Schlaggeschwindigkeit hierbei verschiedenartig (Abb. 5).

α) Bei Schlaggeschwindigkeiten, die Spannungen und Stauchungen im Bereich wachsender Steigung im Spannungs-Stauchungs-Diagramm hervorrufen (z. B. 125 bis 175 m/sek bei Kupfer), breitet sich eine sog. „Knallwelle" aus. Zur Bildung einer Knallwelle kommt es, wenn sich größere Stauchungen gemäß ihrem Plastizitätsmodul schneller ausbreiten wollen als kleinere Stauchungen mit ihrer geringeren Ausbreitungsgeschwindigkeit. Da dies jedoch nicht möglich ist, entsteht eine plastische Welle sehr steiler Front (Bereich *3* in Abb. 5).

β) Bei höheren Schlaggeschwindigkeiten (z. B. 175 m/sek bis Schallgeschwindigkeit c_0 bei Kupfer) nimmt der Werkstoff immer mehr die Eigenschaften einer Flüssigkeit an. Es entsteht eine Knallwelle, deren Abstand vom Amboß sich nicht ändert. Der Werkstoff fließt dabei längs der Oberfläche des Ambosses quer zur Schlagrichtung aus (Beispiel: Schuß eines Bleigeschcsses gegen eine feste Platte). (Bereich *4* in Abb. 5.)

γ) Bei Schlaggeschwindigkeiten oberhalb der Schallgeschwindigkeit c_0 verhält sich der Werkstoff wie eine Flüssigkeit (Bereich *5* in Abb. 5).

Eine experimentelle Betätigung der bisher nur theoretisch abgeleiteten Zusammenhänge steht noch aus.

Die bisherige Theorie plastischer Wellen setzte voraus, daß die dem zentralen Stoß ausgesetzten Stäbe als dünn angesehen werden dürfen; d. h. die Querverformungen werden nicht behindert, und Querspannungen können sich nicht ausbilden. D. S. WOOD [*41*] hat die Theorie jedoch erweitert und die Ausbreitung plastischer Wellen auch bei behinderter Querverformung berechnet.

Literatur zu Absatz 3.

1. VENANT, B. DE ST.: J. Liouville Bd. 12 (1867) S. 237.
2. NEUMANN, F.: Vorlesungen über die Theorie der Elastizität. Leipzig 1885, Kap. 20.
3. PÖSCHL, TH.: Der Stoß. In: Handbuch der Physik. Hrsg. von H. GEIGER u. K. SCHEEL. Bd. 6. Mechanik der elastischen Körper. Berlin 1928. S. 501.
4. Handbuch der Experimentalphysik. Bd. 3. L. FÖPPL: Mechanik. Teil 2. Technische Mechanik. Leipzig: Akademische Verlagsges. 1929. S. 151.
5. RAMSAUER, C.: Ann. Phys., 4. Folge Bd. 30 (1909) S. 416.
6. JUHASZ, K. J. DE: Trans. Amer. Soc. mech. Engrs. Bd. 64 (1942) S. A-122, J. Franklin Inst. Bd. 247 (1949) S. 15.
7. FINK, K.: Arch. Eisenhüttenw. Bd. 21 (1950) S. 137. (Mitt. Max-Planck-Inst.Eisenforschg. 510); vgl. Stahl u. Eisen Bd. 70 (1950) S. 428.
8. HERTZ, H.: J. Math. Bd. 92 (1882) S. 156.
9. SEARS, J. E.: Trans. Cambridge phil. Soc. Bd. 21 (1909/11) S. 49.
10. FANNING, R., u. W. V. BASSET: Trans. Amer. Soc. mech. Engrs. Bd. 62 (1940) S. A-24.
11. FINK, K.: Arch. Eisenhüttenw. Bd. 19 (1948) S. 153 (Mitt. K.-Wilh.-Inst. Eisenforschg. 473); Schweiz. Arch. angew. Wiss. Techn. Bd. 15 (1949) S. 193; vgl. Stahl u. Eisen Bd. 69 (1949) S. 169.
12. VENANT, B. DE ST., u. A. FLAMANT: C. R. Bd. 97 (1883) S. 127, 214, 281 u. 444.
13. DONNELL, L. H.: Trans. Amer. Soc. mech. Engrs. Bd. 52 (1930) S. 153.
14. BURR, A. H.: J. appl. Mech. Bd. 17 (1950) S. 209.
15. CLARK, D. S., u. P. E. DUWEZ: J. appl. Mech. Bd. 15 (1948) S. 243.
16. POCHHAMMER, L.: J. reine u. angew. Math. (Crelle) Bd. 81 (1876) S. 324.
17. BERGMANN, L.: Der Ultraschall und seine Anwendung in Wissenschaft und Technik. 5. Aufl. Stuttgart: Hirzel 1949. S. 402.

18. RALEIGH, LORD: Theory of sound. London: MacMillan 1926.
19. LOVE, A. E. H.: Mathematical theory of elasticity. 4th ed. Cambridge: University Press 1927, S. 287.
20. RÖHRICH, K.: Z. Phys. Bd. 73 (1931/32) S. 813.
21. SCHOENEK, H.: Z. Phys. Bd. 92 (1934) S. 390.
22. SHEAR, S. K., u. A. B. FOCKE: Phys. Rev. Bd. 57 (1940) S. 532.
23. BANCROFT, D.: Phys. Rev. Bd. 59 (1941) S. 588.
24. CZERLINSKY, E.: Akust. Z. Bd. 7 (1942) S. 12.
25. ADOLF, R., H. O. KNESER u. J. SCHULZ: Ann. Phys. 6. Folge Bd. 8 (1950) S. 99.
26. BAIRD, K. M.: Nature, Lond. Bd. 160 (1947) S. 24.
27. PACK, D. C., W. M. EVANS u. H. J. JAMES: Proc. phys. Soc., Lond. Bd. 60 (1948) S. 1.
28. HÜTER, T.: Z. angew. Phys. Bd. 1 (1949) S. 275.
29. EICHINGER, A.: Über die Ausbreitung elastischer Wellen in festen Körpern. Vorgetragen auf der Arbeitsbesprechung „Verformungsvorgänge bei schlagartiger Beanspruchung" am 19./20. 10. 1944 in Clausthal-Zellerfeld.
30. GIEBE, E., u. E. BLECHSCHMIDT: Ann. Phys. 5. Folge Bd. 18 (1933) S. 417.
31. LOVE, A. E. H.: Lehrbuch der Elastizität. Leipzig: Teubner 1907. S. 624.
32. POSENER, L.: Ann. Phys. 5. Folge Bd. 22 (1935) S. 101.
33. DONNELL, L. H.: Trans. Amer. Soc. mech. Engrs. Bd. 52 (1930) S. 153.
34. KÁRMÁN, TH. V., u. P. E. DUWEZ: Propagation of plastic deformation in solids. VI. International Congress of applied Mechanics. Paris, Sept. 1946; vgl. J. appl. Phys. Bd. 21 (1950) S. 987.
35. TAYLOR, G. I.: J. Instn. civ. Engrs. Bd. 8 (1946) Bd. 486.
36. WHITE, M. P., u. LEVAN GRIFFIS: J. appl. Mech. Bd. 14 (1947) S. 337.
37. DUWEZ, P. E., u. D. S. CLARK: Proc. Amer. Soc. Test. Mater. Bd. 47 (1947) S. 502.
38. WHITE, M. P.: J. appl. Mech. Bd. 16 (1949) S. 39.
39. MALVERN, L. E.: J. appl. Mech. Bd. 18 (1951) S. 203.
40. WHITE, M. P., u. LEVAN GRIFFIS: J. appl. Mech. Bd. 15 (1948) S. 256.
41. WOOD, D. S.: J. appl. Mech. Bd. 19 (1952) S. 521.

4. Die Prüftechnik.[1]

a) Prüfeinrichtungen.

Die Ausbreitung elastischer und plastischer Wellen in den zu untersuchenden Werkstoffproben wird bei hohen Schlaggeschwindigkeiten wesentlich davon beeinflußt, ob die Proben während des Versuches konstanter oder absinkender Schlaggeschwindigkeit oder konstanter Kraft unterworfen werden. Man kann die Prüfeinrichtungen dementsprechend in drei Gruppen unterteilen.

Prüfeinrichtungen mit konstanter Schlaggeschwindigkeit. Um der Bedingung konstanter Schlaggeschwindigkeit genügen zu können, muß bei diesen Einrichtungen die kinetische Energie des Hammers wesentlich größer als die maximal von der Probe aufgenommene Energie sein.

Eine Einrichtung, die sich gleichzeitig noch durch exakte Begrenzung des Schlagweges auszeichnet und daher die Stoßdauer vorzugeben erlaubt, haben P. E. DUWEZ und D. S. CLARK [*1*] gebaut (Abb. 6a). Der Hammer H zieht die Probe P, die in eine mit einem Umlaufkerb K versehene Scheibe S eingespannt ist, mit annähernd konstanter Geschwindigkeit so lange, bis die Strecke l durchlaufen ist. Dann schlägt die Scheibe S auf den Amboß A auf, womit die weitere Dehnung der Probe plötzlich aufhört, und bricht längs des Kerbes K ab. Der Hammer H fällt anschließend weiter durch und wird abgebremst. Um Proben mit konstanter Schlaggeschwindigkeit über definierte Schlagwege stauchen zu können, geben die gleichen Verfasser [*1*] eine ähnliche Einrichtung an.

Eine Einrichtung, bei der der Hammer durch ein rotierendes Schwungrad R ersetzt ist, zeigt Abb. 6b. Die Probe P ist fest mit dem Maschinengestell G

[1] Zusammenstellung der Literatur s. S. 156.

verbunden. Nachdem das Schwungrad R auf die gewünschte Umdrehungszahl gebracht ist, wird der Mitnehmer M herausgeklappt und beansprucht über das Querhaupt Q die Probe P bis zum Bruch. Die Kraft kann über ein mit der Probe P in Reihe gelegtes Dynamometer D gemessen werden [1].

Annähernd konstante Schlaggeschwindigkeit, verbunden mit der Möglichkeit, die Bruchenergie bequem messen zu können, erhält man mit einer von H. C. MANN [2] angegebenen Einrichtung (Abb. 6c). Hier ist die Probe P nicht

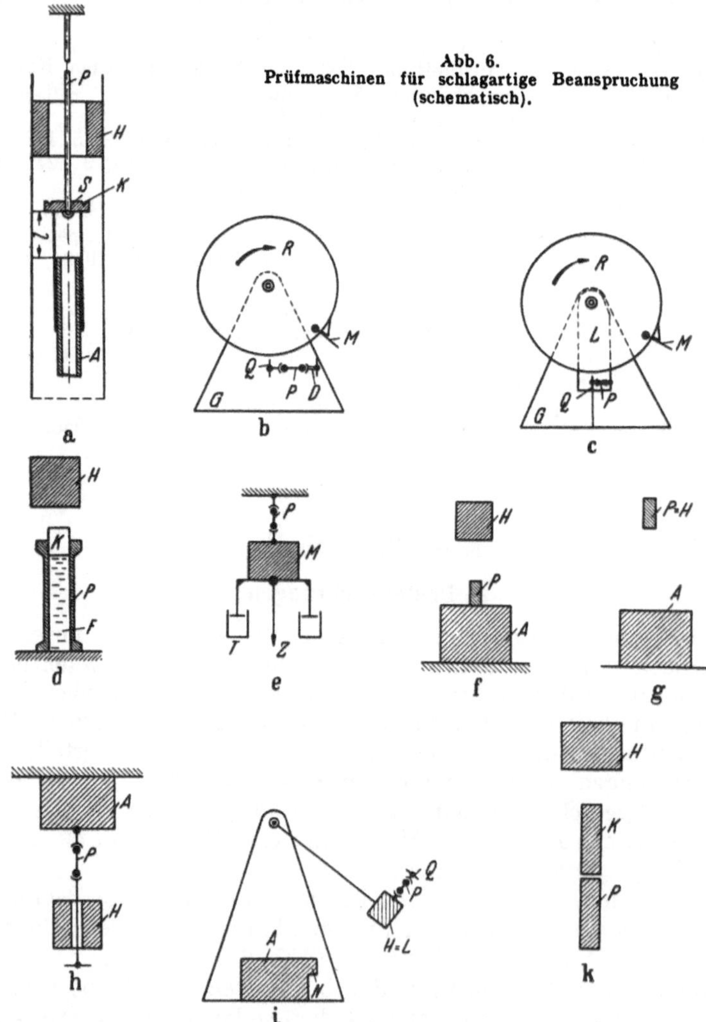

Abb. 6. Prüfmaschinen für schlagartige Beanspruchung (schematisch).

mehr am Maschinengestell G, sondern an einem Pendel L befestigt, dessen Steighöhe nach dem Schlag ein Maß für die Bruchenergie ist, wenn man die von E. SIEBEL und E. LINK [3] mitgeteilten Vorsichtsmaßnahmen beachtet.

Während sich bei den bisher geschilderten Einrichtungen die Beanspruchung vom Schlagende her über die Probenlänge ausbreitet, wird in einer von D. S. CLARK und P. E. DUWEZ [4] angegebenen Einrichtung das ganze Prüfvolumen annähernd gleichzeitig beansprucht (Abb. 6d). Die Probe P ist ausgebohrt und mit einer inkompressiblen Flüssigkeit F gefüllt. Schlägt der Hammer H auf den

Kolben K, so wird die Probe P über die Flüssigkeit F annähernd gleichzeitig im ganzen Volumen in tangentialer Richtung beansprucht.

Prüfeinrichtungen mit konstanter Kraft. Will man die Probe bei sehr schneller Lastaufgabe einer konstanten Kraft unterwerfen, bedient man sich nach D. S. CLARK und D. S. WOOD [*5*] eines gedämpften, mechanischen Schwingungssystems, dessen Feder zum Teil von der Probe P selbst gebildet wird (Abb. 6e). Bei richtiger Abstimmung von Feder, Masse M und Dämpfung T nähert sich die Kraft sehr schnell einem konstanten Wert.

Prüfeinrichtungen mit absinkender Schlaggeschwindigkeit. Da sich die Schlag- und damit die Formänderungsgeschwindigkeit der Probe bei diesen Einrichtungen während des Versuches stark ändert, liefern sie, im Gegensatz zu den oben beschriebenen, physikalisch weniger genau definierte Kenngrößen. Ihre Bedeutung ergibt sich aus ihrem einfachen Aufbau. Die Einrichtung in Abb. 6f besteht aus einem Hammer H, der auf eine Probe P fällt oder geschleudert wird, die auf dem Amboß A steht oder befestigt ist. Entsprechende Vorrichtungen beschreiben z. B. H. SEEHASE [*6*], A. POMP und H. HOUBEN [*7*], M. GREENFIELD und E. T. HABIB [*8, 9*]. Macht man die Probe selbst zum Hammer, so ergibt sich die Anordnung Abb. 6g. Versuche in dieser Art wurden z. B. von G. I. TAYLOR [*10*] und A. C. WHIFFIN [*11*] durchgeführt.

Bei der in Abb. 6h gezeigten Einrichtung, wie sie z. B. von E. MEYER [*12*] und W. R. CAMPBELL [*13*] beschrieben wird, ist der Hammer H als Fallgewicht ausgebildet, das die Probe auf Zug beansprucht. Eine im Prinzip ähnliche Versuchseinrichtung stellen die Schlagprüfeinrichtungen dar, bei denen sich Hammer, Probe und Querhaupt erst gemeinsam bewegen, bis das Querhaupt von einem Amboß plötzlich abgebremst wird und der Hammer auf Grund seiner Trägheit die Probe schlagartig beansprucht [*14—17*].

Ein Pendelschlagwerk nach CHARPY, das eine bequeme Messung der Bruchenergie über die Steighöhe des Pendels L nach dem Schlag gestattet, beschreiben z. B. F. KÖRBER und R. H. SACK [*18*] (Abb. 6i). Die Probe P ist im Pendel über das Querhaupt Q, das gegen die Nase N schlägt, auf Zug beansprucht. Die Probe kann auch am Amboß A befestigt sein, wie beispielsweise bei der Versuchseinrichtung von A. F. C. BROWN und N. D. G. 'INCENT [*19*].

In einer von J. D. CAMPBELL [*20*] entwickelten Vorrichtung (Abb. 6k) wird die freie Probe P — sie ist nur durch eine kleine Gummischeibe gehalten — unter Zwischenschaltung eines Stoßkolbens K durch den herabfallenden Hammer H beansprucht. Der Stoßkolben K dient nur dazu, den Schlag zentrisch auf die Probe P aufzubringen.

b) Probenformen.

Soweit bei Schlagversuchen die gleichen Werkstoffkenngrößen wie beim statischen Versuch interessieren, ist es naheliegend, Probenformen zu verwenden, die den im statischen Versuch benutzten ähnlich sind.

Während man jedoch beim statischen Versuch außerhalb des Einflusses der Einschnürung (Zugbeanspruchung) bzw. der Preßflächenreibung (Druckbeanspruchung) mit über die Probenlänge konstanter Kraft und, abgesehen von örtlichem Ausfließen, auch mit konstanter Formänderungsgeschwindigkeit rechnen kann, ist dies beim Schlagversuch nicht mehr der Fall. Ein von D. S. CLARK und P. E. DUWEZ [*4*] errechnetes Beispiel (Abb. 7) möge zeigen, wie stark sich in einem einseitig eingespannten, 200 mm langen Kupferstab, der einer Schlaggeschwindigkeit von 30 m/sek unterworfen ist, der Ablauf der Formänderungsgeschwindigkeit über die Probenlänge nicht nur zeitlich, sondern auch absolut ändert. Auch die Spannung und die Formänderung sind über die Probenlänge in jedem Augenblick ähnlich hohen Schwankungen unterworfen. Will man also eine auch bei höheren Schlaggeschwindigkeiten im ganzen Probenvolumen gleichmäßig und gleichzeitig beanspruchte Probe haben, versagen prismatische Stäbe völlig; brauchbar ist eine Probenform, wie sie in der Prüfeinrichtung von D. S. CLARK und P. E. DUWEZ [4] (s. Abb. 6d) verwendet wird, Abb. 8. Das ganze, durch den dünnwandigen Zylinder begrenzte Volumen dieser Hohlprobe wird annähernd gleichzeitig der gleichen Beanspruchung unterworfen. Für technische Zwecke dürfte diese Art der Prüfung wegen zu hohen Aufwandes keine große Bedeutung erlangen.

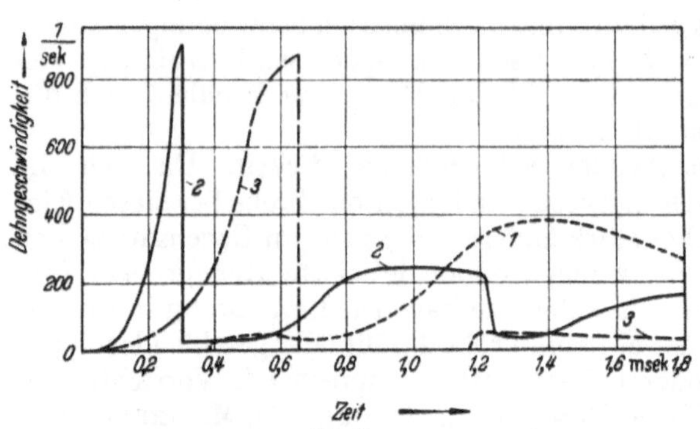

Abb. 7. Formänderungsgeschwindigkeit als Funktion der Zeit in einem Kupferstab von 200 mm Länge bei einer Schlaggeschwindigkeit von 30 m/sek. *1* am geschlagenen Ende, *2* in der Mitte und *3* am eingespannten Ende des Stabes. (Nach D. S. CLARK u. P. E. DUWEZ.)

Sieht man von den Einflußgebieten der Einschnürung und der Preßflächenreibung ab, so begnügt man sich bei technischen Proben häufig damit, nach dem Versuch eine über die Probenlänge gleichmäßige Formänderung zu erhalten. Falls sich der Werkstoff verfestigt, absorbiert nämlich eine über ihre Länge ungleichmäßig verformte Probe mehr Energie, als eine solche, die um den gleichen Betrag gleichmäßig verformt wurde (E. M. LEE und M. WOLF [21]).

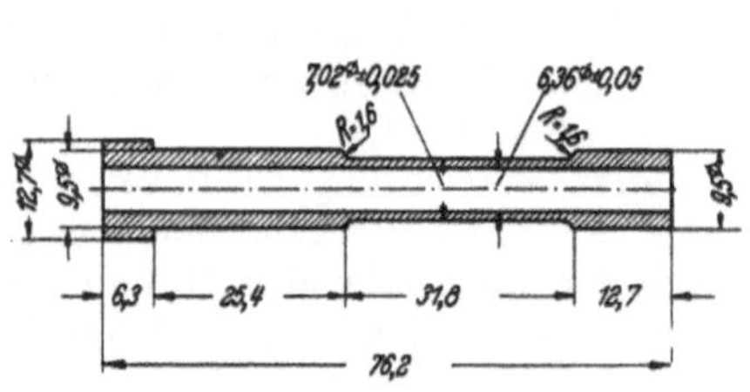

Abb. 8. Hohlprobe, deren Prüfvolumen annähernd gleichzeitig der gleichen Beanspruchung unterworfen werden kann. (Nach D. S. CLARK u. P. E. DUWEZ.)

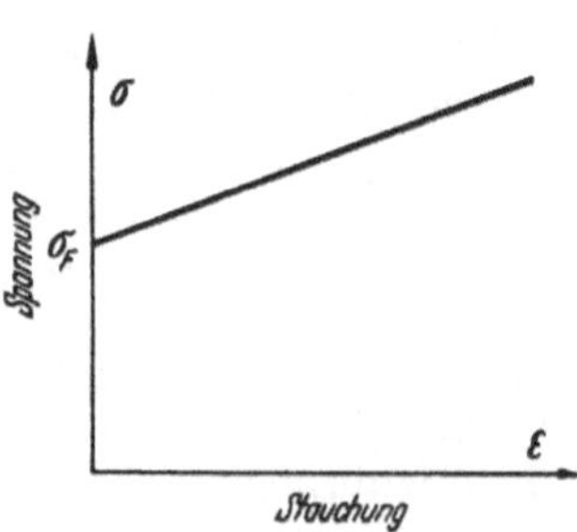

Abb. 9. Vereinfachtes Spannungs-Stauchungs-Diagramm. (Nach E. H. LEE u. H. WOLF.)

Für Schlagdruckversuche geben LEE und WOLF näherungsweise die Versuchsbedingungen an, die zur Erzielung konstanter bleibender Stauchung über die Probenlänge einzuhalten sind. Sie setzen dabei ein vereinfachtes Spannungs-Stauchungs-Diagramm gemäß Abb. 9 voraus, was unendlich hohe Fortpflanzungsgeschwindigkeit der elastischen Wellen und Entlastung aus dem plastischen Bereich ohne Rückgang der Stauchung zur Folge hat.

Die Zulässigkeit bestimmter Versuchsbedingungen mit Hilfe der in Abb. 10 berechneten Kurven kann etwa so geprüft werden: Man errechnet zunächst die dimensionslose Größe ξ, die ein Maß für die Schlaggeschwindigkeit v_0 darstellt,

$$\xi = \frac{\varrho c v_0}{\sigma_F}, \tag{8}$$

darin bedeuten: ϱ = Dichte der Probe, c = Ausbreitungsgeschwindigkeit der plastischen Welle $= \sqrt{\frac{\frac{d\sigma}{d\varepsilon}}{\varrho}}$, v_0 = Anfangsschlaggeschwindigkeit und σ_F = Spannung, bei der das Fließen einsetzt. Mit der Hilfsgröße

$$\eta = \frac{\varrho L F}{M} \tag{9}$$

worin L die Länge, F die Querschnittsfläche der Probe und M die Masse des Hammers bedeuten, läßt sich weiter die Größe

$$\Phi = \frac{\xi^2}{\eta} \tag{10}$$

berechnen, die ein dimensionsloses Maß für die kinetische Energie des Hammers darstellt.

Solange nun die dimensionslose Größe Δ, die ein Maß für die bleibende Stauchung der Probe nach dem Versuch ist, gemäß Abb. 10 für einen bestimmten Wert von Φ mit steigendem ξ unabhängig von ξ bleibt, ist die Gewähr für eine über die Probenlänge konstante Stauchung gegeben. Wie LEE und WOLF weiter zeigen, ist in diesem Fall die plastische Welle wenigstens einmal am festen Probenende reflektiert worden und hat die Stoßstelle wieder erreicht.

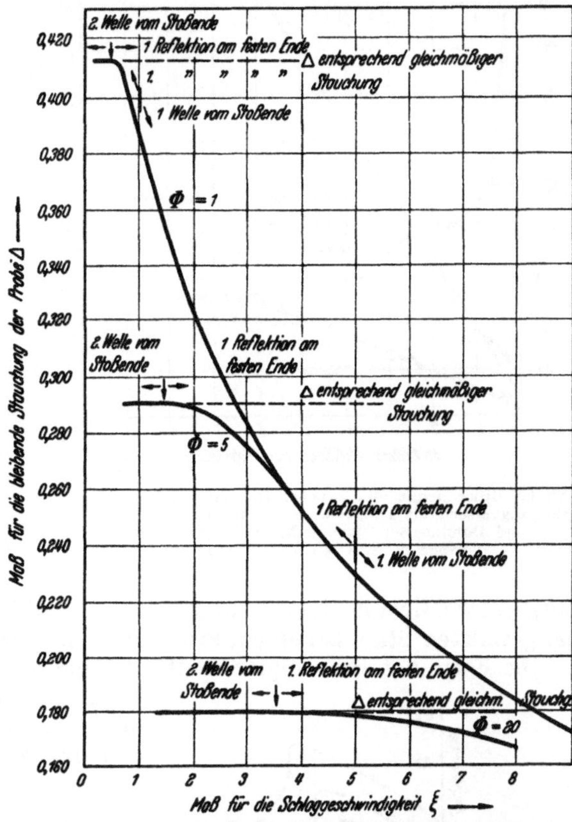

Abb. 10. Kurve zur Überprüfung der Versuchsbedingungen bei Schlagdruckversuchen. (Nach E. H. LEE u. H. WOLF.)

Sinkt Δ unter den einer gleichmäßigen Stauchung entsprechenden Wert, so ist entweder ξ zu verkleinern oder Φ zu erhöhen.

Für Schlaggeschwindigkeiten, wie sie beim Schlagzugversuch mit normalen Pendelschlagwerken erreicht werden, haben N. A. KAHN und E. A. IMBEMBO [22] die Bruchenergie zylindrischer Proben als Funktion des Verhältnisses von Länge L und Durchmesser d untersucht, ohne allerdings hierbei die Ausbreitungsvorgänge zu betrachten. Für Probenformen gemäß Abb. 11 erhielten sie im Bereich $L/d = 3$ bis 5 konstante Bruchenergie pro Volumeneinheit. Abb. 12 zeigt als Beispiel für Monel-Metall (Ni-Cu-Legierung) die gesamte Bruchenergie und die Bruchenergie pro Volumeneinheit als Funktion von L/d. Wie ersichtlich, decken sich die mit Proben von 7,6 und 5 mm Durchmesser ermittelten

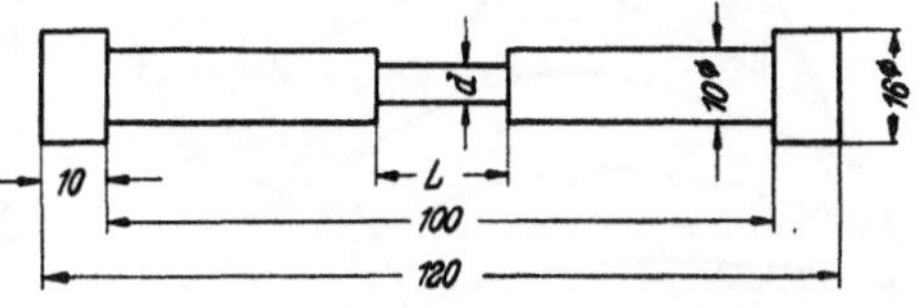

Abb. 11. Probe für Schlagzugversuche. (Nach N. A. KAHN u. E. A. IMBEMBO.)

Werte recht gut. Ob die von KAHN und IMBEMBO ermittelten Zusammenhänge auch für andere, besonders höhere Schlaggeschwindigkeiten gelten, ist nicht bekannt.

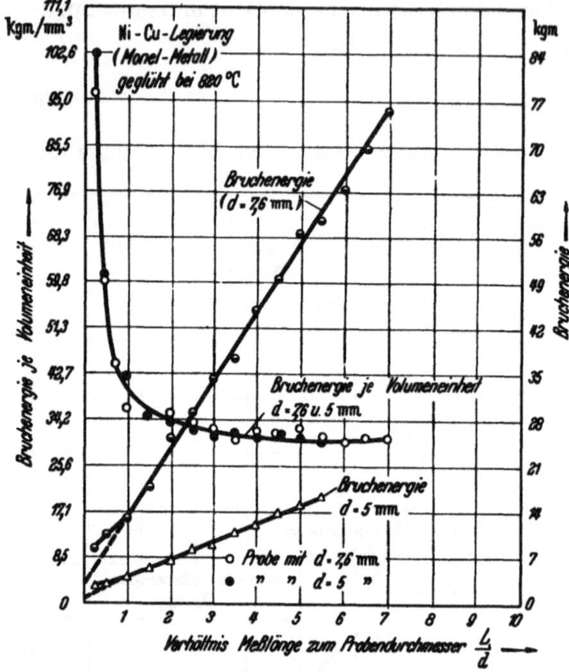

Abb. 12. Bruchenergie und Bruchenergie pro Volumeinheit beim Schlagzugversuch als Funktion des Verhältnisses L/d aus Länge und Durchmesser für eine Nickel-Kupfer-Legierung. (Nach N. A. KAHN u. E. A. IMBEMBO.)

Da sich beim Erreichen der kritischen Zuggeschwindigkeit v_c im Schlagzugversuch der Bruch unter Fließen des Werkstoffes über eine bestimmte Länge ausbildet, muß bei gegebenem Durchmesser eine Mindestprobenlänge gewählt werden, wenn man die kritische Zuggeschwindigkeit z. B. aus einer plötzlichen Abnahme der Gesamtdehnung oder der Bruchenergie mit wachsender Schlaggeschwindigkeit ermitteln will. Nach D. S. CLARK und D. S. WOOD [*23*] ergibt sich für kaltgezogenen Stahl ein Verhältnis $L/d = 13$, das nicht unterschritten werden darf. Für Proben mit kleinerem Verhältnis von L/d fällt die Bruchenergie oberhalb der kritischen Zuggeschwindigkeit so langsam ab, daß eine genaue Messung der kritischen Zuggeschwindigkeit nicht mehr möglich ist. Abb. 13 zeigt die Verhältnisse für kaltgewalzten Stahl bei einem Probendurchmesser von 7,6 mm.

Die Form des Probenquerschnitts bei gleicher Querschnittsfläche ist, wenn man die an Kupfer gewonnenen Ergebnisse verallgemeinern darf, ohne Einfluß auf das Meßergebnis.

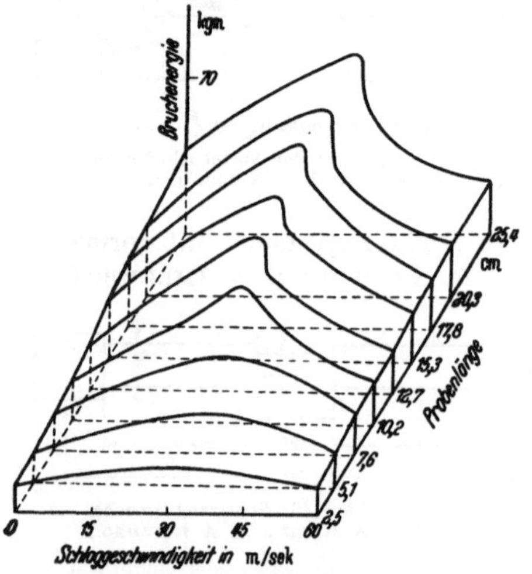

Abb. 13. Einfluß der Probenlänge und Schlaggeschwindigkeit auf die Bruchenergie beim Schlagzugversuch (schematisch). (Nach D. S. CLARK u. D. S. WOOD.)

c) Kraftmessung.

Unmittelbare Messung mit Kraftmesser. Am einfachsten und genauesten mißt man die Kraft über die elastische Formänderung eines Fedgliedes, das dem gleichen Kraftfluß wie die Probe unterworfen ist [*12*, *24*]. Ein solches Federglied soll eine sehr kleine Einschwingzeit besitzen, um den Kraftverlauf zeitlich richtig wiederzugeben, und eine möglichst geringe elastische Längenänderung aufweisen, um den Kraftverlauf selbst nicht zu stören. Beiden Forderungen genügen am besten kurze, prismatische Stäbe nicht zu geringen Querschnitts, deren Längenänderung mit aufgeklebten Dehnungsmeßstreifen leicht als Funktion der Zeit gemessen werden kann [*1*, *25—30*].

Neben der konstruktiven Ausbildung des Meßstabes selbst ist noch seine Lage im Kraftfluß zu beachten. Einmal soll der Meßstab nahe an der Meßstrecke der Probe liegen, um die Kraftübertragung möglichst wenig zu beeinflussen, und zum anderen soll er am festen Ende der Probe befestigt sein, um nicht die zu seiner Beschleunigung nötigen Kräfte mit anzuzeigen.

Selbstverständlich müssen alle zur Messung verwendeten Elemente, also Dehnungsmeßstreifen, Verstärker und Registriereinrichtung, den Bedingungen der verzerrungsfreien Wiedergabe [*31*] genügen. Neben der Forderung der linearen Anzeige und konstanten oder wenigstens der Frequenz proportionalen Phasenganges bedeutet dies vor allem auch eine genügend hohe obere Grenzfrequenz. Wird z. B. ein Anzeigewert y gemäß Abb. 14 als Maximum (a) oder als Stufe (b) in der Zeit t_0 erreicht, so wird er mit einer Genauigkeit von etwa 4% richtig wiedergegeben, wenn das Übertragungssystem bis zur Frequenz $f_0 = 2/t_0$ linear ist, d. h. die oben angeführten Bedingungen der verzerrungsfreien Wiedergabe erfüllt sind. Hierbei ist vorausgesetzt, daß das kontinuierliche Frequenzspektrum, das den Vorgang darstellt, oberhalb der Frequenz f_0 abgeschnitten wird, d. h., daß alle Schwingungen mit Frequenzen oberhalb f_0 vom Übertragungssystem nicht aufgenommen werden.

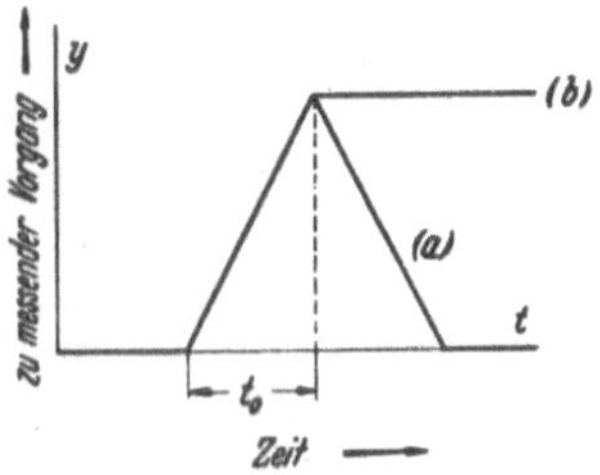

Abb. 14. Zur verzerrungsfreien Wiedergabe schneller Vorgänge.

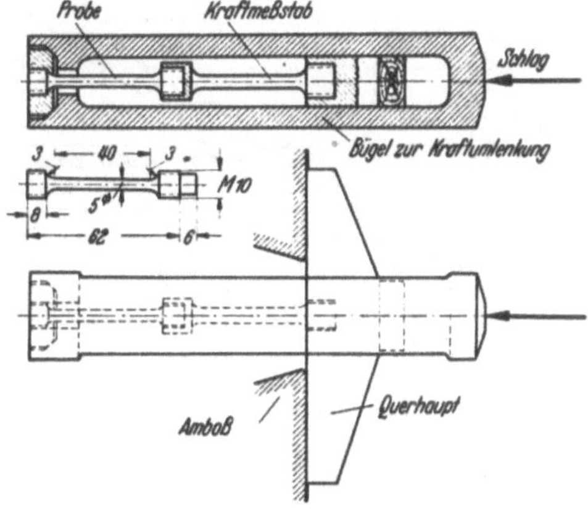

Abb. 15. Schlagzugeinrichtung. (Nach K. Fink.)

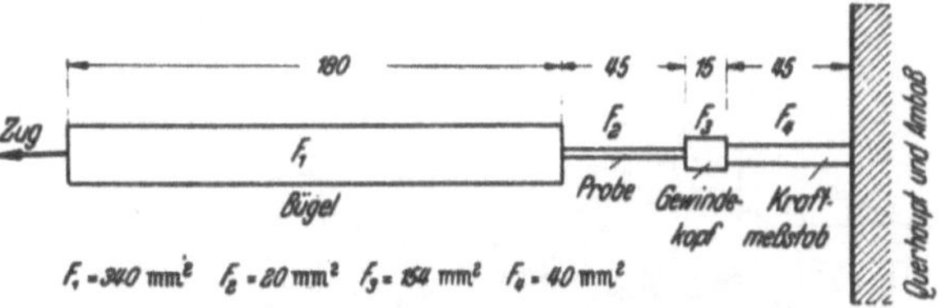

Abb. 16. Schlagzugeinrichtung (Abb. 15), schematisch. (Nach K. Fink.)

Wieweit sich, selbst bei Beachtung aller obengenannten Forderungen, der Kraftverlauf im Meßstab von demjenigen in der Probe unterscheiden kann, mögen die zwei folgenden Beispiele zeigen. Abb. 15 zeigt eine von K. Fink [*27*] angegebene Schlagzugeinrichtung für Pendelschlagwerke, die zur Ermittlung der Streckgrenze bei schlagartiger Beanspruchung dient. Der Schlag wird über einen zur Kraftumlenkung dienenden Bügel auf die Probe aufgebracht. Diese ist mit einem Kraftmeßstab verschraubt, der seinerseits über ein Querhaupt vom Amboß gehalten wird. Mit Hilfe der in Abb. 16 gezeigten schematischen Einrichtung, deren Längen und Querschnitte der wirklichen Einrichtung entsprechen, berechnete Fink [*27*] den Kraftverlauf in der Mitte der Probe und die

Anzeige des mit Dehnungsmeßstreifen beklebten Meßstabes bis zum Erreichen der Streckgrenze (Abb. 17). Man erkennt ein teilweise erhebliches Abweichen der beiden Größen voneinander. Wesentlich für den Kraftverlauf im Meßstab ist bei dieser Einrichtung eine ausgeprägte Stufe ($6{,}3 \cdot 10^{-5}$ sek), die mit der experimentell beobachteten gut übereinstimmt. Die Zeit bis zum Erreichen dieser Stufe ist unabhängig von der Schlaggeschwindigkeit.

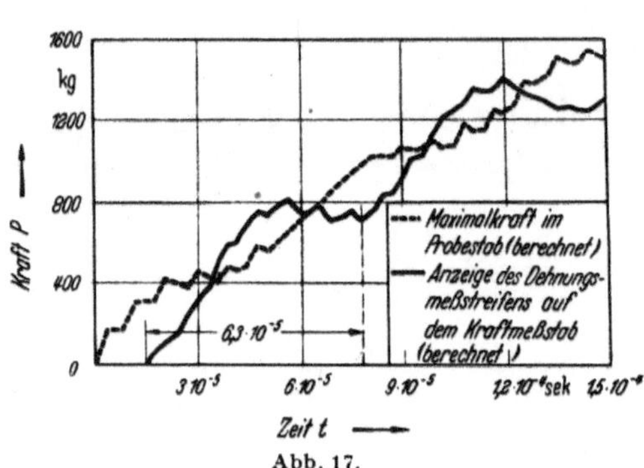

Abb. 17. Berechneter Kraft-Zeit-Verlauf in einer Schlagzugeinrichtung (Abb. 16). (Nach K. Fink.)

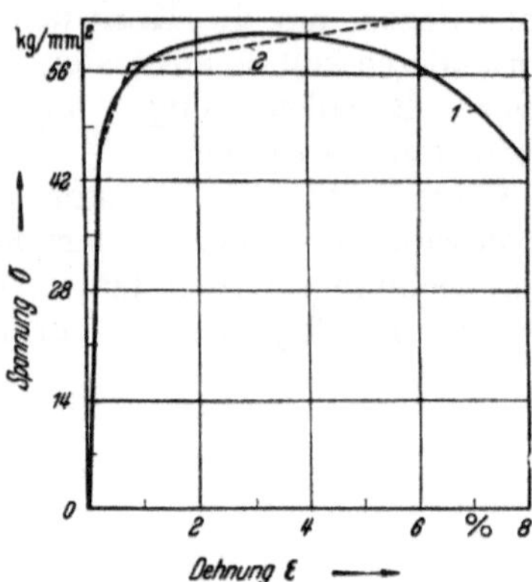

Abb. 18. Spannungs-Dehnungs-Diagramm von kaltgewalztem Stahl (*1*), mit Annäherung für die Rechnung (*2*). (Nach D. S. Clark und P. E. Duwez.)

Interessiert der Kraftverlauf auch nach Überschreiten der Streckgrenze, so muß man auch die Ausbreitung plastischer Wellen mit in Betracht ziehen. Außerdem ändert sich nun der Kraftverlauf stark mit der Höhe der Schlaggeschwindigkeit. Für einen Werkstoff, dessen Spannungs-Dehnungs-Diagramm nach Abb. 18 für die Rechnung angenähert wurde, berechnen D. S. Clark und P. E. Duwez [*32*] den von einem Meßstab gemäß Abb. 19 angezeigten Kraftverlauf.

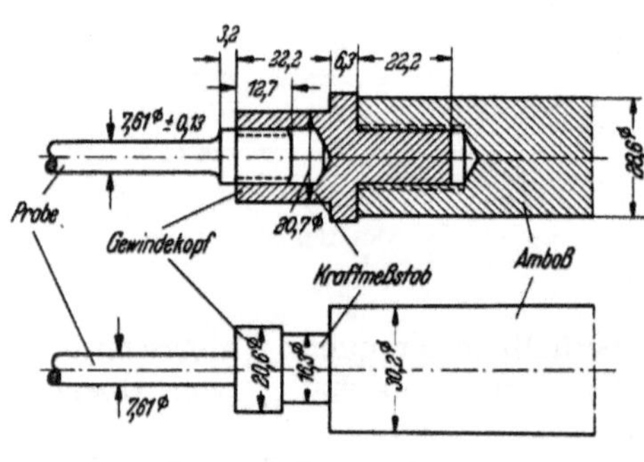

Abb. 19a u. b. a) Probe mit Kraftmeßstab und Amboß; b) Ersatzsystem für die Berechnung. (Nach D. S. Clark u. P. E. Duwez.)

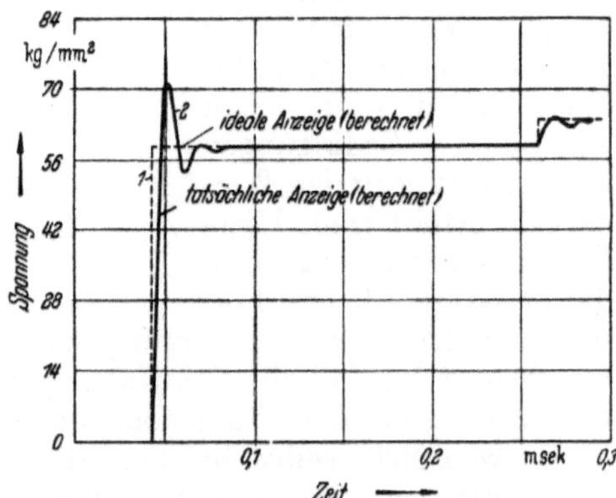

Abb. 20. Anzeige des Kraftmeßstabes nach Abb. 19. (Nach D. S. Clark u. P. E. Duwez.)

Wie Abb. 20 zeigt, weicht die tatsächliche Anzeige stark von der durch die gestrichelte Linie gegebenen, idealen Anzeige ab. Wesentlich ist bei dieser Vorrichtung das mit jeder Kraftänderung verbundene Schwingen der Anzeige um den wahren Wert. Auch dieser Kraftverlauf konnte, wenn auch nur qualitativ, bestätigt werden. Statt mit Dehnungsmeßstreifen kann man den zeitlichen Kraftverlauf beim Schlag auch mit anderen Meßmitteln, z. B. photoelektrisch, ermitteln, wie es M. MANJOINE und A. NADAI [33] gezeigt haben. Sie beeinflußten über die elastische Dehnung eines Meßstabes die Breite eines Spaltes und damit die in eine Photozelle fallende Lichtmenge, die dann eine der Kraft proportionale elektrische Spannung erzeugte. Diese elektrische Spannung wurde verstärkt und auf dem Schirm einer BRAUNschen Röhre in ihrem zeitlichen Verlauf abgebildet.

Trotzdem dürfte dem Dehnungsmeßstreifen als Meßmittel für den gesamten Kraft-Zeit-Verlauf heute die größte Bedeutung zukommen. Zur Messung der Maximalkraft allein ist auch das Kalottenmeßei vorteilhaft zu verwenden, da es ohne jede elektrische Einrichtung arbeitet [27]. Zur Deutung der Anzeige müssen allerdings auch hier die Ausbreitungsvorgänge sorgfältig untersucht werden.

Mittelbare Messung über Weg-Zeit-Messung des Hammerkopfes. Aus der Weg-Zeit-Kurve des Hammerkopfes, die im allgemeinen optisch ermittelt wird, erhält man durch zweimaliges Differenzieren nach der Zeit den Beschleunigungs-Zeit-Verlauf. Durch Multiplikation der jeweiligen Beschleunigung mit der bekannten Masse des Hammers kann man daraus den Kraft-Zeit-Verlauf ableiten [6, 14, 16, 34, 35]. Je größer jedoch die kinetische Energie des Hammers bei gleicher absorbierter Energie der Probe wird, um so ungenauer wird die Auswertung, bis endlich bei annähernd konstanter Schlaggeschwindigkeit das Verfahren, das heute im übrigen nur noch historische Bedeutung besitzt, versagt.

d) Dehnungsmessung.

Unmittelbare Dehnungsmessung an der Probe. Eine unmittelbare Dehnungsmessung an der Probe selbst liefert die genauesten Ergebnisse, da die Messung der Abstandsänderung der Probenenden bzw. der Einspannköpfe nur einen nicht genau definierten Mittelwert liefert.

Messungen während des Stoßes an der Probe selbst sind praktisch nur mit Dehnungsmeßstreifen möglich [13, 28] (s. Abb. 1). Während für kleinere Dehnungen im elastischen Bereich metallischer Werkstoffe die Anzeigetreue des Meßstreifens bis zu 50 kHz als gesichert angesehen werden kann [28], ist dies für größere Dehnungen bis zu einigen Prozent noch nicht erwiesen. Da diese Dehnungen jedoch in definiertem Zusammenhang mit den bleibenden Dehnungen stehen, kann man auch die bleibenden Dehnungen nach dem Versuch, etwa mit Hilfe vorher eingeritzter Abstandsmarken, ermitteln und daraus auf die Vorgänge während des Stoßes rückschließen (vgl. z. B. TH. v. KARMAN, P. E. DUWEZ und D. S. CLARK [36], J. A. POPE [37], s. Abb. 3 und 4).

Bei höheren Temperaturen ($>800°$ C), die eine Verwendung von Dehnungsmeßstreifen ausschließen, messen K. FINK, W. LUEG und G. BÜRGER [38] die Querdehnung zylindrischer Stauchproben von etwa 40 mm Durchmesser in halber Probenhöhe mit Hilfe deren Schattenbilder, die auf einer umlaufenden Trommel registriert werden. Die Genauigkeit dieser Messungen wächst mit der Höhe der Querdehnung und wird bei einigen Prozent befriedigend.

Mittelbare Dehnungsmessung. Ist die Dehnung in jedem Augenblick über die Probenlänge konstant, so ist eine mittelbare Dehnungsmessung durch Messung der Abstandsänderung der Probenenden bzw. der Einspannköpfe möglich. Die nicht genau definierten Dehnungen der meist dicker ausgeführten Probenenden stören dabei nur bei kleinen Dehnungen der Probe und werden deshalb im allgemeinen vernachlässigt.

Wie zuverlässig richtig dimensionierte Meßbügel auch bei sehr schnellen Beanspruchungen arbeiten können, zeigen D. S. CLARK und D. S. WOOD [5]

(Abb. 21). Die Meßbügel greifen mit Schneiden in Umlaufkerben der Probenköpfe ein und werden gegeneinander verspannt. Ein Maß für die Dehnung erhält man aus der elastischen Biegedehnung der Meßfedern, die mit Dehnungsmeßstreifen gemessen wird. Die Eigenfrequenz der Meßfedern betrug etwa 1000 Hz.

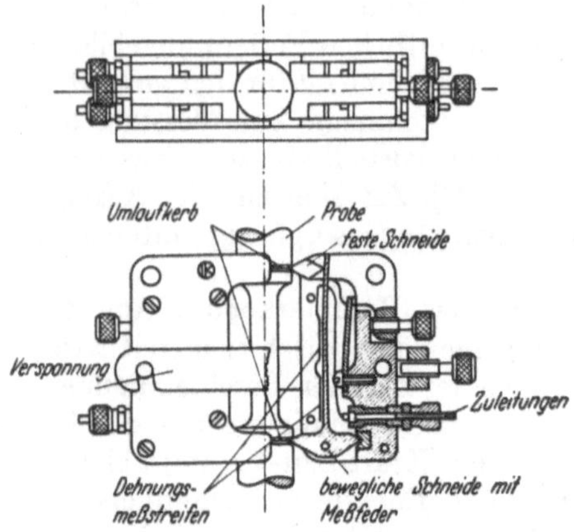

Abb. 21. Meßbügel zur Dehnungsmessung an schlagartig beanspruchten Proben. (Nach D. S. CLARK u. D. S. WOOD.)

Ist ein Probenende fest, so ist eine Dehnungsmessung über die Verlagerung des bewegten Endes möglich, entweder rein optisch [*14*, *39*, *40*] oder auch photoelektrisch, wie es z. B. M. MANJOINE und A. NADAI [*33*] gezeigt haben. R. M. DAVIES [*41*] und später H. KOLSKY [*42*] dagegen ermittelten die Dehnung in einem besonderen Verfahren über die Kapazitätsänderung eines Plattenkondensators.

e) Energiemessung.

Bei konstanter Schlaggeschwindigkeit kann die Energie nur über die Ausplanimetrierung des Kraft-Weg-Diagramms ermittelt werden. Nimmt man ein kleines Absinken der Schlaggeschwindigkeit in Kauf, so kann man die Energie recht einfach über die Steighöhe eines vor dem Schlag in Ruhe befindlichen Pendels messen, an dem die Probe befestigt ist [*2*, *3*].

Kommt die von der Probe aufgenommene Energie in Größenordnung der zur Verfügung stehenden Schlagenergie der Prüfmaschine, wie es bei den meisten Pendelschlagwerken der Fall ist, kann man die Energie leicht und genau aus Fall- und Steighöhe des Pendels bestimmen. Die elastischen und die Reibungsverluste werden im allgemeinen vernachlässigt oder können abgeschätzt werden [*43*].

Bei Fallwerken und ähnlichen Prüfmaschinen ermittelt man die Energie aus der Fall- und Rückprallhöhe des Hammers bzw. aus seiner Schlag- und Rückprallgeschwindigkeit [*8*, *9*]. Die Messung der nach dem Schlag noch im Hammer verbleibenden Energie kann auch durch Kupferstauchzylinder erfolgen [*16*].

f) Messung der Einschnürung bzw. Ausbauchung.

Die Einschnürung bzw. Ausbauchung wird wie im statischen Versuch ermittelt, wenn nur die Werte nach dem Versuch interessieren.

Während des Versuches erhält man die Einschnürung (Ausbauchung) in ihrem kontinuierlichen Verlauf durch Registrierung des Schattenbildes der Probe [*38*] oder diskontinuierlich durch mehrere photographische Aufnahmen während des Versuches [*44*].

Literatur zu Absatz 4.

1. DUWEZ, P. E., u. D. S. CLARK: Proc. Amer. Soc. Test. Mater. Bd. 47 (1947) S. 502.
2. MANN, H. C.: Proc. Amer. Soc. Test. Mater. Bd. 36 (1936) II, S. 86.
3. SIEBEL, E., u. E. LINK: Erfahrungen mit einem umlaufenden Schlagwerk. Unveröff. Ber. Mater.-Prüf.-Anst., Berlin-Dahlem, 1944.
4. CLARK, D. S., u. P. E. DUWEZ: Proc. Amer. Soc. Test. Mater. Bd. 50 (1950) S. 560.
5. CLARK, D. S., u. D. S. WOOD: Proc. Amer. Soc. Test. Mater. Bd. 49 (1949) S. 717.

6. Seehase, H.: Die experimentelle Ermittlung des Verlaufs der Stoßkraft und die Bestimmung der Deformationsarbeit beim Stauchversuch. Berlin: VDI-Verlag 1915.
7. Pomp, A., u. H. Houben: Mitt. K.-Wilh.-Inst. Eisenforschg. Bd. 18 (1936) S. 65; vgl. Stahl u. Eisen Bd. 56 (1936) S. 1214.
8. Greenfield, M., u. E. T. Habib: J. appl. Phys. Bd. 18 (1947) S. 645.
9. Habib, E. T.: J. appl. Mech. Bd. 15 (1948) S. 248.
10. Taylor, G. I.: J. Instn. civ. Engrs. Bd. 8 (1946) S. 486.
11. Whiffin, A. C.: Proc. roy. Soc., Lond., A Bd. 194 (1948) S. 300.
12. Meyer, E.: Der Verlauf des Zugversuchs bei raschem Zerreißen. In: Festgabe Carl von Bach zum 80. Geburtstag. Berlin: VDI-Verlag 1927. S. 62. (Forschungsarbeiten auf dem Gebiete des Ingenieurwesens. H. 295.)
13. Campbell, W. R.: Proc. Soc. exp. Stress Anal. Bd. 10 (1952) I, S. 113.
14. Plank, R.: Z. VDI Bd. 56 (1912) S. 17 u. 46.
15. Smith, J. H., u. F. V. Warnock: J. Iron Steel Inst. Bd. 126 (1927) S. 323; vgl. Stahl u. Eisen Bd. 48 (1928) S. 110.
16. Honegger, E.: Schlagzerreißversuche an Aluminium und Kupfer. Zürich, Apr. 1935 (Diskussionsbericht Nr. 95 der Eidgenössischen Materialprüfungsanstalt).
17. Hoppmann II, W. H.: Proc. Amer. Soc. Test. Mater. Bd. 47 (1947) S. 533.
18. Körber, F., u. R. H. Sack: Mitt. K.-Wilh.-Inst. Eisenforschg. Bd. 4 (1922) S. 11; vgl. Stahl u. Eisen Bd. 43 (1923) S. 1108.
19. Brown, A. F. C., u. N. D. G. Vincent: Proc.. Instn. mech. Engrs. Bd. 145 (1941) S. 126.
20. Campbell, J. D.: J. Mech. Phys. Solids Bd. 1 (1953) S. 113.
21. Lee, E. H., u. H. Wolf: J. appl. Mech. Bd. 18 (1951) S. 379.
22. Kahn, N. A., u. E. A. Imbembo: Proc. Amer. Soc. Test. Mater. Bd. 48 (1946) S. 1179.
23. Clark, D. S., u. D. S. Wood: Proc. Amer. Soc. Test. Mater. Bd. 50 (1950) S. 577.
24. Weerts, J.: Dynamische und statische Zugversuche an Aluminium-Einkristallen. Berlin: VDI-Verlag 1929 (Forschungsarbeiten auf dem Gebiete des Ingenieurwesens. H. 323).
25. Clark, D. S., u. G. Dätwyler: Proc. Amer. Soc. Test. Mater. Bd. 38 (1938) II, S. 98.
26. Forest, A. V. De, C. W. MacGregor u. A. R. Anderson: Trans. Amer. Inst. min. metallurg. Engrs., Techn. Publ. Nr. 1393, 9 S., Metals Technol. Bd. 8 (1941) Nr. 8.
27. Fink, K.: Arch. Eisenhüttenw. Bd. 19 (1948) S. 153 (Mitt. K.-Wilh.-Inst. Eisenforschg. 473). — Schweiz. Arch. angew. Wiss. Techn. Bd. 15 (1949) S. 193; Stahl u. Eisen Bd. 69 (1949) S. 169.
28. Fink, K.: Arch. Eisenhüttenw. Bd. 21 (1950) S. 129 (Mitt. Max-Planck-Inst. Eisenforschg. 509); vgl. Stahl u. Eisen Bd. 70 (1950) S. 428.
29. Warnock, F. V., u. J. B. Brennan: J. & Proc. Instn. mech. Engrs., Lond., Proc. Bd. 159 (1948) Nr. 37, S. 1.
30. Brown, A. F. C., u. R. Edmonds: J. & Proc. Instn. mech. Engrs., Lond., Proc. Bd. 159 (1948) Nr. 37 S. 11.
31. Busch, H.: Phys. Z. Bd. 13 (1912) S. 615.
32. Clark, D. S., u. P. E. Duwez: J. appl. Mech. Bd. 15 (1948) S. 543.
33. Manjoine, M., u. A. Nadai: Proc. Amer. Soc. Test. Mater. Bd. 40 (1940) S. 822.
34. Höniger, W.: Ein Verfahren zur Ermittlung des Verlaufs der veränderlichen Stoßkraft bei Stauchversuchen. Berlin 1910. Dr.-Ing.-Diss., Techn. Hochschule, Berlin; vgl. Z. VDI Bd. 56 (1912) S. 1501.
35. Körber, F., u. H. A. v. Storp: Mitt. K.-Wilh.-Inst. Eisenforschg. Bd. 7 (1925) S. 81.
36. Kármán, Th. v., u. P. E. Duwez: Propagation of plastic deformation in solids. VI. Int. Congress Appl. Mech. (Sept. 1946) Paris. Vgl. J. appl. Phys. Bd. 21 (1950) S. 987.
37. Pope, J. A.: J. Iron Steel Inst. Bd. 157 (1947) S. 31.
38. Fink, K., W. Lueg u. G. Bürger: Arch. Eisenhüttenw., Bd. 26 (1955) (im Druck).
39. Deutler, H.: Phys. Z. Bd. 33 (1932) S. 247.
40. Sander, H.-R., u. M. Hempel: Arch. Eisenhüttenw. Bd. 23 (1952) S. 299 (Mitt. Max-Planck-Inst. Eisenforschg. 556); vgl. Stahl u. Eisen Bd. 72 (1952) S. 1042.
41. Davies, R. M.: Phil. Trans. roy. Soc., Lond., Ser. A, Bd. 240 (1948) S. 375.
42. Kolsky, H.: Proc. phys. Soc. Bd. 62 B (1949) S. 676.
43. Dubois, F.: Die hauptsächlichsten Fehlerursachen der Pendelhämmer für Schlagversuche. Zürich: Eidgenössische Materialprüfungsanstalt 1930.
44. Fusfield, H. I., u. J. C. Feder: Bull. Amer. Soc. Test. Mater. Nr. 170 (1950) S. 75.

5. Versuchsführung und Auswertung von Schlagzugversuchen[1].

Gelingt es, durch geeignete Versuchsführung und Auswertung der Meßergebnisse das Spannungs-Dehnungs-Diagramm eines Werkstoffes unter den interessierenden Bedingungen zu ermitteln, so kann man daraus, abgesehen von der Einschnürung und der kritischen Zuggeschwindigkeit, alle Größen entnehmen, die das Verhalten des Werkstoffes beschreiben.

Wenn die Ermittlung des Spannungs-Dehnungs-Diagramms jedoch, wie z. B. bei hohen Schlaggeschwindigkeiten, sehr schwierig ist oder nur eine bestimmte Kenngröße, z. B. die Fließgrenze, interessiert, kann man durch Messung dieser Größe allein den Meßaufwand oft erheblich verringern.

Da sich dabei die Versuchsführung meist grundlegend ändert, wird im folgenden zwischen der Ermittlung des Spannungs-Dehnungs-Diagramms und der Bestimmung einzelner Kenngrößen unterschieden.

a) Ermittlung des Spannungs-Dehnungs-Diagramms.

Bringt man, wie z. B. im statischen Zugversuch, eine Belastung langsam auf eine Probe auf, so durcheilen die dabei erzeugten elastischen und plastischen Wellen die Probe von der Stelle des Kraftangriffs aus, werden vielfach reflektiert und gebrochen und schwingen sich schließlich zu einem Endzustand ein, der der aufgebrachten Kraft entspricht. Sind die Stufen, mit denen sich dieser Endzustand einschwingt, unmeßbar oder vernachlässigbar klein oder die Wellenfronten sehr flach, so spricht man von einer konstanten Dehngeschwindigkeit.

Wird schlagartig belastet, so sind die Stufen, mit denen sich der Endzustand einschwingt, endlich groß. Beim Erreichen plastischer Dehnungen bilden sich dabei, auch wenn beliebig schnell belastet wird, Wellen mit nichtlinearer Front aus, die dazu noch mit fortschreitender Ausbreitung ihre Form ständig ändern. Die Dehngeschwindigkeit ist dann für jeden Punkt der Probe durch die Gestalt der durchlaufenden Welle bestimmt (vgl. Abb. 7). Eine konstante Dehngeschwindigkeit ist deshalb im plastischen Bereich grundsätzlich nicht möglich.

Arbeiten, in denen versucht wird, das Spannungs-Dehnungs-Diagramm wenn nicht bei konstanter, so doch bei definierter Dehngeschwindigkeit zu ermitteln, sind selten. Im allgemeinen sind nur die Schlaggeschwindigkeiten und deren zeitlicher Verlauf während des Schlages sowie die Probenlängen angegeben. Trotzdem spricht man dann oft von bestimmten Dehngeschwindigkeiten, einmal, um die Ergebnisse verschiedener Forscher miteinander vergleichen zu können, und zum andern, weil sich gezeigt hat, daß auch die aus Schlaggeschwindigkeit und Probenlänge bestimmte „Dehngeschwindigkeit" oft gut geeignet ist, das Werkstoffverhalten zu beschreiben.

Ermittlung des Spannungs-Dehnungs-Diagramms bei definierter Dehngeschwindigkeit. Ein Verfahren, das σ-ε-Diagramm bei definierter Dehngeschwindigkeit durch Messen der Ausbreitungsgeschwindigkeit plastischer Wellen zu ermitteln, hat W. R. Campbell [*1*] angegeben.

Eine plastische Welle, deren Gestalt etwa der in Abb. 22 gezeigten entspricht, durchläuft eine vorher spannungsfreie, zylindrische Probe. Aus dem zeitlichen Verlauf der Dehnung, die an den Stellen *1* und *2* gleichzeitig gemessen wird, kann man die Geschwindigkeit c_n bestimmen, die der Dehnungsanteil ε_n braucht, um die Strecke l zu durchlaufen.

$$c_n = \frac{l}{(t_2 - t_1)_{\varepsilon=\varepsilon_n}}\,. \qquad (11)$$

---

[1] Zusammenstellung der Literatur s. S. 162.

Diese Ausbreitungsgeschwindigkeit steht aber in definiertem Zusammenhang mit dem Plastizitätsmodul des dynamischen σ-ε-Diagramms an der Stelle $\varepsilon = \varepsilon_n$.

$$\left(\frac{d\sigma}{d\varepsilon}\right)_{\varepsilon=\varepsilon_n} = \varrho c_n^2 \quad \text{[vgl. Gl. (7)]} \tag{12}$$

Um das dynamische σ-ε-Diagramm zu erhalten, ermittelt man nun für verschiedene Dehnungen ε_n die zugehörigen Ausbreitungsgeschwindigkeiten c_n und berechnet daraus mit (12) $\frac{d\sigma}{d\varepsilon} = f(\varepsilon)$. Durch Integration

$$\sigma_\varepsilon = \int_0^\varepsilon f(\varepsilon)\, d\varepsilon \tag{13}$$

erhält man daraus die zu jeder Spannung σ gehörige Dehnung ε, also das Spannungs-Dehnungs-Diagramm, und zwar für die Dehngeschwindigkeiten, die der jeweiligen Steigung der Wellenfront entsprechen.

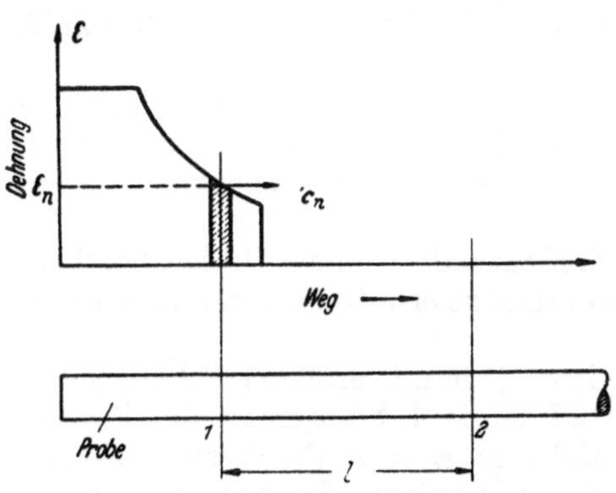

Abb. 22. Zur Ermittlung des dynamischen Spannungs-Dehnungs-Diagramms durch Messung der Ausbreitungsgeschwindigkeiten plastischer Wellen. (Nach W. R. CAMPBELL.)

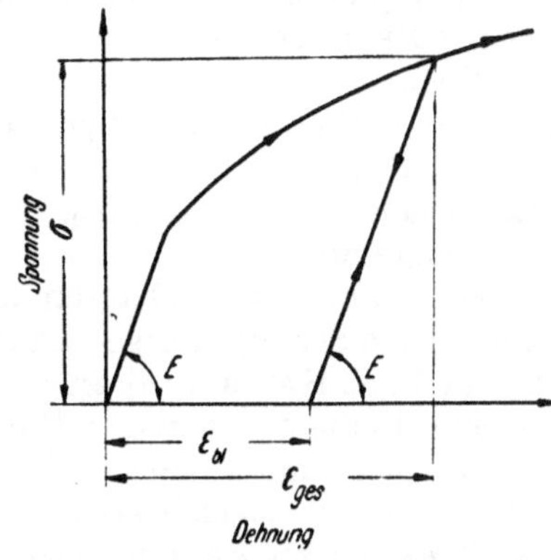

Abb. 23. Zur Ermittlung des dynamischen Spannungs-Dehnungs-Diagramms durch Messung der maximalen und der bleibenden Dehnung. (Nach J. D. CAMPBELL.)

Da es recht schwierig ist, den zeitlichen Dehnungsverlauf sehr genau zu messen, zeigen die mit diesem Verfahren erzielten Ergebnisse zur Zeit noch erhebliche Fehler.

Auf nicht weniger originelle Art erhält man das dynamische σ-ε-Diagramm nach einem von J. D. CAMPBELL [2] angegebenen Verfahren. Hierbei mißt man die von einer plastischen Welle beim Durchlaufen einer zylindrischen Probe hervorgerufene Gesamtdehnung ε_{ges} und die bleibende Dehnung ε_{bl}. Nimmt man, wie in Abb. 23 vorausgesetzt, an, daß die Entlastung aus dem plastischen Bereich längs einer Geraden verläuft, deren Steigung gleich dem Elastizitätsmodul ist, so kann man unmittelbar die Beziehung

$$\sigma = E(\varepsilon_{ges} - \varepsilon_{bl}) \tag{14}$$

ablesen. Durch wiederholtes Belasten der gleichen Probe zu immer größeren Dehnungen ε_{ges} und ε_{bl} erhält man dann ähnlich wie beim normalen Zugversuch mit (14) punktweise das dynamische σ-ε-Diagramm. Die Dehngeschwindigkeit entspricht der jeweiligen Steigung der Wellenfront und kann z. B. als Durchschnittswert angegeben werden.

Grundsätzlich ist es möglich, aus dem Verlauf der bleibenden Dehnung über die Probenlänge das dynamische σ-ε-Diagramm zu ermitteln, das zu dieser Dehnungsverteilung Anlaß gegeben haben muß. Eine Theorie, die eine Änderung des σ-ε-Diagramms mit der Dehngeschwindigkeit bei der Ausbreitung plastischer Wellen berücksichtigt, stammt von L. E. Malvern [3]. Diese Theorie erklärt den Verlauf der beobachteten bleibenden Dehnung jedoch nicht vollständig und ist deshalb zur Bestimmung des σ-ε-Diagramms nur sehr bedingt verwertbar.

Auch Th. v. Kármán, P. E. Duwez und D. S. Clark [4, 5] schließen aus der Verteilung der bleibenden Dehnung auf das dynamische σ-ε-Diagramm, ohne — wie auch Malvern — irgendeine Genauigkeit angeben zu können.

Ermittlung des Spannungs-Dehnungs-Diagramms bei definierter Schlaggeschwindigkeit. Glaubt man, mit der Schlaggeschwindigkeit die Dehngeschwindigkeit genügend genau definiert zu haben oder verzichtet überhaupt auf eine Angabe der Dehngeschwindigkeit, so kann man das dynamische σ-ε-Diagramm aus der gleichzeitigen Messung von Kraft und Längenänderung erhalten.

Unter Verzicht auf die Kenntnis der Zeitabhängigkeit beider Größen und damit auf eine zusätzliche Kontrollmöglichkeit erhält man sofort das σ-ε-Diagramm, wenn man zwei elektrische Spannungen, die der Kraft (Spannung) und der Dehnung proportional sind, auf zwei senkrecht zueinander stehende Plattenpaare einer Braunschen Röhre legt, wie es z. B. M. Manjoine und A. Nadai [6] getan haben.

Ist eine solche Aufzeichnung der Meßwerte nicht möglich oder nicht erwünscht (z. B. bei absinkender Schlaggeschwindigkeit), so ermittelt man Kraft und Längenänderung gleichzeitig als Funktion der Zeit und konstruiert daraus das σ-ε-Diagramm.

Ein Verfahren, das σ-ε-Diagramm durch Messen der von der Probe absorbierten Energie und der zugehörigen Längenänderung zu ermitteln, geben M. Greenfield und E. T. Habib [7, 8] an.

Für eine Reihe gleichartiger Proben, deren jede mit größerer Schlagenergie beansprucht wird, mißt man die absorbierte Energie A, bezogen auf das Probenvolumen V und die zugehörige bleibende Dehnung $\varepsilon_{bl} \approx \varepsilon$. Die Werte A/V trägt man als Funktion von ε auf und ermittelt daraus durch graphisches, punktweises Differenzieren das σ-ε-Diagramm.

$$\frac{d(A/V)}{d\varepsilon} = \sigma. \tag{15}$$

Wie schon unter 4c) geschildert, kann man durch Messung des Weges des Hammerkopfes als Funktion der Zeit bei bekannter Masse des Hammers den Kraft-Zeit-Verlauf ermitteln. Aus Weg-Zeit- und Kraft-Zeit-Verlauf kann man dann das σ-ε-Diagramm konstruieren (z. B. F. Körber und H. A. v. Storp [9]).

b) Ermittlung der Streckgrenze.

Aus der Definition der Streckgrenze als derjenigen Spannung, bei der trotz zunehmender Verlängerung der Probe die Kraftanzeige der Prüfmaschine erstmalig unverändert bleibt oder zurückgeht, leitet sich ein einfaches Verfahren ab, die Streckgrenze aus der Kraft-Zeit-Messung allein zu bestimmen. Während man bei Werkstoffen mit ausgeprägter oberer und unterer Streckgrenze beide Größen aus der Kraftanzeige allein entnehmen kann (Abb. 24), ist bei Werkstoffen ohne ausgeprägte Fließgrenze die Ermittlung einer definierten Streckgrenze, etwa der 0,2-Grenze, eigentlich nur in Verbindung mit einer Dehnungsmessung möglich. Trotzdem definiert und ermittelt man bei diesen Werkstoffen die Streckgrenze als diejenige Spannung, bei der die erste erkennbare Abweichung vom linearen Zusammenhang zwischen Kraft und Zeit auftritt. Schwingt die Kraftanzeige um einen Mittelwert, so legt man diesen der Auswertung zugrunde [10].

Bei Prüfung mit geringer Schlagenergie infolge kleiner Schlaggeschwindigkeit überzeugt man sich zweckmäßig nach dem Schlag durch Messung der bleibenden Dehnung, ob die Probe auch wirklich plastisch verformt wurde. Ist die Probe nur in der Nähe des Schlagendes verformt, so entspricht die am festen Ende gemessene Maximalkraft (statt der ersten erkennbaren Abweichung vom linearen Zusammenhang zwischen Kraft und Zeit) der Streckgrenze [*11*].

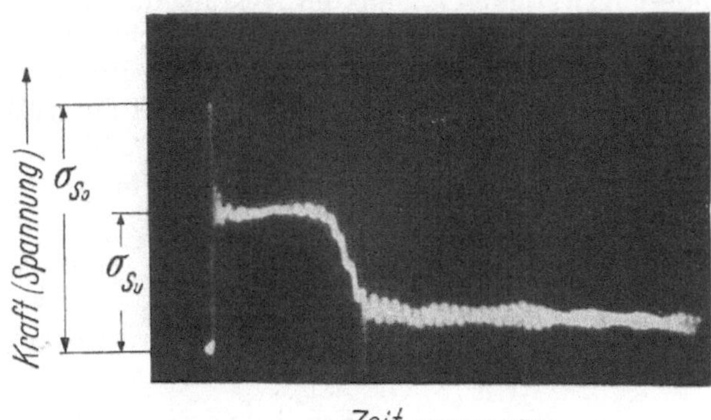

Abb. 24. Ermittlung der oberen und unteren Streckgrenze aus dem Kraft-Zeit-Verlauf beim Schlagzugversuch an einer 40 mm langen, zylindrischen Probe aus normalgeglühtem Weicheisen mit 0,02% C. Probe beim Versuch um 12% gereckt. Schlaggeschwindigkeit 2,3 m/sek, σ_{So} = 68 kg/mm², σ_{Su} = 38 kg/mm². (Nach K. Fink.)

Nach einem von G. I. Taylor [*12*] angegebenen Verfahren, das A. C. Whiffin [*13*] experimentell erprobt hat, ermittelt man die Streckgrenze aus der bleibenden Verformung zylindrischer Stäbe, die mit bekannter Geschwindigkeit gegen eine feste Wand geschossen wurden. Dieses Verfahren läßt sich nur dann zur Ermittlung der Streckgrenze anwenden, wenn nach der Beanspruchung ein Teil der Probenlänge unverformt bleibt.

Da Taylor bei diesem Verfahren stark vereinfachende Annahmen machte, um überhaupt zu einem Ergebnis zu kommen, dürfte seine Anwendung auf die Beanspruchungsfälle beschränkt sein, bei denen eine Messung während des Versuches selbst nicht möglich ist.

c) Ermittlung der Verzögerungszeit für den Fließbeginn.

Um die Verzögerungszeit für den Fließbeginn zu ermitteln, bringt man in bekannter Zeit eine konstante Kraft auf die Probe auf und mißt die Zeit, nach der die elastische Dehnung der Probe in eine plastische übergeht, also trotz konstanter Kraft weiter ansteigt.

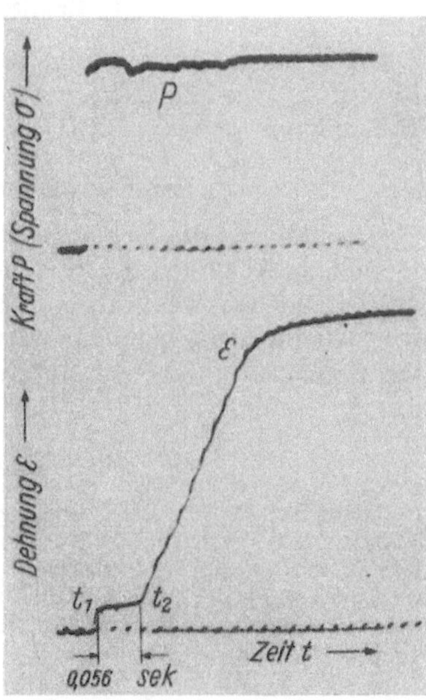

Abb. 25. Ermittlung der Verzögerungszeit für den Fließbeginn aus dem Dehnungs-Zeit-Verlauf bei konstanter Kraft. Spannung: 30,5 kg/mm²; Verzögerungszeit: 0,056 sek. Werkstoff: Normalgeglühter Stahl mit 0,19% C. (Nach D. S. Clark und D. S. Wood.)

In Abb. 25 ist ein Diagramm wiedergegeben, das für solche Messungen kennzeichnend ist. Gleichzeitig mit dem Aufbringen der (praktisch) konstanten Kraft P wächst die Dehnung ε bis zur Zeit t_1 elastisch an, um hierauf bis zur Zeit t_2 konstant zu bleiben. Dann setzt die durch weiteres Steigen der Dehnung kenntliche, plastische Verformung ein. Die Zeit $t_2 - t_1$, die Verzögerungszeit, stellt man als Funktion der konstanten Kraft P dar.

d) Ermittlung der Formänderungsfestigkeit.

Die Ermittlung der Formänderungsfestigkeit kommt der Bestimmung des Spannungs-Dehnung-Diagramms im plastischen Bereich gleich (siehe 5a).

Beim einachsigen Zug- oder Druckversuch kann man die mittlere Formänderungsfestigkeit k_{fm} aus der Messung der von der Probe absorbierten Energie und ihrer Abmessung vor und nach dem Schlag ohne unmittelbare Kraftmessung bestimmen. Unter Annahme konstanten Probenvolumens erhält man für die während des Schlages aufgebrachte Arbeit die Beziehung:

$$A = k_{fm} V \ln \frac{h_0}{h_1} . \tag{16}$$

Hierin bedeutet V das Volumen eines zylindrischen Körpers, der unter Absorption der Energie A von der Höhe h_0 auf die Höhe h_1 gebracht wird. Die Größe $V \ln h_0/h_1$ bezeichnet man auch als Verdrängungsraum [*14*].

e) Ermittlung der Zugfestigkeit.

Die Zugfestigkeit σ_B ist als die höchste, im plastischen Bereich des Spannungs-Dehnungs-Diagramms auftretende Spannung definiert. Sie ist deshalb leicht aus dem Kraft-Zeit-Verlauf allein zu bestimmen [*10, 15*]. Beim normalen Zugversuch erreicht die Kraft im plastischen Gebiet dort den Höchstwert, wo die gleichmäßige Dehnung der Probe aufhört und die Einschnürung beginnt Bei schlagartiger Zugbeanspruchung ist das nur dann der Fall, wenn das Spannungs-Dehnungs-Diagramm mit annähernd konstanter Dehngeschwindigkeit durchlaufen wird.

f) Ermittlung der Bruchdehnung.

Die Bruchdehnung ermittelt man, wie es beim statischen Versuch üblich ist, also durch Aneinanderlegen der Bruchstücke und Ausmessen der so erhaltenen Probenlänge.

g) Ermittlung der kritischen Zuggeschwindigkeit.

Man steigert die Schlaggeschwindigkeit im Zugversuch so lange, bis unter plötzlichem Absinken der Bruchenergie eine Werkstofftrennung in der Nähe der Schlagstelle eintritt, während die übrige Probenlänge im wesentlichen unverformt bleibt. Diese Schlaggeschwindigkeit ist die kritische Zuggeschwindigkeit (TH. v. KÁRMÁN, D. S. CLARK und P. E. DUWEZ [*4, 5*]).

Literatur zu Absatz 5.

1. CAMPBELL, W. R.: Proc. Soc. exp. Stress Anal. Bd. 10 (1952) I, S. 113.
2. CAMPBELL, J. D.: J. Mech. Phys. Solids Bd. 1 (1953) S. 113.
3. MALVERN, L. E.: J. appl. Mech. Bd. 18 (1951) S. 203.
4. KÁRMÁN, TH. v., u. P. E. DUWEZ: Propagation of plastic deformation in solids. VI. International Congress of Applied Mechanics. Paris, Sept. 1946; vgl. J. appl. Phys. Bd. 21 (1950) S. 987.
5. DUWEZ, P. E., u. D. S. CLARK: Proc. Amer. Soc. Test. Mater. Bd. 47 (1947) S. 502.
6. MANJOINE, M., u. A. NADAI: Proc. Amer. Soc. Test. Mater. Bd. 40 (1940) S. 822.
7. GREENFIELD, M., u. E. T. HABIB: J. appl. Phys. Bd. 18 (1947) S. 645.
8. HABIB, E. T.: J. appl. Mech. Bd. 15 (1948) S. 248.
9. KÖRBER, F., u. H. A. v. STORP: Mitt. K.-Wilh.-Inst. Eisenforschg. Bd. 7 (1925) S. 81.
10. CLARK, D. S., u. P. E. DUWEZ: Proc. Amer. Soc. Test. Mater. Bd. 50 (1950) S. 560.

11. WARNOCK, F. V., u. J. B. BRENNAN: J. & Proc. Instn. mech. Engrs., Lond., Proc. Bd. 159 (1948) Nr. 37, S. 1.
12. TAYLOR, G. I.: J. Instn. civ. Engrs. Bd. 8 (1946) S. 486.
13. WHIFFIN, A. C.: Proc. roy. Soc., Lond., A Bd. 194 (1948) S. 300.
14. Vgl. H. Hoff u. TH. Dahl: Grundlagen des Walzverfahrens (Stahleisen-Bücher Bd. 9) Düsseldorf: Verlag Stahleisen 1950.
15. CLARK, D. S., u. D. S. WOOD: Trans. Amer. Soc. Metals Bd. 42, (1950) S. 45.

6. Verhalten der Werkstoffe bei schlagartiger Beanspruchung[1].

a) Übersicht.

Im folgenden werden die Versuchsergebnisse über das Verhalten der metallischen Werkstoffe bei schlagartiger Beanspruchung zusammengefaßt, soweit man bei der verschiedenen Versuchsführung in erster Näherung mit einer gleichmäßigen Formänderungsgeschwindigkeit und gleichmäßiger Verformung längs der Probe rechnen darf.

Abb. 26 zeigt schematisch den Einfluß der Dehngeschwindigkeit bei schlagartiger Zugbeanspruchung auf das Spannungs-Dehnungs-Diagramm bei ver-

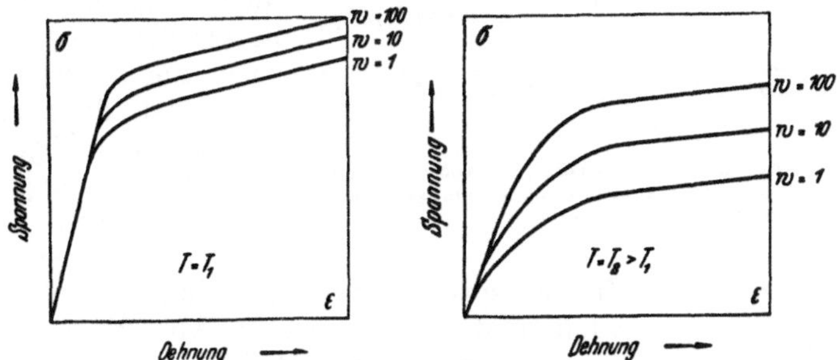

Abb. 26. Spannungs-Dehnungs-Kurven in Abhängigkeit von der Dehngeschwindigkeit und der Temperatur, schematisch.

schiedenen Temperaturen T. Es ist in wahren Spannungen und nur bis zu Dehnungen gezeichnet, die unter einachsiger Beanspruchung entstanden sind. Der Einfluß der Dehngeschwindigkeit bewirkt höhere Streckgrenzen und größere Formänderungsfestigkeiten bei gleicher Dehnung. Mit wachsender Temperatur fallen zwar die Fließspannungen, aber der Einfluß der Dehngeschwindigkeit wird stärker. Diese normale Abhängigkeit der Spannungs-Dehnungs-Kurven von der Dehngeschwindigkeit und der Temperatur wird jedoch verändert, wenn sich ihr z. B. Diffusionsvorgänge von Einlagerungsatomen, Ausscheidungen, Umwandlungen usw. mit ihrer Zeit- und Temperaturabhängigkeit überlagern (s. unten).

In den folgenden Abschnitten werden zwecks besserer Übersicht die Kenngrößen des Spannungs-Dehnungs-Diagramms als Funktion der Dehngeschwindigkeit bei verschiedenen Temperaturen im einzelnen behandelt.

b) Elastizitätsmodul.

Für schnelle elastische Beanspruchungen muß der adiabatische Elastizitätsmodul zugrunde gelegt werden. Dieser unterscheidet sich vom isothermen Elastizitätsmodul um weniger als 0,5%; diese Abweichung liegt meistens innerhalb der Grenzen der Meßgenauigkeit und kann daher vernachlässigt werden [*1, 2*].

[1] Zusammenstellung der Literatur s. S. 174.

c) Streckgrenze.

Werkstoffe mit ausgeprägter oberer und unterer Streckgrenze. Nach den Vorstellungen von A. H. Cottrell [3], welche die im folgenden beschriebenen Erscheinungen gut deuten, jedoch vorerst als Arbeitshypothesen zu werten sind, wird die ausgeprägte obere Fließgrenze durch im Kristallgitter vorhandene Einlagerungsatome (z. B. Kohlenstoff und Stickstoff im α-Eisen) erklärt, die sich auf dem Wege der Diffusion in den aufgeweiteten Kristallgitterplätzen der Versetzungen gesammelt haben und damit die Bewegung der Versetzungen, d. h. die Verformung, blockieren. Erst eine höhere Spannung (obere Fließgrenze) vermag die Bewegung der Versetzungen auszulösen; wegen ihrer geringen Diffusionsgeschwindigkeit bleiben die Einlagerungsatome jedoch hinter den Versetzungen zurück. Für die weitere Verformung ist dann die untere Fließgrenze maßgebend.

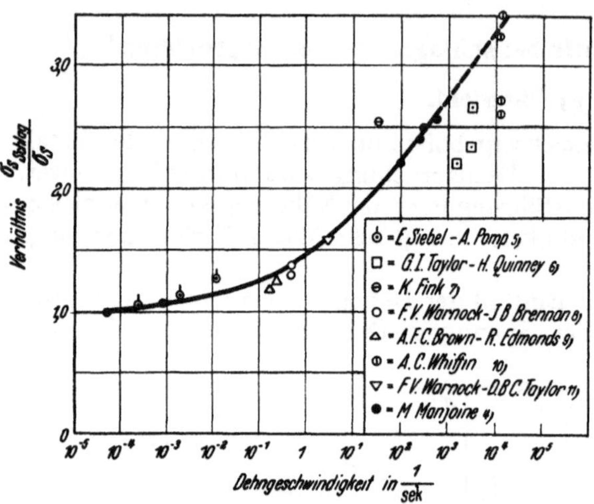

Abb. 27. Fließgrenzenüberhöhung in Abhängigkeit von der Dehngeschwindigkeit; Werkstoff: „Geglühtes" Weicheisen und „geglühte", niedriggekohlte Flußstähle.

Die Loslösung der Versetzungen von den Atomwolken im Kristallgitter erfordert Zeit. Daher ist bei Zugbeanspruchung eine Erhöhung der oberen Streckgrenze mit der Dehngeschwindigkeit zu erwarten. In Abb. 27 sind eine Reihe von Meßpunkten eingetragen — erhalten mit Weicheisen oder Stählen mit weniger als 0,3% C —, die eine starke Überhöhung der oberen Fließgrenze mit wachsender Dehngeschwindigkeit zeigen [*5*, *7*—*9*]. Als Ordinate ist das Verhältnis der Fließgrenze bei schlagartiger Beanspruchung zur Streckgrenze bei zügiger Beanspruchung (normaler Zugversuch) aufgetragen, wobei für den normalen Zugversuch eine Dehngeschwindigkeit von $5 \cdot 10^{-5}$/sek, entsprechend einer Belastungsgeschwindigkeit von $\frac{1\,\text{kg}}{\text{mm}^2\,\text{sek}}$ gemäß DIN 50146 angenommen ist.

Auch die untere Streckgrenze steigt mit der Dehngeschwindigkeit stark an. Die ausgezogene Kurve in Abb. 27 gibt die Ergebnisse von M. Manjoine [*4*] wieder, die in einem breiten Dehngeschwindigkeitsbereich bei Raumtemperatur an einem unlegierten, niedriggekohlten Stahl im normal geglühten Zustand erhalten wurden. Weitere Ergebnisse an ähnlichen Stählen zeigen die gleiche Tendenz [*4*, *6*, *10*, *11*] (Abb. 27). Allgemein kann daher festgestellt werden, daß die obere wie untere Streckgrenze mit steigender Dehngeschwindigkeit überhöht wird und ein Mehrfaches der im normalen Zugversuch gewonnenen Werte erreichen kann. Ein Trennbruch infolge dieser starken Überhöhung des Fließwiderstandes wurde bei einachsiger Beanspruchung bisher nicht beobachtet. Mit steigendem Kohlenstoffgehalt fällt die Fließgrenzenüberhöhung [*7*]. Die untere Streckgrenze nähert sich mit steigender Dehngeschwindigkeit immer mehr dem Wert der Schlagzugfestigkeit [*4*] und erreicht diesen bei einer Dehngeschwindigkeit zwischen 100 bis 1000/sek.

Mit steigender Temperatur nimmt die Beweglichkeit der Einlagerungsatome so lange zu, bis sie den Versetzungen folgen können. Dann sind die Versetzungen in ihrer Bewegung immer behindert (Kometenschweif [12]) und der Abfall der Spannung von der oberen zur unteren Streckgrenze verschwindet. Bei noch höheren Temperaturen wächst die kinetische Energie der eingelagerten Atome derart, daß die „Anziehungskräfte" der Versetzungen nicht mehr ausreichen, um die Einlagerungsatome dort zu binden. Folglich lösen sich die Atomwolken auf, und die Behinderung der Versetzungen durch Einlagerungsatome ist aufgehoben. Die Verformung vollzieht sich dann in der bei Metallen gewohnten Weise. Über die Abhängigkeit der ausgeprägten *oberen* Streckgrenze von der Dehngeschwindigkeit bei verschiedenen Temperaturen liegen keine Messungen vor. Für die *untere* Streckgrenze wirkt sich die Zunahme der Beweglichkeit der Einlagerungsatome mit höherer Temperatur in der Weise aus, daß sie nach einem ersten Abfall wieder — wegen der nun fortwährenden Fließbehinderung — leicht ansteigt, um erst nach Überschreiten eines Höchstwertes bei etwa 400° C (Blaubruchgebiet) mit wachsender Temperatur um so stärker abzufallen. Bei höheren Dehngeschwindigkeiten benötigen die Einlagerungsatome höhere Diffusionsgeschwindigkeiten, um den Bewegungen der Versetzungen folgen zu können; folglich verschiebt sich das Maximum im Blaubruchgebiet, z. B. von etwa 400° C im Warmzugversuch bei einer Dehngeschwindigkeit von 300/sek nach etwa 550° C, wie es M. MANJOINE [4] an einem niedriggekohlten, normalgeglühten Flußstahl beobachtet hat.

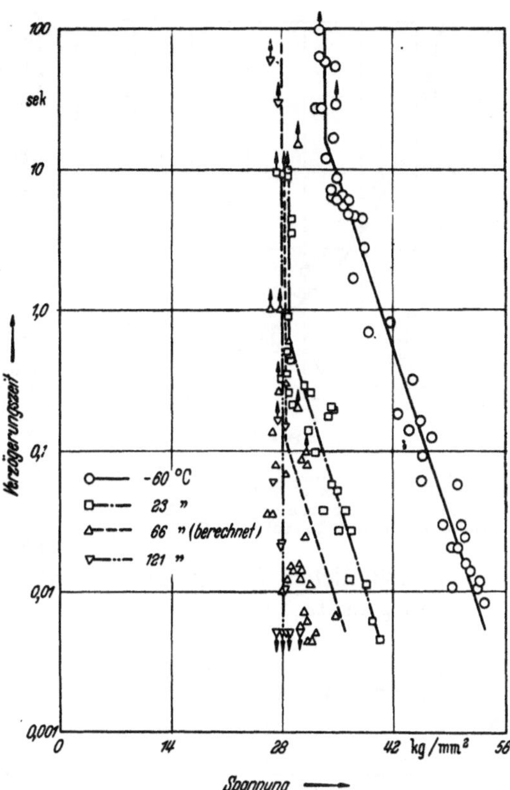

Abb. 28. Verzögerungszeit für den Fließbeginn in Abhängigkeit von der jeweils konstanten Spannung bei verschiedenen Temperaturen; Werkstoff: Kohlenstoffstahl mit 0,17% C, weichgeglüht im trockenen Wasserstoff. (Nach D. S. WOOD u. D. S. CLARK.)

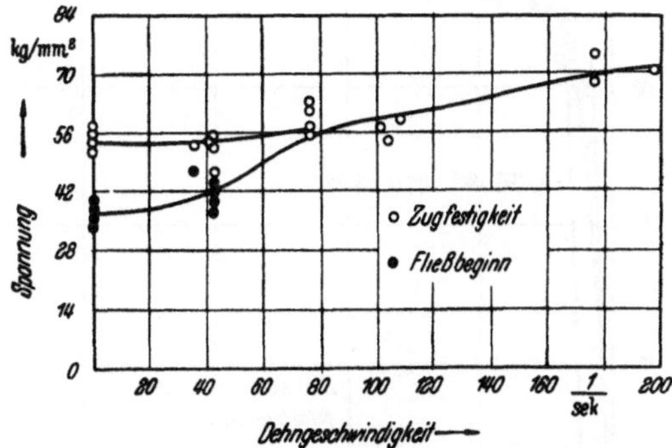

Abb. 29. Streckgrenze und Zugfestigkeit in Abhängigkeit von der Dehngeschwindigkeit; Werkstoff: Manganstahl mit 0,12% C und 1,25% Mn (Fließgrenze aus der Abweichung vom linearen Zusammenhang zwischen Kraft und Zeit ermittelt). (Nach D. S. CLARK u. P. E. DUWEZ.)

Die Überhöhung der ausgeprägten oberen Streckgrenze bei schneller Beanspruchung kommt dadurch zustande, daß die Auslösung des Fließvorganges Zeit benötigt. Die Verzögerungszeit für den Fließbeginn eines Werkstoffes mit ausgeprägter Streckgrenze kann man ermitteln, wenn man den Werkstoff schnell einer konstanten Kraft oberhalb der unteren Streckgrenze aussetzt. D. S. Wood und D. S. Clark [13] beobachteten an einem weichgeglühten Kohlenstoffstahl mit 0,17% C — wie zu erwarten — um so kürzere Verzögerungszeiten, je mehr die aufgebrachte konstante Spannung die untere Streckgrenze übertrifft. Mit steigender Temperatur nimmt die Verzögerungszeit bei gleicher Spannung ab. Nähere Einzelheiten sind aus Abb. 28 ersichtlich.

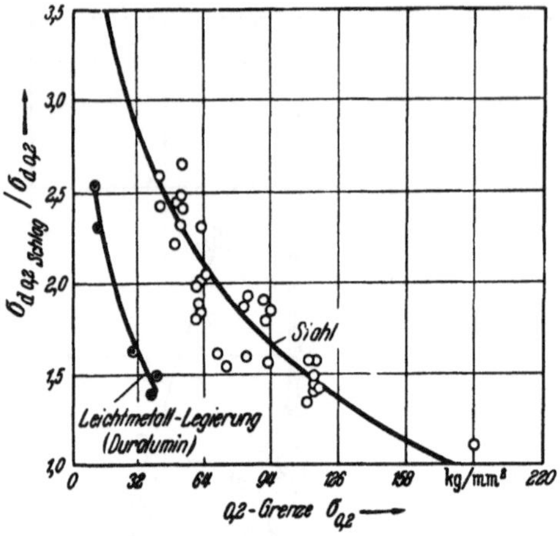

Abb. 30. Überhöhung der Quetschgrenze bei Dehngeschwindigkeiten von etwa 10^4/sek in Abhängigkeit von der Streckgrenze der untersuchten Werkstoffe. (Nach G. I. Taylor u. A. C. Whiffin.)

Werkstoffe ohne ausgeprägte Streckgrenze. Bei Werkstoffen, die im Zugversuch ein stetiges Spannungs-Dehnungs-Diagramm zeigen, wird die Fließgrenze mit größer werdender Dehngeschwindigkeit ebenfalls, wenn auch nicht in dem Maße wie bei Werkstoffen mit ausgeprägter Fließgrenze, erhöht und nähert sich mehr und mehr der Schlagzugfestigkeit, wie z. B. aus Abb. 29 für einen Manganstahl hervorgeht [14]. Je höher die 0,2-Grenze ist, um so kleiner wird die Streckgrenzenüberhöhung bei schlagartiger Beanspruchung (Abb. 30 [10]). Dieser Effekt ist bei duraluminähnlichen Legierungen wesentlich geringer als bei Stählen.

Im Gegensatz zu den Werkstoffen mit ausgeprägter oberer und unterer Streckgrenze werden bei den übrigen Metallen keine Verzögerungen bis zur Auslösung des Fließbeginns beobachtet [15]. Durch Aufnahme von Dehnungs-Zeit-Kurven bei konstanter Kraft ist es aber möglich, die Dehnung in Abhängigkeit von der Höhe der aufgebrachten konstanten Kraft nach verschiedenen Zeiten der Belastungsaufgabe zu ermitteln. Abb. 31 zeigt die „Spannungs-Dehnungs-Kurven" eines austenitischen 18/8-Stahles, die aus den bei verschiedener, konstanter Spannung aufgenommenen Dehnungs-Zeit-Kurven abgeleitet wurden; alle Punkte wurden nach gleichen Zeiten erreicht [15]. Abb. 32 gibt ein aus Abb. 31 gewonnenes Diagramm wieder, das die nach

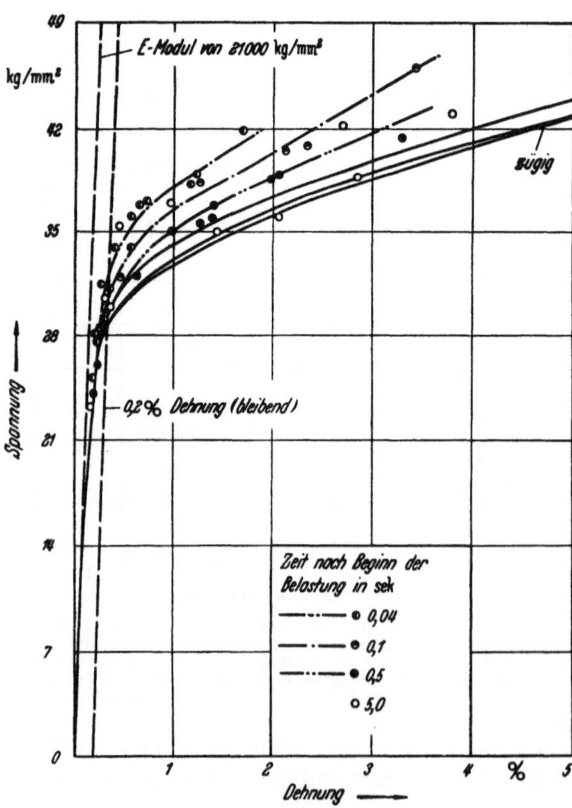

Abb. 31. Spannungs-Dehnungs-Kurven für verschiedene Zeiten nach der Lastaufgabe; Werkstoff: Austenitischer Stahl mit 18,2% Cr und 8,9% Ni. (Nach D. S. Clark u. D. S. Wood.)

einer bestimmten Belastungsdauer erzielte Gesamtdehnung abzulesen erlaubt [*15*].

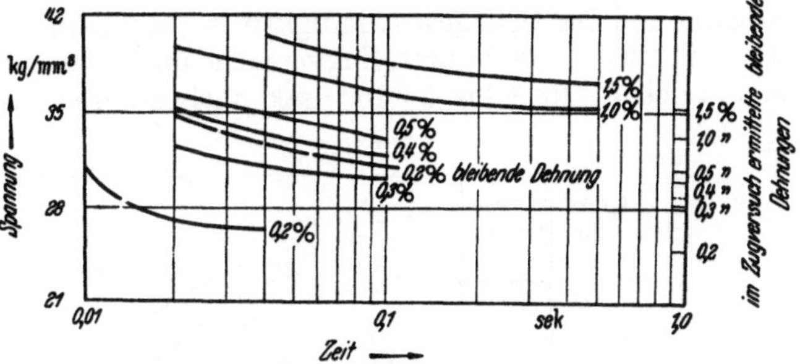

Abb. 32. Spannungs-Zeit-Kurven für verschiedene konstante Dehnungen; Werkstoff: Austenitischer Stahl mit 18,2% Cr und 8,9% Ni. (Nach D. S. Clark und D. S. Wood.)

b) Formänderungsfestigkeit.

Die Formänderungsfestigkeit hängt vom Betrag der Verformung ab und steigt im allgemeinen mit der Formänderungsgeschwindigkeit. Abb. **33** zeigt dieses Verhalten für einen normalgeglühten, niedriggekohlten Flußstahl bei Zugbeanspruchung in einem breiten Dehngeschwindigkeitsbereich bei Raumtemperatur [*4*]. Die Formänderungsfestigkeit nimmt im allgemeinen mit steigender Temperatur ab. Der Einfluß der Dehngeschwindigkeit auf die Formänderungsfestigkeit wird um so größer, je mehr sich die Temperatur der Schmelztemperatur nähert. Bei Temperaturen zwischen Raumtemperatur und 600° C macht sich wieder die Anomalie des Blaubruchgebietes bemerkbar (Abb. **34**, **35** und **36**), die in Abb. **36** am Ende der Kurve für die Zugfestigkeit gerade noch erkennbar ist. Über das Verhalten von Stählen bei höheren Temperaturen zwischen 600°C und 1200°C – den Temperaturbereich der Warmformgebung von Stählen – liegen praktisch nur Messungen über den Formänderungswiderstand beim Schlagdruckversuch für zahlreiche Stähle vor, die, im Gegensatz zu den Versuchen von Manjoine, nicht mit konstanter, sondern mit bis auf Null absinkender Schlaggeschwindigkeit aufgenommen sind [*16—18*]. Da der Formänderungswiderstand aus der Verformungsenergie und dem Verdrängungsraum berechnet wurde, müssen diese Meßergebnisse als Näherungswerte betrachtet werden. Abb. **37** a und b zeigt das Verhalten von Kohlenstoffstählen bei zwei um drei Zehnerpotenzen auseinander liegenden, mittleren Dehngeschwindigkeiten im Schlagdruckversuch für den Temperaturbereich von 600° C bis 1200° C [*16, 17*]. Die Ungleichmäßigkeiten im Kurvenverlauf zwischen 700° C und 1000° C sind durch die α-γ-Umwandlung der Stähle verursacht.

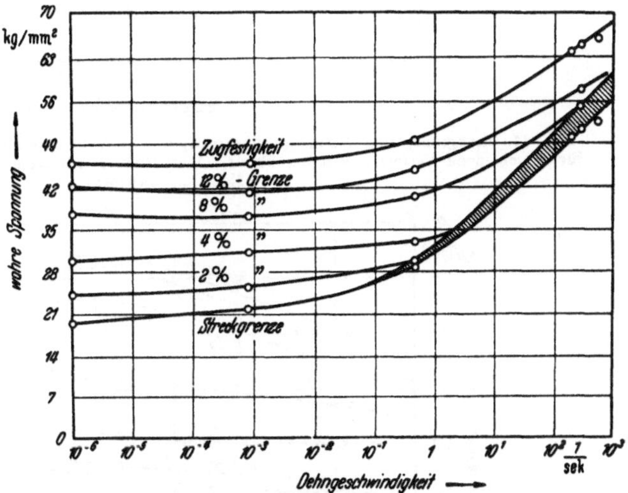

Abb. 33. Fließgrenze und Formänderungsfestigkeit in Abhängigkeit von der Dehngeschwindigkeit für verschiedene Verformungen bei Raumtemperatur; Werkstoff: Niedrig gekohlter Flußstahl, normalgeglüht. (Nach M. Manjoine.)

Es hat nicht an Versuchen gefehlt, auf Grund experimenteller Ergebnisse oder auf theoretischem Wege den Zusammenhang zwischen der Formänderungsfestigkeit und der Dehngeschwindigkeit in eine mathematische Form zu kleiden. So hat P. Ludwik [19] durch Zugversuche an Zinndrähten in dem Geschwindigkeitsbereich $5 \cdot 10^{-9}$ bis $5 \cdot 10^{-2}$ sek nachgewiesen, daß die Abhängigkeit des

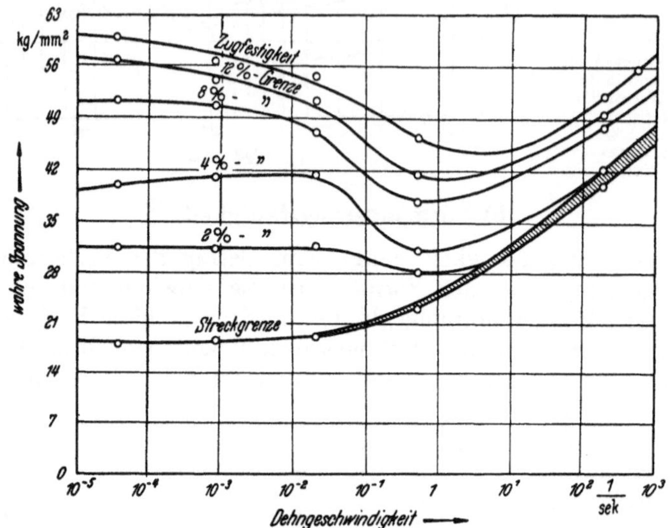

Abb. 34. Fließgrenze und Formänderungsfestigkeit in Abhängigkeit von der Dehngeschwindigkeit für verschiedene Verformungen bei 200° C; Werkstoff: Niedriggekohlter Flußstahl, normalgeglüht. (Nach M. Manjoine.)

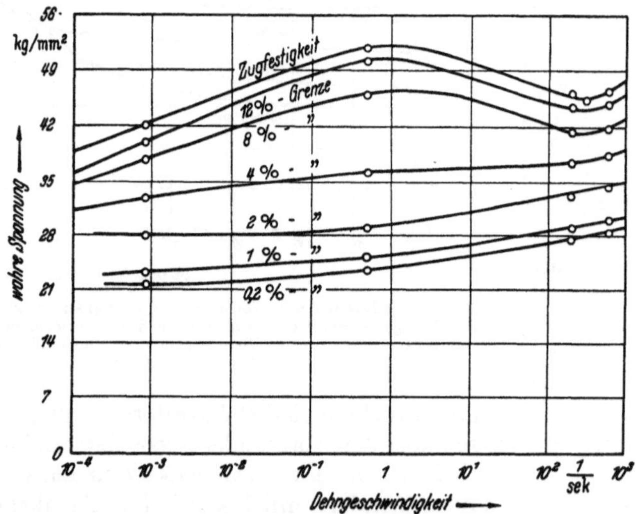

Abb. 35. Fließgrenze und Formänderungsfestigkeit in Abhängigkeit von der Dehngeschwindigkeit für verschiedene Verformungen bei 400° C; Werkstoff: Niedriggekohlter Flußstahl, normalgeglüht. (Nach M. Manjoine.)

Formänderungswiderstandes $\sigma_{1,2}$ von der Dehngeschwindigkeit $w_{1,2}$ bei einer 15%igen Verformung (Zugfestigkeit) sich gut durch die Beziehung darstellen läßt:

$$\sigma_2 = \sigma_1 + C_1 \lg \frac{w_2 + k}{w_1 + k}\,. \tag{17}$$

C_1 und k sind Werkstoffkonstanten, die von der Verformung und von der Temperatur abhängen.

Für Geschwindigkeiten bis $1{,}25 \cdot 10^{-2}\,\mathrm{sek}^{-1}$ konnten E. SIEBEL und A. POMP [20] an geglühten Proben aus Weicheisen und einem Kohlenstoffstahl mit 0,4% C sowie an Kupfer- und Bleiproben zeigen, daß zwischen der Formänderungsfestigkeit

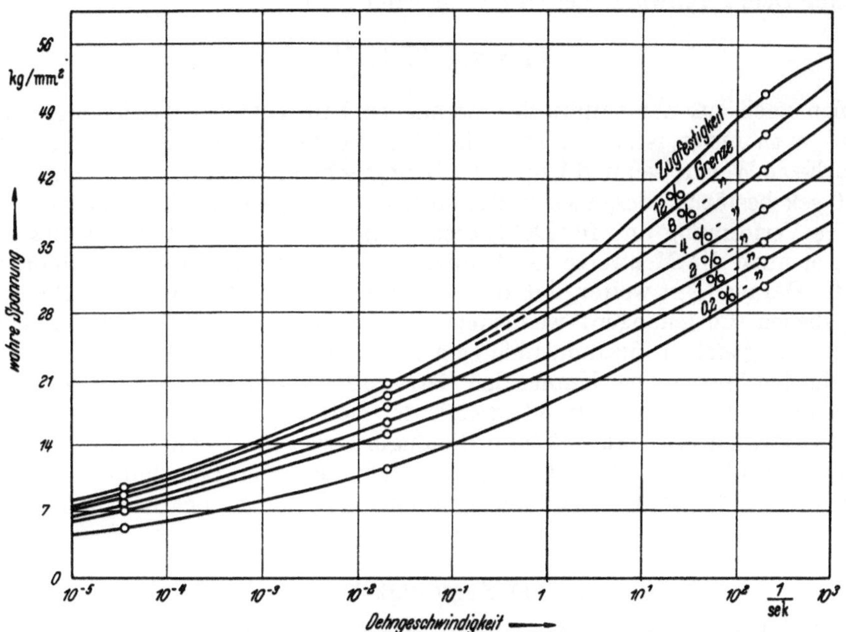

Abb. 36. Fließgrenze und Formänderungsfestigkeit in Abhängigkeit von der Dehngeschwindigkeit für verschiedene Verformungen bei 600° C; Werkstoff: Niedriggekohlter Flußstahl, normalgeglüht. (Nach M. MANJOINE.)

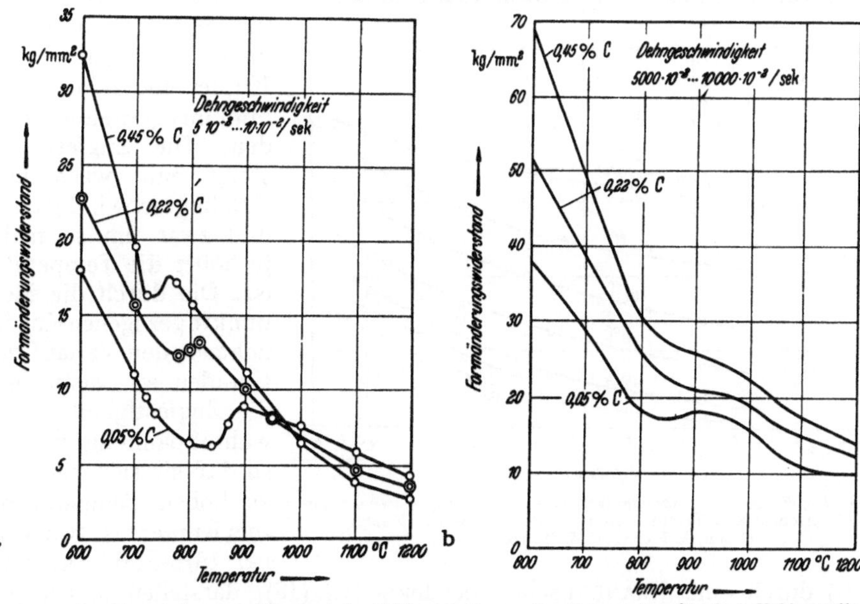

Abb. 37a u. b. Formänderungswiderstand in Abhängigkeit von der Temperatur für drei Kohlenstoffstähle. a) bei Dehngeschwindigkeiten von 5 bis 10×10^{-3}/sek; — b) bei Dehngeschwindigkeiten von 50 bis 100/sek. (Nach H. HENNECKE.)

und der Dehngeschwindigkeit der Zusammenhang besteht:

$$\sigma_2 = \sigma_1 + C_2(w_2^n - w_1^n)\,, \tag{18}$$

C_2 und n sind wiederum Werkstoffkonstanten für eine Verformung und eine Temperatur, die man aus Versuchen ermitteln muß.

Auf Grund eines Gedankenmodells leitete L. PRANDTL [21] für den Bereich größerer Dehngeschwindigkeiten die Gleichung ab:

$$\sigma_2 = \sigma_1 + C_3 \lg \frac{w_1}{w_2}, \tag{19}$$

die man auch aus der empirisch gewonnenen LUDWIKschen Beziehung erhält, wenn $k \ll w_1$ und w_2 ist. H. DEUTLER [22] hat die PRANDTLsche Gleichung durch Versuche an Weicheisen und Kupfer im Dehngeschwindigkeitsbereich von $1 \cdot 10^{-5}$ bis 10 sek bestätigt, desgleichen H. BRINKMANN [23] an Kupferproben für eine 35%ige Verformung und für Dehngeschwindigkeiten von $5 \cdot 10^{-5}$ bis 10 sek^{-1}, wobei er auch die Meßwerte für Kupfer von SIEBEL und POMP gut einordnen konnte. Daraus folgt weiter, daß die von SIEBEL und POMP sowie von PRANDTL angegebenen Beziehungen, wenigstens in einem gewissen Geschwindigkeitsbereich, die gleichen Zusammenhänge gemeinsam wiedergeben. BRINKMANN erhielt für den Wert C_3 bei Kupfer den Betrag 120 ± 12 kg/cm² in mäßiger Übereinstimmung mit dem Wert 88 kg/cm², der sich aus den Meßergebnissen von M. MANJOINE und A. NADAI [24] für die Zugfestigkeit im Dehngeschwindigkeitsbereich von 10^{-6} bis 10^{+3} sek^{-1} ableiten läßt. Bei der Berechnung der Konstanten C_3 wurden wahre Spannungen und der BRIGGsche Logarithmus zugrunde gelegt.

e) Zugfestigkeit.

In dem breiten Dehngeschwindigkeitsbereich von 10^{-6} bis 10^{+3} sek^{-1} haben A. NADAI und M. MANJOINE [25] die Zugfestigkeit einer Reihe von Metallen bei Temperaturen von 20° C bis nahe an den Schmelzpunkt untersucht. Die Abb. 38 und 39 zeigen die Ergebnisse, die an reinem Kupfer und reinem Aluminium gewonnen wurden. Die Zugfestigkeit steigt mit wachsender Dehngeschwindigkeit, und zwar um so mehr, je höher die Temperatur ist. Die durch die Meßpunkte gezogenen Kurven nehmen den Verlauf von Geraden an, wenn man die Zugfestigkeit σ_B als wahre Spannung aufträgt, so daß sie sich bei nicht zu hohen Temperaturen (bei Kupfer bis etwa 600°, bei 18/8-Stahl bis etwa 800° C) durch eine PRANDTLsche Gleichung [Gl. (18)] darstellen lassen. Bei Weicheisen und normalgeglühtem, niedriggekohltem Flußstahl überlagern sich dem Verlauf der Zugfestigkeit als Funktion der Dehngeschwindigkeit wieder bis etwa 600° C die Anomalien des Blaubruchgebietes (Abb. 40). Das Maximum der Zugfestigkeit (Blaubruchgebiet) verschiebt sich mit größerer Dehngeschwindigkeit zu höheren Temperaturen, wie es deutlich aus Abb. 41 hervorgeht.

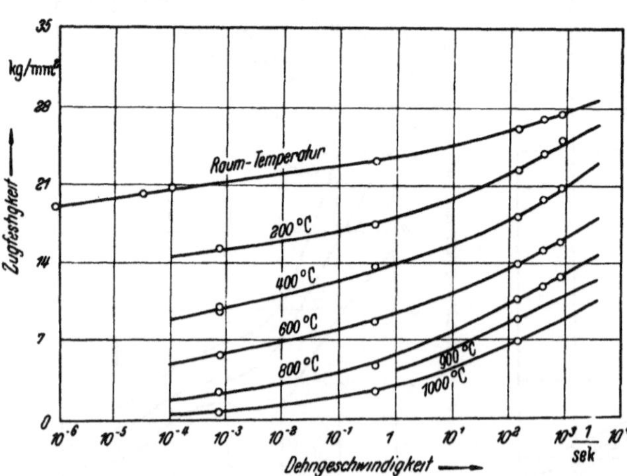

Abb. 38. Zugfestigkeit in Abhängigkeit von der Dehngeschwindigkeit bei verschiedenen Temperaturen; Werkstoff: Reines Kupfer. (Nach A. NADAI u. M. MANJOINE.)

Einige Stähle (Kohlenstoffstahl mit 0,22% C, Manganstahl mit 0,12% C und 1,25% Mn und Chrom-Nickel-Stahl mit 0,26% C, 1,37% Cr und 2,73% Ni) wurden auf ihre Zugfestigkeit im Dehngeschwindigkeitsbereich von 40 bis 200 sek^{-1} von D. S. CLARK und P. E. DUWEZ [26] untersucht. Das Ergebnis für den Manganstahl ist in Abb. 29 eingetragen.

A. KOCHENDÖRFER [27] führt mit Hilfe von gemessenen Dehngeschwindigkeits- und Temperaturfunktionen an kubisch fläschenzentrierten Einkristallen eine Berechnung der Zugfestigkeit in Abhängigkeit von der Dehngeschwindigkeit und der Temperatur durch. Diese Rechnung ergab für Aluminium eine gute Übereinstimmung mit den Meßwerten von NADAI und MANJOINE (Abb. 39 und 40), dagegen nur eine mäßige Übereinstimmung für Kupfer.

Bei den oben behandelten Untersuchungen von NADAI und MANJOINE sowie von CLARK und DUWEZ rechneten die Autoren mit annähernd gleicher Dehngeschwindigkeit über die Probe. D. S. CLARK und D. S. WOOD [28] haben diese Annahme aufgegeben, als sie an Proben von 200 mm Meßstrecke die

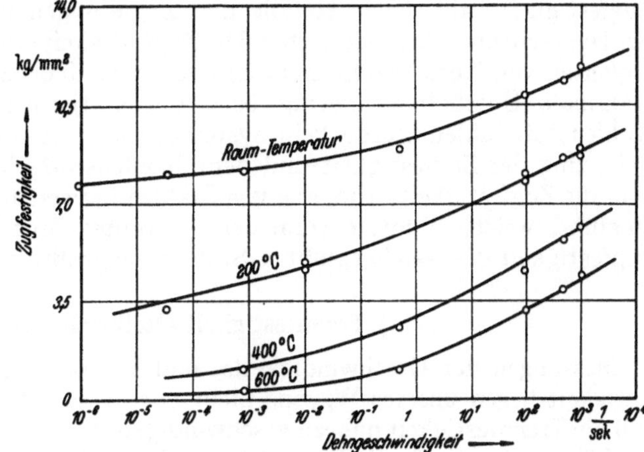

Abb. 39. Zugfestigkeit in Abhängigkeit von der Dehngeschwindigkeit bei verschiedenen Temperaturen; Werkstoff: Reines Aluminium. (Nach A. NADAI u. M. MANJOINE.)

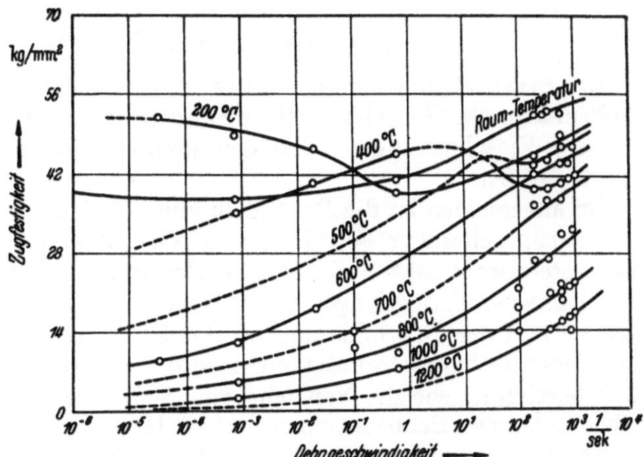

Abb. 40. Zugfestigkeit in Abhängigkeit von der Dehngeschwindigkeit bei verschiedenen Temperaturen; Werkstoff: Niedriggekohlter Flußstahl, normalgeglüht. (Nach A. NADAI u. M. MANJOINE.)

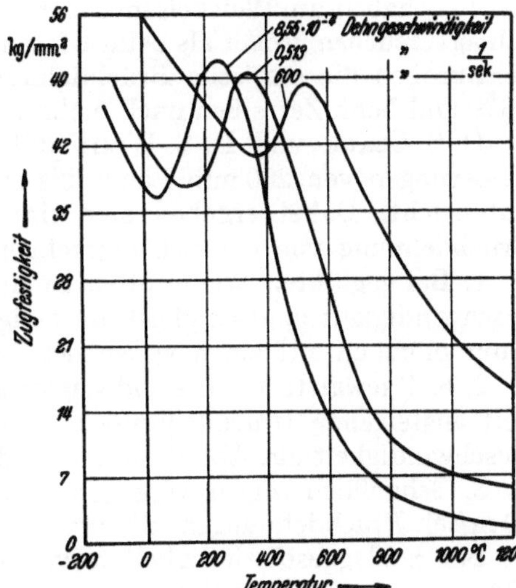

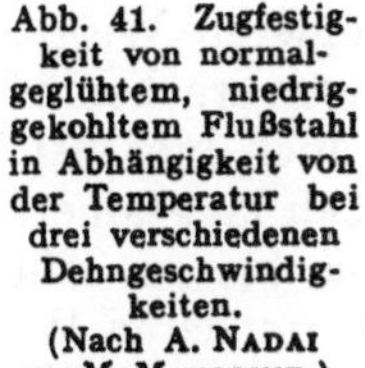
Abb. 41. Zugfestigkeit von normalgeglühtem, niedriggekohltem Flußstahl in Abhängigkeit von der Temperatur bei drei verschiedenen Dehngeschwindigkeiten. (Nach A. NADAI u. M. MANJOINE.)

Zugfestigkeit zahlreicher Metalle und Legierungen in Abhängigkeit von der Schlaggeschwindigkeit verfolgten. Die Zugfestigkeit stieg bis zu Schlaggeschwindigkeiten von 7,5 m/sek an und blieb von dort ab bis zu 60 m/sek konstant. Die maximale Überhöhung betrug 55% des statischen Wertes. Bei geglühten Kohlenstoffstählen wurde kein systematischer Zusammenhang zwischen der Erhöhung der Zugfestigkeit und dem Kohlenstoffgehalt gefunden. Vergleicht man die Zugfestigkeitserhöhung von Stählen in verschiedenen Gefügezuständen (geglüht, weichgeglüht, normalisiert, vergütet) miteinander, so erfährt die Zugfestigkeit des weichgeglühten Stahles die größte prozentuale Erhöhung.

f) Trennfestigkeit (Reißwiderstand).

Messungen der Geschwindigkeits- und Temperaturabhängigkeit der Trennfestigkeit liegen unseres Wissens nicht vor. A. KOCHENDÖRFER [*27*] nimmt an, daß die Trennfestigkeit nahezu geschwindigkeits- und temperaturunabhängig ist. Die höheren Werte für die Bruchdehnung bei schlagartiger Beanspruchung lassen jedoch in Verbindung mit den höheren Fließspannungen vermuten, daß die Trennfestigkeit mit steigender Dehngeschwindigkeit größer wird.

g) Bruchdehnung und Einschnürung.

Die *Bruchdehnung* hängt — wie beim statischen Zugversuch — stark von der Probenlänge ab. Bei schlagartiger Beanspruchung kommt noch hinzu, daß sich mehrere Einschnürungen ausbilden können, von denen jedoch nur eine den Bruch auslöst.

Im allgemeinen ist die Bruchdehnung bei Raumtemperatur unter schlagartiger Beanspruchung größer als im statischen Zugversuch. Eine Ausnahme macht der austenitische 18/8-Stahl, dessen Bruchdehnung bei dynamischer Beanspruchung als wesentlich geringer als im statischen Zugversuch ermittelt wurde [*28, 29*]. Der Verlauf der Bruchdehnung in Abhängigkeit von der Temperatur bei verschiedenen Dehngeschwindigkeiten wird stark durch innere Vorgänge im Werkstoff bestimmt, wie die Versuche von A. NADAI und M. MANJOINE [*25*] gezeigt haben. Ähnliche Beobachtungen hat H. HENNECKE [*16*] für die Bruchstauchung im Temperaturbereich von 20 bis 600° C gemacht.

R. MAILÄNDER [*30*] hat an Kupferproben und H. R. SANDER und M. HEMPEL [*31*] haben am Weicheisenproben gezeigt, daß die Bruchdehnung bei Mehrschlagversuchen größer als beim Einschlagversuch ausfällt. So betrug bei Weicheisenproben die statische Bruchdehnung 42%, bei Zerreißen in einem Schlag 46% und beim Zerreißen nach mehreren Schlägen 60% [*31*].

D. S. CLARK und D. S. WOOD [*28*] haben Proben zahlreicher Metalle und Legierungen von 200 mm Länge bis zu Schlaggeschwindigkeiten von 60 m/sek untersucht. Dabei ergaben sich drei verschiedenartige Abhängigkeiten der Bruchdehnung von der Schlaggeschwindigkeit:

1. Bei geglühten Werkstoffen ist die Bruchdehnung bis zur kritischen Zuggeschwindigkeit v_c etwa gleich derjenigen des statischen Zugversuchs und fällt dann plötzlich auf einen wesentlich kleineren Wert ab.
2. Kaltgewalzte Metalle und Legierungen ergeben mit der Schlaggeschwindigkeit ansteigende Bruchdehnungen, bis auch hier bei Erreichen der kritischen Geschwindigkeit ein Abfall eintritt, jedoch langsamer.
3. Schließlich zeigen vergütete Stähle bis zu Schlaggeschwindigkeiten von 60 m/sek Bruchdehnungen, die um einen mittleren Wert erheblich streuen.

Bei Schlaggeschwindigkeiten von einigen m/sek, wie sie übliche Pendelhämmer aufweisen, werden oft wegen der Ausbreitungsvorgänge elastischer und plastischer Wellen mehrere *Einschnürungen* beobachtet, die bevorzugt an den Probenenden auftreten. Durch Mehrschlagversuche mit Geschwindigkeiten von 1,7 bis 6,7 m/sek bei jeweilig begrenzter Endverformung haben J. A. POPE [*32*] und F. V. WARNOCK und D. B. C. TAYLOR [*11*] versucht, die Verformungsvorgänge bei schlagartiger Beanspruchung normalgeglühter Kohlenstoffstähle mit 0,22 bzw. 0,31% C zu analysieren. Danach entsteht zunächst an einem Probenende eine leichte Einschnürung; an welchem Probenende diese auftritt, hängt in erster Linie von der Schlaggeschwindigkeit und weiter von den sonstigen Schlagbedingungen ab. Unmittelbar darauf bildet sich am anderen Ende eine zweite Einschnürung. Bei weiterer Verformung verschwinden beide Einschnürungen wieder; die Probe verformt sich dann annähernd gleichmäßig. Diese gleichmäßige Verformung längs der Meßstrecke bildet sich erst bei einer Dehnung aus, die größer als die entsprechende Dehnung des statischen Versuches ist [*11*]. Wird die Probe noch weiter gedehnt, entsteht schließlich am Ende der Meßstrecke oder auch in der Probenmitte eine neue Einschnürung, die schließlich zum Bruch führt. Bei anderen Werkstoffen kann aber auch die größere der ersten beiden Einschnürungen den Bruch einleiten [*32*].

Die *Brucheinschnürung* wurde bei Raumtemperatur als praktisch unabhängig von der Dehngeschwindigkeit gefunden. Bei höheren Temperaturen ist jedoch ein deutlicher Einfluß der Dehngeschwindigkeit auf die Ausbildung der Brucheinschnürung vorhanden, wie A. NADAI und M. MANJOINE [*25*] festgestellt haben und auch theoretisch ableiten konnten.

h) Kritische Zuggeschwindigkeit.

Die kritische Zuggeschwindigkeit von weichem Kupfer bestimmten TH. v. KARMAN, P. E. DUWEZ und D. S. CLARK [*33, 34*] zu 50 m/sek in befriedigender Übereinstimmung mit dem theoretisch aus dem statischen Spannungs-Dehnungs-Diagramm abgeleiteten Wert von 45 m/sek. Eine umfangreiche Untersuchung an Proben zahlreicher Metalle und Legierungen in verschiedenen Gefügezuständen von D. S. CLARK und D. S. WOOD [*28*] ergab bei Raumtemperatur eine ähnlich gute Übereinstimmung für kaltgewalzte Metalle. So betrug die experimentell bestimmte kritische Zuggeschwindigkeit bei einem kaltgewalzten Kohlenstoffstahl mit 0,19% C 30 m/sek und bei kaltgewalztem Kupfer 15 m/sek gegenüber den berechneten Werten von 28,5 m/sek bzw. 12,6 m/sek. Bei geglühten Metallen und Legierungen lagen die experimentellen Werte erheblich über den berechneten, weil hier offenbar die Dehngeschwindigkeit den Verlauf der Spannungs-Dehnungs-Kurve wesentlich beeinflußt, was in der Theorie vernachlässigt wurde. Die kritische Zuggeschwindigkeit von vergüteten Werkstoffen war in den meisten Fällen ebenfalls höher als der berechnete Wert, während die kritische Zuggeschwindigkeit von warmbadgehärteten Werkstoffen im allgemeinen nicht ermittelt werden konnte, weil sie oberhalb der maximalen Schlaggeschwindigkeit der Prüfmaschine von 60 m/sek lag.

Literatur zu Absatz 6.

1. Roš, M., u. A. EICHINGER: Die Bruchgefahr fester Körper bei ruhender — statischer — Beanspruchung. Zürich: Eidgenöss. Materialprüfungsanstalt 1949. (Bericht Nr. 172 der Eidgenöss. Materialprüfungsanstalt.)
2. KLINGER, R. F.: Proc. Amer. Soc. Test. Mater. Bd. 50 (1950) S. 1035.
3. COTTRELL, A. H., u. B. A. BILBY: Proc. phys. Soc. A Bd. 62 (1949) S. 49.
4. MANJOINE, M.: J. appl. Mech. Bd. 11 (1944) S. A-211.
5. SIEBEL, E., u. A. POMP: Mitt. K.-Wilh.-Inst. Eisenforschg. Bd. 10 (1928) S. 63; vgl. Stahl u. Eisen Bd. 48 (1928) S. 628.
6. TAYLOR, G. I.: J. Inst. civ. Engrs. Bd. 8 (1946) S. 486.

7. FINK, K.: Arch. Eisenhüttenw. Bd. 19 (1948) S. 153 (Mitt. K.-Wilh.-Inst. Eisenforschg. 473); Schweiz. Arch. angew. Wiss. Techn. Bd. 15 (1949) S. 193; vgl. Stahl u. Eisen Bd. 69 (1949) S. 169.
8. WARNOCK, F. V., u. J. B. BRENNAN: J. & Proc. Instn. mech. Engrs., Lond., Proc. Bd. 159 (1948) Nr. 37, S. 1.
9. BROWN, A. F. C., u. R. EDMONDS: J. & Proc. Inst. mech. Engrs., Lond., Proc. Bd. 159 (1948) Nr. 37, S. 11.
10. WHIFFIN, A. C.: Proc. roy. Soc., Lond., A Bd. 194 (1948) S. 300.
11. WARNOCK, F. W., u. D. B. C. TAYLOR: J. & Proc. Inst. mech. Engrs., Lond., Proc. Bd. 161 (1949) S. 165.
12. MASING, G.: Arch. Eisenhüttenw. Bd. 21 (1950) S. 315–25; Bd. 22 (1951) S. 63 (Werkstoffaussch. 719); vgl. Stahl u. Eisen Bd. 70 (1950) S. 1026.
13. WOOD, S. D., u. D. S. CLARK: Trans. Amer. Soc. Metals Bd. 43 (1951) S. 571.
14. CLARK, D. S., u. P. E. DUWEZ: Proc. Amer. Soc. Test. Mater. Bd. 50 (1950) S. 560.
15. CLARK, D. S., u. D. S. WOOD: Proc. Amer. Soc. Test. Mater. Bd. 49 (1949) S. 717.
16. HENNECKE, H.: Warmstauchversuche mit perlitischen, martensitischen und austenitischen Stählen. Düsseldorf: Verlag Stahleisen 1926. Dr.-Ing-Diss. Techn. Hochschule, Aachen.
17. SIEBEL, E.: Die Formgebung im bildsamen Zustande. Düsseldorf: Verlag Stahleisen 1932.
18. POMP, A., u. H. HOUBEN: Mitt. K.-Wilh.-Inst. Eisenforschg. Bd. 18 (1936) S. 65; vgl. Stahl u. Eisen Bd. 56 (1936) S. 1214. — Auch Dr.-Ing.-Diss. von H. HOUBEN, Techn. Hochschule, Aachen.
19. LUDWIK, P.: Phys. Z. Bd. 10 (1909) S. 411.
20. SIEBEL, E., u. A. POMP: Mitt. K.-Wilh.-Inst. Eisenforschg. Bd. 10 (1928) S. 63; vgl. Stahl u. Eisen Bd. 48 (1928) S. 628.
21. PRANDTL, L.: Z. angew. Math. Mechn. Bd. 8 (1928) S. 85.
22. DEUTLER, H.: Phys. Z. Bd. 33 (1932) S. 247.
23. BRINKMANN, H.: Zerreißversuche mit hohen Geschwindigkeiten. Borna-Leipzig: Noske 1933. Dr.-Ing.-Diss., Techn. Hochschule, Hannover.
24. MANJOINE, M., u. A. NADAI: Proc. Amer. Soc. Test. Mater. Bd. 40 (1940) S. 822.
25. NADAI, A., u. M. MANJOINE: J. appl. Mech. Bd. 8 (1941) S. A-77.
26. CLARK, D. S., u. P. E. DUWEZ: Proc. Amer. Soc. Test. Mater. Bd. 50 (1950) S. 560.
27. KOCHENDÖRFER, A.: Z. Metallkde. Bd. 39 (1948) S. 376.
28. CLARK, D. S., u. D. S. WOOD: Trans. Amer. Soc. Metals Bd. 42 (1950) S. 45.
29. CLARK, D. S., u. G. DÄTWYLER: Proc. Amer. Soc. Test. Mater. Bd. 38 (1938) II, S. 98–111; vgl. Stahl u. Eisen Bd. 58 (1938) S. 1146.
30. MAILÄNDER, R.: Krupp. Mh. Bd. 4 (1923) S. 39.
31. SANDER, H. R., u. M. HEMPEL: Arch. Eisenhüttenw. Bd. 23 (1952) S. 299.
32. POPE, J. A.: J. Iron Steel Inst. Bd. 157 (1947) S. 31.
33. KARMAN, TH. v., u. P. E. DUWEZ: Propagation of plastic deformation in solids. VI. International Congress of applied Mechanics. Paris, Sept. 1946; vgl. J. appl. Phys. Bd. 21 (1950) S. 987.
34. DUWEZ, P. E., u. D. S. CLARK: Proc. Amer. Soc. Test. Mater. Bd. 47 (1947) S. 502.

B. Inhomogene und mehrachsige Schlagbeanspruchung.

Von R. MAILÄNDER, Essen.

1. Schlagbiegeversuche.

Schlagbiegeversuche an Konstruktionsteilen werden im allgemeinen nur ausgeführt, wenn diese Teile im Betrieb stoßweise beansprucht sind, wie Schienen, Radreifen und Achsen für Eisenbahnen, Ankerketten u. a. Die Prüfung erfolgt gewöhnlich auf Fallwerken. Bei der einfachsten Art dieser Versuche wird nur festgestellt, ob die Probe eine bestimmte Schlagarbeit (im ganzen oder in Teilen aufgebracht) oder eine bestimmte bleibende Verformung ohne Anriß oder Bruch erträgt. Die Versuchsbedingungen sind in den betreffenden Abnahmevorschriften festgelegt, vgl. Technologische Prüfungen, Abschn. VI. Vereinzelt ist vorgeschlagen worden, den Schlagbiegeversuch durch den mehr Einblick und eine zahlenmäßige Auswertung ermöglichenden statischen Biegeversuch zu ersetzen, z. B. bei der Prüfung von Schienen[1]. Dies ist natürlich nur zulässig, solange die Versuchsgeschwindigkeit das Verhalten der Probe nicht wesentlich beeinflußt.

Eine weitergehende Prüfung ist die Ermittlung der Schlagarbeit bis zum Anriß oder Bruch. Um die Zahl der erforderlichen Schläge zu beschränken, wird manchmal die Schlagstärke stufenweise erhöht. Diese Versuche bezwecken entweder bei laufender Fertigung (gleichbleibende Form der Probe) eine Kontrolle oder Auswahl des Werkstoffes und seiner Verarbeitung, oder es wird bei gleichbleibendem Werkstoff der Einfluß der Formgebung untersucht. So wurden z. B. Schlagversuche an Metallkesseln bei —200° C durchgeführt, um die Verwendbarkeit eines Stahles mit 8,5% Ni und eines austenitischen Cr-Ni-Stahles für geschweißte Druckbehälter für flüssigen Stickstoff nachzuweisen[2].

Verformungswiderstand bei höheren Temperaturen. Für die Verarbeitung von Werkstoffen durch Schmieden u. a. wird oft ein Anhalt über den Verformungswiderstand bei der Verarbeitungstemperatur gesucht. Bei höheren Temperaturen wird die durch die Verformung hervorgerufene Verfestigung durch die Ausglühwirkung wieder rückgängig gemacht. Da diese Wirkung Zeit braucht und sich um so rascher vollzieht, je höher die Versuchstemperatur ist, so ergibt sich ein wesentlicher Einfluß der Versuchsgeschwindigkeit. Der als Regel anzusehende Abfall von Verformungswiderstand und Festigkeit mit steigender Temperatur tritt beim Schlagbiegeversuch erst bei höheren Temperaturen in gleichem Maße ein wie beim statischen Versuch. Die Kurven, die die Abhängigkeit des Verformungswiderstandes von der Temperatur darstellen, verschieben sich deshalb mit wachsender Versuchsgeschwindigkeit nach höheren Temperaturen hin, wie dies schon von A. Le Chatelier[3] festgestellt wurde. Weisen diese Kurven Größt- und Kleinstwerte auf, wie sie bei Stahl infolge der Alterung auftreten, so ergeben sich durch die erwähnte Verschiebung Überschneidungen der Kurven von statischen und dynamischen Versuchen (vgl. z. B. Abb. 2, S. 177). In solchen Fällen kann dann in einem bestimmten Temperaturbereich der Schlagbiegeversuch höhere Festigkeits- und Arbeitswerte ergeben als der statische Versuch, während in einem anderen Temperaturbereich das Gegenteil zutrifft.

Zur Bestimmung des *dynamischen Verformungswiderstandes* kann nach E. Siebel[4] auch der Schlagbiegeversuch dienen. Wenn eine nicht gekerbte Probe mit rechteckigem Querschnitt (Höhe h, Breite b) durch die Schlagarbeit A um den Winkel φ^0 gebogen wird (ohne Anriß), so gibt der mittlere Biegewiderstand

$$K = A \frac{720}{b\, h^2 \pi\, \varphi}$$

ein Vergleichsmaß für den Verformungswiderstand bei der angewendeten Versuchstemperatur und -geschwindigkeit[5]. Die Erzeugung von Brüchen ist bei diesen Versuchen nicht beabsichtigt.

---

[1] Moore, H. F., u. N. J. Alleman: Iron Coal Trades Rev. Bd. 145 (1942) S. 541.
[2] Armstrong, T. N.: Weld. Res. Council Bd. 14 (1949) S. 34.
[3] Baumat.-Kde. Bd. 7 (1902) S. 152 — Rev. Métall. Bd. 6 (1909) S. 914.
[4] Stahl u. Eisen Bd. 44 (1924) S. 1675.
[5] Ludwig, N. [Z. Metallkde. Bd. 37 (1946) S. 150] gibt eine Gleichung für die Schlagbiegefestigkeit, die sich durch Umformen in eine Gleichung von gleichem Aufbau wie die von Siebel bringen läßt.

Schlagbiegeversuch an Zink und Zinklegierungen. Zink und Zinklegierungen haben auch bei günstigstem Gefügezustand (Knetzustand) eine größere Neigung zum Trennbruch als Stahl, d. h. bei Zink und Zinklegierungen genügt oft schon eine Steigerung der Beanspruchungsgeschwindigkeit (Schlagbeanspruchung) allein zur Herbeiführung eines Trennbruches. Daher werden bei Zink und Zinklegierungen Schlagbiegeversuche an ungekerbten Proben den Kerbschlagbiegeversuchen vorgezogen[1].

Als **Sonderfälle** der Anwendung **von Schlagbiegeversuchen** seien folgende Beispiele kurz erwähnt: Untersuchung der beim Anwärmen von kaltgewalztem Messing vorübergehend auftretenden Sprödigkeit[2]; Bestimmung der Biegesteifigkeit von Draht[3].

2. Kerbschlagbiegeversuche.

a) Allgemeines. Verformungs- und Trennungsbruch. Kritischer Temperaturbereich.

Der Kerbschlagbiegeversuch nimmt unter den Schlagversuchen eine besondere Stelle ein, nicht nur weil er schon seit langem und sehr häufig durchgeführt wird, sondern auch weil die Untersuchung der für ihn geltenden Gesetzmäßigkeiten sehr viel beigetragen hat zur Klärung des Übergangs vom Verformungs- zum Trennungsbruch, den man an nicht-austenitischen Stählen beobachten kann[4]. Wie sich dabei zeigte, spielt die höhere Versuchsgeschwindigkeit keine so wesentliche Rolle, wie dies früher geglaubt wurde, so daß die beim statischen Kerbbiegeversuch leicht zu erhaltenden *Last-Durchbiegungs-Schaubilder* Aufschluß geben können, worauf der Unterschied der Brucharbeiten bei zähem und sprödem Bruch beruht. Solche Schaubilder sind zwar mit entsprechenden Einrichtungen auch bei Schlagbiegeversuchen zu erhalten[5]; ihre Ermittlung ist aber sehr viel umständlicher. Ist die Versuchstemperatur hoch genug, so zeigt das statische Schaubild einen stetigen Anstieg und Abfall der Last wie Kurve *1* in Abb. 1; der Anriß beginnt etwa bei Erreichen der Höchstlast und setzt sich allmählich bis zum vollständigen Durchbruch fort. Der Bruch ist sehnig und wird als *Verformungsbruch* bezeichnet. Bei niedrigerer Temperatur verläuft das Schaubild zunächst ähnlich; der Anriß setzt sich bis zu einem Punkt *a* (Kurve *2* in Abb. 1) als Verformungsbruch fort, geht hier aber unter plötzlichem Lastabfall in einen körnigen *Trennungsbruch* über. Dieser Trennungs-

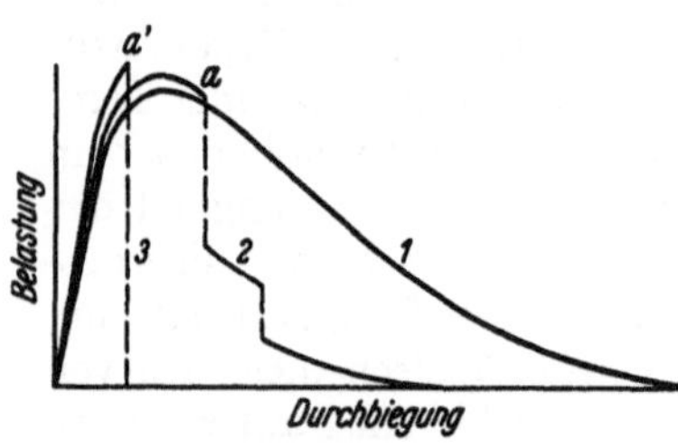

Abb. 1. Schaubilder von statischen Kerbbiegeversuchen bei verschiedenen Temperaturen.

[1] ERDMANN-JESNITZER, F., u. W. HOFMANN: Z. Metallkde. Bd. 34 (1942) S. 216; Bd 35 (1943) S. 211: Bd. 39 (1948) S. 65. — N. LUDWIG: Z. Metallkde. Bd. 37 (1946) S. 150; Bd. 40 (1949) S. 219. — Metall Bd. 3 (1949) S. 421. — DIN 50116 (Ausg. 10. 50).

[2] MAILAENDER, R.: Z. Metallkde. Bd. 19 (1927) S. 44.

[3] FARMER, W. J., u. A. S. HALE: Proc. Americ. Soc. Test. Mater. Bd. 36 (1936) II. S. 276.

[4] Ein Übergang vom Verformungs- zum Trennungsbruch findet sich bei Metallen mit kubisch raumzentriertem Gitter (α-Eisen, Wolfram) und auch bei Metallen mit hexagonalem Gitter (Zink). Die Metalle mit kubisch flächenzentriertem Gitter (γ-Eisen, Nickel, Aluminium, Kupfer) brechen dagegen auch bei tiefen Temperaturen noch zäh. Vgl. hierzu auch die Übersicht bei K. WELLINGER u. A. HOFMANN: Z. Metallkde. Bd. 39 (1948) S. 233.

[5] KOERBER, F., u. A. H. v. STORP: Mitt. K.-Wilh. -Inst. Eisenforschg. Bd.7 (1925) S. 81. — K. MATTHAES: Die Kerbschlagprobe und die dabei auftretenden Erscheinungen. Dr.-Ing.-Diss. Dresden 1927. — R. YAMADA: Sci. Rep. Tôhoku Univ. Bd. 17 (1928) S. 1179 — Stahl u. Eisen Bd. 49 (1929) S. 1023. — T. ASANO: Mem. Ryojun Coll. Engng. Bd. 3 (1930) Nr. 2.

bruch kann dann über den ganzen Restquerschnitt durchlaufen, er kann aber auch wieder in einen Verformungsbruch mit allmählicher Lastabnahme übergehen usf. Sinkt die Versuchstemperatur noch weiter, so nimmt der Anteil des Trennbruches zu; der Beginn des Trennbruches rückt näher an den Höchstlastpunkt heran, schließlich sogar darüber weg auf den ansteigenden Kurvenast (a' in Kurve *3* der Abb. 1), so daß ein völliger Trennungsbruch erhalten wird. Die Abnahme der Brucharbeit von Stahl mit sinkender Temperatur (*Kaltsprödigkeit*) beruht also darauf, daß der Trennbruch bei immer kleinerer Durchbiegung schon einsetzt und die bei zähem Bruch zum allmählichen Weiterreißen nötige Arbeit in steigendem Maße wegfällt. Die Abnahme der Brucharbeit im Bereich der *Warmsprödigkeit* von Stahl, die bei den statischen Biegeversuchen[1] in Abb. 2 ihr Höchstmaß bei etwa 250° C erreicht, hängt dagegen nicht mit dem Wegfall eines Teils des Schaubildes zusammen. Der Bruch ist hier stets ein Verformungsbruch. Das Schaubild verläuft stetig wie Kurve *1* in Abb. 1, es ist aber zusammengedrängt in Richtung der Durchbiegung, d. h. das Verformungsvermögen ist kleiner infolge der mit steigender Temperatur zunächst wachsenden Verfestigungsfähigkeit des Stahles. Beim Schlagbiegeversuch verschiebt sich der Kleinstwert der Brucharbeit nach höheren Temperaturen hin, und es ergeben sich die in Abschn. 1 erwähnten Überschneidungen.

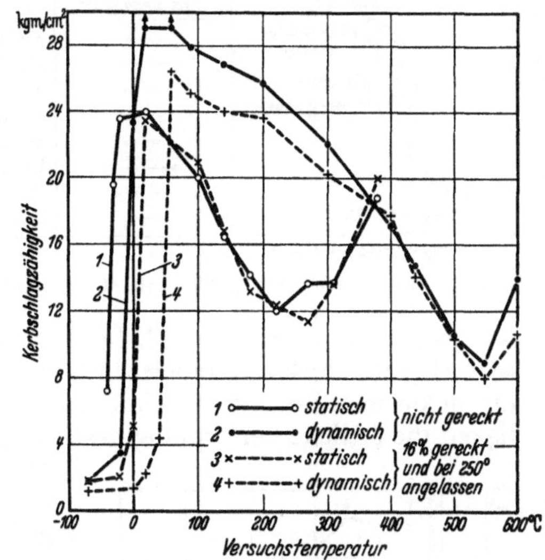

Abb. 2. Abhängigkeit der Brucharbeit eines weichen Stahles von der Versuchstemperatur bei statischen und dynamischen Kerbbiegeversuchen. (Nach E. Maurer u. R. Mailänder.) Probenform: 20×30×160 mm, Scharfkerb von 45°, 5 mm tief, Bruchquerschnitt 15×30 mm.

Ob der Übergang vom Verformungs- zum Trennungsbruch eintritt, hängt einerseits von den Eigenschaften des Stahles (Verhältnis von Trennfestigkeit zu Gleitwiderstand) bei der Versuchstemperatur, andererseits von der Art der Beanspruchung und der durch die Probenform bedingten Spannungsverteilung ab[2–5]. Je höher in einem belasteten Probekörper das Verhältnis zwischen den gleichzeitig auftretenden größten Zug- und Schubspannungen ist, desto leichter erreicht die Zugspannung die *Trennfestigkeit* des Stahles, ehe durch Überwindung des *Verformungswiderstandes* eine Verformung stattfinden kann, desto leichter erfolgt ein Trennungsbruch unter geringem Arbeitsaufwand. In diesem Sinne ist

[1] Maurer, E., u. R. Mailaender: Stahl u. Eisen Bd. 45 (1925) S. 409.

[2] Ludwik, P.: Stahl u. Eisen Bd. 43 (1923) S. 1427 — Z. Metallkde. Bd. 14 (1922) S. 101; Bd. 16 (1924) S. 207 — Z. VDI Bd. 68 (1924) S. 212; Bd. 70 (1926) S. 379; Bd. 71 (1927) S. 1532.

[3] Kuntze, W.: Mitt. dtsch. Mat.-Prüf.-Anst. Sonderheft 20 (1932) — Z. Metallkde. Bd. 22 (1930) S. 264.

[4] McAdam, D. J., u. R. W. Clyne: Proc. Amer. Soc. Test. Mater. Bd. 38 (1938) II S. 112.

[5] Dabei ist zu beachten, daß sich an der ausschlaggebenden Stelle — dem Kerbgrund bzw. der Rißfront — während des Versuches sowohl der Materialzustand (Verformungsgrad) als auch der Spannungszustand und die Verformungsgeschwindigkeit fortwährend ändern.

also eine reine Verdrehung eine mildere Beanspruchung als einachsiger Zug. Je mehr sich dagegen die Spannungsverteilung dem Spannungszustand mit drei gleich großen Zugspannungen als Hauptspannungen nähert[1], desto eher, d. h. bei um so höheren Temperaturen und um so kleineren Verformungsgeschwindigkeiten schon (vgl. weiter unten), tritt der Trennbruch ein.

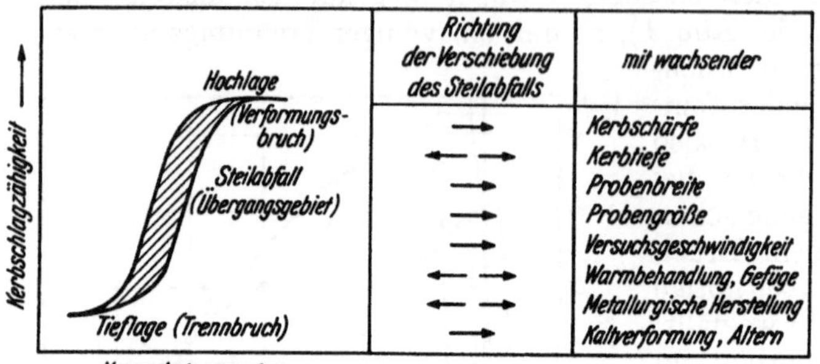

Abb. 3. Schema der Einflußgrößen beim Kerbschlagbiegeversuch.

Besonders wirksam in dieser Richtung ist eine *Kerbe*. Sie führt zu einer Behinderung der Querverformung und damit zu einem räumlichen Spannungszustand mit Querzugspannungen[2]. Außerdem ergibt sie eine Erhöhung der Spannungen im Kerbgrund, die aber durch eine geringe bleibende Verformung im Kerbgrund stark vermindert wird. Weiter wird durch die Kerbe die Verformung auf ein kleineres Volumen beschränkt. Damit wird bei gleicher Versuchsgeschwindigkeit die örtliche Verformungsgeschwindigkeit im Kerbgrund entsprechend erhöht und die zum Bruch erforderliche Arbeit auch bei Verformungsbruch wesentlich herabgesetzt; ein Zeichen von besonderer „Kerb"-Sprödigkeit ist hierin aber nicht zu sehen. Mit dem Auftreten eines Anrisses zeigen sich diese Kerbwirkungen in erhöhtem Maße.

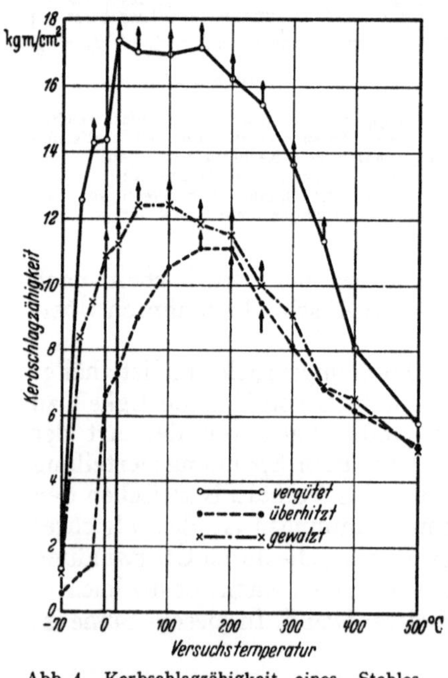

Abb. 4. Kerbschlagzähigkeit eines Stahles mit 0,23% C in verschiedener Warmbehandlung. (Nach F. KÖRBER u. A. POMP.) Probenform: 15×15×160 mm, Kerb 3 mm Dmr., 7 mm tief, Stützweite 120 mm.

Bei der Untersuchung des Stahles auf seine Neigung zum Trennungsbruch pflegt man von der Abhängigkeit zwischen Brucharbeit und Versuchstemperatur auszugehen, wie sie in Abb. 3 dargestellt ist. Mit sinkender Temperatur wächst bei Stahl der Gleitwiderstand stärker als die Trennfestigkeit, so daß schließlich die Trennfestigkeit von der Zugspannung erreicht werden kann, ehe die Schubspannungen zu Verformungen führen. Der Abfall der Brucharbeit von einer Hochlage in eine Tieflage erfolgt im allgemeinen nicht plötzlich, sondern in einem mehr oder weniger breiten Temperaturbereich (Übergangsgebiet, Steilabfall). Die Lage dieses *kritischen Temperaturbereiches* hängt nun, wie in Abb. 3 schematisch angezeigt, von den Versuchsbedingungen und von den Eigenschaften des Stahles ab. Die unter

[1] Als Beanspruchungsmaß für den Grad der Annäherung an diesen Spannungszustand kann z. B. der Wert $C = \frac{\sigma_1 + \sigma_2 + \sigma_3}{3 \cdot \sigma_1}$ benutzt werden, worin $\sigma_1 \geqq \sigma_2 \geqq \sigma_3$ die drei Hauptspannungen bezeichnen; vgl. G. VEDELER: Engineering Bd. 167 (1949) S. 289.

[2] PFENDER, M.: Arch. Eisenhüttenw. Bd. 11 (1937/38) S. 595. — A. KRISCH: Arch. Eisenhüttenww. Bd. 21 (1950) S. 403.

festgelegten Bedingungen ermittelte Höhe dieses Temperaturbereiches wird damit zu einem wichtigen Gütemaß der Stähle, ihrer Behandlung und Herstellung. So erklärt sich z. B. die durch Kaltverformung und nachfolgendes Altern hervorgerufene Versprödung des Stahles aus einer Erhöhung dieser *Übergangstemperatur*. In Abb. 2 beträgt diese Erhöhung rd. 40° C; infolgedessen hat hier bei +20° C der gealterte Stahl eine Kerbschlagzähigkeit von nur 2 kgm/cm² gegenüber 29 kgm/cm² für den nicht gealterten Stahl. Der statische Versuch ergab dagegen bei +20° C für beide Zustände die gleiche, hohe Brucharbeit. Durch derartige Beobachtungen dürfte die frühere Ansicht über die wesentliche Bedeutung der stoßweisen Beanspruchung entstanden sein; die Abb. 2 zeigt aber, daß bei 0 bis —20° C auch der statische Versuch für den gealterten Stahl eine viel kleinere Kerbzähigkeit ergibt als für den nicht gealterten Stahl. Als weitere Beispiele zeigen Abb. 4 den Einfluß verschiedener Warmbehandlungen[1] und Abb. 5 den Einfluß der Desoxydation[2] durch Zirkon bzw. Vanadium auf die Lage des Kerbschlagzähigkeitsabfalles.

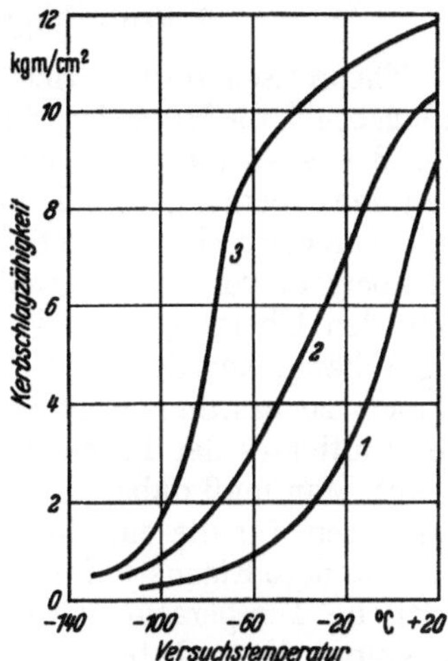

Abb. 5. Einfluß der Desoxydation eines 0,2% C-Stahles auf die Lage des Kerbschlagzähigkeitsabfalles. (Nach J. EGAN, W. CRAFTS und A. B. KINZEL.)

1 normale Herstellung; *2* desoxydiert mit Vanadium; *3* desoxydiert mit Zirkon.

b) Zweck, Anwendung und Bedeutung des Kerbschlagbiegeversuches[3].

Der Kerbschlagbiegeversuch soll Aufschluß geben über das Verhalten des Werkstoffes bei behinderter Verformung, d. h. bei räumlichem Spannungszustand. Er dient zunächst durch Bestimmung der Brucharbeit bei festgelegten Versuchsbedingungen zur laufenden Kontrolle der Güte und Gleichmäßigkeit des Werkstoffes und seiner Behandlung. Bei Stählen soll der Versuch ferner ein Vergleichsmaß liefern für ihre Neigung zum Trennbruch und ihre Anfälligkeit für Alterungs- oder Anlaßsprödigkeit, indem man die kritischen Versuchsbedingungen (Temperatur) ermittelt, die den Übergang zum Trennungsbruch herbeiführen. Versuche bei reinem Verformungsbruch ergeben in der Brucharbeit ein Maß des Arbeits- und Verformungsvermögens, wie man es durch andere Prüfverfahren auch ermitteln kann. Die Anwendung des Kerbschlagbiegeversuches auf Metalle, die keinen Übergang zum Trennbruch zeigen, bietet also nichts Besonderes und ist nach E. OROWAN[4] nur durch die bei Stahl nicht gerechtfertigte Überbewertung der Brucharbeit gegenüber dem Bruchaussehen zu erklären. Neben der einfachen Ausführung hat der Kerbschlagbiegeversuch aller-

[1] KOERBER, F., u. A. POMP: Mitt. K.-Wilh.-Inst. Eisenforschg. Bd. 7 (1925) S. 43.

[2] EGAN, J., W. CRAFTS u. A. B. KINZEL: Trans. Amer. Soc. Steel Treat. Bd. 21 (1933) S. 1136.

[3] Eine kritische Betrachtung des Kerbschlagbiegeversuches mit ausführlichen Schrifttumsangaben bringt F. FETTWEIS: Arch. Eisenhüttenw. Bd. 2 (1928/29) S. 625 — Werkst.-Aussch. Ver. dtsch. Eisenhüttenleute, Ber. 143 (1929). Vgl. ferner: Symposion on Impact Testing: Proc. Amer. Soc. Test. Mater. Bd. 38 (1938) II. — J. H. HOLLOMON: Weld. Res. Council Bd. 10 (1945) S. 230. Eine zusammenfassende Darstellung des Kerbschlagbiegeversuches mit Schrifttum gibt GMELINs Handbuch der anorganischen Chemie. 8. Auflage. System Nr. 59: Eisen, Teil C, Lieferung 2: Prüfung der Kerbschlagzähigkeit. Berlin: Verlag Chemie 1939.

[4] OROWAN, E.: Engineering Bd. 164 (1947) S. 581.

dings den Vorteil, daß der bei zeitabhängigen Vorgängen im Werkstoff wesentliche Einfluß der Verformungsgeschwindigkeit in weiteren Grenzen untersucht werden kann als z. B. beim Zugversuch. Versuche im Bereich des reinen Trennungsbruches haben praktisch geringe Bedeutung. Will man spröde Stähle miteinander vergleichen, so muß man entweder die Versuchsbedingungen so weit mildern, daß man in den Bereich des Überganges zum Verformungsbruch rückt (vgl. Abschn. 2e), oder man muß zu einer milderen Prüfart übergehen, wie z. B. zum Schlagverdrehversuch (vgl. Abschn. 3).

c) Ermittlung des kritischen Temperaturbereiches.

Theoretisch wäre es richtig, als Maß für die Neigung des Stahles zum Trennungsbruch die Höhe der räumlichen Beanspruchung[1] zu ermitteln, die bei einer den Betriebsbedingungen entsprechenden Temperatur und Versuchsgeschwindigkeit den Übergang zum Trennbruch einleitet oder ein Maß hierfür wie z. B. die kritische Kerbschärfe. Trotzdem wird grundsätzlich die Ermittlung der kritischen Temperatur vorgezogen, weil die Änderung der Versuchstemperatur am sichersten den Übergang vom Verformungs- zum Trennungsbruch herbeiführt, weil die Abhängigkeit der Kerbschlagzähigkeit von der Temperatur versuchstechnisch einfach zu bestimmen ist und ein übersichtliches Bild ergibt, und weil infolge des Einflusses der Probengröße (vgl. unten) jedes Maß nur ein Vergleichsmaß bleibt. Man muß dabei aber im Auge behalten, daß die zu vergleichenden Stähle bei diesen, für die einzelnen Stähle zudem verschiedenen, kritischen Temperaturen andere Eigenschaften besitzen können als bei der Betriebstemperatur[2]. Die kritische Temperatur wird gewöhnlich aus dem Abfall der Brucharbeit bei sinkender Versuchstemperatur, der *Kerbschlagzähigkeits-Temperatur-Kurve* ermittelt. Wie Versuche gezeigt haben, kann man dazu aber auch von anderen Kriterien ausgehen wie z. B. von der Bruchverformung (Durchbiegung Biegewinkel, Querschnittsverzerrung[3] oder Querkontraktion[4, 5]). In neuerer Zeit ist hierfür besonders das Bruchaussehen, d. h. der prozentuale Anteil des Verformungsbruches an der ganzen Bruchfläche, vorgeschlagen worden[6]. Sofern nur die kritische Temperatur gesucht wird, wäre dann die Messung der Brucharbeit oder einer Verformungsgröße nicht mehr nötig.

Die *Definition der kritischen Temperatur* in den Fällen, wo kein schroffer Übergang vorliegt, ist im Schrifttum nicht einheitlich. Während z. B. von einer Seite diejenige Temperatur gewählt wird, bei der die Brucharbeit auf die Hälfte ihres Wertes in der Hochlage abgefallen ist oder bei der Mischbrüche mit 50% Trennbruch auftreten, wird von anderer Seite als kritische Temperatur die niedrigste Versuchstemperatur angegeben, bei der eben noch kein Zeichen von Trennbruch gefunden wird, d. h. die obere Grenze des Übergangsbereiches. Damit wäre dann auch ein Abschätzen der Bruchflächenanteile nicht mehr nötig. Je nach der Definition und dem zur Bestimmung der kritischen Temperatur benutzten Kriterium kann man abweichende Werte dieser Temperatur er-

---

[1] Vgl. Fußnote 1, S. 178.

[2] Vgl. N. DAVIDENKOW: Proc. Amer. Soc. Test. Mater. Bd. 38 (1938) II S. 135.

[3] STRIBECK, R.: Z. VDI Bd. 50 (1915) S. 57 — Stahl u. Eisen Bd. 35 (1915) S. 392.

[4] BARR, W., u. C. F. TIPPER: J. Iron Steel Inst. Bd. 157 (1947) S. 223.

[5] KLIER, E. P., C. F. WAGNER u. M. GENSAMER: Weld. Res. Council Bd. 14 (1949) S. 50.

[6] Die Benutzung des Bruchaussehens zwingt zur Beachtung des Bruches, was oft aufschlußreich ist. So können bei Proben aus Blechen im Bruch Spaltungen (durch ausgewalzte Blasen, Einschlüsse u. a.) auftreten, die wie eine Verminderung der Probenbreite wirken, so daß sich eine zu niedrige kritische Temperatur ergibt.

halten; wesentlich ist aber nur, daß die Rangfolge der Stähle immer die gleiche bleibt[1].

Bei gleicher oberer Grenze des kritischen Temperaturbereiches wird nun der Stahl vorzuziehen sein, bei dem der Übergang allmählicher ist. Zur genaueren Kennzeichnung der Stähle wäre also entweder die Angabe beider Grenzen des Übergangsbereiches oder neben der oberen Grenztemperatur noch eine Angabe über die *Steilheit des Überganges* nötig. Bekannt ist, daß der Übergang bei perlitischen und weichen Stählen schroffer ist als bei martensitischen und härteren Stählen; nach verschiedenen Versuchen ist der Abfall der Kerbschlagzähigkeit auch bei tieferen Temperaturen steiler, als wenn er bei höheren Temperaturen liegt[2]. Über den Einfluß von Probenform, Geschwindigkeit und Versuchsart (Zug, Biegung) auf die Steilheit des Abfalles der Kerbschlagzähigkeit widersprechen sich die vorliegenden Versuchsergebnisse[3–5].

d) Versuchsdurchführung[6].

Der Kerbschlagbiegeversuch wird fast ausschließlich auf Pendelschlagwerken nach CHARPY oder IZOD ausgeführt[7]. Auf dem CHARPY-Hammer oder dem seltener verwendeten rotierenden Schlagwerk nach GUILLERY wird die in der Mitte eingekerbte Probe so gegen zwei Widerlager W gelegt, daß die Kerbe in der Mitte der Stützweite L_S liegt; der Schlag trifft auf die der Kerbe gegenüberliegende Stelle (Abb. 6a). Eine Lehre nach Abb. 7a dient zum richtigen Einlegen der Probe sowie zur Kontrolle der Stützweite L_S und der mittigen Lage der Hammerschneide H zwischen den Widerlagern. Die IZOD-Probe wird vorwiegend in England benutzt. Sie wird in einem Schraubstock des Schlagwerkes mit der Lehre nach Abb. 7b so eingespannt, daß der Querschnitt am Kerbgrund mit der oberen Fläche der Spannbacken W zusammenfällt (Abb. 6b).

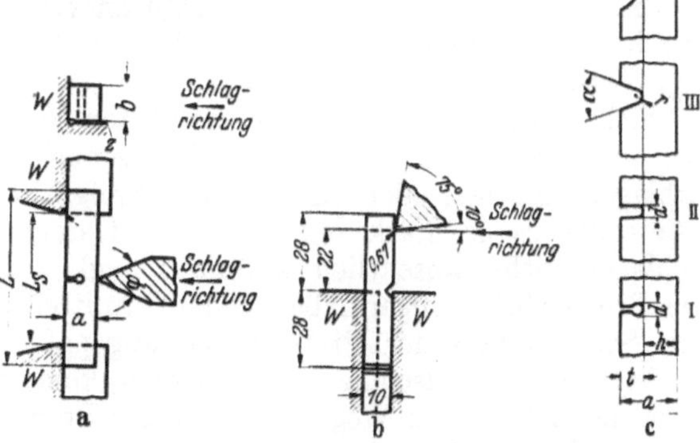

Abb. 6a–c. Proben- und Kerbformen für den Kerbschlagbiegeversuch. a) Kerbschlagbiegeversuch nach CHARPY, b) Kerbschlagbiegeversuch nach IZOD, c) Kerbformen.

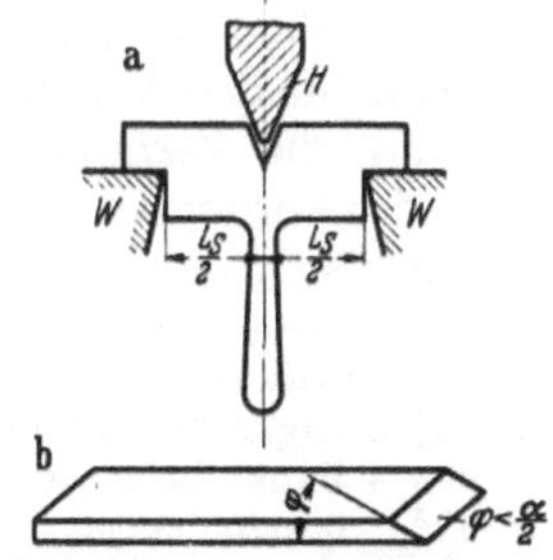

Abb. 7a u. b. Lehren zum Einstellen der Widerlager und zum richtigen Einlegen der Probe.

[1] STOUT, R. D., u. L. J. MCGEADY [Weld. Res. Council Bd. 13 (1948) S. 299] unterscheiden ausdrücklich zwischen der Übergangstemperatur nach dem Bruchaussehen und der nach der Verformung, wobei die erstere im allgemeinen höher liegt als die zweite. — Vgl. auch R. W. VANDERBECK u. M. GENSAMER: Weld. Res. Council Bd. 15 (1950) S. 37. Besonders beim Versuch an einer einzelnen Probe kann die Beurteilung nach dem Bruchaussehen allein täuschen. So liegen viele Beobachtungen vor, daß selbst bei anscheinend völlig körnigem Bruch die Bruchcharbeit noch recht hoch (z. B. 10 kgm/cm²) sein kann; allerdings ist in solchen Fällen gewöhnlich eine deutliche Querschnittsverzerrung vorhanden, deren Beachtung vor Trugschlüssen schützt.

[2] Vgl. z. B. H. JOLLIVET u. G. VIDAL: Rev. Métall. Bd. 41 (1944) S. 378, 403.

[3] DAVIDENKOW, N., u. F. WITTMANN: Techn. Phys. USSR Bd. 4 (1937) S. 308.

[4] ZENO, R. S., u. J. R. LOW: Weld. Res. Council Bd. 13 (1948) S. 145.

[5] LUDWIG, N.: Z. Metallkde. Bd. 37 (1946) S. 150.

[6] Vgl. DIN 50115 (Ausg. 5. 52). — [7] Vgl. DIN 51222 (Ausg. 8. 54).

Bei der Anordnung nach Abb. 6a wird die Probe durch den Hammer in dem zu prüfenden Querschnitt verletzt[1]. Bei der IZOD-Probe kann der Einspanndruck eine Rolle spielen; die Beanspruchung ist nicht symmetrisch zum Kerbquerschnitt, und der größtmögliche Biegewinkel ist nur etwa 60°, so daß zähere Proben nicht ganz brechen.

Versuche bei hohen und tiefen Temperaturen sind auf dem CHARPY-Pendel wesentlich einfacher auszuführen als auf dem IZOD-Schlagwerk. Die Probe wird in einem Kältebad[2] oder in einem elektrischen Ofen auf die gewünschte Temperatur gebracht, dann mit einer entsprechend gekühlten oder erwärmten Zange in das Schlagwerk eingelegt und sofort zerschlagen. Zweckmäßig versieht man dabei eines der Auflager mit einem Anschlag, der die richtige Probenlage sichert ohne das umständliche Einlegen mit der Lehre. Auf den Auflagern kann man eine Isolation Z (s. Abb. 6a) anbringen, nicht aber zwischen Probe und Widerlager, da sonst der Schlag gedämpft würde. Die Zeit zwischen dem Herausnehmen der Probe aus dem Kältebad oder Ofen läßt sich sehr kurz halten. Die in dieser Zeit eintretende Temperaturänderung der Probe kann nötigenfalls durch einen Blindversuch an einer Probe mit Thermoelement ermittelt und bei den Versuchen berücksichtigt werden.

Sieht man von den selten ausgeführten Versuchen mit mehreren Schlägen[3] ab, so muß das Schlagwerk kräftig genug sein, um die Probe mit einem Schlag zu brechen oder bis zum größtmöglichen Winkel zu biegen[4]. Eigentlich sollte es so stark sein, daß die Hammergeschwindigkeit während des Schlages nicht wesentlich abnimmt (vgl. dazu weiter unten). Wenn aber die Brucharbeit einigermaßen genau ermittelt werden soll, muß die Stärke des Schlagwerkes der Probengröße angepaßt sein. Zu den Arbeitsverlusten, die in einem Pendelschlagwerk auftreten, kommt beim Kerbschlagbiegeversuch noch die Arbeit zum Wegschleudern der Bruchstücke der Probe; sie kann bei sprödem Werkstoff im Verhältnis zur Brucharbeit groß sein und eine Zunahme der Brucharbeit mit wachsender Schlaggeschwindigkeit vortäuschen[5]. Einen Anhalt für ihre Größe ermittelte F. UEBEL[6], indem er die Bruchstücke, durch ein Gummiband zusammengehalten, nochmals dem gleichen Schlag unterwarf.

Die Schlaggeschwindigkeit soll nicht unter etwa 5 m/sek liegen[4]. Will man die Leistung eines stärkeren Schlagwerkes herabsetzen, so geschieht dies besser durch Einbau eines leichteren Hammers als durch Vermindern der Fallhöhe. Maßgebend für den Versuch ist aber nicht die Schlaggeschwindigkeit des Hammers sondern die *Verformungsgeschwindigkeit* des Werkstoffes im Grund der Kerbe oder des Anrisses. Als Vergleichsmaß für diese wurde die Winkelgeschwindigkeit ω, mit der sich bei der Biegung die beiden Probenschenkel gegeneinander drehen,

---

[1] SOUTHWELL, R. V. u. Mitarb. [Engineering Bd. 138 (1934) S. 689, 703; Bd. 140 (1935) S. 54] schlagen deshalb die Probe an zwei symmetrisch zur Kerbe liegenden Stellen. Eine solche 4-Punkt-Belastung wird auch von W. SOETE [La Metallurgia ital. Bd. 41 (1949) S. 175] vorgeschlagen.

[2] Für Versuche bis −78° C verwendet man Azeton und feste Kohlensäure. Temperaturen von −80° C bis −192° C erhält man durch Mischen von flüssiger Luft mit Propan oder Pentan, noch tiefere Temperaturen durch Abkühlen im flüssigen Wasserstoff. Bei diesen ganz tiefen Temperaturen kann man die Probe in einen dünnen, mit der Kühlflüssigkeit gefüllten Papierbehälter einlegen und mit diesem zerschlagen; vgl. A. POMP, A. KRISCH u. G. HAUPT: Mitt. K.-Wilh.-Inst. Eisenforschg. Bd. 21 (1939) S. 219.

[3] LASCHE, O.: Konstruktion und Material im Bau von Dampfturbinen und Turbodynamos. 2. Auflage. Berlin 1921, Teil II, S. 22.

[4] Über die Abmessungen der Pendelhämmer nach CHARPY vgl. DIN 51222 (Ausg. 8. 54).

[5] BAUMANN, R.: Z. VDI Bd. 56 (1912) S. 1311.

[6] Gießerei Bd. 24 (1937) S. 413.

benutzt[1]. J. H. HOLLOMON[2] geht hierauf näher ein. Ist f die Durchbiegung einer nicht gekerbten, in der Mitte der Stützweite L_S belasteten Probe, h die Höhe des Probenquerschnittes und ε die Dehnung der äußeren Zugfaser in der Probenmitte, so wird die Dehngeschwindigkeit $\frac{d\varepsilon}{dt} = \frac{6h}{L_S^2} v = \frac{3h}{L_S} \omega$, wenn $v = \frac{df}{dt}$ die Schlaggeschwindigkeit ist. Bei einer gekerbten Probe ist diese Dehngeschwindigkeit im Kerbgrund höher im Verhältnis des Kerbfaktors. Aus obiger Gleichung ergäbe sich, daß mit wachsender Rißtiefe, d. h. mit abnehmender Höhe h' des noch zusammenhängenden Bruchquerschnittes, die Verformungsgeschwindigkeit an der Rißfront schließlich bis auf Null abnimmt, auch wenn die Schlaggeschwindigkeit sich nicht änderte. Eine Ausnahme hiervon ergibt sich bei der Probenform nach SCHNADT (vgl. Abschn. e).

Sorgfältig durchgeführte Versuche[3] haben gezeigt, daß die für gleichförmigen Werkstoff auf dem gleichen Schlagwerk bei gleicher Temperatur an mehreren gleichen Proben ermittelten Kerbschlagzähigkeitswerte eine recht geringe *Streuung* aufweisen. Eine größere Streuung deutet auf Ungleichmäßigkeit des Werkstoffes oder auf die Nähe des Steilabfalls hin; so wird auch von mancher Seite der Kerbschlagbiegeversuch als Mittel zur Prüfung der Gleichmäßigkeit des Werkstoffes angesehen.

Die zum Bruch der Probe verbrauchte Arbeit wird in kgm/cm², bezogen auf den Probenquerschnitt im Kerbgrund, angegeben und als *Kerbschlagzähigkeit* a_K (Kerbzähigkeit, Kerbschlagwert, spezifische Schlagarbeit) bezeichnet[4]. Außer diesem Wert ist im Versuchsbericht anzugeben, ob die Probe gebrochen oder nur angerissen ist, ob sie zwischen den Auflagern durchgezogen wurde oder nicht. Die Verformung der Probe wird im allgemeinen nicht ermittelt; das Bruchaussehen aber sollte stets beachtet werden. Die auf das verformte Volumen bezogene Arbeit hängt wesentlich weniger von der Probenform ab[5]; für die Praxis scheidet diese Art der Auswertung aber aus wegen der schwierigen Bestimmung des Fließraumes.

e) Probenformen[6].

Tab. 1 enthält Angaben über einige in Deutschland und dem Ausland genormte Proben[7]. Die dabei verwendeten Kerbformen zeigt die Abb. 6c; die durch Bohren und Aufsägen hergestellte Form I hat den Vorzug größter Gleichmäßigkeit; Bearbeitungsriefen haben hier im Gegensatz zu gefrästen Kerben keinen Einfluß auf die Kerbzähigkeit (vgl. auch Abschn. 2f und g). Die große

[1] HADFIELD, R. A., u. S. MAIN: Min. Proc. Instn. civ. Engrs. Bd. 211 (1921) S. 127 — Engineering Bd. 110 (1920) S. 808 — Stahl u. Eisen Bd. 41 (1921) S. 1503; Bd. 43 (1923) S. 79. ω ist gleich Hammergeschwindigkeit v an der Schlagstelle, geteilt durch die halbe Stützweite beim CHARPY-Pendel bzw. durch den Abstand (22 mm) zwischen Kerbe und Schlagstelle beim IZOD-Pendel (Abb. 6b).

[2] Weld. Res. Council Bd. 10 (1945) S. 230.

[3] CHARPY, G., u. A. CORNU-THÉNARD: C. R. Acad. Sci. Paris Bd. 164 (1917) S. 473.

[4] Die Angabe in kgm/cm² hat keine physikalische Bedeutung, sie hat sich aber eingebürgert. Nach DIN 50115 soll die Kerbschlagzähigkeit bei Werten unter 10 kgm auf 0,1 kgm, bei Werten über 10 kgm auf 1 kgm genau angegeben werden. In England wird für die IZOD-Probe nur die Gesamtschlagarbeit (in Fußpfund. 1 ft-lb = 0,138 kgm) angegeben.

[5] SCHUELE, F., u. H. BRUNNER: Int. Verb. Mat.-Prüf. Kopenhagener Kongreß 1909 III S. 2 — Stahl u. Eisen Bd. 29 (1909) S. 1453. — M. MOSER: Stahl u. Eisen Bd. 45 (1925) S. 1879. — F. SAUERWALD u. H. WIELAND: Z. Metallkde. Bd. 17 (1925) S. 358, 392.

[6] Vgl. DIN 50115 (Ausg. 5. 52).

[7] Eine Zusammenstellung älterer Probenformen gibt F. P. FISCHER: Stahl u. Eisen Bd. 48 (1928) S. 541. Vgl. auch E. HEYN: Stahl u. Eisen Bd. 21 (1901) S. 1197. — M. RUDELOFF: Stahl u. Eisen Bd. 42 (1922) S. 374, 425.

Tabelle 1. *Probenformen für Kerbschlagbiegeversuche* (vgl. auch DIN 50115).

Nr.	Abmessungen der Proben (mm), vgl. Abb. 6									Stützweite	Bezeichnung
	Dicke		Breite	Länge	Kerbform						
	a	h	b	L	Form (Bild 6c)	t	d	r	$\alpha°$	L_S [1]	
1	30	15	30	160	I	15	4	2	—	120	Alte deutsche CHARPY-Probe
2	30	15	15	160	I, II	15	4	2	—	120	VGB-Probe
3	10	7	10	55	I, II	3	2	1	—	40	DVM-Probe
4	10	5	10	55	I, II	5	2	1	—	40	ISO-Probe (französ. Normprobe: Barreau UF)
5	10	6	8	55	IV	4	8	4	—	40	DVMF-Probe
6	6	4	6	44	I, II	2	1,5	0,75	—	30	DVMK-Probe
7	10	8	10	55	II	2	2	1	—	40	MESNAGER-Probe
8	10	8	10	[2]	III	2	—	0,25	45	[2]	IZOD-Probe
9	10	7,5	10	55	I	2,5	2	1	—	40	VSM-Probe (Schweiz)
10	10	8	10	55	III	2	—	0,25	45	40	ASTM-Probe
11	10	5	10	50,8	I	5	2	1	—	40	ASSTr-Probe (ASM-Probe)

Tabelle 2. *Beziehungen zwischen den mit verschiedenen Probenformen erhaltenen Kerbschlagzähigkeitswerten.*

Verglichene Probenformen	Verhältnis der Kerbschlagwerte für die angeführten Probenformen bei einer Kerbzähigkeit mit der DVM-Probe von			
	10 kgm/cm²		20 kgm/cm²	
	Grenzwerte	Mittelwert	Grenzwerte	Mittelwert
DVM : MESNAGER-Probe .	0,7 bis 1,5	0,85	0,7 bis 1,1	0,85
DVM : ISO-Probe . . .	1,0 bis 1,3	1,1	1,1 bis 1,4	1,25
DVM : IZOD-Probe[3] . . .	1,0 bis 1,6	1,25	0,8 bis 1,1	0,95
DVM : VGB-Probe . . .	0,4 bis 0,8	0.6	0,4 bis 0,8	0,6

Probe Nr. 1 in der Tabelle hat sich gut bewährt, sie ist jedoch fast völlig durch die kleineren Proben verdrängt. Die VGB-Probe (Nr. 2) wird noch verwendet bei der Prüfung von Grobblechen[4] und von Stahlguß. Der Vergleichbarkeit der Ergebnisse halber sollte jedoch möglichst nur die DVM-Probe (Nr. 3) gebraucht werden. Als Ausnahmen kommen in Betracht: die schärfere ISO-Probe (Nr. 4) für besonders zähe Stähle, die mildere DVMF-Probe (Nr. 5) dann, wenn die DVM-Probe nur Kerbschlagzähigkeiten in der Tieflage ergibt (s. weiter unten).

[1] Von J. POMEY: Rev. Métall. Bd. 41 (1944) S. 17, 49, 83 wurde für die Proben mit $a = 10$ und $L = 55$ mm eine Vergrößerung der Stützweite auf 45 mm vorgeschlagen, um die Reibungsarbeit an den Widerlagern zu vermindern.

[2] Vgl. Abb. 6b.

[3] Kerbschlagwerte für die IZOD-Probe in kgm/cm² [bei 0,8 cm² Bruchquerschnitt der IZOD-Probe entspricht eine Schlagarbeit von 1 ft-lb (0,138 kgm) einer Kerbschlagzähigkeit von 0,1725 kgm/cm²].

[4] Die Kerbe verläuft dabei senkrecht zur Walzhaut, die auf mindestens einer Seitenfläche der Probe verbleiben soll (Probenbreite b gleich Blechdicke s, sofern $s \leq 15$ mm). Um die Oberflächenschicht mitzuprüfen, hat W. KUNTZE [Met. Wirtsch. Bd. 8 (1929) S. 992, 1011 — Arch. Eisenhüttenw. Bd. 2 (1929) S. 583] eine Probe vorgeschlagen, die auf den beiden senkrecht zur Walzfläche stehenden Seitenflächen eingekerbt ist und auf eine der anderen Seitenflächen geschlagen wird.

Zur *Prüfung von dünnen Teilen*, aus denen die DVM-Probe nicht mehr entnommen werden kann, sind mehrfach noch kleinere Proben vorgeschlagen worden[1–3], wie z. B. die DVMK-Probe[2] (Nr. 6). Bei Verwendung von sehr kleinen Proben tritt der Steilabfall der Kerbschlagzähigkeit von Stahl bei sinkender Temperatur weniger deutlich, oft gar nicht in Erscheinung[4]. Aus nicht zu kleinen Rohren können Längsproben ohne Nachbearbeitung der gewölbten Seitenflächen entnommen und geprüft werden.

Die MESNAGER-Probe (Nr. 7) ist besonders in Italien, der Sowjetunion und Spanien gebräuchlich. Die in England fast ausschließlich verwendete IZOD-Probe (Nr. 8) wird häufig dreimal (auf 3 verschiedenen Seiten) eingekerbt, vgl. Abb. 6b, so daß eine Versuchswiederholung weniger Werkstoff und Bearbeitung erfordert als bei den Probenformen, die an beiden Enden aufgelagert werden; für die Wirtschaftlichkeit der Probenahme spielt jedoch auch die gesamte Probenlänge eine Rolle. Nr. 8 der Tab. 1 ist die schweizerische Normprobe; Nr. 9 und 10 sind die in Amerika hauptsächlich benutzten Probenformen.

In Tab. 2 sind die *Verhältniszahlen* zwischen den Kerbschlagzähigkeitswerten, die sich mit einigen Probenformen für den gleichen Stahl ergeben, zusammengestellt[5]. Die großen Streubereiche lassen erkennen, daß es sich hierbei nur um statistisch ermittelte Anhaltswerte handelt, und zwar gelten diese nur für Bereiche, in denen die mit den zu vergleichenden Probenformen erhaltenen Kerbschlagzähigkeiten beide in der Hochlage liegen. Die großen Streuungen zeigen, wie wünschenswert eine Beschränkung in der Zahl der verwendeten Probenformen ist.

Besondere Probenformen. Da sich die Eigenschaften von Stählen mit sinkender Temperatur in verschiedenem Maße ändern können, müssen Stähle, die bei sehr niedrigen Temperaturen verwendet werden sollen, auch bei solchen Temperaturen geprüft werden. Um dabei noch Unterschiede zwischen verschiedenen Stählen nachweisen zu können, muß nötigenfalls eine Probe mit geringerer Kerbschärfe benutzt werden[6,7], wie z. B. die DVMF-Probe (Nr. 5 der Tab. 1). Die so gefundenen Unterschiede zwischen den Stählen haben praktische Bedeutung natürlich nur dann, wenn auch die Betriebsbeanspruchung eine entsprechend milde ist. *Proben ohne Kerbe* führen infolge unregelmäßig verlaufender Brüche leicht zu größeren Streuungen, doch werden spröde Stoffe, wie Gußeisen und hartvergüteter Werkzeugstahl, oft mit ungekerbten Proben geprüft[7]. Bei Zinklegierungen ergaben Proben ohne Kerbe einen schrofferen Übergang vom Verformungs- zum Trennungsbruch als gekerbte Proben[8].

Proben, die im gleichen Querschnitt *auf 3 Seiten eingekerbt* sind, wurden schon von SANITER und BAKER[9] für die Prüfung von sehr zähem Stahl vorgeschlagen und später von S. MENGHI[10] wieder empfohlen. In neuerer Zeit sind

[1] THUM, A., u. R. Z. v. MANTEUFFEL: Arch. Eisenhüttenw. Bd. 16 (1942/43) S. 367.
[2] LUDWIG, N.: Arch. Eisenhüttenw. Bd. 20 (1949) S. 27.
[3] Sehr kleine Proben sind auch schon verwendet worden, um Ungleichmäßigkeiten des Gefüges (z. B. in einer Schweißung und ihrer Umgebung) zu untersuchen; vgl. CH. FRÉMONT: Rev. Métall. Bd. 10 (1913) S. 199. — P. CHEVENARD: Rev. Métall. Bd. 39 (1942) S. 78.
[4] POMP, A., u. A. KRISCH: Arch Eisenhüttenw. Bd. 20 (1949) S. 19.
[5] STECCANELLA, A.: Metallurg. ital. Bd. 27 (1935) S. 81. — E. DUPUY, J. MELLON u. P. NICOLAU: Rev. Métall Bd. 33 (1936) S. 55, 133. — R. MAILAENDER: Arch. Eisenhüttenw. Bd. 10 (1936/37) S. 53. — C. BIHLMAIER: Arch. Eisenhüttenw. Bd. 20 (1949) S. 31.
[6] WIESTER, H. J., sowie H. BENNEK: Techn. Mitt. Krupp, Forsch.-Ber. Bd. 6 (1943) S. 1, 16.
[7] STROPPEL, TH.: Die Techn. in der Landwirtsch. Bd. 25 (1944) S. 81.
[8] Vgl. Fußnote 1, S. 176.
[9] Rev. Métall. Bd. 19 (1922) Extr. S. 633.
[10] Metallurg. ital. Bd. 28 (1936). August-Heft.

sie für Forschungszwecke benutzt worden[1]. Durch die seitlichen Kerben soll die zur Einschnürung an den Seitenflächen erforderliche Arbeit vermieden und die Entstehung der Querzugspannungen beschleunigt und verstärkt werden; diese Wirkung bleibt auch während des Weiterreißens bestehen.

Um die Brauchbarkeit eines Stahles für einen bestimmten Verwendungszweck nachzuprüfen, sollte eigentlich festgestellt werden, ob bei der (niedrigsten) Betriebstemperatur noch kein Trennungsbruch auftritt, wenn das durch die Probenform gegebene Beanspruchungsmaß in seiner Höhe der Betriebsbeanspruchung entspricht. Hierzu müßten aber *Versuche an Proben mit abgestuftem Beanspruchungsmaß* ausgeführt werden. Für die Praxis ist dies zu umständlich; immerhin liegen Schritte in dieser Richtung vor. So verwendet H. M. SCHNADT[2] Proben nach Abb. 8 mit Ausrundungshalbmessern r im Kerbgrund von 0,02 mm (erzeugt durch Einpressen einer gehärteten Stahlschneide[3] in die vorgearbeitete Kerbe) bis 1 mm und schließlich eine derartige Probe ohne Kerbe (Querschnittshöhe 7,5 mm). Je nachdem, ob im Betrieb die räumliche Beanspruchung (Kerbwirkung) hoch oder gering ist oder ganz fehlt, soll der Stahl bei der Prüfung mit der schärferen oder milderen Probenform noch einen gewissen Mindestwert der Kerbschlagzähigkeit aufweisen bzw. noch keine Spuren von Trennungsbruch zeigen. Die Kerbschärfe seiner Proben bringt SCHNADT nach einer bestimmten Skala mit der Höhe des räumlichen Spannungszustandes (der Betriebsbeanspruchung) in Beziehung. Bei den Proben von SCHNADT schlägt die Hammerschneide auf einen gehärteten Stahlstift S, der mit geringem Spiel in einer Querbohrung auf der Druckseite der Probe sitzt. Durch diese Probenform wird eine Verformung und Arbeitsaufnahme auf der Druckseite der Probe vermieden, der Bruchquerschnitt wird nur auf Zug beansprucht[4], und die Proben brechen stets ganz durch. Ferner nimmt die Verformungsgeschwindigkeit während des Durchbrechens nicht auf Null ab (vgl. S. 183).

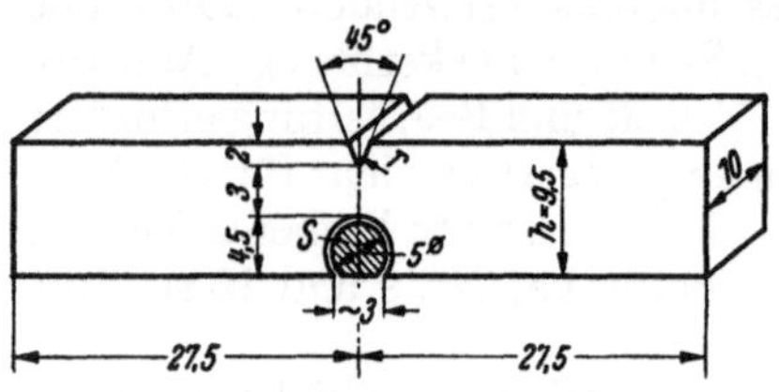

Abb. 8. Kerbschlagproben nach SCHNADT. (Maße in mm.)

Über „Technologische Prüfungen" vgl. Abschnitt VI.

f) Einfluß der Versuchsbedingungen.

Das Beispiel in Abb. 2 zeigt, daß sich der gealterte und der nicht gealterte Stahl in ihren Kerbschlagzähigkeiten nur dann wesentlich unterscheiden, wenn die Versuchsbedingungen so gewählt sind, daß die Versuchstemperatur in den kritischen Bereich fällt, d. h. man bestimmt am besten die ganze Kerbschlagzähigkeits-Temperatur-Kurve. Damit ist es dann auch möglich, über den Einfluß einer Versuchsbedingung auf das Verhalten des Stahles ein klares Bild zu erhalten, denn man muß dabei unterscheiden zwischen dem Einfluß auf die Höhe der Kerbzähigkeit bei gleichbleibender Bruchart und dem Einfluß auf die Höhe der kritischen Temperatur.

---

[1] POMEY, J., A. CADILHAC u. R. COUDRAY: Rev. Métall. Bd. 45 (1948) S. 455, 525.

[2] HARINGX, A.: Engrs. Digest. Bd. 8 (1947) S. 77. — H. M. SCHNADT: Weld. Res. Council Bd. 13 (1948) S. 614. — R. WECK: Trans. Inst. of Weld. Bd. 13 (1950) S. 41. — W. P. ROOP: Amer. Soc. Testg. Mat. Bull. Nr. 179 (1952) S. 61.

[3] Vgl. S. 189.

[4] Ein ähnlicher Gedanke findet sich schon bei CH. FRÉMONT: Contribut. à l'étude de la fragilité, S. 150. Paris 1904.

Eine Erhöhung der *Versuchsgeschwindigkeit* hat im Bereich des Verformungs- oder des Trennungsbruches im allgemeinen keinen erheblichen Einfluß, solange bei der Versuchstemperatur im Werkstoff keine zeitabhängigen Vorgänge eintreten. Wesentlich ist dagegen, daß mit wachsender Geschwindigkeit die kritische Temperatur steigt. Dies zeigt sich hauptsächlich beim Übergang vom statischen zum dynamischen Versuch. Als Beziehung zwischen Versuchsgeschwindigkeit

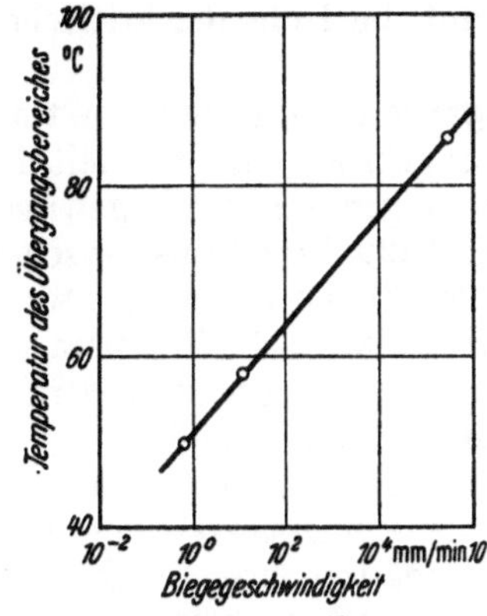

Abb. 9. Abhängigkeit der Temperatur des Übergangsbereiches von der Biegegeschwindigkeit. (Nach W. SCHWINNING.)

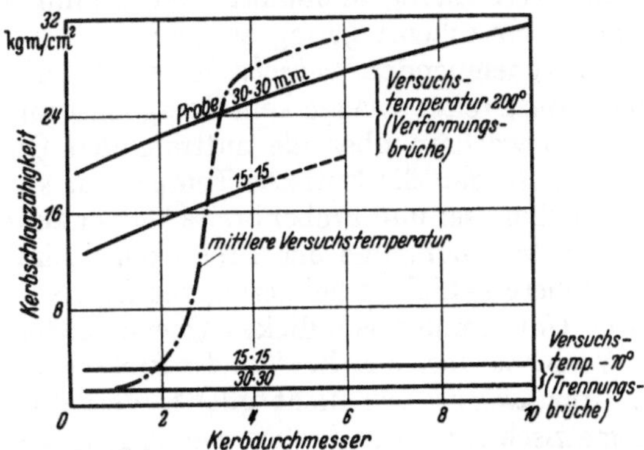

Abb. 10. Einfluß des Kerbdurchmessers bei gleichbleibender Bruchart für einen Stahl mit 0,12% C. (Nach R. MAILÄNDER.)

und kritischer Temperatur gab W. SCHWINNING[1] für einen Stahl mit 0,5% C die Abb. 9 an. Einer 1000fachen Erhöhung der Versuchsgeschwindigkeit entspricht hier eine Erhöhung des kritischen Temperaturbereiches um rd. 20° C. MCGREGOR u. a.[2] fanden für die gleiche Geschwindigkeitssteigerung Temperaturerhöhungen von 30 bis 50° C; ihre Versuche bestätigten die durch die Gleichung log. nat. $v = a - \frac{b}{T_k}$ gegebene Beziehung zwischen der Durchbiegungsgeschwindigkeit v und der kritischen Temperatur T_k. Daß das Verhältnis zwischen statischer und dynamischer Brucharbeit je nach den Versuchsbedingungen (Temperatur) größer oder kleiner als 1 ausfallen kann beim gleichen Stahl (vgl. Abb. 2), wurde bereits erwähnt; dieses Verhältnis gibt also keine Grundlage für eine Unterscheidung zwischen schlagempfindlichen und nicht schlagempfindlichen Stählen[3]

Abb. 10 zeigt Versuchsergebnisse über den *Einfluß des Kerbhalbmessers*[4]. Bei Verformungsbruch (Versuche bei 200° C) nimmt die Kerbschlagzähigkeit mit wachsender Kerbschärfe stetig ab, ohne aber auf Null abzusinken; bei —70° C (Trennbruchbereich) ergab sich kein Einfluß der Kerbschärfe, da der schon als Trennbruch einsetzende Anriß den Einfluß der eingearbeiteten Kerbe ausschaltete. Die kritische Temperatur steigt mit wachsender Kerbschärfe[5]. Versuche von T. N. ARMSTRONG und

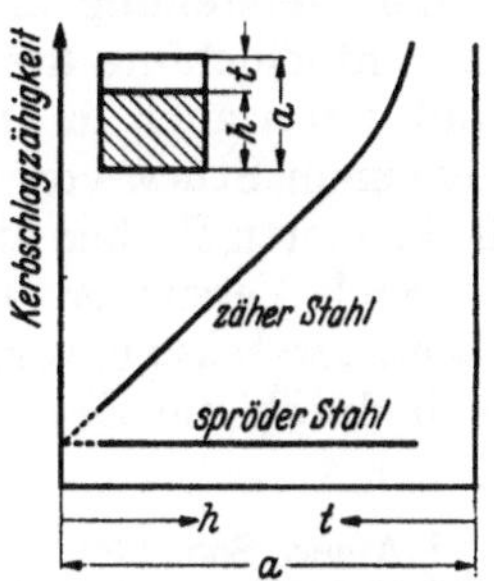

Abb. 11. Änderung der Kerbschlagzähigkeit mit der Kerbtiefe (schematisch).

[1] Z. VDI Bd. 73 (1929) S. 321.

[2] MCGREGOR, C. W., N. GROSSMAN u. P. R. SHEPLER: Weld. Res. Council Bd. 12 (1947) S. 50; Bd. 13 (1948) S. 7. — J. H. HOLLOMON u. C. ZENER: J. appl. Phys. Bd. 15 (1944) S. 22. — WITTMANN u. STEPANOW: Techn. Phys. USSR Bd. 9 (1939) S. 1070.

[3] BARTEL, J.: 3. Int. Schienentagg. 1935. Budapest 1936, S. 107.

[4] MAILÄNDER, R.: Stahl u. Eisen Bd. 46 (1926) S. 1752.

[5] Nach einigen Forschern soll eine Verminderung des Kerbhalbmessers unter eine gewisse Grenze keine weitere Wirkung haben.

A. P. GAGNEBIN[1] ergaben eine etwa lineare Beziehung zwischen der kritischen Temperatur und dem log des Kerbhalbmessers. Den *Einfluß der Kerbtiefe t* zeitg die Abb. 11 schematisch[2]. Bei sprödem Bruch hängt die Kerbschlagzähigkeit wenig von t ab; bei zähem Stahl nimmt sie etwa linear zu mit abnehmender Kerbtiefe (wachsender Höhe h des Bruchquerschnittes). Bei sehr kleinem t wird der Anstieg der Kerbschlagzähigkeit aber stärker, weil dann infolge ungenügender Versteifung auch der den beiden Kerbflanken anliegende Werkstoff an der Verformung teilnimmt. Der Einfluß von t auf die Höhe der kritischen Temperatur scheint gering zu sein.

Mit zunehmender *Probenbreite b* wächst die Schlagarbeit praktisch verhältnisgleich zur Breite, solange kein Übergang zum Trennungsbruch eintritt[3]. Mit der Breite b wachsen aber die auftretenden Querspannungen innerhalb gewisser Grenzen, so daß die kritische Temperatur steigt. Wird das Verhältnis zwischen Kerbhalbmesser und Probenbreite kleiner als 0,1, so bleibt nach J. H. HOLLOMON[4] eine weitere Zunahme der Breite ohne Einfluß auf die kritische Temperatur. Die höhere Zähigkeit bei geringeren Breiten kann praktisch ausgenützt werden durch Unterteilung von dicken Querschnitten in dünne Teilquerschnitte.

Versuche über den *Einfluß der Probengröße* ergaben, daß für die Brucharbeit das *Ähnlichkeitsgesetz* nicht gilt[5,6]. Verhalten sich die Abmessungen von zwei geometrisch ähnlichen Proben wie $n : 1$, so liegt das Verhältnis ihrer Brucharbeiten zwischen n^2 und n^3; es nähert sich um so mehr dem Wert n^3, je zäher der Werkstoff ist. J. G. DOCHERTY[7] ermittelte statisch die Beziehung zwischen Last P und Durchbiegung f für ähnliche Proben. Wurden die Werte von $(P : n)$ über $(f : n)$ aufgetragen, so deckten sich die so erhaltenen Schaubilder, aber das Abschneiden des Schaubildes von rechts her (vgl. Abb. 1) durch beginnenden Trennungsbruch setzte bei um so kleineren Werten von $(f : n)$ ein, je größer n war. Entsprechend nahm bei Schlagversuchen mit wachsender Probengröße der Bruchbiegewinkel ab. Wachsende Probengröße begünstigt also den Übergang zum Trennbruch, erhöht die kritische Temperatur. Der Einfluß der Probengröße hängt, mindestens teilweise, damit zusammen, daß ein beginnender Anriß für die größere Probe eine schärfere Kerbe darstellt als für die kleinere Probe, so daß damit die geometrische Ähnlichkeit wegfällt[8]. Von diesem geometrischen Einfluß der Probengröße ist ein metallurgischer Einfluß zu unterscheiden. Dieser in der Herstellung und Verarbeitung des Stahles begründete Einfluß, der bei der Untersuchung des geometrischen Einflusses natürlich ausgeschaltet werden muß, kann auch in entgegengesetzter Richtung gehen, so daß bei Proben, die aus einem Stück von ungleichmäßiger Beschaffenheit herausgearbeitet wurden, die kleineren Proben auch eine geringere Zähigkeit zeigen können als die größeren.

Nach Versuchen von F. WITTMANN[9] liegt ein merklicher *Einfluß der Oberflächenbearbeitung* vor, der sowohl durch eine Verfestigung der Oberfläche als auch durch die Bearbeitungsriefen verursacht sein kann. Bei Schlagbiegever-

---

[1] Amer. Soc. Met. Bd. 28 (1940) S. 1.
[2] Vgl.Fußnote 5 S. 185: DUPUY.
[3] Vgl. Fußnote 5, S. 182; ferner: M. MOSER: Krupp. Mh. Bd. 2 (1921) S. 225; Bd. 5 (1924) S. 48 — Stahl u. Eisen Bd. 42 (1922) S. 90. — R. MAILAENDER: Stahl u. Eisen Bd. 45 (1925) S. 1607.
[4] Weld. Res. Council Bd. 10 (1945) S. 230.
[5] STANTON, T. E., u. R. G. C. BATSON: Min. Proc. Instn. civ. Engrs. Bd. 211 (1920/21) S. 67.
[6] STRIBECK, R.: Z. VDI Bd. 50 (1915) S. 57 — Stahl u. Eisen Bd. 35 (1915) S. 392.
[7] Engineering Bd. 133 (1932) S. 645; Bd. 139 (1935) S. 211.
[8] FETTWEIS, F.: Arch. Eisenhüttenw. Bd. 2 (1928/29) S. 625.
[9] Techn. Phys. USSR Bd. 4 (1937) S. 224.

suchen an ungekerbten Rundproben aus Stahl mit 0,4% C konnte durch Abätzen der gedrehten Oberfläche oder durch Glühen im Vakuum bei 650° C die kritische Temperatur um 25 bis 35° C erniedrigt worden. Wurde nach der Glühung die Oberfläche noch poliert, so nahm die Erniedrigung der kritischen Temperatur auf 53° C zu; andererseits stieg die kritische Temperatur um 35 bis 50° C, wenn die Oberfläche gerollt oder durch Kugelregen gehärtet wurde. Der Einfluß von Bearbeitungsriefen im Kerbgrund ist um so geringer, je schärfer die Kerbe an sich und je zäher der Stahl ist.

g) Einfluß einer Kaltverformung (Alterung).

Durch eine schwache Kaltverformung kann die Kerbschlagzähigkeit des Stahles in der Hochlage etwas erhöht werden, bei stärkerer Verformung fällt sie aber erst stark, dann langsamer ab. Die kritische Temperatur wird entsprechend erhöht, wobei nach P. Dejean[1] ein Stauchen der Probe in ihrer Längsrichtung eine stärkere Erhöhung bringt als ein gleich starkes Recken. Während für eine Verformung durch Stauchen allgemein eine Erhöhung gefunden wurde, liegen über den Einfluß eines Reckens aber auch entgegengesetzte Beobachtungen vor[2, 3]. Nach N. Sacharov[3] soll bei einem Stahl mit 0,2% C durch Recken die kritische Temperatur bei Kerbschlagbiegeversuchen erst erhöht, bei stärkeren Reckgraden wieder erniedrigt worden sein. Bei der Ermittlung der Kerbschlagzähigkeits-Temperatur-Kurven zwecks Bestimmung der kritischen Temperatur für gealterten Stahl ist aber natürlich zu beachten, daß bei höheren Versuchstemperaturen die Alterung durch das Erwärmen der Proben auf diese Temperaturen beeinflußt wird[4].

Die Neigung zum Altern bei Kesselblech und ähnlichem Material wird üblicherweise untersucht, indem man vorgearbeitete Proben um 10% in der Querrichtung staucht (oder, seltener, um 10% in Längsrichtung reckt), dann fertig bearbeitet, künstlich altert (2 Stunden bei 250° C) und ihre Kerbschlagzähigkeit im Vergleich zu nicht gealterten Proben ermittelt. Eine Vereinfachung dieses Verfahrens ist neuerdings von W. Dick[5] vorgeschlagen worden, in der Form, daß die Kerbe der DVM-Probe nicht eingearbeitet, sondern durch Einpressen eines gehärteten Stahlstempels hergestellt wird ($\alpha = 45°$, $r = 1$ mm, $t = 3$ mm). Der dabei entstehende Wulst auf den Seitenflächen wird weggeschliffen, die Probe wie üblich (s. oben) gealtert und geprüft.

Ein anderes Verfahren zur Untersuchung der Stärke und Schnelligkeit des Alterns wurde von S. L. Case[6] vorgeschlagen. Proben, die auf einer Länge von 254 mm konisch von 12,1 auf 11,3 mm Durchmesser gedreht oder geschliffen sind, werden auf 11,3 mm Durchmesser zylindrisch gezogen. Dann werden die Proben in Abständen von 28 mm eingekerbt und nach entsprechendem Altern geprüft. Man erhält so die Kerbschlagzähigkeiten für Verformungen, die von Kerbe zu Kerbe um 1,1% ansteigen.

h) Beziehung zwischen Kerbschlagzähigkeit und anderen Festigkeitseigenschaften, Bewährung des Kerbschlagbiegeversuches. Ersatz durch statische Versuche.

Mit wachsender Zugfestigkeit (Härte) nimmt die Kerbschlagzähigkeit im allgemeinen ab; ebenso entspricht einer schlechten Einschnürung beim Zug-

[1] C. R. Acad. Sci., Paris Bd. 184 (1937) S. 188, 737.
[2] Davidenkow, N.: Metal. Ind., Lond. Bd. 50 (1937) S. 34.
[3] Techn. Phys. USSR Bd. 5 (1938) S. 758.
[4] v. Koeckritz, H.: Mitt. Forsch.-Anst. Verein. Stahlw. Bd. 2 (1930/32) S. 193.
[5] Arch. Eisenhüttenw. Bd. 22 (1951) S. 161, 171.
[6] Met. Progr. Bd. 32 (1937) S. 669.

versuch auch eine niedrige Kerbschlagzähigkeit, während das Gegenteil nicht immer zutrifft[1–4]. Daß bei statischen Zugversuchen mit überlagerter Biegung an gekerbten Proben das Ergebnis durch die Höhe der Kerbschlagzähigkeit beeinflußt wird, zeigen die Versuche von K. MATTHAES[5] an Schrauben, bei denen die zusätzliche Biegung durch schräge Unterlegscheiben zwischen Mutter und Einspannkopf der Prüfmaschine erzeugt wurde[6]. Mit wachsender Schräge der Unterlegscheibe, d. h. mit steigendem Anteil der Biegung an der Gesamtbeanspruchung, nahm die Bolzenfestigkeit erst langsam, dann stärker ab; diese stärkere Abnahme trat um so früher, d. h. bei um so geringerer zusätzlicher Biegung ein, je kleiner die Kerbschlagzähigkeit des Stahles war, vgl. Abb. 12.

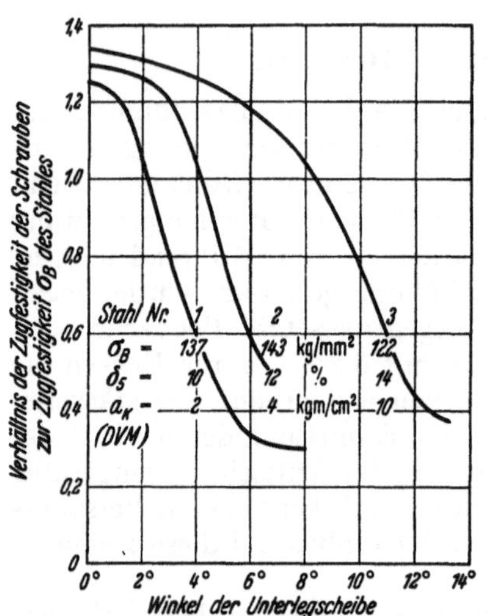

Abb. 12. Einfluß schräger Auflage auf die Zugfestigkeit von Stahlschrauben (M 20 × 1,5) mit verschiedener Kerbschlagzähigkeit (Cr-Ni-Stahl und Cr-Ni-Mo-Stahl). (Nach K. MATTHAES.)

Eine Beziehung zwischen Kerbschlagzähigkeit und Dauerschwingfestigkeit oder Kerbempfindlichkeit bei wechselnder Beanspruchung ist nach verschiedenen Untersuchungen nicht vorhanden[7], wohl aber scheint bei gewalztem Stahl das Verhältnis der Dauerschwingfestigkeiten von Längs- und Querproben mit dem Verhältnis der Kerbschlagzähigkeiten von Längs- und Querproben etwa parallel zu gehen[8]. Über den Einfluß der Kerbschlagzähigkeit bei Dauerschlagversuchen vgl. Abschn. 4.

Die Ansichten darüber, ob zwischen der Höhe der Kerbschlagzähigkeit und der Bewährung des Werkstoffes im Betrieb eine Beziehung besteht, widersprechen sich. Der Nachweis einer solchen Beziehung ist jedenfalls nur an Hand von umfangreichen Betriebserfahrungen möglich. Nach derartigen Untersuchungen der italienischen Staatsbahnen[9] an Bandagen, Zughaken, gekröpften Wellen u. a. zeigten die Teile, die sich im Betrieb schlecht verhielten, durchschnittlich geringere Kerbschlagzähigkeiten als die Teile, die sich gut verhielten. Zu solchen Untersuchungen dürfen aber nicht wahllos alle Teile herangezogen werden; die Art ihres Versagens (ob durch Gewaltbruch, durch Dauerschwingbruch, durch Materialfehler oder andere) ist zu beachten. Sicher sind manche Zweifel über den Wert des Kerbschlagbiegeversuches darauf zurückzuführen, daß von ihm mehr erwartet wurde, als er seinem Wesen nach geben kann. So kann z. B. eine Beziehung zwischen der Kerbschlagzähigkeit und dem Verhalten im Betrieb fehlen,

---

[1] MOSER, M.: Krupp Bd. 2 (1921) S. 255; Bd. 5 (1924) S. 98.

[2] KUNTZE, W.: Metallwirtsch. Bd. 8 (1929) S. 992, 1011. — Arch. Eisenhüttenw. Bd. 2 (1929) S. 583.

[3] DOCHERTY, J. G.: Engineering Bd. 131 (1931) S. 347, 414; Bd. 133 (1932) S. 645; Bd. 139 (1935) S. 211.

[4] KNIPP, E., u. W. KERL: Gießerei Bd. 23 (1936) S. 594.

[5] Luftf.-Forschg. Bd. 15 (1938) S. 28. — Vgl. auch H. KIESSLER u. W. CONNERT: Arch. Eisenhüttenw. Bd. 4 (1941) S. 555.

[6] Der entsprechende Versuch mit Schlagbeanspruchung ist der Kopfschlagversuch, vgl. Technologische Prüfungen, Abschnitt VI 5f.

[7] POMP, A., u. M. HEMPEL: Stahl u. Eisen Bd. 69 (1949) S. 415.

[8] POMEY, J.: Rev. Métall. Bd. 41 (1944) S. 17, 49, 83.

[9] FORCELLA, P.: Riv. tecn. Ferrov. ital., 25. Jan. 1925; wiedergegeben in E. HONEGGER: Disk.-Ber. Nr. 19 der Eidgen. Mat.-Prüf.-Anst. Zürich 1927.

wenn im Betrieb ein wesentlich höheres Beanspruchungsmaß vorliegt als beim Kerbschlagbiegeversuch.

Wie an verschiedenen Stellen angedeutet wurde, kann der Kerbschlagbiegeversuch in gewissem Umfang durch den statischen Kerbbiegeversuch ersetzt werden. Auch Zugversuche an gekerbten Proben, auch mit außermittiger Belastung, sind als Ersatz vorgeschlagen worden[1–3]. Als Vorzug dieses Versuches wird neben der Prüfung eines großen, bei Blechen z. B. die ganze Dicke erfassenden, Querschnittes und damit auch der Ausschaltung von örtlichen Inhomogenitäten hervorgehoben, daß das Verfahren nicht nur kritische Temperaturen liefert, die für verschiedene Stähle die gleiche Rangfolge ergeben wie der Kerbschlagbiegeversuch, sondern auch Fließgrenzen und Festigkeitswerte, die der Konstrukteur verwenden kann.

3. Schlagverdrehversuche.

a) Anwendung.

Der Schlagverdrehversuch wurde in neuerer Zeit mit Erfolg für die Prüfung von spröden Werkstoffen angewendet. Von Werkzeugen z. B. wird außer hoher Härte auch eine gewisse Zähigkeit verlangt, besonders wenn sie stoßweise beansprucht werden. Solche Teile aus hart vergütetem Stahl verhalten sich im Betrieb, selbst bei gleicher Härte, verschieden gut; der Unterschied ist aber durch Zug- oder Schlagbiegeversuche im allgemeinen nicht nachweisbar[4–6]. Der Schlagverdrehversuch ermöglicht es dagegen, wie dies bei seinem milderen Beanspruchungsmaß zu erwarten ist[7], Zähigkeitsunterschiede bei solch harten Stählen nachzuweisen[8, 9].

b) Prüfvorrichtung, Probenform, Auswertung.

Abb. 13 zeigt schematisch die von G. V. Luerssen und O. V. Greene[9] gebaute Vorrichtung für Schlagverdrehversuche. Die Probe wird in dem Halter H befestigt, der sich in der Führung F axial verschieben, aber nicht drehen läßt; das andere Probenende trägt einen Querstab Q. In der Schwungscheibe S sitzen zwei um 180° gegeneinander versetzte Nocken N. Hat S die gewünschte Umdrehungszahl (Arbeitsinhalt) erreicht, so wird der Antrieb abgeschaltet; dann wird der Halter H rasch so weit nach rechts verschoben, daß die Nocken N das Querstück Q

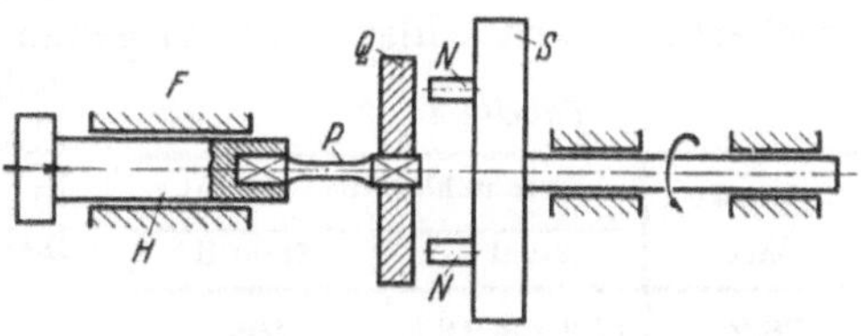

Abb. 13. Vorrichtung für Schlagverdrehversuche. Schematisch. (Nach G. V. Luerssen u. O. V. Greene.)

---

[1] Haigh, B. P.: Engineering Bd. 149 (1940) S. 21, 49.
[2] Bagsar, A. B.: Weld. Res. Council Bd. 13 (1948) S. 97.
[3] Kanh, N. A., u. E. A. Imbembo: Weld. Res. Council Bd. 13 (1948) S. 169.
[4] D'Arcambal, A. H.: Trans. Amer. Soc. Steel Treat. Bd. 2 (1922) S. 586.
[5] Barry, R. K.: Trans. Amer. Soc. Steel Treat. Bd. 10 (1926)S. 257; Bd. 12 (1927) S. 630.
[6] Eine neuere Untersuchung von Th. Stroppel [Die Techn. in der Landwirtsch. Bd. 25 (1944) S. 81] an Stählen für Pflugschare lieferte jedoch auch mit Schlagbiegeversuchen an ungekerbten Proben brauchbare Ergebnisse.
[7] Vgl. Abschn. 2a.
[8] Emmons, J. V.: Trans. Amer. Soc. Steel Treat. Bd. 19 (1931/32) S. 289 — Proc. Amer. Soc. Test. Mater. Bd. 31 (1931) II, S. 47.
[9] Proc. Amer. Soc. Test. Mater. Bd. 33 (1933) II, S. 315 — Proc. Amer. Soc. Met. Bd. 23 (1935) S. 861.

erfassen und die Probe P bis zum Bruch verdrehen. Harte Proben können dabei in viele Stücke zersplittern, so daß beim Versuch eine Schutzhaube über der Probe vorzusehen ist.

Abb. 14 zeigt die verwendete Probenform. Scharfe Übergänge und Bearbeitungsriefen sind bei den harten Werkstoffen zu vermeiden. Damit die von den Proben aufgenommene Brucharbeit gegenüber den Arbeitsverlusten in der Prüfvorrichtung nicht zu klein ist, sollen Prüflänge und Durchmesser der Proben möglichst groß sein, andererseits sind die Probenabmessungen beschränkt durch die Forderung, daß sich die Probe beim Härten nicht wesentlich verzieht und daß ihr ganzer Querschnitt durchhärtet.

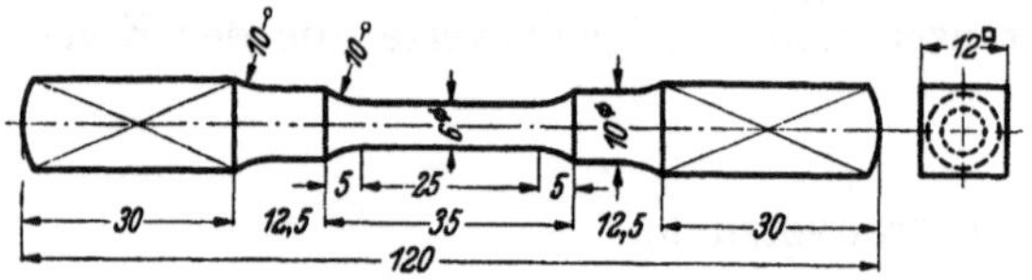

Abb. 14. Probe für Schlagverdrehversuche. (Nach G. V. LUERSSEN u. O. V. GREENE.)

Die zum Bruch verbrauchte Arbeit ergibt sich zu

$$A = \frac{J}{2}(w_0^2 - w_1^2),$$

worin J das Trägheitsmoment der Schwungmasse S (einschließlich Achse), w_0 und w_1 die Winkelgeschwindigkeiten von S unmittelbar vor und nach dem Schlag bezeichnen. J kann durch Rechnung oder durch Versuch ermittelt werden. Als Fehlerquelle kommt zunächst die zur Beschleunigung von Q auf die Winkelgeschwindigkeit w_1 erforderliche Arbeit in Betracht, die rechnerisch bestimmt werden kann; das Querstück Q kann aber nach dem Bruch der Probe nochmals gegen die Nocken N schlagen und so weitere Verluste verursachen[1]. Die Reibung in den Lagern der Schwungscheibenachse trägt ebenfalls zur Abnahme von w bei; ist sie merklich, so muß ihre Wirkung durch einen Auslaufversuch ermittelt und entsprechend der Zeit zwischen den Ablesungen von w_0 und w_1 berücksichtigt werden.

Trotz ihrer Verdickung nehmen die Enden und Hohlkehlenteile der Probe auch eine gewisse Arbeit auf; vergleichbare Werte ergeben sich also nur bei Einhaltung der Probenmabessungen. Tab. 3 enthält Versuchswerte von G. V. LUERSSEN und O. V. GREENE[2] für Proben mit verschiedenen Prüflängen. Die Brucharbeit wächst hier ziemlich genau linear mit der Prüflänge; bei Extrapolation auf die Prüflänge Null bleibt aber noch ein endlicher Wert der Arbeit, in dem die verschiedenen Verluste enthalten sind.

Tabelle 3.

Prüflänge	Bruchschlagarbeit (kgcm)	
mm	Stahl A	Stahl B
76,2	17,3 bis 18,5	408
50,8	12,7 bis 15	287
25,4	9,2 bis 10,4	171 bis 179

Der einfache Schlagversuch, bei dem nur die Brucharbeit und höchstens noch die Bruchverformung gemessen wird, läßt den Anteil von Verformungswiderstand und Verformungsvermögen an der Arbeit nicht erkennen. Nach den Versuchen von O. V. GREENE und R. A. STOUT (s. u.) darf man allerdings erwarten, daß statische Versuche hierzu mindestens einen qualitativen Einblick geben können. Zur näheren Untersuchung baute M. ITIHARA[3] eine Vorrichtung, die auch bei Schlagversuchen die optische Aufzeichnung des Drehmomentes in Abhängigkeit vom Verdrehungswinkel ermöglicht; bei ihr ist zwischen Probe und

[1] Diese Verluste werden in einer verbesserten Ausführung der Prüfvorrichtung nach J. KREIM vermieden; vgl. Erörterung zu R. SCHERER und K. KIESSLER: Stahl u. Eisen Bd. 63 (1943) S. 353.

[2] Proc. Amer. Soc. Test. Mater. Bd. 33 (1933) II, S. 315. — Proc. Amer. Soc. Met. Bd. 23 (1935) S. 861. [3] Technol. Rep. Tôhoku Univ. Bd. 9 (1933) S. 16; Bd. 11 (1935) S. 489, 512, 528; Bd. 12 (1936) S. 105.

fester Einspannung ein Federstab eingeschaltet, dessen Verdrehung das Moment anzeigt. E. FISCHER[1] ordnete zum gleichen Zweck auf dem nicht angetriebenen, drehbar gelagerten Probenende einen Hebel an, der mit Vorspannung gegen einen Quarzdruckmesser anliegt, dessen Anzeige durch einen Oszillographen aufgenommen wird; der Verdrehungswinkel wird mit Hilfe eines Potentiometers gemessen, das mit dem angetriebenen Probenende verbunden ist.

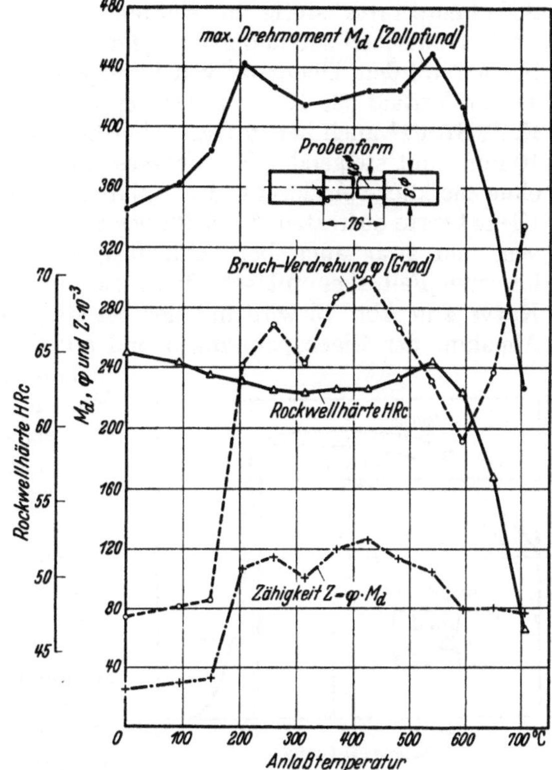

Abb. 15. Statische Verdrehversuche an einem Stahl mit 0,7% C, 3,7% Cr, 1% Va, 18% W, von 1260° in Öl abgeschreckt und verschieden hoch angelassen. (Nach J. V. EMMONS.)

c) Versuchsergebnisse.

Zum Vergleich mit den Ergebnissen der Schlagversuche zeigt Abb. 15 das Ergebnis von statischen Verdrehversuchen an einem Werkzeugstahl in verschiedenen Anlaßzuständen. Der Verdrehungswinkel φ und das von J. V. EMMONS[2] gewählte Zähigkeitsmaß Z ändern sich bis 600° C Anlaßtemperatur gleichartig und zeigen einen Höchstwert bei etwa 425° C. Die Proben brachen nach J. V. EMMONS regellos teils durch Zugspannungen (splitternd), teils durch Abscheren. Abb. 16 zeigt das Ergebnis der Schlagversuche von G. V. LUERSSEN und G. V. GREENE für einen Kohlenstoffstahl mit 1,1% C, dessen Härte schon bei verhältnismäßig niedrigen Anlaßtemperaturen merklich abfällt. Die an IZOD-Proben ermittelte Kerbschlagzähigkeit nimmt mit steigender

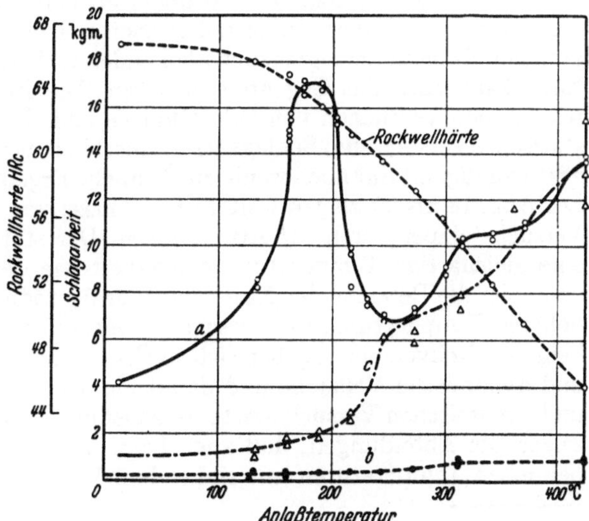

Abb. 16. Ergebnis von Schlagbiege- und Schlagverdrehversuchen an einem gehärteten und verschieden hoch angelassenen Kohlenstoffstahl. (Nach G. V. LUERSSEN u. O. V. GREENE.) a) Schlagverdrehversuch, b) Kerbschlagbiegeversuch (Izod-Probe), c) Schlagbiegeversuch (Probe ohne Kerbe).

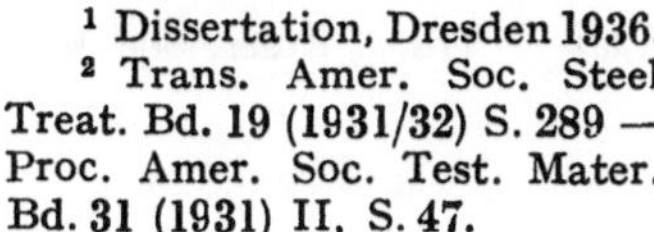

[1] Dissertation, Dresden 1936.
[2] Trans. Amer. Soc. Steel Treat. Bd. 19 (1931/32) S. 289 — Proc. Amer. Soc. Test. Mater. Bd. 31 (1931) II, S. 47.

Anlaßtemperatur stetig zu, während der Schlagbiegeversuch an ungekerbten Proben zwischen 200 und 250° C einen stärkeren Anstieg der Brucharbeit, verbunden mit dem Übergang von körnigem zu sehnigem Bruch, zeigt. Den eigenartigen Verlauf der Kurve *a* der Verdrehschlagarbeit fanden O. V. GREENE und R. A. STOUT[1] auch bei statischer Verdrehung mit Versuchsdauern von 15 sek bis 10 min; mit steigender Versuchsgeschwindigkeit rückte die Kurve nach oben ohne merkliche Änderung der Anlaßtemperaturen, bei denen die Größt- und Kleinstwerte auftraten. K. SCHERER und H. KIESSLER[2] erhielten ähnliche Kurven, und zwar auch bei Schlagbiegeversuchen an ungekerbten Proben, im letzteren Fall aber mit schwächer ausgeprägtem Höchstwert. Der Verlauf der Kurve *a* in Abb. 16 wird mit der bei steigender Anlaßtemperatur erfolgenden Abnahme der Eigenspannungen und mit dem Zerfall des Restaustenits in Beziehung gebracht. Die niedrig angelassenen Proben brechen splitternd unter 45° zur Stabachse, d. h. mit Trennbruch; die höher angelassenen Proben zeigen Abscherbrüche senkrecht zur Stabachse[3]. Nach diesen Ergebnissen spricht der (Schlag-) Verdrehversuch also auf Unterschiede im Stahl an, die bei Schlagbiegeversuchen an gekerbten Proben gar nicht, bei Schlagbiegeversuchen an nicht gekerbten Proben nur schwach in Erscheinung treten.

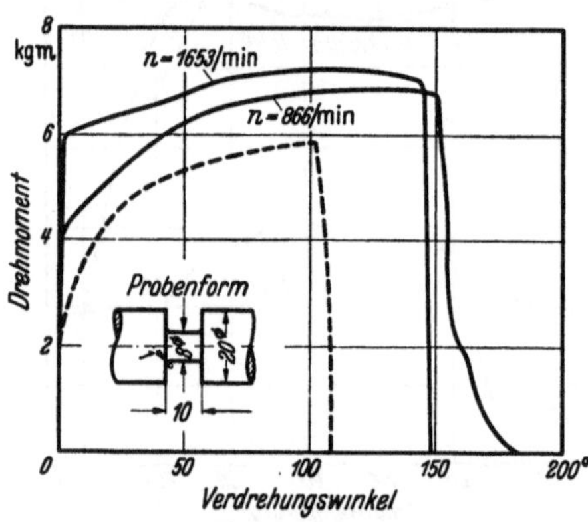

Abb. 17. Schaubilder von statischen und dynamischen Verdrehversuchen bei Raumtemperatur an einem Stahl mit 0,5% C. (Nach M. ITIHARA.) ——— Schlagversuche (*n* Umdrehungszahl der Schwungscheibe), - - - - - statischer Versuch.

Abb. 17 zeigt als Beispiel einige von M. ITIHARA bei Raumtemperatur ermittelte Schaubilder für einen geglühten Stahl mit 0,5% C. Sie zeigen die bei Stahl besonders starke Erhöhung der Fließgrenze mit steigender Versuchsgeschwindigkeit; im Gegensatz dazu war das größte Drehmoment beim Schlagversuch häufig nicht höher als beim statischen Versuch. Die Bruchverdrehung ist in dem dargestellten Beispiel beim statischen Versuch merklich geringer als beim Schlagversuch; bei anderen Werkstoffen und Versuchstemperaturen kann auch das Gegenteil eintreten. Die Brucharbeit nimmt hier, ähnlich wie bei den Versuchen von O.V. GREENE und R.A. STOUT, beim Übergang vom statischen Versuch zum Schlagversuch merklich, bei weiterer Erhöhung der Schlaggeschwindigkeit nur noch wenig zu. Ähnliche Ergebnisse erhielt auch E. FISCHER[4]. Die Abb. 18 bis 20 zeigen weitere Ergebnisse von M. ITIHARA bei verschiedenen Versuchstemperaturen für Armco-Eisen. Der statische Versuch zeigt auch hier eine gleichartige Temperaturabhängigkeit wie der Schlagversuch; ebenso sind auch hier die Bereiche der Kalt- und Warmsprödigkeit beim Schlagversuch nach höheren Temperaturen hin verschoben gegenüber dem statischen Versuch. Auch beim Verdrehversuch ergeben sich so Überschneidungen der Kurven für statische und dynamische Versuche und damit ein Wechsel im Verhältnis der statischen und dynamischen Versuchswerte bei sonst gleichen Versuchsbedingungen. Weiter zeigen die Abbildungen, daß auch beim Verdrehversuch die Brucharbeit zwar bei hohen Temperaturen mit sinkendem Verformungswiderstand abnimmt, daß

[1] Proc. Amer. Soc. Test. Mater. Bd. 39 (1939) II, S. 1292 — Trans. Amer. Soc. Met. Bd. 28 (1940) S. 277.

[2] Stahl und Eisen Bd. 63 (1943) S. 353.

[3] DAVIDENKOV, N.: Metal Progr. Bd. 30 (1936) S. 55.

[4] Dissertation, Dresden 1936.

aber die Größt- und Kleinstwerte bei mittleren und niedrigen Temperaturen im wesentlichen durch das Verformungsvermögen (Warmsprödigkeit) oder durch den Eintritt des Trennungsbruches (Kaltsprödigkeit) bedingt sind. Entsprechend den Ausführungen in Abschn. 2a liegt die kritische Temperatur des Übergangs zum Trennbruch beim Verdrehversuch niedriger als beim Biegeversuch[1].

G. Welter[2] ermittelte die Beziehung zwischen Schlagarbeit und bleibender Verdrehung, doch nicht bis zum Bruch, sondern nur bis zu bestimmten, geringen Verformungen; der Versuch wurde dann an der gleichen Probe mit entgegengesetzter Drehrichtung wiederholt. G. Welter[2] untersuchte so die Zunahme des Bauschinger-Effektes mit wachsender Größe der vorausgegangenen Verformung. Für eine bestimmte Vorverformung ergaben sich z. B. folgende Werte des Bauschinger-*Effektes* (ausgedrückt in der prozentualen Erniedrigung der für eine bestimmte Verformung erforderlichen Schlagarbeit): Duralumin 33%, gezogenes Monelmetall 66%, Mg-Legierung 73%, Cr-Ni-Stahl geglüht 81%, weicher C-Stahl 92%. Bei diesen Versuchen war die Probe an einem Ende fest eingespannt; auf ihr anderes, drehbar gelagertes Ende war ein doppelarmiger Hebel aufgesetzt, auf dessen Enden die Schläge eines Fallhammers wirkten. Der Verdrehwinkel wurde mit Hilfe eines an der Probe befestigten Spiegels nach jedem Schlag gemessen.

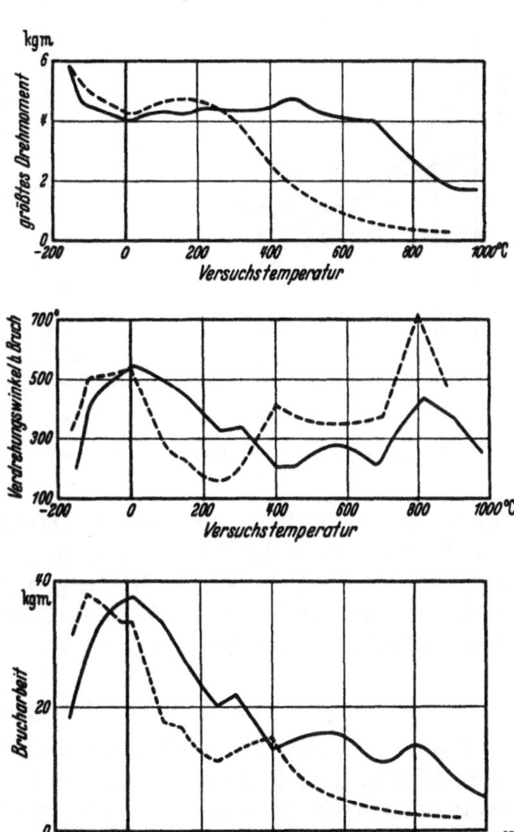

Abb. 18—20. Ergebnisse von statischen und dynamischen Verdrehversuchen an Armcoeisen bei verschiedenen Temperaturen. (Nach M. Itihara.) Probenform wie Abb. 17 ----- statische Versuche ——— Schlagversuche ($n = 1700$/min).

Zusammenfassend ist festzustellen, daß der Verdrehversuch (statisch oder dynamisch) infolge des höheren Verhältnisses zwischen den dabei auftretenden Schub- und Normalspannungen sich zur Prüfung von spröden Werkstoffen besser eignet als der Biegeversuch an ungekerbten oder gar an gekerbten Proben.

4. Dauerschlagbiegeversuche.

a) Allgemeines. Verfahren. Wöhler-Kurve.

Das älteste und früher überwiegend angewendete Verfahren, um das Verhalten der Werkstoffe gegen vielmals wiederholte schwächere Stöße zu prüfen, ist der Dauerschlagbiegeversuch. Ähnlich wie bei Dauerschwingversuchen wird hier durch Prüfung von mehreren Proben mit abgestuften Schlagstärken eine Wöh-

[1] Davidenkov, N.: Metal Progr. Bd. 38 (1940) S. 184.
[2] Metallurgia, Lond. Bd. 38 (1949) S. 188.

LER-*Kurve* ermittelt (Abb. 21), die anfänglich steil abfällt, deren Richtung sich aber mit abnehmender Schlagstärke allmählich einer Parallelen zur Achse der Bruchschlagzahlen nähert. Die Schlagstärke, die diesem Auslauf der Kurve entspricht, die von der Probe also mehrere millionenmal (praktisch unendlich oft) ohne Bruch ertragen wird, ist die *Dauerschlagarbeit* (Grenzschlagarbeit). Da bei den älteren Dauerschlagwerken die Zahl der Schläge in der Minute verhältnismäßig niedrig und auch die Schlagstärke oft nicht oder nur umständlich zu verändern war, so wurde meist ein *abgekürzter Versuch* mit nur einer, ausreichend großen, aber sonst willkürlich gewählten Schlagstärke ausgeführt. Da sich die WÖHLER-Kurven aber schneiden können (Abb. 21), so ist es möglich, daß die beim abgekürzten Versuch mit größerer Schlagstärke erhaltenen Bruchschlagzahlen den Stahl A schlechter erscheinen lassen als den Stahl B, obgleich die Dauerschlagarbeit von A höher ist als die von B. Auch wenn die Schlagstärke so gewählt ist, daß die mit ihr erhaltenen Schlagzahlen für zwei Werkstoffe die gleiche Rangfolge ergeben wie ihre Grenzschlagarbeiten, so liefert das Verhältnis der Bruchschlagzahlen noch keinerlei zahlenmäßigen Anhalt für das Verhältnis der Dauerschlagarbeiten.

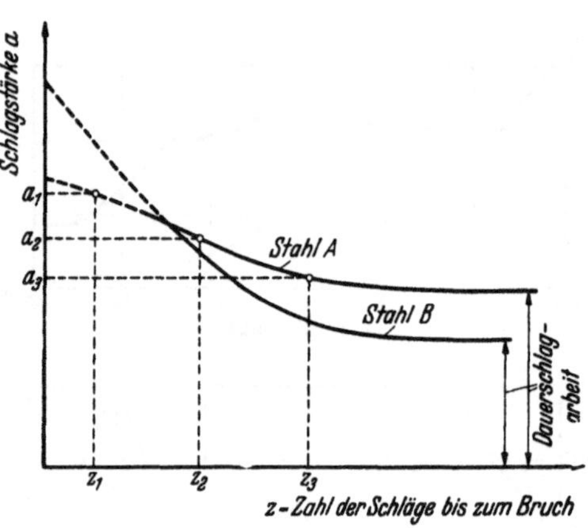

Abb. 21. WÖHLER-Kurven von Dauerschlagversuchen (schematisch).

b) Prüfvorrichtungen. Probenform.

Bei den meisten Dauerschlagwerken liegt die Probe auf zwei Stützlagern. Abb. 22 zeigt eine Probenform für das in Deutschland früher viel verwendete Dauerschlagwerk der Bauart KRUPP[1]. In die Rille a greift ein am Auflager befestigtes Führungsblech ein, das Längsverschiebungen verhindert, das aber so viel Spiel hat, daß sich die Probe ungehemmt durchbiegen kann. Die Schlagfläche des durch Hubdaumen betätigten Fallhammers ist breiter als die Kerbe der Probe, so daß der Bruchquerschnitt durch die Schläge nicht unmittelbar verformt wird. Bei dem Schlagwerk nach MAYBACH wird die Probe durch Rollenpaare, die um eine zur Probenachse parallele Achse umlaufen, an zwei zu den Auflagern symmetrisch liegenden Stellen gleichzeitig stoßweise ausgebogen. Die Größe dieser Ausbiegung ist einstellbar und meßbar; sie gibt einen Anhalt für die Höhe der Beanspruchung. An den Stoßstellen sind kugelförmige Hülsen auf die Probe aufgeschoben, um Verletzungen der Probe zu vermeiden, die im allgemeinen nicht gekerbt ist. Bei beiden Schlagwerken wird die Probe zwischen

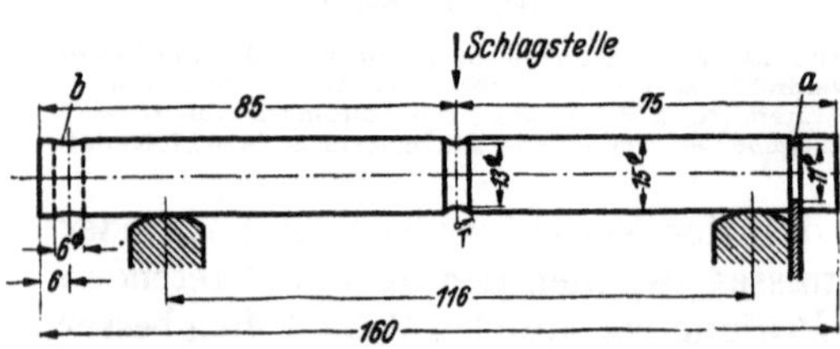

Abb. 22. Probenform für Dauerschlagbiegeversuche.

[1] In der Ausführung dieses Schlagwerkes von Mohr & Federhaff können auch Schlagzugversuche ausgeführt werden. Die Schlagwerke von Losenhausen und von Amsler ermöglichen Zug-, Druck- und Biegeversuche.

den aufeinanderfolgenden Schlägen um ihre Achse gedreht, bei dem Schlagwerk nach MAYBACH um 90°, bei dem nach KRUPP wahlweise um 180° oder 90° oder $^{360}/_{25}$°. Bei anderen Schlagwerken wird die Probe an einem Ende fest eingespannt und am anderen freien Ende abwechselnd in entgegengesetzten Richtungen geschlagen. Dazu sind symmetrisch zu beiden Seiten der Probe zwei Schlagvorrichtungen angeordnet: entweder mechanisch angehobene und freigegebene Pendelhämmer[1, 2] oder Hämmer, die durch Hubdaumen zurückgezogen und durch Luftdruck[3, 4] oder durch Federn[5] gegen die Probe vorgeschnellt werden. Die Probe hat am Ende der Einspannlänge eine Kerbe, oder der eingespannte Teil ist verdickt und geht mit einer Hohlkehle in die freie Länge über. Auch Proben mit gleichbleibendem Querschnitt, ohne Hohlkehle oder Kerbe, werden verwendet, dabei ist aber mit einem Einfluß der Einspannung auf die Dauerschlagarbeit zu rechnen.

Für Versuche bei höheren Temperaturen umgaben E. H. SCHULZ und W. PÜNGEL[6] die Probe mit einem elektrisch geheizten Ofen. Der untere verjüngte Teil des Fallhammers bewegte sich mit geringem Spiel in einem rohrförmigen Aufsatz des Ofens, so daß der Zutritt von kalter Luft möglichst verhindert war. Eine ähnliche Anordnung verwendeten W. MÜLLER und W. LEBER[7] und A. KÜHLE[8].

c) Einfluß von Versuchsdurchführung, Probenform und Temperatur.

Bei gleicher *Schlagstärke* hat ein schwerer Hammer mit kleiner Fallhöhe eine stärkere Wirkung als ein leichter Bär mit höherer Geschwindigkeit[9–11]. Bei Ermittlung einer WÖHLER-Kurve sollte deshalb zur Einstellung der Schlagstärke entweder nur das Hammergewicht oder nur die Schlaggeschwindigkeit (Fallhöhe, Federstärke, Luftdruck) verändert werden.

Über den Einfluß der *Schnelligkeit der Schlagfolge*, die meist nur in engen Grenzen geändert werden kann, liegen widersprechende Ergebnisse vor[6, 12, 13]. Längere Pausen, nach je $^1/_5$ bis $^1/_3$ der Bruchschlagzahl, erhöhten die Schlagzahl eines weichen Stahles um 10 bis 27%; wahrscheinlich spielen hier aber Alterungsvorgänge mit[6–8].

Den Einfluß der *Drehung der Probe* nach jedem Schlag zeigt die Tab. 4 für Proben nach Abb. 22 aus einem Cr-Ni-Stahl mit einer Zugfestigkeit von 76 kg/mm²; die Beanspruchung mit Drehung um 180° erfordert danach die geringste Zahl von Schlägen bis zum Anriß oder Bruch.

---

[1] ROOS AF HJELMSAETER, J. O.: Mitt. int. Verb. Mat. -Prüf. 1912 V, S. 2 — Stahl u. Eisen Bd. 32 (1912) S. 1755.

[2] MOORE, H. F., u. J. B. KOMMERS: Univ. Illinois, Engng. Exper. Stat. Bull. Bd. 124 (1921).

[3] v. ROESSLER, L.: Forsch.-Arb. a. d. Gebiet des Schweiß. u. Schneid. mit Sauerstoff u. Acetylen Bd. 5 (1930) S. 54.

[4] STROMBERGER, C. B.: Dissertation, Darmstadt 1930.

[5] PIWOWARSKY, E.: Gießerei Bd. 30 (1943) S. 141.

[6] Werkst.-Aussch. Ver. dtsch. Eisenhüttenleute Ber. Nr. 40 (1924).

[7] Z. VDI Bd. 65 (1921) S. 1089; Bd. 66 (1922) S. 116, 543; Bd. 67 (1923) S. 357. W. MÜLLER: Forsch.-Arb. VDI-Heft 247 (1922).

[8] Dissertation, Braunschweig 1927.

[9] FRÉMONT, CH.: C. R. Acad. Sci., Paris Bd. 176 (1923) S. 78.

[10] BERG, S.: Forsch.-Arb. VDI- Heft 331 (1930).

[11] BEILHACK, M.: Forsch.-Arb. VDI Heft 354 (1932).

[12] NUSSBAUMER, E.: Rev. Métall. Bd. 11 (1914) S. 1133.

[13] GUILLET, L.: Rev. Métall. Bd. 18 (1921) S. 96, 755.

Tabelle 4.

Drehung der Probe nach jedem Schlag	180°	90°	360°/25	0°
Schlagzahl bis zum Anriß	834	3267	3606	13941
Schlagzahl bis zum Bruch	8111	14280	12971	20987

Die Dauerschlagarbeit ist in hohem Maße von der *Form der Probe* abhängig; sie ist um so höher, je größer das an der elastischen Verformung beteiligte Volumen und je gleichmäßiger die Beanspruchung innerhalb dieses Volumens ist. Beim Vergleich von verschiedenartigen Werkstoffen ist ferner zu beachten, daß die Beanspruchung durch den Schlag um so größer wird, je höher der Elastizitätsmodul des Werkstoffes ist. Durch eine *Kerbe* nimmt die Dauerschlagarbeit um so mehr ab, je schärfer die Kerbe ist[1]. Auch die mit einer bestimmten Schlagstärke erhaltene Schlagzahl fällt entsprechend, wie die in Abb. 23 dargestellten Ergebnisse von E. PREUSS[2] für einen C-Stahl mit einer Zugfestigkeit von 36 kg/mm² zeigen. Die höhere Schlagzahl der Probenform *h* gegenüber der Form *f*, die den gleichen scharfen Absatz im Kerbgrund hat, ist auf die größere Breite der Eindrehung, d. h. auf das größere Verformungsvolumen und die damit verringerte Beanspruchung zurückzuführen. W. MÜLLER und W. LEBER fanden, daß sich die Kerbschärfe nur auf die Zahl der Schläge bis zum ersten Anriß auswirkt, während die Zahl der weiteren Schläge bis zum vollen Bruch praktisch gleich bleibt, was verständlich ist. *Bearbeitungsriefen* sind nur bei geringer Kerbschärfe von merklichem Einfluß[1]; durch Abätzen läßt sich ihre Wirkung vermindern[3, 4]. So ergaben sich für einen Stahl mit 0,2% C als Mittel aus je 25 Proben nach Abb. 22 je nach der Bearbeitung der Kerbe folgende Bruchschlagzahlen: gedreht 9840, poliert 15500. Durch dreistündiges Ätzen in konzentrierter Salzsäure erhöhten sich diese Zahlen auf 11060 bzw. 23150, wobei die Streuung der Einzelwerte bei den geätzten Proben erheblich geringer war.

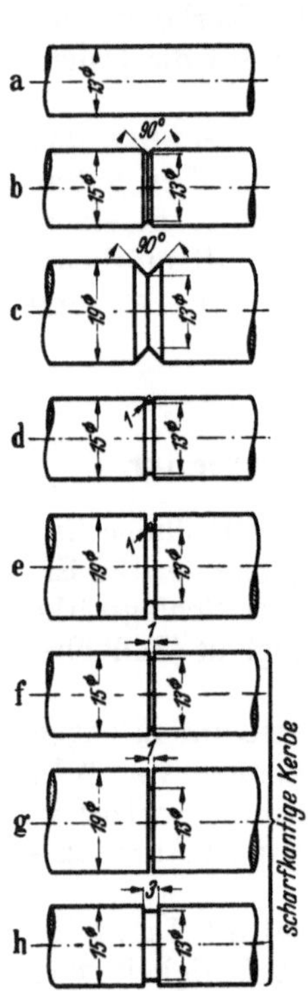

Abb. 23. Abhängigkeit der Bruchschlagzahl beim Dauerschlagbiegeversuch von der Kerbform für einen weichen Stahl. (Nach E. PREUSS.)

Für *Versuchstemperaturen* unter 20° C fand R. YAMADA[5] für C-Stähle bei größeren Schlagstärken einen Abfall der Bruchschlagzahl ähnlich dem Abfall der Kerbschlagbiegezähigkeit. Oberhalb 20° C zeigte der Stahl mit steigender Temperatur zuerst eine schwache Abnahme, dann einen Anstieg der Schlagzahl auf einen Größtwert, dem ein schneller Abfall folgte[6]. Die Temperatur, bei der der Größtwert gefunden wurde, lag für einen Cr-Ni-Stahl höher (200 bis 250° C) als für einen C-Stahl (etwa 170° C).

[1] LUDWIK, P.: Z. öst. Ing.- u. Archit.-Ver. Bd. 81 (1929) S. 403.
[2] Z. VDI Bd. 58 (1914) S. 701 — Stahl u. Eisen Bd. 34 (1914) S. 1207.
[3] KÄNDLER, H.: Z. techn. Phys. Bd. 5 (1929) S. 150. — H. KÄNDLER u. E. H. SCHULZ: Werkst.-Aussch. Ver. dtsch. Eisenhüttenleute, Ber. Nr. 48 (1924); Stahl u. Eisen Bd. 45 (1925) S. 1589.
[4] SACKMANN, E.: Masch.-Bau Betrieb 1926, Sonderheft Zerspanung, S. 30.
[5] Sci. Rep. Tôhoku Univ. Bd. 15 (1926) S. 631.
[6] SCHULZ, E. H., u. W. PÜNGEL: Werkst.-Aussch. Ver. dtsch. Eisenhüttenleute Ber. Nr. 40 (1924). — W. MÜLLER u. W. LEBER: z. VDI Bd. 65 (1921) S. 1089; Bd. 66 (1922) S. 116, 593; Bd. 67 (1923) S. 387. — W. MÜLLER: Forsch. Arb. VDI-Heft 247 (1922).

d) Beziehung zu anderen Festigkeitseigenschaften. Versuchsergebnisse.

F. T. STANTON und L. BAIRSTOW[1] ermittelten für 9 Stähle mit Zugfestigkeiten von 33 bis 74 kg/mm² die WÖHLER-Kurven aus Dauerschlagbiegeversuchen und die Kerbschlagzähigkeiten bei Raumtemperatur. Daraus stellten sie fest, daß die zu einer bestimmten, hohen Bruchschlagzahl gehörenden Schlagstärken (im Grenzfall die Dauerschlagarbeit) sich etwa wie die Zugfestigkeiten der Stähle verhielten; die zu einer bestimmten, niedrigen Bruchschlagzahl gehörenden Schlagstärken gingen dagegen parallel mit den Kerbschlagzähigkeiten der Stähle.

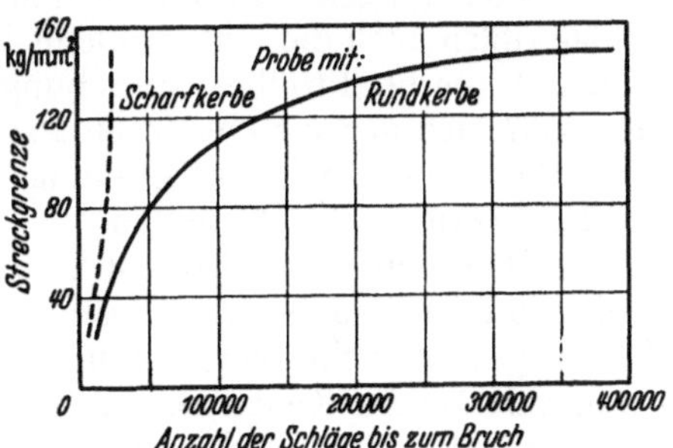

Abb. 24. Mittlere Bruchschlagzahlen von verschieden harten Stählen in Abhängigkeit von der Streckgrenze. (Nach F. RITTERSHAUSEN u. F. P. FISCHER.) Dauerschlagwerk Bauart Krupp: Bärgewicht 4,185 kg, Fallhöhe 30 mm, Probenform nach Abb. 22. Drehung der Probe nach jedem Schlag um 360/25°.

Abb. 24 zeigt die mittleren Ergebnisse einer großen Zahl von Dauerschlagbiegeversuchen mit gleicher Schlagstärke an Stählen mit sehr verschiedenen Festigkeiten[2]. Die Kurve für die Proben mit Rundkerben würde für Proben, die aus dem Einsatz gehärtet sind oder die durch Nitrieren eine Oberflächenhärtung erhalten haben, noch weiter nach rechts hin verlaufen[3, 4]; ihr Umbiegen in eine zur Achse der Schlagzahlen parallele Richtung würde bei Versuchen mit kleinerer Schlagstärke schon bei niedrigeren Festigkeiten (Streckgrenzen) eintreten. Für die Proben mit Scharfkerben war die verwendete Schlagstärke dagegen schon hoch, der Einfluß der steigenden Festigkeit wird hier durch den der fallenden Kerbschlagzähigkeit überdeckt. W. MÜLLER und W. LEBER[3] fanden für Stähle mit 0,1 bis 1,3% C im geglühten Zustand eine Abnahme der (niedrigen) Schlagzahlen mit steigendem C-Gehalt; auch hier gehen infolge hoher Schlagstärke die Schlagzahlen nicht parallel mit der Zugfestigkeit, sondern mit der Kerbschlagzähigkeit. Im vergüteten Zustand nahm die Schlagzahl zu bis 0,6% C und dann wieder ab. Legierte Stähle zeigten dagegen bei der gleichen Schlagstärke eine stetige Zunahme der Schlagzahl mit wachsender Zugfestigkeit. Dieser entgegengesetzte Einfluß von steigender Zugfestigkeit und sinkender Kerbschlagzähigkeit erklärt auch, daß vergütete Stähle bei einer mittleren Anlaßtemperatur, deren Höhe von der Schlagstärke abhängen dürfte, einen Höchstwert der Schlagzahl zeigen können[3, 5].

e) Anwendung. Bedeutung.

Der Dauerschlagbiegeversuch mit nur einer, nicht zu hohen Schlagstärke (die Schlagzahl soll mindestens 80000 betragen) ist von J. M. LESSELLS[6] als Abkürzungsverfahren an Stelle von Dauerschwingversuchen vorgeschlagen worden. Bei der meist nicht geringen Streuung der Schlagzahlen muß man aber mehrere Proben prüfen, so daß das Verfahren schon zeitlich kaum einen Vorteil bietet.

---

1 [J. Inst. Mech. Engrs. Bd. 4 (1908) S. 889 — Engineering Bd. 86 (1908) S. 731] kamen zu dem Ergebnis, daß die Dauerschlagarbeiten proportional gehen mit $\sigma_w^2 : E$, worin σ_w die Wechselfestigkeit bei stoßfreier Beanspruchung und E den Elastizitätsmodul bezeichnen.

2 RITTERSHAUSEN, F., u. F. P. FISCHER: Krupp. Mh. Bd. 1 (1920) S. 93.

3 Z. VDI Bd. 65 (1921) S. 1089; Bd. 66 (1922) S. 116, 543; Bd. 67 (1923) S. 387.

4 ÖRTEL, W.: Stahl u. Eisen Bd. 43 (1923) S. 494.

5 BERG, S.: Forsch.-Arb. VDI-Heft 354 (1930).

6 Trans. Amer. Soc. Steel Treat. Bd. 4 (1923) S. 536.

Von verschiedenen Seiten[1] wird es auch als richtiger angesehen, wenn man die in ihrem Zusammenwirken beim Dauerschlagversuch nicht einfach zu übersehenden Einflüsse von Zugfestigkeit und Kerbschlagzähigkeit getrennt ermittelt. P. Nicolau[2] empfahl den Dauerschlagbiegeversuch zur Prüfung von Grauguß. Er fand zwischen verschiedenen Graugußsorten Unterschiede von 20 bis 25% in der Höhe ihrer Biegefestigkeit, Bruchdurchbiegung und Schlagbiegezähigkeit, während die Unterschiede in ihren Schlagzahlen beim Dauerschlagbiegeversuch bis zu 400% gingen[3]. Dies kann damit zusammenhängen, daß in der Höhe der Schlagzahlen auch die Unterschiede des Elastizitätsmoduls und der Dämpfungsfähigkeit, die bei Stoßbeanspruchung eine Rolle spielen, miterfaßt werden. Bei dem Vergleich der verschiedenen Prüfverfahren hinsichtlich ihrer Empfindlichkeit müßte aber auch die Streuung bei der Bestimmung der einzelnen Eigenschaften berücksichtigt werden.

Die Dauerschlagarbeit selbst ist nur ein Vergleichsmaß und nicht auf andere Probenformen und -abmessungen oder andersartige Werkstoffe übertragbar. Zwar liegen Versuche[4] vor, aus ihr eine entsprechende *Dauerschlagfestigkeit* abzuleiten, mit der der Konstrukteur rechnen kann. Derartige Ableitungen sind aber recht unsicher, und da sich gezeigt hat, daß die Dauerschlagarbeit für gleichartige Werkstoffe die gleiche Rangfolge ergibt wie die entsprechende Dauerschwingfestigkeit[5, 6], so hat der Dauerschlagbiegeversuch an Bedeutung verloren[7].

Bei gleicher Zugfestigkeit ergibt ein Stahl mit geringerer Kerbschlagzähigkeit eine kleinere Schlagzahl als ein Stahl mit hoher Kerbschlagzähigkeit. Dauerschlagbiegeversuche ermöglichen also an sich bei nicht zu schwachen Schlägen auch den Nachweis von Anlaßsprödigkeit, wie die Versuchsergebnisse von W. Bischof[8] zeigen (Tab. 5). Wie beim Kerbschlagversuch wird es aber auch beim Dauerschlagbiegeversuch von der Höhe der Versuchstemperatur abhängen, ob sich der zähe und der spröde Zustand des Stahles in ihren Bruchschlagzahlen erheblich unterscheiden. Der Kerbschlagbiegeversuch mit einem Schlag läßt aber die Anlaßsprödigkeit und ebenso die Versprödung durch Altern einfacher und sicherer nachweisen als der Dauerschlagbiegeversuch.

Tabelle 5.

Zustand des Stahles	Kerbschlag-zähigkeit kgm/cm²	Arbeit beim stat. Kerbbiegeversuch kgm/cm²	Schlagzahl beim Dauerschlagbiege-versuch
zäh	18,2	21,6	19400
anlaßspröde	0,3	0,8	11250

[1] Vgl. z. B. D. J. McAdam: Proc. Amer. Soc. Test. Mater. Bd. 23 (1923) II, S. 56.
[2] Rev. Métall. Bd. 31 (1934) S. 159.
[3] Vgl. auch E. Piwowarsky: Gießerei Bd. 27 (1940) S. 59.
[4] Vgl. Fußnote 7 u. 10, S. 197.
[5] Vgl. Fußnote 1, S. 199.
[6] Thum, A., u. Th. Lipp: Gießerei Bd. 21 (1934) S. 41, 64, 89, 131.
[7] Vgl. Internat. Rundfrage über Schlagversuche von V. I. Garcia u. S. Gerszonowicz: Boletin de la Facultad de Ingenieria de Montevideo (1938) Nr. 6. — Siehe auch Rev. Métall. Bd. 37 (1940) S. 86, 117.
[8] Arch. Eisenhüttenw. Bd. 8 (1935) S. 293.

III. Festigkeitsprüfung bei schwingender Beanspruchung.

A. Die Dauerfestigkeit als Werkstoffeigenschaft.

Von H. SIGWART, Darmstadt.

1. Einführung.

Seit Beginn der Entwicklung des industriellen Maschinenbaues ist es bekannt, daß ein Maschinenteil eine bestimmte Belastung, die es einmal ertragen hat, nicht ohne weiteres beliebig oft aushält, sondern bei häufiger Wiederholung der gleichen Belastung schließlich brechen kann. Für die Bruchgefahr ist also nicht allein die Höhe der Beanspruchung, sondern auch die Häufigkeit ihrer Wiederholung von entscheidender Bedeutung. Man hat dieses Verhalten der Werkstoffe in einem naheliegenden Vergleich mit dem menschlichen Organismus als Ermüdung bezeichnet und davon Begriffe wie Ermüdungsfestigkeit (fatigue strength, résistance à la fatigue), Ermüdungsbruch (fatigue failure, fracture par fatigue) usw. abgeleitet. Doch ist dieser Vergleich, so anschaulich er zunächst erscheinen mag, nicht ganz zutreffend. Der menschliche Körper kann sich nach einer Ermüdung durch einen erquickenden Schlaf wieder erholen und ist dann von neuem zur gleichen Arbeit fähig. Die Schäden, die der Werkstoff durch häufig wiederholte Belastungen erfährt, gehen jedoch tiefer und wären, um im Bilde zu bleiben, eher mit einer krebsartigen Erkrankung vergleichbar, die den Organismus immer weiter schwächt und schließlich unrettbar zum Tode führt. Man hat es also nicht mit einer Ermüdung sondern mit einer Zerrüttung des Werkstoffgefüges zu tun, durch die sich die mechanischen Eigenschaften im Lauf der wiederholten Beanspruchungen allmählich verschlechtern und schließlich einen Wert erreichen, der wesentlich niedriger liegt als bei einmaliger Beanspruchung.

Die Ermittlung dieses auf die Dauer ertragbaren Wertes, der Dauerschwingfestigkeit, war schon in der Mitte des vorigen Jahrhunderts Gegenstand der Untersuchungen AUGUST WÖHLERS[1], der damit als erster in ein Gebiet der Werkstoff-Prüfung und Werkstoff-Forschung eindrang, das sich in der Folge als eines der wichtigsten aber auch zugleich schwierigsten herausstellen sollte. Es zeigte sich nämlich, daß die Festigkeit bei schwingender Beanspruchung von einer ganzen Reihe von Einflußgrößen abhängt, deren Bedeutung man erst nach und nach erkannte. Vor allem erwies sich der Einfluß der Form, also der konstruktiven Gestaltung, als so stark, daß die Ermittlung von Werkstoffkennwerten allein keine ausreichenden Unterlagen für die Berechnung schwingend beanspruchter Konstruktionsteile liefern konnte. Die gleichzeitige Berücksichtigung des Werkstoffes und der Gestaltung führte zum Begriff der Gestaltfestigkeit[2] und zwang den Konstrukteur zur sorgfältigen Beachtung der Grund-

[1] Z. Bauw. Bd. 16 (1866) S. 67.

[2] THUM, A., u. W. BAUTZ: Stahl u. Eisen Bd. 55 (1935) S. 1025; vgl. auch A. THUM: Z. VDI Bd. 88 (1944) S. 609.

sätze für werkstoffgerechtes Gestalten. Inzwischen wurden in langwierigen und kostspieligen Versuchen Grundlagen und Richtlinien für die Bemessung schwingend beanspruchter Teile geschaffen. Trotz etwa 100jähriger Forschungs- und Entwicklungsarbeiten sind jedoch die Erkenntnisse auf diesem Gebiet noch recht lückenhaft, so daß in vielen Fällen nicht die Berechnung, sondern nur der praktische Versuch am fertigen Konstruktionsteil bei möglichst betriebsähnlicher Beanspruchung die Entscheidung über Brauchbarkeit oder Unbrauchbarkeit einer Konstruktion treffen kann. Es kann also im folgenden nicht eine fertige Erkenntnis, sondern nur der gegenwärtige Stand der Entwicklung gezeichnet werden.

2. Begriffsbestimmungen schwingender Beanspruchungen.

Um für die Festigkeitsprüfung den Ablauf einer schwingenden Beanspruchung eindeutig zu kennzeichnen, stellt man ihn zweckmäßig als eine sinusförmige Abhängigkeit der Belastung oder der Spannung von der Zeit dar (Abb. 1). Beim Dauerschwingversuch (kurz Dauerversuch genannt) ändert also die Beanspruchung periodisch ihre Größe zwischen zwei Grenzwerten, eine Forderung, die mit den üblichen Dauerprüfmaschinen verhältnismäßig leicht erfüllt werden kann.

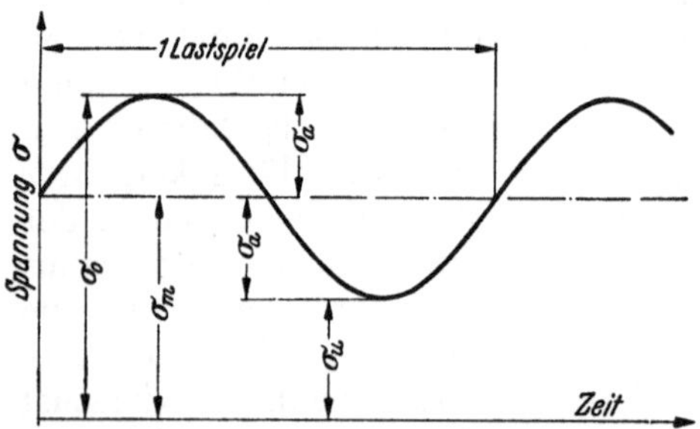

Abb. 1. Allgemeiner Fall einer periodisch schwingenden Beanspruchung σ_o = Oberspannung, σ_m = Mittelspannung, σ_u = Unterspannung, σ_a = Spannungsausschlag.

Als kennzeichnende Begriffe[1] benötigt man als Höchstwert des Spannungsablaufs die Oberspannung σ_o, als Tiefstwert die Unterspannung σ_u. Die Beanspruchung schwingt also mit einem Spannungsausschlag $\sigma_a = (\sigma_o - \sigma_u)/2$ um den Wert der Mittelspannung $\sigma_m = (\sigma_o + \sigma_u)/2$. Die Differenz $\sigma_o - \sigma_u = 2\,\sigma_a$ wird die Schwingbreite der Spannung genannt. Den allgemeinen Fall einer periodisch wechselnden Beanspruchung kann man als eine Schwingungsbeanspruchung auffassen, die sich einer ruhenden Beanspruchung, der Mittelspannung, überlagert. Je nach der Höhe dieser Mittelspannung unterscheidet man:

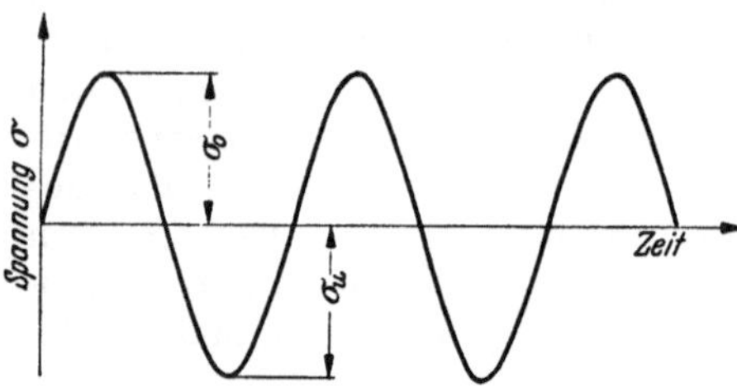

Abb. 2. Reine Wechselbeanspruchung.

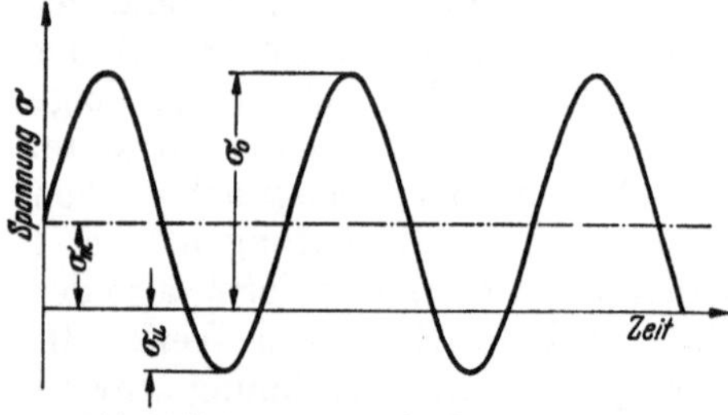

Abb. 3. Beanspruchung im Wechselbereich.

1. die reine Wechselbeanspruchung σ_w (Abb. 2). Hierbei ist die Mittelspannung $\sigma_m = 0$, die Spannung schwingt also zwischen entgegengesetzt gleich großen Grenzwerten ($\sigma_o = -\sigma_u$), der Spannungsausschlag ist gleich der Oberspannung ($\sigma_a = \sigma_o = \sigma_w$).

2. die Beanspruchung im Wechselbereich (Abb. 3). Die Mittelspannung ist kleiner als der Spannungsausschlag, Ober- und Unterspannung haben verschiedenes Vorzeichen, sind jedoch nicht mehr gleich groß.

[1] DIN 50100 Berlin-Köln 1. 1935.

3. die Schwellbeanspruchung σ_{sch} (Abb. 4). Hier schwingt die Spannung zwischen 0 und einem Höchstwert, die Mittelspannung ist gleich dem Spannungsausschlag ($\sigma_m = \sigma_a$), die Unterspannung ist $\sigma_u = 0$ und die Oberspannung $\sigma_o = 2\,\sigma_a = \sigma_{sch}$. Die Spannung ändert ihr Vorzeichen nicht und kann entweder als Zugschwellbeanspruchung $\sigma_{z\,sch}$ oder als Druckschwellbeanspruchung $\sigma_{d\,sch}$ vorkommen.

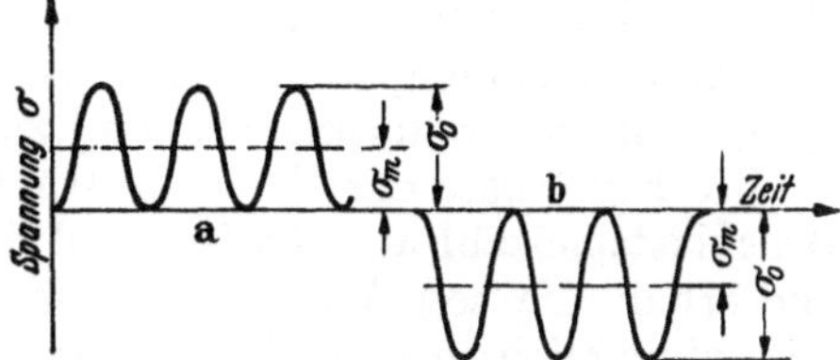

Abb. 4. Schwellbeanspruchung. a Zugschwellbeanspruchung, b Druckschwellbeanspruchung.

4. die Beanspruchung im Schwellbereich (Abb. 5). Die Mittelspannung ist größer als der Spannungsausschlag, Ober- und Unterspannung sind entweder beide positiv (Zugschwellbereich) oder beide negativ (Druckschwellbereich).

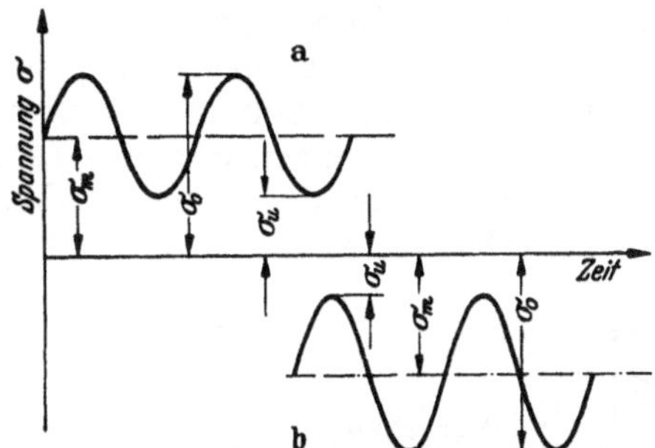

Abb. 5. Beanspruchung im Schwellbereich. a Zugschwellbereich, b Druckschwellbereich.

Eine volle Periode des Spannungsablaufes nennt man ein Lastspiel. Zählt man im Verlauf eines Dauerversuches die Lastspiele bis zum Bruch der Probe, so erhält man die Bruchlastspielzahl N. Von Bedeutung ist weiterhin die Lastspielfrequenz n, die meist in 1/min angegeben wird.

Selbstverständlich beschränkt sich der Dauerschwingversuch nicht auf Zug- und Druckbeanspruchungen, sondern kann auch als Dauerbiege- oder Dauerverdrehversuch ausgeführt werden, so daß die erwähnten Begriffe auch als Schubspannungen τ_w, τ_{sch} auftreten können.

3. Ermittlung der Dauerfestigkeit.

Zur Bestimmung der Dauerschwingfestigkeit (kurz: Dauerfestigkeit) nach dem von WÖHLER vorgeschlagenen Verfahren benötigt man mehrere — möglichst 5 bis 10 — absolut gleichartige Proben. Damit diese nicht durch die Zusatzbeanspruchungen in der Einspannung der Prüfmaschine brechen, müssen sie verstärkte Einspannköpfe besitzen, von denen ein sanft ausgerundeter Übergang die Kräfte in die eigentliche, sorgfältig polierte Prüfstrecke einleitet. Bei der Bearbeitung der Proben ist darauf zu achten, daß durch geringe Spandicken in den letzten Bearbeitungsstufen die Eigenspannungen in der Oberfläche (s. S. 247) möglichst klein bleiben. Gegebenenfalls muß während des Versuchs durch Kühlung dafür gesorgt werden, daß die Probe sich nicht unzulässig erwärmt, doch dürfen zur Kühlung nur nichtkorrodierende Mittel verwendet werden (s. S. 270).

Die Proben werden nacheinander verschieden hohen Schwingbeanspruchungen ausgesetzt, wobei sich je nach der Höhe des eingestellten Spannungsausschlages, die für jede Probe während des ganzen Versuches konstant gehalten wird (vgl. jedoch S. 254), für die einzelnen Proben verschiedene Bruchlastspielzahlen ergeben. Die Belastungen der Proben stuft man gegeneinander so ab, daß mindestens eine Probe auch bei langer Versuchsdauer nicht bricht, sondern „durchläuft", und eine weitere Probe erst bei hoher Lastspielzahl (über 10^6) zu Bruch gebracht wird. Bei Wechselbeanspruchung hält man für alle Proben einer Serie die Mittelspannung, bei Schwellbeanspruchung die Unterspannung konstant (= 0) und ändert von Versuch zu Versuch nur den Spannungsausschlag. Bei manchen Prüfmaschinen kann man die Probe nicht vollständig auf 0 entlasten. Auch durch die Einspannverhältnisse der Probe kann es notwendig sein, daß stets eine geringe Last auf der Probe verbleibt. Man stellt dann eine Unterspannung nahe 0 ein, ist aber trotzdem berechtigt, die Differenz $\sigma_o - \sigma_u$ als Schwellbeanspruchung zu bezeichnen (s. S. 239).

Die Ergebnisse der Versuche trägt man in ein Koordinatensystem mit der Bruchlastspielzahl als Abszisse und dem Spannungsausschlag als Ordinate ein und erhält die sog. WÖHLER-Kurve (Abb. 6), die zunächst steil abfällt, dann aber allmählich in eine Waagrechte übergeht. Die Höhe dieser Waagrechten entspricht der Dauerfestigkeit als dem Höchstwert der schwingenden Beanspruchung (des Spannungsausschlages), der beliebig oft ohne Bruch und ohne unzulässige Verformung ertragen werden kann. Mitunter streuen die Versuchswerte so stark, daß man keine eindeutige Kurve zeichnen kann und etwa 20 Versuchspunkte und mehr braucht, um wenigstens ein Streuband festzulegen. Um sicher zu gehen, darf als Dauerfestigkeit dann nur die untere Grenze dieses Streubandes angegeben werden. Die Anzahl von Lastspielen, bei der die WÖHLER-Kurve in eine Parallele zur Abszisse übergeht, heißt die Grenzlast-

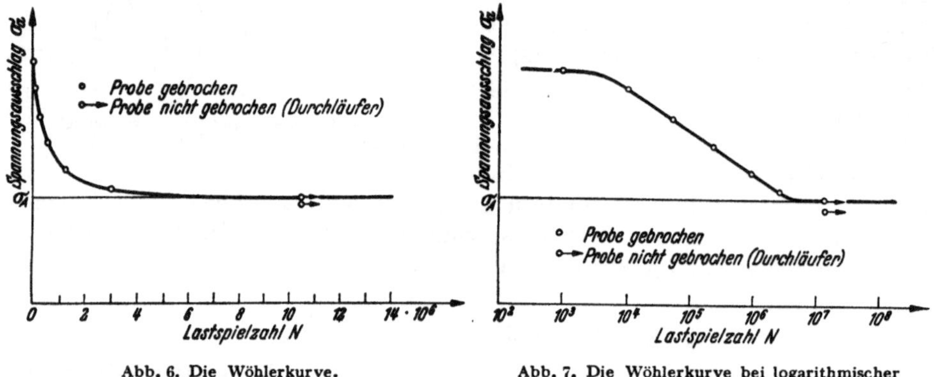

Abb. 6. Die Wöhlerkurve.

Abb. 7. Die Wöhlerkurve bei logarithmischer Bezifferung der Abszisse.

spielzahl und beträgt für Stahl etwa $10 \cdot 10^6$. Dauerschwingversuche an Stahl können also bei Erreichen dieser Lastspielzahl abgebrochen werden. Bei Leichtmetallen darf man jedoch erst bei $100 \cdot 10^6$ Lastspielen mit dem horizontalen Ast der WÖHLER-Kurve rechnen. Unter Umständen ist auch dann der Verlauf der WÖHLER-Kurve noch nicht streng waagerecht.

Entsprechend den Begriffsbestimmungen der schwingenden Beanspruchung (s. DIN 50100) definiert man die Dauerfestigkeit bei reiner Wechselbeanspruchung als Wechselfestigkeit σ_W, bei Schwellbeanspruchung als Schwellfestigkeit σ_{Sch} und unterscheidet dabei in der Schreibweise die Festigkeitswerte von den Beanspruchungen durch große Buchstaben im Index. Im Wechselbereich oder Schwellbereich läßt sich die Dauerfestigkeit nicht durch einen einzigen Zahlenwert kennzeichnen. Hier schreibt man $\sigma_D = \sigma_m \pm \sigma_A$ (z. B. $\sigma_D = 15 \pm 10$ kg/mm²) und meint damit: Bei einer Mittelspannung von $\sigma_m = 15$ kg/mm² wurde ein höchster Spannungsausschlag von $\sigma_A = 10$ kg/mm² gefunden.

Da der Übergang der WÖHLER-Kurve in eine Waagrechte häufig nicht deutlich zu erkennen ist, empfiehlt es sich, die Lastspiele in logarithmischem Maßstab aufzutragen (Abb. 7). Hierdurch verzerrt sich der abfallende Ast der WÖHLER-Kurve in eine fallende Gerade. Außerdem werden die bei niedrigen Lastspielzahlen erhaltenen Kurvenpunkte weiter auseinandergezogen, was die

Übersicht erleichtert. Die Verzerrung geht allerdings so weit, daß im Bereich sehr niedriger Lastspielzahlen in dieser Darstellung die WÖHLER-Kurve praktisch horizontal verläuft.

Führt man Schwingversuche nicht bis zur Grenzlastspielzahl durch, so erhält man die Zeitschwingfestigkeit (kurz: Zeitfestigkeit) für eine bestimmte Anzahl von Lastspielen[1]. Diese ergibt natürlich einen höheren Wert als die Dauerfestigkeit und hat dann Bedeutung, wenn während der geschätzten Lebensdauer einer Maschine ein Konstruktionsteil nur eine begrenzte Anzahl von schwingenden Beanspruchungen auszuhalten hat. Mit dem Begriff Zeitfestigkeit soll zum Ausdruck gebracht werden, daß bei dieser Beanspruchungshöhe der Werkstoff nur eine begrenzte Zeit standhält und bei Überschreitung dieser Zeit mit einem Bruch gerechnet werden muß. Zeitfestigkeitswerte werden mit den gleichen Symbolen gekennzeichnet wie Dauerfestigkeitswerte, erhalten nur einen zusätzlichen Index, der die erreichte Lastspielzahl angibt, z. B. $\sigma_{W(10^6)} = 28\ \text{kg/mm}^2$.

Man könnte nun auf den Gedanken kommen, beim Vergleich zweier Werkstoffe durch Ermittlung der Zeitfestigkeiten die Anzahl der benötigten Proben und die Versuchsdauer, somit also auch die Kosten des Versuchs, zu senken. Doch kann man aus Zeitfestigkeitswerten nicht auf die Dauerfestigkeiten schließen, da die WÖHLER-Kurven verschiedener Werkstoffe sich überschneiden können (Abb. 8). Während für 100000 Lastspiele Werkstoff I besser erscheint als Werkstoff II, kehrt sich diese Bewertung für 10^7 Lastspiele um.

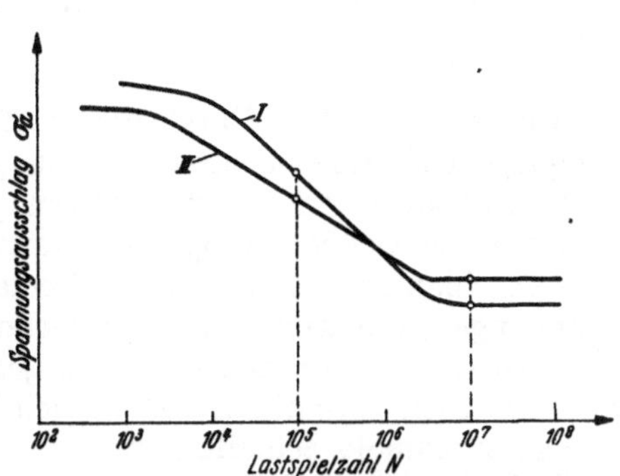

Abb. 8. Wöhlerkurven verschiedener Werkstoffe. Werkstoff *I* hat höhere Zeitfestigkeit, aber niedrigere Dauerfestigkeit als Werkstoff *II*.

Auf die Werte der Zeitfestigkeit (nicht der Dauerfestigkeit) ist auch die Bauart der Prüfmaschine von Einfluß. Grundsätzlich unterscheidet man Prüfmaschinen, die mit konstant gehaltenem Belastungsausschlag arbeiten, der Probe also schwingende Kräfte oder Momente aufzwingen, und Prüfmaschinen, bei denen ein bestimmter Verformungsausschlag eingestellt wird, die Probe also um ein bestimmtes Maß gedehnt oder gebogen wird. Im ersten Falle wird bei einem Anriß durch die Verkleinerung des tragenden Querschnitts die Spannung erhöht, der Riß wird also beschleunigt weiterwachsen. Im zweiten Fall wird dagegen durch den Anriß die Probe nachgiebiger, die Spannung wird gesenkt und der Riß wächst langsamer. Maschinen mit konstantem Verformungsausschlag liefern deshalb höhere Zeitfestigkeitswerte.

4. Vorgänge im schwingend beanspruchten Metallgefüge.

a) Mikrospannungen.

Aus dem Aufbau der metallischen Werkstoffe als regelmäßige Atomgitter ist zu folgern, daß elastische Verformungen, also reversible Verzerrungen des Atomgitters in beliebig häufiger Wiederholung ertragen werden können. Trägt man für einen schwingend beanspruchten Körper aus elastischem Werkstoff

[1] THUM, A., u. W. BAUTZ: Z. VDI Bd. 81 (1937) S. 1407.

den Zusammenhang zwischen Spannung und Verformung auf, so ergibt sich in ständigem Wechsel ein Auf und Ab längs der Geraden AB in Abb. 9. Erst wenn man die Belastung so weit steigert, daß plastische Verformungen zu erwarten sind, zeigt es sich, daß Belastung und Entlastung sich im Schaubild verschieden darstellen und in der mehrfachen Wiederholung eine Schleife beschreiben (Abb. 10). Bei der plastischen Verformung wird Verformungsarbeit

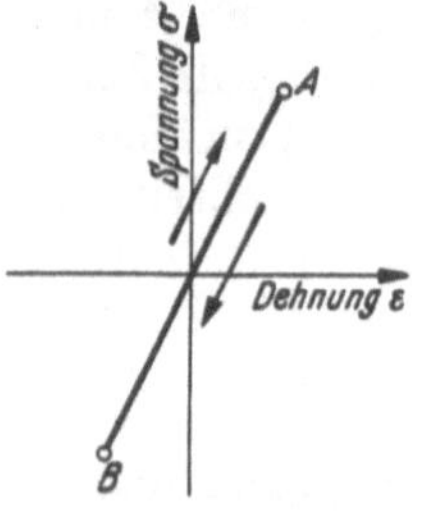

Abb. 9. Spannung und Verformung bei wechselnder Beanspruchung im vollkommen elastischen Bereich.

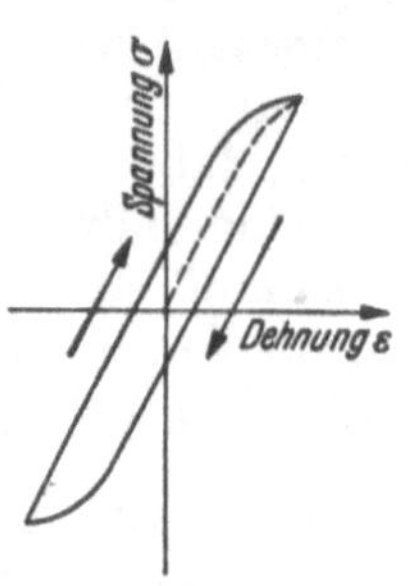

Abb. 10. Spannung und Verformung bei wechselnder Beanspruchung an der Grenze des elastisch-plastischen Verhaltens.

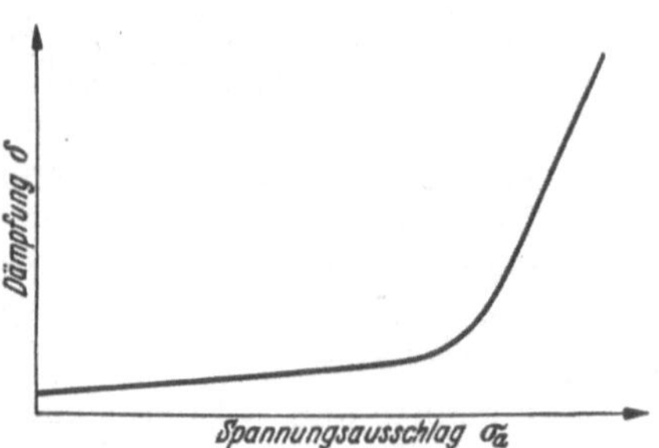

Abb. 11. Abhängigkeit der Dämpfung von der Größe des Spannungsausschlages.

in Wärme umgesetzt. Durch diesen Energieverlust wird die Schwingung gedämpft, und als Maß für diese Dämpfung (s. S. 209) kann die Fläche der Schleife in Abb. 10 angesehen werden. Messungen der Dämpfung haben ergeben, daß diese von der Größe der Spannungsausschläge abhängig ist[1] (Abb. 11) und bei höheren Spannungen sehr hohe Werte annimmt, aber auch bei sehr kleinen Spannungen, die weit unter der technischen Elastizitätsgrenze liegen, nicht völlig verschwindet[2]. Der in Abb. 9 gezeigte Fall ist also nur eine Idealisierung der wirklichen Verhältnisse. Die scheinbar gerade Linie stellt genau genommen eine ganz schmale Schleife dar.

Praktisch ist nämlich kein technischer Werkstoff ein elastisches Kontinuum, wenn er sich auch makroskopisch gesehen elastisch isotrop verhält. Durch die regellose Orientierung der elastisch anisotropen Kristalle wechseln die elastischen Eigenschaften auf mikroskopisch kleinem Raum sehr stark, wobei besonders an den Korngrenzen, wo zwei Kristalle längs einer Fläche, drei Kristalle längs einer Linie und sogar vier Kristalle in einem Punkt zusammenstoßen müssen, die elastische Nachgiebigkeit sich sprunghaft ändert. So kommt es, daß bei Beanspruchung eines Körpers die Spannung über den Querschnitt keineswegs gleichmäßig verläuft, sondern ein Spannungsgebirge mit hohen Mikrospannungsspitzen und -tälern bildet[3], dessen mittlere Höhe der makroskopischen Spannungshöhe σ entspricht (Abb. 12). Hinzu kommt, daß auch innerhalb der Kristalle durch Gefüge-Inhomogenitäten, Lockerstellen, Versetzungen im Gitteraufbau usw. die gleichmäßige Spannungsverteilung gestört wird und Mikrospannungsspitzen entstehen.

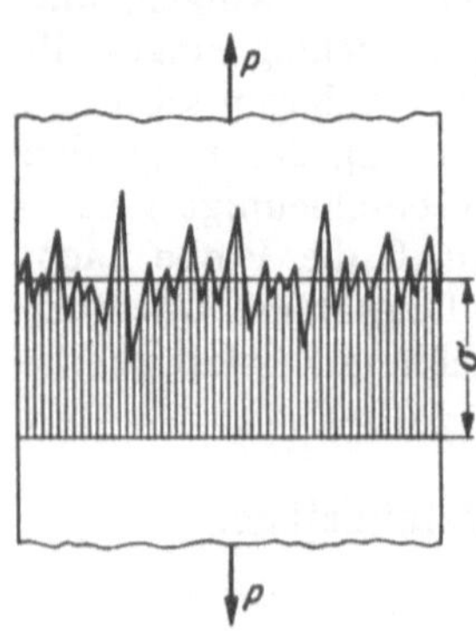

Abb. 12. Schematische Darstellung der Mikrospannungsverteilung über den Querschniit eines Zugstabes.

[1] LEHR, E.: Diss. Stuttgart 1925.
[2] FÖRSTER, F., u. W. KÖSTER: Z. Metallkde. Bd. 29 (1937) S. 116.
[3] PETERSEN, C.: Z. Metallkde. Bd. 43 (1952) S. 429.

Die Abschätzung der Wirkung der durch äußere Kräfte entstehenden Mikrospannungen (Mikrolastspannungen) wird noch dadurch erschwert, daß viele technische Metalle ein heterogenes Gefüge besitzen (z. B. Ferrit und Perlit im Stahl), das schon im unbelasteten Zustand Mikrospannungen als Eigenspannungen aufweist[1]. Diese Mikroeigenspannungen entstehen bei der Abkühlung des Gefüges, da die beiden heterogenen Bestandteile in der Regel verschiedene Wärmedehnzahlen haben. Die weniger schrumpfenden Bestandteile werden auch bei langsamster Abkühlung Druckeigenspannungen, die benachbarten stärker schrumpfenden Kristalle Zugeigenspannungen erhalten. So ergibt sich schon im unbelasteten Zustand ein Mikroeigenspannungsgebirge mit dem Mittelwert 0, dem sich das Mikrolastspannungsgebirge mit dem Mittelwert σ überlagert. Auch im homogenen Gefüge entstehen bei der Abkühlung Mikroeigenspannungen, wenn die Wärmedehnzahl im einzelnen Kristall richtungsabhängig ist.

Auf Grund dieser Überlegungen ist leicht einzusehen, daß auch bei sehr niedrigen Makrospannungen an einzelnen Stellen des Gefüges die Mikrospannungsspitzen bereits zu plastischen Verformungen führen müssen. Ihr Anteil am gesamten Werkstoffvolumen kann so gering sein, daß bei einmaliger Belastung das elastische Verhalten makroskopisch noch nicht gestört erscheint. Doch bei häufiger Wiederholung ergeben solche kleinen örtlich beschränkten Gleitungen bereits meßbare Dämpfungsbeträge. Durch diese Unregelmäßigkeiten in der Mikrospannungsverteilung ist die Gesetzmäßigkeit der Erscheinungen bei schwingender Beanspruchung durch makroskopische Beobachtungen so schwer zu übersehen.

b) Verfestigung und Zerrüttung.

Bei einer plastischen Verformung nimmt der Verformungswiderstand zu, man sagt, der Werkstoff verfestigt sich. Eine solche Verfestigung tritt recht deutlich in Erscheinung bei großen Verformungsbeträgen infolge einer zügigen Beanspruchung. Aber auch bei den kleinen Gleitungen, die bei schwingenden Beanspruchungen auftreten, verfestigt sich der Werkstoff, nur daß die Verfestigung nicht schon nach den ersten Lastspielen beendet ist, sondern im Laufe der schwingenden Beanspruchungen weiter zunimmt. Ohne Rücksicht auf seine eigene Orientierung und damit seine elastische Nachgiebigkeit macht ein Teilchen — eingekeilt zwischen andersorientierte — die Verformungen seiner Umgebung als Zwangsverformungen mit. Durch eine Verfestigung wächst sein Verformungswiderstand, wodurch sich die Mikrospannungen erhöhen und eine weitere Verfestigung zur Folge haben. Da sich die Größe der Verformung bei jedem Lastspiel praktisch nicht ändert, wird mit zunehmender Verfestigung ein immer größerer Anteil der Verformung elastisch, bis schließlich ein stationärer Zustand erreicht ist. Diesen Vorgang, der sich über eine größere Anzahl von Lastspielen erstreckt, bezeichnet man als Wechselverfestigung.

Wächst durch die plastische Wechselverformung der Verformungswiderstand so stark an, daß er schließlich die Trennfestigkeit des Materials an der höchstbeanspruchten Stelle erreicht, so wird das Verständnis für die Vorgänge durch die Vorstellung erleichtert, daß sich ein Riß (oder eine in der Wirkung gleichwertige Gefügeänderung) bildet, der zunächst von submikroskopischer Größe ist[2], und vermutlich bevorzugt an den Stellen auftritt, wo wegen des

---

[1] THUM, A., u. C. PETERSEN: Z. Metallkde. Bd. 33 (1941) S. 249.

[2] THUM, A., u. C. PETERSEN: Z. Metallkde. Bd. 33 (1941) S. 249. — M. HEMPEL: Z. VDI Bd. 94 (1952) S. 882.

Zusammenstoßens mehrerer verschieden orientierter Kristalle die Zwangsverformungen am höchsten sind (Abb. 13). Ein solcher Riß oder auch mehrere seiner Art erhöhen nun die elastische Nachgiebigkeit des Gefüges an dieser Stelle, wirken also auf die unmittelbare Umgebung entlastend und spannungserniedrigend. Auf der anderen Seite stellt jedoch der Riß eine Kerbe dar und ruft neue Mikrospannungsspitzen hervor, die ihrerseits wieder Verfestigungserscheinungen oder ein Weiterwachsen des Risses zur Folge haben. Sind die Makrospannungen kleiner als die Dauerfestigkeit, so kommt das Wachstum der Risse zum Stillstand, noch ehe sie wahrnehmbare Größe angenommen haben. Überwiegt jedoch ihre spannungserhöhende Wirkung, so wachsen sich die Rißchen zu einem makroskopisch sichtbaren Anriß aus, der den Dauerbruch einleitet (Abb. 13). Diese Zerrüttung des Gefüges setzt schwingende Beanspruchungen oberhalb der Dauerfestigkeit voraus. An der Dauerfestigkeitsgrenze herrscht ein Gleichgewichtszustand derart, daß die Größe aller plastischen Verformungen der höchstbeanspruchten Stellen so weit gesenkt wurde, daß die entstandenen Risse nicht weiterwachsen und keine neuen Risse entstehen, auf der anderen Seite die elastischen Verformungen der niedrig beanspruchten Stellen so weit gesteigert wurden, als zum Ausgleich möglich und notwendig war. Aus den makroskopischen Beobachtungen folgert man, daß an der Dauerfestigkeitsgrenze die Wechselverfestigung und Wechselzerrüttung einander in ihrer Wirkung gerade aufheben.

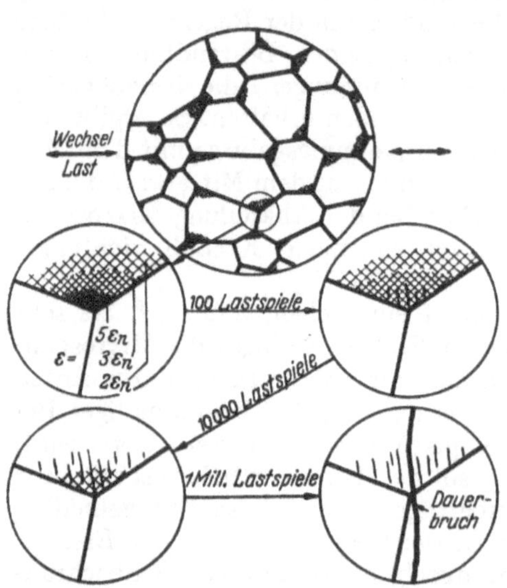

Abb. 13. Entstehung des Dauerbruchs durch wechselnde Verformungen.

c) Vorstellung der Ersatzkerbe.

Die vorstehenden Erläuterungen über die mutmaßlichen Vorgänge im schwingend beanspruchten Metallgefüge beschränken sich auf qualitative Angaben, die zwar zum größten Teil durch Messung von Eigenschaftsänderungen, wie des Elastizitätsmoduls[1], der Röntgeninterferenzen[2], der Dichte[3], der Dämpfung[4], der elektrischen Leitfähigkeit[5] usw. weitgehend gestützt sind und als zutreffend angenommen werden dürfen, aber bei der Vielzahl der Erscheinungsformen im einzelnen quantitativ nicht untersucht werden können. Bei jeder Messung erhält man bestenfalls den statistischen Mittelwert der Gesamtheit aller Einzelerscheinungen. Der Gedanke liegt daher nahe, zur Kennzeichnung der Zusammenhänge eine pauschale Betrachtungsweise zu benutzen und vereinfachende Annahmen zu treffen, die zwar nicht jeden Vorgang für sich, wohl aber die Gesamtheit der Erscheinungen in ihrer Wirkung nach außen wiedergeben.

---

[1] KÖRBER, F., u. M. HEMPEL: Mitt. K.-Wilh.-Inst. Eisenforschg. Bd. 15 (1933) S. 119.
[2] GLOCKER, R., u. H. HASENMAIER: Z. VDI Bd. 84 (1940) S. 825.
[3] HOUDREMONT, E., u. E. BÜRKLIN: Stahl u. Eisen Bd. 47 (1927) S. 90.
[4] KÖSTER, W.: Arch. Eisenhüttenw. Bd. 14 (1940/41) S. 271.
[5] SCHMID, E., u. W. BOAS: Kristallplastizität. Berlin: Springer 1935.

Bei dem Spannungsgebirge der Mikrospannungen interessieren die höchsten Spannungsspitzen, die in ihrer Höhe und Verteilung verglichen werden können mit den Spannungsspitzen, die unter gleichen äußeren Kräften an Kerben entstehen. Zweifellos läßt sich als Ersatz für das Spannungsgebirge eine Kerbe angeben, die in ihrer spannungserhöhenden Wirkung der höchsten Mikrospannungsspitze gleichkommt (Abb. 14) und daher Ersatzkerbe genannt wurde[1]. Auch die im Lauf der schwingenden Beanspruchung entstehenden Rißchen lassen sich in ihrer Gesamtheit durch eine solche Ersatzkerbe darstellen. Allerdings werden sich im Laufe der schwingenden Beanspruchung sowohl das Mikrospannungsgebirge als auch Zahl und Form der Rißchen ändern, so daß auch die Ersatzkerbe als veränderlich angenommen werden müßte. Da für die Dauerfestigkeit jedoch der Gleichgewichtszustand, dem das Gefüge im Lauf der schwingenden Beanspruchung zustrebt, als maßgebend angesehen werden kann, sei die Ersatzkerbe für diesen Zustand definiert. Trotzdem sei erlaubt, daß sie als kennzeichnendes Merkmal für den unbeanspruchten Werkstoff angegeben wird. Die Ersatzkerbe wird bestimmt durch ihren Ausrundungsradius ϱ^* und ihre Formzahl α_k^*. Die Dauerfestigkeit σ_D des Gefüges ist dann erreicht, wenn die gedachte Spannungsspitze einen kritischen Wert σ^* annimmt, so daß also $\sigma_D = \sigma^*/\alpha_k^*$ wird. Derartige Überlegungen gehen auf D. MORKOVIN und H. F. MOORE[2] zurück und haben sich besonders in den von C. PETERSEN gezogenen Folgerungen[1] als recht nützlich erwiesen, da sie die Deutung einer Reihe von Beobachtungen bei der Prüfung schwingend beanspruchter Teile erleichtern.

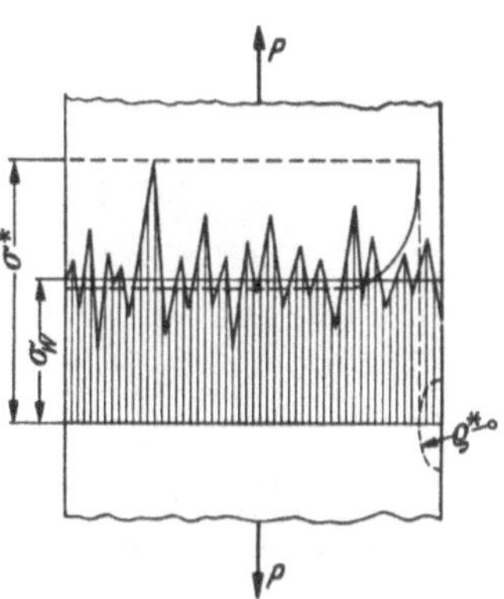

Abb. 14. Mikrospannungsverteilung u. gleichwertige Ersatzkerbe mit dem Ausrundungsradius ϱ^* (nach PETERSEN).

5. Dämpfung.

a) Bestimmungsgrößen und Meßverfahren.

Es wurde schon erwähnt, daß bei schwingender Beanspruchung für die wechselnden Gleitungen Energiebeträge als Verformungsarbeit verbraucht und in Wärme umgesetzt werden. Die Energieumsetzung je Lastspiel nennt man die Dämpfung des Werkstoffs und stellt sie im Spannungsverformungsschaubild als Flächeninhalt der Dämpfungsschleife, also als einen Arbeitsbetrag je Volumeneinheit dar (Abb. 10). Die Größe der Dämpfung ist nicht nur von dem Gefügeaufbau des Werkstoffs und der Höhe der Beanspruchung abhängig, sondern ändert sich auch im Ablauf einer schwingenden Beanspruchung, da sich ja, wie oben beschrieben, das elastisch-plastische Verhalten des Gefüges durch Wechselverfestigung und Wechselzerrüttung ändert. Man hat daher versucht, die Dämpfung der Werkstoffe zur Beurteilung ihres Verhaltens gegenüber schwingender Beanspruchung heranzuziehen und womöglich aus der Größe der Dämpfung Schlüsse auf ihre Dauerfestigkeit zu ziehen. Vor allem spricht die Dämpfung schon auf sehr geringe Gefügeänderungen an, die man mit anderen

---

[1] PETERSEN, C.: Z. Metallkde. Bd. 42 (1951) S. 161.
[2] Proc. Amer. Soc. Test. Mater. Bd. 44 (1944) S. 137.

Werkstoffprüfverfahren mit dieser Empfindlichkeit nicht — zumindest nicht zerstörungsfrei — nachweisen kann und wird daher z. B. zum Nachweis von Ausscheidungsvorgängen im Gefüge benutzt.

Um für die Dämpfung ein dimensionsloses Maß zu bekommen, bezieht man zweckmäßig die Fläche der Schleife, die in Abb. 15 in der idealisierten Form einer Ellipse gezeichnet wurde, auf die Summe der schraffierten Dreieckflächen, die hier dem Produkt aus Spannungsamplitude und Verformungsamplitude entspricht. Bei unsymmetrischen und gekrümmten Schleifen ist die die Schleife kreuzende Horizontale so zu legen, daß die beiden Flächen flächengleich werden. Diese Auswertung der Dämpfung beruht auf einem Meßverfahren, bei dem die Dämpfungsschleife unmittelbar aufgezeichnet wird. Man kann dies ohne Schwierigkeiten im statischen Versuch durchführen und durch Messen von Kraft und zugehöriger Verformung die Schleife punktweise aufnehmen. Dieses Vorgehen ist jedoch nur berechtigt, wenn der Werkstoff keine elastischen Nachwirkungen zeigt, seine Dämpfung also nicht frequenzabhängig ist. Besser ist die dynamische Aufzeichnung, wobei die Dämpfungsschleife durch optische Übertragung als Spur eines wandernden Lichtpunktes auf einer Mattscheibe oder bei elektrischer Übertragung auf dem Schirm des Oszillographen erscheint und photographisch festgehalten werden kann. Bei diesem Meßverfahren lassen sich Frequenz, Vorspannung und Amplitude beliebig wählen, so daß man deren Einflüsse auf die Dämpfung (s. S. 211) ermitteln kann.

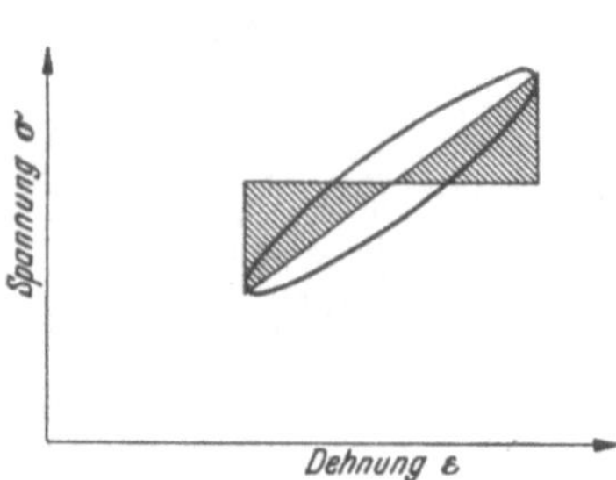

Abb. 15. Dämpfungsschleife und Bezugsfläche (schraffierte Fläche = Spannungsausschlag mal Dehnungsausschlag).

Verhältnismäßig einfach sind die Meßverfahren, bei denen die Dämpfung im Ausschwingversuch als Abnahme der Schwingweite einer freien Schwingung ermittelt wird. Bei einer solchen gedämpften Schwingung (Abb. 16), die man mechanisch oder besser optisch-photographisch aufzeichnet, ermittelt man die Abnahme der Amplitude während n Schwingungen vom Wert A_0 auf den Wert A_n. Die Abnahme der Amplitude je Schwingung beträgt $\Delta A = (A_0 - A_n)/n$. Um wieder eine dimensionslose Größe zu erhalten, bezieht man diesen Wert auf A_0 und findet als sog. Dämpfungsdekrement $\delta = (A_0 - A_n)/nA_0$. Die Beziehung gilt jedoch nur dann, wenn die Dämpfung von der Schwingweite unabhängig ist, die Schwingung also linear abklingt (Abb. 16, rechts), was gewöhnlich nur bei sehr kleinen Dämpfungen zutrifft. Bei stärkeren Dämpfungen entspricht die Einhüllende an die gedämpfte Schwingung einer Kurve vom Charakter einer e-Funktion (Abb. 16, links) und die Dämpfung ändert sich dann im Verlauf des Ausschwingversuchs und entspricht jeweils der Tangente an diese Kurve. Das Dämpfungsdekrement ist in diesem Fall durch den Ausdruck $\delta = \ln(A_n/A_{n+1})$ definiert und wird als logarithmisches Dekrement der

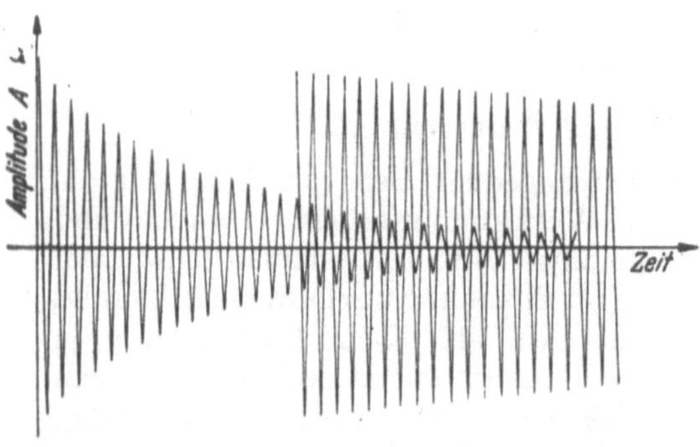

Abb. 16. Gedämpfte Schwingung eines weichen Stahles (links) und eines gehärteten Stahles (rechts).

Dämpfung bezeichnet. Weitere Dämpfungsmeßverfahren beruhen auf der Auswertung der Resonanzkurve der zu erzwungenen Schwingungen erregten Probe oder auf der Messung des Temperaturanstiegs als Maß für die Dämpfungswärme.

b) Einfluß der Beanspruchungshöhe.

Dämpfungsmessungen an den verschiedenen Werkstoffen haben gezeigt, daß im Bereich technischer Beanspruchungen die Dämpfung von der Schwingweite, d. h. von der Höhe der Beanspruchung, abhängig ist (Abb. 17). Nur bei sehr kleinen Beanspruchungen in der Größenordnung von 1 g/mm² strebt sie einem konstanten Wert zu, verschwindet aber nicht vollständig[1]. Für Stahl beobachtet man zunächst eine geringe Zunahme der Dämpfung mit wachsender Spannung, auch wenn die Beanspruchung noch weit unter der Elastizitätsgrenze liegt. Dann folgt bei A ein plötzlich steiler Anstieg, der mit dem Auftreten makroskopischer plastischer Verformungen zusammenfällt. E. LEHR hatte vorgeschlagen[2], aus diesem Verhalten in einem Abkürzungsverfahren den Wert der Dauerfestigkeit abzuschätzen, indem man den steilen Ast der Kurve bis zur Abszisse verlängert und im Punkt B die Höhe der Dauerfestigkeit abliest. Das Verfahren liefert bei einigen Werkstoffen brauchbare Werte, läßt sich jedoch nicht verallgemeinern. Je nach dem mehr oder weniger starken Dämpfungsvermögen liegt die Dauerfestigkeit auch tiefer, etwa an dem Beginn des Steilanstiegs (Punkt A). Die möglichen Werte streuen also in dem Bereich zwischen A und B in Abb. 17. Man kann auch nicht erwarten, allgemein zuverlässige Werte mit diesem Verfahren zu erhalten, da die Dämpfung sich im Verlauf der schwingenden Beanspruchung ändert (s. S. 212), so daß das Ergebnis des Versuchs davon abhängt, ob man die Spannungsamplitude langsam oder schnell steigert. Bei Gußeisen beginnt die Kurve (s. Abb. 17) von vornherein bei größeren Dämpfungswerten, verläuft aber im ganzen flacher als bei Stahl, so daß es zu einer Überschneidung kommt. Schließlich kann die Dämpfungskurve bei Werkstoffen mit innerlich stark verspanntem Gefüge auch Wendepunkte haben (Abb. 17, Kurve III).

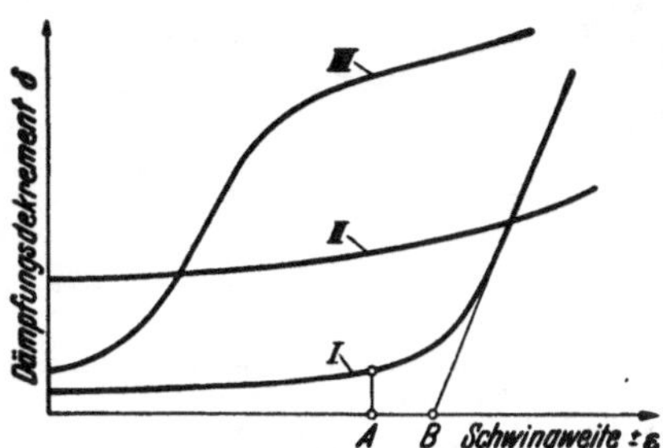

Abb. 17. Dämpfungsverhalten verschiedener Werkstoffe (schematisch). *I* Stahl, *II* Grauguß, *III* Werkstoff mit innerlich verspanntem Gefüge.

c) Einfluß der Lastspielzahl und Lastspielfrequenz.

Schon mehrfach wurde darauf hingewiesen, daß die Dämpfung sich mit zunehmender Lastspielzahl namentlich bei höheren Beanspruchungen stark ändert. Die Gesetzmäßigkeiten, nach denen diese Änderung vor sich geht, sind recht verwickelt. Bei einer Beanspruchungshöhe, die etwa der Dauerfestigkeit entspricht, stellt sich nach einer größeren Lastspielzahl ein stationärer Zustand ein (s. S. 212), so daß die Dämpfung einem konstanten Wert zustrebt, der als Grenzdämpfung[3] bezeichnet wird. Bis zum Erreichen dieses Zustandes kann das Dämpfungsverhalten bei den einzelnen Werkstoffen recht verschieden sein[4]

---

[1] FÖRSTER, F., u. W. KÖSTER: Z. Metallkde. Bd. 29 (1937) S. 116.
[2] Diss. Stuttgart 1925.
[3] SIEBEL, E.: Schweiz. Arch. Bd. 16 (1950) S. 97.
[4] THUM, A., u. C. PETERSEN: Z. Metallkde. Bd. 34 (1942) S. 39.

(Abb. 18). Bei Werkstoffen mit heterogenem Gefüge und Mikroeigenspannungen (C-Stahl, Kurve *I*) steigt die Dämpfung zunächst an und fällt nach Überschreiten eines Maximums auf den Wert der Grenzdämpfung ab, während sich bei homogenem Gefüge (Cr-Ni-Stahl, Elektrolyt-Kupfer, Kurve *II*) erst ein Minimum und danach ein Wiederanstieg einstellt. Bei eigenspannungsfreien Gefügen kann entsprechend Kurve *III* ein stetiges Absinken der Dämpfung mit der Lastspielzahl beobachtet werden. Auf jeden Fall steht die Dämpfung in engem Zusammenhang mit den Veränderungen des Gefüges, die sich im Verlauf einer schwingenden Beanspruchung abspielen, so daß ihre Beobachtung dazu beitragen kann, die verwickelten Verhältnisse im Mechanismus der Mikroverformungen zu klären.

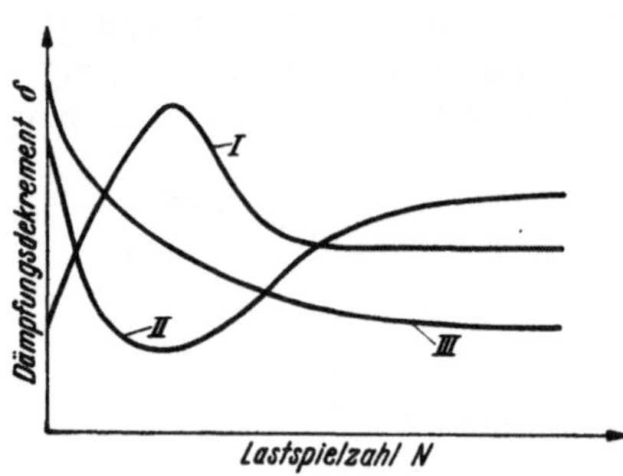

Abb. 18. Veränderung der Dämpfung mit zunehmender Lastspielzahl.
I C-Stahl, *II* Cr-Ni-Stahl, *III* eigenspannungsfreies Gefüge.

Im Gegensatz zur Lastspielzahl hat die Lastspielfrequenz — wenigstens im Bereich üblicher Frequenzen — keinen nennenswerten Einfluß auf die Größe der Dämpfung. Der Höchstwert wurde im statischen Versuch gemessen. Bei langsamen Verformungen bis zu 1/min fällt die Dämpfung gegenüber dem statisch gemessenen Wert verhältnismäßig stark, darüber hinaus aber nur noch schwach ab. Im Bereich von Lastspielfrequenzen zwischen 200 und 3000/min wurde für die Dämpfung ein konstanter Wert ermittelt[1]. Bei höheren Frequenzen muß man beachten, daß durch die erzeugte Dämpfungswärme die Probe auf höhere Temperatur kommt, wodurch die Dämpfung mittelbar beeinflußt wird (s. unten). Vergleichende Messungen müssen also an gekühlten Proben durchgeführt werden.

d) Einfluß der Temperatur.

Im allgemeinen ist die Dämpfung von dem plastischen Formänderungsvermögen des Werkstoffs abhängig. Je größer das Formänderungsvermögen und je geringer der Formänderungswiderstand ist, desto höher ist die Dämpfung. Diese Erscheinung kommt auch in der Abhängigkeit der Dämpfung von der Temperatur zum Ausdruck. Bis auf wenige Ausnahmen, bei denen andere zusätzliche Einflüsse den Temperatureinfluß überdecken, steigt die Dämpfung aller Metalle mit zunehmender Temperatur an. Dabei treten bei manchen Werk-

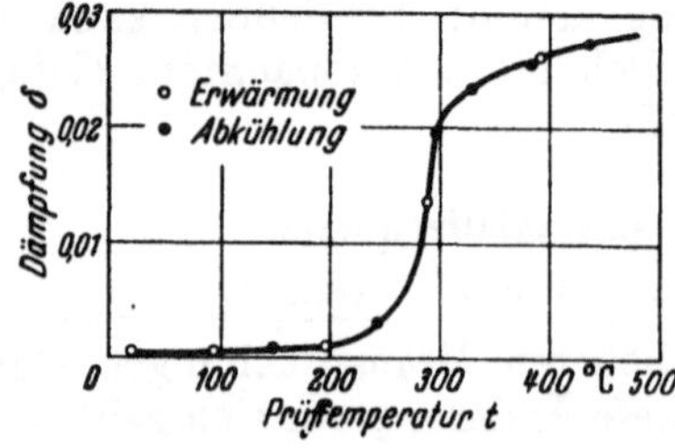

Abb. 19. Temperaturabhängigkeit der Dämpfung von Magnesium (nach FÖRSTER und KÖSTER).

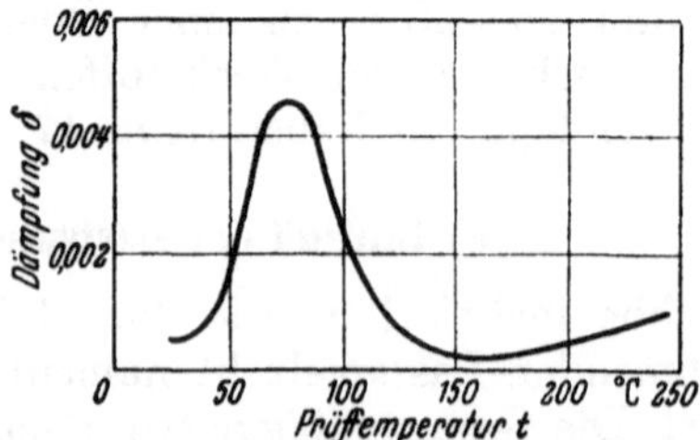

Abb. 20. Temperaturabhängigkeit der Dämpfung eines Nickelstahles mit 22,4% Ni (nach FÖRSTER und KÖSTER).

[1] BANKWITZ, E.: Diss. Braunschweig 1932.

stoffen bei ganz bestimmten Temperaturen große Sprünge in der Dämpfungszunahme dann auf, wenn sich das Formänderungsvermögen durch eine Strukturänderung sprunghaft ändert. Sehr ausgeprägt zeigt sich dies beispielsweise bei Magnesium im Gebiet zwischen 200 und 300° C (Abb. 19), da in diesem Temperaturbereich zu der einen vorhandenen Gleitrichtung 12 neue Gleitrichtungen hinzukommen, die die Verformungsfähigkeit stark vergrößern. Die gleiche Erscheinung wurde auch bei anderen Metallen beobachtet.

Ebenso stellte man fest, daß in Temperaturbereichen, in denen Gefügeumwandlungen im festen Zustand vor sich gehen (z. B. γ-α-Umwandlung des Stahles) hohe Dämpfungswerte auftreten, die mit der während der Umwandlung vorhandenen hohen Verformungsfähigkeit zusammenhängen (Abb. 20). Die Umwandlungstemperatur ist in dem gezeigten Beispiel durch hohen Nickelgehalt auf den Bereich zwischen 50 und 100° C erniedrigt worden.

6. Brucherscheinungen.

a) Der Dauerbruch.

Weiter oben wurde beschrieben, wie durch den Zerrüttungsvorgang nach Entstehung submikroskopischer Rißchen sich bei ausreichend hoher Schwingbeanspruchung schließlich ein makroskopischer Anriß ausbildet. Dieser Anriß wirkt als sehr scharfe Kerbe, so daß er, einmal entstanden, schnell weiterwächst, zumal die durch ihn verursachte Querschnittsschwächung die Spannung in dem Restquerschnitt zusätzlich steigert. Schließlich wird der Restquerschnitt durch den immer weiterwachsenden Daueranriß so verkleinert, daß er mit einem Male durchbricht. Die Bruchfläche des so entstandenen Dauerbruchs weist also in der Regel zwei deutlich unterscheidbare Zonen auf (Abb. 21), nämlich den allmählich entstandenen Daueranriß, dessen Bruchgefüge meist glatt und matt glänzend aussieht, und den körnig glitzernden, bisweilen auch im Gefüge zerklüfteten Restbruch, der seiner Entstehung nach als Gewaltbruch anzusprechen ist. Da die Verformungen bei Beanspruchungen in der Höhe der Dauerfestigkeit klein sind, zeigt der Dauerbruch auch bei zähen Werkstoffen keinerlei Anzeichen einer plastischen Verformung, sondern wirkt wie ein Bruch eines weitgehend spröden Werkstoffs.

Abb. 21. Dauerbruch mit glattem Daueranriß und zerklüftetem Restbruch.

Bei Dauerbrüchen, die im Betrieb auftreten, wird der Anriß gewöhnlich nicht mit gleichmäßiger Geschwindigkeit fortschreiten, sondern verschiedentlich zum Stillstand kommen. Dies wird einmal bewirkt durch Ruhepausen bei unterbrochenem Betrieb der Maschine oder aber bei Schwingbeanspruchungen mit veränderlicher Lastamplitude durch Lastspiele geringer Höhe, die nicht zum Wachsen des Risses beitragen. Solche Stillstandsperioden des Anrisses zeichnen sich auf der späteren Bruchfläche durch einzelne Linien ab, die man

Rastlinien nennt, und die das Fortschreiten des Bruches nachträglich klar erkennen lassen (Abb. 22). Rastlinien in einer Bruchfläche sind stets ein eindeutiges Kennzeichen dafür, daß es sich um einen Dauerbruch handelt. Dagegen reicht die Feststellung einer glatten und einer grob kristallinen Zone in einer Bruchfläche nicht zur Identifizierung eines Dauerbruchs aus, obwohl bei pausenloser Schwingbeanspruchung gleichbleibender Amplitude (z. B. in der Prüfmaschine) ebenfalls eine zweizonige Bruchfläche ohne Rastlinien entsteht.

Abb. 22. Dauerbruch mit ausgeprägter Rastlinienbildung.

Bei glatten Stäben (ohne Kerbwirkung) beginnt der Daueranriß stets an einer kleinen Fehlstelle im Werkstoff (Schlackeneinschluß, Randentkohlung, Härteriß) oder an einer Oberflächenverletzung (Drehriefe, Schleifkratzer). Sind solche Fehlstellen verhältnismäßig zahlreich, so können mehrere Anrisse gleichzeitig entstehen, die nicht in einer Ebene liegen. Erst beim Weiterwachsen vereinigen sich die einzelnen Anrisse, so daß die Dauerbruchfläche zunächst mehrere Stufen zeigt, und erst im späteren Fortschreiten eine gemeinsame Bruchfront erkennen läßt. Noch stärker ausgeprägt ist diese Erscheinung bei dem inhomogenen Gefüge des Gußeisens. Durch die große Zahl von Graphitblättchen, die im Gefüge eingelagert sind, und als scharfe Kerben Ausgangspunkte für Daueranrisse werden, wird die eigentliche Dauerbruchfläche, die aus der Vereinigung der Einzelanrisse entsteht, verhältnismäßig stark gestuft und zerklüftet. Auch die Tatsache, daß der Daueranriß im Weiterwachsen bevorzugt den Graphiteinlagerungen folgt, also gegebenenfalls lieber einen kleinen Umweg macht, als quer durch das Korn zu verlaufen, trägt zu dieser Zerklüftung bei. Die Restbruchfläche hebt sich davon als wesentlich glatter mehr oder weniger deutlich ab.

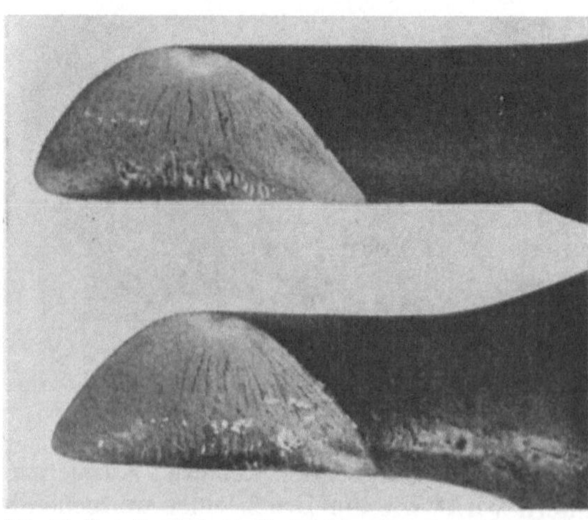

Abb. 23. Dauerbruch durch Verdrehschwellbeanspruchung (nach THUM und FEDERN). Werkstoff: Cr-V-Federstahl, vergütet.

Unter einem Dauerbruch sei (im Gegensatz zum später behandelten Zeitbruch) ein Bruch verstanden, der durch Beanspruchungen knapp oberhalb der Dauerfestigkeit hervorgerufen wurde. Da zu seiner Entstehung nur sehr kleine plastische Gleitungen notwendig waren, läßt er sich in die Gesetzmäßigkeiten der Brucherscheinungen spröder Stoffe verhältnismäßig leicht einordnen. In der

Regel steht die Bruchfläche senkrecht zur größten Zugspannung, verläuft also bei Zug- oder Biegebeanspruchung senkrecht zur Probenachse und folgt bei Verdrehung einer Schraubenlinie unter 45° (Abb. 23). Bei Druckbeanspruchung läßt sich bei Stahl ein Dauerbruch nicht erzielen, da keine Zugspannungen auftreten. Seine Dauerfestigkeit (Druckschwellfestigkeit) ist also durch das Erreichen der zulässigen Stauchung und nicht durch den Bruch der Probe begrenzt.

Abb. 24. Kreisbogenförmige Rastlinien bei einem Dauerbruch durch Zugschwellbeanspruchung (schematisch).

Weitere Gesetzmäßigkeiten lassen sich aus der Größe und Lage der Restbruchfläche und aus dem Verlauf der Rastlinien ableiten. Je größer die Restbruchfläche im Verhältnis zur Dauerbruchfläche ist, desto höher lag die den Bruch verursachende Schwingbeanspruchung über der Dauerfestigkeit. Eine ungewöhnlich kleine Restbruchfläche läßt darauf schließen, daß der Daueranriß zwar durch hohe Beanspruchungen eingeleitet, aber durch niedrigere vergrößert wurde, daß also die Beanspruchung zeitlich nicht konstant war. Ein kleiner Restbruch kann allerdings besonders bei Biegung auch dann entstehen, wenn das Teil durch Zwangsverformungen beansprucht war und infolge des Anrisses immer nachgiebiger wurde. Das Rastlinienbild läßt vorwiegend Rückschlüsse auf die Art der Beanspruchung zu. Bei Zug-Druck-Beanspruchung oder Zug-Schwell-Beanspruchung, bei der der ganze Querschnitt gleichmäßig beansprucht ist, ist

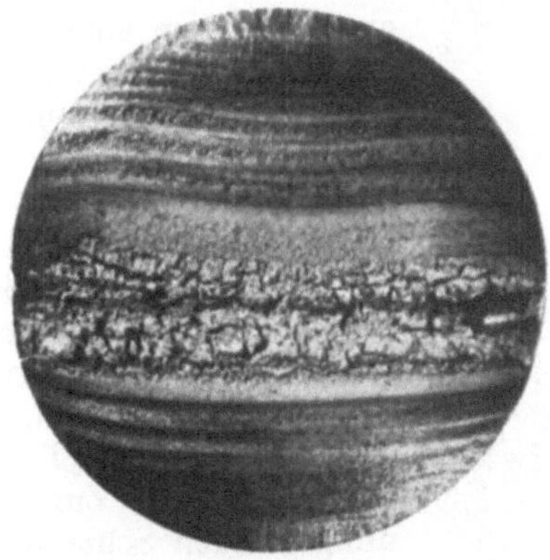

Abb. 25. Rastlinienbildung bei wechselnder Flachbiegung.

Abb. 26. Konzentrische Rastlinien bei einem Dauerbruch durch umlaufende Biegung.

die Wachstumsgeschwindigkeit des Anrisses nach allen Seiten gleich groß, die Rastlinien sind Kreisbögen (Abb. 24). Bei Flachbiegung dagegen schreitet der Anriß parallel zur neutralen Zone fort, die anfangs gekrümmten Rastlinien strecken sich also sehr bald in gerade Linien (Abb. 25). Bei Umlaufbiegung schließlich suchen die Rastlinien den Restbruch zu umklammern und bilden sich zu konzentrischen Kreisen aus, in deren Mitte der Restbruch liegt (Abb. 26).

Bei biegebeanspruchten abgesetzten Wellen verläuft die Bruchfläche ebenfalls senkrecht zu den Normalspannungen, sie wölbt sich also in den dickeren Teil der Welle hinein (Abb. 27). Die gleiche Welle zeigt bei Verdrehung in der Hohlkehle eine größere Anzahl unter 45° verlaufender Anrisse, die sich schließlich zu einem verzackten Bruch vereinigen (Abb. 28). Der Grund liegt darin, daß der durch Spannungserhöhung in der Hohlkehle entstehende Anriß nach beiden Seiten in Gebiete niedrigerer Spannung vordringt, ohne den Querschnitt nennenswert zu schwächen. Dadurch können sich an zahlreichen anderen Stellen neue Anrisse ausbilden, die erst in ihrer Gesamtheit den Dauerbruch herbeiführen. Die gleiche Erscheinung beobachtet man an verdrehbeanspruchten Nabensitzstellen.

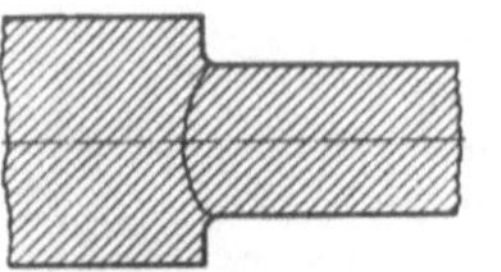

Abb. 27. Dauerbruchverlauf in einer abgesetzten Welle nach umlaufender Biegung (schematisch).

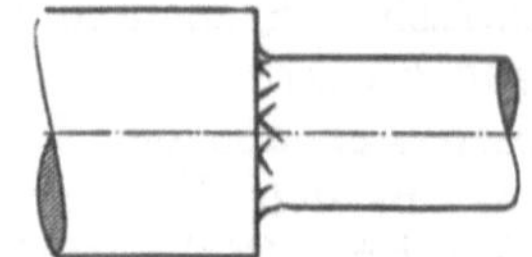

Abb. 28. Dauerbruchverlauf in einer abgesetzten Welle nach wechselnder Verdrehung (schematisch).

b) Der Zeitbruch.

Entsprechend der Unterscheidung der Begriffe Dauerfestigkeit und Zeitfestigkeit ordnet man einer Wechselbeanspruchung, die deutlich oberhalb der Dauerfestigkeit liegt, den Begriff des Zeitbruches zu. Da der Bereich der Zeitfestigkeit sich von einigen wenigen bis zu einigen hunderttausend Lastspielen erstreckt, kann der Zeitbruch die ganze Skala der Varianten vom Gewaltbruch bis zum Dauerbruch durchlaufen und daher sehr vielgestaltig sein. In verstärktem Maße kommt es beim Zeitbruch vor, daß sich mehrere Anrisse etwa gleichzeitig bilden und sich dann zu einem gemeinsamen, gestuften Anriß vereinigen (s. S. 214). Kennzeichnend für die Entstehung des Zeitbruches ist, daß im Bereich der Zeitfestigkeit die Gleitungen größere Beträge annehmen und daher die Bruchrichtung beeinflussen können, so daß neben reinen Trennbrüchen durch Zugspannungen auch Schiebungsbrüche durch Schubspannungen vorkommen. Beim einachsigen Spannungszustand (z. B. bei Zug- oder Biegung), bei dem die Zugspannungen doppelt so groß sind wie die maximalen Schubspannungen, wird zwar auch beim Zeitbruch die Bruchrichtung senkrecht zu den Zugspannungen vorherrschen. Doch ist dann wegen der stärkeren Überlastung die Restbruchfläche größer als beim Dauerbruch, außerdem sind Anzeichen plastischer Verformung möglich. Bei Druckschwellbeanspruchung im Zeitfestigkeitsbereich, die auch einachsig ist, bei der aber keine Zugspannungen vorkommen, kann ein zäher Werkstoff nach erheblichen plastischen Stauchungen durch einen Schubbruch zerstört werden.

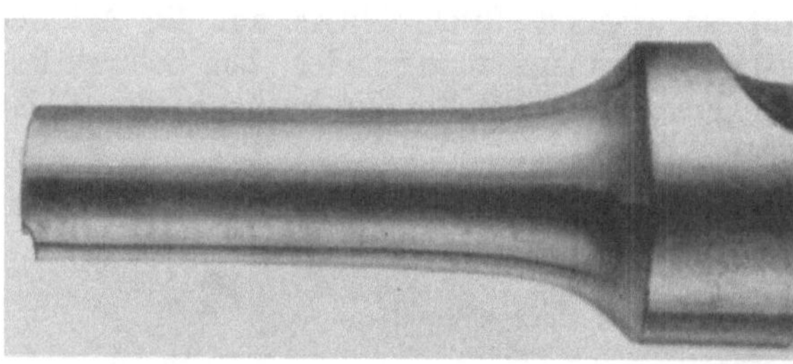

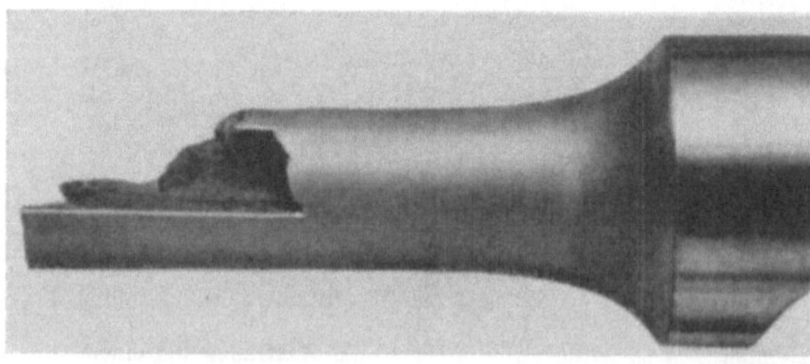

Abb. 29. Verdrehzeitbruch an einer quergeschliffenen und einer längsgeschliffenen Welle (nach THUM und FEDERN).

Der Spannungszustand bei Verdrehung begünstigt dagegen Schiebungsbrüche, da die Schubspannungen gleich groß sind wie die Zugspannungen und daher den Zeitbruch in ihre Richtung zwingen können, besonders, wenn der

Bruch in Richtung der Schubspannungen durch feine Kerben wie Schleifriefen (Abb. 29) oder Schlackenzeilen erleichtert wird. Dadurch wird der Verdrehzeitbruch recht vielgestaltig in seinem Aussehen. Er kann z. B. unter 45° beginnen und dann einer Schleifriefe folgend in eine Richtung senkrecht zur Achse abbiegen. Doch kommen bei Wellen mit ausgeprägter Faserstruktur auch häufig Längsanrisse vor, die sich sogar mehrmals verzweigen können (Abb. 30). Bei Verdrehbeanspruchung im Schwellbereich, also mit hoher Vorspannung, sind auch im Zeitfestigkeitsbereich die ertragbaren Wechselgleitungen kleiner, dagegen ist die trennende Zugspannung hoch, so daß der Bruch als Trennbruch unter 45° verläuft. Das gleiche gilt bei Verformungsbehinderung durch Kerben, die ebenfalls nur kleine Schubverformungen zuläßt. Selbst eine Schleifriefe in einer Hohlkehle könnte daher den Zeitbruch nicht in seiner Richtung beeinflussen. Er bildet sich unter 45°, und zwar in zahlreichen gleichzeitigen Anrissen über den Umfang der Hohlkehle verteilt, so daß er sich seinem Charakter nach nicht vom Dauerbruch unterscheidet (Abb. 28).

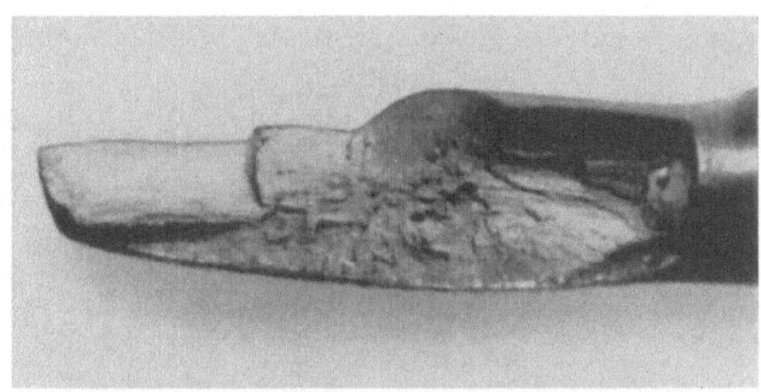

Abb. 30. Verdrehzeitbruch an einem Cr-V-Federstahl mit ausgeprägter Faserstruktur (nach THUM und FEDERN).

c) Sonderbruchformen.

Es war bereits davon die Rede, daß durch Druckspannungen, z. B. bei Druckschwellbeanspruchung, sich kein Dauerbruch ausbilden kann, da nur durch Zugspannungen die Trennfestigkeit überwunden wird. Obwohl es also

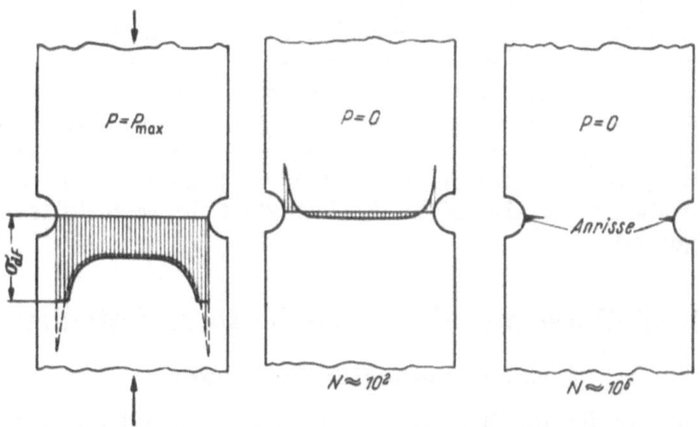

Abb. 31. Entstehung eines Druckdaueranrisses infolge Zugeigenspannungen (nach THUM und FEDERN).

sinnlos erscheint, von einem Druckdauerbruch zu sprechen, sind schon Daueranrisse bei Druckschwellbeanspruchung beobachtet worden, allerdings an gekerbten Stäben[1]. Bei genauer Betrachtung bedeutet dies nicht einmal eine Ausnahme von der Regel. Wird ein außen gekerbter Stab (Abb. 31) so hoch

[1] THUM, A., u. K. FEDERN: Spannungszustand und Bruchausbildung. Berlin: Springer 1939

belastet, daß im Kerbgrund (und nur dort) seine Quetschgrenze überschritten wird, so werden die Werkstoffteilchen in der näheren Umgebung der Kerbe plastisch gestaucht. Beim Entlasten können sie deshalb nicht mehr ihre ursprüngliche Länge erreichen, so daß in ihnen Zugeigenspannungen zurückbleiben. Die Spannung im Kerbgrund wechselt also trotz schwellender äußerer Belastung zwischen einer Druckspannung und einer Zugeigenspannung, durch die schließlich ein Anriß eingeleitet wird. Dieser erhöht die Kerbwirkung jedoch nicht, da die Rißflächen bei Druck so fest aufeinanderliegen, daß weder eine Querschnittsschwächung noch eine Spannungsspitze entsteht. Der Anriß geht also nur so weit, wie die Zugeigenspannungszone reichte, und kommt dann zum Stillstand.

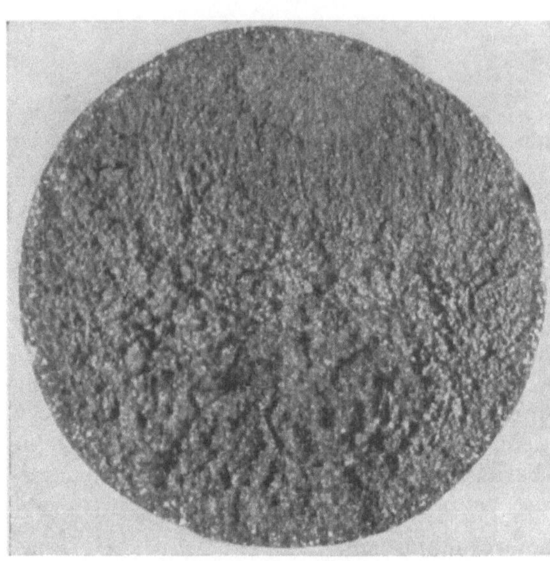

Abb. 32. Dauerbruch eines nitrierten Stabes, Bruchbeginn unterhalb der Nitrierschicht (nach WELLINGER und GIMMEL).

Eine weitere Regel besagt, daß der Dauerbruch von der Oberfläche des Werkstücks ausgeht, da stets an der Oberfläche die größten Spannungen wirken, zudem ein Werkstoffteilchen in der Oberfläche sich leichter verformt, da es nicht von allen Seiten gehalten wird (s. S. 247). Eine Ausnahme von dieser Regel bilden oberflächengehärtete Stäbe, die z. B. durch Nitrierung oder durch Einsatzhärtung außen eine harte Schicht höherer Festigkeit besitzen, die außerdem noch unter Druckeigenspannungen steht. Da die Festigkeit im Kern geringer ist, beginnt der Dauerbruch in diesem Fall dicht unterhalb der Härtungsschicht am Übergang zum Kernwerkstoff (Abb. 32), auch wenn bei Biegebeanspruchung die Spannung in der Randfaser höher ist[1]. Für die Entstehung des Dauerbruchs, der sich dann nach außen in die härtere Schicht fortpflanzt, ist also nicht die Festigkeit der Schicht, sondern des Kerns maßgebend.

B. Einflüsse auf die technische Dauerfestigkeit.

1. Zügige Festigkeitseigenschaften.

Die Grundlage für die Beurteilung des Festigkeitsverhaltens eines Werkstoffs sind seine zügigen Festigkeitseigenschaften, wie sie im Zugversuch oder bei einer Härteprüfung ermittelt werden. Je höher der Verformungswiderstand eines Werkstoffs, ausgedrückt durch Streckgrenze oder Zugfestigkeit oder Härte ist, desto höher wird auch seine Dauerfestigkeit liegen. Diese Erfahrung bestätigt sich zumindest in einem Bereich bis zu Zugfestigkeiten von etwa 160 kg/mm² bzw. Härten bis etwa 450 kg/mm². Bei extrem hohen Härten

[1] WELLINGER, K., u. P. GIMMEL: Arch. Eisenhüttenw. Bd. 23 (1952) S. 203.

kann es sein, daß die Dauerfestigkeit einem Grenzwert zustrebt oder gar nach Überschreiten eines Maximums wieder abfällt. Dies hat seinen Grund vorwiegend darin, daß bei hohen Härten sich bereits kleinste Werkstoff-Fehler oder Eigenspannungen wegen der Unmöglichkeit eines plastischen Spannungsausgleichs sehr schädlich auf die Dauerfestigkeit auswirken. Doch liegen aus diesem Bereich noch nicht genügend zahlreiche Messungen vor.

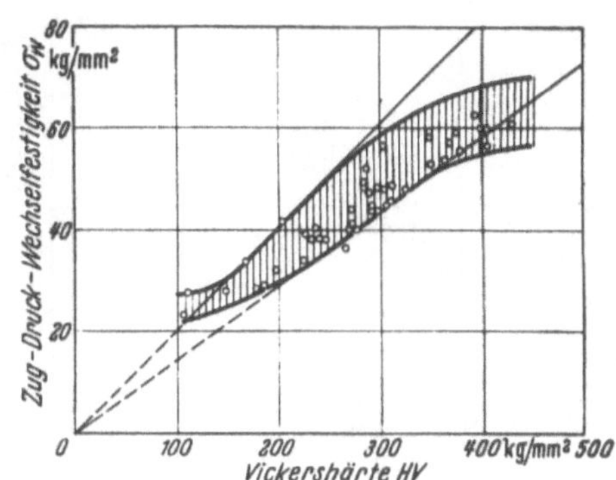

Abb. 33. Zug-Druck-Wechselfestigkeit verschiedener Stähle in Abhängigkeit von der Vickershärte (Werte nach POMP und HEMPEL, KÖRBER und HEMPEL). Stabdurchmesser 4,6 oder 6 mm.

Es ist oft versucht worden, die nur unter großem Zeit- und Kostenaufwand zu ermittelnden Dauerfestigkeitswerte in Beziehung zu den zügigen Festigkeitseigenschaften zu setzen. Abb. 33 zeigt die Ergebnisse von Zug-Druck-Versuchen an 4,6[1] und 6 mm dicken Proben[2] verschiedener Konstruktionsstähle, aufgetragen über der Vickershärte. Das Streuband läßt sich im Bereich von HV = 200 bis 350 kg/mm² durch zwei Geraden begrenzen, ergibt also eine direkte Proportionalität zur Vickershärte. Bei weicheren Stählen liegen die Werte etwas höher, was mit der technischen Bearbeitung der Oberfläche zusammenhängen kann (s. S. 247). Bei Stählen mit HV > 350 kg/mm² wird das Streuband deutlich breiter und bleibt aus den oben erwähnten Gründen unterhalb der Proportionalitätsgeraden.

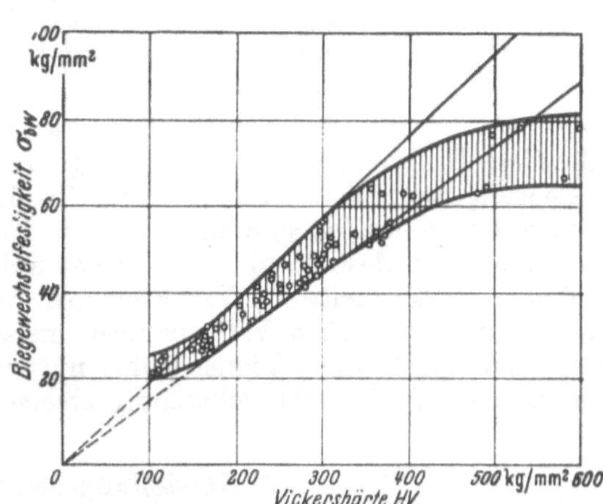

Abb. 34. Biegewechselfestigkeit verschiedener Stähle in Abhängigkeit von der Vickershärte (Werte nach MICHELSEN). Stabdurchmesser 16 mm, umlaufende Biegung.

Ein ähnliches Verhalten beobachtet man bei Wechselbiegung (Abb. 34), wofür wegen der einfacheren Versuchsdurchführung wesentlich mehr Versuchsergebnisse vorliegen. Um den Einfluß der Probengröße (s. S. 224) auszuschalten, sind in Abb. 34 nur Versuche an Proben gleichen Durchmessers, die bei umlaufender Biegung geprüft wurden, ausgewertet worden[3]. Da hierbei auch Werte mit HV = 600 kg/mm² vorlagen, läßt sich schon recht gut erkennen, daß bei dieser Härte etwa das Maximum der Biegewechselfestigkeit erreicht ist und höhere Härten wahrscheinlich wieder zu einem Abfall führen. Noch deutlicher wird dieses Verhalten bei Verdrehproben (Abb. 35), bei denen der Proportionalitätsbereich zur Vickershärte etwas tiefer liegt (zwischen 150 und 300 kg/mm²), und die bereits bei HV = 500 kg/mm² ein Maximum des stark verbreiterten Streubandes erreicht haben. Auch hier wurde darauf geachtet, daß nur Proben gleichen Durchmessers miteinander

[1] KÖRBER, F., u. M. HEMPEL: Mitt. K.-Wilh.-Inst. Eisenforschg Bd. 21 (1939) S. 1.
[2] POMP, A., u. M. HEMPEL: Arch. Eisenhüttenw. Bd. 21 (1950) S. 53.
[3] MICHELSEN, R.: Diss. Darmstadt 1952.

verglichen wurden[1]. Der frühere Festigkeitsabfall der Verdrehproben hängt damit zusammen, daß die Normalspannungen unter 45° zur Stabachse und damit zur Richtung der Schlackenzeilen verlaufen, durch diese also merklich erhöht werden (s. S. 222).

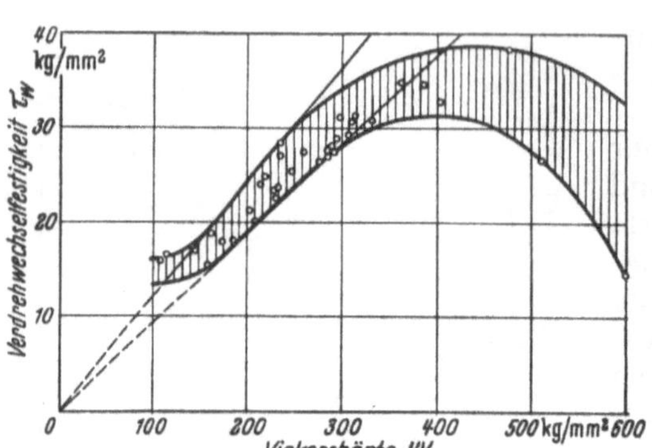

Abb. 35. Verdrehwechselfestigkeit verschiedener Stähle in Abhängigkeit von der Vickershärte (Werte nach MICHELSEN, ZOEGE VON MANTEUFFEL). Stabdurchmesser 16 mm.

Der empirisch gefundene Zusammenhang zwischen der Dauerfestigkeit und der Härte bzw. der Zugfestigkeit erlaubt, wenigstens eine angenäherte Beziehung zwischen diesen Größen anzugeben. Handelt es sich um einen Stahl mit normalem Gefüge, also ohne besonders starke Verunreinigung, so kann die Biegewechselfestigkeit dünner Proben, für die die meisten Ergebnisse vorliegen, etwa mit $\sigma_{bW} = 0{,}4$ bis $0{,}6\,\sigma_B$ abgeschätzt werden. Da Schlackenzeilen, Grobkörnigkeit des Gefüges, Bearbeitungsspannungen usw. die Zugfestigkeit sehr viel weniger beeinflussen als die Dauerfestigkeit, können in solchen Fällen die Dauerfestigkeitswerte auch aus diesem Bereich herausfallen. Geringere Streuungen erhält man, wenn man außer der Zugfestigkeit auch die Streckgrenze berücksichtigt, wofür verschiedene Vorschläge bekanntgeworden sind[2].

$$\sigma_{bW} = 0{,}285\,(\sigma_S + \sigma_B)^{*}$$
$$\sigma_{bW} = 0{,}25\;\;(\sigma_S + \sigma_B) + 5^{**}$$
$$\sigma_{bW} = 0{,}2\;\;\;(\sigma_S + \sigma_B + \psi)^{***}$$
$$\sigma_{bW} = 0{,}175\,(\sigma_S + \sigma_B - \delta_{10} + 100)^{****}$$

Alle diese Beziehungen sind empirisch gefunden und haben keine physikalische Bedeutung, was schon daraus hervorgeht, daß zum Teil Größen verschiedener Dimension (σ_S, σ_B, δ, ψ) addiert werden. Einen zuverlässigen Zusammenhang darf man auch deshalb nicht erwarten, weil im Zugversuch dem Bruch zum Teil sehr starke bleibende Verformungen vorausgehen, während beim Dauerversuch die plastischen Verformungen meist kleiner sind als die elastischen. Alle Näherungsformeln können daher nur zur ersten Abschätzung dienen und den Dauerversuch nicht vollständig ersetzen.

2. Herstellungsbedingungen.

a) Erschmelzung.

Da die Dauerfestigkeit der Stähle recht stark auf innere Fehler des Werkstoffs anspricht, hängt sie in entsprechendem Maße von der Art des Herstellungsverfahrens und der Schmelzführung ab, wenigstens soweit dadurch die Reinheit des Gefüges beeinflußt wird. Die einfachen Massenstähle werden meist

[1] ZOEGE VON MANTEUFFEL, R.: Deutsche Kraftfahrtforschg. H. 49. Berlin: VDI-Verlag 1941; vgl. auch Diss. Darmstadt 1941.

[2] GEROLD, E., u. A. KARIUS: Arch. Eisenhüttenw. Bd. 21 (1950) S. 191.

* STRIBECK, R.: Z. VDI Bd. 67 (1923) S. 631.

** HOUDREMONT, E., u. R. MAILÄNDER: Stahl u. Eisen Bd. 49 (1929) S. 833.

*** JÜNGER, A.: Mitt. Forsch.-Anst. Gutehoffn.-Konz. Bd. 1 (1930) S. 8.

**** LEQUIS, W.: Stahl u. Eisen Bd. 53 (1933) S. 1133.

im Thomas-Verfahren erschmolzen, das wegen seiner verhältnismäßig kurzen Frischzeit und der daran anschließenden unruhigen Desoxydation der Schmelze nicht genügend Gelegenheit gibt, völlig zu entgasen und die spezifisch leichteren Oxyde und Schlacken zur Oberfläche steigen zu lassen. Thomas-Stahl hat deshalb einen verhältnismäßig hohen Stickstoffgehalt und ein Gefüge, das stark mit Schlacken durchsetzt ist, die als innere Fehlstellen die Dauerfestigkeit herabsetzen, da sie bestenfalls Druck aber keinen Zug übertragen können. Die Verhältnisse lassen sich verbessern durch Beruhigung der Schmelze, da hierdurch die Gasentwicklung bei der Desoxydation vermindert wird und das Gefüge weniger Verunreinigungen enthält. Wie gesagt, sprechen die zügigen Festigkeitseigenschaften (außer der Kerbschlagzähigkeit) auf solche Reinheitsunterschiede so gut wie nicht an und sind bei einem unberuhigt, einem halb beruhigt und einem beruhigt vergossenen Stahl praktisch gleich, auch die chemischen Analysen sind im Rahmen der üblichen Toleranzen gleich, trotzdem zeigen sich in den Dauerfestigkeitswerten deutliche Unterschiede[1] (Abb. 36).

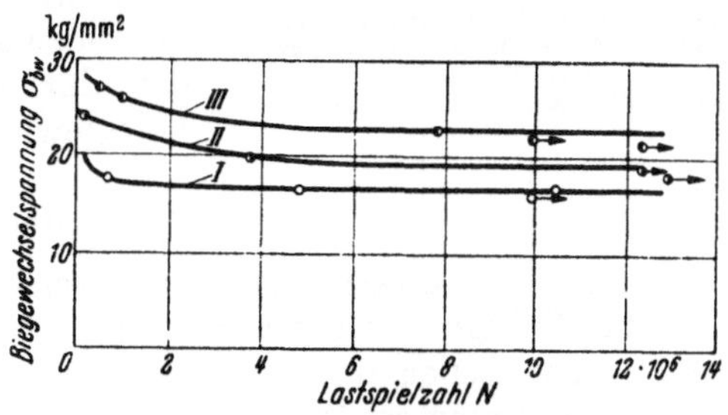

Abb. 36. Abhängigkeit der Dauerfestigkeit von den Schmelzbedingungen (nach McDowell). Werkstoff: Stahl mit 0,2% C.

	σ_B	σ_S	δ_4
I unberuhigt vergossen:	45,4 kg/mm²	27,2 kg/mm²	43,2%
II halb beruhigt verg.:	45,6 kg/mm²	27,1 kg/mm²	40,7%
III beruhigt vergossen:	44,7 kg/mm²	27,0 kg/mm²	41,4%

Außer Schlackeneinschlüssen sind in größeren Schmiedestücken auch Seigerungen, vor allem als P- und S-Anreicherungen von schädlichem Einfluß auf die Dauerfestigkeit. Da die Seigerungszonen sich meist im Innern des Gußblocks ausbilden, haben Proben, die aus dem Kern entnommen werden, geringere Dauerfestigkeitswerte als Proben aus den Randgebieten. Bei biege- und verdrehbeanspruchten Teilen, z. B. großen Wellen, Turborotoren usw., ist zwar die schädliche Wirkung von Seigerungen geringer als bei Zug-Druck, da sie in der Nähe der neutralen Faser liegen. Doch konnte die durch Seigerungen erhöhte Sprödigkeit des Kerns bereits beim Verschmieden innere Zerreißungen begünstigt haben, die dann ihrerseits einen Dauerbruch einleiten.

Einen höheren Reinheitsgrad erhält man im Siemens-Martin-Verfahren, da die Schmelze sehr viel länger abstehen kann und Schlacken zur Oberfläche abscheidet. Auch der P- und S-Gehalt wird dabei niedriger gehalten, so daß man berechtigt ist, diese Stähle als Qualitätsstähle zu bezeichnen, und sie meist für höher beanspruchte Teile verwendet. Höchsten Reinheitsgrad besitzen die im Elektroofen erschmolzenen sog. Edelstähle. Die hohe Sorgfalt, die man auf die Erschmelzung dieser Stähle verwendet, lohnt sich jedoch nur bei an sich schon hochwertigen Stählen, die dann also höchste Festigkeit mit höchster Reinheit vereinigen. Dieser hohe Reinheitsgrad ist mit ein Grund dafür, daß hochfeste Stähle kerbempfindlicher sind als einfache Stähle (s. S. 262), da ein innerlich verschlackter Stahl in seiner Dauerfestigkeit durch äußere Kerben nicht mehr so stark gemindert wird.

b) Verschmiedung.

Durch Schmieden und Walzen wird das im Gußblock entstandene grobe Primärgefüge verfeinert. Da Stähle mit grobem Gefüge eine im Verhältnis zur

---

[1] McDowell, J. F.: Metals and Alloys Bd. 11 (1940) S. 27.

Zugfestigkeit niedrige Streckgrenze besitzen, ist dadurch auch ihre Dauerfestigkeit niedrig. Mit zunehmendem Verschmiedungsgrad wird daher die Dauerfestigkeit in ähnlichem Maße ansteigen wie die Streckgrenze. Versuche, die an einem Stahl C 35 bei verschiedenen Verschmiedungsgraden und verschiedener Härte durchgeführt wurden[1], ergaben einen starken Anstieg der Biegewechselfestigkeit im Bereich geringer Verschmiedungsgrade (Abb. 37), doch ist damit bald ein Endzustand erreicht, der nicht weiter zu steigern ist. Bei Verdrehproben ist eine Steigerung der Dauerfestigkeit nur bei wenig verschlackten Stählen möglich, da ausgewalzte Schlackenzeilen nicht wie bei Zug oder Biegung in die Richtung der Normalspannung fallen können und daher den durch die Feinkörnigkeit erzielten Festigkeitsgewinn wieder zunichte machen.

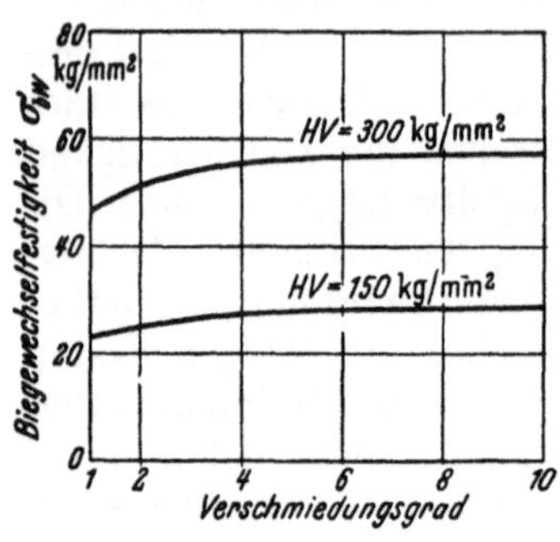

Abb. 37. Einfluß des Verschmiedungsgrades auf die Biegewechselfestigkeit (nach MICHELSEN). Werkstoff: Stahl C 35, Stabdurchmesser 8 mm.

c) Faserrichtung.

Durch sehr starkes Auswalzen (Verschmiedungsgrad 20fach und mehr) erhält das Gefüge durch die in Längsrichtung gestreckten Schlacken eine ausgesprochene Zeilenstruktur. Dadurch wird die Festigkeit richtungsabhängig. In Längsrichtung erhält man die höchsten Werte, da die Schlackeneinschlüsse als langgestreckte „Fische" weder den metallischen Querschnitt nennenswert verringern noch durch ihre Kerbwirkung die Spannung sonderlich erhöhen. Quer zur Walzrichtung (aber parallel zur Walzenachse) entnommene Proben verhalten sich schon wesentlich schlechter. Die stärksten Festigkeitsminderungen erhält man jedoch bei Proben, die in Richtung des Walz- oder Schmiededrucks entnommen wurden, da hierbei die plattgedrückten Schlackeneinlagerungen als scharfe Kerben wirken. Vergleicht man die Biegewechselfestigkeit in Längsrichtung (*I*) mit dieser ungünstigsten Richtung (*II*), so ergeben sich z. B. an einem Cr-Mo-V-Stahl die in Abb. 38 gezeigten Unterschiede. Durch verschiedene Vergütungsbehandlungen wurde bei diesen Versuchen gleichzeitig der Einfluß der Härte mituntersucht. Es zeigt sich, daß mit zunehmender Härte der Unterschied in Längs- und Querrichtung immer stärker wird. Die Gefügestörungen durch die querliegenden Schlacken wirken sich sogar so stark aus, daß mit zunehmender Härte die Werte für die Querproben bereits bei Härten um 350 kg/mm² ein Maximum der Dauerfestigkeit und danach wieder einen Abfall zeigen. Dagegen ist die Verdrehwechselfestigkeit von der Richtung zur Faserstruktur weitgehend unabhängig. Gleichgültig, ob man eine Probe längs, quer oder auch unter 45° zur Walzrichtung entnimmt, wird es immer eine Stelle des Umfangs geben, an der die Normalspannung unter einem Winkel von mindestens 45° zu der Richtung der Schlackenzeilen steht, so daß keine Richtung besonders bevorzugt erscheint.

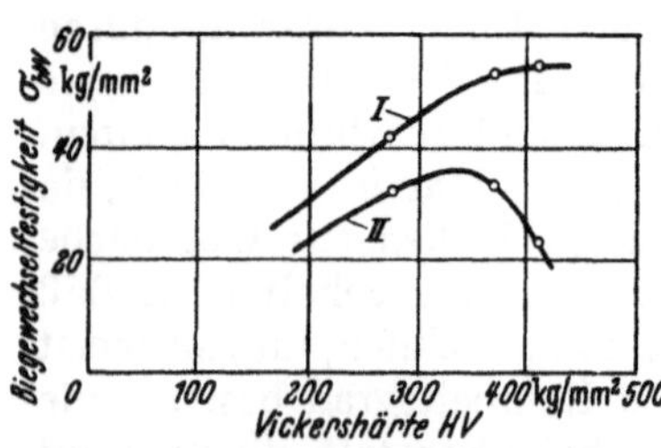

Abb. 38. Biegewechselfestigkeit eines Cr-Mo-Stahls (nach MICHELSEN). Stabdurchmesser 16 mm.
I Probe in Längsrichtung des Schmiedeblocks entnommen. *II* Probe in Richtung des Schmiededrucks entnommen.

[1] MICHELSEN, R.: Diss. Darmstadt 1952.

3. Verarbeitung.

a) Kaltverformung.

Durch Gleitungen größeren Ausmaßes, wie sie bei stärkeren plastischen Verformungen im Gefüge wirksam werden, wird der Verformungswiderstand durch Blockieren der Gleitebenen des Atomgitters an den Korngrenzen so gesteigert, daß eine Kaltverfestigung als Folge der Kaltverformung auftritt. Die Festigkeitssteigerung durch Kaltverformung ist am stärksten ausgeprägt bei weichen bis mittelharten Stählen, die bei niedrigem Streckgrenzenverhältnis auch ausreichende plastische Verformungen ermöglichen, und erreicht bei kleinen Abmessungen (dünne Drähte, Bleche, Bänder) extrem hohe Werte. Auch die Dauerfestigkeit wird dadurch beträchtlich gesteigert, wenn auch die Steigerung nicht der Zunahme der Zugfestigkeit oder Streckgrenze verhältnisgleich ist. Beim einfachen plastischen Recken eines Stabes wird nämlich nur die Streckgrenze, wegen des BAUSCHINGER-Effektes nicht aber die Quetschgrenze in gleichem Maße erhöht, so daß der Gewinn der reinen Wechselfestigkeit geringer ist. Trotzdem kommen an weichen Stählen recht ansehnliche Steigerungen der Zug-Druck-Wechselfestigkeit zustande (Abb. 39), besonders wenn die plastische Verformung unter sehr hoher Geschwindigkeit vor sich ging[1]. Doch nimmt diese Fähigkeit mit wachsendem Kohlenstoffgehalt der Stähle ab. Eine Alterung, die ja bei weichen Stählen die Zähigkeit so sehr erniedrigt, scheint sich als Folge der Kaltverformung nicht schädlich auf die Wechselfestigkeit auszuwirken[2], sondern diese allenfalls noch zu steigern[1] (Abb. 40). Stärker als die Wechselfestigkeit wird die Schwellfestigkeit verbessert, da deren Höhe bei weichen Stählen meist schon durch die Streckgrenze begrenzt wird und gerade die Streckgrenze durch Kaltverformung bis nahe an die erhöhte Zugfestigkeit gehoben werden kann.

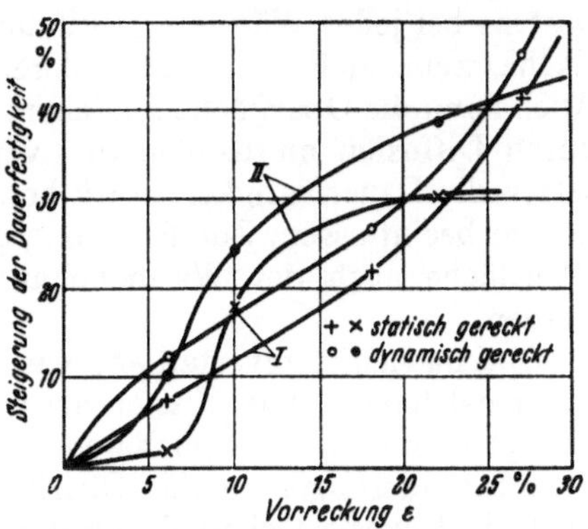

Abb. 39. Steigerung der Dauerfestigkeit durch Kaltrecken (nach SANDER und HEMPEL). *I* Weicheisen mit 0,02% C. *II* Unlegierter Stahl mit 0,4% C.

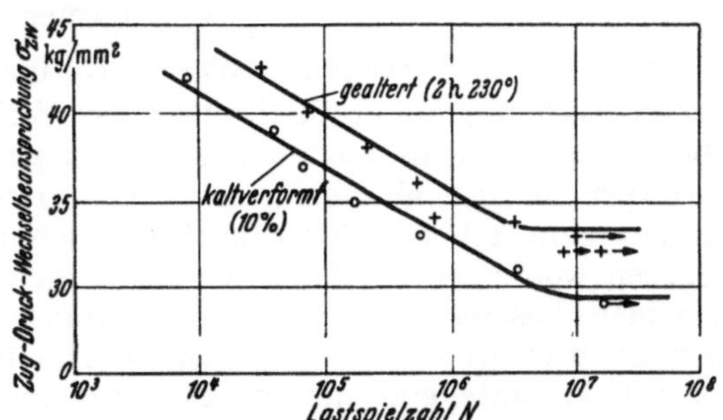

Abb. 40. Einfluß einer Reckalterung auf die Dauerfestigkeit (nach SANDER und HEMPEL). Werkstoff: Unlegierter Stahl mit 0,4% C.

Wird nicht das ganze Werkstoffvolumen gleichmäßig, sondern werden nur örtlich beschränkte Gebiete plastisch, benachbarte dagegen elastisch verformt, so entsteht dadurch ein Eigenspannungszustand, der zusätzlich zur Kaltverfestigung die Dauerfestigkeit ganz erheblich beeinflussen kann (s. S. 242).

[1] SANDER, H. R., u. M. HEMPEL: Arch. Eisenhüttenw. Bd. 23 (1952) S. 299.
[2] BÜHLER, H.: Werkst. u. Betr. Bd. 84 (1951) S. 8.

b) Wärmebehandlung.

Durch Härten und Vergüten lassen sich die zügigen Festigkeitseigenschaften in sehr weiten Grenzen verändern. Auch in diesem Fall wird die Dauerfestigkeit nicht ohne weiteres verhältnisgleich geändert. Es wurde schon gesagt (s. S. 219), daß bei sehr hohen Härten die Dauerfestigkeit durch Verunreinigungen im Gefüge sehr viel stärker beeinträchtigt wird als die Zugfestigkeit. Das Verhältnis Dauerfestigkeit zu Zugfestigkeit wird deshalb mit höheren Härten niedriger, besonders bei quer entnommenen Proben (s. S. 222). Außerdem besteht bei jeder Wärmebehandlung die Gefahr einer Verzunderung der Oberfläche, wenn nicht unter besonderen Vorsichtsmaßnahmen blankgeglüht wird. Auch kann die Oberfläche kohlenstoffreicher Stähle während des Glühprozesses durch Diffusion an Kohlenstoff verarmen. Zunderhaut wie Randentkohlung setzen die Dauerfestigkeit stark herab (s. S. 269), ohne die Zugfestigkeit merklich zu beeinflussen. Zur Erzielung guter Dauerfestigkeitswerte muß daher die Oberfläche nach der Wärmebehandlung nochmals sorgfältig nachbearbeitet werden.

Oberflächenhärteverfahren, wie Einsatzhärtung, Brennstrahlhärtung, Induktionshärtung und Nitrierhärtung verändern das Gefüge und damit die Festigkeit nur in einer mehr oder weniger dünnen Schicht. Da jedoch durch Strukturänderungen in der Oberfläche günstige Eigenspannungen entstehen, wird die Dauerfestigkeit durch diese Verfahren zusätzlich recht erheblich gesteigert (s. S. 245).

4. Probengröße.

a) Allgemeines.

Die Erfahrung sowohl des Werkstoffprüfers als auch des Konstrukteurs aus der Praxis lehrt, daß große Proben bzw. Werkstücke bei niedrigeren Beanspruchungen brechen als kleine. Dies gilt in gewissem Umfang schon für zügige Beanspruchungen, aber ganz besonders für schwingende. Über diesen Größeneinfluß sind schon zahlreiche Untersuchungen angestellt und Deutungen gegeben worden, ohne daß man bisher zu einer in allen Einzelheiten befriedigenden Lösung des Problems gekommen wäre. Bei der Erforschung des Größeneinflusses liegt die Hauptschwierigkeit darin, bei verschiedenen Proben nur eine Variante, eben die Größe, zu ändern, dabei aber alle übrigen möglichen Varianten streng konstant zu halten. Eine wesentliche Ursache ist schon darin zu suchen, daß eine dünne Stange und eine dicke Welle unter ganz verschiedenen Bedingungen hergestellt worden sind. Ihr Gefüge ist wegen des unterschiedlichen Verschmiedungsgrades verschieden, die gleiche Wärmebehandlung ruft bei beiden wegen verschiedener Abkühlungsgeschwindigkeit Unterschiede in der Vergütungsfestigkeit hervor. Diesen technologischen Größeneinfluß kann man jedoch eliminieren, wenn man Fertigungseinflüsse, wie Verschmiedung, Wärmebehandlung, Bearbeitung usw., bei verschieden großen Proben konstant hält, so daß dann nur noch ein geometrischer Größeneinfluß übrigbleibt. Wenn diese Einschränkung die Problemstellung auch etwas vereinfacht, läßt sich doch aus den bisher durchgeführten Versuchen und den daraus gezogenen Folgerungen noch kein eindeutig klares Bild gewinnen. Sicher sind die verschiedenen Deutungsversuche nicht unrichtig, doch umfaßt jeder nur einen Teil der Gesamterscheinungen, so daß es darauf ankommt, unter den verschiedenen Einflußfaktoren diejenigen mit dem stärksten Gewicht von den weniger maßgebenden zu trennen.

b) Technologischer Größeneinfluß.

Unter technologischem Größeneinfluß soll die Veränderung der Schwingungsfestigkeit verstanden werden, in der auch alle Herstellungsbedingungen enthalten sind. Dabei ergibt sich naturgemäß eine besonders starke Abhängigkeit der Dauerfestigkeit von der Probengröße. Bei den in Abb. 41 mitgeteilten Ergebnissen[1] wurde Material aus derselben Charge auf verschiedene Stangendurchmesser von 120, 65, 30 und 15 mm Durchmesser heruntergewalzt und anschließend auf gleiche Weise vergütet. Aus diesen Stangen wurden dann Proben von 80, 40, 16 und 8 mm Prüfdurchmesser herausgearbeitet und im Umlaufbiegeversuch geprüft. Bezogen auf die 8 mm dicken Proben als 100% ergaben sich für einen Stahl C 35 Festigkeitsminderungen auf 84%, für einen Cr-Mo-Stahl auf 70% für die 80 mm-Probe. Die in Abb. 41 an den Versuchspunkten in Klammern angegebenen Härtewerte lassen darauf schließen, daß besonders bei dem Chrom-Molybdän-Stahl, der bei dünnen Querschnitten hohe Vergütungsfestigkeiten erreicht, bei Probendicken über 80 mm noch mit einem weiteren Abfall der Biegewechselfestigkeit gerechnet werden muß.

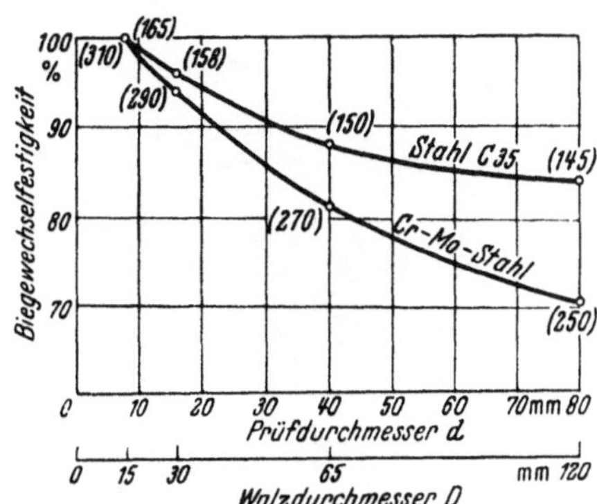

Abb. 41. Abhängigkeit der Biegewechselfestigkeit von der Probendicke als technologischer Größeneinfluß (nach MICHELSEN). Der Werkstoff wurde auf verschiedene Durchmesser gewalzt und alle Stangen in gleicher Weise vergütet. Die Zahlen in Klammern geben die Vickershärte an.

c) Fehlstellenhäufigkeit.

Ein weiteres Argument, das unter Ausschalten des Herstellungseinflusses dafür spricht, daß dickere Proben bei niedrigeren Spannungen brechen als dünne, beruht auf statistischen Überlegungen. Der Dauerbruch setzt in der Regel an einer Fehlstelle des Werkstoffs an, die sich an der Oberfläche befindet, und zwar beginnt er an der Fehlstelle mit der höchsten Kerbwirkung. Bei Vergrößerung des Durchmessers nimmt nun die Oberfläche in gleichem Maße zu, so daß die Wahrscheinlichkeit, daß sich in der vergrößerten Oberfläche eine gefährliche Fehlstelle findet, wächst[2]. Aus dieser Überlegung wäre zu folgern, daß der Größeneinfluß bei Zug- und Biegeproben gleich sein müßte, was jedoch nicht mit den Beobachtungen in Einklang steht. Ferner müßte ein doppelt so langer Stab die gleiche Festigkeitsminderung zeigen wie ein doppelt so dicker, was ebenfalls nicht zutrifft. Mit der Häufigkeitsstatistik der Fehlstellen allein ist also der Größeneinfluß nicht zu erklären. Ein solcher Einfluß ist zweifellos vorhanden, wenn er auch nicht zur vollständigen Erklärung aller Erscheinungen ausreicht.

d) Stützwirkung.

Zahlreiche Versuche zur Ermittlung des Größeneinflusses sind so durchgeführt worden, daß die Proben verschiedenen Durchmessers alle aus dem gleichen Ausgangsquerschnitt entnommen und nachher nicht mehr wärmebehandelt wurden, um den Einfluß verschiedenen Verschmiedungsgrades und

---

[1] MICHELSEN, R.: Diss. Darmstadt 1952.

[2] MATTHAES, K.: Z. Metallkde. Bd. 43 (1952) S. 11 u. 90. — W. WEIBULL: J. Appl. Mechan. Bd. 19 (1952) S. 109.

verschiedener Durchhärtung beim Vergüten auszuschalten. Wenn bei der Entnahme außerdem darauf geachtet wird, daß die dünnen Proben nicht aus dem Kern des Rohmaterials, sondern aus der Zone entnommen werden, in der auch für die dicken Proben die höchstbeanspruchte Randfaser der Prüfstrecke liegt (Abb. 42), so sind auch Festigkeitsänderungen über den Querschnitt und damit

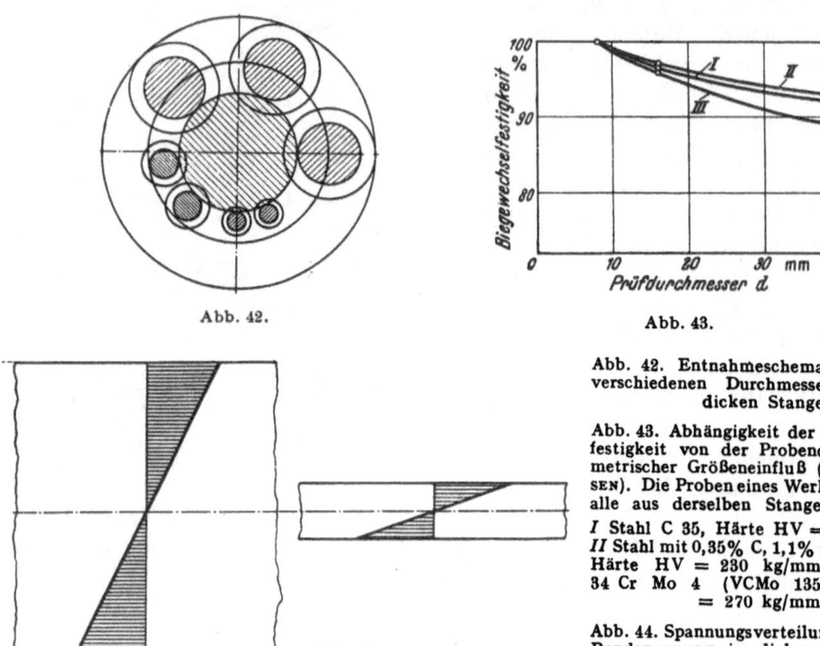

Abb. 42.

Abb. 43.

Abb. 44.

Abb. 42. Entnahmeschema für Proben verschiedenen Durchmessers aus einer dicken Stange.

Abb. 43. Abhängigkeit der Biegewechselfestigkeit von der Probendicke als geometrischer Größeneinfluß (nach MICHELSEN). Die Proben eines Werkstoffs wurden alle aus derselben Stange entnommen. *I* Stahl C 35, Härte HV = 160 kg/mm². *II* Stahl mit 0,35% C, 1,1% Cr, 0,35% Mo, Härte HV = 230 kg/mm². *III* Stahl 34 Cr Mo 4 (VCMo 135), Härte HV = 270 kg/mm².

Abb. 44. Spannungsverteilung bei gleicher Randspannung in dicken und dünnen Biegestäben.

alle Einflüsse der Herstellung weitgehend ausgeschaltet. Der an solchen Proben gefundene Unterschied in den Werten der Biegewechselfestigkeit (Abb. 43) wird als geometrischer Größeneinfluß bezeichnet.

Man hat nun eine Erklärung dieses geometrischen Größeneinflusses damit versucht[1], daß die Spannung vom Rande zur neutralen Faser bei dicken Proben wenig, bei dünnen Proben dagegen steil abfällt (Abb. 44), daß demzufolge die gering beanspruchten Gebiete in der Nähe der neutralen Faser auf die bei dünnen Proben dicht benachbarten hochbeanspruchten Randfasern eine Stützwirkung ausüben. Dieser Erklärung steht zwar die Auffassung entgegen[2], daß in einem idealen Werkstoff, der völlig homogen ist und sich rein elastisch verhält, eine solche Stützwirkung nicht denkbar ist, da ihr Einfluß von einer Schicht auf die benachbarte verschwindend klein wird, wenn man sich nur den Abstand der Schichten klein genug vorstellt. Trotzdem ist beim technischen Werkstoff eine solche Stützwirkung dann glaubhaft, wenn die praktische Spannungsverteilung von der theoretisch linearen abweicht. Bei einer Beanspruchung in Höhe der Dauerfestigkeit wird sich je nach Art des Werkstoffs eine mehr oder weniger dicke Randschicht plastisch verformen[3], ohne daß diese Verformung ausreicht, einen Dauerbruch herbeizuführen. Die Spannungsverteilung wird wegen dieses elastisch-plastischen Verhaltens nicht mehr linear,

[1] FAULHABER, R.: Mitt. Forsch.-Inst. Ver. Stahlwerke, Dortmund Bd. 3 (1932/33) S.153.
[2] MELDAHL, A.: Schweiz. techn. Z. 1945, Nr. 45/46.
[3] STIELER, M.: Diss. Stuttgart 1954.

sondern in einfachster Darstellung wie in Abb. 45 gezeichnet anzunehmen sein. Hierfür ist vorausgesetzt, daß eine Oberflächenschicht bestimmter Dicke, die vielleicht durch die Korngröße oder andere Umstände begrenzt ist, bevorzugt ins Gleiten kommt. Die aus dem äußeren Biegemoment (unter Voraussetzung linearer Verteilung) errechnete Spannung ist daher höher als die Randspannung. Die Stützwirkung kommt also daher, daß die Spannung am Rande plastisch abgebaut[1] und der entsprechende Anteil des Biegemoments zusätzlich von den inneren Gebieten elastisch aufgenommen wird. Beim dicken Biegestab ist unter Voraussetzung einer gleich dicken plastisch verformten Schicht[2] die errechnete Spannung nur wenig größer als die Randspannung (Abb. 45), er kann also nur ein kleineres Biegemoment ertragen, und bei der Zugprobe ist auf diese Weise keine Stützwirkung möglich (vgl. jedoch S. 264).

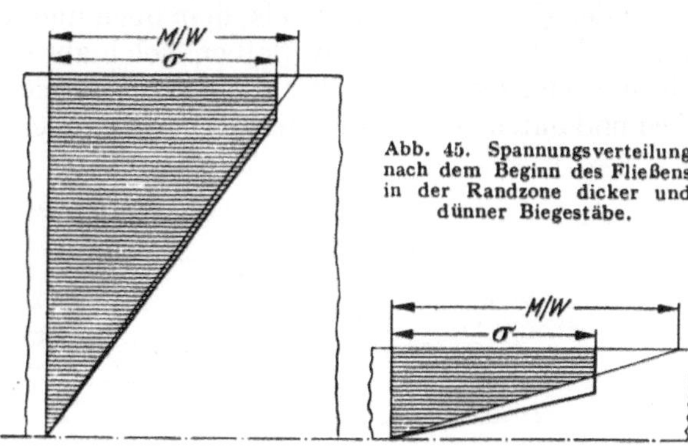

Abb. 45. Spannungsverteilung nach dem Beginn des Fließens in der Randzone dicker und dünner Biegestäbe.

Es ist verständlich, daß diese Stützwirkung nicht nur von der Dicke der Probe, sondern auch von ihrer Querschnittsform abhängt. Die oben geschilderten Verhältnisse gelten für eine Probe, deren Querschnittsbreite sich mit dem Abstand von der neutralen Faser nicht ändert, deren Querschnitt also rechteckig ist. Bei einem runden oder gar bei einem über Eck beanspruchten quadratischen Querschnitt (Abb. 46) dagegen ist das zu stützende Werkstoffvolumen wesentlich kleiner, die Stützwirkung also entsprechend stärker. Die plastisch nachgebenden Randfasern fallen nämlich gegenüber dem elastisch beanspruchten Volumen so wenig ins Gewicht, daß nur ein ganz kleiner Teil des Biegemoments nach innen abgedrängt wird. Falls der Größeneinfluß ausschließlich auf die Stützwirkung zurückzuführen wäre, müßte man also annehmen, daß bei gleicher Probendicke eine runde Probe bei Flachbiegung etwas höhere Biegewechselfestigkeitswerte ergibt als eine Probe mit rechteckigem Querschnitt. Der experimentelle Nachweis dieser Vermutung wird allerdings dadurch erschwert, daß bei der rechteckigen Probe die ganze Probenoberfläche, bei der runden Probe dagegen nur eine Linie die höchste Randspannung zu übertragen hat, die Fehlstellenwahrscheinlichkeit (s. S. 225) bei der rechteckigen Probe daher größer ist.

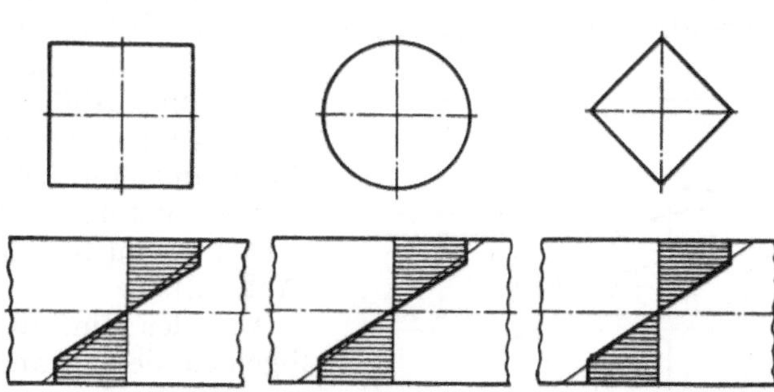
Abb. 46. Einfluß der Querschnittsform auf die Stützwirkung von gleich dicken Biegestäben.

[1] Thum, A., u. W. Buchmann: Arch. Eisenhüttenw. Bd. 7 (1933/34) S. 627.
[2] Philipp, H. A. v.: Forsch. Ing.-Wes. Bd. 13 (1942) S. 99.

Für Rundproben (und in noch stärkerem Maß für die selten untersuchten Proben mit über Eck beanspruchtem quadratischem Querschnitt) kommt noch eine weitere Überlegung in Frage. Stellt man sich im Extremfall vor, daß die plastisch verformte Randzone gegenüber der elastisch verformten Kernzone so nachgiebig geworden ist, daß sie praktisch nicht mehr mitträgt, so bleibt als tragender Querschnitt ein Kreis, dem oben und unten ein Segment abgeschnitten wurde. Nun ist bekannt, daß ein solch abgeflachter Querschnitt gegenüber Biegung günstiger ist als der volle Kreisquerschnitt[1], solange die Wegnahme oben und unten einen optimalen Wert nicht überschreitet. Durch das Abflachen

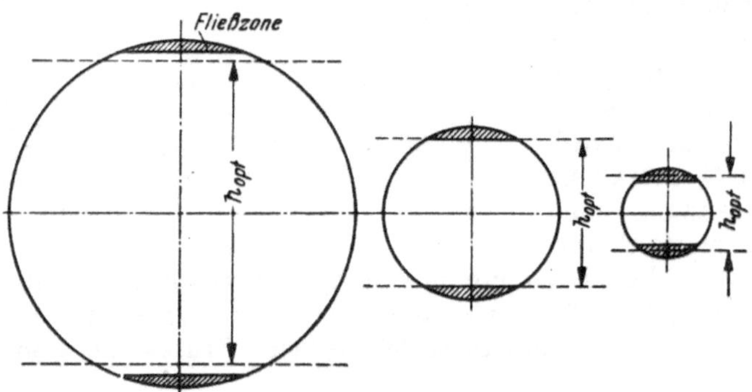

Abb. 47. Querschnitte verschieden dicker Biegestäbe mit gleich tiefer Fließzone. h_{opt} = Querschnittshöhe mit maximalem Widerstandsmoment.

wird nämlich zunächst das Trägheitsmoment des Querschnitts weniger verkleinert als der Abstand der Randfaser von der neutralen Faser, so daß der Quotient dieser beiden Größen, nämlich das Widerstandsmoment, tatsächlich größer wird. Setzt man wieder bei dicken und dünnen Proben die gleiche Schichtdicke für das plastisch verformte Gebiet voraus (Abb. 47), so würde sich allein aus diesem Grunde für dünnere Proben eine Erhöhung der Biegewechselfestigkeit ergeben, die nach Überschreiten eines Maximums für sehr dünne Proben wieder abfallen müßte. Tatsächlich ist ein solches Verhalten auch schon beobachtet worden[2] (Abb. 48).

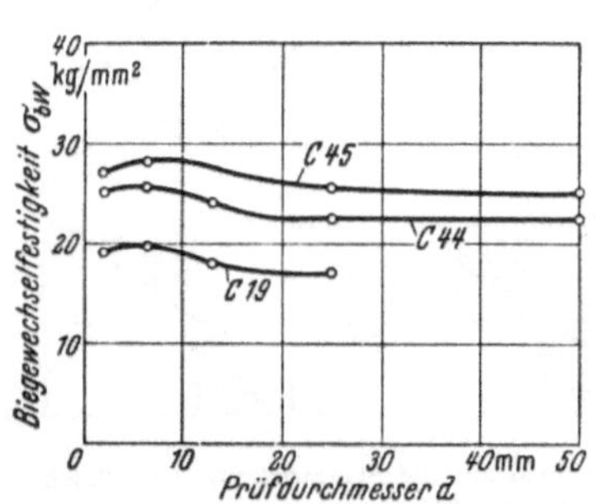

Abb. 48. Absinken der Biegewechselfestigkeit im Bereich kleinster Prüfdurchmesser (nach PETERSON und WAHL, HORGER).

Um den Einfluß der Stützwirkung (oder allgemein des Spannungsgefälles, s. S. 230) experimentell zu ermitteln, scheint es am zweckmäßigsten zu sein, gleich dicke Proben einmal bei Zug-Druck-, das andere Mal bei Biege-Wechsel-Beanspruchung zu untersuchen. Daß hierbei die Dauerfestigkeitswerte bei Zug-Druck in der Regel niedriger liegen als bei Biegung, wird jedoch nicht als unumstößlicher Beweis für die Stützwirkung angesehen, da die Verwirklichung einer einwandfreien Zug-Druck-Beanspruchung prüftechnisch schwieriger ist und die erhaltenen Werte zumindest bei älteren Prüfmaschinen durch unbeab-

[1] MOUFANG, R., u. R. MAILÄNDER: Techn. Mitt. Krupp, A: Forsch.-Ber. Bd. 2 (1939), Anhang S. 15.

[2] PETERSON, R. E., u. A. M. WAHL: J. appl. Mechan. Bd. 3 (1936), S. A 15 u. A 146. — O. J. HORGER: Trans. Amer. Soc. mech. Engrs. Bd. 57 (1935) S. A 128.

sichtigte Biegeanteile erniedrigt sein könnten. Sicherer ist es daher, Voll- und Hohlproben gleichen Außendurchmessers auf derselben Prüfmaschine auf Biegewechselfestigkeit zu prüfen. Hier schneiden die Hohlproben unter einwandfreien Bedingungen bei Biegung und Verdrehung schlechter ab (Abb. 49), womit der Nachweis der Stützwirkung unabhängig von anderen Einflüssen (auch unabhängig vom Spannungsgefälle. s. S. 230) erbracht sein dürfte[1]. Allerdings ist auch bei solchen Versuchen Vorsicht bei der Auswertung geboten, da bei hohlgebohrten Proben mit sehr geringen Wanddicken die Gefahr besteht, daß der Querschnitt sich bei der Biegebeanspruchung elliptisch verformt, also flacher wird, was die Beanspruchungsverhältnisse grundlegend verändert.

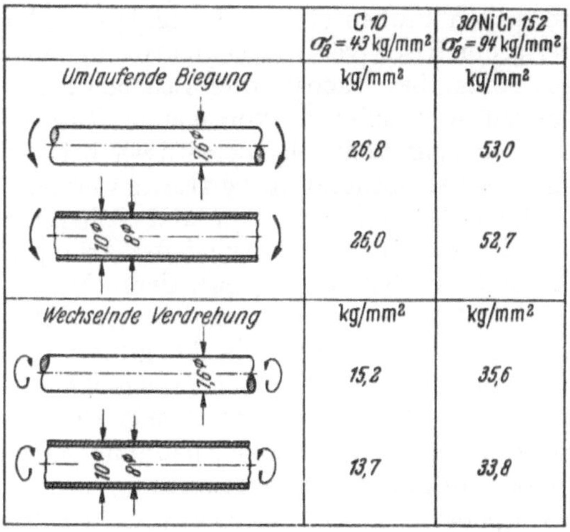

	C 10 $\sigma_B = 43$ kg/mm²	30 Ni Cr 152 $\sigma_B = 94$ kg/mm²
Umlaufende Biegung	kg/mm²	kg/mm²
7,6	26,8	53,0
10 8,0	26,0	52,7
Wechselnde Verdrehung	kg/mm²	kg/mm²
7,6	15,2	35,6
10 8,0	13,7	33,8

Abb. 49. Biegewechsel- und Verdrehwechselfestigkeiten von Voll- und Hohlstäben (nach GOUGH und POLLARD).

Die bisher beschriebenen Erscheinungen, die durch den Begriff der plastischen Stützwirkung gekennzeichnet werden können, sind in gleichem Maße zu erwarten, wenn die Probe in der Randzone nicht plastisch, sondern elastisch nachgiebiger ist als im Kern. Dies ist der Fall, wenn der Elastizitätsmodul außen kleiner ist als innen oder im Verlauf der schwingenden Beanspruchung außen kleiner wird (s. S. 247). Weiterhin fallen unter diesen Begriff der elastischen Stützwirkung Stoffe, deren Elastizitätsmodul mit wachsender Spannung kleiner wird, die also eine gekrümmte Spannungsdehnungslinie im elastischen Gebiet ergeben. Hierfür ist Grauguß geringer Festigkeit ein typisches Beispiel, der daher, wenn man andere Einflüsse abstrahiert, eine ausgesprochene Stützwirkung zeigt.

e) Oberflächeneinfluß.

Nicht zu vernachlässigen ist auch der Einfluß der Oberfläche auf die Dauerfestigkeit (s. S. 266). Mit zunehmender Querschnittsgröße nimmt das Verhältnis Querschnittsumfang/Querschnittsfläche bei zylindrischen Proben umgekehrt proportional dem Durchmesser ab, so daß Oberflächeneinflüsse immer weniger wirksam werden. Sind diese Oberflächeneinflüsse festigkeitssteigernd (z. B. Kaltverfestigung), so sinkt die Dauerfestigkeit mit wachsender Probengröße, sind sie festigkeitsmindernd (z. B. Abtragung durch Korrosion), so ist ein Ansteigen der Dauerfestigkeit denkbar.

Bei der spanabhebenden Bearbeitung der Oberfläche durch Drehen oder Schleifen entstehen Riefen und Kratzer, die als feine Kerben wirken und die Dauerfestigkeit herabsetzen. Die spannungserhöhende Wirkung solcher Kerben hängt von ihrer Schärfe, d. h. von ihrem Ausrundungsradius im Kerbgrund, und von ihrer Tiefe ab (s. S. 259). Bei sauber geschliffenen Oberflächen sind diese Abmessungen in der Größenordnung von einigen μ, sind also sehr klein

[1] GOUGH, H. J., u. H. V. POLLARD: Proc. Instn. mech. Engrs., Lond. Bd. 132 (1936) S. 549.

gegenüber den Abmessungen der Probe. Es ist daher nicht zu erwarten, daß sich bei Zug mit zunehmendem Probendurchmesser die Formzahl der Kerben ändert, da ihre Wirkung schon dicht unterhalb der Oberfläche abgeklungen ist. Bei Biegung dagegen wirken diese Kerben in einem Spannungsgefälle (s. S. 261), ihre Formzahl ist um so kleiner, je steiler das Spannungsgefälle, je dünner also die Probe ist. Schleifriefen mit gleichen Absolutabmessungen werden sich daher an dicken Proben stärker festigkeitsmindernd auswirken. Hinzu kommt, daß bei geometrisch vergrößerten Probenabmessungen die Oberfläche im Quadrat des Maßstabes wächst, ihre Bearbeitung mit Schmirgelleinen also besonders bei harten Stählen hervorragende Sorgfalt und Geduld erfordert, damit die Oberflächengüte die gleiche wird wie bei dünnen Proben. Durch diese Umstände kann der Größeneinfluß verstärkt werden.

Beim Drehen, Schleifen und Polieren wird die Oberfläche kaltverformt. Dies hat zur Folge, daß je nach der Art der Bearbeitung Druckeigenspannungen in der Oberfläche entstehen[1], deren Wirkung sich bis in eine Tiefe von etwa 0,1 bis 0,2 mm erstreckt und deren Höhe am Rand bei hochfesten Stählen durch das Polieren 40 bis 60 kg/mm² erreichen kann[2]. Die Wirkung dieser Eigenspannungen auf die Wechselfestigkeit ist beträchtlich (s. S. 242) und konnte an dünnen Proben dadurch nachgewiesen werden, daß nach elektrolytischem Polieren, bei dem die Eigenspannungsschicht bei bester Oberflächengüte weggeätzt wird, die Festigkeitswerte um 5 bis 15% niedriger liegen als bei mechanisch polierter Oberfläche. Bei dicken Proben ist die Wirkung der Eigenspannungen geringer, weil wegen ihrer im Verhältnis zum Probendurchmesser sehr geringen Schichtdicke die Biegezugspannung nur wenig erniedrigt wird (vgl. jedoch auch S. 268). Auch hierin ist also eine Ursache des Größeneinflusses zu suchen.

f) Spannungsgefälle.

Aus den Überlegungen hinsichtlich der Stützwirkung geht hervor, daß dem Spannungsgefälle zur Erklärung des Größeneinflusses besondere Bedeutung zukommt. Auch wurde darauf hingewiesen, daß die Wirkung der Oberflächenrauhigkeiten auf die Dauerfestigkeit durch das Spannungsgefälle verändert wird. Im gleichen Sinne darf man annehmen, daß die Gefüge-Inhomogenitäten, die durch ihre Mikro-Spannungsspitzen den Dauerbruch vorbereiten, in ähnlicher Weise durch das Spannungsgefälle in ihrer Wirkung auf die Dauerfestigkeit beeinflußt werden. Daß das Spannungsgefälle auch ohne Annahme einer plastischen Stützwirkung die Höhe der Spannungsspitzen an Kerben bestimmen kann, ist in einfacher Weise durch Dehnungsmessungen an Flachproben mit Bohrung nachgewiesen worden[3]. Die Höhe der Spannungsspitzen am Bohrungsrand und damit die Formzahl α_k der gebohrten Probe bei Biegung wird um so kleiner gefunden, je dünner die Probe ist (s. S. 260). Nun ist die Formzahl einer Kerbe von der Höhe der Nennspannung unabhängig, es ist also gleichgültig, ob man eine Probe wenig oder stark beansprucht, wenn die Beanspruchung nur im elastischen Bereich bleibt. Die Steilheit des Spannungsgefälles hängt jedoch von der Höhe des Biegemomentes ab, so daß die absolute Steilheit, ausgedrückt durch $d\sigma/dx$ (Abb. 50), kein Maß für den Einflußfaktor auf die Formzahl sein kann. Um eine Maßzahl für das Spannungsgefälle zu finden, die von der Höhe der Spannung unabhängig ist, ist das bezogene Spannungsgefälle

[1] RUTTMANN, W.: Techn. Mitt. Krupp Bd. 4 (1936) S. 89.
[2] HEMPEL, M.: Arch. Eisenhüttenw. Bd. 22 (1951) S. 425.
[3] THUM, A., u. O. SVENSON: Dtsch. Kraftfahrtforsch. H. 71. Berlin 1942.

$\chi = \frac{1}{\sigma}\frac{d\sigma}{dx}$ eingeführt worden[1]. Dieser Ausdruck wird in mm^{-1} angegeben und geht für eine gebogene glatte Probe von der Dicke h in den Wert $\chi = \frac{1}{\sigma}\frac{\sigma}{h/2} = \frac{2}{h}\,mm^{-1}$ über. Das bezogene Spannungsgefälle χ ist also für eine dünne Probe groß, für eine dicke Probe klein und strebt für eine unendlich dicke Biegeprobe dem Wert 0 zu, der auch für eine Probe bei Zugbeanspruchung gilt. Man wird also in die Lage versetzt, die Formzahl einer bestimmten Kerbe als Funktion des bezogenen Spannungsgefälles χ darzustellen und dafür auch formelmäßige Beziehungen zu finden.

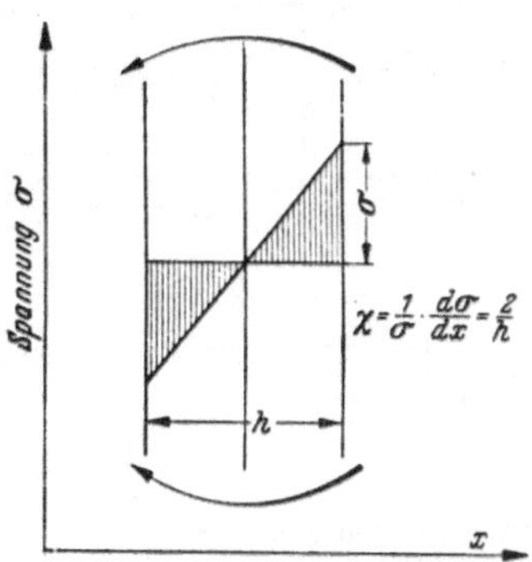

Abb. 50. Bezogenes Spannungsgefälle in einem gebogenen Stab (nach SIEBEL und PFENDER).

Nun wurde bereits erläutert (s. S. 208), daß man sich als Ersatz für die Gesamtheit der Gefügeinhomogenitäten des Werkstoffs eine Kerbe vorstellen kann, die gleich hohe Spannungsspitzen hervorruft wie diese. Diese Ersatzkerbe wird bestimmt durch ihren Ausrundungsradius ϱ^* und ihre Formzahl α_k^*. Es ist leicht einzusehen, daß die Wirkung dieser Ersatzkerbe auf die Dauerfestigkeit in ähnlicher Weise durch das Spannungsgefälle χ beeinflußt werden muß wie nach den oben erwähnten Messungen die Wirkung einer realen Kerbe auf die Höhe der Spannungsspitze. Die Ähnlichkeit der Problemstellung ermöglichte es, eine Beziehung aufzustellen[2], in der die Dauerfestigkeit als Funktion des Spannungsgefälles χ und der für die Ersatzkerbe kennzeichnenden Größe ϱ^* erscheint. Die Wechselfestigkeit einer gebogenen Probe errechnet sich demnach zu $\sigma_{W_\chi} = \sigma_{W_0}(1 + \sqrt{\varrho^*\chi})$. Darin bedeutet σ_{W_0} die Wechselfestigkeit einer Probe mit dem Spannungsgefälle 0, also einer unendlich dicken Biegeprobe oder einer wechselnd beanspruchten Zugprobe. Das Spannungsgefälle hat für zylindrische Proben vom Durchmesser d den Wert $\chi = \frac{2}{d}\,mm^{-1}$. Als Bestimmungsgröße für die Ersatzkerbe genügt ihr Ausrundungsradius ϱ^*, der für Stähle als eine festigkeitsbestimmende Werkstoffkonstante angenommen wird. Die Größe von ϱ^* ist natürlich nicht direkt meßbar, doch kann sie aus Wechselfestigkeitswerten von mindestens 2 Proben mit verschiedenem Spannungsgefälle χ_1 und χ_2 errechnet werden. Man erhält dann $\sigma_{W_1} = \sigma_{W_0}(1 + \sqrt{\varrho^*\chi_1})$ und $\sigma_{W_2} = \sigma_{W_0}(1 + \sqrt{\varrho^*\chi_2})$. Nach Eliminieren von σ_{W_0} läßt sich ϱ^* durch die Beziehung $\varrho^* = \left(\frac{\sigma_{W_1} - \sigma_{W_2}}{\sigma_{W_1}\sqrt{\chi_2} - \sigma_{W_2}\sqrt{\chi_1}}\right)^2$ ausdrücken. Es zeigt sich, daß für Stahl geringer Festigkeit wesentlich höhere Werte für ϱ^* errechnet werden als für hochfeste Stähle. Trägt man

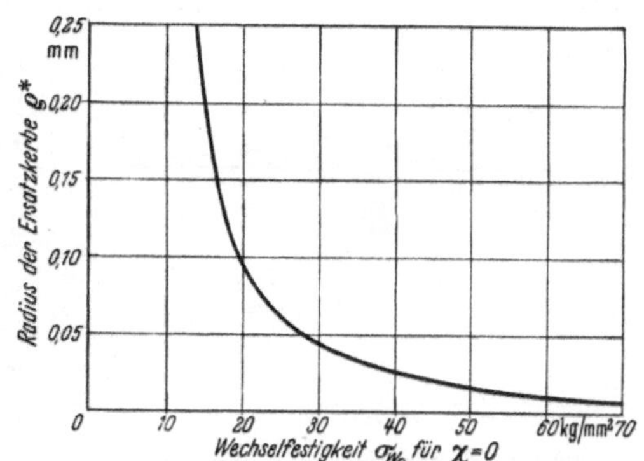

Abb. 51. Radius der Ersatzkerbe für Stähle in Abhängigkeit von ihrer Zug-Druck-Wechselfestigkeit (nach PETERSEN).

---

[1] SIEBEL, E., u. M. PFENDER: Technik Bd. 2 (1947) S. 117.

[2] PETERSEN, C.: Z. Metallkde. Bd. 42 (1951) S. 161. — Vgl. M. STIELER: Diss. Stuttgart 1954.

den Radius der Ersatzkerbe über der Wechselfestigkeit σ_{W_0} auf, so erhält man eine Kurve (Abb. 51), die bei hochfesten Stählen außerordentlich kleinen Werten zustrebt. In diesem Verhalten spiegelt sich die Erfahrung, daß der Größeneinfluß bei hochfesten Stählen sehr viel weniger in Erscheinung tritt als bei Stählen niedriger Festigkeit. Man kann natürlich auch ϱ^* unmittelbar in Beziehung zur Zugfestigkeit setzen, muß jedoch damit rechnen, daß dann die Bestimmung unsicherer wird, da Gefügeunregelmäßigkeiten die Dauerfestigkeit und damit ϱ^* stärker beeinflussen als die Zugfestigkeit. Trotzdem kann eine solche Beziehung, die sich in Abb. 52 durch geeignete Wahl der Maßstäbe als gerade Linie darstellt, zur ersten Abschätzung gut verwendet werden.

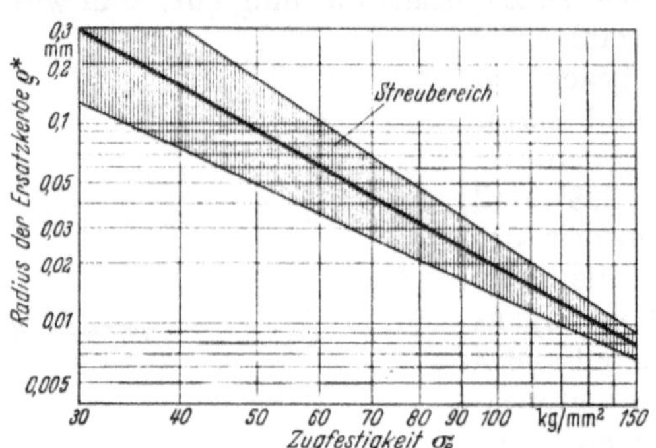

Abb. 52. Radius der Ersatzkerbe für Stahle in Abhängigkeit von ihrer Zugfestigkeit (nach PETERSEN).

Für extrem dünne Proben, also für den Fall, daß χ sehr groß wird, würde nach der obigen Formel auch die Wechselfestigkeit sehr hoch errechnet werden, was mit der Erfahrung nicht übereinstimmt. Die Formel verliert nämlich ihre Gültigkeit, wenn die Probendicke mit der Größe von ϱ^* vergleichbar wird, der Grenzübergang für $\chi \to \infty$ ist also nicht statthaft. Dies schränkt ihre Brauchbarkeit jedoch nicht ein, da man es in der Regel mit stärkeren Abmessungen zu tun hat.

g) Praktische Folgerungen.

Die zahlreichen Untersuchungen über den Größeneinfluß und die auf den jeweiligen Ergebnissen aufgebauten Erklärungsversuche lassen den Schluß zu, daß es eine allgemein gültige Gesetzmäßigkeit dafür (ebenso wie eine allgemeingültige Festigkeitshypothese) nicht gibt und je nach den betrachteten Werkstoffgruppen das Gewicht und damit die Gültigkeit der einzelnen Einflußfaktoren wechselt. In schematischer Form möge Abb. 53 diese Verhältnisse erläutern. Ein ideal elastischer, homogener Werkstoff ohne innere Fehlstellen (Kurve a) läßt keinen Größeneinfluß erwarten, das Verhältnis $\sigma_{W_\chi}/\sigma_{W_0}$ bleibt mit zunehmendem Probendurchmesser konstant. Der technische Werkstoff ist jedoch durch seinen Gefügeaufbau inhomogen und fehlerhaft und wird auch bei bester, eigenspannungsfreier Oberfläche (elektrolytisch poliert) einen Größeneinfluß zeigen (Kurve b). Dieser Einfluß wird verstärkt durch Rauhigkeiten der Oberfläche und durch die als Folge der technischen Bearbeitung entstandenen Eigenspannungen, so daß Kurve c etwa den geometrischen Größeneinfluß unter technisch üblichen Verhältnissen wiedergibt. Die stärkste Abhängigkeit findet man, wenn geometrische und

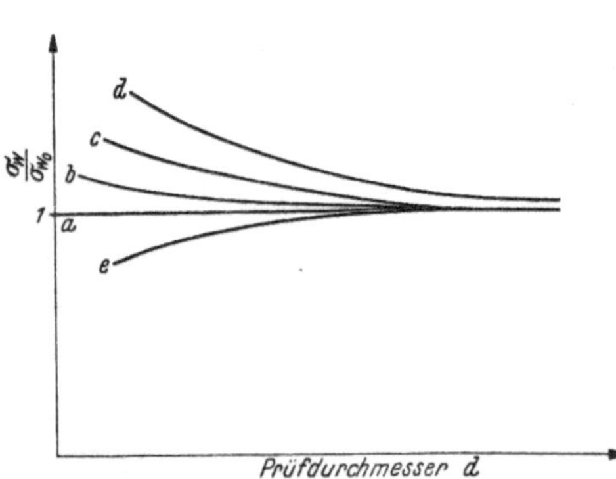

Abb. 53. Größeneinfluß der Wechselfestigkeit. a) Ideal elastischer, homogener Werkstoff, b) Technisch inhomogener Werkstoff mit bester Oberfläche, c) Technisch inhomogener Werkstoff mit technischer Oberfläche, d) Werkstoff mit dickenabhängigen Herstellungsunterschieden, e) Werkstoff unter Korrosionseinfluß.

herstellungsbedingte Einflüsse sich zum technologischen Größeneinfluß addieren (Kurve *d*). Schließlich ist es aber auch denkbar, daß z. B. bei Korrosionsangriff wegen der Abtragung der Oberfläche bei dünnen Proben kleinere Werte gefunden werden als bei dicken (Kurve *e*).

Einen sehr wichtigen Einfluß scheint das Spannungsgefälle zu besitzen. Bei Werkstoffen, deren Dauerfestigkeit so weit unter der Fließgrenze liegt, daß man die Spannungsverteilung als praktisch linear annehmen darf, also bei Stählen im Bereich einer Zugfestigkeit von etwa 40 bis 140 kg/mm², kann

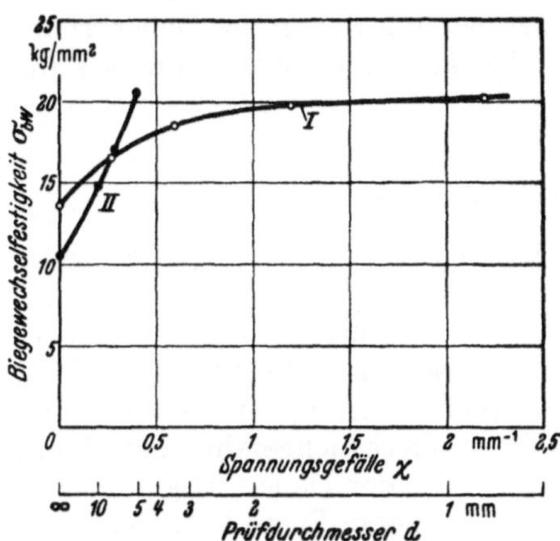

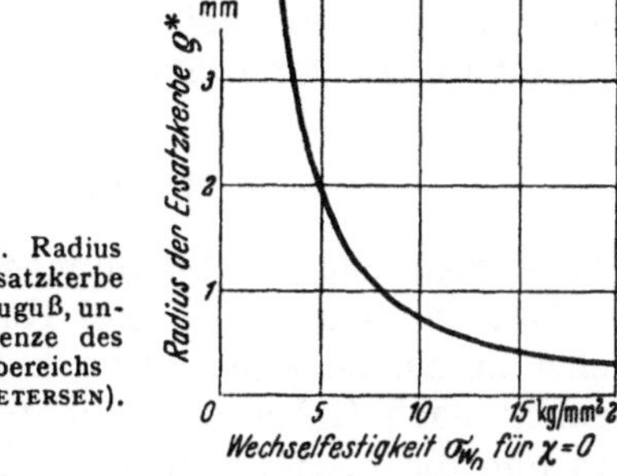

Abb. 55. Radius der Ersatzkerbe für Grauguß, untere Grenze des Streubereichs (nach PETERSEN).

Abb. 54. Wechselfestigkeit in Abhängigkeit vom Spannungsgefälle.
I Werkstoff: AlZn 5 Mg (nach SIEBEL und PFENDER).
II Werkstoff: Elektron (nach BUCHMANN).

mit Hilfe der Vorstellung von der Ersatzkerbe die Größenabhängigkeit hinreichend genau berechnet werden. Weiche Werkstoffe mit dauerfest ertragbarem plastischem Verformungsanteil (sehr weiche Stähle, Mg-Legierungen) werden in ihrem Verhalten vorwiegend durch die Stützwirkung bestimmt. Ihr Größeneinfluß läßt sich bisher nur durch eine experimentell gefundene kurvenmäßige Darstellung (Abb. 54) wiedergeben[1]. Auch bei Grauguß ist eine Abweichung vom HOOKEschen Gesetz vorhanden, die jedoch bei niedrigen Beanspruchungen noch nicht sehr stark ist. Die Berechnung des Größeneinflusses mit Hilfe der Ersatzkerbe ist also auch hier möglich, wenn auch wegen der weniger zahlreichen Versuchsergebnisse die Zuverlässigkeit der Berechnung noch nicht so sorgfältig überprüft werden konnte. Vorläufig kann die Kurve in Abb. 55, die den unteren Grenzwerten des möglichen Streubereiches entspricht, zur ersten Abschätzung dienen.

5. Spannungszustand.

a) Einachsige Beanspruchung.

Bei den bisherigen Überlegungen wurden nur sehr einfache Spannungszustände, nämlich Zug und Biegung, betrachtet. Beide Beanspruchungsarten werden als einachsig bezeichnet, weil von den drei Hauptspannungen, die in einem Punkt eines belasteten Körpers auftreten können, in diesem Fall zwei gleich Null sind. Es genügt also, bei einem auf Zug oder Biegung beanspruchten Stab die Spannung in Richtung der Stabachse, das ist nämlich die Hauptspannung, zu kennen, um den Spannungszustand in dem betrachteten Punkt eindeutig beschreiben zu können. Trotzdem treten bereits bei diesem einfachen Fall der einachsigen Beanspruchung Unterschiede in der Wechselfestigkeit

[1] SIEBEL, E., u. M. PFENDER: Stahl u. Eisen Bd. 66/67 (1947). S. 318. — W. BUCHMANN: Metallwirtsch. Bd. 20 (1941) S. 931.

bei Zug-Druck und bei Biegung auf, die auf der Wirkung des Spannungsgefälles beruhen (s. S. 230). Für Zug-Druck gilt die Wechselfestigkeit σ_{W_0} entsprechend einem Spannungsgefälle $\chi = 0$, für Biegung ist dieser Wert je nach Art des Werkstoffs und der Größe des Spannungsgefälles überhöht. An belasteten Maschinenteilen ist der Spannungszustand jedoch durchaus nicht immer so einfach. Es genügt deshalb nicht, die größte Spannung in einem Punkt allein zu berücksichtigen. Man muß vielmehr die Größe der Spannung in den drei Hauptrichtungen des mehrachsigen Spannungszustandes kennen, um ihre gemeinsame Wirkung auf die Festigkeitseigenschaften beurteilen zu können. Je nach der Art des mehrachsigen Spannungszustandes kann die Dauerbruchgefahr erhöht oder auch erniedrigt werden. Es ist daher wichtig, die wesentlichen Fälle zu kennzeichnen.

b) Mehrachsige Beanspruchung.

Ein mehrachsiger Spannungszustand läßt sich dann auf einfache Weise beschreiben, wenn seine drei Hauptspannungen σ_1, σ_2, σ_3 bekannt sind. Sie stehen aufeinander senkrecht, können also an einem würfelförmigen Volumenelement nach Größe und Richtung dargestellt werden (Abb. 56). Es erhebt sich nun die Frage, welche Kenngröße des dreiachsigen Spannungszustandes für die Dauerbruchgefahr und damit für die Höhe der Dauerfestigkeit maßgebend ist. Diese Frage läßt sich nicht eindeutig beantworten, da die einzelnen Werkstoffe sich gegenüber einem mehrachsigen Spannungszustand verschieden verhalten. Bei sehr spröden Werkstoffen scheint es so zu sein, daß die größte Zugspannung für die Dauerbruchgefahr entscheidend ist, so daß tatsächlich ein mehrachsiger Spannungszustand gegenüber einem einachsigen kaum eine Erhöhung oder eine Erniedrigung der Wechselfestigkeit bringt. Bei Stoffen dagegen, die zu plastischen Verformungen fähig sind, wird die Dauerbruchgefahr in erster Annäherung durch den Zustand bestimmt, der bei zügiger Beanspruchung das erste Fließen einleitet, so daß Spannungszustände, die fließbehindernd wirken, die Dauerfestigkeit erhöhen und umgekehrt.

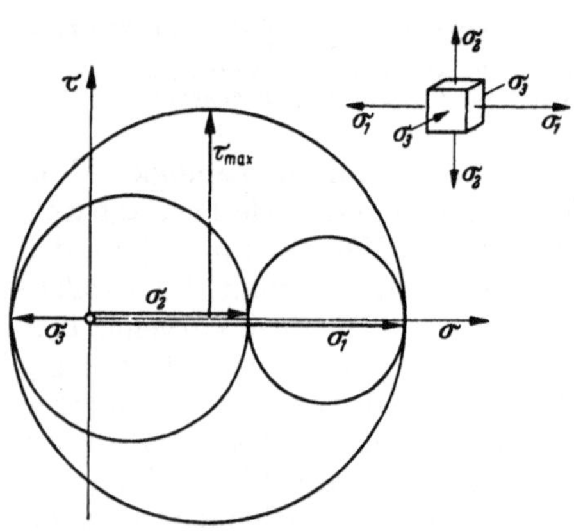

Abb. 56. Darstellung eines dreiachsigen Spannungszustandes im MOHRschen Spannungskreis.

Die Frage nach der Fließbedingung für einen Spannungszustand führt zunächst zur maximalen Schubspannung, da plastische Verformungen ja durch Schubspannungen hervorgerufen werden. Für einen dreiachsigen Spannungszustand läßt sich die maximale Schubspannung aus der Darstellung der MOHRschen Kreise (Abb. 56) leicht als Radius des größten Kreises ermitteln. Formelmäßig errechnet sie sich zu $\tau_{max} = (\sigma_1 - \sigma_3)/2$, wenn σ_1 die größte und σ_3 die kleinste Hauptspannung kennzeichnet. Da die Größe der mittleren Hauptspannung σ_2 in diesem Ausdruck nicht enthalten ist, kann er jedoch die wirklichen Verhältnisse nicht vollständig beschreiben und stellt z. B. für Stahl nur eine erste Annäherung mit einer Unsicherheit von etwa $\pm 15\%$ dar, hat allerdings den Vorzug, sehr einfach zu sein. In besserer Übereinstimmung mit den Versuchsergebnissen steht die Gestaltänderungsenergie-Hypothese, nach der

Fließen dann eintritt, wenn für den vorliegenden Spannungszustand eine reduzierte Spannung von der Größe $\sigma_{red} = \sqrt{\frac{1}{2}[(\sigma_1 - \sigma_2)^2 + (\sigma_2 - \sigma_3)^2 + (\sigma_1 - \sigma_3)^2]}$ einen kritischen Wert überschreitet. Bei zügiger Beanspruchung ist dieser kritische Wert die Streckgrenze bei einachsiger Belastung σ_S, bei wechselnder Beanspruchung die Wechselfestigkeit σ_W. Für zweiachsige Spannungszustände, die praktisch größere Bedeutung haben, wird $\sigma_3 = 0$. Damit wird aus einem räumlichen ein ebenes Problem, das z. B. den Spannungszustand in der Oberfläche eines Werkstücks wiedergibt, weil senkrecht zu einer Oberfläche ja keine Spannung wirken kann, wenn nicht eine äußere Kraft senkrecht zur Oberfläche angreift. Die maximale Schubspannung findet man dann aus dem MOHRschen Kreis (Abb. 57) zu $\tau_{max} = (\sigma_1 - \sigma_2)/2$. Ein zweiachsiger Spannungszustand kann allerdings auch in einem Blech von endlicher Dicke vorliegen, das in seiner Ebene in mehreren Richtungen belastet wird. Wenn auch $\sigma_3 = 0$ ist, ist (im Gegensatz zur Oberfläche) die dritte Dimension dann vorhanden und die maximale Schubspannung entspricht mit $\tau_{max} = \sigma_1/2$ dem Radius des größten, in Abb. 57 gestrichelt eingezeichneten MOHRschen Kreises, was häufig übersehen wird. Durch das Verschwinden von σ_3 vereinfacht sich der Ausdruck für die Fließbedingung nach der Gestaltänderungsenergie-Hypothese zu $\sigma_{red} = \sqrt{\sigma_1^2 + \sigma_2^2 - \sigma_1\sigma_2}$.

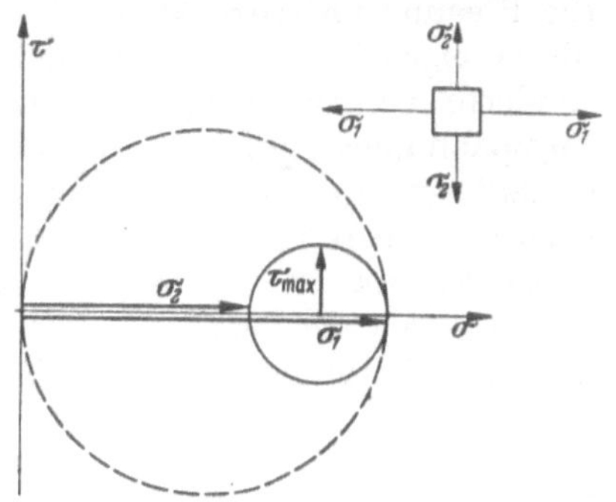

Abb. 57. Darstellung eines zweiachsigen Spannungszustandes im MOHRschen Spannungskreis.

Aus der Darstellung der MOHRschen Kreise liest man ebenso wie aus den Beziehungen für die Fließbedingung ab, daß die maximale Schubspannung bzw. die Fließgefahr geringer wird, wenn die Hauptspannungen das gleiche Vorzeichen haben, wenn also der Spannungszustand gleichsinnig mehrachsig ist. Ein solcher Spannungszustand wirkt verformungsbehindernd und erhöht demnach auch die Dauerfestigkeit gegenüber einem einachsigen Spannungszustand mit gleich großer Hauptspannung σ_1. Sind dagegen Hauptspannungen verschiedenen Vorzeichens vorhanden, so wachsen sowohl die MOHRschen Kreise als auch die Werte für die reduzierte Spannung. Ein ungleichsinnig mehrachsiger Spannungszustand erhöht daher die Fließgefahr und erniedrigt die Dauerfestigkeit.

Wenn an einem Werkstück Kräfte in mehreren Richtungen angreifen, ist der zweiachsige Spannungszustand als solcher leicht erkennbar, da er unmittelbar aus den Kräften hergeleitet werden kann. Man könnte ihn daher unmittelbar oder primär zweiachsig nennen[1]. Für den Konstrukteur wesentlich unangenehmer sind jedoch Spannungszustände, denen man ihre Zweiachsigkeit nicht ohne weiteres ansieht und die deshalb mittelbar oder sekundär zweiachsig genannt werden können. Ein einfaches Beispiel hierfür ist der prismatische

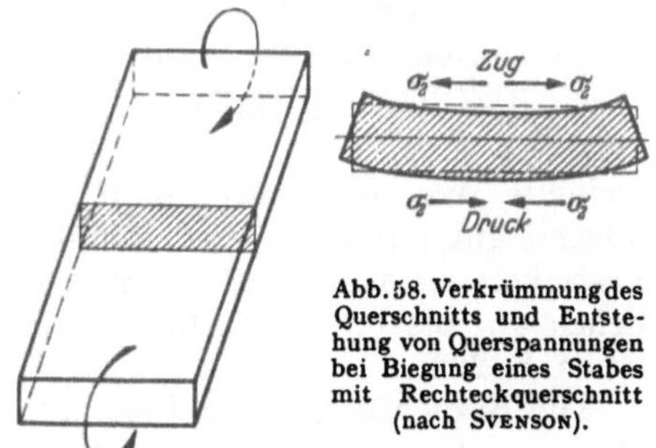

Abb. 58. Verkrümmung des Querschnitts und Entstehung von Querspannungen bei Biegung eines Stabes mit Rechteckquerschnitt (nach SVENSON).

[1] SIGWART, H.: Masch.-Schad. Bd. 25 (1952) S. 118.

Stab mit Rechteckquerschnitt bei Biegung. Wird ein solcher Stab gebogen (Abb. 58), so verlängern sich die Fasern der Oberseite, während die Fasern an der Unterseite sich verkürzen. Auf Grund des elastischen Verhaltens ist jedoch mit einer Verlängerung eine Querkontraktion, mit einer Verkürzung eine Querdehnung verbunden, so daß der Querschnitt des Stabes nicht rechteckig bleibt, sondern sich zu verkrümmen sucht. Diese Verkrümmung des Querschnitts, die ein größeres Trägheitsmoment ergeben würde, wird jedoch durch die Biegung unterdrückt, so daß der Querschnitt zwangsweise flacher bleibt, als er eigentlich auf Grund der Querverformung werden müßte. Diese verhinderte Verkrümmung des Querschnitts ruft auf der Oberseite des Stabes Zugspannungen, auf der Unterseite Druckspannungen in Querrichtung hervor[1], so daß ein zweiachsiger Spannungszustand entsteht, ohne daß in der Querrichtung äußere Kräfte angreifen. Aus ähnlichen Gründen bildet sich im Grunde vieler Kerben ein solcher sekundär zweiachsiger Spannungszustand aus, der infolge seiner gleichsinnigen Mehrachsigkeit verformungsbehindernd wirkt und die Dauerfestigkeit erhöht (s. S. 263).

c) Verdrehwechselfestigkeit.

Ein wichtiges Beispiel für einen zweiachsigen Spannungszustand ist die Verdrehbeanspruchung. In Hauptspannungen ausgedrückt gilt für die Oberfläche einer verdrehten Welle $\sigma_1 = -\sigma_2 = \tau$ und $\sigma_3 = 0$. Für sehr spröde Werkstoffe, für deren Dauerfestigkeit die größte Normalspannung maßgebend ist, ergibt sich daraus, daß die Verdrehwechselfestigkeit etwa gleich groß ist wie die Biegewechselfestigkeit einer gleich dicken Welle. (Die Biegewechselfestigkeit muß an Stelle der Zug-Druck-Wechselfestigkeit als Vergleich dienen, da auch bei Verdrehung das Spannungsgefälle die Werte beeinflußt). Bei Stahl mit plastischem Verformungsvermögen würde sich nach der Gestaltänderungsenergie-Hypothese ergeben, daß

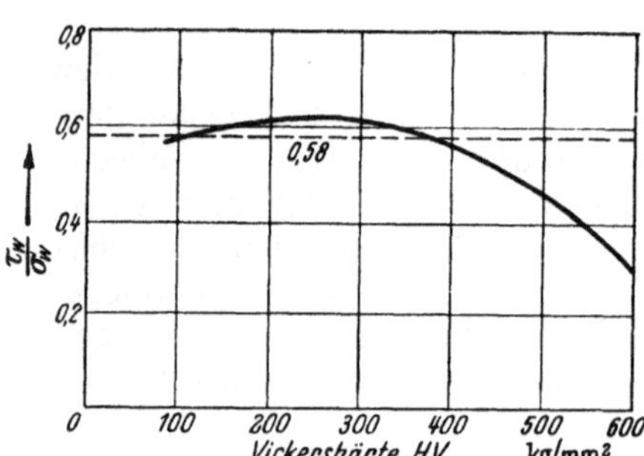

Abb. 59. Verdrehwechselfestigkeit im Verhältnis zur Biegewechselfestigkeit von Stählen verschiedener Härte (nach MICHELSEN).

$$\sigma_{red} = \sqrt{\sigma_1^2 + \sigma_2^2 - \sigma_1\sigma_2} = \sigma_W,$$

d. h. also

$$\sqrt{3\tau_W^2} = \sigma_W \quad \text{oder} \quad \tau_W = \sigma_W/\sqrt{3} = 0{,}58\ \sigma_W$$

ist. Tatsächlich deckt sich dieser errechnete Wert für Stähle im Bereich niedriger bis mittlerer Festigkeiten genügend gut mit den Versuchsergebnissen (Abb. 59). Erst für Stähle höherer Festigkeit ist das Verhältnis τ_W/σ_W deutlich kleiner als 0,58, was im wesentlichen auf die unterschiedliche Wirkung der Schlackenzeilen zurückzuführen ist (s. S. 222).

Die Brauchbarkeit der Gestaltänderungsenergie-Hypothese für wechselnde Beanspruchungen erlaubt, auch die formelmäßige Darstellung des Größeneinflusses auf Verdrehbeanspruchung zu übertragen. Es ist also $\tau_W = \tau_{W_0} \cdot (1 + \sqrt{\varrho^* \chi})$ mit $\tau_{W_0} = \sigma_{W_0}/\sqrt{3}$. Für Verdrehung scheint ϱ^* praktisch die gleiche Größe wie für Biegung oder Zug zu haben.

---

[1] THUM, A., u. O. SVENSON: Dtsch. Kraftfahrtforsch. H. 71, Berlin 1942.

d) Kombinierte Beanspruchung.

Häufig genug kommt es im Maschinenbau vor, daß ein Maschinenteil, z. B. eine Welle, gleichzeitig zwei verschiedene Beanspruchungsarten, z. B. Biegung und Verdrehung, als Schwingbeanspruchungen aufzunehmen hat. Hierbei sind die Verhältnisse einigermaßen leicht zu übersehen, wenn die beiden Beanspruchungen die gleiche Frequenz und die gleiche Phase haben (Abb. 60), wenn also für beide Beanspruchungen die Spannungsmaxima und die Durchgänge durch Null zeitlich zusammenfallen. Nimmt man auch für diesen Fall die Gestaltänderungsenergie-Hypothese als gültig an, so lassen sich die Anteile

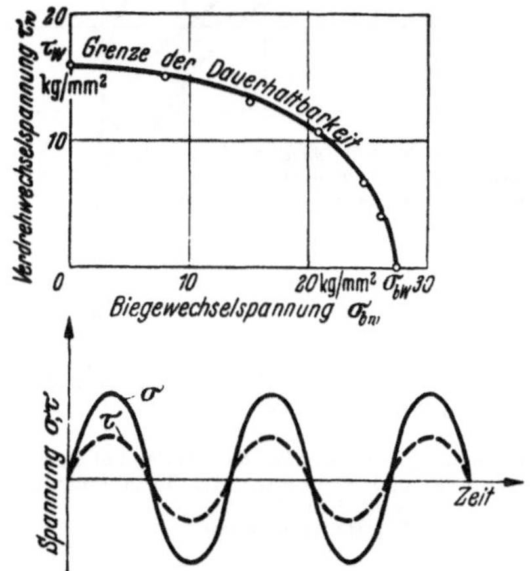

Abb. 60. Wechselfestigkeit bei gleichzeitiger Biegung und Verdrehung (nach GOUGH und POLLARD). Werkstoff: Stahl C 10.

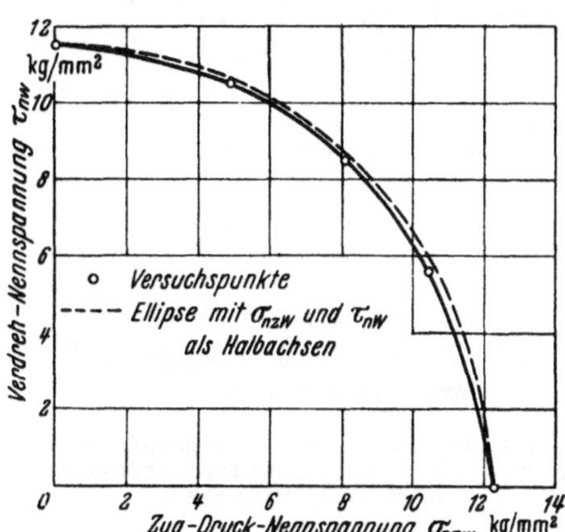

Abb. 61. Dauerhaltbarkeit quergebohrter Wellen bei gleichzeitiger Zug-Druck- und Verdrehwechsel-Beanspruchung (nach KIRMSER). Werkstoff: Stahl C 10.

von Biege- und Verdrehbeanspruchung, die zusammen ohne Dauerbruch ertragen werden können, für Stähle aus einem einfachen Schaubild ablesen. Man trägt auf der Abszissenachse eines Koordinatensystems die Biegewechselfestigkeit σ_{bW} und auf der Ordinatenachse die Verdrehwechselfestigkeit τ_W ($= 0{,}58\, \sigma_{bW}$) an und konstruiert einen Ellipsenbogen mit diesen beiden Werten als Halbachsen (Abb. 60). Dieser Ellipsenbogen begrenzt dann den dauerfesten Bereich, d. h. alle Beanspruchungspaarungen, für die die Abbildungspunkte innerhalb des Bogens liegen, können ohne Dauerbruch ertragen werden. Die eingezeichneten Versuchspunkte[1] beweisen die gute Anwendbarkeit dieser Hypothese. Auch für quergebohrte Wellen, die gleichzeitig auf Zug-Druck und auf Verdrehung wechselnd beansprucht wurden[2], bewährte sich dieses Verfahren (Abb. 61), obwohl hier die Halbachsen der Ellipse nicht mehr im Verhältnis $1 : \sqrt{3}$ stehen. Diese Änderung des Verhältnisses ist einmal dadurch bedingt, daß für die Verdrehschubspannung ein Spannungsgefälle vorliegt, während für Zug $\chi = 0$ ist, zum andern, weil die Lage des Spannungsmaximums an der Bohrung und die Höhe der Formzahlen für Zug und Verdrehung verschieden ist.

Sind die beiden Beanspruchungen (Biegung und Verdrehung) zwar von gleicher Frequenz, aber nicht phasengleich, so wird die Werkstoffanstrengung geringer. Bei einer Phasenverschiebung von 90°, wenn also das Spannungs-

---

[1] GOUGH, H. J., u. H. V. POLLARD: Proc. Instn. mech. Engrs., Lond. Bd. 131 (1935) S. 3.

[2] THUM, A., u. W. KIRMSER: VDI-Forsch. Heft Nr. 419, 1943.

maximum der einen Beanspruchung mit dem Nulldurchgang der anderen Beanspruchung zusammenfällt (Abb. 62), kann man annehmen, daß die beiden Beanspruchungen sich gegenseitig nicht stören. In einer zu Abb. 60 analogen Darstellung würde demnach der dauerfeste Bereich durch das Rechteck, gebildet aus Biegewechselfestigkeit σ_{bW} und Verdrehwechselfestigkeit τ_W (= 0,58 σ_{bW}), begrenzt (Abb. 62). Für den Fall daß beide Beanspruchungsanteile den für sie

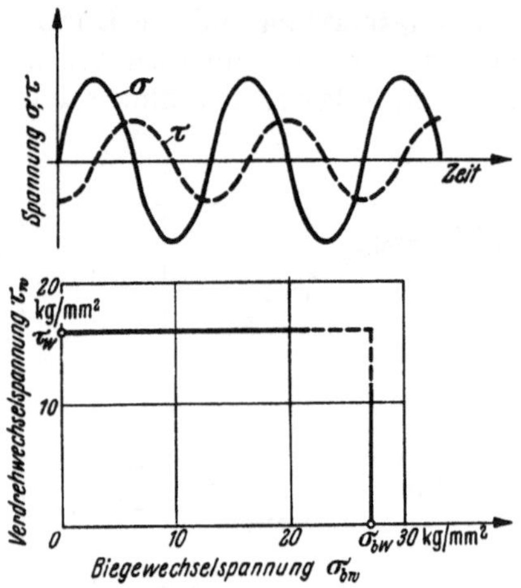

Abb. 62. Wechselfestigkeit bei gleichzeitiger Biegung und Verdrehung, Beanspruchungsmaxima um 90° phasenverschoben.

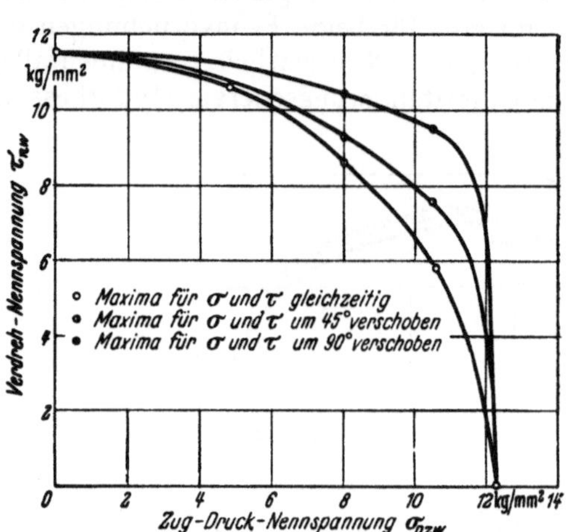

Abb. 63. Dauerhaltbarkeit quergebohrter Wellen bei gleichzeitiger Zug-Druck- und Verdrehwechsel-Beanspruchung (nach KIRMSER). Werkstoff: Stahl C 10.

höchstmöglichen Wert, nämlich σ_{bW} und τ_W, erreichen, errechnet sich nach der Gestaltänderungsenergie-Hypothese die reduzierte Spannung in jedem Augenblick zu $\sigma_{\text{red}} = \sigma_{bW}$, ist also dem Betrage nach zeitlich konstant. Allerdings ändert sich dabei die Richtung der Hauptspannung periodisch mit der Lastspielfrequenz der Beanspruchung. Für das bereits oben erwähnte Beispiel einer gleichzeitig auf Zug-Druck und Verdrehung beanspruchten quergebohrten Welle ergaben sich für verschiedene Phasenverschiebungen der Beanspruchungsanteile die in Abb. 63 dargestellten Verhältnisse. Die angestellten Überlegungen (mit den für diesen Fall notwendigen Einschränkungen, s. S. 237) lassen sich also zumindest qualitativ auch auf gekerbte Teile übertragen.

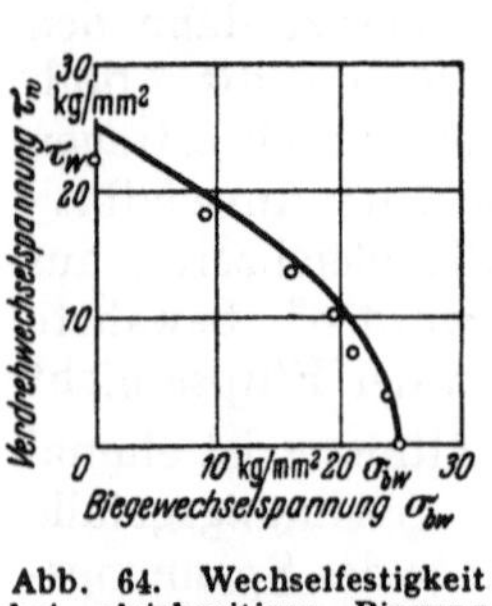

Abb. 64. Wechselfestigkeit bei gleichzeitiger Biegung und Verdrehung (nach GOUGH und POLLARD). Werkstoff: Hochwertiger Grauguß. Kurve: Parabel mit $\sigma_{bW} = \tau_W$.

Treten die beiden Beanspruchungsanteile mit verschiedener Frequenz auf, so muß man sicherheitshalber fordern, daß die Dauerfestigkeit durch den Ellipsenbogen in Abb. 60 gekennzeichnet wird. Da allerdings die Maxima der beiden Anteile seltener (oder gar nicht) zusammenfallen, ist bei entsprechenden Versuchen damit zu rechnen, daß die Grenzlastspielzahl wesentlich höher als üblich ist. Bei Stählen könnten also auch Brüche nach mehr als 10^7 Lastspielen zu erwarten sein.

Für spröde Stoffe gilt die Gestaltänderungsenergie-Hypothese nicht, für sie ist angenähert die Biegewechselfestigkeit gleich der Verdrehwechselfestigkeit. Setzt man also die größte Zugspannung als Maßstab für die Dauerbruchgefahr, so wird bei kombinierter Biege- und Verdrehbeanspruchung gleicher Phase der dauerfeste

Bereich durch einen Parabelbogen begrenzt (Abb. 64), der die (gleich großen) Werte der Biegewechselfestigkeit und Verdrehwechselfestigkeit verbindet. Ein hochfester Grauguß ist allerdings nicht spröde genug, um diese Voraussetzung streng zu erfüllen, die gemessenen Versuchspunkte[1] liegen etwas unterhalb der theoretischen Begrenzung (Abb. 64).

6. Ruhende Vorspannung.

a) Dauerfestigkeitsschaubild.

Für die verschiedenen Fälle schwingender Beanspruchung (s. S. 202) ist der ertragbare Spannungsausschlag, also die Dauerfestigkeit, im allgemeinen verschieden, er hängt somit von der Höhe einer ruhenden Vorspannung ab, wobei diese als Mittelspannung oder als Unterspannung des zeitlichen Spannungsablaufes gegeben sein kann. Diese Abhängigkeit des Spannungsausschlages von einer ruhenden Vorspannung wird in dem Dauerfestigkeitsschaubild dargestellt, das somit einen gesamten Überblick über die Werte der Dauerfestigkeit für die einzelnen Beanspruchungsbereiche und über die Zusammenhänge zwischen Mittelspannung, Spannungsausschlag, Ober- und Unterspannung an der Dauerfestigkeitsgrenze ermöglicht. Die einfachste Darstellung ist das Dauerfestigkeitsschaubild nach HAIGH, bei dem auf der Abszissenachse die Mittelspannung σ_m und in Ordinatenrichtung der Spannungsausschlag σ_A aufgetragen ist (Abb. 65). An der Ordinatenachse liest man die Wechselfestigkeit σ_W, an der Abszissenachse die Zugfestigkeit σ_B ab. Die Schnittpunkte von 45°-Linien aus dem Koordinaten-Nullpunkt liefern die halben Werte für die Zug- bzw. Druckschwellfestigkeit. Wegen der Forderung, daß die Summe von Spannungsausschlag und Mittelspannung die Streckgrenze nicht überschreiten darf, empfiehlt es sich, den zulässigen Bereich dieses Dauerfestigkeitsschaubildes durch die Gerade $\sigma_m + \sigma_A = \sigma_S$ zu begrenzen.

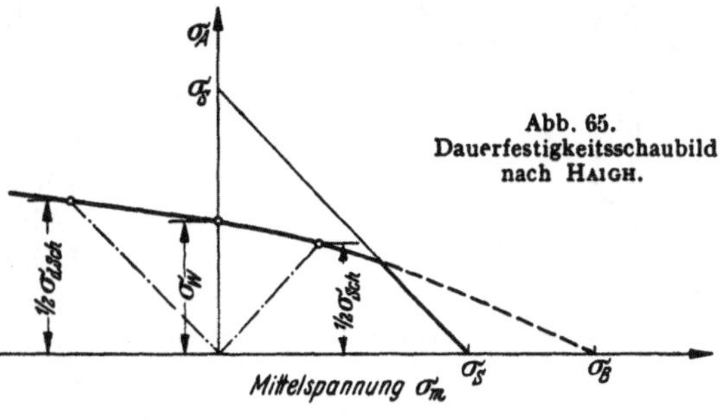

Abb. 65. Dauerfestigkeitsschaubild nach HAIGH.

Sehr viel weitere Verbreitung — zumindest in Deutschland — hat das Dauerfestigkeitsschaubild nach SMITH gefunden. Über der Mittelspannung als Abszisse sind hier die Ober- und Unterspannung als Ordinaten aufgetragen (Abb. 66), so daß sich zwei Kurvenzüge ergeben, die den dauerfesten Bereich zwischen sich einschließen. Die zur Orientierung gezeichnete 45°-Linie entspricht der Mittelspannung, Ober- und Unterspannung haben von ihr in jedem Punkt den gleichen senkrechten Ab-

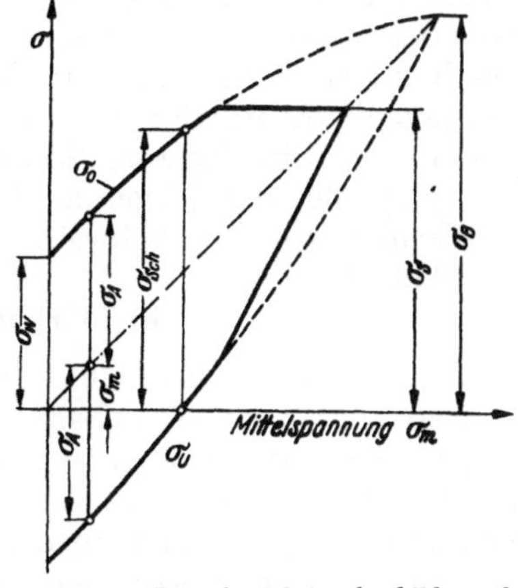

Abb. 66. Dauerfestigkeitsschaubild nach SMITH.

[1] GOUGH, H. J.: Engineer, Lond. Bd. 188 (1949) S. 497, 510, 540 u. 570.

stand (parallel zur Ordinatenachse gemessen), der die Größe des Spannungsausschlags σ_A angibt. Die Wechselfestigkeit liest man wieder an der Ordinatenachse ab, die Schwellfestigkeit σ_{Sch} ist der Wert der Oberspannung, bei dem die Abszissenachse von der Unterspannungskurve geschnitten wird, also $\sigma_U = 0$ ist. Auch hier läßt man keine Oberspannung zu, die größer als die Streckgrenze ist, schneidet also das Diagramm oben durch eine Horizontale in Höhe der Streckgrenze ab. Die Unterspannung in diesem Bereich ergibt sich aus Symmetriegründen. Die bis zur Zugfestigkeit fortgesetzten gestrichelten Linienzüge haben keine praktische Bedeutung, da man sie nur auswerten kann, wenn man stärkere plastische Verformungen in Kauf nimmt, was für Konstruktionsteile in der Regel ausgeschlossen ist.

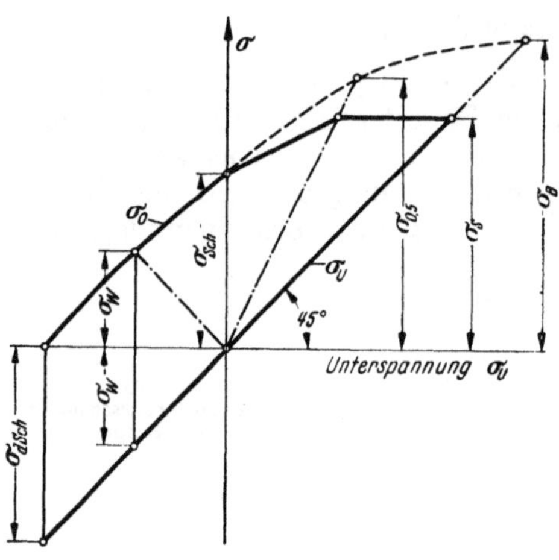

Abb. 67. Dauerfestigkeitsschaubild nach GOODMAN.

Eine dritte Darstellungsmöglichkeit bietet das Dauerfestigkeitsschaubild nach GOODMAN, bei dem die Oberspannung über der Unterspannung als Abszisse aufgetragen ist (Abb. 67). Diese Darstellung empfiehlt sich, wenn zu einer ruhenden Last wiederholte Zusatzlasten hinzukommen, weswegen sie im Eisenbahnbrückenbau (Spannungshäuschen nach KOMMERELL) angewandt wird. Außerdem hat sie sich durch Roš[1] im Schweizer Schrifttum eingebürgert. Zwischen der 45°-Linie, die hier der Unterspannung entspricht, und der Oberspannung greift man die Schwingbreite $2\,\sigma_A$ ab. Der Schnittpunkt der Oberspannungskurve mit der Ordinatenachse legt den Wert der Schwellfestigkeit, mit einer nach links ansteigenden 45°-Linie den Wert der Wechselfestigkeit fest. Eine nach rechts ansteigende Gerade mit dem Steigungsmaß 2 : 1 schneidet die Oberspannungskurve in der Höhe der sog. 0,5-Wechselfestigkeit, ein Begriff, der sich im Schweizer Schrifttum häufiger findet und die Dauerfestigkeit bedeutet, bei der die Unterspannung die Hälfte der Oberspannung beträgt. Dieser Wert wird meist schon oberhalb der Streckgrenze liegen, so daß man für den praktischen Gebrauch das Schaubild durch gerade Linienzüge ersetzt, die durch Streckgrenze, 0,5-Wechselfestigkeit, Schwellfestigkeit und Wechselfestigkeit bestimmt werden (Abb. 67).

b) Wirkung einer Vorspannung.

Allgemein kann man annehmen, daß für Stähle mit zunehmender Zugmittelspannung der ertragbare Spannungsausschlag sinkt, da durch Zug die Neigung zum trennenden Bruch begünstigt wird, obwohl die zerrüttende Wirkung der wechselnden Gleitungen sich dadurch nicht ändert. Bei ausreichend hohen Vorspannungen wird aber auch das Fließen begünstigt, so daß man von der im Zugversuch gemessenen Fließgrenze die Dauerfließgrenze unterscheiden muß, die etwas niedriger liegt. Dies rührt daher, daß bei schwingender Beanspruchung, die über den elastischen Bereich hinausgeht, der endgültige Verformungsbetrag beim ersten Lastspiel nicht voll erreicht wird (s. S. 207), sondern sich im Verlaufe der weiteren Lastspiele bis zu einem Grenz-

[1] Zum Beispiel M. M. Roš: Rev. Metall. 1947, S. 125.

wert vergrößert. Die gleiche Spannung, die bei einmaligem Lastanstieg 0,2% bleibende Verformung hervorruft, wird bei häufiger Wiederholung einen größeren Verformungsbetrag zur Folge haben. Die Dauerfließgrenze als die Spannung, die bei Erreichen der Grenzlastspielzahl eine bleibende Verformung von 0,2% bewirkt, muß also niedriger liegen als die Fließgrenze. Bei Vorspannungen, die die Fließgrenze überschreiten, kann der ertragbare Spannungsausschlag durch Kaltverfestigung nochmals ansteigen.

Bei Druckvorspannungen sind größere Spannungsausschläge möglich, d. h. nach der Druckseite erweitert sich das Dauerfestigkeitsschaubild etwas, muß aber auch hier mit der Quetschgrenze abgebrochen werden, wenn Verformungen über 0,2% ausgeschlossen werden sollen. Ein Bruch bei schwellender Druckbeanspruchung könnte sich nur als Schubbruch nach stärkeren plastischen Stauchungen ausbilden. Da die Kurven, die das Schaubild begrenzen, praktisch nur sehr schwach gekrümmt sind, ersetzt man sie zweckmäßig durch gerade Linien. Wenn nur die Wechselfestigkeit und die Streckgrenze bekannt sind, zeichnet man für Stähle in erster Annäherung unter 35° die Oberspannungslinie bis zur Streckgrenze und konstruiert die Unterspannungslinie dann durch senkrechte Symmetrie zur 45°-Linie (Abb. 68).

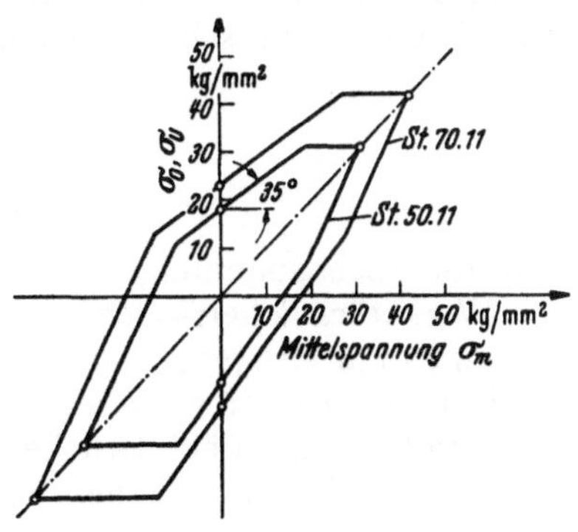

Abb. 68. Vereinfachtes Dauerfestigkeitsschaubild.

Für hin- und hergehende Biegung ist das Dauerfestigkeitsschaubild im Zug- und Druckgebiet gleich, wenn es sich um symmetrische Querschnitte handelt. Es genügt also, nur die eine Seite zu zeichnen. Bei unsymmetrischen Querschnitten ähnelt das Schaubild für Biegung dem für Zug-Druck. Für umlaufende Biegung gibt es kein Dauerfestigkeitsschaubild, da dabei keine Biegevorspannung möglich ist. Bei Verdrehung wird die Größe des Spannungsausschlages durch wach-

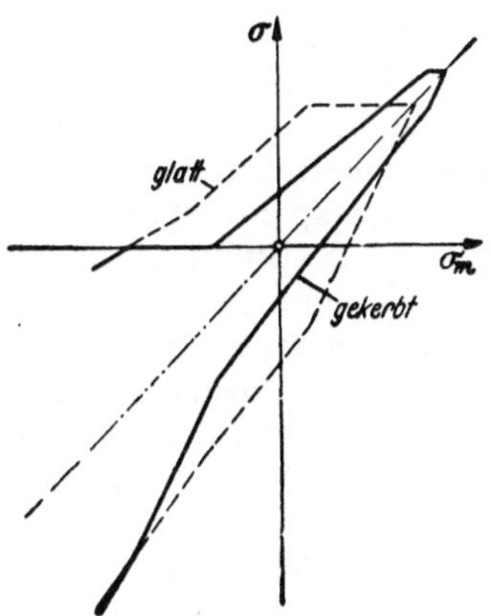

Abb. 69. Dauerfestigkeitsschaubild für gekerbte Stäbe (schematisch).

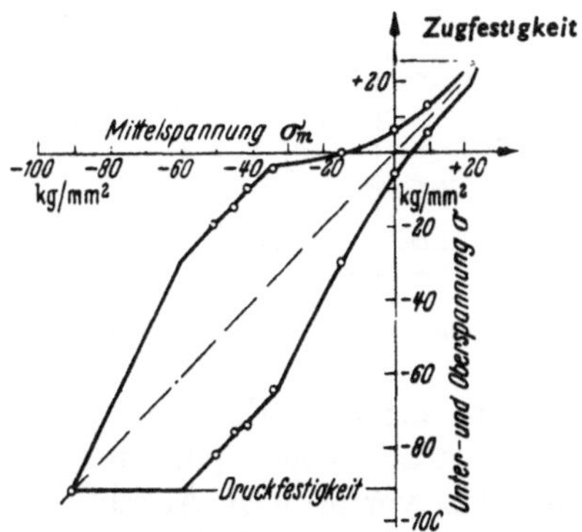

Abb. 70. Dauerfestigkeitsschaubild für Grauguß GG 22 (nach Pomp und Hempel).

sende Verdrehvorspannungen kaum gesenkt, da diese das Trennen nicht begünstigen. Die Kurven für Ober- und Unterspannung laufen also nahezu parallel zur 45°-Linie. Doch wird die Neigung zu plastischen Verformungen durch hohe Verdrehvorspannungen verstärkt, so daß die Dauerfließgrenze die

Verdrehgrenze deutlich unterschreiten kann. Dieses Verhalten erklärt z. B. das allmähliche „Setzen" von schwingend beanspruchten Schraubenfedern unter Vorspannung.

Für gekerbte Proben zeigt sich das Dauerfestigkeitsschaubild grundsätzlich verändert. Die Kerbwirkung senkt den ertragbaren Spannungsausschlag beträchtlich (s. S. 262), doch wird gleichzeitig durch Verformungsbehinderung die zügige Fließgrenze erhöht. Gegenüber der glatten Probe ist die Schleife des Schaubildes also schmaler, reicht aber wegen der höheren Streckgrenze zu höheren Mittelspannungen hinauf (Abb. 69). Da die Kerbwirkung jedoch nur im Zuggebiet gefährlich ist, im Druckgebiet dagegen die Bruchgefahr nicht erhöht, öffnet sich die Schleife zur Druckseite wieder bis auf die für die glatte Probe gegebene Begrenzung. Aus den gleichen Gründen haben Werkstoffe mit starker innerer Kerbwirkung, wie Grauguß, ein Dauerfestigkeitsschaubild[1], das im Zugschwellbereich durch sehr kleine, im Druckschwellbereich dagegen durch große Spannungsausschläge gekennzeichnet ist (Abb. 70).

7. Eigenspannungen.

a) Wesen und Wirkung.

Unter Eigenspannungen versteht man Spannungen, die im Querschnitt eines Werkstückes herrschen, ohne daß dieses durch äußere Kräfte belastet ist. Sie können nur entstehen, wenn der Werkstoff elastische Eigenschaften besitzt. Ihre Summe über den ganzen Querschnitt ist stets Null, d. h., es treten in einem Querschnitt Zug- und Druckeigenspannungen nebeneinander auf, für die $\int \sigma_z dF = \int \sigma_d dF$ ist. In einem einfachen mechanischen Modell kann man die Eigenspannungen in einem Stab vergleichen mit gespannten Federn zwischen zwei starren Querjochen (Abb. 71), von denen die inneren auf Zug und die äußeren auf Druck so beansprucht sind, daß ihre elastischen Kräfte im Gleichgewicht stehen. An diesem Modell lassen sich auch sehr anschaulich die beiden wichtigsten Möglichkeiten erläutern, die Höhe der Eigenspannungen experimentell zu bestimmen. Kennt man den Windungsabstand der Federn im unbelasteten Zustand, so kann man durch Ausmessen der Windungsbreite der belasteten Federn deren Kräfte mit Hilfe der Federkonstante errechnen. Dieses Prinzip benutzt die röntgenographische Spannungsmessung, bei der unmittelbar die Gitterabstände des verformten Atomgitters gemessen werden. Das andere Verfahren beruht darauf, daß man im Modell die mittleren Federn entfernt, so daß die äußeren Druckfedern spannungsfrei werden. Die Abstandsvergrößerung der beiden Joche ist dann ein Maß für die (inzwischen ausgelösten) äußeren Federkräfte. Auf die Verhältnisse am verspannten Stab übertragen bedeutet das, daß man durch Ausbohren des Kernes und Messen der Längen-

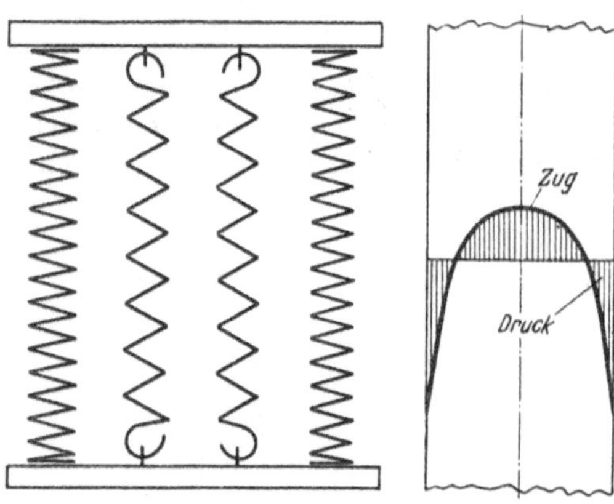

Abb. 71. Modell für das Auftreten von Eigenspannungen.

[1] POMP, A., u. M. HEMPEL: Mitt. K.-Wilh.-Inst. Eisenforschg. Bd. 22 (1940) S. 169.

änderung des Stabes die Eigenspannungen der Oberflächenschicht experimentell ermitteln kann. Durch stufenweises Ausbohren erhält man dabei (im Gegensatz zum Röntgenverfahren) einen Überblick über die Verteilung der Eigenspannungen über den Querschnitt. Die Höhe der Eigenspannungen kann beträchtliche Werte annehmen, jedoch die Fließgrenze nicht überschreiten, da sonst der Werkstoff unter ihrer Wirkung plastisch nachgeben würde. Die höchsten Eigenspannungen wurden daher an Stählen mit sehr hoch liegender Streckgrenze gemessen.

Die Wirkung von Eigenspannungen auf die Dauerfestigkeit entspricht vollkommen der Wirkung einer ruhenden Vorspannung, da es für ein schwingend belastetes Werkstoffteilchen völlig unerheblich ist, ob die gleichzeitig wirkende ruhende Spannung durch äußere Kräfte aufgebracht oder durch innere Spannungen hervorgerufen wurde. Ebenso wie Zugvorspannungen den möglichen Spannungsausschlag senken, wird die Dauerfestigkeit durch Zugeigenspannungen erniedrigt, durch Druckeigenspannungen dagegen erhöht. Da Druck- und Zugeigenspannungen jedoch stets gleichzeitig auftreten, kann sich ein Eigenspannungssystem auf die Zug-Druck-Wechselfestigkeit eines glatten Stabes ($\chi = 0$) nicht günstig auswirken (vgl. jedoch S. 268). Einer Steigerung der Dauerfestigkeit an einer Stelle des Querschnitts steht nämlich stets eine Minderung an einer anderen Stelle entgegen. Ist der Spannungszustand jedoch ungleichmäßig, liegt also ein Spannungsgefälle vor, so läßt sich durch ein geeignetes Eigenspannungssystem, dessen Zugeigenspannungen im Gebiet niedriger Lastspannungen liegen, eine deutliche Steigerung der Dauerfestigkeit erzielen. Für Proben mit Druckeigenspannungen in der Oberfläche wird daher die Biege- und Verdrehwechselfestigkeit, vor allem dünner Proben, höher gefunden. Doch ist auch bei diesen Beanspruchungsarten die günstige Wirkung der Druckeigenspannungen begrenzt, wenn bei größeren Probendicken das Spannungsgefälle kleiner wird (s. S. 230). Das wichtigste Anwendungsgebiet bewußt erzeugter Eigenspannungen bleiben daher gekerbte Konstruktionen, bei denen an den Spannungsspitzen im Kerbgrund auch bei größeren Abmessungen ein ausreichend hohes Spannungsgefälle vorliegt, daß Druckeigenspannungen sich günstig auswirken können (s. S. 258). Besonders stark ist die Wirkung von Druckeigenspannungen an schwellend beanspruchten gekerbten Konstruktionen, da dann im Kerbgrund tatsächlich keine Schwellbeanspruchung vorliegt, sondern ein Wechsel zwischen Druckeigenspannung und verringerter Zug-Last-Spannung.

b) Eigenspannungen durch Kaltverformung.

Eigenspannungen können durch Kaltverformung entstehen, wenn ein Teil des Querschnitts plastisch, der Rest jedoch nur elastisch verformt wird. Sie setzen also eine ungleichmäßige Beanspruchung des Querschnitts voraus. Drückt man z. B. (wie bei der Härteprüfung) eine Kugel in die Oberfläche des Werkstücks, so wird der Werkstoff unter der Kugel plastisch zusammengedrückt und zur Seite weggedrängt, während in einiger Entfernung darunter die Verformung wegen der dort geringeren Spannungen elastisch bleibt. Beim Entlasten der Kugel federn die elastisch verformten Gebiete wieder zusammen und setzen dabei die plastisch verformte Zone unter Druckeigenspannungen (Abb. 72), behalten aber selbst Zugeigenspannungen zurück. Diese Druckeigenspannungen in der Oberfläche des Kugeleindrucks sind, wie leicht einzusehen ist, in allen Richtungen gleich groß, der Druckeigenspannungszustand ist also in der Oberfläche zweiachsig. Ersetzt man die Kugel durch eine unter einer

Druckkraft sich abwälzende Rolle, so kann man z. B. die Hohlkehle einer abgesetzten Welle (Abb. 73) oder eine ganze Oberfläche unter Druckeigenspannungen setzen. Wichtig ist, daß die Kaltverformung örtlich begrenzt bleibt,

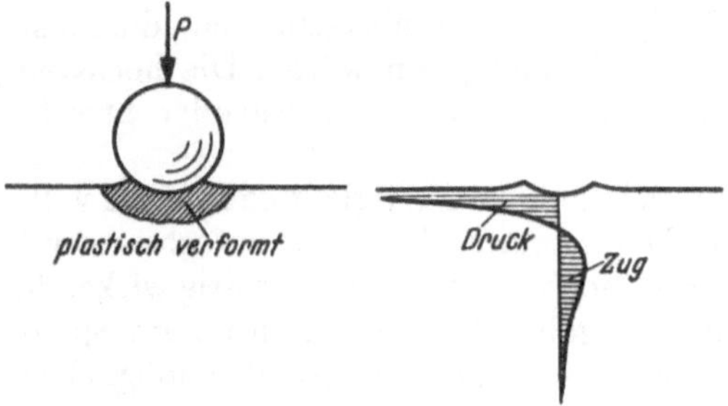

Abb. 72. Entstehung von Eigenspannungen durch örtliche plastische Verformung.

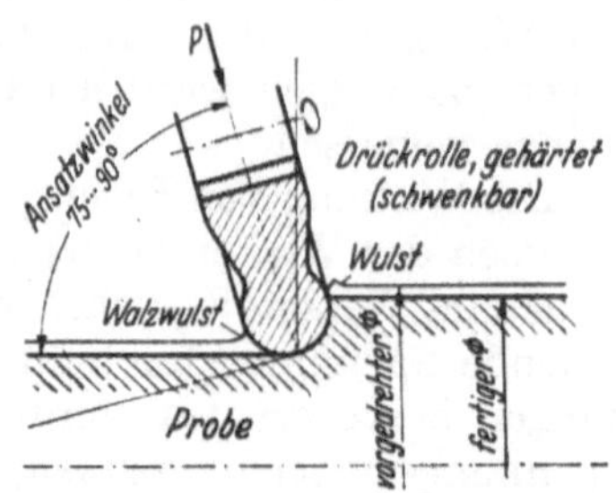

Abb. 73. Kaltwalzen der Hohlkehle einer abgesetzten Welle (nach THUM u. BRUDER).

da nur dann der Spannungszustand so ungleichmäßig ist, daß dicht neben stark plastisch verformten Gebieten die Beanspruchung nur elastisch war. Das „Verformungsgefälle" sollte also möglichst hoch sein. Die Steigerung der Dauerfestigkeit, die auf der Kaltverfestigung und der Entstehung der Druckeigenspannungen beruht, wird nämlich bei Anwendung zu starker Druckkräfte wieder geringer[1] (Abb. 74). Aus dem gleichen Grunde haben z. B. Schrauben mit aus dem Vollen gewalztem Gewinde eine niedrigere Dauerfestigkeit als Schrauben, bei denen das Gewinde vorgeschnitten und dann nur der Gewindegrund nachgedrückt wurde[2]. Ähnliche Wirkungen erzielt man auch durch Sand- oder Kugelstrahlen der Oberfläche. Dagegen entstehen beim Ziehen von Stangen durch eine Düse in der Oberfläche erhebliche Zugeigenspannungen[3].

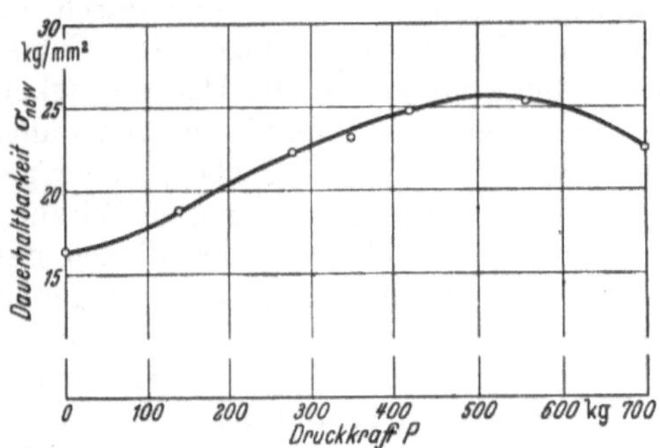

Abb. 74. Steigerung der Dauerhaltbarkeit einer abgesetzten Welle durch Kaltrollen der Hohlkehle (nach THUM und BRUDER). Werkstoff: Stahl C 35 mit $\sigma_{bW} = 27{,}5$ kg/mm², $D = 22$ mm, $d = 17$ mm, $\varrho = 1{,}2$ mm.

Eine weitere Möglichkeit, durch Kaltverformung Eigen-

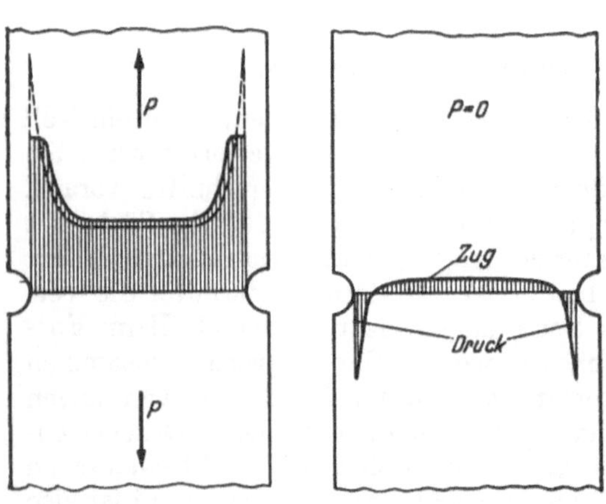

Abb. 75. Eigenspannungen nach Kaltrecken (schematisch).

[1] THUM, A., u. E. BRUDER: Dtsch. Kraftfahrtforsch. H. 11, Berlin: VDI-Verlag 1938.

[2] WIEGAND, H., u. B. HAAS: Berechnung und Gestaltung von Schraubenverbindungen, 2. Aufl. Berlin/Göttingen/Heidelberg: Springer 1952.

[3] BÜHLER, H.: Werkst. u. Betr. Bd. 84 (1951) S. 8.

spannungen zu erzeugen, besteht darin, eine gekerbte Probe so weit zu recken, daß die hoch beanspruchten Werkstoffgebiete unmittelbar im Kerbgrund plastisch gedehnt werden. Nach Entlasten stellt sich dann ein Eigenspannungssystem ein (Abb. 75), das im Kerbgrund Druck- und im Stabinnern Zugeigenspannungen aufweist.

c) Eigenspannungen durch Wärmebehandlung.

Allein durch ungleichmäßige Abkühlung oder durch örtliche Erwärmung können in einem Werkstück Eigenspannungen entstehen, die auf die ungleichmäßige Wärmedehnung bzw. -schrumpfung zurückzuführen sind. In den zuletzt abgekühlten Gebieten werden sich Zugeigenspannungen ausbilden, da die benachbarten, bereits erkalteten Stellen eine Schrumpfung behindern und dadurch selbst Druckeigenspannungen erhalten. Umgekehrt führt eine örtliche Erwärmung eines zunächst spannungsfreien Stücks an den erwärmten Stellen nach dem Wiedererkalten zu Zugeigenspannungen.

Nach einer schnellen Abkühlung der Oberfläche von 600° C, die an sich noch keine Gefügeumwandlung bewirkt, wurden an verschiedenen Stählen Druckeigenspannungen in der Oberfläche zwischen 17 und 36 kg/mm² gemessen[1], ohne daß dadurch die Zugfestigkeit nennenswert gesteigert worden wäre. Die Biegewechselfestigkeit dagegen nahm um Beträge bis zu 6 kg/mm² (prozentual wesentlich stärker als die Zugfestigkeit) zu (Abb. 76), was vorwiegend auf die Wirkung der Druckeigenspannungen zurückzuführen ist.

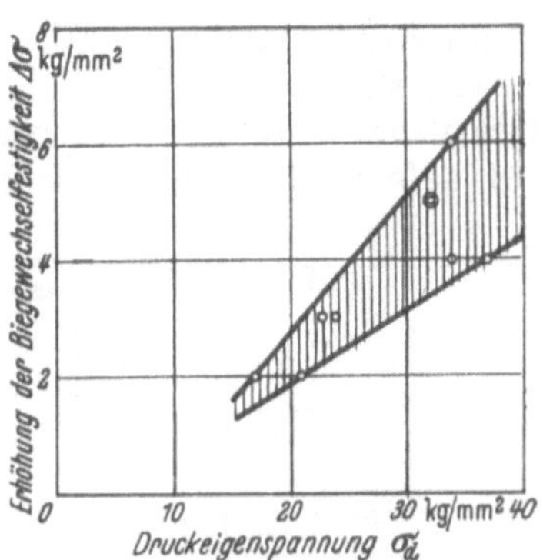

Abb. 76. Zunahme der Biegewechselfestigkeit durch Druckeigenspannungen in der Oberfläche (nach BÜHLER und BUCHHOLTZ) Werkstoff: Unlegierte Stähle mit 0,33 bis 0,57% C. Probendurchmesser 27 mm.

In noch stärkerem Maße treten Druckeigenspannungen in der Oberfläche auf, wenn die Wärmebehandlung mit einer Strukturumwandlung in der Oberfläche verbunden ist, die eine Volumenvergrößerung bewirkt. Dies ist bei den bekannten Oberflächenhärteverfahren wie Einsatzhärten, Brennstrahlhärten, und Induktionshärten der Fall, da bei der Martensitumwandlung eine solche Volumenzunahme eintritt, die sich jedoch bei den genannten Verfahren auf die Oberfläche beschränkt. Wichtig ist, daß sich der Martensit erst bei einer Abkühlung auf etwa 250° C bildet, wenn die benachbarten Gebiete schon so weit abgekühlt sind, daß die Höhe ihrer Streckgrenze eine elastische Aufnahme der aufgezwungenen Verformungen ermöglicht. Zu der Wirkung der Druckeigenspannungen kommt hier noch die Festigkeitssteigerung der Oberflächenschicht hinzu, so daß die Dauerfestigkeit gegenüber der unbehandelten Oberfläche ganz erheblich gesteigert wird. Die Steigerung wird sich aus den schon oben erwähnten Gründen weniger auf zugdruckbeanspruchte Teile als vor allem auf Biege- und Verdrehproben erstrecken (Abb. 77) und hier wiederum an gekerbten Proben die höchsten Werte erreichen. Bei den in Abb. 77 mitgeteilten Ergebnissen konnte die höchstmögliche Steigerung nicht einmal gemessen werden, weil die nur auf der Prüfstrecke oberflächengehärteten glatten Proben in den verstärkten Einspannköpfen brachen. Selbst die Probe mit umlaufender

[1] BÜHLER, H., u. H. BUCHHOLTZ: Mitt. Forsch.-Inst. Ver. Stahlwerke, Dortmund Bd. 3 (1933) S. 235.

Rillenkerbe brach im dicken Querschnitt auf der ungehärteten freien Prüfstrecke, obwohl im Kerbquerschnitt schon allein die Nennspannung wegen des kleineren Widerstandsmomentes ziemlich erhöht ist. Bei quergebohrten Proben

Stabform	Biegewechselfestigkeit ungehärtet kg/mm²	Biegewechselfestigkeit gehärtet kg/mm²	Steigerung %
	27,8	>50,1	>80
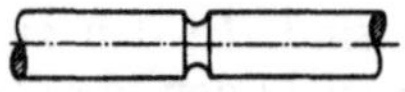	20,4	>50,0	>146
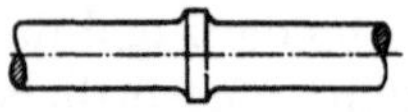	16,7	>32,6	>95
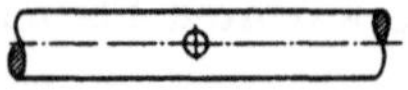	17,0	23,5	38

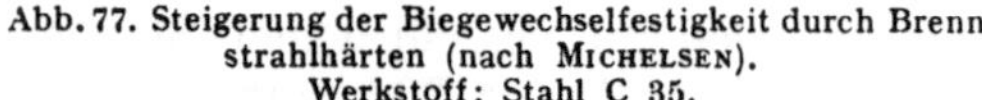

Abb. 77. Steigerung der Biegewechselfestigkeit durch Brennstrahlhärten (nach MICHELSEN). Werkstoff: Stahl C 35.

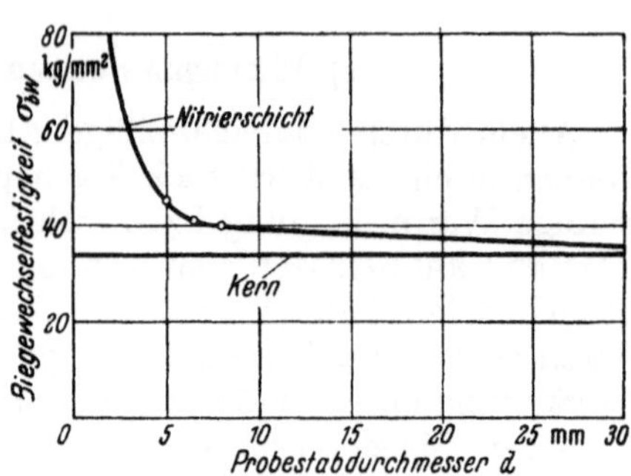

Abb. 78. Biegewechselfestigkeit von Kern und Rand bei nitrierten Proben verschiedenen Durchmessers (nach WELLINGER und GIMMEL). Werkstoff: Stahl 34 Cr Al 6, Kurve extrapolierend berechnet.

ist die Erhöhung der Dauerfestigkeit nicht so stark, da die Brennstrahlhärtung nicht bis ins Innere der verhältnismäßig kleinen Bohrung eindringt. Ähnliche Verhältnisse ergaben sich bei eingesetzten Proben, wenn die Bohrung nicht mit aufgekohlt wird. Erstreckt sich dagegen die Aufkohlung auch auf die Bohrungswand, dann wird als Nenndauerfestigkeit der Wert der glatten Probe erreicht.

Stabform	Biegewechselfestigkeit ungehärtet kg/mm²	Biegewechselfestigkeit nitriert kg/mm²	Steigerung %
	57	73	28
	23	49	113
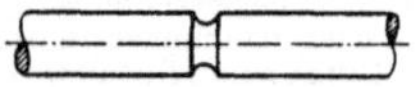	26	60	130
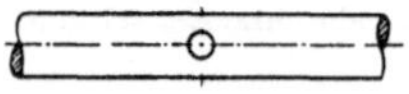	30	56	87
 geschruppt	44	73	75

Abb. 79. Steigerung der Biegewechselfestigkeit durch Nitrieren (nach WIEGAND).

Auch beim Nitrieren entstehen durch die Diffusion des Stickstoffs in die Oberfläche und die Bildung des Eisennitrids hohe Druckeigenspannungen. Da zwar die Härte aber nicht die Zugfestigkeit der Nitrierschicht gegenüber dem Kernwerkstoff zunimmt, ist die Steigerung der Dauerfestigkeit in diesem Fall allein den Druckeigenspannungen zuzuschreiben. Bei glatten Proben beginnt der Daueranriß in einer bestimmten Tiefe unterhalb der Nitrierschicht (s. S. 218), daher ist für seine Entstehung die Festigkeit des Kernwerkstoffs maßgebend, so daß die Steigerungen der Biegewechselfestigkeit glatter Proben sich auf verhältnismäßig kleine Durchmesser beschränken (Abb. 78) und der hierdurch hervorgerufene Größeneinfluß (s. S. 230) bei Proben von mehr als 20 mm Durchmesser praktisch abgeklungen ist[1]. Bei gekerbten Proben dagegen (Abb. 79) und bei Oberflächen mit mangelhafter Bearbeitungsgüte (Schruppen) bringt die Nitrierbehandlung wesentliche Vorteile[2].

[1] WELLINGER, K., u. P. GIMMEL: Arch. Eisenhüttenw. Bd. 23 (1952) S. 203.
[2] WIEGAND, H.: Härtereitechn. Mitt. Bd. 1, S. 166.

d) Eigenspannungen durch Bearbeitung.

Bei den technischen Verfahren der spanabhebenden Bearbeitung wird in der Regel die Oberfläche kalt verformt. Es bleiben Druckeigenspannungen in der Oberflächenschicht zurück, die besonders bei großen Spandicken und bei Verwendung stumpfer Stähle eine Tiefe von mehreren zehntel Millimeter erreichen. Zur Erzielung einer für die Prüfung einwandfreien Oberfläche soll daher im letzten Arbeitsgang vor dem Polieren nur noch ein ganz dünner Span abgenommen werden. Aber auch durch das Polieren werden noch erhebliche Druckeigenspannungen erzeugt, die wohl die Wechselfestigkeit dünner Biegeproben heraufsetzen. Erst durch metallographisches Polieren, bei dem der Probendurchmesser nochmals um 0,02 bis 0,03 mm verringert wird, scheint diese Eigenspannungszone zu verschwinden, so daß die Dauerfestigkeit gegenüber der normal polierten Probe um 5 bis 18% absinkt[1]. Gleiche Ergebnisse erzielt man durch elektrolytisches Polieren (s. S. 230).

Wird dagegen beim Schleifen, besonders wenn trocken geschliffen wird, die Oberflächenschicht unzulässig warm, so entstehen in ihr Zugeigenspannungen, die bei harten Stählen so hoch werden können, daß sich sogar Schleifrisse bilden.

e) Eigenspannungen durch Wechselbeanspruchung.

Wenn in einer wechselnd gebogenen Probe in der Randzone ein bestimmter Dehnungswert überschritten wird, so kann man annehmen, daß sich senkrecht zur Beanspruchungsrichtung feinste Rißchen bilden (s. S. 208). Vorzugsweise werden die Kristalle anreißen, die vorher mit Mikrozugeigenspannungen behaftet waren. In den äußeren Zonen wird also ein Überschuß an Mikrodruckeigenspannungen frei, der aber nicht einfach durch Längung der betreffenden Kristalle verschwinden kann, da die äußeren Zonen mit dem Kern fest verbunden sind. Deshalb öffnen sich die Rißchen auch nur bei äußerer Zugbeanspruchung, sind jedoch bei äußerer Entlastung und natürlich bei Druck praktisch geschlossen. Die Folge ist wiederum eine makroskopisch meßbare Druckeigenspannungszone in der Oberfläche, eine sog. Druckhaut, die um so leichter entsteht, als die in der Oberflächenschicht liegenden Kristalle leichter verformbar sind, da sie nicht von allen Seiten im Gefüge eingeschlossen sind. Aus diesen Grunde bildet sich eine solche dünne Druckhaut auch bei zugbeanspruchten Stäben, obwohl hier die Randzone makroskopisch gleich hoch beansprucht ist wie der Kern. Diese etwas stärkere Nachgiebigkeit der Oberflächenkristalle wirkt demnach etwa wie eine Festigkeitsminderung der Oberflächenschicht, so daß es ganz heilsam erscheint, daß durch die technische Oberflächenbearbeitung von vornherein eine Druckeigenspannung diesem Einfluß entgegenwirkt. Es ist daher zumindest für technische Belange zweifelhaft, ob man überhaupt versuchen sollte, durch elektrolytisches Polieren die Eigenspannungsschicht zu entfernen, da der dann erhaltene Dauerfestigkeitswert wahrscheinlich auch nicht der dem Werkstoff eigentümliche ist.

Auf der anderen Seite ist jedoch auch beobachtet worden, daß bereits vorhandene Eigenspannungen im Verlauf einer schwingenden Beanspruchung gesenkt werden[2]. Es wurde schon gesagt, daß der mögliche Höchstwert einer Eigenspannung, sei es Zug oder Druck, durch die Höhe der Fließgrenze gegeben ist. Überlagert sich jedoch einer solch hohen Eigenspannung eine gleichartige Lastspannung, so wird die Fließgrenze überschritten und die Eigenspannung

---

[1] WELLINGER, K., u. P. GIMMEL: Metalloberfl. Bd. 6 (1952) S. 4.

[2] BÜHLER, H., u. H. BUCHHOLTZ: Mitt. Forsch.-Inst. Ver. Stahlwerke, Dortmund Bd. 3 (1933) S. 235.

entsprechend erniedrigt. In erster Annäherung könnte man also folgern, daß nach einer Wechselbeanspruchung die Eigenspannung auf den Wert absinkt, der sich aus der Differenz von Fließgrenze und Lastspannung ergibt. Die wirklichen Verhältnisse sind allerdings nicht ganz so einfach, da einerseits die ursprüngliche Fließgrenze durch Verfestigung gehoben wird, andererseits der Abbau der Eigenspannungen sich erst im Verlauf zahlreicher Wechselbeanspruchungen vollzieht. Aus der Annahme, daß die Summe aus Eigenspannungen und Lastspannung allmählich einem konstanten Grenzwert, etwa der Dauerfließgrenze, zustrebt, kann man schließen, daß vorhandene Eigenspannungen um so stärker gesenkt werden, je höher die Wechselbeanspruchung ist, was durch Messungen bestätigt wurde. Aus dem gleichen Grunde können jedoch Druckeigenspannungen, die in ursprünglich spannungsfreien Proben erst durch Wechselbeanspruchungen entstehen, von vornherein nicht über einen bestimmten Wert anwachsen. Deshalb kann es sein, daß durch Wechsellasten an der Dauerfestigkeitsgrenze kleinere Druckeigenspannungen entstehen als durch Wechsellasten etwas unterhalb der Dauerfestigkeit[1].

8. Vorbeanspruchungen.

a) Einmalige Vorbeanspruchung.

Wenn beim Dauerversuch in der Regel ein sinusförmiger Belastungsablauf gewählt wird, so entspricht das in den meisten Fällen nicht dem wirklichen Belastungsablauf in der Praxis. Eine zeitlich veränderlich belastete Maschine erfährt im Laufe der Zeit Schwingbeanspruchungen verschiedenen Spannungsausschlages, auch können einmalige starke Überlastungen vorkommen. Es ist nun die Frage, ob und wie die Dauerfestigkeit durch kurzzeitige Überlastungen oder durch Schwingbelastungen unterhalb der Dauerfestigkeit verändert wird.

Eine einmalige starke Überlastung wirkt bei zähen Werkstoffen wie eine zügige Beanspruchung über die Streckgrenze, der Werkstoff wird kalt verfestigt, die Wechselfestigkeit und in noch stärkerem Maße die Schwellfestigkeit steigt (s. S. 223 und Abb. 39). Auch wenn es sich z. B. beim kurzzeitigen Durchgehen einer Maschine nicht um eine einmalige, sondern um eine mehrmalige starke Überlastung (etwa 100) handelt, darf man annehmen, daß durch die entstandene Verfestigung die Dauerfestigkeit gesteigert wurde. Die Wöhler-Kurve bei Schwellbeanspruchung verläuft nämlich bis etwa 1000 Lastspiele praktisch horizontal in Höhe der Zugfestigkeit (s. S. 205 und Abb. 7), so daß sich 100 Lastspiele in ihrer Wirkung von einer einzigen Überlastung kaum unterscheiden. Einschränkend muß jedoch gesagt werden, daß zwar die Festigkeit durch die plastische Überbeanspruchung gestiegen ist, daß damit aber noch nicht gewährleistet ist, daß das Konstruktionsteil nun die normale Betriebsbelastung beliebig oft aushalten kann. Denn durch die plastischen Verformungen können Maßabweichungen entstanden sein (Schlagen einer Welle, Taumeln eines Rades, Schwerpunktsverlagerung), die zu starken Zusatzbeanspruchungen durch Zwangsverformungen oder Fliehkräfte Anlaß geben und schließlich zum Dauerbruch führen. Bei Biegung sind solche Maßabweichungen durch plastische Verformung besonders störend, während sie bei Zug oder Verdrehung die Funktion des Teils weniger behindern. Außerdem wird bei Biegung wegen der ungleichmäßigen Spannungsverteilung im Querschnitt ein Eigenspannungssystem erzeugt, das auf der einen Seite Druck-, auf der anderen Seite Zugeigenspannungen hinterläßt. Überlastungen können also allenfalls bei schwellender, nicht aber bei wechselnder oder umlaufender Biegung ohne

[1] Siehe Fußncte 2, S. 247.

Schaden aufgenommen werden, da die entstandene Zugeigenspannung bei Wechselbeanspruchung auch in die Zugzone kommt.

Bei gekerbten Teilen entsteht ebenfalls durch eine einmalige Zugüberlastung zusätzlich zur Kaltverfestigung ein Eigenspannungssystem, das mit Druckeigenspannungen im Kerbgrund (s. S. 244 und Abb. 75) die Wechselfestigkeit und wiederum besonders die Schwellfestigkeit erhöht. Bei einer geschweißten Kehlnahtverbindung z. B. konnte nach einer starken Vorreckung eine Steigerung der Schwellfestigkeit um etwa 80% selbst dann noch beobachtet werden, wenn durch die Vorbelastung bereits deutliche Anrisse in der Wurzel der Kehlnaht entstanden waren[1]. Die starken Druckeigenspannungen verhindern dann ein Weiterwachsen dieser Risse.

b) Schwingende Vorbeanspruchungen, Mehrstufenversuche.

Als schwingende Vorbeanspruchungen sind Belastungen aufzufassen, die in häufiger Folge (mehr als 100) auftreten und in ihrer Höhe entweder über der Dauerfestigkeit liegen, unter der Dauerfestigkeit bleiben oder in regelloser Folge die Größe des Spannungsausschlages ändern. Besonders die letztere Möglichkeit ist von großer praktischer Bedeutung, da sie z. B. der Beanspruchung von Fahrwerksteilen eines Kraftwagens entspricht, die durch Kurvenfahrten und Unebenheiten der Fahrbahn unperiodisch schwingende Beanspruchungen erfahren (Abb. 80), bei denen vereinzelte hohe Überlastungsspitzen (Schlaglöcher) mit zahlreichen Laständerungen mittlerer und kleiner Amplitude abwechseln. Obwohl dieser Beanspruchungsablauf völlig regellos zu sein scheint, läßt sich eine gewisse statistische Gesetzmäßigkeit erkennen, wenn man Zahl und Höhe der Beanspruchungen lange genug beobachtet und durch geeignete Meßgeräte registriert. Als Ergebnis solcher Messungen kann man dann die Häufigkeitskurve der Belastungen aufzeichnen (Abb. 81), indem über einzelnen Belastungsstufen, z. B. von 100 zu 100 kg ansteigend, die Anzahl der in diesem Bereich registrierten Beanspruchungen aufgetragen wird. Das gesamte Belastungskollektiv stellt sich dabei zunächst als Treppendiagramm dar, das dann durch einen stetigen Kurvenzug ersetzt werden kann. Die so erhaltene Häufigkeitskurve ist für das Beispiel der Fahrbahnkräfte

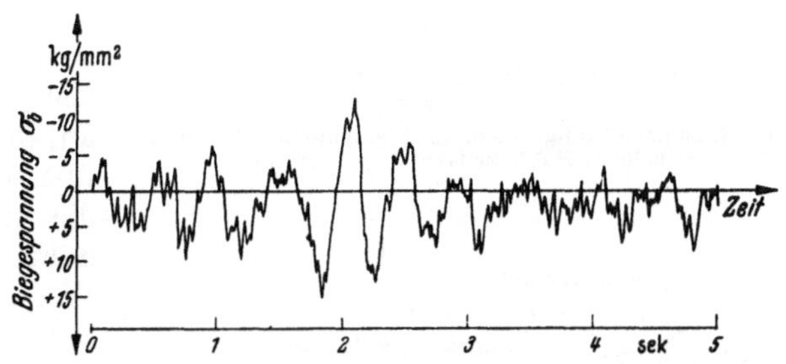

Abb. 80. Biegespannungen in der Eckverbindung eines Fahrzeugrahmens beim Befahren einer Schlaglochstrecke mit 40 km/h (nach SVENSON).

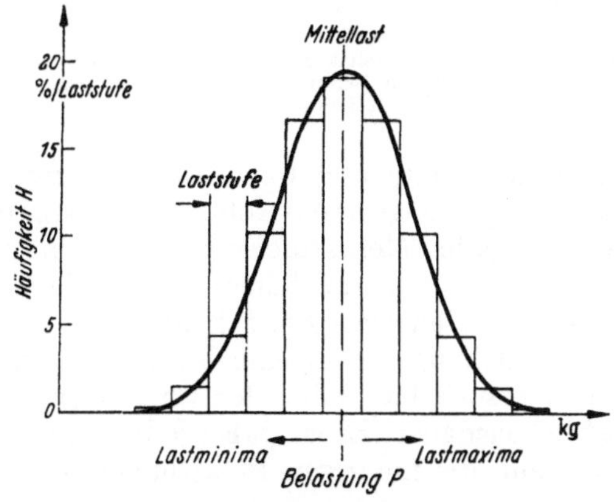

Abb. 81. Symmetrische Häufigkeitskurve der Belastung (schematisch).

[1] THUM, A., u. A. ERKER: Z. VDI Bd. 86 (1942) S. 171.

praktisch symmetrisch, d.h., es treten für die Feder eines Kraftwagens ebenso viele und so hohe Kräfte auf, die sie zusätzlich belasten, wie Kräfte, die sie entlasten. Zweckmäßig beziffert man die Ordinatenachse in % je Belastungsstufe und liest diese Größe aus dem Treppendiagramm oder der Kurve ab.

Häufiger noch wird das Belastungskollektiv durch die Summenhäufigkeitskurve dargestellt, die man unmittelbar durch graphische Integration des Treppendiagramms der Häufigkeitskurve erhalten kann (Abb. 82). Sie kann an der Abszisse nach Lastspielen oder nach % beziffert werden, wobei unter der %-Angabe die jeweilige Anzahl Lastspiele, bezogen auf die Gesamtlastspielzahl (verlangte Lebensdauer), verstanden wird. Die Summenhäufigkeitskurve gibt somit an, wie oft eine bestimmte Belastungshöhe überschritten wird. Die Zählwerke, die den einzelnen Belastungsstufen bei der Registrierung zugeordnet sind, sprechen nämlich jedesmal an, wenn die eingestellte Lasthöhe überschritten wird, sie zählen also die Anzahl aller Belastungen, die höher sind als der eingestellte Wert. Die auf diese Weise erhaltene Kurve hätte man auch gefunden, wenn man die Beanspruchungen in Abb. 80 der Größe nach geordnet und dann die Einhüllende daran gezeichnet hätte (Abb. 83).

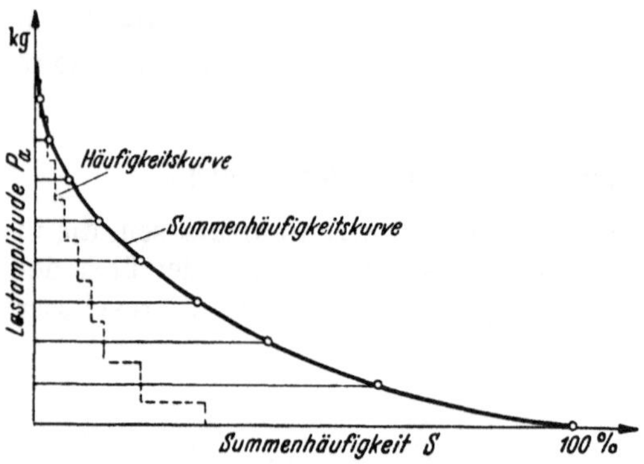

Abb. 82. Summenhäufigkeitskurve als graphische Integration der (halben) Haufigkeitskurve (schematisch).

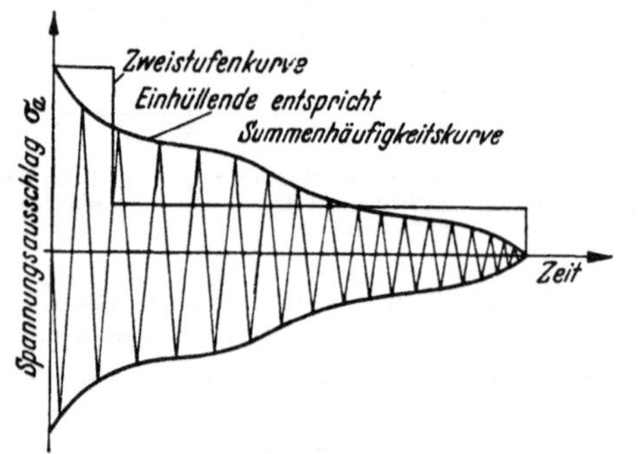

Abb. 83. Summenhäufigkeitskurve als Einhüllende des der Größe nach geordneten Belastungsablaufs und ihr Ersatz durch eine Zweistufenkurve.

Es ist natürlich prüftechnisch recht schwierig, ein durch die Summenhäufigkeitskurve gekennzeichnetes Belastungskollektiv auf einer Prüfmaschine zu realisieren. In erster Annäherung ersetzt man daher die Summenhäufigkeitskurve durch ein zweistufiges (oder mehrstufiges) Treppendiagramm (Abb. 83) und kommt bei der Prüfung zum Zweistufenversuch (oder Mehrstufenversuch). Ein solcher Versuch hat natürlich nur dann Sinn, wenn die höhere Stufe über, die niedrigere Stufe unter oder in Höhe der Dauerfestigkeit liegt, und bezweckt festzustellen, ob bei diesem Beanspruchungsablauf eine bestimmte Lastspielzahl erreicht wird. Ein Mehrstufenversuch hat daher den Charakter eines Versuchs auf Zeitfestigkeit oder auf Lebensdauer. Es ist dabei jedoch nicht gleichgültig, ob man erst die hohen und dann die niedrigen Belastungen ablaufen läßt oder umgekehrt[1].

c) Hochtrainieren.

Beginnt man einen Mehrstufenversuch mit einer Laststufe wenig unterhalb der Dauerfestigkeit und steigert bei Stufenbreiten von einigen Millionen Lastspielen die Beanspruchung in kleinen Stufen, so zeigt es sich, daß schwingende

[1] Drozd, A., E. Gerold u. E. H. Schulz: Arch. Eisenhüttenw. Bd. 21 (1950) S. 181.

Beanspruchungen dauerfest, d. h. mehr als 10^7 mal ertragen werden, die oberhalb der Dauerfestigkeit liegen. Diesen Effekt, den man vorzugsweise an weichen bis mittelharten Stählen beobachtet, bezeichnet man als Hochtrainieren des Werkstoffs. Die Erscheinung ist aus dem Mechanismus der Wechselverfestigung und Wechselzerrüttung (s. S. 207) zu erklären und beruht darauf, daß bei Beanspruchungen dicht unterhalb der Dauerfestigkeit die Wechselverfestigung überwiegt und ein allmählicher Ausgleich der Mikrospannungsspitzen im Gefüge stattfindet, ohne daß an höchstbeanspruchten Stellen die Zerrüttung gefährlich wird. In dem Maße, wie die Mikrospannungsspitzen kleiner geworden sind, kann jetzt die Schwinglast gesteigert werden, wodurch sich ein weiterer Ausgleich vollzieht. So kommt man allmählich zu Belastungen, die bei erstmaligem Aufbringen sofort die Zerrüttung hätten wirksam werden lassen, von dem trainierten Gefüge jedoch ertragen werden. Auf diese Weise kann die Dauerfestigkeit bei weichen Stählen um etwa 30%, bei härteren Stählen weniger gesteigert werden.

d) Schädigung.

Beginnt man umgekehrt einen Mehrstufenversuch mit einer Laststufe oberhalb der Dauerfestigkeit und geht dann auf eine Laststufe in Höhe der Dauerfestigkeit über, so kann es sein, daß die Probe bricht. Der Werkstoff ist also durch die vorangegangenen Schwingbeanspruchungen geschädigt worden. Die Schädigung hängt von der Höhe und von der Anzahl der schwingenden Vorbeanspruchungen ab und kann durch eine Minderung der Dauerfestigkeit[1], der Kerbzähigkeit[2] oder anderer Eigenschaften nachgewiesen werden. Einen anschaulichen Überblick über diese Verhältnisse bekommt man durch die Schadenslinie, die ähnlich wie die WÖHLER-Kurve über der Lastspielzahl aufgetragen wird (Abb. 84). Die Schadenslinie begrenzt für jede Beanspruchungshöhe oberhalb der Dauerfestigkeit die Anzahl der Lastspiele, die ohne eine Schädigung ertragen werden kann. Je nach dem, ob man als Schädigung eine Minderung der Dauerfestigkeit oder der Kerbschlagzähigkeit definiert, kann ihr Verlauf verschieden sein. Auf jeden Fall verläuft sie mehr oder weniger unterhalb der WÖHLER-Kurve und mündet in Höhe der Dauerfestigkeit horizontal in sie ein. Unterhalb der Schadenslinie liegt also der Bereich, in dem einander zugeordnete Überlastungshöhen und Lastspielzahlen ohne Schädigung ertragen werden können, der Bereich zwischen Schadenslinie und WÖHLER-Kurve entspricht einer Schädigung im Sinne einer Minderung der Dauerfestigkeit.

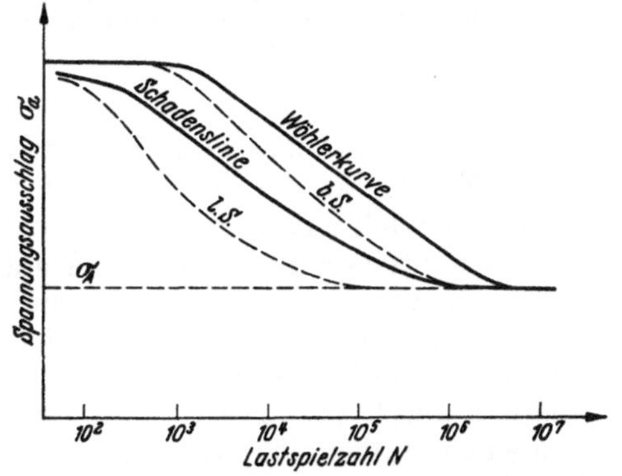

Abb. 84. Wöhlerkurve und Schadenslinie (schematisch). *l. S.* = latente Schädigung, *b. S.* = bleibende Schädigung.

Man kann die Fragestellung nach einer Schädigung durch schwingende Überlastungen noch dahingehend erweitern, nicht nur festzustellen, ob eine Schädigung vorliegt oder nicht, sondern auch wieviel Prozent der ursprünglichen Dauerfestigkeit sie ausmacht. Solche Versuche sind zwar sehr langwierig und erfordern viel Probenmaterial, sind aber recht aufschlußreich, da sie die

[1] FRENCH, H. J.: Trans. Amer. Soc. Steel Treat. Bd. 21 (1933) S. 899.
[2] HONDA, K.: Sci. Rep. Tohoku Univ. Bd. 16 (1927) S. 265.

Wechselwirkung von Verfestigung und Zerrüttung deutlich erkennen lassen. Es zeigt sich nämlich, daß durch wenige Überlastungen nicht nur keine Schädigung, sondern sogar eine Steigerung der Dauerfestigkeit eintritt (s. S. 248). Diese Steigerung infolge der Verfestigung erreicht einen Höchstwert (Abb. 85), so daß erst nach weiteren Lastspielen durch die abfallende Kurve der ursprüngliche Wert der Dauerfestigkeit wieder erreicht wird. Diese Lastspielzahl definiert den sichtbaren Beginn der Schädigung und liefert daher den Punkt der Schadenslinie für die betreffende Beanspruchungshöhe. Eigentlich hat jedoch die Schädigung durch Zerrüttungseinflüsse schon früher, nämlich vom Verfesti-

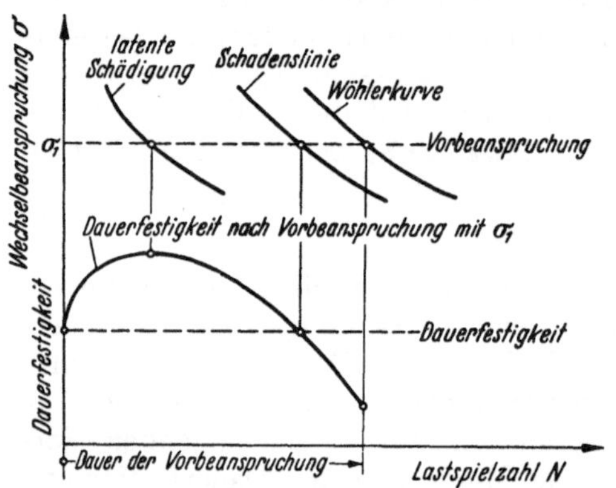

Abb. 85. Veränderung der Dauerfestigkeit durch schwingende Vorbeanspruchung oberhalb der Dauerfestigkeit (schematisch).

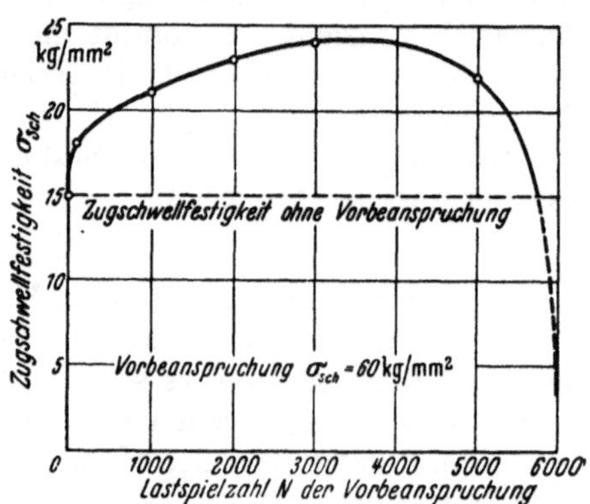

Abb. 86. Veränderung der Schwellfestigkeit spitzgekerbter Rundproben durch schwellende Vorbeanspruchung (nach HEYER). Werkstoff: Stahl 25 Cr Mo 4 (Flieg 1452.5), $D = 7$ mm, $d = 5$ mm, $\varrho = 0{,}05$ mm.

gungshöchstwert an eingesetzt. Man kann deshalb noch unterhalb der Schadenslinie den Beginn der latenten Schädigung (Kurve *lS* in Abb. 84) kennzeichnen, der nach außen nicht in Erscheinung tritt, da man gewöhnlich den anfänglichen Steigerungsbetrag der Dauerfestigkeit nicht kennt.

Nach Überschreiten der Schadenslinie wird das Gefüge weiter zerrüttet, ohne daß sich zunächst ein Anriß bildet. Deshalb kann man, wenn man den Schädigungsprozeß rechtzeitig unterbricht, in beschränktem Umfang die Schädigung durch vorsichtiges Trainieren wieder ausheilen. Wenn dies nicht mehr möglich ist, kann man von einer bleibenden Schädigung sprechen (Kurve *bS* in Abb. 84), die etwa mit dem Beginn des ersten Anrisses zusammenfallen dürfte.

Bei gekerbten Teilen ist die anfängliche Steigerung der Schwellfestigkeit durch schwellende Vorbeanspruchung so stark (Abb. 86), daß eine sichtbare Schädigung erst kurz vor Erreichen der Bruchlastspielzahl eintritt[1]. Die Schadenslinie liegt also sehr nahe an der WÖHLER-Kurve. Durch schwellende Druckvorbeanspruchungen gleicher Höhe wird allerdings die Zugschwellfestigkeit etwa auf die Hälfte erniedrigt (Abb. 87), da im Kerbgrund Zugeigenspannungen entstehen[1]. Auch eine wechselnde Zug-Druck-Vorbeanspruchung gleichen Spannungsausschlages senkt die ursprüngliche Zugschwellfestigkeit (Abb. 87).

e) Betriebsfestigkeit.

Die bei Ermittlung der Schadenslinie gewonnenen Erkenntnisse sind zwar sehr interessant und aufschlußreich, haben aber leider keine unmittelbare

[1] HEYER, K.: Lilienthal-Ges. f. Luftfahrtforsch. Ber. 152 (1942) S. 29.

praktische Bedeutung, da eine zweistufige Schwingbeanspruchung, der Art, daß erst nur hohe und dann nur niedrige Beanspruchungen einwirken, im Betrieb wohl nicht vorkommt. Bei einer gegebenen unperiodisch schwingenden Beanspruchung (Abb. 80) muß man daher, um auch bei der Prüfung betriebsähnliche Verhältnisse zu reproduzieren, auf programmgesteuerten Prüfmaschinen die Prüfbelastung möglichst weitgehend dem durch die Summenhäufigkeitskurve (s. S. 250 und Abb. 83) festgelegten Belastungskollektiv des Betriebs anpassen. Bei einem solchen Betriebsfestigkeitsversuch soll festgestellt werden, ob ein Konstruktionsteil das Belastungskollektiv der im Betrieb verlangten Lebensdauer, für Kraftfahrzeuge beispielsweise für eine Fahrstrecke von 200000 km, ohne Bruch aushält.

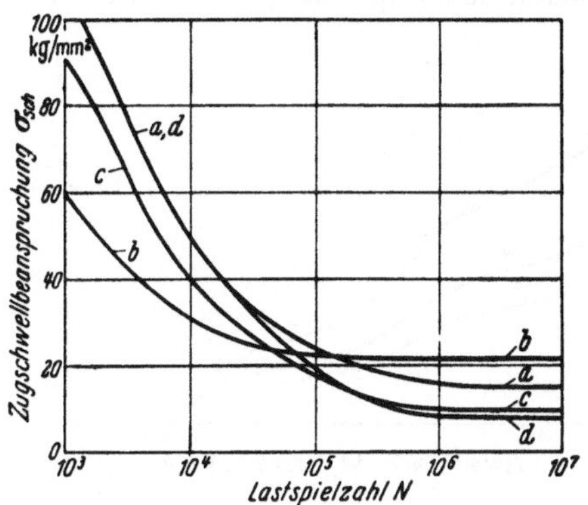

Abb. 87. Einfluß von Vorbelastungen auf die Dauer- und Zeitfestigkeit spitzgekerbter Rundproben (nach HEYER). Werkstoff: Stahl 25 Cr Mo 4 (Flieg 1452.5), $D = 7$ mm, $d = 5$ mm, $\varrho = 0{,}05$ mm. *a* ohne Vorbelastung; *b* vorbelastet mit $\sigma_{zsch} = 60$ kg/mm² während 5000 Lastspielen; *c* vorbelastet mit $\sigma_w^* = \pm\, 30$ kg/mm² während 5000 Lastspielen; *d* vorbelastet mit $\sigma_{dsch} = 60$ kg/mm² während 5000 Lastspielen.

Dies kann man experimentell so durchführen, daß man mehrere verschieden starke, aber geometrisch ähnliche Proben nacheinander mit dem gleichen Belastungskollektiv beansprucht. Dabei hat jede der verschieden starken Proben ein in seiner Höhe anderes, aber in seiner Ausbildung dem Belastungskollektiv maßstäblich ähnliches Spannungskollektiv aufzunehmen. Das Verhältnis des Spannungskollektivs zum Belastungskollektiv ist für die einzelnen Proben also nur eine Frage des Maßstabes (Abb. 88), der durch verschiedene Skalen an der Ordinatenachse berücksichtigt werden kann. Eine schwach dimensionierte Probe (hoher Spannungsmaßstab) wird in einem solchen Versuch eher brechen, also eine kürzere Lebensdauer haben als eine stark dimensionierte Probe (niedriger Spannungsmaßstab), so daß sich bei mehreren Versuchen nach E. GASSNER[1] der erträgliche Maßstab interpolieren läßt, der bei dem vorliegenden Belastungskollektiv gerade die gewünschte Lebensdauer hat.

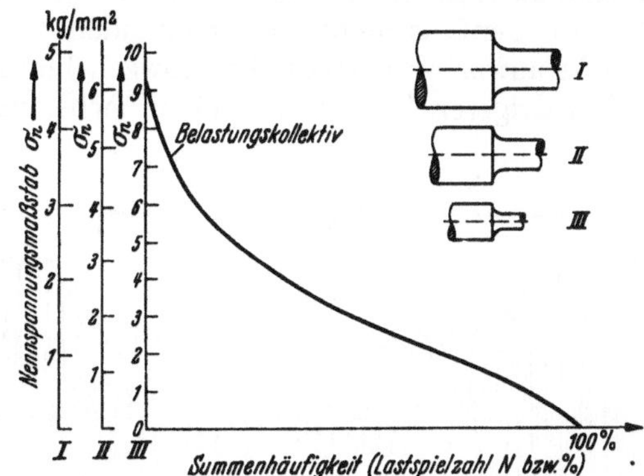

Abb. 88. Verschiedene Spannungsmaßstäbe eines Belastungskollektivs durch verschiedene Probengrößen (*I* bis *III*).

Im Hinblick auf die Probenherstellung einfacher ist es allerdings, mehrere Proben gleicher Abmessungen zu prüfen und von Probe zu Probe das Belastungskollektiv in seiner Höhe maßstäblich zu ändern (Abb. 89). Auch so findet man schließlich den erträglichen Maßstab für die geforderte Lebensdauer und kann dann eine Kurve ähnlich der WÖHLER-Kurve aufstellen, aus der die Abhängigkeit des Maßstabes von der geforderten Lebensdauer hervorgeht. Für die end-

[1] Lilienthal-Ges. f. Luftfahrtforsch. Ber. 152 (1942) S. 13.

gültige Dimensionierung muß man dann mit Hilfe dieses Maßstabes die Abmessung des Teiles festlegen.

Da die Summenhäufigkeitskurve, deren möglichen Verlauf Abb. 90 an einem praktischen Beispiel zeigt[1], eine systematische Ordnung der unperiodischen Schwingbeanspruchung darstellt, ist sie als Versuchsprogramm für die

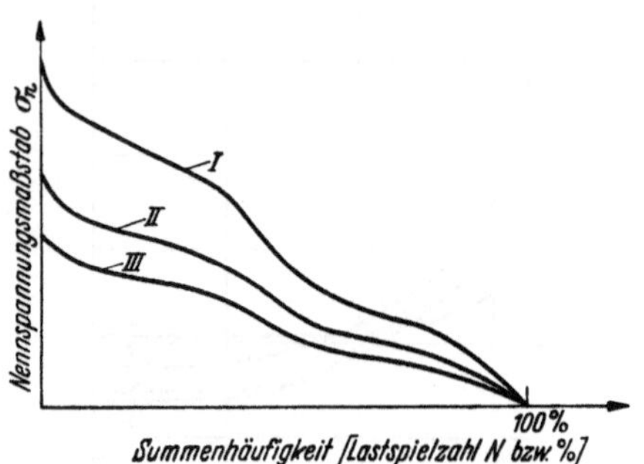

Abb. 89. Verschiedene Spannungsmaßstäbe für eine Probengröße durch verschiedene Belastungskollektive (*I* bis *III*).

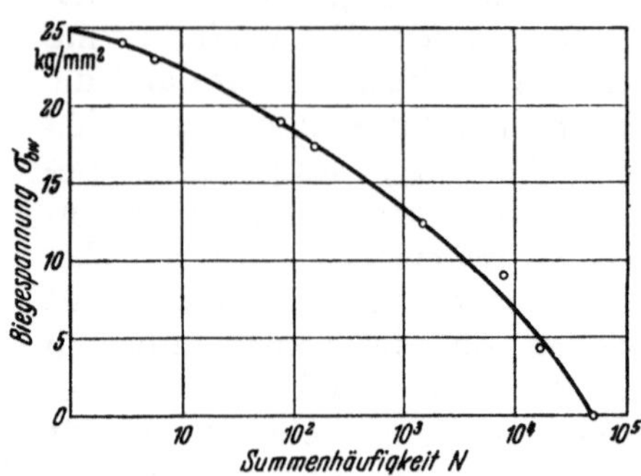

Abb. 90. Beispiel einer Summenhäufigkeitskurve der Belastung in logarithmischer Darstellung (nach SVENSON). — Das Kollektiv entspricht einer Fahrstrecke von 120 km.

Steuerung der Prüfmaschine unmittelbar nicht geeignet. Würde man erst die höchsten und dann entsprechend der systematischen Ordnung die kleineren Beanspruchungen ablaufen lassen, so hätte man schon frühzeitig mit Schädigungen zu rechnen. Die umgekehrte Reihenfolge würde einen dem praktischen Betrieb ebenfalls nicht entsprechenden Trainiereffekt hervorrufen. Es kommt also darauf an, eine möglichst abwechslungsreiche Durchmischung der höheren und niedrigeren Beanspruchungen herbeizuführen, um die Betriebsverhältnisse weitgehend anzunähern. Man bildet deshalb nach dem Muster der Summenhäufigkeitskurve kürzere Teilfolgen von Belastungen, bei denen Anzahl und Höhe der Belastung im gleichen Verhältnis verteilt sind, wie in dem gemessenen Belastungskollektiv. Aus Gründen der Steuerung der Prüfmaschine ist es notwendig, die Teilfolge in einzelne Laststufen aufzugliedern, so daß Treppendiagramme entstehen, die das ursprüngliche Kollektiv möglichst angleichen. Durch Aneinanderreihen der einzelnen Teilfolgen der Belastung erhält man so schließlich doch einen periodischen Belastungsablauf (Abb. 91), der in seiner Wirkung mit dem unperiodischen Verlauf der Betriebsbelastung praktisch identisch ist.

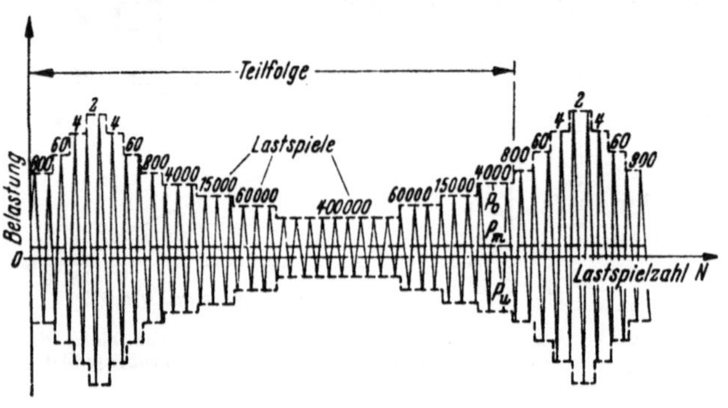

Abb. 91. Beispiel für den Ablauf eines Betriebsfestigkeitsversuchs.

Nach den bisherigen Versuchen ist eine allzu feine Unterteilung der Teilfolgen in einzelne Stufen nicht erforderlich, da der Werkstoff auf geringfügige Abweichungen des Prüfkollektivs von der Form des wirklichen Kollektivs praktisch nicht reagiert. Eine Dreistufenkurve wird in manchen Fällen schon

[1] SVENSON, O. in: Experimentelle Spannungsanalyse. Düsseldorf: Verlag Stahleisen 1953.

eine praktisch ausreichende Annäherung darstellen und die Versuchsdurchführung wesentlich vereinfachen. Von ausschlaggebender Bedeutung ist es jedoch, die Länge der Teilfolge richtig zu wählen. Macht man sie zu lang, so häufen sich die höchsten Überlastungen in einer Folge zu stark, werden also eine starke Anfangsschädigung ergeben, wählt man sie zu kurz, so bleibt ihre verfestigende Wirkung und der Trainiereffekt der niedrigen Beanspruchungen aus. Auch darf man in den Teilfolgen die Anteile niedriger Laststufen weit unter der Dauerfestigkeit nicht weglassen, um etwa die Versuchsdauer abzukürzen. Wenn sie auch zu Beginn der Versuche noch keine Wirkung haben, so senkt sich doch mit zunehmender Schädigung die Dauerfestigkeit so weit herab, daß sie gegen Ende des Versuchs auch schädigend wirken, selbst wenn sie nur 5 bis 10% der höchsten im Kollektiv vorkommenden Lasten ausmachen.

Das Verhalten der Stähle im Betriebsfestigkeitsversuch deckt sich im großen ganzen mit den Erfahrungen bei der Ermittlung der Zeitfestigkeit im Einstufenversuch. Verglichen mit der zügigen Festigkeit ergeben weiche Stähle relativ höhere Maßstäbe (Betriebsfestigkeiten) als hochfeste Stähle. Der Einfluß der Kerbwirkung ist allenfalls geringer als im Einstufenversuch, da die hohen Überlastungen durch örtliches Fließen einen Ausgleich der Spannungsspitzen bewirken. So sind die Verhältnisse bei Kerbwirkung annähernd mit dem Zeitfestigkeitsbereich bei etwa 10^4 Lastspielen des Einstufenversuchs vergleichbar, wo die Kerbwirkung ebenfalls geringer ist als an der Dauerfestigkeitsgrenze (s. S. 263). An kerbwirkungsfreien Proben werden im allgemeinen keine Betriebsfestigkeitsversuche durchgeführt, da normalerweise kein Bruch zu erreichen ist, es sei denn, der Spannungsmaßstab würde so hoch gewählt, daß die höchsten Lastspitzen bereits starke plastische Verformungen hervorrufen.

9. Spannungsverlauf.

Es ist anzunehmen, daß Prüfergebnisse bei sinusförmigem Belastungsablauf ohne weiteres auf schwingende Beanspruchungen übertragen werden können, die nach einem anderen Gesetz ablaufen (z. B. etwa treppenförmig oder sägenförmig), wenn nur die Spannung zwischen denselben Grenzwerten der Ober- und Unterspannung pendelt. Auch bei Schwingungen mit überlagerten Oberschwingungen wird diese Annahme gültig bleiben, solange die Amplituden der Oberschwingungen ausreichend klein sind. Sind sie jedoch in ihrer Größe der Grundschwingung vergleichbar, so entstehen in dem Spannungsablauf Zwischenmaxima (Abb. 92), und es ist nicht mehr ohne weiteres zu entscheiden, ob diese als selbständige Lastspiele mitzuzählen sind und als Lastspielfrequenz die der Grund- oder der Oberschwingung zu werten ist. Auf Grund von bisher vorliegenden Erfahrungen darf man annehmen, daß man die Zwischenlastspiele nicht zu berücksichtigen braucht, wenn ihr Spannungsausschlag kleiner als 5 bis 10% des größten Spannungsausschlags bleibt. Andernfalls ist jedoch der Spannungsablauf wie ein Zweistufenversuch mit sehr kurzen Teilfolgen der Belastung (s. S. 254) zu behandeln.

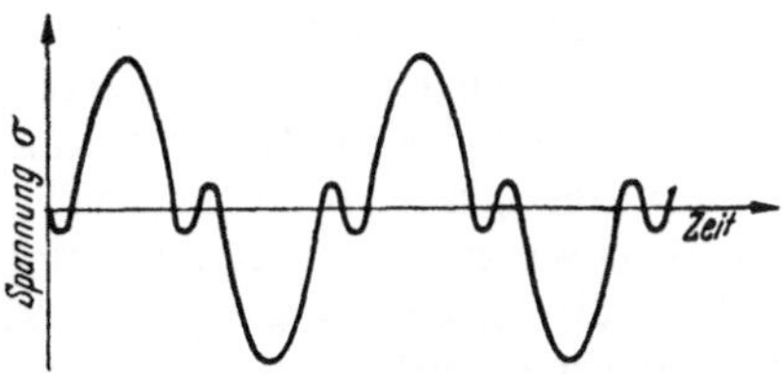

Abb. 92. Beispiel einer Schwingungsbeanspruchung mit überlagerter Oberschwingung.

10. Lastspielfrequenz.

Bei den üblicherweise benutzten Prüffrequenzen von 3 bis 50 Hertz wird sich kaum ein Einfluß der Frequenz auf die Dauerfestigkeit bemerkbar machen. Bei höheren Prüffrequenzen wird die Temperatur der Probe durch die erzeugte Dämpfungswärme etwas erhöht, wobei Trainier- und Verfestigungswirkungen begünstigt werden und daher die Dauerfestigkeit etwas zunimmt. Im Zeitfestigkeitsbereich dagegen ist bei höheren Frequenzen die Temperatursteigerung durch die Dämpfungswärme so stark, daß man bei hohen Spannungsausschlägen eine Probe zum Glühen, ja zum Durchschmelzen bringen kann. Zeitfestigkeitsversuche an stark dämpfenden Werkstoffen sind daher auf Hochfrequenzmaschinen nicht durchzuführen und erfordern auch bei normalen Frequenzen eine sorgfältige Kühlung der Probe mit einem nichtkorrodierenden Mittel. Bei gekerbten Proben ist unter Umständen das hochbeanspruchte Werkstoffvolumen so klein, daß die erzeugte Dämpfungswärme schnell genug abgeleitet werden kann.

11. Temperatur.

Der Temperatureinfluß auf die Wechselfestigkeit entspricht qualitativ der Veränderung der zügigen Festigkeit mit der Temperatur, d. h. in der Wärme sinkt die Dauerfestigkeit, in der Kälte nimmt sie zu. Quantitativ ist die Übereinstimmung jedoch nicht vollkommen gegeben. Das in der Blauwärme ausgeprägte Maximum für die Zugfestigkeit, das durch die verringerte Einschnürung hervorgerufen ist, findet sich bei der Dauerfestigkeit nicht in dem Maße, weil bei schwingenden Beanspruchungen nur geringe plastische Verformungen wirksam werden. Die Dauerfestigkeit bleibt daher von Raumtemperatur aufwärts zunächst etwa konstant und fällt erst oberhalb 300° C ab. Dieser Abfall ist allerdings auch nicht so stark wie bei der Zugfestigkeit. Vergleicht man bei höheren Temperaturen die Wechselfestigkeit mit der ertragbaren ruhenden Dauerbeanspruchung, der Dauerstandfestigkeit bzw. Zeitstandfestigkeit, so ist ihr Verhältnis zu dieser wesentlich günstiger als bei Raumtemperatur. Bei ruhender Beanspruchung oberhalb 400° C fängt nämlich ein Stahl an zu kriechen, d. h. seine Dehnung nimmt unter einer konstanten Last mit der Zeit immer weiter zu. Bei wechselnder Beanspruchung ist dagegen ein solches Kriechen nicht oder nicht in dem Umfang möglich, da auf eine Zugverformung sofort eine Druckverformung folgt, so daß dem Werkstoff kaum Zeit zum Kriechen bleibt und eine dennoch eingetretene Kriechverformung gleich wieder rückgängig gemacht wird. Deshalb kann die Wechselfestigkeit höher liegen als die Zeitstandfestigkeit. Allerdings ist zu berücksichtigen, daß der übliche 10 Millionen-Schwingungsversuch normalerweise in zwei Tagen abgelaufen ist, die Prüfzeit also nicht vergleichbar ist mit den Prüfzeiten im Zeitstandversuch. Weitere Einzelheiten über das Verhalten bei hohen und tiefen Temperaturen s. Abschn. IV.

C. Die Dauerhaltbarkeit der Konstruktion.

1. Kerbwirkung bei elastischen Formänderungen.

a) Spannungszustand an Kerben.

Nach den einfachsten Ansätzen der Festigkeitslehre wird eine Spannung über den Querschnitt bei Zug oder Druck als Quotient aus wirkender Kraft und Querschnittsfläche, $\sigma = P/F$, berechnet. Bei Biegung findet man die Spannung am Rande als Quotient aus Biegemoment und Widerstandsmoment,

$\sigma = Mb/Wb$, und bei Verdrehung eines zylindrischen Stabes erhält man die Schubspannung in der Staboberfläche als Quotient aus Drehmoment und polarem Widerstandsmoment, $\tau = Md/Wp$. Dieser einfachen Berechnung der Spannung liegt die Voraussetzung zugrunde, daß bei Zug oder Druck die Spannungen über den Querschnitt gleichmäßig verteilt, also an jeder Stelle des Querschnitts gleich groß sind, bei Biegung oder Verdrehung vom Rande nach innen linear abfallen. Diese Voraussetzungen sind erfüllt, wenn der Werkstoff homogen ist und sich entsprechend dem HOOKEschen Gesetz elastisch verhält und der belastete Körper in der Nähe des betrachteten Querschnitts von prismatischer Gestalt ist.

Bringt man dagegen z. B. an einem prismatischen Stab auf beiden Seiten eine Kerbe an, so ändern sich im Kerbquerschnitt und in benachbarten Querschnitten die Spannungsverhältnisse gegenüber dem glatten Teil des Stabes grundlegend. Die Spannung ist bei Zug nicht mehr gleichmäßig und bei Biegung

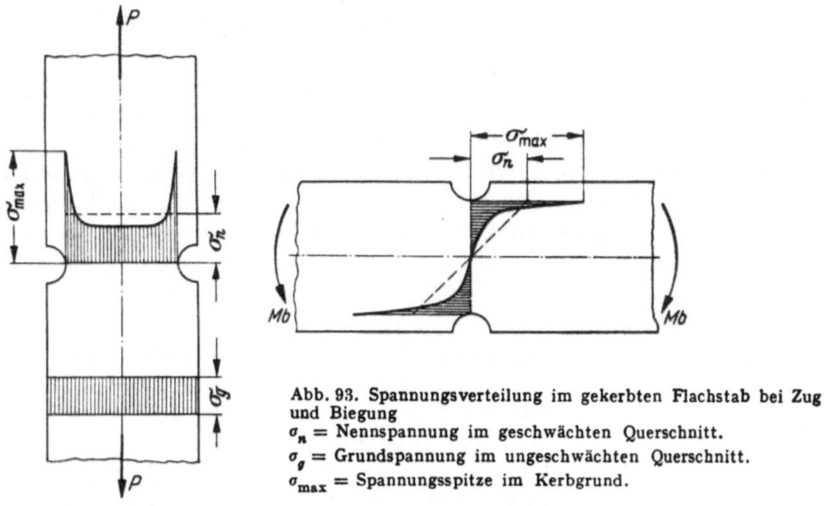

Abb. 93. Spannungsverteilung im gekerbten Flachstab bei Zug und Biegung
σ_n = Nennspannung im geschwächten Querschnitt.
σ_g = Grundspannung im ungeschwächten Querschnitt.
σ_{max} = Spannungsspitze im Kerbgrund.

nicht mehr linear über den Querschnitt verteilt (Abb. 93), sondern erreicht im Kerbgrund eine Spannungsspitze σ_{max}, die nicht nur höher ist als die sog. Grundspannung σ_g im glatten Teil des Stabes, sondern auch höher als die Nennspannung σ_n, die man erhält, wenn man nach den obigen Beziehungen die Spannung für den durch die Kerbe geschwächten Querschnitt berechnet. Die Nennspannung stellt den Mittelwert über die Spannungsverteilungskurve dar, die in der Regel an keiner Stelle unterhalb der Grundspannung verläuft. Es zeigt sich, daß die Höhe der Spannungsspitze von der äußeren Form der Kerbe abhängt, so daß man jeder Kerbform eine Formzahl $\alpha_k = \sigma_{max}/\sigma_n$ zuordnen kann, die das Verhältnis der entstehenden Spannungsspitze zu der errechneten Nennspannung angibt. Diese Formzahl α_k ist unabhängig von der Höhe der Nennspannung, solange die Spannungsspitze unterhalb der Elastizitätsgrenze des Werkstoffs bleibt. Sie ändert sich auch nicht, wenn man die Abmessungen des gekerbten Stabes geometrisch ähnlich vergrößert oder verkleinert. Schließlich ist sie auch praktisch unabhängig von der Art des verwendeten Werkstoffs, wenn für diesen das HOOKEsche Gesetz gilt. Bei verschiedenen Beanspruchungsarten, z. B. Zug und Biegung, ist ihr Wert jedoch verschieden.

Als Kerben in diesem Sinn gelten Querschnittsänderungen aller Art, also auch Bohrungen, Nuten, Absätze, Rillen, Bünde, Vorsprünge, Ecken usw., aber auch kleinere Verletzungen der Oberfläche, wie Kratzer, Drehriefen, Schleifriefen, Rostnarben usw., da an jeder Störung der glatten Berandung der Oberfläche Spannungsspitzen entstehen, die die Nennspannung überragen. Schließlich kann man den Begriff der Kerbwirkung auch übertragen auf Fälle, in denen ohne eine Querschnittsänderung eine Spannungserhöhung eintritt, z. B. an Winkelecken oder an Kraftangriffsstellen, Nabensitzen, Schweißverbindungen u. a. Vielfach ist es mit einfachen Mitteln nicht möglich, die Nennspannung für ein gekerbtes Konstruktionsteil zu berechnen (z. B. bei Biegung einer quergebohrten Welle oder Verdrehung einer Welle mit Keilnut), so daß es sich in solchen Fällen empfiehlt, die Spannungsspitze auf die Grundspannung des ungeschwächten Querschnitts zu beziehen. Die so erhaltene Grundformzahl ist höher als die üblicherweise benutzte Formzahl, da sie außer der eigentlichen Kerbwirkung auch die Querschnittsschwächung erfaßt.

Die Veränderung des Spannungszustandes durch eine Kerbe besteht jedoch nicht nur darin, daß die Größe der Spannung zunimmt, sondern es ändert sich auch das Spannungsgefälle. Bei einem glatten Zugstab ist das Spannungsgefälle $\chi = 0$, bei einem gekerbten Stab dagegen fällt die Spannung vom Kerbgrund nach innen steil ab, so daß dort $\chi = 1/\sigma_{\max}\, d\sigma/dx$ wird (s. S. 231). Während, wie S. 257 erwähnt, die Formzahl bei geometrisch ähnlicher Vergrößerung der Stababmessungen gleichbleibt, nimmt das Spannungsgefälle ab. In erster Annäherung kann man den Wert für das Spannungsgefälle in unmittelbare Beziehung zum Ausrundungsradius ϱ der Kerbe setzen und erhält für Zug $\chi \approx 2/\varrho$. Bei Biegung ist auch am glatten Stab schon ein Spannungsgefälle $\chi = 2/d$ vorhanden, das durch eine Kerbe entsprechend erhöht wird. Durch einfache Addition der beiden Gefälleanteile erhält man $\chi = 2/\varrho + 2/d$, wenn das Spannungsgefälle für die Kerbe in der gleichen Ebene liegt wie das durch die Biegung verursachte Spannungsgefälle. Stehen die beiden Gefälleanteile aufeinander senkrecht (z. B. bei einem quergebohrten Biegestab), oder ist die Kerbe sehr scharf, so genügt es, auch bei Biegung mit dem Wert $\chi = 2/\varrho$ zu rechnen.

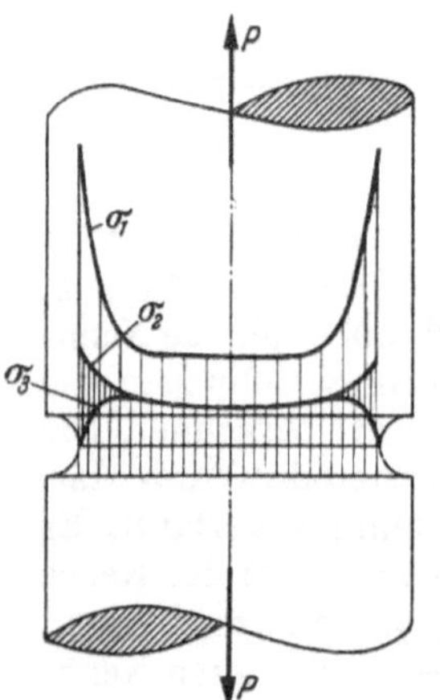

Abb. 94. Spannungsverteilung im gekerbten Rundstab bei Zug.

Als weiterer Einfluß der Kerbwirkung auf den Spannungszustand ist zu beachten, daß durch die ungleichmäßige axiale Spannungs- und damit Verformungsverteilung über den Querschnitt sich auch Spannungen in Richtung der Querschnittsebene ausbilden, so daß ein ursprünglich einachsiger Spannungszustand zweiachsig oder auch dreiachsig werden kann. In einem zylindrischen Stab mit umlaufender Rillenkerbe (Abb. 94) entstehen bei Zug also nicht nur Längsspannungen, sondern sekundär (s. S. 235) auch Spannungen in radialer Richtung und in Richtung des Umfangs. Diese Spannungen entstehen dadurch, daß bei einer Längsdehnung der Kerbquerschnitt entsprechend der POISSONschen Zahl m seinen Durchmesser und damit seinen Umfang verkleinern müßte. Diese Querkontraktion wird jedoch durch die Werkstoffgebiete an den Kerbflanken, die nahezu unbeansprucht sind und sich daher nicht zusammenziehen, verhindert. Der Kerbquerschnitt wird also zwangsweise auf einem größeren Durchmesser und Umfang gehalten, was Zugspannungen in Querrichtung und Umfangsrichtung zur Folge hat. Die Verteilung der Spannungen in Umfangsrichtung ist ähnlich der in Längsrichtung. Die Radialspannungen dagegen, die an sich die gleiche Tendenz haben müßten, fallen zum Rand hin auf den Wert 0 ab, da im Kerbgrund senkrecht zur Oberfläche keine Spannungen wirken können. Im Kerbgrund ist der Spannungszustand also zweiachsig. Bei einem gekerbten Flachstab, z. B. einem dünnen Blech, können sich aus dem gleichen Grunde keine Spannungen senkrecht zur Blechebene ausbilden, so daß der Spannungszustand in der Mitte des Stabes zweiachsig, im Kerbgrund dagegen einachsig ist. Bei ausreichender Dicke des Bleches entstehen jedoch auch im Kerbgrund des Flachstabes Querspannungen. Darauf ist es zurückzuführen, daß die Spannungsspitze nicht an jeder Stelle im Kerbgrund die gleiche Höhe hat (Abb. 95), sondern in der Mittelebene des Bleches am höchsten ist. Die Formzahl am dicken Blech ist also höher als die Formzahl am dünnen Blech gleicher äußerer Berandung.

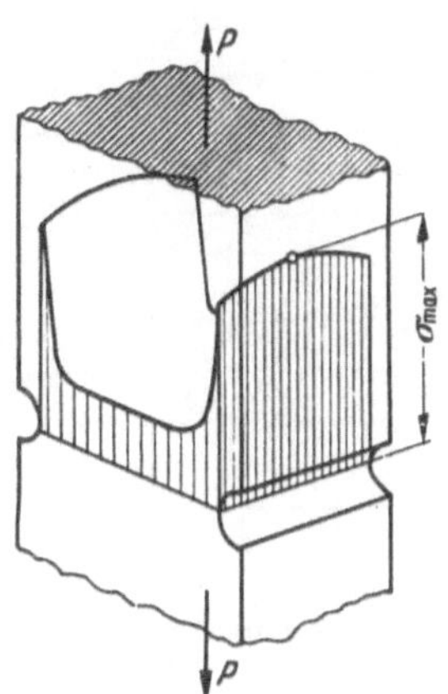

Abb. 95. Spannungsverteilung im gekerbten dicken Flachstab bei Zug.

b) Beispiele für Formzahlen.

Zur richtigen Bemessung schwingend beanspruchter Maschinenteile muß der Konstrukteur die Höhe der Formzahl im einzelnen kennen. In einfachen Fällen läßt sich die Formzahl berechnen[1], doch sind die Berechnungsverfahren schwierig und meist nicht ohne größeren mathematischen Aufwand durchführbar, so daß bei komplizierteren Teilen die experimentelle Ermittlung der Formzahl bevorzugt wird. Die größte praktische Bedeutung hat wohl die Messung der elastischen Verformungen am fertigen Werkstück, aus denen mit Hilfe der elastischen Grundgleichungen die Spannungen berechnet werden können[2]. Durch punktweises Ausmessen der Oberfläche eines belasteten Werkstücks, wofür genügend genau arbeitende Feindehnungsmesser mit kleinen Meßlängen entwickelt wurden (s. Bd. I), erhält man einen Überblick über das Spannungsfeld in der Oberfläche. Auch mit Hilfe von röntgenographischen Verfahren[3] können die Spannungen in der Oberfläche punktweise bestimmt werden.

Neben diesen Verfahren, bei denen die Spannung unmittelbar am Werkstück bestimmt wird, gibt es noch eine Reihe von Modell- und Gleichnisverfahren. Für ebene Probleme werden spannungsoptische Messungen ausgewertet[4], bei denen durchsichtige Modelle benutzt werden, die unter Belastung durchfallende Lichtstrahlen doppelt brechen. Zur Ermittlung der Verdrehspannung dienen physikalische Vorgänge (hydrodynamisches Gleichnis[5], Seifenhautgleichnis[6], feldelektrisches Modell[7]), deren Gesetzmäßigkeit durch ähnlich aufgebaute Gleichungen wiedergegeben werden kann wie der Spannungszustand.

Grundsätzlich hängt die Höhe der Formzahl von einigen kennzeichnenden Abmessungen der Kerbe, so vor allem von ihrem Ausrundungsradius ϱ und ihrer Tiefe t ab. Da sich jedoch ihr Wert bei geometrisch ähnlicher Veränderung

[1] NEUBER, H.: Kerbspannungslehre. Berlin: Springer 1937. 2. Aufl. in Vorb.
[2] RÖTSCHER, F., u. R. JASCHKE: Dehnungsmessungen und ihre Auswertung. Berlin: Springer 1939.
[3] GLOCKER, R.: Materialprüfung mit Röntgenstrahlen, 3. Aufl. Berlin/Göttingen/Heidelberg: Springer 1949.
[4] MESMER, G.: Spannungsoptik. Berlin: Springer 1939. — L. FÖPPL u. E. MÖNCH: Praktische Spannungsoptik. Berlin/Göttingen/Heidelberg: Springer 1950.
[5] HELE SHAW, H. S.: Electrician Bd. 56 (1905/06) S. 959.
[6] PRANDTL, L.: Z. phys. Chem. (1913) S. 758.
[7] THUM, A., u. W. BAUTZ: Z. VDI Bd. 78 (1934) S. 17.

der Werkstückabmessungen nicht ändert, bezieht man diese Größen zweckmäßig auf eine Grundabmessung des Konstruktionsteils, gibt also z. B. bei einer abgesetzten Welle die Verhältniswerte a/ϱ und t/ϱ oder ϱ/d und d/D an (Abb. 96). Für solche auf Biegung beanspruchte Wellen kann man dann die Formzahlen in ihrer Abhängigkeit vom Ausrundungsradius der Hohlkehle und der Höhe des Absatzes als Kurvenschar[1] auftragen (Abb. 96). Für den Fall der Verdrehung findet man einen analogen Verlauf der Kurven[1], nur liegen die Formzahlen niedriger als bei Biegung (Abb. 97). In beiden Beanspruchungsfällen wird deutlich, daß die Tiefe der Kerbe, hier die Höhe des Absatzes, die Formzahlen nur bis zu einer begrenzten Höhe steigert, so daß bei tiefen Kerben nur noch die Größe des Ausrundungsradius ϱ bzw. das Verhältnis ϱ/d für die Höhe der Formzahl maßgebend ist.

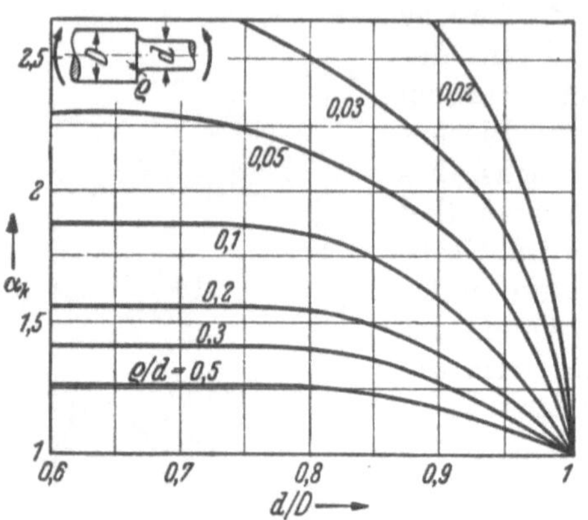

Abb. 96. Formzahlen abgesetzter Wellen bei Biegung (nach WESTHÄUSSER).

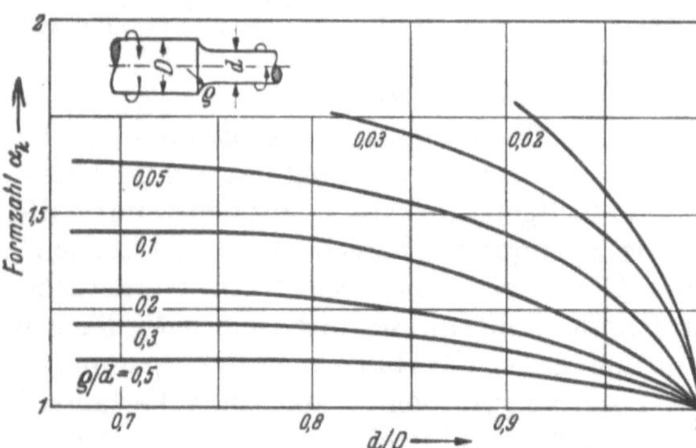

Abb. 97. Formzahlen abgesetzter Wellen bei Verdrehung (nach WESTHÄUSSER).

Ein weiteres praktisch wichtiges Beispiel ist der gebohrte Flachstab bei Biegung (und Zug). Hier ist die Formzahl nicht nur von dem Verhältnis Bohrungsdurchmesser zu Stabbreite, sondern auch noch von der Stabdicke abhängig. Man erhält also für die α_k-Werte wiederum eine Kurvenschar[2], bei der die einzelnen Kurven über d/B aufgetragen und mit dem Parameter d/h beziffert sind (Abb. 98). Die höchsten Werte für die Formzahlen wurden an sehr dicken Stäben ermittelt, und die oberste Kurve mit $d/h = 0$ gibt im Grenzfall die Verhältnisse des quergebohrten Zugstabes wieder. Hieraus erkennt man nicht nur, daß die Formzahl für Zug höher ist als für Biegung (was auch bei anderen Kerbformen gilt), sondern auch, daß die Kerbe die

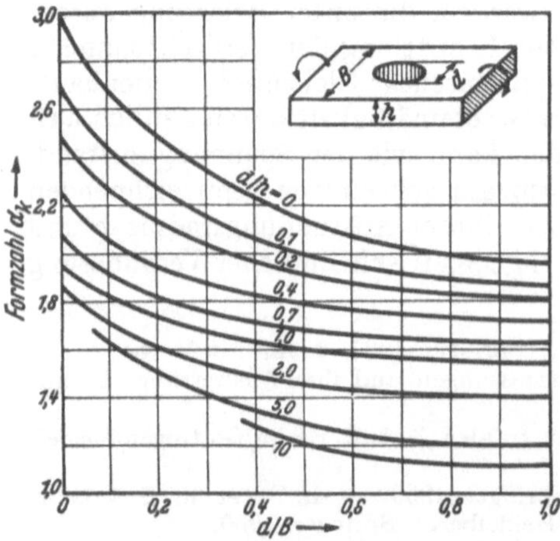

Abb. 98. Formzahlen gelochter Platten bei Biegung (nach SVENSON). $d/h = 0$ entspricht der Zugbeanspruchung.

[1] WESTHÄUSSER, R.: Diss. Darmstadt 1954.

[2] THUM, A., u. O. SVENSON: Forsch. Ing.-Wes. Bd. 13 (1942) S. 1.

Spannung weniger erhöht, wenn sie in einem bereits vorhandenen Spannungsgefälle wirkt. Diese Tatsache ist nicht nur für die Ausbildung des Spannungszustandes, sondern auch für das Festigkeitsverhalten gekerbter Teile von großer Wichtigkeit (s. S. 265).

Schließlich sei noch das Beispiel der quergebohrten Welle erwähnt, die auf Zug, Biegung oder Verdrehung beansprucht sein kann. Hier bereitet die Be-

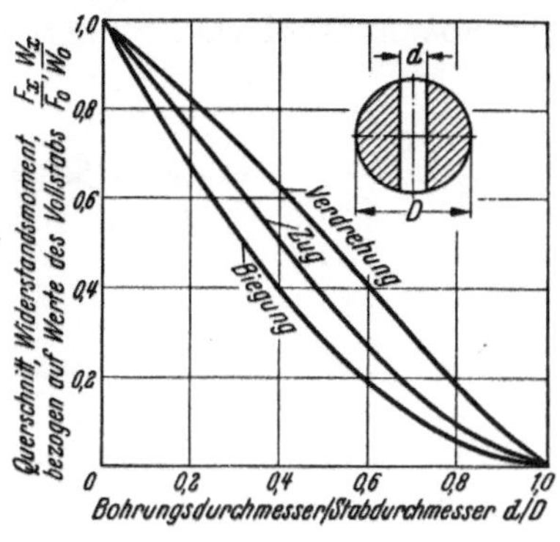

Abb. 99. Zur Nennspannungsermittlung von quergebohrten Wellen bei Zug, Biegung und Verdrehung.

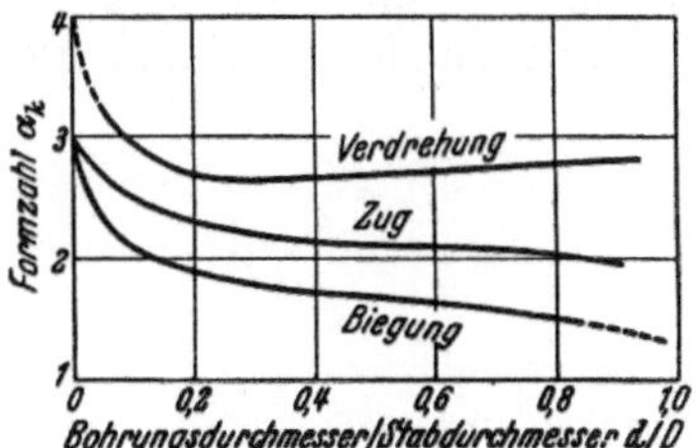

Abb. 100. Formzahlen für quergebohrte Wellen bei Zug, Biegung und Verdrehung, Spannungsspitze am Lochrand gemessen (nach KIRMSER).

rechnung der Nennspannung besonders bei Biegung und Verdrehung einige Schwierigkeiten, so daß die Darstellung in Abb. 99 recht nützlich ist, die die entsprechenden Werte für den durch die Bohrung geschwächten Querschnitt abzulesen gestattet. Als Formzahl soll in diesem Fall die Zugspannungsspitze am Lochrand, bezogen auf die Nennspannung des geschwächten Querschnitts, verstanden sein, obwohl die Spannung im Innern der Bohrung noch etwas höher ist (vgl. auch S. 259). Die Abhängigkeit der Formzahl vom Bohrungsdurchmesser zeigt Abb. 100, wobei für Verdrehung das Verhältnis $\sigma_{\max}/\tau_n$ als Formzahl angegeben ist[1].

c) Mehrfachkerben.

Die Veränderung des Spannungsfeldes in der Umgebung einer Kerbe gegenüber dem ungekerbten Zustand wird mit zunehmender Entfernung von der Kerbe geringer und klingt schließlich vollständig ab, so daß eine Kerbe nur ein örtlich begrenztes Störungsgebiet hervorruft. Dieses Störungsgebiet ist um so kleiner, je geringer der Ausrundungsradius einer Kerbe ist, da dann zwar die Spannungsspitze sehr hoch, aber ihr Abfall auf das Niveau der Grundspannung sehr steil ist. Liegen nun zwei Kerben so dicht beieinander, daß ihre Störgebiete sich überschneiden, so beeinflussen sich diese gegenseitig. Je nach dem, wie die benachbarten Kerben in dem Spannungsfeld angeordnet sind, können sie ihre Kerbwirkung gegenseitig vermindern, also als Entlastungskerben wirken, oder erhöhen, so daß sie als Überlastungskerben anzusprechen sind[2]. So ist es z. B. bekannt, daß eine in einen Stab eingeschnittene Rille eine höhere Spannungsspitze erzeugt als mehrere gleichartige Rillen nebeneinander (Gewinde). Es kann jedoch auch sein, daß die Spannungsspitze einer Kerbe durch eine zusätzliche Kerbe erhöht wird. Das ist besonders dann der Fall, wenn die zusätzliche Kerbe in einem an sich schon erhöhten Spannungsniveau wirkt, wie z. B. eine Drehriefe in einer Hohlkehle oder eine Querbohrung in einer Kerbe.

---

[1] THUM, A., u. W. KIHMSER: VDI-Forsch.-Heft Nr. 419, Berlin 1943.

[2] THUM, A., u. O. SVENSON: Z. VDI Bd. 92 (1950) S. 225.

Wichtig ist nun die Frage wie hoch die Formzahl der Mehrfachkerbe in diesem Fall wird, wenn die Formzahlen der Einzelkerben bekannt sind. Jede Kerbe für sich erzeugt eine Spannungsspitze von der Größe $\sigma_n \alpha_{k1}$ bzw. $\sigma_n \alpha_{k2}$. Wirken beide an demselben Punkt des Werkstücks, was bei Durchdringungskerben, z. B. einer Bohrung im Grund einer Kerbe der Fall ist (Abb. 101), so könnte man zunächst annehmen, daß die resultierende Spannungsspitze $\sigma_{\max} = \sigma_n \alpha_{k1} \alpha_{k2}$ sein müßte. Dies trifft jedoch nicht zu, weil die erste Kerbe den Spannungszustand bereits so verändert, daß die zweite Kerbe (die Querbohrung) nicht mehr in einem gleichmäßigen Spannungsniveau, sondern in

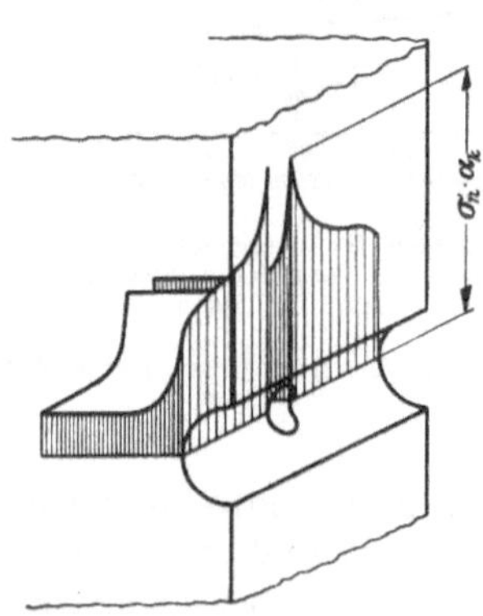

Abb. 101. Spannungsverteilung an einer Mehrfachkerbe (nach SVENSON).

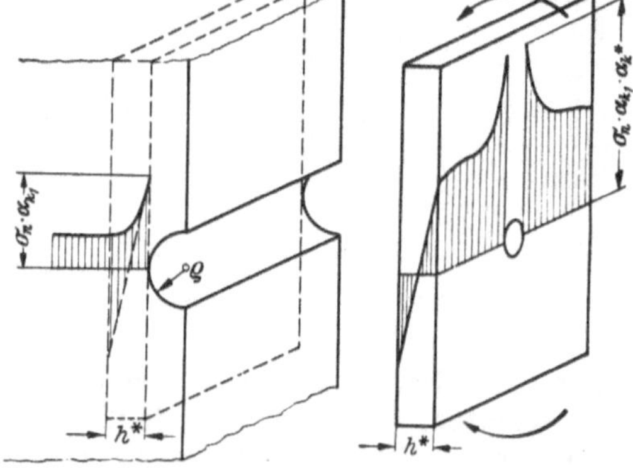

Abb. 102. Zur Berechnung der Formzahl einer Mehrfachkerbe mit Hilfe des Ersatzstabes (nach SVENSON).

einem steilen Spannungsgefälle wirkt. Die Veränderung des Spannungszustandes des bereits gekerbten Stabes durch eine Querbohrung ist also zu vergleichen mit der Veränderung des Spannungszustandes eines gebogenen glatten Stabes, der gerade so dick ist, daß sein Spannungsgefälle mit dem Spannungsgefälle des gekerbten Stabes übereinstimmt (Abb. 102). Da nun am gekerbten Stab $\chi = 2/\varrho$, am gebogenen glatten Stab $\chi = 2/h$ ist, sind die beiden Werte für das Spannungsgefälle gleich, wenn $h = \varrho$ wird. Das Problem des gekerbten Stabes mit Querbohrung bei Zug läßt sich also vereinfachend ersetzen durch das Problem des Flachstabes mit Querbohrung bei Biegung, wenn die Dicke dieses „Ersatzstabes" $h^* = \varrho$ ist. Nun ist aber die Formzahl α_k^* dieses Ersatzstabes bei Biegung kleiner als bei Zug (s. Abb. 98), so daß die angenähert errechnete Formzahl der Mehrfachkerbe $\alpha_k = \alpha_{k1} \alpha_k^*$ kleiner ist als das Produkt $\alpha_{k1} \alpha_{k2}$ der für Zug geltenden Einzelformzahlen. Die aus der Überlagerung der beiden Kerbwirkungen resultierende Spannungsspitze ist also niedriger als zunächst erwartet. Diese experimentell bestätigte Erkenntnis ist zum Verständnis des Folgenden notwendig.

2. Kerbwirkung und Dauerfestigkeit.

a) Kerbwirkungszahl und Kerbempfindlichkeit.

Obwohl bei schwingender Beanspruchung an der Dauerfestigkeitsgrenze die Verformungen den elastischen Bereich nicht oder nicht nennenswert überschreiten, läßt sich aus den oben geschilderten Spannungsverhältnissen an gekerbten Stäben nicht ohne weiteres ihr Dauerfestigkeitsverhalten ableiten.

Es zeigt sich vielmehr, daß die Spannungsspitze eines gekerbten Stabes etwas höher sein kann als die Dauerfestigkeit des glatten Stabes, ohne daß die Gefahr eines Dauerbruchs besteht. Die Verhältnisse der Spannungen im glatten und gekerbten Stab und ihrer Dauerfestigkeiten sind also nicht reziprok, deshalb ist die Formzahl α_k nicht ohne weiteres geeignet, das Festigkeitsverhalten gekerbter Stäbe zu kennzeichnen. Man hat daher in Anlehnung an den Begriff der Nennspannung die Nennwechselfestigkeit oder Dauerhaltbarkeit σ_{nW} des gekerbten Stabes eingeführt und ihren Wert mit der Wechselfestigkeit σ_W des glatten Stabes verglichen. Das Ergebnis ist die Kerbwirkungszahl $\beta_k = \sigma_W/\sigma_{nW}$ als das Verhältnis der Dauerfestigkeit des glatten zur Dauerhaltbarkeit des gekerbten Stabes. Sie ist nicht nur von der Form der Kerbe, sondern auch von der Art des Werkstoffs, der Höhe des Spannungsausschlags sowie von der Mittelspannung abhängig und ist stets kleiner als α_k. Hierfür lassen sich mehrere Gründe anführen.

Die Formzahl α_k gilt nur für den elastischen Bereich, während bei schwingender Beanspruchung plastische Verformungen wirksam werden, deren Anteil an der Gesamtverformung um so größer ist, je höher die Beanspruchung über der Dauerfestigkeitsgrenze liegt. Dadurch wird die höchste Spannungsspitze durch plastisches Nachgeben etwas abgebaut und das Gebiet niedriger Spannungen etwas höher elastisch beansprucht. Es ist daher verständlich, daß die Kerbwirkungszahl von der Höhe der Beanspruchung abhängt und im Zeitfestigkeitsbereich kleiner ist als an der Dauerfestigkeitsgrenze (Abb. 103). Es kann sogar sein, daß wegen der Verformungsbehinderung der Kerbe bei sehr geringen Lastspielzahlen die Kerbwirkungszahl $\beta_k < 1$ wird, so daß die Festigkeit des gekerbten Stabes über der des glatten liegt. Die WÖHLER-Kurven von glatten und von gekerbten Proben überschneiden sich in diesem Falle.

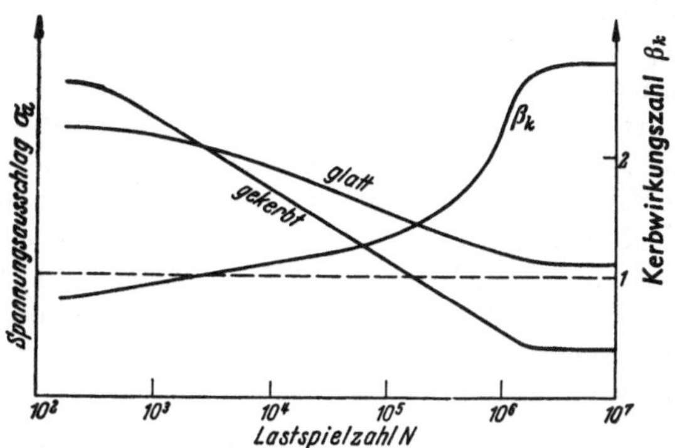

Abb. 103. Kerbwirkungszahl β_k im Zeit- und Dauerfestigkeitsbereich.

An der Dauerfestigkeitsgrenze treten jedoch diese auf plastischen Vorgängen beruhenden Erscheinungen zurück, und es überwiegt der Einfluß der Mehrachsigkeit des Spannungszustandes und die Wirkung des Spannungsgefälles. Wie schon erläutert (s. S. 236), herrscht im Kerbgrund einer Rillenkerbe ein gleichsinnig zweiachsiger Spannungszustand, dessen Spannung in Umfangsrichtung bei scharfen Kerben bis zu 30% der Längsspannung ($\sigma_2 = \mu\sigma_1$) ausmachen kann. Nach der Gestaltänderungsenergie-Hypothese ist dann die für den Beginn plastischer Verformungen verantwortliche reduzierte Spannung nur 89% der Längsspannung, $\sigma_{\text{red}} = \sigma_1\sqrt{1+\mu^2-\mu} = 0{,}89\cdot\sigma_1$. Die Längsspannung σ_1 kann also bei scharfen Kerben bis zu 12% größer sein als die gerade noch elastisch ertragene Längsspannung des einachsigen Zustandes, ohne daß eine Gefahr plastischer Verformungen und damit eine Dauerbruchgefahr besteht.

Dieser Einfluß reicht jedoch quantitativ nicht aus, um den Unterschied zwischen α_k und β_k vollständig zu erklären. Es bleibt daher die Wirkung des Spannungsgefälles als der entscheidende Faktor für die Wechselfestigkeit gekerbter Teile. Bei der Besprechung des Größeneinflusses (s. S. 230) wurde bereits darauf hingewiesen, daß mit zunehmendem Spannungsgefälle die Wechselfestigkeit steigt. Diese Erkenntnis läßt sich ohne weiteres auf gekerbte Teile übertragen, da ja auch hier die Spannungsspitze ein mehr oder weniger steiles Spannungsgefälle besitzt. Macht man sich nun die Vorstellung von der Ersatzkerbe (s. S. 208) zu eigen, daß nämlich der ungleichmäßige Mikrospannungszustand durch eine gedachte Kerbe bestimmter Abmessungen hervorgerufen sein könnte, so erscheint die Frage nach der Wechselfestigkeit eines gekerbten Stabes in einem neuen Licht. Die Ersatzkerbe wirkt nämlich im Grunde der äußeren Kerbe, so daß man es gleichsam mit einem Fall von Mehrfach-Kerbwirkung zu tun hat (s. S. 261), für den die resultierende Spannungsspitze um so niedriger bleibt als erwartet, je steiler die Spannungsspitze der äußeren Kerbe ist. Die Ersatzkerbe wirkt also im Kerbgrund weniger spannungserhöhend als an der glatten Oberfläche, womit sich der Unterschied zwischen α_k und β_k zwanglos erklären und sogar unter Berücksichtigung des Spannungsgefälles mit guter Annäherung berechnen läßt (s. S. 265).

Der Unterschied zwischen α_k und β_k ist nun keineswegs ein festes Verhältnis, sondern vom Werkstoff und vom Spannungszustand abhängig. Ist der Unterschied klein, so bezeichnet man den Werkstoff als kerbempfindlich, wird dagegen die Dauerfestigkeit des Werkstoffs durch Kerben kaum erniedrigt, so hat man es mit einem kerbunempfindlichen Werkstoff zu tun. Die Erfahrung lehrt z. B., daß Stähle um so kerbempfindlicher sind, je höher ihre Festigkeit ist (s. S. 221). Da der Unterschied zwischen α_k und β_k mit dem Spannungsgefälle der Kerbe wächst, nimmt die Kerbempfindlichkeit mit zunehmender Kerbschärfe ab. Sie steigt dagegen bei geometrischer Vergrößerung der Abmessungen, da hierbei das Spannungsgefälle kleiner wird (s. S. 230). Deshalb ist es denkbar, daß auch bei zugbeanspruchten gekerbten Teilen sich ein geometrischer Größeneinfluß im Sinne einer Nennfestigkeitsabnahme bemerkbar macht.

b) Berechnung der Gestaltfestigkeit.

Bei der Konstruktion schwingend beanspruchter Teile ist es das Ziel des Konstrukteurs, durch richtige Werkstoffauswahl, richtige Gestaltung und richtige Bemessung die Gewähr geben zu können, daß das Konstruktionsteil unter den im normalen Betrieb zu erwartenden schwingenden Beanspruchungen nicht bricht. Es sind also in erster Linie drei für die Gestaltfestigkeit eines Bauteiles wichtige Faktoren, Festigkeit, Form und Größe in sinnvoller Weise aufeinander abzustimmen. Keiner dieser Einflüsse kann für sich allein betrachtet werden, da sowohl der Formeinfluß werkstoff- und größenabhängig als auch der Größeneinfluß form- und werkstoffabhängig ist. Das ist der Grund, weshalb man von dem ursprünglichen Verfahren der Prüfung einfacher Proben und Formelemente allmählich immer mehr dazu überging, ganze Bauteile in ihrer natürlichen Größe zu prüfen, um so ihre Gestaltfestigkeit experimentell unmittelbar zu erhalten. Erst aus der so gefundenen Kerbwirkungszahl β_k findet man dann einen Hinweis, um welchen Betrag die Festigkeit des Werkstoffs durch die konstruktiven Einflüsse herabgesetzt worden war. Solche Versuche sind natürlich langwierig und kostspielig, so daß man bestrebt sein muß, schon mit der Berechnung möglichst nahe an den wirklichen Festigkeitswert heranzukommen. Die Vielzahl der Einflußgrößen auf die Gestaltfestigkeit schwingend beanspruchter Teile erschwert jedoch ihre vollständige Berücksichtigung im einzelnen, so daß man sich darauf beschränken muß, mit vereinfachenden Vorstellungen zu arbeiten und wenigstens die stärksten Einflüsse quantitativ auszuwerten. So kommt man zu einer Arbeitshypothese, die zwar nicht alle physikalischen Vorgänge getreu wiedergibt, aber die Gesamtheit der Erscheinungen gut annähert.

In dieser Hinsicht hat sich die Vorstellung von der Ersatzkerbe (s. S. 208) als sehr nützlich erwiesen, da mit ihrer Hilfe der Einfluß des Spannungsgefälles auf die Festigkeit nicht nur anschaulich erläutert, sondern auch zahlenmäßig angegeben werden kann. Wenn aber der Einfluß des Spannungsgefälles als eine Herabsetzung der spannungserhöhenden Wirkung der Ersatzkerbe gedeutet wird, so ist damit sowohl der Größeneinfluß als auch die Kerbwirkung auf die Schwingfestigkeit auf ein der Messung und der rechnerischen Behandlung leichter zugängliches Problem zurückgeführt. Es wurde zum Beispiel schon gezeigt (s. S. 231), daß sich unter den getroffenen Annahmen die Wechselfestigkeit bei einem bestimmten Spannungsgefälle zu $\sigma_{W_\chi} = \sigma_{W_0}(1 + \sqrt{\varrho^* \chi})$ berechnen läßt. Dieser Wert muß dann wohl auch im Grunde einer Kerbe die Dauerfestigkeit des dort mit $\sigma_{\max}$ beanspruchten Werkstoffteilchens kennzeichnen. Da man nun bei gekerbten Teilen meist mit Nennspannungen und Nennfestigkeiten rechnet, ergibt sich $\sigma_n = \sigma_{\max}/\alpha_k$ bzw. $\sigma_{nW} = \sigma_{W_\chi}/\alpha_k$ (Abb. 104). Man erhält also $\sigma_{nW} = (\sigma_{W_0}/\alpha_k)(1 + \sqrt{\varrho^* \chi})$. In ähnlicher Weise läßt sich die Dauerhaltbarkeit bei Verdrehung berechnen zu $\tau_{nW} = (\tau_{W_0}/\alpha_k)(1 + \sqrt{\varrho^* \chi})$. Diese Beziehungen enthalten die notwendigen Einflußgrößen für den Werkstoff (σ_{W_0} und ϱ^*), die Gestalt (α_k) und die Größe (χ) und geben eine Reihe qualitativ bekannter Erscheinungen richtig wieder. Bildet man nämlich z. B. für Zugbeanspruchung den Ausdruck $\sigma_{W_0}/\sigma_{nW} = \beta_k = \alpha_k/(1 + \sqrt{\varrho^* \chi})$, so erkennt man, daß das Verhältnis $\alpha_k/\beta_k = 1 + \sqrt{\varrho^* \chi}$ um so größer wird, je größer ϱ^* (weiche Stähle) und χ (scharfe Kerben) sind. Das bedeutet, daß die Kerbempfindlichkeit weicher Stähle gering ist und außerdem mit der Kerbschärfe abnimmt. Auch der Größeneinfluß der Kerbempfindlichkeit geht daraus hervor, da für große Abmessungen (kleines χ) der Unterschied zwischen α_k und β_k geringer wird, die Kerbempfindlichkeit also wächst.

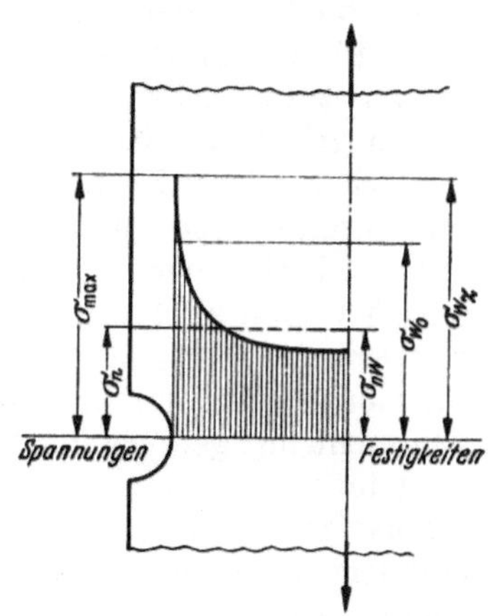

Abb. 104. Spannungs- und Festigkeitsverhältnisse im Kerbstab.
$\frac{\sigma_{\max}}{\sigma_n} = \alpha_k, \frac{\sigma_{W_0}}{\sigma_{nW}} = \beta_k.$

Auch hier (s. S. 232) muß für die praktische Anwendung die Einschränkung gemacht werden, daß die Abmessungen der konstruktiven Kerbe stets größer sein müssen als die der Ersatzkerbe, weil sonst die Voraussetzungen für die Aufstellung der obigen Beziehungen nicht mehr erfüllt sind.

c) Innere Kerbwirkung.

Ebenso wie konstruktive, äußere Kerben die Schwingungsfestigkeit herabsetzen, muß man damit rechnen, daß Werkstoff-Fehler im Innern des Werkstücks, wie Poren, kleine Lunker, Schlackenzeilen, Oxydeinschlüsse, stärkere Gefügeinhomogenitäten usw., die Dauerfestigkeit mindern. Solche inneren Kerben lassen sich jedoch in ihrer Wirkung auf die Festigkeit nur recht schwer abschätzen, da man dem Werkstoff von außen nicht ansieht, ob und in welchem Ausmaß sie vorhanden sind. Die Festigkeitseigenschaften bei zügiger Beanspruchung, die Zugfestigkeit und vor allem die Härte werden dadurch kaum oder gar nicht beeinflußt, höchstens kann die Kerbzähigkeit oder die Brucheinschnürung darauf hinweisen, ob ein Werkstoff innerlich sauber ist oder nicht. Deshalb sind alle Dauerfestigkeitswerte, die nicht versuchsmäßig ermittelt, sondern aus den zügigen Festigkeitseigenschaften abgeschätzt worden sind (s. S. 220), verhältnismäßig unsicher.

Solche inneren Kerben sind also die Ursache, daß die Abhängigkeit der Dauerfestigkeit von der Härte eine ziemliche Streubreite zeigt (Abb. 33 bis 35), daß mit zunehmendem Verschmiedungsgrad wegen der Ausstreckung der Fehlstellen die Dauerfestigkeitswerte ansteigen (Abb. 37), aber gleichzeitig stärkere Unterschiede in den Festigkeitswerten längs und quer zur Faser auftreten (Abb. 38). Die stärkere Kerbempfindlichkeit harter Stähle kommt besonders dadurch zum Ausdruck, daß die Minderung der Dauerfestigkeit durch innere Kerben größer werden kann als ihre Steigerung durch höhere Härte, so daß bei starker innerer Kerbwirkung die Dauerfestigkeit mit steigender Härte nach Überschreiten eines Maximums wieder abnimmt (Abb. 35).

Die Überlegungen hinsichtlich der Mehrfachkerbwirkung (s. S. 261) lassen es auch verständlich erscheinen, daß innere Kerben vor allem die Dauerfestigkeitswerte glatter Stäbe beeinflussen, während sie sich bei gekerbten Konstruktionen weniger stark auswirken. Quantitativ können diese Verhältnisse noch nicht mit genügender Sicherheit angegeben werden, doch kann man sich wenigstens eine qualitative Vorstellung davon durch folgende Überlegungen verschaffen. Da die Zugfestigkeit (oder Härte) durch innere Kerbwirkung kaum verändert wird, gibt das Verhältnis σ_D/σ_B (oder σ_D/HV) einen ungefähren Anhalt über ihr Ausmaß. Ist dieses Verhältnis klein, ein Stahl also innerlich stark gekerbt, so darf man annehmen, daß er auf zusätzliche äußere Kerben weniger stark anspricht, seine Kerbempfindlichkeit erscheint also vermindert. Es lohnt sich dann auch nicht, besondere Sorgfalt auf die Oberflächengüte zu verwenden, da die geringere Kerbempfindlichkeit sich ebenso durch eine geringere Oberflächenempfindlichkeit ausdrückt.

3. Oberflächeneinfluß.

a) Rauhigkeiten.

Die Mehrzahl aller Dauerbrüche geht von der Oberfläche des Werkstücks aus. Dies hat zunächst seinen Grund darin, daß häufig an der Oberfläche die rechnerisch höchsten Spannungen wirken, wie z. B. bei Biege- und Verdrehbeanspruchung oder auch bei Zugbeanspruchung gekerbter Teile. Auch ein „glatter" Zugstab ist jedoch nicht kerbwirkungsfrei, da der Idealbegriff glatt mit den technischen Bearbeitungsverfahren der Oberfläche gar nicht verwirklicht werden kann und auch feinste Bearbeitungsspuren eine Kerbwirkung im Sinne einer Minderung der Schwingfestigkeit darstellen. Doch selbst wenn man eine ideal glatte Oberfläche voraussetzen dürfte, würde vermutlich der Bruch von dort ausgehen. Die in der Oberflächenschicht liegenden Kristalle sind nämlich zweifellos leichter plastisch verformbar (s. S. 247), da sie nicht von allen Seiten durch zumeist anders orientierte Kristalle im Verband gehalten werden. Außerdem darf man nicht übersehen, daß auch die umgebende Luft einen korrodierenden und damit festigkeitsmindernden Einfluß auf die Dauerfestigkeit hat (s. S. 271), dem die Kristalle im Innern nicht ausgesetzt sind.

In dem Bestreben, dem Ideal der glatten Oberfläche möglichst nahezukommen, werden Proben zur Ermittlung der Dauerfestigkeit sehr sorgfältig poliert. Um den Oberflächeneinfluß anderer Bearbeitungsverfahren zahlenmäßig auszudrücken, wird meist die Minderung der Dauerfestigkeit gegenüber dem polierten Zustand angegeben. Leider ist der Begriff „poliert" bisher nicht eindeutig genug definiert worden, da erst neuerdings genügend genaue Meßverfahren der Oberflächenrauhigkeiten eine quantitative Bestimmung der Rauhtiefe gestatten. So beschränkte man sich darauf, festzustellen, daß ein „sehr gut polierter" Stab eine noch höhere Dauerfestigkeit besitzt als ein „polierter" Stab[1]. Dies liegt jedoch nicht nur an einer noch weiteren Verringerung der Rauhtiefe, sondern zum Teil auch an der Wirkung der durch das Polieren erzeugten Eigenspannungen (s. S. 230). Bei elektrolytischem Polieren, bei dem die Oberfläche glatt geätzt wird, werden zusätzliche Eigenspannungen nicht nur vermieden, sondern sogar von vorangegangenen Bearbeitungsverfahren herrührende Eigenspannungen entfernt. Elektrolytisch polierte Proben haben daher stets eine geringere Dauerfestigkeit als mechanisch polierte[2]. Allerdings kann man auch durch metallographisches Polieren den Eigenspannungseinfluß nahezu vollständig beseitigen[3].

Durch Schleifen wird die Oberflächengüte gegenüber dem polierten Zustand bereits erheblich herabgesetzt, besonders wenn es sich um Stähle hoher Festigkeit handelt, die auf die Kerbwirkung der Schleifriefen ziemlich empfindlich ansprechen. Es hängt jedoch sehr von der Körnung der Schleifscheibe und von der Härte des Stahls ab, welche Tiefe und Schärfe die einzelnen Riefen erreichen. Besonders gefährlich sind vereinzelte tiefere Kratzer, während ein gleichmäßiges Riefenbild ein System von Entlastungskerben darstellt, die in ihrer Gesamtheit die Dauerfestigkeit weniger mindern. Beim Schleifen ist darauf zu achten, daß die Oberfläche sich nicht unzulässig erwärmt, da dadurch Zugeigenspannungen entstehen können (s. S. 247), die die Dauerfestigkeit zusätzlich mindern.

Durch Schlichten, fein oder grob, wird die Oberfläche noch stärker aufgerauht, es ist also eine stärkere Minderung der Dauerfestigkeit zu erwarten. Je nach Schnittgeschwindigkeit, Spandicke und Vorschub kann die Oberflächengüte jedoch sehr verschieden ausfallen. Unter Umständen kann durch einen stumpfen Stahl die Oberfläche so weit verschmiert und geglättet und außerdem durch die drückende Kante des Stahls mit Druckeigenspannungen versehen werden (s. S. 247), daß die Dauerfestigkeit des polierten Stabes nahezu erreicht wird. Die Abnahme dicker Späne (Schruppen) verursacht allerdings eine starke Minderung der Dauerfestigkeit, da nicht nur die Oberfläche grob aufgerauht wird, sondern auch feine Anrisse entstehen. Diese können so tief gehen, daß sie auch bei nachfolgendem Schlichten nicht ganz beseitigt werden. Deshalb soll nach dem Vorschruppen stets noch genügend Material als Übermaß stehenbleiben, das dann mit mehreren feinen Schlichtspänen abgenommen wird, so daß auch die tiefsten Schrupprisse mit Sicherheit entfernt werden.

Quantitative Angaben über die Minderung der Dauerfestigkeit haben nur dann einen Sinn, wenn der Oberflächenzustand durch Ausmessen der Rauhtiefe genau definiert ist. Systematische Untersuchungen darüber[4] sind jedoch noch wenig bekanntgeworden (Abb. 105), so daß sich allgemeingültige Gesetzmäßigkeiten noch nicht mit ausreichender Sicherheit entwickeln lassen.

Bei gegossenen Werkstoffen (Stahlguß, Gußeisen) wird die Rauhigkeit der Gußhaut ebenfalls eine Minderung der Dauerfestigkeit hervorrufen. Sie tritt

---

[1] Mailänder, R.: Z. Metallkde. Bd. 20 (1928) S. 87.
[2] Hempel, M.: Arch. Eisenhüttenw. Bd. 22 (1951) S. 425.
[3] Wellinger, K., u. P. Gimmel: Metalloberfl. Bd. 6 (1952) S. 4.
[4] Niemann, G., u. H. Glaubitz: Z. VDI Bd. 94 (1952) S. 855.

allerdings um so weniger in Erscheinung, je stärker die innere Kerbwirkung dieser Werkstoffe, je niedriger also ihre Dauerfestigkeit ist. Während bei Gußeisen normaler Festigkeit der schädigende Einfluß der Gußhaut mit etwa 10 bis 15% abgeschätzt werden kann, kann er bei hochwertigem Stahlguß und Temperguß 30% und mehr betragen.

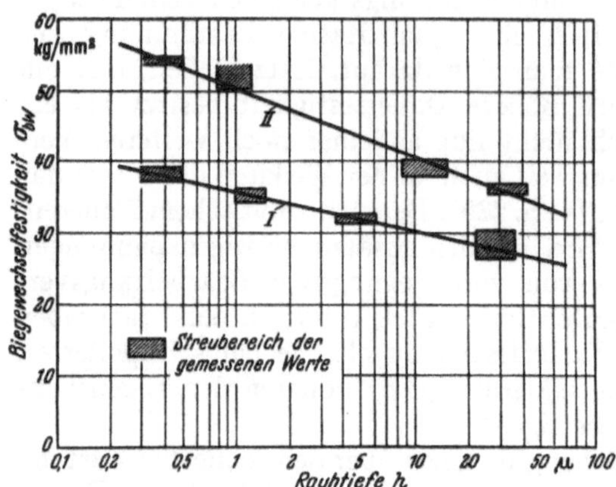

Abb. 105. Biegewechselfestigkeit in Abhängigkeit von der Oberflächengüte (nach Niemann und Glaubitz).
I Stahl 42 Cr Mo 4 V 95 – 105 (VCMo 140);
II Stahl St 70.11.

b) Eigenspannungen.

Die Wirkung der meisten Bearbeitungsverfahren der Oberfläche beruht nicht allein auf ihrer Rauhigkeit, sondern auch auf der Entstehung von Eigenspannungen. Diese schwächen die Festigkeitsminderung ab, wenn sie in der Oberfläche als Druckspannungen, verstärken sie, wenn sie als Zugspannungen erscheinen. In der Regel lassen sich beide Einflüsse nicht voneinander trennen. Über Verfahren, die speziell darauf abzielen, in der Oberfläche Druckeigenspannungen zu erzeugen, wurde schon ausführlich gesprochen (s. S. 243ff.), trotzdem ist im Zusammenhang mit dem Oberflächenzustand noch einiges nachzutragen. Man nimmt im allgemeinen an, daß Druckeigenspannungen sich nur dann günstig auf die Dauerfestigkeit auswirken können, wenn sie in der Oberfläche stark ungleichmäßig beanspruchter Teile, also dünner Biegestäbe oder gekerbter Teile, herrschen. Beim glatten Zugstab dagegen würde demnach die im Innern wirkende Zugeigenspannung die Festigkeit überschreiten und den Dauerbruch von innen ausgehen lassen. Doch hat normalerweise auch der scheinbar glatte Stab Oberflächenrauhigkeiten, die Spannungsspitzen hervorrufen und seine Dauerfestigkeit erniedrigen, so daß Druckeigenspannungen in der Oberfläche auch bei Zugschwell- und Zugdruckbeanspruchung eine Verbesserung erwarten lassen. Druckeigenspannungen nützen daher besonders bei schlechtem Oberflächenzustand, so daß es verständlich erscheint, daß das Sandstrahlen, obwohl es die Oberfläche stark aufrauht, durch die gleichzeitig entstehenden Druckeigenspannungen die Dauerfestigkeit einer geschlichteten Oberfläche verbessert. Noch günstiger wirkt das Kugelstrahlen mit Stahlkies, da die Oberflächenunebenheiten flacher und die Druckeigenspannungen höher werden. An nitrierten Stäben konnte nachgewiesen werden, daß die Druckeigenspannungen die Festigkeit geschruppter Oberflächen auf den Wert der geschliffenen Probe steigern (Abb. 79). Natürlich hält die dauerfestigkeitssteigernde Wirkung nur dann an, wenn die Druckeigenspannungen auch beständig sind. Dies ist im allgemeinen bei Stählen der Fall, nicht aber bei allen Leichtmetallen, so daß die Verbesserungsmöglichkeiten hier beschränkt sind.

Wenn Druckeigenspannungen die Dauerfestigkeit, z. B. gekerbter Teile, steigern, sollte man annehmen, daß sie durch Zugeigenspannungen im gleichen Maße gesenkt wird. Tatsächlich ist jedoch deren Wirkung stärker[1]. Auch dies

[1] Thum, A.: Z. VDI Bd. 75 (1931) S. 1328.

hängt mit dem Oberflächenzustand insoweit zusammen, als in der spanabhebend bearbeiteten Oberfläche schon in unbehandeltem Zustand Druckeigenspannungen herrschen. Diese können durch ein geeignetes Verfahren — z. B. Recken eines Kerbstabes — höchstens bis zur Druckfließgrenze gesteigert werden. Durch Stauchen des gleichen Stabes wird jedoch, wenn die Zugeigenspannung die Zugfließgrenze erreicht hat, der Unterschied zum ursprünglichen Zustand erheblich größer, so daß auch der Festigkeitsabfall stärker werden muß.

c) Chemische Veränderungen der Oberfläche.

Abgesehen von den gewollten chemischen Veränderungen der Oberfläche, z. B. durch Aufkohlen und Einsatzhärten oder durch Nitrieren, entsteht durch oxydierendes Glühen von Stählen eine Verzunderung der Oberfläche. Die Zunderhaut ist von sehr schädlichem Einfluß auf die Dauerfestigkeit, da sie einmal eine hohe Kerbwirkung ausübt, zum andern als sehr spröder Stoff leicht einreißt und dadurch einen Anriß auch der tiefer liegenden Gebiete begünstigt. Außerdem kann die oxydierende Glühung eine Randentkohlung zur Folge haben, die das Gefüge der Oberfläche rein ferritisch werden läßt. Eine solche kohlenstoffarme Oberflächenschicht hat aber nur die Dauerfestigkeit eines weichen Stahls, so daß Verzunderung und Randentkohlung besonders bei hochfesten Stählen sehr stark festigkeitsmindernd wirken.

Zur Entfernung der Zunderhaut werden in der Praxis solche Teile gebeizt. Hierdurch tritt aber eine neue Gefahr auf, indem der beim Beizen entstehende atomare Wasserstoff in die Oberfläche eindiffundiert und sich dort in molekularen Wasserstoff umwandelt, der nicht mehr oder nur sehr schwer diffusionsfähig ist. Durch weitere Wasserstoffaufnahme entstehen sehr hohe Drücke, die das Atomgitter aufzuweiten suchen und damit seine Festigkeit erniedrigen. Diese sog. Wasserstoffkrankheit wird auch bei galvanisch behandelten Teilen, besonders bei Hartverchromung, beobachtet, so daß im allgemeinen galvanische Überzüge die Dauerfestigkeit senken. Interessant ist, daß austenitische Stähle durch Hartverchromung in ihrer Dauerfestigkeit nicht beeinträchtigt werden[1]. Dies ist wohl darauf zurückzuführen, daß der eindiffundierende Wasserstoff in dem flächenzentrierten Atomgitter des Austenits genügend Raum findet, so daß es nicht zu Aufweitungen des Gitters kommt.

d) Sonstige Oberflächenveränderungen.

Oberflächen, die durch autogenes Schneiden entstanden sind, haben nicht nur der Natur dieses Verarbeitungsverfahrens entsprechende Rauhigkeiten, sondern auch eine Zunderhaut. Außerdem können bei kohlenstoffreicheren Stählen Veränderungen des Oberflächengefüges (Randentkohlung, Gefügeumwandlung) und wegen der örtlichen Erwärmung Zugeigenspannungen entstehen. All diese Veränderungen wirken dauerfestigkeitsmindernd, besonders wenn man die brenngeschnittene Oberfläche mit einer polierten Oberfläche vergleicht. Gewöhnlich werden jedoch Brennschnitte an Walzblechen mit einer an sich schon festigkeitsmindernden Walzhaut ausgeführt, so daß die Verringerung der Dauerfestigkeit durch den Brennschnitt nicht mehr so stark ins Gewicht fällt. Auf Brennschneidmaschinen geführte saubere Schnitte sind daher einer in der Herstellung wesentlich teureren gefrästen Oberfläche kaum unterlegen und können außerdem durch Sandstrahlen noch verbessert werden.

Bisweilen ist es notwendig, eine durch Verschleiß abgenutzte oder durch Fehlbearbeitung der Werkstatt zu weit abgespante Fläche wieder aufzutragen.

---

[1] Wiegand, H.: Oberfläche und Dauerfestigkeit. Berlin-Spandau 1940.

Die Auftragsschweißung ist hierfür ein Verfahren, das hinsichtlich seiner Schwingfestigkeit außerordentlich ungünstig erscheint. Man wird es wohl nicht erreichen können, daß die Oberflächenschicht völlig frei von Fehlern (Poren, Oxydeinschlüsse usw.) ist, außerdem hat sie in der Regel starke Zugeigenspannungen, so daß besonders bei hochwertigen Stählen ihre Dauerfestigkeit nur einen Bruchteil der Werkstoffdauerfestigkeit beträgt. Auch das Metallspritzen kann in diesem Zusammenhang nur als ein Notbehelf gewertet werden. Die aufgespritzte Oberfläche ist zwar dichter als bei der Auftragsschweißung, doch muß zur besseren Haftung des aufgespritzten Gutes die Oberfläche vorher stark aufgerauht werden, was zusammen mit den auch hier nicht ganz vermeidbaren Zugeigenspannungen zu einer Minderung der Dauerfestigkeit von etwa 20% führt.

Die Notwendigkeit, Werkstücke durch eine Beschriftung zu kennzeichnen, fällt ebenfalls unter die schädlichen Oberflächeneinflüsse[1]. Mit Stahlstempeln eingeschlagene Zahlen können wegen ihrer scharfen Kerbwirkung die Dauerfestigkeit einer polierten Oberfläche auf etwa $^2/_3$ ihres ursprünglichen Wertes erniedrigen. Auch das Beschriften mit dem elektrischen Schreibstift bewirkt außer der Oberflächenverletzung (Kraterbildung) eine starke Entkohlung längs des Schriftzuges, so daß eine Dauerfestigkeitsminderung eintritt, die allerdings nicht so stark ist wie durch eingeschlagene Zahlen. Als einwandfrei kann man das Einätzen von Schriftzeichen und Zahlen bezeichnen, wobei das Ätzmittel mit einem Gummistempel auf die Oberfläche aufgebracht wird. Die Dauerfestigkeit wird dadurch nicht beeinträchtigt, allerdings sind diese Bezeichnungen auf verschmutzten Oberflächen nicht mehr so gut zu erkennen wie eingeschlagene Zahlen. Auf jeden Fall sollte man solche Beschriftungen stets an Stellen des Werkstücks anbringen, die bestimmt nicht bruchgefährdet sind.

4. Korrosionseinfluß.

a) Korrosionszeitfestigkeit.

Es ist einleuchtend, daß eine durch Korrosion angegriffene Oberfläche eine niedrigere Dauerfestigkeit hervorruft, da die Rostanfressungen als scharfe Kerben wirken. Die Oberfläche wird durch Korrosion um so mehr aufgerauht und zerklüftet, je länger ihre Einwirkung dauerte (Abb. 106). In diesem Sinn ist also eine korrodierte Oberfläche zu vergleichen mit einer schlecht bearbeiteten Oberfläche. Trotzdem ist die Minderung der Dauerfestigkeit noch als gering zu bezeichnen gegenüber dem Fall, daß Korrosion nicht vor, sondern während einer Schwingbeanspruchung wirkt (Abb. 106). Die Schwingfestigkeit der Werkstoffe bei gleichzeitig wirkender Korrosion[2] ist daher außerordentlich niedrig. Strenggenommen kann man dabei nicht mehr von einer Dauerfestigkeit unter Korrosionseinfluß sprechen, da es nach den bisherigen Erfahrungen eine schwingende Beanspruchung, die dem Begriff der Dauerfestigkeit entsprechend beliebig oft ertragen werden könnte, nicht gibt. Die WÖHLER-Kurve verläuft nämlich nach Erreichen der üblichen Grenzlastspielzahl nicht waagrecht, sondern sinkt noch weiter ab (Abb. 107), so daß man nur berechtigt ist, von einer Korrosionszeitfestigkeit zu sprechen. Bei ausreichend langer Beanspruchungszeit, die von dem Korrosionswiderstand des Werkstoffs gegen das

[1] WIEGAND, H.: Oberfläche und Dauerfestigkeit. Berlin-Spandau 1940.

[2] THUM, A., u. H. OCHS: Korrosion und Dauerfestigkeit. Mitt. Mat.-Prüf.-Anst. Darmstadt, Heft 9, Berlin 1937.

korrodierende Medium abhängt, wird auch bei noch so kleinen schwingenden Beanspruchungen schließlich ein Bruch eintreten. Es ist also nur dann sinnvoll, Dauerfestigkeitswerte bei gleichzeitiger Korrosion anzugeben, wenn die erreichte Grenzlastspielzahl genannt wird.

Auch dann sind jedoch solche Festigkeitswerte noch nicht eindeutig bestimmt. Es zeigt sich nämlich, daß die Lastspielfrequenz einen deutlichen Einfluß auf die Versuchsergebnisse hat, und zwar in dem Sinn, daß bei hohen Lastspielfrequenzen höhere Korrosionszeitfestigkeiten gefunden werden (Abb. 108). Dies ist auch leicht verständlich, da ein Versuch bis zu einer bestimmten Grenzlastspielzahl bei hoher Frequenz schneller beendet ist, so daß der Korrosionsangriff also kürzere Zeit dauerte als bei einer niedrigeren Lastspielfrequenz. Auch dieser Frequenzeinfluß ist bei der Angabe von Korrosionszeitfestigkeitswerten zu berücksichtigen.

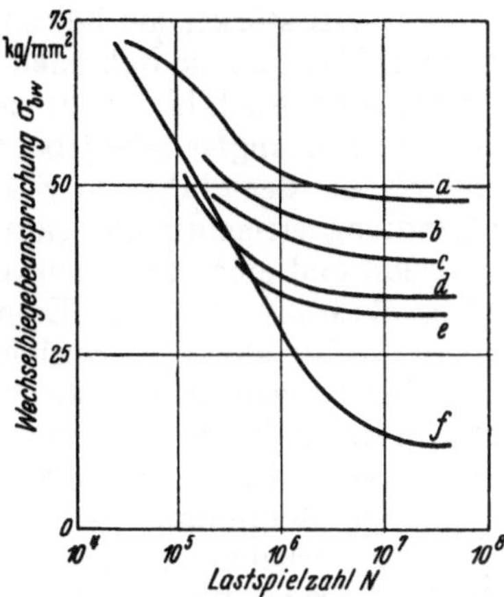

Abb. 106. Einfluß von Korrosion auf die Zeit- und Dauerfestigkeit (nach McAdam). Werkstoff: Cr-V-Stahl mit $\sigma_B = 105$ kg/mm². *a* unbehandelte Probe in Luft geprüft, *b* vor dem Versuch 1 Tag in Wasser korrodiert, *c* vor dem Versuch 2 Tage in Wasser korrodiert, *d* vor dem Versuch 6 Tage in Wasser korrodiert, *e* vor dem Versuch 10 Tage in Wasser korrodiert, *f* unbehandelte Probe in Wasser geprüft.

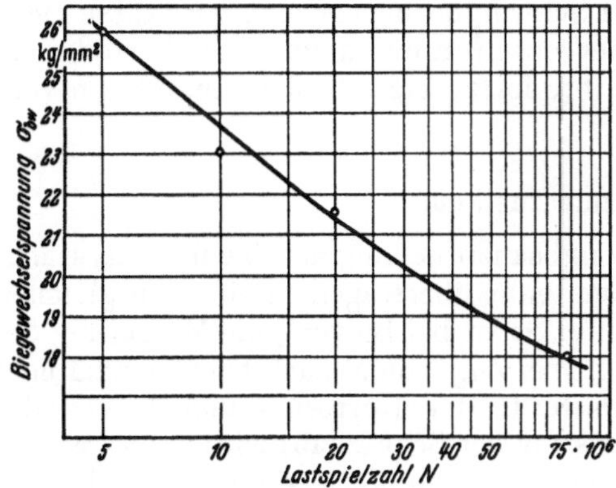

Abb. 107. Abnahme der Korrosionszeitfestigkeit mit der Lastspielzahl. Werkstoff: Stahl VCN 35 w.

b) Korrosionsmittel.

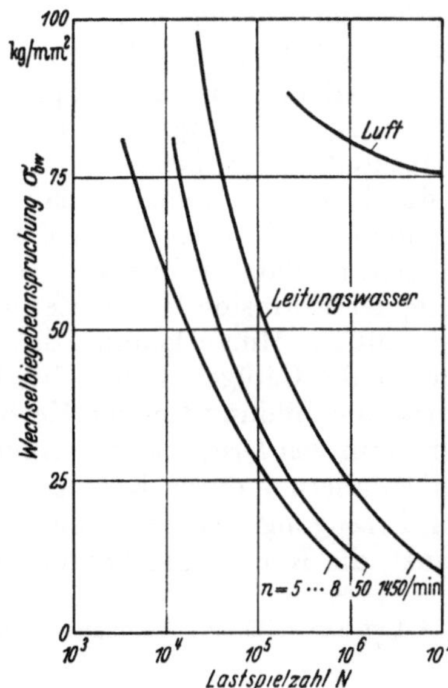

Abb. 108. Einfluß der Lastspielfrequenz auf die Korrosionszeitfestigkeit eines vergüteten Si-Ni-Stahls mit $\sigma_B = 176$ kg/mm² (nach McAdam).

Schon die umgebende Luft kann, wie durch vergleichende Versuche im Vakuum nachgewiesen wurde[1], eine Herabsetzung der Dauerfestigkeit bewirken. Diese beruht auf dem Einfluß des Luftsauerstoffs und der Luftfeuchtigkeit auf die metallische Oberfläche. Meist werden Korrosionsschwingversuche mit Leitungswasser durchgeführt. Die Probe kann dabei einem Sprühnebel ausgesetzt sein oder von dem Wasser unmittelbar bespült werden. Die Menge des auf die Probe einwirkenden Wassers spielt dabei keine nennenswerte Rolle,

[1] Gough, H. J., u. D. G. Sopwith: J. Inst. Met. Bd. 49 (1932) S. 93.

wichtig ist jedoch, daß dabei gleichzeitig auch der Luftsauerstoff Zutritt zur Oberfläche hat. Versuche, bei denen die Proben vollständig vom korrodierenden Medium umgeben waren, der Einfluß des Luftsauerstoffs sich also nicht bemerkbar machen konnte, ergaben höhere Festigkeitswerte[1].

Sehr viel stärker als Leitungswasser greifen Salzlösungen oder Meerwasser die Oberfläche an, so daß auch die Schwingfestigkeit wesentlich stärker herabgesetzt wird. Auch hier zeigt sich die Empfindlichkeit hochfester Stähle darin, daß ihre Schwingfestigkeit bei gleichzeitiger Korrosion kaum oder nicht höher liegt als die der einfachen Stähle. Ungeachtet ihrer Festigkeit oder Wärmebehandlung erreichen unlegierte und niedrig legierte Stähle bei Meerwasserkorrosion und einer Lastspielzahl von $50 \cdot 10^6$ keine höheren Korrosionsfestigkeiten als 6 bis 8 kg/mm². Es mag verwunderlich erscheinen, daß Werkstoffe, die gegenüber einem Korrosionsmittel im unbeanspruchten Zustand oder bei ruhender Beanspruchung als korrosionssicher angesehen werden können, bei schwingender Beanspruchung zum Teil bedeutende Festigkeitsminderungen zeigen. So wird z. B. ein 18/8%iger Chrom-Nickel-Stahl oder eine meerwasserbeständige Aluminiumlegierung bei Schwingungsbeanspruchung im Meerwassersprühnebel erheblich geschädigt. Der Grund liegt wohl darin, daß diese korrosionsbeständigen Werkstoffe sich gegen den Angriff durch Bildung einer dichten Schutzhaut schützen, so daß das korrodierende Mittel keinen Zutritt zur metallischen Oberfläche mehr hat. Bei Schwingbeanspruchung wird diese meist spröde Schutzhaut jedoch immer wieder einreißen und damit einen korrodierenden Angriff ermöglichen, so daß auch ihre fortgesetzte Erneuerung keinen vollständigen Schutz bieten kann.

c) Spannungszustand.

Da der Korrosionsangriff bei Schwingbeanspruchung als eine überaus starke Kerbwirkung aufgefaßt werden kann, gelten in übertragenem Sinne die gleichen Gesetzmäßigkeiten wie bei Kerbwirkung. So ist bei Biegung die Minderung der Dauerfestigkeit anscheinend geringer als bei Zug, zumal auch bei gleichmäßiger Spannungsverteilung über den Querschnitt der Korrosionsangriff schneller fortschreitet. Die oben geschilderte Wirkung der Schutzhaut wird immer wieder dadurch zunichte gemacht, daß sie durch Zugspannungen zerstört wird. Druckspannungen dagegen können ohne Einreißen der spröden Schicht ertragen werden, so daß bei Druckschwellbeanspruchung kaum eine schädigende Wirkung der Korrosion beobachtet wird, ebenso wie dies auch bei gekerbten Teilen der Fall ist. Hinzu kommt, daß durch Druckspannungen sich alle Poren und Lücken des Gefüges an der Oberfläche schließen und damit dem korrodierenden Mittel die Bildung tieferer Kerben verwehrt wird. Druckspannungen auch in der Form von Druckeigenspannungen setzen also die Gefahr einer Dauerfestigkeitsminderung durch Korrosion bedeutend herab. Deshalb sind alle Verfahren zur Erzeugung von Druckeigenspannungen in der Oberfläche (s. S. 243) geeignet, die Korrosionsermüdung wirksam zu verzögern.

---

[1] LEHMANN, G. D.: Aeronaut. Res. Comm. Rep. a. Mem. Nr. 1054 (1926).

IV. Festigkeit bei hohen und tiefen Temperaturen.

A. Festigkeitsuntersuchungen bei hohen Temperaturen.

Von **A. Pomp** †.

Während die Festigkeitseigenschaften metallischer Werkstoffe bei Raumtemperatur sich durch den Zugversuch meist in sehr einfacher Weise eindeutig festlegen lassen, stößt diese Bestimmung in der Wärme auf Schwierigkeiten, die dadurch bedingt sind, daß hier die Belastungszeit einen starken Einfluß auf das Versuchsergebnis ausübt.

Je nach der Art der Beanspruchung, die zur Durchführung des Versuches angewandt wird, unterscheidet man Zugversuche (zügige Beanspruchung) und Standversuche (ruhende oder Standbeanspruchung), früher Dauerstandversuche genannt.

1. Zugversuch.

Die Durchführung von Zugversuchen in der Wärme zur Bestimmung der Zugfestigkeit, Bruchdehnung und -einschnürung geschieht grundsätzlich in derselben Weise wie bei Raumtemperatur (s. Abschnitt I B), nur ist dafür Sorge zu tragen, daß die Probe während der Dauer des Versuches auf der gewünschten Prüftemperatur gehalten wird. Zu diesem Zweck haben sich elektrisch geheizte Luftöfen gut bewährt. Eine Beschreibung derartiger Öfen findet sich in Abschn. A 2 (S. 294). Ebenso wurden und werden, besonders bei verhältnismäßig niedrigen Temperaturen, elektrisch geheizte Flüssigkeitsbäder benutzt. Als Flüssigkeitsbäder kommen folgende in Frage:

bis 100° C	Wasser Öl, Paraffin	
bis 200° C	Öl	
180 bis 400° C	4 Teile	Natriumnitrat
	2 „	Kaliumnitrat
	3 „	Bariumnitrat
240 bis 520° C	1 Teil	Natriumnitrat
	1 „	Kaliumnitrat
350 bis 600° C	Blei.	

In selteneren Fällen hat man auch Vakuumöfen[1] benutzt. Ein solcher ist in Abb. 1 wiedergegeben.

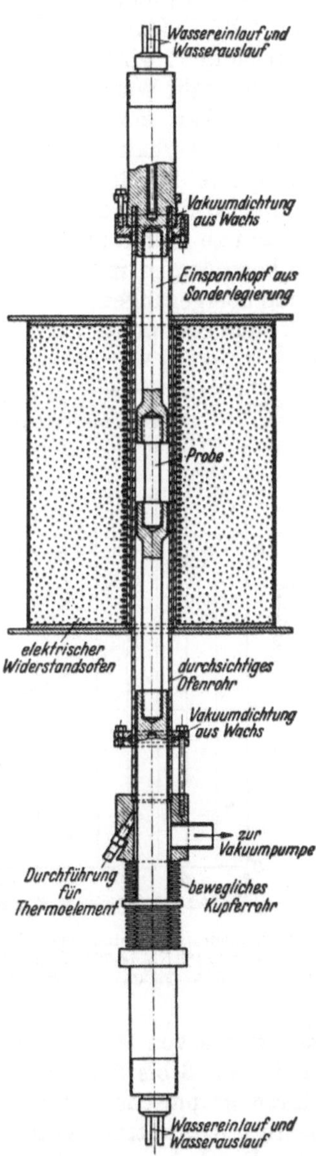

Abb. 1. Versuchseinrichtung für Kurzzeitzugversuche im Vakuum. (Nach Jenkins-Mellor.)

[1] Jenkins, C. H. M., u. G. A. Mellor: Stahl u. Eisen Bd. 56 (1936) S. 239.

Die untere Abdichtung besteht aus einem Kupferwellrohr, das genügende Dehnfähigkeit besitzt, um die beim Zugversuch eintretende Verlängerung der Probe aufzunehmen.

a) Warmzugfestigkeit.

Infolge der starken Abhängigkeit der Zugfestigkeit von der Versuchsdauer lassen sich übereinstimmende Werte für die Warmzugfestigkeit nur dann erzielen, wenn die Versuchsdauer gleich gehalten wird. In wie hohem Maße die Zugfestigkeit insbesondere bei hohen Temperaturen von der Versuchsdauer abhängt, zeigen Versuche an einem Chrom-Nickel-Wolframstahl bei einer Versuchstemperatur von 700° C (Abb. 2). Je nach der Geschwindigkeit, mit der der Zugversuch durchgeführt wird, ergeben sich für diesen Stahl Werte für die Warmzugfestigkeit von 20 bis 27 kg/mm². Ähnlich verhalten sich weniger warmfeste Stähle auch schon bei Temperaturen von 400 bis 500° C.

Um zu reproduzierbaren Werten zu kommen, ist man daher vielfach dazu übergegangen, den Zugversuch bei einer bestimmten Zeitdauer, beispielsweise von 20 Minuten, durchzuführen. Praktisch geschieht das in der Weise, daß etwa 3 bis 5 Zugversuche verschiedener Dauer durchgeführt werden und durch graphische Interpolation sodann aus diesen Versuchen diejenige Zugfestigkeit ermittelt wird, die einer Versuchsdauer von 20 Minuten entspricht. Die Ergebnisse derartiger Versuche bei Temperaturen von 600 bis 900° C an zehn warmfesten Werkstoffen, deren Zusammensetzung in Tab. 1 angegeben ist, sind in Abb. 3 wiedergegeben[1]. Mit steigender Prüftemperatur nimmt die

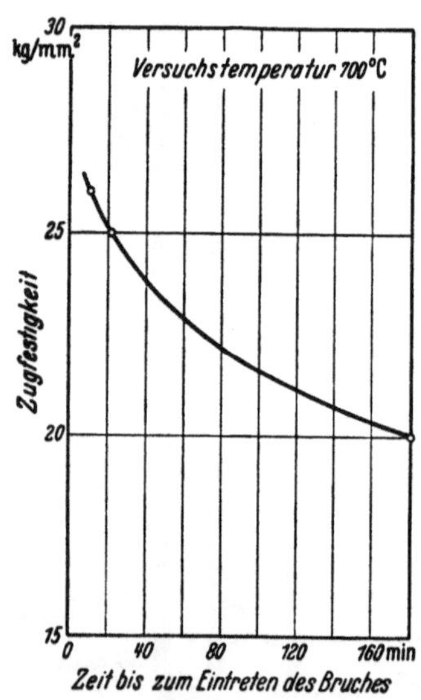

Abb. 2. Zugfestigkeit eines Cr-Ni-W-Stahles mit 0,47% C, 12,94% Ni, 14,78% Cr und 2,18% W bei 700° C in Abhängigkeit von der Versuchsdauer.

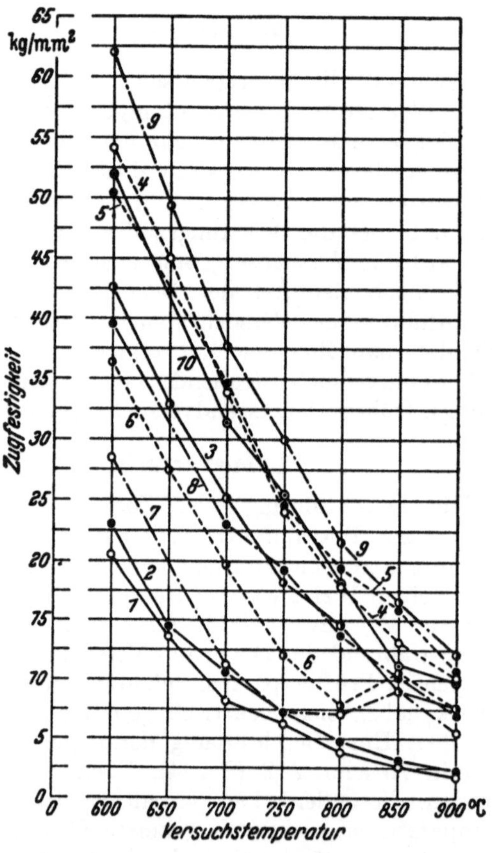

Abb. 3. Zugfestigkeit von warmfesten Werkstoffen der in Zahlentafel 1 angegebenen Zusammensetzung in Abhängigkeit von der Versuchstemperatur (Versuche von 20 min Dauer). (Nach KÖRBER-POMP.)

[1] KÖRBER, F., u. A. POMP: Mitt. K.-Wilh.-Inst. Eisenforschg. Bd. 18 (1936) S. 251.

Warmzugfestigkeit ständig ab, mit Ausnahme der Stähle 6 und 7, die bei 850° C einen Höchstwert durchlaufen, der auf innere Umwandlungen zurückzuführen sein dürfte.

Tabelle 1. *Chemische Zusammensetzung der von* KÖRBER-POMP *untersuchten Stähle.*

Nr.	C %	Si %	Mn %	P %	S %	Cr %	Ni %	Andere Elemente %
1	0,43	3,23	0,33	0,021	0,002	8,43	0,08	—
2	0,40	4,23	0,33	0,022	0,004	3,42	0,09	1,76 Co
3	0,47	1,49	0,80	0,016	0,004	14,78	12,94	2,16 W
4	0,46	0,52	1,31	0,025	0,006	12,71	12,86	9,65 W
5	0,95	1,63	0,74	0,011	0,039	15,14	12,80	2,45 W, 0,08 Mo
6	1,31	0,44	0,42	0,022	0,007	13,98	—	1,96 Co
7	0,94	0,50	0,18	0,010	0,030	16,62	0,18	0,59 Mo 2,28 Co, 0,35 V
8	0,11	0,56	0,62	0,011	0,025	17,72	8,48	1,03 W, 0,20 Mo, 0,23 Cu, 0,22 Ti
9	0,67	2,05	5,16	0,022	0,012	15,89	0,35	0,27 W
10	—	—	1,78	—	—	15,10	60,30	7,18 Mo, 15,4 Fe

b) Bruchdehnung und -einschnürung.

Die Bruchdehnung und -einschnürung werden in der gleichen Weise ermittelt wie beim Zugversuch bei Raumtemperatur.

c) Warmstreckgrenze.

Begriffsbestimmung. Unter Warmstreckgrenze versteht man die Streckgrenze bei Wärmegraden oberhalb Raumtemperatur. Auch bei höheren Wärmegraden gilt ebenso wie bei *Raumtemperatur als Streckgrenze* nach DIN 50145 (Ausg. 6. 52) die Spannung, bei der das Kraft-Verlängerungs-Diagramm unter Auftreten einer merklichen bleibenden Dehnung eine Unstetigkeit zeigt. Ist die Streck-

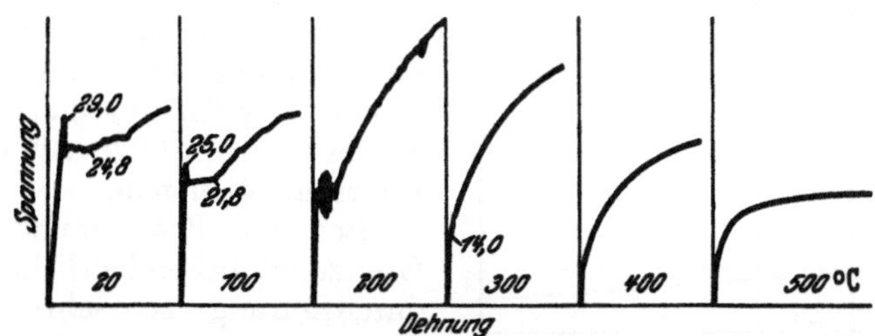

Abb. 4. Ausbildung der Streckgrenze von weichem Stahl bei höheren Temperaturen. (Nach KÖRBER-POMP.)

grenze beim Zugversuch nicht scharf ausgeprägt, so wird die Spannung, die einer bleibenden Dehnung von 0,2% der ursprünglichen Meßlänge zugeordnet ist, an Stelle der Streckgrenze bestimmt und als 0,2- (Dehn-) Grenze bezeichnet.

Bestimmung der Warmstreckgrenze. Bei scharfer Ausprägung im Kraft-Verlängerungs-Schaubild wird die Warmstreckgrenze durch Beobachtung der Kraftanzeige der Prüfmaschine bestimmt, möglichst unter gleichzeitiger Aufnahme des Kraft-Verlängerungs-Schaubildes. Nach DIN 50112 (Ausg. 12. 35×) soll dabei die Versuchsgeschwindigkeit 0,5 kg/mm² in der Sekunde nicht übersteigen.

Bei weicheren Stahlsorten gibt sich die Streckgrenze bis zu Versuchstemperaturen von 300° C im Spannungs-Dehnungs-Schaubild im allgemeinen deutlich zu erkennen (Abb. 4), wenn auch der Fließbereich mit steigender Temperatur immer weniger ausgeprägt wird und der Fließbeginn schließlich nur noch als Knick in der Schaulinie angedeutet ist[1].

Bei Versuchstemperaturen von 100° C und besonders deutlich bei 200° C tritt bei weichem Stahl im Fließbereich und auf dem oberhalb der Streckgrenze gelegenen Ast des Kraft-Verlängerungs-Diagramms ein wiederholtes plötzliches Abfallen der Kraft ein. Diese plötzlichen Kraftabfälle treten stellenweise derart gehäuft auf, daß das Pendel der Kraftanzeigeeinrichtung in starke Schwingungen gerät. Offenbar handelt es sich bei diesen Zusammenbrüchen um ähnliche Labilitätserscheinungen, wie sie mitunter auch bei Raumtemperatur bei der Ausbildung der Streckgrenze beobachtet werden[2]. Durch geringfügige Umstände, beispielsweise durch ein Beklopfen der Probe, gelingt es, die Labilität auszulösen und die in Abb. 5 wiedergegebene Kraft-Verlängerungs-Kurve mit starken Kraftabfällen zu erhalten. Da diese Erscheinung in einem Temperaturbereich beobachtet wird, in dem auch die Wirkung einer Alterung spontan eintritt, dürfte ein Zusammenhang mit Alterungserscheinung (Gleiten und momentane Verfestigung infolge Alterung) sehr wahrscheinlich sein.

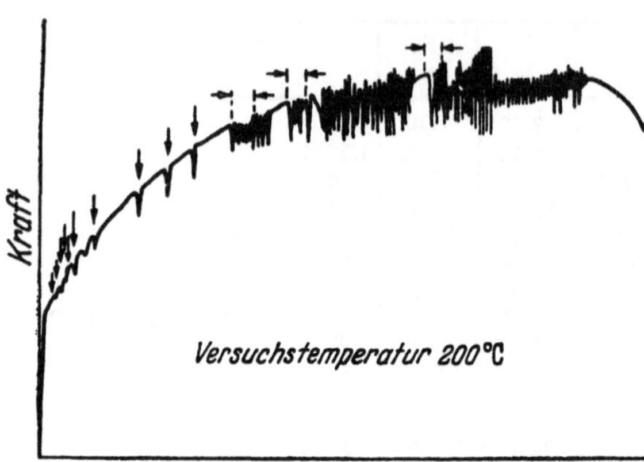

Abb. 5. Kraft-Verlängerungs-Diagramm eines Stahles mit 0,06% C bei 200° C. (Durch Beklopfen der Probe wurden die durch Pfeile bezeichneten Kraftabfälle erhalten.) (Nach KÖRBER-POMP.)

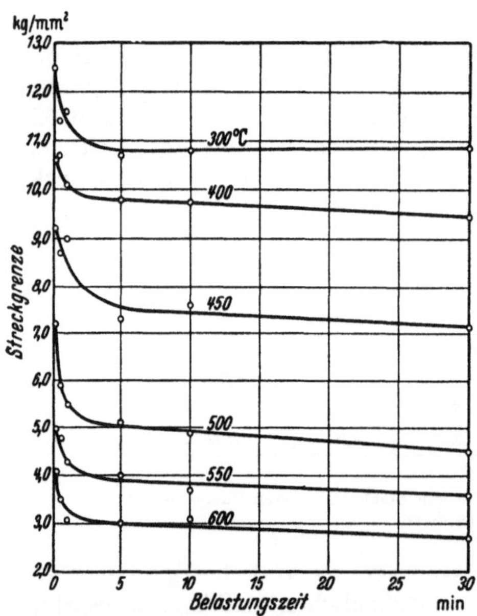

Abb. 6. Einfluß der Versuchszeit auf die Lage der Warmstreckgrenze bei weichem Flußstahl. (Nach KÖRBER-POMP.)

Bei der Bestimmung der 0,2-Grenze ist auf einheitliche Versuchsdurchführung zu achten, da nur dann übereinstimmende Ergebnisse erhalten werden. Besonders wichtig ist die Verweilzeit auf den einzelnen Kraftstufen, wie die in Abb. 6 wiedergegebenen Versuche an einem weichen Flußstahl bei 300 bis 600° C zeigen[3]. Mit zunehmender Verweilzeit tritt bei allen untersuchten Prüftemperaturen ein Sinken der Warmstreckgrenze ein.

Nach DIN 50112 soll eine Vorlast aufgebracht werden, die etwa 10% der zu erwartenden Kraft bei der 0,2-Grenze beträgt. Dann wird zum erstenmal abgelesen. Hierauf wird die Probe bei einer Versuchsgeschwindigkeit von höch-

[1] KÖRBER, F., u. A. POMP: Mitt. K.-Wilh. Inst. Eisenforschg. Bd. 12 (1930) S. 165.
[2] KÖRBER, F., u. A. POMP: Mitt. K.-Wilh.-Inst. Eisenforschg. Bd. 9 (1927) S. 347.
[3] KÖRBER, F., u. A. POMP: Mitt. K.-Wilh.-Inst. Eisenforschg. Bd. 12 (1930) S. 167.

stens 0,5 kg/mm² in der Sekunde bis etwa 80% der zu erwartenden Kraft bei der 0,2-Grenze belastet. Die Probe bleibt 2 Minuten lang unter der Kraft und wird sodann bis auf die Vorlast entlastet.

Die bleibende Dehnung der entlasteten Probe wird nach einer Wartezeit von 30 Sekunden abgelesen. Derselbe Vorgang wird mit stufenweise gesteigerter Kraft wiederholt, wobei die jeweilige Steigerung etwa 5% der bei der 0,2-Grenze zu erwartenden Kraft betragen soll, bis die bleibende Dehnung den Betrag von 0,2% erreicht oder überschritten hat. Für wissenschaftliche Untersuchungen kann es zweckmäßig sein, auf der Grundlage von Verlängerungsstufen statt von Kraftstufen vorzugehen. Zur genauen Ermittlung der 0,2-Grenze kann die bleibende Dehnung in Abhängigkeit von der Spannung zeichnerisch, aufgetragen werden.

Die Feinmeßgeräte zur Bestimmung der 0,2-Grenze sind mit Einrichtungen zu versehen, die eine Meßgenauigkeit von mindestens 0,01 mm haben. Bewährt haben sich hierfür das Spiegelfeimneßgerät von MARTENS (DIN 50107, Ausg. 2. 33) das MARTENS-KENNEDY-Gerät sowie Dehnungsmeßgeräte entsprechender Bauart, ferner Meßuhren (s. Bd. I).

Für die Bestimmung der Warmstreckgrenze wird die Probe in einen Ofen beliebiger Bauart und Beheizungsart so eingebaut, daß die Versuchstemperatur über die Meßlänge praktisch gleichbleibend gehalten werden kann. Die Temperaturunterschiede in der Versuchslänge dürfen $\pm 2^\circ$ C nicht überschreiten. Zur Erzielung einer gleichmäßigen Temperaturverteilung wird die Anwendung eines Öl- bzw. Salzbadofens oder eines geeigneten Luftofens empfohlen. Der Temperaturfühler des Temperaturmeßgerätes soll so nahe wie möglich an die Probe gehalten werden. Der Versuch soll beginnen, wenn nach eingetretenem Temperaturausgleich die Temperatur der Probe mindestens 5 Minuten lang auf der vorgeschriebenen Höhe gehalten wurde und die Anzeige des Dehnungsmeßgerätes praktisch zur Ruhe gekommen ist. Als Probenform sind Rundproben oder Vierkantproben mit Gewinde- oder Schultereinspannköpfen zu empfehlen; zu kleine Abmessungen sind zu vermeiden.

Bedeutung der Warmstreckgrenze. Bis zu Temperaturen, bei denen im Kraft-Verlängerungs-Schaubild noch ein Knick zu erkennen ist oder bei denen der Einfluß der Versuchszeit auf die Meßergebnisse gering ist, kann die Warmstreckgrenze als gewisse Grundlage für eine vergleichende Bewertung von Werkstoffen hinsichtlich der zulässigen Spannungen angesehen werden. Für unlegierte Stähle liegt diese Temperaturgrenze bei etwa 300 bis 350° C, für niedrig legierte Stähle bei 350 bis 450° C. Bei höheren Temperaturen ist wegen des immer stärkeren Hervortretens der Zeitabhängigkeit der Dehnung bei der Beurteilung des Werkstoffes auf der Grundlage der Warmstreckgrenzenbestimmung Vorsicht geboten. In solchen Fällen, in denen es sich um eine ruhende Dauerbeanspruchung (sog. Standbeanspruchung) handelt, beispielsweise im Dampfkesselüberhitzerbau, ist für die Kennzeichnung des Verhaltens des Werkstoffes im Betrieb die Warmstreckgrenze kein zuverlässiger Maßstab mehr. Bei Standbeanspruchung oberhalb der genannten Temperaturen werden die Werkstoffe besser auf Grund von Standversuchen verglichen[1].

Beziehung der Warmstreckgrenze zu anderen Eigenschaften. Das Verhältnis der Warmstreckgrenze zur Zugfestigkeit bei Raumtemperatur liegt für unlegierte Kohlenstoffstähle innerhalb verhältnismäßig enger Grenzen. Es kann daher auf die Ermittlung der Warmstreckgrenze bei Kohlenstoffstählen für Abnahmezwecke verzichtet werden, da sie sich aus der Zugfestigkeit bei Raumtemperatur

[1] KÖRBER, F., u. A. POMP: Stahl u. Eisen Bd. 52 (1932) S. 553.

mit genügender Genauigkeit errechnen läßt[1]. Abb. 7 enthält Häufigkeitskurven über die Verhältniszahl bei verschiedenen Temperaturen für weiche unlegierte Stahlsorten.

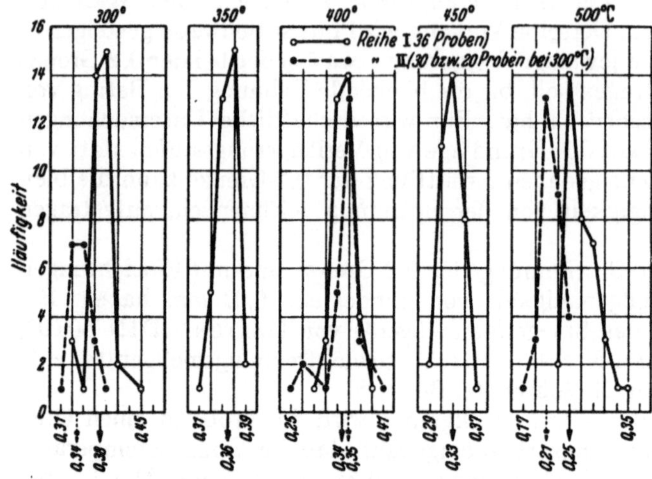

Abb. 7. Verhältnis der Warmstreckgrenze zur Zugfestigkeit bei Raumtemperatur von kohlenstoffarmem Stahl. (Nach KÖRBER-POMP.)

d) Elastizitätsgrenze und Elastizitätsmodul.

Bei der Bestimmung der technischen Elastizitätsgrenze (0,01- bzw. 0,005-Grenze) und des Elastizitätsmoduls wird grundsätzlich in der gleichen Weise verfahren wie bei Versuchen bei Raumtemperatur.

Der Elastizitätsmodul wird zweckmäßig bei niedrigen Belastungen ermittelt. Bei hohen Temperaturen ist wegen der Kriecherscheinungen besondere Vorsicht

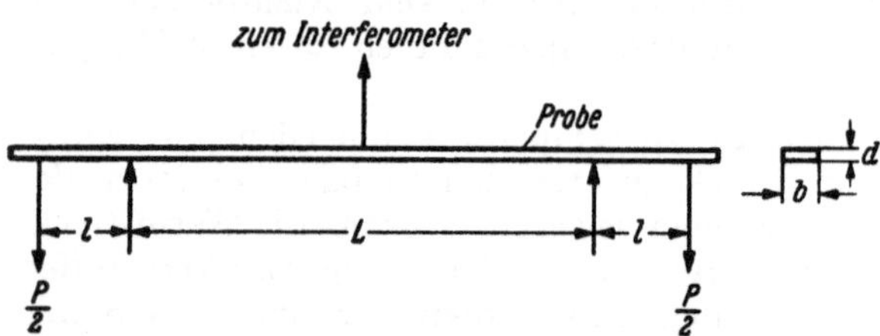

Abb. 8. Gerät zur Ermittlung des Elastizitätsmoduls. (Nach SEAGER-THOMPSON.)

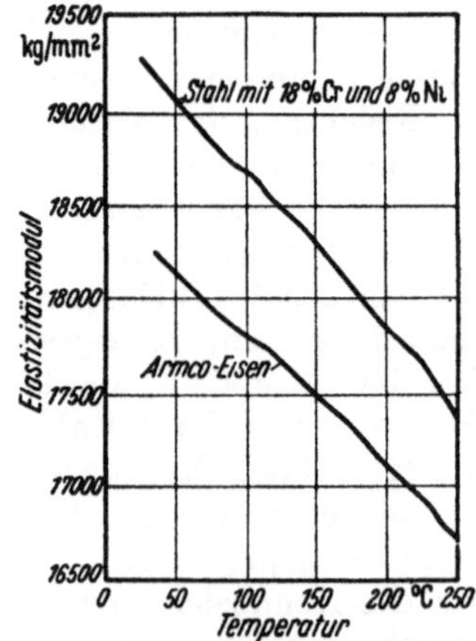

Abb. 9. Abhängigkeit des Elastizitätsmoduls von Armco-Eisen und Chrom-Nickel-Stahl von der Temperatur. (Nach SEAGER-THOMPSOM.)

am Platze. G. C. SEAGER und F. C. THOMPSEN[2] ermitteln den Elastizitätsmodul bei Temperaturen von 20° C bis 250° C mit einem Gerät, das schematisch in Abb. 8 wiedergegeben ist. Die Probe in Form eines Bandstreifens wird an zwei Auflagern, die in einem Abstand von L angebracht sind, unterstützt. Zwei Kräfte $P/2$ greifen in einer Entfernung l von den Auflagern an. Mit Hilfe eines Interferometers wird die Durchbiegung f in der Mitte der Probe gemessen und der Elastizitätsmodul nach der Gleichung $E = \frac{P l L^2}{16 f I}$ berechnet, wobei I das Trägheitsmoment der Probe bedeutet. Die Ergebnisse der Prüfung an Armco-Eisen und Stahl mit 18% Cr, 8% Ni sind in Abb. 9

[1] KÖRBER, F., u. A. POMP: Mitt. K.-Wilh.-Inst. Eisenforschg. Bd. 12 (1930) S. 22.
[2] Iron Steel Bd. 16 (1943) Nr. 10, S. 377.

wiedergegeben. Im allgemeinen treten bei allen untersuchten Stählen Unregelmäßigkeiten im Kurvenverlauf innerhalb dreier Temperaturbereiche auf, und zwar zwischen 110° C und 120° C, 160° C und 170° C sowie 220° C und 230° C.

Wird der Elastizitätsmodul auf Grund von Zeitdehnlinien aus der Entlastungsdehnung ermittelt, so ist zu berücksichtigen, daß oberhalb 300 bis 400° C je nach dem Zeitpunkt der Messung mehr oder weniger große Rückdehnungsbeträge (s. Abschn. A II, S. 324) in der Entlastungsdehnung enthalten sein können. Hierdurch können stark streuende Werte für den Elastizitätsmodul bedingt sein[1].

Auch das Verfahren von FÖRSTER und KÖSTER (siehe Abschnitt X), bei dem die Probe auf Biegeschwingungen erregt wird und in den Kanten aufgehängt ist, ist des öfteren zur Ermittlung des Elastizitätsmoduls bei hohen Temperaturen angewandt worden[2–4].

2. Standversuch[5].

Der Standversuch dient zur Ermittlung des Werkstoffverhaltens bei ruhender Beanspruchung (Standbeanspruchung) unter Bedingungen, bei denen neben den Einflüssen der Beanspruchungshöhe und der Temperatur ein wesentlicher Einfluß der Beanspruchungszeit vorhanden ist (Zeitstandverhalten).

Bei metallischen Werkstoffen ist die Prüftemperatur, bei der die Ermittlung des Zeitstandverhaltens notwendig ist, um so niedriger, je niedriger die Temperatur der Kristallerholung ist.

Bei metallischen Werkstoffen kann im unteren Grenzbereich der Kristallerholungstemperatur bei entsprechend niedriger Beanspruchung noch ein völliges Abklingen der Verformungsvorgänge eintreten. Bei Prüftemperaturen oberhalb der Kristallerholungstemperatur ist nur bei niedrigsten Beanspruchungen ein erträgliches Kriechen oder gar Stillstand zu erwarten. Umgekehrt kann auch weit unterhalb der Kristallerholungstemperatur durch entsprechende Steigerung der Beanspruchung (z. B. bis dicht unterhalb der Zugfestigkeit) ein Kriechen beobachtet werden (z. B. Stahl bei Raumtemperatur)[6]. Daher ist jede Angabe über das Zeitstandverhalten mit der Temperaturangabe zu versehen, andernfalls ist sie wertlos.

Der Standversuch kann als Zeitstandversuch oder als Entspannungsversuch durchgeführt werden.

Der Zeitstandversuch ist die am häufigsten angewandte Durchführungsform des Standversuches. Er kann als *Langzeitversuch* oder *Kurzzeitversuch* durchgeführt werden. Eine genaue Abgrenzung der Versuchszeiten von Lang- und Kurzzeitversuchen ist nicht üblich. Im allgemeinen wird man bei Versuchen mit einer Versuchszeit von weniger als 100 Stunden noch nicht von Langzeitversuchen und von mehr als 1000 Stunden nicht mehr von Kurzzeitversuchen sprechen.

Begriffe und Bezeichnungen. Nach DIN 50119 (Ausg. 12.52) gelten für das *Zeitstandverhalten* folgende Begriffe und Zeichen: *Kriechen* ist das plastische Weiterverformen bei konstanter Beanspruchung. Je nach Beanspruchungsart

[1] ESSER, H., u. S. ECKHARDT: Arch. Eisenhüttenw. Bd. 14 (1940/41) S. 397.

[2] ROBERTS, M. H., u. J. NORTCLIFFE: J. Iron Steel Inst. Bd. 157 (1947) S. 345.

[3] JONES, F. W., u. J. NORTCLIFFE: J. Iron Steel Inst. Bd. 157 (1947) S. 535.

[4] FÖRSTER, F.: Z. Metallkde. Bd. 39 (1948) S. 1.

[5] Eine ausführliche Zusammenstellung des Schrifttums über Zeitstandverhalten und warmfeste Stähle, die sich auf die Jahre 1937 bis 1947 erstreckt und in Form kurzer Auszüge 346 Seiten umfaßt, s. J. Iron Steel Inst. Bd. 156 (1947) S. 338; s. auch: A. H. SULLY: Metallic Creep and Creep Resistant Alloys. Butterworths Scientific Publications, London 1949; — I. S. GINZBURG: Prüfung von Metallen bei erhöhten Temperaturen. Moskau-Leningrad: Maschgis 1954.

[6] KRISCH, A.: Arch. Eisenhüttenw. Bd. 22 (1951) S. 313.

wird das Kriechen als bleibende Dehnung (Zug), Stauchung (Druck) usw. nach einer bestimmten Beanspruchungszeit gemessen. Entsprechend wird die *Kriechgeschwindigkeit* je nach Belastungsart als Dehngeschwindigkeit (Zug) usw. dargestellt.

Zeitstandfestigkeit bei bestimmter Temperatur ist die auf den Anfangsquerschnitt der Probe bei Raumtemperatur bezogene ruhende Belastung, die nach Ablauf einer bestimmten Versuchszeit einen Bruch der Probe hervorruft. Bei anderer Beanspruchungsart als Zugbeanspruchung spricht man entsprechend von Zeitstanddruckfestigkeit, Zeitstandbiegefestigkeit usw. Das Kurzzeichen für die Zeitstandfestigkeit ist $\sigma B/$Zeit in Stunden, z. B. 1000 h-Zeitstandfestigkeit $= \sigma B/1000$. Diejenige höchste ruhende Beanspruchung, die eine Probe „unendlich lange" ohne Bruch ertragen kann, wird *Dauerstandfestigkeit* genannt.

Zeitstandkriechgrenze (kurz: Zeitkriechgrenze) bei bestimmter Temperatur ist die auf den Anfangsquerschnitt der Probe bei Raumtemperatur bezogene ruhende Belastung, die nach Ablauf einer bestimmten, vom Versuchsbeginn an gezählten Versuchszeit einen bestimmten Kriechbetrag bewirkt. Die Zeitkriechgrenze soll nicht für eine mittlere Kriechgeschwindigkeit angegeben werden, insbesondere ist es nicht zulässig, die Zeitkriechgrenze z. B. für 0,1% in 1000 h mit der für 1% in 10000 h Versuchszeit gleichzusetzen. Je nach Beanspruchungsart wird die Zeitkriechgrenze als *Zeitdehngrenze* (Zug), *Zeitstauchgrenze* (Druck) usw. bezeichnet. Das Kurzzeichen für die Zeitdehngrenze ist σ bleibende Dehnung in %/Zeit in Stunden, z. B. 1%-10000 h-Zeitdehngrenze $= \sigma\ 1/10000$. Tritt überhaupt kein Kriechen ein, oder kommt der Kriechvorgang nach anfänglichem Kriechen für immer zum Stillstand, so wird die zugehörige ruhende Beanspruchung *Dauerstandkriechgrenze* (kurz: Dauerkriechgrenze) oder entsprechend *Dauerdehngrenze* usw. genannt.

Kriechgeschwindigkeitsgrenze bei bestimmter Temperatur ist die auf den Anfangsquerschnitt der Probe bei Raumtemperatur bezogene ruhende Belastung, die innerhalb eines bestimmten Zeitintervalles, dessen Anfang nicht mit dem Versuchsbeginn übereinstimmen muß, eine bestimmte Kriechgeschwindigkeit (Dehngeschwindigkeit) hervorruft. Will man die Kriechgeschwindigkeitsgrenze bei einer anderen Beanspruchungsart als Zugbeanspruchung ermitteln, so ist dies besonders zu erwähnen, also z. B. Kriechgeschwindigkeitsgrenze bei Druckbeanspruchung. Das Kurzzeichen für die Kriechgeschwindgkeitsgrenze ist σ Kriechgeschwindigkeit in 10^{-4}% je Stunde — Zeit in Stunden, z. B. σ 5—30.

DVM-Kriechgrenze bei bestimmter Temperatur ist die Kriechgrenze für eine Kriechgeschwindigkeit von $10 \cdot 10^{-4}$%/h in der 25. bis 35. Stunde, ohne daß die bleibende Dehnung nach 45 h den Wert von 0,2% überschreitet. Bisher wurde die DVM-Kriechgrenze als DVM-Dauerstandfestigkeit oder Dauerstandfestigkeit nach DVM 117/118 bezeichnet. Das Kurzzeichen für die DVM-Kriechgrenze ist σ_{DVM}.

Im *Zeitstand-Schaubild* werden die Zeitstandfestigkeiten und die Zeitkriechgrenzen in Abhängigkeit von der Zeit aufgezeichnet. Im Zeitstand-Schaubild für Zugbeanspruchung werden die *Zeitbruchlinie* (Verbindungslinie der Zeitstandfestigkeiten) und die *Dehngrenzlinien* (Verbindungslinien der den gleichen bleibenden Dehnungen entsprechenden Zeitdehngrenzen) unterschieden (Abb.10). Es wird empfohlen, neben den einzelnen Punkten der Zeitbruchlinie die zugehörige Zeitbruchdehnung und in Klammern die zugehörige Zeitbrucheinschnürung einzutragen.

Zeitstandbruchdehnung (kurz: Zeitbruchdehnung) ist die im Zeitstandversuch ermittelte, bleibende Verlängerung der Meßlänge nach dem Bruch der Probe, bezogen auf die ursprüngliche Meßlänge. Das Kurzzeichen für die Zeitstandbruchdehnung ist δ Meßlängenverhältnis/Zeit in Stunden, z. B. 10000 h-Zeitbruchdehnung bei $L_0 = 5\,d = \delta\,5/10000$.

Zeitstandbrucheinschnürung (kurz: Zeitbrucheinschnürung) ist die im Zeitstandversuch ermittelte, bleibende Querschnittsänderung nach dem Bruch der Probe, bezogen auf den Anfangsquerschnitt. Das Kurzzeichen für die Zeitbrucheinschnürung ist ψ/Zeit in Stunden, z. B. 10000 h-Brucheinschnürung $= \psi/10000$.

Bei Zeitstandversuchen in der Wärme wird die in die Prüfmaschine eingebaute Probe langsam erwärmt und zunächst unbelastet auf der Prüftemperatur eine bestimmte Zeit gehalten. Werden Verformungsmeßgeräte eingebaut, so sind diese bei einer Vorlast einzustellen. Die Prüflast wird erst dann aufgebracht, wenn die Temperatur der Probe und die Anzeige des Verformungsmeßgerätes bei der Vorlast eine bestimmte Zeit unverändert geblieben sind. Der Wert der bleibenden Verformung wird im allgemeinen etwa 10 Minuten nach der Entlastung festgestellt.

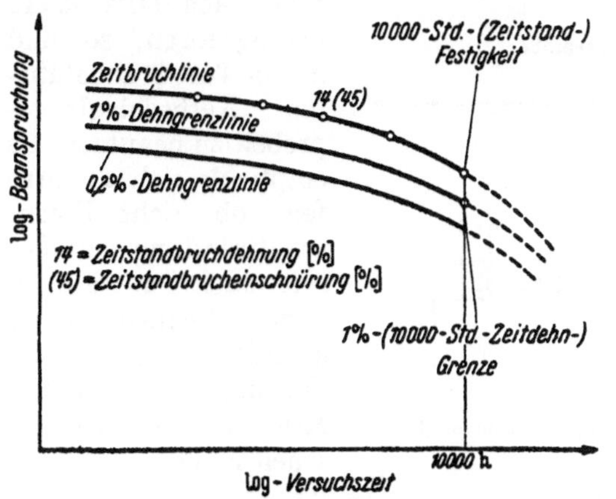

Abb. 10. Schematisches Zeitstand-Schaubild für Zugbeanspruchung nach DIN 50119.

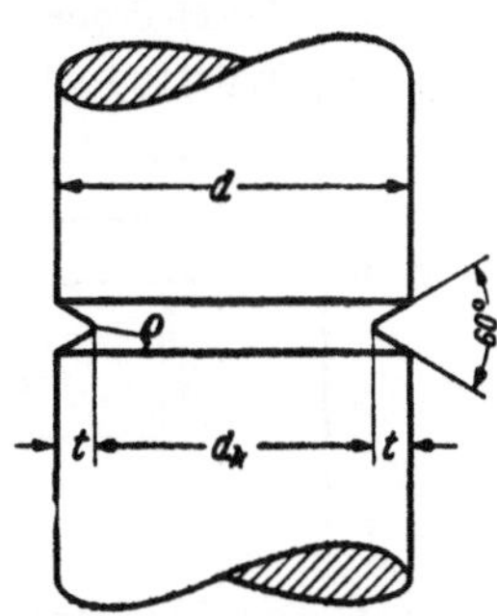

Abb. 11. Kerbzugprobe für Standversuche nach DIN 50119.

Die Versuche sind in Form von Schaubildern auszuwerten (z. B. Zeitstand-Schaubild). Aus den Schaubildern können dann die gewünschten Einzelwerte (Zeitstandfestigkeiten, Zeitstanddehngrenzen usw.) abgegriffen werden. Es wird empfohlen, bei doppeltlogarithmischer Aufzeichnung die Extrapolation nach der Zeit nur in einer Größenordnung (höchstens innerhalb einer Zehnerpotenz) vorzunehmen. Extrapolierte Werte sind einzuklammern. Im Versuchsbericht sind neben den gewünschten Werten des Zeitstandverhaltens die Vorgeschichte des Werkstoffes und die Vorbehandlung möglichst genau anzugeben.

Als Sonderprüfverfahren gibt DIN 50119 folgende an:

Standversuch an gekerbten Proben. Wenn nicht dem Bauelement besonders angepaßte Kerbproben geprüft werden sollen, so ist ein Kerb entsprechend Abb. 11 und Tab. 2 zu wählen.

Tabelle 2. *Abmessungen der Kerbzeugproben nach DIN 50119.*

Bezeichnung	d mm	d_k mm	t mm	ϱ mm	Formzahl α_k
Kleine DVM-Kerbzugprobe[1] nach DIN 50119	10	8	1	0,16	4,5
Große DVM-Kerbzugprobe nach DIN 50119	15	12	1,5	0,25	4,4

[1] Die Kerbe entspricht der Kerbung beim Gewinde M 10.

Ermittlung der Schädigung. Unter Schädigung wird allgemein die Verminderung der ursprünglichen Festigkeits- und Verformungseigenschaften eines Werkstoffes durch Langzeitbeanspruchungen verstanden. Zur Feststellung des Beginns der Schädigung eignet sich jeder Versuch, mit dem die Änderung der ursprünglichen Festigkeits- und Verformungseigenschaften ermittelt werden kann. Auch die metallographische Prüfung oder die mikroskopische Betrachtung der Probenoberfläche (Risse) kann herangezogen werden. Wird zur Feststellung und zur Kennzeichnung des Beginns der Schädigung der Kerbschlagbiegeversuch nach DIN 50115 herangezogen, so sind die in Tab. 3 angeführten Kerbschlagbiegeproben zu benutzen. Es empfiehlt sich zu prüfen, ob nicht Eigenschaftsänderungen bereits nach Dauerglühen ohne Beanspruchung auftreten, die eine Schädigung durch den Kriechvorgang vortäuschen können.

Tabelle 3. *Kerbschlagbiegeproben für die Prüfung der Vresprödung bei Zeitstandbeanspruchung nach DIN 50119.*

Durchmesser der Zeitstand-Probe mm	Kerbschlagbiegeprobe
≧ 15	DVM-Probe (DIN 50115)
15 bis ≧ 9	DVMK-Probe (DIN 50115)
< 9 bis ≧ 6	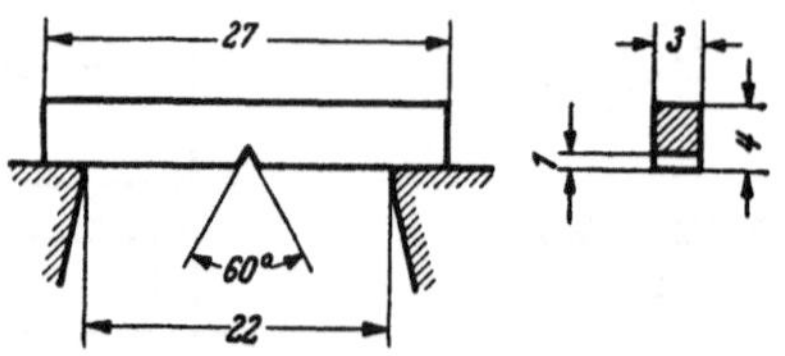 27; 22; 60°; 3; Kerbradius = 0,1

Man unterscheidet drei Grundarten des Standversuches:

1. Versuche mit gleichbleibender Temperatur und gleichbleibender Belastung (Zeitstandversuche).

2. Versuche mit gleichbleibender Temperatur und veränderlicher Belastung (Entspannungsversuche).

3. Versuche mit veränderlicher Temperatur und gleichbleibender Belastung.

a) Versuch mit gleichbleibender Temperatur und gleichbleibender Belastung (Zeitstandversuch).

Der Zeitstandversuch nach DIN 50118 (Ausg. 12. 52) dient zur Ermittlung des Festigkeitsverhaltens von Werkstoffen bei ruhender Zugbeanspruchung. Der Versuch kann bis zu einer bestimmten Verformung oder bis zum Bruch der Probe durchgeführt werden.

Die Proben sollen eine Meßlänge L_0 von mindestens $3d$ (d = Probendurchmesser) haben. Für Versuche mit laufender Dehnungsmessung wird ein Meßlängenverhältnis ($L:d$) von mindestens 5 (kurzer Proportionalstab nach DIN 50125) empfohlen. Die Übergänge an den Hohlkehlen, zu den Meßbunden usw. sind gut auszurunden. Es wird empfohlen, den Ausrundungsradius $= d/2$ zu wählen. Rillen zur Befestigung von Dehnungsmeßgeräten sind nur im Stabkopf zulässig. Das Verhältnis vom Prüfquerschnitt zum kleinsten Querschnitt im Stabkopf (Gewindequerschnitt, Meßrillenquerschnitt) muß mindestens 1 : 1,5 betragen, um bei kerbempfindlichen Werkstoffen Brüche im Stabkopf zu vermeiden. Bei Gewindeköpfen muß der Gewindegrund bei Meßrillen der Rillengrund sorgfältig ausgerundet sein.

Der Zeitstandversuch kann in *Einproben-* und in *Vielprobengeräten* **durchgeführt** werden. Statt Einzelproben können *Mehrfachproben* mit abgestuften

Probendurchmessern oder *Probenstränge*, bei denen mehrere Einzelproben hintereinander angeordnet sind (Kolonnenanordnung), verwendet werden.

Die Belastung muß stoßfrei aufgebracht werden können und während der Versuchszeit mit einer Genauigkeit von $\pm 1\%$ gleichbleiben. Einrichtungen mit direkter Gewichtsbelastung mit oder ohne Hebelübersetzung sind deshalb zu bevorzugen. Bei Vielprobeneinrichtungen sind Dämpfungseinrichtungen zu empfehlen.

Werden Zeitstandversuche bei Temperaturen oberhalb 20° C durchgeführt, so können die Proben im Luftofen oder im Flüssigkeitsbad erhitzt werden. Bei Anwendung von *Flüssigkeitsbädern* darf der Werkstoff durch die angewandte Flüssigkeit nicht beeinflußt werden.

Die *Temperaturunterschiede* innerhalb der Meßlänge der Probe bzw. des Probenstranges und die Temperaturschwankungen während der gesamten Versuchsdauer dürfen zwischen Raumtemperatur und 100° C nur ± 1° C und bei Prüftemperaturen über 100° C $\pm 1\%$ der Prüftemperatur nicht überschreiten. Bei Einprobengeräten sind die im folgenden genannten Temperaturunterschiede nicht zu überschreiten: bis 100° C $\pm 1°$, bis 400° C $\pm 2°$, über 400° C $\pm 3°$.

Die während des Versuches entstehende Verlängerung der Probe soll mit Dehnungsmeßgeräten ermittelt werden, deren Ablesegenauigkeit sich nach der Größe der zu messenden Verlängerung der Meßlänge richtet. Gleichbleibende Temperaturen des Dehnungsmeßgerätes ist für die Versuchsgenauigkeit wesentlich; deshalb sind Luftströmungen und Schwankungen der Raumtemperatur zu vermeiden. Sind Verlängerungen für die Ermittlung von *Zeitdehngrenzen* zu messen, so sind Meßgeräte mit üblicher Meßuhrgenauigkeit (evtl. unter Einschaltung einer Hebelübersetzung) ausreichend.

Bei *Langzeitstandversuchen* kann die Verlängerung der Meßlänge an der ausgebauten und erkalteten Probe mit Komparator oder dergleichen gemessen werden. Als Begrenzung der Meßlänge sind VICKERS-Eindrücke vorteilhaft. Die Abkühlgeschwindigkeit darf nicht zu groß sein. Preßluft- oder Wasserkühlung ist unzulässig.

Sind Kriechgeschwindigkeiten zu ermitteln (z. B. für die Bestimmung der DVM-*Kriechgrenze* nach DIN 50117), so soll die während des Versuchs eintretende Verlängerung der Meßlänge mit Dehnungsmeßgeräten gemessen werden, die gestatten, eine Dehnungsänderung schon von 0,001% zu erfassen. Bewährt hat sich hierfür z. B. das Spiegelmeßgerät nach MARTENS (DIN 50107). Eine Einrichtung zum selbsttätigen Aufzeichnen des Dehnverlaufs ist zu empfehlen.

Bei Zeitstandversuchen oberhalb Raumtemperatur wird die in die Prüfmaschine eingebaute Probe langsam erwärmt und zunächst unbelastet normalerweise mindestens 20 Stunden auf der Prüftemperatur gehalten. Längere Vorwärmzeiten sind besonders zu vermerken. Werden gleichzeitig Dehnungsmeßgeräte eingebaut, so sind diese bei einer Vorlast von etwa 10% der Prüflast einzustellen. Die Prüflast wird erst dann aufgebracht, wenn die Temperatur der Probe und die Anzeige der Dehnungsmeßgeräte bei der Vorlast mindestens 5 Minuten unverändert geblieben sind. Längere Haltezeiten sind besonders zu vermerken.

Während des Versuches wird bei Meßeinrichtungen mit fortlaufender Meßmöglichkeit die Gesamtverlängerung der Meßlänge laufend abgelesen und daraus die Gesamtdehnung ε_{ges} errechnet. Wenn notwendig, kann die bleibende Dehnung ε_{bl} durch Abziehen der durch die Prüflast der Probe aufgezwungenen, elastischen Dehnung ε_{el} von der ermittelten Gesamtdehnung gewonnen werden.

Bei Langzeitstandversuchen kann die eingetretene bleibende Verlängerung der Meßlänge nach dem Ausbau der Probe bei Raumtemperatur gemessen und daraus die bleibende Dehnung ε_{bl} errechnet werden.

Die Zeitabstände für die Dehnungsermittlung richten sich nach der Dauer des Versuches und dem Verformungsverhalten des Werkstoffes. Bei Kurzzeitstandversuchen bis etwa 100 Stunden soll die Verlängerung möglichst automatisch aufgezeichnet werden. Wird der Versuch vor dem Bruch der Probe abgebrochen

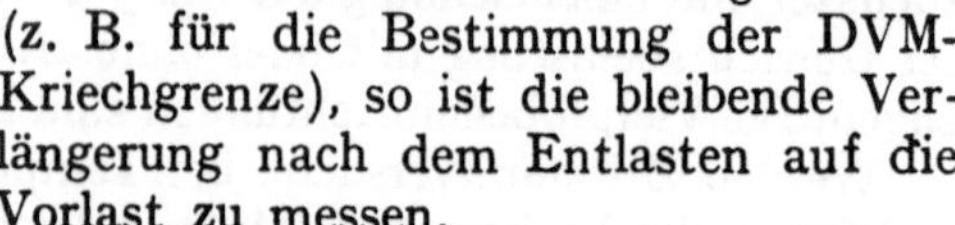

(z. B. für die Bestimmung der DVM-Kriechgrenze), so ist die bleibende Verlängerung nach dem Entlasten auf die Vorlast zu messen.

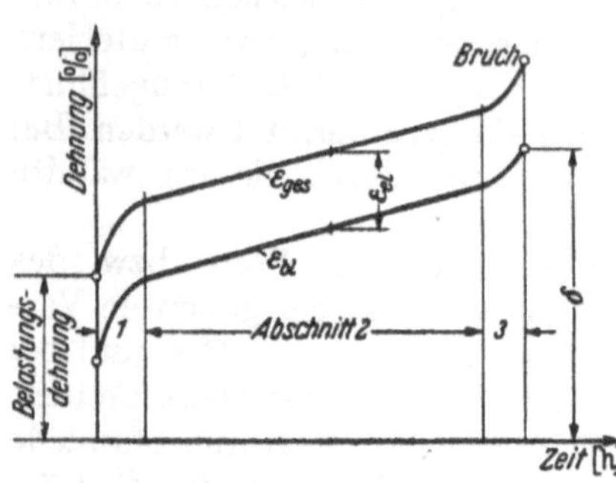

Abb. 12. Zeitdehnlinie (schematisch) nach DIN 50118.

Der Wert der bleibenden Verlängerung der Meßlänge (gleichgültig, ob an eingespannter oder ausgebauter Probe gemessen) ist nicht früher als etwa 30 Minuten nach der Entlastung der Probe festzustellen. An Hand der gewonnenen Dehnungen werden Zeitdehnlinien gezeichnet (Abb. 12).

Der 1. Abschnitt in Abb. 12 umfaßt den Zeitraum, in dem die hohen Kriechgeschwindigkeiten zu Beginn des Versuches abnehmen.

Der 2. Abschnitt in Abb. 12 umfaßt den Zeitraum mit praktisch gleichmäßiger Kriechgeschwindigkeit, die aber nicht bei allen Versuchen gefunden wird.

Der 3. Abschnitt in Abb. 12, der bei niedrigen Belastungen nicht erreicht wird, umfaßt den Zeitraum, in dem die Kriechgeschwindigkeit zunimmt, wobei es schließlich zur Ausbildung der Einschnürung und zum Bruch kommt. Bei verformungsarmen Brüchen kann der 3. Abschnitt sehr kurz sein.

Die Festigkeiten werden entsprechend DIN 50145 auf den Anfangsquerschnitt der Probe bei Raumtemperatur bezogen. Die Bruchdehnungen und die Brucheinschnürungen werden nach völligem Erkalten der Probe nach DIN 50146 ermittelt.

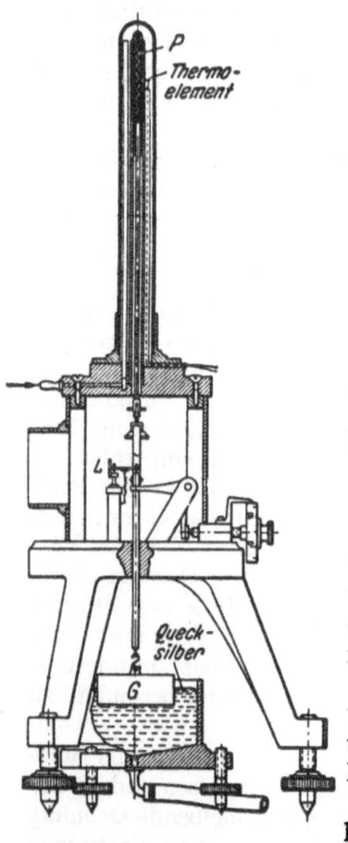

Abb. 13. Vorrichtung für Zeitstandversuche. (Nach CHEVENARD.)

Zeitstandprüfeinrichtungen.

Die Maschinen zur Durchführung von Zeitstandversuchen müssen so gebaut sein, daß die Belastung während der Versuchszeit konstant bleibt. Besonders geeignet sind Maschinen mit Gewichtsbelastung mit oder ohne Hebelübersetzung.

In Abb. 13 ist ein Gerät für Zeitstandversuche von Drähten dargestellt[1]. Die Drahtprobe wird unmittelbar durch ein Gewicht belastet. Das Belastungsgewicht schwimmt im Ruhezustand auf Quecksilber. Die Probe wird durch das Ausfließenlassen des Quecksilbers stoßfrei belastet.

Eine Ansicht des Zeitstandprüfgerätes der Losenhausenwerk A.G., Düsseldorf[2], zeigt Abb. 14. Es

[1] CHEVENARD, P.: Métaux Bd. 10 (1935) S. 76.
[2] MARX, W.: Arch. Eisenhüttenw. Bd. 19 (1936/37) S. 559.

baut auf ältere, vom Eisenforschungsinstitut[1] entwickelte Prüfgeräte mit Hebelgewichtsbelastung auf.

Abb. 14. Gesamtansicht des Zeitstandprüfgerätes der Losenhausenwerk A.-G. (Nach MARX.)

Bei dem Zeitstandprüfgerät nach ESSER[2] (Abb. 15) wird die Last auf die Probe durch ein doppeltes Hebelsystem übertragen.

Ein Prüfgerät, bei dem die gesamten Belastungsgewichte sowie Meßgeräte in einem allseitig geschlossenen Gehäuse untergebracht sind, ist von J. JANSEN[3] entwickelt worden (Abb. 16). Ein Zeitstandprüfgerät der Mohr & Federhaff A.-G. bis 3,5 t, in dem sowohl eine Probe als auch mehrere Proben untereinander in einem Probenstrang geprüft werden können, zeigt Abb. 17.

Abb. 15. Zeitstandprüfgerät. (Nach ESSER.)

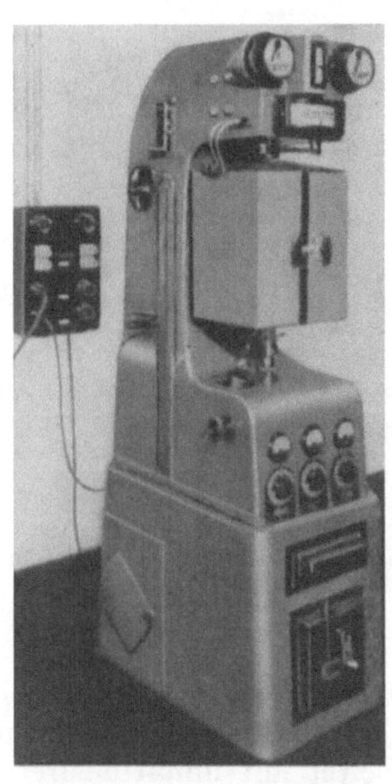

Abb. 16. Ansicht des Zeitstandprüfgerätes. (Nach JANSEN.)

Ein Zeitstandprüfgerät nach E. SIEBEL[4] zur Konstanthaltung der Beanspruchung beim Auftreten größerer Dehnungen ist in Abb. 18 wiedergegeben. Das

[1] POMP, A., u. W. ENDERS: Mitt. K.-Wilh.-Inst. Eisenforschg. Bd. 12 (1930) S. 133; Bd. 14 (1932) S. 264.

[2] ESSER, H., u. S. ECKHARDT: Arch. Eisenhüttenw. Bd. 13 (1939/40) S. 209.

[3] Stahl u. Eisen Bd. 62 (1942) S. 571.

[4] Mitt. Ver. Großkesselbes. Nr. 67 (1938) S. 74.

durch das Dehnen der Probe eintretende Absinken des Belastungsgewichtes am Waagebalken wird dadurch verhindert, daß an dem Waagebalken sowie an einer mit dem Prüfgerät festverbundenen Stange Kontakte *f* angebracht werden. Senkt sich das Belastungsgewicht an dem Waagebalken der Maschine um etwa 0,2 bis 0,3 mm, so wird ein Stromkreis geschlossen, der über ein Relais *d* einen Motor *b* in Betrieb setzt. Der Motor zieht über Riemen- und Kettenantrieb die Maschine so lange nach (Abwärtsbewegung des unteren Einspannkopfes), bis sich der Waagebalken wieder horizontal einstellt.

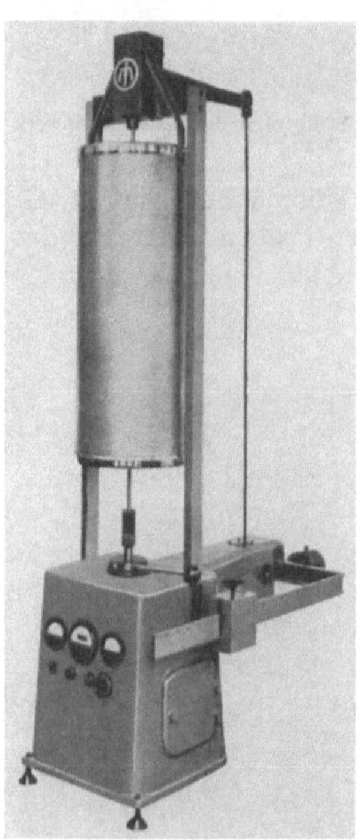

Abb. 17. Zeitstandprüfgerät der Mohr & Federhaff A.-G.

Abb. 18. Zeitstandprüfgerät mit Konstanthaltung der Beanspruchung bei großen Dehnungen. (Nach Siebel.)
a Unterer Einspannkopf; *b* Motor; *c* Schreibgerät; *d* Relais; *e* elektrische Uhr; *f* Kontakte.

Ein von E. Siebel und G. Hahn[1] entwickeltes Zeitstandprüfgerät mit unmittelbarer Widerstandsbeheizung für Temperaturen bis 1200° C zeigt Abb. 19. Es arbeitet mit unmittelbarer Gewichtsbelastung der Probe. Der obere Einspannkopf ist in dem Querhaupt des rahmenförmigen Gestelles fest abgestützt und dient gleichzeitig als obere Stromzuführung. Der untere Einspannteil trägt die Belastungsgewichte und taucht frei beweglich in einen gekühlten Quecksilberbehälter, der als untere Stromzuführung dient. Der mit Feingewinde versehene Schraubenverschluß am oberen Teil des Quecksilberbehälters dient sowohl zur Be- und Entlastung der Probe als auch als Auffangeinrichtung für die untere

[1] Arch. Eisenhüttenw. Bd. 17 (1943/44) S. 211.

Hälfte des Prüfeinsatzes einschließlich der Gewichtsplatten beim Bruch der Probe. Die Probe und ein Stück der Einspannteile sind von einer ofenartigen Wärmeschutzvorrichtung umgeben. Die Temperatur der Probe wird durch einen Spannungsregler konstant gehalten. Zusätzlich ist eine Regelung von der Temperaturseite vorgesehen. Die Dehnung wird mit der in Abb. 20 wiedergegebenen Einrichtung gemessen. Der halbringförmige Schneidenträger sitzt in einer Ringnute des unteren Einspannteiles und wird nach Einführen des Prüfeinsatzes in das Zeitstandprüfgerät durch zwei Klemmscheiben fest mit dem unteren Einspannteil verbunden. Seine Schneiden sind in der Höhe verstellbar. Die T-förmigen Führungen für die Drehpunktschneiden sind starr mit dem Rahmen des Zeitstandprüfgerätes verbunden. Zugfedern an den äußeren Enden der Hebel sorgen für einen sicheren Kraftschluß zwischen den Pfannen und Schneiden der Meßeinrichtung. Die Meßuhren sind so angeordnet, daß sie außerhalb der Wärmeströmung des Gerätes liegen.

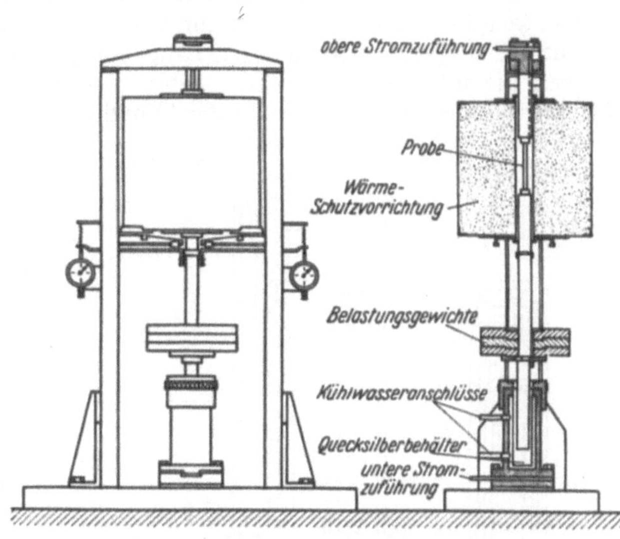

Abb. 19. Zeitstandprüfgerät für hohe Temperaturen. (Nach SIEBEL-HAHN.)

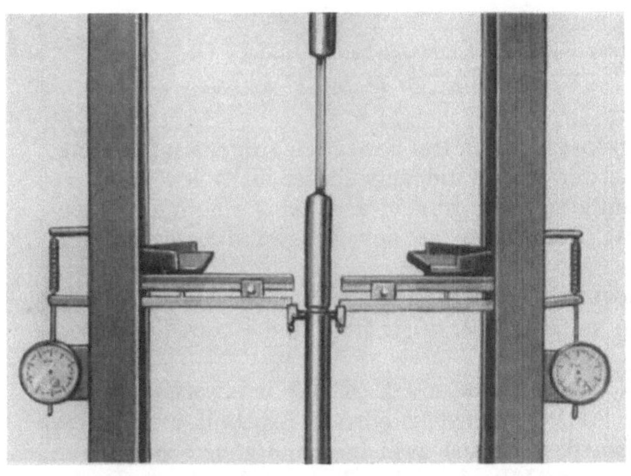

Abb. 20. Dehnungsmeßeinrichtung für das Zeitstandprüfgerät. (Nach SIEBEL-HAHN.)

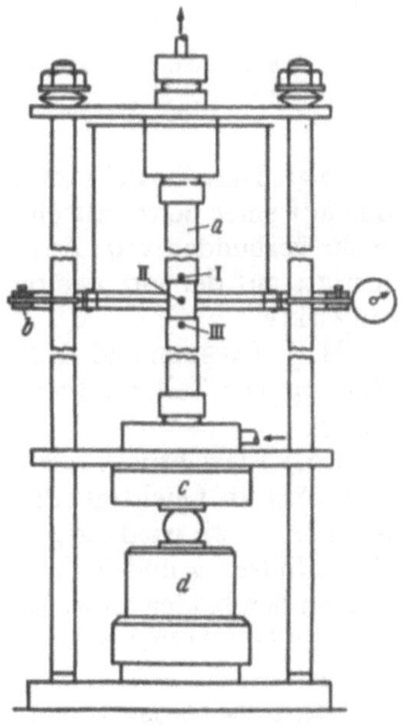

Abb. 21.

Abb. 21. Einrichtung zur Untersuchung von Rohren unter Innendruck bei höheren Temperaturen. (Nach SIEBEL.)
a Probe; *b* Meßring; *c* Kühlring; *d* Druckmeßdose; I, II, III Temperaturmeßstellen.

Zur Prüfung des Zeitstandverhaltens dünnwandiger Rohre unter *Innendruck* benutzte E. SIEBEL[1] die in Abb. 21 wiedergegebene Einrichtung. Der Innendruck wurde durch überhitzten Dampf erzeugt, der gleichzeitig auch zur Beheizung der Prüfrohre diente. Um die vom Innendruck herrührenden Längsspannungen auszuschalten, konnte mittels zweier Zugschrauben eine entsprechende Längskraft aut das Prüfrohr aufgegeben werden. Die Längskraft wurde mit einer Druckmeßdose gemessen, die unterhalb der Probe angebracht war. Die Umfangsänderungen des Prüfrohres wurden mit Hilfe der aus der Abbildung zu ersehenden Meßeinrichtung

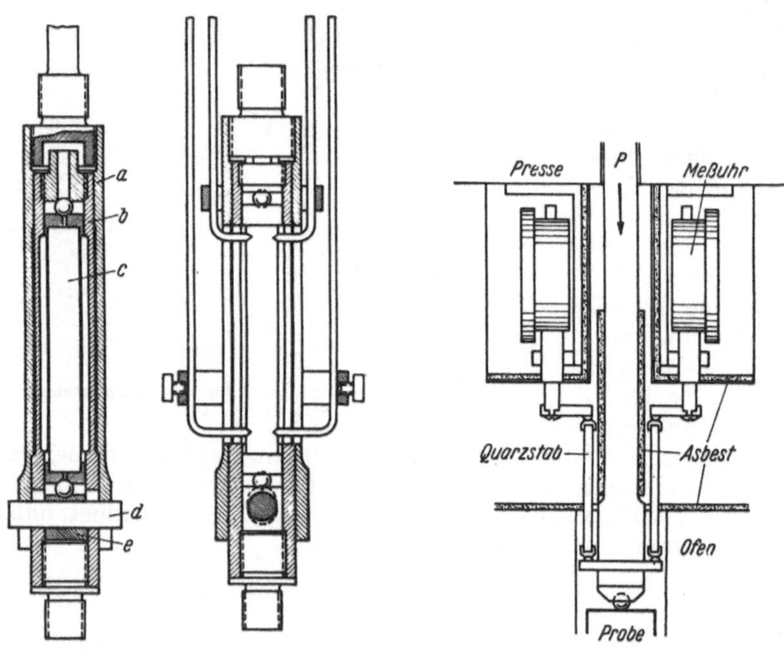

Abb. 22. Einrichtung zur Durchführung von Zeitstanddruckversuchen an Leichtmetallen. (Nach WELLINGER-KEIL.)

Abb. 23. Versuchseinrichtung zur Tiefenmessung bei der Aufnahme von Härtekriechkurven. (Nach WELLINGER-KEIL.)

verfolgt. Diese besteht aus einem lose, seitlich frei beweglich aufgehängten Ring, der auf einer Seite mit einem an der Rohrwand angelöteten Stift fest mit dem Rohr verbunden war. Auf der anderen Seite war an dem Ring eine Meßuhr befestigt, auf der ein zweiter Stift, der ebenso an der Rohrwand befestigt war, einwirkte.

H. J. TAPSELL und A. E. JOHNSON[2] beschreiben eine Einrichtung zur Durchführung von Zeitstandversuchen unter *gleichzeitiger Zug-* und *Verdrehbeanspruchung*.

Eine Einrichtung, mit der K. WELLINGER und E. KEIL[3] bei *Zeitstanddruckversuchen* an Leichtmetallen bei 200° C zufriedenstellende Ergebnisse erzielten, ist in Abb. 22 wiedergegeben. Sie besteht aus zwei ineinander verschiebbaren Spannhülsen *a* und *b*. In der inneren Hülse *b* ist die Probe *c* eingebaut. Durch Zug an den beiden Gewindeköpfen der Hülsen *a* und *b* wird mittels des Bolzens *d* und des Druckstückes *e* die Probe gegen das geschlossene obere Ende der Hülse *b*

[1] Mitt. Ver. Großkesselbes. Nr. 17 (1938) S. 74. Vgl. Stahl u. Eisen Bd. 59 (1939) S. 311.
[2] Engineering Bd. 150 (1940) S. 24.
[3] Z. Metallkde. Bd. 35 (1943) S. 169.

gedrückt. Der Bolzen gleitet dabei in zwei Längsschlitzen der Hülse *b*. Die Kraft wird auf die Probe durch Stahlkugeln über Stahlkappen, die auf die Probeenden aufgesetzt sind, übertragen. Die Stauchung wird mit Meßschienen üblicher Bauart gemessen, die durch Ausschnitte in den Spannhülsen an die Probe angesetzt werden.

Versuchseinrichtungen zur Aufnahme von ***Härtekriechkurven*** sind von W. Müller[1] sowie von K. Wellinger und E. Keil[2] (Abb. 23) entwickelt worden. Die Warmhärte ergibt keine zahlenmäßigen Berechnungsunterlagen für den Konstrukteur, dagegen vermittelt die Aufnahme von Härtekriechkurven in verhältnismäßig kurzer Zeit mit einfachsten Mitteln und mit geringem Werkstoffaufwand ein Bild über den Verformungswiderstand des Werkstoffes.

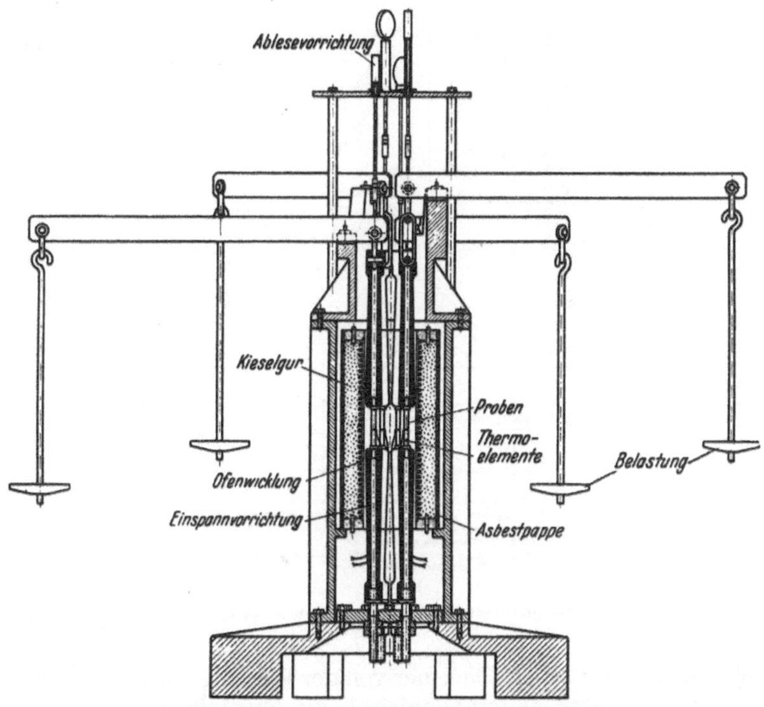

Abb. 24. Zeitstandanlage für die gleichzeitige Prüfung von sechs Proben. (Nach Norton.)

Die bisher beschriebenen Zeitstandprüfeinrichtungen gestatten die Untersuchung nur einer Probe oder eines Probenstranges. Es werden auch Anlagen gebaut, in denen mehrere Proben gleichzeitig untersucht werden können (sog. Vielprobengeräte). F. H. Norton[3] beschreibt eine Einrichtung für die gleichzeitige Prüfung von sechs Proben, die schematisch in Abb. 24 dargestellt ist. In einem elektrisch beheizten Ofen sind sechs Proben untergebracht, die durch Hebelgewichtsbelastung (Waagebalkenverhältnis 10: 1) belastet werden. Eine weitere Zeitstandprüfeinrichtung für die gleichzeitige Untersuchung von sechs Proben beschreibt C. A. Dugkwitz[4].

[1] Aluminium, Bd. 25 (1943) S. 20.
[2] Z. Metallkde. Bd. 35 (1943) S. 169.
[3] Norton, F. H.: The Creep of Steel at High Temperatures. London: McGraw-Hill Publishing Co Ltd. 1929, S. 11.
[4] Berg- u. hüttenm. Mh. Bd. 90 (1942) S. 111.

Eine von der General Electric Co. gebaute Zeitstandanlage für die gleichzeitige Prüfung von 12 Proben[1] zeigt Abb. 25. In einem zweiteiligen elektrisch beheizten Ofen befindet sich ein in 12 Kammern unterteilter Kasten, dessen einzelne Kammern die Proben aufnehmen. Die Proben können einzeln ein- und ausgebaut werden, ohne daß der Versuchsverlauf für die benachbarten Proben gestört wird. Bei dieser Anlage sind die Proben nebeneinander angeordnet, so daß die Belastungs-

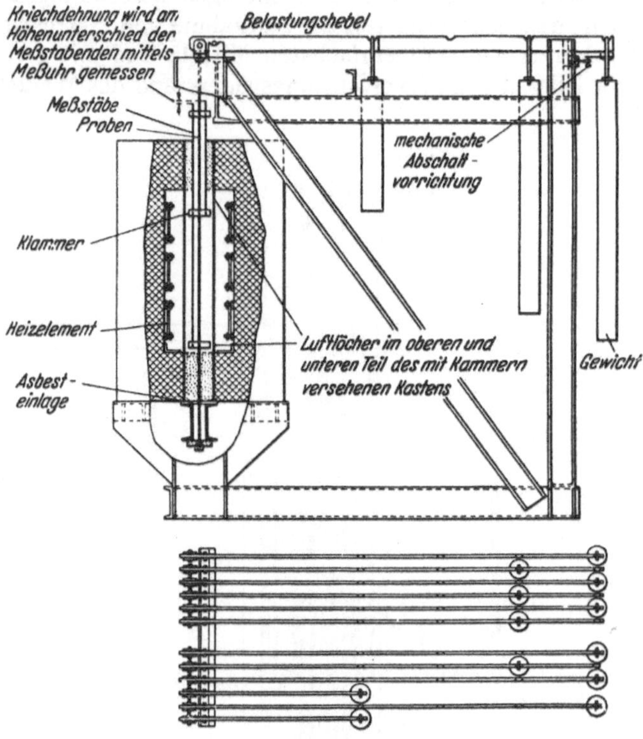

Abb. 25. Zeitstandanlage für die gleichzeitige Prüfung von zwölf Proben. (Nach Clark-Robinson.)

hebel parallel zueinander liegen. Bei einer von der Westinghouse Electric & Manufacturing Co. entwickelten Zeitstandanlage[2], die ebenfalls für die gleichzeitige Prüfung von 12 Proben eingerichtet ist, sind die Proben kreisförmig in einem Ofenblock angeordnet, so daß die Gewichtshebel jeweils unter 30° zueinander liegen (Abb. 26). Hierdurch ergeben sich günstigere Verhältnisse für die Aufrechterhaltung einer gleichmäßigen Temperatur als bei der Reihenanordnung.

Die Höchstbeanspruchung beträgt 35 kg/mm². Die Proben von 18,8 mm Durchmesser besitzen eine Länge von 690 mm (Abb. 27). Die Dehnung kann sowohl über eine Länge von 510 mm als auch über kürzere Meßstrecken gemessen werden. Durch Anbringen von Zwischenstücken können auch vier hintereinander geschaltete kürzere Proben mit Meßlängen von 76 und 51 mm (Abb. 27 b u. c) geprüft werden (sog. Kolonnen-Anordnung), oder es kann die Probe absatzweise im Durchmesser verringert werden (Abb. 27 d u. e), so daß sich bei Verwendung einer Probe gleichzeitig fünf Versuche mit verschiedenen Spannungen durch-

[1] Clark, C. L., u. E. L. Robinson: Metalls & Aloys Bd. 6 (1935) S. 46.
[2] McVetty, P. G.: Proc. Amer. Soc. Test. Mater. Bd. 37 II (1937) S. 235.

führen lassen. Auf diese Weise ist es möglich, bei voller Besetzung der Anlage gleichzeitig 60 verschiedene Ergebnisse bei einer Temperatur zu erhalten.

Die Proben befinden sich in Bohrungen eines Ofenkörpers, der aus mehreren starr miteinander verbundenen Teilen besteht. Die Bohrungen sind für die Dehnungsmessung mit Schlitzen versehen. Die Heizwicklung besteht aus drei Zweigen, einem oberen, einem mittleren und einem unteren Teil. Der Heizdraht aus einer Chrom-Nickel-Legierung liegt senkrecht, so daß keine Induktionswirkung auf die Probe stattfinden kann. Das Schaltbild ist aus Abb. 28 zu ersehen. Es sind zwei voneinander unabhängige Stromquellen vorgesehen; bei Ausfall der einen Leitung wird die Stromzuführung durch einen Umschalter selbsttätig auf die andere Leitung verlegt. Zur Aufrechterhaltung einer gleichmäßigen Spannung in der Stromzuführung ist ein Spannungsregler zwischengeschaltet. Ein Induktionsregler dient zur Einstellung des Heizstromes für jede beliebige Temperatur bis 538° C. Ein photoelektrisches Temperaturkontrollgerät betätigt einen Kontakt, der einen Widerstand kurzschließt, der in Reihe mit den drei Ofenwicklungen geschaltet ist. In der Mitte des Ofenblocks befindet sich ein zylindrischer Raum von 125 mm Durchmesser, der dazu dient, an Proben, die für Zeitstandversuche benutzt werden sollen, vorher unbelastet Erwärmungen von längerer Dauer vorzunehmen.

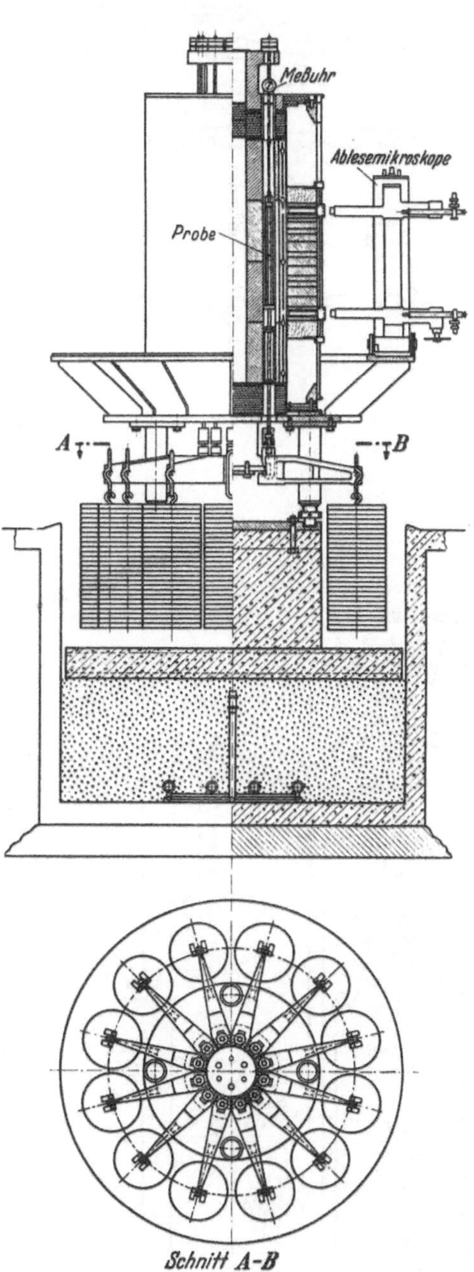

Abb. 26. Zeitstandnalage für die gleichzeitige Prüfung von zwölf Proben. (Nach McVetty.)

Nach außen hin ist der Ofen durch einen Mantel abgeschlossen, der wie folgt aufgebaut ist. Zur Heizwicklung zu liegt ein Nickelblech, sodann folgt ein Zwischenraum von 140 mm Tiefe, der mit Kieselgur ausgefüllt ist; den Abschluß nach außen bilden zwei im Abstand von 20 mm angebrachte Aluminiumbleche, von denen das äußere zur Verminderung der Wärmestrahlung eine hochglanzpolierte Oberfläche besitzt. Ursprünglich war beabsichtigt, in den Mantel 24 Quarzfenster für die optische Dehnungsmessung anzubringen. Wegen der zu befürchtenden hohen Wärmeverluste entschied man sich für nur

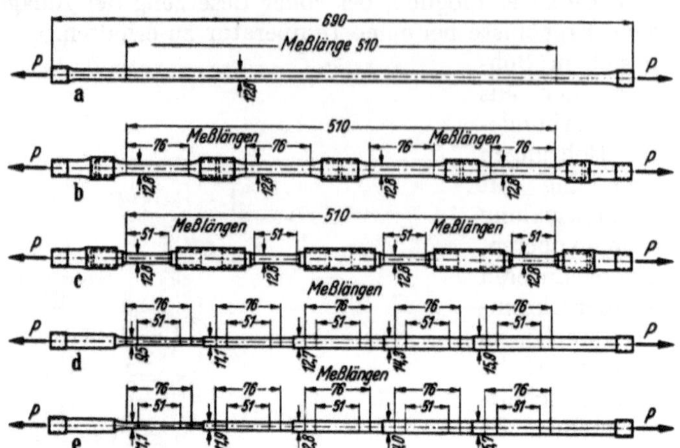

Abb. 27. Abmessungen der in der Zeitstandanlage nach Abb. 26 verwendeten Proben.

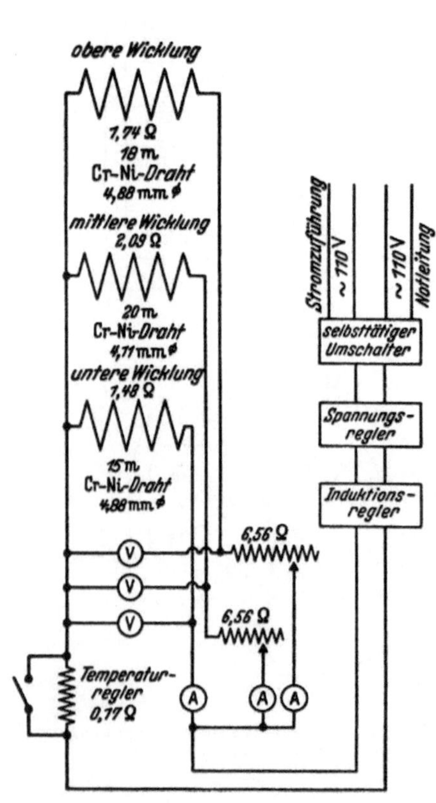

Abb. 28. Schaltplan der Heizwicklung zur Zeitstandanlage nach Abb. 26.

Abb. 29. Fahrbares optisches Dehnungsmeßgerät zur Zeitstandanlage nach Abb. 26.

zwei Fenster und ordnete den Mantel drehbar an, so daß die beiden untereinander liegenden Fenster für die Dehnungsmessung jeweils mit einer der zwölf Proben in Verbindung gebracht werden können. Bei der Inbetriebnahme der Anlage stellte sich heraus, daß über den Umfang gemessen Temperaturunterschiede von etwa 6° C auftraten. Man baute daher noch eine Vorrichtung

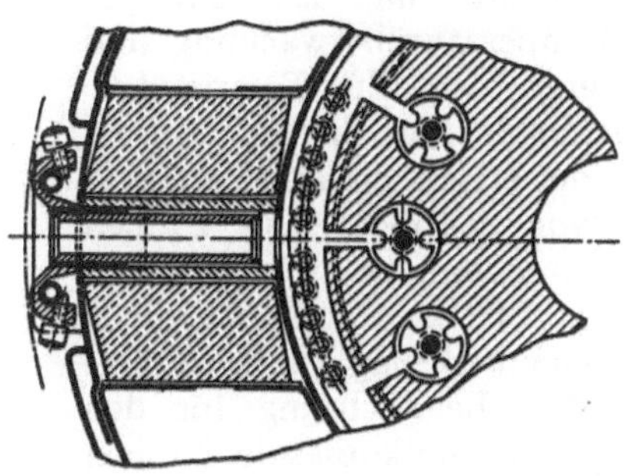

Abb. 30. Ausbildung der Quarzfenster für die optische Dehnungsmessung in der Zeitstandanlage nach Abb. 26.)

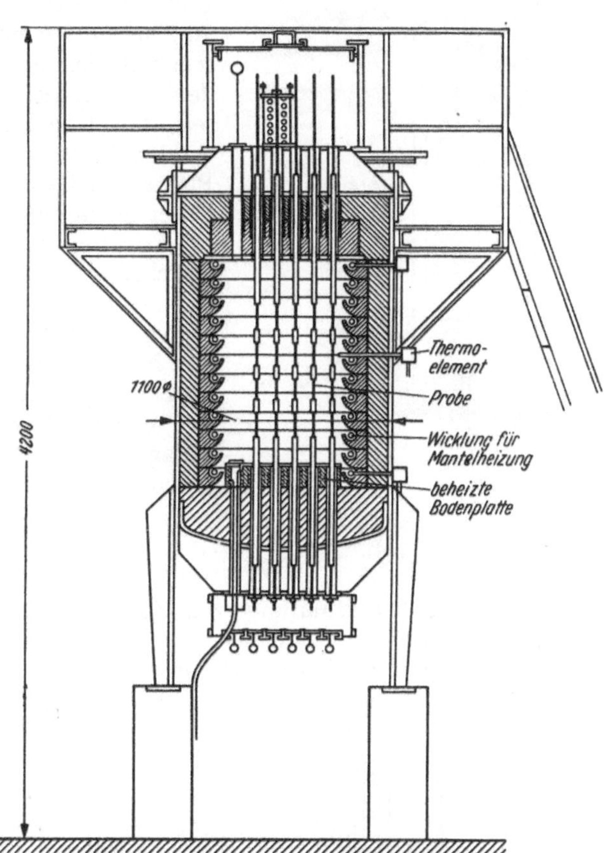

Abb. 31.
Aufbau der Vielproben-Zeitstandanlage
(Nach Thum-Richard.)

ein, die ein dauerndes selbsttätiges Drehen des Mantels mit etwa einer Umdrehung in der Stunde bewirkte. Hierdurch gelang es, die Temperaturunterschiede über den Umfang auf etwa 2° C herabzusetzen und eine entsprechend geringere Streuung in den Dehnungsablesungen zu erzielen. Wenn Dehnungsmessungen vorgenommen werden sollen, wird der Antrieb ausgeschaltet.

Für die *Dehnungsmessung* sind zwei voneinander unabhängige Einrichtungen vorgesehen. Für sehr genaue Messungen dient das aus Abb. 29 zu ersehende optische Gerät, das auf Leitschienen um den Ofen an die gewünschte Meßstelle gefahren werden kann. Die Ausbildung der Quarzfenster, durch die hindurch die Dehnung mit Hilfe zweier an der Probe angebrachter Meßmarken aus Platinblech gemessen wird, zeigt Abb. 30. Das innere Fenster besteht aus Quarz, das äußere aus Glas, beide mit geschliffener und polierter Oberfläche. Um störende Einflüsse durch Luftströmung in den Raum zwischen den beiden Fensterscheiben auszuschalten, ist der Raum teilweise evakuiert. Die bei diesem Verfahren zu erzielende Meßgenauigkeit der Verlängerung beträgt 0,00025 mm. Die zweite Dehnungsmeßeinrichtung, bei der Meßfedern aus Chrom-Aluminium-Stahl verwendet werden, die nach oben aus dem Ofen herausgeführt sind und mit einer Meßuhr in Verbindung stehen, erlaubt die Messung von Verlängerungsänderungen von ebenfalls 0,00025 mm. Die ganze Anlage hat eine Höhe von 2,40 m und einen Durchmesser von 2,20 m.

Abb. 31 zeigt den Aufbau einer Vielproben-Zeitstandanlage der Materialprüfungsanstalt Darmstadt[1] für die gleichzeitige Prüfung bis zu 400 Proben. Zur Einführung der Proben, die in Strängen zu 4 bis 8 Stück hintereinander angeordnet sind, befinden sich je 25 gleichmäßig verteilte Löcher im Boden und Deckel des Ofens (Abb. 31). Der Ofen wird elektrisch durch Chrom-Nickel-Heizdrähte im Mantel und zusätzlich im Boden beheizt. Zur Temperaturüberwachung sind 10 Thermoelemente eingebaut. Zur Temperaturregelung dient ein Kleinregler; bei Unterschreitung der Temperatur wird der Heizstromkreis geschlossen, bei Überschreitung geöffnet. Die Proben werden durch Schraubenfedern, die auf der oberen Platte des Ofens aufgesetzt sind, belastet. Jede Feder ist in eine Spanneinrichtung (Abb. 32) eingesetzt, die gleichzeitig die Dichtung für den Durchgang des oberen Einspannkopfes der Proben enthält. In gewissen Zeiten, deren Wahl sich nach der voraussichtlichen Lebensdauer der Proben bei der betreffenden Belastung richtet, werden die Proben ausgebaut, und es wird die Verlängerung mit einem Meßmikroskop bestimmt. In dieser Anlage wurden Versuche bis zu 100000 Stunden durchgeführt[2].

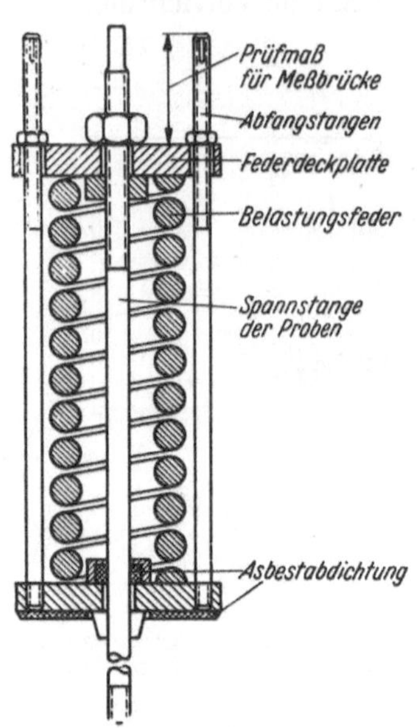

Abb. 32. Belastungsfeder in Spanneinrichtung für die Vielproben-Zeitstandanlage. (Nach THUM-RICHARD.)

Erwärmungseinrichtungen für die Durchführung von Zeitstandversuchen.

Für die Durchführung von Zeitstandversuchen werden meist elektrisch beheizte Luftöfen verwendet. Die Proben können auch in Flüssigkeitsbädern (z. B. Salzbad, Bleibad) erwärmt werden.

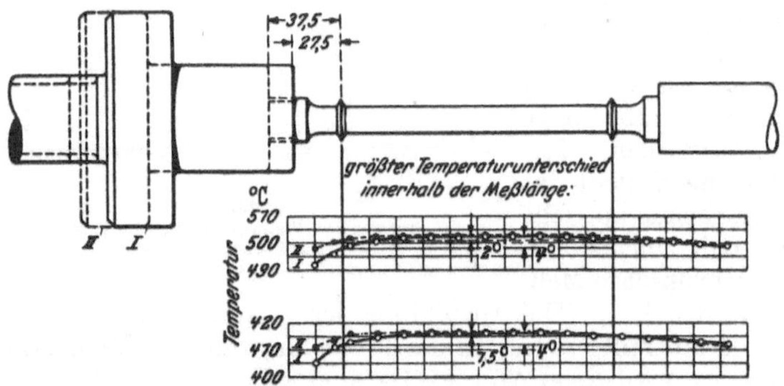

Abb. 33. Temperaturverteilung über die Länge der Probe bei verschiedenen Entfernungen des Meßlängenendpunktes vom unteren Haltekopf. (Nach POMP-HÖGER.)

Salzbadöfen. Ein elektrisch beheizter Salzbadofen für Rundproben wird von A. POMP und W. ENDERS[3] beschrieben. Bei derartigen Öfen ist die Temperaturverteilung über die Meßlänge der Probe sehr gleichmäßig (Abb. 33). Dagegen

[1] THUM, A., u. K. RICHARD: Arch. Eisenhüttenw. Bd. 17 (1943/44) S. 29.
[2] RICHARD, K.: Arch. Metallkde. Bd. 3 (1949) S. 157.
[3] Mitt. K.-Wilh.-Inst. Eisenforschg. Bd. 12 (1930) S. 133.

macht sich die korrodierende Wirkung des Salzbades besonders bei Versuchen längerer Dauer störend bemerkbar. Abb. 34 zeigt eine Probe aus einem niedrig legierten Molybdän-Kupfer-Stahl, der bei 500° C 700 Stunden belastet worden

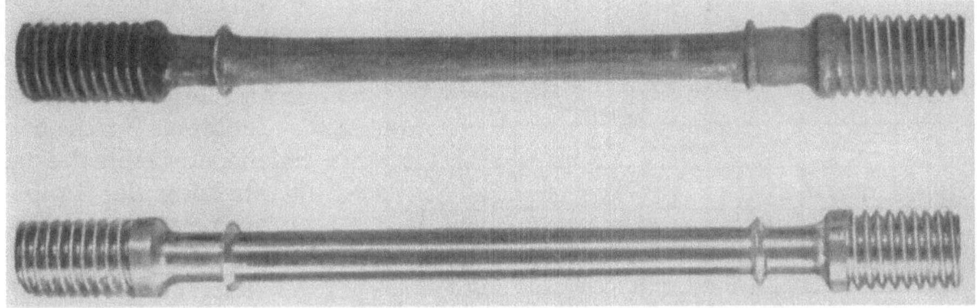

Abb. 34. Zeitstandprobe aus einem Mo-Cu-Stahl mit 0,13% C, 0,25% Mo und 0,24% Cu nach 700 h bei 500° C in einem Salzbad aus Kaliumnitrat und Natriumnitrit (1:1) neben einer ungebrauchten Zeitstandprobe. (Nach Pomp-Höger.)

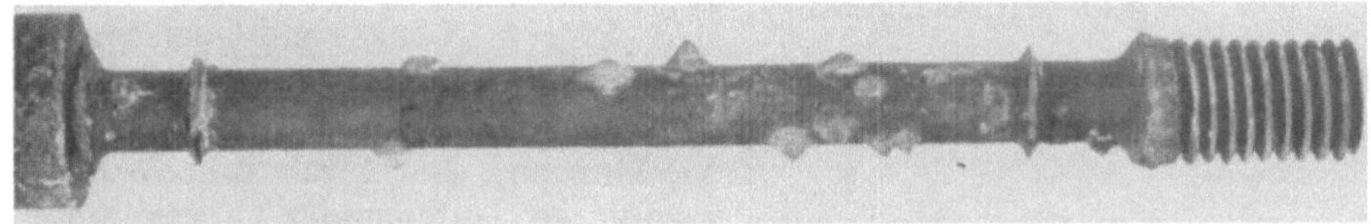

Abb. 35. Vernickelte Zeitstandprobe aus einem Mo-Cu-Stahl mit 0,13% C, 0,25% Mo und 0,24% Cu nach 600 h bei 500° C im Salzbad. (Nach Pomp-Höger.)

ist und dabei eine Querschnittsverminderung von über **30%** erfahren hat neben einer ungeprüften Vergleichsprobe[1]. Auch galvanische Nickelüberzüge bieten bei Versuchen längerer Dauer nicht immer ausreichenden Schutz (Abb. 35). An Stellen, an denen der Nickelüberzug beschädigt oder zu dünn ist, bilden sich warzenähnliche Korrosionsprodukte[1].

Salzschmelzen aus Nitraten und Nitriten bewirken bei Stahl außer der Korrosion auch eine Aufstickung der Oberfläche der Probe[2], wodurch der Dehnverlauf und damit das Zeitstandsverhalten stark beeinflußt werden kann (Abb. 36 u. 37).

Infolge der Aufstickung tritt eine feinverteilte Ausscheidung von Nitriden ein, die eine scheinbare Verbesserung des Zeitstandverhaltens herbeiführen kann. Dadurch erklärt sich auch der von verschiedenen Forschern[3] beobachtete Einfluß der Vorwärm- und Vorlastzeit beim Standversuch, denn je länger die Probe vor Beginn der Belastung dem Salzbad ausgesetzt ist, um so größer ist dessen Einfluß auf den Verlauf der Zeitdehnlinie.

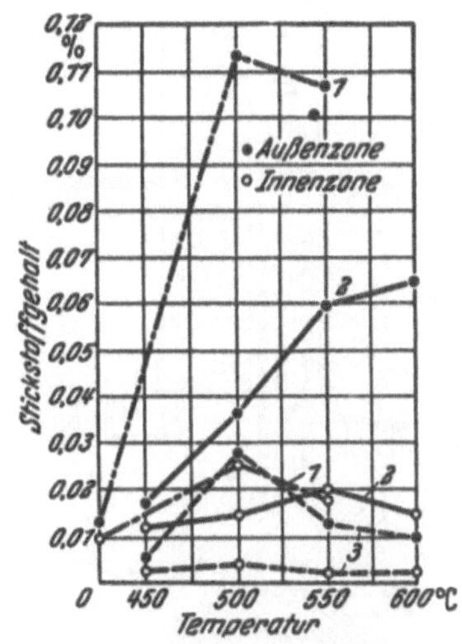

Abb. 36. Abhängigkeit der Stickstoffaufnahme verschiedener Stähle aus dem Salzbad von der Temperatur bei 70stündiger Glühung. Stahl 1: 0,13% C, 0,43% Si, 0,97% Mn. Stahl 2: 0,17% C, 0,20% Si, 0,76% Mn, 0,32% Cr, 022% Mo. Stahl 3: 0,17% C, 0,32% Si, 0,49% Mn, 0,78% Cr, 0,53% Mo. (Nach Scheider-Linden.)

[1] Pomp, A., u. W. Höger: Mitt. K.-Wilh.-Inst. Eisenforschg. Bd. 14 (1932) S. 40.

[2] Schneider, W., u. K. Linden: Arch. Eisenhüttenw. Bd. 10 (1936/37) S. 354.

[3] Mailänder: R.: Krupp. Mh. Bd. 12 (1931) S. 242. — A. Pomp u. W. Höger: Mitt. K.-Wilh.-Inst. Eisenforschg. Bd. 14 (1932) S. 37.

Bleibadöfen. Bleibadöfen sind bis zu Temperaturen von etwa 600° C verwendbar. Ein Bleibadofen wird von A. POMP und H. HERZOG[1] beschrieben. Oberhalb 500° C entwickelt Blei giftige Dämpfe, die eine Gefahr für das Bedienungspersonal darstellen. Infolgedessen muß der Ofen in geeigneter Weise abgedichtet sein.

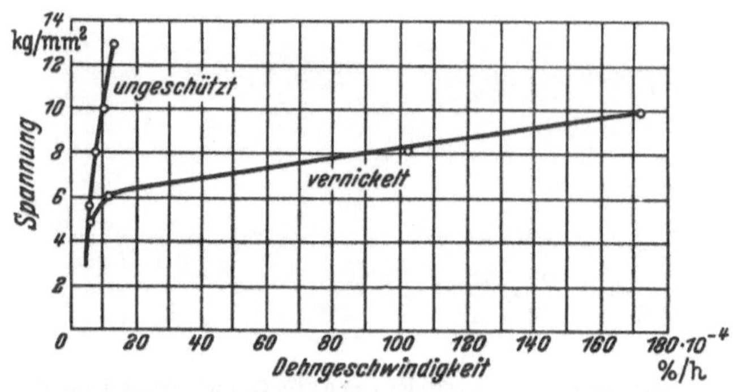

Abb. 37. Abhängigkeit der Dehngeschwindigkeit von der Spannung eines Stahles mit 0,18% C, 0,25% Si und 1,17% Mn im geschützten und ungeschützten Zustand während der 25. und 35. Versuchsstunde bei 500° C. (Nach SCHEIDER-LINDEN.)

Luftöfen. Um die bei Salzbädern eintretende Verstickung der Probe zu vermeiden, ist man zu Luftöfen übergegangen oder man hat vorhandene Salzbadöfen für die Verwendung als Luftöfen umgebaut.

Abb. 38 gibt einen Längs- und Querschnitt durch einen von der Firma W. C. Heraeus, Hanau, gebauten Luftofen[2] wieder. Er ist zum leichten Einbau der Proben und Meßschienen aufklappbar und hat drei Wicklungen, die durch drei Widerstände so aufeinander abgestimmt werden, daß in der Ofenmitte über die Meßlänge eine möglichst gleichmäßige Temperatur herrscht. Am oberen Ende wird der Ofen durch einen Astbeststopfen und am unteren Ende durch Asbestscheiben dicht verschlossen. Die Meßfedern werden nach unten aus dem Ofen herausgeführt. Zum Erreichen einer gleichmäßigen Temperatur über die Meßlänge ist es zweckmäßig, die lichte Weite des Ofens möglichst klein und seine Länge möglichst groß zu wählen. Mit Proben von 10 mm Durchmesser und 100 mm Meßlänge wurden bei einer lichten Weite des Ofens von 70mm und einer Ofenlänge von 420mm gute Erfahrungen gemacht. Bei einer Prüftemperatur von über 800° C beträgt der größte Temperaturunterschied über die Meßlänge ±2° C. Bei niedrigeren Prüftemperaturen ist der Unterschied noch geringer.

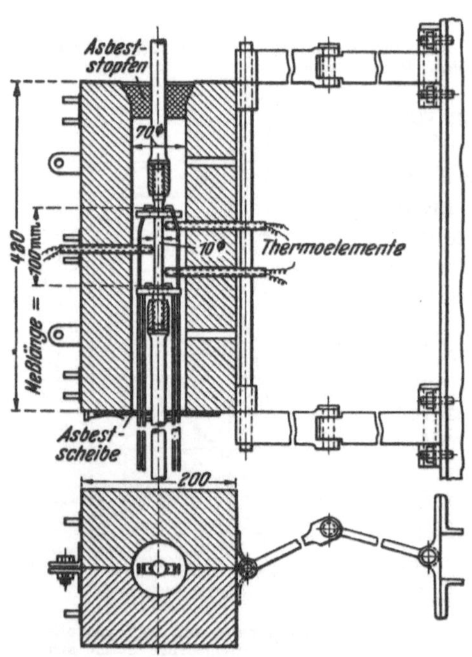

Abb. 38. Aufklappbarer Luftofen der W. C. Heraeus G. m. b. H. (Nach KIEBLER.)

Ein vom Eisenforschungsinstitut[3] entwickelter Luftofen ist in Abb. 39 wiedergegeben. Auf dem Heizrohr *A* wird das Heizband *B* bifilar so aufgewickelt, daß der durch Ableitung in den Probenköpfen bestehende Wärme-

---

[1] Mitt. K.-Wilh.-Inst. Eisenforschg. Bd. 16 (1934) S. 142.

[2] BOLLENRATH, F., W. BUNGARDT u. H. CORNELIUS: Arch. Eisenhüttenw. Bd. 10 (1936/37) [S. 556.

[3] POMP, A., u. H. HERZOG: Mitt. K.-Wilh. -Inst. Eisenforschg. Bd. 16 (1934) S. 150.

verlust durch dichteres Wickeln an den Ofenenden ausgeglichen wird. Das Heizrohr wird in den unteren Schamottekörper *C* geführt und durch den oberen Schamottering *D* zentriert. Die Schamotteringe *E* und *F* und die dazwischen befindliche Glaswolle *G* dienen zur Verringerung der Wärmeabstrahlung. Die untere Durchführung der Probenverlängerung durch den Ofen ist ebenfalls durch Glaswolle *H* abgedichtet. Der Raum zwischen dem Schamottekörper *C* und dem Ofenmantel *I*, der aus Blech hergestellt ist, wird durch Kieselgur *K* ausgefüllt. Durch diese Wärmeisolierung wird ein sehr günstiger thermischer Wirkungsgrad erzielt. Bei 800° C beträgt der Temperaturunterschied über die Meßlänge der Probe nicht mehr als $\pm 2°$ C.

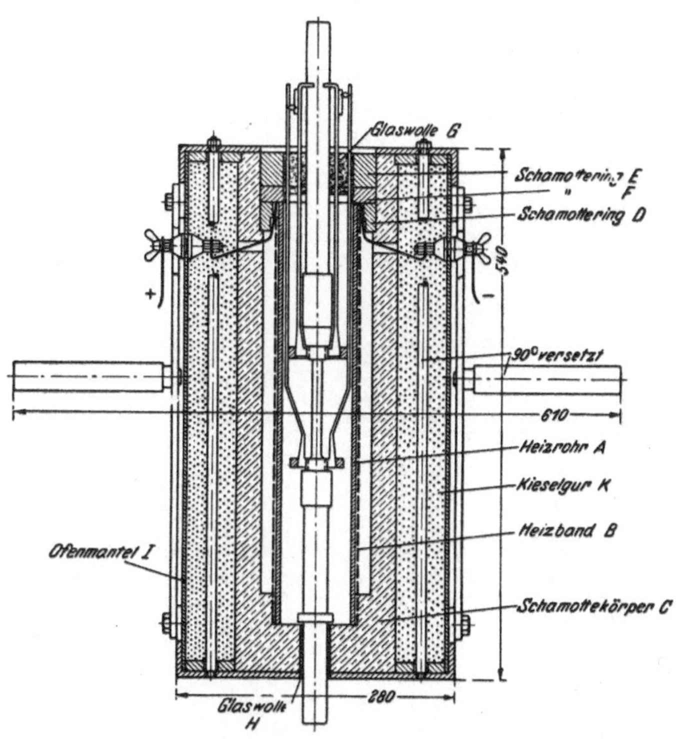

Abb. 39. Luftofen für Temperaturen bis 800° C .(Nach POMP-HERZOG.)

Zur Erzielung einer gleichmäßigen Verteilung der Temperatur in der Probe verwendete das Forschungsinstitut der Kohle- und Eisenforschung G.m.b.H.[1] einen Kupfer- oder Silberkörper (*b*) (Abb. 40), der die Probe (*a*) an seiner Oberfläche eng umfaßte, ohne aber sein Dehnvermögen zu behindern; er glich infolge seiner hohen Wärmeleitfähigkeit die Temperaturunterschiede in der Probe aus. Ferner wurde der schlechte Wärmeleiter Luft zwischen Ofenwandung und der Probe möglichst vollständig durch einen guten Wärmeleiter ersetzt und auf diese Weise die Wärme nicht allein durch Strahlung, sondern auch durch Leitung übertragen. Durch den Wärmeausgleichkörper wurde eine fast völlig gleichmäßige Verteilung der Temperatur über die Meßstrecke erreicht. Die Temperaturunterschiede betrugen nur $\pm 0{,}25°$ C.

[5] SCHOLZ, H.: Arch. Eisenhüttenw. Bd. 10 (1936/37) S. 561.

Schließlich ist noch in Abb. 41 ein Luftofen[1] wiedergegeben, bei dem die außerhalb des Ofens in einer Wärmekammer erhitzte Luft die Probe und die Verlängerungsstücke umspült. Auf diese Weise soll eine sehr gleichmäßige Temperaturverteilung über die Meßlänge der Probe erzielt werden.

Vakuumöfen. Vereinzelt sind für Standversuche auch Vakuumöfen verwendet worden. Eine von C. H. M. JENKINS und G. A. MELLOR[2] entwickelte Einrichtung zur Durchführung von Standversuchen im Vakuum ist in Abb. 42 wiedergegeben. Durch eine besondere Einrichtung, die die obere Verlängerung der Probe selbsttätig nachstellt, wird als Hebelarm, der die Belastungsgewichte trägt, ständig in waagerechter Lage gehalten. Das Vakuumgefäß (Abb. 43), in dem sich die Probe befindet, besteht aus einem Quarzrohr, das mit der oberen Verlängerung der Probe vakuumdicht verbunden ist und mit dem unteren Ende in ein Quecksilberbad taucht. Die Probe befindet sich in einem elektrischen

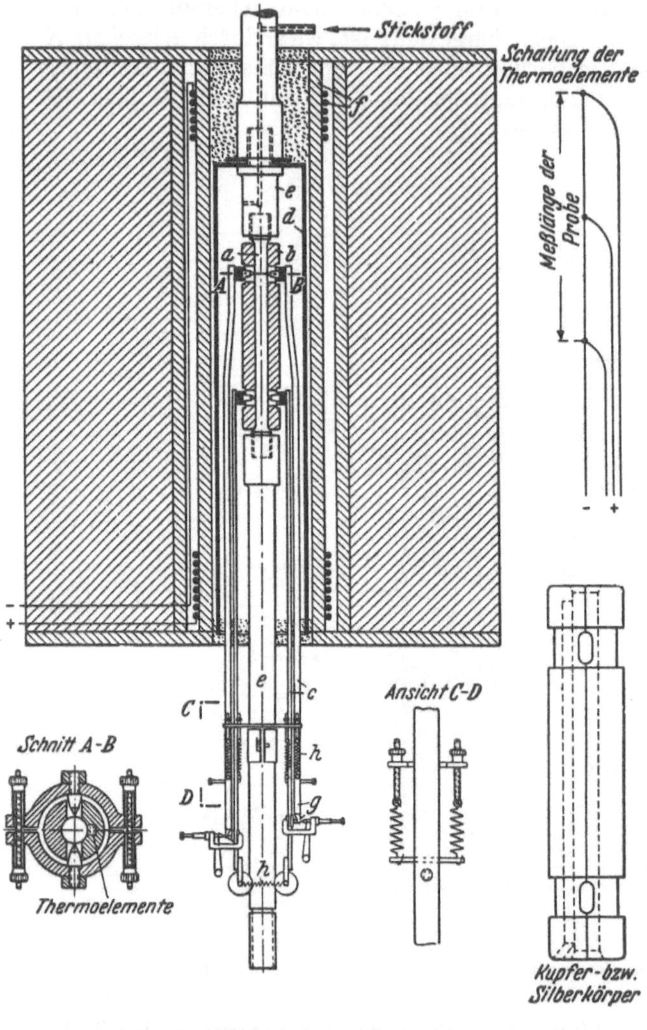

Abb. 40. Luftofen der Kohle- und Eisenforschung G. m. b. H., Forschungsinstitut Dortmund. (Nach SCHOLZ.) *a* Probe; *b* Silberkörper; *c* Meßschiene; *d* Schutzrohr; *e* Einspannkopf; *f* Heizrohr mit Wicklung; *g* Martens-Spiegel; *h* Spannfeder.

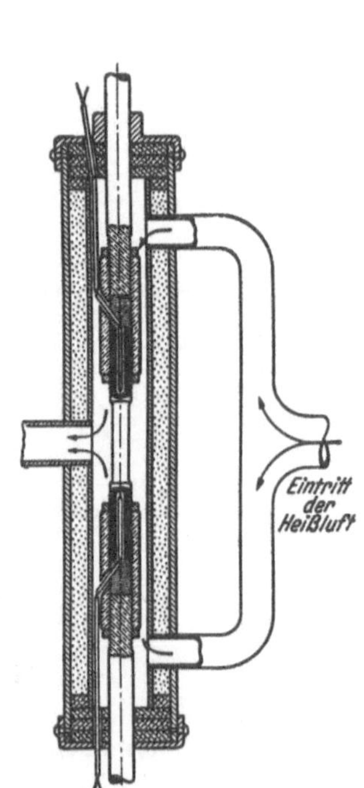

Abb. 41. Luftofen. (Nach CURRAN-MOREHAED.)

[1] CURRAN, J. J., u. F. M. MOREHEAD: Proc. Amer. Soc. Test. Mater. Bd. 36 II (1936) S. 161.

[2] Stahl u. Eisen Bd. 56 (1936) S. 239.

Ofen, der durch einen Thermostaten auf Versuchstemperatur gehalten wird. Die Temperatur wird durch ein Thermoelement, das durch eine Bohrung der unteren Verlängerung eingeführt wird, gemessen und von einem Schreiber aufgezeichnet. Beim Bruch der Probe wird durch die herabfallende untere Probenhälfte der Ofen abgeschaltet. Der hierdurch eintretende Temperaturabfall gibt dann den Zeitpunkt des Bruches an. Der Fallweg der Gewichte des Hebels und der unteren Hälfte der Probe ist so knapp bemessen, daß beim Bruch der Probe das Quarzrohr unversehrt bleibt. Das Vakuum wird mit einer zweistufigen Quecksilberdampfpumpe, der eine gemeinsame Schleuderpumpe vorgeschaltet ist, erzeugt. Der Druck war während der Versuche nicht höher als 0,0001 bis 0,0002 Torr. Mit Hilfe

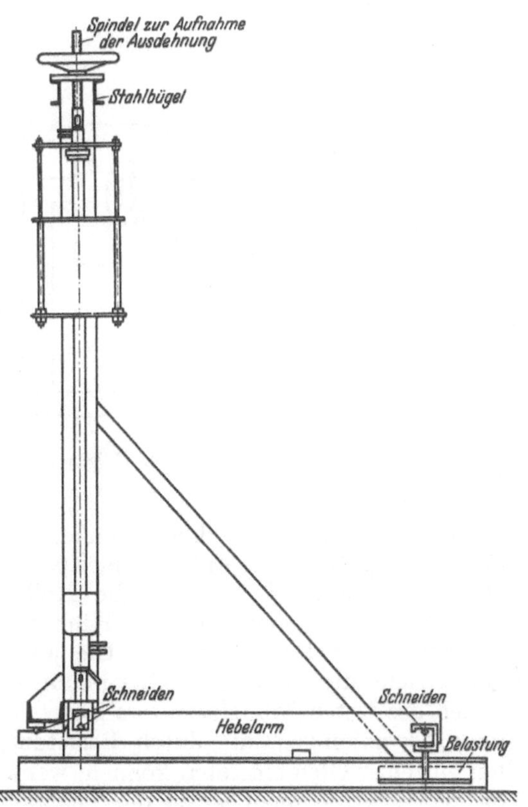

Abb. 42. Einrichtung für Zeitstandversuche im Vakuum. (Nach JENKINS-MELLOR.)

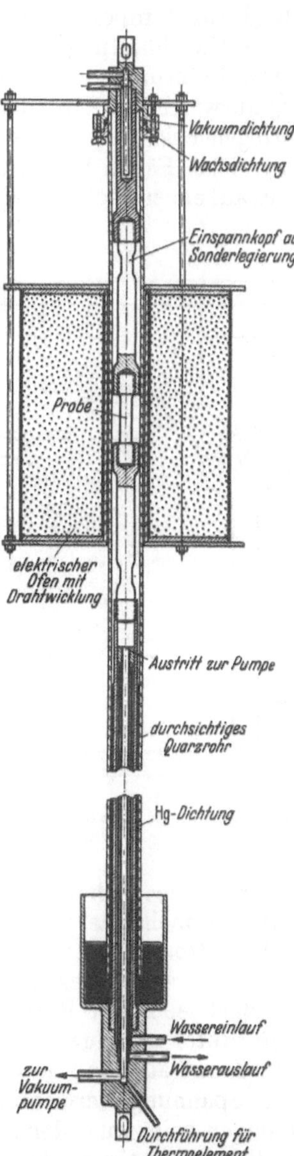

Abb. 43. Schnitt durch das Zeitstandprüfgerät mit Vakuumofen nach Abb. 42. (Nach JENKINS-MELLOR.)

dieser Einrichtung war es möglich, die Oberfläche der vor dem Versuch polierten und geätzten Proben so zu erhalten, daß sie ohne weitere Nachbehandlung nach dem Versuch mikroskopisch untersucht und mit dem Zustand vor dem Versuch verglichen werden konnte.

Temperaturmeß- und Regeleinrichtungen.

Die Temperatur der Probe wird meist mit Thermoelementen gemessen, deren Lötstelle in der Mitte der Meßlänge an der Probe angebunden oder angeschweißt wird. Vielfach werden auch noch zusätzliche Thermoelemente am oberen und unteren Ende der Meßlänge angebracht. Es empfiehlt sich, die Temperatur fortlaufend auf Temperaturmeßschreibern aufzuzeichnen.

Eine Gleichhaltung der Versuchstemperatur innerhalb enger Grenzen ist für die Durchführung von Standversuchen insbesondere für die Aufnahme zuverlässig auswertbarer Zeitdehnlinien unerläßlich. Infolgedessen spielen die Temperaturregeleinrichtungen bei Zeitstandanlagen eine große Rolle.

In vielen Fällen begnügt man sich damit, die Spannungsschwankungen des Netzes auf ein erträgliches Maß herabzudrücken. Hierzu dienen Spannungsregler.

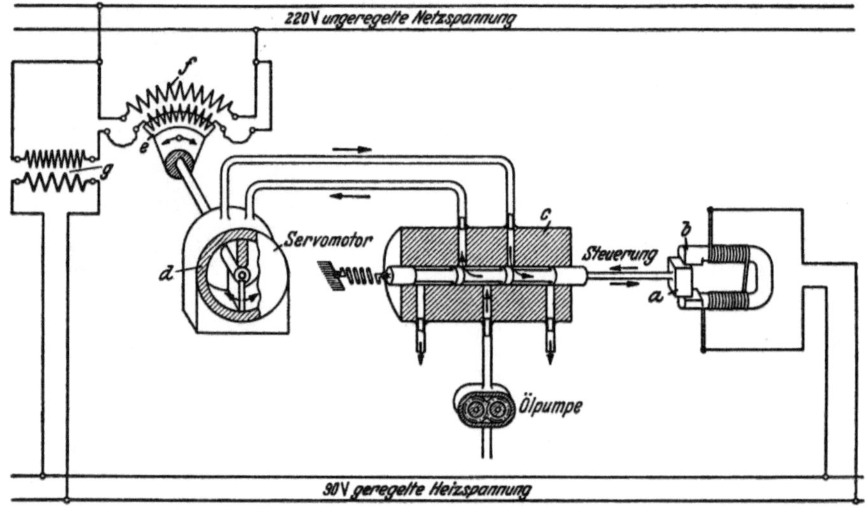

Abb. 44. Schematische Darstellung des Spannungsreglers der Zeitstandanlage des Kaiser-Wilhelm-Instituts für Eisenforschung, Düsseldorf. (Nach Pomp-Enders.)

Ein Schema des Schaltplanes eines von der Firma Neufeld u. Kuhnke, Kiel, gebauten Schnellreglers ist in Abb. 44 wiedergegeben[1]. Der Anker *a* eines parallel zum Heizstromkreis geschalteten Elektromagneten *b* betätigt die Kolbenschiebersteuerung *c* des Öldruckreglers *d*. Durch diesen wird mit Hilfe eines Zahnradgetriebes der Rotor *e* des Drehtransformators *f* verstellt. Die jeweils in dem Rotor *e* induzierte Spannung gleicht die Spannungsschwankung des Netzes derart aus, daß an den Klemmen des festen Transformators *g* stets die gleiche Spannung herrscht. Spannungsschwankungen, die durch Belastungsänderungen beim Zu- oder Abschalten einzelner Öfen eintreten können, werden ebenfalls selbsttätig ausgeglichen, da der Elektromagnet *b* von der Spannung des Heizstromkreises abhängig ist. Die Spannung wird mit einer Genauigkeit von $\pm 5\%$ stufenlos geregelt.

J. Musatti und A. Reggiori[2] erreichen die Gleichhaltung der Temperatur in ihrem Zeitstand-Prüfgerät dadurch, daß der Raum, in dem sich das Prüfgerät befindet, auf gleichbleibender Temperatur gehalten und in der für alle Öfen

[1] Pomp, A., u. W. Enders: Mitt. K.-Wilh.-Inst. Eisenforschg. Bd. 12 (1930) S. 133.
[2] Metallurg. ital. Bd. 26 (1934) S. 475, 569, 675 u. 765.

gemeinsamen Hauptzuleitung ein Widerstand abwechselnd ein- und ausgeschaltet wird, so daß der Mittelwert der von den Öfen aufgenommenen Energie genau gleichbleibt. Die Einrichtung hierzu zeigt schematisch Abb. 45. Parallel zu den Öfen liegt die Wicklung eines Ausdehnungsreglers T_1. Steigt die Spannung der Öfen, so steigt auch die Stromaufnahme des Reglers T_1 und damit die Temperatur. Die eintretende Wärmedehnung bewirkt das Schließen des Kontaktes S und damit über ein Relais R_1 die Unterbrechung des Nebenschlusses des Widerstandes. Der Strom, der durch alle Öfen fließt, wird dadurch kleiner, ebenso der Strom im Regler T_1, der Kontakt öffnet sich infolge der eintretenden Abkühlung

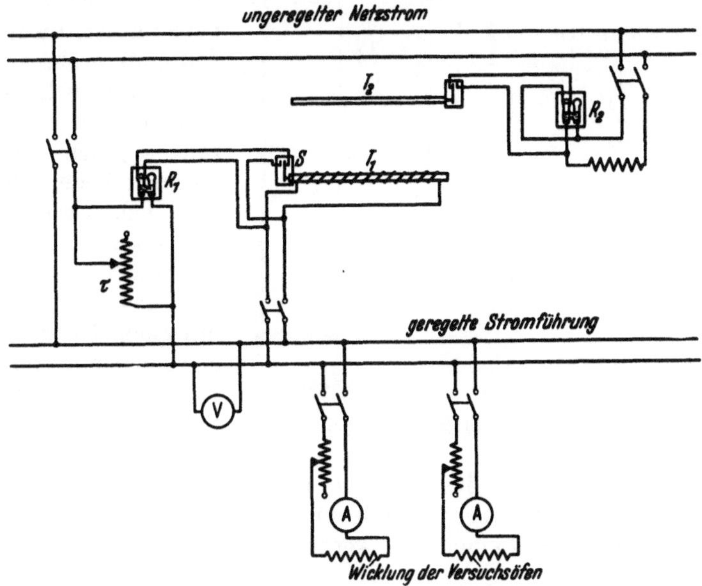

Abb. 45. Schaltschema der Einrichtung zur Gleichhaltung der Versuchstemperatur. (Nach MUSATTI-REGGIORI.)

des Reglers wieder, und der Widerstand wird wieder kurzgeschlossen. Da der Regler T_1 sehr empfindlich ist, erfolgt dieses Hin- und Herschalten zwischen dem durch den Widerstand gedrosselten und dem vollen Ofenstrom so häufig, daß die viel größere Trägheit der Versuchsöfen ausreicht, um jede Temperaturschwankung von den Proben fernzuhalten. Auf diese Weise soll die Temperatur der Probe auf $\pm 0{,}5°$ C gleichbleiben. Die Temperatur wurde mit Thermoelementen gemessen, die mit den Proben in Berührung standen, und mit einem Potentiometerschreiber von LEEDS und NORTHRUP aufgezeichnet. Zur Regelung der Raumtemperatur dient der Ausdehnungsregler T_2, der über das Relais R_2 elektrische Heizöfen ein- oder ausschaltet. Die Raumtemperatur wurde mit Abweichungen von $\pm 1°$ C unverändert gehalten.

Eine auf demselben Prinzip beruhende Temperaturregeleinrichtung besaß die ehemalige Deutsche Versuchsanstalt für Luftfahrt E. V., Berlin-Adlershof[1]. Auch hier wurde ein Stabausdehnungsregler verwendet, welcher den Mittelwert der von den parallelgeschalteten Öfen aufgenommenen elektrischen Energie gleichhält. Die Schwankungen um diesen Mittelwert folgen so kurzzeitig aufeinander, daß sie von der thermischen Trägheit der Öfen gedämpft werden. Ausdehnungsregler und Öfen müssen in einem auf gleichbleibender Temperatur befindlichen

[1] BOLLENRATH, F., W. BUNGARDT u. H. CORNELIUS: Arch. Eisenhüttenw. Bd. 10 (1936/37) S. 556.

Raum untergebracht werden, so daß auch die Wärmeabgabe der Öfen an die Umgebung für jede Temperatur gleichbleibt. Die Ofentemperatur wird durch Bemessung der Stromstärke für End- und Mittelspulen durch Schiebewiderstände eingestellt. Der Aufbau des Ausdehnungsreglers zum Gleichhalten der Temperatur geht aus Abb. 46 hervor. Er besteht aus einem Aluminiumrohr *a*, dessen eines Ende an dem Gehäuse *b* befestigt ist. Im Inneren des Aluminiumrohres und mit dessen freiem Ende fest verbunden liegt ein Porzellanrohr a_1, das gehäuseseitig an einer Feder *c* hängt. Mit dem gehäuseseitigen Ende des Porzellanrohres ist ein Schräubchen *d* fest verbunden, das über eine Mutter *e* auf einen Hebel *f* wirkt, der an seinem oberen Ende einen Platinkontakt trägt. Eine Schraube *g* und eine Feder *h* dienen zur sicheren Einstellung des Platinkontaktes des Hebels *f*. Die am Gehäuse befestigte Feder *i* trägt ebenfalls an ihrem oberen Ende einen Platinkontakt, der durch die Schraube *k* und die Feder *l* eingestellt werden kann. Auf das Aluminiumrohr ist

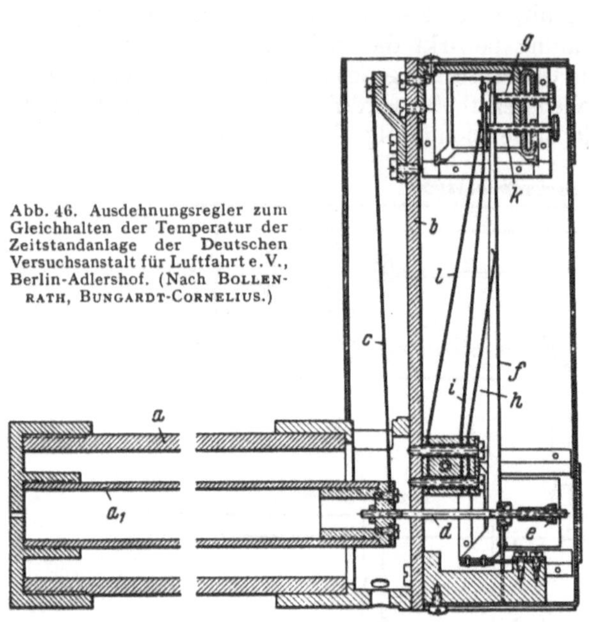

Abb. 46. Ausdehnungsregler zum Gleichhalten der Temperatur der Zeitstandanlage der Deutschen Versuchsanstalt für Luftfahrt e.V., Berlin-Adlershof. (Nach BOLLENRATH, BUNGARDT-CORNELIUS.)

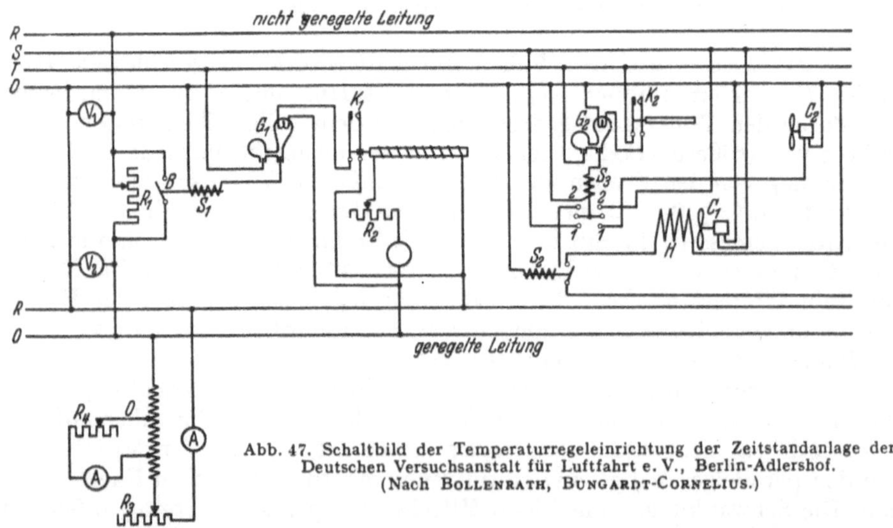

Abb. 47. Schaltbild der Temperaturregeleinrichtung der Zeitstandanlage der Deutschen Versuchsanstalt für Luftfahrt e. V., Berlin-Adlershof. (Nach BOLLENRATH, BUNGARDT-CORNELIUS.)

auf einer Glimmerzwischenschicht eine Chrom-Nickeldraht-Heizwicklung aufgebracht, die in der Stromzuführung liegt und bei einer gegebenen Spannung im Rohr eine bestimmte Temperatur erzeugt. Auf diese Temperatur wird der Regler eingestellt. Steigt oder fällt die Spannung, so führt die hierdurch bedingte Temperaturänderung der Rohre infolge des gegenüber Porzellan etwa fünfzigmal größeren thermischen Ausdehnungskoeffizienten des Aluminiums zum Schließen oder Öffnen der Platinkontakte. Da die Rohre 1 m lang sind und ihre Verschiebung gegeneinander durch den Hebel *f* außerdem stark übersetzt wird, spricht der Regler bereits auf kleinste Temperatur- und Spannungsänderung an.

Das Gesamtschaltbild ist in Abb. 47 dargestellt. Bei schwankender Netzspannung werden in der beschriebenen Art die Kontakte des Reglers K_1 betätigt. Steigt oder fällt die Spannung, so wird über das Gasdehnungsrelais G_1 und das Schütz S_1 der Kastenwiderstand R_1 eingeschaltet oder überbrückt, wodurch in der geregelten Leitung die Spannungsänderung ausgeglichen wird. Die Heizwicklung des Ofens und der Regelwiderstand R_3 sind hintereinander geschaltet. Die mittlere Ofenwicklung ist durch einen im Nebenschluß liegenden Widerstand R_4 gesondert regelbar.

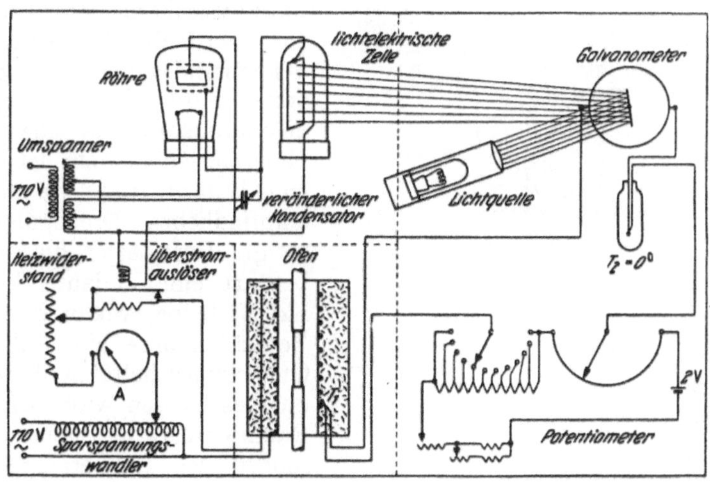

Abb. 48. Schematische Darstellung der Temperaturregelung bei einer Zeitstandanlage. (Nach Dustin.)

Zum Gleichhalten der Raumtemperatur dient ein Regler ähnlicher Bauart (K_2) wie für die Regelung der Ofentemperatur, mit dem Unterschied, daß die Heizwicklung fehlt. Der Regler spricht demnach auf Änderungen der Raumtemperatur durch Öffnen und Schließen der Platinkontakte an. Sinkt die Raumtemperatur, so setzt der Regler über ein Schaltschütz ein Heizelement in Betrieb, das vor einem stets laufenden Ventilator eingebaut ist. Steigt dagegen die Raumtemperatur über die am Regler eingestellte Grenze, so schaltet der Regler einen in einer Öffnung der Außenwand des Raumes befindlichen Entlüfter (C_2) ein, der warme Luft nach außen fördert und Frischluft durch die Undichtigkeiten der Türen ansaugt. Die Raumtemperatur, die bei dieser Anordnung über der höchsten Außentemperatur eingestellt werden muß, läßt sich auf die beschriebene Weise auf $\pm 1°$ C gleichhalten. Wände und Decke des Versuchsraumes sind sorgfältig abgedichtet.

Eine von H. Dustin[1] beschriebene Einrichtung zur Temperaturregelung ist schematisch in Abb. 48 wiedergegeben. Das Eisen-Konstantan-Thermoelement für den Regler liegt im unteren Drittel des Ofens, in dem die Temperaturschwankungen am größten sind. Mit einem Sparspannungswandler und einem Feinwiderstand wird der Hauptheizstrom eingestellt. Beim Überschreiten der Soll-

[1] Stahl u. Eisen Bd. 54 (1934) S. 1340.

temperatur schaltet ein Quecksilber-Überstromauslöser einen Zusatzwiderstand ein, der den Strom um 5 bis 6% erniedrigt. Das Thermoelement zur Temperaturregelung arbeitet auf ein Spiegelgalvanometer, ihm entgegen eine durch Potentiometer fein einstellbare Spannung. Diese Spannung wird so eingestellt, daß bei einer Erhöhung der Ofentemperatur um 0,25° C der vom Spiegelgalvanometer zurückgeworfene Lichtstrahl eine Photozelle trifft, deren durch zwei parallelgeschaltete Röhren — in der Abbildung ist nur eine Röhre eingezeichnet — verstärkter Strom den obenerwähnten Quecksilber-Überstromschalter betätigt.

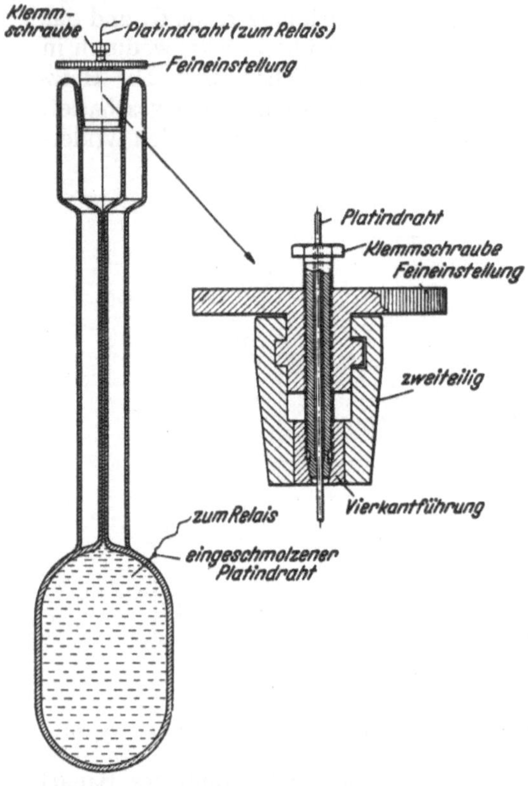

Klemm-schraube
Platindraht (zum Relais)
Feineinstellung
Platindraht
Klemmschraube
Feineinstellung
zweiteilig
zum Relais
Vierkantführung
eingeschmolzener Platindraht

Abb. 49. Quecksilberkontaktthermometer mit Vorrichtung zur Feineinstellung des Platinkontaktdrahtes. (Nach POMP-LÄNGE.)

Bei der Zeitstandanlage im National Physical Laboratory in Teddington[1] wird die Temperatur durch Widerstandsänderung einer Platinspule selbsttätig geregelt, die auf einem Silikarohr zwischen Stab und Heizrohr angebracht ist und über eine WHEATSTONEsche Brücke ein empfindliches Drehspulgerät betätigt. Der Zeiger dieses Gerätes berührt eine umlaufende silberne Kröpfscheibe, wodurch über eine Verstärkerröhre ein Teil des dem Ofen vorgeschalteten Widerstandes kurzgeschlossen wird. Die von der Raumtemperatur abhängigen Änderungen des Temperaturgefälles in den Probenverlängerungen und damit die Veränderung des Temperaturunterschiedes zwischen Platinspule und Probe werden durch eine Eisenspule, die an der oberen Verlängerung angebracht ist und in der Brücke der Platinspule gegenüberliegt, selbsttätig ausgeglichen. Für den Fall, daß das Gleichgewicht der WHEATSTONE-Brücke zu sehr gestört ist, etwa wenn der Regelwiderstand auf hohe Ofentemperatur eingestellt ist und ein kalter Ofen angeschlossen wird, ist dem Drehspulgerät ein weiteres Gerät parallel geschaltet, welches das erste abschaltet und so vor Überlastung schützt. Mit dieser Anordnung wurde eine Temperatur von 450° C mit einer Genauigkeit von $\pm$0,5° C über 2500 Stunden eingehalten.

Zur Gleichhaltung der Temperatur in Flüssigkeitsöfen, die für Zeitstandversuche in der Nähe von Raumtemperatur an Kupfer, Zink und Blei dienten, verwandten A. POMP und W. LÄNGE[2] anfangs ein mit Quecksilber gefülltes Glasgefäß aus Jenaer Thermometerglas, das nach oben in eine Kapillare endet, in die ein Platindraht von oben verstellbar eingeführt ist (Abb. 49). Bei Erreichen der eingestellten Temperatur schließt die Quecksilberkuppe beim Berühren des

[1] TAPSELL, H. J., u. L. E. PROSSER: Engineering Bd. 137 (1934) S. 212.
[2] Mitt. K.-Wilh.-Inst. Eisenforschg. Bd. 18 (1936) S. 53.

in die Kapillare hineinhängenden Platindrahtes einen Stromkreis, wodurch ein Quecksilberausschalter betätigt wird, der den Heizstrom unterbricht. Bei späteren Ausführungen wurde das Glasgefäß durch das in Abb. 50 dargestellte spiralförmig gewundene Stahlrohr ersetzt, in das oben mittels eines durchbohrten Gummistopfens eine Glaskapillare eingesetzt ist. Diese letztere Ausführung zeichnet sich den Glasgefäßen gegenüber durch eine infolge der größeren Oberfläche und der besseren Wärmeleitfähigkeit des Eisens geringere Trägheit und damit größere Regelgenauigkeit aus. Die Grobeinstellung der Temperatur erfolgt durch Veränderung der im Gefäß befindlichen Quecksilbermenge und Auf- und Abschieben des Platindrahtes in der Kapillare von Hand. Die Feineinstellung geschieht durch Auf- und Abschrauben des Platindrahtes mit Hilfe der in Abb. 49 herausgezeichneten Einrichtung. Diese Einrichtung arbeitete einwandfrei bis zu Temperaturen von 40° C. Bei höheren Temperaturen zeigte sich, daß der Kontakt zwischen Quecksilber und Platindraht in den offenen Kapillaren nach wenigen Tagen so unzuverlässig wurde, daß die Temperatur nicht mehr mit der verlangten Genauigkeit gleichgehalten werden konnte. Es wurde deshalb ein Temperaturregler nach dem Vorbild des BECKMANN-Thermometers entworfen, wie ihn Abb. 51 zeigt. Die Schaltstelle liegt hier im Vakuum, so daß ein einwandfreies Schalten immer gewährleistet ist. Die zu regelnde Temperatur wird durch Abschütten einer entsprechenden Quecksilbermenge in das U-Rohr eingestellt. Da oberhalb 40° C das als Badflüssigkeit verwendete Wasser zu stark verdampfte, wurde flüssiges Paraffin als Badflüssigkeit verwendet. Infolge des verglichen mit Wasser bei Paraffin sehr viel schlechteren Wärmeüberganges vom Bad auf das Quecksilber im Regler arbeitete dieser im Paraffinbad zu träge und daher zu ungenau. Dem wurde dadurch abgeholfen, daß statt des gesamten Heizstromes nur ungefähr 20% bei Ansprechen des Reglers ausgeschaltet wurden. Auf diese Weise gelang es, die Schwankungen der Badtemperatur bei 55° C und 70° C auf ±0,07° C zu verringern. Da von der Quecksilberkuppe in der Kapillare Quecksilber in das Vakuum des Überschußraumes verdampfte und sich dort niederschlug, stieg die mittlere Temperatur täglich um rd. 0,01° C. Der Regler wurde deshalb wöchentlich neu eingestellt, so daß die Temperaturschwankungen insgesamt nicht mehr als ±0,1° C ausmachten.

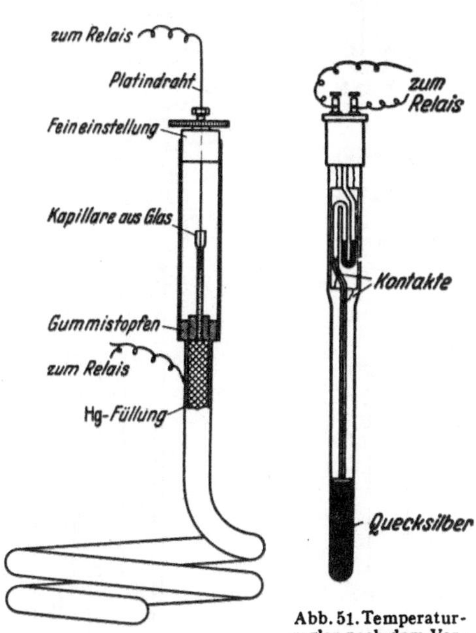

Abb. 50. Quecksilberkontaktthermometer aus Stahlrohr. (Nach POMP-LÄNGE.)

Abb. 51. Temperaturregler nach dem Vorbild des BECKMANN-Thermometers. (Nach POMP-LÄNGE.)

Dehnungsmeßeinrichtungen.

Die während des Versuches eintretende Verlängerung der Probe wird meist mit Dehnungsmeßgeräten nach Art des MARTENSschen Spiegelapparates (s. DIN 50107, Ausg. 2. 33) gemessen. Die Meßfedern werden entweder nach oben oder nach unten aus dem Ofen herausgeführt.

Bei den in Abb. 52 dargestellten Meßfedern[1] wird die Verbindung zwischen Meßfeder und Probe durch Aufpressen des mit einer Nute versehenen Meßfederkopfes auf einen angedrehten keilförmigen Bund hergestellt. Der Anpreßdruck wird durch Aufschieben eines Schiebers auf die Keilflächen der Meßfederköpfe erzeugt. Weil der Nutenradius kleiner als der des Bundes ist, wird eine sichere Auflage der Meßfederköpfe auf je zwei Punkten des Bundumfanges erreicht. Um Biegungsbeanspruchungen in den Meßfedern zu vermeiden, die selbst bei geringer Größe der Durchbiegungen der Meßfedern eine Eigenbewegung der Federn und damit Beeinflussungen der Messungen zur Folge haben können, ist jede Meßfeder an je zwei Stellen an die Probe gepreßt, und zwar genau über den Auflagepunkten der Meßfedern. Die am oberen Ende der Federn wirkende Anpressung wird durch eine Spiralfeder mit besonderen Spannbügeln erzeugt. Die Meßfederanordnung der vorstehend beschriebenen Art erwies sich als sehr unempfindlich gegen Stöße und unsanfte Berührungen, wie sie beim serienmäßigen Wechsel der Proben nicht zu vermeiden sind.

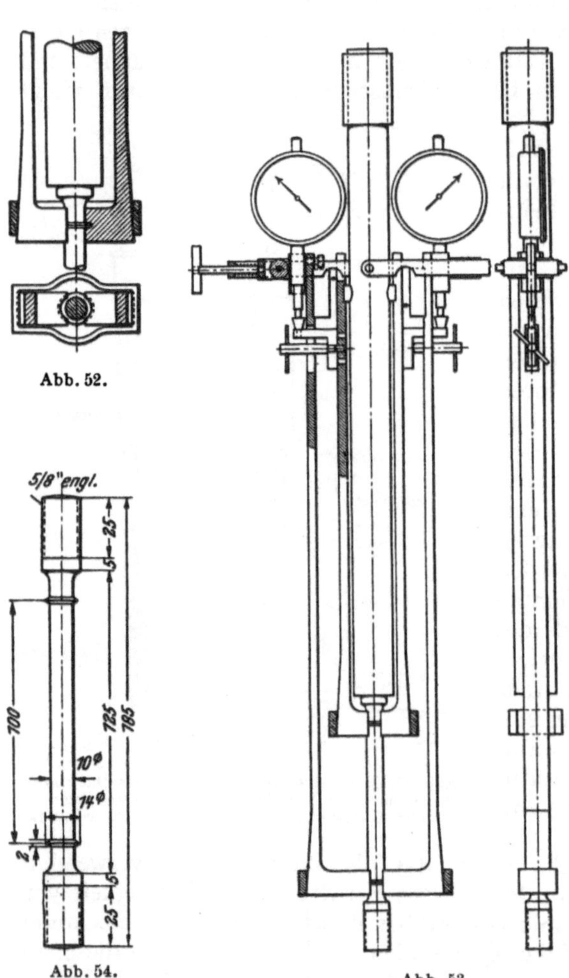

Abb. 52. Anbringen der Meßfedern an der Probe. (Nach POMP-HÖGER.)
Abb. 53. Dehnungsmeßgerät mit Spiegel und Meßuhren. (Nach POMP-HÖGER.)
Abb. 54. Zeitstandprobe mit Bund. (Nach POMP-HÖGER.)

Die in Abb. 53 wiedergegebene Meßfederanordnung dieser Art zeigt außer den MARTENS-Spiegeln eine Einrichtung zur einfachen Anbringung von Meßuhren. Letztere werden dann angebracht, wenn Verlängerungsbeträge, die den Meßbereich der MARTENS-Spiegel überschreiten, erwartet werden. Diese treten hauptsächlich während des Belastens bei verhältnismäßig niedrigen Temperaturen und hohen Spannungen auf. Die Meßuhren sind an den äußeren Meßfedern befestigt. Der Meßstift liegt auf einem Winkelstückchen auf, das an der inneren Meßfeder leicht lösbar ist und durch eine entsprechende Öffnung der äußeren Feder heraustritt. Die Ausbildung der zu dieser Dehnungsmeßeinrichtung gehörenden Proben mit Bund ist in Abb. 54 wiedergegeben.

[1] POMP, A., u. W. HÖGER: Mitt. K.-Wilh.-Inst. Eisenforschg. Bd. 14 (1932) S. 40.

Ein Dehnungsmeßgerät[1], bei dem die Meßfedern nach unten aus dem Ofen herausgeführt sind, zeigt Abb. 55.

Bei Vorhandensein von mehreren Prüfmaschinen kann die Verlängerung der Proben genügend genau mit einem Fernrohr und einer Skala abgelesen werden. Zweckmäßig werden die Prüfmaschinen dann in einem Kreis aufgestellt, in dessen Mittelpunkt auf einen auf Kugeln laufenden Drehtisch das Fernrohr mit Skala angebracht ist. Bringt man die Spiegel an allen Maschinen in gleicher Höhe an, so lassen sich sämtliche Spiegelanzeigen durch Drehen des Fernrohrtisches nacheinander ablesen. Bei Anordnung der Prüfmaschinen nebeneinander wird das Fernrohr auf einer parallel zu den Maschinen angebrachten Laufschiene bewegt.

In vielen Fällen wird auch die Verlängerung der Probe in der Weise gemessen, daß an den Enden der Meßlänge Meßmarken aus Platinblech oder -draht angebracht werden, die durch Fenster im Ofen mittels zweier Fernrohre beobachtet werden können, deren Verschiebung in senkrechter Richtung durch Mikrometerschrauben gemessen wird (Abb. 56)[2].

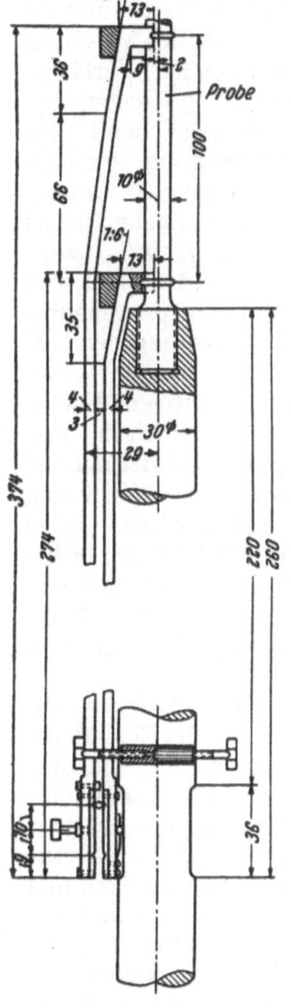

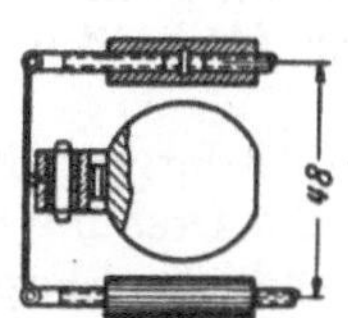

Abb. 55. Dehnungsmeßgerät zum Zeitstandprüfgerät der Deutschen Versuchsanstalt für Luftfahrt e. V., Berlin-Adlershof. (Nach BOLLENRATH, BUNGARDT-CORNELIUS.)

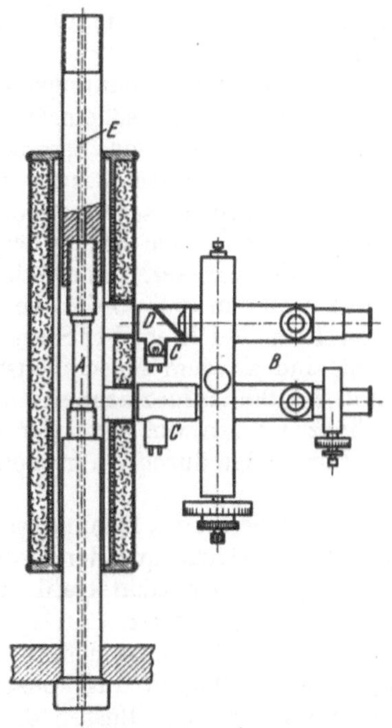

Abb. 56. Dehnungsmeßgerät. (Nach KANTER-SPRING.)

[1] BOLLENRATH, F., W. BUNGARDT u. H. CORNELIUS: Arch. Eisenhüttenw. Bd. 10 (1936/37) S. 556.

[2] KANTER, J. J., u. L. W. SPRING: Proc. Amer. Soc. Test. Mater. Bd. 28 II (1928) S. 86.

Bei den bisher beschriebenen Dehnungsmeßeinrichtungen werden die Verlängerungen in bestimmten Zeitabständen von einem Beobachter abgelesen. An Stelle der subjektiven Ablesung der Verlängerung in bestimmten Zeitintervallen mittels Fernrohre wird vielfach eine fortlaufende selbsttätige Aufzeichnung der im Laufe des Versuches eintretenden Verlängerung vorgenommen. Hierdurch wird die Durchführung von Zeitstandversuchen wesentlich vereinfacht, da der Kriechvorgang auch während der Nachtzeit ohne Inanspruchnahme von Bedienungspersonal verfolgt werden kann. Ein wichtiger Vorteil der selbsttätigen Verlängerungsaufzeichnung liegt in der Verhütung von Meßfehlern, die bei Einzelablesungen in bestimmten Zeitabständen dann entstehen können, wenn im Augenblick der Ablesung eine durch geringe Temperaturänderung hervorgerufene, nur vorübergehende Verlängerung auftritt, die dem eigentlichen Ablauf des Kriechens nicht entspricht.

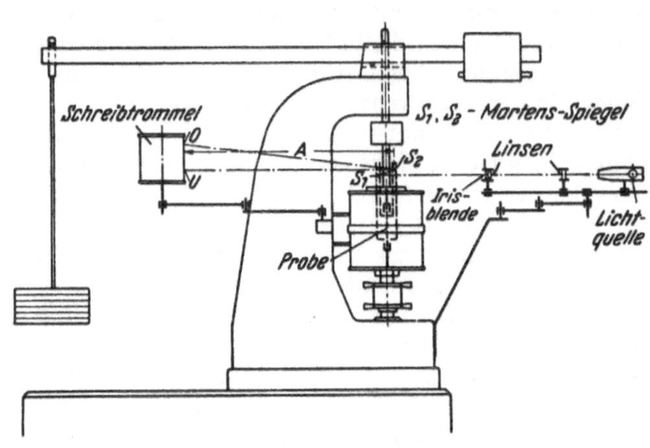

Abb. 57. Schematische Anordnung des Dehnungsschreibers für verdunkelte Räume. (Nach Wizenez.)

Eine selbsttätige optische Dehnungsmeßeinrichtung ist von A. Pomp und W. Enders[1] gebaut worden und schematisch in Abb. 57 dargestellt. Eine kleine Glühlampe erzeugt mit Hilfe von Sammellinsen und einer Blende, die eine Öffnung von 0,3 mm Durchmesser besitzt, einen feinen Lichtstrahl. Dieser fällt nacheinander auf die beiden versetzt angeordneten Spiegel S_1 und S_2 und bildet auf einer mit lichtempfindlichem Papier bespannten Trommel einen Lichtpunkt von etwa 0,75 mm Durchmesser. Die durch ein Uhrwerk angetriebene Trommel läuft einmal in 48 Stunden um, so daß bei einem Umfang von 48 cm sich ein Zeitmaßstab von 1 cm = 1 h ergibt. Sowohl der Projektionsapparat als auch die Meßtrommel sind an dem Maschinenständer befestigt. Die Verlängerung wird im Maßstab 1 : 1000 aufgezeichnet. Das photographische Papier muß vor Tageslicht geschützt werden, was entweder durch Aufstellen der Anlage in einem abgedunkelten Raum oder durch Anbringen eines Lichtschutzes (Abb. 14 u. 15) geschieht.

Ebenfalls optisch arbeitet das Dehnungsmeßgerät der in Abb. 13 dargestellten Prüfeinrichtung. Die Verlängerung der Drahtprobe P wird in die Drehung des Spiegels L übersetzt, der einen Lichtstrahl auf eine mit lichtempfindlichem Papier bespannte Uhrwerktrommel wirft.

Für eine einwandfreie Dehnungsmessung ist es wichtig, daß die aus dem Ofen ragenden Enden der Meßfedern auf konstante Temperatur gehalten werden. Luftströmungen im Raum beeinflussen die Temperatur der freien Enden der Meßfedern und führen zu kleinen kurzzeitigen Schwankungen in den aufgenommenen Zeitdehnlinien. Diesem Übelstand kann dadurch abgeholfen werden, daß man die aus dem Ofen ragenden Teile der Meßfedern mit Astbestschnur um-

[1] Mitt. K.-Wilh.-Inst. Eisenforschg. Bd. 12 (1930) S. 127.

wickelt oder, besser noch, einen Schutzkasten[1] anbringt, der die Enden der Meßfedern mit den Spiegeln gegen Luftzug und Wärmeschwankungen schützt.

Schließlich ist in Abbildung 58 noch eine selbsttätige optische Dehnungsmeßeinrichtung wiedergegeben, die von A. POMP und W. LÄNGE[2] für Zeitstandversuche an Kupfer, Zink und Blei bei Temperaturen in der Nähe von Raumtemperatur angewandt wurde. Die Achsen, die die Spiegel und Schneidenkörper des MARTENSschen Spiegelmeßgerätes tragen, sind in Gummischläuchen, die die kleinen Drehungen derselben elastisch, ohne merkbare Gegenkräfte aufnehmen, nach außen geführt. Durch Gummistopfen wird der Austritt der Flüssigkeit aus dem Behälter vermieden.

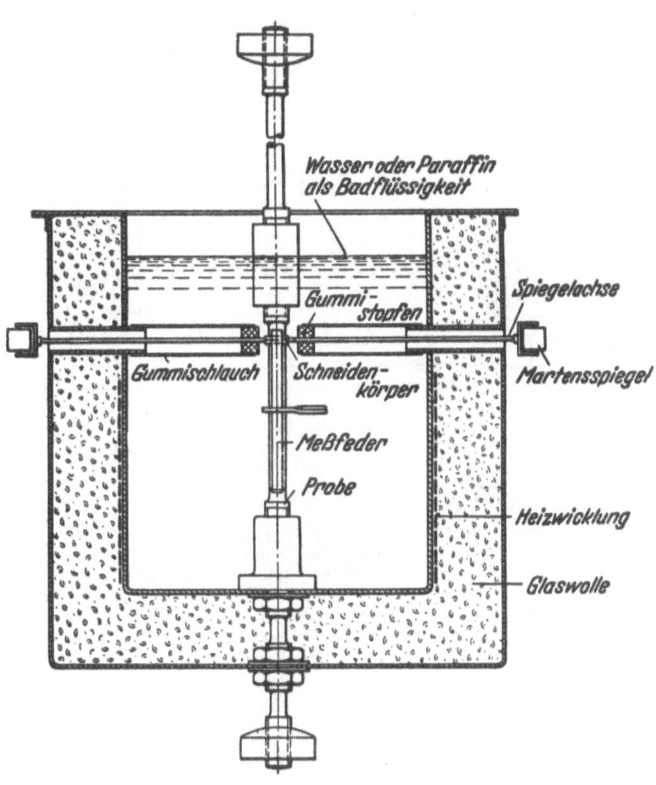

Abb. 58. Anordnung der Probe und der Meßfedern im temperaturgeregelten Bad. (Nach POMP-LÄNGE.)

Eine einfache Dehnungsmeßeinrichtung, wie sie R. H. THIELEMANN[3] benutzt hat, zeigt Abb. 59. Wenn auch bei diesem Meßgerät die Verlängerungen in den Probenköpfen und den Einspannstücken mit abgelesen werden, so ist doch der dadurch verursachte Fehler nicht groß; überdies beeinflußt er die Zeitdehngrenzenwerte nach der sicheren Seite.

Falls bei der Aufnahme von Zeitdehnlinien in dem zu untersuchenden Werkstoff zusätzliche, nicht durch die aufgezwungene Spannung hervorgerufene Längenänderungen auftreten, beispielsweise durch Ausscheidungsvorgänge, so wird hierdurch eine Beeinflussung des Verlaufs der Zeitdehnlinien bewirkt. Um diese störenden Einflüsse auszuschalten, verwenden K. WELLINGER und E. KEIL[4] ein Dehnungsmeßgerät nach Abb. 60, das mit Einsätzen aus dem zu untersuchenden Werkstoff versehen ist.

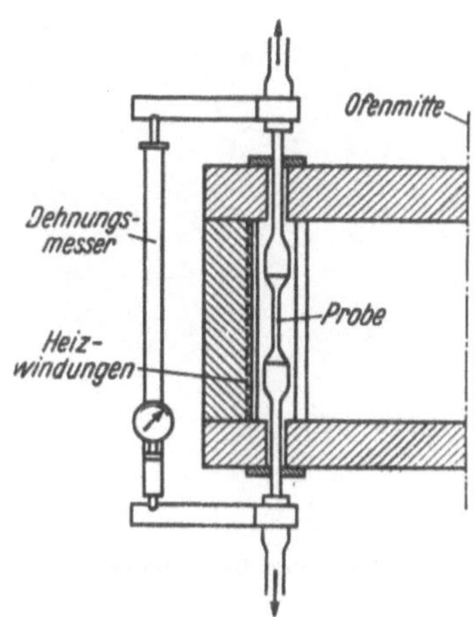

Abb. 59. Dehnungsmeßeinrichtung. (Nach THIELEMANN.)

[1] GRÜN, P.: Arch. Eisenhüttenw. Bd. 8 (1934/35) S. 205.
[2] Mitt. K.-Wilh.-Inst. Eisenforschg. Bd. 18 (1936) S. 52.
[3] Trans. Amer. Soc. Met. Bd. 29 (1941) S. 355.
[4] Z. Metallkde., Bd. 35 (1943) S. 169.

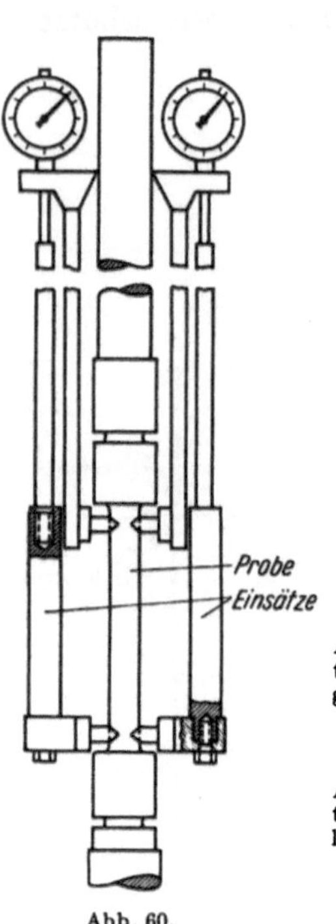

Abb. 60.

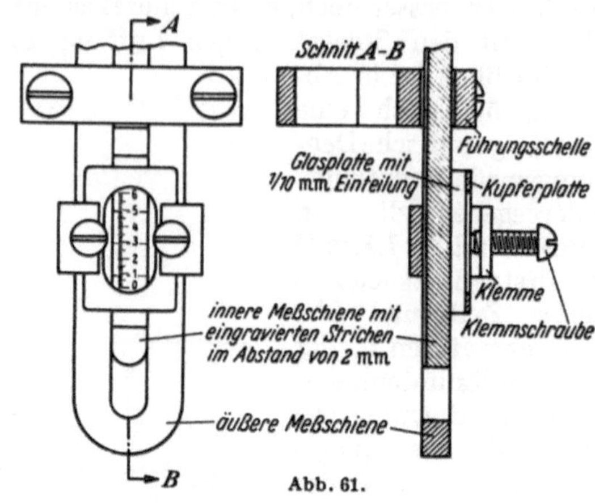

Abb. 61.

Abb. 60. Dehnungsmeßeinrichtung mit Einsätzen zum Ausgleich zusätzlicher Längenänderungen. (Nach WELLINGER-KEIL.)

Abb. 61. Dehnungsmeßeinrichtung für mikroskopische Ablesungen. (Nach ADENSTEDT.)

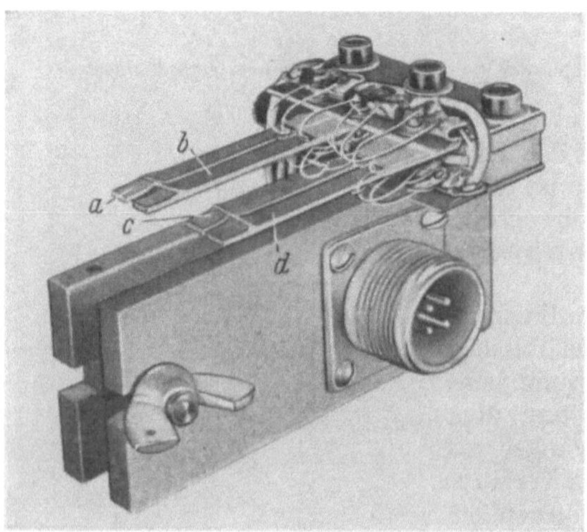

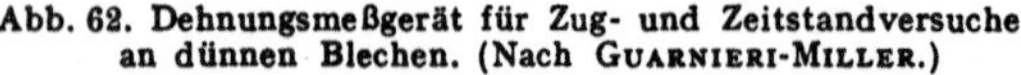

Abb. 63. Hebel zum Dehnungsmeßgerät nach Abb. 62.

Abb. 62.

Abb. 62. Dehnungsmeßgerät für Zug- und Zeitstandversuche an dünnen Blechen. (Nach GUARNIERI-MILLER.)

H. ADENSTEDT[1] benutzte zur Messung der bei Zeitstandversuchen an Leichtmetallen bei Prüftemperaturen bis zu 300° C auftretenden Verlängerungen an der Probe angebrachte Meßschienen, deren Verschiebung gegeneinander mit Hilfe der in Abb. 61 wiedergegebenen Dehnungsmeßeinrichtung mikroskopisch abgelesen wird.

G. GUARNIERI und J. MILLER[2] beschreiben ein Gerät zur Messung der Verlängerung an dünnen Blechen. Die beiden Meßfederpaare in Abb. 62 sind nach unten aus dem Ofen herausgeführt und drehen bei eintretender Verlängerung der Probe die aus Abb. 63 zu ersehenden Hebel *a, b, c* und *d*, aus deren Drehung mit Hilfe einer Meßbrücke die Längenänderung innerhalb der Meßlänge der Probe auf elektrischem Wege bestimmt wird.

Das in Abb. 64 dargestellte Dehnungsmeßgerät nach J. JANSEN[3] gestattet die gleichzeitige Untersuchung von fünf Meßbereichen einer Probe. Hierdurch ist es möglich, Standversuche an Proben mit abgesetzten Querschnitten so durchzuführen, daß jeder Bereich einzeln ausgewertet werden kann. Auch für die Untersuchung von Schweißverbindungen dürfte das Gerät nützlich sein.

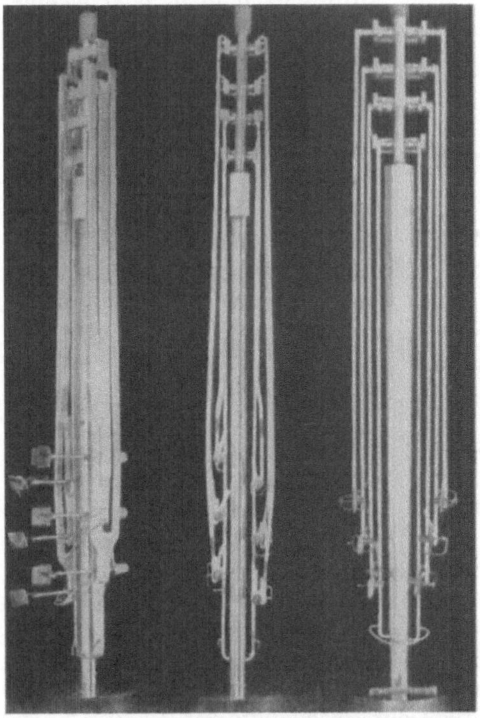

Abb. 64. Dehnungsmeßeinrichtung zum gleichzeitigen Messen von Längenänderungen in mehreren Bereichen einer Probe. (Nach JANSEN.).

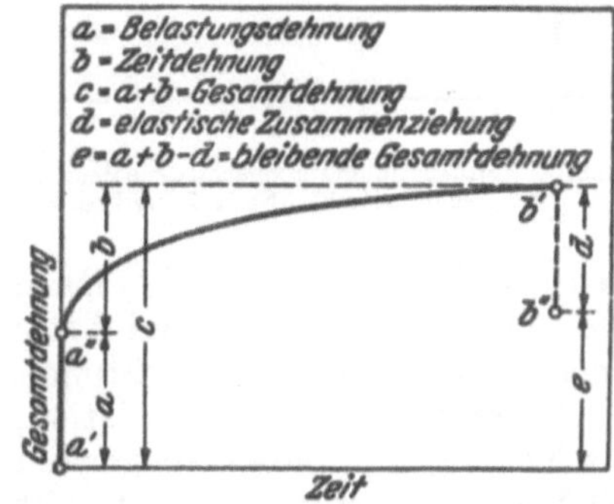

Abb. 65. Schematischer Dehnungsverlauf beim Zeitstandversuch. (Nach POMP-HÖGER.)

Eine Reihe weiterer Dehnungsmeßgeräte ist bereits in Zusammenhang mit der Beschreibung von Zeitstandprüfgeräten erwähnt worden.

Auswertung von Zeitdehnlinien.

In schematischer Darstellung ist in Abb. 65 der Verlauf einer Zeitdehnlinie wiedergegeben. Die unmittelbar nach Aufgabe einer Spannung eintretende Dehnung *a* wird als Belastungsdehnung bezeichnet. Die anschließende Dehnung *b* ist die Zeitdehnung. Die Zeitdehnung gibt zusammen mit der Belastungsdehnung

---

[1] Aluminium, Berl. Bd. 25 (1943) S. 13.
[2] Metal Progr. Bd. 54 (1948) Nr. 5, S. 692.
[3] Stahl u. Eisen Bd. 62 (1942) S. 571.

die Gesamtdehnung (*c*). Die bei der Entlastung der Probe eintretende Verkürzung *d* wird elastische Zusammenziehung genannt. Die gesamte bleibende Dehnung *e* ergibt sich demnach aus der Differenz zwischen Gesamtdehnung und elastischer Zusammenziehung.

Abb. 66 zeigt schematisch den Verlauf von 6 Zeitdehnlinien für verschiedene Spannungen (*1* bis *6*) bei einer bestimmten Versuchstemperatur. Während bei den niedrigeren Spannungen die zunächst einsetzende Dehnung infolge Verfestigung des Werkstoffes nach mehr oder weniger kurzer Zeit abklingt und schließlich völlig zum Stillstand kommt (Schaulinie *1* bis *4*), geht von einer gewissen Spannung an infolge der dann einsetzenden Kristallerholung bzw. Rekristallisation die eintretende Verfestigung wieder zurück, so daß eine ständig fortschreitende Dehnung beobachtet wird (Schaulinie *5*), die bei ausreichend langer Zeit zum Bruch der Probe führen wird (Schaulinie *6*).

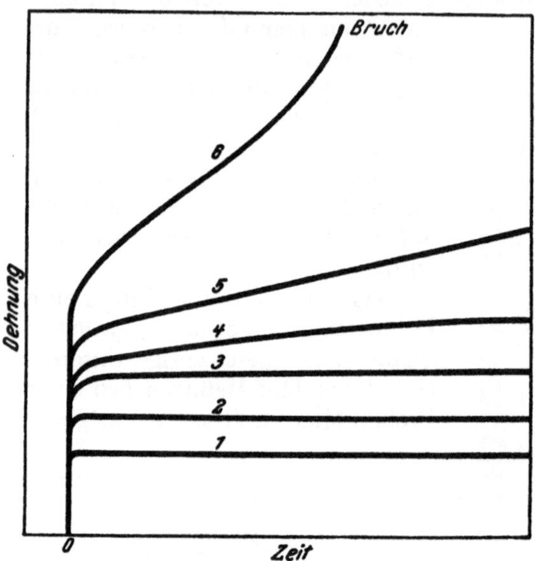

Abb. 66. Zeitdehnlinien für verschiedene Beanspruchungsstufen (schematisch). (Nach POMP-DAHMEN.)

Für die Auswertung von Zeitstandversuchen sind in den verschiedenen Ländern verschiedene Verfahren in Gebrauch, von denen die wichtigsten im folgenden angeführt seien. Hierbei ist zu unterscheiden zwischen Langzeitversuchen, die sich über Hunderte und Tausende von Stunden erstrecken, und Kurzzeitversuchen, die nur wenige Stunden oder Tage umfassen.

Langzeitversuche. Das National Physical Laboratory in England ermittelt als Kriechgeschwindigkeitsgrenze diejenige Spannung, bei der am Schluß einer 40tägigen Belastungszeit (rd. 1000 h) die Dehngeschwindigkeit $1 \cdot 10^{-3}$ %/Tag nicht überschreitet.

In Amerika wird auf Grund von Versuchen von mehreren 100 bis 1500 Stunden durch Extrapolation die Spannung ermittelt, die einer Dehnung von 0,1 bzw. 1% in 10000 h oder 1 bzw. 10% in 100000 h zugeordnet ist. Die in Amerika gebräuchlichsten Auswertungsverfahren sind folgende:

Verfahren I. Nach P. G. MCVETTY[1] läßt sich der Verlauf einer Zeitdehnlinie durch folgende Beziehung ausdrücken:

$$v - v_0 = c \cdot e^{-\alpha t},$$

worin $v = \frac{d\varepsilon_{bl}}{dt}$ die Dehngeschwindigkeit, t die Zeit und v_0, c und α Werkstoffkonstanten für die betreffende Spannung und Temperatur bedeuten. Durch Integrieren erhält man hieraus für die bleibende Dehnung ε_{bl} den Ausdruck

$$\varepsilon_{bl} = \varepsilon_0 + v_0 t - \frac{c}{\alpha} e^{-\alpha t}.$$

Wird t groß, so nähert sich die bleibende Dehnung dem Wert

$$\varepsilon_{bl} = \varepsilon_0 + v_0 t,$$

[1] Mech. Engng. Bd. 56 (1934) S. 149.

d. h., die Dehnung nähert sich asymptotisch einem gleichbleibenden Wert (Abb. 67). Nach McVetty gibt diese Funktion mit guter Genauigkeit den Kriechverlauf wieder, falls die Konstanten richtig bestimmt sind. Er nimmt an, daß für die über die Versuchszeit hinausgehenden Zeiträume die Zeitdehnlinie durch ihre Asymptote gemäß der letztgenannten Gleichung ersetzt werden kann.

Auf diese Weise ausgewertete Zeitdehnlinien eines Stahles mit 0,12% C und 12,2% Cr für eine Temperatur von 427° C zeigt Abb. 68. Um Zeitdehngrenzenwerte zu gewinnen, wird zunächst an Hand der Unterlagen in Abb. 68

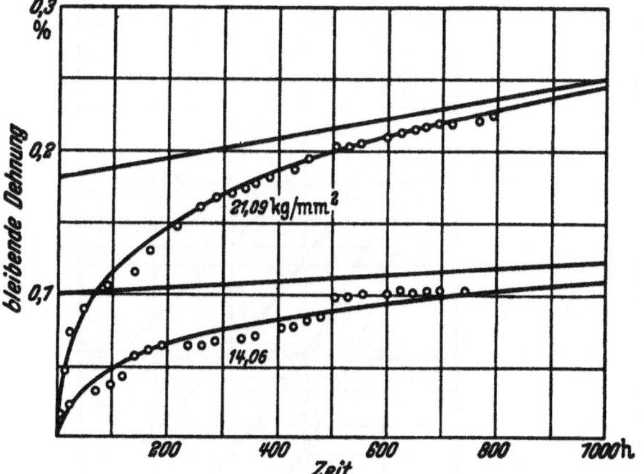

Abb. 67. Zeitdehnlinien für einen Stahl mit 0,12% C und 12,2% Cr für eine Prüftemperatur von 427° C. (Nach McVetty.)

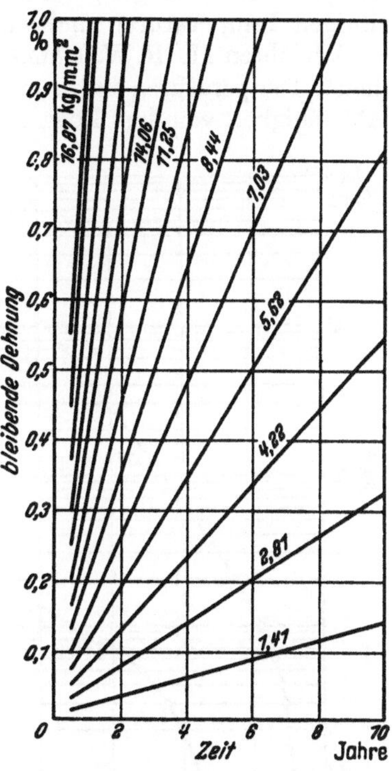

Abb. 68. Nach McVetty ausgewertete Zeitdehnlinien für einen Stahl mit 0,12% C und 12,2% Cr für eine Prüftemperatur von 427° C.

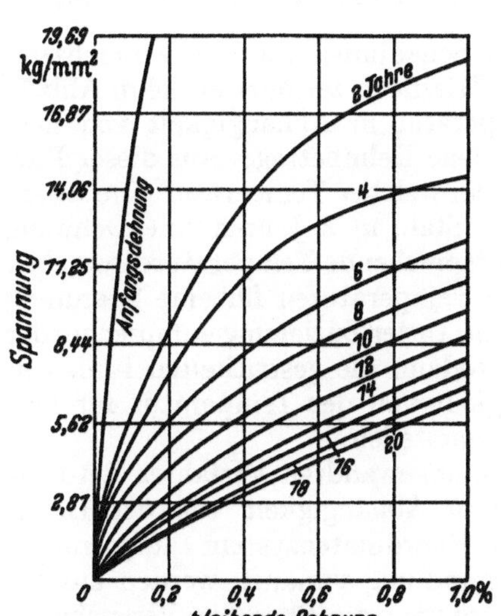

Abb. 69. Spannungsdehnungslinien für einen Stahl mit 0,12% C und 12,2% Cr für eine Prüftemperatur von 427° C.

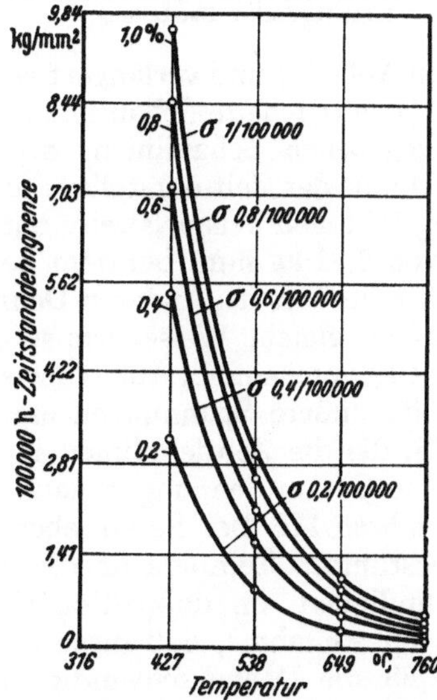

Abb. 70. 100000 h-Zeitdehngrenzen in Abhängigkeit von der Temperatur für einen Stahl mit 0,12% C und 12,2% Cr nach dem Verfahren von McVetty.

ein Schaubild aufgestellt, in dem die Dehnung in Abhängigkeit von der zugehörigen Spannung für verschiedene Zeiten aufgetragen ist (Abb. 69). Aus dieser Darstellung lassen sich dann für die Temperatur von 427° C die Daten entnehmen, die zur Auftragung verschiedener Zeitdehngrenzen notwendig sind. Für die übrigen Temperaturen sind entsprechende Unterlagen heranzuziehen (Abb. 70).

Verfahren II. R. W. Balley[1] trägt die bei Zeitstandversuchen bei verschiedenen Temperaturen unter einer bestimmten Spannung gefundene Dehnung in Abhängigkeit von dem Logarithmus der Zeit auf (s. die vollausgezogenen Schau-

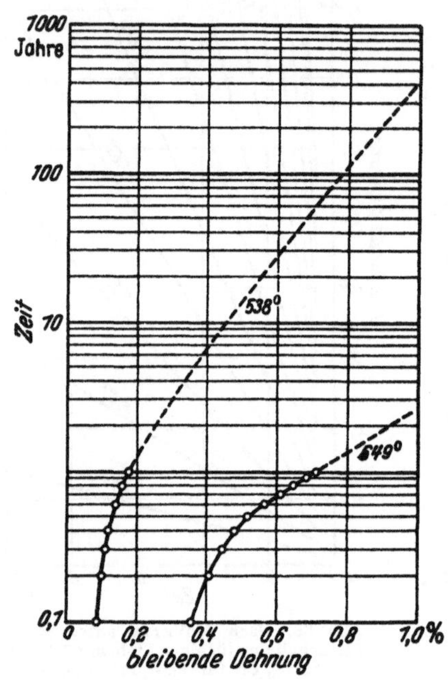

Abb. 71. Zeitdehnlinien für einen Stahl mit 0,12% C und 12,2% Cr für 2,81 kg/mm² Spannung in einfachlogarithmischer Darstellung.

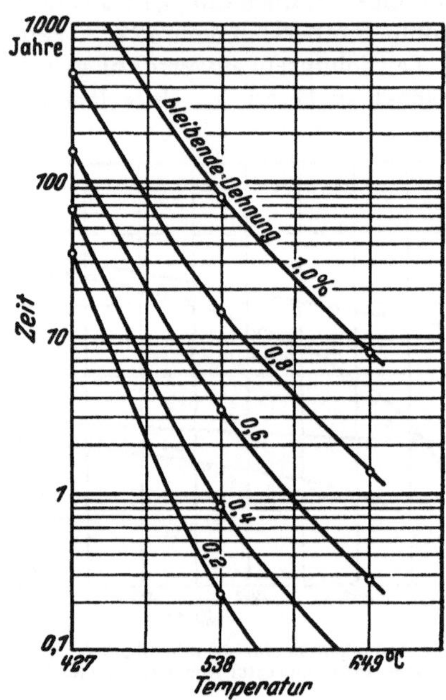

Abb. 72. Zeit-Temperatur-Schaulinien für einen Stahl mit 0,12% C und 12,2% Cr für 2,81 kg/mm² Spannung in einfachlogarithmischer Darstellung.

linien in Abb. 71) und verlängert sodann diese Schaulinien über die Versuchszeit hinaus (s. gestrichelte Schaulinie in Abb. 71). Hiernach zeichnet er die in Abb. 72 wiedergegebenen Schaulinien, die die Temperatur in Abhängigkeit von dem Logarithmus der Zeit darstellen, für verschiedene Dehnbeträge. Aus dieser Darstellung läßt sich beispielsweise entnehmen, bei welcher Temperatur eine Spannung von 2,81 kg/mm² bei dem betreffenden Stahl in 2 Jahren eine Dehnung von 0,8% hervorruft. Anderen Dehnungen entsprechende Temperaturen ergeben sich auf die gleiche Weise. Die so erhaltenen Temperaturen für eine Spannung von 2,81 kg/mm² sind in Abb. 73 wiedergegeben. Unter Zuziehung entsprechender Werte für andere Spannungen ergeben sich sodann die gestrichelten Linien in Abb. 73, die die Zeitdehnlinien in Abhängigkeit von der Temperatur für verschiedene Gesamtdehnungen nach 2 Jahren darstellen.

Verfahren III. Bei diesem ebenfalls häufig angewandten Verfahren wird für eine bestimmte Temperatur die Spannung in Abhängigkeit von der Dehngeschwindigkeit im doppeltlogarithmischen Koordinatensystem aufgetragen. Unter der Annahme, daß diese Beziehung geradlinig verläuft, werden aus ihr Werte für die Dehngeschwindigkeit für Zeiträume, die über die Versuchszeit hinausgehen, ermittelt.

[1] J. applied Mech. Bd. 13 (1936) S. A 1.

Verfahren IV. Das Verfahren ist ähnlich dem Verfahren III. Die Spannung wird in Abhängigkeit von dem Logarithmus der Dehngeschwindigkeit aufgetragen. Auch hier wird angenommen, daß eine geradlinige Beziehung zwischen den beiden Größen besteht, so daß sich durch Extrapolation Dehngeschwindigkeiten für Zeiten, die über die Versuchszeit hinausgehen, angeben lassen.

J. MARTIN[1] vergleicht die nach den vier verschiedenen Auswertungsverfahren erhaltenen Kennwerte für das Zeitstandverhalten miteinander und kommt dabei zu folgenden Ergebnissen. In Abb. 73 sind die nach dem Verfahren von McVETTY

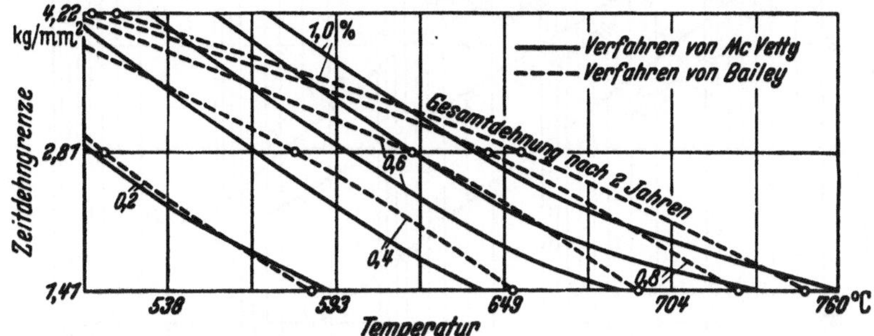

Abb. 73. Zeitdehngrenzen in Abhängigkeit von der Temperatur für einen Stahl mit 0,12% C und 12,2% Cr nach McVETTY und nach BAILEY für einen Zeitraum von 2 Jahren.

erhaltenen Ergebnisse mit denen nach dem Verfahren von BALLEY verglichen, und zwar bezieht sich die Extrapolation auf einen Zeitraum von 2 Jahren. Die Abweichungen in den Kennwerten betrugen etwa $\pm 20\%$.

Ähnlich große Unterschiede bei Anwendung der verschiedenen Auswertungsverfahren findet auch A. KRISCH[2].

DIN 50118 (Ausg. 12. 52) gibt für die Auswertung des Zeitstandversuches das in Abb. 74 wiedergegebene Beispiel an[3]. Zur Ermittlung der Zeitdehngrenzen werden die Zeitdehnlinien in ein Zeitstand-Schaubild umgezeichnet. Für die Umzeichnung soll doppeltlogarithmisches Papier benutzt werden.

Aus dem Zeitstand-Schaubild können sowohl die gewünschten Zeitdehngrenzen als auch die Zeitstandfestigkeiten abgegriffen werden. Die Extrapolation nach der Zeit soll möglichst nur in einer Größenordnung (höchstens innerhalb einer Zehnerpotenz) vorgenommen werden. Eine Extrapolation der Bruchdehnungs- und Brucheinschnürungsweite ist nicht zweckmäßig. Extrapolierte Werte sind einzuklammern. Aus Abb. 74 können beispielsweise folgende Werte abgegriffen werden:

a) Zeitstandfestigkeiten

$\sigma_{B/1000} = 27$ kg/mm²
$\sigma_{B/10\,000} = 15$ kg/mm²
$\sigma_{B/100\,000} = (9$ kg/mm²)

b) Zeitdehngrenzen

$\sigma_{0,2/1000} = (12$ kg/mm²)
$\sigma_{1/1000} = 20$ kg/mm²
$\sigma_{1/10\,000} = (13$ kg/mm²)

c) Zeitbruchdehnungen

$\delta_{5/100} = 26\%$
$\delta_{5/1000} = 11\%$
$\delta_{5/10\,000} = 2{,}5\%$

d) Zeitbrucheinschnürungen

$\psi_{100} = 54\%$
$\psi_{1000} = 18\%$
$\psi_{10\,000} = 2\%$

W. SIEGFRIED[4] weist darauf hin, daß die selbst bei Langzeitversuchen angewandten Versuchszeiten im Vergleich zu der Lebensdauer der aus den Stählen hergestellten Bauteile noch sehr kurz sind. Dieser der Langzeitprüfung anhaf-

[1] Amer. Soc. Test. Mater. Bd. 37 II (1937) S. 258.
[2] Arch. Eisenhüttenw. Bd. 20 (1949) S. 395.
[3] s. a. N. LUDWIG: Z. Metallkde. Bd. 41 (1950) S. 87.
[4] Rev. Métall., Mém. Bd. 45 (1948) S. 361.

tende Mangel läßt sich jedoch durch eine Verfolgung der Änderungen anderer Eigenschaften während des Zeitstandversuches beheben, z. B. der Kerbschlagzähigkeit, der magnetischen Eigenschaften und des Gefüges.

In diesem Zusammenhang seien von E. L. ROBINSON[1] an einem Nickel-Chrom-Molybdän-Stahl bei 450° C durchgeführte Zeitstandversuche von ungewöhnlich

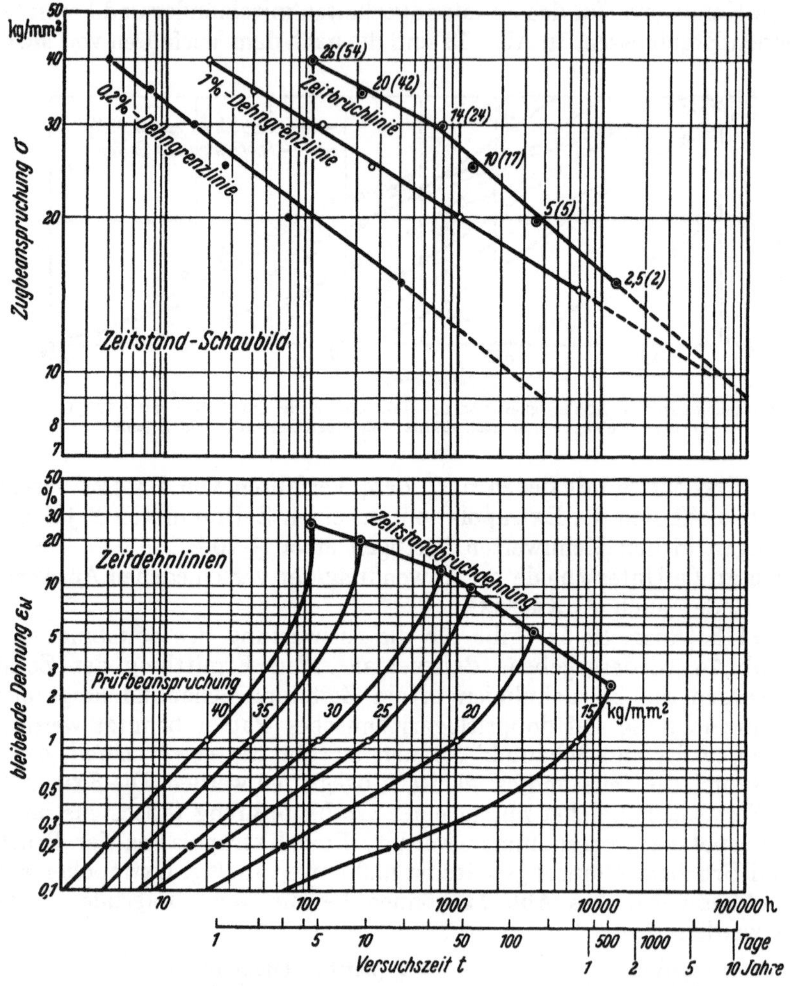

Abb. 74. Auswertung des Zeitstandversuches (Beispiel nach DIN 50118).

langer Dauer (100000 h oder 11,5 Jahre) erwähnt, deren Ergebnisse in Abb. 75 wiedergegeben sind. Wie zu erwarten war, ist die Dehnung in den ersten etwa 5000 h verhältnismäßig groß. Von diesem Zeitpunkt an verläuft die Zeitdehnlinie für die Spannung von 9,2 kg/mm² annähernd geradlinig und erreicht nach 10000 h eine Dehnung von 0,09%. Die einer Spannung von 12,0 kg/mm² entsprechende Zeitdehnlinie weist einen ähnlichen Verlauf auf und eine Dehnung am Schluß des Versuches von 0,145%. Etwas unregelmäßiger ist der Verlauf der beiden Zeitdehnlinien entsprechend 14,8 und 17,6 kg/mm², die im letzten Viertel der

[1] Engineering Bd. 155 (1943) S. 357 — Iron Steel Bd. 16 (1943) S. 256. — Metallurgia, Manchr. Bd. 28 (1943) Nr. 162, S. 20 — Mech. Engng. (1943) S. 61.

Versuchszeit nach oben abbiegen, was besonders deutlich die am höchsten belastete Probe erkennen läßt. Die Dehnung nach 100000 h betrug bei diesen beiden Proben 0,275 bzw. 0,420%.

In Abb. 76 ist die Dehngeschwindigkeit in Abhängigkeit von der Spannung aufgetragen, und zwar einmal nach den ersten 2000 h (A) und sodann nach 100000 h (B) und schließlich die niedrigste Dehngeschwindigkeit während des 100000 h-Versuches. Die mit 17,6 kg/mm² belastete Probe weist am Schluß des Versuches fast die gleiche Dehngeschwindigkeit auf, die sie nach 2000 h hatte; in der Zwischenzeit hat sie sich jedoch zeitweise nur mit der halben Dehngeschwindigkeit verformt. Anderseits hat die mit 12,0 kg/mm² belastete Probe am Schluß der Versuchszeit die geringste Dehngeschwindigkeit, und es scheint, daß die mit 9,2 kg/mm² belastete Probe seine niedrigste Dehngeschwindigkeit noch nicht erreicht hat.

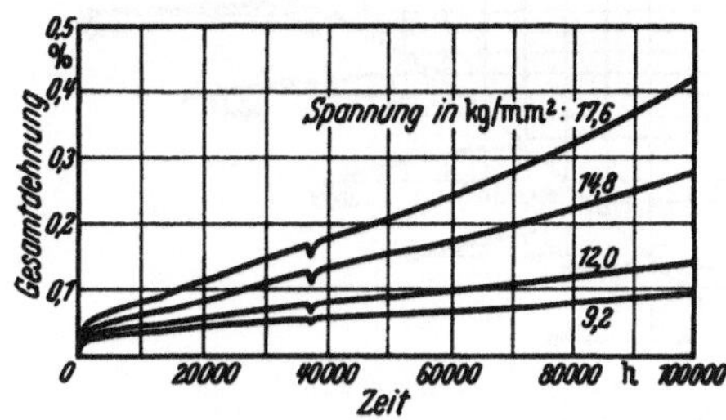

Abb. 75. Zeitdehnlinien von Langzeitstandversuchen an Stahl mit 0,31% C, 0,8% Cr, 0,45% Mo und 2,1% Ni. (Nach ROBINSON.)

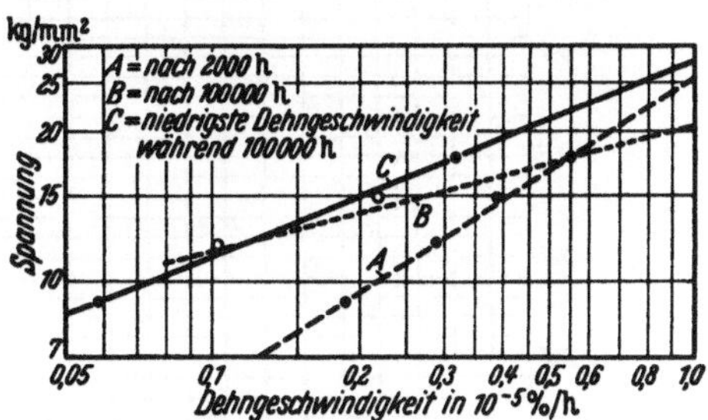

Abb. 76. Spannung und Dehngeschwindigkeit bei Langzeitstandversuchen. (Nach ROBINSON.)

Die im Langzeitversuch bestimmte Zeitdehngrenze bzw. Zeitstandfestigkeit kann als Anhalt für die zulässige Beanspruchung des Werkstoffes angesehen werden, vorausgesetzt, daß bei der praktischen Beanspruchung ähnliche Spannungsverteilung wie beim Versuch vorliegt. Wegen der langen Dauer solcher Versuche hat es nicht an Vorschlägen gefehlt, aus gekürzten Versuchen, d. h. der Verfolgung der Dehnung über beschränkte Zeiten, Näherungswerte für das Zeitstandverhalten zu bekommen.

Abkürzungsverfahren. Als wichtigste Verfahren bzw. Begriffsbestimmungen sind folgende zu nennen:

Nach älteren Vorschlägen des Max-Planck-Instituts für Eisenforschung[1] soll für Kohlenstoff- und niedriglegierte Stähle für Temperaturen bis 500° C die Dauerstandfestigkeit dann als erreicht angesehen werden, wenn die Dehngeschwindigkeit im Zeitraum der

3. bis 6. Stunde nach Lastaufgabe 0,005%/h,
5. bis 10. Stunde nach Lastaufgabe 0,003%/h und
25. bis 35. Stunde nach Lastaufgabe 0,0015%/h

beträgt.

W. A. HATFIELD[2] bestimmt als Zeitfließgrenze („Time-Yield") diejenige Spannung, bei der die Dehngeschwindigkeit in der 24. bis 72. Stunde $1 \cdot 10^{-4}$%/h nicht übersteigt. Gleichzeitig soll die Gesamtdehnung nicht mehr als 0,5% betragen. Als eine konstruktiv brauchbare Rechnungsunterlage empfiehlt er, zwei Drittel dieser Spannung in die Berechnungen einzusetzen.

---

[1] POMP, A., u. W. ENDERS: Mitt. K.-Wilh.-Inst. Eisenforschg. Bd. 12 (1930) S. 127.
[2] Iron Age Bd. 124 (1929) S. 348.

L. GUILLET, J. GALIBOURG und H. SAMSOEN[1] führen Versuche mit stufenweise gesteigerten Belastungen durch. Die Art der Versuchsdurchführung und -auswertung geht aus Abb. 77 hervor, die sich auf einen Stahl mit 5% Ni und eine Versuchstemperatur von 450° C bezieht. Die von Null ausgehende Spannungs-Dehnungs-Linie gibt diejenige prozentuale Verlängerung an, die unmittelbar nach Aufbringung der Spannung beobachtet wird. Die Schaulinie verläuft bis

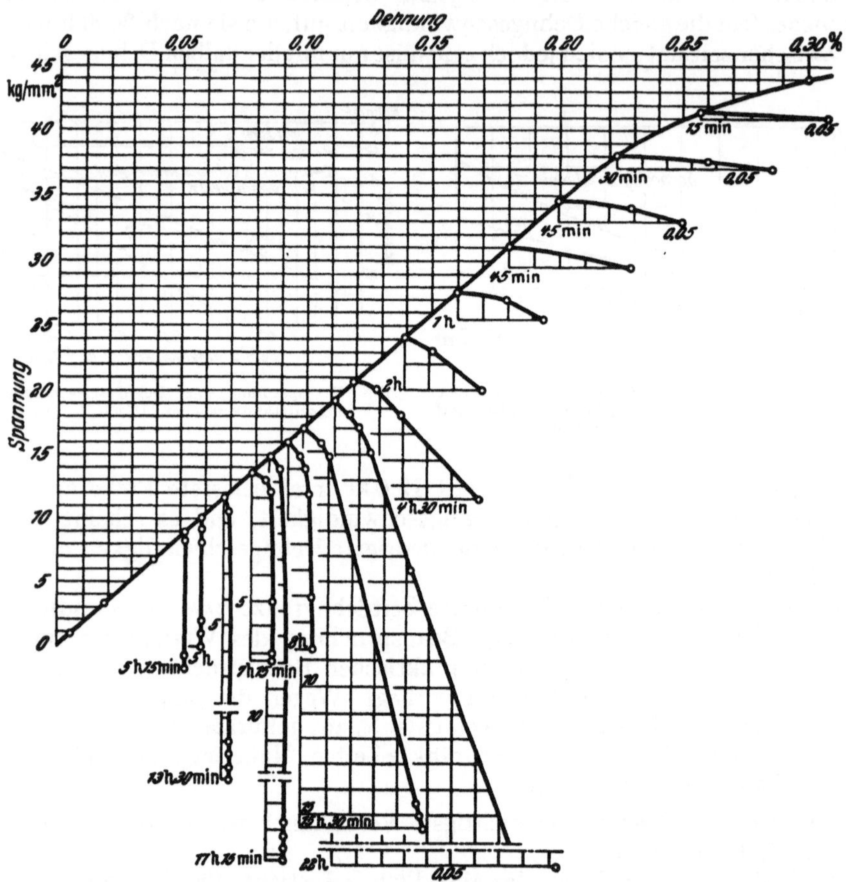

Abb. 77. Auswertung von Zeitstandversuchen an einem Stahl mit 0,15% C und 5,36% Ni bei 450° C. (Nach GALIBOURG.)

zu einer bestimmten Spannung geradlinig, d. h., die Dehnungen sind proportional der Spannung. Die Spannung wird mit Grenzspannung I bezeichnet. Die von der Spannungs-Dehnungs-Linie abzweigenden Linien geben die Dehnungen an, die bei Konstanthaltung der Spannung über längere Versuchszeiten (bis zu 22 h) zu beobachten sind. Als Grenzspannung II gilt diejenige Spannung, bei der auch in längeren Versuchszeiten kein Kriechen eintritt. Grenzspannung III endlich entspricht denjenigen Spannungswerten, bei denen zwar anfänglich ein geringes Kriechen stattfindet, das aber nach einiger Zeit noch zum Stillstand kommt. Mit Überschreiten der unter III angegebenen Grenzspannung tritt ein dauerndes Kriechen ein, das mit steigender Spannung an Geschwindigkeit zunimmt. Für jede dieser drei Grenzspannungen wird ein unterer und ein oberer Wert an-

[1] C. R. Acad. Sci., Paris Bd. 188 (1929) S. 1205.

gegeben. Der untere Wert bezieht sich auf diejenige Spannung, bei der die betreffende Grenze mit Sicherheit noch nicht erreicht ist, der obere auf diejenige Spannung, bei der die Grenze schon überschritten ist.

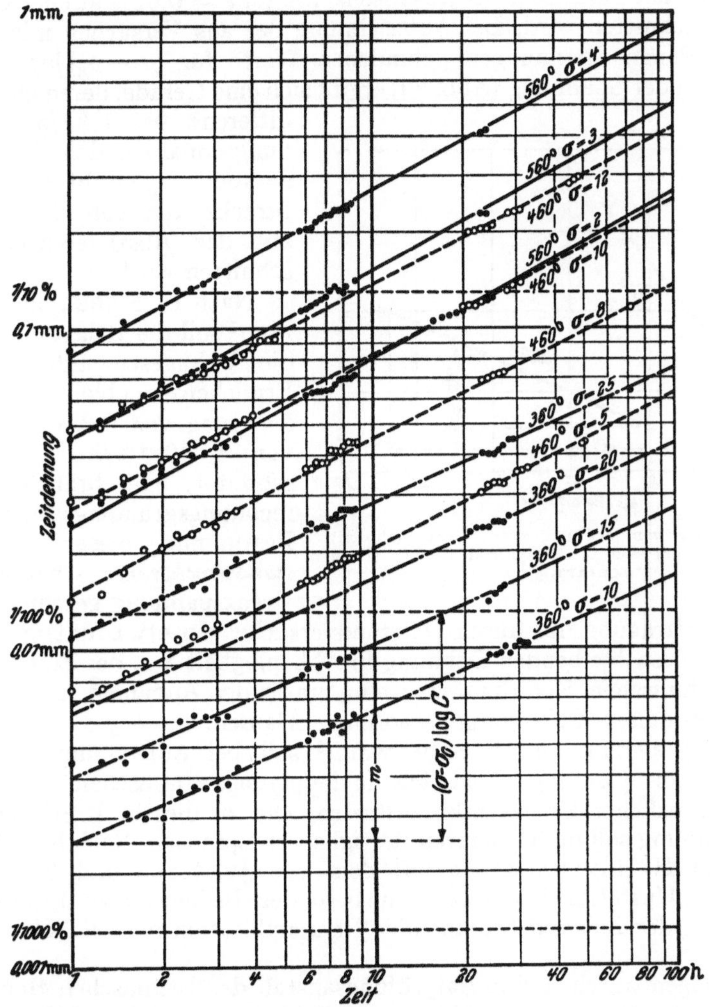

Abb. 78. Auswertung der Konstanten m, σ_0 und $\log C$ für einen Stahl mit 2,9% Ni und 0,8% Cr bei 360° C, 460° C und 560° C. (Nach ECKARDT.)

H. ECKARDT[1] leitet für die Beziehung zwischen Spannung, Dehnung und Zeit bei einer bestimmten Temperatur und ein und demselben Werkstoff folgende Gleichung ab:

$$\varepsilon = t^m\, C^{(\sigma-\sigma_0)}\,.$$

Diese soll die Errechnung der höchstzulässigen Spannung σ ermöglichen, wenn innerhalb einer bestimmten Zeit t ein gewisser Betrag der Verformung ε nicht überschritten werden soll. Die Ermittlung der Konstanten m, C und σ_0 erfolgt durch Übertragung der auf Grund 24stündiger Zeitstandversuche gewonnenen Zeitdehnlinien in das logarithmische Koordinatensystem in der in Abb. 78 dargestellten Weise. Der Exponent m wird als Neigung der durch die Versuchs-

[1] Dr.-Ing.-Dissertation, T. H. Aachen 1929.

punkte gelegten Geraden festgestellt. Der Wert

$$(\sigma - \sigma_0) \log C$$

wird als die Strecke gemessen, die von den Zeitdehngeraden der betreffenden Spannung und der Parallelen zur Abszissenachse für $\varepsilon = 0{,}01\%$ auf der Ordinate $t = 1$ h abgeschnitten wird. Bei Aufzeichnung der aus Versuchen mit drei bis vier verschiedenen Spannungen gefundenen Werte für $(\sigma - \sigma_0) \log C$ in Abhängigkeit von der Spannung (Abb. 79) ergibt sich eine Gerade, deren Ordinatendifferenz bei 1 kg/mm² Spannungszunahme den Wert $\log C$ darstellt. σ_0 ergibt sich als die Strecke, die von der Geraden auf der Abszissenachse abgeschnitten wird.

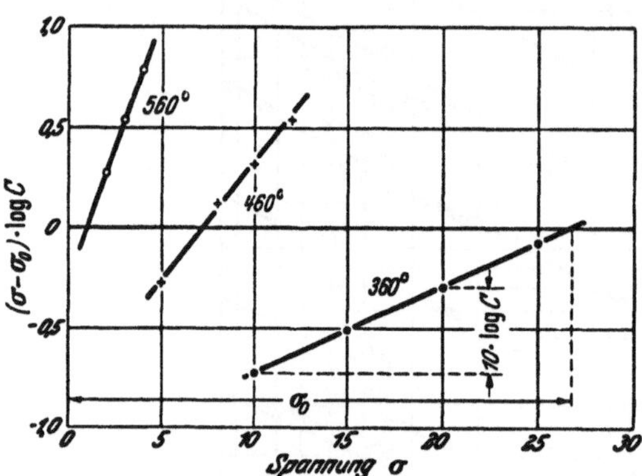

Abb. 79. Ermittlung von $\log C$ und σ_0 für einen Stahl mit 2,9% Ni, 0,8% Cr bei 360° C, 460° C und 560° C. (Nach ECKARDT.)

Nach E. SIEBEL und M. ULRICH[1] soll die Belastung, bei der die Dehngeschwindigkeit nach Erreichen einer bleibenden Formänderung von 0,2% einen Wert von $1 \cdot 10^{-4}$%/h nicht überschreitet, eine brauchbare Berechnungsgrundlage bilden. Die Bestimmung dieser mit *Dauerstandstreckgrenze* bezeichneten Grenzspannung geschieht durch graphische Auftragung der durch Zeitstandversuche von etwa fünfzigstündiger Dauer ermittelten bleibenden Dehnung in Abhängigkeit von der Zeit in einem doppellogarithmischen Koordinatensystem, unter der Annahme, daß die Zeitdehnlinien bei dieser Auftragung geradlinig verlaufen.

Nach H. JURETZEK und F. SAUERWALD[2] soll bei Auftragung der Dehngeschwindigkeits-Spannungs-Schaulinie im doppeltlogarithmischen Koordinatensystem ein deutlicher Knickpunkt auftreten. Die zu diesem Knickpunkt gehörende Spannung soll der Dauerstandfestigkeit entsprechen. Nach K. v. HANFFSTENGEL und H. HANEMANN[3] kommt dem von JURETZEK und SAUERWALD beobachteten „Unstetigkeitspunkt" keine besondere Bedeutung zu. Ihrer Ansicht nach ist er als der Zustand beginnender Rekristallisation oder Erholung anzusehen.

In der Eidgenössischen Materialprüfungsanstalt der Technischen Hochschule Zürich[4] wird die Dauerstandfestigkeit im Abkürzungsverfahren als diejenige Spannung ermittelt, bei der die Dehngeschwindigkeit zwischen der 24. und 48. Versuchsstunde 0,001%/h bzw. 0,024%/Tag beträgt. Bei Zeitstandversuchen wird diejenige Spannung festgestellt, bei der die Enddehngeschwindigkeit — in der Regel nach einem Monat — den Wert 0,001 und 0,0001%/h bzw. 0,024 und 0,0024%/Tag erreicht.

Für die Auswertung von Kurzversuchen ist nach **DIN 50117** (Ausg. 6. 52) wie folgt zu verfahren:

Die *DVM-Kriechgrenze* (bisher DVM-Dauerstandfestigkeit oder Dauerstandfestigkeit nach DVM 117/118) ist ein im 45 h-Kurzzeitstandversuch zu ermit-

[1] Z. VDI Bd. 76 (1932) S. 659.
[2] Z. Phys. Bd. 83 (1933) S. 483.
[3] Z. Metallkde. Bd. 29 (1937) S. 50.
[4] Roš, M., u. A. EICHINGER: Diskussionsber. Nr. 87 der Eidgen. Mat.-Prüf.-Anstalt Zürich 1934.

telnder Kennwert für das Zeitstandverhalten von Stahl und Stahlguß bei Temperaturen zwischen etwa 350° C und 500° C. Dieser Kennwert ist im September 1937 für die Prüfung von Kesselbaustählen bei „hohen" Temperaturen festgelegt worden[1]. Die seitdem gemachten Erfahrungen haben gezeigt, daß für die Kennzeichnung des Zeitstandverhaltens derartiger Werkstoffe ein 45 h-Kurzzeitstandversuch nicht immer ausreicht. Es wird daher empfohlen, neben diesem Kennwert auch aus Langzeit-Standversuchen gewonnene Kennwerte zur Beurteilung des Zeitstandverhaltens von Stahl und Stahlguß heranzuziehen.

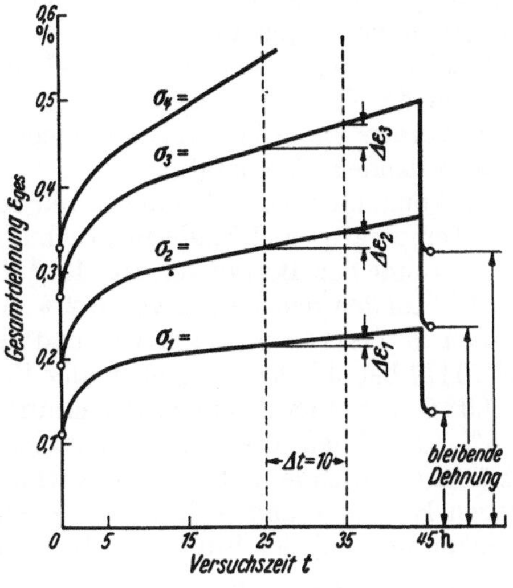

Abb. 80. Zeitdehnlinien (schematisch). Nach DIN 50117.

Die DVM-Kriechgrenze σ_{DVM} bei bestimmter Temperatur ist die Kriechgrenze für eine Kriechgeschwindigkeit von $10 \cdot 10^{-4}$ %/h in der 25. bis 35. Stunde, ohne daß die bleibende Dehnung nach 45 h den Wert von 0,2% überschreitet.

Die Ermittlung der DVM-Kriechgrenze erfordert die Durchführung von 3 bis 5 Zeitstandversuchen an Proben desselben Ausgangsstückes mit verschiedenen der voraussichtlichen DVM-Kriechgrenze angepaßten Zugbeanspruchungen (σ_1 bis σ_4 in Abb. 80), für die je eine neue Probe zu verwenden ist. Aus den gewonnenen Zeitdehnlinien wird die Kriechgeschwindigkeit $\Delta\varepsilon/\Delta t$ zwischen der 25. und 35. Stunde ermittelt und die bleibende Dehnung ε_{bl} nach 45 h abgegriffen (Abb. 80).

Die Kriechgeschwindigkeit $\frac{\Delta\varepsilon}{\Delta t}$ in der 25. bis 35. Stunde und die bleibende Dehnung ε_{bl} nach 45 h werden in Abhängigkeit von der Zugbeanspruchung aufgetragen

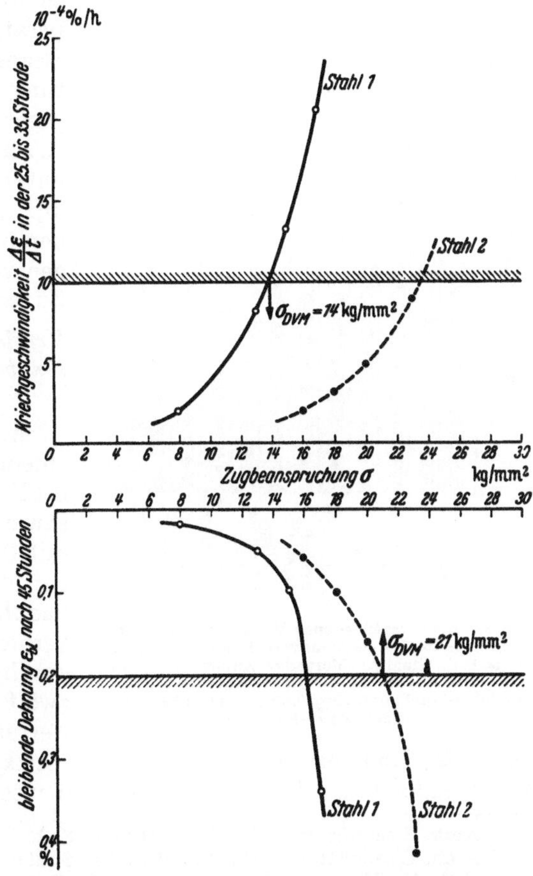

Abb. 81. Auswertungsbeispiele für die Ermittlung der DVM-Kriechgrenze für zwei verschiedene Stähle nach DIN 50117.

[1] Schmitz, H.: Stahl u. Eisen Bd. 55 (1935) S. 1523.

getragen (Beispiel s. Abb. 81). Aus den erhaltenen Schaubildern wird die Zugbeanspruchung abgegriffen,

a) bei der die Kriechgeschwindigkeit $10 \cdot 10^{-4}$%/h beträgt,

b) bei der die bleibende Dehnung 0,2% beträgt.

Die *kleinere* dieser beiden Zugbeanspruchungen ist die *DVM-Kriechgrenze* bei der betreffenden Temperatur.

Für Abnahmezwecke, bei denen nur festzustellen ist, ob bei der vorgeschriebenen Temperatur und Zugbeanspruchung die Kriechgeschwindigkeit in der 25. bis 35. Stunde den Betrag von $10 \cdot 10^{-4}$% je Stunde und die bleibende Dehnung nach 45 Stunden den Betrag von 0,2% nicht überschreitet, genügt *ein* Versuch.

Nach H. ESSER, S. ECKHARDT und G. FINKE[1] ist bei dem Verfahren nach DIN 50117 bei üblicher Sorgfalt in der Versuchsdurchführung bei Temperaturen bis 500° C mit einer Streuung der ermittelten DVM-Kriechgrenzen bis zu etwa $\pm$7,5% zu rechnen, wie eine umfangreiche Gemeinschaftsarbeit ergeben hat.

Für die laufende Betriebsüberwachung und als wegweisender Vorversuch schlagen H. ESSER und S. ECKHARDT[2] einen „1-h-Stufenversuch" vor, bei dem die Spannung in jeder Stufe jeweils 1 h lang konstant gehalten wird.

Bedeutung der im Kurzzeitstandversuch bestimmten DVM-Kriechgrenze.

Die nach DIN 50117 bestimmte DVM-Kriechgrenze kann nur eine Unterlage für die vergleichende Wertung verschiedener Werkstoffe nach ihrem voraussichtlichen Verhalten bei „hoher" Temperatur bieten. Aussagen über zulässige Beanspruchung und über die Bewährung unter den im praktischen Betrieb gegen die Probe stets abweichenden Arbeitsbedingungen werden erst möglich unter Zuziehung der in dieser Hinsicht mit dem einen oder anderen Werkstoff bereits gesammelten Betriebserfahrungen von hinreichend langer Dauer und Zuverlässigkeit.

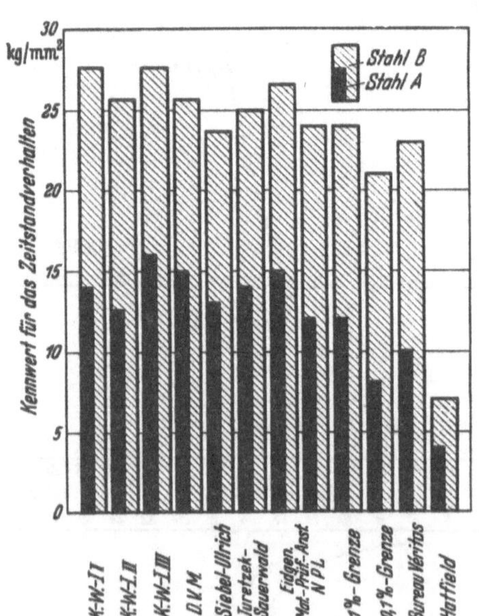

Abb. 82. Nach verschiedenen Verfahren bestimmte Kennwerte für das Zeitstandverhalten zweier Stähle bei 500° C. Stahl A: Molybdän-Kupfer-Stahl mit 0,12% C, 0,33% Mo und 0,20% Cu. Stahl B: Chrom-Molybdän-Stahl mit 0,15%, 0,80% Cr und 0,53% Mo. (Nach POMP-KRISCH.)

Vergleich der nach verschiedenen Verfahren bestimmten Kennwerte für das Zeitstandverhalten.

A. POMP und A. KRISCH[3] haben an einem Molybdän-Kupfer-Stahl mit 0,12% C, 0,33% Mo und 0,20% Cu sowie an einem Chrom-Molybdän-Stahl mit 0,15% C, 0,80% Cr und 0,53% Mo bei 500° C Zeitstandversuche im Salzbadofen mit ungeschützten und mit vernickelten Proben sowie im Luftofen durchgeführt und das Ergebnis nach zwölf verschiedenen Verfahren ausgewertet. Die Versuche im Luftofen (Abb. 82) sind mit Rücksicht auf die Stickstoffeinwanderung bei Versuchen in Salzbadöfen als die zuverlässigsten anzusehen. Bei diesen liegen die Ergeb-

[1] Arch. Eisenhüttenw. Bd. 16 (1942/43) S. 1.

[2] Arch. Eisenhüttenw. Bd. 13 (1939/40) S. 209.

[3] Mitt. K.-Wilh.-Inst.Eisenforsch. Bd. 20 (1938) S. 247. — Vgl. auch A. KRISCH: Arch. Eisenhüttenw. Bd. 12 (1938/39) S. 199.

nisse von neun Auswertungsverfahren, nämlich den drei Verfahren des Max-Planck-Instituts für Eisenforschung, dem DVM-Prüfverfahren (DIN 50117), dem Verfahren der Eidgenössischen Materialprüfungsanstalt, dem des National Physical Laboratory, dem von SIEBEL und ULRICH, dem von JURETZEK und SAUERWALD sowie der Bestimmung der 1%-100000 h-Zeitdehngrenze nach dem in Amerika üblichen Verfahren, bei beiden Stählen innerhalb eines Streubereiches von ± 2 kg/mm². In diesen Bereich fallen auch die Auswertungen der Versuche im Salzbad mit geschützten und ungeschützten Proben nach den Verfahren I und II des Max-Planck-Institutes für Eisenforschung, des DVM, der Eidgenössischen Materialprüfungsanstalt und dem von JURETZEK-SAUERWALD. Die Bestimmung der Kriechgeschwindigkeitsgrenze σ_{5-30}, der Zeitdehngrenze $\sigma_{0,1/10000}$ und das Verfahren nach HATFIELD ergeben dagegen in allen Fällen niedrigere Werte. Wie schon die Festsetzung der zulässigen Dehngeschwindigkeit für diese Auswertung vermuten läßt, sind diese Grenzen für wesentlich andere Voraussetzungen aufgestellt als die bei den erstgenannten neun Verfahren, die im wesentlichen eine Voraussage über den Bruch der Probe erbringen sollen.

Zeitstandversuche an Nichteisenmetallen.

Für die Durchführung des Zeitstandversuches an Nichteisenmetallen gilt DIN 50118 (Ausg. 12.52). Für *Zink* und *Zinklegierungen* kommen W. GRAESSER, H. HANEMANN und W. HOFMANN[1] auf Grund ausgedehnter Langzeitversuche zu folgenden Vorschlägen:

1. Die Prüfdauer ist je nach Werkstoff und Höhe der Prüfspannung zu wählen, mindestens aber auf 30 bis 50 Tage zu bemessen.

2. Als Kennwert für das Zeitstandverhalten ist diejenige Spannung zu bezeichnen, bei der die lineare Dehngeschwindigkeit für die Praxis tragbare Werte annimmt. Vorgeschlagen werden die Dehngeschwindigkeiten:

$$1 \cdot 10^{-4}\,\%/\text{h} \approx 1\,\%/\text{Jahr}$$
$$\text{und } 0{,}1 \cdot 10^{-4}\,\%/\text{h} \approx 0{,}1\,\%/\text{Jahr}.$$

Falls notwendig, kann außer einer höchst zulässigen Dehngeschwindigkeit auch noch eine bestimmte zulässige Gesamtdehnung für die vorgeschlagene Prüfzeit gefordert werden.

Von O. H. C. MESSNER[2] durchgeführte Zeitstandversuche an *Zink* und *Zinklegierungen* lassen erkennen, daß sich diese Werkstoffe unter Standbeanspruchung bei Raumtemperatur ähnlich verhalten wie andere Metalle im Bereich der zu Kriecherscheinungen führenden Temperaturen. Als Kennwert für das Zeitstandverhalten schlägt er diejenige Spannung vor, die nach einer der Gebrauchsdauer entsprechenden Zeit (z. B. 10000 h) zu einer für den Gegenstand zulässigen Gesamtdehnung (z. B. 0,2, 0,5, 1%) führt. Diese Gesamtdehnung läßt sich nach MESSNER aus Kurzzeitstandversuchen von 10 bis 30 h Dauer verhältnismäßig genau bestimmen.

H. ADENSTEDT[3] stellte bei Zeitstandversuchen an *Leichtmetallegierungen* im Temperaturgebiet zwischen 25° C und 300° C fest, daß die Zeitdehngrenze $\sigma_{0,2/200}$ d. h. die Spannung, die einer bleibenden Dehnung von 0,2% nach 200 h Belastungszeit entspricht, mit der DVM-Kriechgrenze nach DIN 50117 übereinstimmt.

Auch H. VOSSKÜHLER[4] kommt auf Grund von Langzeitstandversuchen an *Aluminium-* und *Magnesiumlegierungen* bei 30° C bis 150° C zu dem Schluß, daß

[1] Z. Metallkde. Bd. 35 (1943) S. 1.
[2] Schweiz. Arch. angew. Wiss. Techn. Bd. 14 (1948) S. 86, 118 u. 147.
[3] Aluminium, Berl., Bd. 35 (1943) S. 13.
[4] Z. Metallkde. Bd. 39 (1948) S. 79.

die DVM-Kriechgrenze in guter Übereinstimmung mit den Ergebnissen von Langzeit-Standversuchen steht. Danach dürfte das Verfahren nach DIN 50117 auch für Leichtmetalle anwendbar sein. Fast dieselben Ergebnisse erhält man, wenn an Stelle einer Dehngeschwindigkeit von $10 \cdot 10^{-4}$ %/h in der 25. bis 35. Stunde eine solche von $5 \cdot 10^{-4}$ %/h in der 150. bis 200. Stunde gesetzt wird.

Rückdehnung.

Wird eine Probe, die bei hoher Temperatur längere Zeit einer ruhenden Beanspruchung ausgesetzt ist und infolgedessen sich dehnt, entlastet, die Temperatur aber weiterhin auf ihrer alten Höhe gehalten, so tritt augenblicklich eine elastische Verkürzung (Rückdehnung) ein, an die sich im Laufe der Zeit eine weitere Verkürzung, die Kriecherholung, anschließt. Diese Verkürzung setzt sich unter Umständen über Tausende von Stunden nach Fortnahme der Beanspruchung fort. Einen Begriff von der Größe der Rückdehnung vermitteln die in Tab. 4 zusammengestellten Angaben nach Untersuchungen von H. J. TAPSELL[1].

Tabelle 4. *Rückdehnungsmessungen nach* TAPSELL.

Werkstoff	Prüfbedingungen	Elastische Anfangsdehnung %	Dehnung unter Spannung %	Dehnung nach Entlastung (Rückdehnung) %
Ni-Cr-Mo-Stahl	Prüftemperatur: 450° C Spannung: 15,7 kg/mm² auf 0,6 kg/mm² entlastet	0,103	0,070 nach 1530 h	0,018 nach 24 h 0,032 nach 1120 h
3% Ni-Stahl	Prüftemperatur: 400° C Spannung: 4,7 kg/mm² auf 0,6 kg/mm² entlastet	0,027	0,089 nach 2420 h	0,018 nach 3000 h
Stahl mit 0,13% C	Prüftemperatur: 450° C Spannung: 1,6 kg/mm² praktisch vollständig entlastet	0,0118	0,0032 nach 1279 h	0,0029 nach 840 h
Blei	Prüftemperatur: 60° C Spannung: 0,3 kg/m² auf 0,06 kg/mm² entlastet	0,0129	0,537 nach 191 h	0,0056 nach 2000 h

Wenn auch die Rückdehnung für die Praxis nicht von besonderer Bedeutung ist, da mit dem Rückgang der Spannung meist auch eine Temperaturerniedrigung verbunden ist, so ist eine Aufklärung über die Ursache dieser Erscheinung doch von Wichtigkeit, da die Einflüsse, die die Rückdehnung begünstigen, auch während des Kriechvorganges eine Rolle spielen können. TAPSELL gibt folgende beiden Erklärungen für das Zustandekommen der Rückdehnung an. Wenn die Kristallite eines Kristallhaufwerkes einen stark unterschiedlichen Verformungswiderstand gegen eine in einer bestimmten Richtung wirkende Kraft aufweisen, so wird die innere Spannungsverteilung nach einer gewissen Kriechzeit sehr unterschiedlich sein. Die „schwachen" Körner werden leichter verformt; infolgedessen wird im Vergleich zu den „starken" Körnern nur eine geringe Spannung in ihnen zurückbleiben. Wird sodann die äußere Kraft aufgehoben, so erleiden die Körner, die nur unter geringer Spannung stehen, unter der Wirkung der elastischen Zusammenziehung der unter hoher Spannung stehenden Körner Druckspannungen. Die Folge davon ist, daß in den ersteren Körnern eine entgegengesetzt gerichtete Verformung eintritt, wobei eine gewisse Zeit erforderlich

[1] Internationaler Verband für Materialprüfungen, Londoner Kongreß 1937, Gruppe A: Metalle, Bericht Nr. 1; vgl. Stahl u. Eisen Bd. 58 (1938) S. 460

ist, bis die Spannungsverteilung stabil geworden ist. Die Beibehaltung der Temperatur bewirkt eine Entfestigung der durch das voraufgegangene Kriechen verfestigten Kristalle, so daß unter Umständen die Probe in den völlig spannungsfreien Zustand übergeführt wird. Eine zweite Erklärungsmöglichkeit für die Rückdehnung sieht TAPSELL darin, daß ein Teil der Kriecherholung durch eine „extraelastische" Wirkung hervorgerufen wird, d. h. durch eine im Laufe der Zeit eintretende Änderung der Gitterdehnung in Richtung der aufgebrachten Spannung.

Nach A. POMP[1] können die Erscheinungen der Rückdehnung auch durch Ausscheidungsvorgänge im Stahl verursacht sein. Derartige Ausscheidungen sind mit Volumenverkleinerung verbunden. Nach Fortnahme der äußeren Kraft geht der Ausscheidungsvorgang unter der Einwirkung der Temperatur weiter und ruft eine Verkürzung der Probe hervor. Das Abklingen der Verkürzung mit der Zeit kann darin seine Ursache haben, daß die ausscheidungsfähigen Bestandteile nach einiger Zeit restlos ausgeschieden sind. Es kann aber auch der Ausscheidungsvorgang erst unter der gemeinsamen Wirkung von Temperatur und Spannung zustande kommen, d. h. unter Bedingungen, wie sie während der Beanspruchung der Probe gegeben sind. Die damit einsetzende Verkürzung der Probe wirkt dem unter Spannung auftretenden Dehnen entgegen. Je nach der Größe der Beanspruchung, der Temperatur und der Menge der ausgeschiedenen Bestandteile kann das Dehnen vermindert oder ganz zum Stillstand kommen, unter Umständen kann sogar bei der unter Spannung stehenden Probe eine Zusammenziehung, also eine Verkürzung, eintreten. Dieser letztere Fall ist bei bestimmten Stahlsorten verschiedentlich beobachtet worden. Wird nun die äußere Kraft fortgenommen, die Temperatur aber aufrechterhalten, so gehen unter dem Einfluß der Temperatur und der infolge des vorausgegangenen Dehnens sowie der dadurch bewirkten Spannungen die Ausscheidungsvorgänge weiter, bis infolge Entfestigung und damit Aufhebung der Spannungen der Vorgang zum Stillstand kommt.

H. ZSCHOKKE[2] untersuchte die bei der Kriecherholung sich abspielenden Vorgänge an einem Chrom-Molybdän-Stahl mit 0,40% C, 1,0% Cr und 0,40% Mo bei 500° C. In einer ersten Versuchsreihe wurde die Probe jeweils in regelmäßiger Folge erst während 42 h mit 8 kg/mm² belastet, dann während 120 h auf 2 kg/mm², entlastet. Während des ganzen Versuches blieb die Temperatur von 500° C gleich. In einer zweiten Reihe wurde der gleiche zeitliche Wechsel von Belastung und Entlastung vorgenommen, jedoch die Probe jeweils während der Entlastung auf Raumtemperatur abgekühlt. Es handelt sich also um aufeinanderfolgende Zeitstandversuche mit zwischengeschalteten gleich langen Entlastungspausen bei 500° C bzw. 25° C. Weitere Versuche hatten den Zweck, die Vorgänge während der Entlastungspause näher zu verfolgen. Die Ergebnisse eines Versuches mit Entlastungspausen bei 500° C, bei dem die Prüfspannung 11 kg/mm² betrug, ist in Abb. 83 wiedergegeben. *B-C* entspricht der Belastungsdehnung, *C-D* dem anschließenden Kriechen, *D-E* ist die Zusammenziehung unmittelbar nach Entlastung auf 2 kg/mm² und *E-B* ist die während der Entlastungspausen bei 500° C erfolgte Erholungsverkürzung.

ZSCHOKKE zieht aus seinen Versuchsergebnissen folgende Schlüsse. Die bei der ersten Belastungsaufgabe eintretende starke plastische Belastungsdehnung tritt nach Entlastungspausen bei allen folgenden Belastungen nicht mehr auf. Die Verfestigung bleibt also bei dem untersuchten Chrom-Molybdän-Stahl bei

[1] Stahl u. Eisen Bd. 58 (1938) S. 460.
[2] Schweiz. Arch. angew. Wiss. Techn. Bd. 5 (1939) S. 1 u. 29.

Lastunterbrechungen bis zu etwa 120 h bei einer Versuchstemperatur von 500° C erhalten. Die Zeitdehnlinien schließen nach einer Entlastungspause nicht unmittelbar an dem Punkt wieder an, der vor der Pause erreicht wurde. Es tritt vielmehr während der Pause eine Verkürzung ein, der nach der Wiederbelastung ein starkes anfängliches Kriechen entspricht. Diese Erholungsverkürzung findet schon statt während einer in 20 bis 30 h erfolgenden Abkühlung auf Raumtemperatur, und zwar in ungefähr gleichem Betrag wie während einer Pause von etwa 100 h bei 500° C. Sie erreicht jedoch weder in dem einen noch in dem anderen Falle die Größe der vorangegangenen Kriechdehnung. Eine Entlastungs-

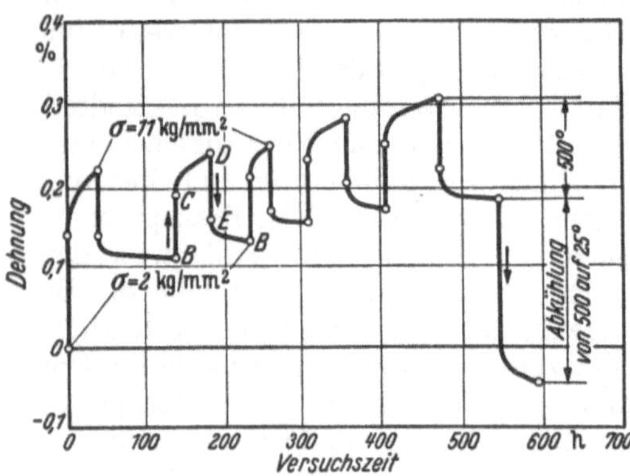

Abb. 83. Zeitstandversuch bei 500° C mit zwischengeschalteten Entlastungspausen bei 500° C. (Nach Zschokke.)

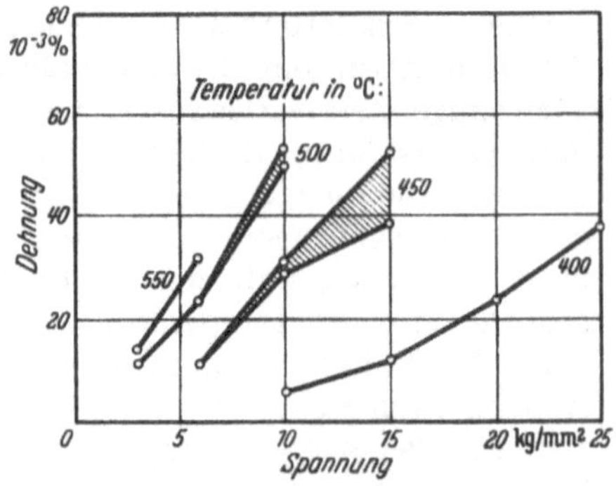

Abb. 84. Änderung der Rückdehnung mit der vorausgegangenen Spannung und Temperatur für einen Stahl mit 0,23% C. (Nach Pomp-Krisch.)

pause bei 500° C ergab größere Kriechbeträge in den Belastungsabschnitten als eine solche bei 25° C. Die sich ergebende Kriechdehnung, bezogen auf reine Belastungszeit unter Abrechnung der Unterbrechungszeiten, ist also im Betrieb mit Pausen bei 500° C größer als die bei ununterbrochener Belastung, während sie unter Einlegung von Pausen bei 25° C praktisch gleich der Dehnung bei pausenloser Belastung ist.

H. Esser und S. Eckhardt[1] fanden, daß mit steigender Spannung, Belastungsdauer und Temperatur die Größe der Rückdehnung zunimmt.

A. Krisch und A. Pomp[2] bestimmten an zwei unlegierten Stählen mit 0,03 und 0,23% C, wovon letzterer in zwei Wärmebehandlungszuständen vorlag, sowie an einem austenitischen Stahl mit 0,95% C, 1,6% Si, 0,7% Mn, 15% Cr, 13% Ni und 2,5% W im Anschluß an Zeitstandversuche den Verlauf der Rückdehnung in Abhängigkeit von der Zeitdauer des Zeitstandversuchs, der Versuchstemperatur und Spannung. Zunächst wurden Versuche an dem Stahl mit 0,23% C bei 450° C, einer Spannung von 10 kg/mm² und Belastungszeiten von 0,5, 6, 45 und 165 h durchgeführt. Für die folgenden Versuche wurde dann die nach dieser ersten Reihe als zweckmäßig gefundene Belastungszeit von 48 h beibehalten, und es wurde der Einfluß der Versuchstemperatur (400° C bis 550° C bei den unlegierten Stählen und 500° C bis 650° C bei dem austenitischen Stahl) und Spannung an allen Werkstoffen untersucht. Nach der Entlastung auf die Vorspannung von 1 kg/mm² wurde die Rückdehnungskurve so lange aufgenommen, bis keine weitere Verformung mehr mit dem Martensschen Spiegelmeßgerät zu

[1] Arch. Eisenhüttenw. Bd. 14 (1940/41) S. 397.
[2] Arch. Eisenhüttenw. Bd. 20 (1949) S. 189.

erkennen war. In einigen wenigen Fällen wurde auch ein Wiederanstieg der Rückdehnungskurven beobachtet. Die Auswertung der Versuche für den Stahl mit 0,23% C zeigt Abb. 84. Danach ist die Rückdehnung bei gleicher Spannung um so größer, je höher die Temperatur ist. Bei gleicher Temperatur wächst die Rückdehnung mit der Spannung. Die Zeit, in der die Rückdehnung abläuft, wächst nicht im gleichen Maße an wie die Rückdehnung selbst. Versuche mit wiederholter Be- und Entlastung zeigten, daß sowohl die Zeitdehnung als auch die Rückdehnung bei jedem Lastwechsel eintreten (Abb. 85). Es hat den Anschein, daß die Kurve der Zeitdehnung und die der Rückdehnung einem Grenzwert zustreben.

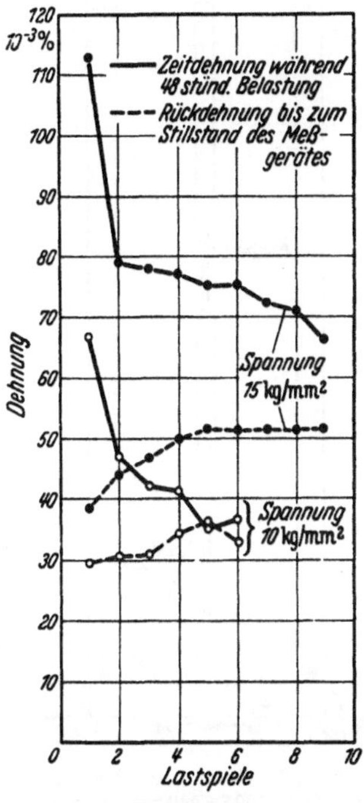

Abb. 85. Vergleich von Zeitdehnung und Rückdehnung bei den Versuchen mit wiederholter Be- und Entlastung bei 450° C mit einem Stahl mit 0,23% C. (Nach Pomp-Krisch.)

Über die Ursache der Rückdehnung vermögen die Versuche noch keinen Aufschluß zu geben. Die von H. J. Tapsell[1] gegebene Erklärung, die eine Ungleichmäßigkeit des Kristallaufbaues annimmt, ist mit den beobachteten großen Rückdehnungen von $50 \cdot 10^{-3}$% und mehr nicht zu vereinbaren. Bei den meisten Versuchen, auch denen mit wiederholter Be- und Entlastung, ist die Summe aus Entlastungs- und Belastungsdehnung größer als die Rückdehnung. Es ist schwer vorstellbar, wie aus der ungleichmäßigen Spannungsverteilung in der Probe auf „starke und schwache Körner" eine elastische Zusammenziehung bei und nach der Entlastung entstehen soll, die größer als die überwiegend elastische Dehnung unter Spannung ist. Zu der Erklärung der Rückdehnung nach A. Pomp[2] durch Ausscheidungsvorgänge ist zu bemerken, daß die Größenordnung der Rückdehnung von $50 \cdot 10^{-3}$% diese Deutung nicht ausschließt, da z.B. G. Masing[3] und H. Thomas[4] angeben, daß sich Beryllium-Kupfer-Legierungen durch Vergüten, wahrscheinlich bedingt durch Ausscheidung der γ-Phase, um 0,2%, also sogar das Mehrfache der hier beobachteten Zusammenziehung, verkürzen.

b) Versuche mit gleichbleibender Temperatur und veränderlicher Belastung (Entspannungsversuch).

Bei diesen Versuchen wird der formschlüssig eingespannten Probe bei konstant gehaltener Temperatur eine Anfangsverformung aufgezwungen und bei Konstanthaltung dieser Verformung die allmähliche Abnahme der Beanspruchung gemessen.

Versuche mit gleichbleibender Temperatur und abnehmender Beanspruchung sind zum erstenmal von W. Barr und W. E. Bardgett[5] durchgeführt worden. Abb. 86 zeigt ein Schema der angewendeten Versuchsanordnung. Die zu untersuchende Probe E, die sich in einem elektrisch beheizten Ofen befindet,

[1] Internationaler Verband für Materialprüfungen, Londoner Kongreß 1937, Gruppe A: Metalle, Bericht Nr. 1 vgl. Stahl u. Eisen Bd. 58 (1938) S. 460.

[2] Stahl u. Eisen Bd. 58 (1938) S. 461.

[3] Arch. Eisenhüttenw. Bd. 2 (1928/29) S. 185.

[4] Z. Metallkde. Bd. 36 (1944) S. 136.

[5] Proc. Instn. mech. Engrs. Lond. Bd. 122 (1932) S. 285 u. 298.

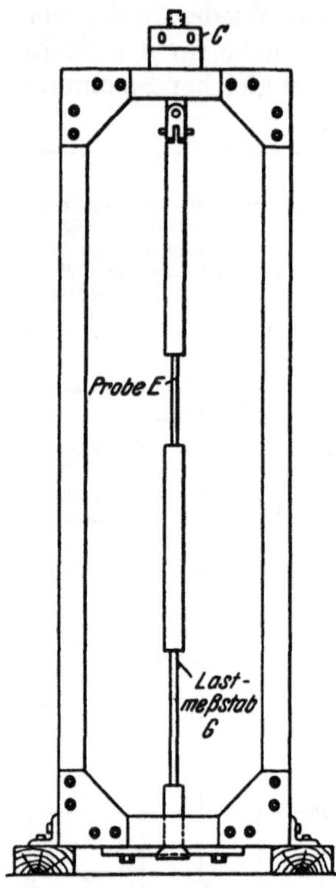

Abb. 86. Gerät zur Prüfung des Zeitstandverhaltens. (Nach BARR-BARDGETT.)

wird durch Anziehen der Schraubenmutter C belastet. Die Höhe der Beanspruchung wird durch Dehnungsfeinmessungen an dem rein elastisch beanspruchten Stab G ermittelt. Die Arbeitsweise bei der Vornahme der Prüfung geht aus Abb. 87 hervor. Die auf 500° C erhitzte Probe wurde einer Spannung von 22 kg/mm² ausgesetzt. Infolge der eintretenden Dehnung fällt die Spannung entsprechend Schaulinie A ab, und zwar erst rasch und sodann langsamer. Eine neue Probe, die mit der aus dem ersten

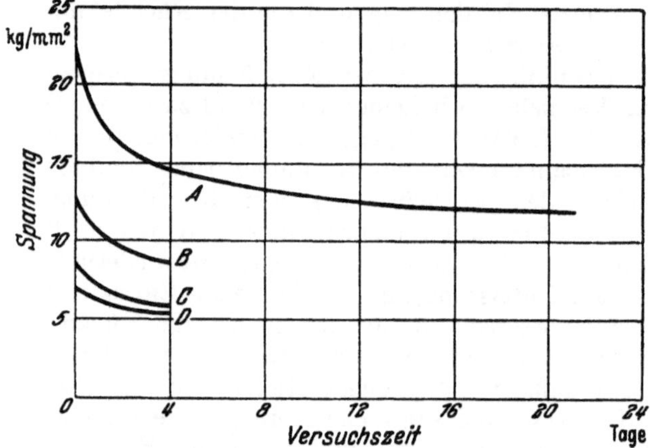

Abb. 87. Spannung in Abhängigkeit von der Zeit für einen Stahl mit 0,11% C bei 500° C. (Nach BARR-BARDGETT.)

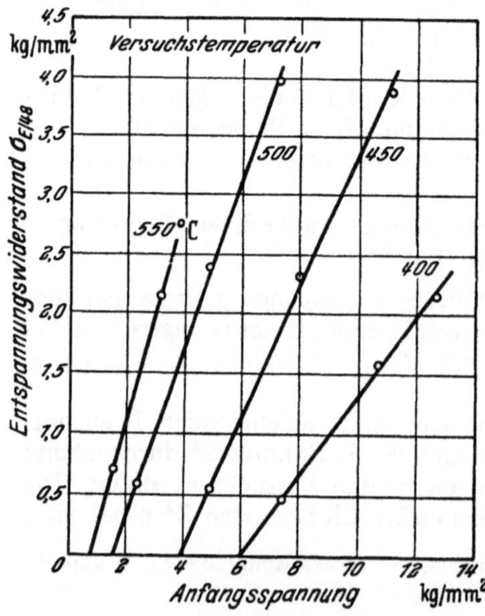

Abb. 88. Entspannungswiderstand nach 48 Std. in Abhängigkeit von der Anfangsspannung für einen Stahl mit 0,11% C bei verschiedenen Temperaturen. (Nach BARR-BARDGETT.)

Versuch sich ergebenden Endspannung (12,6 kg/mm²) belastet wurde, zeigte gleichfalls anfänglich einen starken Rückgang der Spannung, jedoch in einem geringeren Maße als beim ersten Versuch (Schaulinie B). Weitere Versuche mit noch niedrigeren Anfangsspannungen (Schaulinie C und D) zeigen ein weiteres verringertes Fallen der anfänglich aufgebrachten Spannung. Trägt man die im Verlauf einer bestimmten Zeit (48 h) eingetretenen Spannungsabfälle (den Entspannungswiderstand $\sigma_{E/48}$) in Abhängigkeit von der Anfangsspannung (Abb. 88) auf, so liegen diese Punkte für jede Temperatur auf einer Geraden. Die Schaulinien verlaufen um so steiler, je höher die Prüftemperatur ist. Der Schnittpunkt der Kurven mit der Abszissenachse gibt diejenige Spannung an, bei der im Laufe der angewandten Prüfdauer kein meßbarer Spannungsabfall eingetreten ist.

Ein Nachteil der Versuchseinrichtung von W. BARR und W. E. BARDGETT liegt darin, daß die mit dem Kriechen der Probe eintretende Entlastung von den Federungsverhältnissen des Rahmens abhängig ist, und dementsprechend je nach der Größe dieser Federung ganz verschiedenartige Ergebnisse erzielt werden.

Nach K. WELLINGER[1] besteht die Möglichkeit, diese Maschineneinflüsse auszuschalten, indem man die Versuchsbedingungen so wählt, daß die Gesamtdehnung der Probe konstant gehalten wird. Dies ist dadurch zu erreichen, daß man die Probe in einen völlig starren Rahmen einspannt, oder indem man die Spannung vom Dehnungsmeßgerät aus so steuert, daß die genannte Bedingung erfüllt wird. Wenn die Gesamtdehnung konstant gehalten wird, wird sich die elastische Dehnung und damit die Spannung in dem Maße vermindern, wie die bleibende Dehnung der Probe infolge des Kriechens ansteigt.

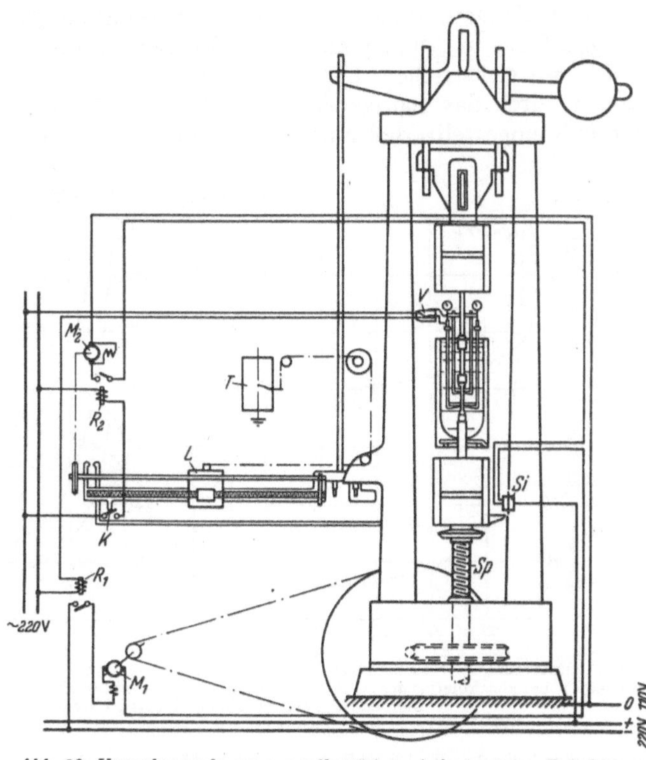

Abb. 89. Versuchsanordnung zur selbsttätigen Aufnahme von Zeit-Spannungs-Linien bei gleichbleibender Verformung und Temperatur. (Nach WELLINGER.)

Eine Versuchsanordnung zur selbsttätigen Aufnahme von Entspannungskurven nach K. WELLINGER[1] zeigt Abb. 89. Zur Gleichhaltung der Verformung wurde ein Vakuumschalter (*V* in Abb. 89) benutzt, der in Abb. 90 schematisch wiedergegeben ist. Verlängert sich die Meßstrecke der Probe, so verschieben sich die Meßschienen gegeneinander in Pfeilrichtung, wodurch der durch den Schaltstab niedergedrückte federnde Kontakt bis zur Berührung mit dem festen Kontakt freigegeben wird. Beim Berühren der beiden Kontakte wird ein Stromkreis geschlossen und ein Relais R_1 betätigt, das den Motor M_1 in Betrieb setzt. Dadurch wird eine Bewegung der Spindel *Sp* nach oben verursacht und die Probe ent-

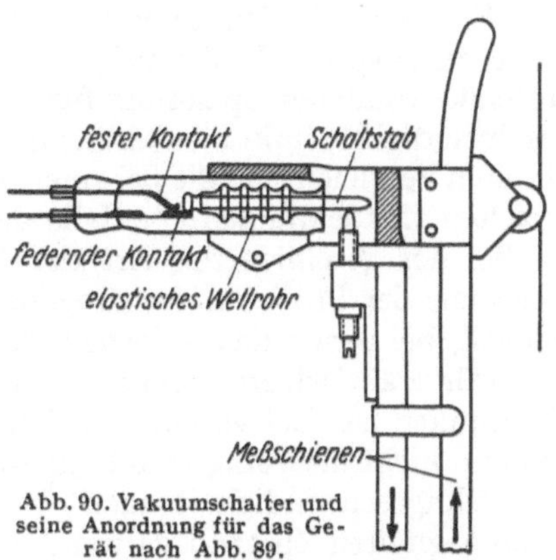

Abb. 90. Vakuumschalter und seine Anordnung für das Gerät nach Abb. 89.

[1] Arch. Eisenhüttenw. Bd. 12 (1938/39) S. 543.

lastet. Die Entlastung dauert so lange an, bis die Meßlänge der Probe um den Schaltweg, das sind 0,005 mm, verkürzt ist, und so der federnde Kontakt den Stromkreis öffnet. Die Probe kann sich nun von neuem um den Schaltweg verlängern. Alsdann wird der Motor wieder in Tätigkeit gesetzt und so immer vermieden, daß eine größere als die einmal durch die Schalterstellung begrenzte Gesamtverlängerung eintreten kann. Zur selbsttätigen Aufzeichnung des Spannungsabfalles in Abhängigkeit von der Zeit wurde gemäß Abb. 89 eine Trommel T mit elektrischem Uhrwerk verwendet. Das Schreibgerät wurde über drei Rollen durch das Laufgewicht der Maschine betätigt. Dieses wird von selbst dadurch eingestellt, daß am Zungenende des Waagebalkens ein Kontakt K an-

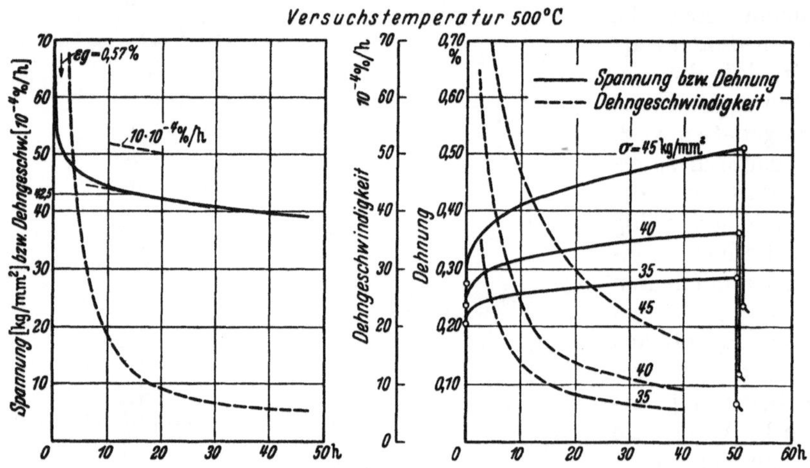

Abb. 91. Entspannungsversuche an einem Chrom-Molybdän-Vanadin-Stahl mit 0,20% C, 1,26% Cr, 1,40% Mo und 0,36 V bei gleichbleibender Temperatur (500° C) unter abnehmender Beanspruchung (links) und gleichbleibender Beanspruchung (rechts). (Nach Wellinger.)

gebracht ist, der beim Absinken des Waagebalkens einen Stromkreis schließt und über ein Relais R_2 einen Motor M_2 einschaltet. Dieser Motor bewirkt den Rücklauf des Laufgewichtes bis zum Wiederöffnen des Stromkreises, d. h. bis zum Einspielen des Waagebalkens. In Abb. 91 ist der bei einer derartigen Arbeitsweise bei einer der Probe aufgezwungenen Gesamtdehnung von etwa 0,6% auftretende Abfall der Spannung für einen Cr-Mo-V-Stahl aufgezeichnet. Die Dehngeschwindigkeit sinkt hier bereits nach etwa 18 h auf den Betrag von $10 \cdot 10^{-4}$ % /h ab. Zum Vergleich sind die bei einer ruhenden Spannung von 45, 40 und 35 kg/mm² erzielten Zeitdehnlinien ebenfalls dargestellt.

Bei der geschilderten Art der Versuchsdurchführung erhält man für verschiedene der Probe aufgezwungene Gesamtdehnungen auch verschiedene Spannungen, bei denen das Kriechen zum Stillstand kommt. Der Endzustand kann dabei als praktisch erreicht gelten, wenn die Dehngeschwindigkeit auf $1 \cdot 10^{-4}$ % /h abgesunken ist. Bei vergüteten Schraubenwerkstoffen, bei welchen der Gefügezustand nicht als völlig stabil angesehen werden kann, wird dieser geringe Wert der Dehngeschwindigkeit nach etwa 300 h, bei dem gleichen Werkstoff, wenn er im geglühten Zustand verwendet wird, aber bereits nach 150 h erreicht. Derartige Entspannungsversuche liefern also bei etwa zehntägiger Versuchsdauer die Spannung, bei welcher auch bei sehr langer Versuchsdauer der als zulässig angesehene Wert der Gesamtdehnung nicht überschritten wird. Es dürfte sich empfehlen, den Versuchen eine der Probe aufgezwungene Gesamtdehnung von etwa 0,5% zugrunde zu legen.

Ein von P. CHEVENARD[1] entwickeltes Gerät, das gleichfalls für Versuche bei unveränderter Temperatur und veränderlicher (abnehmender) Beanspruchung dient, ist in Abb. 92 dargestellt. Durch Anziehen der Schraube V wird der Probe E zu Beginn des Versuches eine bestimmte Vorspannung erteilt. Durch das Kriechen der Probe verringert sich diese Spannung, die als Durchbiegung der Feder R gemessen und mit einem langen Hebel, der am Ende eine Schreibfeder trägt, auf einer Uhrwerktrommel in Abhängigkeit von der Zeit aufgezeichnet wird.

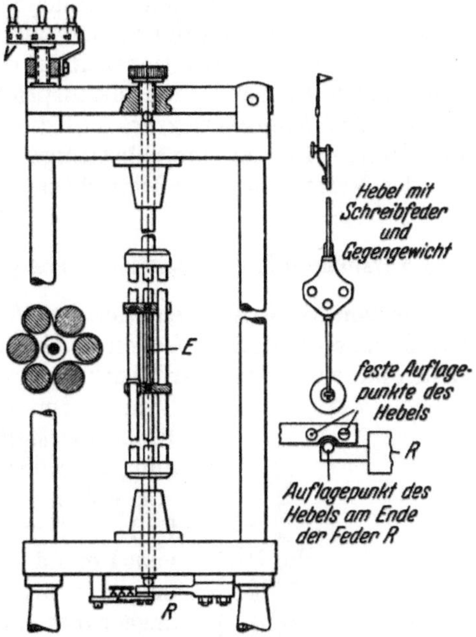

Abb. 92. Einrichtung für Entspannungsversuche. (Nach CHEVENARD.)

Die Beanspruchung der Probe in diesen Geräten entspricht sehr gut derjenigen eines Schraubenbolzens im Betriebe.

Eine von A. NÁDAI und J. BOYD[2] entwickelte Einrichtung ist in Abb. 93 wiedergegeben. Die Probe AB mit der Meßlänge C wird durch Spannen der Feder D durch ein mit dem Motor E in Verbindung stehendes Schneckengetriebe belastet. An den Enden F und G der Meßlänge ist ein Dehnungsmeßgerät angebracht, das zur Gleichhaltung der Meßlänge bei H einen empfindlichen elektrischen Kontakt hat. Dehnt sich die Probe, so schließt der Kontakt H den Stromkreis, und der Motor E wird in Tätigkeit gesetzt, so daß die Spannung der Feder nachläßt. Infolgedessen zieht sich die Probe zusammen, der Kontakt H öffnet sich, und der Motor E wird stillgesetzt. Durch Wiederholung dieses Vorganges wird die Meßlänge der Probe innerhalb 1 bis $2 \cdot 10^{-4}$% Dehnung gleichgehalten, während die Spannung im Laufe der Zeit abnimmt. Die Längenänderungen der Feder, die ein Maß für die aufgebrachte Spannung bilden, werden selbsttätig auf einen mit gleichbleibender Geschwindigkeit ablaufenden Papierstreifen aufgezeichnet.

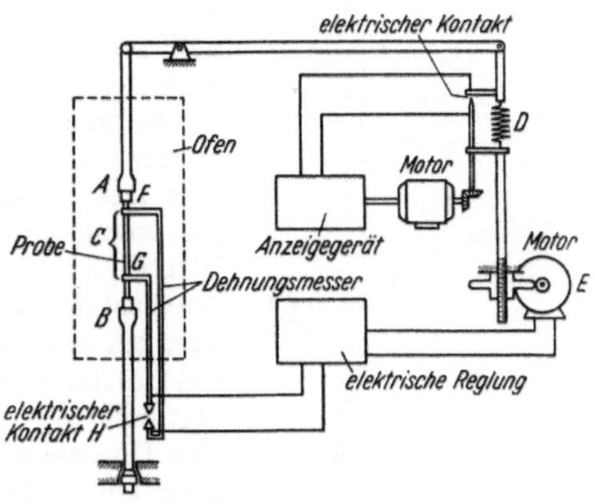

Abb. 93. Einrichtung für Entspannungsversuche. (Nach NÁDAI-BOYD.)

Für den Entspannungsversuch gelten nach DIN 50119 (Ausg. 12. 52) folgende Begriffe, Zeichen und Festlegungen:

Entspannungsgeschwindigkeit ist die Geschwindigkeit, mit der die Beanspruchung der Probe abfällt.

[1] Métaux Bd. 10 (1935) S. 76.

[2] Proc. Fifth Int. Congr. Applied Mech. Cambridge (Mass.) 12. bis 16. Sept. 1938. S. 245. New York u. London 1939.

Entspannungswiderstand bei bestimmter Temperatur und bestimmter Anfangsverformung ist diejenige ruhende Beanspruchung, die sich nach Ablauf einer bestimmten Verzuchszeit einstellt. Das Kurzzeichen für den Entspannungswiderstand ist σ_E/Zeit in Stunden (Anfangsverformung in %), z. B. Entspannungswiderstand nach 24 h bei einer Anfangsdehnung von 0,5% = $\sigma_{E/24(0,5)}$.
Entspannungskriechgrenze bei bestimmter Temperatur und bestimmter Anfangsverformung ist diejenige ruhende Beanspruchung, die einer bestimmten Entspannungsgeschwindigkeit in einem bestimmten Zeitintervall entspricht.
Entspannungszeit (Relaxationszeit) ist die Zeit, nach der der Entspannungswiderstand gleich $1/e$ der Anfangsbeanspruchung ist ($e = 2{,}71828\ldots$).

Beim *Entspannungsversuch* muß die Belastung ohne Erschütterung verstellbar sein. Zweckmäßig ist eine selbsttätige Verstellung der Belastungseinrichtung, die von der Verformungs-Meßeinrichtung gesteuert wird.

c) Versuche mit veränderlicher Temperatur und gleichbleibender Belastung.

Das von W. ROHN[1] entwickelte Verfahren zur Beurteilung des Zeitstandverhaltens metallischer Werkstoffe bei erhöhten Temperaturen beruht auf Versuchen mit ruhender Beanspruchung und veränderlicher Temperatur. ROHN verwendet ein Gerät, das die Wärmeausdehnung der Probe als Meßgrundlage benutzt. Die Versuchsanordnung ist schematisch in Abb. 94 dargestellt. Die Probe von üblich 10 mm Durchmesser und 1,3 m Länge befindet sich in einem elektrisch geheizten Röhrenofen A von 1 m Länge und 35 mm lichter Weite. Die Wicklung des bis etwa 1150° C verwendeten Ofens ist so angeordnet, daß eine möglichst gleichmäßige Temperatur über nahezu die gesamte Länge des Ofens erreicht ist. Der Ofen ist umgeben von einem starren Rahmen B aus Invar, an dem der Ofen selbst aufgehängt ist und an dem zugleich oberhalb des Ofens die Probe C festgeklemmt ist, während sie sich nach unten frei dehnen kann. Unterhalb des Ofens ist an der Probe eine Schneide angeklemmt, gegen die sich eine an dem Invarrahmen befestigte leichte Blattfeder D anlegt. Das freie Ende dieser Feder trägt bei E ein Platinplättchen, dem bei F eine mikrometrisch fein verteilbare Platinspitze gegenübersteht. Geht man bei einer unbelasteten Probe von einer bestimmten Temperatur aus, bei der die Feder gerade die Schneide bei G und das Plättchen bei E gerade noch die Platinspitze bei F berührt, so wird eine geringe Temperatursteigerung eine Unterbrechung des Kontaktes bewirken, wodurch über ein Relais H der Heizstrom des Ofens unterbrochen oder der Heizwicklung des Ofens ein passend bemessener Widerstand vorgeschaltet wird. Deshalb wird die Temperatur des Ofens und der Probe langsam zu sinken beginnen, bis erneut Kontakt entsteht und damit der Heizstrom des Ofens eingeschaltet oder verstärkt wird. Auf diese Weise soll erreicht werden, daß

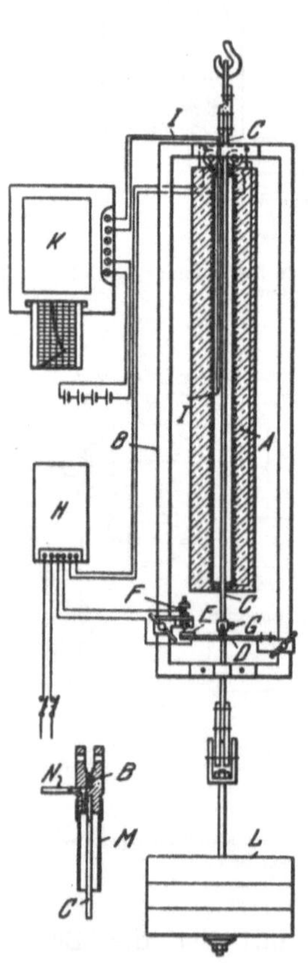

Abb. 94. Gerät zur Bestimmung des Zeitstandverhaltens. (Nach ROHN.)

[1] Z. Metallkde. Bd. 24 (1932) S. 127.

die Temperatur des Ofens innerhalb $\pm 2^\circ$ C bis 3° C um die beabsichtigte Untersuchungstemperatur pendelt. Die Ofentemperatur wird durch ein Thermoelement *I* gemessen und fortlaufend von dem Schreiber *K* aufgezeichnet. Am unteren freien Ende der Probe ist die Prüflast angehängt. Ist die Last so klein, daß sie ein Kriechen der Probe bei der betreffenden Temperatur nicht bewirkt, so wird die Temperatur gleichbleiben. Längt sich dagegen die Probe durch die Last, so wird das Spiel des Kontaktes so beeinflußt, daß die Ofentemperatur allmählich sinkt. Aus dem Temperaturabfall in der Zeiteinheit läßt sich mit Hilfe des Wärmeausdehnungskoeffizienten die in einer bestimmten Zeit eingetretene Verlängerung der Probe errechnen.

Will man das Verhalten eines Werkstoffes bei einer bestimmten Temperatur über eine längere Zeit untersuchen, so geht man in der Weise vor, daß man etwa alle 24 h die Mikrometerschraube mit dem Platinkontakt *F* so weit nachstellt, daß die Ofentemperatur wieder die beabsichtigte Höhe erreicht und man

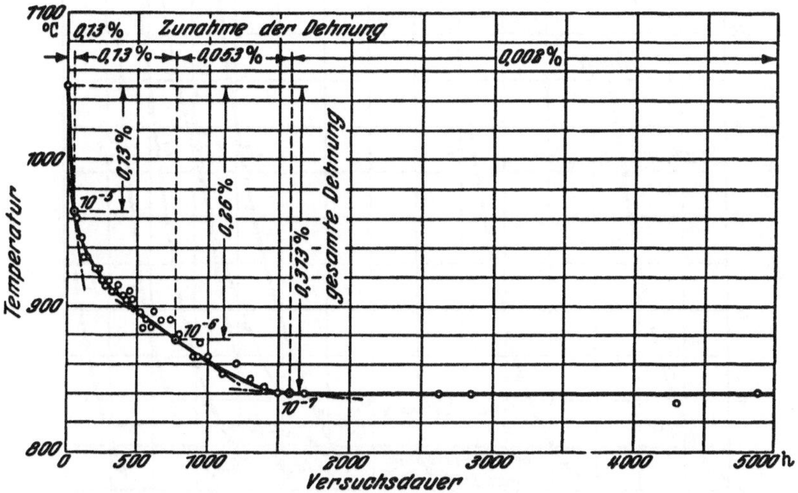

Abb. 95. Temperatur-Zeit-Linie einer Nickellegierung bei einer Spannung von 0,5 kg/mm². (Nach ROHN.)

feststellt, um wieviel Grad je Stunde die Temperatur durchschnittlich zwischen zwei Nachstellungen gesunken ist. In dem Falle wird die Ofentemperatur allmählich sinken. Da aber bei abnehmender Temperatur der Widerstand der Probe gegen das Kriechen zunimmt, so wird sich der Temperaturabfall in der Zeiteinheit immer mehr verlangsamen, bis schließlich eine weitere Verlängerung durch Kriechen nicht mehr eintritt und die Temperatur des Ofens gleichbleibt. Die Spannung, die der dann herrschenden Temperatur entspricht, wird als Kennwert für das Zeitstandverhalten angegeben. Im folgenden soll dieser Kennwert mit „Kriechfestigkeit nach ROHN" bezeichnet werden.

Abb. 95 gibt die Temperatur-Zeit-Kurve einer Nickellegierung mit 15% Cr, 7% Mo und 15% Fe unter einer Spannung von 0,5 kg/mm² wieder. Zu Beginn des Versuches wurde eine Temperatur von 1050° C eingestellt und dann die Einrichtung sich selbst überlassen. Die gesamte Dehnung innerhalb der Versuchszeit von 5000 h entspricht einem Temperaturabfall von 210° C, woraus sich eine Verlängerung der Probe um etwa 0,3% errechnet. Die Punkte, an denen die Dehngeschwindigkeit gerade 10^{-5}, 10^{-6} und 10^{-7} %/h betrug, sind hervorgehoben.

Die Temperatur, bei der die Dehngeschwindigkeit bei der der Probe aufgezwungenen Spannung auf den Wert von 10^{-7}%/h abfällt, wird der Kriechfestigkeit nach Rohn zugeordnet, in Abb. 95 ist also bei 840° C die Kriechfestigkeit nach Rohn = 0,5 kg/mm². Ein Nachteil der Rohnschen Einrichtung ist die große Länge der Probe (1,3 m). Die Dehnung wird aus dem beobachteten Temperaturunterschied errechnet. Dieses Verfahren liefert nur dann sichere Werte, wenn der Ausdehnungskoeffizient des zu untersuchenden Werkstoffes genügend bekannt ist. Da nach der von Rohn vorgeschlagenen Arbeitsweise die Probe bei den zunächst gewählten höheren Temperaturen bereits eine mehr

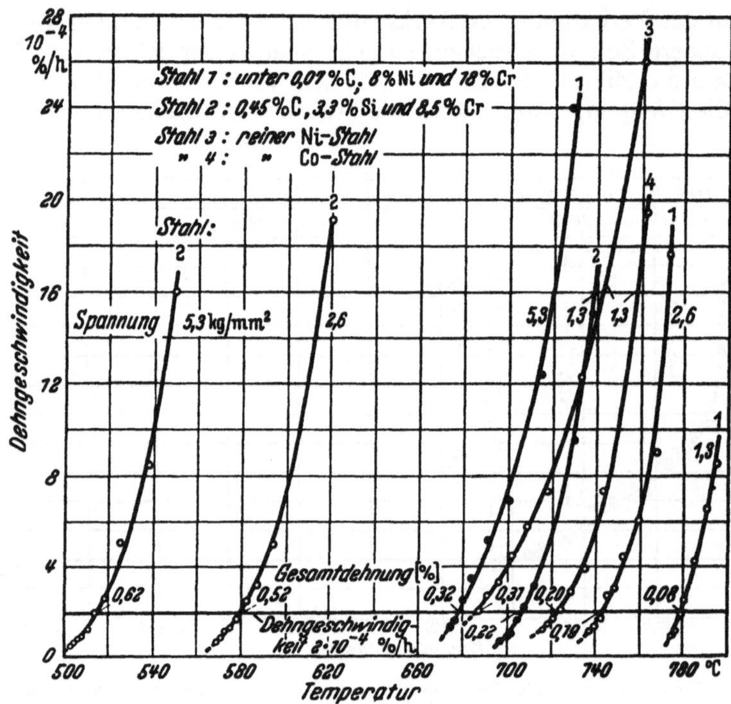

Abb. 96. Einfluß der Temperatur auf die Dehngeschwindigkeit verschiedener Stähle bei unveränderlicher Spannung. (Nach Austin-Gier.)

oder weniger große Dehnung erfahren hat, liegt bei der schließlich sich einstellenden Temperatur nicht mehr der Werkstoff im Ausgangszustand vor, sondern in einem mehr oder weniger stark vorgereckten Zustand. Der Fehler wird sich um so stärker bemerkbar machen, je mehr Versuche an ein und derselben Probe vorgenommen werden. Diese Bedenken fallen fort bei der Prüfung metallischer Werkstoffe bei sehr hohen Temperaturen, bei denen auch nach kleiner Verformung bereits Rekristallisation eintritt.

Auf einige bemerkenswerte Beobachtungen, die Rohn bei seinen Untersuchungen gemacht hat, sei noch hingewiesen. Bei Werkstoffen, bei denen in dem zu untersuchenden Temperaturbereich bereits nach kleinen Verformungen Kristallerholung eintritt, spielt es eine große Rolle, ob man den Versuch so durchführt, daß man sich der Versuchstemperatur aus heißeren oder kälteren Bereichen nähert. Dabei können sich Unterschiede in der Kriechfestigkeit nach Rohn bis zu 40% ergeben. Ferner macht es einen erheblichen Unterschied, ob eine Probe im kalten Zustand oder erst nach Erreichen der Prüftemperatur belastet wird.

C. R. AUSTIN und J. R. GIER[1] haben das von W. ROHN entwickelte Gerät zur Beurteilung des Zeitstandverhaltens metallischer Werkstoffe bei erhöhten Temperaturen durch einen in der Minute sechsmal betätigten Stromunterbrecher ergänzt und dadurch die kleinen Temperaturschwankungen, welche die Auswertung der Temperatur-Zeit-Schaulinien sehr erschwerten, zum Verschwinden gebracht. Die Heizwicklung ist so angeordnet, daß die Probe über eine Länge von 500 mm eine unveränderliche Temperatur hat. Mit dieser verbesserten Einrichtung wurden von AUSTIN und GIER vergleichende Untersuchungen an Eisen, Nickel, Kobalt, einem Stahl mit weniger als 0,07% C, mit 8% Ni und 18% Cr und einem solchen mit 0,45% C, 3,3% Si und 8,5% Cr durchgeführt. Ein Teil der Versuchsergebnisse ist in Abb. 96 wiedergegeben, in der die Dehngeschwindigkeit in Abhängigkeit von der Temperatur für eine Reihe von Spannungen aufgetragen ist. Neben jeder Schaulinie ist die bis zu einer Dehngeschwindigkeit von $2 \cdot 10^{-4}$%/h eingetretene Gesamtdehnung vermerkt, so daß die untersuchten Metalle und Legierungen untereinander verglichen werden können.

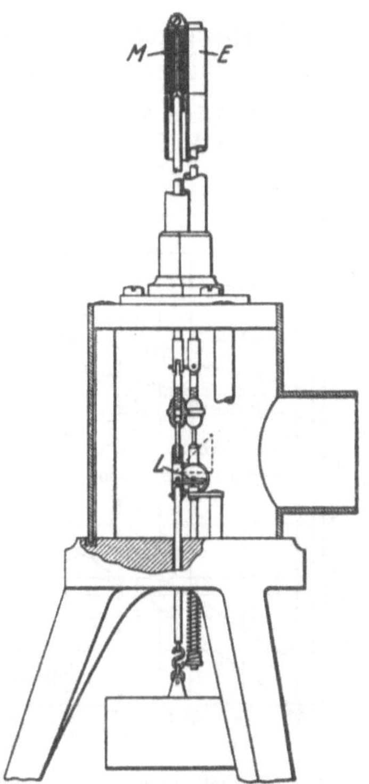

Abb. 97. Vorrichtung für Versuche bei ruhender Spannung und steigender Temperatur. (Nach CHEVENARD.)

Das von ROHN entwickelte Verfahren ist zweifellos sehr bemerkenswert. Andererseits lassen aber die von AUSTIN und GIER gefundenen Ergebnisse erkennen, daß bei diesem Prüfverfahren nicht die klaren und eindeutigen Beziehungen erhalten werden wie bei Zeitstandversuchen.

Für die Berechnung der wirklichen Dehngeschwindigkeit aus der beim ROHNschen Versuch aufgenommenen Temperaturkurve gibt H. KRAINER[2] ein verfeinertes Verfahren an. Bei diesem werden neben dem Ausdehnungsbeiwert des Probenwerkstoffes noch die infolge der Temperaturungleichheit längs der Probe unterschiedliche Dehngeschwindigkeit und Wärmedehnung sowie die temperaturabhängige Veränderung der Temperaturverteilung über die Probenlänge berücksichtigt.

M. SCHMIDT und H. KRAINER[3] stellten fest, daß bei Standversuchen nach ROHN die logarithmisch aufgetragene Dehngeschwindigkeit sich geradlinig mit dem reziproken Wert der absoluten Temperatur ändert. Aus 25- bis 48stündigen Versuchen wird diese Kurve aufgezeichnet und hieraus als Kennwerte für das Zeitstandverhalten die aufgebrachte Spannung für diejenige Temperatur extrapoliert, bei der die Dehngeschwindigkeit je nach Stahlart und Temperatur 5 oder 10 oder $15 \cdot 10^{-4}$%/h entspricht.

Das von ROHN entwickelte Gerät zur Beurteilung des Zeitstandverhaltens läßt sich durch eine einfache Änderung auch zur Aufnahme von Zeitdehnlinien einrichten[4]. Durch einen von der Probe unabhängigen, unterhalb seiner Kriech-

[1] Proc. Amer. Soc. Test. Mater. Bd. 33 II (1933) S. 293.
[2] Meßtechn. Bd. 11 (1935) S. 43.
[3] Mitt. Techn. Versuchsamt Wien Bd. 24 (1935) S. 5.
[4] GRUNERT, A., u. W. ROHN: Arch. Eisenhüttenw. Bd. 10 (1936/37) S. 67.

festigkeit nach ROHN belasteten Steuerstab wird die Ofentemperatur konstant gehalten, während die Dehnung der Probe unmittelbar auf einen Zeiger übertragen wird, so daß 0,01% bleibende Dehnung der Probe 1 mm Zeigerausschlag entspricht.

Abb. 97 zeigt ein Gerät zur Aufnahme von Temperatur-Dehnungs-Schaulinien bei unveränderter Spannung und steigender Temperatur[1]. Die Wärmedehnung der Drahtprobe wird durch das Rohr *M* aus dem gleichen Werkstoff, das den oberen Aufhängepunkt des Drahtes trägt, ausgeglichen. Mit dem Spiegel *L* wird ein Lichtstrahl durch die elastische und plastische Dehnung der Drahtprobe in senkrechter Richtung und durch die Wärmedehnung des Rohres *E* aus einem Sonderwerkstoff, das sich in demselben Ofen wie das die Probe tragende Rohr befindet, in Abhängigkeit von der Temperatur in waagerechter Richtung abgelenkt. Der Lichtstrahl zeichnet auf einer lichtempfindlichen Platte die Dehnung über der Temperatur auf.

d) Beziehungen der verschiedenen Kennwerte für das Zeitstandverhalten zu anderen Eigenschaften.

Abhängigkeit des Zeitstandverhaltens vom Gefüge. Das Zeitstandverhalten ist in hohem Maße von der Gefügeausbildung abhängig. Bei Temperaturen, die unterhalb der niedrigsten Rekristallisationstemperatur liegen, zeigt ein fein-

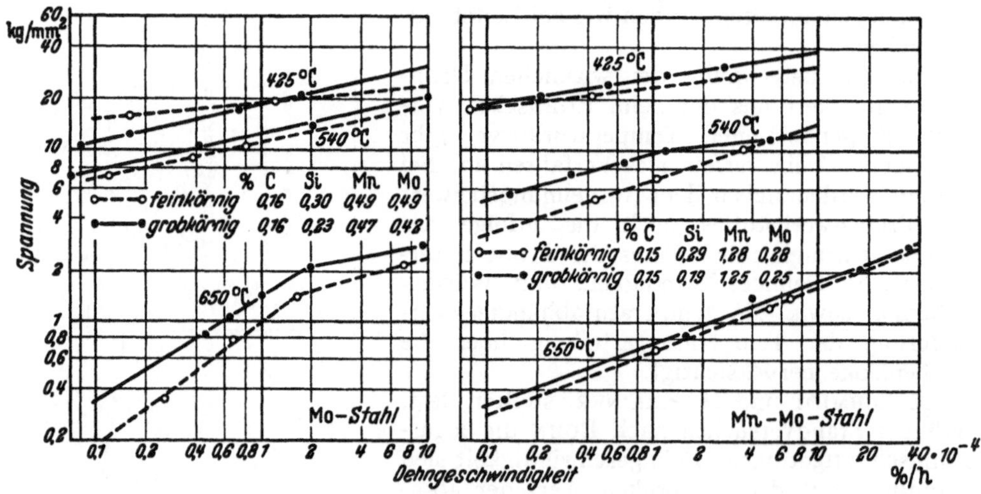

Abb. 98 u. 99. Einfluß der Korngröße auf den Verlauf der Spannungs-Dehngeschwindigkeits-Linien für einen Molybdän- und Mangan-Molybdän-Stahl. (Nach WHITE-CLARK.)

körniger Stahl, und zwar sowohl was die tatsächliche als auch die McQUAID-EHN-Korngröße anbetrifft, das bessere Zeitstandverhalten, während bei Arbeitstemperaturen oberhalb der niedrigsten Rekristallisationstemperatur ein Stahl mit grobkörnigem Gefüge überlegen ist (Abb. 98 u. 99)[2]. Eine ungleichmäßige Verteilung der verschiedenen Gefügebestandteile setzt im allgemeinen das Zeitstandverhalten herab, da die Festigkeit eines Stückes von seiner schwächsten Stelle abhängt. Je höher die Gefügebeständigkeit ist, um so größer ist im allgemeinen auch das Zeitstandverhalten. Es ist jedoch fraglich, ob besonders bei

[1] CHEVENARD, P.: Métaux Bd. 10 (1935) S. 76.
[2] WHITE, A. E., u. C. L. CLARK: Trans. Amer. Soc. Met. Bd. 22 (1934) S. 1069.

hohen Temperaturen mit einer völligen Gefügebeständigkeit gerechnet werden kann. Nachfolgend werden an einigen Beispielen verschiedene Einzelheiten erörtert.

A. E. WHITE und S. CROCKER[1] untersuchten den Einfluß der Korngröße und des Gefüges auf das Zeitstandverhalten von aluminiumberuhigten Molybdänstählen mit 0,13 bis 0,21% C und 0,45 bis 0,58% Mo, die teils im Siemens-Martin-

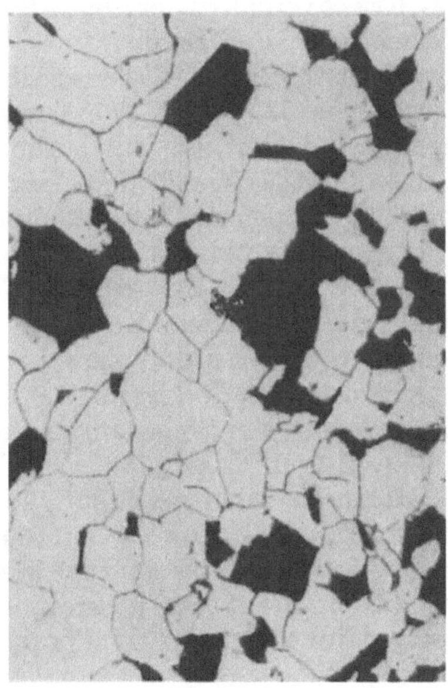

Abb. 100.

Abb. 101.

Abb. 100 u. 101. Gefüge von Molybdänstahl mit 0,14% C und 0,48% Mo. 1%-100000 h-Zeitdehngrenze (σ 1/100000) bei 496° C: Abb. 100 = 11,3 kg/mm², Abb. 101 = 9,5 kg/mm². Korngröße nach ASTM: Abb. 100 = 3 bis 6, Abb. 101 = 2 bis 6. Gefügeausbildung: Abb. 100 = Perlit, Abb. 101 = WIDMANNSTÄTTENsches Gefüge.

Ofen, teils im Lichtbogenofen erschmolzen worden waren und verschiedene Wärmebehandlungen erfahren hatten. Es zeigte sich, daß diejenigen Stähle, bei denen der Perlit in WIDMANNSTÄTTENscher Ausbildung vorlag und deren Korngröße nach der Tafel der American Society for Testing Materials (ASTM) zwischen 2 und 7 lag, ein günstigeres Zeitstandverhalten aufwiesen als Stähle mit perlitischer oder sorbitischer Gefügeausbildung (Abb. 100 u. 101).

S. H. WEAVER[2] führte mit zwölf Molybdänstählen mit 0,10 bis 0,48% C und rd. 0,5% Mo Zeitstandversuche bei 400° C bis 500° C durch. Er faßt seine Untersuchungen in einem durch Abb. 102 wiedergegebenen Schaubild zusammen, in dem für die verschiedenen Korngrößen die

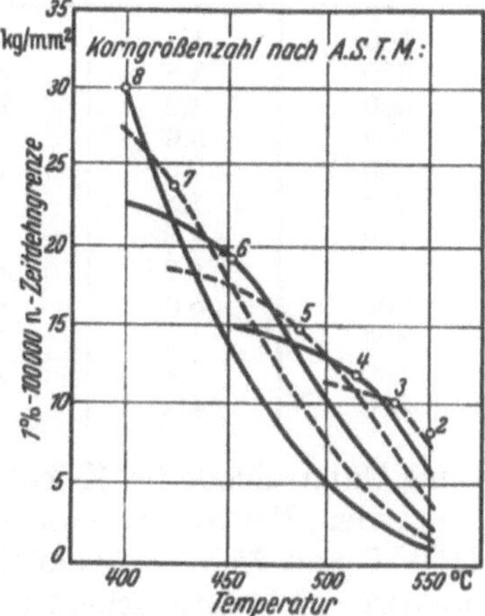

Abb. 102. 1%-100000 h-Zeitdehngrenze in Abhängigkeit von der Temperatur für Stähle mit 0,5% Mo und verschiedener Korngröße. (Nach WEAVER.)

[1] Trans. Amer. Soc. mech. Engrs. Bd. 63 (1941) S. 749.

[2] Gen. Electr. Rev. Bd. 43 (1940) S. 357.

extrapolierten 1%-100000 h-Dehngrenzen in Abhängigkeit von der Temperatur eingezeichnet sind. Daraus lassen sich Anhaltspunkte für das voraussichtliche Zeitstandverhalten von Molybdänstählen mit 0,5% Mo auf Grund ihrer Korngröße entnehmen.

G. DELBART und M. RAVERY[1] untersuchten den Einfluß der Gefügeausbildung auf das Zeitstandverhalten eines *Chrom-Molybdän*-Stahles mit 0,12% C, 0,60% Cr und 0,60% Mo. Der Stahl wurde in fünf verschiedenen Gefügezuständen untersucht, Ferrit und Perlit, Zwischenstufengefüge und Ferrit, Sorbit und Ferrit, Zwischenstufengefüge, Sorbit. Auf Grund des Kriechverhaltens ergibt sich hinsichtlich der Gefügeausbildung folgende Reihenfolge: Bei Temperaturen von 400° C bis 500° C: Ferrit-Perlit, Ferrit-Zwischenstufengefüge, Ferrit-Sorbit, Sorbit, Zwischenstufengefüge. Bei Temperaturen von 525° C bis 575° C zeigen die Proben mit Ferrit die niedrigste Kriechgeschwindigkeit, die mit Sorbit die größte. Reines Zwischenstufengefüge besitzt dieselbe Kriechgeschwindigkeit wie das Ferrit-Perlit-Gefüge. Während die Korngröße bei den niedrigen Temperaturen nur eine untergeordnete Rolle spielt, gewinnt sie bei 575° C einen entscheidenden Einfluß auf das Kriechverhalten. Die Proben mit grobem Korn weisen eine geringere Kriechgeschwindigkeit als die mit feinem Korn auf.

C. R. AUSTIN und C. H. SAMANS[2] untersuchten den Einfluß der Wärmebehandlung auf das Zeitstandverhalten eines nichtrostenden Stahles mit 0,07% C, 18,73% Cr und 9,46% Ni. Die Proben, die sämtlich aus einer Walzstange stammten, wurden 15 Minuten in Wasserstoff bei 1150° C, 950° C oder 750° C geglüht und an der Luft abgekühlt. Sodann wurden Zeitstandversuche bei 600° C, 700° C und 800° C in der Weise durchgeführt, daß die Proben stufenweise auf 1,4 bis 7,0 kg/mm belastet wurden, wobei die Spannung jeweils 10 bis 24 Tage gleichgehalten wurde. Die erhaltenen Dehngeschwindigkeiten auf 1000 h extrapoliert, sind in Tab. 5 wiedergegeben. Bei der Prüftemperatur von 600° C sind praktisch

Tabelle 5. *Ergebnisse von Zeitstandversuchen an nichtrostendem Stahl mit 18,7% Cr und 9,5% Ni von* C. R. AUSTIN *und* C. H. SAMANS.

Prüf-temperatur °C	Spannung kg/mm²	Versuchs-dauer bei den einzelnen Spannungs-stufen	Gesamt-versuchs-dauer	Dehngeschwindigkeit in 10^{-3}%/h bei vorheriger Glühung der Proben bei		
				1150° C	950° C	750° C
600	1,4	555	555	<0,01	<0,01	<0,01
600	2,8	262	817	<0,01	<0,01	<0,01
600	4,2	239	1056	<0,01	0,01	<0,01
600	5,6	527	1583	0,04	0,03	0,05
600	7,0	467	2050	0,04	0,03	0,05
700	1,4	430	430	−0,025	0,01	0,01
700	2,8	581	1011	0,02	0,05	0,02
700	4,2	456	1467	0,17	0,31	0,11
700	5,6	431	1898	1,52	3,28	1,73
800	1,4	426	426	0,09	0,17	0,14
800	2,8	526	952	1,69	4,83	4,93
800	4,2					

keine Unterschiede im Kriechverhalten zwischen den drei Wärmebehandlungen vorhanden. Bei 700° C erwiesen sich die von 950° C abgekühlten Proben den von 1150° C und 750° C abgekühlten, die ihrerseits in ihrem Kriechverhalten sich praktisch nicht unterscheiden, deutlich unterlegen. Die Prüfung bei 800° C ergab

[1] C. R. hebd. Séances Acad. Sci., Paris Bd. 228 (1949) Nr. 12, S. 1025.

[2] Amer. Inst. min. metallurg. Engrs., Techn. Publ. Nr. 1181, 15 S., Metals Techn. Bd. 7 (1940) Nr. 4.

eine Überlegenheit der von 1150° abgekühlten Proben. Bemerkenswert ist das Auftreten von negativen Kriechgeschwindigkeitswerten. Die beobachtete Verkürzung der Probe ist auf Ausscheidungen zurückzuführen, die mit einer Volumenverkleinerung verbunden sind, welche die durch das Kriechen bewirkte Verlängerung übersteigt. Dilatometermessungen ergaben, daß die Verkürzung nicht von dem Aufbringen einer Spannung abhängig ist.

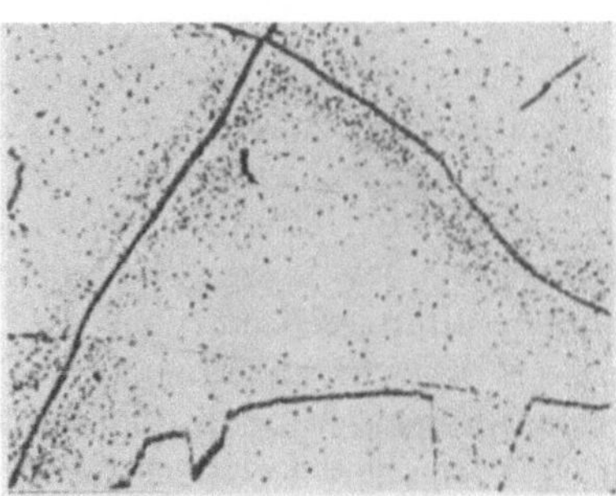

Abb. 103. 2050 h bei 600° C unter einer Spannung von 0,23 bis 1,1 kg/mm² geglüht.

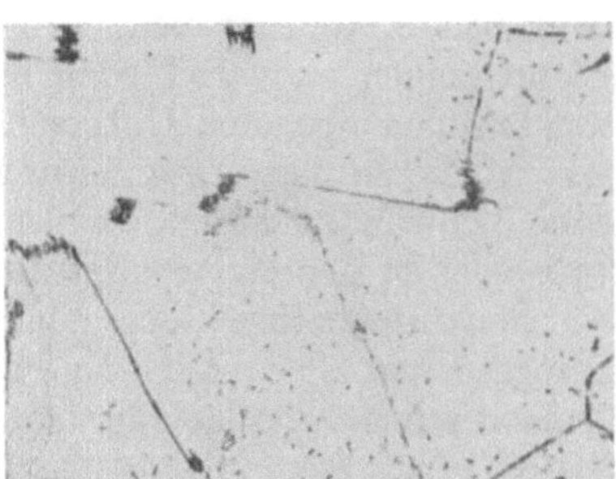

Abb. 104. 1898 h bei 700° C unter einer Spannung von 0,23 bis 0,9 kg/mm² geglüht.

Abb. 103—105. Ausscheidungen im Gefüge von nichtrostendem Stahl mit 18,7% Cr und 9,5% Ni bei Stufen-Zeitstandversuchen von Austin-Samans. (Proben vor dem Versuch bei 1150° C geglüht).

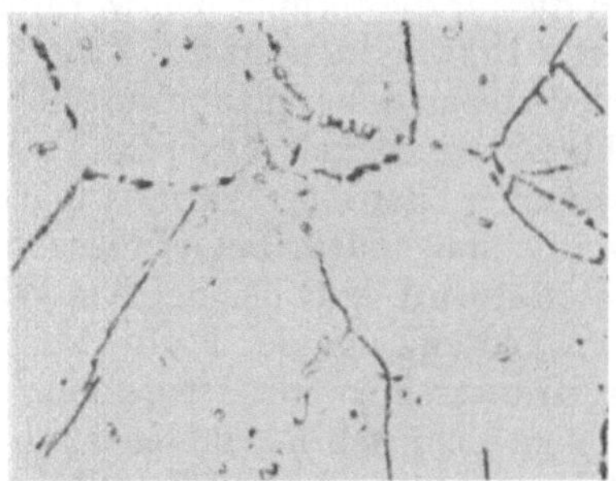

Abb. 105. 960 h bei 800° C unter einer Spannung von 1,4 bis 2,8 kg/mm² geglüht.

In eingehenden metallographischen Untersuchungen konnte der Verlauf der Ausscheidungen verfolgt werden. Bei 600° C und 700° C geht der Ausscheidungsablauf verhältnismäßig langsam vor sich und zieht sich augenscheinlich über mehrere 1000 Stunden hin. Bei 600° C finden sich wolkenartige Ausscheidungen vorzugsweise in der Nähe der Korngrenzen (Abb. 103), bei 700° C sind zickzackförmig angeordnete Ausscheidungen an den Korngrenzen und an den Zwillingslinien zu beobachten (Abb. 104). Bei 800° C treten zwei deutlich voneinander verschiedene Arten von Ausscheidungen auf (Abb. 105), von denen die eine, durch das Ätzmittel dunkel gefärbte, vorzugsweise an den Korngrenzen zu finden ist und die andere, vom Ätzmittel wenig angegriffene, im Innern der Körner liegt. Die dunkelgefärbten Ausscheidungen sind wahrscheinlich Karbide, während die hellen ferritischer Natur sind.

H. Benneck und G. Bandel[1] führten umfassende Untersuchungen durch zur Klärung des Einflusses der Gefügeausbildung in Abhängigkeit von der Wärmebehandlung und Legierung auf das Zeitstandverhalten von Stahl. Kurz-

[1] Stahl u. Eisen Bd. 63 (1943) S. 653, 673 u. 695; vgl. Techn. Mitt. Krupp, A: Forsch.-Ber. Bd. 6 (1943) S. 143.

und Langzeitversuche über den Einfluß der Ferrit- und ASTM-Korngröße auf das Zeitstandverhalten von Stählen in Abhängigkeit von der Herstellung und Wärmebehandlung ergaben, daß die Zunahme der Korngröße nicht die alleinige unmittelbare Ursache für die Verbesserung des Zeitstandverhaltens sein kann. Vielmehr ist ihre Wirkung bei unlegiertem Stahl zum größten Teil auf eine mittelbare Beeinflussung von im einzelnen noch nicht geklärten Ausscheidungsvorgängen und bei legierten Vergütungsstählen zusätzlich auf eine Beeinflussung der Gefügeausbildung zurückzuführen, die ihrerseits für das Zeitstandverhalten die ausschlaggebende Rolle spielen.

Untersuchungen an verschieden legierten Versuchsstählen und technischen Vergütungsstählen über den Unterschied des Zeitstandverhaltens der einzelnen Gefügearten, die infolge Veränderung der Abschreckgeschwindigkeit bei verschiedenen Umwandlungstemperaturen in der Ferrit-Perlit-Stufe, in der Zwischenstufe oder in der Martensitstufe entstehen, ergaben überraschenderweise, daß Zwischenstufengefüge auch nach Anlaßbehandlungen weit über die Versuchstemperatur in allen Fällen eine höhere DVM-Kriechgrenze bei 500° C hat als martensitisches Anlaßgefüge trotz übereinstimmender oder höherer Zugfestigkeit im vergüteten Zustand des letzten. Das weichere ferritisch-perlitische Gefüge hat im allgemeinen eine wesentlich geringere DVM-Kriechgrenze und ist bei 500° C nur bei einigen anlaßbeständigen Stählen dem martensitischen Anlaßgefüge überlegen.

Um die für die technischen warmfesten Vergütungsstähle günstigste Gefügeart durch Umwandlung in der Zwischenstufe zu erzielen, ist es notwendig, Abschreckmittel und Vergütungsquerschnitt in geeigneter Weise auf die kritische Abkühlgeschwindigkeit des Stahles je nach seiner Korngröße und Legierung abzustimmen oder eine Warmbadhärtung vorzunehmen.

Da mit steigendem Legierungsgehalt die kritische Abkühlungsgeschwindigkeit gesenkt wird, tritt bei gleichen Wärmebehandlungsbedingungen ein Wechsel der Umwandlung von der Perlit- zur Zwischenstufe und zur Martensitstufe ein. In Legierungsreihen mit steigendem Chrom- und Molybdängehalt sowie einer Reihe von technischen Stählen sind daher bei einem bestimmten Legierungsgehalt Höchstwerte der DVM-Kriechgrenze zu beobachten, die dem vorwiegend durch Umwandlung in der Zwischenstufe entstandenen Gefüge entsprechen. Diese Höchstwerte verschieben sich mit steigender Abschreckgeschwindigkeit und zunehmendem Kohlenstoffgehalt zu tieferen Legierungsgehalten. Die bisher bekannten Gesetzmäßigkeiten über den Einfluß der einzelnen Legierungszusätze auf das Zeitstandverhalten erhalten daher erst eine vollständige Allgemeingültigkeit bei Berücksichtigung der sie oft überdeckenden starken Wirkung der Gefügeausbildung.

Die Temperaturabhängigkeit des Zeitstandverhaltens verschiedener Gefügearten wird von der Gefügebeständigkeit und Zeitstandbelastung bei der Prüftemperatur mitbestimmt. Während bei den Verwendungstemperaturen der üblichen warmfesten Vergütungsstähle von 350° C bis 550° C das Zwischenstufengefüge dem martensitischen Anlaßgefüge und dem weichen ferritisch-perlitischen Gefüge überlegen ist, hat um 600° C oft schon das ferritisch-perlitische Gefüge höhere Gefügebeständigkeit und besseres Zeitstandverhalten als Vergütungsgefüge. Diese Eigenart der verschiedenen Umwandlungsgefüge wird auch durch das übliche Anlassen auf nicht zu hohe Temperaturen oberhalb der Prüftemperatur nicht beeinträchtigt. Die Bedeutung der Überlegenheit des Zwischenstufengefüges gegenüber martensitischem Anlaßgefüge und ferritisch-perlitischem Gefüge konnte auch durch Langzeit-Standversuche bis zu vier Jahren Dauer bei 500° C erwiesen werden.

U. WYSS[1] untersuchte an einem Chrom-Molybdän-Stahl mit 0,15% C, 0,26% Si, 0,72% Mn, 0,025% P, 0,010% S, 1,12% Cr, 0,80% Ni und 1,05% Mo den Einfluß der Gefügeausbildung besonders des Zwischenstufengefüges auf die DVM-Kriechgrenze bei 500° C. Zur Erzielung verschiedener Gefügeausbildungen wurden Proben mit einem Durchmesser von 20 mm nach einstündigem Erhitzen auf 920° C in Wasser (*A*), in Öl (*B*), an Luft (*C*) und im Ofen (*E*) abgekühlt. *D* entspricht einer Probe von 100 mm vierkant, die ebenfalls von 920° C an Luft abgekühlt wurde. Probe *F* wurde von 920° C in einem Salzbad von 400° C abgeschreckt, eine Stunde im Salzbad belassen und anschließend an Luft abgekühlt. Probe *G* wurde nach Erhitzen auf 920° C in einen Ofen von 550° C gebracht und anschließend an Luft abgekühlt. Die so vorbehandelten Proben wurden sodann 2 h bei 600° C, 650° C und 700° C angelassen und an Luft abgekühlt. Die Ergebnisse sind in Abb. 106 in Abhängigkeit von der Zugfestigkeit bei Raumtemperatur aufgetragen. Die eingetragenen Punkte beziehen sich auf die angewandten Anlaßtemperaturen. Beim martensitischen Ausgangszustand *A* und beim Ausgangsgefüge *B* (Martensit und wenig Zwischenstufengefüge) liegen nach dem Anlassen die niedrigsten DVM-Kriechgrenzen vor. Dies ist darauf zurückzuführen, daß durch das Anlassen des vorwiegend martensitischen Gefüges bei Temperaturen von 600° C und darüber (Anlaßzeit 2 h) die Sonderkarbide schon weitgehend gebildet wurden und dieses Gefüge nach dem Anlassen deshalb nicht mehr ausscheidungsfähig ist. Die DVM-Kriechgrenzen bei 500° C nehmen in der Reihenfolge der Vorbehandlungen *C*, *D* und *E* zu. Die Werte für die Vorbehandlung *F* (isotherme Umwandlung bei 400° C) liegen zwischen denen von *C* und *A*, d. h. daß nicht das Zwischenstufengefüge an und für sich die DVM-Kriechgrenze erhöht; vielmehr beruht der Einfluß des Zwischenstufengefügrs auf der großen Neigung des Austenits, in der Zwischenstufe unvollständig zu zerfallen. Je stärker die Entmischung und je größer die Aufteilung von Ferrit und Austenit während des Austenitzerfalls ist, desto weniger wird das chemische Gleichgewicht schon während des darauffolgenden Anlassens erreicht und desto mehr ist der Stahl bei wiederholtem Erhitzen oder während der Zeitstandbeanspruchung noch fähig, feindisperse Sonderkarbide auszuscheiden. Die DVM-Kriechgrenze der Proben *G* liegt nach einer Anlaßbehandlung bei 600° C sehr hoch; sie sinkt jedoch mit zunehmender Anlaßtemperatur und damit sinkender Zugfestigkeit und erreicht nach dem Anlassen bei 700° C Werte, die zwischen den Kurven *C* und *A* liegen, also zwischen Luft- und Wasserabkühlung.

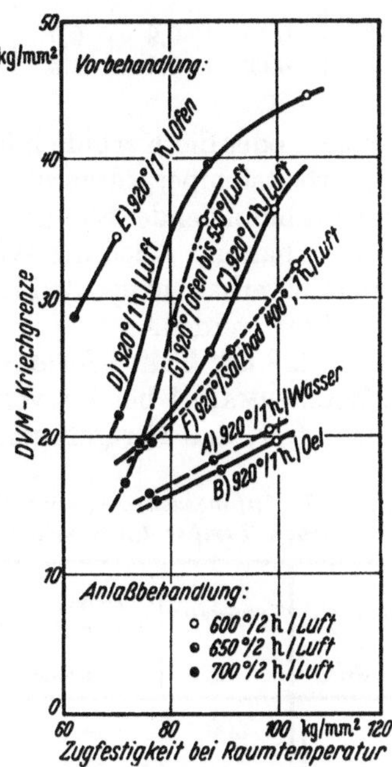

Abb. 106. Abhängigkeit der DVM-Kriechgrenze bei 500° C von der Zugfestigkeit bei Raumtemperatur für verschieden vorbehandelte Proben eines Chrom-Molybdän-Stahles. (Nach WYSS.)

Einfluß der chemischen Zusammensetzung und der Wärmebehandlung. Bei Arbeitstemperaturen, die unterhalb der niedrigsten Rekristallisationtemperatur liegen, kann das Zeitstandverhalten bei Stahl durch Zusätze solcher Elemente erhöht werden, die mit dem Ferrit eine feste Lösung eingehen, wie Nickel und

[1] Von Roll Mitt. Bd. 7 (1948) S. 51.

Tabelle 6. *Chemische Zusammensetzung, Erholungs- und Rekristalli-*

Werkstoff Nr.	C %	Si %	Mn %	Cr %	Ni %	W %	Sonstiges %	Ausgangszustand
1	0,16	0,9	0,7	17,6	9,1	0,8	0,1 Mo 1,6 Ta+Nb	1080°/1 h/Luft
2	0,45	0,9	0,7	27,4	30,1		1,9 Ti	1150°/1 h/Öl
3	0,08	0,5	1,5	15,7	40,0	5,9	20,6 Co	1250°/1 h/Luft

Mangan, oder die Karbide bilden, wie Chrom, Molybdän, Wolfram und Vanadin. Für Arbeitstemperaturen oberhalb der niedrigsten Rekristallisationstemperatur sind karbidbildende Elemente das wirksamste Mittel zur Erhöhung des Zeitstandverhaltens. Auch die Wärmebehandlung übt einen großen Einfluß auf das Zeitstandverhalten aus. Auf Einzelheiten muß im Rahmen der gestellten Aufgabe verzichtet werden.

Einfluß der Kaltverformung. Bereits im Jahre 1931 stellten E. SCHMID und G. WASSERMANN[1] bei Zugversuchen in der Wärme, von allerdings nur kurzer Dauer, fest, daß hartgezogene Kupfer- und Aluminiumdrähte im Bereich der

Tabelle 7. *Anfangsdehnung und Kriechgeschwindigkeit in Zeitstundenversuchen bei verschiedenen Temperaturen mit drei austenitischen Werkstoffen nach* H. CORNELIUS.

Werkstoff[1] Nr.	Temperatur °C	Zeitstand-beanspruchung kg/mm²	Anfangsdehnung geglüht %	Anfangsdehnung gereckt %	Kriechgeschwindigkeit[2] geglüht %/h · 10⁻⁴	Kriechgeschwindigkeit[2] gereckt %/h · 10⁻⁴
1	600	24,2	3,5		6,0	
		24,1		0,150		2,5
	700	8,9	0,057		5,7	
		8,95		0,062		5,8
	800	4,13	0,034		9,6	
		4,13		0,026		34,1
2	600	29,5	0,372		2,85	
		29,5		0,188		2,7
	700	11,8	0,084		15,55	
		11,8		0,080		10,25
	800	2,81	0,010		1,15	
		2,82		0,014		5,55
3	800	5,4	0,032		8,85	
		5,4		0,010		7,5
	850	4,57	0,025		31,9	
		4,60		0,030		3,9
	950	2,50	0,012		14,5[3]	
		2,50		0,011		5,5[3]

[1] Siehe Tabelle 6. — [2] 100. bis 200. Belastungsstunde. — [3] 20. bis 40. Belastungsstunde.

Erholungs- und Rekristallisationstemperatur rascher kriechen als weichgeglühte Drähte, und schlossen daraus, daß der mit der Erholung und Rekristallisation verbundene Platzwechsel der Atome eine erhöhte Bildsamkeit bedingt. Diese Platzwechselplastizität ist bei Umwandlungsvorgängen besonders deutlich zu beobachten. Die hohe Erholungstemperatur austenitischer Stähle legt es nahe, ihre Wärmfestigkeit und ihr Zeitstandverhalten, selbst bei den hohen Tempe-

[1] Z. Metallkde. Bd. 23 (1931) S. 242.

sationstemperaturen der von H. Cornelius *untersuchten Legierungen.*

Erholung der Härte				Vollständige Rekristallisation bei 5- bis 20%iger Verformung
Glühdauer 2 h		Glühdauer 50 h		Glühdauer 2 h
Beginn	Ende	Beginn	Ende	
800° bis 900°	1000°	700° bis 800°	900°	1000°
<800°	1100°	<700°	1000°	1100°
950° bis 1000°	1100°	—	—	1200°

raturen, bei denen beispielsweise die Auslaßventile von Verbrennungsmotoren beansprucht werden, durch Kaltverfestigung zu verbessern. In dieser Richtung von H. Cornelius[1] an drei austenitischen Werkstoffen, deren Zusammensetzung, Erholungs- und Rekristallisationstemperaturen in Tab. 6 wiedergegeben sind, durchgeführte Zeitstandversuche an Proben, die in der Zugprüfmaschine um 10% gereckt worden waren, ergaben die aus Tab. 7 zu ersehenden Anfangsdehnungen und Dehngeschwindigkeiten. Beurteilt man den Nutzen einer Kaltverfestigung der Versuchswerkstoffe allein nach ihrem Zeitstandverhalten in der Wärme, so ergibt sich folgendes. Der Werkstoff Nr. 1 läßt sich durch Kaltrecken bis zu Temperaturen kurz oberhalb 600° C beträchtlich verbessern; von 700° C an bietet die Kaltverfestigung keine Vorteile mehr, sie führt vielmehr zu einer Verschlechterung. Demnach ist der weichgeglühte dem kaltgezogenen Werkstoff oberhalb etwa 650° C vorzuziehen. Die entsprechende Temperatur liegt für den Werkstoff Nr. 2 zwischen 700° C und 800° C. Die mit diesem Werkstoff durch Kaltrecken erzielbaren Verbesserungen sind jedoch nicht beträchtlich. Bei dem Werkstoff Nr. 3 ergibt die Kaltreckung wesentliche Vorteile bis zu Temperaturen von 950° C; die Temperatur, bei der der geglühte Werkstoff Vorteile bietet, wurde bei den Versuchen nicht erreicht. Die Versuche lassen erkennen, daß die Temperatur, bis zu der die Kaltverfestigung Vorteile bietet, und das Ausmaß der Verbesserung des Zeitstandverhaltens durch Kaltverfestigung nicht vorausgesagt werden können, sondern für jeden Werkstoff versuchsmäßig festgelegt werden müssen.

Eingehende Untersuchungen von H. Zschokke[2] an drei Stählen mit 18% Cr, 8% Ni und Zusätzen von Wolfram, Titan ,Tantal + Niob und Molybdän, deren Zusammensetzung in Tab. 8 wiedergegeben ist, hatten den Zweck, die Abhängigkeit der DVM-Kriechgrenze vom Reckgrad zu überprüfen. Gewalzte oder geschmiedete Stäbe wurden zunächst bei 1050° C geglüht, in Wasser abgeschreckt und sodann durch Recken in der Zugprüfmaschine um 25 bis 45% kaltverformt. Die Ergebnisse der Zeitstandprüfung nach DIN 50117 im Temperaturbereich von 550° C bis 750° C sind für Stahl A in Abb. 107 wiedergegeben. Danach gibt

Tabelle 8. *Chemische Zusammensetzung der von* H. Zschokke *untersuchten Stähle.*

Stahl	C %	Si %	Mn %	Cr %	Mo %	Ni %	Ta+Nb %	Ti %	W %
A	0,11	0,82	1,03	18,2	0,03	8,7	—	0,32	0,82
B	0,17	1,01	0,93	18,5	0,03	9,08	1,5	—	1,3
C	0,08	0,72	0,84	17,7	2,63	18,9	—	0,30	—

[1] Metallwirtsch. Bd. 18 (1939) S. 399 u. 419.

[2] Schweiz. Arch. angew. Wiss. Techn. Bd. 12 (1946) S. 297. Vgl. auch H. R. Zschokke, u. K. H. Niehus: J. Iron Steel Inst. Bd. 165 (1947) S. 271.

es für jede Temperatur einen deutlich ausgeprägten kritischen Reckgrad, bis zu dem eine zum Teil sehr beträchtliche Erhöhung der DVM-Kriechgrenze festzustellen ist, während mit Überschreiten dieses Reckgrades die DVM-Kriechgrenze rasch abfällt und bei höheren Reckgraden sogar tiefer als im weichgeglühten Zustand liegt. Die Zunahme der DVM-Kriechgrenze ist am größten bei niedrigen Temperaturen. Sie wird mit steigender Temperatur immer geringer, und bei etwa 700° C tritt keine Erhöhung der DVM-Kriechgrenze durch Kaltreckung mehr ein. ZSCHOKKE bezeichnet die Temperatur, bis zu der die aufgebrachte Verfestigung in Form einer hohen DVM-Kriechgrenze wirksam bleibt, während

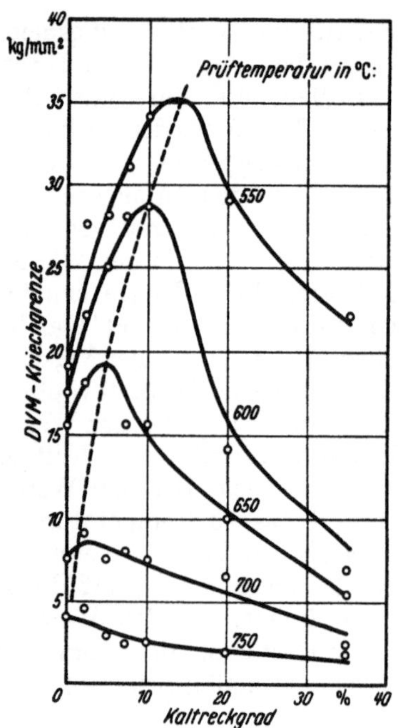

Abb. 107. DVM-Kriechgrenze von Stahl A nach Tab. 8 für verschiedene Prüftemperaturen in Abhängigkeit vom Kaltreckgrad. (Nach ZSCHOKKE.)

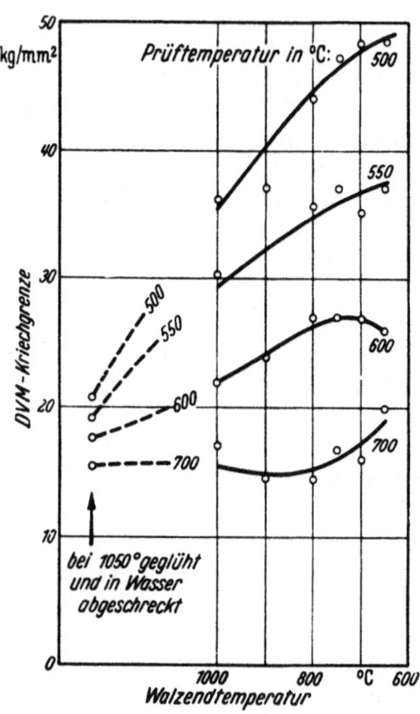

Abb. 108. Einfluß der Walztemperatur auf die DVM-Kriechgrenze von Stahl A nach Tab. 8 für verschiedene Prüftemperaturen. (Nach ZSCHOKKE.)

sie oberhalb derselben in eine Entfestigung umschlägt, als „Umschlagtemperatur" und nimmt an, daß sie der Temperatur der beginnenden Erholung entspricht. Bei bem Stahl *B* mit Tantal- und Niobzusatz liegen die Umschlagtemperaturen höher als bei dem titanliegerten Stahl *A*; er eignet sich also besser für dieses Reckverfahren.

Weiterhin führte ZSCHOKKE mit Stahl *A* Walzversuche bei unter bzw. über der Erholungstemperatur gelegenen Walztemperaturen durch. Der letzte Stich wurde einheitlich mit 20% Abnahme jeweils bei verschiedenen Walzendtemperaturen durchgeführt. Die Proben wiesen also mit fallender Walzendtemperatur einen steigenden Verfestigungsgrad auf. Die Ergebnisse an den gewalzten Proben (Abb. 108) lassen erkennen, daß mit fallenderWalzendtemperatur eine Verbesserung der DVM-Kriechgrenze eintritt, die auch hier wiederum bei den tiefen Prüftemperaturen beträchtlich ist und bei etwa 650° C Prüftemperatur verschwindet. Eine nennenswerte Versprödungsneigung durch Aushärten war bei keiner dieser Proben zu beobachten. Eine ausreichende Stabilität der Verfestigung bis zu

Prüftemperaturen von 600° C bis 620° C ist auch bei langen Betriebszeiten zu erwarten.

Einfluß der Desoxydation. Bei Zeitstandversuchen ergeben sich mitunter für Stähle gleicher oder sehr ähnlicher chemischer Zusammensetzung stark voneinander abweichende Werte, die nicht auf das Prüfverfahren zurückzuführen sind, sondern im Herstellungsverfahren des Stahles begründet sein müssen. Einen Beitrag zu dieser Frage, besonders hinsichtlich des Einflusses von Aluminium beim Desoxydieren, geben die Untersuchungen von H. C. Cross und J. G. Lowther[1] an verschiedenen Stählen nach Tab. 9. Gleichzeitig ist angegeben, wieviel Aluminium beim Desoxydieren zugegeben wurde und welche McQuaid-Ehn-Korngröße der Stahl hat. Der größere Teil der Versuche wurde bei 445° C durchgeführt; ein Teil der Stähle wurde auch bei 400° C und 510° C untersucht. Die Versuchszeit betrug 500 h. Durch eine geeignete Wärmebehandlung waren die Stähle zum Teil grobkörnig gemacht worden.

Tabelle 9.

Chemische Zusammensetzung der von H. C. Cross *und* J. G. Lowther *untersuchten Stähle.*

Stahl-bezeichnung	Chemische Zusammensetzung					Aluminium-zusatz	Erschmolzen im	Korngröße nach ASTM
	C %	Si %	Mn %	P %	S %	%		
2807	0,28	0,33	0,67	0,010	0,044	0	Induktions-ofen	
2809	0,29	0,32	0,68	0,011	0,045	0,025		
2810	0,28	0,31	0,62	0,011	0,041	0,05		
15	0,58	0,14	0,86	0,014	0,024	0	basischen Siemens-Martin-Ofen	1 bis 2
18	0,58	0,14	0,86	0,014	0,024	0,05		5 bis 6
61	0,52	0,22	0,75	0,020	0,026	0,025		2 bis 4
54	0,49	0,20	0,76	0,017	0,028	0,025		2 bis 4
56	0,51	0,21	0,75	0,018	0,033	0,10		5 bis 7
52	0,46	0,23	0,54	0,016	0,030	0,105		5 bis 7
S 393[1]	0,37	0,16	0,70	—	—	—		8

[1] Dazu 0,18% V.

Von den drei Stählen 2807, 2809 und 2810, die in ihrer chemischen Zusammensetzung weitgehend übereinstimmen, die aber verschieden große Aluminiumzusätze erhalten haben und alle bei 900° C geglüht worden sind, weist der Stahl ohne Aluminiumzusatz, der das gröbste Korn hat, das günstigste Zeitstandverhalten bei 445° C auf. Bei den beiden übrigen Stählen, die feinkörniger sind, ist σ_{1-500} (Spannung entsprechend einer Dehngeschwindigkeit von $1 \cdot 10^{-4}$%/h in der 500. Stunde) niedriger; obwohl beide Stähle dieselbe Korngröße aufweisen, zeigt der mit niedrigerem Aluminiumzusatz ein besseres Zeitstandverhalten; auch liegt bei ihm die Temperatur, bei der er grobkörnig wird, niedriger. Bei den sechs Stählen mit 0,46 bis 0,58% C hatten drei Stähle (Stahl 15, 54 und 61), die sich infolge ihres geringeren Aluminiumzusatzes bei niedrigerer Temperatur in den grobkörnigen Zustand bringen ließen, im Vergleich zu den drei übrigen Stählen dieser Gruppe eine verhältnismäßig hohe σ_{1-500}, wenn sie auf gleiche Korngröße gebracht sind.

Mit der bei unlegierten Stählen mitunter zu beobachtenden anomalen Kriecherscheinung beschäftigt sich eine eingehende Untersuchung von J. Glen[2]. Mit anomalem Kriechverhalten wird die Verschlechterung des Zeitstandverhaltens bezeichnet, das durch unterschiedliche Mengen von Aluminium bei der Desoxydation des Stahles verursacht wird. Zur Klärung des Verhaltens des Aluminiums

[1] Proc. Amer. Soc. Test. Mater. Bd. 38 I (1938) S. 149.

[2] J. Iron Steel Inst. Bd. 155 (1947) S. 501.

wurden Zeitstandversuche an kohlenstoffarmen Stählen mit 0,01 bis 0,15% Si, 0,4 bis 1,5% Mn und 0 bis 0,11% Mo durchgeführt, die unter Zugabe von verschiedenen Mengen an Aluminium bis zu 1,4 kg/t erschmolzen worden waren. Die Stähle waren vorher bei 920° C normalgeglüht und auf annähernd gleiches Ferritkorn gebracht worden. Aus Versuchen bei 450° C und 12,6 kg/mm² Spannung wurde die Dehngeschwindigkeit nach 5 Tagen ermittelt und als Kenngröße für die Auswertung benutzt. Es zeigte sich, daß Mangan, Silizium und Molybdän innerhalb der untersuchten Grenzen die Dehngeschwindigkeit herabsetzen und daß anomale Kriecherscheinungen infolge Aluminiumzusatzes durch diese Elemente in starkem Maße unterdrückt werden. Wie aus den Abb. 109 u. 110 zu

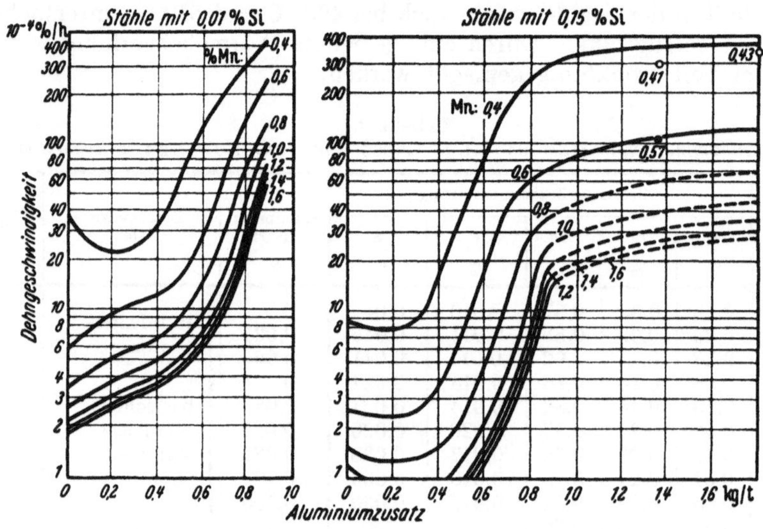

Abb. 109 u. 110. Einfluß von Aluminiumsätzen auf das Zeitstandverhalten (Dehngeschwindigkeit nach 5 Tagen bei einer Beanspruchung von 12,6 kg/mm² und einer Temperatur von 450° C) von kohlenstoffarmen Stählen mit 0,01 und 0,15% Si, 0,4 bis 1,5% Mn und 0 bis 0,11% Mo. (Nach Glen.)

ersehen ist, steigt die Dehngeschwindigkeit rasch an, wenn die Aluminiumzugabe von 0,5 auf 1,0 kg/t erhöht wird. Die Stähle mit hohem Mangang- und Siliziumgehalt dagegen weisen niedrigere Dehngeschwindigkeiten ,also besseres Zeitstandverhalten auf, solange der Aluminiumzusatz unter 1 kg/t bleibt. Alle Stähle mit hoher Dehngeschwindigkeit waren auf Grund der McQuaid-Ehn-Probe feinkörnig. Die Stähle mit höherem Mangan-, Silizium- und Molybdängehalt waren zwar auch feinkörnig, zeigten aber kein anomales Kriechen, solange nicht der Aluminiumzusatz übermäßig groß war. Bei geeigneter Kontrolle ist es bei basisch erschmolzenen Siemens-Martin-Stählen daher möglich, Aluminium ohne Verschlechterung des Zeitstandverhaltens zur Desoxydation zu verwenden.

G. V. Smith und E. J. Dulis[1] führten Zeitstandversuche bis zum Eintritt des Bruches bei 455° C bis zu 3500 h an zwölf Schmelzen von normalgeglühten kohlenstoffarmen Stählen durch, die auf verschiedene Weise desoxydiert worden waren. Die extrapolierte 10000 h-Zeitstandfestigkeit $\sigma_{B/10000}$ schwankte je nach Desoxydationsart zwischen 8,5 und 15,6 kg/mm². Von den untersuchten Siemens-Martin-Stählen verhielt sich am ungünstigsten der Stahl, der mit dem höchsten Aluminiumzusatz desoxydiert worden war, und am günstigsten der Stahl, der ohne Aluminiumzusatz mit Silizium desoxydiert worden war.

[1] Iron Coal Tr. Rev. Bd. 159 (1949) S. 481; vgl. G. V. Smith, W. G. Benz u. R. F. Miller: Steel Bd. 121 (1947) S. 88 u. 106.

Versprödung beim Zeitstandversuch. R. H. THIELEMANN und E. R. PARKER[1] führten an den in Tab. 10 angegebenen Stählen Warmzugversuche bei 590° C und 650° C aus. Die Auftragung der Zugfestigkeit in Abhängigkeit von der Versuchsdauer ergibt im doppeltlogarithmischen Koordinatensystem für den betreffenden Werkstoff bei gleichbleibender Temperatur gerade Linien,

Tabelle 10. *Chemische Zusammensetzung der von* R. H. THIELEMANN *untersuchten Stähle.*

Stahl	C %	Si %	Mn %	P %	S %	Cr %	Sonstiges %	Wärmebehandlung
1	0,07	0,27	0,53	0,004	0,025	19,0	9,14 Ni[2]	1000° C 2 h abgeschreckt
2	0,12	1,42	0,30	0,013	0,010	5,2	0,50 Mo	geglüht
3	0,10	0,34	0,50	0,018	0,014	4,9	0,65 Mo	geglüht
4[1]	0,03	0,005	0,01	0,002	0,037			geglüht
5	0,10	0,25	0,08				0,51 Mo	geglüht

[1] Armco-Eisen. — [2] 0,76 % Nb.

wie bereits von A. E. WHITE, C. L. CLARK und W. R. WILSON[2] gezeigt worden ist. Je nach Werkstoff und Temperatur treten zwei verschiedene Bruchformen auf: Entweder verläuft der Bruch intrakristallin, d. h. durch das Korn — bei zähen Werkstoffen unter Streckung des Kornes in der Zugrichtung —, oder interkristallin, d. h. entlang den Kornbegrenzungen unter sehr geringer Verformung des Kornes. Werkstoffe mit der letzten Bruchart verhalten sich spröde und versagen oft ohne vorher erkennbare Anzeichen.

Der Chrom-Molybdän-Stahl 3 (Schaulinie *D*, Abb. 111) weist bei 590° C, selbst bei der kurzen Versuchsdauer von 20 h, interkristallinen Bruch auf, die Zugfestigkeits-Zeit-Schaulinie zeigt nach 150 h einen Knick, was auf die Neigung dieses Stahles zu interkristalliner Oxydation hinweist. Der Chrom-Molybdän-Stahl 2 ähnlicher Zusammensetzung, aber mit 1,5% Si (Schaulinie *E*), brach bei der Prüfung bei 650° C selbst nach einer Versuchsdauer von 2500 h interkristallin.

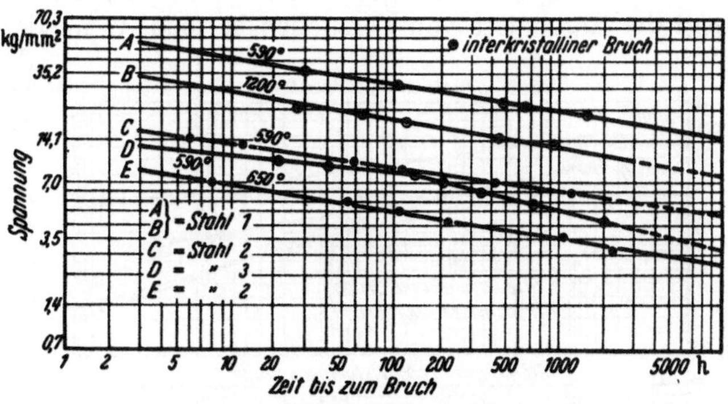

Abb. 111. Ergebnis von Warmzugversuchen mit Stählen der Tab. 10. (Nach THIELEMANN-PARKER.)

Es scheint, daß, solange ein interkristalliner Bruch auftritt, keine Korngrenzenoxydation stattfindet und die Zugfestigkeits-Zeit-Schaulinie keinen Knick aufweist. Die Ergebnisse an dem mit Niob beständig gemachten Chrom-Nickel-Stahl 1 bei 590° C und 650° C (Schaulinie *A* und *B*) sind insofern bemerkenswert, als alle Brüche interkristallin verliefen, ohne daß im Verlauf der Zugfestigkeits-Zeit-Schaulinien innerhalb Versuchszeiten von 1000 h ein Richtungswechsel beobachtet wurde. Die Gefügeuntersuchung der gebrochenen Proben zeigte erhebliche Karbidausscheidungen an den Korngrenzen, aber

[1] Amer. Inst. min. metallurg. Engrs., Techn. Publ. Nr. 1034, 18 S., Metals Techn. Bd. 6 (1939) Nr. 3.

[2] Trans. Amer. Soc. Met. Bd. 26 (1938) S. 52; vgl. Stahl u. Eisen Bd. 58 (1938) S. 554.

keine Anzeichen von interkristalliner Oxydation. Aus den Ergebnissen ist zu schließen, daß interkristalline Brüche eine Eigentümlichkeit gewisser Stähle sind und nicht ausschließlich auf eine Korngrenzenoxydation zurückzuführen sind.

R. H. Thielemann[1] untersuchte 15 Stähle, deren Zusammensetzung und Wärmebehandlung aus Tab. 11 hervorgeht, auf ihre Neigung zu interkristallinen Brüchen durch Langzeit-Standversuche bei 480° C bis 700° C. Abb. 112 zeigt die Ergebnisse von Versuchen bei 590° C an vier Stählen, die alle, allerdings in verschieden hohem Maße, zu interkristallinen Brücken neigen. Im Gegensatz hierzu sind in Abb. 113 die Versuchsergebnisse von vier anderen Stählen wiedergegeben, die bei derselben Temperatur geprüft wurden und die selbst bei Versuchszeiten bis zu 10000 h keine Neigung zu interkristallinen Brüchen erkennen lassen. Es zeigte sich, daß die Neigung der Stähle, im Zeitstandversuch spröde zu brechen, in hohem Maße von ihrer chemischen Zusammensetzung abhängt. Stähle, die wesentliche Gehalte an

Tabelle 11. *Chemische Zusammensetzung und Wärmebehandlung der von* R. H. Thielemann *untersuchten Stähle.*

Stahl	C %	Si %	Mn %	P %	S %	Cr %	Ni %	Sonstiges %	Wärmebehandlung
A	0,14	0,16	0,44					0,46 Mo	8 h 900°/Ofen
B	0,07	0,27	0,53	0,004	0,025	19,0	9,14	0,76 Nb	2 h 994°/Luft
C	0,42	0,25	0,69	0,015	0,019	0,72	1,84	0,34 Mo	8 h 950°/Öl/bei 676° angelassen
D	0,12	1,23	0,29			2,97		0,54 Mo	2 h 950°/Ofen/bei 860° geglüht
E	0,12	0,40				4,8	0,23	0,56 Mo	bei 893° geglüht
F	0,05	1,86	0,22	0,012	0,020	5,16		3,42 Mo	bei 871° C geglüht
G	0,06	1,00	0,35	0,017	0,014	11,61	0,11	1,14 Mo	8 h 1250° C/Wasser, 3 h 704° C/Ofen
H	0,08	0,48	0,38	0,011	0,022	13,27	0,20	3,22 W	Werksglühung
I	0,13	1,5	0,28	0,040	0,040	4,98		0,50 Mo	bei 900° C geglüht/2 h 1055° C/Luft/0,5 h 744° C Luft
J	0,09	0,43	0,44	0,020	0,042	19,19	9,20	0,03 Mo	2 h 994° C/Luft
K	0,15	1,30	0,44	0,020	0,015	9,02	2,10	2,20 Mo	2 h 994° C/Luft
L	0,05	1,96				5,44		3,11 W	2 h 704° C/Luft
M	0,09	0,25	0,48	0,011				0,58 Mo	1 h bei 816° C geglüht
N	0,07	0,24	0,47	0,010				1,53 Mo	1 h bei 816° C geglüht
O	0,07	0,26	0,50	0,010				3,64 Mo	1 h bei 816° C geglüht

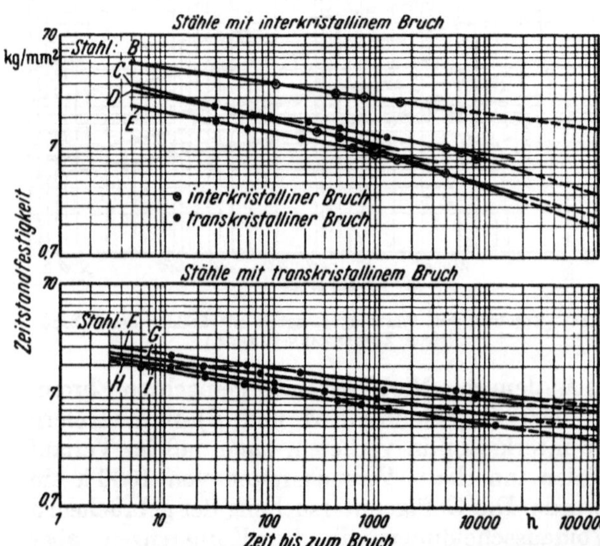

Abb. 112 u. 113. Ergebnis von Zeitstandversuchen bei 590° C an Stählen nach Tab. 11. (Nach Thielemann.)

[1] Amer. Soc. Test. Mater., Vorabzug 46, Juni 1940, 17 S.

Legierungselementen enthalten, die die Bildung von α-Eisen begünstigen, wie Chrom, Wolfram, Molybdän und Silizium, neigen zur Ausbildung eines transkristallinen Bruches, während die Stähle, die interkristallin zu Bruch gehen, entweder geringere Gehalte an ferritbildenden Elementen haben oder zusätzlich wesentliche Gehalte an solchen Elementen, die die Bildung von γ-Eisen begünstigen, wie Kohlenstoff, Nickel und Mangan. So waren die ferritischen Stähle F, G, H und L, die durch Wärmebehandlung praktisch nicht härtbar sind, völlig frei von interkristalliner Brüchigkeit, während die beiden austenitischen Stähle B und J selbst bei Versuchen von nur wenigen Stunden Dauer interkristallin zu Bruch gingen. Somit scheint die Neigung eines Stahles, bei Zeitstandbelastungen interkristallin zu brechen, von der Stahlart, wie sie durch die chemische Zusammensetzung gegeben ist, abhängig zu sein.

Nach TIHELEMANN lassen sich die Stähle in ihrer Neigung interkristallin zu brechen, nach ihrem äquivalenten Chromgehalt einteilen. Hierunter ist folgendes zu verstehen. Im Zustandsschaubild Eisen-Chrom führt ein Zusatz von 13% Cr zu einer Abschnürung des γ-Gebietes. Dieselbe Wirkung ruft ein Zusatz von 6% W, 3% Mo oder 2,5% Si hervor. Wolfram ist daher 13/6 oder 2,1fach wirkungsvoller als Chrom. Das Chromäquivalent für Wolfram ist mithin 2,1. Entsprechend ergibt sich das Chromäquivalent für Molybdän und Silizium zu 4,2 und 5,2. Kohlenstoff hat ein Chromäquivalent von —40, Nickel ein solches von —3 und Mangan ein solches von —2. Das Minuszeichen deutet an, daß diese Elemente, die das γ-Feld verbreitern, eine dem Chrom entgegengesetzte Wirkung ausüben. Eine grundsätzliche Darstellung der Beziehung des äquivalenten Chromgehaltes zur Stahlart zeigt Abb. 114. Auf Grund der Ergebnisse von Langzeit-Standversuchen bei hohen Temperaturen weisen Stähle mit einem Chromäquivalent von über +13 bei 480° C bis 700° C einen transkristallinen Bruch auf. Stähle mit Chromäquivalenten von etwa +9 bis +13 liegen in dem Zweiphasen- (α- + γ-) Feld; im geglühten Zustand treten interkristalline Brüche nur bei Proben langer Versuchsdauer auf. Mit abnehmendem Chromäquivalent nimmt die Neigung zu interkristallinen Brüchen zu. Bei den rein austenitischen Stählen treten spröde interkristalline Brüche schon nach kurzer Belastungsdauer auf.

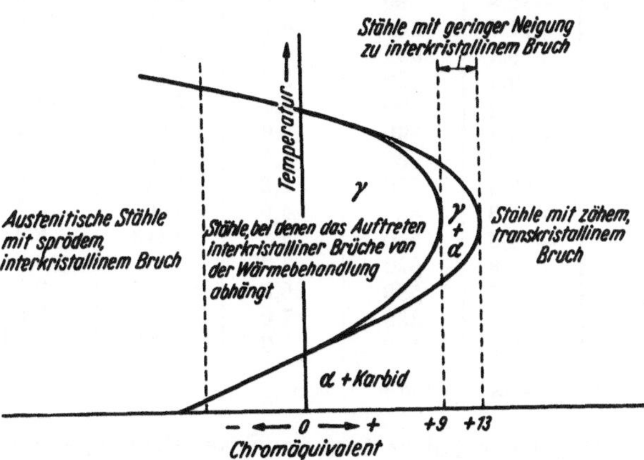

Abb. 114. Darstellung der Beziehung des äquivalenten Chromgehaltes zur Stahlart. (Nach THIELEMANN.)

In Tab. 12 sind die untersuchten Stähle, nach abnehmendem Chromäquivalent geordnet, aufgeführt. Für jeden Stahl sind die Zeit bis zum Eintritt des Bruches, die Zeitstand-Bruchdehnung und Zeitstand-Brucheinschnürung sowie die Bruchart angegeben. Aus dieser Zusammenstellung geht hervor, daß alle Stähle mit einem äquivalenten Chromgehalt unter +9 bei Langzeit-Standversuchen einen interkristallinen Bruch aufweisen, während bei den Stählen mit höherem Chromäquivalent der Bruch ausgesprochen transkristallin ist. Eine Ausnahme bildet der chromfreie Stahl 0 mit 3,6% Mo.

Tabelle 12. *Zusammenhang zwischen Bruchart und Chromäquivalent bei den von* R. H. THIELEMANN *auf Zugfestigkeit untersuchten Stählen.*

Stahl	Chrom äquivalent	Temperatur °C	Spannung kg/mm²	Zeit bis zum Bruch h	Zeitstand-bruch-dehnung (L_0 = 150 mm)	Zeitstand-bruchein-schnürung %	Bruchart
F	+26,8	590	8,8	5225	17,8	78	
F	+26,8	650	5,6	3455	22,0	73	
L	+20,2	650	4,2	11676	32,5[1]	78	transkristallin
G	+18,0	590	7,0	7497	15,6	79	
H	+17,6	590	5,6	5240	32,0	85	
O	+12,8	590	7,0	4506	14,6	37	interkristallin
K	+11,7	650	4,2	3598	23,0	84	transkristallin
I	+ 9,1	590	4,2	11575	30,0	81	
I	+ 9,1	650	2,5	14482	17,8	37	
D	+ 6,3	590	5,6	6848	14,6	50	
N	+ 5,4	590	5,6	1589	4,1	4	
E	+ 3,8	590	4,2	3882	10,0	37	
M	+ 0,65	590	4,2	2712	7,0	18	
A	− 3,8	480	24,6	4660	13,7[1]	15	interkristallin
A	− 3,8	540	12,3	4118	8,0[1]	12	
A	− 3,8	590	7,0	557	18,7[1]	49	
B	− 7,5	590	19,3	1607	3,5	4	
F	−10,8	650	7,0	2880	2,0	6	
G	−20,3	590	7,0	888	27,0[1]	40	

[1] Meßlänge 100 mm.

Das Auftreten verformungsloser Brüche, wie es beispielsweise bei Schrauben aus Crom-Nickel-Molybdän-Stahl mitunter nach kurzer Betriebszeit in der Wärme beobachtet worden ist[1], legt es nahe, bei der Beurteilung eines Stahles auf sein Verhalten in der Wärme sich nicht auf die Ermittlung der DVM-Kriechgrenze zu beschränken, sondern ihn auch auf seine Neigung zum Verspröden zu untersuchen. Legt man als Kennwert des Zeitstandverhaltens die Nennspannung einer gekerbten Probe zugrunde, bei der in 500 h Versuchszeit ein Bruch nicht eintritt, so dürfte nach E. SIEBEL und K. WELLINGER[2] ein Verhältnis der Zeitstandfestigkeit $\sigma_{B/500}$ der gekerbten Probe zur DVM-Kriechgrenze der ungekerbten Probe von mindestens 1 bis 1,5 ausreichen, Trennungsbrüche, wie sie gelegentlich im Betriebe auftreten, zu vermeiden.

Infolge von Ausscheidungsvorgängen, die namentlich bei Chrom-Nickel-Stählen beobachtet werden können, werden bei bestimmten Temperaturen die Gleitmöglichkeiten in den Kristalliten erheblich gehemmt. Es ist anzunehmen, daß sich diese Ausscheidungsvorgänge auch auf die Korngrenzen nachteilig auswirken können. W. SIEGFRIED[3] sucht den Einfluß solcher Versprödungserscheinungen auf das Verhalten bei Standbeanspruchung aus dem Verlauf von Zeitbruchlinien („WÖHLER-Kurven") zu erklären (Abb. 115). Nimmt man an, daß die Korngrenzen durch die Ausscheidungseffekte nicht geschwächt werden, so wird durch die Versprödung bei der Zeitbruchlinie im Falle des Auftretens von Verformungsbrüchen die Ordinate erhöht werden, während die Zeitbruchlinie für die Trennungsbrüche vor und nach der Versprödung den gleichen Verlauf nimmt. Dadurch wird der Schnittpunkt dieser beiden Kurven zu kürzeren Standzeiten verschoben, und es werden deshalb bei größeren Spannungen und nach kleineren Standzeiten spröde Trennungsbrüche beobachtet.

[1] SCHERER, R., u. H. KIESZLER: Arch. Eisenhüttenw. Bd. 12 (1938/39) S. 381.
[2] Arch. Eisenhüttenw. Bd. 13 (1939/40) S. 387.
[3] Schweiz. Arch. angew. Wiss. Techn. Bd. 9 (1943) S. 1.

Nach den Feststellungen von W. SIEGFRIED wird bei einem rasch versprödenden Stahl gemäß Abb. 116 der oben erwähnte Schnittpunkt bei einer glatten Probe schon bei Zeiten liegen, die kleiner sind als die von THUM und RICHARD angewendeten Versuchszeiten. Beim Übergang zur gekerbten Probe

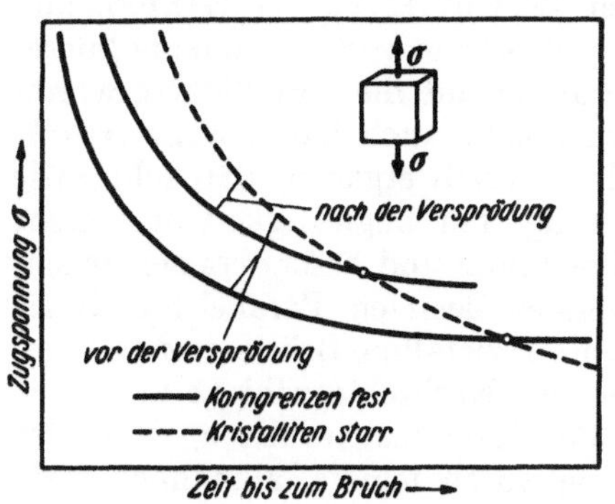

Abb. 115. Einfluß von Versprödungserscheinungen auf das Zeitstandverhalten (schematisch). (Nach SIEGFRIED.)

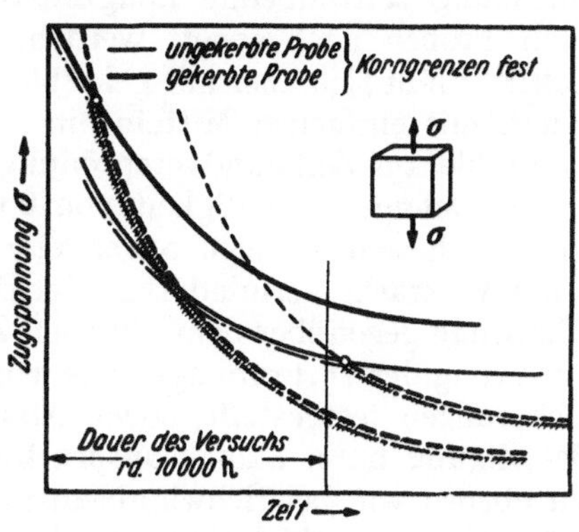

Abb. 116. Abhängigkeit der Zeit bis zum Bruch von der Zugspannung bei einem rasch versprödenden Stahl bei Prüfung von glatten und gekerbten Zugproben. (Nach SIEGFRIED.)

wird der Spannungszustand derartig verändert, daß die Ordinaten der Kurve für das Eintreten der Trennungsbrüche vermindert, diejenigen für das Eintreten von Verformungsbrüchen erhöht werden. Der Schnittpunkt der beiden Kurven wird also beträchtlich nach links verschoben und die gekerbte Probe eine resultierende Zeitbruchlinie gemäß der strichpunktierten Linie in Abb. 117 aufweisen. In diesem Falle sinkt die Tragfähigkeit der gekerbten Proben schon nach kurzen Versuchszeiten unter diejenige der ungekerbten Proben. Im Falle

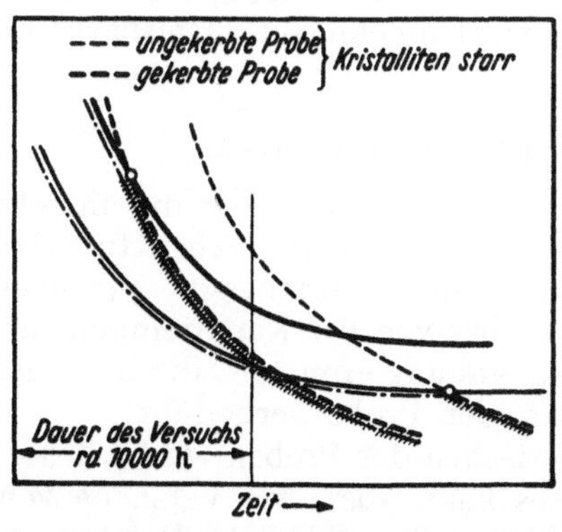

Abb. 117. Abhängigkeit der Zeit bis zum Bruch von der Spannung bei einem langsam versprödenden Stahl bei Prüfung von glatten und gekerbten Zugproben. (Nach SIEGFRIED.)

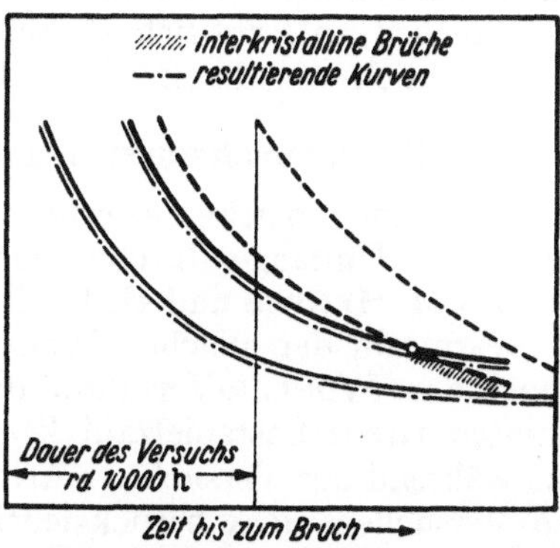

Abb. 118. Abhängigkeit der Zeit bis zum Bruch von der Spannung bei einem praktisch nicht versprödenden Stahl bei Prüfung von glatten und gekerbten Zugproben. (Nach SIEGFRIED.)

eines langsam versprödeten Stahles ist der Punkt, bei dem spröde Brüche eintreten, weiter nach rechts verschoben (Abb. 117). In diesem Falle sinkt die Festigkeit der gekerbten Proben derart langsam, daß ungefähr nach 10000 h die gleiche Tragfähigkeit vorhanden ist wie bei den ungekerbten Proben. Als nicht versprödende Stähle werden von THUM und RICHARD solche bezeichnet, bei denen im Laufe von 10000 h die Zeitstandfestigkeit der gekerbten Probe dauernd größer ist als diejenige der ungekerbten. Wie aus Abb. 118 zu ersehen ist, müssen in diesem Falle die Korngrenzen derart fest sein, daß auch bei gekerbten Proben der Punkt für das Eintreten der spröden Brüche bei einer Standzeit von über 10000 h liegt.

Die Neigung eines Stahles zur Versprödung kann vorerst nur durch verhältnismäßig zeitraubende Langzeit-Standversuche an ungekerbten und gekerbten Proben nachgeprüft werden. Nach W. Ruttmann, G. Bandel und R. Schinn[1] läßt sich aber mit gekerbten *Bügelproben* in verhältnismäßig kurzer Zeit und mit einfachen Mitteln eine Vorprüfung auf die Anfälligkeit warmfester Stähle auf Zeitstandversprödung vornehmen. Auch *Langsamzugversuche* mit einer Dehngeschwindigkeit von 0,07 bis 0,08%/h ergaben, daß sehr viele Stähle bei diesem Versuch neben einer verringerten Zugfestigkeit eine mehr oder minder starke Verminderung der Bruchdehnung und besonders der Brucheinschnürung gegenüber dem üblichen Zugversuch besitzen. Parallel mit dieser Verringerung der Verformungswerte wurden interkristalline Brüche und Gefügeauflockerungen festgestellt, sowie Abnahme der Kerbschlagzähigkeit.

Schädigung unter Standbeanspruchung. Bei Standbeanspruchung wird der Bruch ebenso wie bei Schwingbeanspruchung durch feinste, allmählich fortschreitende Gefügeschädigungen vorbereitet. Da es sich hierbei um Verformungsvorgänge im bildsamen Bereich handelt, erfolgt im Kristall zunächst eine Gefügeverfestigung, die später von der Schädigung abgelöst wird, wobei die Verfestigung für eine gewisse Zeit die Schädigung verdecken kann. Durch besondere Maßnahmen, z. B. durch Wärmebehandlung, läßt sich die Schädigung teilweise wieder ausheilen. Nach A. Thum und K. Richard[2] ist zwischen der beginnenden, zunächst noch „verborgenen" (Mikro-) und der „wirksamen" und „bleibenden" (Makro-) Schädigung zu unterscheiden. Alle drei genannten Schädigungszustände lassen sich durch Kurven, die einen ähnlichen Verlauf wie die Zeitbruchlinie haben, darstellen. Bei Verformung durch reine Kristallgleitung verläuft die Schadenslinie nahe bei der Zeitbruchlinie. Bei Stählen, die mit abnehmender Spannung mehr und mehr durch ein Versagen der Korngrenzen brechen, entfernt sich die Schadenslinie mit zunehmender Haltbarkeitsdauer allmählich von der Zeitbruchlinie.

3. Dauerschwingversuche bei hohen Temperaturen.

Dauerschwingversuche bei erhöhten Temperaturen sind bisher nur in sehr beschränktem Umfange durchgeführt worden. Ausführliches Schrifttum bis 1936 geben M. Hempel und H. E. Tillmanns[3]. Man hat anfangs die Versuche in der Wärme in der gleichen Weise durchgeführt wie bei Raumtemperatur, d. h. nach dem Wöhler-Verfahren diejenige Spannung ermittelt, die bei einer bestimmten Grenz-Lastspielzahl keinen Bruch der Probe herbeiführt.

Das während des Versuches eintretende Kriechen der Proben wird bei derartigen Versuchen nicht berücksichtigt. Dieses kann aber, wie Versuche von M. Hempel und H. E. Tillmanns[3] gezeigt haben, sehr erhebliche Beträge erreichen. Infolgedessen ergibt sich auch bei Dauerschwingversuchen in der Wärme die Notwendigkeit, die im Laufe des Versuches eintretenden Verlängerungen der Probe zu messen.

a) Versuche bei schwellender Beanspruchung.

H. Hempel und H. E. Tillmanns[3] benutzten für ihre Versuche eine 75 t Pulsatormaschine der Losenhausenwerk AG., Düsseldorf. Zur Erwärmung der

[1] Arch. Eisenhüttenw. Bd. 20 (1949) S. 229.
[2] Arch. Eisenhüttenw. Bd. 21 (1950) S. 225.
[3] Mitt. K.-Wilh. Inst. Eisenforschg. Bd. 18 (1936) S. 163.

Probe diente bis zu Temperaturen von 400° C ein elektrisch geheizter Salzbadofen und bei 500° C und 600° C ein Bleibadofen. Die Verlängerung wurde anfangs aus der Bewegung des oberen Einspannkopfes mit einer Meßuhr bestimmt. Später wurde ein selbsttätiges optisches Dehnungsmeßgerät verwendet.

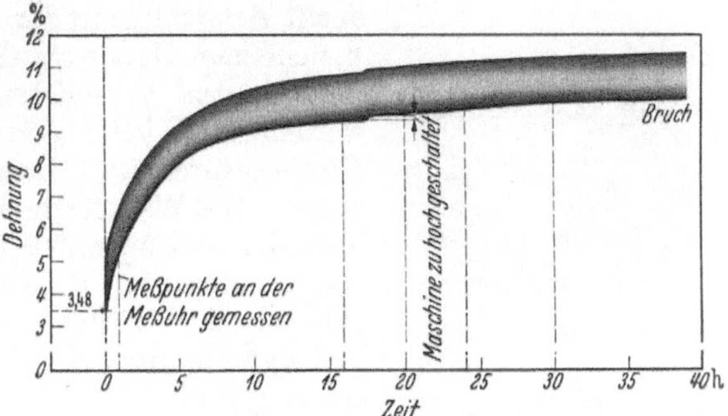

Abb. 119. Vom optischen Dehnungsmeßgerät aufgezeichnete Zeitdehnlinie. (Nach HEMPEL-TILLMANNS.)

In Abb. 119 ist als Beispiel eine mit dem optischen Dehnungsmeßgerät aufgenommene Zeitdehnlinie wiedergegeben; die Lage ihrer Nullachse wird durch vergleichsweise Ablesung an der Meßuhr ermittelt und nachträglich eingezeichnet.

Während bei einem Zeitstandversuch die aufgenommene Zeitdehnlinie in ihrer Breite nur von der Größe des abgebildeten Lichtpunktes abhängt, erhält man bei Dauerschwingversuchen eine bandförmige Filmschwärzung, deren Breite vom Spannungsausschlag abhängt. Hierbei entsprechen die Ober- und Unterkanten des Lichtbandes annähernd der Ober- und Unterspannung und die Mittellinie des Kurvenbandes der Mittelspannung in der Probe. An Hand solcher Kurven lassen sich auftretende Unregelmäßigkeiten in dem Kriechverlauf während des Versuches leicht erkennen.

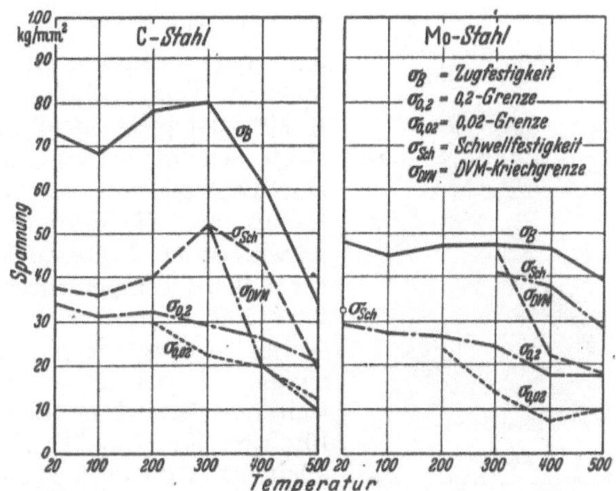

Abb. 120 u. 121. Abhängigkeit der Schwellfestigkeit und DVM-Kriechgrenze von der Temperatur. C-Stahl: 0,58% C; Mo-Stahl: 0,14% C; 0,51% Mo. (Nach HEMPEL-TILLMANNS.)

Die auf Grund des WÖHLER-Verfahrens, und zwar mit 2 Millionen Schwingungen als Grenz-Lastspielzahl bei 500 Schwingungen in der Minute an einem Kohlenstoffstahl mit 0,58% C und einem Molybdänstahl mit 0,14% C und 0,51% Mo ermittelten Schwellfestigkeiten sind in Abb. 120 und 121 in Abhängigkeit von der Temperatur aufgetragen. Das Maximum der Schwellfestigkeit bei 300° C ist bei dem Kohlenstoffstahl deutlich erkennbar. Zwischen 300° C und 500° C liegt die Schwellfestigkeit meist über den Werten der 0,2-Grenze bzw. der DVM-Kriechgrenze. Bei beiden Stählen und einer Temperatur von 300° C sind die DVM-Kriechgrenze und die Schwellfestigkeit annähernd gleich.

Die der Schwellfestigkeit entsprechende Spannung ruft ein starkes Kriechen hervor, das von 300° C bzw. 400° C an nur zum geringeren Teil aus Anfangsdehnung unter der statisch aufgebrachten Spannung besteht, zum sehr viel größeren Teil aus dem Kriechen unter der Schwingbeanspruchung. Die Verhältnisse sind also sehr ähnlich wie beim Zeitstandversuch.

Das Kriechen wurde auch für solche Schwingbeanspruchungen, die noch zum Bruch führten, in Abhängigkeit von der Lastspielzahl schaubildlich aufgetragen. Besonders bemerkenswert war, daß eine Zunahme der Dehngeschwindigkeit kurze Zeit vor dem Bruch nicht eintrat Das deckt sich völlig mit der Tatsache, daß die aufgetretenen Brüche reine Dauerschwingbrüche waren (Abb. 122 u. 123).

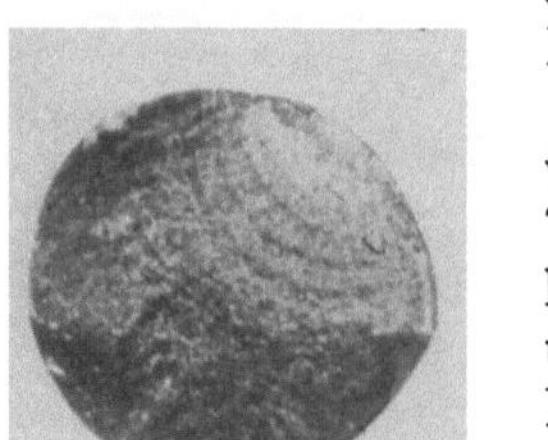

Abb. 122. Dauerschwingbruch, vom Rande ausgehend. Kohlenstoffstahl, 300° C. (Nach HEMPEL-TILLMANNS.)

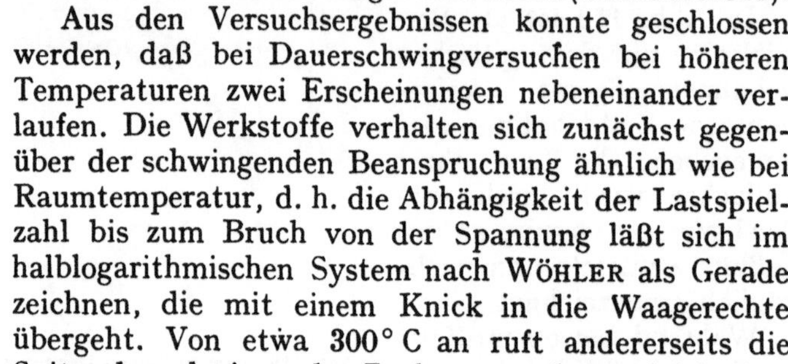

Aus den Versuchsergebnissen konnte geschlossen werden, daß bei Dauerschwingversuchen bei höheren Temperaturen zwei Erscheinungen nebeneinander verlaufen. Die Werkstoffe verhalten sich zunächst gegenüber der schwingenden Beanspruchung ähnlich wie bei Raumtemperatur, d. h. die Abhängigkeit der Lastspielzahl bis zum Bruch von der Spannung läßt sich im halblogarithmischen System nach WÖHLER als Gerade zeichnen, die mit einem Knick in die Waagerechte übergeht. Von etwa 300° C an ruft andererseits die Spitze der schwingenden Zugbeanspruchung gleichzeitig ähnliche Kriecherscheinungen hervor, wie sie bei Zeitstandversuchen beobachtet werden.

Abb. 123. Dauerschwingbruch, vom Stabinneren ausgehend. Kohlenstoffstahl, 400° C. (Nach HEMPEL-TILLMANN.)

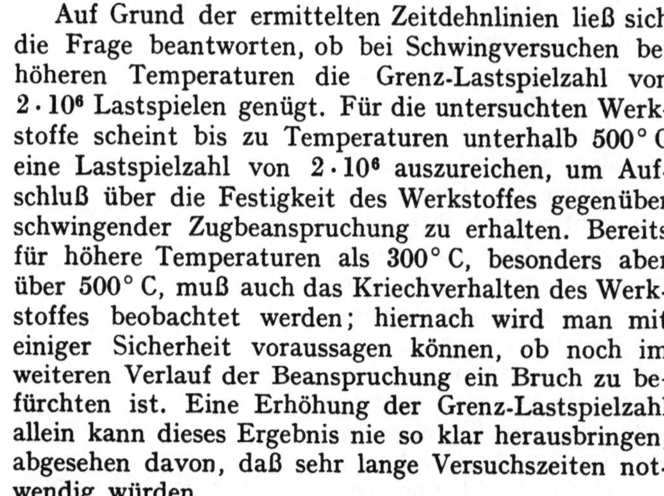

Auf Grund der ermittelten Zeitdehnlinien ließ sich die Frage beantworten, ob bei Schwingversuchen bei höheren Temperaturen die Grenz-Lastspielzahl von $2 \cdot 10^6$ Lastspielen genügt. Für die untersuchten Werkstoffe scheint bis zu Temperaturen unterhalb 500° C eine Lastspielzahl von $2 \cdot 10^6$ auszureichen, um Aufschluß über die Festigkeit des Werkstoffes gegenüber schwingender Zugbeanspruchung zu erhalten. Bereits für höhere Temperaturen als 300° C, besonders aber über 500° C, muß auch das Kriechverhalten des Werkstoffes beobachtet werden; hiernach wird man mit einiger Sicherheit voraussagen können, ob noch im weiteren Verlauf der Beanspruchung ein Bruch zu befürchten ist. Eine Erhöhung der Grenz-Lastspielzahl allein kann dieses Ergebnis nie so klar herausbringen, abgesehen davon, daß sehr lange Versuchszeiten notwendig würden.

b) Einfluß der Lastspielzahl auf das Kriechen des Werkstoffes.

Versuche von HEMPEL und TILLMANNS mit 50 und 500 Lastspielen je Minute zeigten, daß das Kriechen unter Schwingbeanspruchung in dem untersuchten Bereich unabhängig von der Lastspielgeschwindigkeit ist.

Auffallend war, daß bei den meisten Versuchen die Zeitdehnlinien für die Lastspielzahl von 500 je Minute in der Gesamtdehnung über den Kurven für 50 Lastspiele je Minute lagen.

Wenn zwischen den Zeitdehnlinien für verschiedene Lastspielgeschwindigkeiten eine fast völlige Übereinstimmung besteht, so liegt es nahe, einen solchen Zusammenhang auch für eine ruhende Beanspruchung anzunehmen, deren Größe der oberen Grenze der Schwingbeanspruchung entspricht. Diese auf Grund der Vorversuche gemachte Annahme hat sich in den durchgeführten Vergleichsversuchen mit ruhender Beanspruchung bestätigt. In einigen Fällen zeigten die Kurven des Zeitstandversuches aber auch Abweichungen, die je nach dem Temperaturgebiet nach oben oder nach unten gehen.

c) Versuche bei Zug-Druck-Wechselbeanspruchung.

M. HEMPEL und F. ARDELT[1] benutzten eine 60 t-Pulsatormaschine der Losenhausenwerk AG., die für Zug-Druck-Wechselversuche bis zu ±20 t verwendbar ist. Abb. 124 zeigt eine Gesamtansicht der Versuchseinrichtung, die aus der Universalprüfmaschine *A*, den Förderpumpen für Zug- und Druckbelastung mit Schaltpult *B*, einem Druckausgleichgefäß *C*, dem Pulsator mit Antriebsmotor *D* und den Manometern für die Kraftanzeige *E* besteht. Den besonderen Bedingungen einer Dehnungsmessung an einer Probe unter ständig wechselnder Verformungsrichtung mit Verlängerungen bis zu etwa 2 mm wurde durch das in Abb. 125 wiedergegebene Dehnungsmeßgerät Rechnung getragen. Die inneren und äußeren Meßfedern werden in Spitzkerben der Probe eingesetzt, wobei der Anpreßdruck durch das Überziehen von Spannringen auf den schwach konisch ausgebildeten Außenflächen der sich gegenüberliegenden Meßfedern erzeugt wird. An den aus dem Ofen ragenden Enden der Meßfedern werden die Spiegelschneiden mit 8 mm Breite und 1 mm Abrundungsradius eingesetzt. Für eine möglichst reibungsfreie Bewegung der Meßfedern konnte zum Anklemmen der Schneiden kein Federbügel benutzt werden. Zur Erzielung des erforderlichen Anlagedruckes wurde ein Kreuzen der Meßfedern kurz oberhalb des Schneidensitzes vorgenommen, und zwar wurde die Kreuzung des zur Dehnungsaufzeichnung benutzten Meßfederpaares so eng ausgeführt, daß sich die Schneiden nur unter leichter Spannung einsetzen ließen. Am zweiten Meßfederpaar wurde anstatt der Schneiden eine zylindrische Walze eingesetzt, um die reibungslose Beweglichkeit der Meßfedern zu gewährleisten. Durch das Kreuzen des Meßfederpaares war die Dreheinrichtung der angebrachten Spiegel einander entgegengesetzt. Hierdurch war das gesonderte Mitschreiben einer Nullinie unnötig. Verschiebungen der Probe mit den Meßfedern zum feststehenden Aufnahmegerät oder Abweichungen im Dehnungsverlauf durch Schaltfehler der Maschine oder

Abb. 124. Gesamtansicht der 60 t-Pulsatormaschine mit Ofen und Registriervorrichtung für Zug-Druckschwingversuche bei erhöhten Temperaturen. (Nach HEMPEL-ARDELT.)

[1] Mitt. K.-Wilh.-Inst. Eisenforschg. Bd. 21 (1939) S. 115.

durch Versetzen einer Spiegelschneide waren ohne weiteres auf dem Filmstreifen erkennbar.

Versuche an einem Kohlenstoffzathl mit 0,58% C, einem Molybdänstahl mit 0,14% C und 0,51% Mo sowie einem Chrom-Nickel-Wolfram-Stahl mit 0,56% C, 15,5% Cr, 13,3% Ni und 2,02% W bei 500° C ergaben, daß unter Zug-Druck-Wechselbeanspruchung in gleicher Weise wie beim Zeitstandversuch ein Kriechen auftritt, und zwar ein schnelles Kriechen nach Aufgabe der Spannung in den ersten Versuchsstunden und danach eine Abnahme der Kriechgeschwindigkeit. Der Verlauf der Zeitdehnlinien ist bei schwingender Beanspruchung von der Mittel- und Oberspannung abhängig. Bemerkenswert ist, daß für die Mittelspannung Null, also bei gleich großen positiven und negativen Spannungsausschlägen, gleichfalls ein Kriechen eintritt.

Hempel und Ardelt stellten auf Grund ihrer Untersuchungen für die drei untersuchten Stähle *Dauerfestigkeits-Schaubilder* für die Versuchstemperatur von 500° C auf. In Abb. 126 und 127 sind die Ergebnisse des C- und des Mo-Stahles wiedergegeben.

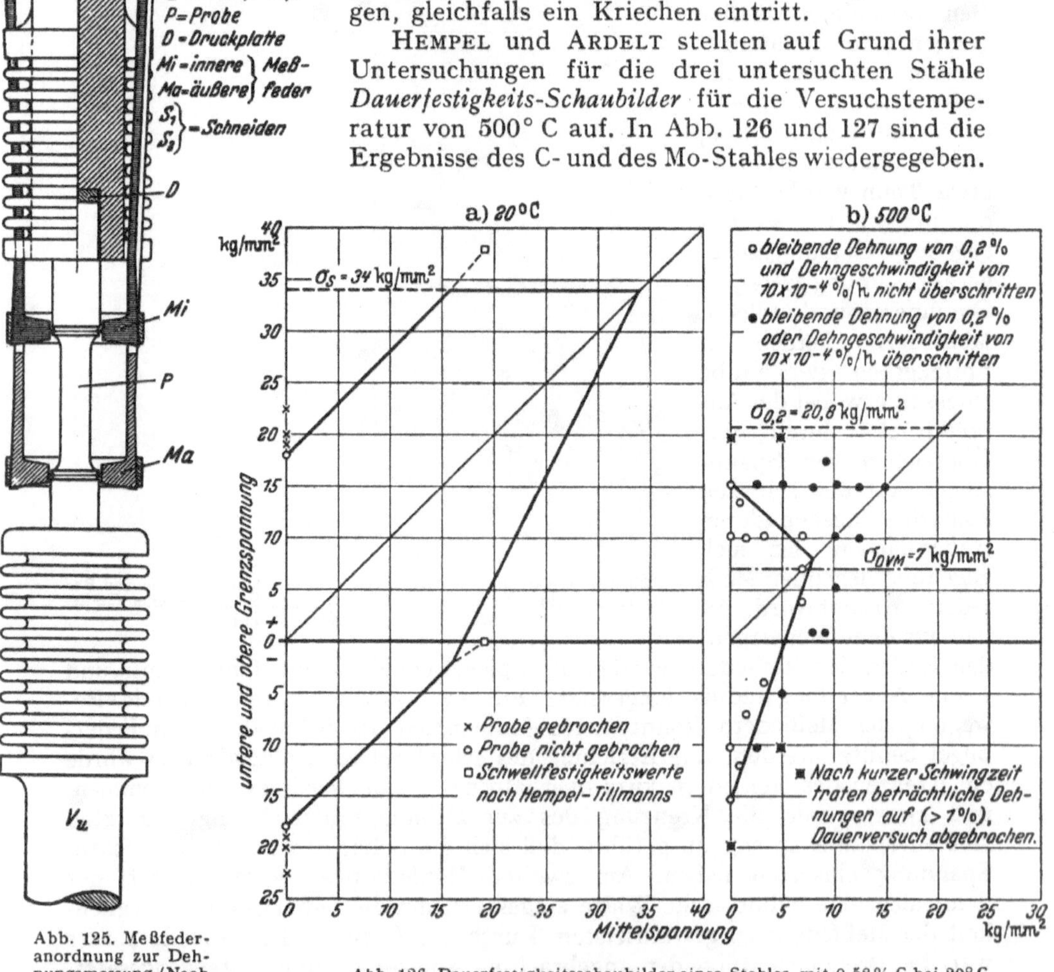

Abb. 125. Meßfederanordnung zur Dehnungsmessung. (Nach Hempel-Ardelt.)

Abb. 126. Dauerfestigkeitsschaubilder eines Stahles mit 0,58% C bei 20° C und 500° C. (Nach Hempel-Ardelt.)

Zum Vergleich ist jeweils in Teil *a* der Abb. 126 und 127 das bei Raumtemperatur ermittelte Dauerfestigkeits-Schaubild eingezeichnet. Für die Festlegung des Verlaufs der oberen und unteren Spannungsgrenze bei 500° C wurden die in DIN 50117 bei der Ermittlung der DVM-Kriechgrenze geltenden Dehnungs- und Dehngeschwindigkeitsbegrenzungen zugrunde gelegt, d. h. eine Dehngeschwindigkeit in der 25. bis 35. Versuchsstunde von $10 \cdot 10^{-4}$ %/h und

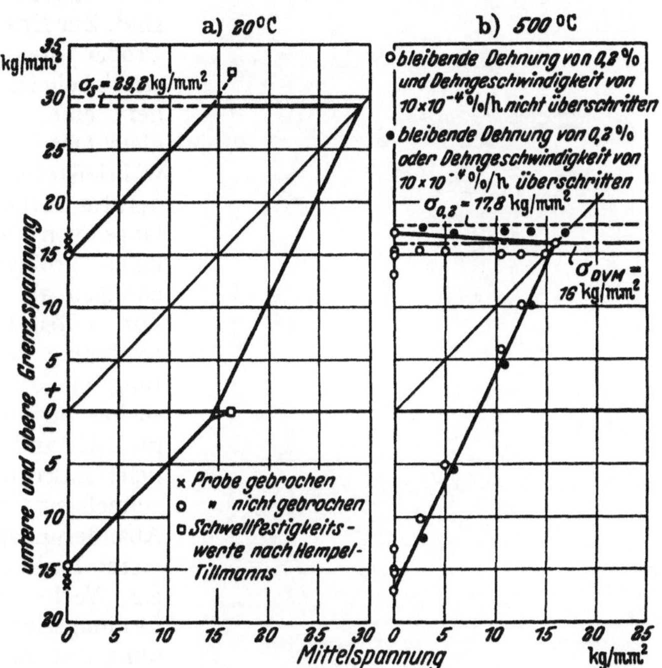

Abb. 127. Dauerfestigkeitsschaubilder eines Mo-Stahles mit 0,14% C und 0,51% Mo bei 20° C und 500° C. (Nach HEMPEL-ARDELT.)

eine bleibende Dehnung von höchstens 0,2% nach 45 h. Für den Kohlenstoffstahl (Abb. 126) muß mit zunehmender Mittelspannung die Oberspannung verringert werden, damit die Werte für die bleibende Dehnung und für die Dehngeschwindigkeit innerhalb der zulässigen Grenzen bleiben. Nicht so ausgeprägt ist die Abnahme der oberen Grenzspannungen bei dem Molybdänstahl (Abb. 127); hier verläuft die obere Grenzspannungslinie annähernd in Höhe der DVM-Kriechgrenze. Ein Vergleich der Dauerfestigkeits-Schaubilder in Teil *b* der Abb. 126 und 127 läßt erkennen, daß der Verlauf der Grenzlinien durch die unterschiedliche DVM-Kriechgrenze und Warmstreckgrenze der Stähle wesentlich beeinflußt wird.

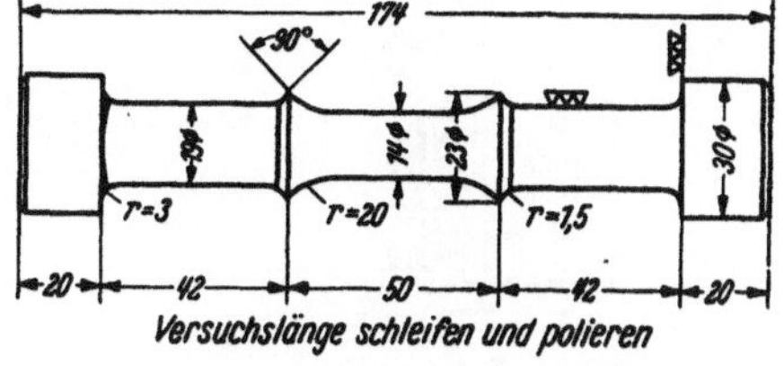

Abb. 128. Probe für Zug-Druck-Schwingversuche bei hohen Temperaturen. (Nach HEMPEL-KRUG.)

H. HEMPEL und H. KRUG[1] benutzten für die Durchführung von Zug-Druck-Wechselversuchen bei hohen Temperaturen einen ölhydraulischen 35 t-Zug-Druck-Pulsator der Firma Losenhausenwerk, Düsseldorf, dessen Kraftübertragung ein ungehindertes Kriechen der Proben unter gleichbleibender äußerer Beanspruchung zuließ.

[1] Mitt. K.-Wilh.-Inst. Eisenforschg. Bd. 24 (1942) S. 71. — Arch. Eisenhüttenw. Bd. 16 (1942/43) S. 261. — Z. VDI Bd. 86 (1942) S. 599.

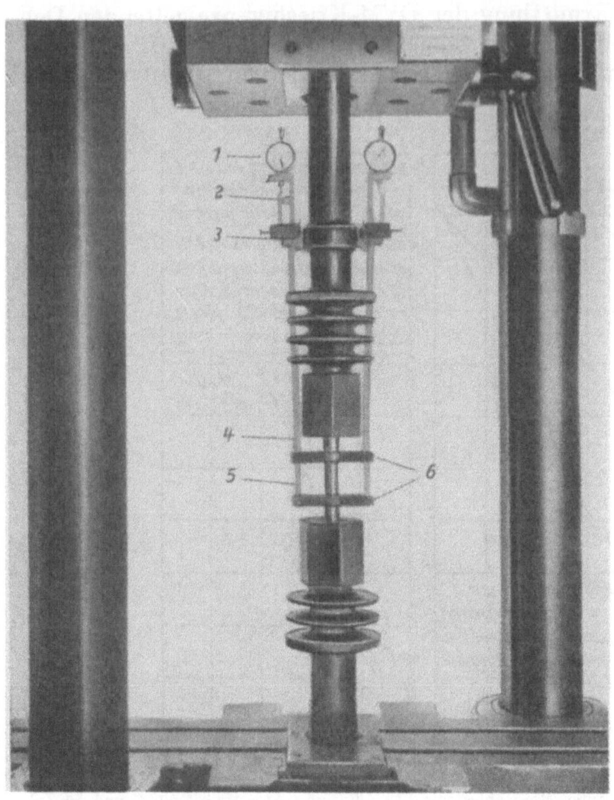

Abb. 129. Probeneinspannung mit Meßfedern zur Aufzeichnung der Verlängerung. (Einspannung zwischen den Säulen um 90° versetzt.) (Nach Hempel-Krug.)
1 Meßuhr; *2* Spiegel; *3* Federbügel; *4* oberes Meßfederpaar; *5* unteres Meßfederpaar; *6* Klemmbügel.

Aus Walzenstangen von 30 mm Dmr. wurden Proben herausgearbeitet, deren Abmessungen aus Abb. 128 zu entnehmen sind. Zur Erwärmung der Proben diente ein elektrisch beheizter Luftofen, der eine Temperaturgleichheit von $\pm 3^\circ$ C gewährleistete. Die Temperatur entlang der Meßlänge von 50 mm wies keine größeren Abweichungen als $\pm 2^\circ$ C auf. Zur selbsttätigen Aufzeichnung der Verlängerung im Verlauf des Versuches eignete sich das im Zeitstandversuch übliche Martenssche Spiegelmeßgerät mit einigen Abänderungen, die in erster Linie dem ständigen Wechsel in der Verformungsrichtung Rechnung trugen. Der Aufbau der Meßanordnung ist aus Abb. 129 zu erkennen. Die Verlängerung wurde auf beiden Probenseiten gemessen, optisch 200- oder 400fach vergrößert und auf einem umlaufenden Filmstreifen in Abhängigkeit von der Zeit aufgezeichnet (Abb. 130). Für Einzelablesungen während der Versuche, vor allem beim Auftreten größerer Kriechbeträge, konnten die an den Meßfedern angebrachten Meßuhren benutzt werden.

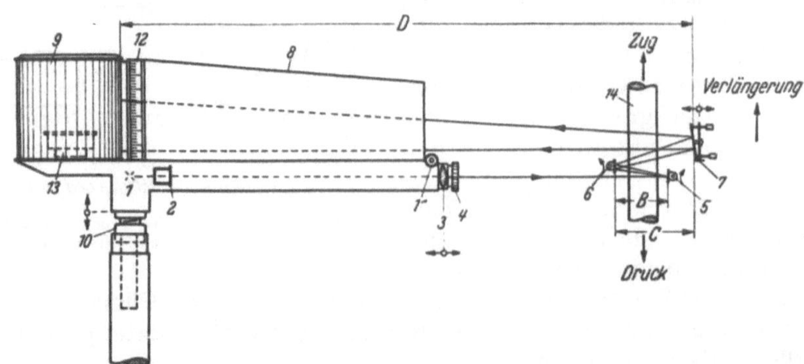

Abb. 130. Strahlengang zur Aufzeichnung der Verlängerung (schematisch). (Nach Hempel-Krug.)
1 Lichtquelle; *2* Lochblende; *3* Sammellinse; *4* Verschluß; *5* unterer Spiegel; *6* oberer Spiegel; *7* Reflexionsspiegel; *8* Lichtschutzkasten; *9* Trommel; *10* Vertikalverstellung des Lichtpunktes; *11* Linsenverstellung; *12* Skala; *13* Uhrwerk; *14* Probenverlängerung.

Nach erfolgtem Temperaturausgleich — die Probe stand während der Anheizdauer unter einer geringen Vorlast — wurde zunächst die jeweilige Zugmittelspannung statisch auf die Probe gegeben und dann eine schwingende Beanspruchung überlagert, indem diese mit stetig größer werdenden Spannungsausschlägen bis zu ihrem Nennwert gleichmäßig gesteigert wurde. Für jede Temperaturstufe ist unabhängig von den Verlängerungen der Probe zuerst die Dauerschwingfestigkeit der Werkstoffe bei verschiedenen Mittelspannungen nach dem bekannten Wöhler-Verfahren unter Zugrundelegung einer Grenz-Lastspielzahl von $2 \cdot 10^6$ ermittelt worden. Diese war bei einer Frequenz von 666 N/min (= Lastspiele je min) nach 50 h erreicht. Auf Grund zahlreicher Vorversuche ergab sich diese Prüfgeschwindigkeit als die höchstzulässige für die benutzte Maschinenbauart, da bei höheren Frequenzen die Werte der Dauerschwingfestigkeit durch zusätzliche Beanspruchungen infolge zu großer Massenbeschleunigungen der Maschinenköpfe herabgesetzt wurden. Nur für diejenigen Temperaturen, bei denen Schwingbeanspruchungen im Laufe der Zeit ein Kriechen des Werkstoffes hervorriefen, obwohl ihre Oberspannungen noch nicht die im Zugversuch ermittelte Warmstreckgrenze erreichten, ist die Verlängerung in Abhängigkeit von der Versuchszeit aufgezeichnet worden.

Es lag nahe[1], die Auswertung der unter schwingender Beanspruchung ermittelten Zeitdehnbänder (s. Abb. 121) in Anlehnung an die für den Zeitstandversuch in DIN 50117 festgelegte Bestimmung vorzunehmen.

Bis zu Temperaturen von etwa 300° C verhält sich Stahl unter Schwingbeanspruchung ähnlich wie bei Raumtemperatur, d. h. es treten keine ausgeprägten Kriecherscheinungen auf. Das Eintreten des Dauerschwingbruchs wird bei diesen Temperaturen vor allem durch das während der Schwingbeanspruchung einsetzende Wechselspiel zwischen Verfestigung und Zerrüttung bestimmt. In Abb. 131 sind die Dauerfestigkeits-Schaubilder eines Chrom-Molybdän-Stahls für die Temperaturen von 20, 100, 200 und 300° C wiedergegeben. Die Begrenzung der Schaubilder in Höhe des Streckgrenzwertes ist durch die Bedingung gegeben, daß die Oberspannung die Streckgrenze nicht überschreiten soll, um unzulässige bleibende Verformungen zu vermeiden.

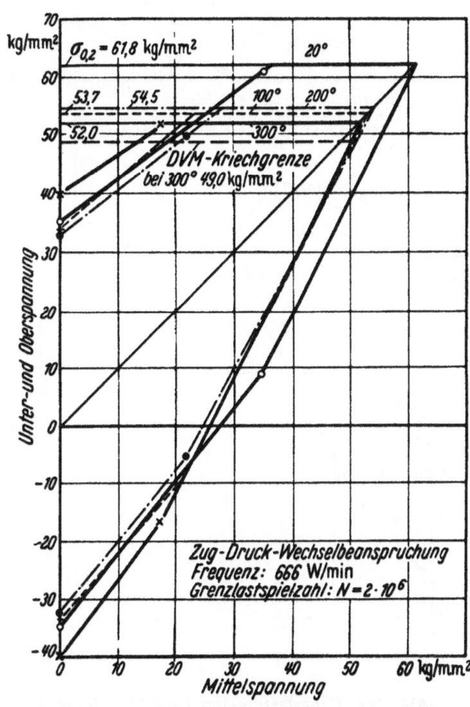

Abb. 131. Dauerfestigkeitsschaubild von Chrom-Molybdän-Stahl bei 20 bis 300° C. (Nach Hempel-Krug.)

Die bei den Temperaturen von 20° C bis 300° C sich ergebenden Grenzspannungslinien der Dauerfestigkeits-Schaubilder verlaufen durchaus gleichartig. Mit wachsender Mittelspannung verringern sich für die verschiedenen Temperaturen die ertragbaren Spannungsausschläge nur in geringem Maße. Bemerkenswert ist, daß die Spannungsausschläge dieses Stahls bei 300° C bis

[1] Pomp, A., u. M. Hempel: Mitt. dtsch. Luftf.-Forschg. (1942) Nr. 5, S. 235.

zu Mittelspannungen, bei denen die obere Grenzspannungslinie die Warmstreckgrenze erreicht (etwa 20 kg/mm²), größer als bei Raumtemperatur sind. Die DVM-Kriechgrenze bei 300° C (49 kg/mm²) liegt nur wenig tiefer als die Warmstreckgrenze (52 kg/mm²).

Zur Klärung der Frage, inwieweit die Warmstreckgrenze und die DVM-Kriechgrenze die Gestalt der Dauerfestigkeits-Schaubilder bei höheren Temperaturen beeinflussen, wurden von M. Hempel und H. Krug[1] drei kennzeichnende Grenzfälle untersucht, bei denen die Versuchswerkstoffe nach folgenden Gesichtspunkten ausgewählt wurden:

$$\sigma_{DVM} > \pm\sigma_W < \sigma_{0,2} \qquad \sigma_{DVM} < \sigma_{0,2}$$
$$\sigma_{DVM} < \pm\sigma_W < \sigma_{0,2} \qquad \sigma_{DVM} \ll \sigma_{0,2}$$
$$\sigma_{DVM} < \pm\sigma_W > \sigma_{0,2} \qquad \sigma_{DVM} \cong \sigma_{0,2}$$

Es bedeuten:

σ_{DVM} DVM-Kriechgrenze
$\pm\sigma_W$ Wechselfestigkeit (Mittelspannung Null)
$\sigma_{0,2}$ Warmstreckgrenze

Diesen Bedingungen entsprechen ein Chrom-Molybdän-Stahl, ein Chromstahl und ein Molybdänstahl. Die Stähle wurden mit einer Prüffrequenz von 666 N/min und einer Grenz-Lastspielzahl von $2 \cdot 10^6$, entsprechend einer Versuchszeit von

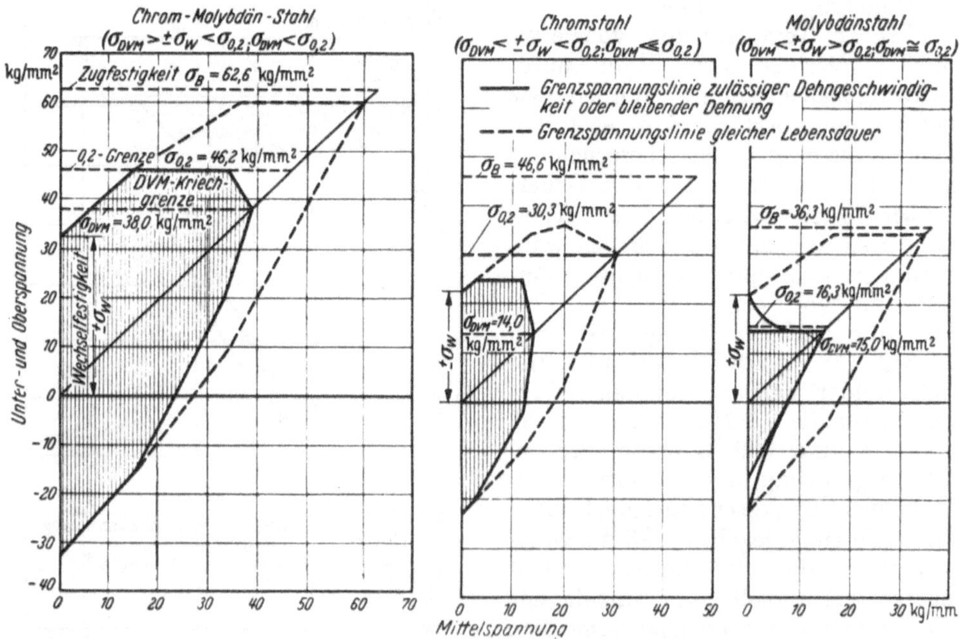

Abb. 132. Dauerfestigkeitsschaubilder dreier warmfester Stähle bei 500° C. (Nach Hempel-Krug.)

50 h, unter Aufzeichnung der Zeitdehnlinien geprüft. Die an den drei Stählen bei 500° C und mit Berücksichtigung der Dehnung ermittelten *Dauerfestigkeits-Schaubilder* sind in Abb. 132 wiedergegeben. Während das Wöhler-Verfahren Grenzspannungslinien gleicher Lebensdauer ergibt (strichpunktierte Linien), umfassen die nach dem Dehnungsmeßverfahren bestimmten Grenzspannungs-

[1] Mitt. K.-Wilh.-Inst. Eisenforschg. Bd. 24 (1942) S. 71.

linien (ausgezogene Linien) einen Belastungsbereich zulässiger Dehngeschwindigkeit bzw. bleibender Dehnung. Die Grenzspannungslinien sind durch Versuchspunkte weitgehend belegt, die jedoch der Übersichtlichkeit halber im Bild fortgelassen wurden.

In den Abbildungen sind für jeden Stahl zwei Diagrammflächen zu erkennen, und zwar ein Grenzspannungsbereich, der nicht zum Bruch des Werkstoffes führt, und demgegenüber ein kleineres (schraffiertes) Gebiet, in dem Wechselbeanspruchungen ohne unzulässige Verformungen ertragen werden. Die beiden Flächen weisen je nach der Stahlart deutliche Unterschiede in ihrer Größe und Gestalt auf. Ausschlaggebend hierfür sind außer der Warmzugfestigkeit die Warmstreckgrenze und die DVM-Kriechgrenze der Werkstoffe bei der Prüftemperatur. Für den Chrom-Molydbän-Stahl liegen hierbei die Verhältnisse am günstigsten; er vereint eine hohe Warmstreckgrenze mit einer guten DVM-Kriechgrenze. Im Gegensatz hierzu besitzt der Chromstahl ungünstigere Eigenschaften; die Warmstreckgrenze liegt im Vergleich zur Warmfestigkeit nicht besonders hoch, und die DVM-Kriechgrenze beträgt nur etwa die Hälfte der Warmstreckgrenze. Das ungünstigste Verhalten weist der Molybdän-Stahl auf, dessen Warmstreckgrenze und DVM-Kriechgrenze, die annähernd übereinstimmen, im Vergleich zur Warmzugfestigkeit niedrig liegen.

Der nach dem WÖHLER-Verfahren ermittelte Grenzspannungsbereich reicht bei dem Chrom-Molybdän- und Molybdänstahl nahezu bis zur Warmzugfestigkeit. Im Gegensatz dazu endet derselbe Bereich für den Chromstahl bereits in Höhe der Warmstreckgrenze, so daß dieser Stahl damit ein grundsätzlich anderes Verhalten zeigt. Als Ursache für dieses Verhalten darf das ausgesprochen große Fließvermögen angesehen werden, das bei diesem Stahl schon in dem verhältnismäßig kurzen Zeitraum von 50 h zum Bruch führt, und zwar bereits bei Spannungen, die im Gegensatz zu den beiden anderen Stählen weit unterhalb der im Zugversuch bestimmten Warmzugfestigkeit liegen.

Als Folge der günstigen statischen Werte des Chrom-Molybdän-Stahls ist der nach dem Dehnungsmeßverfahren ausnutzbare Grenzspannungsbereich verhältnismäßig groß. Die obere Grenzspannungslinie verläuft bis zur Warmstreckgrenze mit der nach dem WÖHLER-Verfahren ermittelten zusammen und setzt sich in Höhe der Warmstreckgrenze bis zu einer Mittelspannung von etwa 30 kg/mm² fort. Erreicht die Mittelspannung Beträge, die in Höhe der DVM-Kriechgrenze oder dicht unter ihr liegen, so biegen die obere und untere Grenzspannungslinie zur DVM-Kriechgrenze hin ab. Bei Mittelspannungen dieses Bereichs kann die Oberspannung nicht bis zur Warmstreckgrenze erhöht werden, ohne daß die festgesetzten Dehnbedingungen überschritten werden.

Der Chromstahl läßt einen wesentlich kleineren Grenzspannungsbereich erkennen. Die sich nach beiden Verfahren ergebenden Grenzspannungslinien fallen nur im Gebiet sehr kleiner Mittelspannungen zusammen. Nach dem Dehnungsmeßverfahren laufen mit steigender Mittelspannung die zulässigen Oberspannungen zwischen Warmstreckgrenze und DVM-Kriechgrenze. Die obere und untere Grenzspannungslinie enden wiederum in Höhe der DVM-Kriechgrenze.

Für beide Stähle liegt die DVM-Kriechgrenze bei der Mittelspannung Null (Wechselfestigkeit) unterhalb der Warmstreckgrenze. Die bei diesen Wechselspannungen auftretenden Verformungen sind daher elastischer Natur, d. h. es treten keine meßbaren Zeit- oder bleibenden Dehnungen auf. Anders liegen die Verhältnisse bei dem Molybdänstahl. Hier ergibt sich eine Wechselfestigkeit, die oberhalb der Warmstreckgrenze, d. h. im plastischen Gebiet, liegt. Trotz gleich großen Zug- und Druckkräften tritt ein Kriechen auf; doch bleiben die Kriechbeträge gerade noch unterhalb der nach DIN 50117 zulässigen Grenze.

Allerdings ist die Art der Spannungsaufgabe nicht ohne Einfluß auf die Größe des Kriechens. Nur bei allmählich gesteigertem Spannungsausschlag lassen sich unzulässig hohe Kriechbeträge vermeiden, ein Fall, der im Betrieb meist nicht vorliegen dürfte; daher kommt für den Konstrukteur als ausnutzbarer Spannungsbereich ohne unzulässige Verformung nur die dreieckige Fläche in Frage, bei der die obere Grenzspannungslinie mit der DVM-Kriechgrenze zusammenfällt.

Übereinstimmend trifft für die untersuchten Stähle zu, daß die Mittelspannung nicht bis zur Höhe der DVM-Kriechgrenze gesteigert werden darf, wenn dieser noch ein Spannungsausschlag überlagert werden soll, da es sonst zu einer Überschreitung der Verformungsbedingungen kommt. Weiter ist aus dem Verlauf der Grenzspannungslinien zu entnehmen, daß für den Chrom-Molybdän- und den Chromstahl sogar Oberspannungen, die die DVM-Kriechgrenze überschreiten, keine unzulässigen Kriechbeträge ergeben, sofern die Mittelspannung nicht in der Nähe ihres Grenzwerts liegt. Dies ist insofern bemerkenswert, als für beide Verfahren — nämlich Bestimmung der DVM-Kriechgrenze und der Dauerschwingfestigkeit — gleiche Verformungsbedingungen gestellt sind. Eine Erklärung ist darin zu suchen, daß infolge der stetigen Spannungswechsel eine im Dauerschwingversuch aufgebrachte Oberspannung tatsächlich nur für Bruchteile der gesamten Versuchszeit zur Wirkung kommt und daher nicht zu der gleichen Verformungsgeschwindigkeit bzw. bleibenden Verformung führt, die eine ruhende Beanspruchung in gleicher Größe und während der gleichen Zeitdauer hervorruft.

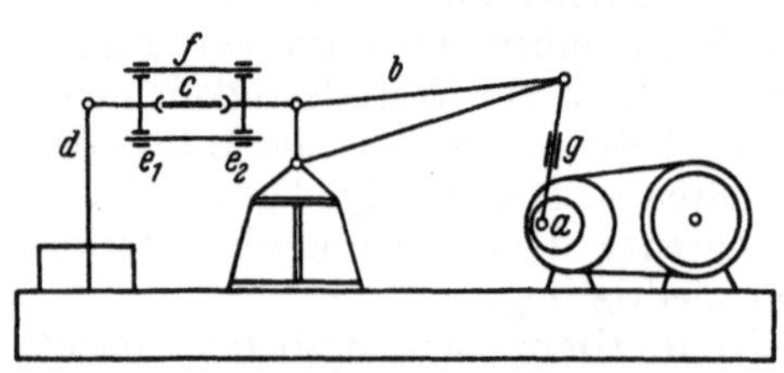

Abb. 133. Schematische Darstellung der Prüfmaschine nach SIEBEL, STEURER u. G. STÄHLI für Schwingversuche in der Wärme.
a Exzenter; *b* Kniehebel; *c* Probe; *d* Meßfeder; e_1 und e_2 Einspannköpfe; *f* Parallelführung; *g* Verstellmutter.

Mit ähnlichen Fragen über Kriechvorgänge unter schwingender Beanspruchung beschäftigen sich E. O. BERNHARDT und H. HANEMANN[1] sowie G. GÜRTLER und E. SCHMID[2].

Für den Dauerschwingversuch bei höheren Temperaturen benutzten E. SIEBEL, W. STEURER und G. STÄHLI[3] eine mechanisch betriebene Zug-Druck-Schwingungsprüfmaschine, deren Wirkungsweise aus Abb. 133 hervorgeht. Der am Exzenter *a* einstellbare Spannungsausschlag wird über einen Kniehebel *b* auf die von einem Ofen umgebene Probe *c* übertragen und die wirksame Schwingbeanspruchung an der Blattfeder *d* gemessen. Die beiden Einspannköpfe e_1 und e_2 sind durch eine Parallelführung *f* so geführt, daß während des Laufes der Maschine keine zusätzliche Biegebeanspruchung auf die Probe übertragen wird. Die Zug- oder Druckvorrichtung kann durch Verkürzen oder Verlängern der Pleuelstange durch eine Verstellmutter *g* auf die Probe aufgebracht werden. Der stufenlos, mit Hilfe einer doppelten Exzentrität verstellbare Exzenter wird von einem Synchronmotor angetrieben, der die Einstellung von 750, 1000 und 1500 U/min ermöglicht. Die zur Kraftmessung dienende Feder ist als Blattfeder ausgebildet. Der Federausschlag wird mittels zweier Meßuhren durch Herantasten an den Anschlagbolzen mit einer Tastvorrichtung gemessen. Es wurden Federn bis zu einem Meßbereich von ± 500 kg verwendet. Mit Hilfe eines

[1] Z. Metallkde. Bd. 30 (1938) S. 401.
[2] Z. VDI Bd. 83 (1939) S. 749.
[3] Z. Metallkde. Bd. 34 (1942) S. 145.

optischen Dehnungsmeßgerätes kann während des Betriebes der Prüfmaschine die jeweils auftretende Verlängerung der Probe in Abhängigkeit vom Federweg aufgezeichnet werden. Der eigentliche Meßteil des auf die beiden Einspannstücke aufgesetzten Gerätes besteht aus zwei Stahlplättchen mit geläppten Schneiden. Die eine Schneide ist genau senkrecht, während die obere Hälfte der anderen Schneide eine Neigung von 1 : 25 aufweist. Durch die in der Mitte angebrachten Querschlitze und durch die beiden einander parallelen Schneidenhälften kann durch Mikrometerschrauben eine beliebig gewünschte Nullstellung des Spaltes eingeregelt werden. Durch die Eigenart der Prüfmaschine — die Probe legt entsprechend der Federkennlinie einen bestimmten Weg zurück — bewegt sich die eine Meßschneide entsprechend dem Federweg, während sich der Meßspalt, durch die Verlängerung der Probe bedingt, gleichzeitig öffnet und schließt. Durch photographische Aufnahme des durch eine Lichtquelle erhellten Spaltes ist es möglich, die Verlängerung in Abhängigkeit vom Spannungsweg als Laufdiagramm aufzunehmen.

Der Heizstrom für den elektrischen Ofen wird mittels eines Widerstandes grob und durch einen Siemens-Z-Überstromregler fein geregelt, der von einem an der Heizwicklung befindlichen Thermoelement gesteuert wird. Die Probentemperatur wird gesondert mit einem am Probenkopf eingeführten Thermoelement gemessen. Es ergab sich im ungünstigsten Falle eine Abweichung um $\pm 10^\circ$ C von der Nenntemperatur im zylindrischen Teil der Probe.

Die Versuche wurden in der Weise durchgeführt, daß bei überlagerter ruhender und schwingender Beanspruchung der zulässige Festigkeitsbereich so abgegrenzt wurde, daß innerhalb der festgelegten Grenz-Lastspielzahl (10 Mill.) bei einer Lastspielzahl von 1000 je min weder ein Bruch noch größere bleibende Formänderungen (über 1%) auftraten. Die Eigenart der Prüfmaschine, daß mit dem Auftreten bleibender Formänderungen in der Probe die Vorspannung zwangsläufig sinkt, wurde zum Messen der bleibenden Formänderungen und zur Aufnahme von Zeitdehnlinien während des Dauerschwingversuchs benutzt. Mit den beiden Meßuhren wurde der Spannungsabfall durch Herantasten an den Bolzen der Meßfeder festgestellt und so auf die Verlängerung der Probe geschlossen.

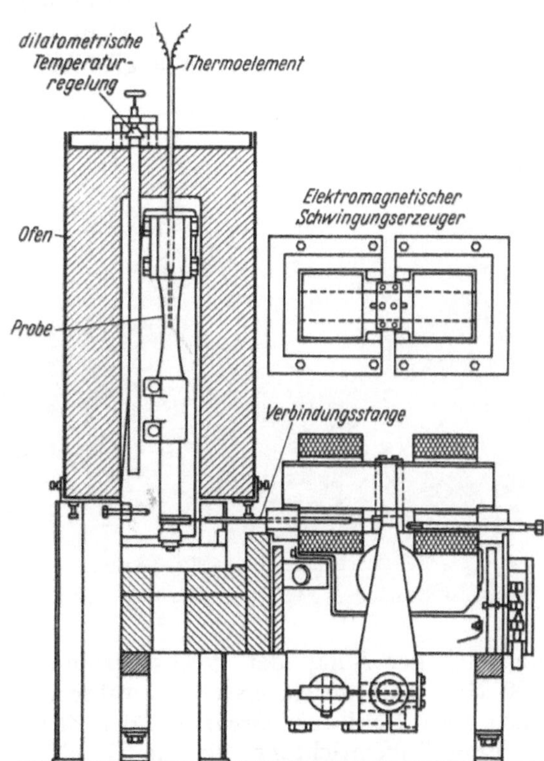

Abb. 134. Prüfgerät für Biegewechselversuche bei erhöhten Temperaturen. (Nach WELCH-WILSON.)

d) Biegewechselversuche bei hohen Temperaturen.

Zur Erprobung von warmfesten Legierungen unter schwingender Biegebeanspruchung wurde von W. P. WELCH und W. A. WILSON[1]

[1] Steel Bd. 109 (1941) Nr. 21, S. 62.

eine Prüfmaschine benutzt, deren Aufbau aus Abb. 134 hervorgeht. Zwecks Abkürzung der Versuchsdauer und Ausdehnung der Versuche auf eine Lastspielzahl von 500 Mill. und mehr wurde als Antriebsart das elektromagnetische Resonanzprinzip angewandt. Während das eine Probenende fest eingespannt ist, erfährt das freie Probenende eine gleichbleibende Verformung, die durch eine Verbindungsstange vom Schwingungserzeuger übertragen wird. Die Frequenz des Schwingungssystems beträgt 7200 N/min; der elektrisch beheizte Luftofen ermöglicht die Prüfung der Werkstoffe bis zu Temperaturen von etwa 540° C. Die Spannung wird unter Zugrundelegung der Durchbiegungs- und Momentenkennlinie für die in der Mitte der Prüfstrecke liegende höchstbeanspruchte Stelle berechnet. Bei einer Gesamtlänge der Proben von 222 mm beträgt der Durchmesser in der Einspannung etwa 23,5 mm und in der Mitte der Prüfstrecke, die mit einem Radius von 235 mm eingedreht ist, etwa 14 mm.

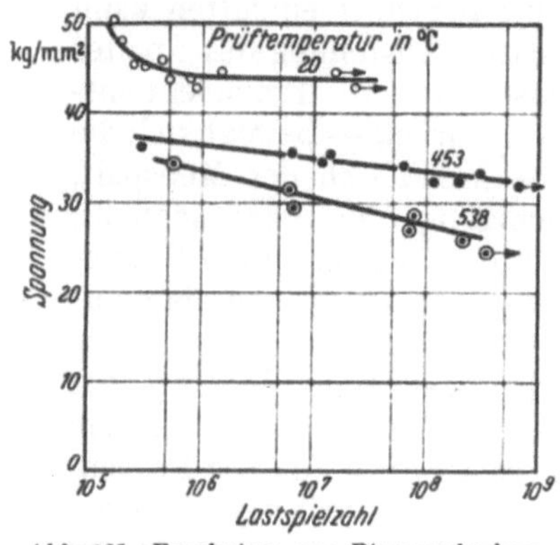

Abb. 135. Ergebnisse von Biegewechselversuchen an Stahl mit 0,10% C; 0,45% Mn; 12,3% Cr; 0,38% Mo und 0,21% Ni bei höheren Temperaturen. (Nach WELCH-WILSON.)

Auf der Prüfeinrichtung wurden Dauerschwingversuche bei höheren Temperaturen unter wechselnder Biegebeanspruchung an verschiedenen Stählen und gegossenen Kupferlegierungen bis zu einer Grenz-Lastspielzahl von etwa 500 Mill., an einzelnen Proben bis zu etwa 1 Milliarde Lastspiele ausgeführt. Über den Verlauf der WÖHLER-Linien eines Chromstahls bei verschiedenen Temperaturen gibt Abb. 135 Aufschluß. Es ist ersichtlich,

Abb. 136. Schwing-Prüfgerät mit feststehender Probe und umlaufender Unwucht. (Nach MCKEOWN-BACK.)

daß sich der Abfall der Wechselspannungen oberhalb 400° C bis zu etwa 500 Mill. Lastspielen erstreckt, während sich bei Raumtemperatur bereits nach etwa 2 Mill. ein Grenzwert der Biegewechselfestigkeit ergibt.

Eine Prüfeinrichtung für die Durchführung von Umlaufbiegeversuchen bei höheren Temperaturen beschreiben J. MCKEOWN und L. H. BACK[1]. Die

[1] Metallurgia Manchr. Bd. 38 (1948) S. 247.

Arbeitsweise der Maschine ist ähnlich der der WÖHLER-Maschinen, bei denen eine umlaufende Probe einem konstanten Biegemoment ausgesetzt ist, so daß der Werkstoff an jeder Stelle der Probe unter gleichen und entgegengesetzt gerichteten Spannungen während jeder Umdrehung steht. Abweichend von dieser bekannten Bauart wird bei der neuen Maschine die an einem Ende fest eingespannte Probe nicht in Drehung versetzt, sondern an dem freien Ende der Probe greift eine umlaufende Umwucht an, die der feststehenden Probe ein konstantes Biegemoment erteilt. Dadurch fallen die Schwierigkeiten in der Temperaturmessung der Probe fort, die bei umlaufender Probe auftreten. Bei stillstehender Probe ist eine genaue Temperaturmessung mit Hilfe eines in unmittelbarer Berührung mit der Probe angebrachten Thermoelementes unschwer möglich. Eine Ansicht der Maschine ist in Abb. **136** wiedergegeben. Bisher wurden Dauerschwingversuche an Leichtmetallegierungen bis zu Temperaturen von 300° C auf dieser Maschine durchgeführt. Tastversuche bei 500° C und 700° C an Aluminiumbronze ergaben, daß bei der bisherigen Ofenbauart die Prüfmaschine bis zu Temperaturen von 700° C verwendbar ist.

B. Festigkeitsuntersuchung bei tiefen Temperaturen.

Von K. BUNGARDT, Krefeld.

1. Allgemeines.

Zur Kennzeichnung des Einflusses tiefer Temperaturen auf die Festigkeitseigenschaften vielkristalliner, metallischer Werkstoffe geben die insbesondere an hexagonalen Metall-Einkristallen gemachten Beobachtungen über den Temperatureinfluß auf die Plastizität und Festigkeit einen ersten Anhalt[1]. Von den beiden, die plastische Verformbarkeit beherrschenden Vorgängen, Translation und mechanische Zwillingsbildung, wird die mechanische Zwillingsbildung durch die Temperatur nach den bisherigen Beobachtungen nur wenig beeinflußt, wie aus der Tatsache gefolgert werden kann, daß die mechanische Zwillingsbildung bei hohen Temperaturen gegenüber der Translation zurücktritt und andererseits bevorzugt bei tiefen Temperaturen zu beobachten ist. Ebenfalls ist die zur Einleitung ausgiebiger Translation erforderliche kritische Schubspannung im wirksamen Translationssystem nur wenig temperaturabhängig, und zwar steigt diese mit abnehmender Temperatur etwas an, bleibt aber nach den vorhandenen Beobachtungen bis zu tiefen Temperaturen in der gleichen Größenordnung wie bei Raumtemperatur. Gegenüber diesem verhältnismäßig geringen Temperatureinfluß auf den Beginn größerer plastischer Verformungen besteht eine sehr ausgeprägte Temperaturabhängigkeit der Schubverfestigung und Grenzschubspannung vor allem in einem mittleren Temperaturbereich. In diesem Temperaturbereich, der zwischen tiefsten und hohen Temperaturen liegt, ist mit einer Temperaturerniedrigung ein jeweils steilerer Anstieg der Schubspannung des wirksamen Translationssystems mit der Abgleitung verbunden bei gleichzeitigem Anstieg der Grenzschubfestigkeit. In den beiden Temperaturrandgebieten ist der Temperatureinfluß auf die Schubverfestigung praktisch verschwindend.

In qualitativer Übereinstimmung mit diesen Untersuchungsbefunden an Einkristallen zeigen die Untersuchungen über den Einfluß tiefer Temperaturen

[1] Vgl. E. SCHMID u. W. BOAS: Kristallplastizität. Berlin: Springer 1935.

auf die Festigkeitseigenschaften vielkristalliner metallischer Werkstoffe, daß mit einer Temperaturabnahme ein mehr oder minder regelmäßig verlaufender Anstieg des Formänderungswiderstandes verbunden ist. Die Erhöhung des Formänderungswiderstandes mit sinkender Temperatur ist durch steigende Streckgrenze, Zugfestigkeit und Härte gekennzeichnet.

Hinsichtlich des Einflusses tiefer Temperaturen auf das Formänderungsvermögen bestehen dagegen bei verschiedenen Metallen und ihren sich gleichartig verhaltenden α-Mischkristall-Legierungen grundsätzliche Unterschiede. Bruchdehnung und Brucheinschnürung als die im Zugversuch das Formänderungsvermögen kennzeichnenden Eigenschaftswerte ändern sich bei α-Eisen mit fallender Temperatur zunächst wenig, nehmen dann aber bei Unterschreiten einer bestimmten Temperatur sehr stark ab. Ähnlich wie das kubisch-raumzentrierte α-Eisen verhalten sich die hexagonal kristallisierenden Metalle Magnesium und Zink. Demgegenüber nimmt bei den kubisch-flächenzentrierten Metallen, wie Aluminium, Blei, Kupfer und Nickel, die Bruchdehnung mit abnehmender Temperatur zu, wobei die Brucheinschnürung der drei letztgenannten Metalle etwa gleichbleibt und bei Aluminium eine unstetige Abnahme zeigt[1].

Mit abnehmender Temperatur nimmt bei den Metallen die Neigung zu einem Übergang vom den meist mit größeren Verformumgen verbundenen Abschiebungsbruch (Verformungsbruch) mit sehnigem Bruchaussehen zu einem mehr oder minder spröden Normalspannungsbruch (Trennungsbruch) in Spaltebenen mit körnigem Bruchaussehen zu. Während diese Neigung bei den kubisch-flächenzentrierten Metallen und Legierungen gering ist, tritt die Änderung der Bruchart bei α-Eisen und den hexagonal kristallisierenden Metallen bei dem Steilabfall des Formänderungsvermögens deutlich in Erscheinung. Als maßgebend für das spröde oder zähe Verhalten eines Werkstoffes ist entsprechend der zuerst von P. LUDWIK[2] gegebenen Erklärung das Verhältnis von Formänderungswiderstand zur Trennfestigkeit anzusehen. Bei einer im Vergleich zum Formänderungswiderstand[3] hohen Trennfestigkeit[3] sind ausgedehnte Formänderungen möglich. Im umgekehrten Falle wird die Trennfestigkeit bereits überschritten, bevor die Schubspannung des wirksamen Translationssystems die kritische Schubspannung erreicht. Ein spröder Normalspannungsbruch ist die Folge. Der Zähigkeitsverlust kaltspröder Werkstoffe bei tiefen Temperaturen verschiebt sich in dem Maße zu höheren Temperaturen, wie sich durch den Werkstoffzustand und die Beanspruchungsbedingungen das Verhältnis vom Formänderungswiderstand zur Trennfestigkeit ungünstiger gestaltet.

Diese Neigung zur Versprödung bei tiefen Temperaturen steht bei den Festigkeitsuntersuchungen vielkristalliner metallischer Werkstoffe bei tiefen Temperaturen im Vordergrund, zumal außer der Temperatur und dem das plastische Verhalten von Vielkristallen mitbestimmenden Korngrenzeneinfluß zahlreiche weitere Einflußgrößen, wie Zusammensetzung, Wärmebehandlungs-, Kaltverformungszustand, Gefügeaufbau, Verformungsgeschwindigkeit und insbesondere der Spannungszustand bei der Beanspruchung das Formänderungsvermögen weitgehend beeinflussen[4].

---

[1] Vgl. K. WELLINGER u. W. SEUFERT: Z. Metallkde. Bd. 41 (1950) S. 317.

[2] Forsch.-Arb. Ing.-Wes., Heft 295 (1927) S. 57.

[3] Formänderungswiderstand und Trennfestigkeit sind bei Vielkristallen als statistische Mittelwerte aufzufassen.

[4] Vgl. M. PFENDER: Arch. Eisenhüttenw. Bd. 11 (1937/38) S. 595 (dort ausführlicher Schrifttumsnachweis) — s. auch E. SIEBEL: Jb. Lilienthalgesellsch. f. Luftf.-Forschg. (1936) S. 383.

Im folgenden werden die Verfahren der Festigkeitsuntersuchung bei tiefen Temperaturen insbesondere bei Zugversuchen, Härteprüfungen, Schlagzug- und Schlagbiegeversuchen und Dauerschwinguntersuchungen behandelt und im Zusammenhang damit einige kennzeichnende Versuchsergebnisse mitgeteilt.

2. Kühlverfahren.

Abgesehen von den in einigen Fällen in Kälteraumen ausgeführten Versuchen, bei denen allerdings der untersuchbare Temperaturbereich auf etwa —40° C bis —50° C beschränkt ist, werden in den meisten Arbeiten zur Probenkühlung Sondereinrichtungen verwendet. Für bestimmte Sonderfälle der Festigkeitsuntersuchung, wie beispielsweise Dauerschwingversuche, können noch Kühlschränke verwendet werden, die in einstufiger Bauweise bis etwa —30° C und in zweistufiger Bauweise bis —70° C gebaut werden. Als Kühlmittel werden bei den Sondereinrichtungen entweder zur unmittelbaren oder mittelbaren Probekühlung Eis, Kohlensäureschnee und flüssige Gase angewendet. Bei verhältnismäßig wenig unter Null Grad liegenden Versuchstemperaturen ermöglichen Eis-Salzwasser-Lösungen durch Bemessung der Salzkonzentration eine beliebige Temperatureinstellung. Temperaturen bis zu —80° C werden meist durch Mischungen von Kohlensäureschnee mit organischen Flüssigkeiten, wie beispielsweise Azeton (t_s = —94,3° C)[1], Methylalkohol (t_s = —97,1° C)[1], Äthylalkohol (t_s = —114,15° C)[1] u. a. m.[2], erzeugt, bei denen durch Regelung der CO_2-Zugabe beliebige Temperaturen innerhalb dieses Bereiches mit ausreichender Konstanz eingestellt werden können. Bei noch tieferen Temperaturen gelangen als Kühlmittel verflüssigte Gase zur Anwendung, insbesondere Sauerstoff (t = —182,97° C)[3], Stickstoff (t = —195,67° C)[3], Wasserstoff (t = —252,79° C)[3] und Helium (t = —268,82° C)[3]. Versuchstemperaturen zwischen —80° C und —140° C werden meist durch mittelbare Kühlung mit flüssigem Sauerstoff bzw. Stickstoff oder flüssiger Luft unter Verwendung eines Kälteüberträgers mit entsprechend niedrigem Gefrierpunkt erzielt. Für Temperaturen unterhalb —140° C bereitet das Auffinden eines geeigneten Kälteüberträgers mit entsprechend niedrigem Gefrierpunkt Schwierigkeiten, jedoch ermöglicht die Druckabhängigkeit der Siedetemperatur die Einstellung von Zwischentemperaturen. Dieses Verfahren wird von G. GRUSCHKA[4] für Versuchstemperaturen zwischen —145° C und —183° C angewendet. Unter Verwendung von entsprechend niedrig gefrierenden Kälteüberträgern ist dieses Verfahren auch für die mittelbare Probenkühlung in diesem Temperaturbereich geeignet[2]. Noch niedrigere Versuchstemperaturen sind durch die Siedepunkte der genannten Gase gegeben, die dann zur unmittelbaren Probenkühlung dienen. Über die Verwendung von flüssiger Luft zur unmittelbaren Probenkühlung sei noch bemerkt, daß durch Konzentrationsänderungen infolge des stärkeren Verdampfens von Stickstoff eine stetige Verschiebung des Siedepunktes theoretisch bis zur Siedetemperatur des flüssigen Sauerstoffes eintreten kann, weshalb eine Temperaturkontrolle bei genauen Messungen notwendig ist. Zur Temperaturmessung werden Pentan und Toluol-Thermometer sowie Eisen-Konstantan-, Silber-Konstantan- und Kupfer-Konstantan-Thermoelemente benutzt.

3. Zugversuch.

a) Versuchseinrichtungen.

Über den Einfluß tiefer Temperaturen auf die Festigkeitseigenschaften von Metallen und Legierungen beim Zugversuch liegen zahlreiche Untersuchungen

---

[1] t_s = Gefrierpunkt. [2] Vgl. K. WELLINGER u. A. HOFMANN: Z. Metallkde. Bd. 39 (1948) S. 233. [3] t = Siedepunkt. [4] VDI-Forsch.-Heft 364 (1934) S. 1.

vor[1]. Einige der hierbei angewendeten Versuchsverfahren werden nachfolgend beschrieben:

F. BOLLENRATH und J. NEMES[2] verwenden bei der Bestimmung der elastischen Konstanten und der übrigen Kenngrößen des Zugversuches von Leichtmetallen bis −190° C die in Abb. 1 wiedergegebene Versuchsanordnung mit

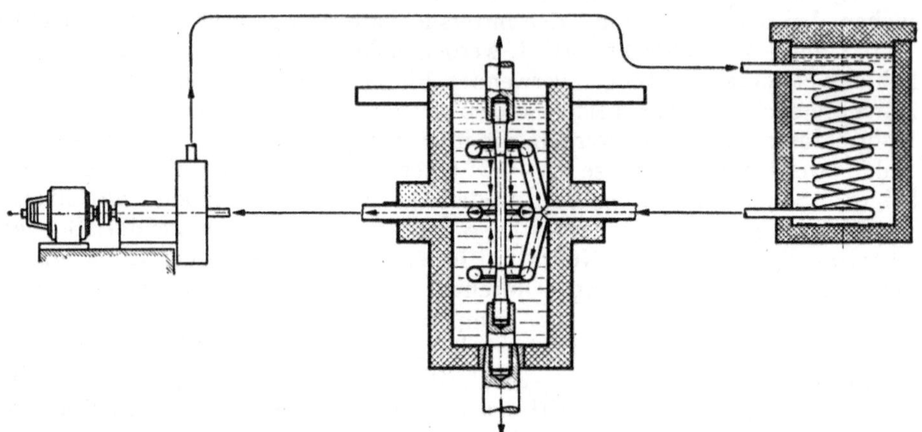

Abb. 1. Versuchseinrichtung für Zugversuche bei tiefen Temperaturen. (Nach BOLLENRATH.)

mittelbarer Probenkühlung durch einen Kälteüberträger. Der Kälteüberträger (Benzin, Pentan oder Methanol) wird von einer Zentrifugalpumpe, die bei Kälteversuchen gegenüber einer Zahnradpumpe den Vorteil geringerer Wärmeentwicklung bietet, durch die in einem wärmeisolierten Kühler befindliche Kupferrohrschlange zur Probe gepumpt. Die Abkühlung des Kälteüberträgers auf Versuchstemperatur erfolgt beim Durchlaufen der von dem Kältemittel (Eis, Eissalzgemische, Kohlensäureschnee mit Azeton bzw. flüssige Luft) umgebenen Kupferrohrschlange. Für Untersuchungen bei Temperaturen zwischen −80° C und −140° C erweist sich im Hinblick auf die größere Temperaturänderungsgeschwindigkeit ein Kühler nach Abb. 2 als zweckmäßig, bei dem sich die Kühlschlange in einem mit Benzin bzw. mit Gemischen aus Petroleum und Methyl gefüllten Gefäß befindet. Dieses Gefäß *b* ist von einem wärmeisolierten Gefäß *c* umgeben, in das jeweils so viel flüssige Luft eingefüllt wird, daß der Kälteüberträger im Gefäß *b* teilweise gefroren ist. Entsprechend der Gefriertemperatur des jeweiligen Kälteüberträgers wird damit die Temperatur des umlaufenden Kälteüberträgers konstant gehalten. Noch tiefere Versuchstemperaturen sind durch unmittelbare Probenkühlung mit flüssigen Gasen möglich. Allerdings ist für die erreichbare Tiefsttemperatur die Güte der Wärmeisolation von

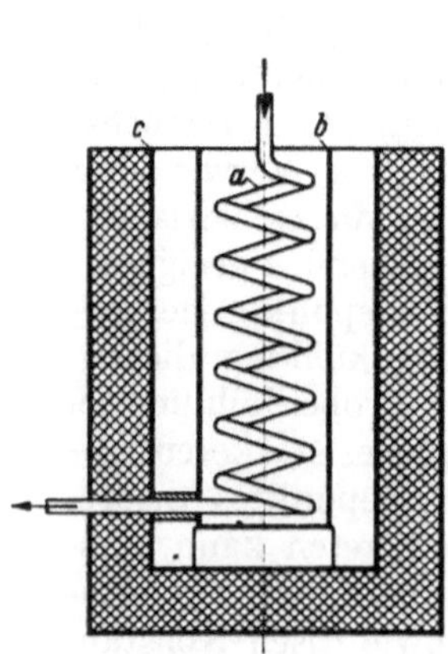

Abb. 2. Kühler bei Versuchen unterhalb −80° C. (Nach BOLLENRATH.)

[1] Schrifttumsübersichten: A. POMP, A. KRISCH u. G. HAUPT: Mitt. K.-Wilh.-Inst. Eisenforschg. Bd. 21 (1939) S. 231. — A. KRISCH u. G. HAUPT: Arch. Eisenhüttenw. Bd. 13 (1939/40) S. 299. — A. KRISCH: Mitt. K.-Wilh.-Inst. Eisenforschg. Bd. 23 (1941) S. 267. — L. SEIGLE u. R. M. BRICK: Trans. Amer. Soc. Met. Bd. 40 (1948) S. 813. — K. WELLINGER u. A. HOFMANN 39 (1948) S. 233. — K. WELLINGER u. W. SEUFERT: Z. Metallkde 41 (1950) S. 317. [2] BOLLENRATH, F., u. J. NEMES: Metallwirtsch. Bd. 10 (1931) S. 609, 625. — F. BOLLENRATH: J. Inst. Met. Bd. 48 (1932) S. 255.

ausschlaggebender Bedeutung. So benutzen W. J. DE HAAS und R. HADFIELD[1] bei Zugversuchen in flüssigem Wasserstoff bzw. in Helium ein DEWARsches Gefäß.

A. POMP, A. KRISCH und G. HAUPT[2] verwenden für Zugversuche bei tiefen Temperaturen mit Feindehnungsmessungen die in Abb. 3 wiedergegebene Versuchsanordnung. Die Probe befindet sich in einem mit der Kühlflüssigkeit gefüllten doppelwandigen Kupferbehälter und ist durch ein Verlängerungsstück mit der oberen Einspannvorrichtung der Maschine verbunden. Als Kälteflüssigkeit wird bei $-183°$ C flüssige Luft verwendet, die unmittelbar in den inneren Kupferbehälter eingefüllt wird. Zu beachten ist hierbei, daß die Versuche erst begonnen werden, wenn sich die Oberfläche der eingefüllten flüssigen Luft beruhigt hat und damit eine gleichmäßige Temperaturverteilung vorhanden ist. Außerdem muß durch Nachfüllen flüssiger Luft während des Versuchs auf genügende Füllung geachtet werden. Für die Versuche bei Zwischentemperaturen von $-20°$ C, $-50°$ C und $-70°$ C wird das auf die gewünschte Temperatur gekühlte Kohlensäureschnee-Alkohol-Gemisch in DEWAR-Gefäßen angesetzt und aus einem gut isolierten Behälter C zugegeben. Durch das Rohr R fließt die Kühlflüssigkeit von unten in den inneren Behälter B, fließt bei D in den äußeren Kupferbehälter A über und wird bei E abgelassen.

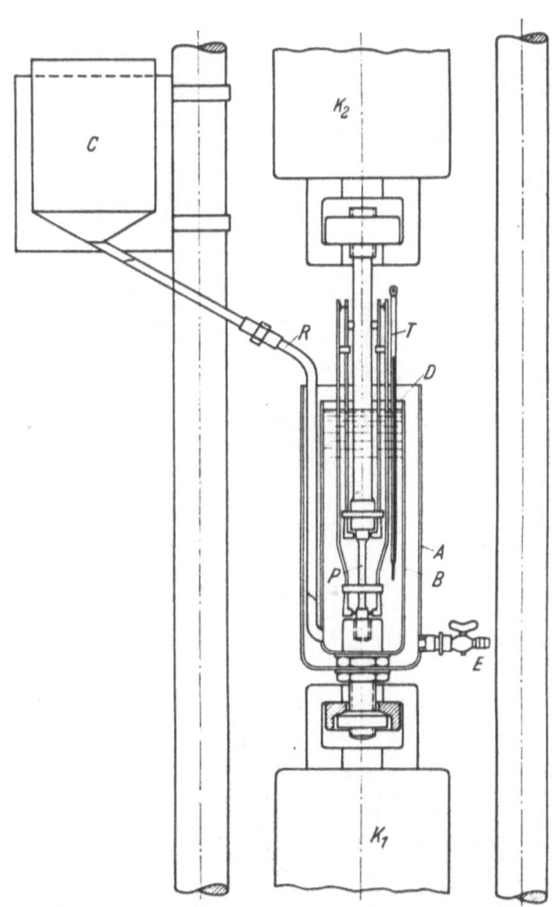

Abb. 3. Kühlvorrichtung zur Ausführung von Zugversuchen bei tiefen Temperaturen. (Nach POMP-KRISCH-HAUPT.) A, B doppelwandiger Behälter zur Aufnahme der Kühlflüssigkeit; C Fülltrichter; R Füllrohr; D Überlauf; E Ablauf; K_1, K_2 Einspannköpfe der Zugprüfmaschine; P Probe; T Thermometer.

Außer den vorstehend beschriebenen Verfahren, die in ähnlicher Art bei den meisten Tieftemperatur-Zugversuchen angewendet wurden, sind noch die von G. GRUSCHKA[3] entwickelten Versuchsanordnungen bemerkenswert. Abb. 4 zeigt die Versuchseinrichtung für Zugversuche bis $-140°$ C. Die Probe mit der Dehnungsmeßvorrichtung befindet sich in einem wärmeisolierten Kühler (a), der mit einem Kälteüberträger (Petroläther oder Pentan) gefüllt ist. Der Kälteüberträger wird durch zwei in dem Kühlbehälter untergebrachte Messing-

[1] DE HAAS, W. J., u. R. HADFIELD: Engineering Bd. 137 (1934) S. 331.
[2] Mitt. K.-Wilh.-Inst. Eisenforschg. Bd. 21 (1939) S. 231.
[3] VDI-Forsch.-Heft 364 (1934) S. 1.

rohre (*d*) gepumpt, strömt dabei an den von flüssigem Sauerstoff oder Stickstoff durchflossenen Kühlrohren (*f*) vorbei und schließlich durch Aussparungen in den Messingrohren wieder in den Kühlbehälter zurück. Die Kühlrohre vereinigen sich in einem wärmeisolierten Kupfersteigrohr, das in ein mit flüssigem Stickstoff gefülltes Vakuumgefäß hineinreicht. Zur Förderung des Stickstoffs wird

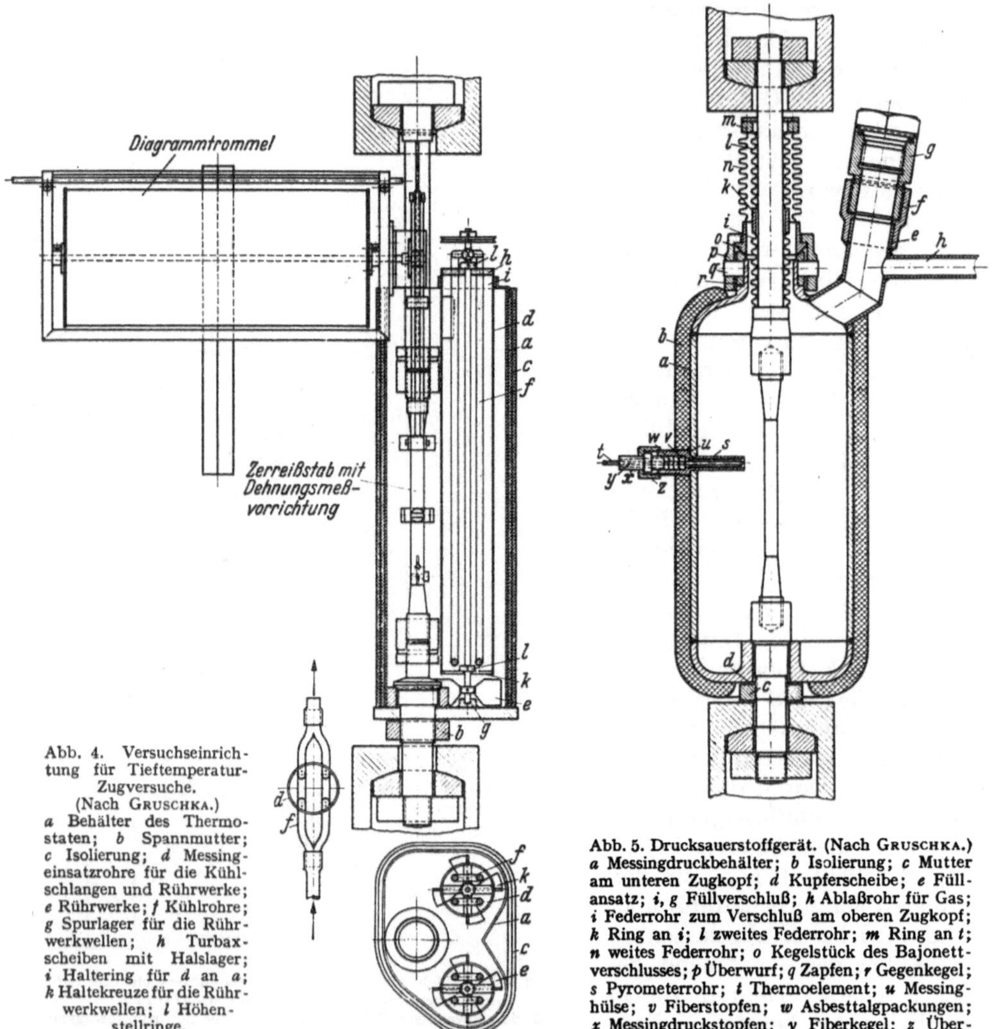

Abb. 4. Versuchseinrichtung für Tieftemperatur-Zugversuche. (Nach GRUSCHKA.) *a* Behälter des Thermostaten; *b* Spannmutter; *c* Isolierung; *d* Messingeinsatzrohre für die Kühlschlangen und Rührwerke; *e* Rührwerke; *f* Kühlrohre; *g* Spurlager für die Rührwerkwellen; *h* Turbaxscheiben mit Halslager; *i* Haltering für *d* an *a*; *k* Haltekreuze für die Rührwerkwellen; *l* Höhenstellringe.

Abb. 5. Drucksauerstoffgerät. (Nach GRUSCHKA.) *a* Messingdruckbehälter; *b* Isolierung; *c* Mutter am unteren Zugkopf; *d* Kupferscheibe; *e* Füllansatz; *i*, *g* Füllverschluß; *h* Ablaßrohr für Gas; *i* Federrohr zum Verschluß am oberen Zugkopf; *k* Ring an *i*; *l* zweites Federrohr; *m* Ring an *l*; *n* weites Federrohr; *o* Kegelstück des Bajonettverschlusses; *p* Überwurf; *q* Zapfen; *r* Gegenkegel; *s* Pyrometerrohr; *t* Thermoelement; *u* Messinghülse; *v* Fiberstopfen; *w* Asbesttalgpackungen; *x* Messingdruckstopfen; *y* Fiberkegel; *z* Überwurfmutter.

außer dem Eigendruck noch Druck aus einer Druckflasche entnommen, wodurch gleichzeitig eine Bemessung des Förderdruckes entsprechend der gewünschten Kühlung möglich ist.

Zur Versuchsdurchführung bei Temperaturen zwischen $-145°$ C und den Siedetemperaturen des flüssigen Sauerstoffs bzw. Stickstoffs bei Atmosphärendruck verwendet G. GRUSCHKA das in Abb. 5 wiedergegebene Drucksauerstoffgerät, bei dem die druckabhängige Verschiebung des Siedepunktes von flüssigem Sauerstoff zur Einstellung von Zwischentemperaturen ausgenutzt wird. Die Probe befindet sich in einem druckdichten, wärmeisolierten Messingbehälter, der durch den Füllansatz *e* mit flüssigem Sauerstoff gefüllt wird und durch die Verschlüsse *g* und *f* druckdicht verschlossen werden kann. Einzelheiten der konstruktiven Durchbildung des Drucksauerstoffgerätes, wie insbesondere die druckdichte und bewegliche Einführung des oberen Einspannkopfes, Verbindung des unteren Einspannkopfes mit dem Messingbehälter und schließlich die Einführung der Thermoelemente, sind aus der Abb. 5 zu entnehmen.

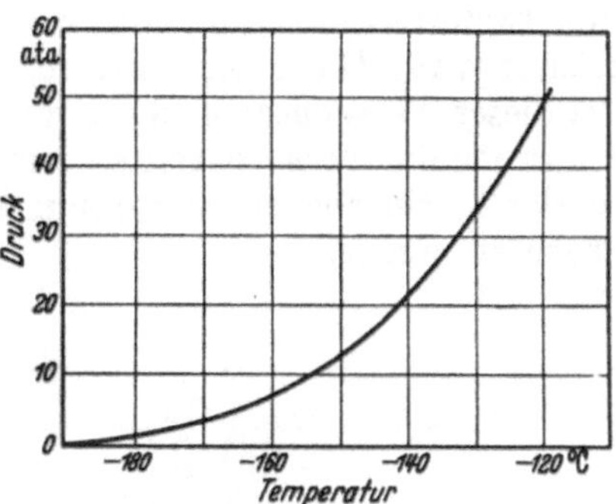

Abb. 6. Sauerstoff-Siedepunktkurve. (Nach SCHMIDT.)

Die Versuche werden so ausgeführt, daß entsprechend der in Abb. 6 wiedergegebenen Sauerstoff-Siedepunktkurve[1] für die gewünschte Versuchstemperatur ein bestimmter Betriebsdruck in dem Drucksauerstoffgerät eingestellt wird. Die Abb. 7 zeigt für eine Versuchstemperatur von —151,8° C den zeitabhängigen Verlauf des Druckes und der Temperatur, wobei die Meßstellen der Eisen-Konstantan-Thermoelemente in der Höhe des oberen Einspannkopfes, in der Mitte der Probe und in der Höhe des unteren Einspannkopfes liegen. Die Abb. 7 zeigt, daß nach Einfüllen des Sauerstoffs in den Messingbehälter und Verschluß des Einfüllstopfens nach etwa 5 min der für die Versuchstemperatur von —151,8° C erforderliche Betriebsdruck von 10,0 atü erreicht ist. Durch Öffnen des Abgasventils wird dann der Druck auf konstanter Höhe gehalten. Der Temperaturgang an den drei Meßstellen läßt erkennen, daß das Thermoelement I bereits früher als die beiden etwa gleiche zeitabhängige Temperaturänderung aufweisenden Thermoelemente II und III die dem Druck entsprechende Siedetemperatur des Sauerstoffs erreicht. Nach 20 min zeigen alle Thermoelemente über eine Zeit von 9 bis 10 min nahezu die gleiche Temperatur. Während dieser Zeit muß dann der Versuch durchgeführt werden. Der steile Abfall der Temperatur an der Meßstelle I erklärt sich daraus, daß der Flüssigkeitsspiegel durch Verdampfen fortwährend sinkt, und somit sich das Thermoelement I nach einer gewissen Zeit im Gasraum befindet. — Es sei hier noch hingewiesen auf eine von K. WELLINGER und A. HOFMANN[2] entwickelte Versuchseinrichtung für Zug- und Feinmeßversuche bei tiefen Temperaturen, bei der die druckabhängige Änderung der Verdampfungstemperatur des Kältemittels zur Temperatureinstellung des umgewälzten Kälteüberträgers dient.

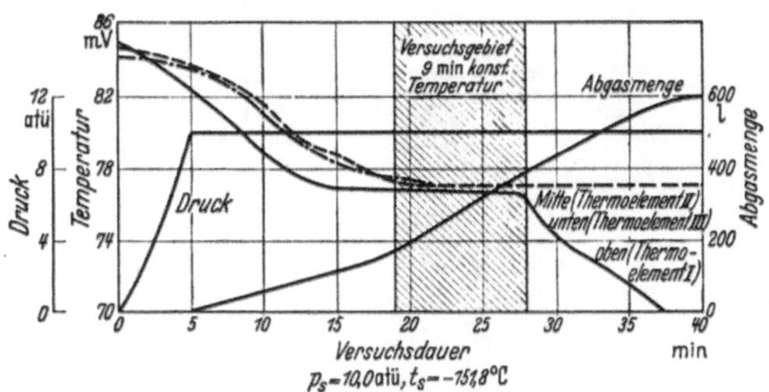

Abb. 7. Temperatur und Druckverlauf bei einer Versuchstemperatur von —151,8° im Drucksauerstoffgerät. (Nach GRUSCHKA.)

Abschließend sei noch eine Sondereinrichtung für Zugversuche an Quecksilber bei Temperaturen bis zu —130° C beschrieben, die von C. H. LANDER

[1] SCHMIDT, F.: Forsch.-Arb. Ing.-Wes. Heft 339 (1930).
[2] Z. Metallkde. Bd. 39 (1948) S. 233.

und J. V. HOWARD[1] entwickelt wurde und in Abb. 8 wiedergegeben ist. Das Quecksilber wird in eine der Probe entsprechende Form eingegossen. Zentrisch in der Form befindet sich ein Röhrchen aus Kupferfolie, durch das flüssige Luft zum Erstarren des Quecksilbers und zur Einstellung der Versuchstemperatur geleitet wird. Die Form wird unmittelbar vor Versuchsbeginn weggenommen. Bei dieser Versuchsanordnung muß im Hinblick auf die Temperaturänderung der Probe die Versuchszeit so kurz wie möglich gehalten werden, doch dürfte bei der beschriebenen Anordnung kaum ein homogenes Temperaturfeld in der Probe zu erzielen sein.

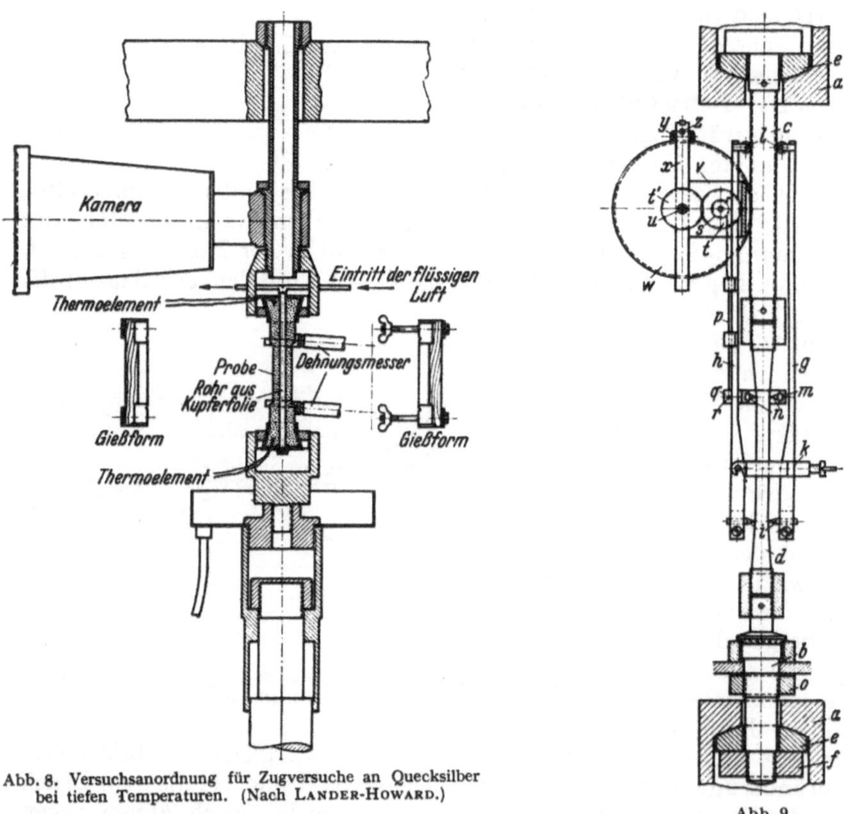

Abb. 8. Versuchsanordnung für Zugversuche an Quecksilber bei tiefen Temperaturen. (Nach LANDER-HOWARD.)

Abb. 9.

Abb. 9. Dehnungsmeßeinrichtung. (Nach GRUSCKHA.) *a* Einspannkopf der Zugprüfprobe; *b*, *c* Zugköpfe; *d* Probe; *e* Kugelschale aus Turbax (Kunstharz); *f* Rundmutter für den unteren Zugkopf; *g*, *h* Spannleisten; *i* Schneiden an *g* und *h*; *k* Spannklaue; *l* Rollen an *g* und *h*; *m* Mitnehmer; *n* Schneiden; *o* Zugkopf-Spannmutter; *p* Zahnstange in *h*; *q* Kopf von *p*; *r* Paßstifte in *m*; *s* Ritzel; *t*, *t'* Zahnräder; *u* Trommelwelle; *v* Rahmen für *s*; *w* Diagrammtrommel; *x* Trommelrahmen; *y* Umlenkrolle für Kraftzug; *z* Schreibstiftstange.

b) Dehnungsmessung.

Eine sorgfältige Ausbildung der Proben ist bei Tieftemperatur-Zugversuchen vor allem bei den zur Kaltsprödigkeit neigenden Werkstoffen erforderlich, da Kerbwirkungen zusammen mit der Abnahme des Formänderungsvermögens Anlaß zu vorzeitigem Bruch geben können. So ist neben der selbstverständlichen Forderung einer einwandfreien Probenoberfläche ein möglichst schlanker Übergang vom zylindrischen Teil der Probe zu den Einspannköpfen vorzu-

[1] Proc. roy. Soc. Lond. Reihe A, Bd. 156 (1936) S. 411.

sehen. Eine weitere damit zusammenhängende Maßnahme bildet das möglichst kerbfreie Anbringen der Dehnungsmeßteilung. Da ein Anreißen der Dehnungsmeßteilung bereits zu Brüchen in den dadurch entstandenen Kerben führen kann, zeichnen P. GOERENS und R. MAILÄNDER[1] diese mittels Tuschestrichen an. G. GRUSCHKA[2] entwickelt auf Grund der gleichen Schwierigkeit zur Bestimmung der Bruchdehnung aus einer 10fach vergrößerten Aufzeichnung des Spannungs-Dehnungs-Diagramms eine besondere, in Abb. 9 wiedergegebene

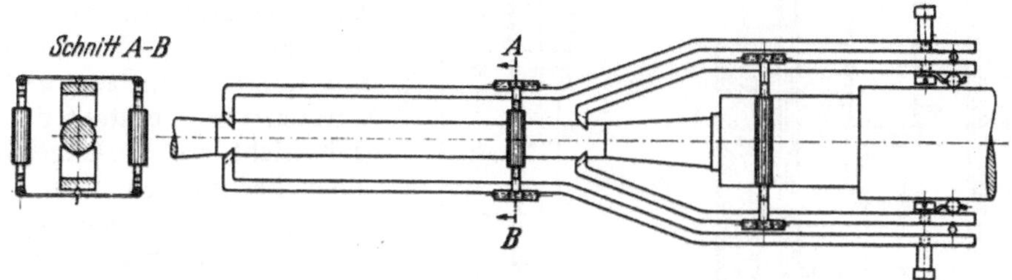

Abb. 10. MARTENS-Feindehnungsgerät für Tieftemperatur-Zugversuche. (Nach BOLLENRATH.)

Dehnungsmeßeinrichtung, deren Wirkungsweise aus der Zeichnung zu ersehen ist. Der Kraftzug wird durch die Umlenkrolle y am Trommelrahmen waagerecht an die Schreibstiftzange z herangeführt und der Kraftschluß durch ein Gegengewicht gesichert. Durch ein auf die Diagrammtrommel aufgewickeltes, an dem freien Ende belastetes Seil wird der tote Gang der Dehnungsübertragung ausgeschaltet. Damit die Spannleisten biegungsfrei bleiben, ist der Trommelrahmen an einem Schlitten befestigt, der seinerseits auf Kugeln gelagert auf einem prismatischen Lineal läuft, das am oberen Einspannkopf der Maschine befestigt ist. Der Schlitten für sich ist an dem Linealträger ausbalanciert. Beim Zusammenbau der Versuchseinrichtung dient ein zusätzliches Gegengewicht zum Ausgleich der Gewichte von Trommel, Spannleiste, des toten Ganges und des Spanngewichts für den Kraftzug.

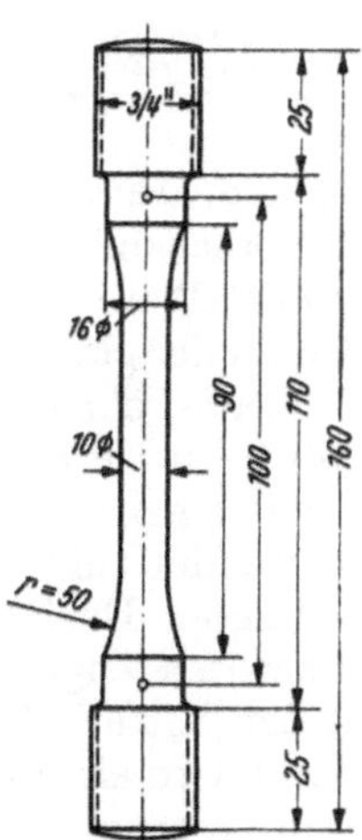

Abb. 11. Zugprobe für Tieftemperatur-Zugversuch. (Nach KRISCH.)

Für Feindehnungsmeßversuche bei tiefen Temperaturen bis —190° C verwendet F. BOLLENRATH[3] ein MARTENS-Spiegelgerät nach Abb. 10. Über Schwierigkeiten bei der Feinmessung durch Vereisen der Spiegel und der prismatischen Schneiden finden sich in dieser Arbeit keine Hinweise. Auch A. POMP, A. KRISCH und K. HAUPT[4] benutzen ein Spiegelgerät, bei dem die Spitzen der Meßfedern auf verstärkten Bunden der Probe nach Abb. 11 aufgesetzt sind, wodurch allerdings die Bestimmung der auf die Prüflänge von 100 mm bezogenen bleibenden Dehnung einen geringen Fehler enthält. Die Gefahr der Vereisung von Spiegel und prismatischen Schneiden wird dadurch vermieden, daß diese Teile etwa 150 mm über dem offenen Kältebad liegen. Andererseits veranlaßt teilweise diese Schwierigkeit, die ebenfalls von G. GRUSCHKA[2] erwähnt wird, F. PESTER[5] zum Bau einer besonderen Dehnungsmeßvorrichtung, bei der auf Bunden zu beiden Seiten der Meßstrecke der Probe die Meßvorrichtung aufgeschraubt und die auf Traversen übertragene Verlängerung an Meßuhren abgelesen wird. Allerdings

[1] Forsch.-Arb. Ing.-Wes. Heft 295 (1927) S. 18. [2] VDI-Forsch.-Heft 364 (1934) S. 1. [3] J. Inst. Met. Bd. 48 (1932) S. 255. [4] Mitt. K.-Wilh.-Inst. Eisenforschg. Bd. 21 (1939) S. 231. [5] Z. Metallkde. Bd. 24 (1932) S. 67, 115.

kommt bei Anwendung unmittelbarer Kühlung durch Einrühren von Kohlensäureschnee in eine Flüssigkeit, wobei zur Erzielung einer gleichmäßigen Temperaturverteilung häufiges Rühren erforderlich ist, ohnehin die Verwendung von empfindlichen Feinmeßgeräten nach Art des MARTENS-Apparates nicht in Frage. Der Nachteil dieser Meßvorrichtung in Verbindung mit der von P. PESTER[1] benutzten Probe besteht darin, daß nicht die Verlängerung einer bestimmten Prüflänge mit gleichbleibendem Querschnitt erfaßt wird, sondern die Formänderungsbehinderung an den Bunden für die Traversen in den gemessenen Längenänderungsbetrag eingeht. Eine ähnliche, in Abb. 12 wiedergegebene Meßvorrichtung zur Dehnungsmessung bei Kerbzugversuchen in Abhängigkeit von der Temperatur beschreibt M. PFENDER[2], der die Traversen symmetrisch zum Kerb in einem dem Probendurchmesser entsprechenden Abstand unmittelbar am glatten Probenschaft anbringt. Eine unmittelbare Vergleichbarkeit der Dehnungswerte an der gekerbten Probe mit den an der glatten Probe ermittelten Dehnungen über eine dem 10- oder 5fachen Probendurchmesser entsprechende Meßlänge besteht nicht. Im Hinblick darauf, daß beim Kerbzugversuch die Formänderungen zum größten Teil in der Kerbe vor sich gehen, dürfte aber der Fehler beim Vergleich nicht groß sein. A. KRISCH[3] verwendet auf Grund der besonders durch die Notwendigkeit kleiner Meßlängen bedingten Unsicherheit in der Bestimmung von Formänderungsgrößen einer gekerbten Zugprobe eine in der Abb. 13 wiedergegebene Zugprobe mit einem in der Mitte befindlichen Bund und verschiedenen Hohlkehlen. Durch diesen Bund wird ein ähnlicher dreiachsiger Spannungszustand wie an einer gekerbten Probe erzeugt. Der Vorteil ist jedoch, daß eine größere Meßlänge gewählt werden kann, der Bruch für die Messung leicht zugänglich ist und der Querschnitt für die Spannungsberechnung festliegt.

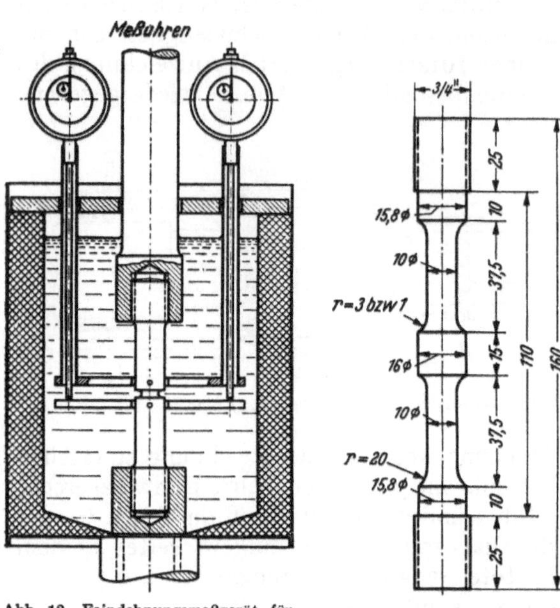

Abb. 12. Feindehnungsmeßgerät für Tieftemperatur-Zugversuche an gekerbten Proben. (Nach PFENDER.)

Abb. 13. Zugprobe mit Bund für Tieftemperatur-Zugversuch. (Nach KRISCH.)

Für Druckversuche in flüssiger Luft mit Messung der Höhenabnahme durch Ablesung an Meßuhren verwenden K. WELLINGER und W. SEUFERT[4] eine Vorrichtung, die im grundsätzlichen Aufbau der Abb. 12 entspricht.

c) Ergebnisse.

Je nach Art des Temperatureinflusses auf die Zähigkeit lassen sich die meisten Metalle und die sich ähnlich verhaltenden homogenen α-Mischkristall-Legierungen dieser Metalle grundsätzlich in zwei Gruppen einordnen. Bei den

[1] Siehe Fußnote 5 auf S. 373. [2] Arch. Eisenhüttenw. Bd. 11 (1937/38) S. 595. [3] Mitt. K.-Wilh.-Inst. Eisenforschg. Bd. 23 (1941) S. 267. [4] Z. Metallkde. Bd. 41 (1950) S. 317.

kubisch-raumzentrierten Stählen, deren Mischkristall aus α-Eisen besteht, den hexagonalen Metallen Magnesium und Zink sowie den kubisch-raumzentrierten Metallen Molybdän, Wolfram u. a. nimmt mit sinkender Temperatur das Formänderungsvermögen mehr oder weniger stark ab, während demgegenüber die kubisch-flächenzentrierten Metalle Aluminium, Blei, Kupfer, Nickel u. a., in gewissem Umfange auch die austenitischen Stähle, bis zu den tiefsten Temperaturen ihre Zähigkeit beibehalten, teilweise sogar vergrößern. Die Abb. 14 zeigt nach einer von L. SEIGLE und R. M. BRICK[1] vorgenommenen Auswertung der Ergebnisse verschiedener Beobachter annäherungsweise den Temperatureinfluß auf den Dehnungsverlauf vielkristalliner metallischer Werkstoffe.

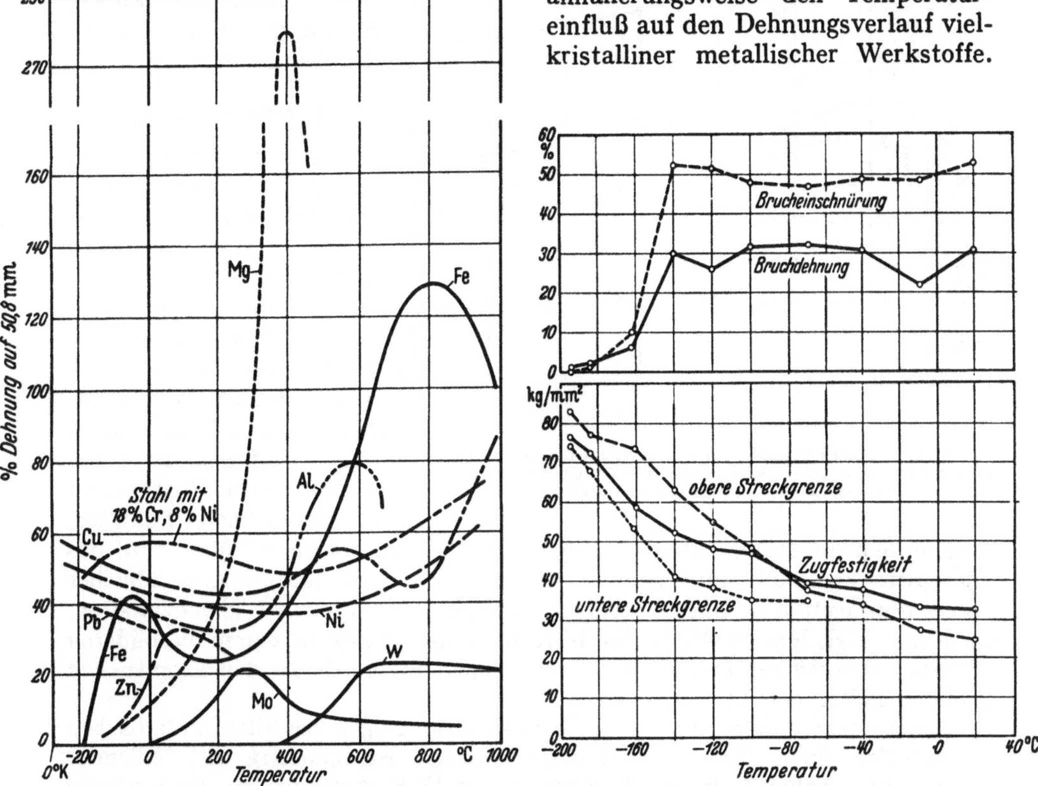

Abb. 14. Einfluß der Temperatur auf die Bruchdehnung vielkristalliner Werkstoffe beim Zugversuch. (Nach SEIGLE-BRICK.)

Abb. 15. Einfluß tiefer Temperaturen auf die Festigkeitseigenschaften von Armco-Eisen (0,02% C, 0,027% Mn, 0,002% Si, 0,004% P, 0,038% Cu) beim Zugversuch. (Nach GRUSCHKA.)

Der Verlauf der Festigkeitseigenschaften von Armco-Eisen beim Tieftemperatur-Zugversuch in Abb. 15 läßt erkennen, daß mit sinkender Temperatur einerseits der Formänderungswiderstand ansteigt, andererseits aber die Zähigkeit in dem Temperaturgebiet von $-140°$ C bis $-160°$ C steil abfällt[2]. Dieser Zähigkeitsabfall beim Zugversuch ist bei allen niedrig legierten Stählen zu beobachten und wird insbesondere durch einen Nickelzusatz zu tieferen Temperaturen verschoben, wobei die Breite des Temperaturbereiches abfallender Zähigkeit erweitert wird. Verbessernd auf das Zähigkeitsverhalten der Stähle bei tiefen Temperaturen wirken außerdem die karbidbildenden Legierungselemente Molybdän, Vanadin, Niob, Tantal und Titan. Neben der

[1] Trans. Amer. Soc. Met. Bd. 40 (1948) S. 813.
[2] GRUSCHKA, G.: VDI-Forsch.-Heft 364 (1934) S. 1.

Zusammensetzung ist auch der Wärmebehandlungszustand für die Zähigkeit der Stähle bei tiefen Temperaturen von großer Bedeutung. Als Beispiel für kubisch-flächenzentrierte Legierungen zeigt Abb. 16 die temperaturabhängige Änderung der Festigkeitseigenschaften einer Al-Cu-Mg-Legierung[1]. Die Bruchdehnung bleibt im großen und ganzen über dem gesamten Temperaturbereich bis $-190°$ C unverändert. Das gleiche gilt nach W. J. DE HAAS und R. HADFIELD[2] auch bis zu $-252°$C. Die Brucheinschnürung nimmt jedoch mit sinkender Temperatur ab.

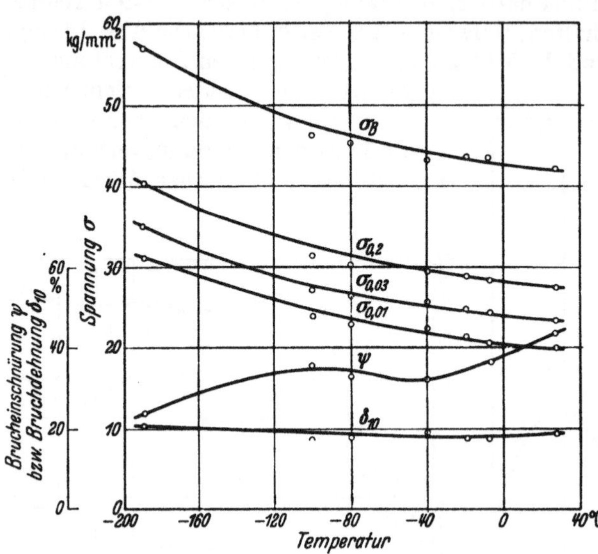

Abb. 16. Einfluß tiefer Temperaturen auf die Festigkeitseigenschaften einer Al-Cu-Mg-Legierung (3,65% Cu, 0,47% Mg, 0,57% Mn, 0,23% Si, 0,23% Fe, Rest Al) beim Zugversuch. (Nach BOLLENRATH.)

4. Härteprüfung.

Härteuntersuchungen bei tiefen Temperaturen sind nur vereinzelt durchgeführt worden. Die hierzu angewendeten Versuchseinrichtungen sind verhältnismäßig einfach. Es werden Härteprüfer normaler Bauart verwendet, bei denen auf dem durch eine Spindel in der Höhe verstellbaren Probentisch ein gut isolierter Behälter, in dem sich die Probe befindet, aufgesetzt wird. In diesen Behälter wird das Kühlmittel eingefüllt, die Probe abgekühlt und die Härteprüfung in üblicher Weise durchgeführt. Um die Versuchstemperatur möglichst gleichzuhalten, wird von J. H. HRUSKA[3] das durch Kohlensäureschnee in einem besonderen Behälter abgekühlte Azeton in gleichmäßigem Strom durch den eigentlichen Probenbehälter geleitet.

Die Härteprüfungen bei tiefen Temperaturen zeigen bei allen metallischen Werkstoffen einen mehr oder weniger starken Härteanstieg mit fallender Temperatur, wobei A. POMP, A. KRISCH und G. HAUPT[4] zu der Feststellung kommen, daß die bei Raumtemperatur zwischen der Zugfestigkeit (σ_B) und der Brinellhärte (HB) vorhandene Beziehung $HB = c \cdot \sigma_B$, worin der Faktor c bei vergütbaren Stählen im allgemeinen zwischen 0,34 bis 0,36 liegt, auch bei der Temperatur der flüssigen Luft im wesentlichen gültig ist. Bei austenitischen Stählen ist dagegen mit einer stärkeren Zunahme des Umrechnungsfaktors zu rechnen, so daß der bei Raumtemperatur ermittelte Faktor nicht ohne weiteres zur Berechnung der Zugfestigkeit bei tiefen Temperaturen aus der Brinellhärtebestimmung eingesetzt werden kann.

5. Schlagzug- und Schlagbiegeversuche.

Von größerer praktischer Bedeutung als die im Zugversuch an glatten Proben ermittelte Temperaturabhängigkeit der Festigkeitseigenschaften ist zur

[1] BOLLENRATH, F.: J. Inst. Met. Bd. 48 (1932) S. 255.
[2] Engineering Bd. 137 (1934) S. 331.
[3] Iron Age Heft 1, Juni 1950, S. 77.
[4] Mitt. K.-Wilh.-Inst. Eisenforschg. Bd. 21 (1939) S. 231.

Beurteilung der Versprödungsneigung eines Werkstoffes sein temperaturabhängiges Verhalten bei behinderter Formänderung und entweder zügig oder dynamisch aufgebrachter Beanspruchung.

Über den Einfluß unterschiedlicher Verformungsgeschwindigkeit geht aus den von F. Körber und H. A. von Storp[1] aufgenommenen Spannungs-Dehnungs-Diagramm von Stählen beim Zugversuch oder Schlagzugversuch hervor, daß eine höhere Verformungsgeschwindigkeit einen Anstieg des Formänderungswiderstandes und der spezifischen Brucharbeit zur Folge hat. Inhaltlich findet sich diese Beobachtung in den Ergebnissen der Untersuchungen an Metalleinkristallen über die Geschwindigkeitsabhängigkeit des Translationsverlaufes deutlich ausgeprägt wieder. Der Anstieg der Schubspannung des wirksamen Translationssystems mit der Dehnung erfolgt um so steiler, je höher die Versuchsgeschwindigkeit ist[2]. Der Geschwindigkeitseinfluß auf den Verlauf der Verfestigung durch Translation ist dabei ähnlich wie der Temperatureinfluß sehr groß in mittleren Temperaturgebieten und verschwindet bei Annäherung an den absoluten Nullpunkt und den Schmelzpunkt. Zur Kennzeichnung des Einflusses der Versuchsgeschwindigkeit auf den Translationsverlauf sei noch bemerkt, daß die kritische Schubspannung nach den vorliegenden, allerdings noch wenig umfangreichen Untersuchungen ebenfalls geringfügig mit der Versuchsgeschwindigkeit ansteigt. Da andererseits die technische Kohäsion bei vielen Werkstoffen nicht in dem Maße wie der Formänderungswiderstand mit steigender Versuchsgeschwindigkeit ansteigt, ist im Sinne der von P. Ludwik[3] gegebenen Erklärung für das spröde oder zähe Verhalten eines Werkstoffes eine Abnahme der Zähigkeit bei schlagartiger Beanspruchung meist die Folge.

Die insbesondere bei behinderter Formänderung durch Kerben zu beobachtende Abnahme des Formänderungsvermögens beruht auf der Ausbildung eines mehrachsigen Spannungszustandes. Je geringer der Unterschied zwischen den Hauptspannungen parallel und senkrecht zur Zugrichtung ist, um so spröder verhält sich der Werkstoff, da die wirksame Schubspannung bei abnehmendem Unterschied zwischen den Hauptspannungen kleiner wird. Für das Verhalten des Werkstoffes in Abhängigkeit von der Temperatur ist in diesem Zusammenhang nun von großer Wichtigkeit, daß eine Verschärfung der Beanspruchungsart sowie der Versuchsbedingungen hinsichtlich Werkstoffzustand eine Verschiebung des Zähigkeitsabfalles bei kaltspröden Werkstoffen zu höheren Temperaturen bewirken.

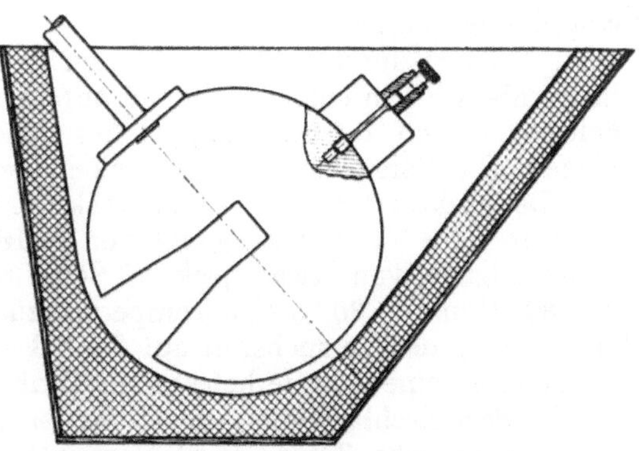

Abb. 17. Kühlvorrichtung für Schlagversuche. (Nach Bollenrath.)

Schlagzugversuche wurden von F. Bollenrath[4] an glatten Proben bei tiefen Temperaturen bis $-190°$ C an Aluminium-Magnesium-Knetlegierungen ausgeführt, er benutzt hierzu die in Abb. 17 wiedergegebene Versuchsein-

[1] Mitt. K.-Wilh.-Inst. Eisenforschg. Bd. 7 (1925) S. 81.
[2] Schmid, E., u. W. Boas: Kristallplastizität. Berlin: Springer 1935.
[3] Forsch.-Arb. Ing.-Wes., Heft 295 (1927) S. 57.
[4] J. Inst. Met. Bd. 48 (1932) S. 255.

richtung. Der Hammer des Pendelschlagwerks befindet sich zusammen mit der Probe und dem Querstück in einem Kühlbad, das bei Versuchsbeginn weggenommen wird. Um eine möglichst weitgehende Einhaltung der Versuchstemperatur während der Versuchszeit von 1,0 bis 1,5 sek zu sichern, hebt beim Anheben des Hammers ein um die Probe noch gesondert angeordneter Behälter einen Teil der Kühlflüssigkeit mit heraus. Aus den von F. BOLLENRATH erhaltenen Ergebnissen geht hervor, daß im allgemeinen die Bruchdehnung beim Schlagzugversuch infolge der gleichmäßigen Verteilung der Brucheinschnürung über die Probenlänge höher ist als beim Zugversuch, während andererseits die Brucheinschnürung bei geringerer Versuchsgeschwindigkeit höher ausfällt. Im großen und ganzen ist der temperaturabhängige Verlauf der Eigenschaftsänderungen bei verschiedenen Versuchsgeschwindigkeiten etwa gleich.

Schlagverdrehversuche von M. ITIHARA[1] bei verschiedenen Temperaturen mit unterschiedlicher Versuchsgeschwindigkeit an weichem Stahl zeigen, daß bei schlagartiger Beanspruchung der Formänderungswiderstand zunimmt und andererseits das durch den Bruchverdrehungswinkel gekennzeichnete Formänderungevermögen abnimmt, wobei besonders bei tiefen Temperaturen die Abnahme des Formänderungsvermögens bei schlagartiger Beanspruchung stark in Erscheinung tritt.

Aufschlußreicher als der Schlagzugversuch an ungekerbter Probe sind *Kerbzug-* oder *Kerbbiegeversuche* bei entweder zügiger oder schlagartiger Beanspruchung. Wegen des übersichtlichen Zusammenhanges zwischen Spannungszustand und Versprödung schlagen E. SIEBEL und M. PFENDER[2] für die Untersuchung der Versprödungsneigung eines Werkstoffes den Kerbversuch mit zügiger Beanspruchung vor.

In der Technik nimmt der Kerbschlagbiegeversuch besonders auch wegen der einfachen Durchführung eine bevorzugte Stellung zur Beurteilung der Versprödungsneigung ein.

Die Versuchsdurchführung bei tiefen Temperaturen ist einfach. Die Kerbschlagprobe wird in einem Kältebad auf Versuchstemperatur abgekühlt, dann möglichst schnell auf die Auflager des Pendelschlagwerks gebracht und zerschlagen. Die Versuchszeiten schwanken hierbei nach den Angaben verschiedener Beobachter zwischen 3 und 5 sek. A. POMP, A. KRISCH und G. HAUPT[3] messen in dem Temperaturgebiet von $-183°$ C eine Temperaturänderungsgeschwindigkeit von etwa 1°/sek. W. SCHWINNING und F. FISCHER[4] ermittelten bei $-80°$ C und $-30°$ C eine Temperaturzunahme von 0,4 bzw. 0,2°/sek. Eine Herabsetzung der Versuchszeit auf 2 bis 3 sek wird erreicht, wenn die Proben mit einem an einem Ende befestigten Draht aus dem Kühlbad vor die Auflager des Pendelschlagwerks gezogen werden[5]. A. POMP, A. KRISCH und G. HAUPT vermeiden jegliche Temperaturänderung bei Versuchen in flüssiger Luft dadurch, daß die vorgekühlten Proben in einem mit flüssiger Luft gefüllten Papierkästchen auf das Auflager des Pendelschlagwerks gelegt und zusammen mit dem Kästchen zerschlagen werden[6]. Bei Versuchen in flüssigem Wasserstoff gehen die gleichen Verfasser so vor, daß sie die vorgekühlten Proben in einem doppelwandigen, allseitig verschlossenen Papiergehäuse auf

[1] Technol. Rep. Tôhoku Univ. Bd. 11 (1935) Nr. 4, S. 73 (489).
[2] PFENDER, M.: Arch. Eisenhüttenwes. Bd. 11 (1937/38) S. 595.
[3] Mitt. K.-Wilh.-Inst. Eisenforschg. Bd. 21 (1939) S. 219.
[4] Z. Metallkde. Bd. 22 (1930) S. 1.
[5] BUNGARDT, K.: Z. Metallkde. Bd. 30 (1938) S. 235.
[6] S. auch J. L. ZAMBROW u. M. G. FONTANA: Trans. Amer. Soc. Met. Bd. 41 (1949) S. 480.

die Auflager bringen und der flüssige Wasserstoff durch eine Öffnung im Deckel mittels Heber eingefüllt wird. Die wärmeisolierende Luft- und Wasserstoffatmosphäre ermöglicht bei dieser Anordnung eine längere Konstanthaltung der Temperatur auf 20° K.

Die bereits bei den Zugversuchen auftretenden Unterschiede in dem Zähigkeitsverhalten verschiedener Metalle treten auch bei den verschärften Versuchsbedingungen des Kerbschlagbiegeversuchs in grundsätzlich der gleichen Weise hervor. Für einen Flußstahl mit 0,05% C zeigt Abb. 18 unter Berücksichtigung der Wärmebehandlung den temperaturabhängigen Verlauf der Kerbschlagzähigkeit[1]. Der nach Abb. 15 beim Zugversuch an glatten Proben beobachtete Abfall der Zähigkeit bei Temperaturen von etwa —140° C bis —160° C tritt beim Kerbschlagbiegeversuch infolge der versprödenden Wirkung der dreiachsigen Zugbeanspruchung im Kerbgrund und der höheren Formänderungsgeschwindigkeit bei wesentlich höheren Temperaturen in Erscheinung. Ferner ergibt sich, daß die Temperaturlage des Abfallbereiches maßgebend durch die Wärmebehandlung bedingt ist. Das empfindliche Ansprechen der Kerbschlagbiegeprobe hinsichtlich der Temperaturlage des Abfallbereiches und der absoluten Höhe der Kerbschlagzähigkeit auf die Vorbehandlung des Stahles führte zur Anwendung des Kerbschlagbiegeversuchs insbesondere zur Prüfung geeigneter Schmiede- und Wärmebehandlung, der Empfindlichkeit eines Stahles gegen Reckaltern und seiner Neigung zur Anlaßsprödigkeit. Darüber hinaus wird durch Legierungszusätze die Temperaturlage des Steilabfalles der Kerbschlagzähigkeit maßgebend beeinflußt und insbesondere durch Nickelzusatz zu tieferen Temperaturen verschoben. Ähnliches Verhalten wie beim Stahl zeigt, wie aus den Zugversuchen zu erwarten, auch die Kerbschlagzähigkeits-Temperaturkurve bei Zink, bei dem der Abfallbereich sich um etwa 20° C zu höheren Temperaturen verschiebt. Bei Magnesiumlegierungen nimmt die Kerbschlagzähigkeit mit sinkender Temperatur ohne ausgesprochenen Steilabfall stetig ab. Im Gegensatz zu dem bei den vorgenannten Werkstoffen beobachteten Kerbschlagzähigkeitsverlust wird bei Aluminium, Blei, Kupfer und Nickel und den Legierungen dieser Metalle die Kerbschlagzähigkeit durch tiefe Temperaturen sogar erhöht.

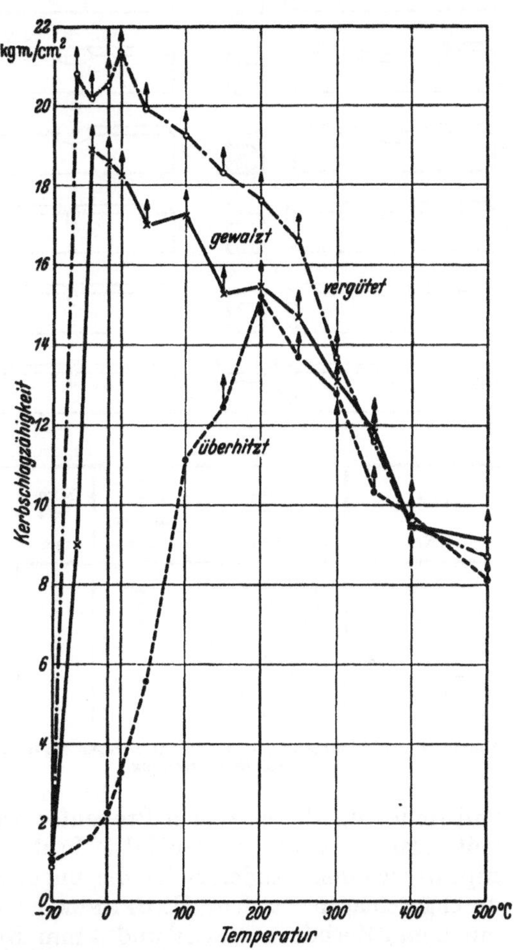

Abb. 18. Kerbschlagzähigkeit eines Flußstahles mit 0,05% C in Abhängigkeit von der Temperatur. (Nach KÖRBER-POMP.)

[1] KÖRBER, F., u. A. POMP: Mitt. K.-Wilh.-Inst. Eisenforschg. Bd. 7 (1925) S. 43.

Für die Untersuchung der Temperaturabhängigkeit der Kerbschlagzähigkeit ist bei Werkstoffen, die einen mehr oder weniger starken Verlust des Formänderungsvermögens mit sinkender Temperatur zeigen und bei denen — wie bei den meisten Stählen — dieser Zähigkeitsverlust außerdem noch innerhalb eines durch die Art der Beanspruchung in der absoluten Lage wesentlich beeinflußten Temperaturgebietes ziemlich steil verläuft, die Anwendung einer Probe wichtig, die bei geringsten Streuungen ein möglichst großes Unterscheidungsvermögen für verschieden hohe Versprödungsneigung anzeigt. Die meist angewendete DVM-, aber auch die VGB-Probe nach DIN 50115 (Ausgabe 5. 52) ergeben mit Ausnahme der austenitischen Stähle bei fast allen anderen Stählen bei der Temperatur der flüssigen Luft gleichmäßig niedrige Werte unter 5 kgm/cm². H. BENNEK[1] untersucht an den in Abb. 19 wiedergegebenen verschiedenen Kerbschlagprobenformen den Einfluß tiefer Temperaturen auf den Verlauf der Kerbschlagzähigkeit und findet für die einzelnen Probenformen die in Abb. 20 gezeigte Abhängigkeit. Danach wird bei der DVM-Probe unter den schärfsten Bedingungen geprüft, während andererseits die ungekerbten Proben in allen Fällen nicht durchgeschlagen wurden. H. BENNEK ist der Ansicht, daß die Probenform 9 mit 8 mm Kerbdurchmesser und 4 mm Kerbradius bei 6 × 8 mm Querschnitt die beste Unterscheidung zwischen verschiedenen Wärmebehandlungszuständen ergibt. Diese Probe wurde als DMF-Probe (Flachkerbprobe) in DIN 50115 genormt. Über den Einfluß der Probenbreite bei der Kerbschlagprobe berichten A. POMP und A. KRISCH[2] in Übereinstimmung mit den Ergebnissen von H. BENNEK, daß die übliche Probe mit 10 mm Breite den Übergang vom Verformungs- zum Trennungsbruch bei der höchsten Temperaturlage zeigt und mit abnehmender Probenbreite sich dieser Übergang zu tieferen Temperaturen verschiebt, und zwar so stark, daß bei 2 und 1 mm Breite zwar noch ein Abfall der Kerbschlagzähigkeit eintritt, jedoch bis —183° C kein spröder Bruch beobachtet wird. Der Unterschied in der Kerbschlagzähigkeit zwischen den breiten und schmalen Proben geht so weit, daß die Schlag-

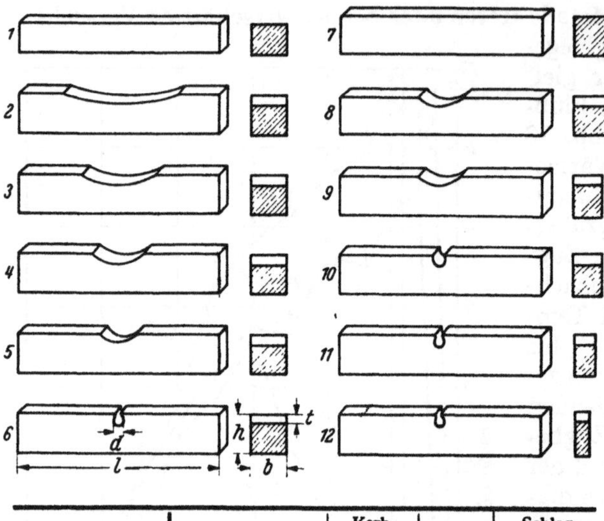

Proben Nr.	Abmessung mm	Kerbdurchmesser mm	Kerbtiefe mm	Schlagquerschnitt mm²
1 — — —	10 × 7 × 55	∞	(3)	7 × 10
7 - - - - - -	10 × 10 × 55	∞	0	10 × 10
9 ———	10 × 8 × 55	8	4	6 × 8
8 —— · ——	10 × 10 × 55	8	4	6 × 10
4 —— · · ——	10 × 10 × 55	8	3	7 × 10
5 ———	10 × 10 × 55	6	3	7 × 10
6 ▬▬▬	10 × 10 × 55	2	3	7 × 10
11 ·········	10 × 6 × 55	2	3	7 × 6

Abb. 19. Kerbschlagprobenformen für Untersuchungen bei tiefen Temperaturen. (Nach BENNEK.)

[1] Techn. Mitt. Krupp, A. Forschungsber. Bd. 6 (1943) S. 16. — s. auch H. J. WIESTER: Techn. Mitt. Krupp, A. Forschungsber. Bd. 6 (1943) S. 1.

[2] Arch. Eisenhüttenw. Bd. 20 (1949) S. 19.

arbeit bei schmalen Proben trotz des geringeren Querschnitts häufig größer ist als bei breiteren Proben. Insgesamt gesehen ist die Frage nach einer den betrieblichen Bedingungen am besten angepaßten Kerbschlagprobe für Tieftemperaturuntersuchungen noch nicht restlos befriedigend gelöst.

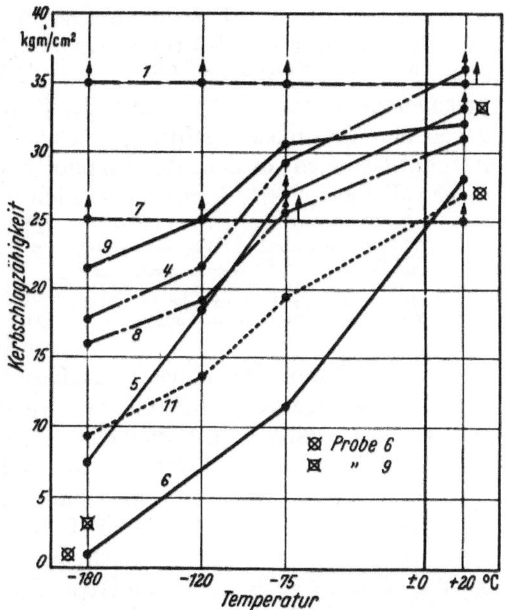

Abb. 20. Einfluß der Probenform auf die Kerbschlagzähigkeit eines Stahles bei tiefen Temperaturen. (0,20% C, 0,22% Si, 1,52% Mn, 0,014% P < 0,010% Si und 1,40% Cr; 850°/W, 2 h 680°/Öl). (Nach BENNEK.)

↑ angerissen (nicht durchbrochen); ↑ Kerbschlagzähigkeit über 25 bzw. 35 kgm/cm²; *Probe 6* bei Luftabkühlung nach dem Anlassen; *Probe 9* bei Luftabkühlung nach dem Anlassen. Mittelwert aus je 3 Proben, 25 m/kg Schlagwerk.

6. Dauerschwingfestigkeit.

a) Versuchsverfahren.

J. B. JOHNSON und T. OBERG[1] sowie W. D. BOONE und H. B. WISHART[2] untersuchen die Biegewechselfestigkeit bis −40° C auf einer in einer Kältekammer aufgestellten Dauerbiegemaschine. W. SCHWINNING[3], der ebenfalls Versuche bis −40° C ausführte, verwendet dazu eine von ihm entwickelte Umlaufbiegemaschine, die ähnlich wie die SCHENK-Maschine zwei innere bewegliche und zwei äußere feste Lager besitzt. Bei Tieftemperaturversuchen wurden die Öldämpfer der mittleren Belastungslager durch außerhalb des Kältebades liegende Führungen ersetzt. Um ein Einfrieren zu verhindern, werden die Führungen durch übergesteckte Tauch-

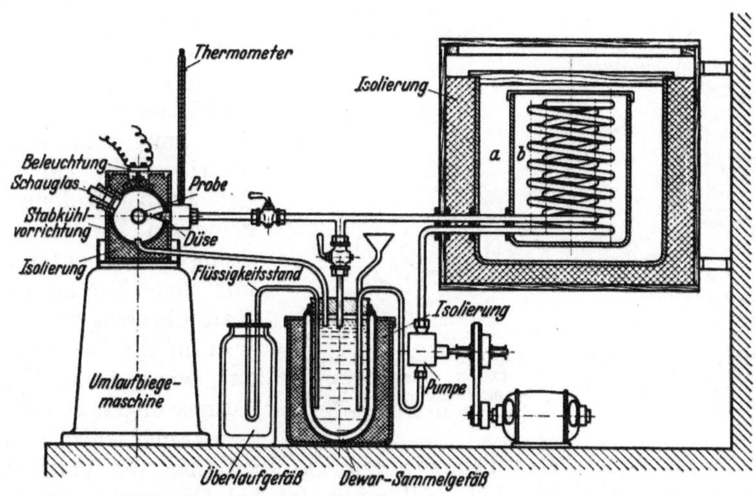

Abb. 21. Versuchseinrichtung für Umlaufbiegeversuche bei tiefen Temperaturen. (Nach BUNGARDT.)

[1] Metals and Alloys Bd. 4 (1933).
[2] Proc. Amer. Soc. Test. Mater. Bd. 35 (1935) II, S. 147.
[3] Z. VDI. Bd. 79 (1935) S. 35.

sieder auf 30° C bis 40° C erwärmt. Im übrigen wird die Maschine als Ganzes in ein Kältebad aus Petroleum (bis etwa —25° C) bzw. Azeton eingetaucht und die Kühlung des Kälteüberträgers durch eine in den Ammoniakkreislauf einer Ammoniakkältemaschine eingeschaltete Kühlschlange bewirkt. Umlaufbiegeversuche bis —65°C führt K. BUNGARDT[1] mit der in Abb. 21 wiedergegebenen Versuchseinrichtung durch. Der Kälteüberträger ist ein Benzin-Alkohol-Gemisch, in dem der Alkohol zur Lösung des aus der Luft aufgenommenen Wassers dient, damit dieses nicht ausfriert und die Leitungen verstopft.

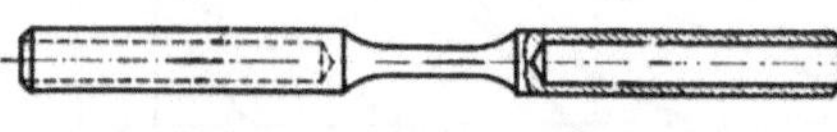

Abb. 22. Probe für Umlaufbiegeversuche bei tiefen Temperaturen. (Nach BUNGARDT.)

Der Kälteüberträger wird von einer Zahnradpumpe aus einem DEWAR-Sammelgefäß gesaugt und durch einen Kühler zur Probe gepumpt. Auf die Probe wird er durch zwei nebeneinander angeordnete Düsen von 2 mm Durchmesser aufgespritzt und läuft in das Sammelgefäß zurück. Das Gefäß *b* enthält bei Versuchstemperaturen von — 35° C ein Wasser-Salz-Gemisch mit gleichem Gefrierpunkt. Das Wasser-Salz-Gemisch wird teilweise gefroren durch ein Gemisch aus Azeton und fester Kohlensäure im Gefäß *a*. Bei der Versuchstemperatur von — 65° C befindet sich das Kühlmittel — ein Gemisch aus Azeton und Kohlensäureschnee — im Gefäß *b*. Die Temperaturen der Probe konnten bei dieser Versuchsanordnung auf ±2° C gleichgehalten werden. Die Rohrleitungen, die Probenkühleinrichtung in der Umlaufbiegemaschine und der Kühlmittelbehälter sind mit Glaswolle u. a. gut wärmeisoliert. Für die Versuche werden polierte Umlaufbiegeproben nach Abb. 22 verwendet, deren Einspannteil ausgebohrt ist, um den wärmeleitenden Querschnitt zu verkleinern. Die Temperatur wird mit einem Pentan-Thermometer am Eingang der Probenkühleinrichtung gemessen. Die Übereinstimmung der Probentemperatur mit der Temperatur des Kälteüberträgers beim Eintritt in die Spritzdüsen ist gut, wie sich aus Temperaturmessungen an der Innenwand einer vollständig hohlgebohrten Probe ergab. Der Temperaturunterschied über die Versuchslänge der Probe beträgt 2° C bis 3° C. Allgemein ist bei Dauerschwingversuchen unter Verwendung eines Kälteüberträgers zur Probenkühlung darauf zu achten, daß keine Korrosion durch den Kälteüberträger stattfindet.

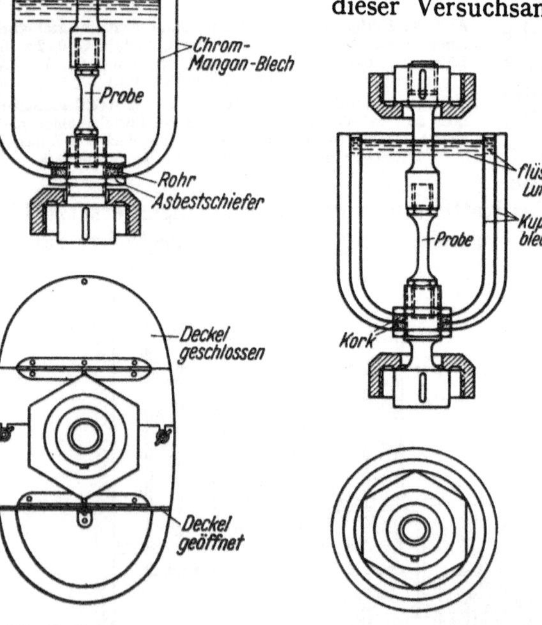

Abb. 23. Versuchseinrichtung für Zug-Druck-Wechselbeanspruchung bei —78° C. (Nach HEMPEL-LUCE.)

Abb. 24. Versuchseinrichtung für Zug-Druck-Wechselbeanspruchung bei —188° C. (Nach HEMPEL-LUCE.)

---

[1] Z. Metallkde. Bd. 20 (1938) S. 235.

M. HEMPEL und J. LUCE[1] untersuchten die Zug-Druck-Wechselfestigkeit bei tiefen Temperaturen auf einer senkrecht arbeitenden Schwingungsprüfmaschine üblicher Bauart. Um die Kälteableitung aus der Probe möglichst gering zu halten und die freie Einbauhöhe zu vergrößern, wird das aus Leichtmetall bestehende untere Querhaupt durch ein solches aus Stahlguß ersetzt und ferner die Höhe der zum Festspannen der Proben verwendeten Überwurfmuttern verringert. M. HEMPEL und J. LUCE kühlen die Probe abweichend von den meist angewendeten Versuchsanordnungen unmittelbar, wobei die Versuche bei einer Temperatur von $-78°$ C mit einer in Abb. 23 wiedergegebenen Versuchsanordnung durchgeführt werden. Dem Kältebad aus Alkohol wird in bestimmten Zeitabständen feste Kohlensäure zugegeben. Gegenüber Azeton erweist sich Alkohol als Kältebad durch die geringeren Verdampfungsverluste als günstiger, abgesehen davon, daß M. HEMPEL und J. LUCE noch beobachten, daß die Verdampfungsgeschwindigkeit des handelsüblichen technischen Azetons erhebliche Unterschiede aufweist.

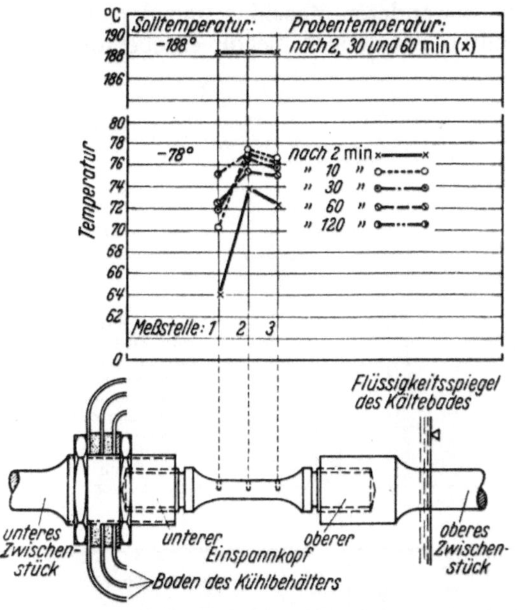

Abb. 25. Temperaturverlauf in Abhängigkeit von der Abkühldauer gemessen an drei Stellen einer glatten Vollprobe. (Nach HEMPEL-LUCE.)

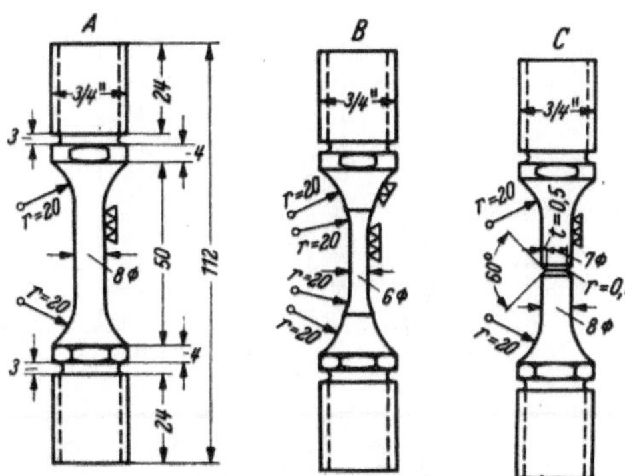

Abb. 26. Probenformen für Zug-Druck-Wechselbeanspruchung bei tiefen Temperaturen. (Nach HEMPEL-LUCE.)

Das Kältebad befindet sich in einem ovalen Blechbehälter mit 4 Liter Inhalt und ist von dem äußeren Behälter durch eine Luftisolation getrennt. Die Untersuchungen bei $-180°$ C werden, wie die Abb. 24 zeigt, durch M. HEMPEL und J. LUCE in grundsätzlich gleicher Weise durch unmittelbare Probenkühlung mit flüssiger Luft durchgeführt. Allerdings ist es notwendig, um die Kälteverluste zu verringern, die Kühleinrichtung aus drei ineinandergestellten polierten Kupferbehältern aufzubauen, wobei der innere Behälter und der Raum zwischen dem inneren und zweiten Gehälter mit flüssiger Luft gefüllt werden. Der in Abb. 25 wiedergegebene Temperaturverlauf in Abhängigkeit von der Abkühldauer zeigt, daß erst mit zunehmender Abkühldauer ein allmähliches Angleichen der an den verschiedenen Meßstellen gemessenen Temperaturen an die gewünschte Solltemperatur von $-78°$ C erfolgt und die Temperaturunterschiede etwa 2° C betragen. Bei $-188°$ C wird eine gleichmäßige Temperaturverteilung bereits nach 2 min festgestellt.

[1] Mitt. K.-Wilh.-Inst. Eisenforschg. Bd. 23 (1941) S. 53. — s. auch Arch. Eisenhüttenw. Bd. 15 (1941/42) S. 423.

Tabelle 1. *Einfluß tiefer Temperaturen auf die Biegewechselfestigkeit von*

Legierung	Behandlung	Cu %	Mg %	Mn %	Fe %
Al-Cu-Mg	ausgehärtet	3,74	0,91	0,84	0,47
Al-Mg	gepreßt	0,03	4,68	0,26	0,35
Al-Mg	„	—	6.57	0,18	0,70
Al-Mg	„	0,04	8,93	0,28	0,44
Mg-Al-6.	„	0,04	Rest	0,18	0,04
Mg-Mn	„	0,01	Rest	1,72	—

M. HEMPEL und J. LUCE entwickelten für die Untersuchungen die in Abb. 26 wiedergegebenen Probenformen. Grund für die Entwicklung besonderer Probenformen sind, außer der durch die Art der verwendeten Maschine und der aus den Festigkeitseigenschaften der untersuchten Stähle sich hierfür ergebenden

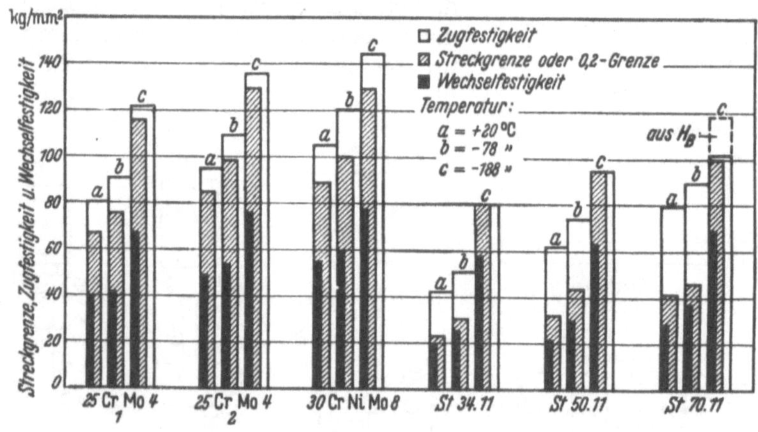

Abb. 27. Streckgrenze, Zugfestigkeit und Zug-Druck-Wechselfestigkeit für Vollproben aus niedrig legierten und unlegierten Stählen. (Nach HEMPEL-LUCE.)

	C %	Si %	Mn %	P %	S %	Cr %	Ni %	Mo %	Wärmebehandlung
25 CrMo 4 (1)	0,22	0,33	0,60	0,015	0,005	0,83	0,09	0,22	850°/W/600 bis 610° C
25 CrMo 4 (2)	0,22	0,33	0,60	0,015	0,005	0,83	0,09	0,22	850°/W/520 bis 530° C
30 CrNiMo 8 .	0,34	0,27	0,45	0,012	0,009	1,88	2,27	0,40	850°/Öl/620° C
St 34.11 . . .	0,08	Sp.	0,59	0,041	0,023	—	—	—	1/2 h 930°/Luft
St 50.11 . . .	0,40	0,17	0,78	0,019	0,043	Cu	—	—	1 h 870°/Ofenabkühlung
St 70.11 . . .	0,64	0,11	0,75	0,020	0,052	0,10	—	—	1 h 780°/Luft

Notwendigkeit, vor allem kältetechnische Forderungen, die eine kurze Probe mit schlankem Übergang vom zylindrischen Teil der Probe zum Einspannkopf besonders bei kaltspröden Werkstoffen zur Vermeidung von Kerbwirkungen erforderlich machen. Dauerschwingversuche an Aluminium und Aluminiumlegierungen wurden von K. WELLINGER und A. HOFMANN bis —160° C durchgeführt[1]. — Die Probe befand sich dabei in einem isolierten, geschlossenen Kühltopf und wurde durch Berieseln der hohlgebohrten und verkupferten Einspannstücke mit dem gepumpten Kälteträger gekühlt.

b) Ergebnisse.

Die Zusammenstellung einiger Versuchsergebnisse an Vergütungsstählen (25 Cr-Mo 4 und 30 Cr-Ni-Mo 8) und unlegierten Baustählen in den Abb. 27 und 28 sowie an verschiedenen Aluminium- und Magnesiumlegierungen in

[1] Z. Metallkde. Bd. 39 (1948) S. 233.

Aluminium- und Magnesium-Knetlegierungen. (Nach K. BUNGARDT.)

Si %	Ti %	Zn %	Al %	Biegewechselfestigkeit (20 · 10[6] Lastwechsel) kg/mm² +20° C	−35° C	−65° C
0,42	0,01	—	Rest	±15,30	±15,60	±18,00
0,15	0,01	Rest	—	±13,50	±16,80	±18,75
0,11	0,01	—	Rest	±17,70	±18,10	±18,50
0,12	0,01	—	Rest	±14,30	±13,75	±14,60
0,03	—	0,07	6,86	±15,00	±15,25	±15,00
0,01	—	0,03	0,02	± 7,50	± 8,20	± 9,25

Tab. 1 läßt erkennen, daß bei diesen Werkstoffen die Zug-Druck-Wechselfestigkeit beziehungsweise Biegewechselfestigkeit mit sinkender Temperatur ansteigt. Grundsätzlich das gleiche gilt auch für Werkstoffe auf anderer Legierungsgrundlage. Ähnlich wie die Zugfestigkeit steigt auch die Zug-Druck-Wechselfestigkeit von Stählen unterhalb etwa −70° C stärker an als zwischen Raumtemperatur und −70° C. Bemerkenswert ist, daß auch die Kerbdauerschwingfestigkeit der metallischen Werkstoffe in dem gleichen Maße wie die Dauerschwingfestigkeit an ungekerbten Proben ansteigt.

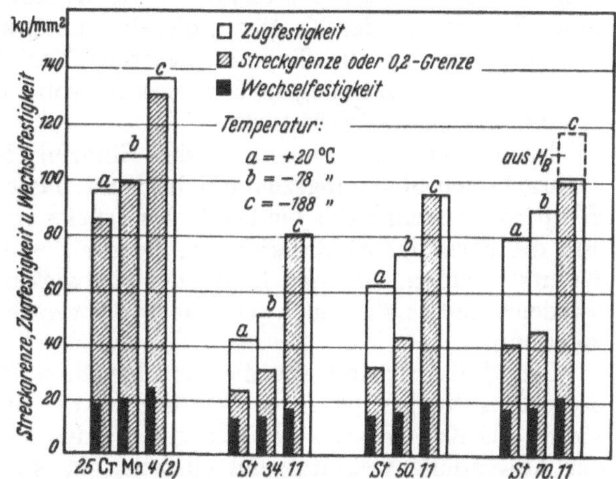

Abb. 28. Streckgrenze, Zugfestigkeit und Zug-Druck-Wechselfestigkeit für Kerbproben aus niedriglegierten und unlegierten Stählen. (Nach HEMPEL-LUCE.) (Zusammensetzung und Wärmebehandlung der Stähle, vgl. Abb. 27.)

Über neuere Ergebnisse berichten A. POMP und M. HEMPEL[1] sowie K. WELLINGER und A. HOFMANN[2].

[1] Arch. Eisenhüttenw. Bd. 21 (1950) S. 53.
[2] Z. Metallkde. Bd. 39 (1948) S. 233.

V. Härteprüfung.

Von W. HENGEMÜHLE, Dortmund.

A. Grundsätzlisches über Härte.

Der Begriff der Härte ist noch nicht eindeutig festgelegt. Am stärksten durchgesetzt hat sich die Anschauung, wonach die Härte der Widerstand ist, den ein Körper dem Eindringen eines anderen entgegensetzt. Innerhalb dieser Begriffsbestimmung leiten Physiker, wie H. HERTZ[1], F. AUERBACH[2], die Härte eines Stoffes von der Kraft ab, die eben noch keine bleibende Formänderung erzeugt, während die Technik meistens Verfahren bevorzugt, die deutlich bleibende Formänderungen hinterlassen, wobei die Eindringkörper bedeutend härter sind als das Prüfstück.

Da an der Berührungsstelle des Eindringkörpers mit dem Prüfstück ein mehrachsiger Spannungszustand herrscht, lassen sich auch in sonst spröden Körpern meistens noch bleibende Eindrücke erzeugen, wie z. B. in Gußeisen. Für die Form der Eindringkörper, die zur Bestimmung der technischen Härte benutzt werden, sind im Laufe der Entwicklung viele Vorschläge gemacht worden[3], und es sind auch jetzt noch die verschiedenartigsten Formen in Anwendung.

Grundsätzlich sind alle die verschiedenen Prüfverfahren gleichberechtigt, sofern aus ihren Ergebnissen Schlüsse auf die Bewährung des geprüften Werkstoffes als Konstruktionsteil gezogen werden können. Die Verfahren sollen in der Anwendung vielseitig und einfach sein, sie sollen Härteunterschiede mit genügender Schärfe wiedergeben und möglichst eine vom weichsten bis zum härtesten Werkstoff durchlaufende Härteskala besitzen.

In den folgenden Abschnitten sind die wichtigsten Prüfverfahren behandelt, die in irgendeiner Form den Eindringwiderstand als Härtemaßstab benutzen. Die für die Durchführung der Härteprüfung erforderlichen Geräte sind im Band I des Handbuches der Werkstoffprüfung beschrieben.

B. Statische Härteprüfung.

1. Kugeldruckversuch.

a) Die Brinell- und Meyerhärte.

Um die Jahrhundertwende, einer Zeit des besonderen Auftriebes der Eisenindustrie, wurde der Wunsch immer dringlicher, ein Härteprüfverfahren zu haben, das den praktischen Bedürfnissen der Industrie entsprach. Auf der Pariser Weltausstellung im Jahre 1900 gab der Schwede J. A. BRINELL ein Verfahren bekannt, das durch seine einfache Handhabung und insbesondere

---

[1] Gewerbefleiß 1882, S. 443.

[2] Wiedemanns Ann. Bd. 43 (1891) S. 61; Bd. 45 (1892) S. 262.

[3] MARTENS, A.: Handbuch der Materialkunde für den Maschinenbau. Berlin 1898.

dadurch, daß die ermittelten Härtewerte bei vielen Werkstoffen in enger Beziehung zur Zugfestigkeit stehen, eine außerordentliche Bedeutung erlangte[1].

Brinell schlug als Eindringkörper eine gehärtete Stahlkugel vor, wie sie bei der Kugellagerfabrikation serienweise und mit größter Präzision hergestellt wird. Diese Kugel wird durch eine ruhende Druckkraft in das Prüfstück so weit eingedrückt, daß ein bleibender Eindruck entsteht. Die Härte eines Stoffes ist nach Brinell die mittlere Druckkraft auf die Flächeneinheit der Eindruck-Kalotte $HB = P/0$. Die Kalottenoberfläche ergibt sich zu $0 = \pi D t = \frac{\pi D^2}{2} - \frac{\pi D}{2} \sqrt{D^2 - d^2}$, wobei t die Eindrucktiefe, D den Kugeldurchmesser und d den Eindruckdurchmesser bedeutet. Demnach ist die Brinellhärte

$$HB = \frac{2P}{\pi D (D - \sqrt{D^2 - d^2})} \quad [\mathrm{kg/mm^2}].$$

Für die praktische Auswertung stehen Tafeln zur Verfügung, aus denen für jeden Eindruckdurchmesser die zugehörige Brinellhärte gefunden werden kann[2]. Um bei der praktischen Brinellhärteprüfung an ein und demselben Werkstück stets die gleichen Härtewerte zu bekommen, müssen noch verschiedene Bedingungen eingehalten werden, insbesondere weil infolge der Kugelform des Eindringkörpers die Härte von der Eindrucktiefe abhängig ist. Diese Bedingungen sind in DIN 50351 (Ausg. 10. 42) niedergelegt. Auf die wichtigsten Einzelheiten dieser Norm wird in den folgenden Abschnitten eingegangen.

Die Berechnung eines Härtewertes aus der Kalottenoberfläche hat vor allen Dingen E. Meyer[3] angegriffen und vorgeschlagen, den Eindringwiderstand als mittlere Druckkraft auf die projizierte Eindruckfläche zu beziehen. Demnach ist die Meyerhärte $HM = \frac{4P}{\pi d^2}$.

Tab. 1 gibt einen Überblick über die Unterschiede zwischen der projizierten Eindruckfläche und der Kalottenoberfläche für verschiedene Eindruckdurchmesser bei einem Kugeldurchmesser von 10 mm. Da das Verhältnis $0 : \frac{\pi d^2}{4}$ stets größer als 1 ist, muß auch die Meyerhärte stets größer als die Brinellhärte sein, und zwar ist der Unterschied dieser beiden Härten bei flachen Eindrücken gering, er wird aber mit zunehmender Eindrucktiefe immer größer.

Tabelle 1. *Gegenüberstellung der Werte 0 und* $\frac{\pi d^2}{4}$ *für verschiedene Eindruckdurchmesser bei* $D = 10$ *mm* (nach P. W. Döhmer).

d in mm	1	2	3	4	5	6	7
$\frac{\pi d^2}{4}$	0,785	3,142	7,069	12,57	19,64	28,27	38,48
0	0,787	3,18	7,24	13,11	21,04	31,4	44,9
$0 : \frac{\pi d^2}{4}$	1,002	1,012	1,024	1,043	1,072	1,112	1,167

[1] Brinell, J. A., u. G. Dillner: I.V.M., Brüsseler Kongreß 1906, Bericht 27E.

[2] Zum Beispiel N. Ludwig: Tafeln zur Ermittlung der Brinellhärte. Herausgegeben vom Deutschen Verband für Materialprüfung, Berlin-Köln 1952.

[3] Forsch. Ing.-Wes. Heft 65 (1909).

Die Meyerhärte wie auch die Brinellhärte wachsen mit der Prüfkraft, also mit dem Eindruckdurchmesser, zuerst rasch, dann langsamer an, die Meyerhärte bis zum Eindruckdurchmesser $d = D$, die Brinellhärte aber zeigt bei einem bestimmten Eindruckdurchmesser einen Größtwert (s. Abschn. B 1d).

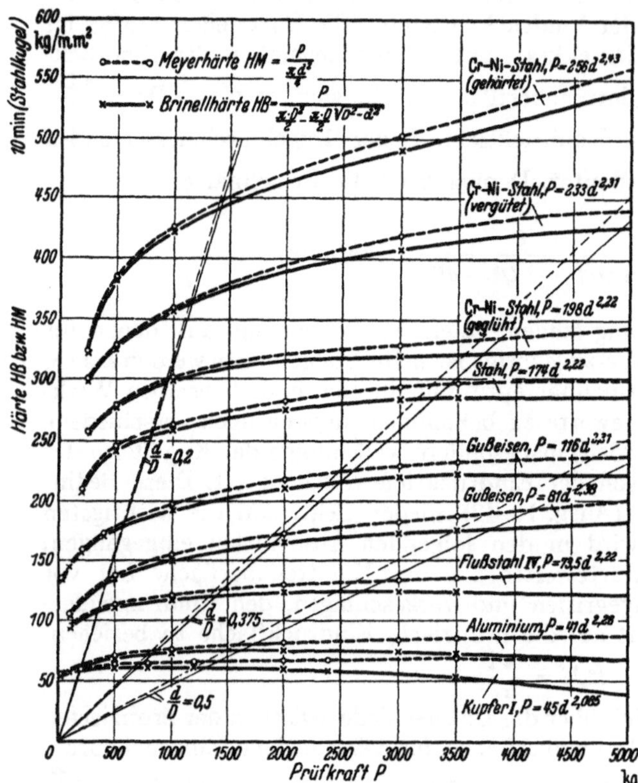

Abb. 1. Meyer- bzw. Brinellhärte in Abhängigkeit von der Prüfkraft. (Nach E. Meyer, vom Verfasser erweitert.)

In Abb. 1 sind für einige Werkstoffe die Meyer- und Brinellhärten in Abhängigkeit von der Prüfkraft aufgetragen. Man erkennt bei weicheren Werkstoffen für die angewandten Prüfkräfte schon ein Absinken der Brinellhärte.

b) Potenzgesetz.

Die praktische Bedeutung, die der Kugeldruckversuch bald nach seinem Bekanntwerden erreicht hatte, war Anlaß für viele Forschungsarbeiten. Die Beziehung zwischen Prüfkraft und Eindruckdurchmesser gibt Abb. 2 wieder. E. Meyer fand, daß diese Kurven, in ein doppellogarithmisches Koordinatensystems übertragen, gerade Linien ergeben und somit die Beziehung gilt $P = a d^n$.

Hierin sind P die Prüfkraft, d der Durchmesser des bleibenden Eindrucks a und n Konstanten. Diese beiden Konstanten lassen sich errechnen, wenn man mindestens 2 Eindrücke derselben Kugel bei verschiedenen Prüfkräften ausführt, denn es ist

$$\log P_1 = \log a + n \log d_1$$
$$\log P_2 = \log a + n \log d_2$$
$$n = \frac{\log P_1 - \log P_2}{\log d_1 - \log d_2}$$

und

$$\log a = \log P_1 - n \log d_1.$$

Die Konstante a ist die Druckkraft, bei der der Eindruckdurchmesser $d = 1$ mm wird, denn dann wird nach obiger Formel $P = a$ Diese Konstante ist abhängig von der Härte des Stoffes und vom Kugeldurchmesser. Je härter der Stoff, desto größer muß die Druckkraft sein und je größer die Kugel, desto kleiner muß die Druckkraft sein, um einen Eindruckdurchmesser von 1 mm zu erzeugen.

Die Konstante n ist nach A. KÜRTH[1] ein Maß für den Kalthärtungszustand, in dem der zu prüfende Werkstoff vorliegt, dabei entspricht einem Zustand großer Kalthärtung ein kleines n. Abb. 3 zeigt diesen Zusammenhang bei Nickel. Hier sind die Prüfkräfte in Abhängigkeit von den Eindruckdurchmessern in einem doppellogarithmischen Koordinatensystem aufgetragen. Die erhaltenen geraden Linien schneiden auf der Ordinate entsprechend dem Eindruckdurchmesser $d = 1$ mm den Wert a ab, und ihre Neigung zur Abszisse entspricht dem Exponenten n. Im ausgeglühten Zustand ist hier $n = 2{,}40$. Werden die Proben durch Recken weiter kaltgehärtet, entsprechend den eingetragenen Streckgrenzen, so nimmt n ab, die Steigung der Geraden wird geringer.

Man kann sich diesen Vorgang folgendermaßen vorstellen: Während des Versuches findet eine Kalthärtung des Werkstoffes statt. Bei ausgeglühten Werkstoffen tritt eine größere

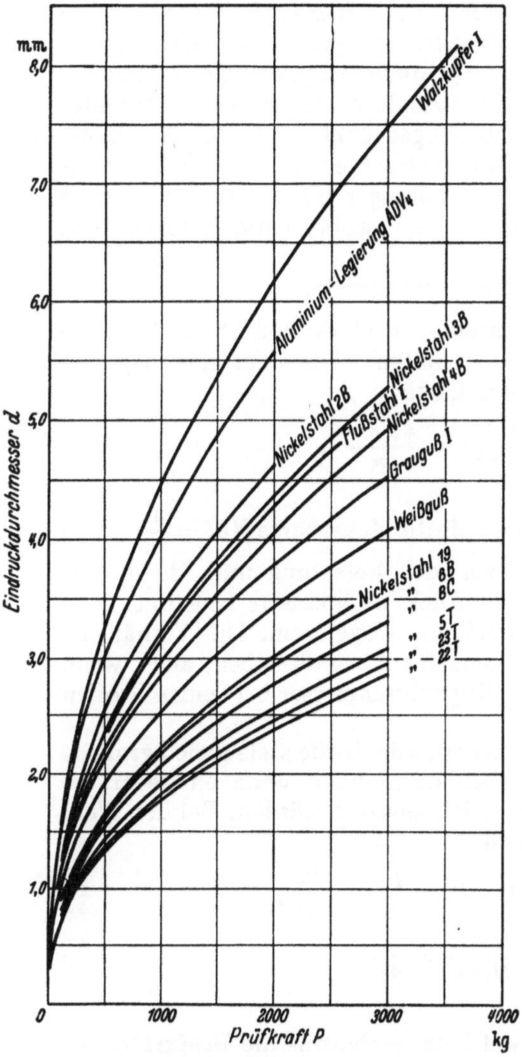

Abb. 2. Beziehungen zwischen Eindruckdurchmesser und Prüfkraft bei dem Kugeldruckversuch $D = 10$ mm. (Nach E. MEYER.)

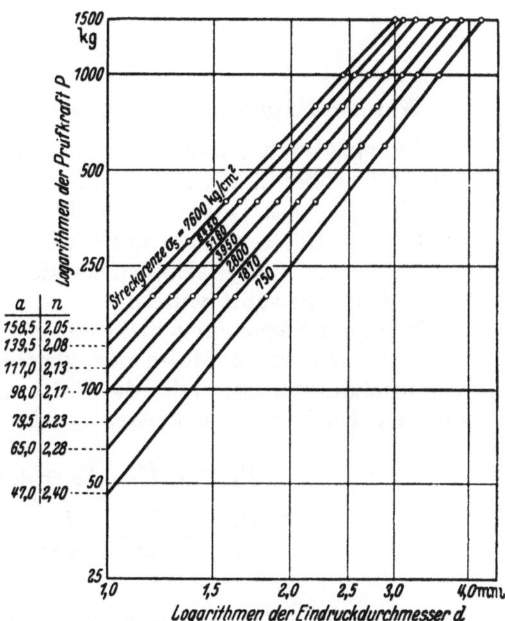

Abb. 3. Logarithmische Darstellung der Beziehung zwischen P und d in verschiedenen Zuständen des Nickels. (Nach A. KÜRTH.)

Steigerung der Kalthärtung durch den Kugeldruckversuch ein als bei schon vorher kaltgehärteten Werkstoffen, mit anderen Worten, der Eindringwiderstand wächst schneller, die Gerade wird steiler. Bei den meisten Werkstoffen ist n größer als 2. Sein größtmöglicher Wert, der also bei ausgeglühten

[1] Forsch. Ing.-Wes. Heft 66 (1909).

Proben erhalten wird, ist bei den einzelnen Werkstoffen verschieden, doch streben diese Werte mit fortschreitender Kalthärtung dem Grenzwert 2 zu, der demnach einen Werkstoff kennzeichnet, der bis zum Höchstmaß kaltverfestigt ist. Ist n kleiner als 2, wie z. B. bei manchen Bleisorten, so wird die Meyerhärte mit zunehmendem Eindruckdurchmesser kleiner, wahrscheinlich weil diese Werkstoffe bei Raumtemperatur rekristallisieren bzw. sich erholen.

Solch ein Potenzgesetz gilt auch für andere Verhältnisse. E. Rasch[1] stellte dieses Gesetz z. B. auf beim Aufeinanderdrücken von gehärteten Stahlkugeln, A. Föppl[2] für die Föppl-Schwerdtsche Härteprüfung mit gekreuzten Zylindern. Ebenso gilt das Gesetz für die Kirschsche Zylinderhärte, wobei ein Zylinder mit seiner Stirnfläche in eine ebene Platte eingedrückt wird. Für den Kegel und für die Pyramide, bei deren Anwendung sich wegen der geometrisch ähnlichen Eindrücke ein von der Prüfkraft unabhängiger Härtewert ergibt, wird $n = 2$, die Formel lautet hier demnach $P = at^2$, wobei t die Eindrucktiefe bedeutet.

c) Folgerungen aus dem Potenzgesetz.

E. Meyer hat in seiner Abhandlung untersucht, ob es möglich ist, für seine Härte stets gleiche Vergleichszahlen zu erhalten. Aus dem Potenzgesetz $P = ad^n$ ergibt sich in bezug auf die Meyerhärte

$$HM = \frac{P}{\frac{\pi d^2}{4}} = \frac{a\,d^n}{\frac{\pi d^2}{4}} = \frac{4a\,d^{n-2}}{\pi}.$$

Wäre der Exponent n stets gleich 2, so würde die Meyerhärte $HM = \frac{4a}{\pi}$, also unabhängig vom Eindruckdurchmesser, von der Belastung und, da $d = D \sin(\varphi/2)$, wobei φ den Zentriwinkel des Eindruckdurchmessers bedeutet, auch unabhängig vom Durchmesser der verwendeten Kugel sein. Die Verhältniszahlen der Härte zweier Stoffe wären demnach immer dieselben, auch wenn die Belastung oder der Eindruck- oder der Kugeldurchmesser bei beiden Stoffen verschieden gewählt würde.

Wäre der Exponent n nicht gleich 2, aber für alle Stoffe stets gleich groß, so erhielten wir für 2 Stoffe nur gleiche Verhältniszahlen, wenn entweder die Eindruckdurchmesser oder die Prüfkraft gleich gewählt würden. Bei der Wahl gleicher Eindruckdurchmesser ergäbe sich

$$P_1 = a_1 d^n, \quad P_2 = a_2 d^n, \quad d^n = \frac{P_1}{a_1} = \frac{P_2}{a_2},$$

$$\frac{P_1}{P_2} = \frac{P_1}{\frac{\pi d^2}{4}} : \frac{P_2}{\frac{\pi d^2}{4}} = \frac{HM_1}{HM_2} = \frac{a_1}{a_2}.$$

Das Verhältnis der Härten gäbe an, in welchem Verhältnis die Prüfkräfte bei den beiden Werkstoffen stehen müßten, um gleiche Eindrücke zu erzielen.

Bei der Wahl gleicher Belastung ergäbe sich

$$P = a_1 d_1^n = a_2 d_2^n,$$

$$\left(\frac{d_1}{d_2}\right)^n = \frac{a_2}{a_1}, \quad \text{woraus} \quad \frac{\pi d_1^2}{4} : \frac{\pi d_2^2}{4} = \left(\frac{a_2}{a_1}\right)^{2/n}$$

[1] Prüfung von Gußstahlkugeln. Berlin: A. Seydel 1900. — Z. Werkzeugmasch. u. Werkzeuge Heft 19/20 (1899).

[2] Föppl, A.: Mitt. mech.-techn. Lab. München Heft 25 (1897) S. 37; Heft 28 (1902) S. 42.

und, da bei gleicher Belastung die Meyerhärten sich umgekehrt proportional verhalten wie die Eindruckflächen, so ist auch

$$\frac{HM_1}{HM_2} = \left(\frac{a_1}{a_2}\right)^{2/n}.$$

Das Verhältnis der Härten gäbe an, in welchem Verhältnis die Eindruckflächen bei gleichen Prüfkräften zueinander stehen.

Nun schwankt aber der Exponent n und es ist bei Betrachtung der Abb. 3 ohne weiteres ersichtlich, daß die eben beschriebenen Verhältnisse nicht unabhängig sind von der Wahl des Eindruckdurchmessers bzw. der Prüfkraft, und zwar sind die Unterschiede desto größer, je größer der Unterschied der in Frage kommenden Exponenten n ist. Die Ausführungen von E. MEYER scheinen, wie auch schon ein Blick auf Abb. 1 dartut, berechtigt, daß zur Kennzeichnung der Härte eines Stoffes der Härtewert für eine bestimmte Druckkraft oder einen bestimmten Eindruckdurchmesser nicht ausreicht, sondern daß erst die Beziehungskurve Härte zur Druckkraft, von der jeder Punkt gleichberechtigt ist, einen Maßstab für die Härte bildet. Solch eine Härtebestimmung ist für die Praxis zu umständlich, da erst durch mehrere Eindrücke die Konstanten a und n festzustellen sind, abgesehen davon, daß der Vergleich von Kurven schwierig ist. Aus diesem Grunde muß man Einschränkungen machen und aus den Kurven irgendwelche Härtewerte nach bestimmten Gesichtspunkten herauswählen. So sind auch verschiedene Vorschläge gemacht worden, von denen einige hier wiedergegeben werden sollen.

d) Vorschläge für eine Kugeldruckhärteprüfung.

Die Beziehungslinie Brinellhärte—Druckkraft zeigt für alle Werkstoffe einen Größtwert. B. WAIZENEGGER[1] vermutet in diesem Maximum die richtige Härte und errechnet mit Hilfe der Beiwerte a und n das Maximum der Kurve. Dieser Größthärtewert wird erreicht bei einem Zentriwinkel des Eindrucks, der der Forderung genügt

$$\sin\frac{\varphi}{2} = \frac{n(n-2)}{n-1}.$$

Trotz großer Vereinfachung dieser schwierigen und langwierigen Rechnung durch Fluchtlinientafeln, hat sich, abgesehen davon, daß das Maximum ja nur geometrisch bedingt ist, dieses Verfahren nicht durchsetzen können.

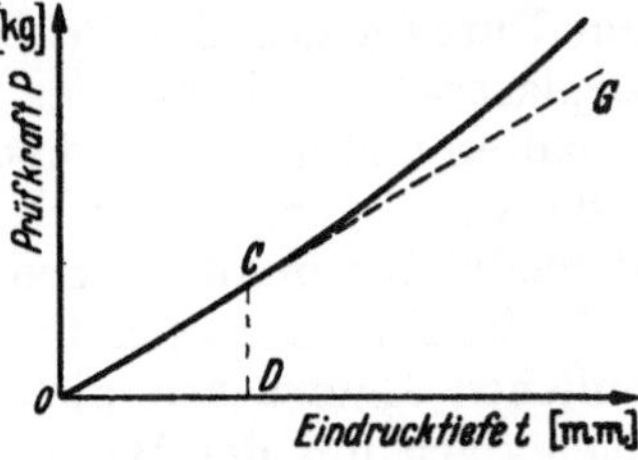

Abb. 4. Beziehung zwischen Prüfkraft und Eindrucktiefe bei flachen Eindrücken. (Nach A. MARTENS.)

A. MARTENS[2] fand, daß die Beziehung der Prüfkraft zur Eindrucktiefe der Kugeln für kleine Kräfte und Eindrucktiefen ungefähr linear verläuft. Wird die Eindrucktiefe stets gleich gewählt und bleibt sie kleiner als OD (Abb. 4), so kann einfach die Kraft als Härtemaßstab angesehen werden, die diesen Eindruck erzeugt, vorausgesetzt, daß nur eine Kugelgröße verwandt wird. MARTENS empfiehlt eine Eindrucktiefe von 0,05 mm bei einer Kugel mit einem Durchmesser von 5 mm und bezeichnet die zugehörige Druckkraft, also auch den Härtewert mit P 0,05. Rechnerisch ist die so ermittelte Härte gleich der Zahl a

[1] Forsch. Ing.-Wes. Heft 238 (1921).
[2] Forsch. Ing.-Wes. Heft 75 (1909).

für die Kugel $d = 5$ mm. Es ist die Eindrucktiefe $t = \frac{D}{2} - \sqrt{\frac{D^2}{4} - \frac{d^2}{4}}$, daraus errechnet sich für diese Verhältnisse d zu 1 mm. Für seine Untersuchungen benutzte MARTENS ein eigens für diesen Zweck von der Firma *Schopper* gebautes Härteprüfgerät, bei dem er die Eindrucktiefen von der ursprünglichen glatten Oberfläche aus messen konnte.

MARTENS gibt diesem Härtewert den Vorzug, weil die Kaltverformung durch den Kugeldruck klein ist und so in etwa eine ursprüngliche Härte des Werkstoffes festgestellt wird. Diese ursprüngliche Härte hat aber geringes Interesse, vor allen Dingen, weil die Härte oft in Beziehung zu anderen Werten gesetzt wird, z. B. zur Zugfestigkeit, bei deren Ermittlung meistens weitgehende Kaltverformung des Werkstoffes stattfindet. Dieses Verfahren hat noch den Nachteil, daß die Eindrucktiefe nicht so sicher und einwandfrei festzustellen ist wie der Eindruckdurchmesser (s. Abs. B 1 g β).

Während MARTENS sozusagen den Anfangspunkt der Härtekurve bestimmt, haben J. CLASS[1] und auch A. L. NORBURY[2] dem Endpunkt der Härtekurve eine größere Berechtigung zugeschrieben. Die Meyerhärte ist.

$$HM = \frac{P}{F} = \frac{a\,d^n}{\frac{\pi\,d^2}{4}} = \frac{4}{\pi}\,a\,d^{n-2} = \frac{4}{\pi}\,(a\,D^{n-2})\,\sin^{n-2}\frac{\varphi}{2}.$$

Ist hierbei $\frac{\varphi}{2} = 90°$, d. h. wird die Kugel bis zum Äquator eingedrückt, so wird $\sin^{n-2}\frac{\varphi}{2} = 1$ und HM erreicht einen Größtwert $\frac{4}{\pi}\,aD^{n-2}$.

CLASS bezeichnet den Ausdruck aD^{n-2} als „Kugeldruckhärte". Es wäre also hierbei in einfacher Weise das Verhältnis d/D gleichzuhalten, jedoch läßt sich der Wert nur in den seltensten Fällen versuchsmäßig feststellen — Härteprüfung bei Holz nach JANKA —, da die Prüfkraft oft so groß sein müßte, daß die Kugel beschädigt würde. Die rechnerische Feststellung erfordert die Bestimmung der Beiwerte a und n, also mehrere Einzelversuche.

Grundsätzliche Überlegungen hat neuerdings E. KAPPLER[3,4] angestellt. Er findet, daß bei der FÖPPL-SCHWERDTschen Prüfung mit gekreuzten Zylindern und bei der Meyerhärte der Grenzwert, dem die mittlere Druckkraft für unendlich große Prüfkräfte zustrebt, eine Werkstoffkonstante darstellt, die unabhängig von der Prüfkraft und beim Kugeldruckversuch auch unabhängig vom Durchmesser der Prüfkugel ist. Dieser Kennwert wird nicht nur durch das plastische Verhalten des Prüfwerkstoffes sondern auch durch sein elastisches Verhalten und das der Prüfkugel bestimmt. Mit den entwickelten Formeln, die an die Überlegungen von H. HERTZ anschließen, kann gleichzeitig der Elastizitätsmodul bestimmt werden.

In der Praxis hat sich trotz vieler Vorschläge die Festlegung von geometrisch ähnlichen Eindrücken nicht durchsetzen können, weil die Bestimmung der zugehörigen mit der Härte des Stoffes wechselnden Prüfkräfte prüftechnisch oder rechnerisch zu umständlich ist. Läßt man für das Verhältnis d/D einen gewissen Spielraum zu, so ist es möglich, einzelne bestimmten Härtegruppen zugeordnete Prüfkräfte festzulegen, was prüftechnisch am einfachsten ist. Nach DIN 50351, Abschn. 4, soll das Verhältnis $d/D = 0{,}2$ bis $0{,}7$ sein.

---

[1] Forsch. Ing.-Wes. Heft 296 (1927).
[2] J. Iron Steel Inst. Bd. 109 (1924) S. 485.
[3] Über die Härte. Z. angew. Phys. Bd. 1 (1949) S. 564.
[4] MOSER, H.: Über die Härte. Z. Metallkde. Bd. 44 (1953) S. 43.

Wenn bei ein und demselben Werkstoff mit verschieden dicken Kugeln gleiche Härte gefunden werden soll, so müssen nach E. MEYER die Kugeleindrücke einander geometrisch ähnlich, d.h. die Eindringungswinkel gleich sein. Die Kräfte verhalten sich in diesem Falle wie die Quadrate der Kugeldurchmesser. Da $d = D\sin(\varphi/2)$ ist, gilt also die Beziehung

$$HM = \frac{P}{\frac{\pi}{4}d^2} = \frac{P_1}{\frac{\pi}{4}D_1^2\sin^2\left(\frac{\varphi}{2}\right)} = \frac{P_2}{\frac{\pi}{4}D_2^2\sin^2\left(\frac{\varphi}{2}\right)} = \text{const.}$$

Entsprechend ergibt sich auch für die Brinellhärte:

$$HB = \frac{P}{\frac{\pi}{2}D(D-\sqrt{D^2-d^2})} = \frac{P}{\frac{\pi}{2}D\left(D-\sqrt{D^2-D^2\sin^2\frac{\varphi}{2}}\right)}$$

$$= \frac{P}{\frac{\pi}{2}D^2\left(1-\sqrt{1-\sin^2\frac{\varphi}{2}}\right)} = \text{const.}$$

Es ist daher in beiden Fällen $\frac{P_1}{D_1^2} = \frac{P_2}{D_2^2}$ (s. a. DIN 50351, Abschn. 4). Es ist allerdings oft beobachtet worden, daß bei Anwendung dementsprechend belasteter kleinerer Kugeln für harte Proben ein niedrigerer Härtewert gefunden wird als bei Benutzung größerer Kugeln[1].

Obgleich die Meyerhärte sicherlich physikalisch richtiger ist als die Brinellhärte, ist man bei der Berechnung der Härte nach BRINELL geblieben. Im allgemeinen werden gehärtete Stahlkugeln, häufig auch Hartmetallkugeln benutzt. Gegenüber einer praktisch verformungslosen Diamantkugel werden mit einer Hartmetallkugel und erst recht mit einer Stahlkugel oberhalb einer Brinellhärte von 400 kg/mm² infolge der Verformung dieser Kugeln zunehmend geringere Härten gefunden. Es ist deshalb notwendig, in solchen Fällen die Anwendung einer Hartmetallkugel — die Diamantkugel fällt für die Praxis aus — im Prüfergebnis zu vermerken.

e) Beziehung der Brinellhärte zur Zugfestigkeit der Werkstoffe.

Bei der Festigkeitsprüfung der zähen metallischen Werkstoffe findet ebenso wie beim Kugeldruckversuch eine Kalthärtung des Werkstoffes statt, wir messen bei beiden Verfahren den Formänderungswiderstand der Werkstoffe. Obgleich bei der Härteprüfung an der gedrückten Stelle ein mehrachsiger und bei der Festigkeitsprüfung bis zur Höchstkraft im wesentlichen ein einachsiger Spannungszustand herrscht, besteht bei einigen wichtigen sich einschnürenden Werkstoffen, vor allem bei Stahl, eine einfache Beziehung der Zugfestigkeit zur Brinellhärte: $\sigma_B = u\,HB$. Der Umrechnungsbeiwert u ist im wesentlichen abhängig vom Streckgrenzenverhältnis und von der Zugfestigkeit der Werkstoffe. Für eine genügend genaue Umrechnung ist deshalb mit einem einheitlichen Beiwert nicht auszukommen. Es ist hiernach auch nicht richtig, für die Wahl dieses Wertes die Stähle in legierte und unlegierte einzuteilen. G. FINKE[2] hat deshalb auf Grund seiner Untersuchung neue Umrechnungs-

[1] MOSER, M.: Stahl u. Eisen Bd. 53 (1933) S. 16.
[2] Dissertation T. H. Aachen 1942.

kurven aufgestellt, Abb. 5. Für die Zahl der Umrechnungskurven war maßgebend, daß die Streuung durch die Umrechnung höchstens 4 bis 5% von den Mittelwerten betragen soll. So ergaben sich drei Kurven, nämlich für die Streckgrenzenverhältnisse unter 65, 65 bis 80 und über 80%. Bei Werkstoffen mit einem Streckgrenzenverhältnis unter 50% ist keine zuverlässige Umrechnung

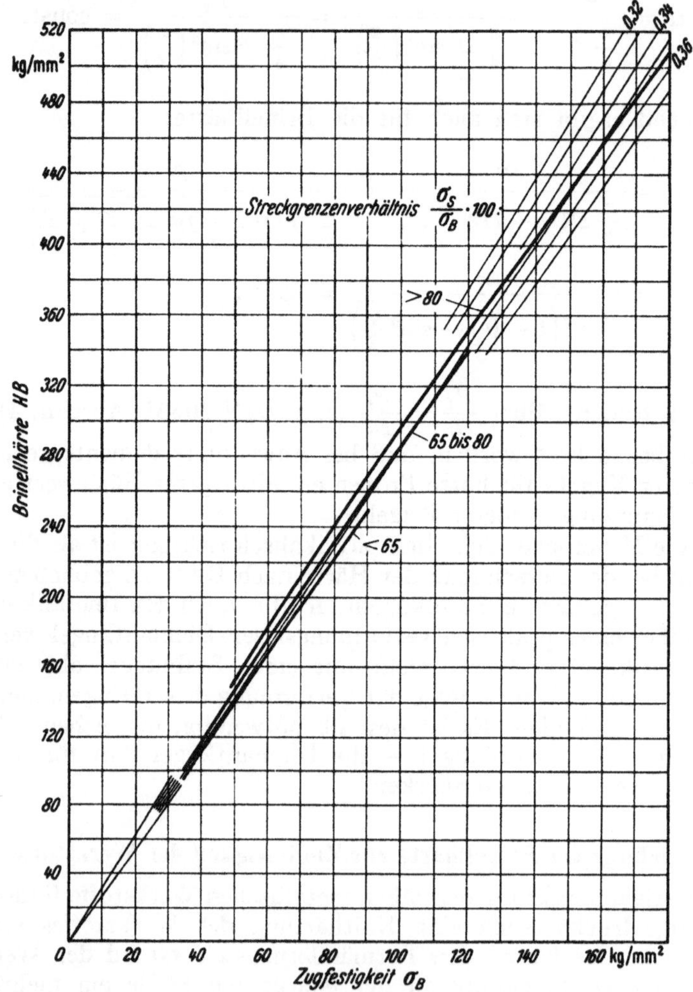

Abb. 5. Kurven zur Umrechnung zwischen Brinellhärte und Zugfestigkeit von Stahl für verschiedene Streckgrenzenverhältnisse. (Nach G. FINKE.)

mehr möglich, wie auch O. SCHWARZ[1] feststellte. Für die Praxis hat G. FINKE Umrechnungstafeln aufgestellt s. Tab. 2. Wenn das Streckgrenzenverhältnis nicht bekannt ist, wird der Umrechnungsfaktor 0,35 empfohlen. Es ist zweckmäßig, die so errechnete Zugfestigkeit mit der Bemerkung zu versehen „aus der Brinellhärte errechnet".

Diese Möglichkeit der Umrechnung von Brinellhärte in Zugfestigkeit ist von großem Wert. Bei fertigen Konstruktionsteilen kann ohne Zerstörung die

[1] Masch.-Bau Betrieb Bd. 10 (1931) S. 564.

Zugfestigkeit bestimmt werden, vor allem kann man in den Wärmebehandlungsanlagen zur Orientierung schnell die ungefähre Zugfestigkeit bestimmen, ohne durch den Zugversuch viel Zeit, Werkstoff und somit Geld zu verlieren. Es ist jedoch zu beachten, daß bei der betrieblichen Prüfung ziemlich große Abweichungen zwischen der wirklichen und der aus der Härte errechneten

Tabelle 2. *Umrechnung von Brinellhärte in Zugfestigkeit bei Stahl nach* G. FINKE.

Brinellhärte HB	Zugfestigkeit $\sigma_B \frac{kg}{mm^2}$ $(\sigma_S : \sigma_B) \cdot 100 =$			Brinellhärte HB	Zugfestigkeit $\sigma_B \frac{kg}{mm^2}$ $(\sigma_S : \sigma_B) \cdot 100 =$		
kg/mm²	>80	65–80	<65	kg/mm²	>80	65–80	<65
100	—	34,6	36,1	280	93,9	97,6	—
105	—	36,2	37,8	285	95,7	99,5	—
110	—	37,9	39,5	290	98,5	101,3	—
115	—	39,4	41,3	295	99,3	103,0	—
120	—	41,0	43,0	300	101,0	104,9	—
125	—	42,6	44,7	305	103,0	106,7	—
130	—	44,3	46,5	310	104,8	108,6	—
135	—	46,1	48,3	315	106,5	110,5	—
140	—	47,9	50,0	320	108,2	112,6	—
145	—	49,5	51,6	325	110,1	114,5	—
150	49,2	51,0	53,7	330	112,0	116,4	—
155	51,0	52,9	55,4	335	114,0	118,5	—
160	52,7	54,8	57,0	340	115,9	120,4	—
165	54,1	56,4	58,9	345	117,7	—	—
170	55,7	58,0	60,7	350	119,7	—	—
175	57,4	59,7	62,5	355	121,5	—	—
180	59,0	61,6	64,3	359	123,3	—	—
185	60,7	63,4	66,1	364	125,3	—	—
190	62,5	65,0	67,9	368	127,0	—	—
195	64,0	66,9	69,5	372	128,9	—	—
200	65,8	68,6	71,5	376	130,9	—	—
205	67,5	70,5	73,3	380	132,7	—	—
210	69,0	72,0	75,1	385	134,6	—	—
215	71,0	74,0	77,0	388	136,5	—	—
220	72,7	75,9	78,9	392	138,4	—	—
225	74,5	77,5	80,7	396	140,4	—	—
230	76,1	79,4	82,6	400	142,3	—	—
235	78,0	81,3	84,2	404	144,2	—	—
240	79,8	83,0	86,3	408	146,1	—	—
245	81,5	84,8	88,5	412	148,0	—	—
250	83,0	86,7	90,0	415	150,0	—	—
255	84,9	88,5	—				
260	86,8	90,2	—				
265	88,5	92,0	—				
270	90,2	93,9	—				
275	92,1	95,6	—				

Zugfestigkeit auftreten können. Die Zugfestigkeit wird meistens an einem anderen Querschnitt des Werkstückes festgestellt als die Härte. Bei vergüteten Werkstücken fällt die Härte vom Rand zum Kern hin mehr oder weniger stark ab, weiter ist die chemische Zusammensetzung über dem Querschnitt nicht gleich. Aus diesen Gründen ist es oft notwendig, den Umrechnungsbeiwert auf Grund der mit den einzelnen Werkstücken ganz bestimmter Form, Herstellungsart usw. gemachten Erfahrung zu korrigieren.

f) Beziehung zu den anderen Kennwerten des Zugversuchs.

Es lag nahe, ebenfalls eine Beziehung der Brinellhärte zur Streckgrenze zu suchen. Die Versuche sind jedoch fehlgeschlagen. G. Tammann und G. Müller[1] sowie H. Krainer[2] gaben ein Verfahren bekannt, wonach die Streckgrenze aus der Ausdehnung des Walles berechnet werden soll, der beim Eindrücken einer kegelförmigen Spitze in den Werkstoff entsteht. Die gute Übereinstimmung, die H. Krainer zwischen der Streckgrenze und seiner Kegelstreckgrenze gefunden hat, hat sich bei Versuchen des Verfassers nicht bestätigt.

Zu den anderen Festigkeitseigenschaften, wie Bruchdehnung, Brucheinschnürung und Kerbschlagzähigkeit, sind ebenfalls keine brauchbaren Beziehungen gefunden worden.

g) Einfluß verschiedener Erscheinungen beim Kugeleindruck auf die Brinellhärte.

Die Brinellhärte ist eine Funktion der Eindruckoberfläche. Die richtige Feststellung dieser Größe ist vielfach durch verschiedene Nebenerscheinungen mehr oder weniger stark beeinflußt oder erschwert.

α) *Einfluß der Belastungsdauer auf die Kugeldruckhärte.*

Bei allen mit bleibenden Formänderungen verknüpften Versuchen macht sich der Zeiteinfluß bemerkbar, insofern, als diese Formänderung unter einer ruhenden Kraft erst nach einer gewissen Zeit (Belastungsdauer) zum Stillstand

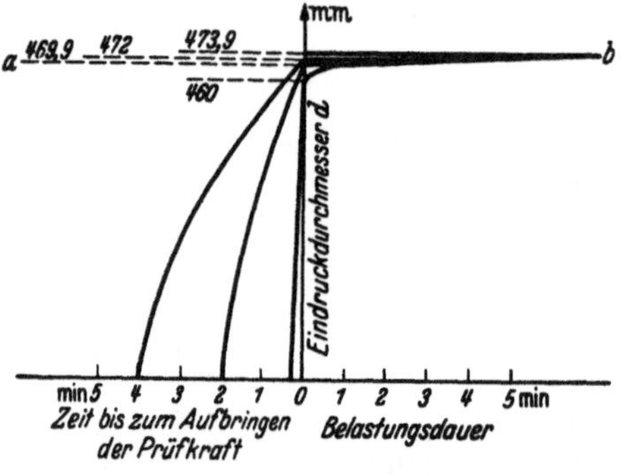

Abb. 6. Einfluß der Prüfzeit auf den Eindruckdurchmesser bei der Brinellhärteprüfung. (Nach M. Guillery.)

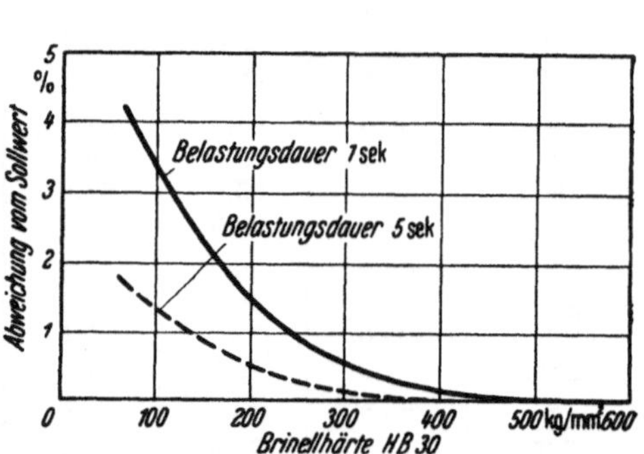

Abb. 7. Einfluß der Belastungsdauer auf das Ergebnis der Brinellhärte *HB* 30 bei Stählen verschiedener Härte. (Nach Angaben der Firma G. Reicherter.)

kommt. Bei Stahl und Eisen kommt das Fließen verhältnismäßig rasch zum Stillstand, es muß aber immerhin berücksichtigt werden, bei einigen Nichteisenmetallen, wie Blei, Zink, Lagermetallen, hält das Fließen länger an. In Abb. 6 ist der Zeiteinfluß bei weichem Stahl nach R. Guillery[3] dargestellt. Während dem Aufbringen der Prüfkraft haben die Kurven parabolische Form. Beim Erreichen der Prüfkraft von 3000 kg zeigen sie einen Knick und nähern sich asymptotisch dem richtigen Eindruckdurchmesser, den sie nach etwa 5 min bei *b* erreichen. Der größte nachträgliche Zuwachs ist dann vorhanden, wenn die Prüfkraft rasch aufgebracht wird, der Unterschied ist hier zu Anfang

---

[1] Z. Metallkde. Bd. 28 (1936) S. 49.

[2] Meßtechn. Bd. 4 (1937) S. 64.

[3] Rev. Métall. Bd. 8 (1921) S. 101. — Siehe auch R. Mailänder: Krupp. Mh. Bd. 5 (1924) S. 209.

etwa 3% und verringert sich nach 24 sek auf etwa 1,5%. Läßt man ungefähr diesen Fehler zu, so würde also eine Belastungsdauer von 30 sek genügen. Diese Fließerscheinungen sind aber auch von der Härte des Werkstoffes abhängig, insofern, als das Fließen bei harten Werkstoffen schneller zum Stillstand kommt als bei weichen, Abb. 7. In DIN 50351, Abschn. 1 ist die Zeit bis zum Aufbringen der Prüfkraft und die Belastungsdauer festgelegt.

β) *Tiefenmessung.*

Es ist oft versucht worden, die Härte bzw. die Eindruckkalotte anstatt aus dem Eindruckdurchmesser aus der Eindrucktiefe der Kugel zu berechnen. Diese Größe ist durch Meßuhren viel schneller und einfacher festzustellen als der Eindruckdurchmesser mit Meßmikroskopen. Jedoch sind bei diesem Verfahren größere Fehler unvermeidlich. Da der Eindruckdurchmesser schon aus geometrischen Gründen bei dem Kugeldruckversuch ein Vielfaches der Eindrucktiefe ist, läßt er sich entsprechend genauer bestimmen als die Eindrucktiefe. Außerdem sind die elastischen Formänderungen sowohl am Pol der Kugel als am Pol des Eindrucks größer als am Äquator der Kugel bzw. am Eindruckrand. Die Abflachung am Pol der Kugel kann nach A. MARTENS[1] bei kleineren Druckkräften bis 80% der bleibenden Eindrucktiefe ausmachen, mit wachsender Druckkraft nimmt der Prozentsatz ab. Am Äquator der Kugel sind die elastischen Formänderungen nach E. MEYER[2] unbedeutend, bei einer Steigerung der Druckkraft von 0 auf 3000 kg vergrößerte sich der Durchmesser einer 10 mm-Kugel um 0,007 mm.

Bei den meisten Werkstoffen bildet sich unmittelbar am Eindruck ein Wall, d. h. die Oberfläche der Probe ist hier mit dem abgeflossenen Werkstoff in die Höhe gehoben worden, und zwar muß das Volumen des Eindrucks gleich dem Volumen des Walles sein[3]. Bei stark verfestigungsfähigen Werkstoffen tritt oft auch am Eindruckrand ein Absinken des Werkstoffes ein und erst in weiterer Entfernung vom Eindruck ist ein Wall bemerkbar, der infolge seines größeren Umfanges eine geringe Höhe besitzt. Bei der Berechnung der Härte muß nun die Eindruckkalotte in Betracht gezogen werden, die während des Prüfvorganges mit der Kugel in Berührung steht. Sie ist bei Betrachtung durch ein Mikroskop meistens gut sichtbar, da sie blank ist. Der Randkreis dieser Kalotte liegt nun über oder unter der ursprünglichen Oberfläche, die Eindrucktiefe müßte von diesem Punkt aus gemessen werden. Unterschiede zwischen den Eindrucktiefen, welche auf die ursprüngliche Lage der Oberfläche bezogen sind und denjenigen, welche durch den Randkreis der Eindruckfläche bedingt sind (Solltiefe), gibt nach W. KUNTZE Abb. 8 wieder. Die Soll-Eindrucktiefe hat KUNTZE aus dem gemessenen Randkreisdurchmesser der Eindrücke berechnet, vernachlässigt ist hierbei die elastische Abflachung der Kugel. Diese Tiefenabweichungen hängen sehr vom Werkstoff ab und können bis zu 30% betragen.

Die Tiefenmessung läßt sich somit nur mit Erfolg bei Reihenprüfungen ein und desselben Werkstoffes anwenden, wenn bei diesem Werkstoff die Ergebnisse durch Vorversuche vorher mit denen verglichen werden, die man aus dem Eindruckdurchmesser erhält. Bei Anwendung der an der Uhr befindlichen Abmaßmarken kann dann gut behandelter von schlecht behandeltem Werkstoff schnell unterschieden werden. Wegen der Unsicherheit bei der Tiefen-

---

[1] Forsch.-Arb. Ing.-Wes. Heft 75 (1909) S. 9.

[2] Forsch.-Arb. Ing.-Wes. Heft 65 (1909) S. 9.

[3] TAMMANN, G., u. G. MÜLLER: Z. Metallkde. Bd. 28 (1936) S. 51.

messung ist man im allgemeinen bei der Durchmessermessung geblieben, durch die man auch Ungleichmäßigkeiten des Eindrucks, wie Unrundheiten, ausgleichen kann. Für maßgebliche Versuche soll sie nur angewandt werden.

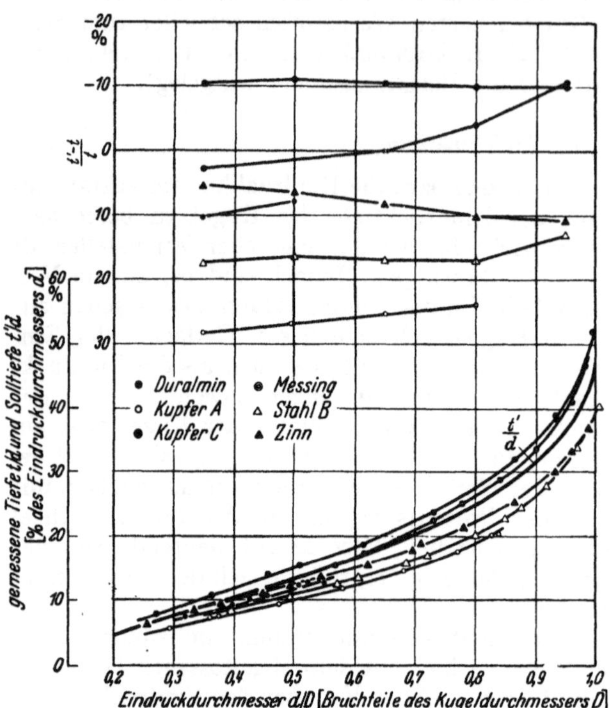

Abb. 8. Abweichungen der gemessenen Eindrucktiefe von der Soll-Eindrucktiefe beim Kugeleindruck. (Nach W. KUNTZE.) t gemessene Eindrucktiefe; t' Soll-Eindrucktiefe; d Eindruckdurchmesser; D Kugeldurchmesser.

γ) Unrunde Eindrücke.

Wir erhalten beim Eindrücken einer Kugel in ein Einkristall infolge der Anisotropie der Kristalle, d. h. des verschiedenen Formänderungswiderstandes in den Achsen, keine runden, sondern eckige Eindrücke. Runde Eindrücke erhalten wir bei Metallen nur, wenn wir die Kugel in eine Vielzahl von kleinen Kristallen eindrücken, wobei sich die verschiedenen Formänderungswiderstände durch die regellose Lage der Kristalle ausgleichen. In Grenzfällen, wo die Kristalle noch verhältnismäßig groß sind, erhalten wir unscharfe Begrenzungen, oft auch bei Prüfung von Grauguß infolge von kleinen Hohlräumen, eingelagerten Graphitteilchen und Einschlüssen. In diesen Fällen ist die Genauigkeit der Ablesung natürlich beschränkt. So findet H. REININGER[1], daß zur Ermittlung eines hinreichend genauen Mittelwertes bei Maschinenguß für die Prüfung mit der 5 mm-Kugel 7 Einzelbestimmungen und für die Prüfung mit der 10 mm-Kugel 5 Einzelbestimmungen notwendig sind. Beim Zylinderguß entsprechend 5 bzw. 4 Messungen. Dabei liegt der mit der 5 mm-Kugel erhaltene Mittelwert niedriger als der mit der 10 mm-Kugel festgestellte.

Unrunde, elliptische Eindrücke, deren Begrenzung jedoch meistens scharf ist, sind vor allen Dingen bei stark kaltgewalzten Blechen aus Nichteisenmetallen beobachtet worden, und zwar liegt der größte Durchmesser in der Walzrichtung. Aber auch bei unebenen Flächen, wie sie oft im Betrieb durch ein unsachgemäßes Anschleifen entstehen, treten unrunde Eindrücke auf. Es soll daher jeweils der Eindruckdurchmesser in mindestens zwei Hauptrichtungen ausgemessen und zur Berechnung der Härte das Mittel dieser Messungen verwendet werden. Dieses Verfahren ist mathematisch nicht ganz einwandfrei, jedoch ist die Unrundung meistens so klein, daß der Fehler vernachlässigt werden kann (s. DIN 50351, Abschn. 9).

[1] Arch. Eisenhüttenw. Bd. 10 (1936/37) S. 20. — Gießerei (1939) S. 216 u. 242.

δ) *Mindestprobendicke.*

Bei der Prüfung wird der Versuchswerkstoff in der Umgebung des Eindrucks verfestigt. Werden diese Verformungen gewaltsam beeinflußt, so muß sich diese Tatsache auf die gemessene Härte auswirken. Es ist deshalb notwendig, daß 1. die Eindrücke einen gewissen Abstand voneinander und vom Rand der Probe haben, 2. die Probe eine gewisse Mindestdicke besitzt (s. DIN 50351, Abschn. 6 und 7). Die Mindestprobendicke ist in der Norm nicht genügend scharf definiert, deshalb wurde vom Verfasser die Frage genauer untersucht. Die Überlegungen und Ergebnisse mögen hier kurz angegeben werden. Die Kugel muß beim Eindringen in den Werkstoff wie ein Kegel wirken, dessen Basisfläche dem Eindruckdurchmesser entspricht und dessen Basiswinkel gleich dem Winkel ist, der von der Sehne (Eindruckdurchmesser) und der Tangente an dem Kugeleindruck gebildet ist. Wäre dies nicht der Fall, so könnte die Vickershärte nicht mit der Brinellhärte ($d = 0{,}375\,D$) übereinstimmen; bei beiden Verfahren muß der Grad und das spez. Volumen der Verfestigung übereinstimmen. Wenn sich die Kugel in bezug auf die verfestigte Zone wie ein Kegel verhält, so muß in beiden Fällen auch das Verhältnis der Tiefe des Kegels zur Mindestdicke des Werkstoffes das gleiche sein.

Für die Versuche wurden Proben verschiedener Härte unter einer Steigung 1 : 30 angeschliffen und poliert. Auf diesen keilförmigen Proben wurden normgerechte Prüfungen durchgeführt. Als Mindestprobendicke s_{min} wurde die Dicke des Keilabschnittes angesehen, in der durch die Prüfung auf der Rückseite eben keine Fließfiguren mehr auftreten. Aus Tab. 3 sind die Ergebnisse der Rechnung und der Versuche ersichtlich.

Tabelle 3. *Mindestprobendicke bei der Brinellhärteprüfung.*

HB 30	*D* mm	*d* mm	t_{ku} mm	t_{ke} mm	s_{min} mm	$10 \cdot t_{ke} - s$ mm	$\frac{s_{min}}{t_{ke}}$	$\frac{s_{min}}{t_{ku}}$	$165\,\frac{D}{HB}$
113	10	5,56	0,84	1,86	14,1	4,5	7,0	16,8	14,6
211	10	4,16	0,45	0,95	7,4	2,1	7,8	16,4	7,8
239	10	3,92	0,40	0,83	7,1	1,2	8,55	17,7	6,9
423	10	2,97	0,225	0,46	4,3	−0,3	9,4	19,0	3,9
632	5	1,22	0,076	0,15	1,55	−0,05	10,3	20,5	1,3

t_{ku} Eindrucktiefe der Kugel; t_{ke} Tiefe des errechneten Kegels; s_{min} gemessene Mindestdicke des Werkstoffes.

Danach nimmt das Verhältnis der Mindestdicke s_{min} zur Eindringtiefe des Kegels t_{ke} mit der Härte zu. Daraus könnte gefolgert werden, daß bei weichen Stählen eine geringere Tiefenwirkung vorhanden ist als bei harten[1]. Hält man die geometrischen Bedingungen gleich, d. h. drückt man die Kugel in die verschieden harten Werkstoffe gleich tief ein, so zeigt sich, daß eine größere Tiefenwirkung bei weicheren Werkstoffen ist, was einleuchtet (Tab. 4).

Tabelle 4. *Tiefeneinfluß der Kegeldruckversuche mit geometrisch ähnlichen Eindrücken bei verschieden harten Werkstoffen.*

HB 30	*P* kg	*D* mm	*d* mm	t_{ku} mm	t_{ke} mm	s_{min} mm	$\frac{s_{min}}{t_{ke}}$	$\frac{s_{min}}{t_{ku}}$
600	3000	10	2,5	0,16	0,323	4,3	27	13,3
220	1000	10	2,5	0,16	0,323	5	31	15,5
100	500	10	2,5	0,16	0,323	6	37	18,5

[1] Holzer, R.: Werkzeugmaschine 1941, Heft 16.

Das Verhältnis $s_{min} : t_{ke}$ ist also abhängig vom Spitzenwinkel des Kegels und von der Härte des Werkstoffes. Der letztere Einfluß ist auch bei der Untersuchung der Mindestprobendicke für die Rockwellhärteprüfung festgestellt worden.

Die Praxis gebraucht eine einfache Berechnungsformel. Für Stahl (Belastungsgrad 30 D^2) wird die Formel $s_{min} = 165 \frac{D}{HB}$ und für Nichteisenmetalle (Belastungsgrad 10 D^2) $s_{min} = 55 \frac{D}{HB}$ vorgeschlagen (Abb. 9).

ε) *Streuungen bei der Brinellhärteprüfung*[1].

Maßabweichung der Prüfkugel: Die Oberfläche des Brinelleindruckes wird aus dem gemessenen Eindruckdurchmesser unter der Annahme berechnet, daß dieser Eindruck der Kalotte einer Kugel vom Solldurchmesser D entspricht. Infolge elastischer Nachwirkungen ist der Eindruck zwar nicht genau gleich einer Kugelkalotte, die hierdurch auftretenden Fehler sollen vernachlässigt werden. Weicht jedoch der wirkliche Kugeldurchmesser vom Solldurchmesser ab, so wird die Oberfläche und somit auch die Härte falsch bestimmt. Nach DIN 50351, Abschn. 3 darf der Kugeldurchmesser $\pm 0{,}5\,\%$ vom Solldurchmesser abweichen. In Abb. 10 und 11 sind die dadurch rechnungsmäßig sich ergebenden Fehler aufgetragen, in Abb. 10 die prozentualen Fehler in Abhängigkeit vom Verhältnis des Eindruckdurchmessers zum Kugeldurchmesser, in Abb. 11, als Beispiel, die Fehler in Brinelleinheiten in Abhängigkeit von der Härte HB 30. Hiernach ist der Fehler gering und zu vernachlässigen.

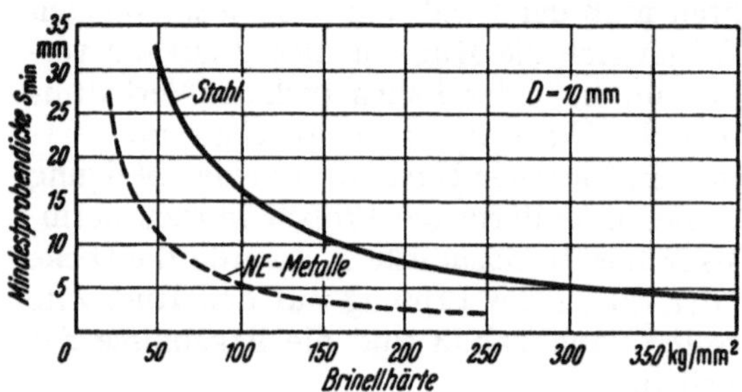

Ab. 9. Mindestprobendicke bei der Brinellhärteprüfung. (D = 10 mm.)

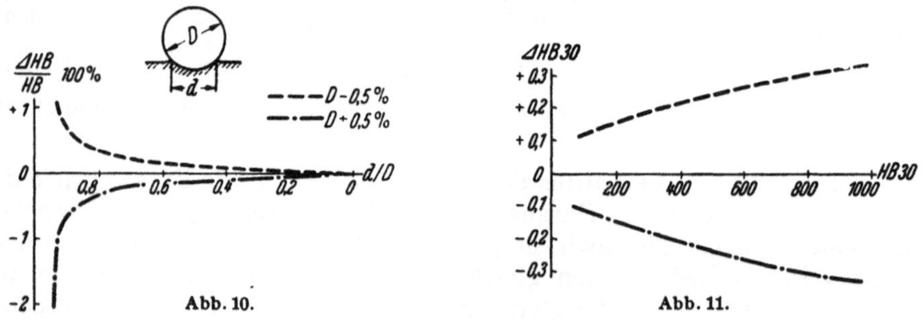

Abb. 10 u. 11. Fehler in der Bestimmung der Brinellhärte infolge der zulässigen Maßabweichung der Prüfkugel von $\pm 0{,}5\,\%$.

Belastungsfehler: Nach DIN 51300 sind bei Härteprüfgeräten ein Belastungsfehler von $\pm 1\%$ zulässig. Sie bleiben bei der Auswertung der Ergebnisse unberücksichtigt. Da die Brinellhärte $HB = \frac{P}{O}$ (P = Prüfkraft in kg,

[1] HENGEMÜHLE, W.: Stahl u. Eisen Bd. 62 (1942) S. 321.

O = Kalottenoberfläche in mm²), so ist der Fehler in der Härteberechnung gleich dem Belastungsfehler.

Ablesefehler: Nach H. ESSER und H. CORNELIUS[1] sowie nach H. O'NEILL[2] ist die tragende Kalottenfläche am deutlichsten erkennbar bei Dunkelfeldbeleuchtung. Einwandfrei mißt man den Eindruckdurchmesser auch bei Schrägbeleuchtung, wenn man in Richtung des einfallenden Lichtstrahls mißt, bzw. bei Streulicht (Tab. 5)

Tabelle 5. *Unterschiede in der Bestimmung der Brinellhärte* (HB 5/10—30) *bei verschiedenen Beleuchtungsarten* (nach H. ESSER und H. CORNELIUS).

Werkstoff	Beleuchtungsart	Eindruckdurchmesser gemessen in Richtung des schrägen Lichtstrahls	Abweichung gegen Dunkelfeld %	Eindruckdurchmesser gemessen senkrecht zum schrägen Lichtstrahl	Abweichung gegen Dunkelfeld %
Elektrolytkupfer	senkrecht	57,0	−3,25	56,1	−4,25
	senkrecht + schräg	58,9	0	57,2	−2,3
	Dunkelfeld	58,9	0	58,6	0
Elektrolyteisen	senkrecht	68,7	−6,3	71,2	−3,4
	senkrecht + schräg	72,2	−1,5	71,0	−3,7
	Dunkelfeld	73,3	0	73,7	0
Austenitischer Stahl	senkrecht	161,8	−7,4	163,4	−5,5
	senkrecht + schräg	173,0	−1,0	161,8	−6,5
	Dunkelfeld	174,0	0	173,0	0

Die Ablesefehler sind weiterhin wesentlich davon abhängig, welche Geräte zum Ausmessen der Eindrücke benutzt werden (s. auch Aufsatz „Härteprüfmaschinen und -geräte" im Band 1). Außer den Ablesestreuungen durch verschiedene Beobachter ergeben sich auch Unterschiede in den Mittelwerten der Eindruckdurchmesser. Der Verfasser untersuchte diese Fehler an Stahlproben und benutzte übliche Ablesegeräte verschiedener Vergrößerungen. Der Beurteilung wurde die doppelte quadratische Streuung $2s = 2\sqrt{\frac{\Sigma i^2}{m-1}}$ zugrunde gelegt. Abb. 12 und 13 zeigen die Härtestreuungen infolge dieser beiden Fehlerquellen. Abb. 14 gibt die Gesamthärtestreuung (Ablesestreuung + Mittelwertsunterschiede + Belastungsfehler) wieder. Mit Absicht sind in diesen Bildern die Streuungen für ein 15fach vergrößerndes Mikroskop gesondert eingezeichnet, weil dieses Ablesegerät in der Praxis viel benutzt wird. Es sei ausdrücklich betont, daß die Streuungen bedeutend kleiner sind, wenn die Härte mit ein und demselben Ablesegerät und vielleicht noch von ein und demselben Prüfer bestimmt werden. Bei den ange-

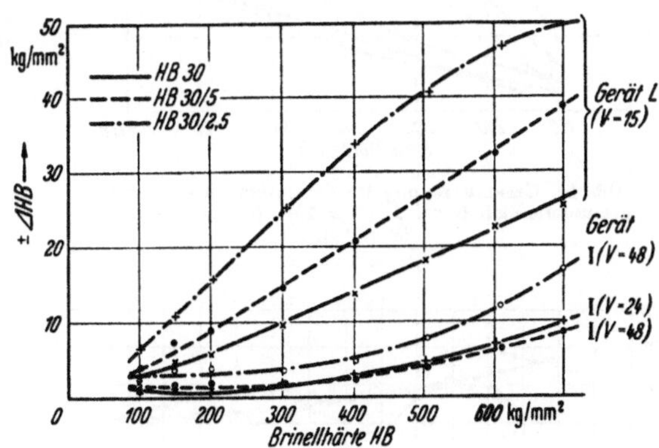

Abb. 12. Härtestreuungen infolge Ablesestreuungen.

[1] Stahl und Eisen Bd. 52 (1932) S. 495.
[2] Die Härte der Metalle und ihre Prüfung. London: Chapman & Hall 1934.

gebenen Streuungen handelt es sich um Kollektivstreuungen, mit denen zu rechnen ist, wenn verschiedene Beobachter die Prüfungen mit allen üblichen Geräten durchführen. Sie gelten jedoch nur für polierte Oberflächen (Profilhöhe H nach Schmaltz kleiner als 1 μ). Bei anderer Beschaffenheit der Oberfläche ändern sich diese Streuungen, Abb. 15.

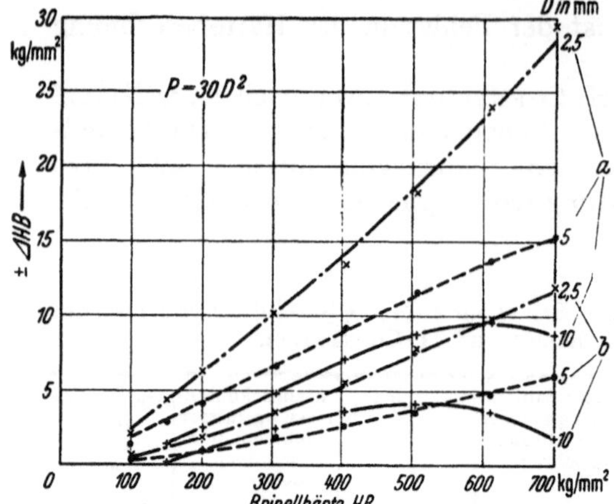

Abb. 13. Härtestreuungen für die untersuchten Geräte infolge Unterschied in den Mittelwerten. a einschließlich Gerät L (V = 15); b außer Gerät L (V = 15).

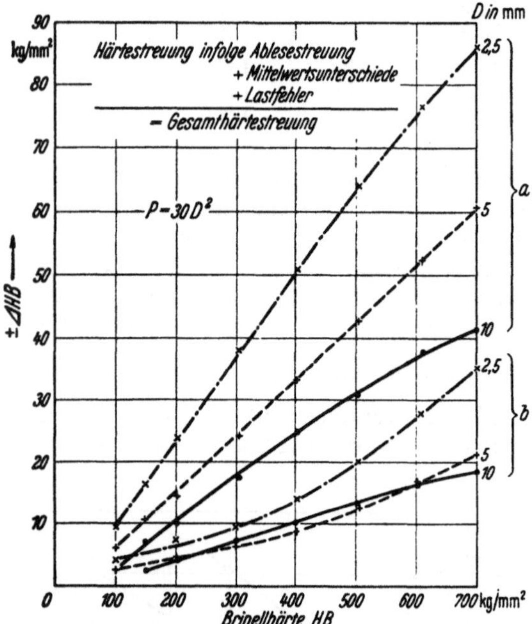

Abb. 14. Gesamtstreuung für die untersuchten Geräte. a einschließlich Gerät L (V = 15); b außer Gerät L (V = 15).

Im Gegensatz zu Stahl nehmen bei Grauguß innerhalb des untersuchten Bereichs die Streuungen mit steigender Härte ab, und zwar aus folgendem Grunde: Je weicher der Grauguß, desto größer sind die eingelagerten Graphitteilchen. In diesen Graphitteilchen erscheint der Eindruckrand nicht scharf, sondern zerrissen. Ist das Gefüge des Graugusses dem Stahlgefüge ähnlich, so ist auch die Härtestreuung gleich der bei Stahl, für $HB = 250$ kg/mm² beträgt z. B. die Streuung gleichmäßig ± 6 kg/mm², Abb. 16. Diese von H. Reiniger[1] gefundenen Werte

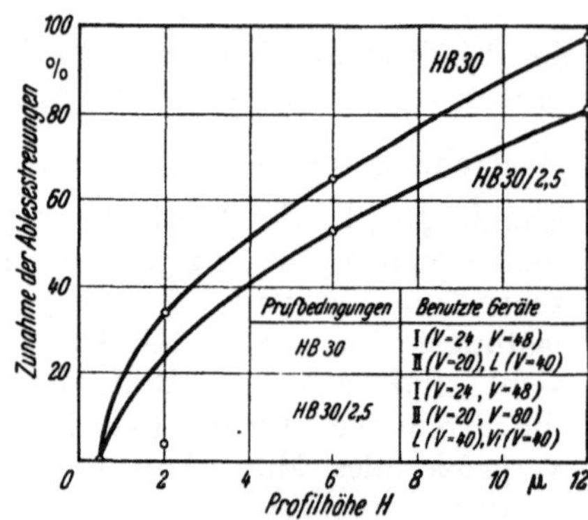

Abb. 15. Einfluß verschiedener Oberflächengüte auf die Ablesestreuungen bei Brinellhärteeindrücken.

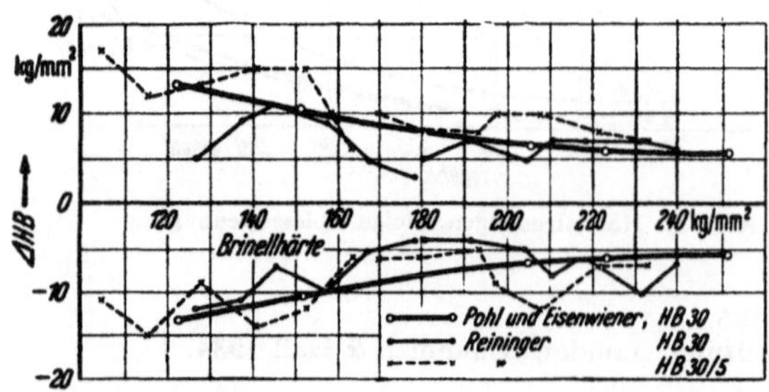

Abb. 16. Streubereich für die Brinellhärteprüfung an Grauguß.

werden sehr gut durch die Versuche von E. Pohl und H. Eisenwiener[2] bestätigt.

---

[1] Arch. Eisenhüttenw. Bd. 10 (1936/37) S. 29.

[2] Arch. Eisenhüttenw. Bd. 14 (1940/41) S. 391.

2. Kegeldruckversuch.

Der Kegeldruckversuch wird augenblicklich nicht angewandt. Da jedoch mit dem Kegel einige wichtige und grundsätzliche Versuche durchgeführt wurden, soll er hier beschrieben werden.

a) Grundsätzliches.

Bei der Kugel sind infolge ihrer geometrischen Form die Härtewerte abhängig von der Prüfkraft, geometrisch ähnliche Eindrücke lassen sich ohne Schwierigkeiten nicht herstellen. Aus dem KICKschen „Gesetz der proportionalen Widerstände"[1] folgerte P. LUDWIK[2], daß für beliebige Druckkräfte nur bei geometrisch ähnlichen Eindrücken, d. h. wenn die Kugel z. B. durch einen Kegel ersetzt wird, die Härtewerte vergleichbar und von der Prüfkraft unabhängig sind.

Es liegt nahe und wäre meßtechnisch bequem, die Eindrucktiefe des Kegels während des Versuchs von der ursprünglichen, unverformten Oberfläche aus zu messen, um daraus die Eindruckfläche zu errechnen. Wir bekommen hierbei aber keine von der Prüfkraft unabhängige Härtewerte, denn es bildet sich, ähnlich wie bei der Kugel, beim Eindringen der Kegelspitze in den Werkstoff ein Randwulst, der bei der Messung mit in Betracht gezogen werden muß, da er einen Teil der Belastung mitträgt. Die Messung der Eindrucktiefe vom Randwulst aus ist jedoch schwierig, es muß deshalb der Eindruckdurchmesser bestimmt werden. Da die Kegeloberfläche bei gleichem Kegelwinkel im Gegensatz zu den Verhältnissen bei der Kugel stets ein Vielfaches der zugehörigen Eindruckkreisfläche ist, wird die Kegelhärte zweckmäßig auf die Eindruckkreisfläche bezogen: $HK = \frac{4\,P}{\pi\,d^2}$.

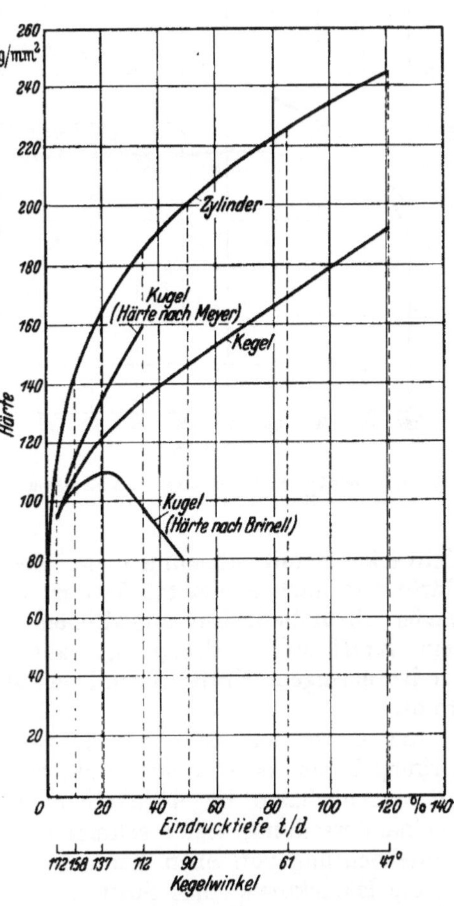

Abb. 17. Abhängigkeit verschiedener Härtewerte vom Verhältnis t/d. (Nach W. KUNTZE). t Eindrucktiefe; d Eindruckdurchmesser.

b) Abhängigkeit der Kegelhärte vom Kegelwinkel.

Bei Anwendung von Kegeln mit gleichem Kegelwinkel kann also eine von der Prüfkraft unabhängige Härte ermittelt werden; jedoch ändert sich der Härtewert mit dem Kegelwinkel. Die Kegeldruckhärte stellt also, ebenso wie die anderen Härtewerte, keine absolute Härte dar. In Abb. 17 sind von W. KUNTZE die mit verschiedenen

[1] KICK, FR.: Das Gesetz der proportionalen Widerstände und seine Anwendungen. Leipzig: Felix 1885.

[2] LUDWIK, P.: Die Kegelprobe. Berlin: Springer 1908.

Prüfverfahren gefundenen Härten in Abhängigkeit von der Eindrucktiefe aufgestellt, wobei die Eindrucktiefe in Prozent der Eindruckdurchmesser angegeben ist. Nur so lassen sich die Härten einzelner Verfahren vergleichen. Ein bestimmter Kegelwinkel entspricht einem bestimmten Verhältnis von Eindrucktiefe zum Eindruckdurchmesser.

c) Einfluß von Keilwirkung und Reibung.

Bei der Härtebestimmung aus einmaligen Eindrücken läßt man die Tatsache unberücksichtigt, daß durch die Keilwirkung mit ihrem Reibungseinfluß die Prüfkraft nur teilweise zur Wirkung kommt, wodurch der Eindruck zu klein, die Härte also zu hoch gemessen wird. Um die Größe dieses Einflusses zu ermitteln, schalteten W. KUNTZE und F. SACHS[1] bei ihren Versuchen die Reibung aus, indem sie nach jedesmaligem Lösen des Druckstempels vom Werkstoff bis zu 20 Eindrücke in dieselbe Eindruckstelle ausführten.

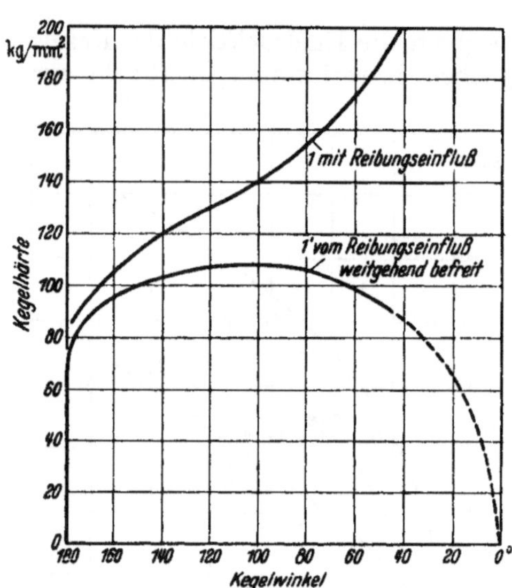

Abb. 18. Kegelhärte in Abhängigkeit vom Kegelwinkel. (Nach W. KUNTZE).

Abb. 18 zeigt schematisch den Einfluß der Reibung auf die Härtekurve in Abhängigkeit vom Kegelwinkel. Die Kurve *1* stellt die Ergebnisse der Härteprüfungen jeweils beim ersten Eindruck dar, die Kurve *1'* die von der äußeren Reibung weitgehend befreiten Härtewerte. Letztere Kurve ist von den Kegelwinkeln 45 bis 0° nach theoretischen Überlegungen extrapoliert. Danach ist die Wirkung der äußeren Reibung um so stärker, je kleiner der Kegelwinkel ist, d. h. je mehr ihre Angriffsrichtung der Lastrichtung entspricht. Die Kurve *1'* zeigt bei stumpfen Winkeln infolge der Überlagerung von Verfestigung und Keilwirkung mit abnehmendem Kegelwinkel zunächst eine Zunahme der Härte, um nach einem Höchstwert durch die stärker werdende Keilwirkung wieder abzufallen. Ein unendlicher spitzer Kegel würde danach überhaupt keine Kraft zum Eindringen gebrauchen, er wirkt wie ein sehr schlanker Keil, der bei geringem Kraftaufwand das Material nach der Seite hin auseinandertreibt.

Aus dieser ausgesprochenen, vom Kegelwinkel stark abhängigen Keilwirkung heraus erklärt sich auch, daß das Potenzgesetz bei den Härtekurven mit verschiedenen Kegelwinkeln nicht gilt. Da man sich die Kugel als eine Aneinanderreihung vieler schmaler Kegelscheiben mit ständig zunehmender Mantelrichtung vorstellen kann, so sollte man zunächst annehmen, daß auch für die Härtekurve eines Stoffes, die festgestellt wurde durch Kegel mit verschiedenen Kegelwinkeln, das Potenzgesetz ebenso gilt wie für die Kugel. Die äußere Reibung erklärt auch folgende Tatsache: Wenn man bei ein und demselben Werkstoff unter Anwendung ein und desselben Kegelwinkels Härtemessungen mit verschiedenen Prüfkräften durchführt, so streuen die gefundenen

[1] Mitt. dtsch. Mat.-Prüf.-Anst. Sonderheft 16 (1931) S. 96.

Härtewerte bei kleineren Prüfkräften, und zwar liegen sie durchschnittlich höher als die Härtewerte bei großen Prüfkräften; es ist nämlich nicht gleichgültig, ob man — wenigstens bei kleinen Prüfkräften — die jeweiligen Prüfkräfte beliebig wählt oder ob die Kraftzunahme in einem bestimmten Verhältnis zur Krafthöhe steht und damit die Reibungszahl stets proportional der Kraft ist. Von einer bestimmten Kraft an tritt dieser Einfluß zurück.

Aus Abb. 18 geht nun hervor, daß ein Kegel mit großem Winkel günstiger liegt als mit kleinem Winkel, da die Reibungsverluste nicht so beträchtlich sind. Ähnlich wie hier beim Kegel liegen natürlich die Verhältnisse bei der Pyramide und abgeschwächt auch bei der Kugel, die in dieser Beziehung eine Mittelstellung zwischen Kegel und Zylinder einnimmt.

3. Pyramidendruckversuch.

a) Grundsätzliches.

An Stelle des Kegeldruckversuches hat ein anderes Härteprüfverfahren, welches ebenfalls geometrisch ähnliche Eindrücke liefert, an Bedeutung gewonnen, der Pyramidendruckversuch, oder nach der Firma, die zuerst durch die Konstruktion einer dafür geeigneten Prüfmaschine zur Verbreitung dieses Verfahrens beitrug, auch *Vickershärteprüfung* genannt. Sie wurde von R. L. SMITH und G. E. SANDLAND[1] eingeführt und in Deutschland in DIN 50133 (Ausg. 2. 40) genormt.

Als Eindringkörper wird eine regelmäßig vierseitige Pyramide benutzt. Der Flächenöffnungswinkel, d. h. der Winkel zwischen je zwei gegenüberliegenden Flächen, beträgt 136°. Diese Pyramide erzeugt in der Aufsicht einen quadratischen Eindruck. Aus der mittleren Länge der Diagonalen d wird die Eindruckoberfläche berechnet gemäß $O = \frac{d^2}{2\cos 22°}$. Die Härte HV ist, wie bei der Brinellhärte, das Verhältnis der aufgewendeten Prüfkraft P (in kg) zu der erzeugten Eindruckoberfläche (in mm²) $HV = \frac{P \cdot 1{,}8544}{d^2} \left(\text{in } \frac{\text{kg}}{\text{mm}^2}\right)$.

Für die praktische Auswertung stehen Tafeln zur Verfügung, aus denen für jede Eindruckdiagonale die zugehörige Vickershärte gefunden werden kann[2].

Bei Anwendung der Pyramide haben wir ähnliche Verhältnisse wie bei Anwendung des Kegels: Flächenöffnungswinkel, Keilwirkung und Reibung haben einen Einfluß auf die Härte, bei Anwendung eines und desselben Flächenöffnungswinkels sind die Eindrücke einander ähnlich und damit die Härten unabhängig von der Prüfkraft, wenigstens bei größeren Prüfkräften, wie sie für die sog. Makrohärteprüfung angewandt werden. Trotzdem wird zweckmäßig bei der Vickershärte die angewendete Prüfkraft mit angeführt, um nachträglich feststellen zu können, wie tief die Pyramide in das Werkstück eingedrungen ist, z. B. $HV\,30 = 600$ kg/mm². Um den Anschluß an die Brinellhärte zu gewinnen, hat man den Flächenöffnungswinkel nach folgender Überlegung gewählt: Läßt man bei der Brinellprüfung Eindruckdurchmesser d von dem 0,25- bis 0,5fachen Kugeldurchmesser D zu

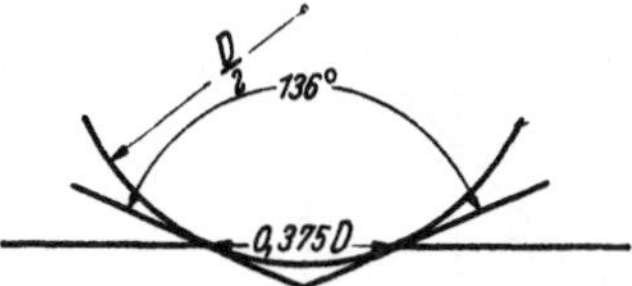

Abb. 19. Geometrische Zusammenhänge für die Wahl eines Öffnungswinkels von 136° für die Vickershärteprüfung.

[1] Proc. Inst. Mech. Eng. Bd. 1 (1922) S. 623; s. a. J. Iron Steel Inst. Bd. 111 (1925) S. 285.

[2] Zum Beispiel K. MEYER: Tafeln zur Ermittlung der Vickershärte. Herausgegeben vom Deutschen Verband für Materialprüfung, Berlin-Köln 1954.

(British Standard), so wird ein mittlerer Eindruckdurchmesser $d = 0{,}375\,D$ von den Seitenflächen einer Pyramide berührt, deren Flächenöffnungswinkel 136° ist (Abb. 19). Nun wird aber der Winkel nach der Kante hin stumpfer, an den Kanten beträgt er 148°, so daß, strenggenommen, diese Verhältnisse nicht ganz zutreffen.

b) Zusammenhang zwischen Vickers- und Brinellhärte.

Einen Vergleich der Vickershärte mit der Brinellhärte gestattet Abb. 1, wobei in dieser Darstellung die Grenzverhältnisse $d/D = 0{,}2$ und $0{,}5$ eingezeichnet sind, zudem noch das dem Vickerseindruck entsprechende Verhältnis $d/D = 0{,}375$. Die Kugeldruckhärten mit stets dem gleichen $d/D = 0{,}375$ liegen bei kleinen Härten auf demselben Härteniveau wie die Brinellhärten, sie liegen auf dem flachen Kurvenast der Kugeldruckhärtekurve. Bei größeren Härten jedoch liegt die nach der Norm bestimmte Brinellhärte noch auf dem stark ansteigenden Kurvenast, die Kugeldruckhärte mit dem Eindruckdurchmesserverhältnis $d/D = 0{,}375$ ist, da sie in diesem Fall mit einer größeren Druckkraft als 3000 kg erzeugt werden muß, größer. Bei harten Werkstoffen werden wir also mit der Prüfung nach VICKERS größere Härten messen als mit der Prüfung nach BRINELL. Gesteigert wird dieser Härteunterschied noch dadurch, daß die Stahlkugel, bei entsprechenden Härten auch die Hartmetallkugel, sich abflachen, was einer Vergrößerung des Kugeldurchmessers gleichkommt.

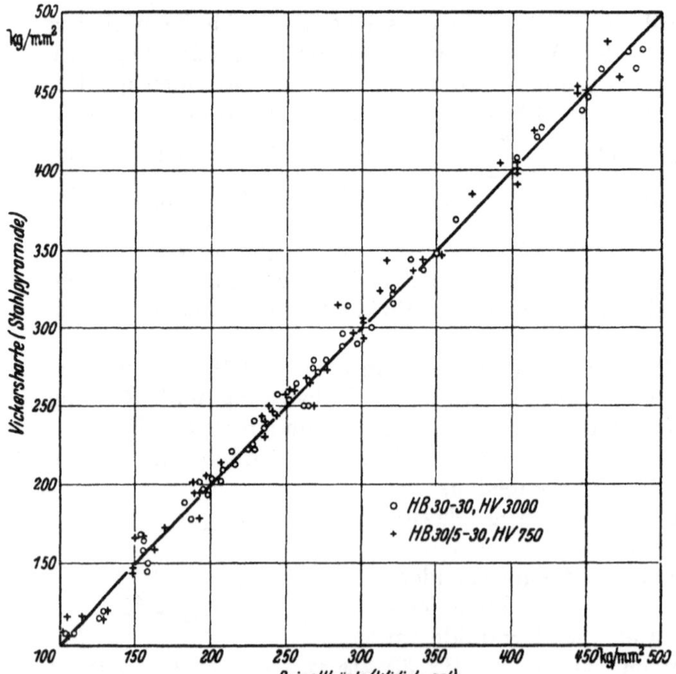

Abb. 20. Vergleich von Brinellhärte (Widiakugel) mit Vickershärte (Stahlpyramide).

c) Besondere Anwendungsmöglichkeiten der Vickershärteprüfung.

Bei der Brinellhärteprüfung muß das Verhältnis Eindruck- zum Kugeldurchmesser zwischen 0,2 und 0,7 liegen. Es sind deshalb für verschieden harte Werkstoffe verschiedene Belastungsgrade vorgeschrieben, s. Abs. B1d und DIN 50351. Vergleichbar sind nur die bei gleichem Belastungsgrad mit Kugeln verschiedenen Durchmessers gewonnenen Ergebnisse. Die gleiche Kugel gibt bei verschiedenen Prüfkräften keine übereinstimmenden Härtewerte. Deshalb sollte man in den Fällen, wo der Belastungsgrad $30\,D^2$ (Belastungsgrad für Stahl) nicht angewendet werden kann, vielmehr als bisher eine Vickerspyramide als Eindringkörper benutzen, dann wären alle Härtewerte miteinander zu vergleichen. Zudem hat man die Möglichkeit, die Prüfkräfte den

Abmessungen des Werkstückes anzupassen. Abb. 20 gibt Vergleichswerte zwischen Brinell- und Vickershärten wieder, die mit einer Stahlpyramide festgestellt sind. Diese Pyramide wurde ohne besondere Vorsicht hergestellt. Der Einwand, daß bei solchem Eindringkörper die Spitze leiden würde, ist von nicht so großer Bedeutung. Nach W. KUNTZE[1] erreicht man mit einem an der Spitze abgeflachten Kegel — und so ist es auch bei der Pyramide — gleiche Härte wie beim einwandfreien Kegel, wenn die Eindrucktiefe des beschädigten Kegels gleich der fehlenden Spitze ist.

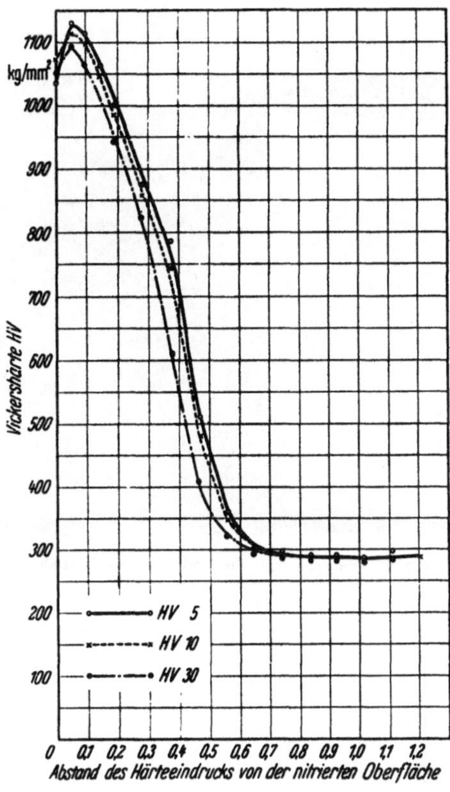

Abb. 21. Härtetiefenkurven einer nitrierten Probe.

Infolge des stumpfen Flächenöffnungswinkels ist auch bei genügend großer Eindruckdiagonale die Eindrucktiefe verhältnismäßig gering. Bei einer Vickershärte von z. B. 900 kg/mm² und einer Belastung von 20 kg ist die Eindrucktiefe = 0,029 mm, während die Diagonale siebenmal so groß ist. Infolgedessen ist dieses Prüfverfahren bei Benutzung kleiner Prüfkräfte zur Prüfung dünner oder empfindlicher Werkstücke oder dünner Schichten besonders geeignet. Abb. 21 und 22 zeigen die Härtetiefenkurven einer nitrierten bzw. randentkohlten Probe. Die Probe wird zu diesem Zweck unter einer bestimmten Neigung, z. B. 1 : 50, gegen die Oberfläche abgeschliffen und nach jeder Einzelprüfung durch einen Meßsupport um ein bestimmtes Maß verschoben. Aus der Neigung der Prüffläche und dem Vorschub der Probe läßt sich die ursprüngliche Lage des Eindrucks unter der Oberfläche bestimmen. Bei der Härteprüfung nicht homogener Schichten wird man stets Mittelwerte über eine Schichtendicke feststellen, die von der Eindrucktiefe des Eindringkörpers und der Tiefenwirkung des Verfahrens abhängt. Je kleiner die Prüfkraft gewählt wird, desto sicherer sind die Werte. Ein weiteres dankbares Anwendungsgebiet ist die Härteuntersuchung an Schweißnähten (Abb. 23 und 24).

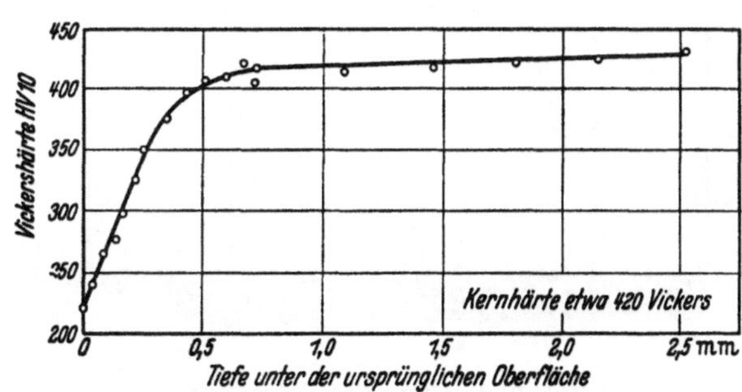

Abb. 22. Härtetiefenkurve einer entkohlten Probe.

Bei der Prüfung dünner Oberflächenschichten (galvanische Überzüge u. dgl.) oder von einzelnen Gefügebestandteilen müssen sehr kleine Prüfkräfte benutzt

[1] Zbl. prakt. Metallbearb. Bd. 46 (1936) S. 575 u. 659.

werden. Eine Übersicht über die bei dieser Prüfung benutzten Verfahren gibt R. MECHLING[1]. Es ist augenblicklich üblich, das Gebiet der Vickershärteprüfung in drei Gruppen einzuteilen: Makroprüfung, Prüfkraft $\geqq$ 5 kg; Mikroprüfung, Prüfkraft $\leqq$ 100 g. Das Zwischengebiet wird als Übergangsgebiet bezeichnet. Im Makrogebiet ist die Härte als praktisch unabhängig von der Prüfkraft anzusehen, in den beiden anderen Gebieten nimmt die Härte mit abnehmender Prüfkraft zu. Der Beginn und der Grad dieses Härteanstiegs hängen vom Werkstoff ab. Die Gruppeneinteilung ist deshalb etwas willkürlich gewählt.

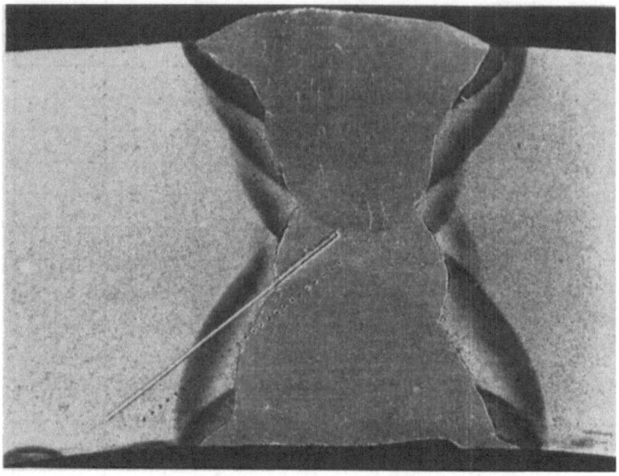

Abb. 23. Vickerseindrücke und Rolldurgleitbahn auf einer Schweißverbindung.

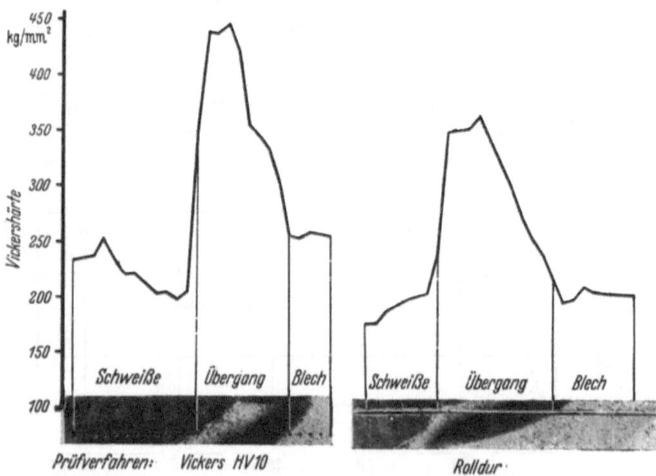

Abb. 24. Härteprüfung einer Schweißverbindung.

Bei den Prüfungen mit kleinen Prüfkräften müssen verschiedene Einflußgrößen weit mehr als beim Makroverfahren berücksichtigt werden: Die Größe der Prüfkraft, Reibung, das Größenverhältnis der Gefügebestandteile zum Eindruck.

Einfluß der Größe der Prüfkraft: Aus Abbildung 25 geht hervor, inwieweit die Vorbereitung der Probenoberfläche bei dem Härteanstieg mitwirken kann. Die durch die mechanische Bearbeitung verursachte Verfestigung der Probenoberfläche kann durch elektrolytisches Polieren vermieden werden, die Härtewerte sinken, der Härteanstieg bleibt. Die verbleibende Härtekurve folgt nach F. SCHULZ und H. HANEMANN[2] dem MEYERschen Potenzgesetz $P = a d^n$ (s. Abs. B 1 b), wobei der Exponent kleiner als 2 ist, die Härte also mit der Prüfkraft abfällt. Die Versuche wurden an Aluminium-Einkristallen bis zu 10 kg Prüfkraft durchgeführt und ergaben, daß auch im Makrogebiet das Ähnlichkeitsgesetz nicht gilt, daß vielmehr die Konstante a

[1] Metallurgie, 1950, S. 47 u. 115.
[2] Z. Metallkde. Bd. 33 (1941) S. 124.

und der Exponent n die gleiche Größe wie im Mikrogebiet haben. Da sich hiernach also die Mikrohärte mit der Eindruckgröße ändert, wurde vorgeschlagen, die Härte auf die Eindrücke mit den Diagonallängen von 5μ ($H\,5\mu$), 10μ ($H\,10\mu$) und 20μ ($H\,20\mu$) zu beziehen. Die den gewünschten Diagonalen entsprechenden Härten werden mit Hilfe des MEYERschen Potenzgesetzes auf Grund von mindestens drei Eindrücken ermittelt. Häufig ist es jedoch nicht möglich, mehrere Eindrücke zu machen.

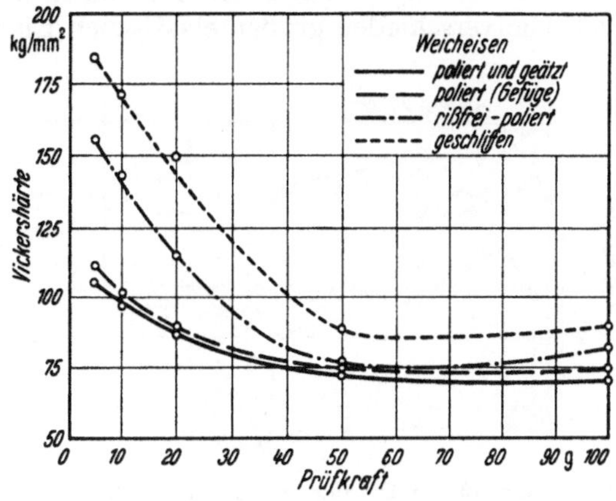

Abb. 25. Einfluß der Bearbeitung der Probenoberfläche auf die Vickershärte bei Weicheisen. (Nach W. BISCHOF und B. WENDEROTT.)

Dieser Vorschlag beruht auf der Feststellung von E. O. BERNHARDT[1], daß eine elastische Rückfederung des Werkstoffes nach der Entlastung an den Eindruckdiagonalen nicht auftritt und somit für den Härteanstieg nicht verantwortlich ist. An anderen Stellen wurden solche Rückfederungen jedoch gemessen. So behandelt u. a. R. SCHULZE[2] diese Frage eingehend. Er nimmt mit D. R. TATE[3] an, daß an den vier Eindruckecken die plastische Verformung gerade beginnt, die elastische Dehnung unter diesen Ecken damit konstant ist und somit auch die Rückfederung in Richtung der Eindruckdiagonalen. Die Rückfederung wäre also unabhängig von der Eindruckgröße. Durch Versuche ermittelte er den Federungsbetrag an verschiedenen Stoffen, als Beispiel s. Tab. 6 und Abb. 26. Berücksichtigt man den konstanten Federungsbetrag c der Diagonalen in der Vickersformel, so ergibt sich $HV_{ges} = \frac{1{,}8544 \cdot P}{(d+c)^2}$. Die so berechnete Härte ist konstant. Die Konstante c soll praktisch dadurch ermittelt werden, daß die Mikrohärtewerte an Hand einer Härtetabelle eingeebnet wer-

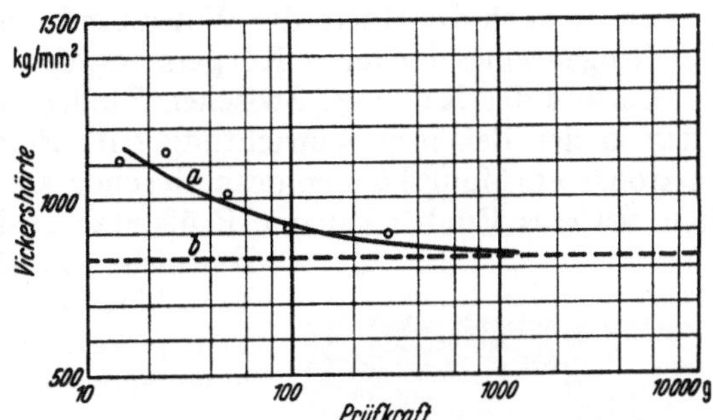

Abb. 26. Vickershärte in Abhängigkeit von der Prüfkraft bei gehärtetem Stahl (HV = 800 kg/mm²).
a = aus $\frac{P \cdot 1{,}8544}{d^2}$ errechnete Vickershärte,
b = mit c = 0,7 μ berichtigte Vickershärte,
$\left(HV = \frac{P \cdot 1{,}8544}{(d+c)^2}\right)$.

Tabelle 6. *Direkt gemessene Rückfederung an einer Stahlprobe*, HV = 800 kg/mm² (nach R. SCHULZE).

Prüfkraft g	15	25	50	100	200	300	500
Rückfederung μ	0,57	0,43	0,56	0,72	1,5	0,65	0,72
Mittlerer Fehler	0,2	0,2	0,3	0,2	0,5	0,2	0,2
Zahl der Messungen	7	7	9	5	5	6	4

Mittelwert der Rückfederung = 0,7 μ.

[1] Z. Metallkde. Bd. 33 (1941) S. 135.
[2] Feinwerktechnik Bd. 55 (1951) S. 190.
[3] Trans. Amer. Soc. Met. Bd. 35 (1945) S. 374.

den, indem zu jeder gemessenen Diagonale ein und derselbe geeignet gewählte Betrag addiert wird. Dieser Betrag ist gleich der Konstanten *c*.

Ob die Rückfederung des Werkstoffes allein für den Härteanstieg verantwortlich ist, mag dahingesetllt sein, einen maßgeblichen Einfluß hat sie sicherlich. Die verschieden großen elastischen Eigenschaften der Werkstoffe sind bei den anderen Prüfverfahren ebenfalls von störender Bedeutung, so z. B. bei der Umrechnung von Rockwell- oder Rücksprunghärte in eine andere Härte. Den Prüfmaschinenherstellern mag deshalb dringend empfohlen sein, Wege zu suchen, die Eindrücke unter Last auszumessen. Dem Verfasser ist bisher hierfür nur ein Beispiel bekanntgeworden, der WILKsche Kalottenmesser, der nach dem Schattenverfahren arbeitet[1]. Die so festgestellte Härte entspräche der Definition viel besser, wonach die Härte der Widerstand des Werkstoffes ist, den dieser dem Eindringen eines härteren Körpers entgegensetzt.

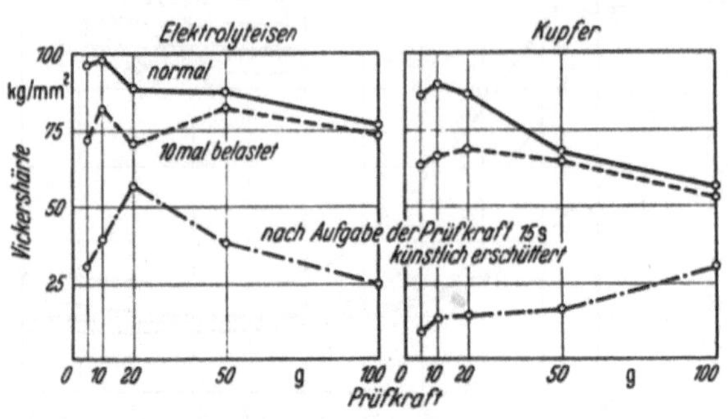

Abb. 27. Einfluß von Erschütterungen auf die Mikrovickershärte von Elektrolyteisen und Kupfer. (Nach W. BISCHOF und B. WENDEROTT).

Einfluß der Reibung: Zwischen Eindringkörper und Werkstoff und häufig auch in der Belastungseinrichtung tritt Reibung auf (s. Abs. B 2 c). Bei der Mikrohärteprüfung können deshalb schon kleine Erschütterungen ein beträchtlich weiteres Eindringen der Prüfspitze auslösen. Abb. 27 zeigt hierfür zwei Beispiele. Zunächst wurde entsprechend dem Vorschlag von W. KUNTZE und G. SACHS die Prüfspitze zehnmal in die gleiche Eindruckstelle hineingedrückt, wobei nach jeder Belastung die

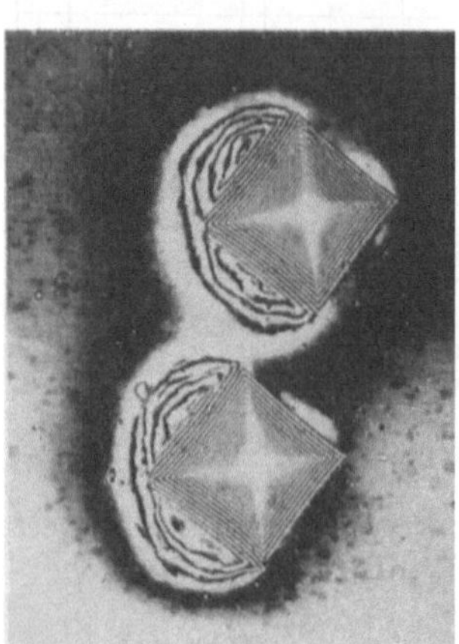

Abb. 28. Interferenzaufnahmen von Vickerseindrücken mit Schub (vergleiche die Kurven *B* und *C* in Abb. 29.) (Nach R. SCHULZE.)

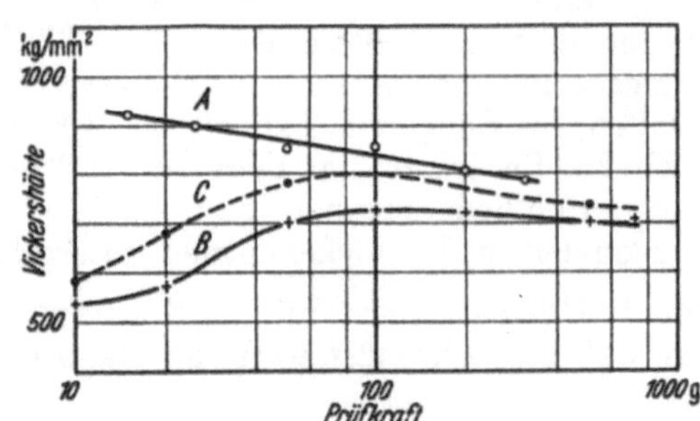

Abb. 29. Vergleichs-Vickersprüfungen an einer Stahlprobe. *A* Gerät mit Schubausgleich; *B* und *C* Geräte mit Schub (siehe auch Abb. 28). (Nach R. SCHULZE.)

Prüfspitze vom Werkstoff gelöst wurde. Zum anderen wurde die Bodenplatte des Prüfgerätes durch einen WAGNERschen Hammer erschüttert, ohne daß das Prüfgerät selbst berührt wurde.

Schon die Geschwindigkeit, mit der die Prüfkraft aufgebracht wird, hat

[1] MOSER, M.: Meßtechn. Bd. 4 (1928) S. 37.

wegen dieser Reibung einen Einfluß auf die Härte, je kleiner sie ist, desto niedriger wird gemessen (s. auch Abs. B 1 g α). Für die Belastungsdauer genügen nach W. BISCHOFF und B. WENDEROTT[1] bei Stahl 30 sek. Bei anderen Werkstoffen müssen evtl. andere Zeiten gewählt werden, so ist z. B. nach R. MITSCHE und E. M. ONITSCH[2] bei weichen und harten Mineralien nach 60 sek das Eindringen noch nicht beendet.

Einfluß des Gerätes: Das Gestell vieler Geräte wird durch die Be- und Entlastung elastisch verformt. Dadurch wird der Eindringkörper seitlich verschoben und der Eindruck verzerrt, er wird größer als der schubfreie Eindruck. Diese Geräte müssen somit einen Schubausgleich besitzen (Abb. 28 und 29).

Einfluß der Größe der Gefügebestandteile: In der Umgebung des Eindrucks verformt und verfestigt sich der Werkstoff. Die Gefügebestandteile müssen deshalb in der Oberfläche und in der Tiefe groß genug sein, damit diese Verformungen nicht unterbrochen und gestört werden. Nach W. BISCHOFF und B. WENDEROTT ist die räumliche Ausdehnung der verformten Zone mindestens gleich einer Halbkugel, deren Radius gleich der Eindruckdiagonalen ist und deren Mittelpunkt in der Mitte des Eindrucks liegt.

Eindringkörper anderer Form: Die Vickerspyramide mit ihrer quadratischen Grundfläche genügt in manchen Fällen den Ansprüchen nicht: Die Rückfederung des Werkstoffs nach Entlastung ist oft störend groß, bei Prüfung

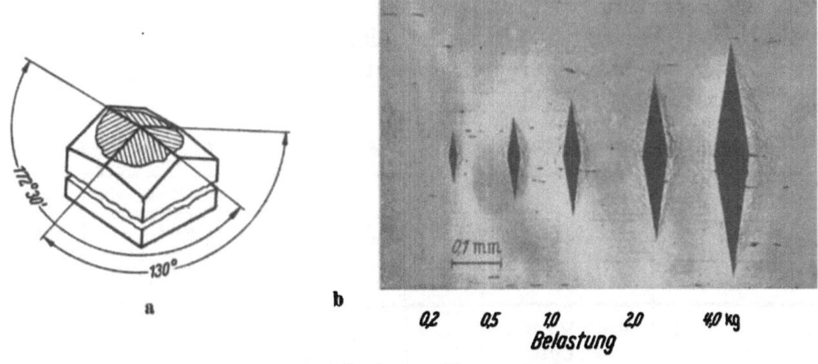

Abb. 30a u. b. Mikrohärteprüfung nach KNOOP.
a Form des Eindringkörpers; b Einige Eindrücke in Abhängigkeit von der Prüfkraft in Stahl (HV = 265 kg/mm²).

sehr harter Stoffe bricht die Spitze durch die hohe örtliche Spannung sehr leicht, spröde Stoffe neigen zu Absplitterungen an den Eindruckrändern. Die Rückfederung wird geringer, wenn der Winkel zwischen den Pyramidenflächen kleiner wird. F. KNOOP, C. G. PETERS und W. B. EMERSON[3] schlagen deshalb eine Pyramide mit einem Rhomboeder als Grundfläche vor (Abb. 30). Zur Berechnung der Eindruckoberfläche dient nur die lange Diagonale, die in bezug auf Rückfederung als unveränderlich angesehen wird. P. GRODZINSKI[4] empfiehlt als Eindringkörper die Diamantkante, die durch die gemeinsame Grundfläche zweier aneinanderstoßender Kegel gebildet wird (Abb. 31). Dieser Körper soll im Halter so gefaßt werden, daß die kreisförmige Kante um ihren Mittelpunkt gedreht werden kann. Bei Beschädigung wird ein anderer, unbeschädigter Teil

[1] Arch. Eisenhüttenw. Bd. 15 (1941/42) S. 497.
[2] Z. Mikroskopie Bd. 3 (1948) S. 257.
[3] J. Res. Nat. Bur. Stand. Bd. 23 (1939) S. 39.
[4] Schweizer Arch. angew. Wiss. Techn. Bd. 16 (1950) S. 335.

der Kante in die Druckrichtung gebracht. Diese beiden Diamantenformen sind widerstandsfähiger bei der Prüfung sehr harter Stoffe, und meßbare Eindrücke lassen sich auch in spröden Stoffen erzeugen. So sind Glas, gesinterte Hartmetalle, Saphir, gar selbst Diamanten auf ihre Härte geprüft worden. Mit diesen beiden länglichen Eindringkörpern soll die Änderung der Mikrohärte infolge der Anisotropie der Werkstoffe ebenfalls gut zu prüfen sein. Die ermittelten Härten stimmen weder unter sich noch mit der Vickershärte überein.

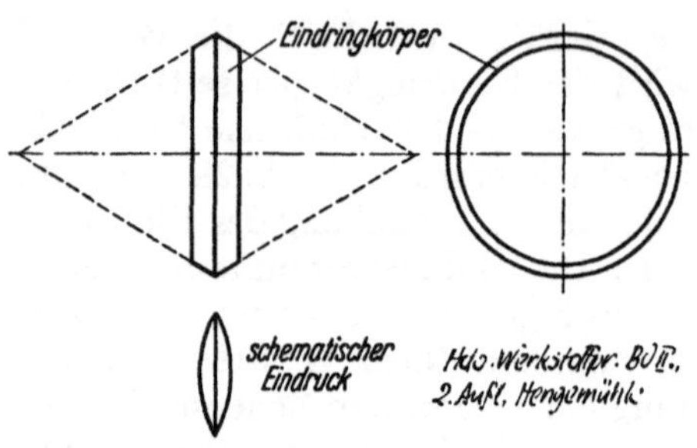

Abb. 31. Eindringkörper für die Mikrohärteprüfung. (Nach GRODZINSKI).

d) Einfluß von Vickerseindrücken auf die Dauerschwingfestigkeit.

Da Vickerseindrücke infolge ihrer viereckigen Form auf Fertigteilen, die im Betrieb einer Schwingbeanspruchung unterliegen, besonders gefährlich erscheinen, wurden auf Umlaufbiegeproben je vier Eindrücke aufgebracht. Bei zwei Eindrücken lag je eine Diagonale senkrecht, bei den beiden anderen je eine Diagonale unter 45° zur Probenachse. Von neun untersuchten Proben brachen vier in den Vickerseindrücken, und zwar stets in solchen, deren eine Diagonale senkrecht zur Probenachse lag. Eine merkliche Verminderung der Biegewechselfestigkeit durch die Eindrücke ergab sich nur in einem Fall. Es scheint also, daß vereinzelte, beim Polieren nicht ganz beseitigte Schleifriefen' gefährlicher sind als die Vickerseindrücke, Tab. 7.

Tabelle 7. *Einfluß von Vickerseindrücken auf die Biegewechselfestigkeit polierter Proben.*

Werkstoff	Behandlung	Anzahl der Proben	Zugfestigkeit kg/mm²	Biegewechselfestigkeit an polierten Proben kg/mm² ohne Eindruck	mit Eindrücken	Lage des Bruches bei Proben mit Eindrücken	
C-Stahl	920° Wasser 600° Luft	2	49	26/27	25	+	
C-Stahl	850° Luft	2	54	29	29		+
C-Stahl	850° Öl 600° Luft	2	58	31	28	+	
Unlegierter Werkzeugstahl	850° Luft 660° Luft	1	85	31/32	≧31,5		+
Cr-Ni-Stahl	vergütet	2	144	64	63/64		+

e) Durchführung der Prüfung.

Je kleiner die gewählte Prüfkraft, desto größere Sorgfalt muß auf das Zurichten der Prüfstelle verwendet werden. Am besten wird eine blanke, ebene Oberfläche durch Feilen und Polieren hergestellt, Schleifen sollte nach Möglichkeit vermieden werden, da hierbei meistens eine Härtung der Oberfläche durch Verformung und durch Aufnahme von Stickstoff stattfindet[1].

Der Eindringkörper wird mit der Probenoberfläche senkrecht in Berührung gebracht. Die Prüfkraft ist dann stoß- und schwingungsfrei in etwa 15 sek auf ihren Höchstwert zu steigern, sie ist in der Regel 30 sek lang auf ihrem Höchstwert

[1] WIESTER, H. J.: Techn. Mitt. Krupp Bd. 3 (1936) S. 80.

zu belassen. Für Stahl von $HV \geqq 140$ kg/mm² genügen 10 sek, für stark fließende Stoffe (Blei, Zink, Lagermetall usw.) ist eine längere Belastungsdauer zu wählen.

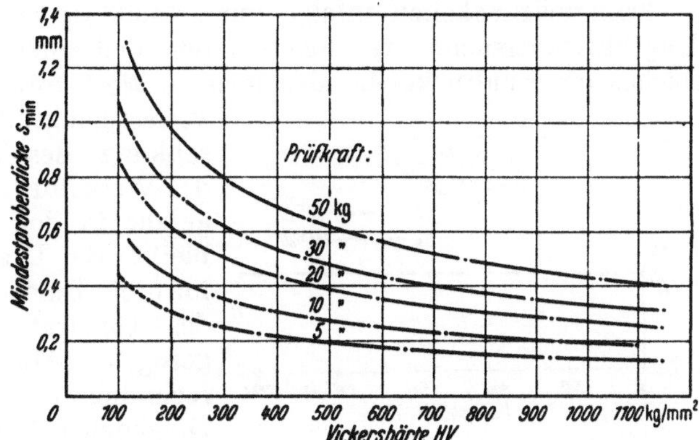

Abb. 32. Mindestprobendicke bei der Vickershärteprüfung.

Der Abstand zwischen der Mitte eines Eindrucks und dem Umfang des benachbarten Eindrucks oder dem Rande der Probe soll im allgemeinen mindestens das Dreifache der Diagonale des Eindrucks betragen. Die Probe oder die Härteschicht darf nicht dünner sein als das 1,5fache der Eindruckdiagonale, d. h. das 10fache der Eindrucktiefe (Abb. 32).

Für die Berechnung der Härte ist der Mittelwert aus beiden Eindruckdiagonalen maßgebend. Die Härte ist bei Zahlen unter 25 mit einer Dezimale, darüber in ganzen Zahlen anzugeben. Siehe auch DIN 50133.

f) Streuungen bei der Vickershärteprüfung[1].

Formabweichungen des Eindringkörpers: Die Eindruckoberfläche wird aus der gemessenen Eindruckdiagonale unter der Annahme bestimmt, daß der Eindruck einer einwandfreien Pyramide mit dem Flächenöffnungswinkel von 136°

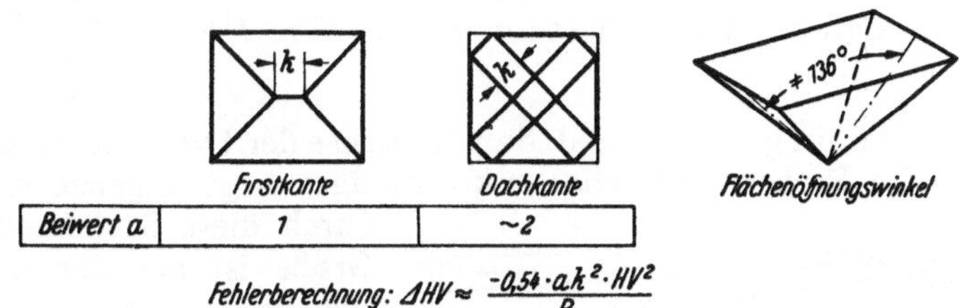

Abb. 33. Auftretende Fehler bei der Vickershärtepyramide.

entspricht. Die Fehler, die bei der Pyramide auftreten, sind in Abb. 33 schematisch dargestellt[2]. An Stelle einer Spitze wird häufig eine Firstkante und an Stelle von scharfen Kanten können unter Umständen sog. Dachkanten auftreten. Diese Meßabweichungen können vom Hersteller klein gehalten werden, so daß bei der praktischen Härteprüfung die hierdurch bedingten Fehler im Vergleich zu anderen möglichen Fehlern klein sind. Bei ganz kleinen Eindrücken, wie z. B. bei der Mikrohärteprüfung, müßten sie vielleicht in Rechnung gestellt werden. Ebenfalls zu vernachlässigen sind die Fehler, die durch einen falschen Flächenöffnungswinkel entstehen, wenn der Winkel — wie in DIN 50133 vorgeschrieben — höchstens um $\pm 20'$ vom Winkel 136° abweicht (Abb. 34 und 35).

---

[1] HENGEMÜHLE, W.: Stahl u. Eisen Bd. 62 (1942) S. 321.
[2] WEINGRABER, H. v.: Werkstattstechnik Bd. 32 (1938) S. 361.

Fehlermöglichkeiten infolge unregelmäßiger Eindrücke: Ähnlich wie beim Kugeldruckversuch tritt auch bei der Vickershärteprüfung an den Seitenflächen des Eindruckes bei den meisten Werkstoffen ein Wulst bzw. bei stark verfestigungsfähigen Werkstoffen eine Einsenkung des Werkstoffes ein, während der Werkstoff an den Eindruckecken ungefähr in der ursprünglichen Lage verbleibt. Bei Draufsicht auf diesen so verformten Eindruck erscheinen die Seiten des Quadrates ausgebaucht bzw. eingezogen (Abb. 36). Die übliche Berechnung der Eindruckfläche aus den Diagonalen führt zu ungenauen Ergebnissen. Man kann ein genaueres Ergebnis erzielen, wenn man die Projektion des verzerrten Eindruckes in ein Quadrat umrechnet[1], und zwar ist die neue

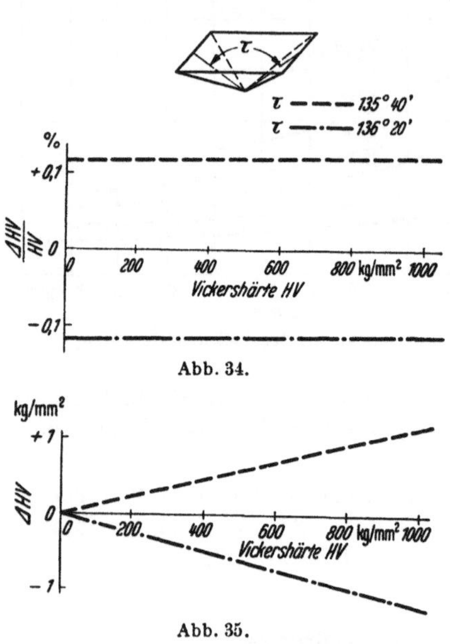

Abb. 34.

Abb. 35.

Abb. 34 u. 35. Fehler in der Bestimmung der Vickershärte infolge der zulässigen Maßabweichung des Eindringkörpers.

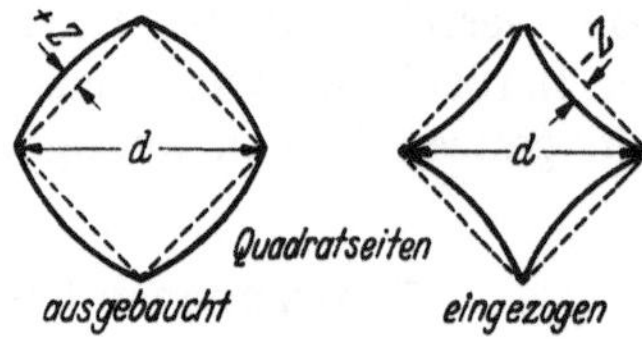

Abb. 36. Typische Erscheinungsformen von Vickerseindrücken.

Seitenlänge des Quadrates ungefähr $\frac{d}{\sqrt{2}} \pm Z$, und daher die Eindruckfläche $\left(\frac{d}{\sqrt{2}} \pm Z\right)^2$, so daß die Vickershärte demnach wäre $HV = \frac{P \cdot 1{,}8544}{2\left(\frac{d}{\sqrt{2}} \pm Z\right)^2}$.

Wenn nicht darauf geachtet wird, daß die Achse der Pyramide in der Druckrichtung und die Probenoberfläche senkrecht dazu liegt, ergeben sich Fehler durch diese Schiefstellung, ihre Größe ist aus der Abb. 37 ersichtlich.

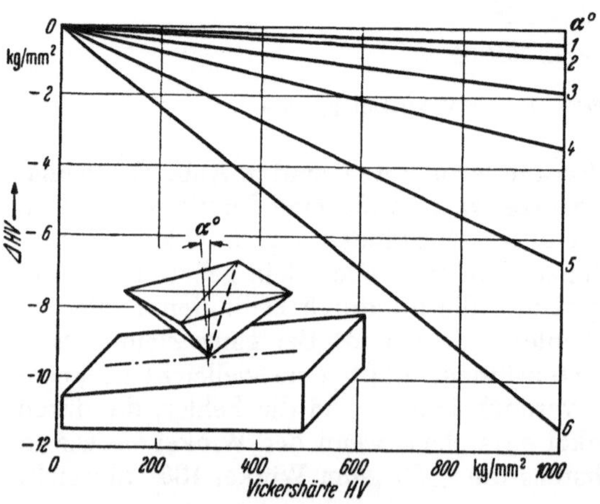

Abb. 37. Fehler infolge Schiefstellung der Vickerspyramide. (Nach H. v. Weingraber.)

Belastungsfehler: Nach DIN 51133 ist bei Härteprüfgeräten ein Belastungsfehler von $\pm 1\%$ zulässig, der bei der Auswertung der Ergebnisse unberücksichtigt bleiben kann. Da die Vickershärte $HV = \frac{P}{O}$ (P = Prüfkraft, O = Eindruckoberfläche), so ist der Fehler in der Härteberechnung gleich dem Belastungsfehler.

Ablesefehler: Entsprechend den Ausführungen in Abs. B 1 g ε

[1] O'Neill, H.: The Hardness of Metals and its Measurement, S. 39–40. London: Chapman & Hall 1934.

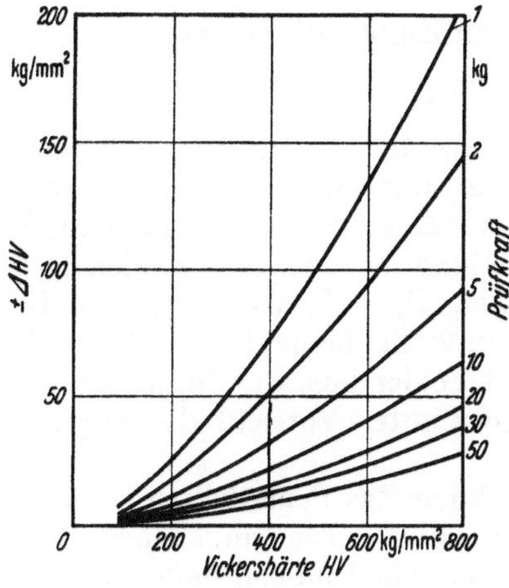

Abb. 38. Gerät *I* ($V = 38$).

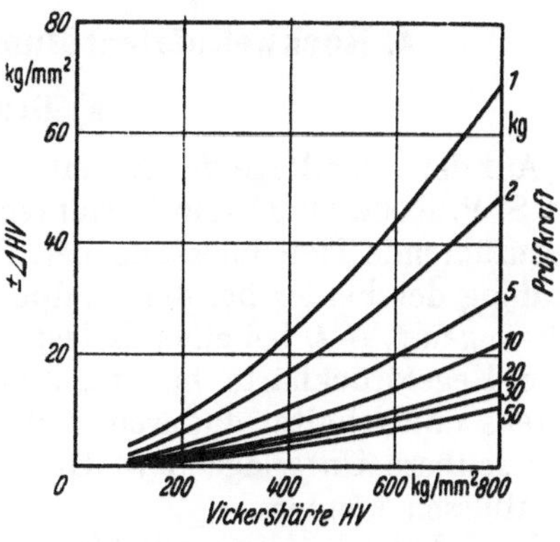

Abb. 39. Gerät *Vi* ($V = 100$).

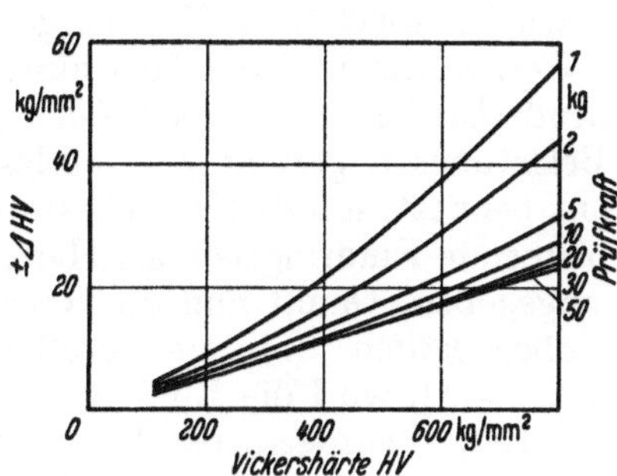

Abb. 40. Gerät *II* ($V = 140$).

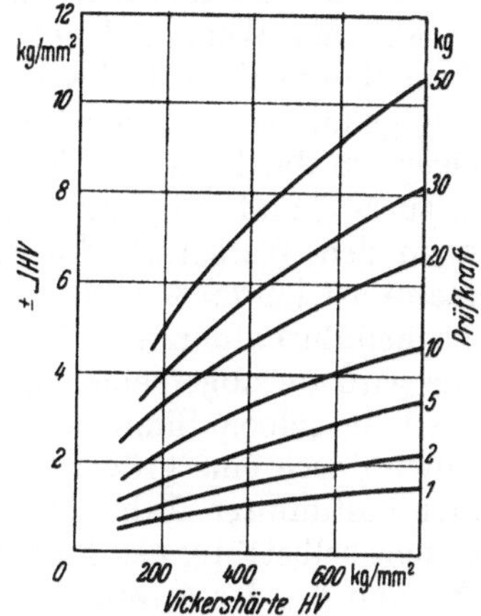

Abb. 38 bis 40. Härtestreuungen infolge Ablesestreuungen.

Abb. 41. Härtestreuung infolge Unterschied in den Mittelwerten [Geräte *V* ($V = 100$) und *II* ($V = 140$)].

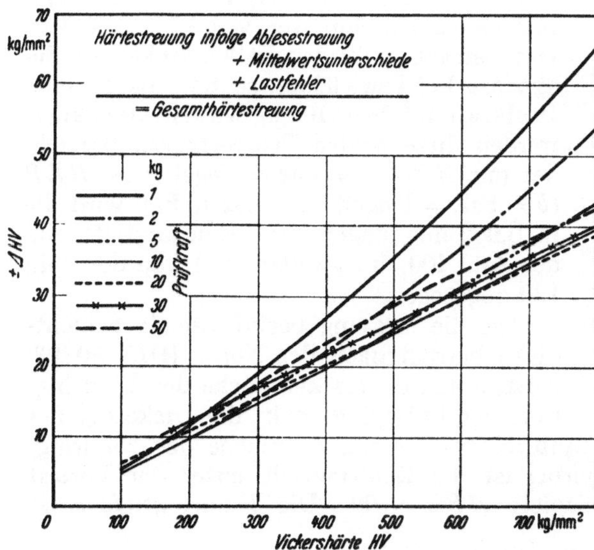

sind in Abb. 38 bis 41 die Härtestreuungen infolge Ablesestreuungen bzw. infolge der Unterschiede in den Mittelwerten bei Benutzung verschiedener Ablesegeräte wiedergegeben. In Abb. 42 sind die Gesamthärtestreuungen aufgetragen. Diese Streuungen gelten nur für die Prüfkräfte von 1 bis 50 kg und die hierfür üblichen Ablesegeräte ($V = 100$- bis 140fach).

Abb. 42. Gesamtstreuungen für Gerät *II* ($V = 140$) und *Vi* ($V = 100$).

4. Rockwellhärteprüfung (Härteprüfung mit Vorlast).

a) Grundsätzliches.

Auf der Grundlage der Arbeiten von P. LUDWIK über die Kegeldruckprobe hat S. P. ROCKWELL[1] sein Verfahren aufgebaut, und zwar behält er die schnell auszuführende Tiefenmessung bei. P. LUDWIK gab schon an, daß man zur Vermeidung der Fehler bei der Nullpunkteinstellung die Differenz zweier Tiefenablesungen $t_2 - t_1$ bei einer Belastungszunahme $P_2 - P_1$ als Ausgangsmaß für seine Kegeldruckhärte benutzen kann. ROCKWELL bedient sich dieses Verfahrens und schaltet dadurch auch zum Teil Fehler aus, die durch eine nicht ganz saubere Unterlage bzw. Oberfläche trotz guter Vorsicht die Ergebnisse beeinflussen können.

Es wird also bei diesem Prüfverfahren, nachdem das Prüfstück in Berührung mit dem Eindringkörper gebracht worden ist, auf den Eindringkörper eine bestimmte Vorlast aufgebracht, hierauf wird die die Eindringtiefe anzeigende Meßuhr auf den Wert „0" gestellt und sodann die Zusatzlast aufgebracht. Nach beendigtem Fließen des Werkstoffes, d. h. wenn der Zeiger der Meßuhr zur Ruhe gekommen ist, wird die Zusatzlast wieder abgehoben. Hierbei geht der Zeiger um die federnde Verformung des Werkstoffes und des Maschinengestells zurück, und gemessen wird die bleibende Eindringtiefe des Eindringkörpers in den Werkstoff, die durch eine Belastungssteigerung von Vorlast auf Gesamtlast hervorgerufen wird. ROCKWELL benutzt, um die Härtebestimmung schnell durchführen zu können, diese bleibende Eindringtiefe als Härtemaß. Sie wird im allgemeinen in 0,002 mm angegeben. Damit nun die Rockwellhärten im selben Sinne wie die Zahlengrößen laufen, d. h. eine größere Härte auch durch eine größere Zahl ausgedrückt wird, wird die Eindringtiefe von einer bestimmten Zahl, nämlich 100 bzw. 130, abgezogen, ein Vorgang, der meistens selbsttätig geschieht: Der Nullpunkt der Meßuhr ist die Zahl 100 bzw. 130, und bei der Anzeige der Eindringtiefe des Stempels bewegt sich der Zeiger im umgekehrten Sinne der Zahlenreihe.

Bei der üblichen Rockwellhärteprüfung wird als Eindringkörper für harte Werkstoffe ein an der Spitze mit $r = 0{,}2$ mm angerundeter Diamantkegel von 120° Kegelwinkel benutzt und daneben für weiche Werkstoffe eine Stahlkugel mit einem Durchmesser von $^1/_{16}''$. Die Vorlast beträgt in beiden Fällen 10 kg, die Zusatzlast 140 bzw. 90 kg, so daß als gesamte Prüfkraft 150 bzw. 100 kg wirken. Abgekürzt werden diese beiden Prüfverfahren bezeichnet mit *HRC* (c = cone = Kegel) bzw. *HRB* (b = ball = Kugel). Im ersten Fall wird die in 0,002 mm angegebene Eindringtiefe von der Zahl 100, im zweiten Fall von der Zahl 130 abgezogen.

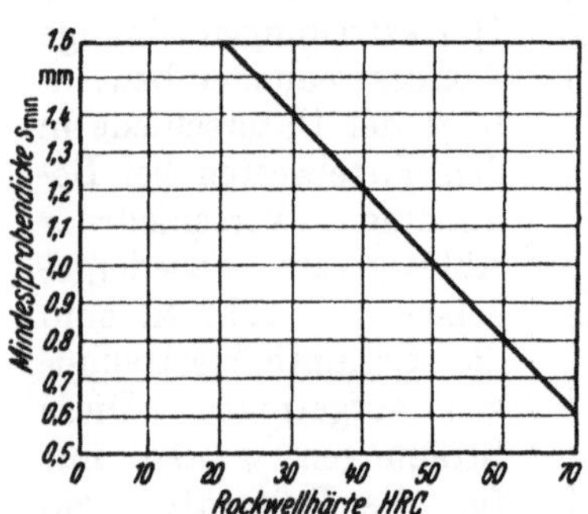

Abb. 43. Mindestprobendicke bei der Rockwell-Härteprüfung *HRC*.

Die die Messung beeinflussende Schichtdicke beträgt nach der Norm (DIN 50103, Ausg, 3.42××) das Zehnfache der Eindringtiefe der Prüfspitze, d. h. die Dicke s_{min} des Prüfstückes bzw. der Schicht muß mindestens das Zehnfache der Eindringtiefe e betragen (Abb. 43). Hierbei ist die Eindringtiefe unter der Vorlast unberücksichtigt gelassen. Beispiel: $HRC = 60$. Die Eindringtiefe e ist

[1] Trans. Am. Soc. for Steel Treating (1922) S. 1013.

(100 — 60) · 0,002 mm = 0,08 mm, die Tiefe der Einflußzone und somit die Mindestdicke s_{min} des Prüfstückes bzw. der Prüfschicht $s_{min} = 10 \cdot e = 10 \cdot 0{,}08$ mm = 0,8 mm. Wenn diese Mindestdicke nicht vorhanden ist, müssen kleinere Prüfkräfte angewandt werden, damit wird jedoch die Meßgenauigkeit geringer. Für die Prüfung besonders dünner Schichten wird vor allem im Ausland ein eigens für diesen Zweck hergestelltes Super-Rockwellprüfgerät benutzt, das mit einer Vorlast von 3 kg und kleineren Prüfkräften arbeitet. Die Meßeinheit beträgt 0,001 mm.

b) Systematische Schwächen des Rockwellverfahrens.

Um die entsprechenden Härten miteinander vergleichen zu können, müssen für jede dieser Prüfbedingungen Beziehungslinien zu den anderen aufgestellt werden. Es liegt an der Art der Versuchsauswertung, daß bei Anwendung verschiedener Prüfkräfte und Eindringkörper bei ein und demselben Werkstoff immer andere Rockwellhärtezahlen erhalten werden, denn es wird bei dieser Prüfart die Härtezahl nicht als spezifischer Widerstand in kg/mm² errechnet, sondern nur durch die Eindringtiefe ausgedrückt.

Tabelle 8. *Rockwell-Prüfarten nach ASTM E 18—54.*

Zeichen	Eindringkörper[1]	Vorlast kg	Prüflast kg	Gerät
RB	1/16″ = Kugel	10	100	übliches Rockwellgerät
RF	„	10	60	
RG	„	10	150	
RE	1/8″ = Kugel	10	100	Nullpunkt = 130
RH	„	10	60	
RK	„	10	150	
R 15—T	1/16″ = Kugel	3	15	Super-Rockwellgerät
R 30—T	„	3	30	
R 45—T	„	3	45	
RC	Diamantkegel *C*	10	150	übliches Rockwellgerät
RA	„	10	60	
RD	„	10	100	Nullpunkt = 100
R 15—N	Diamantkegel *N*	3	15	Super-Rockwellgerät
R 30—N	„	3	30	
R 45—N	„	3	45	

Dieses Nebeneinander so zahlreicher selbständiger Härteskalen bei den Rockwellprüfarten konnte sich nur ausbilden und kann sich nur halten, weil die Ablesung der Härtezahl außerordentlich einfach und schnell geschehen kann. Jedoch sind die zu messenden Tiefen, vor allen Dingen bei der Prüfung harter Werkstoffe, für die dieses Verfahren ja in erster Linie in Betracht kommt, sehr gering. Tab. 9 zeigt z. B. für Prüfungen mit gleichen Belastungen (30 kg) auf dem Super-Rockwell- und Vickersgerät für einen häufig vorkommenden Härtebereich die einander entsprechenden Meßgrößen. Man erkennt, daß die Diagonalen der Vickerseindrücke etwa 10- bis 12mal größer sind als die Tiefen bei der Super-Rockwellprüfung. Diese Tatsache muß natürlich auf die Genauigkeit und auf das Ansprechen bei kleineren Härteschwankungen einen Einfluß haben zugunsten der Vickersprüfung. Diese Tatsache war mitbestimmend für die Ablehnung der Super-Rockwellhärte in Deutschland.

Tabelle 9. *Einander entsprechende Meßgrößen bei Super-Rockwell- und Vickersprüfung.*

Prüfart	Einander entsprechender Härtebereich	Meßgrößen in mm (Eindringtiefe bzw. -diagonale)
Super-Rockwell *N* 30	70 bis 78,5	0,030 bis 0,0215
Vickers *HV* 30 in kg/mm²	551 bis 803	0,3285 bis 0,264

[1] Für weiche Nichteisenmetalle sind auch die 1/4″- und 1/2″-Kugeln vorgesehen, (Zeichen: RL, RM, RP, RR, RS, RV).

c) Normung.

Die vor allem in Amerika üblichen vielen Rockwellprüfarten sind durch die American Society For Testing Materials genormt; s. Tab. 8. In Deutschland haben sich nicht so viele Prüfbedingungen eingeführt. In DIN 50103 „Härteprüfung nach ROCKWELL" (Ausg. 3.42××), sind nur das Rockwell-C- und das Rockwell-B-Verfahren vorgesehen. Für die betriebsmäßige Kontrolle und Überwachung der serienmäßig anfallenden weicheren Prüfkörper wird

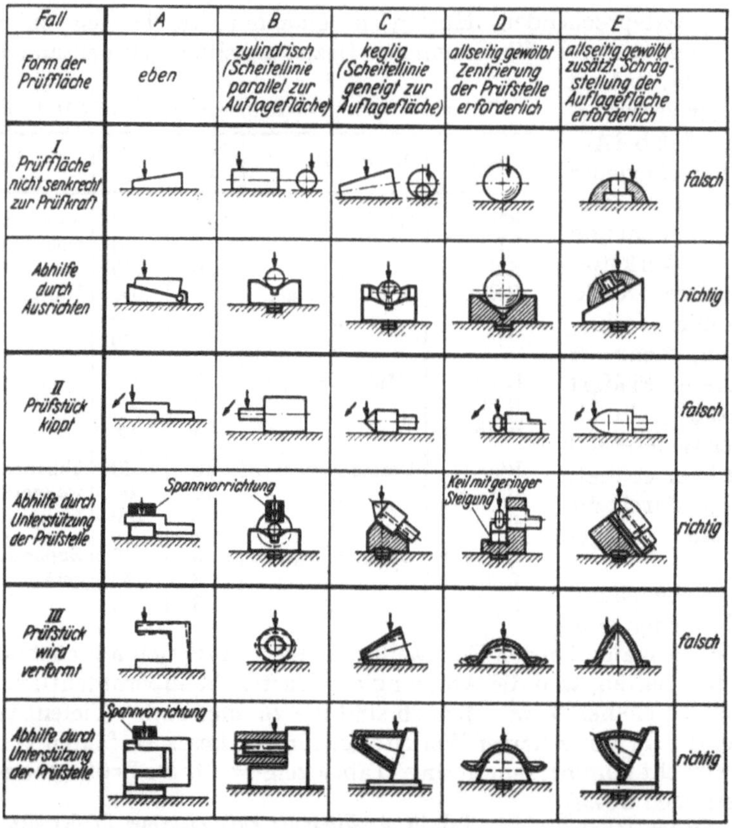

Fall	A	B	C	D	E	
Form der Prüffläche	eben	zylindrisch (Scheitellinie parallel zur Auflagefläche)	keglig (Scheitellinie geneigt zur Auflagefläche)	allseitig gewölbt Zentrierung der Prüfstelle erforderlich	allseitig gewölbt zusätzl. Schrägstellung der Auflagefläche erforderlich	
I Prüffläche nicht senkrecht zur Prüfkraft						falsch
Abhilfe durch Ausrichten						richtig
II Prüfstück kippt						falsch
Abhilfe durch Unterstützung der Prüfstelle		Spannvorrichtung		Keil mit geringer Steigung		richtig
III Prüfstück wird verformt						falsch
Abhilfe durch Unterstützung der Prüfstelle	Spannvorrichtung					richtig

Abb. 44. Kennzeichnende Beispiele von Fehlermöglichkeiten in der Aufnahme von Prüfstücken aus DIN 51200.

oft noch eine Vorlast-Härteprüfung mit einer 2,5 mm-Kugel und einer in DIN 50351 für die Brinellprüfung vorgeschriebene Prüfkraft (z. B. für Stahl 187,5 kg) angewandt. In Zweifelsfällen können bei diesen Prüfbedingungen die Eindrücke noch nachträglich nach dem Brinellverfahren ausgewertet werden, d. h. auf Grund der gemessenen Eindruckdurchmesser.

Bei der Rockwellprüfung gehen Lageänderungen, plastische Verformungen usw. des Prüfstückes in die Tiefenmessung ein. Eine fehlerfreie Lagerung der Prüfstücke auf dem Auflagertisch bzw. ihre Aufnahme ist deshalb so wichtig, daß hierüber die DIN 51200 (Ausg. 9.51) aufgestellt ist. Da diese Norm wenig bekannt ist und fehlerfreie Aufnahmen der Prüfstücke häufig vorkommen, mag hier aus der Norm die schematische Darstellung von kennzeichnenden Fehlermöglichkeiten wiedergegeben werden (Abb. 44).

d) Streuungen bei der Rockwellprüfung[1].

Maßabweichung der Eindringkörper: Nimmt man an, daß durch gleiche Belastungen zweier in ihrer Gestalt etwas verschiedener Eindringkörper Eindrücke von gleicher Oberfläche erzeugt werden, so kann man die Unterschiede in den Eindringtiefen und somit die Fehler in Rockwelleinheiten bestimmen (Abb. 45). Da in DIN 50103 keine Höchstabweichungen für die Kugel angegeben sind, wurden die in DIN 50351 für die Brinellhärteprüfung angegebenen Abweichungen von $\pm 0{,}5\%$ des Kugeldurchmessers angenommen. Beim Rockwell-C-Kegel darf nach der Norm der Winkel um $\pm 30'$ und die Abrundung an der Spitze um $r = \pm 0{,}01$ mm von der Sollform abweichen. Zunächst dringt beim Versuch mit Kegel die Abrundung in den Werkstoff ein. In Abb. 45 sind deshalb, anfangend bei 100 Rockwell-C-Einheiten = Eindringtiefe 0, die Fehler in *HRC* für die Abrundungen $r = 0{,}20$, 0,21 und 0,19 mm

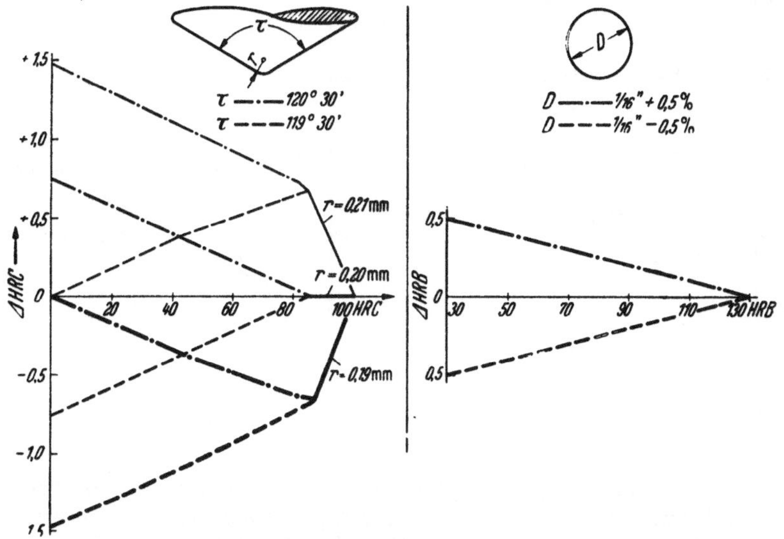

Abb. 45. Fehler in der Bestimmung der Rockwellhärte infolge der zulässigen Maßabweichungen der Eindringkörper.

aufgezeichnet. Dringt die Prüfspitze über die Abrundung hinaus in den Werkstoff ein, so wird die Härte anschließend durch die verschiedene Kegelform beeinflußt. Dargestellt sind die Fehler für den größten und kleinsten zulässigen Kegelwinkel. Die Darstellung läßt sehr gut erkennen, welchen Einfluß vor allen Dingen die zulässige Maßabweichung der Abrundung hat, wobei noch angenommen ist, daß der Kegelmantel genau in die Abrundung übergeht. Während bei der Rockwell-B-Prüfung der Fehler vernachlässigt werden kann, so ist er unter Umständen bei der Rockwell-C-Prüfung zu groß. In der Praxis weiß man auch, daß verschiedene Rockwellkegel merkliche Härteunterschiede ergeben können.

Belastungsfehler: Der zulässige Vorlastfehler von $\pm 2{,}5\%$ ist, wenigstens bei homogenen Werkstoffen, meistens zu vernachlässigen, da bei diesem Prüfverfahren die Differenz zweier Tiefenablesungen als Härtemaß benutzt wird. Der Einfluß des Hauptlastfehlers bei der Rockwell-C-Prüfung ist unter vereinfachenden Annahmen folgendermaßen zu berechnen. Unter der Wirkung der Vorlast dringt die Abrundung in den Werkstoff ein, die Eindringtiefe t ist bei

[1] Hengemühle, W.: Stahl u. Eisen Bd. 62 (1942) S. 321.

bekannter Härte zu berechnen. Die Eindringtiefe *e*, die durch die Zusatzlast hervorgerufen wird, läßt sich aus der Rockwellhärte ableiten. Die Eindringtiefe $t + e$ ist die Gesamteindringtiefe des Kegels. Wenn angenommen wird, daß bei verschiedenen Belastungen die Beziehung $P_1/F_1 = P_2/F_2$ (P = Belastung, F = Eindruckoberfläche) besteht, so kann die Eindringtiefe bei Belastungsfehlern ausgerechnet werden. Ähnlich errechnen sich die Fehler bei der Rockwell-B-Prüfung (Abb. 46).

Gesamthärtestreuung: Zu diesen beiden Streuungen kommen noch die Streuungen durch verschiedene andere Fehlmessungen hinzu, die oft recht erheblich sind (s. Aufsatz „Härteprüfmaschinen und -geräte in Band I).

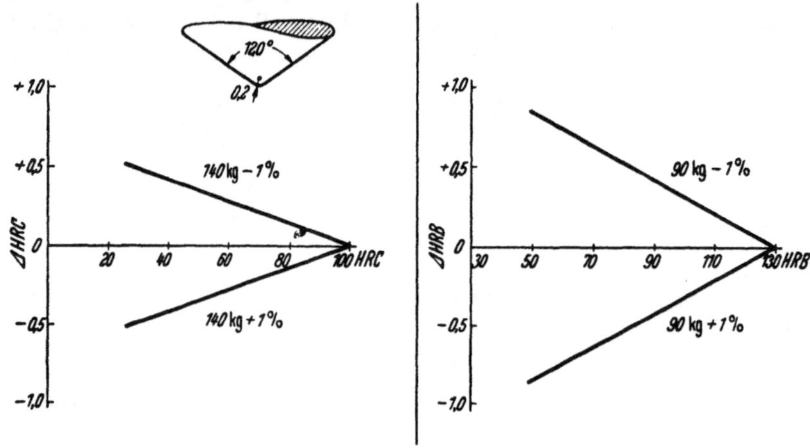

Abb. 46. Fehler in der Bestimmung der Rockwellhärte infolge einer zulässigen Ungenauigkeit der Zusatzlast von ± 1%.

Einige dieser vielen Fehlermöglichkeiten wechseln sehr leicht ihre Größe. Es ist deshalb unerläßlich, die Anzeige häufig mit Kontrollplatten zu kontrollieren. Diese Kontrollplatten müssen über die Oberfläche und Tiefe eine sehr gleichmäßige Härte haben, und diese Härte muß über eine praktisch unbegrenzte Zeit hinaus konstant bleiben. Die Härte selber muß mit einem Sondergerät bestimmt werden, das die Fehler der üblichen Geräte nicht aufweist, also etliche Grade genauer mißt. Diese Bedingungen waren bislang nirgends zufriedenstellend erfüllt, die im Handel erhältlichen Kontrollplatten wiesen deshalb bei gleicher Härteangabe unterschiedliche Härten auf. Dieser Mißstand wurde durch eine Vereinbarung zwischen dem Institut für Härtereitechnik (IHT) und dem Verband der Materialprüfungsämter (VMPA) beseitigt. Kontrollplatten aus geeignetem Werkstoff mit optimaler Wärme- und Alterungsbehandlung werden auf dem im IHT aufgestellten Normal-Rockwellgerät mit ausgesuchtem Eindringkegel auf ihre Härte untersucht. Die quadratische Streuung von 5 Einzelwerten ist bei Platten mit einer *HRC*-Härte = 50 nicht größer als ±0,2 *HRC* und bei Platten mit geringerer Härte nicht größer als ±0,4 *HRC*. Diese dreieckigen Rockwellplatten werden von den im VMPA zusammengeschlossenen Prüfämtern für die amtliche Überwachung der Rockwellhärteprüfgeräte benutzt.

In der Härtevergleichstafel DIN 50150 ist die mittlere Meßunsicherheit bei *HRC*-Prüfung mit ±2 Einheiten und bei der *HRB*-Prüfung mit ±3 Einheiten angegeben.

Um die Fehler der einzelnen Geräte möglichst weit auszuschalten, schlägt K. MEYER[1] vor, eine Korrekturkurve aufzustellen, die die Beziehung der Sollwerte der Kontrollplatten zu den gemessenen *HRC*-Werten wiedergibt.

5. Ritzhärteprüfung.

a) Grundsätzliches.

Die Ritzhärteprüfung, als eine der ältesten Härteprüfarten, war zunächst als qualitatives Verfahren nur bei den Mineralogen in Gebrauch. In der heute noch gebräuchlichen mineralogischen Härteskala nach F. MOHS[2] sind zehn bestimmte Stoffe ihrer Härte nach eingeteilt: 1. Talk, 2. Gips oder Steinsalz, 3. Kalkspat, 4. Flußspat, 5. Apatit, 6. Feldspat, 7. Quarz, 8. Topas, 9. Korund (Schmirgel), 10. Diamant. Die Härte des zu untersuchenden Stoffes liegt beispielsweise zwischen 6 und 7, wenn er Feldspat ritzt und selber von Quarz geritzt wird.

Diese vergleichende Prüfart ist für die Härteprüfung von Metallen zu grob, man verwendet hier nach dem Verfahren von A. MARTENS[3] zum Ritzen einen Körper von bestimmter Form, der unter allen Umständen härter als das Prüfstück ist, nämlich einen kegelförmigen Diamanten mit 90° Kegelwinkel. Später wurde ein solcher mit 120° Kegelwinkel vorgeschlagen, weil ein spitzer Kegel leichter Beschädigungen ausgesetzt ist[4]. Mit diesen durch ein Gewicht belasteten Diamanten wird das sorgfältig geschliffene und polierte Probestück geritzt. Als Ritzhärte gilt nach MARTENS die Belastung des Diamanten in g, die eine Strichbreite n von $10\,\mu$ erzeugt, oder die Strichbreite bzw. ihr reziproker Wert bei einer bestimmten Belastung. Im ersten Fall müssen Ritze unter verschiedenen Belastungen erzeugt und durch Interpolieren die gesuchte Belastung bestimmt werden. Das zweite Verfahren ist einfacher und wird deshalb auch fast nur angewandt. Um die Ritzhärte als spezifischen Widerstand zu kennzeichnen, der sich dem Weiterschreiten der Spitze entgegenstellt, berechnet E. MEYER[5] die Ritzhärte aus $R_M = \frac{2P}{\frac{\pi d^2}{4}} = c\,\frac{P}{d^2}$. Diese Ritzhärten werden aber, entgegen der Vermutung,

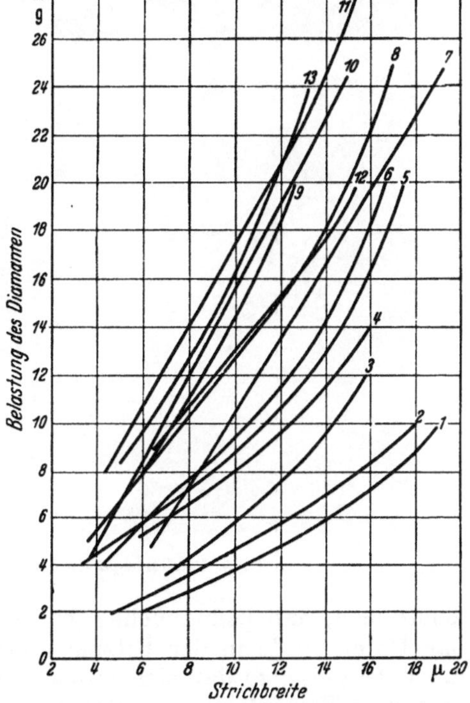

Kurve Nr.	Werkstoff
1	Walzkupfer
2, 3	Al-Legierung
4	Flußeisen
5–11	Eisen-Nickel-Legierung
12	Graues Gußeisen
13	Weißes Gußeisen

Abb. 47. Abhängigkeit der Ritzbreite von der Belastung des Diamanten. (Nach R. MAILÄNDER.)

[1] MEYER, K.: Transactions of Instruments and Measurements Conference, Stockholm 1952.

[2] Grundriß der Mineralogie, Dresden 1822.

[3] Mitt. aus der Kgl. techn. Versuchsanst. Bd. 7 (1890) S. 212 u. 277.

[4] SPORKERT, K.: Metallwirtsch. Bd. 34 (1937) S. 854.

[5] Forsch.-Arb. Ing.-Wes. Heft 65 (1909).

von der Belastung nicht unabhängig gefunden, wie schon E. MEYER selber festgestellt und E. FRANKE[1] bestätigt hat. Trägt man nämlich die Quadrate der Strichbreiten in Abhängigkeit von der Belastung auf, so ergeben sich zwar Geraden, aber keine Ursprungsgeraden. Aus diesem Grunde kann man leider die auf Grund verschiedener Auswertungsarten gefundenen Ritzhärten mit Hilfe der MEYER-Ritzhärte nicht ineinander umrechnen.

Andere gebräuchliche Definitionen für die Ritzhärte[2]: $1/n$ bei 20 g Belastung (SCHEIL-TONN), $\frac{10^4}{n^2}$ bei 3 g Belastung (BIERBAUM), $\frac{4P\sqrt{3}}{\pi n^2}$ (EHRENBERG), hierbei bedeutet n die Strichbreite in μ.

Das Ausmessen der Ritzbreiten muß auf 0,001 mm genau geschehen und bereitet oft wegen unscharfer Ränder große Schwierigkeiten. Aus Abb. 47

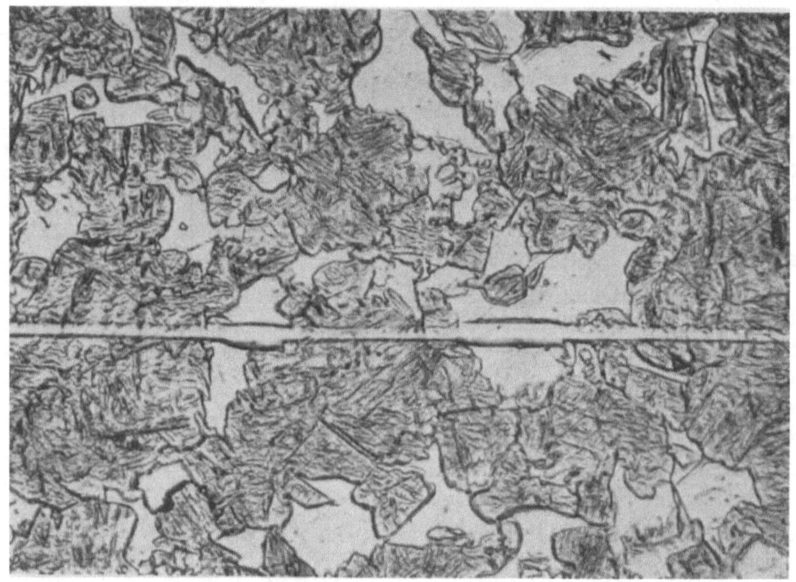

Abb. 48. Ritzhärtespur in einem gehärteten Kohlenstoffstahl.

erkennt man, daß kleine Fehler bei der Bestimmung der Ritzbreite schon große Unterschiede in der Ritzhärte ergeben. Außerdem schneiden sich die Kurven teilweise, so daß sich je nach Wahl der Belastung oder Strichbreite eine andere Reihenfolge der Härten ergibt.

b) Anwendungsgebiete der Ritzhärteprüfung.

Die Ritzbreite ist im Gegensatz zu den Eindrücken der meisten anderen Härteprüfverfahren sehr klein, oft kleiner als einzelne Gefügebestandteile des zu untersuchenden Metalles. Eine eindeutige Beziehung der Ritzhärte zu den anderen Härten, soweit diese einen Mittelwert darstellen, kann deshalb nur bei reinen Metallen und homogenen Mischkristallen bestehen. Bei heterogenem Gefüge sind diese Beziehungen abhängig von der Menge, Verteilung und Größe der ausgeschiedenen Kristalle. Sind die Gefügebestandteile sehr fein und gleichmäßig verteilt, so besteht der gleiche Zusammenhang zu den anderen Härte-

[1] Krupp. Mh. Bd. 8 (1927) S. 181.

[2] Siehe auch N. LUDWIG: Metalloberfläche Bd. 5 (A) (1951) S. 38.

werten wie bei reinen Metallen. E. SCHEIL und W. TONN[1] haben für diese Fälle die Beziehungen zwischen der Brinell- und Ritzhärte $\left(\frac{1}{n}\text{ bei } 20\text{ g}\right)$ untersucht.

Sind hingegen die einzelnen Gefügebestandteile im Verhältnis zur Ritzbreite groß, so erhalten wir keinen einheitlich breiten Ritz, also auch keine einheitliche Ritzhärte. Abb. 48 zeigt solch einen Ritz in einem gehärteten Stahl. In den dunklen Martensitfeldern ist die Ritzbreite beträchtlich kleiner als in den hellen Ferritfeldern.

Von der mit Härtung verbundenen Ausscheidung kleinster Teile und Mengen wird die Ritzhärte nicht beeinflußt, obgleich die Brinellhärte stark erhöht wird. Diese Tatsache haben E. SCHEIL und W. TONN[1] an Eisen-Wolfram-Legierungen nachgewiesen (Abb. 49). Im abgeschreckten Zustand steigen die Brinell- wie die Ritzhärten $\left(\frac{1}{n}\text{ bei } 20\text{ g}\right)$ von 8% Wolfram langsam mit dem Wolframgehalt an. Der steile Anstieg und rasche Abfall der Brinellhärte bei niedrigen Wolframgehalten interessieren in diesem Zusammenhang nicht. Werden die Legierungen bei 700° C angelassen, so nehmen die Brinellhärten im Gegensatz zu den Ritzhärten, die sich nicht verändern, durch die feine Ausscheidung

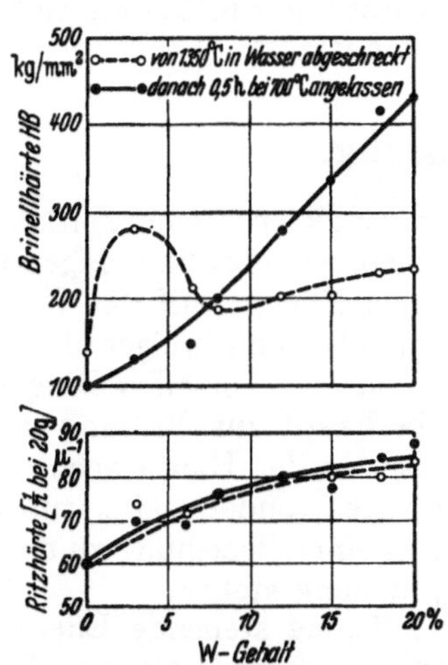

Abb. 49. Brinell- und Ritzhärte der Eisen-Wolfram-Legierungen. (Nach E. SCHEIL und M. TONN.)

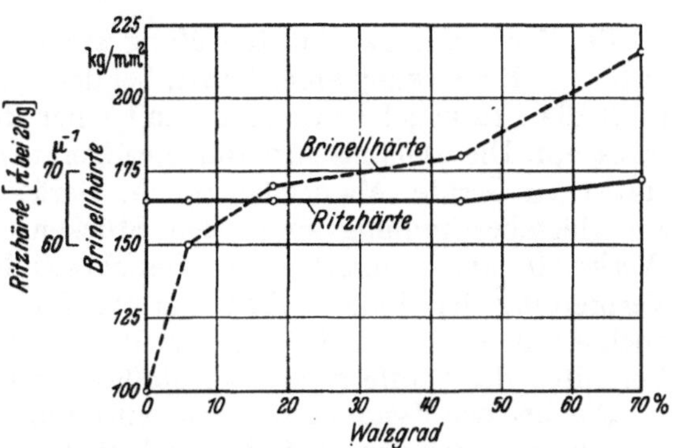

Abb. 50. Brinell- und Ritzhärte von technisch reinem Eisen in Abhängigkeit vom Welzgrad. (Nach E. SCHEIL und M. TONN.)

von Eisen-Wolframid beträchlich zu. Demnach wird durch die Ritzhärteprüfung nur die Härte der Grundmasse gemessen, die eingelagerten kleinen Teilchen haben keinen Einfluß.

Eine besondere Eigentümlichkeit der Ritzhärte liegt darin, daß die durch Kaltbearbeitung hervorgerufene Verfestigung eines Metalles nicht gemessen werden kann (Abb. 50). G. TAMMANN und R. TAMPKE[2] nehmen an, daß durch das Ritzen eine maximale Kaltverfestigung des Werkstoffes stattfindet und daß die entsprechende Ritzhärte darum unabhängig von vorangegangener Kaltverfestigung sei.

G. RICHTER[3] empfiehlt die Ritzhärteprüfung mit einem Diamantkegel von 120° Öffnungswinkel für Härtebestimmungen von dünnen galvanischen Überzügen. Als Ritzhärte soll diejenige Belastung in 0,01 g gelten, die eine Strichbreite von 0,003 mm erzeugt. Weiterhin ist eine fortlaufende Härtemessung

[1] SCHEIL, E., u. W. TONN: Arch. Eisenhüttenw. Bd. 8 (1934/35) S. 259.
[2] Z. Metallkde. Bd. 28 (1936) S. 336.
[3] Z. Metallkde. Bd. 29 (1937) Nr. 10, S. 355.

möglich, die bei anisotropen Werkstoffen und bei Härteübergängen manchmal ein Vorteil ist, und die auch in leichter Weise bei zeitlichen Vorgängen, z. B. Alterung, automatisch registriert werden kann. Jedoch benutzt man bei diesen Prüfungen an Stelle des Kegels häufig eine feststehende[1] bzw. eine auf dem Prüfstück sich abrollende[2, 3] Kugel (Abb. 23 und 24). Die Vorgänge sind bei dieser Prüfart vom Ritzen wesentlich verschieden, und man hat bessere Beziehungen zur Brinellhärte gefunden. Im übrigen hat die Ritzhärteprüfung nach Einführung der Vickershärteprüfung und vor allem der Mikrohärteprüfung nicht mehr die Bedeutung von früher[4].

Erwähnt mag noch werden, daß die Anwendung des Ritzprüfgerätes mit einer Hartmetallspitze besonderer Form und Belastungen von 9 bis 14 kg zur Feststellung der Einhärtungstiefe (EHT) bei im Pulver, Salz oder Gas aufgekohlten Fertigungsteilen empfohlen wird. Dabei entsteht ein Ritz, dessen Kanten in der Kernzone parallel verlaufen, vom Übergang in die Einsatzzone sich zu einer Spitze verjüngen. Die Länge der Spitze ist mit einem Mikroskop von etwa 10facher Vergrößerung auszumessen, sie entspricht der Gesamteinhärtungstiefe. Der halbe Meßwert bedeutet die wirksame Einhärtungstiefe, d. i. die Randzone, deren Härte mindestens 55 *HRC* beträgt[5].

C. Dynamische Härteprüfung.

Bei der statischen Härteprüfung steht der Eindringkörper eine Zeitlang unter der Einwirkung einer Kraft, bei der dynamischen Härteprüfung dagegen trifft die Prüfkugel bzw. -spitze mit einer kinetischen Energie auf das Prüfstück auf. Die dynamischen Härteprüfgeräte sind einfacher und billiger als die statischen Geräte. Als ortsbewegliche Geräte eignen sie sich vor allen Dingen zur Härtebestimmung an großen Stücken, wie überhaupt zur Prüfung der Werkstoffe am Lagerort. Diese Gesichtspunkte haben in der Hauptsache zur Verbreitung der dynamischen Härteprüfung beigetragen, andererseits wurde auch erwartet, daß die hiermit erzielten Ergebnisse in einer Beziehung zu dem Verhalten der Stoffe gegenüber stoßweiser Beanspruchung stehen.

Die bei der dynamischen Härteprüfung zur Verfügung stehende Energie wird in wechselnden Anteilen zerlegt 1. in Formänderungsenergie zur Erzeugung eines Eindruckes, 2. in Rücksprungenergie zum Zurückschleudern des Fallgewichtes und 3. in Verlustenergie, wie Wärme, Widerstands- und Schwingungsarbeit. Grundsätzlich lassen sich demgemäß auch zwei Auswertungsverfahren unterscheiden, entweder wird der entstandene Eindruck der Härteberechnung zugrunde gelegt wie bei der Fall- und Schlaghärteprüfung, oder die Rücksprunghöhe dient als Härtemaß wie bei der Rücksprunghärteprüfung. Bei allen Verfahren muß das Prüfstück eine gewisse Masse haben, damit der Verlust durch Schwingungsarbeit klein bleibt.

1. Fallhärteprüfung.

Die Versuche von J. SCHNEIDER[6] bestätigen für die dynamische Härteprüfung die Gültigkeit eines ähnlichen Potenzgesetzes, wie es E. MEYER für

[1] O'NEILL, H.: The Hardness of Metals and its Measurement, S. 146. London: Chapman & Hall, 1934.
[2] HAUTTMANN, H.: Mitt. Forsch.-Anst. Gutehoffn. Bd. 7 (1939) Heft 3, S. 41.
[3] HERBERT, E. G.: Engineering Bd. 144 (1937) S. 495.
[4] LUDWIG, N.: Metalloberfläche Ausg. A 5. Jg. (1951) S. 38.
[5] QUADFLIEG, J.: Härterei-Techn. Mitt. Bd. 6 (1950) Heft 1.
[6] Forsch.-Arb. Ing.-Wes.. Heft 104 (1911).

die statische Kugeldruckprüfung aufgestellt hat, nämlich $A = ad^n$. Hierbei bedeuten A = Energie, d = Eindruckdurchmesser, a und n = Konstanten. Nach F. Wüst und P. Bardenheuer[1] sowie nach J. Class[2] ist für Stahl der Exponent n durchweg = 4, entgegen den Verhältnissen bei der statischen Kugeldruckprüfung, wo n von dem Grad der Kaltbearbeitung abhängig ist. Weiterhin besteht nach F. Wüst und P. Bardenheuer ebenso die Beziehung $A = aV$, wobei V das Eindruckvolumen bedeutet. Diese Feststellung ist eine Bestätigung des schon früher von H. Martel[3] aufgestellten Gesetzes, wonach das Volumen des bleibenden Eindruckes der aufgewendeten Energie verhältnisgleich ist und sich die Fallhärte demnach aus der Formel $HF = A/V$ berechnet. Da das Gesetz $A = ad^4$ im weitesten Umfang Geltung hat, und das Volumen nicht der 4. Potenz des Eindruckdurchmessers verhältnisgleich ist, kann die Beziehung $A = aV$ nur bestehen, solange das Verhältnis V/d^4 annähernd unveränderlich ist, was bei kleinen Durchmessern zutrifft.

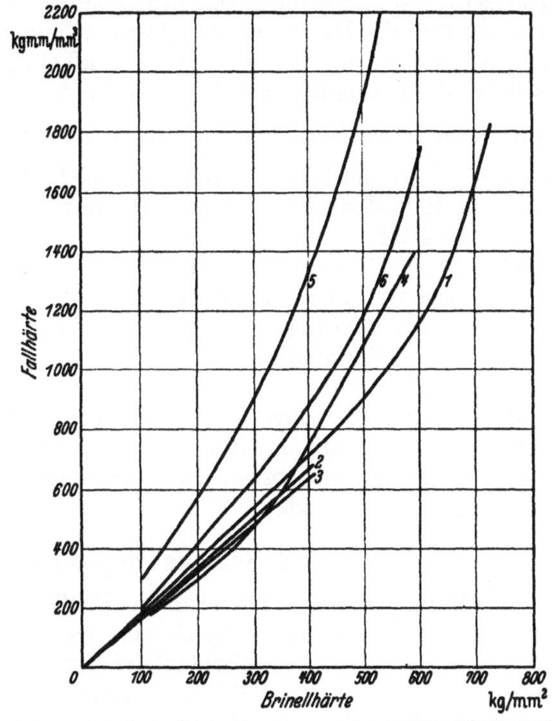

Kurve Nr.	Fallgewicht g	Fallhöhe mm	Fallenergie mm/kg²	Kugeldurchmesser mm	Bemerkung	Aufgestellt von
1	1058	284	300	5	bis $HB = 600$ kg/mm²	F. Wüst und P. Badenheuer
	—	—	500	10	über $HB = 600$ kg/mm²	
2	1500	200	300	5	—	F. W. Duesing
3	1502	200	300,4	5	—	E. Franke
4	1502	200	300,4	10	—	E. Franke
5	—	—	1000	10	—	R. Walzel
6	—	—	1000	10	*HF* berechnet aus Gesamtenergie weniger Rücksprungenergie	(Versuche am Pendelfallwerk)

Abb. 51. Abhängigkeit verschiedener Fallhärten von der Brinellhärte.

Die Härte $HF = A/V$ ist jedoch nicht ganz unabhängig von der Fallhöhe, dem Fallgewicht und dem Kugeldurchmesser. Bei gleichem Fallgewicht nimmt die Härte mit größerer Fallhöhe ab, wenn auch nur wenig, und zwar bei einer kleineren Kugel mehr als bei einer größeren. Die Ursache liegt in dem Wulst am Eindruckrand, der sich unter sonst gleichen Umständen bei kleinerer Kugel stärker ausbildet als bei größerer. Weiterhin liegt die Härte bei Anwendung einer größeren Kugel höher als bei Anwendung einer kleineren, auch wenn die Eindrücke einander ähnlich, d. h. wenn die Eindruckwinkel gleich sind.

[1] Mitt. K.-Wilh.-Inst. Eisenforschg. Bd. 1 (1920) S. 1.
[2] Forsch.-Arb. Ing.-Wes. Heft 296 (1927).
[3] Metaux Bd. 111 (1895) Sect. 4, S. 261.

Diese Tatsache steht im Gegensatz zu den Verhältnissen bei der statischen Kugeldruckprüfung, wo bei ähnlichen Eindrücken gleiche Härten gewonnen werden. Sie beruht darauf, daß bei größerer Kugel eine größere Aufschlagfläche vorhanden ist und dadurch ein größerer Anteil des Werkstoffes nur elastisch verformt wird, wodurch die Rücksprungenergie größer werden muß. Abb. 54 zeigt den Einfluß der Hammerspitzenform auf die Rücksprunghöhe bei gleicher Fallenergie. Danach nimmt mit größerer Aufschlagfläche die Rücksprunghöhe zu. Es ist deshalb versucht worden, das Eindruckvolumen nur auf die Formänderungsenergie zu beziehen und die Härte durch $HF' = \frac{A - A_R}{V}$ auszudrücken, wobei A_R die Rücksprungenergie ist[1]. Die Erwartung, hierdurch eine von den Einflußgrößen unabhängigere Härte zu erhalten, hat sich im allgemeinen nicht bestätigt.

In Abb. 51 sind einige Beziehungskurven Fallhärte zur Brinellhärte dargestellt. E. Franke und E. W. Duesing benutzten für ihre Versuche das Gerät nach Wüst-Bardenheuer, wobei jedoch der Hammer entgegen der ursprünglichen Bauart zur Verminderung der Reibung ohne Führungsdrähte vollkommen frei herabfällt. Dementsprechend liegen die Härten auch tiefer als die von F. Wüst und P. Bardenheuer gefundenen. R. Walzel[2] führte seine Versuche an einem dafür umgebauten 10 kgm-Pendelschlagwerk aus. Die Härten liegen hierbei infolge unvermeidlichen Energieverlustes wesentlich höher als bei den anderen Verfahren.

2. Schlaghärteprüfung.

Bei der Schlaghärteprüfung wird die Prüfkugel — ein anderer Eindringkörper wird selten benutzt — durch eine sich plötzlich entspannende Feder (Schlaghärteprüfer nach Baumann-Steinrück, Wilk, Graven-Werner) oder durch einen Hammerschlag (Poldihammer, Brinellmeter, Härteprüfer nach Morin) in den Werkstoff eingetrieben. Diese Geräte werden durchweg als Ersatz für statische Härteprüfmaschinen verwendet, deshalb sind diesen Geräten Eichwerte beigegeben, mit denen aus dem erzielten Eindruckdurchmesser die zugehörige Brinellhärte sofort bestimmt werden kann. Abb. 52 gibt die Umrechnungskurve für das Baumann-Schlaghärteprüfgerät wieder, das für die zwei Federspannungen $^1/_2$- und $^1/_1$-Stufe eingerichtet ist. Daneben ist gestrichelt eingezeichnet die Beziehungskurve *HB* 30/5 — 30 zu den zugehörigen Eindruckdurchmessern. Man erkennt, daß der gleichen Härtespanne beim statischen Versuch eine größere Durchmesserspanne zugeordnet ist als beim Schlaghärteversuch. Diese Tatsache ist besonders störend bei der Schlaghärteprüfung von Werkstücken mit schlecht zugänglichen Prüfstellen, für die dieses Verfahren oft die allein anwendbare Prüfart ist, wobei aber die Bestim-

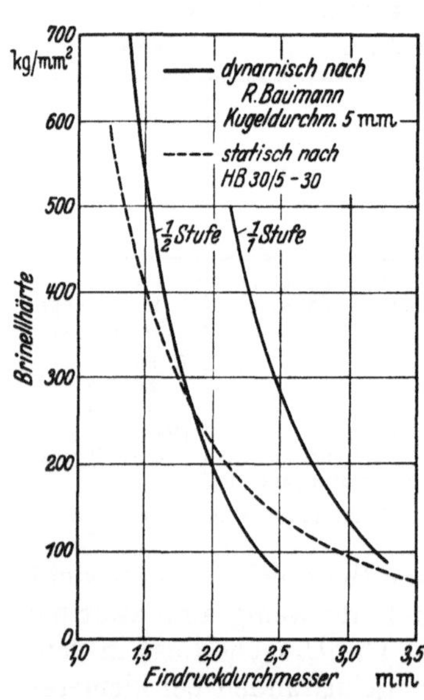

Abb. 52. Größe des Eindruckdurchmessers bei der statischen Prüfung nach Brinell und bei der Schlaghärteprüfung. (Nach R. Baumann.)

[1] Forsch.-Arb. Ing.-Wes. Heft 104 (1911). — M. W. Patterson: Proc. Amer. Soc. Test. Mater. Bd. 35 (1935 II) S. 305.

[2] Stahl u. Eisen Bd. 54 (1934) S. 954.

mung der Eindruckdurchmesser nicht immer mit der hierbei notwendigen Genauigkeit durchgeführt werden kann. Wie groß sich die unvermeidlichen Ablesestreuungen bei Benutzung eines Aufsetzmikroskops mit einer Vergrößerung $V = 15$ im Vergleich zur statischen Brinellprüfung auf die Härtebestimmung auswirken, zeigt Abb. 53.

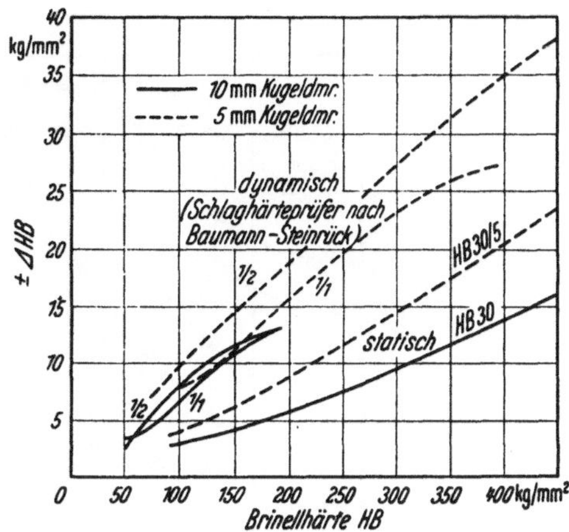

Abb. 53. Härtestreuungen infolge Ablesestreuungen beim statischen und dynamischen Versuch.

Bei den anderen Schlaghärteprüfern, mit denen durch einen Hammerschlag die Eindrücke erzeugt werden, ist die Schlagenergie unbekannt. Es wird deshalb mit demselben Schlag gleichzeitig ein Eindruck in einem Vergleichsstück von bekannter Härte und in dem Versuchsstück erzeugt. Aus dem Vergleich beider Eindrücke wird die Härtezahl des Versuchsstückes ermittelt $H = H_v \left(\frac{d_v}{d}\right)^n$, wobei der Index v den Kenngrößen am Vergleichsstück zugeordnet ist.

3. Rücksprunghärteprüfung (Shorehärteprüfung).

Bei dieser Härteprüfung wird der Rücksprung eines auf das Prüfstück fallenden Hammers gemessen. Der bleibende Eindruck auf dem Prüfstück, der infolge der geringen kinetischen Energie des Hammers klein ist, bleibt unberücksichtigt. Der Rücksprung ist im wesentlichen von der Elastizität des zu prüfenden Werkstoffes abhängig, deshalb laufen die Rücksprunghärten verschiedener Werkstoffe nur dann mit z. B. der Brinellhärte wenigstens in etwa gleich, wenn diese Werkstoffe ungefähr den gleichen Elastizitätsmodul besitzen, wie es u. a. für Stahl und seine Legierungen der Fall ist. Die Härte ist im wesentlichen von denselben Einflußgrößen abhängig wie die Fallhärte, nämlich von der Form der Hammerspitze, dem Gewicht und der Fallhöhe des Hammers und von der Größe der zu prüfenden Werkstücke. Bei einer Vergrößerung der Fallenergie, entsprechend einer Vergrößerung des Fallgewichtes bei gleicher Fallhöhe oder einer Vergrößerung der Fallhöhe bei gleichem Gewicht sowie bei einer Zunahme der spezifischen Energie, d. h. einer Verkleinerung der Aufschlagfläche (Abb. 54) wird die relative Rücksprunghöhe (Shorehärte) kleiner, d. h. der verhältnismäßige Anteil der Energie für bleibende Verformung an der Gesamtenergie nimmt zu. Aus der Tatsache, daß diese Einflußgrößen bei den wichtigsten Rücksprunghärteprüfgeräten voneinander abweichen, erklären sich die zum Teil recht beträchtlichen Unterschiede in den Härteanzeigen der einzelnen Geräte[1].

Solange die Elemente und Einflußgrößen des Hammers nicht vereinheitlicht, d. h. genormt sind, kann von einer eigentlichen Rücksprunghärte nicht gesprochen werden. Die Geräte werden an Hand von einer angenommenen Beziehungslinie zu einer anderen Härte, meistens der Rockwellhärte *HRC*, justiert. Auch auf diese Beziehungslinie hat man sich international noch nicht geeinigt. Da diese Kurve sich sicherlich mit Werkstoffen unterschiedlicher Zusammensetzung und mit unterschiedlichem Elastizitätsverhalten ändert, so werden auch die Geräte verschiedener Bauart bei diesen Werkstoffen andere

[1] Hengemühle, W., u. E. Clauss: Stahl u. Eisen Bd. 57 (1937) S. 657.

Härten anzeigen, wenn sie nicht an Hand von Testplatten justiert werden, die aus dem gleichen Werkstoff mit der gleichen Wärmebehandlung bestehen und gleiche Abmessungen haben. Aber auch dann werden noch Meßunterschiede

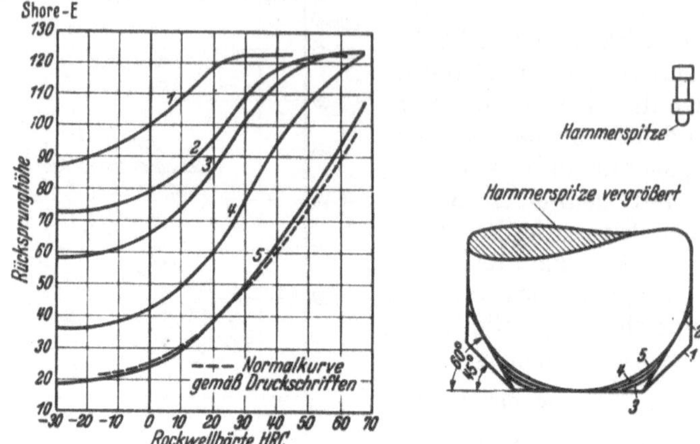

Abb. 54. Einfluß der Form der Hammerspitze auf die Beziehungskurve Shorehärte—Rockwellhärte *HRC*. (Nach W. Hengemühle und E. Clauss.)

bestehenbleiben, die im wesentlichen auf die verschiedenen Fallenergien zurückzuführen sind. In Abb. 59 sind einige der bekanntesten Justierungskurven aufgezeichnet. In Deutschland haben die Walzenhersteller und das Staatl. Materialprüfungsamt Dortmund beschlossen, in Zukunft die Walzenprüfgeräte nach der Kurve *A* zu justieren und an einheitlichen Testplatten nachprüfen zu lassen[2].

a) Einfluß der Probengröße.

Bei nicht genügender Masse der Probe setzt sich ein Teil der Fallenergie des Hammers in Schwingungen der Probe um, wobei die Rücksprunghöhe zu klein gemessen wird. Aus diesen Grunde ist bei den handelsüblichen Geräten die Möglichkeit geschaffen worden, kleinere Proben auf einem Amboß einzuspannen. Wie groß die Abhängigkeit von der Probegröße sein kann, geht aus einer Untersuchung von F. Rapatz und F. P. Fischer[1] hervor. Tab. 10 gibt die Shorehärten würfelförmiger Körper mit verschiedenen Seitenlängen wieder, die, wie es bei kleinen Stücken üblich ist, im Gerät eingespannt werden. Abb. 55 zeigt die Abhängigkeit der Shorehärte von der Probendicke. Diese Darstellung

Tabelle 10. *Shorehärten würfelförmiger Körper in Abhängigkeit von der Probendicke.* (Nach F. Rapatz und F. P. Fischer.)

Seitenlänge	Schwellstahl		Riffelstahl		Kugellagerstahl		Hochprozentiger Chromstahl		Werkzeugstahl	
mm	Brinellhärte in kg/mm²	Shorehärte	Brinellhärte in kg/mm²	Shoreharte	Brinellhärte in kg/mm²	Shorehärte	Brinellhärte in kg/mm²	Shorehärte	Brinellhärte in kg/mm²	Shorehärte
40	653	85,9	712	96 8	653	85 1	692	90,2	642	94,5
30		82,6		92,0		80,5		86,1		89,3
20		78,4		84,0		75,0		81,9		79,4
15		69,6		78,7		69,6		60,6		69,1
10		50,2		66,1		43,9		40,5		52,6

[1] Stahl u. Eisen Bd. 46 (1926) S. 1437.
[2] Stahl u. Eisen Bd. 75 (1955) S. 416.

und auch Abb. 56 zeigen sehr deutlich die Tiefenwirkung des Verfahrens, von einer gewissen Probendicke abwärts wird das Meßergebnis von der Härte der Unterlage beeinflußt. Aus diesem Grunde kann mit Rücksprunghärteprüfgeräten auch nicht die Prüfung von oberflächengehärteten oder entkohlten Teilen einwandfrei durchgeführt werden.

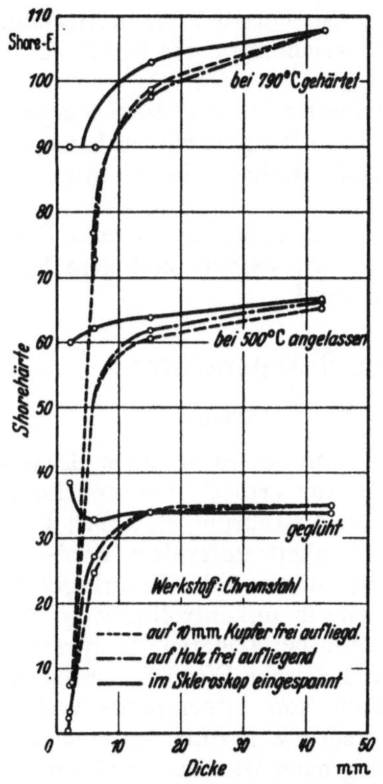

Abb. 55. Shorehärte bei verschiedenen Probendicken. (Nach F. Rapatz und F. P. Fischer.)

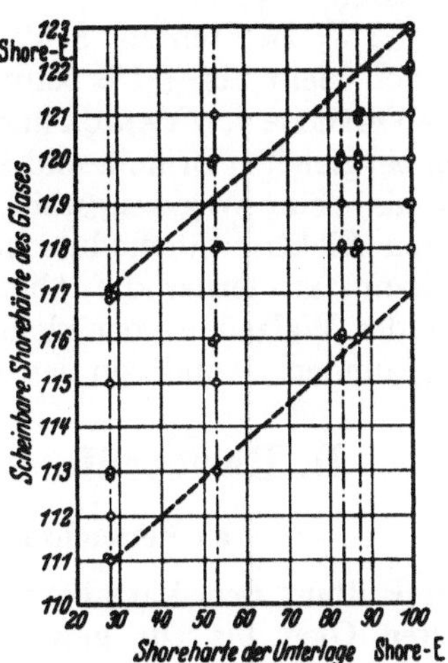

Abb. 56. Beeinflussung der Shorehärte bei einem 1 mm dicken Glas durch verschieden harte Unterlagen. (Nach W. Hengemühle und E. Clauss.)

b) Einfluß der Versuchsdurchführung.

Das Gerät muß nach den Vorschriften der betreffenden Gebrauchsanweisung aufgestellt werden, da sonst Reibungseinflüsse die Härteanzeige erniedrigen. Weiterhin muß die Oberfläche des Prüfstückes sauber bearbeitet sein, um den reibungsfreien Rückprall des Hammers zu gewährleisten. Die richtige Anzeige der Geräte sollte von Zeit zu Zeit an Kontrollstücken nachgeprüft werden.

c) Anwendungsgebiet.

Die Rücksprunghärteprüfung wird hauptsächlich für die Härteprüfung von Walzen und Kurbelwellen angewandt, obgleich die Genauigkeit der Geräte den Anforderungen meistens nicht genügt. So können zwischen den Anzeigen verschiedener Geräte Abweichungen bis zu 10 Einheiten vorkommen. Einwandfreier läßt sich die Vickershärte bestimmen, die Eindrücke sind bei Prüfkräften von 10 oder 20 kg meistens nicht störend groß, jedoch ist der Zeitaufwand für die Walzenprüfung im allgemeinen nicht tragbar. Andere Prüfverfahren ergeben zu große Eindrücke, sie machen das Prüfstück unbrauchbar.

Das Gefüge der Hartgußwalzen ist verhältnismäßig grob. J. S. Vanick und J. T. Eash[1] stellten fest, daß zwei bis drei Bestimmungen der Brinellhärte

[1] Stahl u. Eisen Bd. 58 (1938) S. 1897.

HB 30 (Wolfram-Karbid-Kugel) für die Festlegung eines sicheren Mittelwertes genügten, bei der Vickersprüfung mit einer Prüfkraft von 50 kg waren acht, bei der Rockwell-C-Prüfung neun und bei der Rücksprunghärteprüfung sechzehn Einzelbestimmungen notwendig. Ebenso hat O. KEUNE[1] zwischen zwei Einzelprüfungen Abweichungen bis zu vierzehn Einheiten festgestellt. Bei den Mittelwerten von zehn Schlägen waren die Abweichungen zwischen zwei Versuchsreihen schon wesentlich geringer und überschritten nur in Ausnahmefällen ±3%. Bei fünfzig Schlägen kamen Abweichungen der Durchschnittswerte von mehr als ±1% kaum noch vor.

Die Versuche von VANICK und EASH ergaben weiterhin, daß die Rücksprunghärten bei gleichen Brinell- und Vickershärten beim Hartguß eindeutig niedriger liegen als beim Werkzeugstahl, und zwar höchstwahrscheinlich infolge des kleineren Elektrizitätsmoduls beim Hartguß.

Bekannt ist ferner die Abhängigkeit der Rücksprunghärten vom Durchmesser der Walzen — bei kleineren Durchmessern werden niedrigere Härtewerte gefunden — und von der Auflage der Walzen[2].

D. Härteprüfung bei höheren Temperaturen.

a) Versuchsausführung und -bedingungen.

Zur Prüfung der Warmhärte wird die Probe am besten in einem elektrisch beheizten Ofen bis zur gewünschten Temperatur erhitzt und zweckmäßig während des Versuchs in dem Ofen gelassen. Bei Ausführung statischer Härteprüfung sollte der Eindringkörper nach Möglichkeit miterhitzt werden, da sonst während der verhältnismäßig langen Berührungszeit des Eindringkörpers mit der Probe die Temperatur an der Prüfstelle in unkontrollierbarer Weise vermindert wird. Da Eindringkörper aus Stahl bei höheren Temperaturen meistens schon ihre Härte verlieren und dadurch falsche Werte gemessen werden, wurde manchmal das Härteprüfverfahren von FÖPPL-SCHWERDT angewandt, wobei zwei Zylinder aus dem Versuchswerkstoff gegeneinandergedrückt werden. Bei der Versuchsdurchführung nach BRINELL muß die Prüfkugel aus einem Stahl bestehen, der bis zu der Prüftemperatur anlaßbeständig ist, besser ist es, eine Hartmetallkugel zu benutzen. Einfacher ist die dynamische Härteprüfung durchzuführen. Der Eindringkörper braucht hierbei nicht auf die Versuchstemperatur gebracht zu werden, da er während des Versuchs nur kurze Zeit mit dem Prüfstück in Berührung steht. Aus diesem Grunde wird dieser Prüfart häufig der Vorzug gegeben[3].

Die Versuchsbedingungen für die Prüfung bei höheren Temperaturen sind im übrigen die gleichen wie für die Prüfung bei Raumtemperatur. Die Belastungsdauer ist jedoch größer zu wählen. Der Eindruck wird nach dem Abkühlen der Probe ausgemessen, eine Umrechnung der gefundenen Maße auf die Versuchstemperatur ist meistens nicht notwendig. Das Verfahren ist für die Brinellhärteprüfung in DIN 50132 (Ausg. 2. 40) genormt.

b) Einfluß der Versuchsgeschwindigkeit.

Bei höheren Temperaturen wächst der Formänderungswiderstand sehr stark mit der Versuchsgeschwindigkeit, man wird ohne weiteres bei der dynamischen Härteprüfung eine andere Abhängigkeit der Härte von der Temperatur er-

[1] Krupp. Mh. Bd. 10 (1929) S. 200.
[2] SCHERER, R.: Stahl u. Eisen Bd. 59 (1939) S. 1107.
[3] KÖRBER, F., u. J. B. SIMONSEN: Mitt. K.-Wilh.-Inst. Eisenforschg. Bd. 5 (1923) S. 61.

warten können als bei der statischen Prüfung. Aber auch bei der statischen Prüfung hängen die Ergebnisse oft, abgesehen von der Belastungsdauer, stark von der Belastungsgeschwindigkeit ab. Tab. 10a gibt nach R. WALZEL[1] die Brinellhärten an vier unlegierten Stählen bei zwei verschiedenen Belastungsgeschwindigkeiten wieder. Nach Erreichen der Prüfkraft wurde sofort wieder entlastet. Bei der Prüftemperatur von 250° C ist bei kleiner Belastungsgeschwindigkeit die Härte infolge der besseren Aushärtungsmöglichkeit größer, bei 500° C infolge der Erweichung kleiner als bei der größeren Belastungsgeschwindigkeit.

Tabelle 10a. *Wärmehärte HB 30 bei verschiedener Belastungsgeschwindigkeit.* (Nach R. WALZEL.)

Stahl	Temperatur °C	Brinellhärte *HB* 30 Prüfkraft erreicht in 6 s	Brinellhärte *HB* 30 Prüfkraft erreicht in 120 s	Stahl	Temperatur °C	Brinellhärte *HB* 30 Prüfkraft erreicht in 6 s	Brinellhärte *HB* 30 Prüfkraft erreicht in 120 s
A	250	130	140	C	250	185	208
	500	108	92		500	169	133
B	250	141	154	D	250	232	245
	500	133	105		500	223	195

c) Prüfergebnisse.

Die Abhängigkeit der Härte von der Versuchstemperatur ist ähnlich wie die der Festigkeit. Es ist verschiedentlich auch versucht worden, für die Temperaturabhängigkeit der Härte mathematische Beziehungen aufzustellen[2,3], die jedoch nicht genügend gefestigt erscheinen. Die Gültigkeit des Potenzgesetzes von MEYER ist praktisch nur nachzuweisen bis zu der Temperatur, bei der die Erweichung des Werkstoffes noch nicht stark ausgeprägt ist. Im allgemeinen nimmt der Exponent n infolge der geringeren Verfestigungsfähigkeit des Werkstoffes mit der Temperatur ab[4].

E. Umrechnung von Härten.

Die Umrechnung von Härten der verschiedenen Prüfverfahren birgt immer Fehler in sich; wenn irgend möglich, sollte man sie deshalb vermeiden. Aus diesem Grunde muß auch gefordert werden, in den Bedingungen Härtewerte solcher Prüfverfahren anzugeben, die auch bei der Prüfung angewandt werden. Es ist sinnlos, für Prüfstücke beispielsweise Brinellhärten von etwa 600 kg/mm² und mehr zu verlangen. Stücke mit solchen Härten werden nicht nach BRINELL, sondern nach VICKERS, ROCKWELL oder auch nach dem Rücksprungverfahren geprüft. Nach Möglichkeit sollte in den Bedingungen das anzuwendende Verfahren schon vermerkt werden.

Ganz vermeiden läßt sich allerdings die Umrechnung nicht. Sie wird vorgenommen auf Grund der Beziehungen der Mittelwerte zueinander. Solche Beziehungskurven sind in den letzten Jahren zahlreich veröffentlicht, sie weichen jedoch alle voneinander ab. Das hängt zum Teil von der verschiedenen Zusammensetzung der gebrauchten Werkstoffe und ihrem elastischen Ver-

[1] Arch. Eisenhüttenw. Bd. 10 (1936/37) S. 577.
[2] O'NEILL, H.: The Hardness of Metals and its Measurement, S. 211. London: Chapman & Hall 1934.
[3] HRUSKA, J. H.: Hot Hardness. Iron Age Bd. 140 (1937) S. 30.
[4] SCHWARZ, O.: Forsch.-Arb. Ing.-Wes. Heft 313 (1929) S. 28.

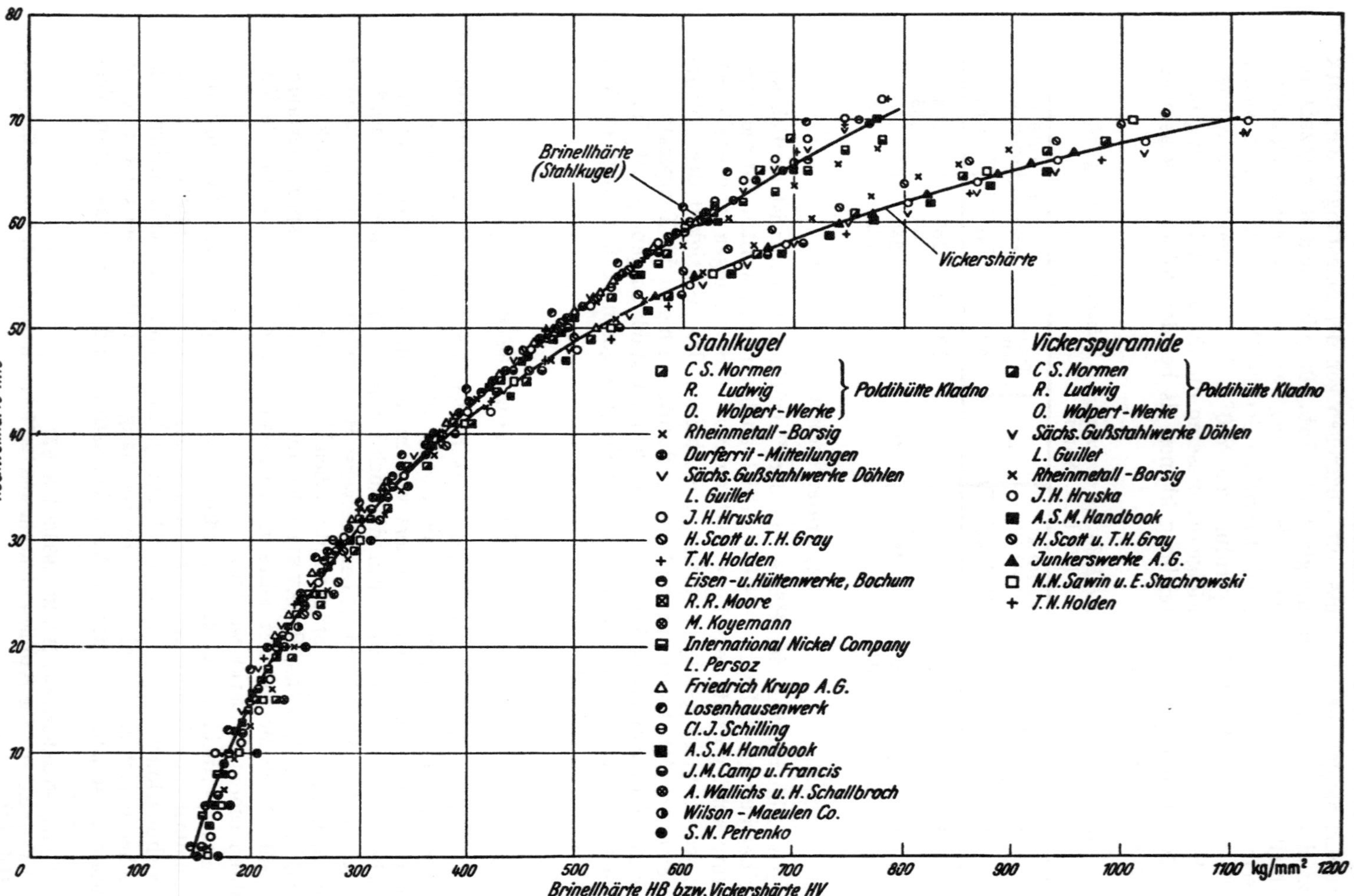

Abb. 57. Beziehung von *HRC* zu *HB* und *HV*.

halten ab und von der Streuung der Ergebnisse, die in der Praxis weit größer ist als man gemeinhin annimmt. In Abb. 57 sind die einander entsprechenden Mittelwerte für Brinell-, Vickers- und Rockwellprüfung (*HRC*) aufgetragen, wie sie von verschiedenen Beobachtern gefunden wurden. Die stark ausgezogene

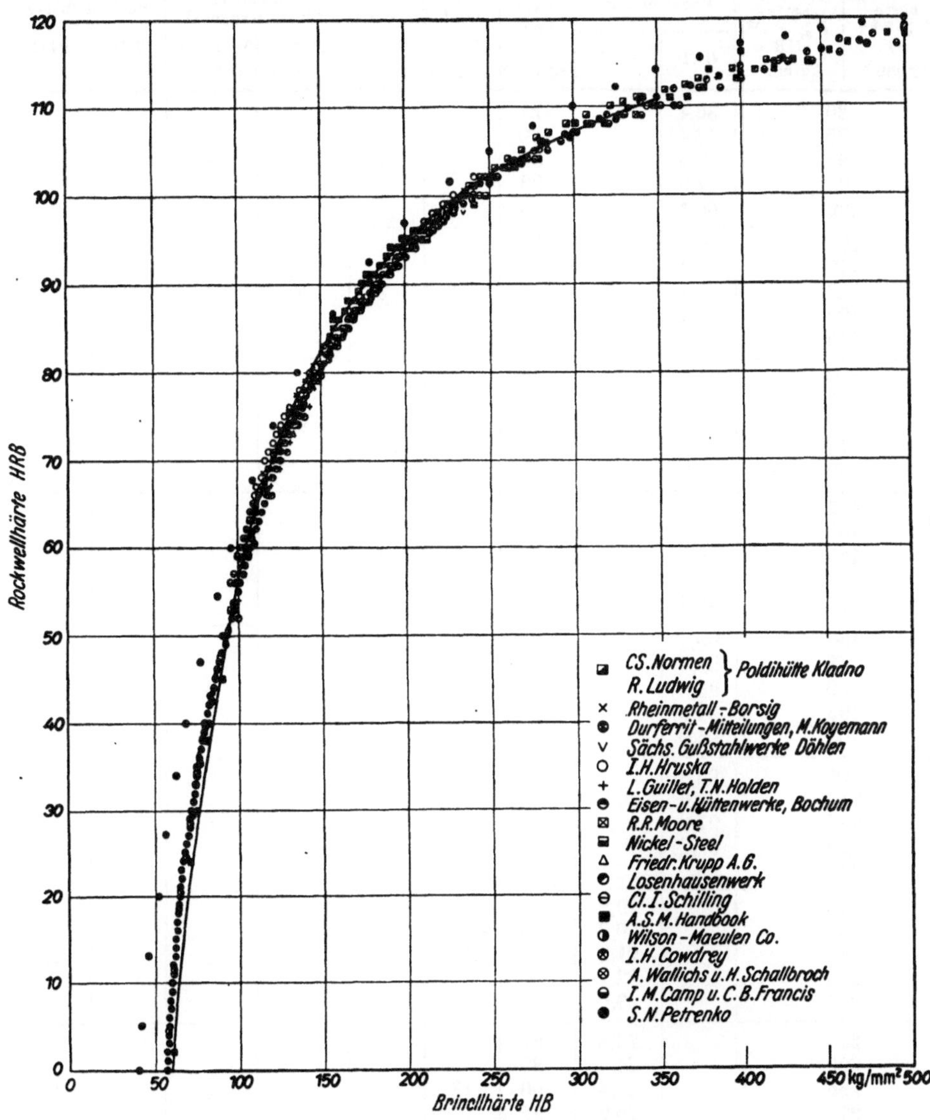

Abb. 58. Beziehung von *HRB* zu *HB*.

Ausgleichkurve stellt demnach das Mittel aus dem Mittelwerten dar. Umrechnungskurve für Brinell- zu Rockwell-B-Härten Abb. 58. Justierungskurven Rockwell-C- zu Rücksprunghärten Abb. 59[1].

Um die Umrechnung zu vereinheitlichen, muß man sich auf jeweils eine Beziehungslinie einigen. Der Fachnormenausschuß Materialprüfung hat sich dieser Aufgabe angenommen und in DIN 50150 Härtevergleichstafeln genormt (Tab. 11).

[1] S. a. H. Schmitz u. W. Schlüter: Stahl u. Eisen, Bd. 75 (1955) S. 411.

Tabelle 11. *Härtevergleichstafeln.*

Vickershärte, Brinellhärte, Rockwellhärte. C und B und Zugfestigkeit nach DIN 50150.

Mittelwert				Mittlere Meßunsicherheit					
Vickershärte $P \geqq 5$ kg *HV* kg/mm² / Brinellhärte $P \geqq 30\ D^2$ *HB* kg/mm²	Rockwellhärte *HRB*	Rockwellhärte *HRC*	Zugfestigkeit σ_B kg/mm²	Vickershärte für Prüflast *P* 5 kg ± kg/mm²	Vickershärte für Prüflast *P* ≧ 10 kg ± kg/mm²	Brinellhärte für Prüfkugel *D* 2,5 mm ± kg/mm²	Brinellhärte für Prüfkugel *D* 5 u. 10 mm ± kg/mm²	Rockwellhärte *HRB* ±	Rockwellhärte *HRC* ±
80	36,4		28						
85	42,4		30						
90	47,4		32	3	2	2	2	3	
95	52,0		33						
100	56,4		35						
105	60,0		37						
110	63,4		39						
115	66,4		40	4	3	3	2	3	
120	69,4		42						
125	72,0		43						
130	74,4		45						
135	76,4		47						
140	78,4		48	5	4	4	3	3	
145	80,4		50						
150	82,2		51						
155	83,8		53						
160	85,4		55						
165	86,8		56	7	4	4	3	3	
170	88,2		58						
175	89,6		60						
180	90,8		62						
185	91,8		63						
190	93,0		65	8	5	5	4	3	
195	94,0		67						
200	95,0		68						
205	95,8		70						
210	96,6		72						
215	97,6		73	10	6	6	5	3	
220	98,2		75						
225	99,0		77						
230		19,2	78						
235		20,2	80						
240		21,2	82	11	7	6	5		2
245		22,1	84						
250		23,0	85						
255		23,8	87						
260		24,6	89						
265		25,4	90	13	8	7	6		2
270		26,2	92						
275		26,9	94						
280		27,6	96						
285		28,3	97						
290		29,0	99	14	9	7	6		2
295		29,6	101						
300		30,3	103						
310		31,5	106						
320		32,7	110						
330		33,8	113	18	11	8	7		2
340		34,9	117						
350		36,0	120						

Tabelle 11. *Härtevergleichstafeln.* (Fortsetzung.)

Vickershärte, Brinellhärte, Rockwellhärte. C und B und Zugfestigkeit nach DIN 50150.

Mittelwert					Mittlere Meßunsicherheit					
Vickershärte $P \geqq 5$ kg *HV* kg/mm²	Brinellhärte $P \geqq 30\,D^2$ *HB* kg/mm²	Rockwellhärte		Zugfestigkeit σ_B kg/mm²	Vickershärte für Prüflast *P*		Brinellhärte für Prüfkugel *D*		Rockwellhärte	
		HRB	*HRC*		5 kg ± kg/mm²	≧ 10 kg ± kg/mm²	2,5 mm ± kg/mm²	5 u. 10 mm ± kg/mm²	*HRB* ±	*HRC* ±
360	359		37,0	123						
370	368		38,0	126						
380	376		38,9	129	22	13	10	8		2
890	385		39,8	132						
400	392		40,7	135						
410	400		41,5	138						
420	408		42,4	141						
430	415		43,2	144	26	15	11	9		2
440	423		44,0	146						
450	430		44,8	149						
460			45,6							
470			46,3							
480			47,0		30	18				2
490			47,7							
500			48,3							
510			49,1							
520			49,7							
530			50,4		32	20				2
540			51,0							
550			51,6							
560			52,2							
570			52,8							
580			53,3		35	22				2
590			53,9							
600			54,4							
610			55,0							
620			55,5							
630			56,0		38	25				2
640			56,5							
650			57,0							
660			57,5							
670			58,0							
680			58,5		42	28				2
690			59,0							
700			59,5							
720			60,4							
740			61,2							
760			62,0		50	32				2
780			62,8							
800			63,6							
820			64,3							
840			65,0							
860			65,7							
880			66,3		60	40				2
900			66,9							
920			67,5							
940			68,0							

Dem Umrechnungsverfahren an Hand der Mittelwerte allein haften Mängel an. Wenn z. B. für die Rockwellhärte HRC 60 bis 66 die entsprechenden Mittelwerte für die Vickershärte $HV = 711$ bis 870 kg/mm² eingesetzt werden, so hat man die in der Rockwellhärtespanne mitenthaltenen Streuungen des Meßverfahrens einfach in die entsprechenden Vickershärteeinheiten umgerechnet. Einem Rockwell-Härtebereich von 6 Einheiten entspricht hiernach eine Vickershärtespanne von 159 kg/mm², gleichgültig, welche Prüfkraft für die Vickershärteprüfung gedacht ist. Es ist jedoch einleuchtend, daß für eine Vickershärteprüfung mit einer Prüfkraft von 1 kg eine größere Streuung zugelassen werden muß als beispielsweise mit einer Prüfkraft von 50 kg.

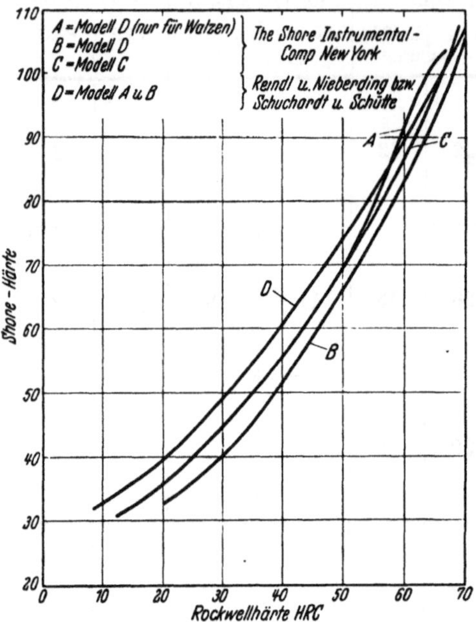

Abb. 59. Einige Beziehungslinien HRC-Shorehärte, nach denen die Rücksprunggeräte justiert werden.

Es ist demnach richtiger, wenn man für den Mittelwert des einen Verfahrens den Mittelwert des anderen Verfahrens einsetzt und dessen mittlere Meßunsicherheit prozentual um denselben Betrag erhöht, um den die Meßunsicherheit des ersten Verfahrens durch die Vorschrift erhöht ist. Diese mittlere Meßunsicherheit ist in der Norm angegeben. Beispiel: HRC 60 bis 66 = HRC 63 ± 3 = HV 5 785 ± 75 kg/mm² = HV 10 785 ± 48 kg/mm². Der Rockwellmittelwert HRC 63 ist durch den Vickersmittelwert HV 785 ersetzt. Die mittlere Meßunsicherheit bei der Rockwellprüfung beträgt ± 2 Einheiten, durch die angenommene Vorschrift ist dieser Wert auf ± 3 Einheiten, d. h. um 50% erhöht. Dementsprechend sind auch die mittleren Meßunsicherheiten der Vickershärten ±50 bzw. ±32 kg/mm² um 50% erhöht.

Diese Meßunsicherheiten sind zudem wichtig für die Festlegung von Vorschriften. Die geforderte Spanne zwischen dem oberen und unteren Grenzwert muß größer sein als die Meßunsicherheit, und zwar um so größer, je schwieriger sich das Werkstück wärmebehandeln und prüfen läßt.

Um aus der Schreibweise sofort übersehen zu können, um wieviel die zugestandene Abweichung größer als die Meßunsicherheit ist, erscheint es zweckmäßig, in den Vorschriften den mittleren Härtewert anzugeben unter Beifügung der zulässigen ±-Abweichungen, z. B. HRC 63 ± 3 anstatt HRC 60 bis 66. Dies gilt besonders für Werkstoffe, von denen eine gewisse Härte verlangt wird, damit sie erfahrungsgemäß gegen Verschleiß, Stoß usw. geeignet sind. Tritt die Härteprüfung als Ersatz für den Zugversuch ein, so sind jedoch besser die beiden Grenzwerte anzugeben, damit vor allem der untere Wert in Erscheinung tritt, der ja meist für die Berechnung der Konstruktionsteile maßgebend ist.

Eine sichere Umrechnung der Härten in der angeführten Weise kann nur vorgenommen werden bei der Festlegung von Bedingungen oder wenn aus irgendeinem Grunde das in den Bedingungen angegebene Härteprüfverfahren durch ein anderes ersetzt werden muß. Dabei muß jedoch geprüft werden, ob die Meßunsicherheit des ausgewählten Verfahrens noch zulässig ist, denn im Grenzfall muß damit gerechnet werden, daß der untere bzw. obere Grenzwert der Bedingung um die halbe Meßunsicherheit unter- bzw. überschritten werden kann. Als Beispiel eine Vorschrift über Rockwellhärten. Bedingung: *HRC* 60 ± 3 = *HRC* 57 bis 63. Alle Werte mit *HRC* 57 bzw. 63 sind demnach noch zugelassen. Das Rockwellverfahren besitzt eine Streuung von ± 2 Einheiten. Ein Härteprüfgerät, das gegenüber dem als wahre Härte angenommenen Mittelwert 2 Einheiten zu hoch anzeigt, wird also eine wahre Härte von *HRC* 55 mit 57 Einheiten anzeigen, das geprüfte Stück ist laut Bedingung gut. Auf der anderen Seite wird ein Härteprüfgerät, das 2 Einheiten zu niedrig anzeigt, ein Prüfstück mit *HRC* 65 ebenfalls noch bedingungsmäßig erscheinen lassen. Demnach schwanken im ungünstigsten Falle die wahren Härten nicht mehr von *HRC* 57 bis 63, sondern von *HRC* 55 bis 65.

Bei durch Prüfung festgestellten Härtewerten ist man meistens nicht in der Lage, ihre Abstände von der wirklichen Härte weder der Größe noch der Richtung nach anzugeben. Ihre Umrechnung in andere Härten ist deshalb mit besonderer Vorsicht vorzunehmen, am besten unterläßt man diese Umrechnung überhaupt.

VI. Technologische Prüfungen.

Von K. WELLINGER, Stuttgart.

Die technologischen Versuchsverfahren stellen die älteste Art von Werkstoffprüfungen dar[1]. Im früheren Schrifttum traten daher die heute bekannten Versuche dieser Art bereits in irgendwelcher Form als Brauchbarkeitsprüfungen in Erscheinung. Diese haben dann nach und nach eine größere Vervollkommnung erfahren und sind schließlich durch Abnahmevorschriften (s. S. 467) und Normen weitgehend auf eine einheitliche Grundlage gebracht worden. Soweit dies nicht geschehen, wird man stets darauf bedacht sein, unter Berücksichtigung aller möglichen Umstände die verschiedenen Bedingungen genau festzulegen, um somit Prüfergebnisse zu erzielen, die sich in weitem Rahmen auswerten lassen.

Daß diese Versuche auch heute in vollem Maß ihre wichtige Rolle beibehalten, erklärt sich daraus, daß viele Einflußfaktoren auf die Eigenschaften der Werkstoffe einer direkten Messung nicht zugänglich sind und man daher darauf angewiesen ist, ihr Zusammenwirken im ganzen zu probieren und zu erfassen; zum andern aber auch an der einfachen Handhabung dieser Versuchsarten, für die weder unerschwingliche Geräte noch teure Probenvorbereitung kennzeichnend sind und somit vielfach auch im kleinen Betrieb nötige Schlüsse auf den Werkstoff hinsichtlich Auswahl und Verwendbarkeit zu ziehen gestatten.

Wie aus der Bezeichnung „technologisch" hervorgeht, sind solche Versuche dazu vorgesehen, die Betriebsbedingung für Werkstoff oder Bauelement nachzuahmen und so deren Verwendbarkeit erkennen zu lassen.

Daß die zur Untersuchung gelangenden Probestücke im Zustand des zur Verwendung kommenden bzw. in Betrieb gewesenen Werkstoffes oder im Zustand der Abnahmevorschriften sein müssen, ist eine Bedingung, die immer zu beachten ist.

Hauptsächlich wird bei der Untersuchung und Überprüfung mittels technologischer Versuche die Verformungsfähigkeit der Werkstoffe ermittelt.

A. Kaltversuche.

1. Technologische Prüfungen an Stäben verschiedenen Stangenquerschnitts, Grob- und Mittelblechen, Guß u. a.

In diese Gruppe fällt vor allem der Biege/Faltversuch mit seiner ausgedehnten Verwendungsfähigkeit zum Prüfen von Blechen, Stabmaterial und aus dem Vollen herausgearbeiteten Proben von Guß- und Walzwerkstoffen. Mancherlei Gesichtspunkten beim Prüfen anderer Prüfgruppen angepaßt, findet er sich in den einzelnen Abschnitten in entsprechender Form wieder.

---

[1] *Allgemeines Schrifttum:* E. POHL: Hilfsbuch für Einkauf und Abnahme metallischer Werkstoffe. Berlin: VDI-Verlag 1933. — E. DAMEROW: Die praktische Werkstoffabnahme in der Metallindustire. Berlin: Springer 1934. — E. DAMEROW, A. HERR u. NIEZOLDI: Hilfsbuch für die praktische Werkstoffabnahme in der Metallindustrie, 4. Aufl. Berlin/Göttingen/Heidelberg: Springer 1955. — K. WELLINGER: Abnahme von Rohren für den Dampfkesselbau. Die Wärme Bd. 64 (1941) S. 349 u. 360.

a) Biege- und Faltversuch.

Da mit steigender Festigkeit die Biegungsfähigkeit kleiner wird und andererseits mit zunehmender Probendicke eine größere Werkstoffbeanspruchung verbunden ist, bedarf es bei weniger verformungsfähigen Werkstoffen und bei dicken Proben kleinerer Biegewinkel zur Erzielung eines Werkstoffversagens als bei geschmeidigen und dünnen Proben. Der Anwendungsbereich des Biege- bzw. Faltversuchs erklärt sich also von selbst, wenn man beachtet, daß das Falten eine extreme Biegung mit einem Biegewinkel von 180° darstellt.

Diese Versuchsart ist das einfachste Verfahren zur Prüfung des Formänderungsvermögens eines Werkstoffes. Die Versuche lassen sich auf dem Amboß, im Schraubstock oder anderen gebräuchlichen Werkzeugen und Vorrichtungen durchführen. Auch Zugprüfmaschinen mit Biegetisch und eine Reihe Sondereinrichtungen sind gegebene Geräte hierfür.

α) *Verschiedene Versuchsverfahren.*

Biege- bzw. Faltversuch einfachster Art. Das mittels Zange an einem Ende festgehaltene Probestück wird auf Amboßkarte oder ähnlicher Grundlage aufgelegt und sein freies Ende durch leichte Hammerschläge angebogen. Zur beliebigen Vergrößerung des Bogenwinkels, gewünschtenfalls bis zur Faltung, wird das Probestück aufrecht gestellt und die Winkelenden durch Schlag oder Druck bis zum Anriß oder zum vorgeschriebenen Winkel (speziell Faltung) gegeneinander geführt (s. Abb. 1 u. 2).

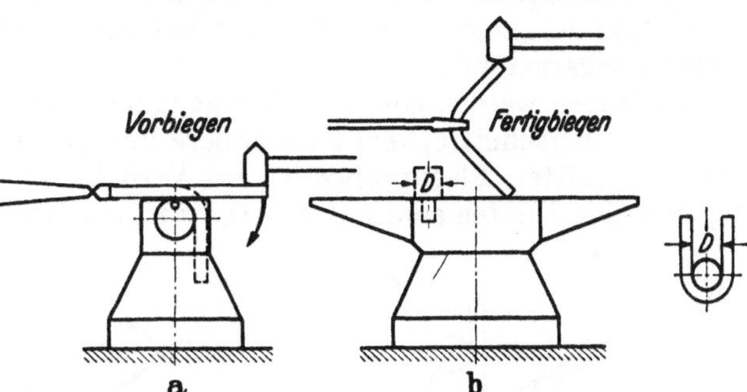

Abb. 1. Durchführung des Faltversuches auf dem Amboß.

Biege- bzw. Faltversuch mittels Fallhammer. Die maschinelle Faltung mittels Fallhammer ist im Prinzip gleich der von Hand (s. Abb. 3).

Biege- bzw. Faltversuch mittels Vorrichtungen. Solche nach Abb. 4 und 5 gestatten, einen gewünschten Biegeradius und Winkel zu erreichen. Nachteilig kann jedoch werden, daß infolge der einseitigen Einspannung ein ungleichmäßiges Dehnen an den Außenfasern und unter Umständen vorzeitig Bruch eintritt. Diesem Nachteil kann etwas begegnet werden, wenn die eine Spannbacke ziemlich weit rückwärts verlegt wird, wie das im Bauschinger-Gerät ausgeführt ist (Abb. 5).

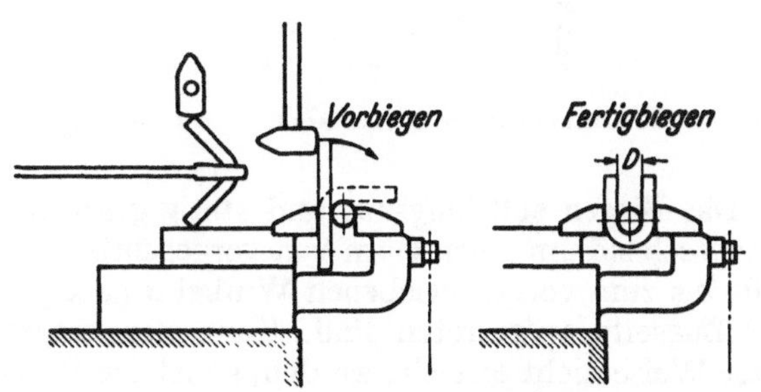

Abb. 2. Falten von Proben kleineren Querschnittes im Schraubstock.

Eine andere Art Vorrichtung zeigt Abb. 6, wie sie im Faltversuch nach DIN 1605 Blatt 4 in Verbindung mit einer Presse angewandt wird.

Faltversuch nach DIN 1605 Blatt 4 (Ausg. 2. 36). Der genormte Faltversuch ist an gewisse Bedingungen gebunden, die die verschiedenen nachstehend zu erwähnenden Einflußfaktoren auf einen Nenner bringen. Die einheitliche Beurteilung eines Werkstoffes ist damit weitgehend gewährleistet. Der Versuch ist hinsichtlich Geschmeidigkeit der Prüfstoffe in weiten Grenzen brauchbar, weil sich seine Anwendung nicht auf Faltung allein beschränkt, sondern auch die übrigen Biegewinkel auszuwerten gestattet.

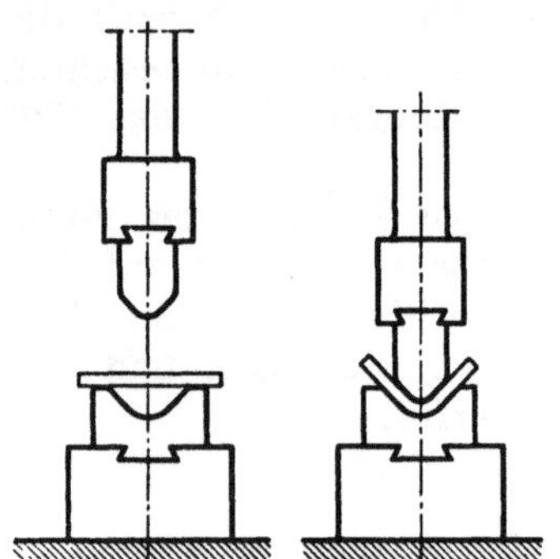

Abb. 3. Durchführung des Faltversuches unter dem Fallhammer.

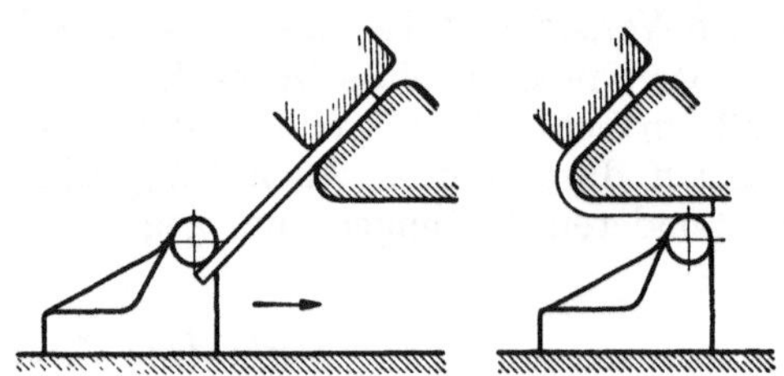

Abb. 4. Falteinrichtung mit Rollenschieber.

Grundsätzlich ist zu beachten, daß sich der Prüfwerkstoff in dem Zustand befindet, in dem seine Eigenschaften von Interesse sind (Abnahmebedingungen, Verwendungszustand).

Als Proben werden gewöhnlich Flacnquerschnitte von 30 bis 50 mm Breite oder Kreisquerschnitte, aber auch andere Vollprofile verwendet. Bei Vergleichsversuchen mittels Flachproben ist das Verhältnis von Breite b zu Dicke a anzugeben. Die Kanten sind mit $r = 0{,}1\,a$ zu runden (keine Querriefen zulässig).

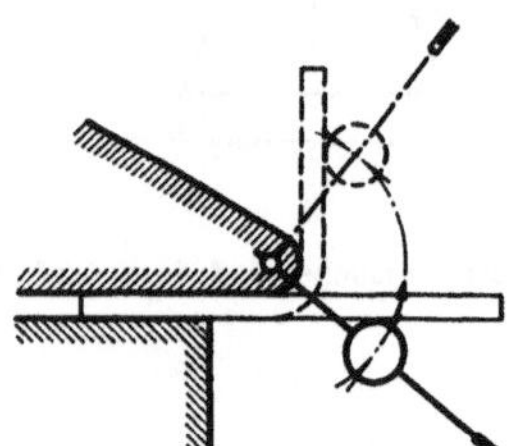

Abb. 5. Falteinrichtung nach Bauschinger.

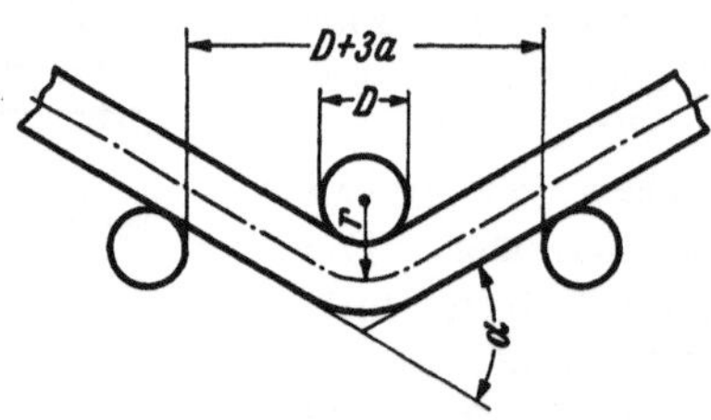

Abb. 6. Faltversuch nach DIN 1605, Blatt 4.

Das Biegen soll langsam und stetig geschehen. Die Probe wird der Abb. 6 entsprechend um einen Dorn von vorgeschriebenem Durchmesser D gegebenenfalls bis zum vorgeschriebenen Winkel α gebogen, falls nicht vorher Risse auf der Zugseite aufgetreten sind. Kann der vorgeschriebene Biegewinkel α auf diese Weise nicht erreicht werden, so ist die Probe durch Druck auf die Schenkelenden weiter frei zusammenzudrücken, bis auf der Zugseite Risse auftreten oder bis beide Schenkel aufeinander oder auf einer Zwischenlage vorgeschriebener Dicke aufliegen.

Die lichte Weite zwischen den Auflagerollen soll etwa $D + 3a$ sein, der Rundungshalbmesser der Auflage 25 mm für $a \leqq 12$ mm oder 50 mm für $a > 12$ mm. Die Länge der Dorne muß bei Flachproben größer sein als deren Breite. Die Außenseite der Biegstelle muß bei Ausführung des Versuchs frei sichtbar liegen.

β) *Probeentnahme, Versuchsauswertung, Betrachtungen.*

Bei Entnahme von Proben ist zu beachten, daß verschiedene strukturelle Gegebenheiten das Ergebnis des Biege/Faltversuchs beeinflussen. So z. B., daß bei Stahlgußkörpern die äußere Schicht infolge Ersterstarrung dichter ist als der Innenteil, in denen Seigerungen von Gasen und Schlackenteilen infolge längerwährenden Flüssigkeitszustandes beim Gießprozeß begünstigt sind. Ein Biege/Faltversuch mit einer Probe aus dem Innenteil eines Gußkörpers oder mit solchem Teil auf der Zugseite der Probe, wird schlechtere Ergebnisse zeigen als der Außenteil.

Ähnlich ist es bei gewalzten, gepreßten oder gezogenen Hohlkörpern. Hier können, je nach dem Herstellungsverfahren, Unterschiede zwischen beiden

Abb. 7. Vorzeitiger Bruch einer Faltprobe infolge Überwalzung.

Wandungen auftreten, wobei eine qualitativ höhere Beurteilung der einen Wand zukommt, weil z. B. die andere Wand in stärkerem Maß durch Walz- und Ziehriefen oder Überwalzungen gefährdet ist (s. Abb. 7). Bei Auswahl der Proben ist in Knetwerkstoffen auch dem Faserverlauf Rechnung zu tragen. Die gegenseitige Haftung der Kristallite ist durch den Walz- und Schmiedeprozeß in dessen Faserrichtung intensiver. Quer dazu ist die Faltbarkeit daher geringer (s. Abb. 8); besonders wenn man Schlackenzeilen und Lunker bedenkt, die in Faserrichtung langgedrückt sind und sich als Kerben auswirken (Abb. 9 u. 10).

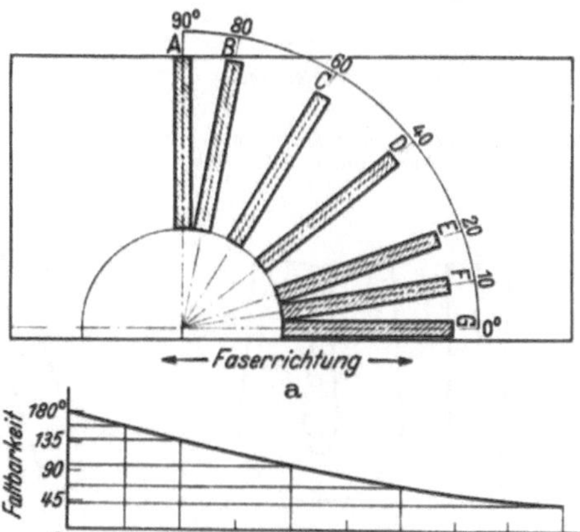

Abb. 8. Abhängigkeit der Faltbarkeit von der Faserrichtung in der Probe.

Als Querschnittsformen werden, wenn nicht vorgeschrieben, runde, quadratische und rechteckige gewählt. Die Kanten müssen ohne Querriefen gerundet sein. Die Verformung der Faltprobe beim Versuch erläutern die Abb. 11 bis 13. Die Zugseite wird gereckt und zieht sich seitlich ein, die Druckseite staucht sich und weicht seitlich nach außen. Im allgemeinen wird der Biegewinkel oder — beim Biegen um 180° — der Abstand der beiden Schenkel als Maß für die Größe der Verformung gewählt.

Die Messung des Biegewinkels ist nicht immer ohne Schwierigkeit möglich, denn die Proben werden sich auch bei bester Versuchsdurchführung nur selten in idealer Form gemäß Abb. 14 biegen lassen. In vielen Fällen haben sie die Gestalt der Abb. 15 und werden dann zu Schwierigkeiten beim Ausmessen Anlaß geben. Es erscheint dann zweifelhaft, ob der Winkel α oder β als maß-

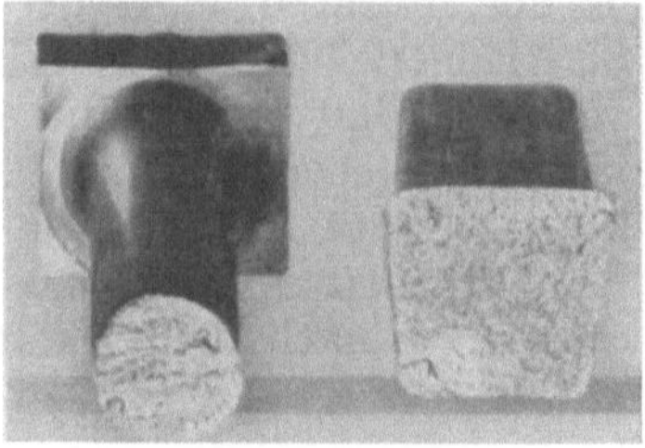

Abb. 10. Brüche infolge starker Verunreinigungen.

Abb. 9. Vorzeitiger, durch Blasen an der Zugseite verursachter Bruch von Stahlgußfaltproben.

gebend anzusehen ist. Man wird aber in diesem Fall den Winkel α, den die freien Schenkel bilden, ermitteln, weil es unmöglich ist, den Winkel β (Abb. 15) sicher zu messen.

Erfahrungsgemäß geben bei einer weiteren Biegung die Gebiete nach, die noch keine plastische Verformung und damit Verfestigung erfahren haben,

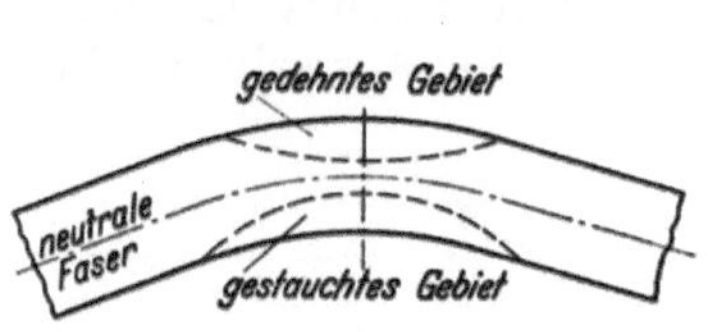

Abb. 11. Darstellung der gestauchten und gedehnten Zonen einer Faltprobe.

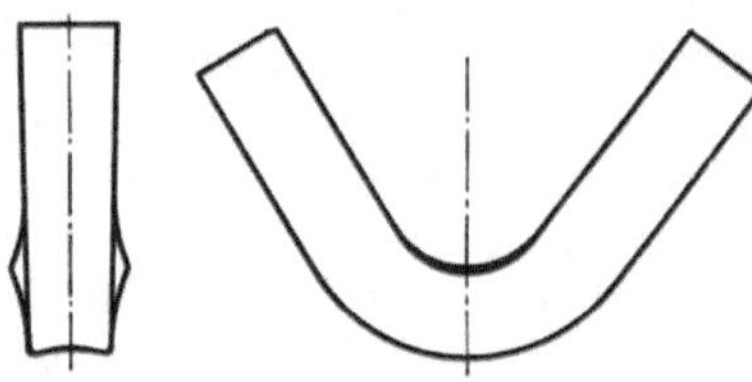

Abb. 12. Gestalt der gefalteten Probe nach geringer Verformung.

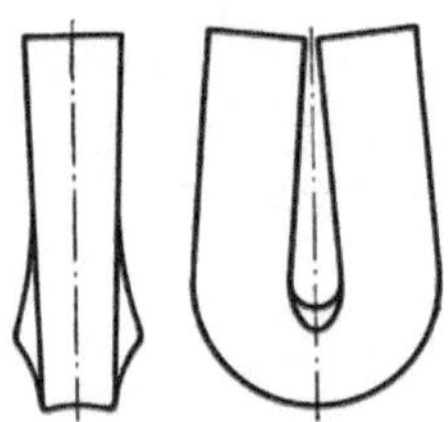

Abb. 13. Gestalt der gefalteten Probe nach starker Verformung.

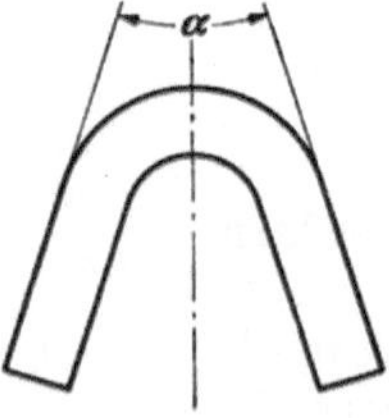

Abb. 14. Idealform einer gefalteten Probe.

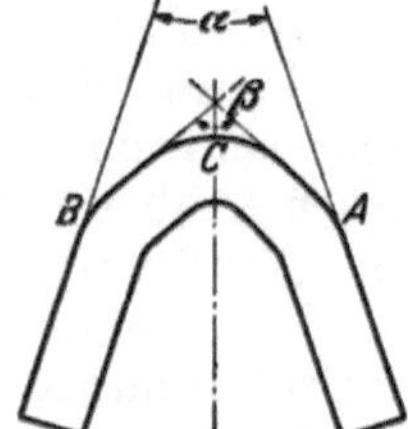

Abb. 15. Eckige Form einer gefalteten Probe.

so daß beim weiteren Zusammenfalten die Probe sich dem Dorn entsprechend rundet. Vielfach wird die Biegedornabmessung nach dem erwarteten oder geforderten Verformungsvermögen des Probenwerkstoffes gewählt; es genügt dann als Verformungsmaß allein die Angabe des Dorndurchmessers, falls die Probe einer Biegung von 180° standhielt. Der Winkel braucht nur gemessen zu werden, wenn vorher Rißbildung oder Bruch eintritt.

Um ein gutes Bild von der Verteilung der Formänderung zu erhalten, empfiehlt es sich, die Dehnung auf der Zugseite der Probe zu messen. Dazu werden Meßmarken angebracht, aus deren Abstandsänderung die Biegedehnung errechnet werden kann. Zweckmäßig wird ein Abstand der Meßmarken von 5 mm gewählt. Aus Abb. 16 geht hervor, daß in der Stempelebene, wo das größte Biegemoment herrscht, die Verformung beginnt und bei der vorliegenden Probe bis zu einer Biegedehnung von rund 40% fortschreitet. Diese Biegedehnung entspricht hier einem Winkel von rund 90°. Wie ersichtlich, nimmt die Biegedehnung im Scheitel bei Steigerung des Winkels von 90° bis 150° nicht mehr entsprechend zu, es werden mehr die dem Scheitel benachbarten Stabteile, die noch keine bzw. geringe Verformung und dadurch noch keine bzw. nur geringe Verfestigung erfahren haben, zur Vergrößerung des Biegewinkels herangezogen. Erst bei Änderung der Versuchsdurchführung zur Erzielung eines Biegewinkels von 180° wird die Dehnung im Scheitel wieder erhöht. Dies geht auch aus Abb. 17 hervor, in dem die im Scheitel der Proben auf 10 mm Meßlänge ermittelte Biegedehnung in Abhängigkeit vom Biegewinkel aufgetragen ist, und zwar mit Proben verschiedener Breite und verschiedener Warmbehandlung. Die Biegedehnung im Scheitel nimmt zunächst proportional mit dem Biegewinkel zu, über 90° ist keine wesentliche Zunahme mehr festzustellen; erst, wie oben erwähnt, bei Änderung der Versuchsdurchführung.

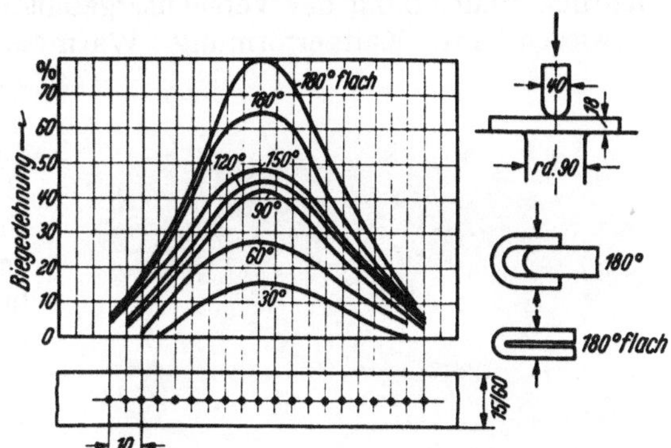

Abb. 16. Verteilung der Biegedehnung bei verschiedenen Biegewinkeln nach K. WELLINGER.

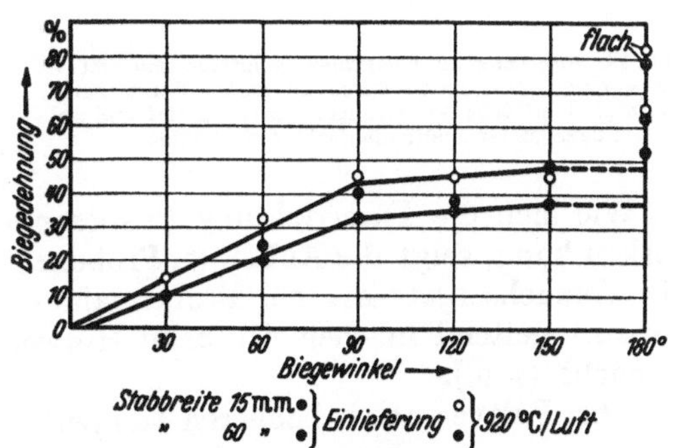

Abb. 17. Abhängigkeit der maximalen Biegedehnung vom Biegewinkel nach K. WELLINGER.

Beim Vergleich der oben angeführten Versuchsmethoden ist der Versuch mit Hammer und Amboß bzw. Schraubstock zwar der einfachste; doch ist er auch nur für geringe Ansprüche geeignet. Sein Ergebnis ist je nach Art der Schlagführung und Auflage, die hinsichtlich Ort, Zeit und Umständen vielfältig variieren mögen, einem größeren Spielraum überlassen. Bessere Anhaltspunkte zur Erzielung einwandfreier Vergleiche bieten daher die maschinellen Verformungen.

Die beweglichen Teile der Geräte sowie die Auflageflächen sollen durch Sauberkeit und Schmierung so behandelt werden, daß der bei der Verformung stattfindende Werkstofffluß nicht oder nur im Mindestmaß gehemmt wird. Für Biegung von Rund- und Rohrprofilen wird man zwecks Vergrößerung der Druck- und Abstützungsflächen zweckmäßig Rillen einarbeiten (Rillenrollen). Kennzeichnend für die beschriebenen Versuche ist, daß es einen dem Verwendungszweck oder — falls man von bekannter Werkstoffeigenschaft ausgeht — der gegebenen Vorschrift angepaßten Biegewinkel zu erreichen gilt.

Mögen einzelne Bedingungen hierzu unterschiedlich sein, so ist doch immer das Reißen oder Brechen das Erkennungsmerkmal überschrittener Erfüllungsgrenze.

Auf die verschiedenen Faktoren, die neben den charakteristischen Eigenschaften eines Werkstoffes seine Verformungsfähigkeit bestimmen, ist hinsichtlich Beurteilung der Versuchsergebnisse wohl zu achten. Als solche sei verwiesen auf Kaltverformung, Warmbehandlung (Gefügeveränderungen), Faserverlauf und Inhomogenitäten.

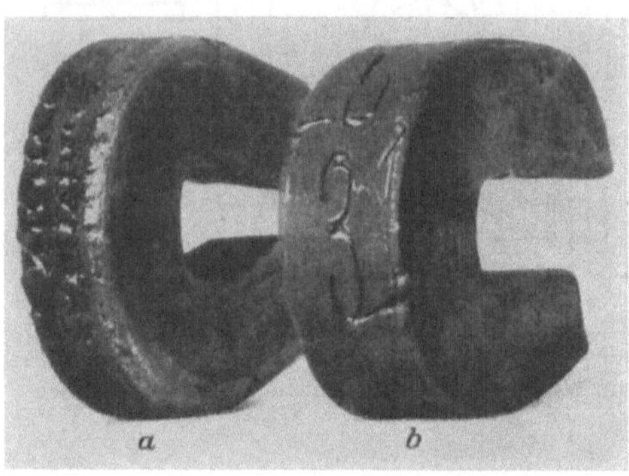

Abb. 18. Anbrüche an Faltproben *a* infolge von Oberflächenrissen, entstanden durch zu heißes Schmieden; *b* infolge Oberflächenverletzungen durch zu tief und an ungeeigneter Stelle eingeschlagene Zahlen.

Die letztgenannte Gruppe ist die gefährlichste, weil sie leicht der Beobachtung entgeht, in manchen Fällen auch unterschätzt wird, was hinsichtlich Werkstoffbeurteilung zu starken Fehlschlüssen führen muß.

An der Oberfläche finden sie sich als Kerben in Form von Oberflächenverletzung (Abb. 18), Überwalzung (Abb. 7), offene Gasblasen, Bearbeitungsriefen nach Drehen oder Hobeln (nur wirksam in Querrichtung) und Härterissen. Im Innenteil als Lunker, Schlackeneinschlüsse (Abb. 10), bei Schmiede- und Walzteilen als Zundereinwalzungen.

Wie sich die Faserrichtung (insbesondere mit steigendem C-Gehalt) auswirken kann, zeigt die Abb. 8 (s. Probenentnahme). Wie sich Unterschiede auf die Versuchsergebnisse bei Probennahme aus Guß- oder gekneteten Hohlkörpern geltend machen, ist beim Hinweis auf die Probenentnahme deutlich gemacht (s. o.).

Über Faltversuch bei höheren Temperaturen s. „Warmversuche", Abschn. B.

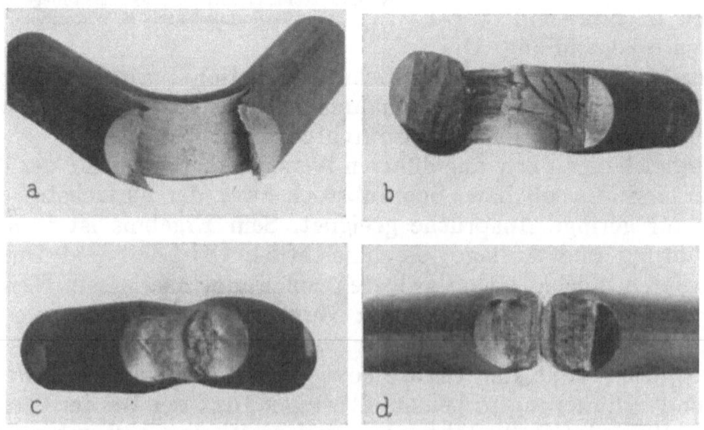

Abb. 19. Bruchaussehen von 23 mm dicken einseitig gekerbten Faltproben. *a* Puddelstahl mit 0,10% C normalgeglüht. $\sigma_B = 42$ kg/mm²; *b* desgl. „vergütet" $\sigma_B = 51$ kg/mm²; *c* Siemens-Martin-Stahl mit 0,06% C normalgeglüht $\sigma_B = 37$ kg/mm²; *d* desgl. „vergütet" $\sigma_B = 48$ kg/mm².

b) Kerbfaltversuch.

Zum Nachweis eines sehnigen, zähen Werkstoffes, wie dem des Puddelstahls, bedient man sich des Kerbfaltversuchs. Guter Puddelstahl ist gegen Kerben unempfindlich und beweist dies, indem er beim Falten längs seiner Faser aufschleißt, bevor oder ohne daß der Kerbgrund reißt. Abb. 19 zeigt die Brüche eines „vergüteten" (a) und eines normalisierten (b) Puddelstahls im Vergleich mit solchen von unberuhigtem S-M-Stahl. Die Probe wird gemäß Abb. 20 zugerichtet. Der Versuch wird stets bis zum Bruch bzw. Anbruch durchgeführt, da für die Beurteilung in der Hauptsache das Bruchaussehen herangezogen wird.

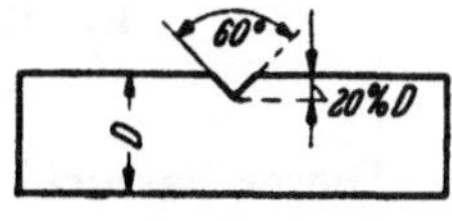

Abb. 20. Einseitig gekerbte Faltprobe.

c) Schlagbiegeversuch.

Soweit dieser Versuch als technologischer ausgeführt wird, beschränkt er sich darauf, durch große Schlagwirkung an fertigen Konstruktionsteilen ungefähre Vergleiche mit im Betrieb zu erwartenden Stößen oder Schlägen zu ziehen, wenn Kennwerte der Kerbzähigkeit eines Werkstoffes nicht bekannt sind.

Die Eigentümlichkeit der Stoßbelastung ist in Abschn. II ausführlich beschrieben.

d) Kaltstauchversuch.

Dieser soll über das Verformungsvermögen eines Werkstoffes bei hoher Formänderungsarbeit und -geschwindigkeit in kaltem Zustand Aufschluß geben. Seine Auswertung bezieht sich auf alle Verfahren der Kaltverformung.

Über Probenform und Versuchsdurchführung s. Abschn. B 2: Warmstauchversuche.

2. Technologische Prüfungen an Feinblechen.

Kennzeichnend für diesen Prüfgegenstand ist seine geringe Dicke. Dieser Umstand sichert an sich schon eine verhältnismäßig große Biegbarkeit bei geringem Kraftaufwand und verleitet damit zu allerlei Formgebungen in kaltem Zustand. Neben Biegung, Walzung, Falzung, Abkantung wird durch Hämmern (Strecken und Treiben) und Kaltziehen zum Teil außerordentlich hohe Verformbarkeit von Blechstoffen erwartet und verlangt.

Zunder, Walzfehler, Seigerung, Gas- und Schlackeneinschlüsse und ungleiche Blechdicke würden Tiefziehblech voll unbrauchbar machen, die Güte der anderen Bleche aber auch wesentlich herabsetzen.

Die nachfolgend beschriebenen Versuche gestatten, Fehlerhaftes zu erkennen und geforderte Qualitäten zu gewährleisten.

a) Faltversuch; Doppelfaltversuch.

DIN 1623 (Ausg. 5. 32) sieht dazu Blechstreifen von 50 mm Breite vor, deren Kanten frei von Kaltverformung und frei von Grat sind.

Nach Vorbiegen über den rechten Winkel hinaus werden mit Zwischenlage eines Bleches gleicher Dicke die Schenkel unter einer Presse gegeneinandergedrückt, so daß eine Faltung mit einem mittleren Radius gleich der Blechdicke entsteht. Hierbei dürfen sich keine Risse zeigen.

Eine Verschärfung der Beanspruchung wird durch den *Doppelfaltversuch* (Taschentuchversuch) erreicht. Nach DIN 1623 werden Blechscheiben von 200 × 200 mm benutzt.

Nach Vorbiegen wird unter einer Presse bis zum gegenseitigen Anliegen der Schenkel gefaltet. Im rechten Winkel zu dieser Faltung wird die Probe dann um einen Radius von 5 mm bis etwas über 90° für die Doppelfaltung vorgebogen, um nun ohne Dorn und ohne Zwischenlage bis zum Aneinanderliegen der Schenkel gepreßt zu werden. Hierbei dürfen keine Risse entstehen.

b) Hin und Herbiegeversuch. (Umbiegeversuch.)

(Normen hierzu: DIN 46400 und DIN 1781.)

Dieser Versuch zeigt den Grad des Formänderungsvermögens eines Werkstoffes bei mehrmaligem Richtungswechsel der Verformung. Als Proben werden zweckmäßig Streifen von 30 mm Breite verwandt, deren Kanten frei von Kaltverformung und Grat sind. Biegekante soll nach DIN 1781 (Entwurf 5. 54) parallel zur Walzrichtung zu liegen kommen, nach DIN 46400 (Ausg. 9. 54) senkrecht dazu. Einspannung erfolgt einseitig zwischen Spannbacken und abgerundeten Kanten vom Radius r. Maße für r sind aus nebenstehender Tabelle ersichtlich.

r mm	Blechdicke mm	Norm DIN
1	bis 0,4	
1,5	0,4—0,8	
2,5	0,8—1,2	1781
4	1,2—1,5	
5	Dynamobleche	46400

Das Biegen erfolgt abwechselnd nach beiden Seiten um jeweils 90°. Jeder Weg von 90° zählt als eine halbe Biegung.

Gütemaß ist die Zahl der ohne Risse überstandenen Biegungen. Die mit jeder Biegung erfolgende Streckung auf der Zugseite bedingt eine lokale Werkstoffverfestigung, die bei der Gegenbiegung nun in der Zugfaser des Biegequerschnitts wirkt und sich der Druckbeanspruchung widersetzt. Bei gewissem Grad wirkt sich dies so aus, daß der verfestigte Abschnitt als Stützpunkt im Biegequerschnitt wirkt und damit bei jeder folgenden Biegezahl die Biegekante von der ursprünglichen abzurücken strebt. Deshalb ist darauf hinzuwirken, daß die Probe so gut wie möglich an der Spannbackenkante liegt. Es gibt für diesen Versuch auch Geräte, wo das Andrücken durch Biegerollen übernommen wird.

c) Abkantversuch.

Ein Biegeversuch über mehr oder weniger scharfe Kanten.

Er eignet sich zur Festlegung von Abnahmebedingungen bei wenig geschmeidigen Blechwerkstoffen. Als Biegeradius soll nach H. GÜTH[1] der gewählt werden, unter dem der Werkstoff ein Biegen um 90° ohne Risse erträgt.

d) Verwindeversuch.

Als Zwischenversuch bei der Herstellung von Tiefziehblechen bedient man sich des Verwindeversuchs. Hierzu wird ein Probestück in einer üblichen Abmessung von rund 300 mm Länge und Breite gleich der Dicke der Platine entnommen und um zweimal 360° verdreht. Zeigen sich hierbei Fehlstellen, wie Doppelungen, Blasen, ungenaue Stellen, Schuppen, so ist eine Weiterverarbeitung zu Tiefziehblech ausgeschlossen. Beim Zurückdrehen der Probe in entgegengesetzter Richtung kommen solche Fehler noch deutlicher in Erscheinung und geben dann Aufschluß über die entsprechend andere Verwendungsmöglichkeit der Platine.

[1] Metallwirtschaft Bd. 18 (1939) S. 188.

e) Walzziehversuch.

Eine Eigenart der vielkristallinen Metalle ist, daß sie sich bei plastischer Verformung bis zu einem gewissen Grad verfestigen. Diese Erscheinung versteht sich mit den Begriffen „Reißerholung, Gleitverfestigung und Kohäsionsverfestigung". Nach Überschreiten dieses Verformungsgrades entwickelt sich in steigendem Maß der Zerfall der Kohäsionskräfte und erreicht den Stand der Kohäsionszerrüttung und Kohäsionserschöpfung und damit die Überschreitung der Trennfestigkeit beim Bruch. Diese Erscheinung setzt dem Tiefziehprozeß, bei dem eine gleichmäßige Verformung in gleicher Richtung, als der günstigsten Belastungsart, nicht vorausgesetzt werden kann, ihre engeren oder weiteren Grenzen. Zumal wenn, wie häufig erforderlich, der Tiefziehvorgang auf mehrere Gänge verteilt werden muß, wo die Reißerholung, damit aber auch Festigkeit und Sprödigkeit in verstärktem Maße zunehmen. Hinzu kommen Alterungsvorgänge, die ebenfalls in ungünstiger Weise die Geschmeidigkeit eines Werkstoffes beeinflussen. Im Walzziehversuch wird deshalb eine Vorverfestigung des Werkstoffes angestrebt, um so schon auf erster Stufe den kritischen Punkt der Verformungsfähigkeit näherzukommen und Alterungserscheinungen mitwirken zu lassen. Bei diesem Versuch wird ein Probestreifen geeigneter Größe zwischen Druckwalzen kalt hindurchgezogen und so auf ein von der Ausgangsdicke abhängiges Maß gebracht und dann dem Tiefungsversuch nach DIN 50101 unterzogen.

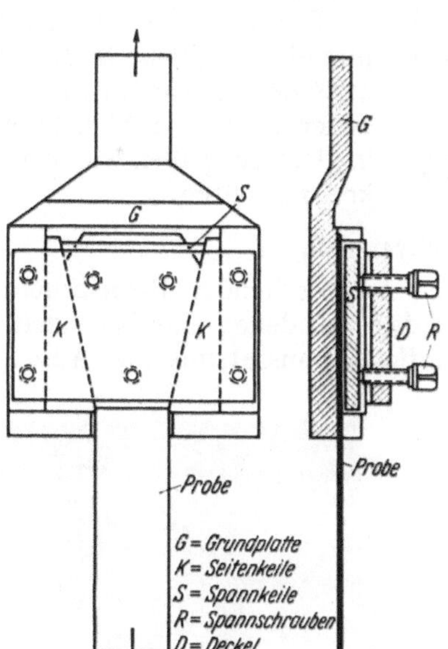

Abb. 21. Keilzuggerät nach KAYSELER und PÜNGEL.

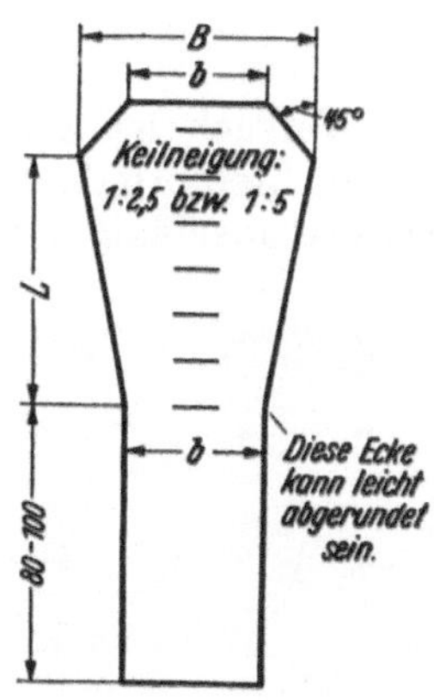

Abb. 22. Abmessungen und Form der Keilzugproben.

f) Keilziehversuch.

Günstigen Einblick in den Grad des Materialflusses in Verbindung mit gesteigerter Kohäsionsbeanspruchung bietet der Keilziehversuch nach G. SACHS[1] (s. Abb. 21). Die Ziehdüse ist hierbei für verschiedene Blechdicken in der Höhe verstellbar. Die Seitenwände sind im Verhältnis 1 : 5 oder 1 : 2,5 geneigt. Die lichte Breite auf Probenzugseite beträgt 37 mm. Dieser Form entsprechend, sind die Probenstreifen zugerichtet (s. Abb. 22).

[1] Metallwirtschaft Bd. 25 (1930) S. 213.

Als Maß der Ziehfähigkeit gilt das ohne Anriß erreichbare, größtmögliche Verhältnis B/b.

Als zweckmäßig für die erforderliche Schmierung hat sich Paraffin mit 55° Tropfpunkt erwiesen, in dessen Schmelze die Probe getaucht wird. Nach Erkalten kann der Versuch beginnen.

Zwecks guter Beurteilungsmöglichkeit an Mehrfachzügen werden nach H. KAYSELER[1] dieserart gezogene Proben an verschiedenen Stellen noch Tiefungsversuchen unterworfen und so der Resttiefungsgrad ermittelt, der der vorausgegangenen ungleichmäßigen Verformung entsprechend wechselt. Einen Überblick über Resttiefungsvermögen in Abhängigkeit von vorausgegangener Verformung gibt Abb. 23. Die Auswirkung verschiedener Vorbehandlung ist ebenfalls daraus ersichtlich.

Für die Prüfung von Leichtmetallen empfieht H. A. J. STELLJES[2], den Schwanzkeil der beschriebenen Probe (in Abb. 22 mit 45°) in gleichen Maßen wie den Hauptkeil zu halten.

Abb. 23. Resttiefung in Abhängigkeit von der Dehnung an der Keilzugprobe nach KAYSELER und PÜNGEL. 1 mm dicker Bandstahl.

g) Streckziehversuch.

Dieser Versuch ist zur Nachahmung entsprechender Beanspruchungsart bei manchen Ziehformen geschaffen worden, bei denen eine besonders starke Streckverformungsfähigkeit des Werkstoffes Voraussetzung ist. Abb. 24 zeigt

Abb. 24. Streckziehversuch nach GÜTH.

[1] Mitt. Forsch. Inst. Ver. Stw. Dortm. Bd. 4 (1934) S. 39; s. a. Stahl und Eisen Bd. 34 (1934) S. 993.

[2] STELLJES, H. A. J., u. J. WEILER: Aluminium Bd. 20 (1938) S. 109.

die Anwendung solchen Versuchs. Die Prüfung gilt dann als beendet, wenn sich Risse bilden. Die dabei erzielte Breite der Tiefung gilt als Maß der Streckziehfähigkeit.

h) Näpfchenziehversuch.

Das von G. R. FISCHER[1] entwickelte AEG-Verfahren sieht einen Stempel von 50 mm Durchmesser mit verschiedenen, je der Blechdicke angepaßten Matrizen vor. Die Proben sind kreisrund und im Durchmesser dem Werkstoff angepaßt.

Beim Durchziehen der Proben in ihrer ganzen Größe läßt sich derjenige Durchmesser ermitteln, der ohne Werkstoffriß vollständig zum „Näpfchen" bzw. Becher durchgezogen werden kann. Die Ziehfähigkeit wird dann errechnet aus dem Verhältnis $\frac{\text{Rondendurchmesser}}{\text{Stempeldurchmesser}}$.

Ein anderes Verfahren, allerdings mit Kraftmessung verbunden, wurde von M. SCHMIDT[2] aufgezeigt. Hiernach werden 3 Ronden in Durchmessern von 42 mm, 52 mm und — entsprechend dem Werkstoff — so groß, daß er mit

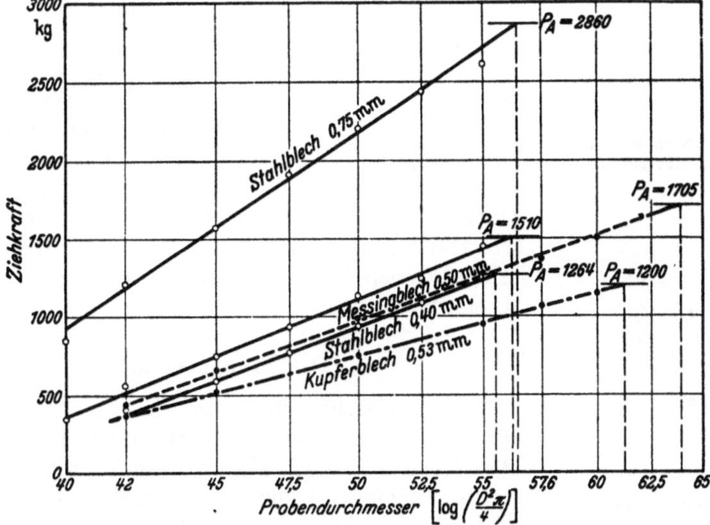

Abb. 25. Ziehkraftkurven nach M. SCHMIDT.

Sicherheit zu Abriß gereicht, gezogen und die aufgewandte maximale Kraft jeweils gemessen. Stempel im Durchmesser von 30 mm. Matrize entsprechend den verschiedenen Blechdicken.

Die graphische Aufzeichnung von Versuchsergebnissen zeigt, daß die aufgewandte maximale Kraft in Abhängigkeit des Rondendurchmessers praktisch eine Gerade bildet, wenn die Last über dem Logarithmus der Durchmessermasse der Ronden aufgetragen wird (s. Abb. 25).

Von dieser Erkenntnis ausgehend, wird für den zu prüfenden Werkstoff aus den Bruchkraftwerten der beiden kleinen Ronden die Kennlinie aufgezeichnet. Die Bruchkraft für die 3. Scheibe im Schnittpunkt mit der Kennlinie läßt beim Umloten auf die Durchmesserskala *den* Durchmesser finden, der die Grenze der Ziehfähigkeit darstellt.

---

[1] AEG-Mitt. (1927) S. 419 und (1929) S. 483.
[2] Arch. Eisenhüttenw. Bd. 3 (1929) S. 213.

Rechnerisch kommt man zu diesem Resultat mittels nachstehender Formel:

$$1{,}623 + 0{,}092 \cdot \frac{P_B - P_{42}}{P_{53} - P_{42}} = \log D_{\max}.$$

(P_B = Bruchkraft).

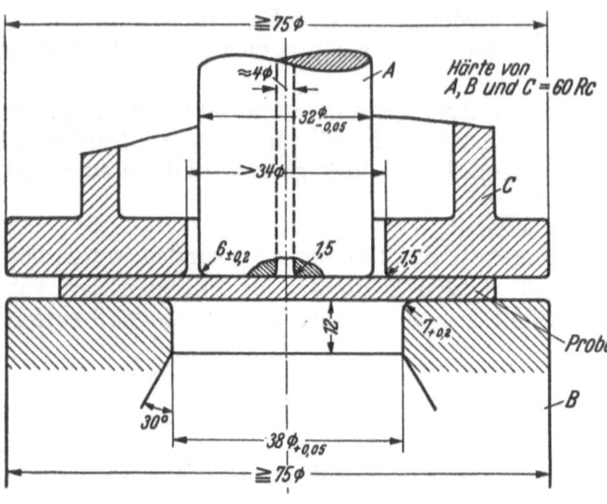

Abb. 26. Normvorschlag für den Näpfchenziehversuch. A Stempel; B Ziehring; C Niederhalter.

Aus dem „Bruchdurchmesser" $D_{\max}$ und dem des Stempels d ergibt sich dann wiederum die Ziehfähigkeit $\beta = D_{\max}/d$.

Dieser Wert ist aber in großem Maß von der Ausführung der Versuchseinrichtung beeinflußt. Nach L. HERRMANN und G. SACHS[1] sind im wesentlichen die Stempel- und die Matrizenrundung sowie der Niederhalterdruck dafür anzusehen.

Durch Versuche, die zur Zeit in mehreren Instituten durchgeführt werden, sollen für die gebräuchlichsten Blechdicken die günstigsten Werkzeugabmessungen für eine Vereinheitlichung festgelegt werden (letzter Normvorschlag E. SIEBEL und H. BEISSWÄNGER[2], Abb. 26).

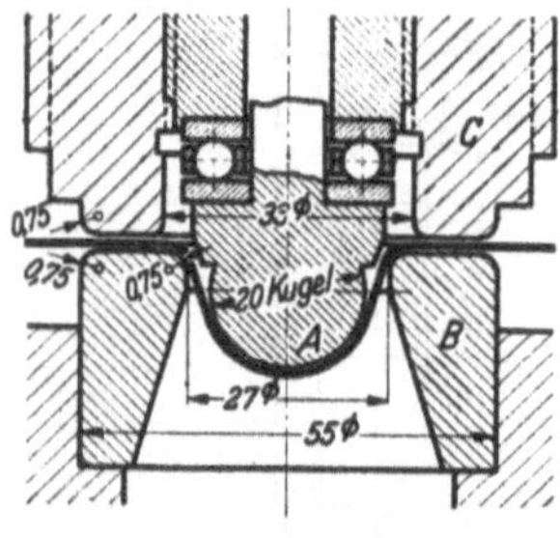

Abb. 27. Tiefungsversuch nach DIN 50101 (Normaleinrichtung).

i) Tiefungsversuch.

Der Tiefziehversuch, wie er von A. M. ERICHSEN[3] entwickelt worden ist, liegt in der Norm DIN 50101 (Ausg. 1. 47) fest. Gerät und Abmessungen für Bleche (Bänder über 70 mm) bis 2 mm Dicke sind aus Abb. 27 zu ersehen. Für kleine Probendurch-

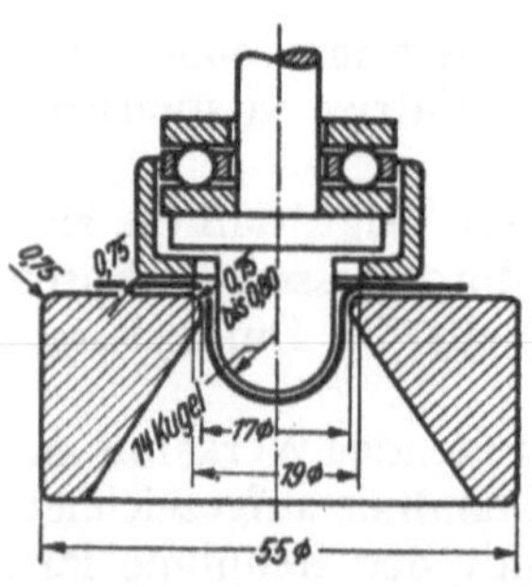

Abb. 28. Tiefungsversuch für 40 bis 70 mm breite Proben.

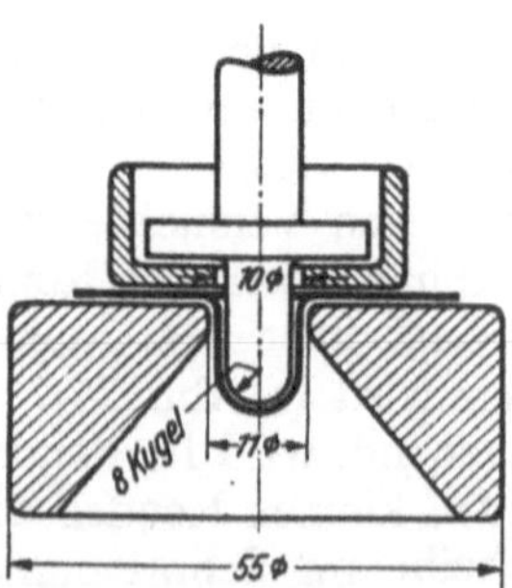

Abb. 29. Tiefungsversuch für 25 bis 40 mm breite Proben.

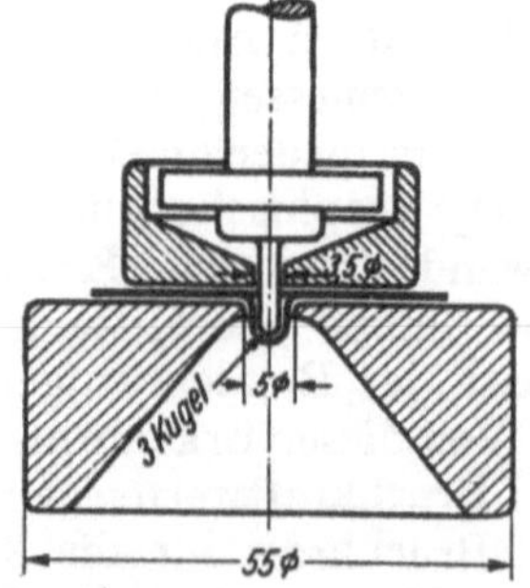

Abb. 30. Tiefungsversuch für 12 bis 25 mm breite Proben.

[1] Metallwirtschaft Bd. 13 (1934) S. 1.
[2] Mitt. Forschungsgesellschft. Blechverarb. (1952) S. 23.
[3] Stahl und Eisen Bd. 34 (1914) S. 879.

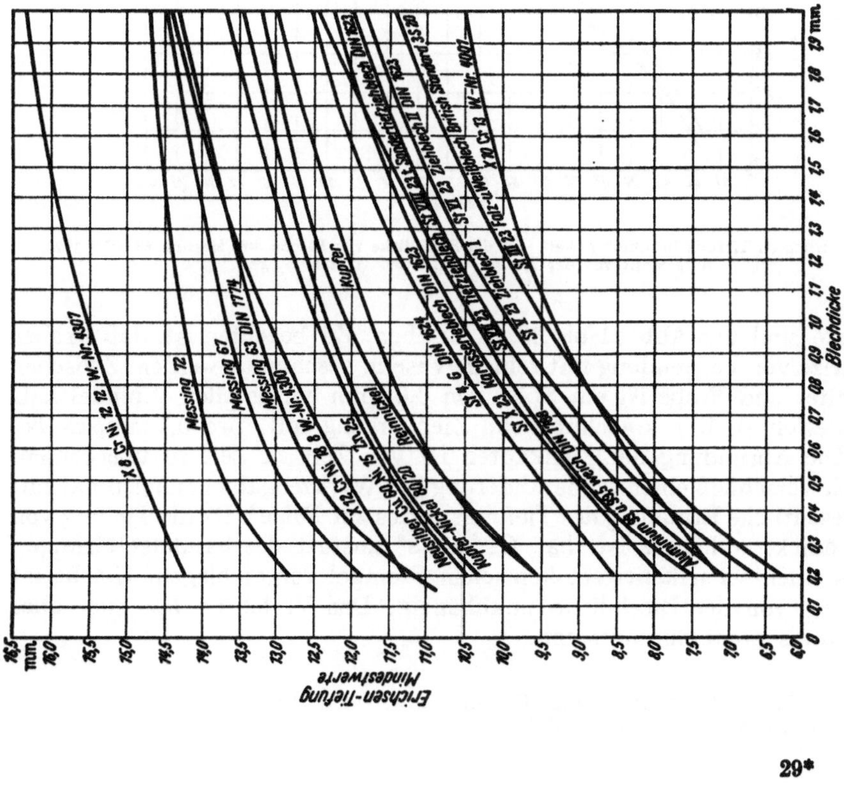

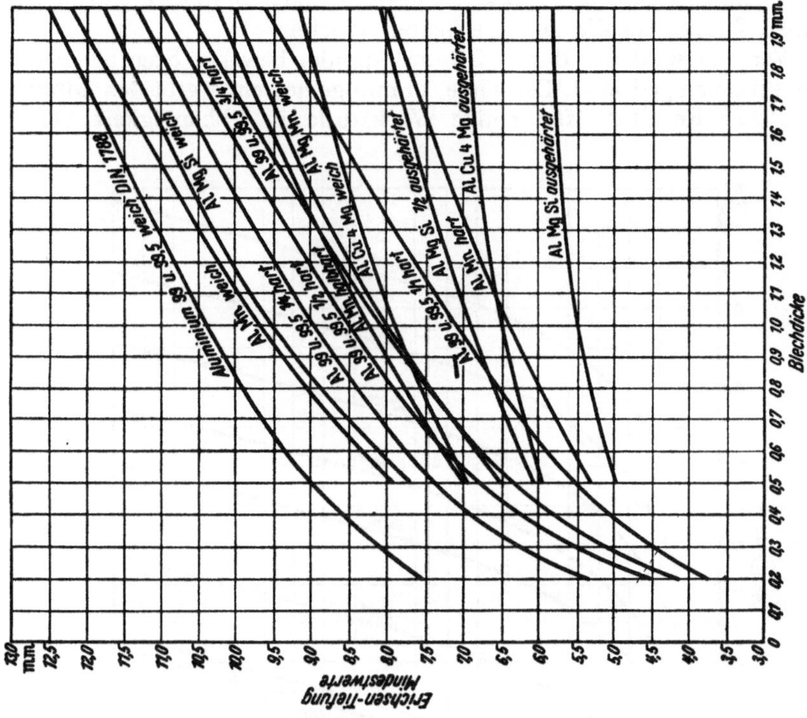

Abb. 32. Erichsen-Tiefung in Abhängigkeit von der Blechdicke für Aluminium und Aluminiumlegierungen. Aufgestellt von der Fa. A. M. Erichsen G. m. b. H. 1953.

Abb. 31. Erichsen-Tiefung in Abhängigkeit von der Blechdicke für verschiedene Werkstoffe. Aufgestellt von der Fa. A. M. Erichsen G. m. b. H. 1953.

messer (schmale Bänder) sind Tiefungswerkzeuge gemäß Abb. 28 bis 30 gebräuchlich. Die Probenform ist zwar freigestellt; nach OEHLER ergeben jedoch kreisförmige Zuschnitte die zuverlässigsten Werte.

Beim Versuch wird der durch Gewindespindel bewegte Stempel bis zum Anriß der Probe eingedrückt. Die Tiefe, in mm gemessen, ergibt den Gütewert. Kurven solcher Resultate für einige Werkstoffe in Abhängigkeit von der

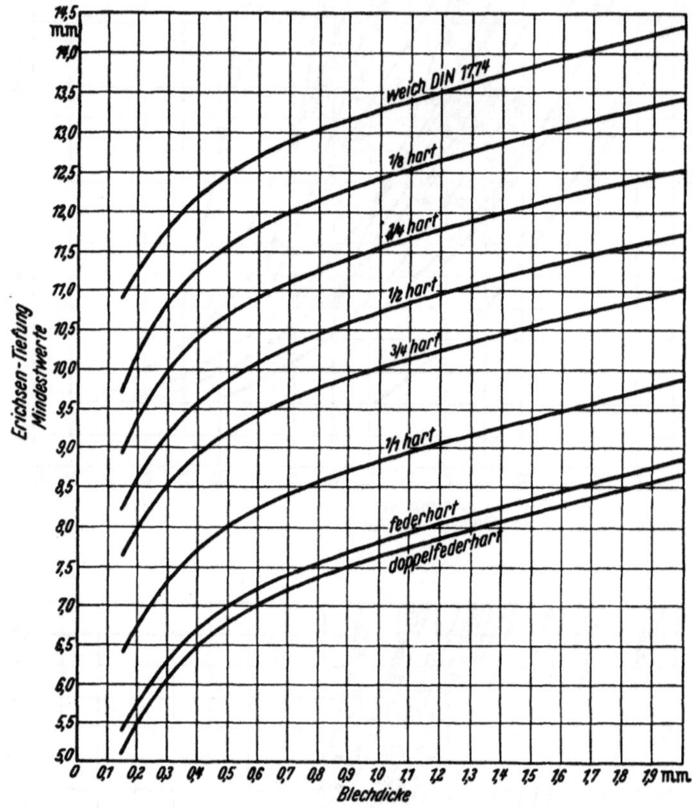

Abb. 33. Erichsen-Tiefung in Abhängigkeit von der Blechdicke für Bleche aus Messing 63 DIN 1774. Aufgestellt von der Fa. A. M. Erichsen G. m. b. H. 1953.

Blechdicke sind aus Abb. 31 bis 33 zu ersehen. Zu beachten ist, daß Proben und Matrize vor Verwendung mit reinem Vaselin geschmiert werden. Zwischen Niederhalter und Probe ist ein Spiel von 0,05 mm einzustellen (Spindelskala oder Tasterlehre). Der Vorschub beim Ziehvorgang soll etwa 0,1 mm/sek betragen. Die Abrundung der Ziehkanten ist von Zeit zu Zeit zu überprüfen. Die durch Verschleiß eintretende Änderung der Werkzeugabmessungen hat nur eine unwesentliche Erhöhung des Tiefungswertes zur Folge[1]. Da die Tiefung von der Blechdicke abhängig ist, hat G. SACHS[2] anstatt des halbkugelförmigen Stempels einen scharfkantigen, konischen Stempel vorgeschlagen. Hierbei ist die Tiefung von der Blechdicke unabhängig. Das Verfahren hat sich aber in der Praxis nicht durchgesetzt.

---

[1] TONN, W., u. W. PÜNGEL: Arch. Eisenhüttenw. Bd. 8 (1934/35) S. 511.
[2] Metallwirtschaft Bd. 13 (1934) S. 79.

Die Oberflächenbeschaffenheit der getieften Probe sowie das Bruchaussehen gestatten Urteile über Korngröße, Zeilenstruktur und etwaige Walztextur (s. Abb. 34).

Nach K. CHRISTOPH[1] soll die Tiefung in fester Abhängigkeit zu Zugfestigkeit und Dehnung stehen.

L. N. BROWN[2] leitet die Zugfestigkeit aus Tiefungen mittels folgender Rechnungsart ab, wobei die aufgewandte Ziehkraft jedoch bekannt sein muß.

$$\sigma_B = C\frac{P}{s}$$

s Blechdicke;
P aufgewandte Kraft zu einer Tiefung von 6 mm;
C Faktor wie folgt[3]

Werkstoff	C
Stahl 0,09 C	0,0341
Al 99,8	0,0368
Cu 99,98	0,0495

Nach Untersuchungen von F. DOERGE[4] stellt die Tiefung einen mechanischen Zerreißvorgang dar, bei dem Zugspannungen in zwei Hauptrichtungen wirken. Da beim Tiefziehen zylindrischer Teile aber Zug- und Druckspannungen wirken, ist ein Vergleich der Tiefung mit der Tiefziehfähigkeit nicht möglich. Hierauf ist im vorhandenen Schrifttum[3,5–11] schon des öfteren hingewiesen worden. Bei manchen Blechen, wie z. B. bei Zinkblechen, liegen insofern andere Verhältnisse vor, als die Raumtemperatur im Gebiet oder gar über der Rekristallisationstemperatur liegt, wodurch die Verformbarkeit stark von der Verformungsgeschwindigkeit abhängig wird. Im Vergleich zu den in der Praxis üblichen Geschwindigkeiten ist daher mit dem normalen Tiefungsversuch die Zieh-

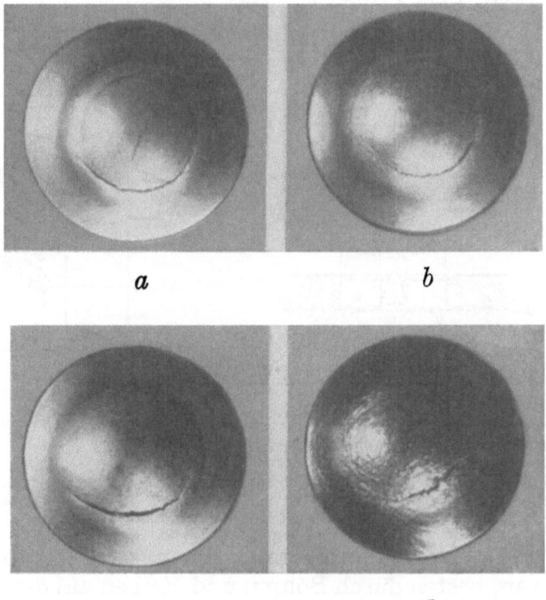

Abb. 34. Bruchbilder von Tiefungsproben nach M. SCHMIDT. *a* feines, gleichmäßiges Korn; *b* mittelfeines Korn; *c* Walzstruktur; *d* grobes Korn.

[1] Dissertation München 1929.
[2] Auszug im Stahl u. Eisen Bd. 44 (1924) S. 292.
[3] ESSER, H., u. H. AREND: Arch. Eisenhüttenw. Bd. 14 (1940) S. 223.
[4] Z. Metallkde. Bd. 25 (1933) S. 165/68, 210.
[5] KUMMER, H.: Masch. Bau Bd. 6 (1927) S. 764.
[6] SIEBEL, E., u. A. POMP: Mitt. KWI Bd. 11 (1929) S. 287.
[7] SCHMIDT, M.: Arch. Eisenhüttenw. Bd. 3 (1929) S. 213.
[8] EISENKOLB, F.: Stahl u. Eisen Bd. 52 (1932) S. 357.
[9] KAYSELER, H., u. W. PÜNGEL: Mitt. Kohle u. Eisenforsch. Dtmd. Bd. 2 (1939) S. 141.
[10] OEHLER, G.: Werkstattechnik (1938) S. 5.
[11] POMP, A., u. A. KRISCH: Arch. Eisenhüttenw. Bd. 13 (1939/40) S. 503.

fähigkeit von Zinkblechen nicht zu bestimmen[1-4]. Aus diesem Grund haben H. BARBIER und K. LOEHBERG[5] vorgeschlagen, die Erichsen-Tiefung für Zinkbleche dynamisch auf einer Stanze zu ermitteln.

k) Tiefziehweitungsversuch.

Dieser Versuch nach E. SIEBEL und A. POMP[6] zeigt eindeutige Beanspruchungsverhältnisse. Neben der Dehnungsfähigkeit läßt sich auch der Formänderungswiderstand bzw. die Zugfestigkeit mit guter Näherung bestimmen. Die Probe wird bei diesem Versuch unter radialen und tangentialen Zugspannungen verformt.

Eine gelochte Ronde gemäß Abb. 35 wird zwischen Niederhalter und Matrize fest eingespannt. Zur Vergrößerung der Reibung sind kreisförmige Riefen in beiden Werkzeugteilen eingedreht, um ein Gleiten der Probe zu verhindern. Der Stempel trägt einen Zentrierzapfen für Aufnahme der Probe, die am besten durch Bohren und Reiben auf den vorgeschriebenen Durchmesser gelocht wird, weil sich die Kaltverfestigung beim Stanzverfahren ungünstig auf das Versuchsergebnis auswirkt[7].

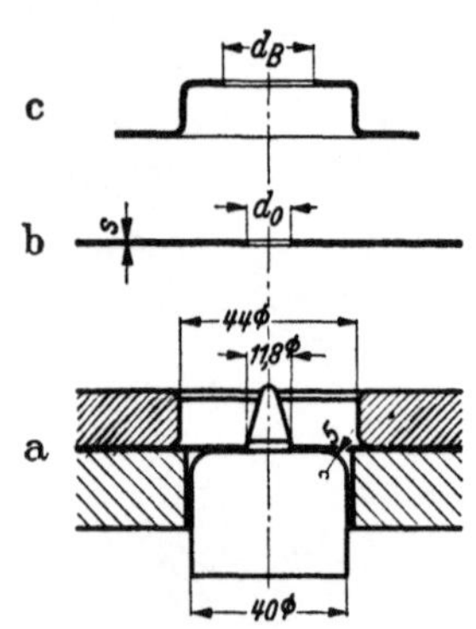

Abb. 35. Tiefziehweitungsversuch nach SIEBEL und POMP. *a* Prüfeinrichtung; *b* Blechzuschnitt (Probe); *c* geprüftes Blech.

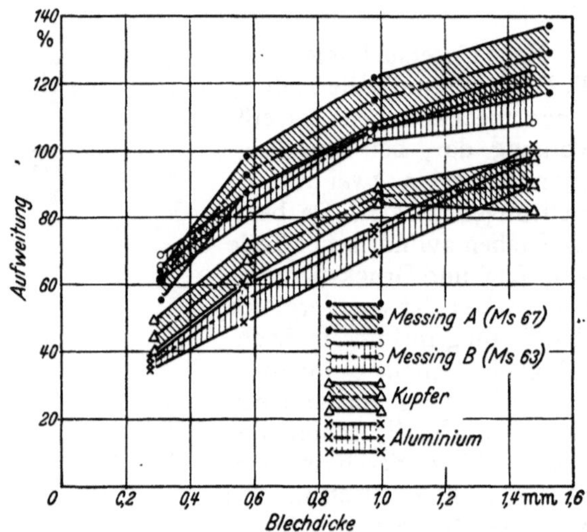

Abb. 36. Aufweitung von Metallbändern im Tiefziehweitungsversuch nach SIEBEL und POMP.

Der Ziehvorgang (Schmierung mit Vaselin zu beachten) wird bis zum Einreißen des Lochrandes durchgeführt. Dieser dehnt sich bis zu einem der Einschnürung des Zugversuchs entsprechenden Wert. Erst dann treten örtliche Einschnürungen mit radial verlaufenden Rissen auf.

Die dabei erreichte Aufweitung $E = \frac{d_B - d_0}{d_0} \cdot 100\,(\%)$ gilt dann als Gütemaß für die Ziehfähigkeit des Werkstoffes.

Trotz relativ starker Streuung der Aufweitung zeigt sich gemäß Abb. 36 ein klarer Unterschied für verschiedene Werkstoffe. Der Tiefziehweitungs-

[1] BAYER, E.: Metallwirtsch. 18 (1939) 740.
[2] KÄSTNER, H., u. E. Fischer: Z. Metallkde. Bd. 32 (1940) S. 93.
[3] GRUBER, H., u. B. TRAUTMANN: Metallwirtsch. Bd. 20 (1941) S. 851.
[4] ERDMANN-JESNITZER, F.: Z. Metallkde. Bd. 34 (1942) S. 59.
[5] Metallwirtschaft Bd. 18 (1939) S. 735.
[6] Mitt. KWI Bd. 11 (1929) S. 287 und Bd. 12 (1930) S. 115.
[7] BUSCHER, B.: Z. VDI Bd. 88 (1944) S. 346.

versuch spricht unter anderem auf Gefügeorientierung, Verfestigung und Körngröße an.

Die Zugfestigkeit kann in guter Näherung mit Hilfe folgender Formel ermittelt werden:

$$\sigma_B = \frac{1}{\pi} \frac{P_{\max}}{(D - d_0)\, s_0}$$

P aufgewandte Kraft; D Stempeldurchmesser; d_0 Lochdurchmesser der Probe vor dem Versuch; s_0 Blechdicke vor dem Versuch.

3. Technologische Prüfungen an Rohren.

Außer den ausgesprochenen Konstruktionsrohren werden die Rohre meist als Leitungsrohre für Gase und Flüssigkeiten verwendet und sind damit im Falle ihres Versagens meist in hohem Grade sicherheitsgefährdend; besonders wenn das strömende Medium im Zustand hohen Druckes oder hoher Temperatur ist. Daher sind oft mechanische, physikalische und chemische Beanspruchung gleichermaßen bedeutungsvoll, und Vorschriften des Kessel- und Apparatebaues regeln die Überprüfung solcher Rohre vor Inbetriebnahme.

a) Biegeversuch.

Dieser wird bei Rohren in gleicher Weise wie bei Flach- und Rundproben durchgeführt. Zwischen profilierten Rollen als Stützlager einerseits und Biegestempel andererseits werden die Rohre auf vorgeschriebenen Biegewinkel oder bis zum Anriß durchgebogen. Dünnwandige Rohre werden hierzu mit einer Füllung von Blei, Sand oder Rundeisen versehen. Als Maß der Verformbarkeit gilt der bei Anriß erreichte Biegewinkel.

b) Querfaltversuch.

DIN 1629 (Ausg. 9. 32) schreibt vor: bei Rohren unter 400 mm Nenndurchmesser, deren Wanddicke nicht mehr als 15% des Außendurchmessers beträgt, werden Abschnitte von 50 mm Länge zwischen zwei parallelen Platten bis zu einem Spalt x von auf die Wandstärke a bezogener Größe zusammengedrückt (s. Abb. 37). So wird x für den Werkstoff St 35 gleich $2a$, für St 45 gleich $4a$; für St 55 gleich $6a$ ohne Rißbildung gefordert. Nach DIN 50136 (Ausg. 9. 40) wird das Durchbiegen der gedrückten Rohrflächen durch Zwischenlage von Platten entsprechender Dicke vermieden.

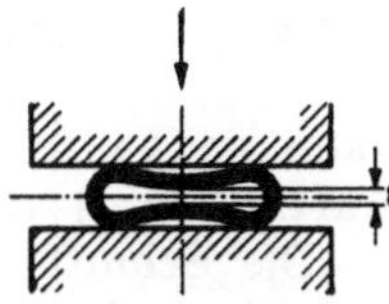

Abb. 37. Querfaltversuch an Rohren nach DIN 1629.

Der Querfaltversuch wird als normaler Kaltversuch, aber auch als Abschreck- oder Härteversuch durchgeführt: Nach Erwärmung auf 600 bis 650° C bzw. 850 bis 900° C wird in Wasser abgeschreckt und auf Faltvermögen geprüft.

c) Doppelfaltversuch.

Eine Verschärfung des Querfaltversuchs stellt der Doppelfaltversuch dar, bei dem das seitlich flachgedrückte Rohrstück einer zweiten Faltung in senkrechter Richtung zur ersten unterzogen wird (Abb. 38). Er entspricht dem Doppelfaltversuch bei Feinblechen und wird hier wie dort auch als Taschentuchversuch bezeichnet. Die gleich-

Abb. 38. Doppelfaltprobe an einem dünnwandigen Rohr.

zeitige extreme Verformung längs und quer zur Faserrichtung stellt eine scharfe Beanspruchung der beiden Faltecken dar. Die rißfreie Faltung dieser Art zeugt daher von hoher Geschmeidigkeit eines Werkstoffes. Die verwendeten Proben werden zweckmäßig doppelt so lang wie beim Querfaltversuch gewählt.

d) Rohrstauchversuch.

Guten Aufschluß über Beschaffenheit und Verformungsvermögen eines Rohrwerkstoffes ergibt sich auch aus dem Rohrstauchversuch. Rohrstücke in Länge doppelten Außendurchmessers werden zwischen Schraubstockbacken oder üblicher Presse bis zu starker Faltenbildung zusammengedrückt. Die Biegebeanspruchung wird dabei in Längs- und Querrichtung wirksam (s. Abb. 39).

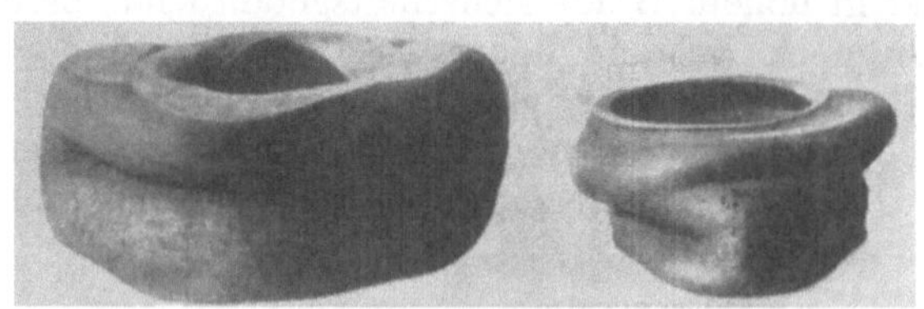

Abb. 39. Im Rohrstauchversuch geprüfte Abschnitte von dünnwandigen Kupferrohren.

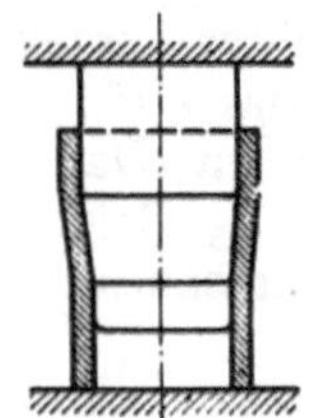

Abb. 40. Aufweitversuch nach DIN 50135.

e) Aufweitversuch.

Nach DIN 1629 (vgl. a. DIN 50135, Ausg. 1. 47) wird ein verjüngter Dorn mit Übergang zu einem zylindrischen Teil gemäß Abb. 40 in das Prüfrohr mittels Hammer oder besser Presse eingetrieben, bis der Zylinderteil etwa 30 mm eingedrungen ist.

Werkstoff	Aufweitverhältnis $\left(\frac{d_1 - d_0}{d_0} \cdot 100 = \%\right)$	
	bis 4 mm Wanddicke	über 4 mm Wanddicke
St 35	10%	6%
St 45	8%	4%

Nebenstehende Tabelle gibt das Maß der Aufweitung als Verhältnis zur Wanddicke an, das für die Abnahme von Rohren nach DIN 1629 (Stahlrohre) bindend ist. Die Prüfung kann an ganzen Rohren oder an Rohrabschnitten (Mindestlänge größer als Auftreibdorn) vorgenommen werden.

Die Schnittflächen sollen senkrecht zur Rohrachse und glatt, die Kanten gerundet sein. Der Dorn muß vor jedem Versuch gut eingefettet sein.

f) Bördelversuch.

Auf einen stärkeren Grad Formänderungsfähigkeit als der Aufweitversuch bezieht sich der Bördelversuch. Bei Prüfung gemäß DIN 1629 werden gerade Bördelungen von 60 und 90° vorgenommen. Hierzu werden Probestücke mit zur Rohrachse senkrechten Stirnflächen auf der Prüfseite geglättet und die Kanten gerundet. Ein Kegel von 120° und glatter Oberfläche wird zur 60°-Bördelung bis zum vorgeschriebenen Bördeldurchmesser eingedrückt. Zur 90°-Bördelung wird mit diesem Kegel nur vorgeweitet (vorgeschriebene Bördelbreite in Schrägmaß) und mit ebener Fläche nachgedrückt (Abb. 41). Rohrende und Druckkegel sind gut zu fetten.

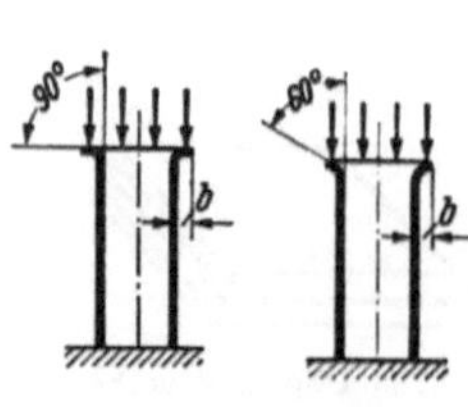

Abb. 41. Bördelversuch nach DIN 1629.

Rohre vom Werkstoff St 35 werden mit 90°, solche von St 45 mit 60° gebördelt. Die Bördelbreite b wird von innen gemessen und muß mindestens das $1^1/_2$fache der Wanddicke betragen. Sie darf nicht kleiner sein als 12% des Innendurchmessers. Dabei dürfen sich bei vorgeschriebener Güte keine Risse zeigen; ähnlich DIN 17175.

Andere Arten des Bördelversuchs sehen einen Bördeldorn gemäß Abb. 42 vor. Der Rundungsradius muß dann in brauchbarem Verhältnis zur Wanddicke gewählt werden.

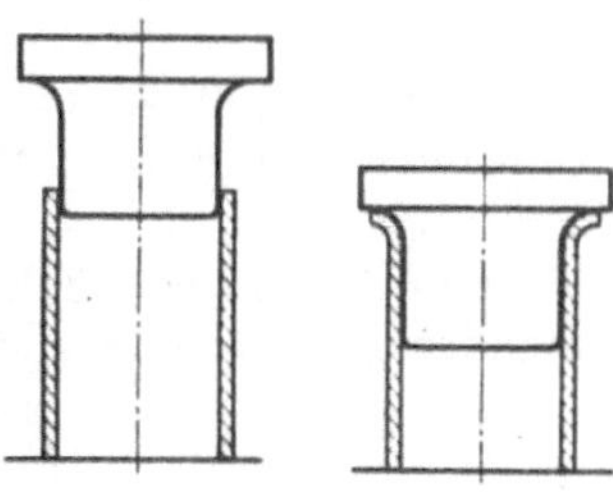

Abb. 42. Bördelversuch mit ausgerundetem Dorn.

g) Ringaufdornversuch.

Gemäß DIN 17175 Bl. 1 (Ausg. 10. 51) für Rohre bis 146 mm Außendurchmesser. Ringe von 10 mm Breite (mindestens gleich doppelter Wandung) mit parallelen, glatten Schnittflächen und gerundeten Kanten werden über einen glatten und gut gefetteten Aufweitdorn gepreßt; nach Bruch wird die Dehnung in % festgestellt: $\frac{d_1 - d_0}{d_0} \cdot 100$. Kennzeichnend sind neben der Aufweitung die Einschnürung, das Bruchaussehen sowie die Zahl und Art der aufgedeckten Fehlstellen. Versuchsauswertungen verschiedener Abhängigkeitsverhältnisse von Wandung zum Außendurchmesser und Versuchsbilder zeigen die Abb. 43 bis 45.

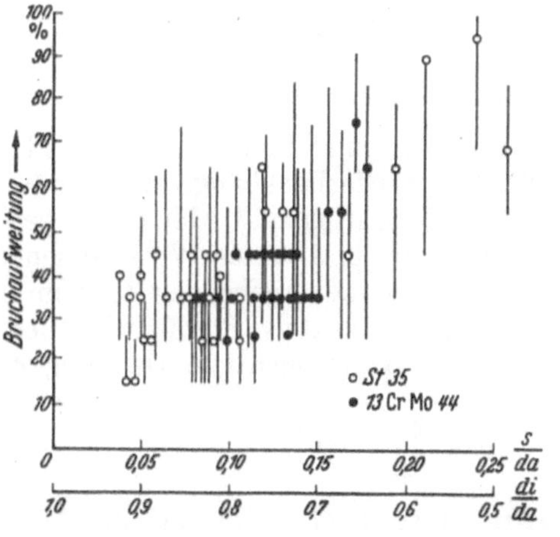

Abb. 43. Abhängigkeit der Bruchaufweitung beim Ringaufdornversuch von den Rohrabmessungen nach K. WELLINGER.
s Wanddicke; di Innendurchmesser; da Außendurchmesser.

Abb. 44. Aufdecken eines Fehlers im Rohr durch den Ringaufdornversuch. Der an der Probe sich zeigende Riß ist durch einen Anschliff am Rohr selbst bestätigt.

Diese Versuchsart wird gewählt, um Auswirkungen der Glühbehandlung, Alterung, unganze Stellen, wie Schiefer, Schalen und Doppelungen, festzustellen bzw. aufzudecken.

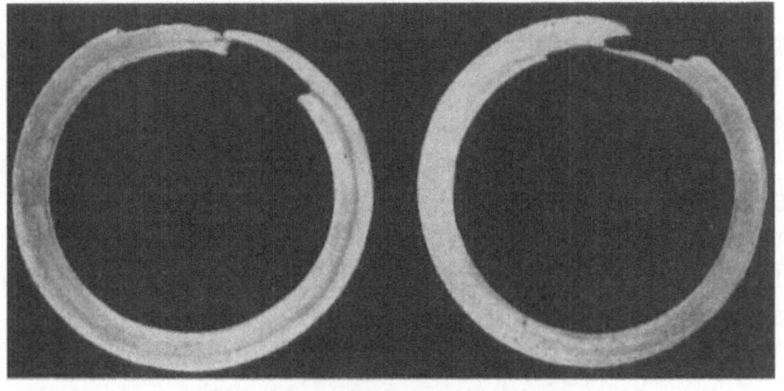

Abb. 45. Fehlerhafte Ringaufdornproben.

h) Ringzugversuch.

Bei Rohren über 146 mm Außendurchmesser wird nach DIN 17175 der Ringzugversuch durchgeführt. Probenbreite gleich doppelter Wanddicke. Zubereitung der Probe wie unter g).

Beim Ringzugversuch mit ganzen Ringen werden die Ringe über zwei einander gegenüberliegenden Bolzen in einer Zugprüfmaschine zu Bruch gebracht. Die Bolzen sollen so bemessen sein, daß die freie, der Zugwirkung ausgesetzte Länge des Ringumfanges möglichst groß ist.

Beim Ringzugversuch mit geteilten Ringen werden am gleichen Rohrende zwei Ringe abgetrennt, jeweils im Durchmesser halbiert, und zwar derart, daß der Halbierungsschnitt der nebeneinanderliegenden Ringe um 90° versetzt ist. Die einzelnen Ringhälften werden in rotwarmem Zustand geradegerichtet und dem Zugversuch unterworfen. Durch die Art der Teilung gelangt der gesamte Rohrumfang zur Prüfung.

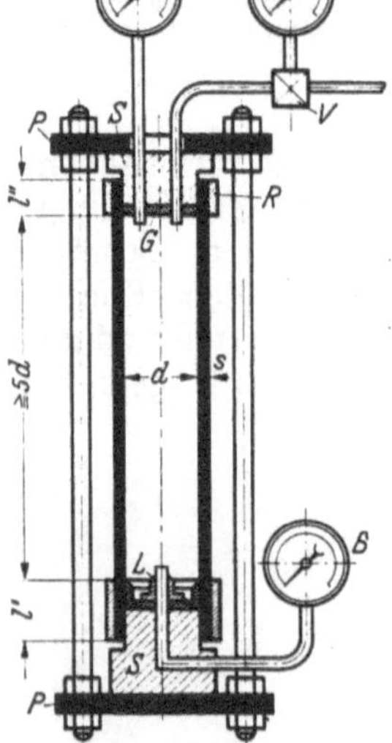

Abb. 46. Einrichtung für den Innendruckversuch an Rohren bis zur Zerstörung der Probe nach DIN 50105. *A, B, C* verschiedene Möglichkeiten des Manometeranschlusses; *G* Gummidichtung; *L* Lederstulpen; *P* Einspannplatten; *R* Stützringe; *S* Verschlußstopfen; *V* Regelventil.

i) Innendruckversuch.

Im Innendruckversuch nach DIN 50105 (Ausg. 1.47) werden Rohrabschnitte in 5facher Länge des Nenndurchmessers an beiden Enden gemäß Abb. 46 in geeigneter Weise verschlossen und unter Wasserinnendruck gesetzt. Aus der sich dabei ergebenden Zunahme des Rohrumfanges ΔU, die mittels Stahlbandmaßes ermittelt wird, läßt sich die tangentiale Dehnung δ in % errechnen:

$$\delta = \frac{\Delta U}{U_0} \cdot 100.$$

Nach DIN 50104 (Ausg. 1.47) wird auf die Zerstörung der Probe verzichtet (Abdrückversuch) und lediglich die Dichtheit unter einer bestimmten Innendruckbelastung (Prüfdruck) nachgewiesen. Dieser ist entsprechend dem jeweiligen Betriebsdruck aus den zuständigen Vorschriften zu entnehmen. Beim Versuch müssen die Außenwände gut trocken gehalten werden, um Fehlstellen erkennen zu lassen.

4. Technologische Prüfungen an Ringketten.

Die Ringkette wird in der Hauptsache da angewandt, wo hohe Kraftübertragung auf größere Abstände, starke Abwinkelung, gezahnter Eingriff, Verkürzung und Verlängerung (Zurückbacken) oder ähnliches gefordert werden.

Bezüglich der Festigkeit einer Kette gilt die wichtige Regel, daß sie nur so stark ist wie ihr schwächstes Glied. Diese Erkenntnis verpflichtet bei Abnahme und Zwischenprüfung zur gewissenhaften Durchsicht aller Glieder, besonders nach längerer Inbetriebnahme. Als technologische Versuche sind folgende gebräuchlich:

a) Faltversuch.

Eine kettenüblich verschweißte Rundprobe muß sich gemäß DIN 1613, Bl. 2 (Ausg. 4.43) um einen Dorn gleichen Durchmessers falten lassen, ohne

Risse zu erhalten (Versuchsdurchführung nach DIN 50121, Ausg. 11. 52). Ungeschweißter Kettenrundstahl muß bei kalter Faltung bis zur flachen Berührung der Schenkel ebenfalls ohne Anriß bleiben.

b) Zugbruchversuch.

Zur Prüfung fertiger Ketten.

Ein Abschnitt von 3 Gliedern bzw. 5 Gliedern bei Ketten unter 13 mm Nenndicke wird einer zügigen Belastung bis zum Bruch unterworfen und die Bruchlast festgestellt.

c) Reckversuch.

Der Reckversuch dient zur Prüfung fertiger Ketten und zur laufenden Betriebsüberwachung. Hierzu wird die Kette in ihrer ganzen Länge einschließlich Ring und Haken (Schäkel) stoßfrei und ohne Verdrehung belastet.

Zur Betriebsüberwachung ist im allgemeinen eine Recklast von 1,5fachem Wert der Nutzlast vorgesehen.

Bei Hubketten, die im Hebezeug geprüft werden, kann dieser Betrag auf 1,25 herabgesetzt werden. Nach dem Versuch ist Glied für Glied auf schlechte Schweißungen, Anrisse usw. zu untersuchen. Wenn einzelne Glieder wegen Versagens ersetzt werden müssen, ist der ganze Versuch zu wiederholen.

Um Alterung des Kettenwerkstoffes nach dem Reckversuch zu verhindern, wird nach DIN 685 (Aus. 10. 54) Normalglühen empfohlen.

5. Technologische Prüfungen an Nieten, Schrauben und Muttern.

Zum Zwecke des Schließkopfsetzens an Nieten wird eine gute und leichte Verformbarkeit des Nietwerkstoffes gewünscht; jedoch auch deshalb, weil der Schaft sich beim Setzvorgang gut stauchen lassen soll, um in seinem Durchmesser zu wachsen und so die Nietlochbohrung auszufüllen; denn nur so wird sie in vollem Maß die ihr zugedachten Scherkräfte aufnehmen und damit ihren Zweck voll erfüllen können.

Bedenkt man dabei, daß die Kaltverformung oft, und auch bei Nieten, unliebsame Sprödigkeit nach sich zieht, so ist das Ziel der Abnahmebedingungen für Nietwerkstoffe leicht erkennbar. Bei Nieten über 10 mm Durchmesser ist beim Werkstoff Stahl Warmverarbeitung gebräuchlich. Dies bedingt für diesen Durchmesserbereich ein besonderes Augenmerk auf deren Auswirkung.

Bei Schrauben und Muttern tritt als für deren Festigkeit gefährliche Auswirkung das Gewinde in Erscheinung. Behinderung des Kraftflusses, wie durch die Gewindegänge gegeben (Kerben), ergibt ungleiche Spannungsverteilung. Im besonderen aber beim Schraubenbolzen der Übergang zum Kopf, dem die gesamte Last des Schraubenzugs aufgetragen ist, und bei der Mutter die Ausweitkräfte, die beim Spitzgewinde infolge der Keilwirkung der tragenden Flanke gegeben sind.

Folgende Versuche sind als technologische Prüfverfahren gebräuchlich:

a) Faltversuch.

Ausführung nach DIN 1605, Bl. 4.

Nach den Bau- und Werkstoffvorschriften für Dampfkessel und einigen anderen Vorschriften ist Schweißstahl völlig, d. h. bis zum Aneinanderliegen der Schenkel, Flußstahl mit Zwischenlage von $^1/_5$ der Probendicke zu falten, wobei keine metallischen Anrisse entstehen dürfen.

b) Stauchversuch[1].

Der Stauchversuch ist für die Prüfung von Kesselnieten, Kesselanker und Schraubenwerkstoff gebräuchlich.

Nach DIN 1613, Bl. 1 werden Rundproben (dort Nietschäfte) in Höhe von doppelten Durchmessern in rotwarmem Zustand auf $^1/_3$ ihrer Höhe gestaucht, wobei keinerlei Risse entstehen dürfen (Abb. 47).

Abb. 47. Gestauchte Proben verschiedener Größe (Werkstoff: St 38.13). Dabei zeigt *a* ausgerundete Furchen, welche durch Oberflächenriefen verursacht sind; *b* flache, ausgerundete und scharfe, tiefe Risse, wobei letztere in gleicher Weise wie bei *c* auf Rotbruch infolge austretender Seigerungen zurückzuführen sind; *d*, *e*, *f* zeigen wenige scharfe Anrisse.

c) Ausbreitversuch.

Der zu prüfende Niet wird in eine senkrecht zur Oberfläche stehende Aufnahmebohrung des Nietschaftes gesteckt, mit einem Hammer der Kopf platt geschlagen bis zur Höhe von $^1/_5$ des Schaftdurchmessers (s. Abb. 48). Bedingung gilt als erfüllt, wenn dabei keine Risse entstehen.

d) Lochversuch[1].

In einen rotwarmen Nietschaft wird im Abstand von mindestens 1,5 *d* vom Schaftende einwärts quer zur Achse ein Loch vom Durchmesser des Schaftes geschlagen (s. Abb. 49), wobei keine Anrisse entstehen dürfen.

e) Stauchlochversuch[1].

Eine Verbindung von Stauch- und Lochversuch. Eine dem Stauchversuch unterworfene Probe soll sich anschließend (rotwarm) mit einem Dorn vom Durchmesser der Probe vor der Stauchung ohne Rißbildung lochen lassen.

Bureau Veritas schreibt einen ähnlichen Stauchlochversuch vor, wobei eine Probe in Höhe doppelten Durchmessers auf ein Viertel gestaucht und dann mittels Durchschlag vom Durchmesser $^3/_4$ Probenanfangsdurchmesser gelocht wird. Versuch gilt als erfüllt, wenn dabei keine Risse entstehen.

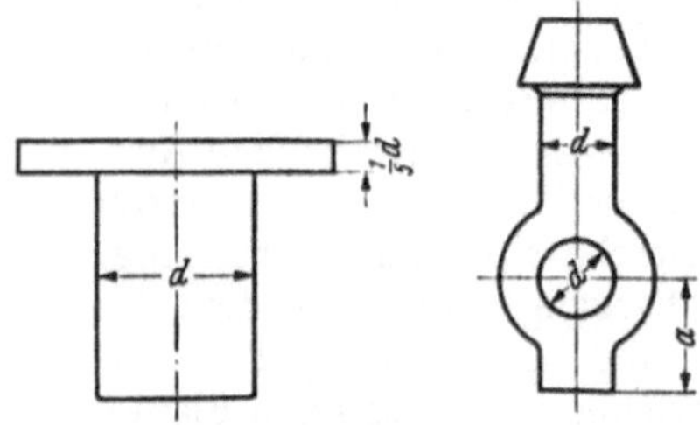

Abb. 48. Ausbreitversuch an Nietköpfen.

Abb. 49. Nietlochversuch.

f) Kopfschlagversuch.

Für die Prüfung von Nieten und Schrauben sind einige Kopfschlagversuche gebräuchlich, die den stark gefährdeten Übergang von Schaft zum Kopft ins Blickfeld rücken.

Beim gewöhnlichen Kopfschlagversuch wird Niet oder Schraube so auf eine feste Stahlunterlage gelegt, daß das Schaftende über die Unterlagenkante herausragt (s. Abb. 50a). Drei wuchtige Schläge eines 3 kg-Hammers auf den Kopfteil dürfen kein Ein- oder Abreißen verursachen. In anderer Art dieses Versuchs wird der Niet oder der Schraubenbolzen in eine Bohrung von Größe

[1] Warmversuch.

des Schaftdurchmessers gesenkt (s. Abb. 50b). Schlag und Auswertung wie oben. Für Warmnieten wird nach manchen Prüfvorschriften ein vorheriges Anwärmen auf Rotglut mit folgender Abkühlung in Luft gestattet, um so dem Betriebszustand nahezukommen.

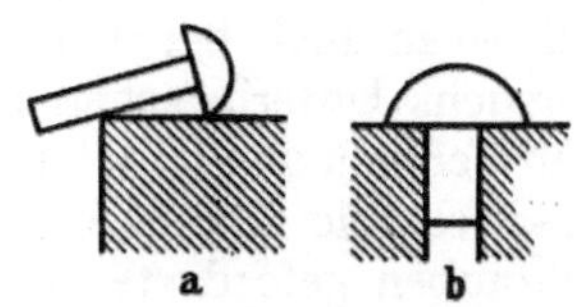

Abb. 50. *a* Kopfschlagbiegeversuch; *b* Kopfschlag-Ausbreitversuch.

Im Schräg-Kopfschlagversuch (s. Abb. 51) wird der Schaft des Probeniets 1 bis 2 mm vom Kopf entfernt auf 2 mm Tiefe durch Meißelhieb gekerbt und in einen Schrägblock von 15° Neigung und senkrecht zur Basis geführter Aufnahmebohrung gesenkt; die Kerbstelle weist dabei in Steigrichtung des Keiles. Mit in Nietachse geführten Hammerschlägen wird der Kopf in Gleichlage mit der Winkelebene gebracht. Dabei dürfen sich keine Risse bilden.

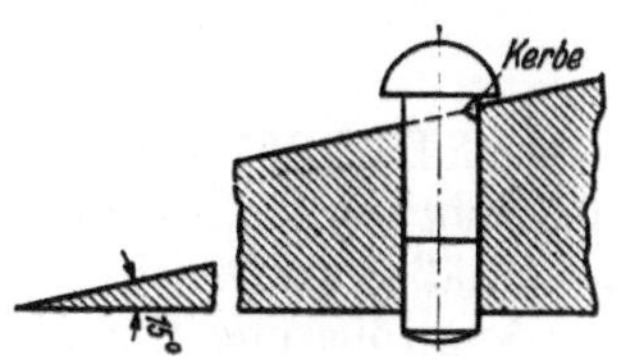

Abb. 51. Schrägkopfschlagversuch an Nieten nach DIN 101.

Im Kopfschlagversuch nach DIN 267 (Ausg. 1. 54) werden Schrauben in eine Vorrichtung gesenkt, deren eine Wange mit $\alpha = 10°$ oder $30°$ geneigt ist (s. Abb. 52). Der Winkel α ist auf den Werkstoff abgestellt und beträgt 10° für solchen mit einer Bruchdehnung (δ_5) von weniger als 16% und 30° für solchen mit mehr als 16%. Mit einigen Hammerschlägen wird der Kopf der Probe auf den Winkel der schrägen Wange gebracht, wobei keine Werkstoffrisse entstehen dürfen. Der Versuch ist für Schrauben bis zu 16 mm Schaftdurchmesser vorgesehen.

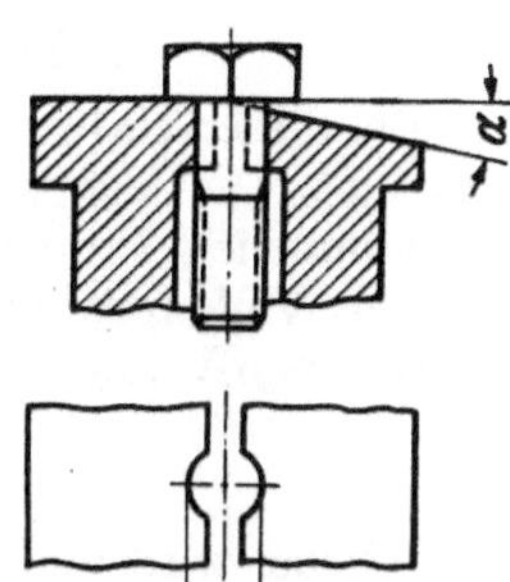

Abb. 52. Kopfschlagversuch an Schraubenbolzen nach DIN 267.

g) Gewindefaltversuch.

Zur Prüfung der Kerbempfindlichkeit bei Schraubenwerkstoffen für hohe Beanspruchung wird der Gewindefaltversuch gemäß Abb. 53 durchgeführt. Das Gewinde der Probe soll sauber geschnitten, eventuell geschliffen sein.

Um Beschädigung des Gewindes an der Biegestelle zu vermeiden, werden Druckstücke mit Kupfer- oder Bleiauflage verwendet. Die Faltung erfolgt bis zum Aneinanderliegen der Schenkel. Ein Vorbiegen in größerem Durchmesser ist aber unbedingt erforderlich.

Der Versuch gilt als erfüllt, wenn der Gewindegrund ohne klaffende Risse bleibt. Haarrisse sind zulässig.

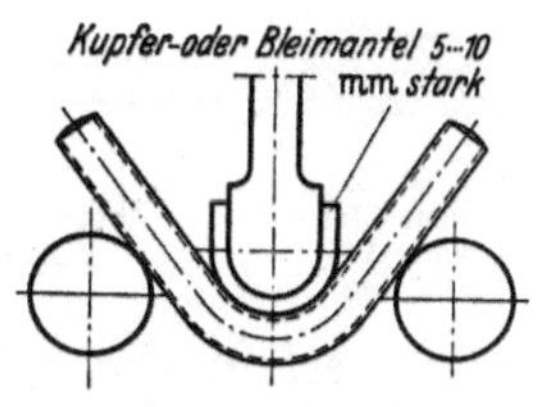

Abb. 53. Gewindebiegeversuch.

h) Abwürgeversuch.

Nach DIN 267 (Ausg. 1. 54) muß der zu prüfende Schraubenbolzen eine Gewindelänge von mindestens 1,5 *d* haben (bei zu kurzer Gewindelänge verblieben bei aufgeschraubter Mutter keine oder zu wenig Prüflänge für Gewindebereich und Nachstellen der Mutter mit fortschreitender Dehnung während des Versuchs). Die Mutter soll von gleichen Werkstoffeigenschaften sein wie der Bolzen. Zwischen Bolzenkopf und Mutter wird ein Zwischenring aus zweckmäßigem Werkstoff (mit Rücksicht auf Druck und Reibung härter als der Prüfwerkstoff) gegeben. Sein Außendurchmesser sei rund 2 *d*, seine Höhe so, daß genügend Gewindereserve für das Nachstellen der Mutter verbleibt. Um unmäßiges Dehnen und damit unmäßiges Auflaufen der Mutter auf bereits gedehntem Gewinde zu vermeiden, ist das Bolzengewinde zweckmäßig ziemlich nahe am Kopf zu wählen. Andernfalls — so auch bei Werkstoffen mit großer Dehnung — müssen während des Versuchs Unterlegscheiben nachgelegt werden. Alle gleitenden Teile sind vor dem Versuch gut zu fetten. Das Nachziehen der Mutter erfolgt bis zum Bruch. Ausreichende Dehnung und deutliche Brucheinschnürung zeigen die für Schrauben geforderte Zähigkeit an.

Gleicher Versuchsdurchführung unterliegt die Prüfung von Muttern durch Abwürgen: Bei gleichem Werkstoff von Bolzen und Mutter darf diese nicht platzen bevor der Bolzen reißt.

i) Aufdornversuch für Muttern.

Nach DIN 267 werden die zu prüfenden Muttern auf ihren Kerndurchmesser aufgebohrt und mit einem glatten, gefetteten Dorn mit Kegel 1 : 100 unter gleichmäßigem Druck aufgetrieben. Der Kerndurchmesser der Mutter muß eine Vergrößerung um 8% ertragen, ohne zu reißen.

k) Kerbbruchversuch.

Nach DIN 267 (für vergütete Schrauben) wird die Schraube am gewindefreien Teil des Schaftes bis zur Mitte eingesägt und abgeschlagen. Dabei soll ein Schiebebruch (plastische Verformung) mit mattgrauer Bruchfläche zu erkennen sein.

6. Technologische Prüfungen an Formstahl.

Bei dieser Untersuchungsgruppe handelt es sich um gewalztes oder gezogenes Gut. Die Untersuchung in technologischer Hinsicht ist weitgehend mit entnommenen Proben auf die der Blechprüfung (Abschn. 1) beschränkt.

Bei Winkelprofil kleinerer Abmessungen sind die beiden nachfolgend beschriebenen Versuche gebräuchlich, die Arten abgewandelter Faltversuche darstellen.

a) Zusammenschlagversuch.

Hierbei wird eine Probe von etwa 100 mm Länge bis zum flachen Aneinanderliegen der Winkelschenkel zusammengeschlagen oder zusammengepreßt (s. Abb. 54).

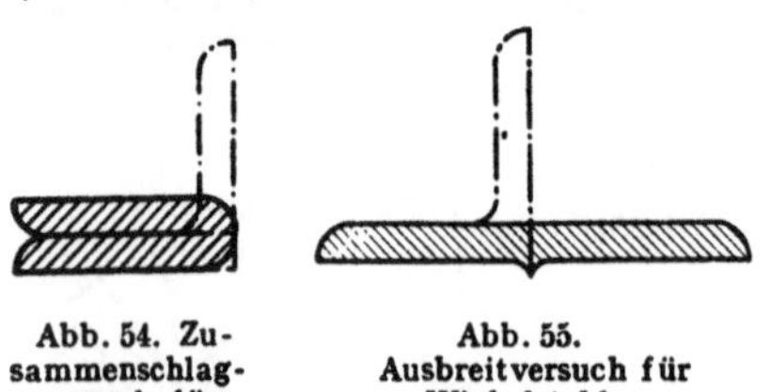

Abb. 54. Zusammenschlagversuch für Winkelstahl.

Abb. 55. Ausbreitversuch für Winkelstahl.

b) Ausbreitversuch.

Die Winkelschenkel werden durch Schlag oder Druck in gemeinsame Ebene gebracht (s. Abb. 55).

Anrisse zeigen sich bei sprödem Werkstoff, bei Seigerung oder Schlackenzeilen u. ä., besonders beim Ausbreitversuch. Bedingung des Versuchs gilt daher nur als erfüllt, wenn keine Risse entstehen. Für Winkelprofil mit scharfer Innenkante ist der Ausbreitversuch zu scharf und daher ungeeignet.

7. Technologische Prüfungen an Gußstücken.

a) Fallversuch.

Neben dem Faltversuch an herausgearbeiteten Probestücken (s. Abschn. 1) werden insbesondere Stücke aus Stahlguß durch den Fallversuch geprüft. Meist bezieht er sich auf Gußstücke, deren Gebrauch mit entsprechender Stoßbelastung (durch Fall) verbunden ist. Doch werden auch andere Gußkörper diesem Versuch unterworfen, um übermäßige innere Spannungen und grobe Gußfehler zu erkennen.

Das ganze Gußstück wird dabei von angemessener Höhe, die sich nach Werkstoff, Wanddicke, Gestalt und Abmessung richten muß, auf eine kompakte Unterlage fallen gelassen. (In manchen Fällen kann auch ein Kippen oder Fallenlassen aus Schräglage zweckmäßig sein.)

Als Beispiel sei eine Vorschrift des Germanischen Lloyd für Fallversuche an Schiffsankern angeführt:

Jeder Anker ist auf eine Unterlage aus Stahl von 100 mm Dicke, die auf Mauerwerk von 1 m Höhe ruht, auffallen zu lassen. Besteht er aus zwei oder mehreren Teilen, gilt jedes Teil als Probestück. Die Fallhöhe ist aus nebenstehender Zusammenstellung ersichtlich.

Fallhöhe in m	für Gußstücke von kg
4,5	bis 750
4	750 bis 1500
3,5	1500 bis 5000
3	über 5000

Gewöhnliche Anker werden ein zweites Mal senkrecht mit der Krone nach unten zeigend aus vorgeschriebener Höhe auf zwei stählerne Blöcke derart fallen gelassen, daß jeder Arm des Ankers annähernd in seiner Mitte aufschlägt.

Der Versuch gilt als erfüllt, wenn keine Risse oder Brüche entstanden sind. Ob dabei schlecht geglühter oder mit starken Seigerungen durchsetzter Werkstoff ausgeschieden werden kann, mag unsicher sein. Dagegen werden Stücke mit zu hohen Eigenspannungen die Prüfung in keinem Fall überstehen.

b) Klangversuch.

Freischwebend aufgehängte Gußstücke werden mit dem Hammer angeschlagen. Bei „gesundem" Werkstück wird dabei ein klarer Klang hörbar sein, der freilich je nach Werkstoff, Gußform und -größe sowie Aufhängepunkt nach Höhe und Klangfarbe (Ober- und Untertöne) weitgehend verschieden sein kann. Sind aber Risse oder starke Lunkerstellen vorhanden, so entsteht beim Anschlagen ein klirrender bzw. dumpfer Ton. Am sichersten läßt sich der Versuch unter Vergleichstücken auswerten. Vielfach geht dieser Klangversuch dem Fallversuch voraus.

8. Technologische Prüfungen an Federn.

Die Eigenart der Federn hinsichtlich ihrer Verwendung erklärt sich aus dem großen elastischen Verformungsvermögen.

Abb. 57. Prüfeinrichtung für Blattfedern; die Federenden sind auf Rollen gelagert.

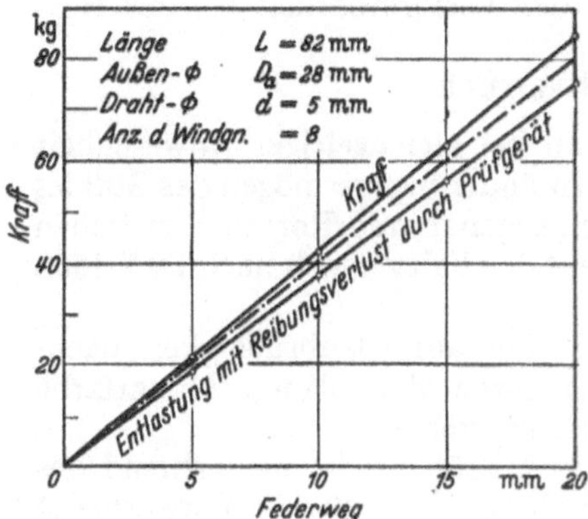

Abb. 56 Kennlinie einer geführten Schraubenfeder.

Zu den technologischen Aufgaben der Federprüfung zählt in erster Linie die Messung des Federwegs in Abhängigkeit der Kraft. Die graphische Aufzeichnung des Ergebnisses ergibt das Federdiagramm, das bei zylindrischen Schraubenfedern gleichmäßigen Drahtquerschnitts eine gerade Kennlinie ergibt, die sich aus dem Verhältnis ableitet: $C = P/f$, wenn P die Kraft in kg;

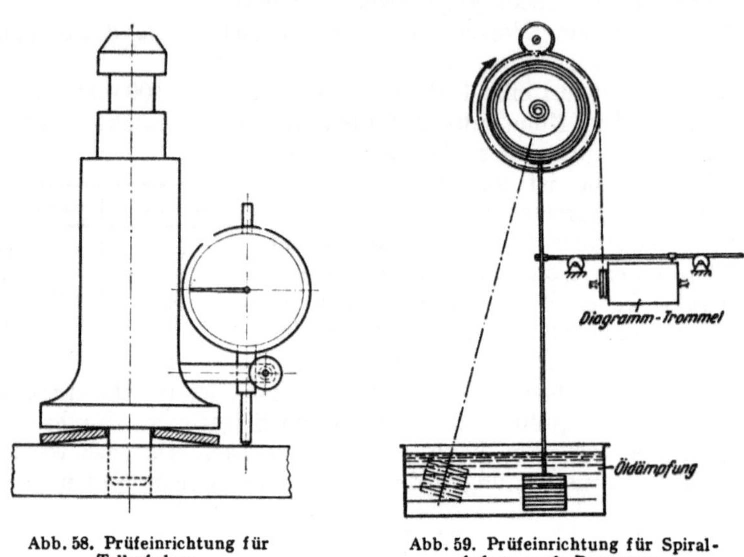

Abb. 58. Prüfeinrichtung für Tellerfedern.

Abb. 59. Prüfeinrichtung für Spiralfedern nach POELLEIN.

f den Federweg in mm; C die Federkonstante bedeuten (s. Abb. 56). Die Federkonstante zeigt also die für jeden mm Federweg erforderliche Belastung in kg an.

Federn werden in der Regel ihrer Verwendung entsprechend geprüft. Eine Prüfeinrichtung für Blattfedern zeigt Abb. 57, für Tellerfedern Abb. 58 und eine solche für Spiralfedern Abb. 59.

B. Warmversuche
für allgemeinen Anwendungsbereich.

Außer den technologischen Werkstoffeigenschaften bei Raumtemperatur interessieren in vielen Fällen auch die bei höherer Temperatur; teils solcher Verwendung wegen, teils aber aus Gründen der Verformbarkeit bei der Herstellung.

1. Warm-Biege/Faltversuch.

Ein höherer Gehalt an Schwefel vor allem bei gleichzeitiger Anwesenheit von Sauerstoff (Arsen) verschlechtert das Formänderungsvermögen des Stahles bei der Warmformgebung stark und führt den sogenannten Rotbruch zwischen 700° C und 1100° C herbei. Zum Nachweis dient der Faltversuch nach DIN 1605 Blatt 4 mit rotwarmen Proben.

Auf die gleiche Weise werden weiche Stähle auf Blaubrüchigkeit nachgeprüft, die durch Verarbeiten bei Temperaturen der blauen Anlauffarbe (200° bis 300° C) durch Alterungssprödigkeit entstehen.

Am zweckmäßigsten wird hierbei Probe und Prüfeinrichtung während des Versuchs in bewegtem Öl- oder Salzbad gehalten. Nach 20 min Vorwärmzeit wird der Versuch durchgeführt. Ungenauer ist das Verfahren in Raumluft, wo wegen der raschen Abkühlung Probe und Gerät um rund 50° überwärmt werden müssen.

2. Ausbreitversuch.

Seit alters ist er bekannt zur Prüfung von Hufnägeln. Diese in glühendem Zustand breitgehämmert, dürfen weder sich spalten noch „zerfetzen". Seine heute allgemein übliche Anwendung betrifft Flachproben aus den zu prüfenden Werkstoffen, die bis zum Reißen der Ränder ausgeschmiedet werden; dabei ist darauf zu achten, daß diese parallel den Ausgangsrändern bleiben.

Als Gütewert gilt dann das Verhältnis der Breitenausweitung zur ursprünglichen Breite. Oder, wenn in die Länge geschmiedet wird: Verlängerung zur ursprünglichen Länge. Also

$$\frac{b_1 - b_0}{b_0} \quad \text{bzw.} \quad \frac{l_1 - l_0}{l_0} = \text{Gütegrad.}$$

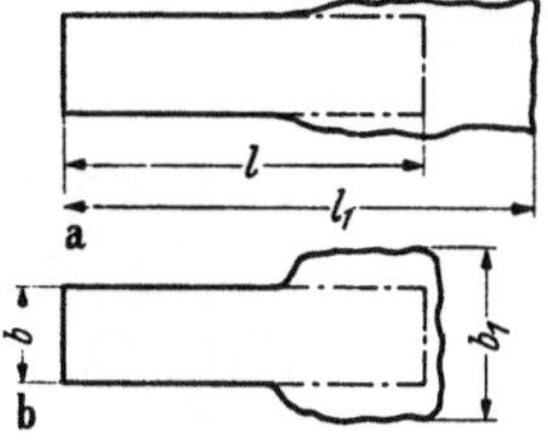

Abb. 60. Ausbreitversuch. a Ermittlung der Streckung; b Ermittlung der Breitung.

Üblicherweise ist die Probenbreite gleich dreifacher Dickenabmessung und die Probenlänge rund 400 mm. Längskanten in Walzrichtung. Die Hammerfinne ist mit 15 mm Radius gerundet.

Wenn beim Ausschmieden bei parallelen Rändern eine Ausbreitung ($b_1 - b_0$) von 1,5facher Anfangsbreite ohne Rißbildung erreicht wird, gilt der Versuch als erfüllt (Abb. 60).

3. Stauchversuch.

Dieser Versuch wird zu genaueren Zwecken auf dem Hammerwerk, zu weniger genauen mit dem Handhammer durchgeführt. Als Probenform ist ein Rundzylinder üblich, dessen Verhältnis Höhe/Durchmesser gleich 1 : 1 bis 1 : 2 ist. Kleinere Verhältnisse erschweren die Beobachtung des Stauchvorgangs, höhere verursachen Ausknickung. Die Enden seien planparallel, die Zylinderwand bearbeitet oder nicht. In einem Fall können freigelegte Schlackenzeilen, Seigerungen, Gasblasen das Aufreißen unter Last begünstigen und so das Ergebnis verwischen, im andern Walz- oder Ziehriefen (s. u.). Die Verformung hat mit vielen kurzen Hammerschlägen zu erfolgen. Ein Augenmerk ist auf die richtige Temperatur zu richten. Geringe Abweichungen können besonders bei höher gekohlten Stählen größere Veränderungen des Versuchsergebnisses verursachen.

Auch ist es unzulänglich, die Temperaturbestimmung allein dem Auge zu überlassen.

Als Gütewert wird entweder das Verhältnis der Höhenverminderung zur Ausgangshöhe $\left(\frac{h_1 - h_0}{h_0}\right)$ bis zum Einriß der Zylinderwand gewählt oder die Rißfreiheit der Probe nach bestimmter Stauchung (s. Abb. 47).

Die sichere Beurteilung eines Stauchversuchs scheitert oft daran, daß nicht eindeutig gesagt werden kann, was als Riß anzusehen ist. Nur selten kommen Risse vor, die tief in das Innere der gestauchten Probe eindringen und die auf Sprödigkeit zurückzuführen sind. Häufiger sind furchenartige Vertiefungen oder Anrisse, die in axialer Richtung an der Probenwandung verlaufen. Haben diese eine flache und ausgerundete Form, so ist anzunehmen, daß sie nur eine Ausweitung vorhandener Zieh- und Walzfehler darstellen und deshalb für die Beurteilung des Werkstoffes nicht maßgebend sein können. Tatsächliche Risse sind durch Rotbruch, Gasblasen und Schlackenzeilen, somit also durch Werkstoffehler bedingt. Aufgerissene Schlackenzeilen lassen sich von Rotbruchrissen im Zweifelsfall leicht durch einen Schwefelabdruck nach BAUMANN unterscheiden.

4. Lochversuch.

Ein flacher Probestreifen wird über einer Lochplatte mittels kegeligem Dorn (Stifthammer und Vorschlaghammer) längs der Probenkante mehrmals bei abnehmendem Abstand zu ihr gelocht und der geringste Abstand, der ohne Anriß ertragen wird, gemessen und als Gütemaß gewertet.

Abb. 61. Stauchlochversuch mit starker Rißbildung am Probenrand. *a* Probe gestaucht; *b* Probe gestaucht und gelocht.

Zur Vermeidung fehlführender Ergebnisse soll der Kegel des Lochdorns etwa ein Verhältnis 1 : 10 haben und sein Enddurchmesser $^1/_2$ bis $^3/_4$ der Probendicke messen. Der raschen Abkühlung dünner Wandungen wegen, wie sie zwischen Dorn und Außenkante der Probe durch Werkzeug einerseits und Raumtemperatur andererseits gegeben ist, muß auf rasches Arbeiten bei aufmerksamer Überwachung der Temperatur geachtet werden. Eine Abart dieses Versuchs stellt der Stauchlochversuch als eine Kombination aus Stauch- und Lochversuch dar. Hierbei werden vorgestauchte Proben (s. Abschn. A 5 e) zusätzlich mittels kegeligem Dorn gelocht (s. Abb. 61).

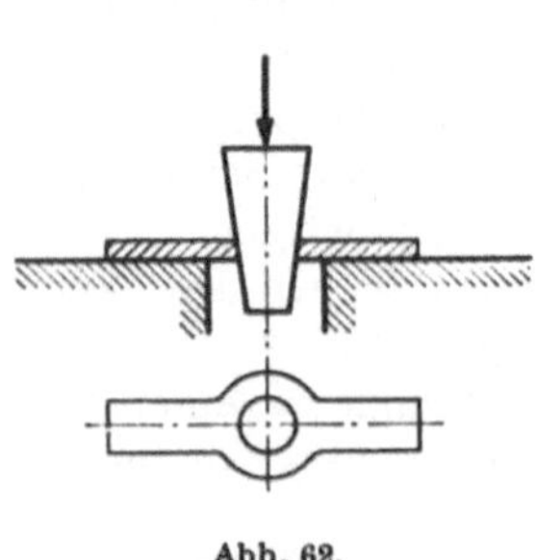

Abb. 62. Aufdornversuch.

5. Aufdornversuch.

Als Probe wird ein Streifen in Breite gleich seiner 5fachen Dicke a gewählt. In rotwarmem Zustand wird über einer Lochplatte als Unterlage ein kleiner kegeliger Dorn (Kegel 1 : 5 und $D = 2a$) zur Bildung eines Vorloches in Breitenmitte des Probenstückes eingeschlagen. In dieses Vorloch wird ein größerer Dorn mit Kegel 1:10 getrieben, bis der Probenrand zu reißen beginnt (s. Abb. 62). Bewertung erfolgt aus der Beziehung $\frac{d_2 - d_1}{d_1}$ (d_1 Vorlochdurchmesser, d_2 Enddurchmesser).

6. Zug-Schmiedeversuch.

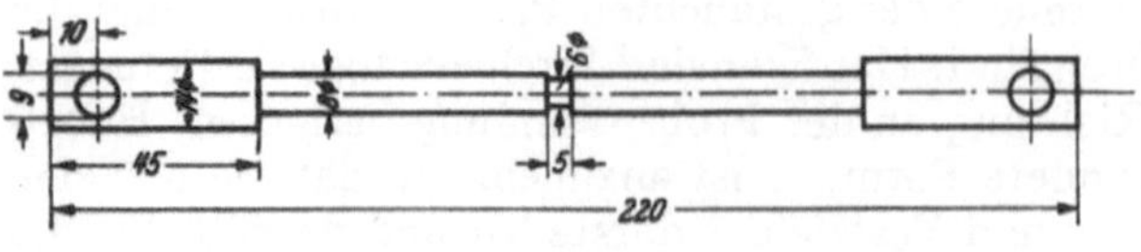

Abb. 63. Zugschmiedeprobe. (Nach R. CANARD.)

Zur wertmäßigen Erfassung des Schmiede- und Walzbarkeitsgrades wird eine Probe gemäß Abb. 63 mittels magnetinduktiver Erwärmung auf eine bestimmte Temperatur beheizt, dem Zugversuch unterworfen und die Bruchdehnung ermittelt.

Für verschiedene Stähle sind die erlangten Werte in Abb. 64 in Abhängigkeit von der Temperatur aufgetragen.

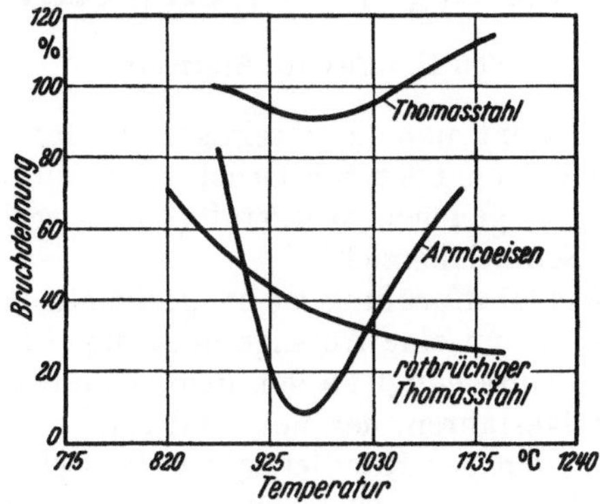

Abb. 64. Die Bruchdehnung verschiedener Stähle in Abhängigkeit von der Temperatur. (Nach R. CANARD.)

Abnahmevorschriften.

1. Werkstoff- und Bauvorschriften für Dampfkessel. Herausgegeben von der Vereinigung der Technischen Überwachungsvereine. Berlin-Köln: Beuth-Vertrieb GmbH. 1953.

2. Richtlinien für die Herstellung von Hochleistungsdampfkesseln. Herausgegeben von der Vereinigung der Großkesselbesitzer. Essen 1950.

3. Richtlinien für den Bau und die Bestellung von Heißdampfrohrleitungen. Herausgegeben von der Vereinigung der Großkesselbesitzer. Essen 1953.

4. Boiler and Pressure Vessel Code. Herausgegeben von der American Society of Mechanical Engineers. New York 1952 bis 1954.

5. Druckgasverordnung. Polizeiverordnung über die ortsbeweglichen geschlossenen Behälter für verdichtete, verflüssigte und unter Druck gelöste Gase. Bonn: Verlag Bonner Universitäts-Buchdruckerei 1952.

6. Lieferbedingungen der Deutschen Bundesbahn.

91807 Nahtlose Flußstahlrohre (Heizrohre, Überhitzerrohre, Rauchrohre und andere), Ausg. 7. 51.

91808 Nahtlose Gewinderohre (Leitungsrohre), Ausg. 9. 38.

7. Germanischer Lloyd, Vorschriften für Klassifikation und Bau der Maschinenanlagen von Seeschiffen (1953).

8. Rules and Regulations. Herausgegeben von Lloyds Register of Shipping (1954), Abschnitt P.

9. Bergpolizeiverordnung für die Seilfahrt im Verwaltungsbezirk des preußischen Oberbergamts zu Bonn. Berlin: Verlag Bernard u. Graefe 1936.

VII. Prüfung von Schweißungen.

Von N. LUDWIG, Stuttgart.

Unter Schweißen versteht man ein Vereinigen (Verbinden) von Werkstoffen unter Anwendung von Wärme oder von Druck oder von beiden, und zwar mit oder ohne Zusetzen von artgleichem Werkstoff (Zusatzwerkstoff) mit gleichem, oder nahezu gleichem Schmelzbereich[1].

Die Aufgabe der Werkstoffprüfung ist es, geeignete Prüfverfahren zu entwickeln und anzuwenden, um eine Aussage über die Güte dieser Verbindung machen zu können. Die Güte hängt ab von dem Grundwerkstoff, dem Zusatzwerkstoff, dem Schweißverfahren, der Vor- und Nachbehandlung der Schweißung und nicht zuletzt von der Handfertigkeit des Schweißers. Die Prüfverfahren müssen daher dem zu verschweißenden Grundwerkstoff (Stahl, Gußeisen, NE-Metalle) sowie seiner Halbzeugform (Rundmaterial, Feinblech, dicke Querschnitte) und den verschiedenen Schweißverfahren (Schmelzschweißen: z. B. Gasschweißen, Lichtbogenschweißen, Aluminothermisches Schmelzschweißen, Gießschweißen sowie Preßschweißen: z. B. Abbrennstumpfschweißen, Punktschweißen, Nahtschweißen) angepaßt werden. Schließlich ist es nicht gleichgültig, zu welchem Zweck die Prüfung durchgeführt werden soll. Für die Wahl der Prüfverfahren und Probenformen zur Untersuchung der „Schweißbarkeit" von Grundwerkstoffen gelten andere Gesichtspunkte als zur Untersuchung von Zusatzwerkstoffen. Sollen das Schweißverfahren oder die Vor- und Nachbehandlung der Schweißung kritisch beurteilt werden (Höherbewertungsprüfung, Arbeitsprüfung), so wird die Probenform eine andere sein müssen als bei der Kontrolle der Handfertigkeit des Schweißers (Schweißerprüfung) für seine Zulassung für bestimmte Schweißarbeiten oder bei der Bauüberwachung (Abnahmeprüfung).

Der Werkstoffprüfer wird in der Regel die allgemein bekannten Prüfverfahren für diese Aufgaben heranziehen und neu Prüfverfahren bzw. Probenformen nur dann entwickeln, wenn hierfür besondere Gründe vorliegen, denn eine Aussage über die Bewährung der geprüften Schweißverbindung im praktischen Betrieb auf Grund von Werkstoffprüf-Kennwerten kann man nur machen, wenn genügende Erfahrungen und Vergleiche vorliegen.

Auf dem Gebiet der Schweißtechnik finden u. a. Anwendung:

Zerstörungsfreie Prüfverfahren, — Mechanisch-technologische Prüfverfahren, — Chemische Prüfverfahren, — Metallographische Prüfverfahren. — Korrosionsprüfverfahren (insbesondere Spannungskorrosionsverfahren), — Verschleißprüfverfahren.

In diesem Abschnitt sollen die mechanisch-technologischen Prüfverfahren behandelt werden, wobei nur auf die Sonderheiten bei der Prüfung von Schweißungen hingewiesen wird. Für ausführliche Darstellungen und Ergänzungen sei auf das Schrifttum hingewiesen[2].

[1] DIN 1910 Blatt 1, Berlin und Köln, August 1954.

[2] ZEYEN, K., u. W. LOHMANN: Schweißen der Eisenwerkstoffe, Düsseldorf 1948. — P. SCHIMPKE u. H. HORN: Praktisches Handbuch der gesamten Schweißtechnik, Berlin/Göttingen/Heidelberg: Springer. Bd. I, 1948, Bd. II 1950, Bd. III 1952. — F. ERDMANN-JESNITZER: Werkstoff und Schweißen. Berlin: Bd. I 1951, Bd. II 1954. — American Welding Society: Welding Handbook, New York 1950.

A. Probeschweißungen.

1. Schweißgutproben für die Prüfung von Zusatzwerkstoffen.

Bei der Herstellung von Schweißgutproben kommt es darauf an, unter möglichst idealen Verhältnissen so viel Zusatzwerkstoff abzuschmelzen, um daraus Festigkeitsproben entnehmen zu können. Der Grundwerkstoff soll das Schweißgut wenig beeinflussen; festigkeitsmindernde Fehler, müssen möglichst vermieden werden. Der einfachste Weg ist das Abschmelzen in einer V-Naht. In Abb. 1 sind verschiedene praktisch angewandte Formen derartiger V-förmiger Probeschweißungen zusammengestellt. Daneben sind Probeschweißungen für die Entnahme von Faltproben, ähnlich wie in den Abschnitten 2 und 3 beschrieben, üblich. Probeschweißungen für die Bestimmung der Warmrißbeständigkeit werden in Abschn. H beschrieben.

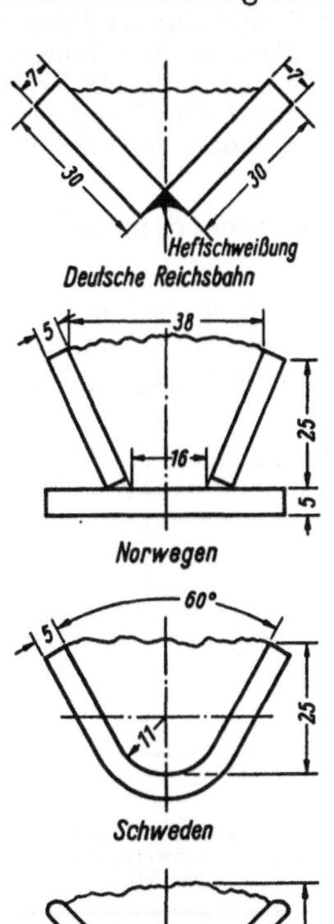

Abb. 1. V-förmige Probeschweißungen für die Prüfung von Zusatzwerkstoffen.

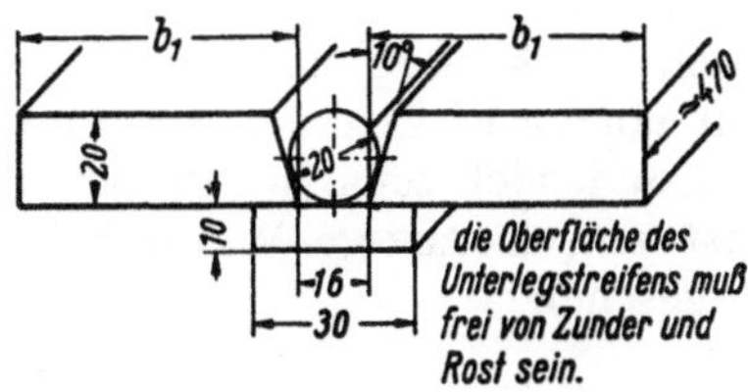

Abb. 2. IIW-Probeplatte für die Herstellung von Schweißgutproben (DIN 1913 Bl. 2, Ausg. 12. 1954).

Elektroden-Durchmesser mm	b_1 mm
3,25—4	80 ± 10
5—6—6,3	120 ± 10
7—8	150 ± 10
10—12—12,5	180 ± 10

Abb. 3. Hinweis auf die Gegen-Verformung (DIN 1913 Bl. 2).

a) Herstellung von Schweißgutproben für die Lichtbogenschweißung an Stahl.

Für die Herstellung von Schweißgutproben für die Prüfung von Schweißelektroden sind grundsätzlich alle in Abb 1 zusammengestellten Formen brauchbar. Vom International Institute of Welding (IIW) wurde folgende Vorschrift ausgearbeitet, die von Deutschland übernommen wurde[1].

Zwei Bleche werden nach Abb. 2 verschweißt. Die Zusammensetzung der Bleche und des Unterlegstreifens ist:

C = 0,2 % max. S = 0,05 % max.
Mn = 0,7 % max. P = 0,05 % max.

[1] DIN 1913 Blatt 2, Berlin-Köln, Dezember 1954.

Die Schweißkanten können durch maschinelles Trennen oder durch Maschinen-Brennschnitt abgeschrägt werden. Um Schrumpfverwerfungen auszugleichen, werden die Bleche winkelig geheftet (Abb. 3). Es kann sowohl mit Wechselstrom als auch mit Gleichstrom geschweißt werden. Die Stromstärke soll ungefähr 90% der vom Hersteller angegebenen Höchststromstärke betragen. Für die Durchführung der Schweißung sind folgende Einzelheiten festgelegt:

Die Elektroden sollen bis auf Restenden von nicht mehr als 50 mm Länge niedergeschmolzen werden. Der größte Ausschlag beim Pendeln soll 5 × Elektroden-Kerndrahtdurchmesser nicht übersteigen. Die Raupenlänge soll dem jeweiligen Elektrodentyp angepaßt sein. Eine Nahtüberhöhung wird nicht gefordert. Wird sie zwangsläufig durch die letzte Lage hervorgerufen, so soll sie 3 mm nicht überschreiten.

Mit einer neuen Lage soll erst begonnen werden, wenn die Temperatur der Probeplatte in natürlicher Luftabkühlung auf mindestens 250° C abgesunken ist. Die Temperaturmessung soll durch Pyrometer, Temperatur-Farbstifte oder sonstige geeignete Verfahren gemessen werden. Die Schweißrichtung ist nach jeder Lage zu wechseln. Eine Lage kann sowohl aus einer breit gependelten als auch aus mehreren nebeneinander liegenden Raupen bestehen.

Aus der Probeplatte werden die einzelnen Proben nach dem Schema in Abb. 4 entnommen.

Um den Wasserstoff aus dem Schweißgut zu entfernen, sollen die Zugproben in einem Elektroofen bei einer Temperatur von 250° C mindestens 6 Stunden und höchstens 16 Stunden angelassen werden. Für die Kerbschlagproben ist eine derartige Wärmebehandlung nicht vorgesehen.

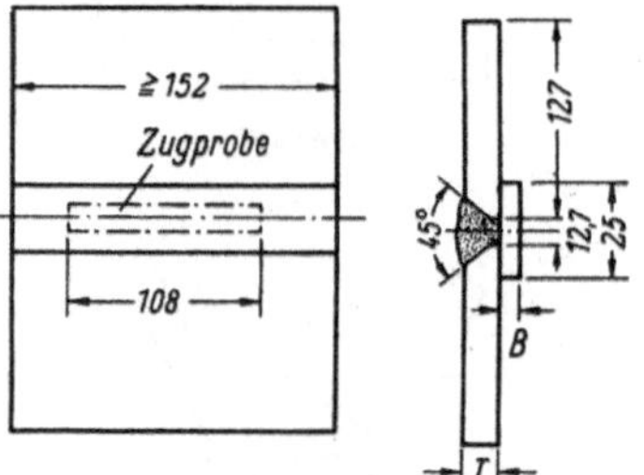

Abb. 5. ASTM-Probeplatte für die Herstellung von Schweißgutzugproben (A 233).

Elektroden-Durchmesser mm	T mm	B mm
4 (5/32")	19,05	6,35
5 (3/16")	19,05	6,35
6 (1/4")	25,40	12,70
8 (5/16")	31,75	12,70

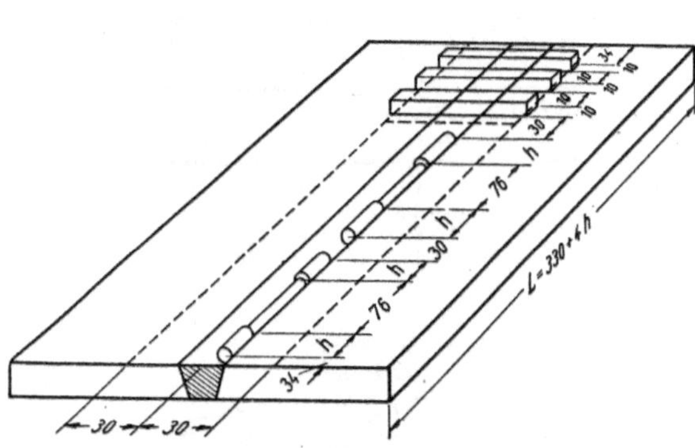

Abb. 4. Entnahme von Zug- und Kerbschlagproben aus der IIW-Probeplatte (DIN 1913 Bl. 2). h = als Richtwert 35 mm.

In den Vereinigten Staaten von Amerika[1] und in Südafrika[2] ist für unlegierte und schwachlegierte Elektroden eine ähnliche Probeschweißung vereinbart worden (Abb. 5), allerdings nur für die Entnahme von einer Zugprobe ($L_0 = 2'' = 50{,}8$ mm; $d_0 = 0{,}5''$ [bzw. $0{,}564''$] ≈ 13 mm).

Je nachdem, ob die Elektrode für die Schweißung im Kesselbau oder im Brückenbau Verwendung finden soll, werden verschiedene Zusammensetzungen der zu verschweißenden Bleche vorgeschrieben (Tab. 1).

Für austenitische Elektroden wurde die Vereinbarung entsprechend abgewandelt[3].

---

[1] ASTM Destignation: A 233 — 48 T, Philadelphia 1948.
[2] SABS 455–1953, Johannesburg 8. 1953.
[3] ASTM Destignation A 298-48 T, Philadelphia 1948.

Tabelle 1. *Stähle für die Herstellung von ASTM-Schweißgutproben.*

Verwendung der Elektrode im	ASTM Kurzzeichen	Zusammensetzung in %			
		C	Mn	S	P
Kesselbau	A 285 Grade C	0,35	0,80	0,05	0,05* 0,04**
Brückenbau	A 7	nicht vorgeschrieben	nicht vorgeschrieben	0,05	0,06* 0,04**

* sauer; ** basisch

Praktisch den gleichen Weg ging man in Großbritannien (Abb. 6)[1]. Verschweißt wird ein schweißbarer, normalisierter Stahl mit einer Zugfestigkeit von 44 bis 50 kg/mm² und einer Bruchdehnung $\delta_8 = 20\%$.

Schließlich sei noch eine andere Art der Herstellung von Schweißgut erwähnt[2]. Hierbei wird die Schweißelektrode zwischen zwei Kupferblöcken abgeschmolzen (Abb. 7). Der Unterlegstreifen ist aus St 37 oder einem ähnlichen Stahl. Die Schweißung soll ohne Vorwärmen mit Schweißelektroden mit Durchmessern von 4 oder 5 mm hergestellt werden. Um ein Überhitzen zu vermeiden, sollen Pausen eingelegt werden.

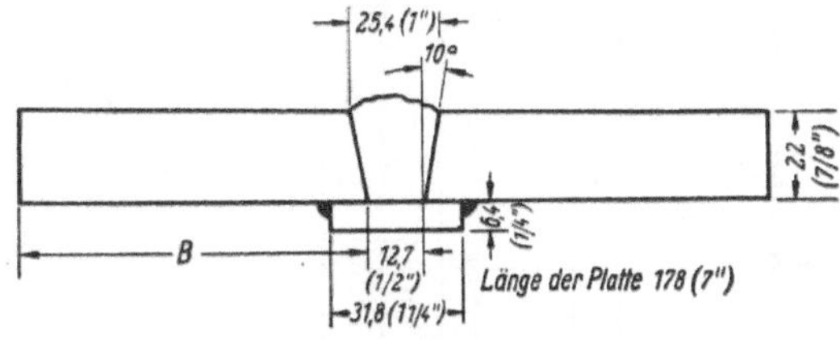

Abb. 6. BS-Probeplatte für die Herstellung von Schweißgutproben (BS 639).

Elektroden-Durchmesser mm	*B* mm
2,5 (3/32")	51 bis 76
3,25—4 (1/8"—5/32")	76 bis 102
5—6 (3/16"—1/4")	102 bis 127
8 (5/16")	127 bis 152

b) Herstellung von Schweißgutproben für die Gasschweißung an Stahl.

Für die Gasschmelzschweißung wird meist die zuerst von K. L. ZEYEN[3] empfohlene Ecknaht-Probeschweißung durchgeführt (Abbildung 8)[4]. Verschweißt wird ein St 37 oder ein ähnlicher Stahl. Die Schweißung wird mit Schweißdrähten von 5 mm oder 6 mm Durchmesser hergestellt. Empfohlen werden Brennereinsätze der Größe 6 mm bis 9 mm oder 9 mm bis 14 mm. Die Flammeneinstellung soll während des ganzen Schweißvorganges neutral sein. Das Schweißgut wird vor der Entnahme der Proben normalgeglüht.

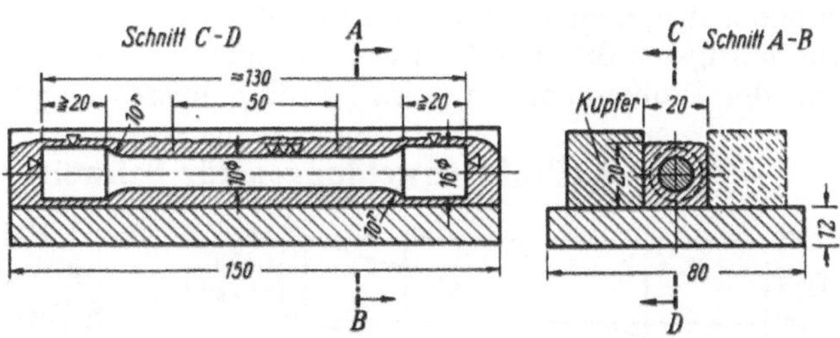

Abb. 7. ÖNORM-Probeplatte für die Herstellung von Schweißgutproben (M 3053).

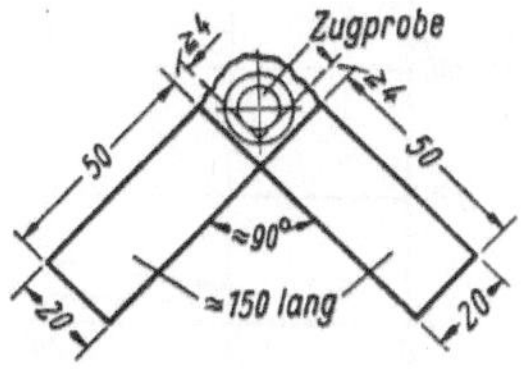

Abb. 8. Ecknaht-Probeschweißung für die Herstellung von Schweißgut-Zugproben für Gasschmelzschweißung (ÖNORM-M 3053).

[1] BS 639, London 1952.
[2] ÖNORM M 3053, Wien, Januar 1951.
[3] Elektroschweißg. Bd. 10 (1939) S. 21, S. 65 u. S. 90.
[4] ÖNORM M 3053, Wien, Januar 1951.

c) Herstellung von Schweißgutproben für die Graugußschweißung.

Bei der Gasschweißung werden zwei Gußstücke aus GG 12 bis GG 22 von 10 mm × 40 mm oder 40 mm × 40 mm Querschnitt mit V-Nähten verschweißt. Die Gußstücke werden vor dem Schweißen auf Dunkelrotglut angewärmt. Die Brennereinsatzgröße muß dem Schweißstabdurchmesser angepaßt werden. Aus dem Schweißgut werden Zugproben (Abb. 40, S. 85) nach DIN 50109 entnommen.

2. Probeschweißungen für Höherbewertungs- und Arbeitsprüfungen.

Bei den Höherbewertungs- und Arbeitsprüfungen soll die gesamte Schweißverbindung (Schweißgut + Übergangszonen) geprüft werden. Die Probeschweißungen müssen daher unter den gleichen Bedingungen (Grundwerkstoff, Zusatzwerkstoff, Schweißverfahren, Vor- und Nachbehandlung) angefertigt werden, wie die praktische Schweißung. Die Proben müssen eine Form aufweisen, die gewährleistet, daß das Schweißgut und die Übergangszonen denselben Beanspruchungen unterworfen werden. Die Probeplatten, Probeschüsse usw. müssen so bemessen werden, daß die in den verschiedenen Vorschriften vorgesehenen Zugproben, Faltproben, Kerbschlagproben und Gefügeproben einschließlich der Ersatzproben entnommen werden können. Aus dem Gebiet der Dampfkesselschweißung, wo derartige Prüfungen am häufigsten durchgeführt werden müssen, seien als Beispiel die Abmessungen und der Probenahmeplan eines Probeschusses angeführt (Abb. 9 und 10)[1].

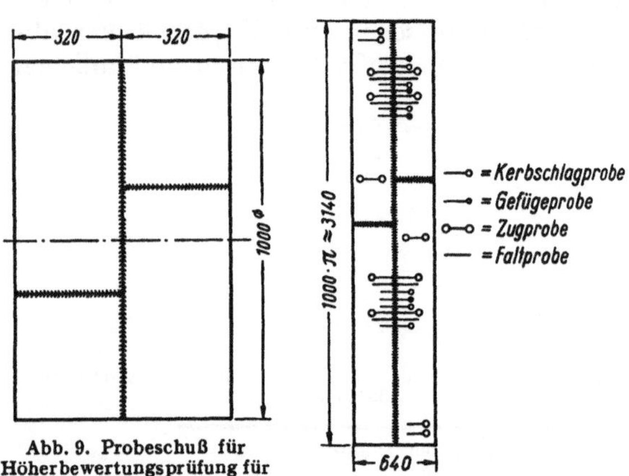

Abb. 9. Probeschuß für Höherbewertungsprüfung für Dampfkesselschweißung nach den Werkstoff- und Bauvorschriften für Dampfkessel.

Abb. 10. Probenahmeplan des Probeschusses nach Abb. 9.

3. Probeschweißungen für Schweißerprüfungen.

Bei den Schweißerprüfungen soll die Handfertigkeit des Schweißers festgestellt werden. Die Bedingungen für die Anfertigung von Probeschweißungen und die Probeformen müssen daher so gewählt werden, daß nur die Schweißnaht beansprucht wird. Auf die Ermittlung von Festigkeitskennwerten kann dabei oft verzichtet werden und die Beurteilung an Hand des Bruchaussehens der Schweißnaht allein vorgenommen wer-

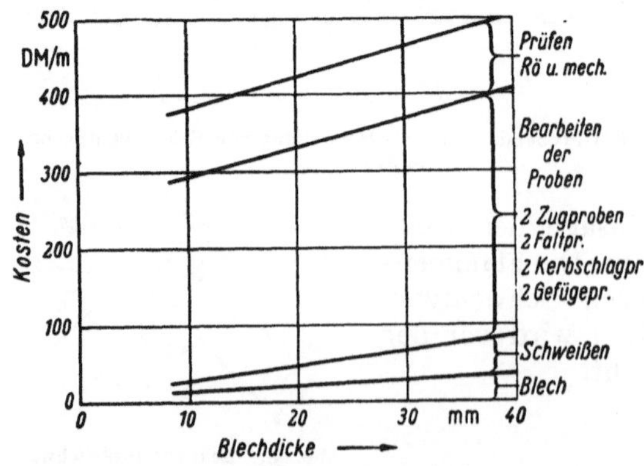

Abb. 11. Kosten einer Arbeitsprüfung. (Nach W. Dörrscheidt.)

[1] Werkstoff- und Bauvorschriften für Dampfkessel, Essen 1953.

den. Schließlich sollen derartige Prüfungen keine unnötig hohen Kosten verursachen. Aus dem Beispiel für eine Arbeitsprüfung von W. Dörrscheidt[1] (Abb. 11) ersieht man, daß der größte Anteil der Kosten auf die Entnahme und Bearbeitung der Proben entfällt. Man wird sich also bei der sogenannten Grund- oder Hauptzulassungsprüfung auf möglichst wenige und einfache Festigkeitsproben beschränken und bei der Nachprüfung und der laufenden Kontrolle (Bauüberwachung und Abnahme) auf die Festigkeitsprüfung verzichten und nur die zerstörungsfreie Prüfung und einfache technologische Proben (Bruchproben) heranziehen.

a) Stumpfnaht-Schmelzschweißung.

Die heute üblichen „Universalelektroden" für Lichtbogen-Stahlschweißung gestatten die Schweißung von Stählen mit einer Zugfestigkeit von 34 bis etwa 52 kg/mm². Sie haben bei genügender Formänderungsfähigkeit eine Schweißgutfestigkeit von 50 kg/mm² und mehr. Ebenso sind die Baustähle mit Festigkeiten um 50 kg/mm² herum in der Regel ohne Schwierigkeiten schweißbar. Sinnvoll wäre es daher, die Probeschweißungen nur an Blechen mit Zugfestigkeiten von etwa 50 kg/mm² durchführen zu lassen. Die noch vielfach übliche Anfertigung von Probeschweißungen aus St 37 oder gar St 34 hat keine praktische Berechtigung mehr. Wird der Zugversuch außerdem an einem unprofilierten Probestreifen mit nichtabgearbeiteter Schweißnaht vorgenommen, ist der Schweißer sicher, daß nicht seine Handfertigkeit, sondern die Zugfestigkeit des Bleches kontrolliert wird. Diese Überlegungen gelten nicht für die Gasschmelzschweißung, wo die Nahtfestigkeit durch unsachgemäßes Schweißen erheblich herabgemindert werden kann.

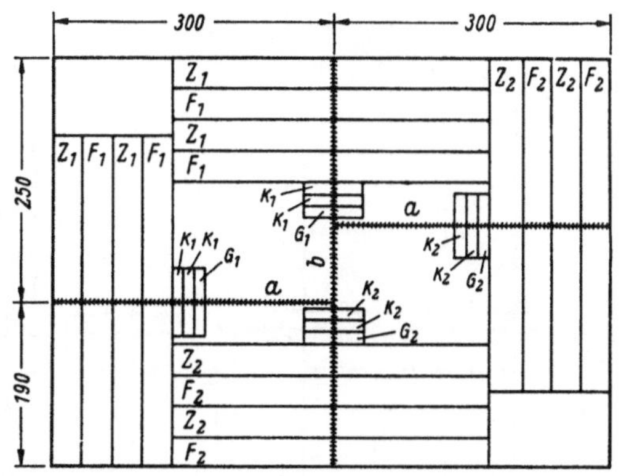

Abb. 12. Probeplatte für Schweißerprüfung des Germanischen Lloyd. *a* Längsnaht (waagerecht); *b* Quernaht (senkrecht); *Z* Zugprobe; *F* Faltprobe; *K* Kerbschlagprobe; *G* Gefügeprobe.

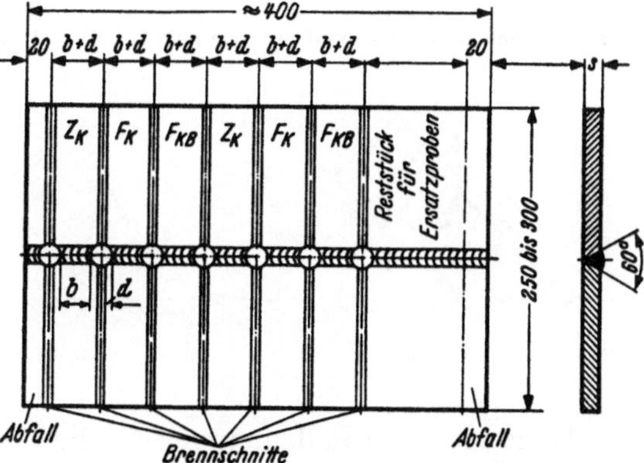

Abb. 13. Probeplatte für die Zulassungsprüfung von Schweißern nach DIN 8560 (s. a. Abb. 19). Z_K = Kerbzugprobe nach DIN 50127; F_K = Kerbfaltprobe nach DIN 50127; F_{KB} = Kerbfaltprobe nach DIN 50127 (Wurzel auf Zugseite).

Die Probeschweißungen an Stahl werden in der Regel an 12 bis 20 mm dicken Blechen als V-Naht ohne Wurzelnachschweißung waagerecht, senkrecht oder überkopf durchgeführt. Vor- und Nachbehandlung der Schweißung sind nur für gewisse Sonderzulassungsprüfungen üblich. Die Abmessungen der Bleche richten sich nach der Art und Anzahl der in den einzelnen Vorschriften vorgesehenen Proben (Zugproben, Faltproben, Kerbschlagproben).

[1] Schweißen u. Schneiden Bd. 5 (1953) S. 173.

Zur Zeit besteht eine Unzahl von Vorschriften (Brückenbau, Stahlhochbau, Dampfkesselbau, Schiffsbau, Fahrzeugbau). Als Beispiel seien die Abmessungen der für den Schiffsbauschweißer vorgeschriebenen Probeschweißung angegeben (Abb. 12)[1], bei der die waagerechte und senkrechte Schweißung an einer Probeplatte vorgenommen werden kann. Nach den Angaben in Abb. 11 dürften sich die Kosten für eine derartige Prüfung auf etwa 600 bis 700 DM belaufen. Es sind daher Bestrebungen im Gange, die verschiedenen Vorschriften, zumindestens für die Zulassungsprüfung, zu vereinfachen und zu vereinheitlichen. Der letzte Vorschlag ist in Abb. 13 wiedergegeben (DIN 8560, Entwurf 4. 55).

b) Kehlnaht-Schmelzschweißung.

Derartige Probeschweißungen werden praktisch nur für die Herstellung von sogenannten Kreuzproben angefertigt. In Abb. 14 ist die Probeschweißung nach DIN 50126 (Ausg. 11. 1952) wiedergegeben. Alle vier Kehlnähte sollen dabei in gleicher Position geschweißt werden, also entweder waagerecht, senkrecht oder als Überkopfschweißung. Die Zugfestigkeiten von Grund- und Zusatzwerkstoff sollen annähernd übereinstimmen. Anzustreben wäre auch bei dieser Probeschweißung, immer einen St 50 oder St 52 als Grundwerkstoff zu verschweißen, da die Schweißgutzugfestigkeit der Elektrode in der Regel bei 50 kg/mm² liegt.

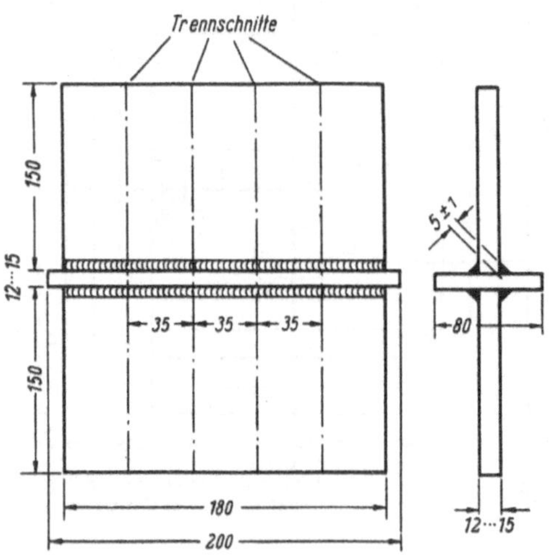

Abb. 14. Kehlnaht-Probeschweißung nach DIN 50126.

Besonders zu achten ist auf die Einhaltung der Kehlnahtdicke a (Abbildung 15 u. 16). Zu große Kehlnahtdicken können bewirken, daß bei der Prüfung der Bruch nicht, wie beabsichtigt, im Schweißquerschnitt, sondern im Blech eintritt und so die Ausführung der Schweißung nicht beurteilt werden kann. Schließlich soll der Schweißer beweisen, daß er eine vorgeschriebene Kehlnahtdicke innerhalb der üblichen Toleranzen einhalten kann (Wirtschaftlichkeit der Schweißung, Leichtbau).

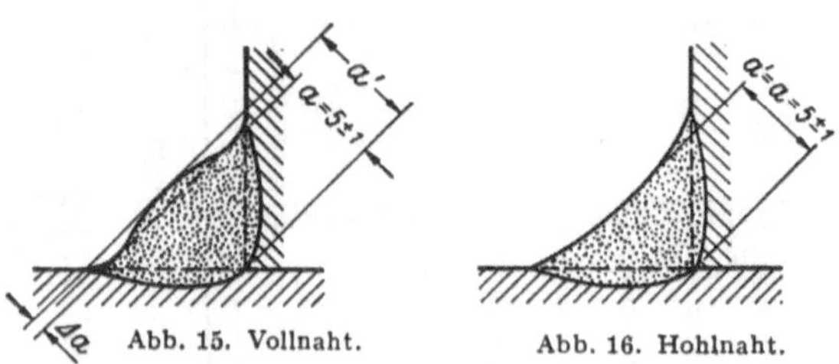

Abb. 15. Vollnaht. Abb. 16. Hohlnaht.

In den meisten Fällen entspricht die Probeschweißung der Probe, z. B. Laschenprobe, Winkelprobe, Keilprobe usw. (s. Abschn. B1b und G2). Für das Schweißen derartiger Proben gelten dieselben Gesichtspunkte wie für die Probeschweißungen.

c) Rohrschweißung.

Für Rohrschweißer sind zwei Probeschweißungen nach Abb. 17 u. 18 vorgeschrieben, aus denen Zug-, Falt-, Bruch- und Aufbiegeproben entnommen

[1] Germanischer Lloyd: Vorschriften für Klassifikation und Bau der Maschinenanlagen von Seeschiffen, 1953.

werden. Verschweißt werden Rohre mit Wanddicken von 3 bis 5 mm, 6 bis 8 mm und über 10 mm. Der Winkel der V-Naht α ist bei Lichtbogenschweißung = 70° und bei Gasschweißung = 60°. Umfang und nähere Einzelheiten der Schweißung sind in DIN 8560, Abschnitt 5. 3 (Zusatzprüfung III) festgelegt. Geschweißte Rohrverbindungen, die als Ganzes geprüft werden, s. Abschnitt B1b.

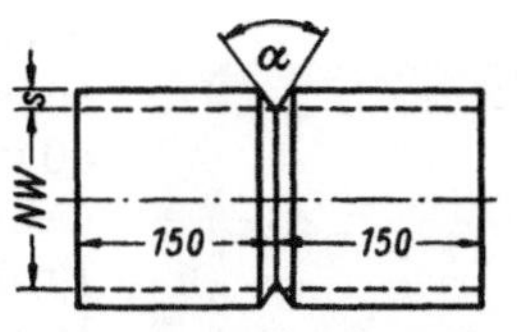

Abb. 17. Probeschweißung für Rohrschweißer ohne Überlappnaht (DIN 8560).

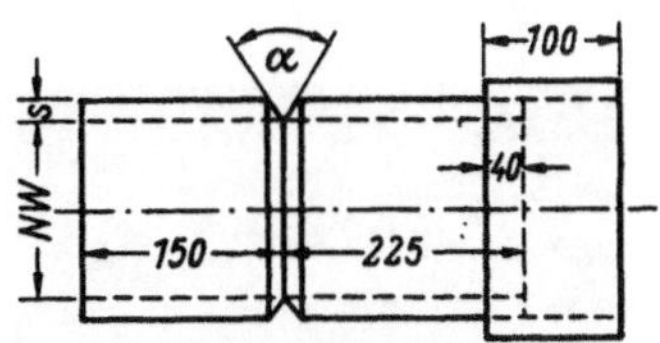

Abb. 18. Probeschweißung für Rohrschweißer mit Überlappnaht (DIN 8560).

B. Festigkeitsprüfung bei zügiger Beanspruchung.

Auf dem Gebiet der Schweißtechnik werden praktisch nur Zugversuche und Biegeversuche durchgeführt. Über die Durchführung derartiger Versuche wird in den Abschn. IB bzw. IE berichtet. Hier sollen nur Einzelheiten über Sonderproben für die Prüfung von Schweißungen gebracht werden.

1. Zugversuch.

Der Zugversuch spielt die Hauptrolle im Rahmen der Festigkeitsprüfverfahren. Er wird auf allen Gebieten der Schweißtechnik für die Beurteilung der Güte der Schweißung herangezogen.

a) Zugversuch an Stumpfnaht-Schmelzschweißungen.

Die folgenden Ausführungen gelten zunächst nur für Stahlschweißung.

Für die Prüfung von *Zusatzwerkstoffen* werden aus dem Schweißgut kurze Proportionalstäbe nach DIN 50125 (Ausg. 4. 1951) entnommen. Die Probendurchmesser sind nicht größer als 12 mm (1/2″). Vorgezogen werden glatte Zylinderköpfe zum Einspannen in Beißkeilen (Abb. 35, S. 81). In den angelsächsischen Ländern werden Rundproben mit Gewindeköpfen verwendet (Abb. 36, S. 81).

Für die *Höherbewertungs-* und *Arbeitsprüfung* kommt die sogenannte TÜV-Probe in Frage (Abb. 43, S. 85), die in Deutschland in DIN 50120 (Ausg. 11. 1952) genormt ist und in den Vorschriften vieler Länder mit geringfügigen Abwandlungen zu finden ist.

Für die *Schweißerprüfung* wurde vielfach ein unprofilierter Probestreifen verwendet. Diese Probe ist zwar billig in der Herstellung, sie muß aber als unzweckmäßig abgelehnt werden (s. Abschnitt A 3a). Verwendet wird auch für die Schweißerprüfung die Flachzugprobe nach DIN 50120 (Abb. 43, S. 85). Da die Herstellung dieser Probe verhältnismäßig kostspielig ist und die Gewähr der Bruchlage in der Schweiße nicht

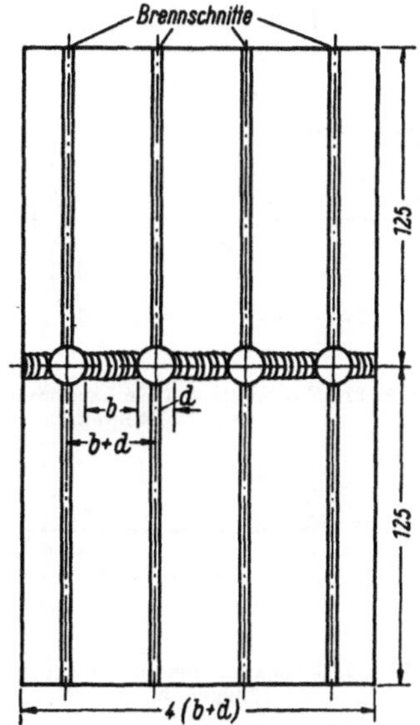

Abb. 19. Kerbzugprobe nach DIN 50127.

Blechdicke a mm	> 5 ≦ 10	> 10 ≦ 15	> 15 ≦ 20
d mm	10	15	20
b mm	15	20	25
$b + d$ mm	25	35	45
$4(b + d)$ mm	100	140	180

immer gegeben ist, wurde von K. KAUTZ eine Kerbzugprobe vorgeschlagen. Diese Probe wurde im Rahmen einer Gemeinschaftsarbeit des Deutschen Verbandes für Schweißtechnik (DVS) und des Fachnormenausschusses Materialprüfung (FNM) weiter entwickelt und in ihrer endgültigen Form in DIN Vornorm 50127 (Ausg. 7. 53) festgelegt (Abb. 19). Der Vorteil dieser Probe liegt in ihrer einfachen Herstellung und in der Gewährleistung des Bruches in der Schweiße. Als Nachteil muß die Überhöhung der Zugfestigkeit, vor allem durch den Formeinfluß der Bohrung, in Kauf genommen werden. An ungeschweißten Proben aus St 37 und St 52 mit einer Probendicke *a* von 10 bis 15 mm wurde in einer Gemeinschaftsarbeit, an der sich 4 Institute beteiligt haben, das in Tab. 2 zusammengestellte Ergebnis gefunden. Der Bohrungsdurchmesser *d* betrug dabei 10 mm.

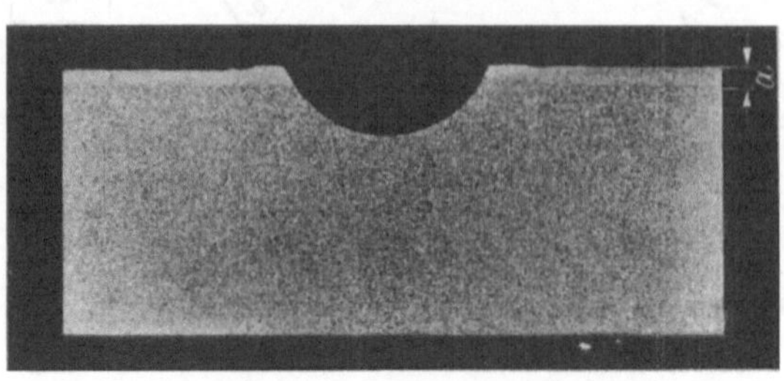

Abb. 20. Makroschliff durch den Querschnitt einer ungeschweißten Kerbzugprobe nach DIN 50127 aus St 37.11. *a* Einflußzone des Brennschnittes.

Tabelle 2. *Überhöhungen der Zugfestigkeit an ungeschweißten Kerbzugproben.*

Verhältnis a : b (s. Abb. 19)	Überhöhung in % bei Stahl		Mittel aus je 24 Proben für beide Stähle
	St 37	St 52	
1 : 1,5	14	14	14
1 : 2	14	14	14
1 : 2,5	12	11	11

In DIN 50127 wird für unlegierten oder niedriglegierten Blechwerkstoff mit σ_B zwischen 37 und 60 kg/mm² die Überhöhung mit 15% angegeben. Erwähnt sei noch, daß der Prüfquerschnitt durch den Brennschnitt nicht beeinfluß wird (Abb. 20)[1]. Derartige Proben können auch aus geschweißten Rohren entnommen werden (Abb. 21).

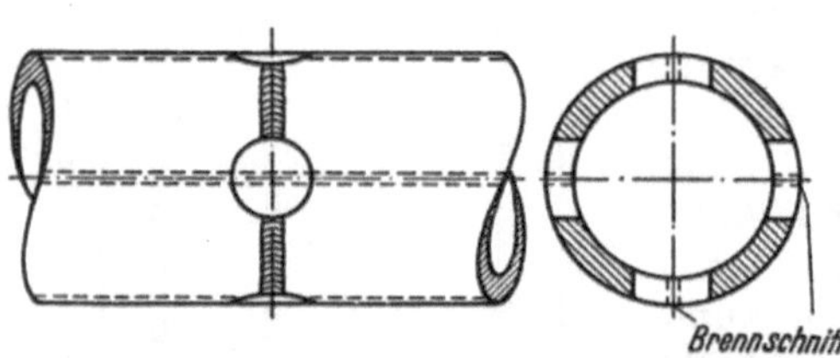

Abb. 21. Entnahme von Kerbzugproben aus geschweißten Rohren.

Bei der Prüfung von *NE-Metallschweißungen*, insbesondere aus Leichtmetallen, muß berücksichtigt werden, daß die Eigenschaften des Grundwerkstoffes in einer verhältnismäßig breiten Zone noch stärker beeinflußt werden können als bei Stahl. Für die Prüfung der *Schweißverbindung* wird daher eine längere Versuchslänge L_V vorgeschrieben als bei der TÜV-Probe (Abb. 22).

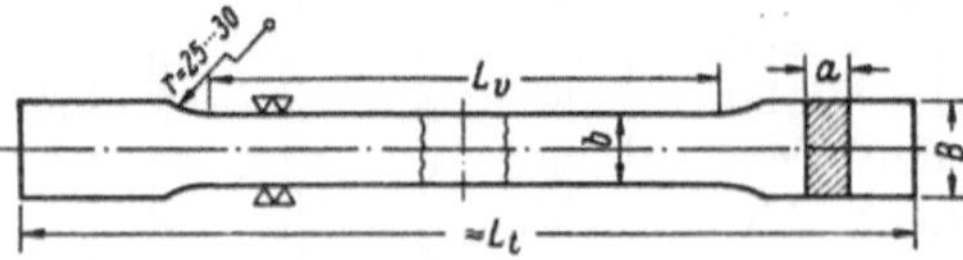

Abb. 22. Flachzugprobe für Leichtmetall-Schweißverbindungen nach DIN 50123.

Blechdicke *a*	Kopfbreite *B*	Gesamtlänge L_t ≈	Probenbreite *b*	Versuchslänge L_v
bis 5	28	250	20	120
über 5 bis 8	33	300	25	170
über 8	40	350	30	200

[1] Die Abbildung wurde freundlicherweise von A. BARTH, Abt. Werkstoffprüfung der Gesellschaft f. Linde's Eismaschinen AG., Höllriegelskreuth, zur Verfügung gestellt.

Für die Prüfung der *Schweißnahtfestigkeit* allein scheint die in Schweden entwickelte Zweilochzugprobe geeignet zu sein (Abb. 23)[1]. Die Bohrungen werden dabei auf 4,8 mm Durchmesser vorgebohrt und mit der Reibahle auf 5,0 mm Durchmesser aufgerieben. Bei dieser Probe wird der Bruch in der Schweißnaht erzwungen. Aus der Verformung der Bohrungen kann zusätzlich ein Maß für die Verformungsfähigkeit der Schweißnaht ermittelt werden (Abb. 24).

Für die Prüfung von geschweißten Blechen aus *Zink* und *Zinklegierungen* $\leqq 3$ mm Dicke werden als Zugproben 20 mm breite unprofilierte Streifen verwendet[2].

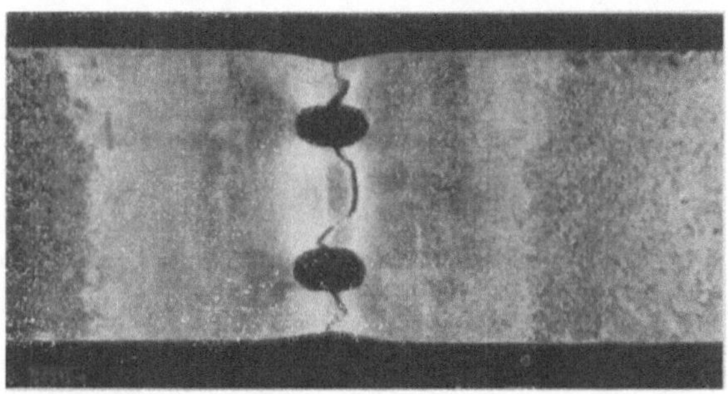

Abb. 24. Zweiloch-Zugprobe nach Abb. 23 nach dem Bruch.

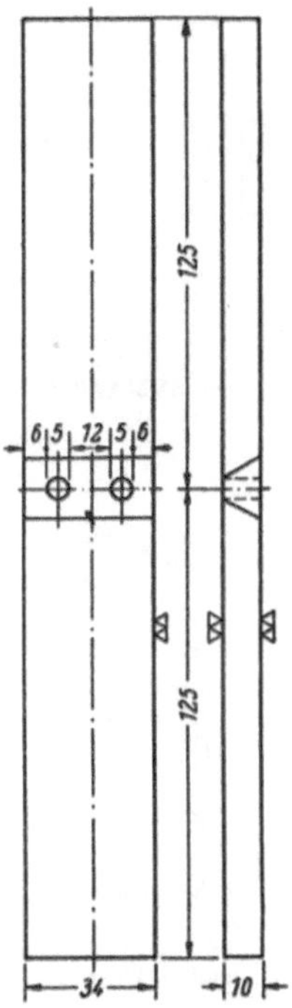

Abb. 23. Schwedische Zweiloch-Zugprobe.

b) Zugversuch an Kehlnaht-Schmelzschweißungen.

Zu unterscheiden sind Proben, bei denen beim Zugversuch die Beanspruchung quer zur Naht aufgebracht wird, von den Proben mit längsbeanspruchter Naht. Proben mit querbeanspruchter Naht erhalten die Form eines Kreuzes (Abb. 25), oder sie werden als sogenannte Laschenprobe verschweißt (Abb. 26). Eine Probe mit längsbeanspruchter Naht zeigt Abb. 27. Alle diese Proben findet man in den verschiedensten Variationen in den Vorschriften vieler Länder.

Besondere Sorgfalt ist dem Ausmessen der Nahtdicke zu widmen. Die Nähte werden vorher gekennzeichnet (a_1 bis a_4 in Abb. 25 u. 26) und an 3 Stellen auf 0,2 mm ausgemessen. Am zweckmäßigsten benutzt man eine Meßuhr nach Abb. 28.

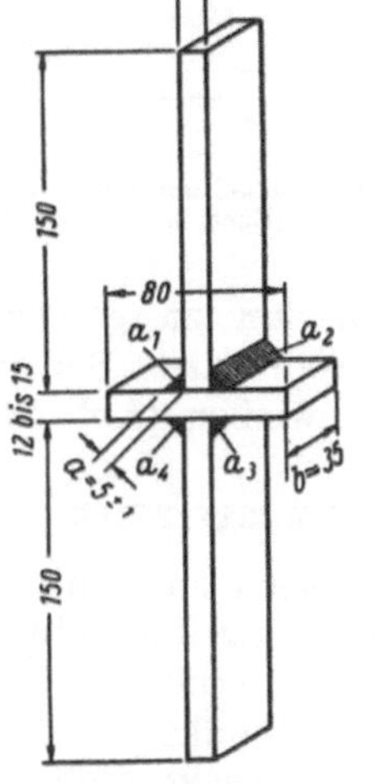

Abb. 25. Kreuzprobe nach DIN 50126.

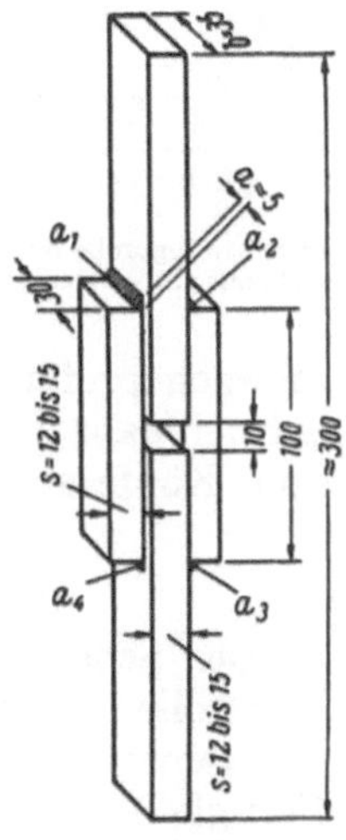

Abb. 26. Laschenprobe mit querbeanspruchter Naht nach DIN 50126.

[1] „Vorschriften für die Prüfung von Schweißarbeiten an Dampfkesseln und anderen unter Druck stehenden Behältern". Yrkesinspektiones chefsmyndighet, Stockholm 1937. Siehe auch H. Koch: Elektroschweißg. Bd. 12 (1941) S. 2, S. 20 u. S. 40.

[2] Fiek, G., u. N. Ludwig: Z. VDI Bd. 89 (1945) S. 78.

Für die Prüfung von Kehlnahtschweißungen an Rohren werden der Rohrform angepaßte Kreuz- und Laschenproben angewendet. Ein Beispiel zeigen die Abb. 29 u. 30. Für das Ausmessen der Nahtdicke gelten dieselben Gesichtspunkte wie oben geschildert. Die Proben werden als Ganzes zerrissen.

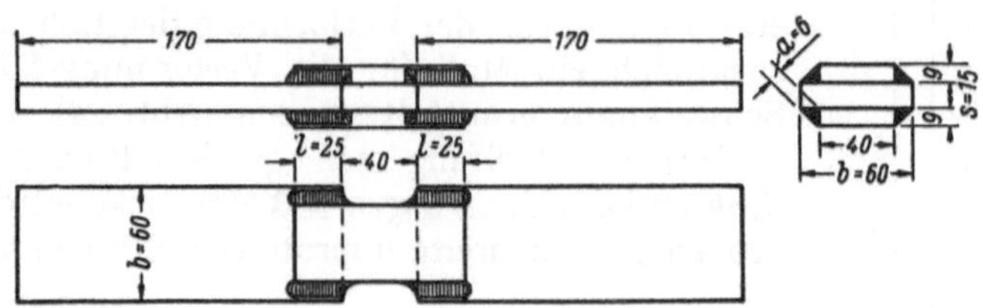

Abb. 27. Laschenprobe mit längsbeanspruchter Naht nach der schweizerischen Norm SVM 14052.

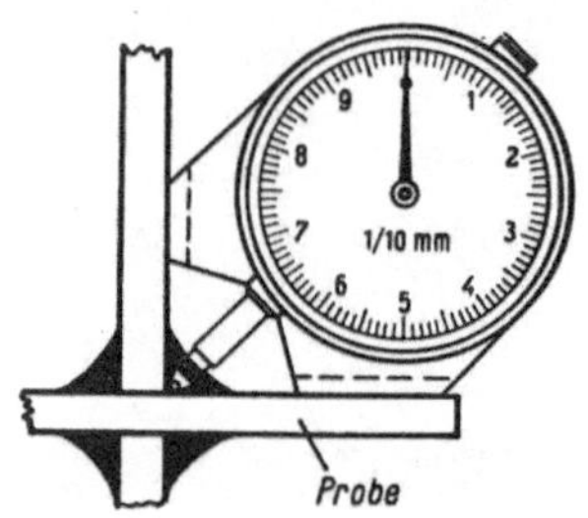

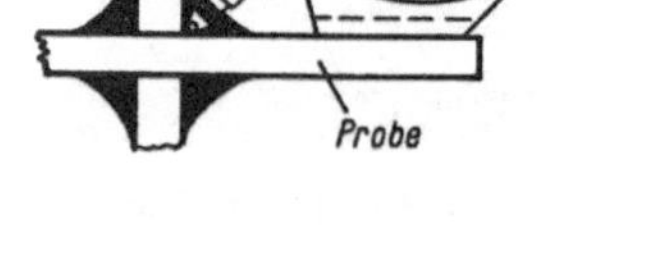

Abb. 28. Meßuhr zum Prüfen der Kehlnahtdicke der Fa. J. Käfer, Schwenningen.

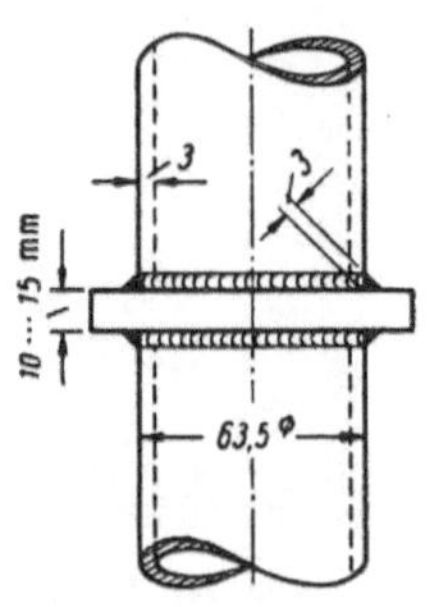

Abb. 29. Kreuzrohrprobe nach DIN 4115.

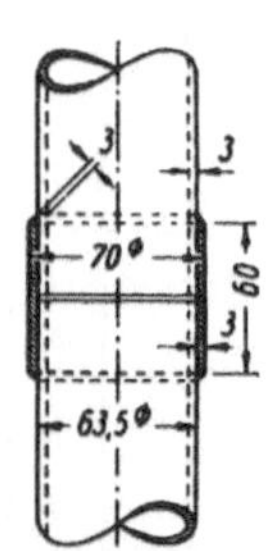

Abb. 30. Laschenrohrprobe nach DIN 4115.

c) Zugversuch an Widerstands-Stumpfschweißungen.

In der Regel wird der Zugversuch an ganzen Verbindungen durchgeführt. Auch hier muß man unterscheiden, ob der Versuch etwas über die Haltbarkeit der ganzen Verbindung oder über die zweckmäßigsten Schweißbedingungen, wie Schweißzeit, Stauchkraft, Erwärmungszone usw. etwas aussagen soll. Im ersten Falle wird man nur den Schweißgrat entfernen, im zweiten Falle auch den Wulst abarbeiten, eventuell die Verbindung an der Schweißstelle schwach profilieren, um zu gewährleisten, daß die Beanspruchung in der Schweißnaht am größten ist. Bei großen Querschnitten kann es von Vorteil sein, Köpfe anzuschweißen (Abb. 31)[1].

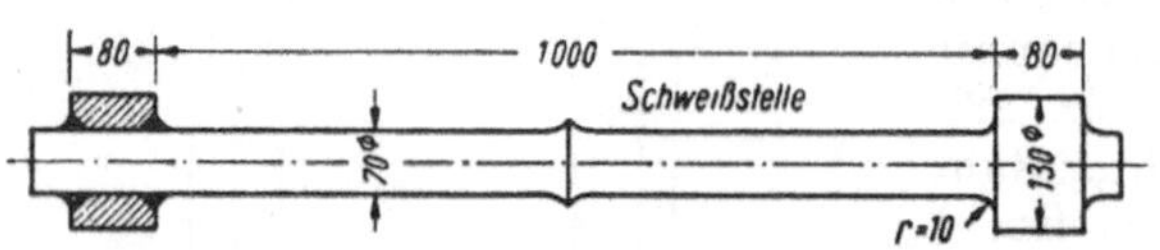

Abb. 31. Zugprobe für Widerstands-Stumpfschweißungen an Rundstahl mit großen Durchmessern. (Nach G. RICHTER und N. LUDWIG.)

d) Scherzugversuch an Punktschweißverbindungen.

Der Scherzugversuch an Punktschweißverbindungen wird angewandt zur Kontrolle von Punktschweißmaschinen, zum Nachweis der Schweißbarkeit verschiedener Werkstoffe und zur Schaffung einheitlicher Unterlagen für die Festigkeit von Schweißpunkten. Selbst bei Einspannung einer Probe nach Abb. 32 mit Beilagen gleicher Dicke stellt sie sich bei zunehmender Zugkraft schief

[1] RICHTER, G., u. N. LUDWIG: Deutscher Ausschuß f. Stahlbeton H. 97 (1941) S. 9.

(Abb. 33). Die Beanspruchungsverhältnisse an der Schweißlinse sind dabei stark von den Abmessungen der Probe abhängig; es ist daher nicht verwunderlich, daß die Ergebnisse von Scherzugproben nicht immer miteinander vergleichbar sind. Zu beachten ist ferner, daß die Festigkeit der Einzelpunkte wegen der Nebenschlußwirkung in gewissen Grenzen von dem Abstand der Schweißpunkte voneinander abhängig ist. H. ZSCHOKKE und R. MONTANDON[1] haben die Beanspruchungsverhältnisse bei einschnittigen und zweischnittigen Verbindungen untersucht. Sie unterscheiden 5 Arten von Bruchformen (Abb. 34). Der Abreiß- und Ausreißbruch tritt nur auf, wenn die Probenbreite b oder der Randabstand h der Schweißpunkte zu klein gewählt wird. Um dies zu vermeiden, muß die Bedingung $b \geqq 3a$ und $h \geqq 1{,}5\ a$ erfüllt sein (a = Blechdicke). Nach ZSCHOKKE und MONTANDON muß die Probe so dimensioniert sein, daß alle kritischen Querschnitte der Verbindung (Blech, Schweißlinse und Linsenrand) gleichmäßig beansprucht werden. Dies gilt vor allem, wenn mit diesem Versuch eine Aussage über die zweckmäßigste Gestaltung von Punktschweißverbindungen (Größe der Schweißpunkte, Überlappung, Abstand der Schweißpunkte voneinander) gemacht werden soll. Will man dagegen die richtige Einstellung der Punktschweißmaschine oder die Schweißbarkeit des Werkstoffes mit diesem Versuch kontrollieren, dann muß die Probe

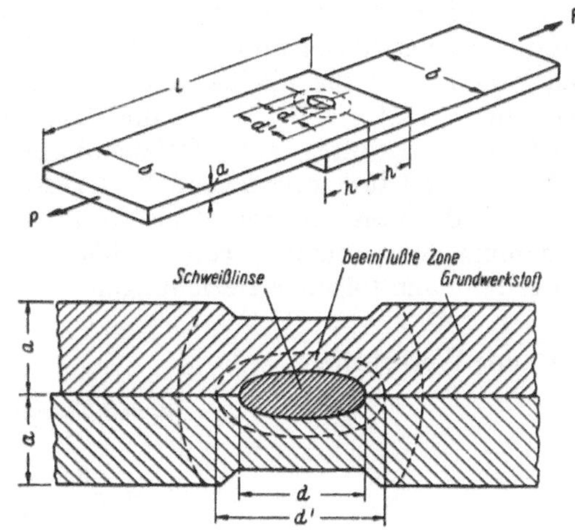

Abb. 32. Einschnittige Scherzugprobe.

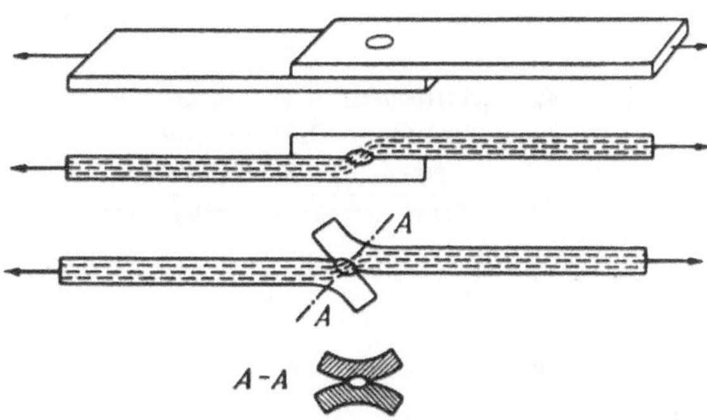

Abb. 33. Verformung und Kraftlinienverlauf bei einer einschnittigen Scherzugprobe. (Nach H. ZSCHOKKE und R. MONTANDON.)

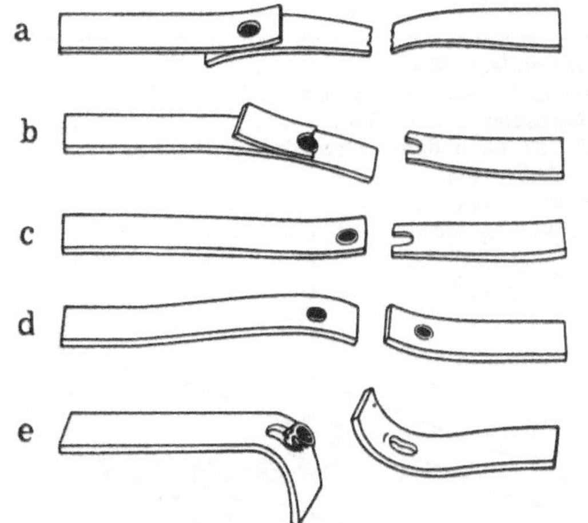

Abb. 34. Bruchformen bei einschnittigen Scherzugproben. (Nach H. ZSCHOKKE und R. MONTANDON.)
a Blechbruch; b Abreißbruch; c Ausreißbruch; d Scherbruch; e Knöpfbruch.

[1] Schweiz. Arch. Bd. 16 (1950) S. 257.

so dimensioniert werden, daß auch der Blechbruch vermieden wird. Auf Grund von Versuchen und theoretischen Überlegungen bestimmen ZSCHOKKE und MONTANDON die „kritischen Abmessungen" für „härtende" Werkstoffe (das sind Werkstoffe, bei denen die Härte der Linse größer ist als die Härte des Grundwerkstoffes, z. B. Tiefziehbleche, Bleche aus austenitischem Werkstoff 18/8) und für „erweichende" Werkstoffe (das sind Werkstoffe, bei denen die Härte der Linse kleiner ist als die Härte des Grundwerkstoffes, z. B. Reinaluminium, Aluminiumlegierung AlSiMg hart). Für die „kritischen" Abmessungen gelten dann folgende Beziehungen:

Härtende Werkstoffe $c_1 \geqq 1$

$$d_k = 2{,}33\,a\,\frac{c_1}{c_2}$$

$$b_k = \frac{3{,}26\,a \cdot c_2}{(1 - 0{,}07)\,c_2} \cdot \frac{c_2}{c_1}$$

Erweichende Werkstoffe $c_1 \leqq 1$

$$d_k = 2{,}33\,a$$

$$b_k = 3{,}5\,a$$

d_k = „kritischer" Durchmesser der Schweißlinse,

b_k = „kritische" Probenbreite,

$$c_1 = \frac{\text{Härte der Schweißlinse}}{\text{Härte des Grundwerkstoffes}},$$

$c_2 = \frac{d'}{d}$ (s. Abb. 32).

Für c_1 und c_2 werden die in Tab. 3 zusammengestellten Werte angegeben.

Tabelle 3. *c_1- und c_2-Werte bei verschiedenen Werkstoffen nach* H. ZSCHOKKE *und* R. MONTANDON.

Werkstoff	c_1	c_2
Kesselblech M I	1,80—2,00	1,30—1,55
Tiefziehblech VII 23 nach DIN 1623	1,35—1,60	1,30—1,55
Rostfreier Stahl 18/8	1,00—1,10	1,15—1,30
VII 23 nach dem Schweißen normalisiert	1,00	1,00
Al 99,5 weich	1,00	1,00
Al 99,5 hart	0,60—0,64	1,80—2,00
AlSiMg ½ hart	0,60—0,70	1,70—1,90
AlSiMg hart	0,56—0,62	1,70—1,90
Al 3 Mg ½ hart	0,62—0,72	1,60—1,80

Ähnliche Überlegungen wurden auch für zweischnittige Verbindungen angestellt (Abb. 35) und ein Vorschlag für die Abmessungen von Scherzugproben gegeben (Tab. 4).

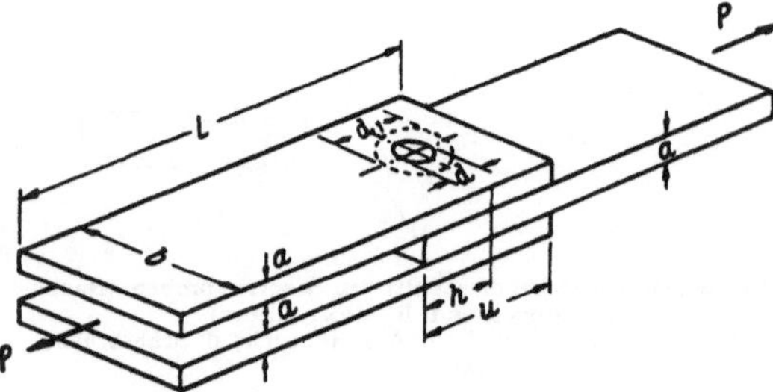

Abb. 35. Zweischnittige Scherzugprobe.

Tabelle 4. *Abmessungen von Scherzugproben nach* H. ZSCHOKKE *und* R. MONTANDON.

Verbindungsart	Blechdicke	Tiefziehblech VII. 23 $\sigma_B = 35$ kg/mm²				Austenitblech 18 Cr 8 Ni $\sigma_B = 60$ kg/mm²				Reinaluminium weich $\sigma_B = 8$ kg/mm²				AlSiMg hart $\sigma_B = 35$ kg/mm²			
	mm	*d* mm	*b* mm	*e* mm	*h* mm	*d* mm	*b* mm	*e* mm	*h* mm	*d* mm	*b* mm	*e* mm	*h* mm	*d* mm	*b* mm	*e* mm	*h* mm
einschnittige Verbindungen	0,5	2,5	8,0	9,5	4,0	2,5	8,0	6,8	4,0	2,5	8,0	6,2	4,0	2,5	8,0	6,2	4,0
	1,0	2,5	8,0	4,8	4,0	2,5	8,0	3,4	4,0	2,5	8,0	3,1	4,0	2,5	8,0	3,1	4,0
	1,5	4,0	10,0	8,0	5,5	4,0	8,0	5,6	5,5	4,0	8,0	5,1	5,5	4,0	8,0	5,1	5,5
	2,0	5,0	12,5	9,0	7,0	5,0	8,5	6,6	7,0	5,0	8,0	6,0	7,0	5,0	8,0	6,0	7,0
	3,0	7,5	18,5	14,0	10,0	7,5	13,0	10,0	10,0	7,5	12,0	9,0	10,0	7,5	12,0	9,0	10,0
	4,0	10,0	25,0	18,5	13,5	10,0	17,0	13,3	13,5	10,0	16,0	12,0	13,5	10,0	16,0	12,0	13,5
zweischnittige Verbindung	1,0	2,5	11,5	7,4	5,0	2,5	8,5	5,2	4,0	2,5	8,0	4,8	4,0	2,5	8,0	4,8	4,0
	1,5	4,0	18,0	12,6	7,0	4,0	13,5	9,0	6,5	4,0	12,0	8,2	6,0	4,0	12,0	8,2	5,0
	2,0	5,0	22,0	14,8	10,0	5,0	15,0	10,5	8,0	5,0	14,0	9,6	7,0	5,0	14,0	9,6	6,0
	3,0	7,5	32,0	22,1	14,5	7,5	23,0	15,7	11,0	7,5	21,0	14,4	10,0	7,5	21,0	14,4	9,0
	4,0	10,0	42,0	29,5	19,0	10,0	30,0	21,0	14,0	10,0	28,0	19,1	13,0	10,0	28,0	19,1	12,0

d Punktdurchmesser in der Trennebene; *b* Probenbreite für Scherzugproben mit einem Punkt; *e* Punktabstand bei Punktreihen; *h* Randabstand; Überlappung bei einschnittigen Verbindungen $= 2\,h$, bei zweischnittigen Verbindungen = mindestens $h + 3\,a$.

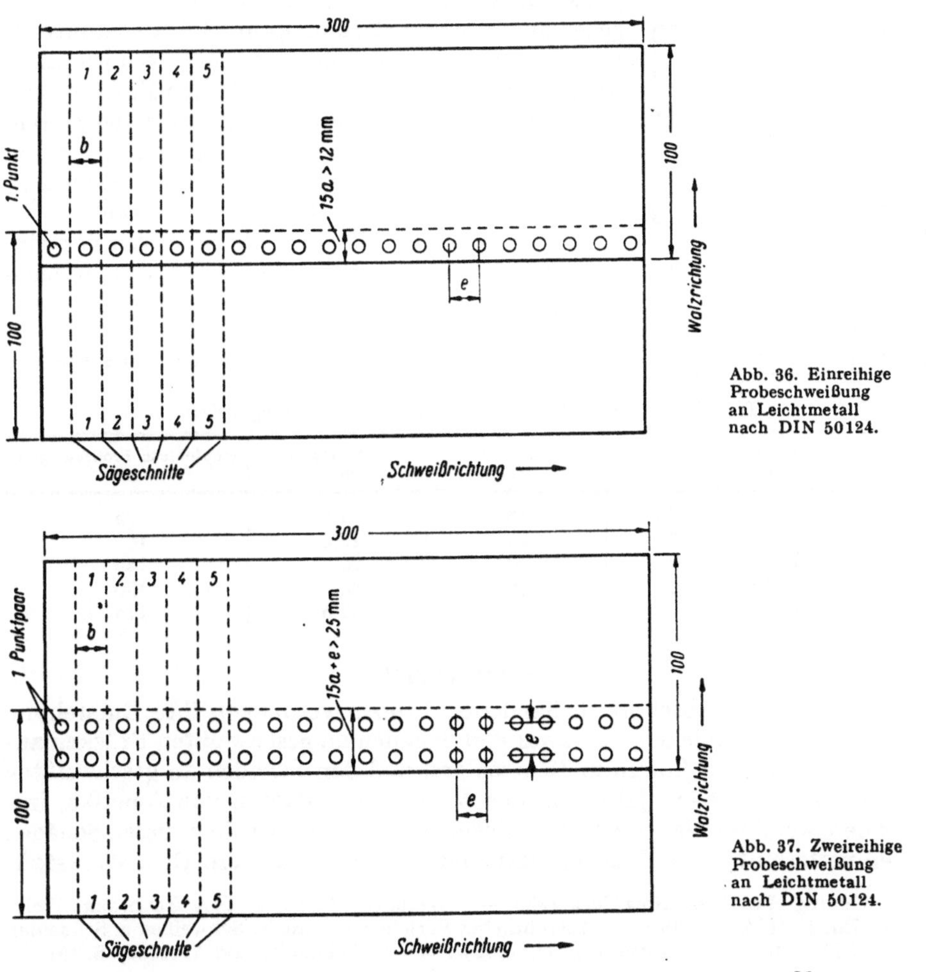

Abb. 36. Einreihige Probeschweißung an Leichtmetall nach DIN 50124.

Abb. 37. Zweireihige Probeschweißung an Leichtmetall nach DIN 50124.

Aus der Erkenntnis heraus, daß das Ergebnis von den Probenabmessungen abhängig ist, sind derartige Proben bereits vereinheitlicht worden. Basiert auf den Erfahrungen der Luftfahrtindustrie wurde in Deutschland der Scherzugversuch an Punktschweißnähten aus Leichtmetall genormt (DIN 50124, Ausgabe 5. 1943). Verschweißt werden 2 Bleche 300 mm × 100 mm mit einreihiger oder zweireihiger Naht (Abb. 36 u. 37). Für die Versuche zur Kontrolle der Einstellung der Schweißmaschine oder zur Prüfung der Gleichmäßigkeit des Grundwerkstoffes sind die Probenbreite und die Punktabstände nach Tab. 5 festgelegt.

Tabelle 5. *Abmessungen der Scherzugproben nach DIN 50124.*

Blechdicke a mm	Probenbreite b = Punktabstand e mm	Überlappung mm einreihig	Überlappung mm zweireihig
≦ 0,5	12	12	25
> 0,5 bis ≦ 1	15	15	30
> 1 bis ≦ 1,5	20	22,5	42,5
> 1,5 bis ≦ 2	25	30	55
> 2	30	15 a	15 $a + e$

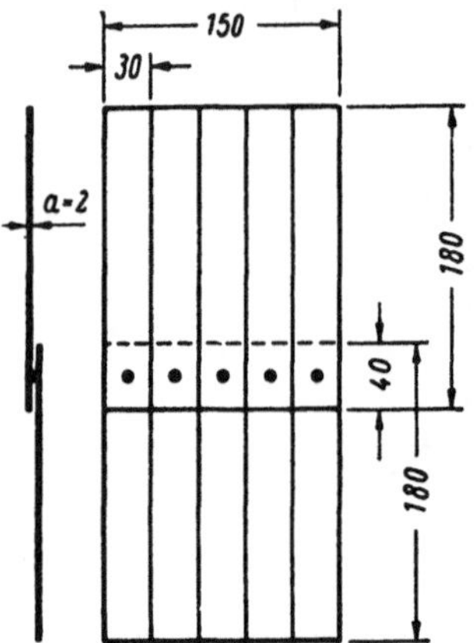

Abb. 38. Einreihige Probeschweißung an Stahlblechen nach DIN 4115.

Ermittelt wird die Höchstkraft in kg je Schweißpunkt bei einer Geschwindigkeit der Einspannköpfe gegeneinander von ≦ 10 mm/min. Für die Kontrolle von Punktschweißverbindungen im Stahlleichtbau wird in DIN 4115 (Ausg. 8. 1950) eine Probeschweißung nach Abb. 38 vorgeschrieben, wobei der Durchmesser der Schweißpunkte nicht größer als 8 mm sein soll. Ermittelt wird eine auf die tatsächliche Bruchfläche des Punktes bezogene Festigkeit.

Die in Amerika üblichen Abmessungen von einschnittigen Scherzugproben sind in Tab. 6 zusammengestellt[1].

Tabelle 6. *Abmessungen amerikanischer Scherzugproben.*

Blechdicke a mm	Probenbreite b mm	Randabstand h mm	empfohlene Probenlänge L mm
≦ 0,75	15	7,5	75
> 0,75 bis ≦ 1,5	25	12,5	100
> 1,5 bis ≦ 3,0	40	20	125
> 3,0 bis ≦ 5,0	50	25	150
> 5,0	75	37,5	175

2. Biegeversuch.

Die in diesem Abschnitt behandelten Proben verdanken ihre Entstehung zwei Schadenskomplexen, und zwar den Schäden an geschweißten Brücken aus St 52 in den 30iger Jahren in Deutschland und den Schäden an geschweißten Schiffen in den 40iger Jahren in den Vereinigten Staaten von Amerika, insbesondere auf ihren Fahrten im nördlichen Atlantik[2, 3]. Bei allen diesen Schäden traten verformungslose Brüche, sogenannte Trennbrüche, auf. Dem Werkstoff-

[1] Welding Handbook New York 1950. — [2] Williams, M. L., u. G. A. Ellinger: Weld. Journ. Bd. 32 (1953) S. 498s. — Ausführlicher Bericht siehe auch: Schweißen u. Schneiden Bd. 7 (1955) S. 95. — [3] Dohrmann, H.: Schweißen u. Schneiden Bd. 7 (1955) S. 151.

prüfer wurde die Aufgabe gestellt, die Ursache dieser Brüche aufzuklären und in diesem Zusammenhang eine möglichst „betriebsnahe“ Probe zu entwickeln, die es erlaubt, die Trennbruchneigung (Schweißbarkeit) von Stählen, die für geschweißte Konstruktionen Anwendung finden, zu kennzeichnen. Die Proben und Prüfverfahren wurden nur auf ferritische Stähle der Festigkeitsgruppe St 37 bis St 52 abgestimmt. Die Forderung der Betriebsnähe brachte es mit sich, daß, besonders in den Vereinigten Staaten von Amerika, eine Unzahl von Prüfverfahren und Proben, die nicht immer geschweißt waren (K. L. ZEYEN nennt derartige Proben „synthetische Schweißbarkeitsproben“[1]), entwickelt wurden.

Die Neigung, verformungslos zu brechen, wird beeinflußt von dem Spannungszustand (dreiachsiger Zugspannungszustand fördert Trennbrüche), der Temperatur (tiefe Temperaturen begünstigen Trennbrüche) und der Belastungsgeschwindigkeit (besonders schlagartige Beanspruchung verursacht Trennbrüche). Die Aufgabe war demnach, die Probenform so zu gestalten, daß ein für die Bildung von Trennbrüchen günstiger Spannungszustand in dem gefährdeten Querschnitt entsteht. Führt man derartige Versuche bei verschiedenen Temperaturen durch, dann kann man diejenige Temperatur ermitteln, bei der das zähe Verhalten des zu untersuchenden Stahles in ein sprödes Verhalten übergeht (Übergangstemperatur). Der Begriff „Übergangstemperatur“ ist dabei nicht eindeutig definiert. Diese Temperatur hängt ab sowohl von der Probenform und Versuchsart als auch von der Bestimmungsgröße (Arbeitsaufnahme bis zu einer bestimmten Last, Festigkeit beim Bruch, Verformung bis zum Bruch, Anteil des zähen und spröden Bruches im Bruchbild).

Im folgenden sollen einige Proben beschrieben werden. Weitere Einzelheiten bringen u. a. die kritische Auswertung der amerikanischen Sprödbruchversuche von R. RÜHL[2], ein Bericht des Centrum voor Lastechniek[3] und die Zusammenstellungen von K. L. ZEYEN[4].

Proben für schlagartige Beanspruchung s. Abschn. C.

a) Biegeproben.

Da die verformungslosen Brüche an geschweißten Brücken in dicken Querschnitten auftraten, lag es nahe, die Abmessungen der Probe diesem „Betriebszustand“ anzupassen. So wurde von O. KOMMERELL[5] nach einem französischen Vorbild die *Aufschweißbiegeprobe* oder Schweißraupenbiegeprobe vorgeschlagen. Diese Probe hat einige Wandlungen durchgemacht (Auftragschweißung mit und ohne Nut, Abmessungsverhältnisse). Sie ist von der Deutschen Bundesbahn für

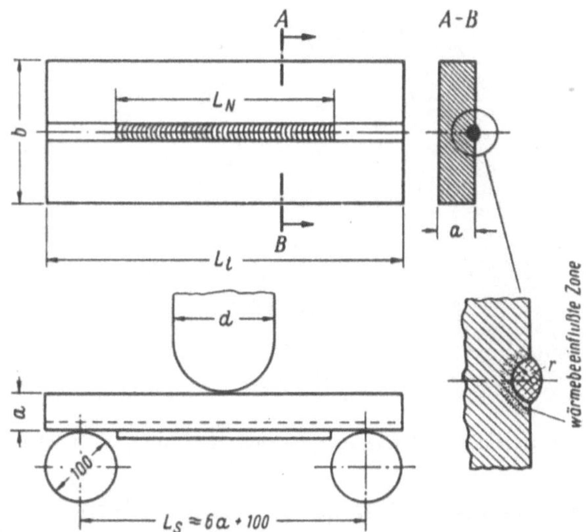

Abb. 39. Aufschweißbiegeprobe nach ÖNORM M 3052.

[1] Schweißen u. Schneiden Bd. 4 (1952) S. 402.
[2] Arch. Eisenhüttenw. Bd. 25 (1954) S. 421.
[3] Bericht Nr. SR 532/1, Den Haag 1954.
[4] Schweißen u. Schneiden Bd. 4 (1952) S. 402, Bd. 6 (1954) S. 298.
[5] Stahlbau Bd. 11 (1938) S. 49.

St 52[1] vorgeschrieben und in Österreich genormt für die Ermittlung der Trennbruchanfälligkeit eines Stahles nach dem Schweißen, wenn die Dicke 20 mm bei St 52, 25 mm bei St 44 und 30 mm bei St 37 betragen oder überschreiten[2]. In Abb. 39 und Tab. 7 sind die Abmessungen und Schweißbedingungen der österreichischen Aufschweißbiegeprobe wiedergegeben.

Tabelle 7. *Abmessungen und Schweißbedingungen der Aufschweißbiegeprobe nach ÖNORM M 3052.*

Probendicke a mm	Probenlänge L_t mm	Probenbreite b mm	Nutbreite $2r$ mm	Nahtlänge L_N mm	Dorndurchmesser d mm	Stützweite L_s mm	Elektrodendurchmesser mm	Schweißstromstärke Amp
>20 bis ≦ 25	350	150	6	125	75	240	4	160 bis 190
>25 bis ≦ 30	380	150	6	150	90	265	4	160 bis 190
>30 bis ≦ 35	410	150	6	175	105	290	4	160 bis 190
>35 bis ≦ 40	440	200	8	190	120	320	5	210 bis 240
>40 bis ≦ 45	470	200	8	220	135	350	5	210 bis 240
>45 bis ≦ 50	500	200	8	250	150	380	5	210 bis 240

Die Probe wird in der Regel aus den Blechen usw. brenngeschnitten. Bei gut ausgeführtem maschinellen Brennschnitt ist ein Nacharbeiten nicht notwendig, in allen anderen Fällen müssen die Längskanten spanabhebend nachgearbeitet werden. Als Schweißelektrode ist in der österreichischen Norm eine Mantelelektrode von erzsaurem Umhüllungsaufbau vorgeschrieben.

Die Probe ist temperaturempfindlich[3]; die Temperatur ist daher möglichst in der Nähe des gefährdeten Querschnitts zu messen. Sie sollte bei 20 ± 2° C liegen. Das Biegen muß langsam und gleichmäßig durchgeführt werden. Schlagartige Beanspruchung, die durch plötzliches Rutschen auf den Auflagerrollen entstehen kann, ist zu vermeiden. Die Auflagerrollen und die Auflagerstellen des Bleches sind daher zweckmäßigerweise einzufetten. Ausgewertet werden der Biegewinkel beim Bruch und das Bruchaussehen. Es ist auch möglich, den Biegewinkel beim ersten Anriß im Grundwerkstoff zu bestimmen. Der Anriß wird dann gewertet, wenn er mindestens 3 mm von dem Rand der Schweißraupe in den Grundwerkstoff eindringt (Abb. 40). Ebenso kann die Einschnürung beim Bruch als Bewertungsmaßstab dienen.

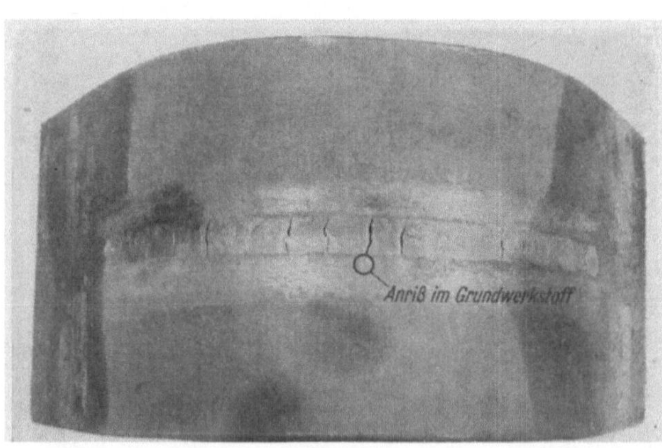

Abb. 40. Aufschweißbiegeprobe, bis zum ersten Anriß im Grundwerkstoff gebogen.

Die Probe hat bei der Entwicklung „schweißsicherer" Stähle gute Dienste geleistet, ihr Nachteil liegt in den verwickelten und rechnerisch nicht erfaßbaren

[1] TL 918 156 (Ausg. 12. 52).
[2] ÖNORM M 3052 Wien 1. 1950, s. a. H. MELHARDT: Schweißtechn. (Wien) Bd. 7 (1953) S. 29.
[3] ALBERS, K.: Z. VDI Bd. 87 (1943) S. 677.

Beanspruchungsverhältnissen und dem großen Materialaufwand. Für die Durchführung des Versuches sind Prüfmaschinen mit großem Kraftmeßbereich (100 t) erforderlich. Es hat daher nicht an Vorschlägen gefehlt, diese Probe durch andere Untersuchungsverfahren zu ersetzen. Alle diese Versuche können bisher als gescheitert angesehen werden.

Als eine Abart der Aufschweißbiegeprobe kann die *Preßnutbiegeprobe* angesehen werden[1]. Bei dieser Probe wird das örtliche Störungsfeld anstatt durch Auflegen einer Schweißraupe durch Kalteinpressen einer halbkreis- oder korbbogenförmigen Nut erzeugt.

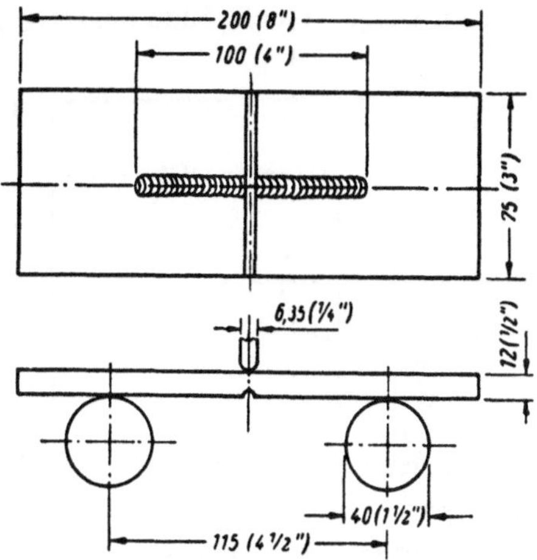

Abb. 41. Gekerbte Aufschweißbiegeprobe. (Nach KINZEL.)

In den Vereinigten Staaten von Amerika wurde ebenfalls eine Aufschweißbiegeprobe von A. B. KINZEL[2] entwickelt (Abb. 41). Die Abmessungen sind gegenüber der deutschen Aufschweißbiegeprobe kleiner; dafür wurden die Versuchsbedingungen durch Anbringen einer Kerbe (Winkel = 45°, Tiefe = 1,27 mm = 0,05″, Radius = 0,25 mm) senkrecht zur Schweißraupe verschärft. Ermittelt wird der Biegewinkel beim Bruch und die Seitenverminderung 0,8 mm unterhalb des Kerbes. A. B. KINZEL nimmt als Übergangstemperatur diejenige an, bei der 1% Seitenverminderung eintritt. Nach Untersuchungen von E. FOLKHARD[3] liefern die deutsche und amerikanische Probe gut übereinstimmende Ergebnisse, wenn die Prüftemperatur für die Kinzel-Probe etwa 10° C tiefer gewählt wird. Ähnlich der Kinzel-Probe ist auch die sogenannte Lehigh-Probe[4], bei der die V-Kerbe eine Tiefe von 2 mm und einen Radius von 1 mm hat.

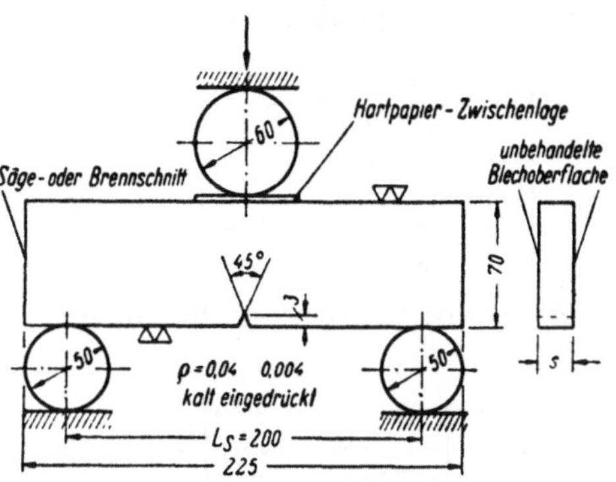

Abb. 42. Kerbbiegeprobe. (Nach VAN DER VEEN.)

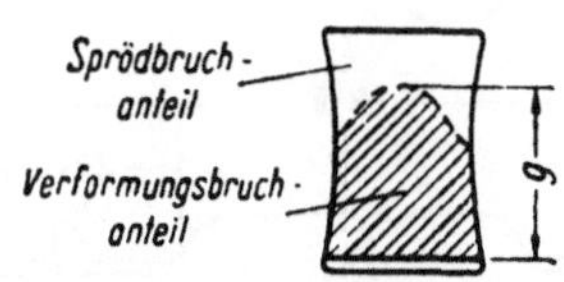

Abb. 43. Höhe des Verformungsbruches im Bruchbild der Probe nach Abb. 42.

J. H. VAN DER VEEN[5] entwickelte eine Kerbbiegeprobe mit kalt eingedrückter V-Kerbe (Abb. 42). Diese Probe wird bei einer Belastungsgeschwindigkeit von 20 mm/min bis zum Bruch gebogen. Für die Ermittlung der Übergangstemperatur wird unter anderem die Höhe g des Verformungsbruchanteils bestimmt (Abb. 43). Die Übergangstemperatur liegt bei $g = 32$ mm.

[1] HAUTTMANN, H.: Arch. Eisenhüttenw. Bd. 15 (1941/42) S. 331.
[2] Weld. Res. Counc. Bd. 13 (1948) S. 217.
[3] VÖEST-Jahrbuch 1950/51.
[4] RIEPPEL, P. J., R. G. KLIENE u. C. B. VOLDRICH: Weld. Res. Counc. Bd. 15 (1950) S. 195.
[5] GRAAF, J. E. DE, u. J. H. VAN DER VEEN: J. Iron Steel Inst. Bd. 173 (1953) S. 19. — Siehe auch Bericht Nr. SR 532/1 des Centrum voor Lastechniek N.V.L. — T.N.O. den Haag, 1954.

b) Zugproben mit zusätzlicher Biegebeanspruchung.

Durch geeignete Ausbildung der Zugprobe kann auch im Zugversuch dem gefährdeten Querschnitt eine ähnliche Beanspruchung aufgezwungen werden wie im Biegeversuch. Eine derartige, in den Vereinigten Staaten von Amerika entwickelte Probe, die Navy- oder Tear-Test-Probe (Marineprobe), sei als besonders bemerkenswert wiedergegeben (Abb. 44)[1], weil damit viele amerikanische Untersuchungen zur Aufklärung der oben erwähnten spröden Brüche bei geschweißten Schiffen durchgeführt worden sind. Im elastischen Bereich liegt bei dieser Probe in der Mitte des Kerbgrundes ein mehrachsiger Spannungszustand vor, bei dem die Längsspannung etwa dem 8fachen, die Querspannung etwa dem einfachen Wert der Mittelspannung entspricht. Die Versuche werden mit Proben verschiedener Dicke (10 mm bis 30 mm) bei verschiedenen Temperaturen und einer Belastungsgeschwindigkeit von 8,5 mm/min durchgeführt. Ermittelt wird die Spannung, die erforderlich ist, im Kerb den ersten Anriß zu erzeugen. Anschließend wird aus dem Kraft-Verlängerungs-Schaubild der Energiebetrag bestimmt, der den Riß fortschreiten läßt. Als Übergangstemperatur gilt diejenige, bei der die Bruchfläche der Probe zur Hälfte aus Scher- bzw. Trennbruch besteht. Eine ähnliche Probe wurde von A. B. BAGSAR[2] entwickelt (Abb. 82 auf S. 120).

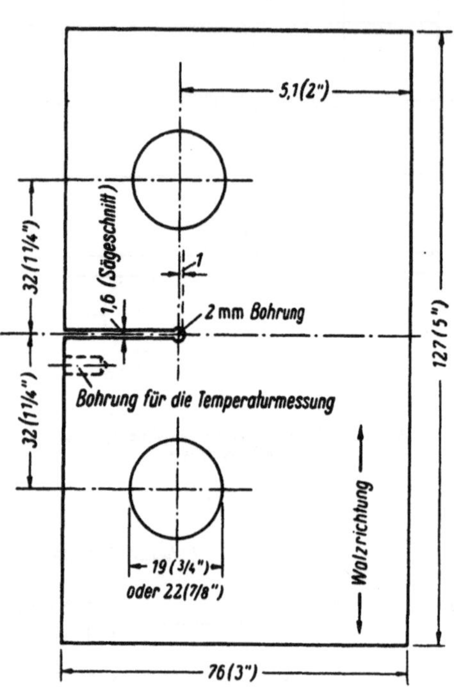

Abb. 44. Navy-Tear-Test-Probe (Marineprobe).

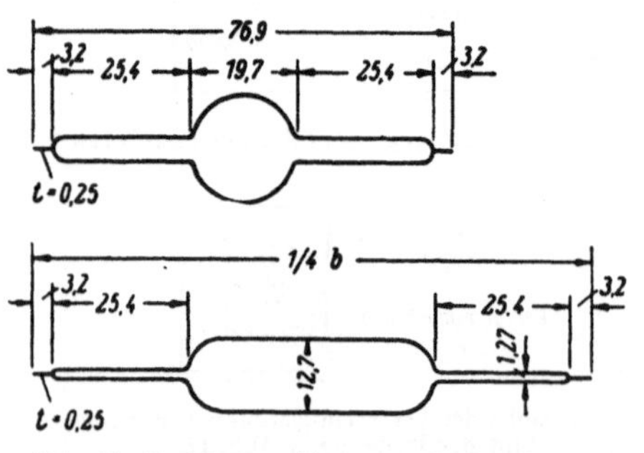

Abb. 45. Kerbformen für innengekerbte Zugproben mit großen Probenbreiten.

Für die Aufklärung der Schäden an geschweißten Schiffen wurden an den Universitäten von California und Illinois Zugversuche mit innen gekerbten Platten von der im Schiffbau verwendeten Größe (Probenbreiten bis zu 2,5 m, Kerbformen nach Abb. 45) durchgeführt[3,4].

---

[1] KAHN, N. A., u. E. A. IMBEMBO: Weld. Res. Counc. Bd. 13 (1948) S. 169. — Siehe auch H. BUCHHOLTZ: Schweißen u. Schneiden Bd. 4 (1952) S. 167 S u. Bd. 5 (1953) S. 98 S. — K. L. ZEYEN: Hansa Bd. 91 (1954) S. 1083.

[2] Weld. Res. Counc. Bd. 13 (48) S. 97 u. Bd. 14 (1949) S. 484.

[3] BOODBERG, H. E. D., E. R. PARKER u. G. E. TOXELL: Weld. Res. Counc. Bd. 13 (1948) S. 186.

[4] CARPENTER, S. T., u. W. P. ROOP: Weld. Res. Counc. Bd. 15 (1950) S. 161.

C. Festigkeitsprüfung bei schlagartiger Beanspruchung.

1. Kerbschlagbiegeversuch.

Der Kerbschlagbiegeversuch wird angewandt sowohl für die Prüfung des Grundwerkstoffes (Trennbruchneigung) als auch des Zusatzwerkstoffes; außerdem für die Höherbewertungs-, die Arbeits- und die Schweißerprüfung (Sonderzulassungsprüfung). Die Probenformen und die Versuchsdurchführung entsprechen den üblichen Gepflogenheiten (s. Abschn. II B 2).

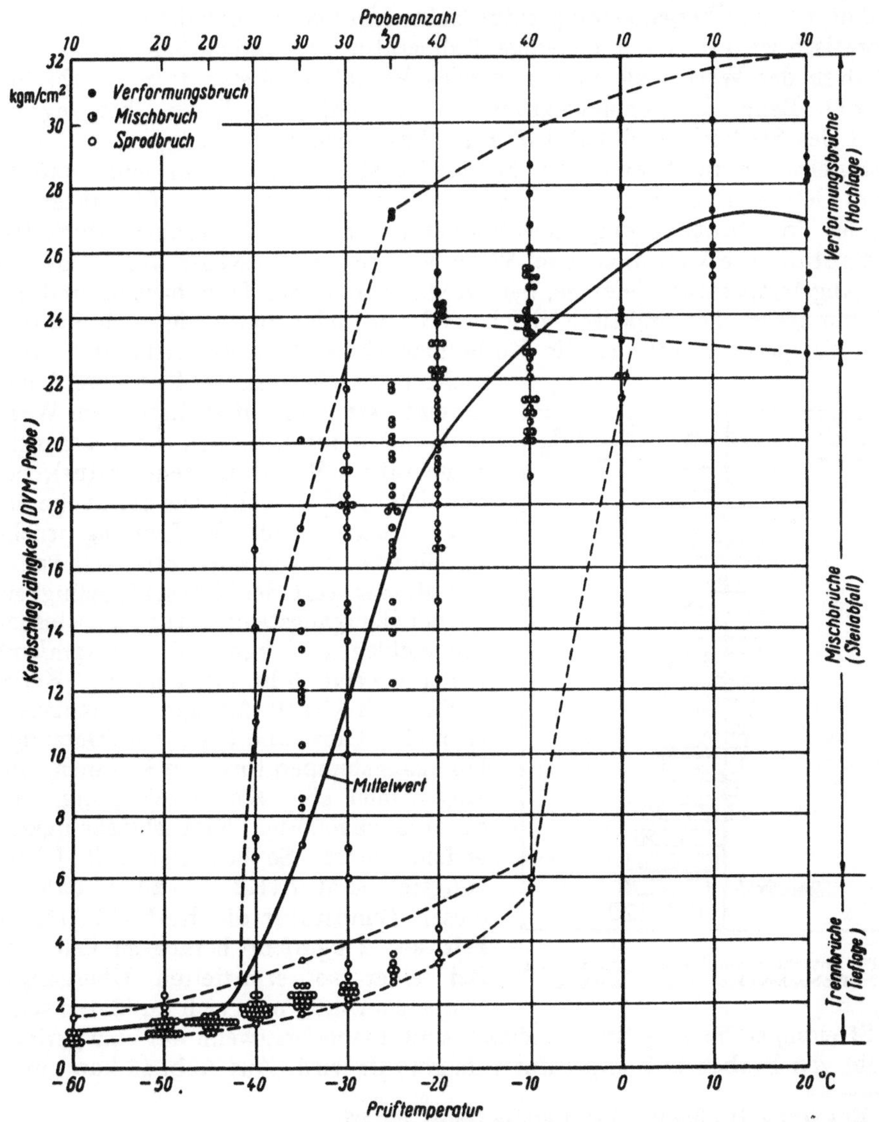

Abb. 46. Kerbschlagzähigkeits-Temperaturkurve eines Siemens-Martin-Feinkornstahles für Tiefziehzwecke. (Nach H. Kornfeld.)
Walzdicke: 16 mm. Probenform: DVM-Probe. Probenanzahl: 280. Zusammensetzung: 0,07% C; 0,05% Si; 0,19% Mn; 0,010% P; 0,032% S; 0,015% Al; 0,005% N; 0,0025% O.

a) Prüfung des Grundwerkstoffes.

Bei der Prüfung des Grundwerkstoffes wurde der Kerbschlagbiegeversuch für dieselbe Aufgabe herangezogen wie in Abschn. B2 geschildert. In Deutschland sind zahlreiche Vergleichsversuche zwischen dem Aufschweißbiegeversuch und dem Kerbschlagbiegeversuch durchgeführt worden mit dem Ziel, die große Aufschweißbiegeprobe durch die kleine Kerbschlagbiegeprobe zu ersetzen. Dabei wurden zum Teil auch Sonderproben entwickelt. Alle diese Versuche haben gezeigt, daß kein Zusammenhang zwischen den beiden Versuchsarten besteht.

In den Vereinigten Staaten von Amerika wurde vorgeschlagen, Kerbschlagzähigkeits-Temperaturkurven (s. Abb. 3, S. 178) aufzunehmen und aus diesen Kurven die Übergangstemperatur zu bestimmen. Wie schon im Abschn. B2 erwähnt, ist die Übergangstemperatur bisher nicht einheitlich definiert worden. Theoretisch wird darunter diejenige Temperatur verstanden, bei der das zähe Verhalten der Werkstoffe in ein sprödes Verhalten übergeht (s. a. Abschn. II B 2 c). Beim Kerbschlagbiegeversuch vollzieht sich dieser Übergang im Gebiet des Steilabfalls allmählich. Eine Ausnahme bilden lediglich Zink und Zinklegierungen im Walz- oder Schmiedezustand. Außerdem muß man in diesem Gebiet mit starken Streuungen rechnen (Abb. 46)[1]. Zur Charakterisierung der Trennbruchneigung eines Stahles an Hand der Kerbschlagzähigkeits-Temperaturkurve kann man zwei Wege beschreiten. Entweder wählt man als Übergangstemperatur diejenige, bei der die Anteile des Trennbruches und des Verformungsbruches praktisch gleich groß sind, oder man einigt sich auf diejenige Temperatur, bei der die Kerbschlagzähigkeit einen bestimmten Wert nicht unterschreitet. H. Kornfeld[2] hat gezeigt, wie man auf statistischem Wege auch mit wenigen Proben die Übergangstemperatur (Mischbruchtemperatur), bei der sich in der Bruchfläche der Probe die Trennbruch- und Verformungsbruchanteile wie 1 : 1 verhalten, ermitteln kann. Als Mindestwert der Kerbschlagzähigkeit bei der Übergangstemperatur wurde bisher vorgeschlagen: 2 kgm/cm², 2,6 kgm/cm² (entsprechend 15 Ft. lbs. bei der V-Kerbprobe nach ASTM), 3,5 kgm/cm² (entsprechend 20 Ft. lbs.) und 4 kgm/cm². Derartige Übergangstemperaturen bekommen im allgemeinen eine Kurzbezeichnung, aus der die zugehörige Kerbschlagzähigkeit ersichtlich ist. So bedeutet z. B. Übergangstemperatur tK2 = −20° C, daß bei dieser Temperatur die Kerbschlagzähigkeit auf 2 kgm/cm² herabgesunken ist[3]. Bei einer so ermittelten Übergangstemperatur muß man sich im klaren sein, daß Streuungen bis zu ±10° C möglich sind, besonders, wenn nur eine geringe Anzahl von Proben je Temperaturstufe geprüft wird. Aus Abb. 46 kann man

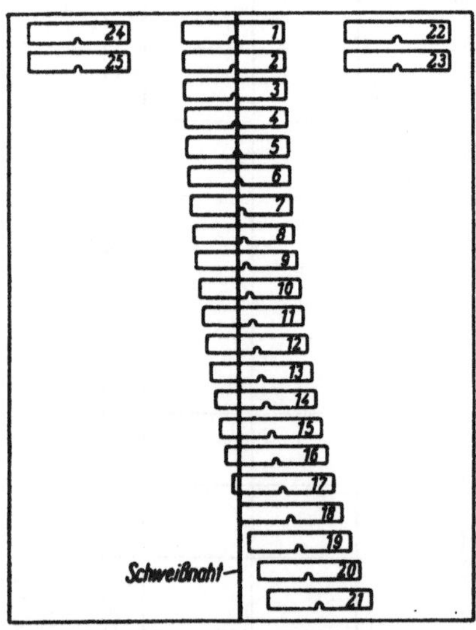

Abb. 47. Entnahme von Kerbschlagproben aus einer Probeschweißung. (Nach Čabelka.)

[1] Kornfeld, H.: Stahl u. Eisen Bd. 74 (1954) S. 1526.

[2] Arch. Eisenhüttenw. Bd. 23 (1952) S. 345, Bd. 24 (1953) S. 469; Bd. 25 (1954) S. 61. — Stahl u. Eisen Bd. 75 (1955) S. 265.

[3] Für die Übergangstemperatur, bei der die Kerbschlagzähigkeit auf 15 Ft. lbs. herabgesunken ist, findet man auch die Kurzbezeichnung Tr_{15}.

z. B. ersehen, daß der tK2-Wert zwischen —50° C und —30° C und der tK4-Wertzwischen —40° C und —20° C ermittelt werden kann.

Als Proben werden benutzt: DVM-Probe (Deutschland) ASTM- oder V-Kerbprobe (USA, I.I.W.)[1], ISA-Probe (auch ISO-Probe oder UF-Probe genannt) und Schnadt-Probe mit Scharfkerb (Abb. 8, S. 186)[2].

Einen anderen Vorschlag macht ČABELKA[3]. Nach diesem Vorschlag werden die Kerbschlagproben über die gesamte Einflußzone einer Schweißung verteilt (Abb. 47). Die Kerbschlagzähigkeit darf an keiner Stelle einen bestimmten Wert unterschreiten (ČABELKA schlägt 3 kgm/cm² bei einer DVM-Probe vor).

b) Prüfung des Zusatzwerkstoffes.

Für die Prüfung des Zusatzwerkstoffes eignet sich der Kerbschlagversuch zur Charakterisierung der Elektrodenart und ihrer Ummantelung. Je nach Elektrodenart wird von der Schweiße mehr oder weniger Stickstoff und Sauer-

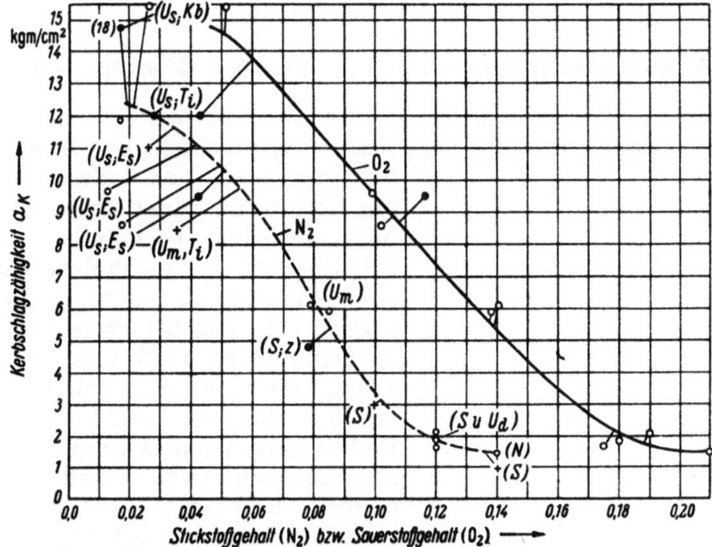

Abb. 48. Abhängigkeit der Kerbschlagzähigkeit von dem N_2- und O_2-Gehalt der Schweiße.

N nackte Elektrode,	T_i Titanoxyd-Typ,
S Seelenelektrode,	E_s Erzsaurer Typ,
U Ummantelte Elektrode,	K_b Kalkbasischer Typ,
d dünn; *m* mittel; *s* stark,	*z* zirkonlegiert.

stoff aus der Luft aufgenommen. Der Stickstoff- und Sauerstoffgehalt vermindert die Verformungsfähigkeit der Schweiße; diese Verminderung wird am eindeutigsten durch den Kerbschlagversuch angezeigt[4]. In Abb. 48 ist die Abhängigkeit der Kerbschlagzähigkeit von dem N_2- und O_2-Gehalt dargestellt. Aus dieser Abbildung ist zu erkennen, daß mit Hilfe des Kerbschlagbiegeversuches auch nachträglich mit einer gewissen Wahrscheinlichkeit die zum Schweißen benutzte Elektrodenart festgestellt werden kann.

---

[1] Type A nach ASTM E 23 — 47 T (Probe Nr. 10 in Abschn. II B 2 e, Tab. 1).

[2] FELIX, W.: Promotionsarbeit, Zürich 1954, s. auch Techn. Rundschau Sulzer H. 1 (1954) S. 33. — W. FELIX u. TH. GEIGER: Schweizer Arch. Bd. 21 (1955) S. 33.

[3] Schweißtechn. (Berlin) Bd. 4 (1954) S. 35.

[4] Siehe auch K. L. ZEYEN: Schweißen u. Schneiden Bd. 4 (1952) S. 211. — HUMMITSCH, W.: Stahl u. Eisen Bd. 74 (1954) S. 1723.

In Deutschland werden für die Abnahme von Schweißelektroden aus einer Probeschweißung nach Abb. 4 ISA-Kerbschlagproben (DIN 50115 Bild 4; Probe Nr. 4 in Abschn. II B 2e, Tab. 1) entnommen. Sie werden ohne Nachbehandlung geprüft.

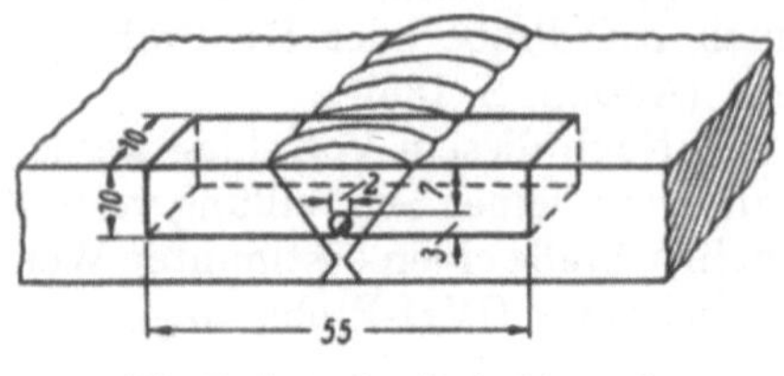

Abb. 49. Lage der Kerbschlagprobe nach DIN 50122.

c) Höherbewertungs-, Arbeits- und Schweißerprüfung.

Bei diesen Prüfungen werden in Deutschland aus Probeschweißungen (z. B. nach Abb. 10 oder 12) meist DVM-Proben entnommen, wobei der Kerb möglichst in der Schweißnahtmitte liegen soll (Abb. 49). Für die Schweißung von Blechen und Rohren mit Dicken < 10 mm bis ≧ 6 mm ist eine DVMK-Probe (DIN 50115, Bild 6; Probe Nr. 6 in Abschn. II B 2 e, Tab. 1) vorgesehen.

D. Festigkeitsprüfung bei schwingender Beanspruchung.

Beim Dauerschwingversuch mit geschweißten Proben sind die Gesichtspunkte, die in Abschn. III behandelt werden, zu beachten. Das Ergebnis wird besonders stark von äußeren und inneren Kerben, die praktisch jeder Schweißung anhaften, beeinflußt. Besonders bei der Prüfung von Proben, bei denen die Schweißraupe nicht abgearbeitet worden ist, und bei Proben mit Kehlnahtschweißung muß man mit großen Streuungen rechnen. Wöhlerkurven, die mit der üblichen Anzahl von 8 bis 10 Proben aufgenommen worden sind, können nur einen ersten Anhalt geben. Ein besseres Bild über das Dauerschwingverhalten, besonders bei Anwendung der statistischen Betrachtungsweise[1], müssen 10 bis 20 Proben und mehr bei verschiedenen Spannungsausschlägen (etwa 6 bis 10) geprüft werden.

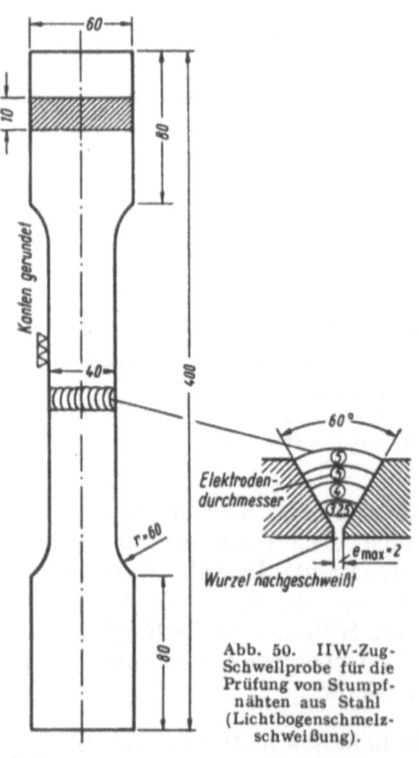

Abb. 50. IIW-Zug-Schwellprobe für die Prüfung von Stumpfnähten aus Stahl (Lichtbogenschmelzschweißung).

Besondere Probenformen sind nicht entwickelt worden, sie werden vielmehr dem Schweißverfahren, der Verbindungsart und dem Werkstoff angepaßt[2]. Vom Internationalen Schweißinstitut (IIW) wird für den Zug-Schwellversuch an Stumpfnähten aus Stahl (Lichtbogenschmelzschweißung) eine Probe nach Abb. 50 empfohlen. Die Probe soll allseitig bearbeitet werden.

[1] Siehe auch M. HEMPEL: Draht Bd. 5 (1954) S. 375.

[2] Vgl. O. GRAF: Forsch.gebiet Schw. u. Schn. m. Sauerstoff u. Azetylen Bd. 9 (1939) S. 27. — A. THUM u. A. ERKER in: F. ERDMANN-JESNITZER: Werkstoff u. Schweißung Bd. I, Berlin (1951) S. 896.

E. Festigkeitsprüfung bei ruhender Beanspruchung (Zeitstandbeanspruchung).

Festigkeitsprüfungen bei ruhender Beanspruchung werden durchgeführt, wenn der Einfluß der Belastungszeit (Zeitstandverhalten, Kriechen) untersucht werden soll. Bei metallischen Werkstoffen spielt dieses Verhalten, insbesondere im Bereich der Kristallerholungstemperatur, eine Rolle. Dieser Bereich liegt bei einigen NE-Metallen (z. B. Zink und Blei und deren Legierungen) im Gebiet der Raumtemperatur, bei Stahl oberhalb etwa 350° C. Man spricht daher bei der Prüfung von Stahl in diesem Zusammenhang auch von Festigkeits- bzw. Kriechverhalten in der Wärme oder bei hohen Temperaturen (Abschn. IV A).

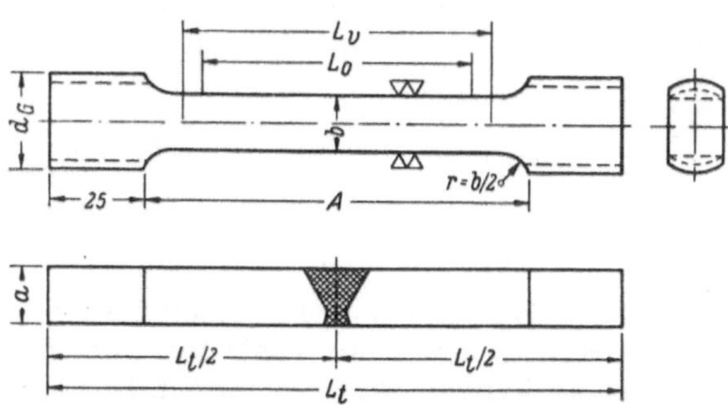

Abb. 51. Zeitstand-Flachprobe für die Prüfung von schmelzgeschweißten Stumpfnähten aus Stahl nach DIN 50128.

Im Kesselbau werden zahlreiche Schweißungen an warmfesten Stählen ausgeführt. Diese Schweißungen müssen dasselbe Zeitstandverhalten haben wie der Grundwerkstoff. Die Zeitstandproben müssen daher, ähnlich wie die Zugproben für die Höherbewertungsprüfung, eine gleiche Beanspruchung in der Schweiße, in der beeinflußten Zone (Übergangsgebiet) und im Grundwerkstoff gewährleisten. Die Zeitstandproben sollen außerdem nach Möglichkeit den gesamten Schweißquerschnitt erfassen; bei den heute vorhandenen Prüfgeräten ist dies bei Blech- und Rohrwanddicken von ≦ 20 mm möglich. Ein Vorschlag für Flachproben wird in DIN 50128 gemacht (Abb. 51 und Tab. 8).

Tabelle 8. *Abmessungen von Zeitstand-Flachproben nach DIN 50128. Abmessungen in mm.*

Probendicke a	Probenbreite b	Querschnitt F	Meßlänge[1] L_0	Versuchslänge L_v	Länge zwischen Gewinde A	Gesamtlänge L_t	Gewinde d_G
20	20	400	115	125	145	195	M 33
18	18	324	100	110	130	180	M 30 (18–16)
16	16	256	90	100	120	170	
14	15 (14–5)	210	80	90	110	160	M 24 (14–5)
12		180	75	85	105	155	
10		150	70	80	100	150	
9		135	65	75	95	145	
8		120	60	70	90	140	
7		105	60	70	90	140	
6		90	55	65	85	135	
5		75	50	60	80	130	

[1] Die aufgeführten Meßlängen gelten für Proben, die ohne laufende Dehnungsmessung bis zum Bruch geprüft werden. Proben für laufende Dehnungsmessung haben eine einheitliche Meßlänge L_0 = 100 mm (L_v = 110 mm, L_t = 180 mm).

Im übrigen muß man sich bei der Wahl der Probenform sowohl an die Art der zu prüfenden Schweißverbindung als auch an die vorhandenen Prüfgeräte anpassen.

Die Versuchsdurchführung und -auswertung wird in Abschn. IV A geschildert. Mit geschweißten Proben werden im allgemeinen Zeitbruchlinien aufgenommen (s. Abb. 10, S. 281). Bei der Aufnahme von Dehngrenzlinien wird das Kriechen der Schweißnaht, des Übergangsgebietes und des Grundwerkstoffes

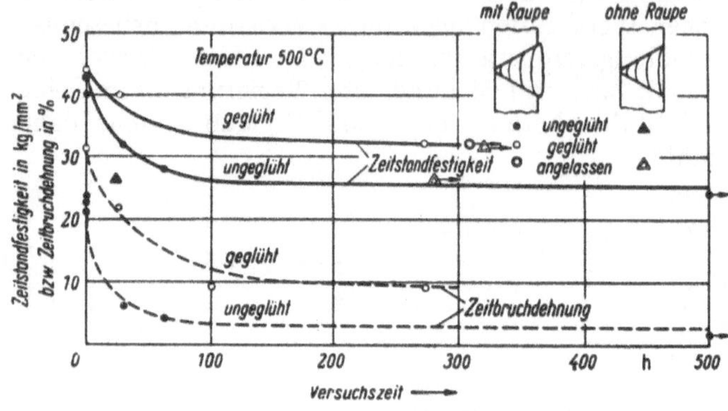

Abb. 52. Zeitstandverhalten von lichtbogengeschweißtem Chrom-Molybdänstahl bei 500° C. (Nach E. SIEBEL und K. WELLINGER.)

zusammen erfaßt. Sollen die Kriechanteile der drei Zonen im einzelnen gemessen werden, so müssen entsprechende Meßmarken (günstig sind Vickerseindrücke) angebracht werden, oder Mehrfach-Dehnungsmeßgeräte benutzt werden (s. Abb. 64, S. 311). Abb. 52 zeigt ein Beispiel für das Zeitstandverhalten von lichtbogengeschweißtem Molybdänstahl[1]. Die Proben wurden geschweißten Rohren mit einer Wanddicke von 21 bis 22 mm entnommen. Die Meßlänge für die Bestimmung der Zeitbruchdehnung betrug 100 mm.

F. Härteprüfung.

Die beiden Hauptanwendungsgebiete der Härteprüfung von Schweißungen sind die Untersuchung der Härteverteilung über den Schweißquerschnitt und

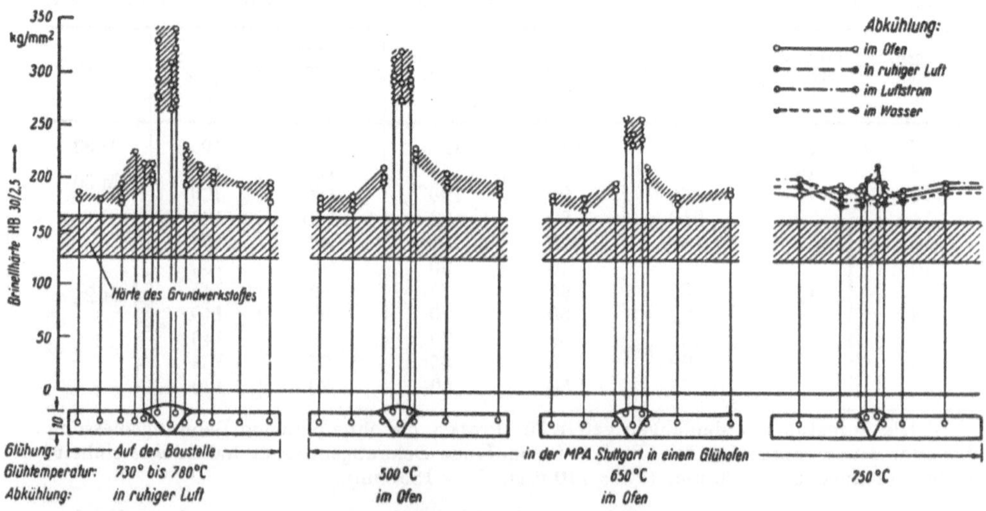

Abb. 53. Härteverteilung an verschieden wärmebehandelten Gasschmelzschweißungen von Rohren aus einem Cr-Mo-Si-Stahl. (Nach K. WELLINGER und P. GIMMEL.)

[1] SIEBEL, E., u. K. WELLINGER: Z. VDI Bd. 84 (1940) S. 57.

die Ermittlung der Härte von Auftragschweißungen. Als Härteprüfverfahren kommen in der Regel die Brinellhärte (Abschn. V B 1) und die Vickershärte (Abschn. V B 3) in Frage.

1. Untersuchung der Härteverteilung.

Derartige Untersuchungen werden für die Ermittlung der Aufhärtung an Stahlschweißungen oder der Erweichung an NE-Metallschweißungen (insbesondere Leichtmetallschweißungen) durchgeführt. Für diesen Zweck werden Schnitte durch die Schweißverbindung gelegt, deren Oberfäche geschliffen und zur Sichtbarmachung der verschiedenen Zonen geätzt wird. Auf der geschliffenen und geätzten Oberfläche werden Härteeindrücke gemacht, die so verteilt werden müssen, daß die Härte aller Zonen erfaßt wird. Notwendig sind etwa 15 bis 30 Eindrücke. Die Abb. 53 und 54 geben zwei Beispiele für derartige Untersuchungen wieder[1,2]. Um mit wenigen Härteeindrücken auszukommen und damit die Prüfzeit zu verkürzen, ist es oft vorteilhaft, vor der Härteprüfung auf den Schliff der Schweißverbindung eine Rollbahn mit dem Rollhärteprüfgerät nach H. HAUTMANN zu legen[3]. Bei diesem Verfahren wird in der Regel eine $^1/_{16}''$-Kugel mit einer Belastung von 15 kg und einer Geschwindigkeit von 0,25 mm/sec über

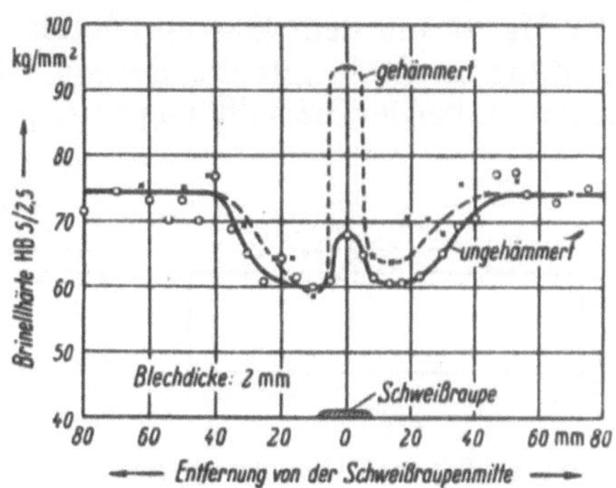

Abb. 54. Härteverteilung an einer Gasschmelzschweißung von Blechen aus einer Al-Mg-Mn-Legierung ungehämmert und gehämmert. (Nach P. BRENNER.)

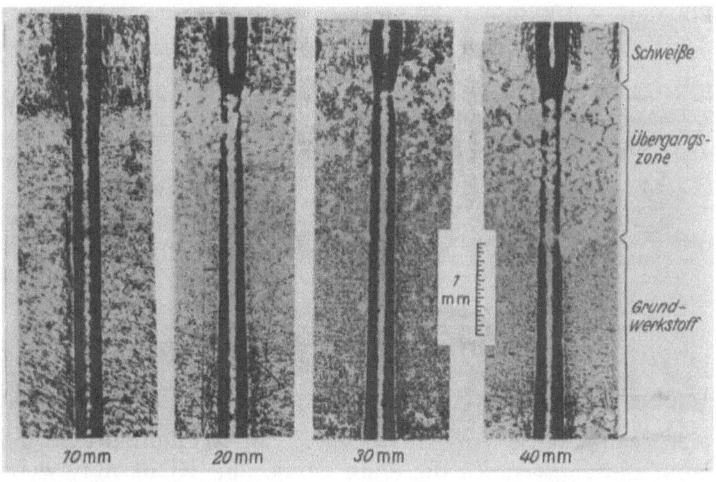

Abb. 55. Abhängigkeit der Aufhärtung von unlegiertem Kohlenstoffstahl von der Blechdicke, kenntlich gemacht durch die Ausbildung der Rollbahn. (Nach H. HAUTMANN.)

---

[1] WELLINGER, K., u. P. GIMMEL: Die Wärme Bd. 64 (1941) S. 429.
[2] BRENNER, P.: Techn. Zbl. prakt. Metallbearb. Bd. 47 (1937) H. 19/22.
[3] Stahl u. Eisen Bd. 63 (1943) S. 641.

die Prüfoberfläche gerollt. Eine derartige Rollbahn zeigt die Stelle der größten Aufhärtung an (Abb. 55[1]). Die größte Härte der Schweißverbindung kann dann durch wenige Härteeindrücke in der Nähe dieser Stelle bestimmt werden.

2. Härteprüfung von Auftragschweißungen.

Für die Bestimmung der Härte von Auftragschweißungen werden auf einer Unterlage Schweißraupen aufgetragen, die Oberfläche der letzten Schweißraupe geschliffen und darauf Härteeindrücke gemacht. Bis zu Härten von etwa 450 kg/mm² wird die Brinellhärte, bei größeren Härten die Vickershärte ermittelt. Vor allem ist darauf zu achten, daß die Dicke der Auftragschweißung der Härte und dem Härteprüfverfahren angepaßt wird. Bei der Brinellhärteprüfung an Stahl gilt die Formel: Mindestdicke = 165 D/HB. Dies bedeutet, daß z. B. bei der Brinellhärteprüfung einer Auftragschweißung mit dem Schweiß-

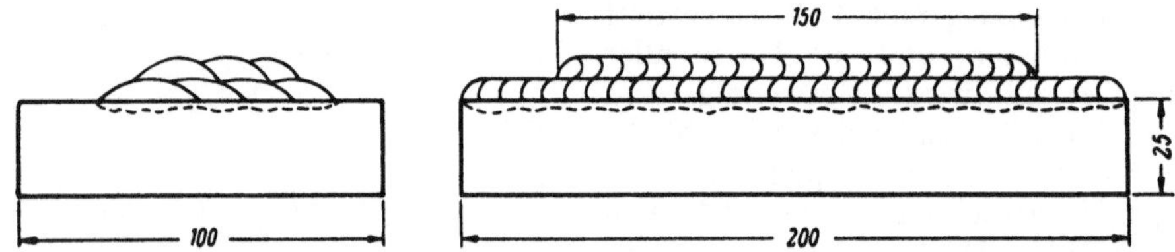

Abb. 56. Probeschweißung für die Härteprüfung an Auftragschweißungen nach DIN 1913 (Ausg. 6. 42).

draht Ga 150 (DIN 1913 Ausg. 6. 1942) bei Verwendung einer Prüfkugel mit einem Durchmesser $D = 10$ mm die Dicke der Auftragschweißung mindestens 10 mm sein muß. Bei der Vickershärteprüfung gilt die Formel:

$$\text{Mindestdicke} = a\sqrt{\frac{P}{H\,V}} \quad (a \geqq 1 \text{ bis } \leqq 2)^{*}.$$

Für die Ausführung der Probeschweißungen sind in verschiedenen Ländern Richtlinien aufgestellt worden. In Deutschland werden auf einer Probeplatte von etwa 200 mm × 100 mm × 25 mm aus St 50.11 vier Schweißraupen nebeneinander und drei weitere darüber von je 150 mm Länge aufgetragen (Abb. 56). Das Gesamtgewicht des zu verschweißenden Drahtes soll dabei 0,3 kg betragen. Das Probestück soll Raumtemperatur haben. In der Schweiz ist nur die Dicke der Auftragschweißung festgelegt. Die Schweißung soll in 3 Lagen aufgetragen werden (Abb. 57).

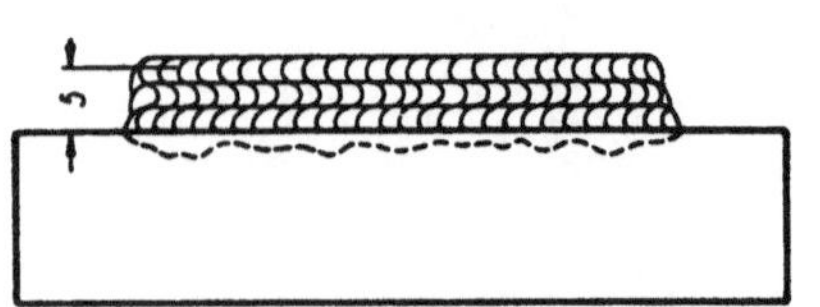

Abb. 57. Probeschweißung für die Härteprüfung an Auftragschweißungen nach VSM 14053 (Ausg. 4. 43).

G. Technologische Prüfungen.

1. Technologische Prüfungen an Stumpfnaht-Schmelzschweißungen.

Unter den technologischen Prüfverfahren an Stumpfnaht-Schmelzschweißungen nimmt der *Faltversuch* die erste Stelle ein. Nicht nur, weil er die in der Schweiße vorhandenen Mängel, wie Schlacken, starke Einbrandkerben usw.

[1] HAUTMANN, H.: Mitt. Forsch.-Anst. Gutehoff. Bd. 7 (1939) H. 3, S. 41

* Nomogramme für die Wahl der Prüfkräfte sind u. a. aufgestellt worden von K. MEYER: Tafeln zur Ermittlung der Vickershärte, Beuth-Vertrieb Berlin-Köln 1954. — E. SIEBEL u. N. LUDWIG: Werkstattstechn. u. Masch.-Bau Bd. 43 (1953) S. 477, s. auch Abb. 9 und 32 in Abschnitt V.

erkennen läßt, sondern weil er die Prüfung des Formänderungsvermögens der Schweiße am billigsten und einfachsten gestattet. Die Prüfung des Formänderungsvermögens von Schweißverbindungen bereitet einige Schwierigkeiten, weil es meist schwer möglich ist, in einem Festigkeitsversuch die maximale Verformung innerhalb der Schweißnaht zu erzwingen. Aus diesem Grunde scheiden die Bruchdehnung und die Einschnürung beim Zugversuch als Kennzeichen des Formänderungsvermögens aus. Neben dem Faltversuch wurde für diese Aufgabe der Reckversuch an längsgeschweißten Zugproben vorgeschlagen[1–3]. Der Nachteil dieses Prüfverfahrens liegt in dem verhältnismäßig großen Materialaufwand für die Herstellung der Proben. Ein Kennwert für das Formänderungsvermögen kann auch mit Hilfe der Zweiloch-Zugprobe nach Abb. 23 ermittelt werden. H. KOCH[4] hat vergleichende Untersuchungen aller Verfahren zur Bestimmung des Formänderungsvermögens der Schweiße durchgeführt, wobei er keine ins Gewicht fallende Vorteile der übrigen Prüfverfahren gegenüber dem Faltversuch fand.

Beim Faltversuch wird die Probe in der Regel auf Rollen gelagert und um einen Dorn gebogen, wobei als Verformungsgröße der Biegewinkel der entspannten Probe beim ersten deutlich sichtbaren Riß bestimmt wird. Es wurde auch vorgeschlagen, neben dem Biegewinkel die TETMAJERsche Biegegröße ($Bg = \frac{50a}{r_m} 100\%$; a = Probendicke; r_m = Krümmungshalbmesser in halber Probendicke) oder die Dehnung der Außenfaser zu bestimmen. Die Berechnung der Biegegröße erscheint zwecklos, da infolge der ungleichen Härte und Gefügeausbildung der geschweißten Proben keine kreisförmige Krümmung entsteht und außerdem die neutrale Faser aus der Mitte geschoben wird[5]. Das Ausmessen der Verlängerung für die Bestimmung der Dehnung auf der gezogenen Seite kann durch die Lage des Anbruches erschwert werden und hat nur dann Sinn, wenn man die Dehnungsverteilung berücksichtigt und den Wert auf eine möglichst kleine einheitlich festzulegende Meßlänge bezieht (Abb. 58).

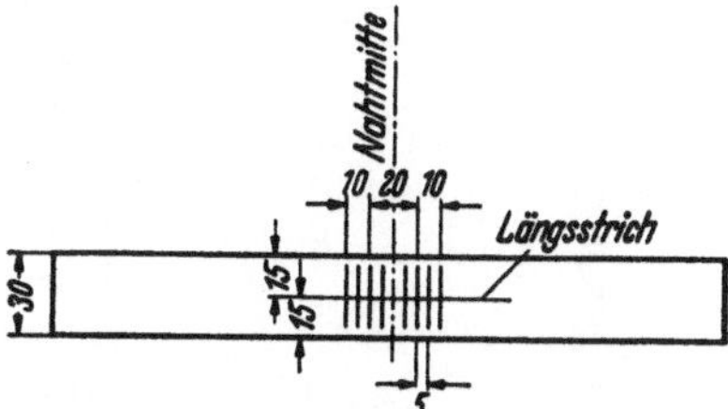

Abb. 58. Faltprobe mit Aufteilung der Dehnmeßmarken nach DIN 50121. Die Meßmarken dürfen nicht zu scharf eingeritzt und nicht bis zur Probenkante durchgezogen werden.

Der Biegewinkel ist von folgenden Faktoren abhängig:

1. Ausbildung und Beschaffenheit der Probe, und zwar:

Probenform und Probenabmessungen; Oberflächenbeschaffenheit (Abarbeiten der Raupe); Anschrägwinkel der V- oder X-Naht; Verhältnis der Zugfestigkeit des Schweißgutes zur Zugfestigkeit des Grundwerkstoffes.

2. Versuchsanordnung und -durchführung, und zwar:

Lage der Wurzelnaht beim Versuch; Stützweite; Auflagerrollendurchmesser; Biegedorndurchmesser; Verformungsgeschwindigkeit beim Versuch.

Es sind verhältnismäßig wenig Arbeiten bekannt geworden, bei denen die Einflüsse dieser Faktoren systematisch untersucht worden sind. Oft ist es schwierig, die verschiedenen Einflüsse voneinander zu trennen und eine für alle Schweißbedingungen und Werkstoffe gültige Aussage zu machen. Aus dem bisher Bekannten lassen sich folgende Regeln ableiten:

---

[1] MALISIUS, R.: Elektroschweißg. Bd. 3 (1932) S. 225.
[2] MATTING, A.: Elektroschweißg. Bd. 7 (1936) S. 53.
[3] ALBERS, K.: Elektroschweißg. Bd. 11 (1940) S. 173.
[4] Elektroschweißg. Bd. 12 (1941) S. 2.
[5] KEMPER, H.: Forschungsarb. Gebiet d. Schweißens u. Schneidens Bd. 5 (1930) S. 65.

Die *Probenform* muß möglichst einfach sein; durch Profilieren innerhalb der Schweißnaht oder gar das Anbringen von Kerben wird die Verformung behindert und damit der Biegewinkel ungünstig beeinflußt. Umgekehrt wird durch Abrunden der Kanten eine zusätzliche Kerbwirkung beseitigt und damit

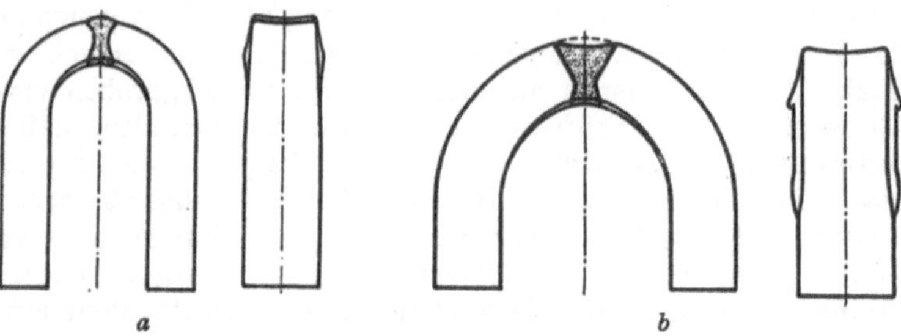

Abb. 59. Faltproben bei unterschiedlicher Härte der Schweißwerkstoffe *a* und *b*. *a* Schweißgut härter als der Grundwerkstoff; *b* Schweißgut weicher als der Grundwerkstoff.

sowohl der Biegewinkel vergrößert als auch die Streuung vermindert. Das Verhältnis Probenbreite *b* zu Probendicke *a* wählt man etwa zwischen 1 : 6 und 1 : 1. Der Einfluß dieses Verhältnisses auf das Ergebnis ist bisher noch nicht untersucht worden. Bei gleicher Probenbreite werden mit größer werdender *Probendicke* im allgemeinen kleinere Biegewinkel erzielt[1–3]. An Proben mit beidseitig abgearbeiteter Naht werden größere Biegewinkel gefunden als an einseitig bearbeiteten[2]. Über die Abhängigkeit des Biegewinkels von dem *Anschrägwinkel* der Naht liegen bisher nur einige Angaben von F. RAPATZ[4] vor. Das Ergebnis ist uneinheitlich. Immerhin scheinen kleine Anschrägwinkel (60°) günstiger zu sein als große (90°). Am unangenehmsten wird der Biegewinkel von dem Unterschied zwischen der Zugfestigkeit (Härte) des Schweißgutes und der Zugfestigkeit (Härte) des Grundwerkstoffes beeinflußt. An der Gestalt der Faltprobe nach dem Versuch machen sich diese *Härteunterschiede* in der in Abb. 59a und b dargestellten Weise bemerkbar. Bei Proben mit zu großer Härte des Schweißgutes wird praktisch nur der Grundwerkstoff verformt (Abb. 60). Die Schweiße versucht außerdem während des Versuches der Zone der größten Verformung auszuweichen (Schiefziehen der Probe), Abb. 61.

Abb. 60. Mißlungene Faltversuche infolge zu großer Härte des Schweißgutes.

Liegt die Wurzelseite der V-Naht bzw. die Probenseite mit der geringeren Nahtbreite auf der Druckseite der Probe, so werden größere Biegewinkel erreicht als umgekehrt. K. L. ZEYEN[5] hat an 6 mm dicken Proben den Einfluß der *Stützweite*

[1] FIEK, G., u. A. MATTING: Autogene Metallbearb. Bd. 27 (1934) S. 115.
[2] LUDWIG, N.: Werkst. u. Betr. Bd. 81 (1948) S. 181.
[3] BISCHOF, F.: Werkst. u. Betr. Bd. 82 (1949) S. 237.
[4] Stahl u. Eisen Bd. 55 (1935) S. 953.
[5] Techn. Mitt. Krupp Bd. 2 (1934) S. 62; s. auch Stahl u. Eisen Bd. 62 (1932) S. 879.

und des Auflagerrollendurchmessers untersucht. Durch Vergrößerung der Stützweite kann man schließlich erreichen, daß alle Proben einen Biegewinkel von 180° ohne Riß ertragen. Der Einfluß des *Auflagerrollendurchmessers* macht sich dagegen weniger bemerkbar. Durch Vergrößerung des Auflagerrollendurchmessers kann der Biegewinkel günstig beeinflußt werden, weil bei gleichbleibender lichter Weite auch die Stützweite vergrößert wird. Mit kleiner werdendem *Biegedorndurchmesser* wird die

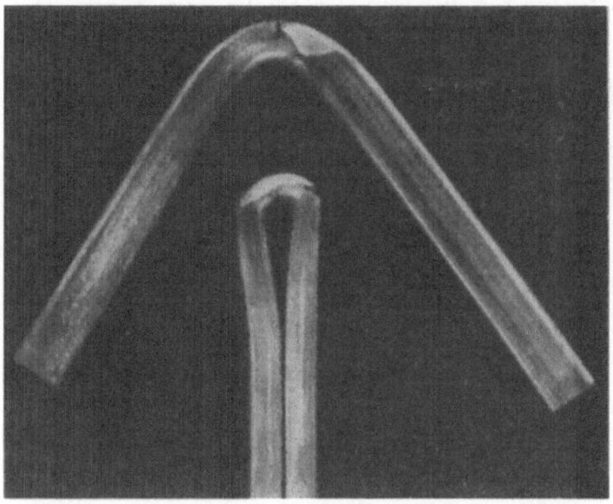

Abb. 61. Verlagerung der Schweiße aus der Zone der größten Verformung. Darunter gelungener Faltversuch.

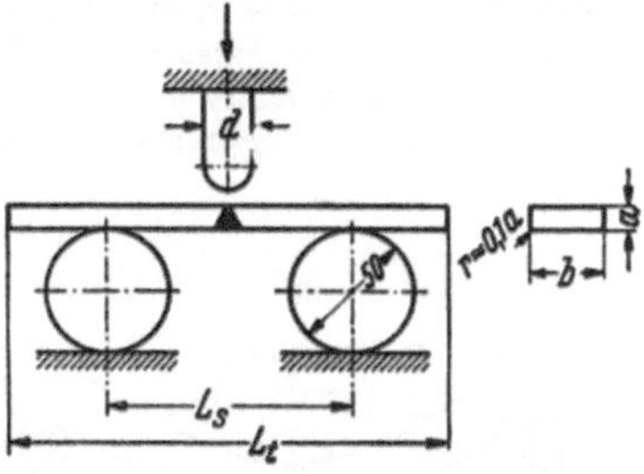

Abb. 62. Probenform und Versuchsanordnung für den Faltversuch nach DIN 50121.

Zone auf der Zugseite der Probe stärker gedehnt; dadurch entsteht naturgemäß bei kleineren Biegewinkeln der erste Anriß. Da dieser Einfluß das Ergebnis stark beeinflußt, ist der Biegedorndurchmesser d stets dem Ergebnis hinzuzufügen (z. B. Biegewinkel $\alpha = 90°$ bei $d = 2a$). Noch zweckmäßiger wäre es, dem Biegewinkel einen Index hinzuzufügen (z. B. Biegewinkel $\alpha_{2a} = 90°$). Die Abhängigkeit des Biegewinkels von der *Biegegeschwindigkeit* ist nicht untersucht worden. Das Formänderungsvermögen nimmt mit der Verformungsgeschwindigkeit ab.

Die geschilderten Einflüsse auf das Ergebnis von Faltversuchen machen eine Vereinheitlichung der Probenform und der Versuchsbedingungen notwendig. In Deutschland gilt DIN 50121 (Ausg. 11. 1952), Abb. 62 und Tab. 9 und 10.

Tabelle 9. *Biegedorndurchmesser d, Stützweite L_S und Gesamtlänge der Probe L_t nach DIN 50121 für $d \approx 2a$. Abmessungen in mm.*

Blechdicke a	über 5 bis 10	über 10 bis 15	über 15 bis 20	über 20 bis 25	über 25 bis 30
$d \approx 2a$	20	30	40	50	60
L_S	100	130	150	180	200
L_t	250	250	250	300	300

Tabelle 10. *Biegedorndurchmesser d, Stützweite L_S und Gesamtlänge der Probe L_t nach DIN 50121 für $d \approx 3a$. Abmessungen in mm.*

Blechdicke a	über 5 bis 10	über 10 bis 15	über 15 bis 20	über 20 bis 25	über 25 bis 30
$d \approx 3a$	30	40	50	60	80
L_S	110	140	160	190	220
L_t	250	250	250	300	300

In dieser Norm sind folgende Bedingungen festgelegt:

Probenform: Unprofilierter Stab mit abgerundeten Kanten ($r \approx 0{,}1\,a$) in der Mitte der Zugseite (s. Abb. 62).

Probendicke a: $\geqq 5$ bis $\leqq 30$ mm.

Probenbreite b: 30 mm (unter $a = 10$ mm auch 20 mm).

Oberflächenbeschaffenheit: Schweißraupe im allgemeinen auf Blechdicke abgearbeitet. Auf der Zugseite die Oberfläche so ebnen, daß keine Querriefen entstehen. Bei Blechdicken über 30 mm auf der geringeren Schweißnahtbreite bis auf eine Restdicke von 30 mm abarbeiten.

Anschrägwinkel: nicht festgelegt.

Verhältnis der Zugfestigkeit des Schweißgutes zur Zugfestigkeit des Grundwerkstoffes: nicht festgelegt.

Lage der Wurzelnaht beim Versuch: Im Regelfall auf der Druckseite der Probe.

Stützweite L_S: $D + d +$ etwa $3\,a$ (s. Tab. 9 und 10).

Auflagerrollendurchmesser D: 50 mm.

Biegedorndurchmesser d: $\approx 2\,a$ und $\approx 3\,a$ (s. Tab. 9 und 10).

Verformungsgeschwindigkeit beim Versuch: Vorschub des Biegedorns etwa 1 mm/sec.

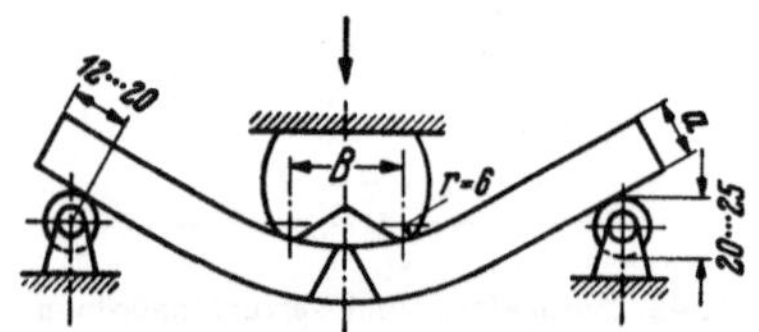

Abb. 63. Versuchsanordnung für den Faltversuch nach AWS-Welding Handbook.

Probendicke A mm	Abstand B mm
>6 bis $\leqq 12$	32
$\geqq 12$ bis $\leqq 50$	50
>50	76

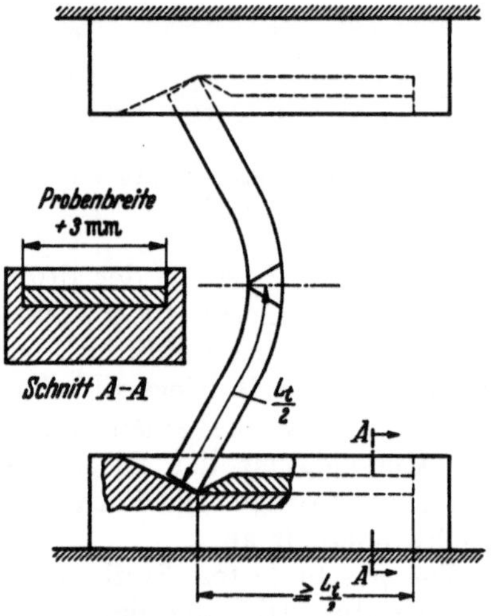

Abb. 64. Einrichtung zur Nachverformung von Faltproben bis $\alpha = 180°$ (nach AWS-Welding Handbook).

Mit der in Abb. 62 gezeigten Anordnung können die Proben bis zu einem Biegewinkel von etwa 150° verformt werden. Sollen Proben mit einer auch auf der Druckseite unbearbeiteten Schweißraupe geprüft werden, so muß der Biegedorn eine entsprechende Aussparung erhalten. Abb. 63 zeigt einen derartigen in den Vereinigten Staaten von Amerika üblichen Biegedorn. Das Weiterverformen bis zu $\alpha = 180°$ kann auf verschiedene Weise vorgenommen werden. Das Wegrutschen der Probe beim Weiterverformen zwischen Druckplatten einer Prüfmaschine kann durch eine Anordnung nach Abb. 64 verhindert werden.

Die von E. BLOCK und H. ELLINGHAUS[1] vorgeschlagene *Freibiegeeinrichtung*, mit welcher der Faltversuch in einem Zug bis zu $\alpha = 180°$ durchgeführt werden kann, hat sich nicht eingeführt.

Um das Schiefziehen der Probe zu verhindern, muß die Probe sorgfältig ausgerichtet werden. In vielen Fällen muß zu Beginn des Versuches die Verformung unterbrochen und die Probe neu ausgerichtet werden. Zur Verhinderung des Schiefziehens der Probe und gleichzeitig zur Verkürzung der

[1] Elektroschweißg. Bd. 4 (1933) S. 129.

Prüfzeit wurde von A. HAHN[1] eine Einrichtung nach Abb. 65 entwickelt. Wird der eine Schenkel der Faltprobe stärker verformt als der andere und die Probe dadurch schief gezogen, so wird die Auflagerrolle des sich stärker verformenden

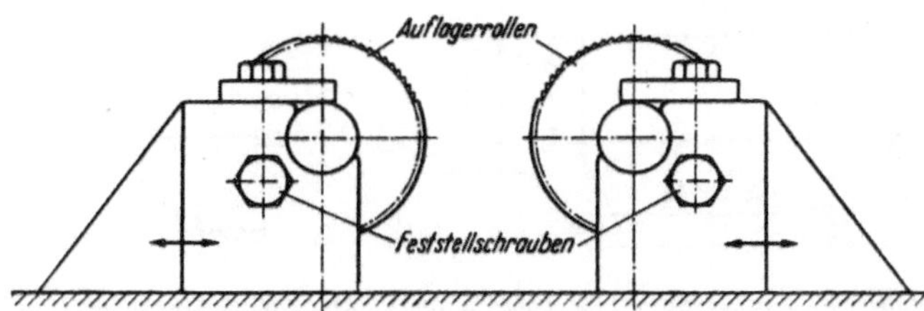

Abb. 65. Einrichtung zum Einstellen der mittigen Lage der Schweiße während des Faltversuches nach A. HAHN der Firma Losenhausen, Düsseldorf.

Schenkels mit Hilfe der Feststellschraube so lange am Rollen behindert, bis die mittige Lage der Schweiße wieder hergestellt ist. Damit die Probe auf der Auflagerrolle nicht rutscht, sind ihre Mantelflächen gerändelt.

Der Faltversuch wird normalerweise nur für größere Probendicken als 5 mm angewendet, weil eine Dünnblechschweißung ohne Versetzung der beiden zu verschweißenden Bleche gegeneinander schwierig ist und eine prozentual zur Blechdicke größere Nahtüberhöhung üblich ist. Beides verhindert die einwandfreie Verformung der Probe. Der Vorschlag, in solchen Fällen den Winkel zwischen der Schweißnaht und dem am stärksten verformten Schenkel der Probe zur Beurteilung heranzuziehen (Abb. 66), kann nicht befriedigen[2]. Die einzige Möglichkeit, bei dünnen Proben die Verformung der Schweißnaht zu erzwingen, ist die Profilierung der Probe, wie sie in DIN 50121 empfohlen (Abb. 67 u. 68) und bei der Kontrolle der Schweißung von Druckgasflaschen u. a. angewendet wird.

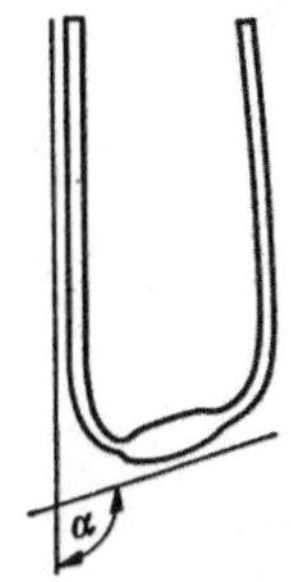

Abb 66. Auswertung eines Faltversuches an einer 1 mm dicken Zinkblechschweißung. (Nach E. ZORN und M. MAYER.)

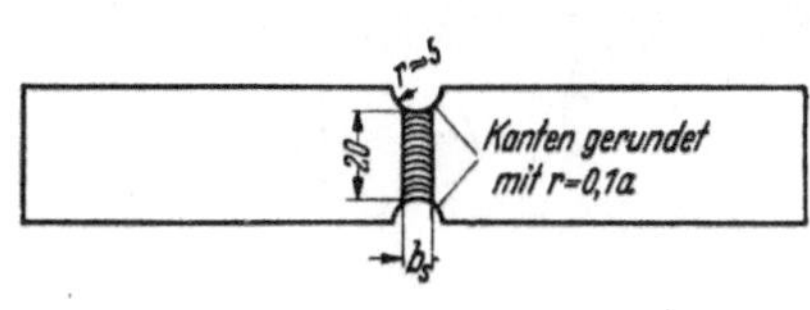

Abb. 67. Ausgerundete Faltprobe für Probendicken unter 5 mm nach DIN 50121.

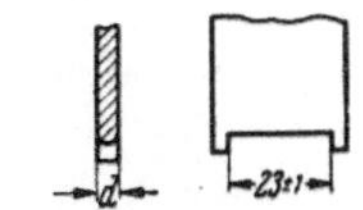

Abb. 68. Biegedorn für die ausgerundete Faltprobe nach Abb. 67.

Für die Ermittlung des Formänderungsvermögens dünner gasschmelzgeschweißter Bleche schlägt F. EISENKOLB[3] den Tiefungsversuch nach DIN 50101 vor (s. Abschn. VI A 2 i). Die zu prüfende Schweißnaht wird durch Umschmelzen der Probe längs einer Mittellinie erhalten.

In vielen Fällen läßt sich eine Faltprobe bis zu einem Biegewinkel von 180° ohne Bruch verformen. Will man einen Bruch in der Schweiße erzwingen, um die Güte der Schweißung an Hand der Bruchfläche zu beurteilen, so müssen die Versuchsbedingungen verschärft werden. Von K. KAUTZ wurde vorgeschlagen,

[1] Schweißen u. Schneiden Bd. 6 (1954) S. 310, D. B. P. Nr. 920942. Herstellfirma: Losenhausen, Düsseldorf.

[2] ZORN, E., u. M. MAYER: Metallwirtsch. Bd. 20 (1941) S. 832.

[3] Stahl u. Eisen Bd. 63 (1943) S. 553. — Siehe auch H. BUCHHOLZ: Schweißen u. Schneiden Bd. 2 (1950) S. 24 u. 51.

in solchen Fällen den Faltversuch an einer profilierten Probe nach Abb. 19 (DIN 50127, Vornorm) vorzunehmen. Gegenüber der Faltprobe nach DIN 50121 liegt der Vorteil dieser Probe außerdem darin, daß das einseitige Schiefziehen

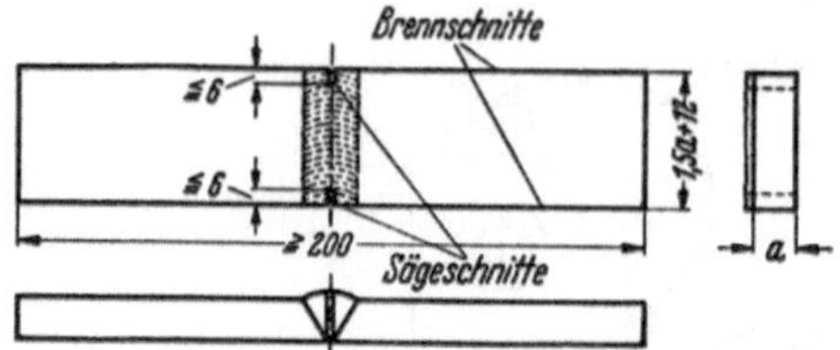

Abb. 69. Kerbfaltprobe (Nick-Break-Specimen) nach AWS-Welding Handbook.

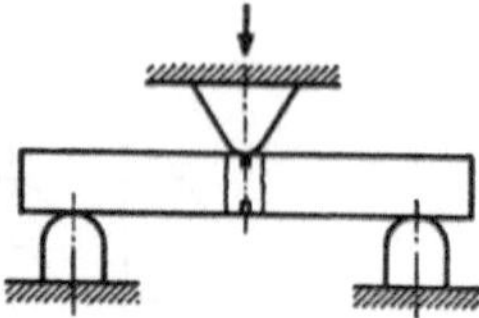

Abb. 70. Versuchsanordnung für die Kerbfaltprobe nach Abb. 69.

beim Verformen verhindert wird, die maximale Verformung also immer in der Schweiße auftritt. Wird der bis zum ersten metallischen Anriß erreichte Biegewinkel zur Beurteilung der Schweißung herangezogen, so muß berücksichtigt

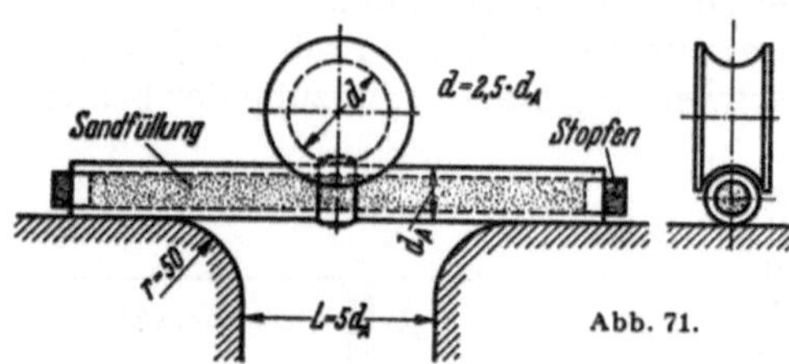

Abb. 71. Versuchsanordnung für den Faltversuch an geschweißten Rohren nach K. WELLINGER und P. GIMMEL.

Abb. 72. Faltproben von geschweißten Rohren *a* bis *c* schlecht (Rißbildung an der Zugseite), *d* gut.

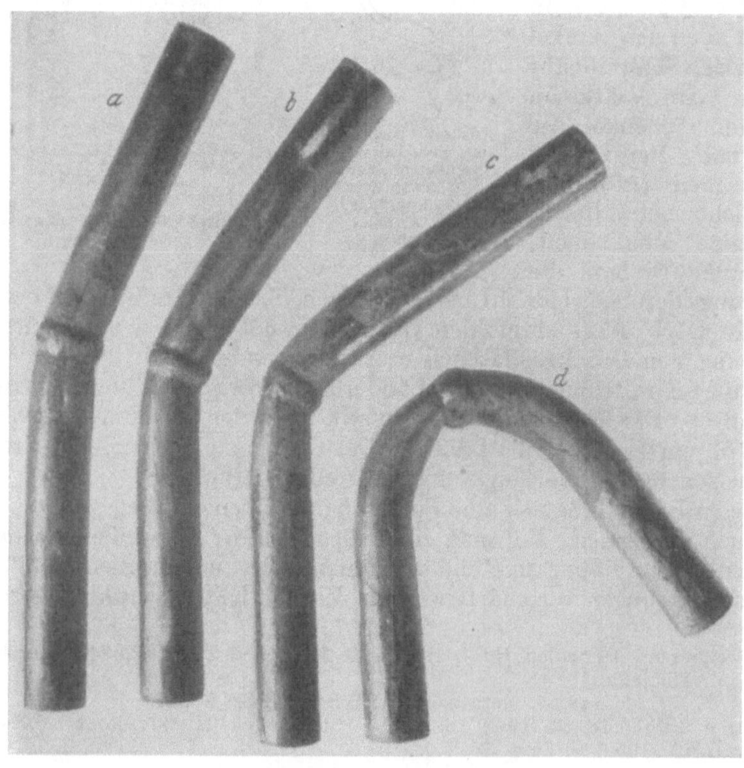

Abb. 72.

werden, daß dieser Winkel immer kleiner ausfällt als bei einer unprofilierten Probe. Eine ähnliche Probe ist in den Vereinigten Staaten von Amerika üblich. Bei dieser Probe wird in die Schweiße ein Kerb eingesägt (Abb. 69), der beim Versuch auf der Druck- bzw. Zugseite liegt (Abb. 70).

Zur Beurteilung der Bruchfläche wird auch die sogenannte *Bruchprobe* herangezogen. Dies ist eine etwa 100 mm breite Probeschweißung, deren Schweißquerschnitt durch einen 2 bis 5 mm tiefen eingesägten, -gefrästen oder -gemeißelten Einschnitt geschwächt worden ist. Um den Bruch zu erleichtern, kann diese Probe vor der Prüfung in einem Kältebad abgekühlt werden. Gegenüber den Kerbfaltproben haben derartige Proben den Vorteil der Beurteilungsmöglichkeit einer größeren Schweißlänge.

Für die Prüfung von *Schweißungen an Rohren* mit einem Außendurchmesser ≦ 70 mm schlägt G. CZTERNASTY[1] einen Faltversuch an ganzen Rohren vor (Abb. 71 u. 72).

2. Technologische Prüfungen an Kehlnaht-Schmelzschweißungen.

Die technologischen Prüfungen an Kehlnaht-Schmelzschweißungen dienen in erster Linie zum Nachweis einer einwandfreien Schweißung und weniger zur Prüfung des Formänderungsvermögens.

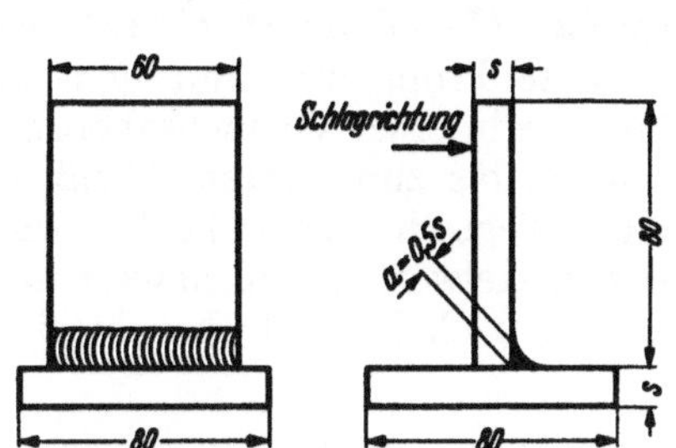

Abb. 73. Winkelprobe nach DIN 50127.

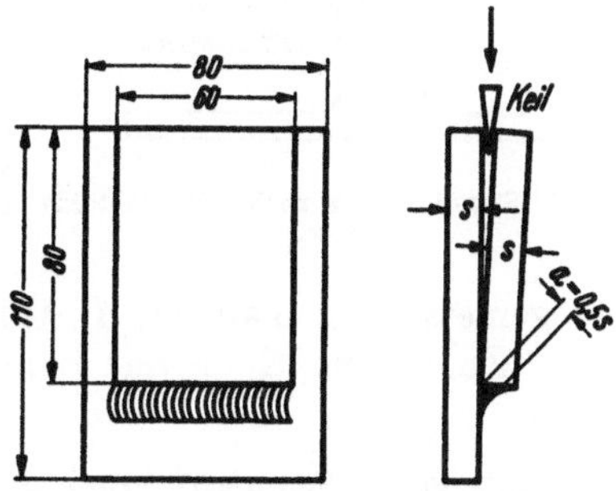

Abb. 74. Keilprobe nach DIN 50127.

Die Proben für derartige Prüfungen müssen daher so gestaltet werden, daß die „Öffnung" der Schweißnaht leicht möglich ist. In Deutschland sind für diesen Zweck die Winkelprobe (Abb. 73) und die Keilprobe (Abb. 74) üblich. Nach DIN 50127 (Ausg. 7. 1954) werden jeweils zwei Proben unmittelbar nacheinander verschweißt. Die Winkelprobe wird entweder in einen Schraubstock

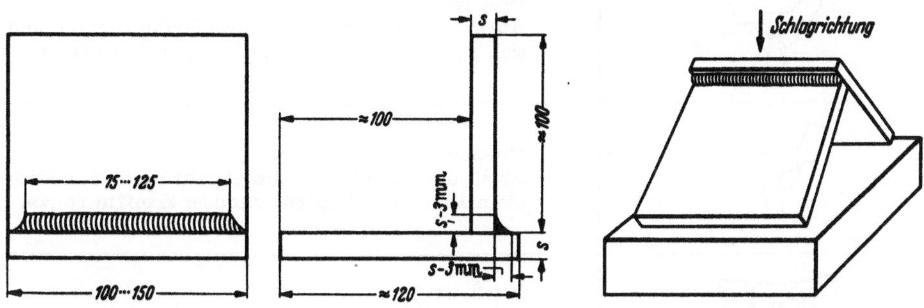

Abb. 75. Winkelprobe nach AWS-Welding Handbook.

Abb. 76. Prüfanordnung für die Winkelprobe nach Abb. 75.

[1] Wärme Bd. 61 (1938) S. 205. — Siehe auch K. WELLINGER u. P. GIMMEL: Wärme Bd. 65 (1942) S. 203.

eingespannt und mit Hammerschlägen (Richtung der Schläge s. Abb. 73) gebrochen oder in einer Presse bis zum Bruch der Schweißnaht verformt. Die Keilprobe wird mit Hilfe eines Keiles oder Meißels bis zum Bruch der Schweißnaht auseinandergetrieben. Beurteilt werden: äußere Nahtbeschaffenheit, Glätte und Gleichmäßigkeit der Raupe, Einbrandkerben, Symmetrie der Nahtlage, etwa in der Bruchfläche vorhandene Fehler und die Art dieser Fehler.

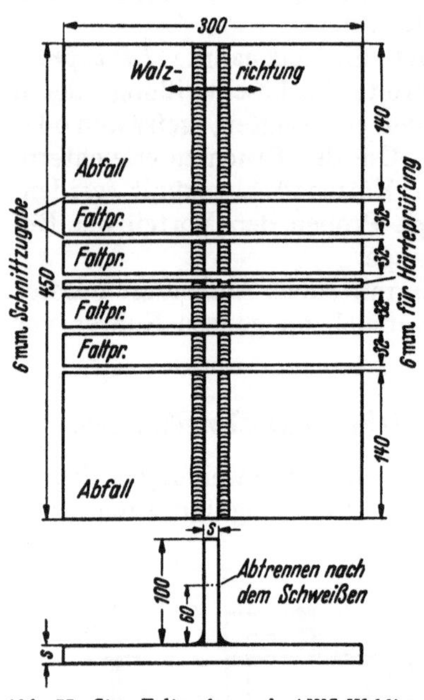

Abb. 77. Steg-Faltprobe nach AWS-Welding Handbook.

In vielen Ländern, z. B. in den Vereinigten Staaten von Amerika, ist eine Winkelprobe nach Abb. 75 üblich[1]. Eine derartige Probe kann zwar nicht in den Schraubstock eingespannt werden, sie kann aber leichter als die deutsche Probe auf einem Amboß oder in einer Presse auseinandergebrochen werden (Abb. 76).

Die geschilderten Proben gestatten nur eine subjektive Beurteilung. Eine objektivere Beurteilung der Schweißung einschließlich ihres Formänderungsvermögens gestattet die Steg-Faltprobe (Tee-Bend-Specimen) nach Abb. 77[1]. Diese Probe wird mit dem Steg auf der Zugseite in einer Versuchsanordnung ähnlich Abb. 62 bis zum ersten Anriß verformt und der Biegewinkel α an beiden Schenkeln gemessen (s. Tab. 11, 1. Abb.) und der Mittelwert als Kennwert angegeben. Zu diesem Kennwert kann die Bruchart nach Tab. 11 charakterisiert werden.

Tabelle 11. *Charakterisierung der Brucharten der Steg-Faltprobe nach Abb. 77.*

α α	Type „0" Ohne Fehler
	Bruchart „1" Anriß, der am Fuß der Schweißnaht beginnt und sich *nur* innerhalb der Einflußzone fortpflanzt
	Bruchart „2" Anriß, der am Fuß der Schweißnaht beginnt und sich bis in den unbeeinflußten Grundwerkstoff fortpflanzt
	Bruchart „3" Plötzlicher Bruch durch den Grundwerkstoff, der in der Regel vom Fuß der Schweißnaht ausgeht

[1] American Welding Society: Welding Handbook, New York 1950.

3. Technologische Prüfungen an Preßschweißungen.

Bei *Widerstands-Stumpfschweißungen* an Betonrundstählen wird als technologische Prüfung der Faltversuch in einer Anordnung nach Abb. 62 durchgeführt. Nach H. RÜSCH[1] hat die Probe in der Regel eine Gesamtlänge von 800 mm. Die Schweißstelle muß auf den Nenndurchmesser des Betonrundstahles abgearbeitet werden. In den Bestimmungen für Ausführungen von Bauwerken aus Stahlbeton (DIN 1045, Ausg. 1943 ×××) ist der Biegedorndurchmesser für stumpfgeschweißten Betonstahl I mit 2 × Nenndurchmesser und für Betonstahl II, III und IV mit 4 × Nenndurchmesser festgelegt. Nach Untersuchungen von G. RICHTER und N. LUDWIG[2] ist auch für Betonstahl II die Festlegung: Biegedorndurchmesser = 2 × Nenndurchmesser vertretbar.

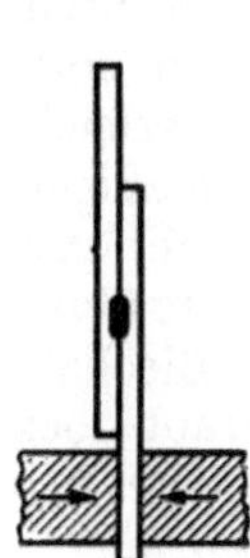

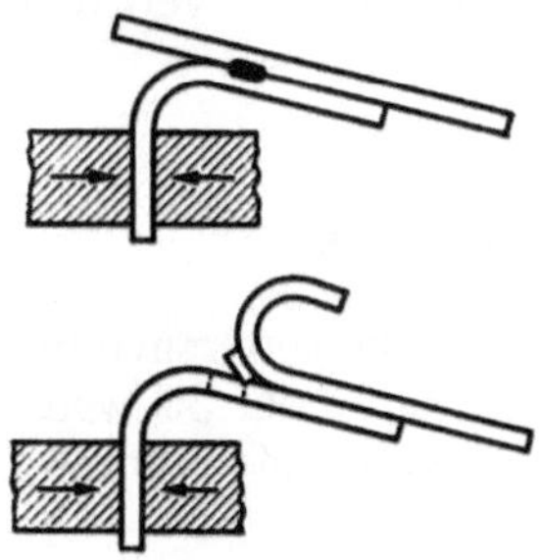

Abb. 78. Abpellversuch an einer Punktschweißung.

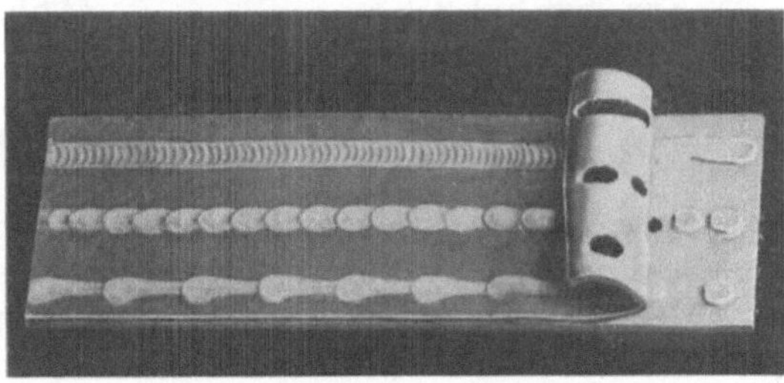

Abb. 79. Teilweise „abgepellte" Probe einer Rollnahtschweißung nach G. ROSENBERG.

Bei der *Punkt- und Rollnahtschweißung* dienen die technologischen Prüfungen der einfachen Kontrolle der Schweißbedingungen, der Schweißbarkeit von Blechwerkstoffen und der Nachbehandlung der Schweißung. Bei derartigen Prüfungen soll ein Bruch in der Schweißverbindung erzwungen werden, um aus dem Bruchbild eine Aussage über die Güte der Schweißung machen zu können. In einfachster Weise kann dies im sogenannten Abpellversuch (Peel-Test) erreicht werden. Bei diesem Versuch wird das eine Blech einer Überlappungsschweißung vom anderen abgepellt (Abb. 78). Bei dem Abpellversuch erzielt man nicht immer einen Bruch in der Schweißung (Abb. 79)[3]. Für die Punktschweißung eignet sich daher besser

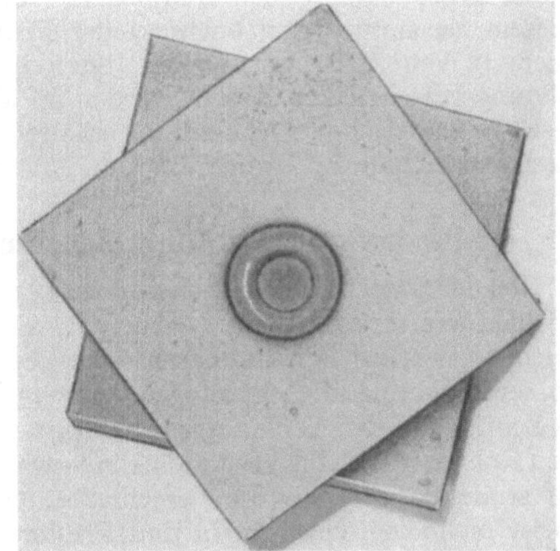

Abb. 80. Verdreh-Scherprobe einer Punktschweißung, IIW-Vorschlag.

[1] Fortschr. u. Forschg. i. Bauwes. Reihe A, H. 5 (1953) S. 25.

[2] Dtsch. Ausschuß f. Stahlbeton H. 97 (1941) S. 9.

[3] ROSENBERG, F.: AEG-Mitt. (1939) S. 429.

Abb. 81. Anordnung für den Verdreh-Scherversuch mit einer Probe nach Abb. 80.

der von den französischen Eisenbahnen entwickelte Verdreh-Scherversuch[1]. Als Probe dienen zwei durch einen Punkt miteinander verschweißte quadratische Blechabschnitte von 55 mm Kantenlänge. Um das Einspannen eines dieser Blechabschnitte zu erleichtern, werden sie zweckmäßigerweise um etwa 90° verdreht verschweißt (Abb. 80). Bei der Prüfung wird einer der beiden Blechabschnitte in einen Schraubstock eingespannt und der andere Abschnitt mit einem Schraubenschlüssel bis zum Bruch verdreht (Abb. 81).

H. Bestimmung der Warmrißbeständigkeit.

Die in diesem Abschnitt behandelten Prüfverfahren sind für die Untersuchung von ähnlichen Fehlerscheinungen auf zwei verschiedenen Gebieten der Schweißtechnik entwickelt worden. Diese Fehlerscheinungen sind Risse, die während des Schweißens auftreten (Warmrisse).

Derartige Risse werden beim *Gasschweißen* von dünnen Blechen aus Stahl höherer Festigkeit und aus Leichtmetall-Legierungen beobachtet. Das Auftreten dieser Risse wird in der Hauptsache vom *Grundwerkstoff* beeinflußt. Die in diesem Zusammenhang entwickelten Prüfverfahren dienen daher der Untersuchung des Grundwerkstoffes.

Ähnliche Risse treten beim *Lichtbogenschweißen* von Stahl auf, insbesondere bei der Kehlnahtschweißung mit dick umhüllten Elektroden von Stahl mit höherer Festigkeit (St 52) oder aus austenitischem Werkstoff. Das Auftreten dieser Risse wird in der Hauptsache vom *Zusatzwerkstoff* beeinflußt. Die in diesem Zusammenhang entwickelten Prüfverfahren dienen daher der Untersuchung von Zusatzwerkstoffen. Schweißelektroden, die sich ohne Warmrißbildung verschweißen lassen, werden im allgemeinen Sprachgebrauch als „rißfest" gekennzeichnet. Neuerdings erhalten derartige Schweißelektroden die Zusatzkennzeichnung: „warmrißbeständig nach DIN 50129".

1. Bestimmung der Warmrißbeständigkeit von dünnen Blechen.

Bei der Gasschweißung von dünnen Blechen (Blechdicken unter etwa 2,5 mm) wurden Warmrisse zuerst beobachtet, als man in den zwanziger Jahren, vor allem in der Luftfahrtindustrie, dazu überging, Stähle höherer Festigkeit und später Leichtmetall-Legierungen zu verarbeiten. Besonders häufig traten die Warmrisse bei der Kehlnahtschweißung auf, insbesondere bei der Verschweißung von Rohren mit kleinen Wanddicken (etwa 1,5 mm). Um diese Fehlerscheinungen zu studieren, wurden die verschiedensten, der Praxis möglichst angepaßte meist technologische Proben und Prüfverfahren entwickelt. Alle diese Proben und Prüfverfahren haben dazu beigetragen, die Ursachen für die Warmrißnei-

[1] Mitt. des IIW., s. auch Schweißen u. Schneiden Bd. 6 (1954) S. 452.

gung von dünnen Blechen weitestgehend zu klären; die Einzelergebnisse sind aber nicht miteinander vergleichbar[1].

Am meisten angewendet wird der Einspannschweißversuch nach J. MÜLLER[2]. Bei diesem Versuch werden zwei Blechabschnitte von 50 mm × 75 mm in einer Einspanneinrichtung nach Abb. 82 fest eingespannt, wobei zwischen ihnen ein Spalt gleich der Blechdicke bleibt. Der Spalt wird verschweißt und die Schweißnaht nach dem Erkalten auf Risse untersucht. Zwei beim Einspannen in die Probenenden gezogene Näpfchen verhindern das Rutschen der Blechabschnitte während der Abkühlung (Abb. 83). Bei einer derartigen Einspannung ist die Versuchslänge nicht eindeutig festgelegt. F. BOLLENRATH und H. CORNELIUS[3] wählten daher für ihre Versuche statt des Näpfchens eine V-förmige Vertiefung, die über die ganze Probenbreite geht.

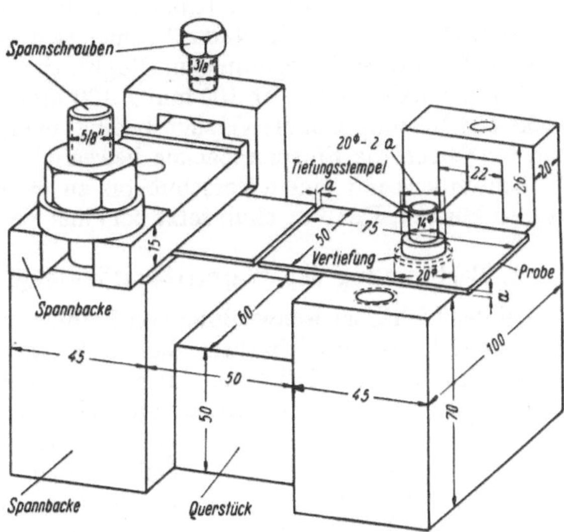

Abb. 82. Einspanneinrichtung für die Warmrißprüfung von dünnen Blechen nach J. MÜLLER.

Abb. 83. In der Einspanneinrichtung nach Abb. 82 geschweißte Probe.

Stahl wird ohne Heften und ohne Vorwärmen mit neutraler Azetylen-Sauerstoff-Flamme (Azetylen 0,5 kg/cm², Sauerstoff 3 kg/cm²) mit einer Geschwindigkeit von etwa 1 mm/s von links nach rechts geschweißt. Empfohlen werden Schweißbedingungen nach Tab. 12.

Tabelle 12. *Schweißbedingungen für den Einspannschweißversuch nach* J. MÜLLER.

Blechdicke mm	≧0,5 bis <0,75	≧0,75 bis <1,0	≧1,0 bis <1,5	≧1,5 bis <2,0	≧2,0 bis <2,5	≧2,5 bis ≧3,0
Düse	00				1	
Schweißdraht-durchmesser mm	1,0		1,5	2,0		
Ungefähre Länge der Flamme mm	4	4 bis 5	5 bis 6			6 bis 7

[1] MÜLLER-BUSSE, A.: Aluminium Bd. 30 (1954) S. 240.
[2] Luftf.-Forschg. Bd. 11 (1934) S. 93.
[3] Arch. Eisenhüttenw. Bd. 10 (1936/37) S. 563.

Nach dem Erkalten werden die Proben ausgespannt, gebrochen und auf Risse untersucht. Durch Ätzen der Schweißraupe in Pikrinsäure (3%ige alkalische Lösung) vor dem Brechen kann das Erkennen der Risse erleichtert werden. Als Maß für die Warmrißbeständigkeit wird das Verhältnis der Summe aller an einer Probe festgestellten Rißlängen zur Probenbreite angegeben.

Nach H. KOCH und K. NAGEL[1] eignet sich dieser Versuch auch für die Prüfung von Leichtmetall-Legierungen. Die günstigste Größe der beiden zu verschweißenden Blechabschnitte ist 100 mm × 100 mm. Die Entfernung der Einspannbacken ist 100 mm. Um die Versuchsbedingungen zu verschärfen, haben H. KOCH und K. NAGEL die Einspannbacken beweglich ausgebildet, so daß sie während des Schweißens mit einem Vorschub bis zu etwa 0,1 mm/s auseinandergezogen werden können. Der Vorschub setzt bei einer vorher einstellbaren Zugkraft aus.

2. Bestimmung der Warmrißbeständigkeit von Schweißelektroden.

Bei der Lichtbogenschweißung von Stählen werden Warmrisse in der Hauptsache in Kehlnähten beobachtet, da, wie K. KAUTZ[2] erläutert hat, die Lage der zu verschweißenden Teile nach dem Schweißen der ersten Naht zueinander starr festgelegt wird. Dabei wird der Steg durch das Zusammenziehen des Schweißgutes während des Abkühlens aus der senkrechten Lage gebogen (Abb. 84). Wird die zweite Naht vor dem Erkalten der ersten geschweißt, dann muß sie um das Abbiegen des Steges zu verhindern, Spannungen aufnehmen. Ist das Schweißgut nicht in der Lage, die entstehenden Spannungen durch bleibende Dehnungen abzubauen und sind diese Spannungen größer als die Warmzugfestigkeit des Schweißgutes bei der betreffenden Temperatur (nach H. BUCHHOLTZ und P. BETTZIECHE[3] etwa 500° C), dann entstehen Warmrisse.

Abb. 84. Einseitig geschweißte Kehlnaht nach K. KAUTZ.

Auf Grund dieser Überlegungen wurde von K. KAUTZ[2] die Schweißung einer ⊥-Probe, an der beide Nähte rechts und links vom Steg unmittelbar hintereinander geschweißt werden, für die Bestimmung der Warmrißbeständigkeit vorgeschlagen.

Im Laufe der Zeit entstanden mehrere Ausführungsformen dieser Probe (Tab. 13)[4,5].

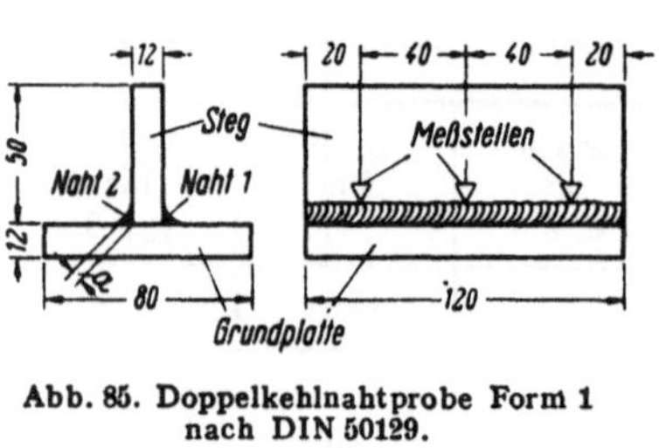

Aufbauend auf den Erfahrungen, die mit den sogenannten „Reichsbahnprobe" und „Marineprobe" gemacht wurden, sind in DIN 50129 (Ausg. 10. 54) zwei Doppelkehlnahtproben genormt worden (Abb. 85 und 86). Für die Schweißung ist ein Schweißelektroden-Durchmesser von 4 mm festgelegt. Der Steg wird auf beiden Stirnseiten angeheftet. Dann wird die Kehlnaht *1* (s. Abb. 85 und 86) mit der mittleren vom Erzeuger der Elektrode angegebenen Stromstärke geschweißt. Unmittelbar anschließend,

Abb. 85. Doppelkehlnahtprobe Form 1 nach DIN 50129.

[1] Schweißen und Schneiden Bd. 4 (1952) S. 347.
[2] Diss. T. H. Braunschweig 1935, s. a. Techn. Mitt. Krupp Bd. 3 (1935) S. 152.
[3] Stahl u. Eisen Bd. 60 (1940) S. 1145.
[4] STIEHLER, C.: Stahl u. Eisen Bd. 58 (1938) S. 346
[5] KÜHNEL, R.: Stahl u. Eisen Bd. 60 (1940) S. 381.

Tabelle 13. *Doppelkehlnahtproben für die Bestimmung der Warmrißbeständigkeit von Schweißzusatzwerkstoffen.*

Vorschrift	Abmessungen in mm							
	Grundplatte			Steg			Nahtdicke	
	Länge	Breite	Dicke	Länge	Höhe	Dicke	1. Naht	Prüfnaht
DIN 1913 (Ausg. 6. 42)	120	80	12	120	50	12	nicht festgelegt	dünner als 1. Naht
VSM 14052 (Ausg. 12. 44)	130	80	20 bis 25	120	50 bis 70	12	10 bis 12	4
Ö-Norm B 4300 3. Teil (Ausg. 1. 52)	200	300	40	200	200	40	28	5
Deutsche Reichsbahn	150	80	12	150	38	12	nicht festgelegt	dünner als 1. Naht
Deutsche Marine	150	70	45	150	100	12	nicht festgelegt	dünner als 1. Naht

d. h. solange die Naht *1* noch nicht abgekühlt ist, wird die Kehlnaht *2* (Prüfnaht) geschweißt. Die Schweißrichtung der Naht *2* ist entgegengesetzt der Schweißrichtung der Naht *1*. Beide Nähte sind ohne Aufstauen und ohne

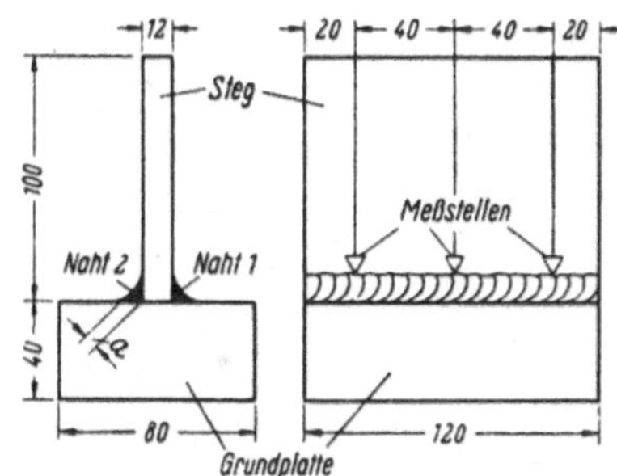

Abb. 86. Doppelkehlnahtprobe Form 2 nach DIN 50129.

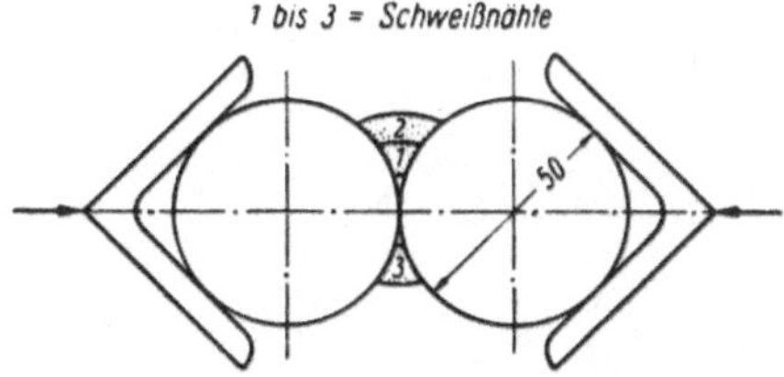

Abb. 87. Zylinderprobe nach DIN 50129.

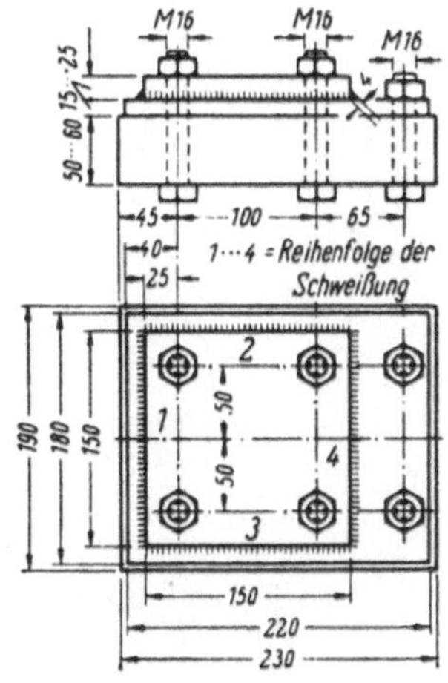

Abb. 88. Aufspannprobe nach VSM 14052.

Pendelbewegung (als Zugnähte) zu schweißen. Die mittlere Dicke der Prüfnaht soll im Durchschnitt etwa 20% kleiner sein als die mittlere Dicke der Naht *1*. Die Risse sollen mit der Lupe gesucht werden. Eine anschließende Magnetpulverprüfung kann das Auffinden der Risse erleichtern.

Für die Untersuchung von austenitischen Elektroden, die zum Schweißen hochbeanspruchter Bauteile größerer Wanddicke verwendet werden sollen, eignen sich die Doppelkehlnahtproben nicht. Von K. KAUTZ wurde daher eine Zylinderprobe entwickelt, die in DIN 50129 als Zusatzprobe für austenitische Elektroden genormt worden ist (Abb. 87). Nach Untersuchungen von

E. Kauhausen und H. A. Vogels[1] sind die Prüfbedingungen dieser Probe für austenitische Elektroden sehr scharf. Für die Prüfung von ferritischen Elektroden eignet sich diese Probe dagegen nicht[2].

T. Swinden und L. Reeve[3] schlagen eine Probe vor, bei der zwei Bleche unter sehr starrer Einspannung durch Kehlnähte verbunden werden. In einer Abwandlung wurde diese sogenannte Reeve-Probe in der Schweiz genormt (Abb. 88). Die einzelnen Bleche dieser Probe werden vor Beginn des Schweißens fest verschraubt. Die Kehlnähte sind in der Reihenfolge *1-2-3-4* in einer Lage mit 4 mm-Elektroden zu schweißen. Die Prüfnaht Nr. 4 wird nach dem Erkalten mit einer Lupe auf Risse untersucht. Nach Untersuchungen von R. Montandon[4] eignet sich diese Probe auch für die Prüfung von austenitischen Elektroden.

---

[1] Schweißen und Schneiden, Bd. 4 (1952) S. 35.
[2] Werthebach, P.: Stahl u. Eisen Bd. 73 (1953) S. 84.
[3] Quart-Trans. Inst. Weld. Bd. 1 (1938) S. 7.
[4] Brown Boveri Mitt. Heft Juli 1950, S. 255.

VIII. Prüfung von Draht und Drahtseilen.

Von H. MÜLLER, Stuttgart.

Der tragende Teil des Drahtseiles besteht aus Seildrähten[1] nach DIN 2078 (Ausg. 1. 43). Ausgangswerkstoff[2]: Unlegierter Kohlenstoffstahl von hohem Reinheitsgrad und Kohlenstoffgehalten von etwa 0,35 bis 1%. Durch mehrmaliges Ziehen und dazwischenliegendes ein- oder zweimaliges Patentieren (Abkühlen von Temperaturen zwischen 850 und 1100° C in einem Bleibad von 400 bis 550° C oder rasch in Luft) erhält der Seildraht ein sorbitisches Gefüge und Zugfestigkeiten zwischen 130 und 220 kg/mm² (in Sonderfällen 75 bis 300 kg/mm²). Je nach Art der Seilherstellung[3] entstehen:

Drahtbündel aus parallel liegenden Drähten.

Litzen mit einer Lage oder mehreren Lagen von Runddrähten oder Trapez- (Keil-) Drähten, die schraubenförmig um einen Kerndraht liegen (Spiralseile).

Verschlossene Seile sind Litzen, bei denen die äußerste Drahtlage (oder auch mehrere Drahtlagen) aus Z-förmigen Formdrähten bestehen, die, ineinandergreifend eine dichte und glatte Seiloberfläche ergeben und das Herausspringen einzelner gebrochener Außendrähte verhindern.

Litzenseile (Förderseile, Kran- und Aufzugseile usw.) entstehen, wenn mehrere Litzen schraubenförmig um einen Seilkern (aus Faserstoff oder Drähten) geschlagen werden. Je nachdem, ob die Schrauben der Drähte und Litzen verschiedene oder gleiche Gangrichtung haben, entstehen Kreuzschlag- oder Gleichschlagseile.

Bei *Kabelschlagseilen* (selten) liegen mehrere Litzenseile schraubenförmig um einen Seilkern.

Flachseile bestehen aus mehreren parallel liegenden Litzenseilen, die durch eine Vernähung zu einem Band zusammengehalten werden.

Die Eigenschaften eines Seiles sind einerseits von der Drahtgüte, andererseits von Seilkonstruktion und Seilherstellung abhängig.

A. Seildrahtprüfung[4].

Wahl der Proben: Bei den unverseilten Drähten, die in Ringen angeliefert werden, wird entweder aus jedem Ring eine Probe entnommen, oder die Ringe werden nur stichprobenweise geprüft. Bei verseilten Drähten werden entweder sämtliche Drähte des Seiles geprüft (z. B. nach DIN 21254, Ausg. 11. 38), oder

---

[1] POMP, A.: Stahldraht, 2. Aufl. Düsseldorf: Verlag Stahleisen m. b. H. 1952.

[2] Werkstoff-Handbuch Stahl u. Eisen, 3. Aufl. Düsseldorf: Verlag Stahleisen m. b. H. 1953. Blatt Q 21. — A. POMP: Stähle für Seildrähte.

[3] ALTPETER, H.: Die Drahtseile. Berlin: Draht-Welt 1953.

[4] LUDWIG, N.: Festigkeitsprüfverfahren für Stahldraht. Z. Archiv f. Metallkde. Bd. 3 (1949) S. 49/66.

eine Anzahl gleich der Drahtzahl einer Litze, wobei die Drähte allen Seillitzen derart entnommen werden, daß sich daraus *eine* Litze zusammensetzen läßt, die in den verschiedenen Drahtlagen zu gleichen Teilen aus allen Seillitzen stammt (Tab. 1, Nr. 10).

1. Zugfestigkeit.

Die Zugfestigkeit kann bei handelsüblichem Seildraht -10 und $+30$ kg/mm² von der Nennzugfestigkeit abweichen. Für hochwertige Förderseile, Bohrseile u. a. gelten die jeweiligen Vorschriften (Tab. 1, Nr. 8 u. 10).

Tabelle 1. *Vorschriften für Draht- und Drahtseilprüfung.*

1.	DIN 2078, Seildraht gezogen.
2.	DIN 51211, Prüfung von Drähten, Hin- und Herbiegeversuch.
3.	DIN 51212, Prüfung von Drähten, Verwindeversuch.
4.	DIN 51213, Prüfung von Drähten, metallische Überzüge.
5.	DIN 1548, Zinküberzüge runder Stahldrähte.
6.	DIN 51201, Drahtseile, Richtlinien für Prüfverfahren.
7.	DIN 6890, Drahtseile, Technische Lieferbedingungen.
8.	DIN 21254, Drahtseile, Technische Lieferbedingungen für Förderseile.
9.	Bergpolizeiverordnung für die Seilfahrt. Berlin: Bernard u. Graefe 1937.
10.	API-Vorschrift für Drahtseile, API Std. 9 — A, 12. Ausgabe, Sept. 1948 mit 1. Nachtrag Dez. 1949. Herausgegeben vom American Petroleum Institute, New York City.
11.	Drahtseile für Signal- und Schrankenanlagen, Technische Lieferbedingungen, Deutsche Bundesbahn, TL 918134, Ausgabe Sept. 1951.
	Für Prüfung und Überwachung von Drahtseilen während des Betriebes gelten die Vorschriften Nr.9, 10 und 11 sowie
12.	DIN 4129, Trag- und Abspannseile von Kranen.
13.	DIN 15020, Seiltriebe für Krane, Elektrozüge und Winden.
14.	v. BUSCH: Aufzugsbestimmungen. Albert Nauck u. Co. 1949.
15.	Bestimmungen für den Bau und Betrieb von Kleinseilbahnen (in Vorbereitung).

2. Hin- und Herbiegeversuch (DIN 51211, Ausg. 11.34)[1–6].

Der Versuch dient zur Bestimmung der Hin- und Herbiegefähigkeit von Drähten bis höchstens 7 mm Durchmesser.

Probenahme: Drahtlänge 80 mm. Die Drähte sind in eiuer Richtmaschine oder mit einem weichen Hammer auf weicher Unterlage geradezurichten; Beschädigungen müssen dabei mit Sicherheit vermieden werden. Verseilte Drähte sind vorher sorgfältig aus dem Seilverband herauszulösen.

Prüfgerät: Konstruktion der Biegevorrichtung ist in DIN 51211 gemäß Abb. 1 und Tab. 2 vorgeschrieben.

Die Futterstücke der Spannbacken und die Biegezylinder sind glashart und auswechselbar. Der Mitnehmer sitzt am Biegehebel, dessen Ausschlag (180°) durch Anschläge begrenzt ist.

[1] PAPENCORDT: Einiges über Prüfgeräte für Drahtuntersuchungen. Drahtwelt Bd. 24 (1931) S. 507, 523 u. 539.

[2] SCHUCHART, A.: Untersuchungen der Biegbarkeit von Drähten. Stahl u. Eisen Bd. 28 (1908) S. 945 u. 988.

[3] HERBST, H.: Die Hin- und Herbiegeprobe für Förderseildrähte. Glückauf Bd. 60 (1924) S. 1111.

[4] SIEGLERSCHMIDT, H.: Über die Biegefähigkeit von Seildrähten. Z. VDI Bd. 71 (1927) S. 517.

[5] SACHS, G., u. H. SIEGLERSCHMIDT: Prüfung von Seildrähten durch Zug- und Biegeversuche. Metallwirtsch. Bd. 8 (1929) S. 129.

[6] BURGGALLER, W.: Die Biegefähigkeit. Drahtwelt Bd. 27 (1934) S, 195 u. 211.

Prüfverfahren: Der geradegerichtete Draht wird senkrecht durch den Mitnehmer geführt und zwischen den Spannbacken festgeklemmt. Umlegen des lotrechten Biegehebels um 90° in die Waagerechte und zurück in die Lotrechte ergibt *eine* Biegung. Die Biegungen sind abwechselnd nach links und rechts auszuführen, und zwar 1 Biegung je Sekunde in gleichmäßiger, stoßfreier Bewegung. Als Biegezahl gilt die Zahl der Biegungen, die vor der letzten, zum Bruch führenden Biegung erreicht wird. Die vorgeschriebenen Mindestbiegezahlen sind abhängig von Durchmesser, Zugfestigkeit und Verwendungszweck der Drähte sowie davon, ob der Draht verseilt oder unverseilt und die Drahtoberfläche blank oder verzinkt ist. Zahlenwerte sind in den Vorschriften Tab. 1, Nr. 1, 7, 8, 11 enthalten.

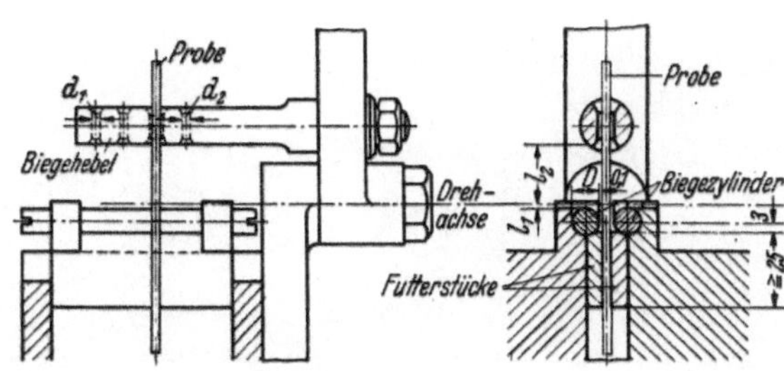

Abb. 1. Vorrichtung für Hin- u. Herbiegeversuche von Drähten nach DIN 51211.

Der Hin- und Herbiegeversuch soll im wesentlichen ein Maß für die Dauerhaltbarkeit geben; er hat den Nachteil, daß Drahtfehlstellen, die nicht genau in der Biegezone liegen, nicht erfaßt werden.

Tabelle 2. *Abmessungen der Biegevorrichtung nach DIN 51211, Abb. 1, für verschiedene Drahtdurchmesser* (Maße in mm).

Drahtdurchmesser	Durchmesser der Biegezylinder D	Bohrungen				Abstand l_1	Abstand l_2
		Zahl	Durchmesser d_1	Zahl	Durchmesser d_2		
bis 1,2	5	1	1,0	1	2,0	0,5	15
über 1,2 bis 2,3	10	2	2,0	2	3,0	1,0	20
über 2,3 bis 3,0	15	2	3,0	2	3,5	1,5	25
über 3,0 bis 3,5	20	1	3,5	1	4,0	1,8	35
über 3,5	30	1	5,0	1	8,0	2,5	50

3. Verwindeversuch (DIN 51212, Ausg. 8. 37×)[1].

Der Versuch dient zur Bestimmung der Verwindefähigkeit von Drähten bis höchstens 7 mm Durchmesser und dient im wesentlichen zur Beurteilung der Gleichmäßigkeit des Drahtes. An örtlichen Fehlstellen (z. B. Längs- oder Querrissen) konzentrieren sich die Verwindungen und führen zum vorzeitigen Bruch. Die Prüfung erfaßt die ganze Probenlänge.

Probenahme: Übliche Versuchslänge des geradegerichteten Drahtes gleich dem 100fachen Drahtdurchmesser, jedoch mindestens 50 und höchstens 300 mm.

Prüfgerät und *Prüfverfahren*: Das eine Drahtende wird im drehbaren (nicht längsverschieblichen) Einspannkopf, das andere Ende im leicht längsverschieblichen (nicht drehbaren) Einspannkopf geklemmt (Abb. 2). Drähte unter 1 mm Durchmesser sollen während des Versuchs mit 1% ihrer Bruch-

[1] Scheffler, E.: Ein Beitrag zu den technologischen Prüfungsverfahren von Schachtförderseilen unter besonderer Berücksichtigung des Verwindeversuchs an blanken Stahldrähten. Diss. T. H. Berlin 1928.

last auf Zug belastet sein. Als Gütemaß gilt die Anzahl der ganzen Umdrehungen bis zum Bruch. Im allgemeinen soll mit einer Umdrehung je Sekunde gedreht werden, unter 1,5 mm Drahtdurchmesser kann schneller, über 3 mm muß langsamer verwunden werden. Die vorgeschriebenen Mindestverwindezahlen sind abhängig von Durchmesser, Zugfestigkeit und Verwendungszweck der Drähte; Zahlenwerte sind in den Vorschriften, Tab. 1, Nr. 1, 7, 8 und 10 enthalten. Für verzinkte Drähte sind im allgemeinen keine Mindestverwindezahlen vorgeschrieben.

Abb. 2. Vorrichtung für Verwindeversuch von Drähten nach DIN 51212 (LOSENHAUSEN).

In USA ist die normale Verwindelänge 8 Zoll (Tab. 1, Nr. 10). Werden kürzere Verwindelängen verwendet, so ist die erforderliche Mindestverwindezahl im Verhältnis der Verwindelängen herabzusetzen.

4. Knotenzugversuch.

Bei dünnen Drähten bis höchstens 0,37 mm Durchmesser tritt an Stelle des Biege- und Verwindeversuchs der Knotenzugversuch. Der zu einem Knoten gebundene Draht muß 50% der vorgeschriebenen Zugfestigkeit erreichen (DIN 2078 und DIN 6890, Ausg. 10.43).

5. Wickelversuch.

Der Draht wird um einen Dorn vom Durchmesser des Drahtes gewickelt, er darf dabei nicht brechen und keine Anrisse zeigen. Risse im Drahtüberzug rechnen nicht. Die Prüfung wird nur für verhältnismäßig weiche Stahldrähte (60 bis 110 kg/mm² Zugfestigkeit) und Kupfer- oder Bronzedrähte vorgeschrieben, z. B. in DIN 43136 (Ausg. 10.39), Spanndrähte elektrischer Bahnen und DIN 43140 (Ausg. 8.52), Technische Lieferbedingungen für Fahrdrähte elektrischer Bahnen.

6. Prüfung metallischer Überzüge von Drähten

(DIN 51213, Ausg. 6.40××, DIN 1548, Ausg. 10.42, VDE 0210/5.54).

Wickelversuch. Der auf Haftfestigkeit des Überzuges zu prüfende Draht wird in eng aneinanderliegenden Windungen um einen Dorn von 8 oder 10fachem Drahtdurchmesser gewickelt; der Überzug muß unversehrt bleiben und darf nicht rissig werden oder abblättern. Für Vergleichsversuche werden die zu prüfenden Drähte oft um einen Dorn ihres eigenen Durchmessers gebogen. Abb. 3 zeigt, wie bei dieser Probe die Überlegenheit der galvanischen Verzinkung gegenüber der Feuerverzinkung hinsichtlich Rißbildung sichtbar wird.

Tauchversuch zur Prüfung der Gleichmäßigkeit von Stahldrahtverzinkung (PREECE-Probe). Die etwa 300 bis 500 mm langen Drahtabschnitte werden mit einem, den Überzug nicht angreifenden Fettlösungsmittel (Äther, Benzin, Tetrachlorkohlenstoff) gereinigt und danach 60 sek auf etwa 200 mm Länge in Kupfersulfatlösung (1 Gewichtsteil chemisch reines Kupfersulfat + 5 Gewichtsteile Wasser) senkrecht getaucht. Nach VDE 0210 wird die Drahtprobe um einen Dorn vom 8fachen Drahtdurchmesser gewickelt, wieder abgewickelt und dann erst getaucht. Die Temperatur der Lösung ist von Einfluß und ist je nach Vereinbarung festgelegt, üblich sind 15° C oder 20° C. Der Draht wird in der Lösung nicht bewegt. Nach dem Tauchen wird der Draht mit Wasser abgespült und mit Watte abgetrocknet. Dieser Vorgang wird als *eine Tauchung* gezählt und so oft wiederholt, bis die ersten festhaftenden, zusammenhängenden, roten Kupferflecken auf dem Draht erscheinen. Die erforderliche Mindestzahl an Tauchungen (DIN 1548, VDE 0210) variiert mit dem Drahtdurchmesser und der Dicke der Zinkauflage (handelsübliche Verzinkung bzw. Starkverzinkung).

Abb. 3. Wickelprobe eines galvanisch verzinkten (b) und eines feuerverzinkten (a) Seildrahtes von 1 mm Durchmesser.

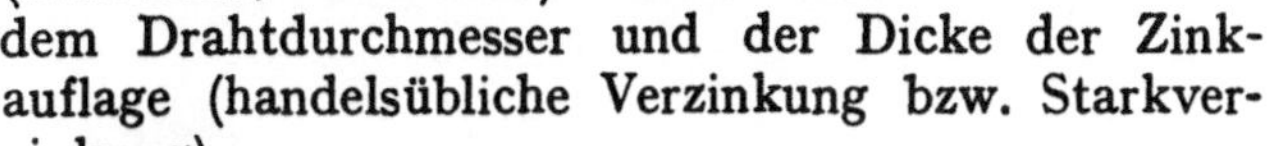

Bestimmung des Zinkflächengewichtes. Ein oder mehrere Drahtabschnitte von 100 mm Länge werden nach dem Entfetten gewogen, das Zink in einer Lösung von 2 g arseniger Säure in 1000 ml 2%iger Schwefelsäure abgebeizt (bis die Gasentwicklung aufhört). Der Draht wird anschließend abgewischt, getrocknet und erneut gewogen. Das durchschnittliche Zinkflächengewicht ergibt sich zu:

$$Z = 1950 \cdot d \cdot (G_1 - G_2)/G_2 \ [\mathrm{g/m^2}].$$

d Drahtdurchmesser in mm nach dem Ablösen der Zinkschicht;
G_1 Gewicht der Drahtprobe in g vor dem Ablösen der Zinkschicht;
G_2 Gewicht der Drahtprobe in g nach dem Ablösen der Zinkschicht.

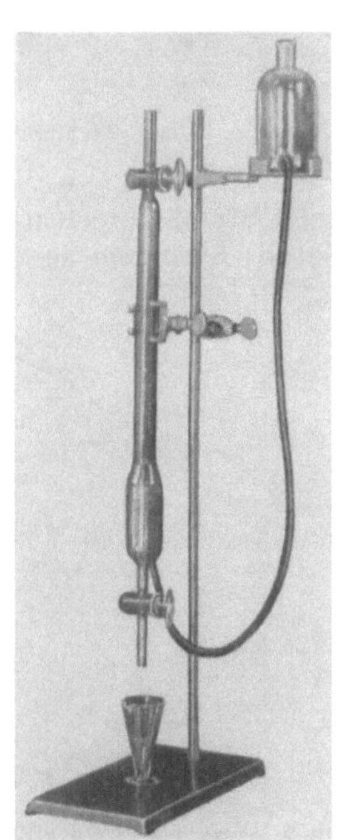
Abb. 4. Gerät zur Bestimmung der Zinkauflage von Drähten. (Nach Dr. KELLER u. BOHACEK.)

Bei der Schnellbestimmung des Zinkflächengewichtes mit dem Gerät von Dr. KELLER und BOHACEK[1] wird die Zinkmenge durch Messen des beim Abbeizen in Salzsäure entstehenden Wasserstoffes errechnet. Die Verzinkung wird in einem Reaktionsgefäß abgebeizt, das gleichzeitig Meßbürette für den entwickelten Wasserstoff ist (Abb. 4). 1 ml Gas entspricht bei 760 mm Druck einer Zinkmenge von 2,91 mg bei 0° C oder 2,72 mg bei 20° C. Bei bestimmter Drahtlänge und bestimmtem Drahtdurchmesser läßt sich die Zinkauflage in g/m² errechnen oder aus einer zugehörigen Tabelle entnehmen.

Mindestwerte der Zinkflächengewichte variieren mit Drahtdurchmesser, Drahtart (weich geglüht oder hart) und Verzinkungsart (handelsüblich oder

[1] Draht-Welt Bd. 25 (1932), Heft 35.

stark verzinkt und galvanisch verzinkt oder feuerverzinkt). — Prüfung von Dichtigkeit und Gewicht von Zinnüberzügen auf Stahldraht oder Kupferdraht durch Tauchen und Abbeizen nach DIN 51213.

7. Dauerschwingprüfung von Drähten.

Dauerschwellzugprüfung auf Pulsatoren üblicher Bauart oder in Sonderbauart[1]. Die Drähte neigen dazu, in der Einspannung zu brechen. Einspannungen, in denen ein mehr oder weniger großer Prozentsatz der Proben auf

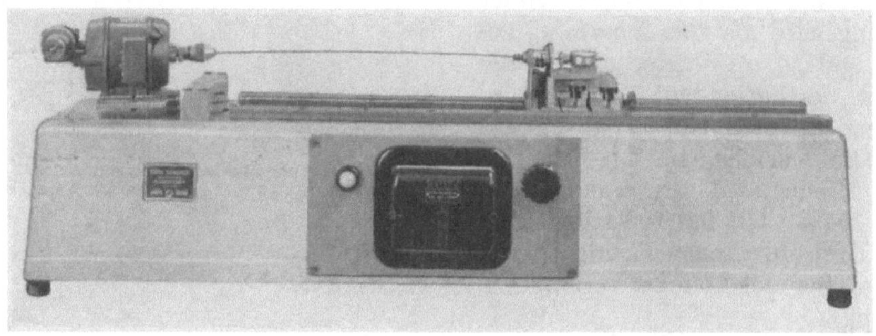

Abb. 5. Drahtprüfmaschine (Schenk) für umlaufende Dauerbiegung von Drähten.

freier Strecke brechen, sind: Verguß der Drähte in kegelige Hülsen mit Wood-Metall; Klemmen der Drähte in Kunststoffbacken oder in Backen mit federnden Zungen unter allmählicher Übernahme des Drahtzuges auf die Klemmbacken.

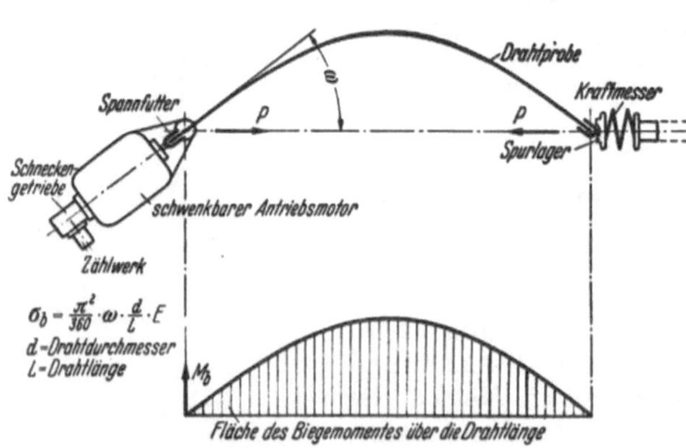

Abb. 6. Belastungsanordnung (schematisch) für Umlaufbiegeversuche mit Drahtproben (Sinusmoment) nach DIN 50113.

Dauerbiegeprüfung. In der Umlaufbiegemaschine für Drahtproben nach DIN 50113 (Ausg. 12. 52), Bauart Schenk (Abb. 5 und 6) wird der Draht von $d = 0{,}4$ bis 4 mm Durchmesser durch den auf der Welle des Antriebsmotors sitzenden, mit 2000 bis 6000 U/min umlaufenden Spannkopf um seine Achse gedreht. Das freie Drahtende stützt sich in die leicht drehbare Pfanne des Gegenlagers. Durch die Belastungs- und Meßfeder dieses Gegenlagers wird der Draht in der Horizontalebene mit einer Druckkraft P um den Winkel ω ausgeknickt. Der Motor dreht sich dabei um eine senkrechte Schwenkachse, die durch den Austrittspunkt des Drahtes aus dem Spannkopf geht. Das Biegemoment ist an den Drahtenden Null und steigt sinusförmig auf den Höchstwert in Drahtmitte an.

[1] Mitteilungen aus dem Kaiser-Wilhelm-Institut für Eisenforschung Düsseldorf, Abhandlung 175. Düsseldorf: Stahleisen m. b. H. 1931.

Die Randfasern des Drahtes erfahren bei *einer* Drahtumdrehung *eine* Biegeschwingung mit der maximalen Biegespannung $\sigma_b = \pm \frac{\pi^2}{360} \omega \frac{d}{L} E$. Übliche Drahtlänge $L = 200$ mm (maximal 700 mm).

Bei der Dauerbiegemaschine für Drähte nach WOERNLE[1] (Abb. 7) wird der Draht dauergebogen unter gleichzeitiger ruhender Zugbelastung. Die Beanspruchung im Versuch nähert sich damit den zusammengesetzten Beanspruchungen des Drahtes im zugbelasteten, über Rollen laufenden, dauergebogenen Drahtseil. Der Draht wird von den, mit gleicher Winkelgeschwindigkeit umlaufenden Einspannköpfen um seine Achse gedreht. Der Biegeradius des Drahtes und damit seine wechselnde Biegespannung wird durch die mit einer entsprechenden Rille versehenen Biegescheibe vom Durchmesser D erzwungen; diese Scheibe steht fest oder rotiert langsam zur Verminderung der Reibung zwischen Draht und Scheibe. Die ruhende Zugbelastung des Drahtes erfolgt durch Gewichtsbelastung und wird über den längsverschieblichen Einspannkopf in den Draht eingeleitet. Drehzahl der Einspannköpfe bis zu 6000 U/min. Die Maschine ist auch für Dauerversuche bei höheren und tieferen Temperaturen geeignet.

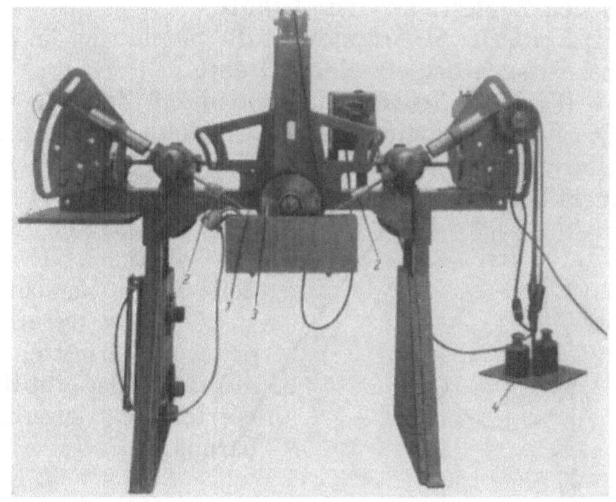

Abb. 7. Dauerprüfmaschine für Drähte nach WOERNLE für umlaufende Dauerbiegung bei konstanter Zugbelastung. *1* Prüfdraht; *2* umlaufende Spannköpfe; *3* stehende oder langsam umlaufende Biegescheibe; *4* Zugbelastung des Drahtes.

In einer verbesserten Ausführung dieser Maschine erfährt der Draht gleichzeitig wechselnde Biegung und *Pressung* bei konstantem Zug in größtmöglicher Annäherung an die Beanspruchung des Drahtes im Drahtseil.

B. Seilprüfung.

1. Beschaffenheit (DIN 21254, Ausg. 11.38 und DIN 6890, Ausg. 10.43).

Die nachstehend genannten Faktoren sind bei der Abnahme zu prüfen.

Seildurchmesser: Bei gerader Litzenzahl ist über zwei gegenüberliegenden Litzen zu messen, bei ungerader Litzenzahl über eine Litze und eine Litzenlücke unter entsprechendem Zuschlag (4% bei siebenlitzigen Seilen, 6% bei fünflitzigen Seilen).

Schlagart: Kreuz- oder Gleich- oder Wechsel- oder Kabelschlag.

Schlagrichtung: linksgängig oder rechtsgängig.

Konstruktiver Aufbau: Litzenzahl; Anordnung, Durchmesser und Zahl der Drähte in den Litzen; Ausbildung der Seilseele (Faserstoff oder Stahldraht).

---

[1] Z. VDI Bd. 76 (1932) S. 559.

Faserstoffseele: Werkstoff (Weich- oder Hartfaser) und Verarbeitung der Garne.

Schmierung: Menge und Art des Schmiermittels. Richtlinien für Anforderungen an Drahtseilfette DIN 6568 (Ausg. 2. 36×).

2. Bruchlast.

Rechnerische Seilbruchlast ist das Produkt aus dem nominellen metallischen Seilquerschnitt (Summe aller nominellen Drahtquerschnitte) und der nominellen Zugfestigkeit der Drähte.

Ermittelte Seilbruchlast ist die Summe der im Zugversuch ermittelten Bruchbelastungen der einzelnen Drähte.

Wirkliche Seilbruchlast wird durch Zerreißen des ganzen Seiles bestimmt. Die Endbefestigung des Seiles erfolgt über kegelige Hülsen, in denen das zu einem Drahtbesen aufgelöste Seilende (nach Verzinnen der Drähte) mit Weißmetall oder Zink vergossen wird. Bei dieser Befestigung bricht das Seil im allgemeinen auf freier Strecke. Vergießen von verzinkten Seilen nach DIN 83315 (Ausg. 12.44); für blanke Seile ist ein Vorschriftenblatt in Vorbereitung.

Verseilungsverlust ist die Differenz von wirklicher und ermittelter Seilbruchlast, ausgedrückt in Prozent der ermittelten Seilbruchlast. Zulässige Werte nach jeweiliger Vorschrift oder Vereinbarung.

3. Seilsteifigkeit.

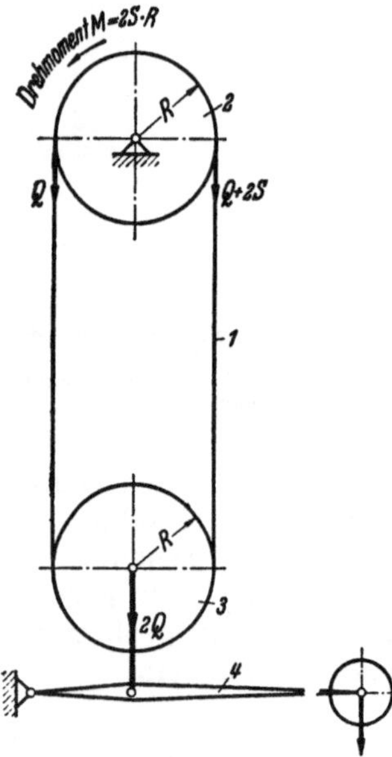

Abb. 8. Schema der Messung der Reibungssteifigkeit von Drahtseilen. *1* Versuchsseil; *2* Antriebsscheibe mit Drehmomentenmessung; *3* Spannscheibe; *4* Belastungsvorrichtung.

Im *nichtbelasteten* Zustand ist die Steifigkeit („elastische Steifigkeit") bzw. die Biegsamkeit eines Seiles praktisch nur von Drahtdurchmesser und Drahtzahl abhängig, wie BENOIT und WOERNLE gezeigt haben[1]. Bei einem über die ganze Seillänge konstanten Biegemoment M (erzeugt z. B. durch ein reines Kräftepaar am Seilende), ist die elastische Linie des Seiles ein Kreis vom Durchmesser D, wobei die Beziehung gilt: $M D = 2 E J$. E = Elastizitätsmodul des Drahtes. $J = \sum \frac{\pi \delta^4}{64}$ Summe der äquatorialen Trägheitsmomente aller Drähte. $1/J$ ist direkt ein Maß für die Biegsamkeit eines nichtbelasteten Seiles und ist von Bedeutung für seine Handhabung bzw. sein Verhalten auf Rollen und Trommeln.

Im *belasteten* Zustand ist die Seilsteifigkeit („Reibungssteifigkeit") abhängig von Konstruktion, Durchmesser, Zugbelastung und Krümmungsdurchmesser des gebogenen Seiles[2,3]. Die Reibungssteifigkeit wird definiert als Differenz der Zugkräfte im ab- und auflaufenden Trum eines zugbelasteten Seiles, das mit konstanter Geschwindigkeit über eine Seilscheibe läuft. Bestimmung der Reibungssteifigkeit S meist gemäß Abb. 8, wobei (nach Abzug des Lagerreibungsmomentes) $S = M/2R$.

---

[1] BENOIT, G.: Die Drahtseilfrage. Karlsruhe u. Leipzig: Gutsch 1915.

[2] HIRSCHLAND: Dissertation T. H. Hannover 1906.

[3] RUBIN, A.: Dissertation T. H. Karlsruhe 1920.

4. Dauerprüfung von Seilen.

Dauerschwellzugprüfung[1,2] von Seilen erfordert Pulsatoren großer Leistung, da große Versuchslängen (mindestens 30facher Seildurchmesser bzw. 600 mm) erforderlich sind, um den Einfluß der Einspannung so weit wie möglich auszuschalten und da der Elastizitätsmodul von Seilen relativ klein ist (je nach Seilkonstruktion und Vorreckung 0,7 bis 1,7 · 10^6 kg/cm²). Abb. 9 zeigt WÖHLER-Linien von Seilen verschiedener Durchmesser und läßt den Einfluß des Seildurchmessers auf die Dauerschwellfestigkeit sowie das ungünstige Verhältnis von Zugfestigkeit zu Dauerschwellzugfestigkeit erkennen.

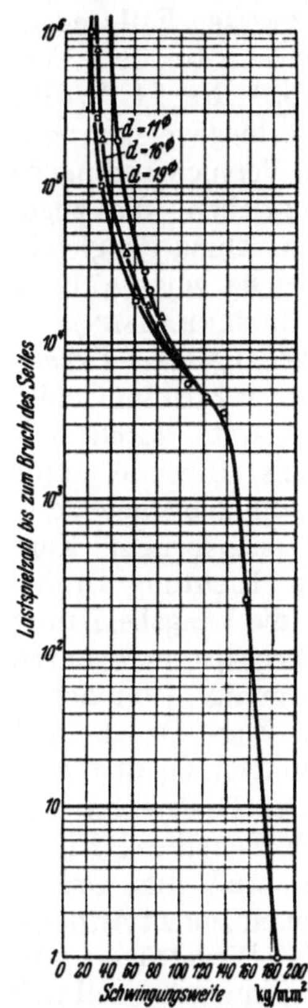

Abb. 9. Zusammenhang von Schwingungsweite und Lastspielzahl von Drahtseilen im Dauerschwellzugversuch. Untere Lastgrenze 500 kg. Seildaten: 11, 16 u. 19 mm Durchmesser; 6 Litzen zu je 19 Drähten um eine Hanfseele; Zugfestigkeit der Drähte 200 kg/mm².

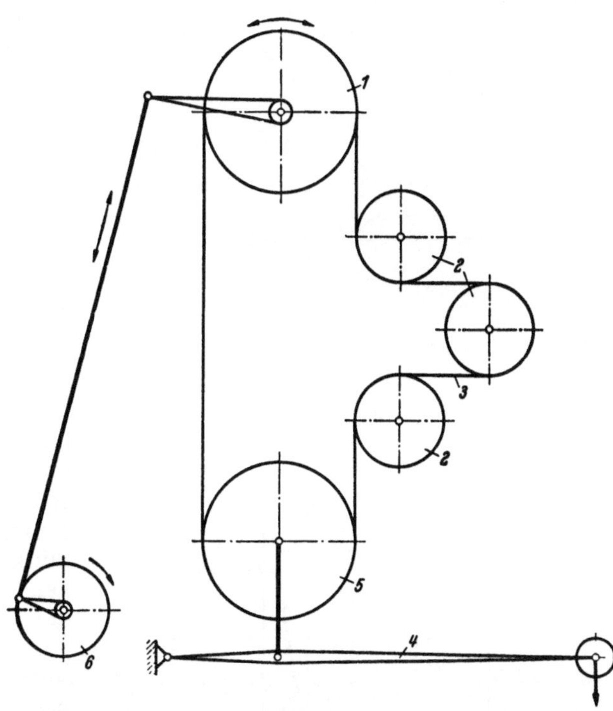

Abb. 10. Schema der Drahtseildauerbiegemaschine von WOERNLE. *1* Antriebsscheibe; *2* Versuchsscheiben; *3* Versuchsseil; *4* Belastungsvorrichtung; *5* Spannscheibe; *6* Antrieb.

Dauerbiegeversuch. Der Dauerbiegeversuch ist (abgesehen von früheren tastenden Versuchen) von BENOIT und WOERNLE in die Technik eingeführt worden[3,4].

Prüfmaschinen. Im Versuch läuft das Seil — in Nachahmung des praktischen Betriebes — unter Zugbelastung über Seilscheiben. Abb. 10 zeigt das Schema der Dauerbiegemaschine von R. WOERNLE[5]. Die Antriebsscheibe erteilt dem Versuchsseil eine hin und her gehende Bewegung; eine bestimmte Seil-

[1] BECK, J.: Dissertation T. H. Stuttgart 1940.
[2] Bautechnik Bd. 19 (1941) S. 410.
[3] BENOIT, G.: Die Drahtseilfrage, Karlsruhe u. Leipzig: Gutsch 1915.
[4] WOERNLE, R.: Dissertation T. H. Karlsruhe 1915.
[5] Z. VDI Bd. 72 (1929) S. 417.

Abb. 11.

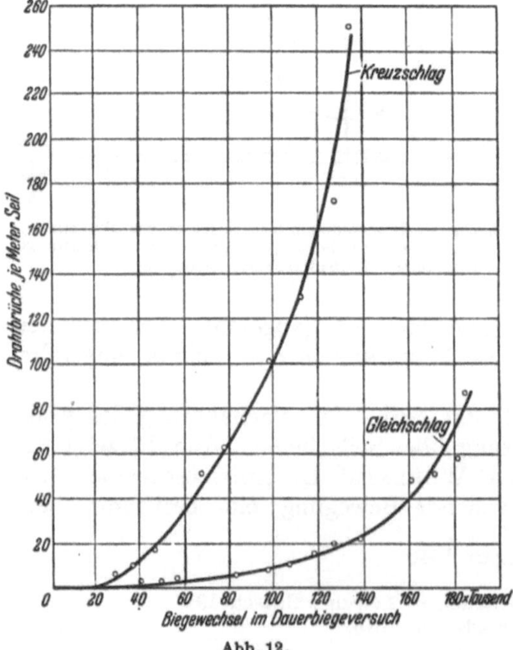

Abb. 12.

zone läuft je nach der Größe des Hubes jeweils auf *einer* Versuchsscheibe oder (*S*-förmig) auf *zwei* Versuchsscheiben auf und ab. Im ersten Fall erfährt das Seil gleichsinnige Biegungswechsel, im zweiten Fall Gegenbiegungswechsel. In den Vorschriften Tab. 1, Nr. 11 (S. 510) ist ein Dauerbiegeversuch mit den genauen Versuchsbedingungen vorgeschrieben, die zugehörige Prüfmaschine für gleichzeitig 3 Versuche zeigt Abb. 11 (Bauart Fa. LOSENHAUSEN).

Beanspruchungen der Drähte. Die Seildrähte werden im Gebiet der Zeitfestigkeit durch folgende — teils ruhende, teils wechselnde, teils schwingende — Spannungen beansprucht: Zugspannung in Richtung Drahtachse durch die Längsbelastung des Seiles; Biegespannung durch die Seilkrümmung beim Scheibenüberlauf; Zug-, Druck- und Schubspannungen an den Auflagestellen der Drähte im Seil und auf den Scheiben; Biegespannungen, weil die Drähte zwischen den einzelnen Auflagepunkten als Biegeträger wirken[1]; Zugspannungen, weil sich die Drähte nicht reibungsfrei von der Druck- nach der Zugseite des gebogenen Seiles schieben können; Schubspannungen durch Verdrehen des Seiles. Von Einfluß auf die Dauerbiegefähig-

[1] WYSS, TH., Iron Coal Tr. Rev. Bd. 155 (1947) S. 397 u. S. 441. Auszug in St. u. E. Bd. 69 (1949) S. 381.

Abb. 11. Dauerbiegemaschine für Stellwerk- und Signalseile der Bundesbahn zur gleichzeitigen Durchführung von 3 Versuchen. *1* Versuchsseil; *2* Antriebsscheibe; *3* drei Versuchsscheiben für S-Biegung; *4* Belastungsvorrichtung.

Abb. 12. Drahtbruchzahl eines dauergebogenen Kreuz- und Gleichschlagseiles in Abhängigkeit von der Biegewechselzahl. Seildaten: 16 mm Durchmesser, 6 Litzen zu 19 Drähten um eine Hanfseele; Zugbelastung 30 kg/mm²; Scheibendurchmesser: 400 mm.

keit eines Seiles sind: Zugbelastung, Durchmesser, Konstruktion, Schlagart, Fertigung und Schmierung des Seiles; ferner Durchmesser, Rillenform und Werkstoff der Seilscheiben, sowie die Art der Seilführung.

Als Biegewechsel wird definiert: *eine* Biegung des Seiles aus dem geraden in den krummen und wieder zurück in den geraden Zustand (Kurzzeichen _⌒_ oder ⌐_⌐).

Ein Gegenbiegungswechsel ist eine Biegung des Seiles aus dem krummen in den geraden Zustand und weiter in den entgegengesetzt krummen Zustand (Kurzzeichen ɹ–⌐).

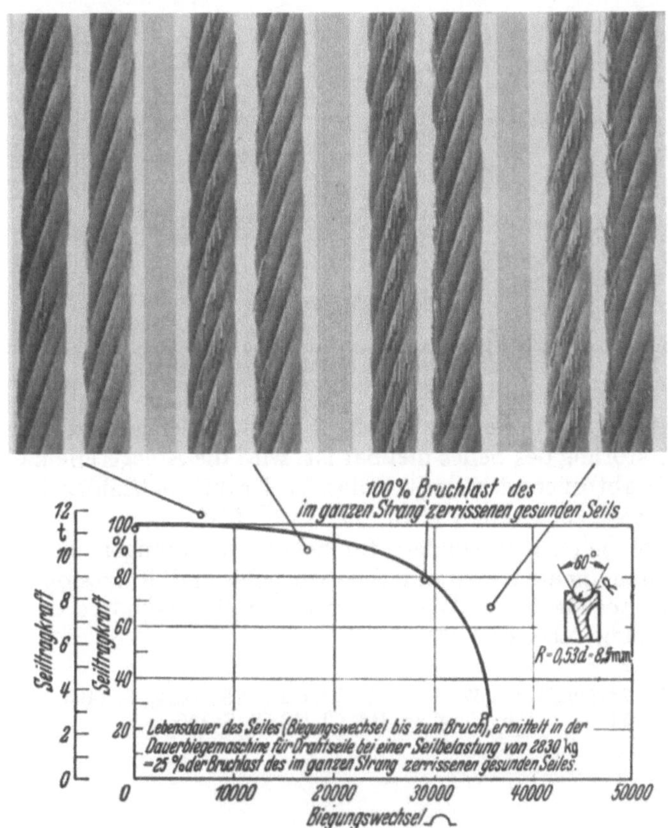

Abb. 13. Tragkraft und Zerstörungsgrad eines Drahtseiles in Abhängigkeit von der Biegewechselzahl. Seildaten: 16 mm Durchmesser, Kreuzschlag, 6 Litzen zu 37 Drähten um eine Hanfseele; Zugbelastung 30 kg/mm²; Seilscheibendurchmesser: 500 mm.

Prüfergebnisse[1–10]. Im Dauerbiegeversuch treten — wie im praktischen Betrieb — nach einer bestimmten Biegewechselzahl Drahtbrüche auf, die sich immer rascher vermehren und zuletzt zum Seilbruch führen. Abb. 12 zeigt den typischen Verlauf der Drahtbruchzahl und Abb. 13 den dadurch bedingten Verlauf der statischen Seilbruchlast während des Dauerbiegeversuchs. Abb. 14

---

[1] Z. VDI Bd. 72 (1929) S. 417. — [2] Z. VDI Bd. 73 (1929) S. 1632. — [3] Z. VDI Bd. 74 (1930) S. 1417. — [4] Z. VDI Bd. 75 (1931) S. 206. — [5] Z. VDI Bd. 75 (1931) S. 1485. — [6] Z. VDI Bd. 76 (1932) S. 557. — [7] Z. VDI Bd. 77 (1933) S. 799. — [8] Z. VDI Bd. 78 (1934) S. 1492. — [9] Z. VDI Bd. 80 (1936) S. 664. — [10] Fördern und Heben Bd. 2 (1952) S. 229.

zeigt den Zusammenhang zwischen Seillebensdauer (Biegewechselzahl bis zum Bruch) und spezifischer Zugbelastung für Kreuz- und Gleichschlagseile bei verschiedenen Seilscheiben.

Überprüfung der Seile im Betrieb. Da sich die Seilbruchlast im Betrieb durch Drahtbrüche, durch Verschleiß und unter Umständen durch Korrosion dauernd vermindert, müssen die Seile rechtzeitig abgelegt werden, um einen

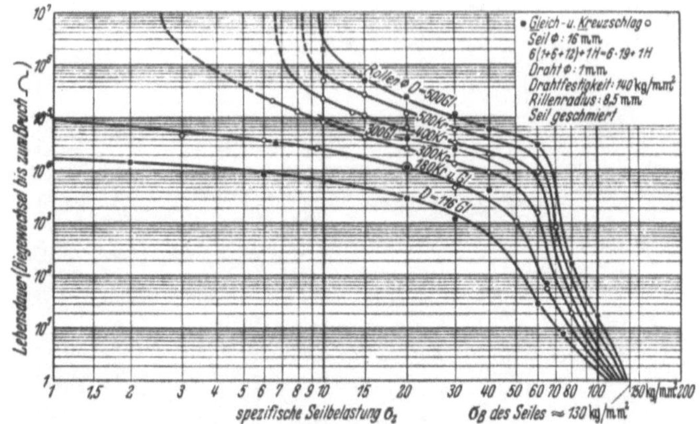

Abb. 14. Lebensdauer (Biegewechselzahl bis zum Bruch) von Kreuz- und Gleichschlagseilen in Abhängigkeit von Zugbelastung und Seilscheibendurchmesser.

Bruch im Betrieb zu vermeiden. Da die Bruchlast der gefährdeten Seilzonen nicht ohne Zerstörung des Seiles meßbar ist, wird die Ablegereife nach der Zahl der äußeren Drahtbrüche beurteilt; zulässige Drahtbruchzahlen finden sich in den Vorschriften Tab. 1, Nr. 12, 13, 14, 15 (S. 510).

Hochwertige Seile, insbesondere für Schachtförderungen und Seilbahnen, werden auf ihren inneren Zustand (Drahtbrüche und Korrosion) durch Verfahren der zerstörungsfreien Werkstoffprüfung, insbesondere durch magnetinduktive Prüfung, überwacht[1–4].

---

[1] Z. VDI Bd. 76 (1932) S. 557. — [2] Z. VDI Bd. 78 (1934) S. 1493. — [3] Glückauf Bd. 69 (1933) S. 471. — [4] Der Bergbau Bd. 50 (1937) S. 156.

IX. Prüfungen verschiedener Art.

A. Verfahren und Einrichtungen zur Verschleißprüfung.

Von R. KOBITZSCH, Heidenheim.

Eine der Aufgaben der Verschleißprüfung ist die Ermittlung des Verschleißverhaltens der Werkstoffe. Es wird dabei jedoch keine für die betreffenden Werkstoffe spezifische Eigenschaft ermittelt, sondern vielmehr eine Aussage gewonnen, die ihre Gültigkeit im allgemeinen nur unter den angewendeten Versuchsbedingungen besitzt.

Auf das Verschleißverhalten eines Werkstoffes erweisen sich vor allem folgende Größen als von Einfluß[1]: Beide Werkstoffe der Verschleißpaarung (Art, Gefügeausbildung, Makro- und Mikrogeometrie der Gleitfläche, Festigkeitskennwerte, Temperaturverhältnisse), der zwischen beiden Gleitflächen befindliche sog. Zwischenstoff (Verschleißkörner, Verunreinigungen, Öl, Wasserdampf, anwesende Gase), die Bewegungsverhältnisse (Geschwindigkeitsablauf, z. B. Gleiten, Rollen oder Stoßen, Dauer), die Belastungsverhältnisse. Daneben vermögen aber noch andere Einflußgrößen einen Verschleißvorgang und damit auch sein Ergebnis wesentlich zu beeinflussen, wie z. B. die Gestalt der Gleitflächen (Schmierkeilausbildung), die Beseitigung der entstehenden Verschleißprodukte (unter Umständen Rollwirkung durch die zwischen den Gleitflächen befindlichen Späne), das Einbettungsvermögen bei Vorhandensein von Verschleißmitteln, Steifigkeiten und Eigenschwingungszahlen der Versuchseinrichtungen, der Werkstoff des Maschinentisches[2] u. a.

Das Ergebnis eines Verschleißvorganges kann sich unter Umständen grundlegend ändern, wenn nur eine der zuvor genannten Einflußgrößen („Elemente") eine Veränderung erfuhr, abgesehen davon, daß die Änderung einer einzigen Größe die Änderung mehrerer anderer im Gefolge haben kann. Dies ist die Ursache dafür, daß im Verschleißversuch auf Prüfmaschinen nicht selten Erkenntnisse gefunden werden, die sich nicht auf praktische Verhältnisse übertragen lassen. Auch lassen sich z. B. aus Versuchen bei Gleitreibung kaum Erkenntnisse ableiten, die auf das Verhalten bei Rollreibung Anwendung finden könnten; hierin liegen häufig die widersprechenden Aussagen von Versuchen auf verschiedenen Verschleißmaschinen begründet[3,4] Um nun übertragbare Aussagen zu erhalten, wird man daher oft zum sog. Betriebsversuch greifen[5],

---

[1] 50320. Vornorm. Beuthvertrieb Berlin W 15 und Köln, 1953.
[2] NEELY, G. L.: S. A. E.-J. Bd. 39 (1936) S. 293.
[3] HELLER, P. A.: Gießerei Bd. 20 (1933) S. 392.
[4] BOTTENBERG, W.: Die neue Gießerei Bd. 36 (1949) S. 39.
[5] WAHL, H.: Arch. Metallkde. Bd. 3 (1949) S. 121.

bei dem aber gewöhnlich die Betriebstreue durch großen Zeit- und Kostenaufwand und schlechte Wiederholbarkeit erkauft ist. Demgegenüber bietet der sog. Modellversuch, d. h. der Versuch auf Verschleißprüfmaschinen, die Möglichkeit, mit erträglichem Zeit- und Kostenaufwand bei oft gesicherter Wiederholbarkeit Erkenntnisse zu sammeln, deren Übertragbarkeit, wie erwähnt, jedoch nur selten gewährleistet ist. Die Prüfmaschinen erlauben gewöhnlich die Änderung der Versuchsbedingungen (Flächenpressung, Gleitgeschwindigkeit, Werkstoffe, Schmierzustände, Temperaturen, Probenformen, Gleit- oder Rollreibung, anwesende Gase . . .) in weiten Grenzen und sind demgemäß ein vorzügliches Hilfsmittel für die Grundlagenforschung. Entsprechend dieser Fülle von Möglichkeiten haben sich eine große Anzahl von Prüfmaschinen und Geräten herausgebildet, die die Betriebsbedingungen mehr oder weniger stark nachahmen und die sich aber im Grundprinzip auf einige wenige Typen zurückführen lassen. Daneben laufen auch Bestrebungen, sog. Universalprüfmaschinen zu bauen, die eine Anzahl grundsätzlich verschiedener Verschleißvorgänge in einem Gerät darzustellen gestatten[1,2].

Nach dem Vorgehen von E. SIEBEL werden nach den äußeren Bedingungen des Verschleißangriffes folgende Arten von Verschleißvorgängen unterschieden: 1. Verschleiß bei Rollreibung zwischen trockenen oder geschmierten Flächen; 2. Verschleiß bei Gleitreibung zwischen trockenen oder geschmierten Flächen; 3. Verschleiß bei Berührung unter Wechselbeanspruchung (Reiboxydation); 4. Verschleiß durch bewegte Verschleißmittel; 5. Verschleiß durch bewegte Flüssigkeiten.

Nachfolgend werden die zur Prüfung der Vorgänge nach 1., 2. und 3. entwickelten Geräte und von 4 diejenigen besprochen, soweit es sich bei ihnen nicht um Verschleißmittel in Flüssigkeiten oder Gasen handelt[3]. Es hat sich dabei folgende Einteilung als zweckmäßig erwiesen.

1. Geräte für Rollreibung mit und ohne Schlupf; 2. Geräte für Gleitreibung; 3. sonstige Geräte.

Angesichts der erwähnten Vielgestaltigkeit der Verschleißvorgänge ist mit einer entsprechenden Mannigfaltigkeit der Erscheinungsformen zu rechnen. Erwartet man nun von einer Prüfmaschine richtige Aussagen über das Verschleißverhalten eines Werkstoffes, so müssen sich zum mindesten die Verschleißflächen im Versuch und Betrieb und die Größen der abgetrennten Teilchen gleichen.

1. Geräte für Rollreibung mit und ohne Schlupf.

Diese Maschinen verwenden zylindrische Proben, deren Mantelflächen mit oder ohne Schlupf aufeinander abrollen.

Die bekannte sog. „Abnützungsmaschine für Metalle“, Bauart *Amsler*[4] (Abb. 1 und 2), arbeitet mit 2 scheibenförmigen Proben *a* und *b* (im allgemeinen 30 bis 50 mm ⌀, 10 mm dick), die übereinander stehend sich mit ihren Umfängen berühren. Die untere Probe *b*, die fliegend auf der Welle *d* sitzt, wird von einem 1 PS Elektromotor über ein Zahnradvorgelege angetrieben ($n = 200$ U/min), das als Zahndruckwaage zur Messung des im Versuch auftretenden Drehmomentes ausgebildet ist und mittels Aufsteckgewichten t, u_1 und u_2 auf 4 Meßbereiche einstellbar ist. Das jeweilige Drehmoment wird durch

[1] ZAITZEFF, A. K.: Erste Mitt. d. Neuen Int.-Verb. f. Materialprüf., Zürich (1930) S. 119.

[2] HEIMES, F., u. E. PIWOWARSKY: Arch. Eisenhüttenw. Bd. 6 (1932/33). S. 501.

[3] Wegen der übrigen Geräte und Verfahren vgl. Abschnitt D, Erosionsprüfung metallischer Werkstoffe.

[4] Abnützungsmaschine für Metalle. Z. VDI Bd. 66, (1922) S. 377.

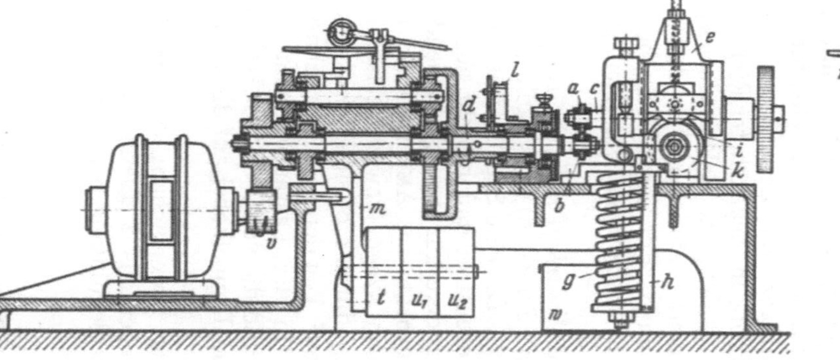

Abb. 1. Verschleißprüfmaschine für Metalle von Alfred J. Amsler & Co., Schaffhausen (Schema). Belastung $P = 0$ bis 200 kg; Drehzahl $n = 200$ (400) U/min.
a obere Probe; *b* untere Probe; *c* Antriebswelle der oberen Probe; *d* Antriebswelle der unteren Probe; *e* Rahmen; *f* Achse; *g* Belastungsfeder; *h* Maßstab für Federkraft; *i* Exzenter für Hin- und Herbewegung; *k* Exzenter für Abheben; *l* Umdrehungszähler; *m* Pendel der Zahndruckwaage; *n*, *o*, und *p* Drehmoment-Anzeige; *q*, *r* und *s* Integrier-Einrichtung; *t*, u_1 und u_2 Aufsteckgewichte für Zahndruckwaage; *v* Antriebsritzel; *w* Wanne; *x* ausrückbares Zahnrad.

Abb. 2. Verschleißprüfmaschine für Metalle von Alfred J. Amsler.

die Stange *n* und den Zeiger *o* am Maßstab *p* angezeigt, während die im Versuch aufgewendete Arbeit durch eine Integriereinrichtung *q*, *r* und *s* erfaßt wird. Die obere Probe wird ebenfalls durch Zahnräder angetrieben: je nach Wahl des Probendurchmessers kann der Schlupf zwischen 0 und 100% variiert werden, da auch die Möglichkeit besteht, den Antrieb durch Ausrücken des Zahnrades *x* stillzusetzen. Die Welle *c*, die die obere Probe trägt, sitzt in einem Rahmen *e*, der seinerseits um die Welle *f* schwenkbar ist. Eine Druckfeder *g*, deren Vorspannung (25 bis 200 kg) am Maßstab *h* ablesbar ist, bewirkt die Anpressung beider Proben, während durch 2 verstellbare Exzenter *i* und *k* eine axiale und/oder radiale Verschiebung (Abheben) der oberen Probe erreicht werden kann. Dadurch soll das Anfressen der Proben vermieden werden bzw. eine Nachahmung von Stößen im Betrieb erreicht werden (Schienenprüfung). Der Verschleiß wird durch Messung der Gewichtsabnahme beider Proben oder ihrer Durchmesseränderung bestimmt. Zur Vornahme von Versuchen unter Flüssigkeitszugabe (Wasser, Öl usw. ohne oder mit Verschleißmitteln) ist eine Wanne vorgesehen, aus der mit einer Kette die Flüssigkeit gefördert wird. Sondereinrichtungen sind vorgesehen, um die Versuche bei 400 U/min durchzuführen. Durch Einfügen von Zahnrädern kann die obere Probe in umgekehrter Richtung laufen (somit doppelte Relativgeschwindigkeit), ferner läßt sich das Gewicht des Rahmens *e* abgleichen, so daß die Anpreßdrücke bis auf 0 verringert werden können. Für seine Versuche in Gasatmosphären baute M. FINK[1] eine besondere Gaskammer, die einen gasdichten Abschluß beider Proben ermöglichte.

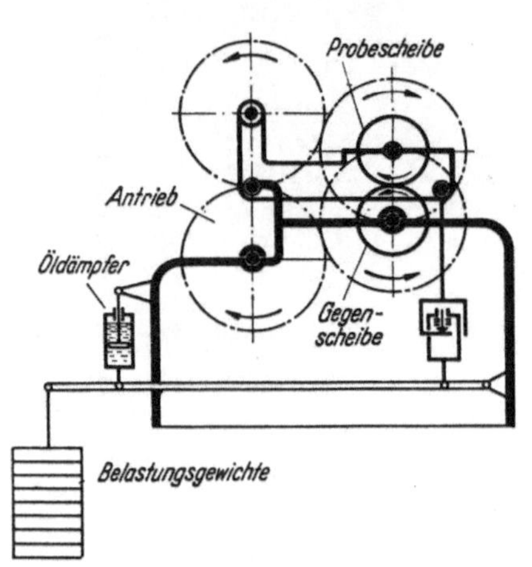

Abb. 3. Verschleißprüfmaschine der Mohr & Federhaff A. G. (Schema). $P_{max} = 500$ kg.

Im Prinzip gleich ist die Maschine der *Mohr & Federhaff A.G.*, die zur Prüfung von Eisenbahn-Werkstoffen (Radkränzen und Schienen) entwickelt wurde und die ebenfalls mit 2 Scheiben arbeitet (Abb. 3). Die eine Scheibe (üblicherweise 40 mm ⌀ bei 10 mm Breite) dient als Gegenstoff und besteht aus gehärtetem C-Stahl (Gegenscheibe), während die andere aus dem zu prüfenden Werkstoff gefertigt wird (Probescheibe). Im Gegensatz zur AMSLER-Maschine werden hier die Anpreßkräfte auf hydraulischem Wege (gewichtsbelasteter Akkumulator mit Preßkolben) hervorgebracht, wodurch störende Schwingungen und Massenwirkungen vermieden werden sollen[2]. Von den beiden erwähnten Maschinen unterscheiden sich im wesentlichen in der Lastaufbringung die Maschine von LIEBER (reine Gewichtsbelastung) und die von W. BONDI[3] (Übertragung der Gewichtsbelastung mittels Feder und Doppelhebel auf die untere Rolle).

Die Konstruktion der *S.A.E.-Maschine*[4], die zur Untersuchung von Höchstdruckschmiermitteln gebaut wurde, verwendet ebenfalls 2 übereinander angebrachte umlaufende Ringe, die einander am Außenumfang berühren. Beide

[1] Org. Fortschr. Eisenbahnw. Bd. 84 (1929) S. 405.
[2] MOHR, F.: Z. VDI Bd. 67 (1923) S. 336.
[3] BONDI, W.: Beiträge zum Abnutzungsproblem. Berlin: VDI-Verlag 1927.
[4] NEELY, G. L.: S. A. E.-J. Bd. 39 (1936) S. 293.

Ringe laufen mit unterschiedlicher Geschwindigkeit um und werden gegeneinander gepreßt. Druck und Geschwindigkeit sind in gewissen Grenzen einstellbar. Ermittelt wird der Druck, bei dem nach gleichmäßiger Steigerung ein Anfressen auftritt.

Im Gerät von E. H. SANITER[1] dreht sich (4000 U/min) die mittels des Spannfutters *c* gehaltene Probe *b* (12,7 mm ∅, 127 mm lang) im Innern eines 17,5 mm breiten Kugellagers (Abb. 4), dessen, aus gehärtetem 6% Ni-Stahl bestehenden, Innenring *f* sie durch Reibung mitnimmt. Der im Halter *d* gehaltene Außenring erfährt über den Bolzen *e* und den Gewichtshebel *a* eine entsprechende Belastung. Meßgröße ist die Durchmesserabnahme in 10^{-4} Zoll nach 200000 Umdrehungen.

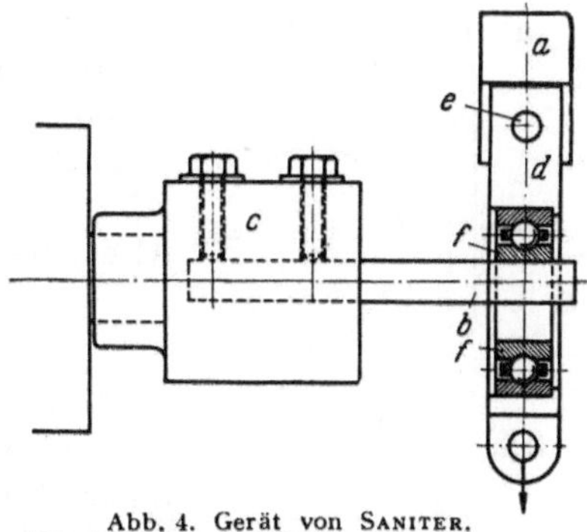

Abb. 4. Gerät von SANITER. *a* Hebel; *b* Probe; *c* Einspannkopf; *d* Lagerträger; *e* Zapfen; *f* Kugellager-Innenring (Gegenstoff).

Das von G. L. NORRIS[2,3] angegebene Gerät (Abb. 5) ist die abgeänderte Maschine von T. E. STANTON[4]. Sie hat als Gegenstoff 3 einsatzgehärtete Rollen (~ 89 mm ∅), die gleichmäßig am Umfang der

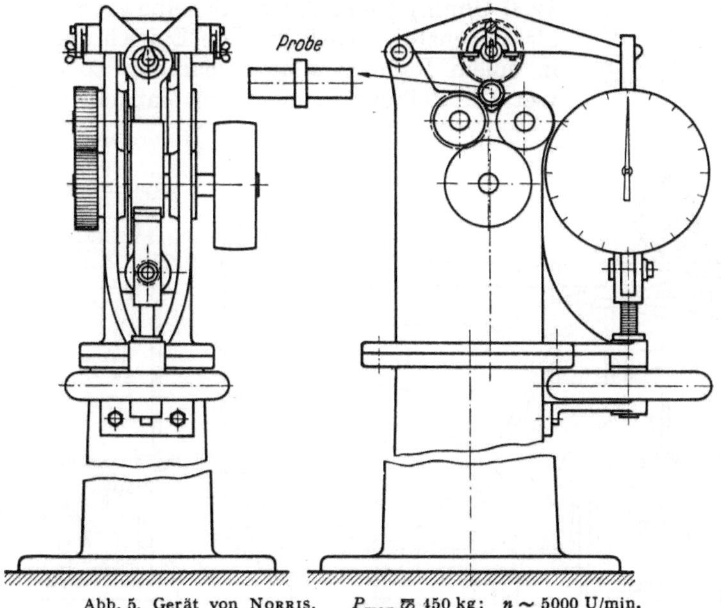

Abb. 5. Gerät von NORRIS. P_{max} ≈ 150 kg; n ~ 5000 U/min.

Probe verteilt sind und von denen die beiden unteren mit verschiedener Geschwindigkeit angetrieben werden ($n = 1000$ U/min), während die obere durch einen Hebel belastet und durch Reibung mitgenommen wird. Die zylindrische Probe (~ 51 mm lg, 22 mm ∅) trägt einen Ring zur Verhinderung der Seitenbewegung zwischen den Rollen. Gemessen wird der Gewichtsverlust nach 10^6 Umdrehungen der Probe.

---

[1] J. Iron Steel Inst. Bd. 78 (1908) S. 73. [2] Proc. Amer. Soc. Test. Mater. Bd. 13 (1913) S. 562. [3] A. P. 1.156.803 Abrasion-Testing Machine. [4] J. Iron Steel Inst. Bd. 76 (1908) S. 54.

2. Geräte für Gleitreibung.

Im grundsätzlichen Aufbau lassen sich hier folgende Arten unterscheiden (Abb. 6):

a) umlaufende Scheibe, gegen deren Umfang eine Probe gedrückt wird (Typ „Bremsklotz"); b) umlaufende Scheibe, gegen deren Stirnfläche eine Probe gedrückt wird (Typ „Schallplatte"); c) 2 Hohlzylinder, die mit ihren Stirnflächen aufeinander gleiten (Typ „Spurzapfen"); d) sonstige Geräte für gleitende Reibung.

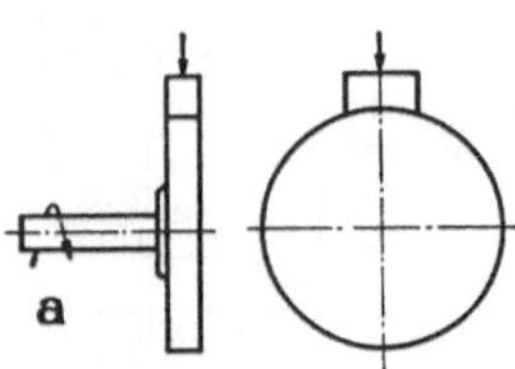

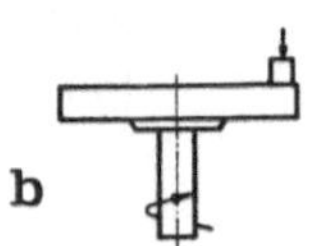

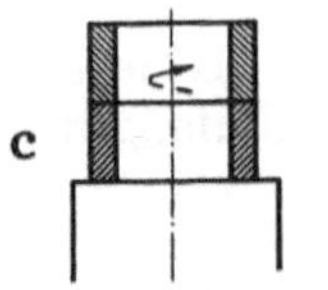

Abb. 6a–c. Typen von Verschleißprüfmaschinen für gleitende Reibung. *a* Typ „Bremsklotz"; *b* Typ „Schallplatte"; *c* Typ „Spurzapfen".

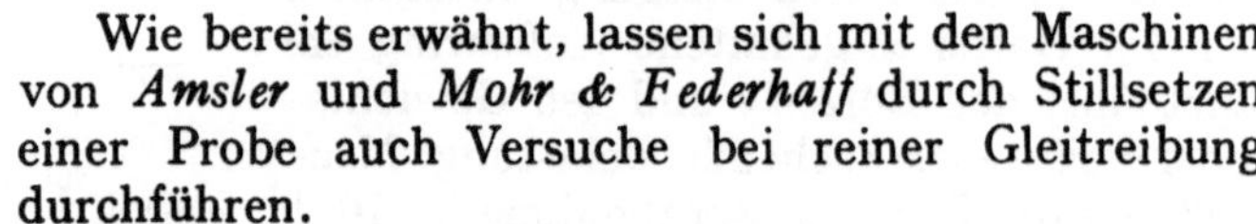

a) Geräte vom Typ „Bremsklotz".

Wie bereits erwähnt, lassen sich mit den Maschinen von *Amsler* und *Mohr & Federhaff* durch Stillsetzen einer Probe auch Versuche bei reiner Gleitreibung durchführen.

Daneben gibt es eine große Anzahl anderer Maschinen. In der Verschleißprüfmaschine der *M.A.N.*, Bauart Spindel[1, 2] (Abb. 7 und 8), die für die Prüfung von Schienenwerkstoffen entwickelt wurde, wird eine ebene Probe *f* mit bestimmter Belastung (gewöhnlich 5 oder 10 kg) gegen den Umfang einer umlaufenden ($n = 5$ bis 1200 U/min) 1 mm dicken Scheibe *g* von ~300 mm ⌀ als Gegenstoff gedrückt. Die Einrichtung ist drehbar in einem Rahmen *a* untergebracht, so daß das auftretende Reibungsmoment am Maßstab abgelesen und

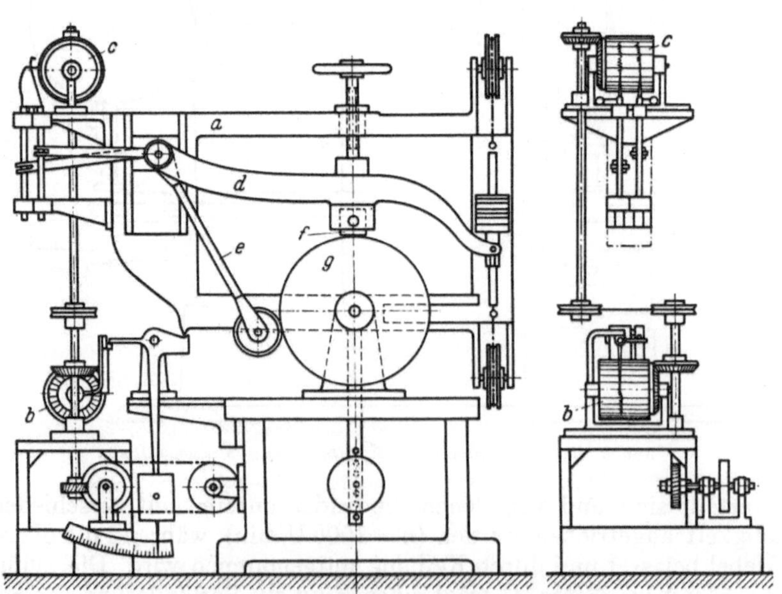

Abb. 7. Verschleißprüfmaschine der M.A.N., Bauart Spindel (Schema). $P = 0$ bis 10 kg; $n = 5$ bis 1200 U/min.
a Rahmen; *b* Schreibtrommel; *c* Schreibtrommel; *d* Hebel; *e* Hebel; *f* Probe; *g* umlaufende Scheibe (Gegenstoff).

[1] Spindel, M.: Z. VDI Bd. 66 (1922) S. 1071.
[2] Spindel, M.: Z. VDI Bd. 70 (1926) S. 415.

auf der Trommel *b* aufgezeichnet werden kann. Die Durchmesserabnahme der Scheibe allein wird durch den Hebel *e* bzw. zusammen mit der Einschleiftiefe in der Probe durch den Hebel *d* auf der Schreibtrommel *c* aufgetragen. Als Verschleißmaß dient der zur Erreichung von 1 mm Einschleiftiefe in der Probe benötigte Laufweg der Scheibe.

Abb. 8. Verschleißprüfmaschine der M.A.N., Bauart Spindel.

Für Untersuchungen von Gußeisen verwendete T. KLINGENSTEIN[1] die abgeänderte Maschine von HANFSTAENGEL, die als Gegenstoff mit einer schmalen umlaufenden ($n = 400$ U/min) Stahlscheibe (~ 100 mm ⌀) arbeitete, gegen deren Umfang als Probe 1 Klötzchen (20 × 30 × × 25 mm³) mit 5 kg gepreßt wurde. Gemessen wurde der Einschliff nach 1500 Umdrehungen.

Wohl zum erstenmal dürfte eine Maschine vom Bremsklotztyp von BOTTONE[2] verwendet worden sein, der für Untersuchungen an reinen Metallen als Gegenstoff eine weiche Eisenscheibe benutzte und als Kenngröße die Anzahl Umdrehungen bis zur Erreichung einer bestimmten Einschnittiefe bestimmte.

Für seine Untersuchungen verwendete K. DIES[3] eine Probe aus Weicheisen, die gegen den Umfang einer Scheibe aus gehärtetem Chromstahl (Brinellhärte 600 kg/mm²) als Gegenstoff gepreßt wurde (Abb. 9). Die Umfangsgeschwindigkeit betrug 1 ms. Der Verschleiß wurde durch Wägung vor und nach dem Versuch bestimmt.

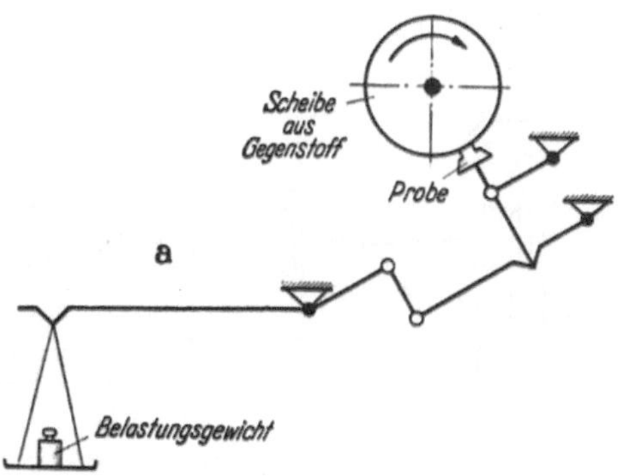

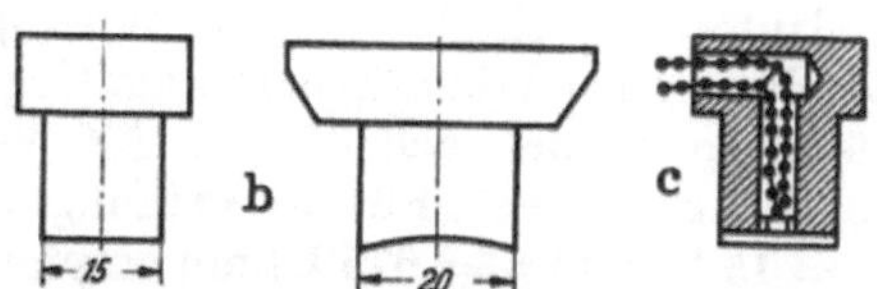

Abb. 9a–c. Verschleißmaschine von DIES. Gleitgeschwindigkeit $v \sim 1$ m/s. *a* Grundsätzlicher Aufbau (Schema); *b* Gewöhnliche Probe; *c* Probe für Temperaturmessungen.

Den Verschleiß von Kolbenringen und Zylindern untersuchte C. ENGLISCH[4] auf einer Prüfvorrichtung nach A. TEVES (Abb. 10), auf der Stücke von Kolbenringen gegen den Umfang einer mit

---

[1] Mitt. Forsch.-Anst. Gutehoffnungshütte-Konzerns Heft 1 (1930–1932) S. 18.
[2] Chem. News Bd. 27 (1873) S. 215.
[3] Z. VDI Bd. 83 (1939) S. 307.
[4] In: Reibung und Verschleiß, Berlin: VDI-Verlag 1939. S. 118.

gleichbleibender Geschwindigkeit umlaufenden Scheibe als Gegenstoff gepreßt wurden. Mit einer Meßdose wurde das Reibungsmoment bestimmt und der Verschleiß der Ringe gewichtsmäßig ermittelt.

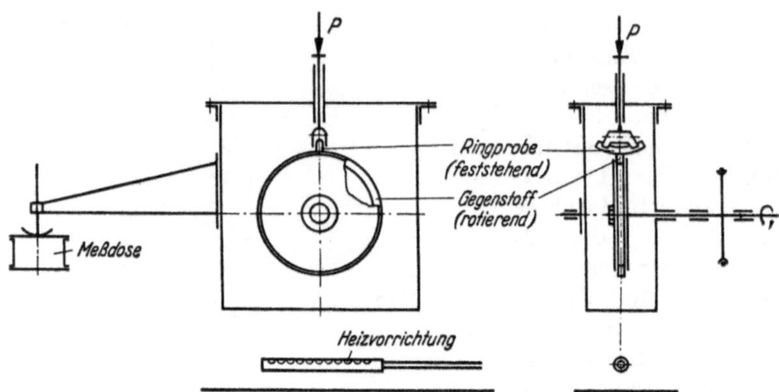

Abb. 10. Verschleißprüfvorrichtung (Schema). (Nach A. TEVES.)

In der SKODA-SAWIN-Verschleißprüfmaschine[1], die im Prinzip der AVERY-BROWNSDON-*Maschine* ähnelt, wird der Widerstand eines Werkstoffes gegen Abschleifen durch eine Scheibe aus im allgemeinen Hartmetall (Gegenstoff) bestimmt. Eine durch Gewichte im Bereich von 0 bis 25 kg belastbare Scheibe (30 mm ⌀; 2,5 mm breit) läuft mit einstellbarer Umfangsgeschwindigkeit um und erzeugt einen Einschliff in einer ebenen oder zylindrischen Gegenprobe, die in einem kugelig beweglichen Schraubstock eingespannt wird (Abb. 11). Die Versuche können trocken sowie unter Zugabe von Schmier- oder Kühlmitteln als Zwischenstoff durchgeführt werden. Als Verschleißmaß dient einerseits der Einschliff in der Probe, dessen Länge l oder Tiefe h optisch bestimmt wird und zu denen der zugehörige Rauminhalt aus Tabellen entnommen wird, andererseits die Durchmesserabnahme der umlaufenden Scheibe, die ebenfalls optisch gemessen wird. Im Fall der Verwendung einer Widia-Scheibe als Gegenstoff ist dieser Wert vernachlässigbar klein; so wurde nach 600 bis 800 Versuchen nur eine Durchmesserabnahme von 3 μ gemessen[2]. Für die Prüfung von Stahl, Gußeisen oder Bronze werden $P = 15$ kg und $n = 675$ U/min empfohlen, für Leichtmetall ist P kleiner und n größer zu wählen. Für Hartchromüberzüge ist wegen ihrer Sprödigkeit die Be-

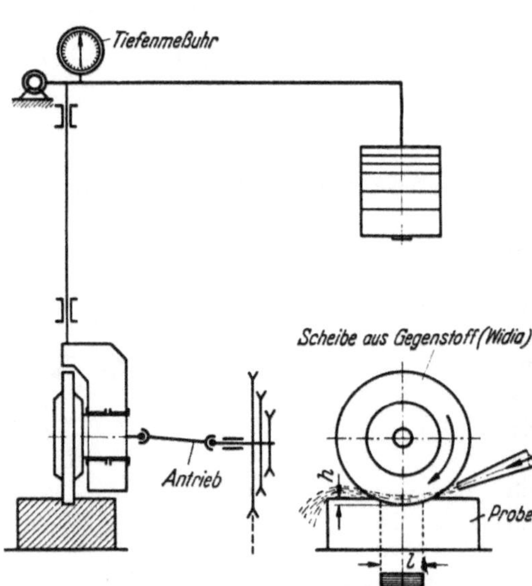

Abb. 11. Skoda-Sawin-Verschleißprüfmaschine (Schema). $P = 0$ bis 25 kg; $n = 80$ bis 1700 U/min.

[1] SAWIN, N. N.: Schiffbau Bd. 43 (1942) S. 470.
[2] SAWIN, N. N.: Werkstattstechnik u. Werksleiter Bd. 33 (1939) S. 165.

lastung auf 0,5 bis 2,0 kg herabzusetzen bei Drehzahlen zwischen 160 bis 1280 U/min. Durch Zugabe von 1 l/min destilliertem Wasser mit 0,5% Kaliumbichromat wird eine Kühlung und zugleich eine Reinigung der umlaufenden

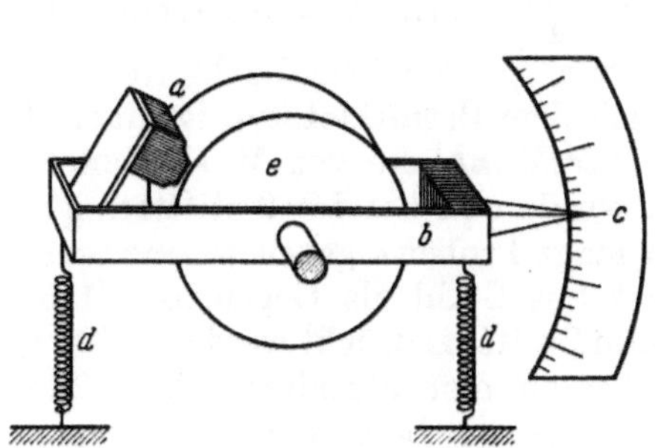

Abb. 12. Gerät von HOLM (Schema). *a* Bürste; *b* Rahmen; *c* Reibungsmoment-Anzeige; *d* Feder; *e* Scheibe.

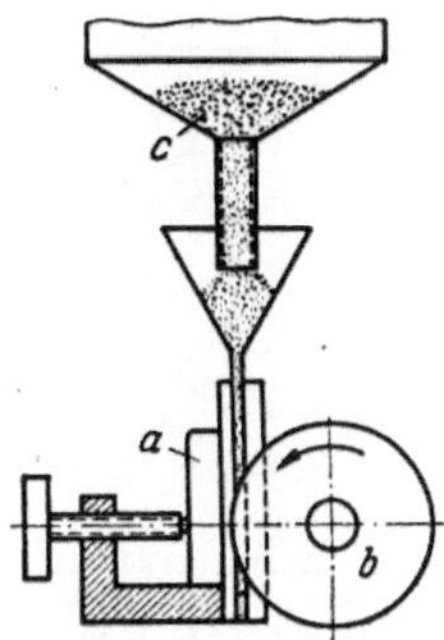

Abb. 13. Maschine von BRINELL (Schema). *a* Probe; *b* umlaufende Scheibe = Gegenstoff; *c* Vorratsbehälter für den Zwischenstoff (Sand).

Scheibe erzielt. Für Versuche bei Rollreibung läßt sich die Probe durch Anbringung in einem besonderen Halter drehbar ausbilden, so daß sie von der Scheibe mitgenommen wird.

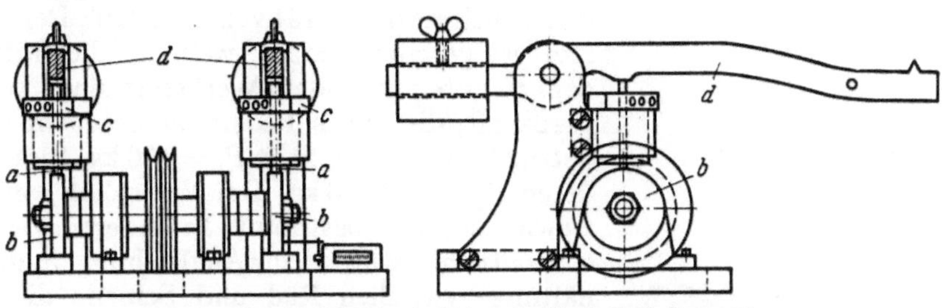

Abb. 14. Verschleißdrehbank (Schema). (Nach E. H. SCHULZ.) *a* Probe; *b* Scheibe aus Gegenstoff; *c* Spannbacken; *d* Belastungshebel.

Ein Gerät, das gleichzeitig die Messung von Verschleiß- und Reibungszahlen gestattet, gab R. HOLM[1] an. Es diente zum Studium der Verhältnisse in Schleifkontakten elektrischer Maschinen und bestan daus einer umlaufenden Scheibe *e*, gegen deren Mantelfläche sich eine Bürste *a* legte (Abb. 12). Die drehbare Aufhängung in einem Rahmen *b* mittels der Federn *d* gestattete die Ablesung des Reibungsmomentes bei *c*, während der Verschleiß mit Hilfe der an den Seitenflächen der Bürste angebrachten Facetten gemessen wurde, deren Längenänderung als Maßstab diente. Man umgeht dadurch die bei physikalischen Untersuchungen störende Wasseraufnahme der Bürste.

J. A. BRINELL[2] untersuchte das Verschleißverhalten von Metallen in einer Maschine, die ähnlich der Maschine nach SPINDEL mit einer umlaufenden Scheibe *b* als Gegenstoff (100 mm ⌀; 4 mm dick; n = 19 U/min) mit waagerechter Welle arbeitete, gegen die eine ebene Probe *a* gepreßt wurde (Abb. 13). Auf Grund der langsamen Umdrehungen der Scheibe wurde eine unzulässige Erwärmung der Probe vermieden. Die Scheibe bestand aus weichem Stahl (~ 0,1% C), während die ebene Probe aus dem zu untersuchenden Werkstoff

[1] HOLM, R.: Die technische Physik der elektrischen Kontakte. Technische Physik in Einzeldarstellungen Bd. 4. Berlin: Springer 1941.

[2] Jernkont. Ann. Bd. 105 (1920) S. 347.

gefertigt wurde. In den Spalt zwischen beiden Proben wurde aus einem Vorratsbehälter *c* reiner Quarzsand bestimmter Körnung als Zwischenstoff gegeben. Gemessen wurden die Einschlifftiefe in der Probe und die Durchmesserabnahme der Scheibe. Der Verschleißwiderstand wurde definiert als $\frac{1000}{A}$ (darin A = ausgeschliffenes Segment in mm³ je mm Scheibenbreite).

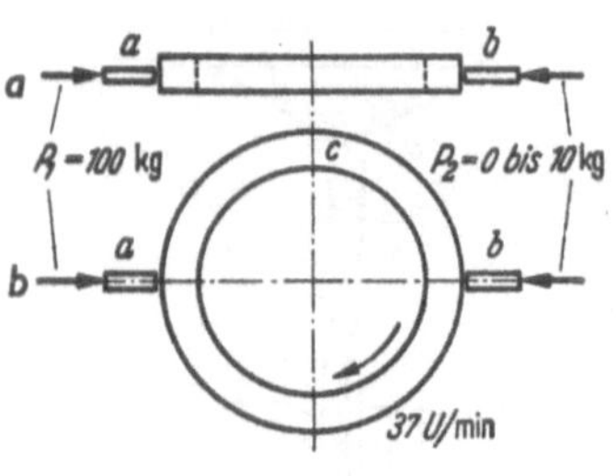

Abb. 15a u. b. Gerät von SAITO (Schema). n = 37 U/min. a Aufriß; b Grundriß. *a* Probe (Stahl); *b* Probe (Stahl oder andere Werkstoffe); *c* Gegenstoff (Stahl).

Ähnlich dem Bremsklotztyp ist auch die sog. *Verschleißdrehbank*, die von M. H. KERSCHT[1] angegeben wurde und bei der 2 stiftförmige, 80 bis 100 mm lange Proben *a* gegen je eine umlaufende Scheibe *b* aus Stahl als Gegenstoff (115 mm ⌀ und 20 mm Breite) gedrückt werden (Abb. 14). Der Versuch beginnt erst, nachdem sich die Probe mit seiner Verschleißfläche an den Umfang der Gegenscheibe angepaßt hat. Das Verschleißmaß liefert auch hier der Gewichtsverlust der stiftförmigen Proben.

Mit 2 Stiften *a* und *b* als Proben (je 31,5 mm ⌀), die sich diametral gegenüberstehen (Abb. 15) und gegen den Umfang eines umlaufenden (37 U/min) Ringes *c* als Gegenstoff (915 mm ⌀) gepreßt werden, arbeitete das Gerät von S. SAITO[2]. Der Gegenstoff ist gewalzter Stahl, während die Stifte aus dem zu untersuchenden Werkstoff sind. Die Anpreßkraft, die durch Federn aufgebracht wurde, betrug für den einen Stift $P_1 = 100$ kg, für den anderen $P_2 = 0$ bis 10 kg. Der Verschleiß wurde als Gewichtsverlust bestimmt. In anderen Versuchseinrichtungen wurden zur Angleichung an die Verhältnisse zwischen Rad und Schiene die Stifte durch ein Rad ersetzt, das durch Reibung mitgenommen wurde.

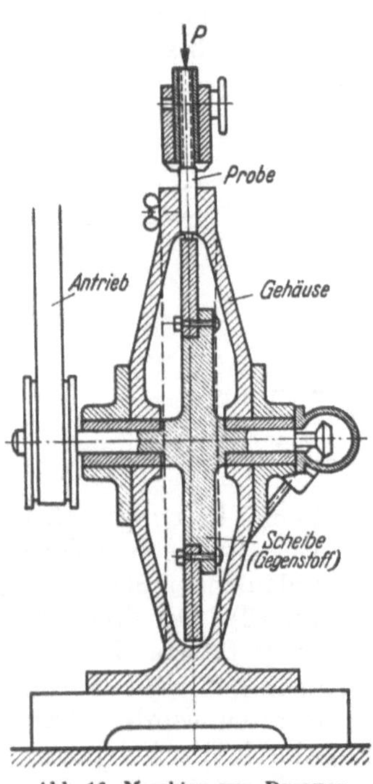

Abb. 16. Maschine von DERIHON.

Bei der Maschine von DERIHON[3] (Abb. 16) läuft eine Scheibe mit auswechselbarem Ring aus Stahl als Gegenstoff in einem ölgefüllten Gehäuse. Die Längenänderung der gegen den Scheibenumfang gedrückten Probe kann an einer Skala oder mittels Mikrometer auf $^1/_{1000}$ mm genau abgelesen werden.

Nach dem gleichen „Bremsklotz“-Prinzip, jedoch mit einer Walze an Stelle der Scheibe, arbeiten einige weitere Maschinen:

K. SPORKERT[4] untersuchte den Einfluß von Schleifmitteln als Zwischenstoff (Verunreinigungen, Verschleißprodukten, Metalloxyden) auf den Verschleiß mittels einer langsam umlaufenden Walze als Gegenstoff (Abb. 17), gegen deren Umfang 2 Proben (10 × 40 mm² Querschnitt) gedrückt wurden. Zur

[1] Diss. T. H. Braunschweig 1928.
[2] Sci. Rep. Tôhoku Univ. Honda Univers. (1936) S. 1060.
[3] DRP. 194,238. Maschine zum Prüfen der Abnutzung von Metallen u. dgl. durch Lagerreibung.
[4] In: Reibung u. Verschleiß S. 78. Berlin: VDI-Verlag 1939.

Vermeidung der Riefenbildung führten die Proben eine hin- und hergehende Bewegung in achsialer Richtung aus (7,55 Doppelhübe/min). Die eine der beiden Proben und die Walze wurden aus der zu untersuchenden Werkstoffpaarung hergestellt, während die andere Probe stets gleich gehalten wurde, somit als Vergleichsprobe diente. Meßgröße war die Einschliffbreite, aus der das verschlissene Volumen errechnet wurde.

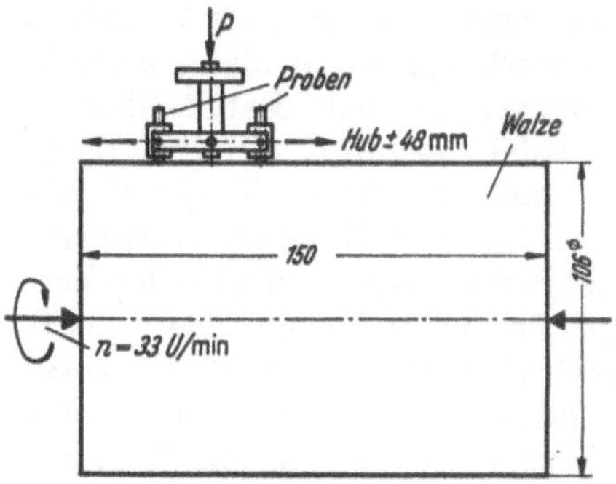

Abb. 17.
Versuchseinrichtung von SPORKERT (Schema).

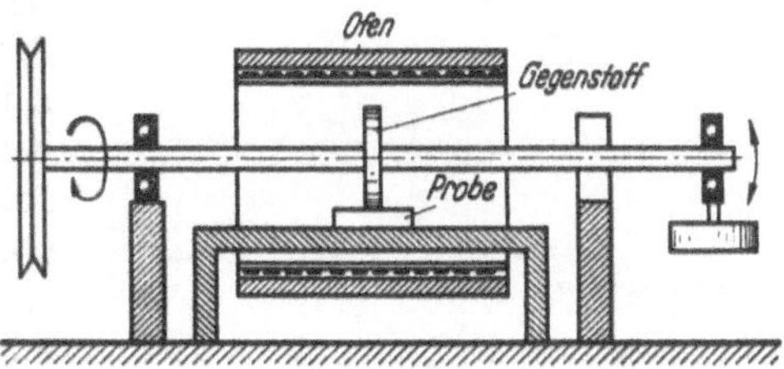

Abb. 18.
Versuchseinrichtung von RÄDEKER (Schema).

Zur Feststellung der Abhängigkeit des Gleitreibungsverschleißes vornehmlich von der Temperatur verwendete W. RÄDEKER[1] eine Einrichtung (Abb. 18), in der ein umlaufender Ring als Gegenstoff (1,8 bis 9,5 m/s) von 10 mm Breite und 56 mm Außendurchmesser wie bei der Maschine nach Spindel gegen eine feststehende Platte gepreßt wurde (2,5 bis 11,2 kg/mm^2). Durch Anwendung flüssiger Luft bzw. elektrischer Heizung konnten Untersuchungen zwischen $-180°$ C und $+700°$ C durchgeführt werden. Der Verschleiß wurde gewichtsmäßig bestimmt.

Zur Untersuchung von Lagermetallen mit Ölschmierung baut die M.A.N. eine Verschleißprüfmaschine (Klötzchenprüfmaschine), bei der gleichzeitig 12 klötzchenförmige Proben gegen den Umfang von 3 umlaufenden Wellen aus Gegenstoff durch Hebelbelastung gedrückt werden (Abb. 19). Geschwindigkeit und Belastung (bis 90 kg/cm^2) sind in weiten Grenzen einstellbar. Zur Anpassung der Gleitflächen und zur Einfräsung von Schmiernuten ist eine besondere Einrichtung vorgesehen. Die Gewichtsabnahme der Klötzchen dient als Meßgröße.

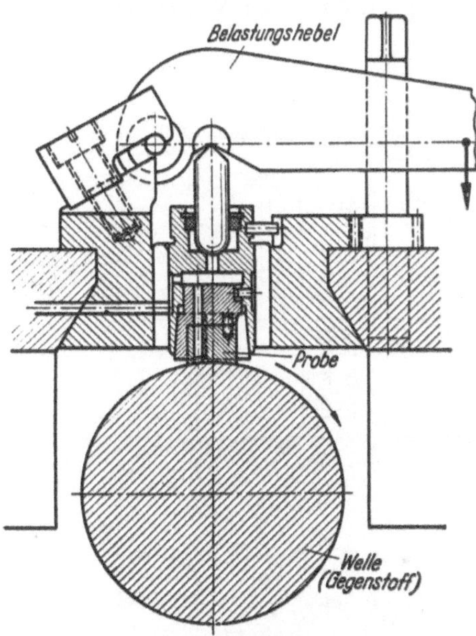

Abb. 19. Klötzchenprüfmaschine für Lagermetalle der M.A.N.

b) Geräte vom Typ „Schallplatte".

F. ROBIN[2] verwendete für seine Versuche eine umlaufende (150 U/min) waagerechte, mit Schmirgel-, Sand- oder Glaspapier belegte Scheibe *c* als Gegenstoff, gegen die in einem Bahndurchmesser von 145 mm die zu untersuchende zylin-

[1] Arch. Eisenhüttenw. Bd. 15 (1941/42) S. 453.
[2] Carnegie Schol. Mem. Bd. 2 (1910) S. 1.

drische Probe *a* (15 mm ⌀) gepreßt wurde (Abb. 20). Nach 200 m Laufweg auf dem gleichen Radius wurde der Gewichtsverlust bestimmt. Eine Abwandlung dieser Maschine gab K. LÖBBECKE[1] an. Auch die Maschine von O. NIEBERDING[2] wendet die Probenbewegung an, jedoch mit Hilfe einer Spindel. Das Verfahren ist in Deutschland zur Prüfung metallischer Werkstoffe bei Metall-Mineral-Gleitverschleiß genormt (DIN 50330[3]). Abb. 21 und 22 zeigen die für diesen Zweck von der M. A. N., Werk Nürnberg, herausgebrachte sog. Schleifteller-Verschleißprüfmaschine, bei der entsprechend den Festlegungen in DIN 50330 eine zylindrische Probe (10 mm ⌀) mit 3 kg Belastung gegen eine mit 25 U/min umlaufende und mit Schmirgelpapier (Körnung 80) belegte Scheibe gedrückt wird und dabei eine Radialbewegung von 0,5 mm/U ausführt. Der Verschleiß wird durch Wägung bestimmt.

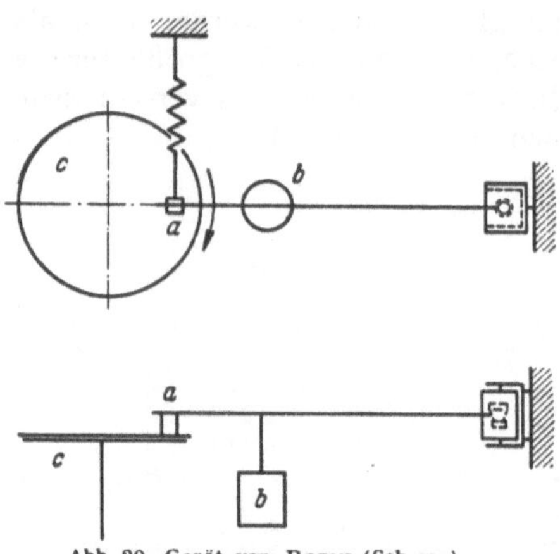

Abb. 20. Gerät von ROBIN (Schema). n = 150 U/min; s = 200 m; p = 0,5 bis 2 kg/cm². *a* Probe; *b* Belastungsgewicht; *c* mit Schmirgelpapier belegte Scheibe (Gegenstoff).

Mit einer senkrechten umlaufenden Schleifscheibe, gegen deren Stirnfläche eine waagerecht angebrachte Probe (16 mm ⌀) durch einen Winkelhebel angepreßt wurde, arbeitete G. SELLERGREN[4].

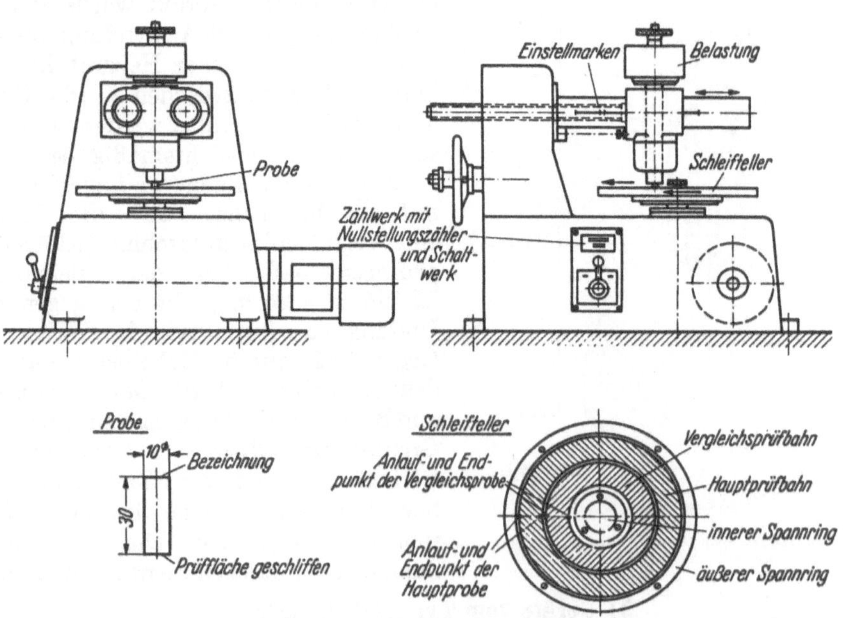

Abb. 21. Schleifteller-Verschleißprüfmaschine nach Din 50 330, Bauart M.A.N., Werk Nürnberg.

---

[1] Mitt. Forsch.-Inst. Ver. Stahlwerke, Dortmund Bd. 1, (1929) S. 65.
[2] Diss. T. H. Berlin 1929.
[3] DIN 50330 Vornorm.: Berlin W 15 und Köln: Beuthvertrieb 1952.
[4] Tekn. T. (1905) S. 25 u. 50.

c) Maschinen vom Typ „Spurzapfen".

Eine Maschine, die für verschiedene Arten von Verschleißuntersuchungen gedacht war, ist die von A. K. ZAITZEFF[1] angegebene (Abb. 23). Sie gestattet die Ausführung von Versuchen bei Gleitreibung mit und ohne Schmierstoff, Schleifversuchen gegen Schmirgelpapier, Einschleifversuchen ähnlich den auf der Spindelmaschine und Rollversuchen mit Kugeln. Die Proben werden entweder als Zylinder (5 mm ⌀, 9 mm lang) zu 3 Stück in einen Ring eingesteckt oder als Ring (52/35 mm ⌀, 8 mm hoch) ausgebildet. Die Gegenprobe (52/35 mm ⌀, 5 mm hoch) aus Mn-Hartstahl mit 12% Mn und 1% C

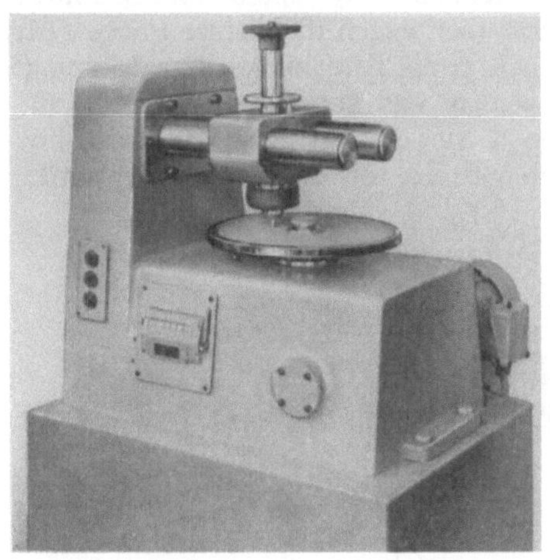

Abb. 22. Schleifteller-Verschleißprüfmaschine nach Din 50 330, Bauart M.A.N., Werk Nürnberg.

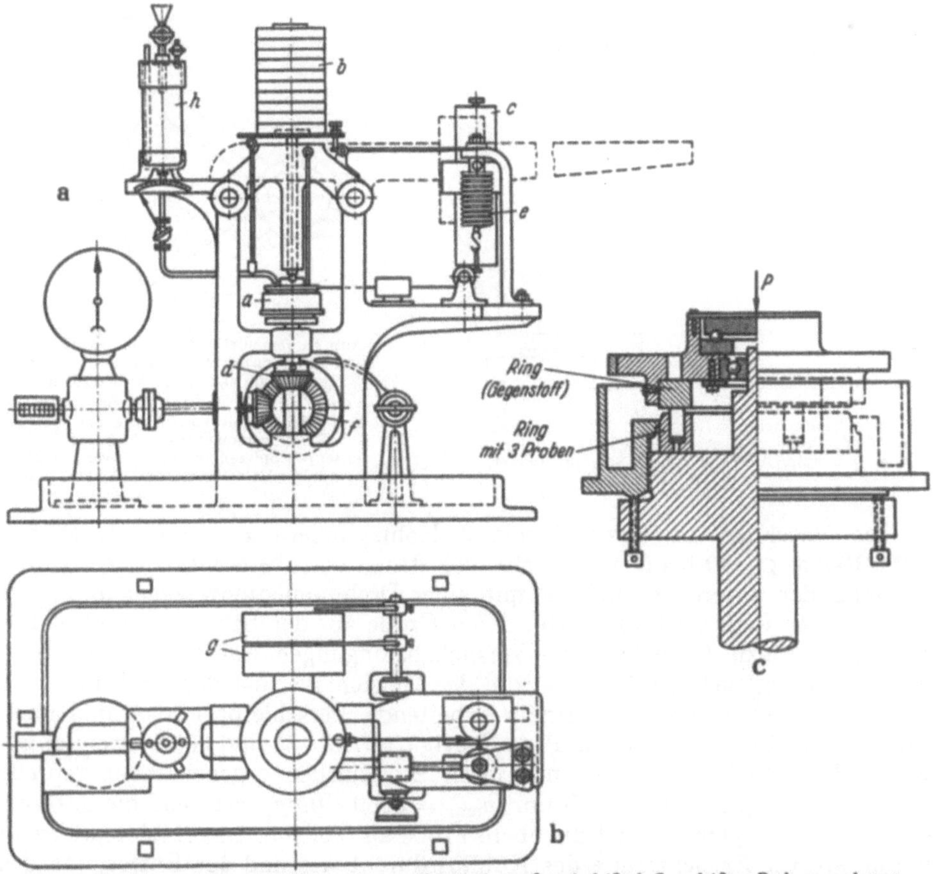

Abb. 23a—c. Maschine von ZAITZEFF (Schema). p = 1 bis 400 kg/cm². a Aufriß; b Grundriß; c Probenanordnung. *a* Einspannkopf; *b* Belastungsgewichte; *c* Schreibtrommel (Höhenabnahme der Proben); *d* Kegelrad; *e* Meßfeder (Drehmoment); *f* Kegelrad; *g* Riemenscheiben; *h* Ölbehälter.

[1] Erste Mitt. d. Neuen Int. Verb. f. Materialprüf., Zürich (1930) S. 119.

oder aus einer Al-Scheibe mit Schmirgelpapier bestehend, werden mit einstellbarer Last gegen die untere Probe gedrückt. Im Fall der Rollversuche laufen 3 gleich große Kugeln von etwa 5 mm ($^3/_{16}''$) ⌀ aus gehärtetem Stahl zwischen 2 gegen sie gepreßten Ringen, in denen sie eine Rille hervorbringen, deren Breite als Maß genommen wird.

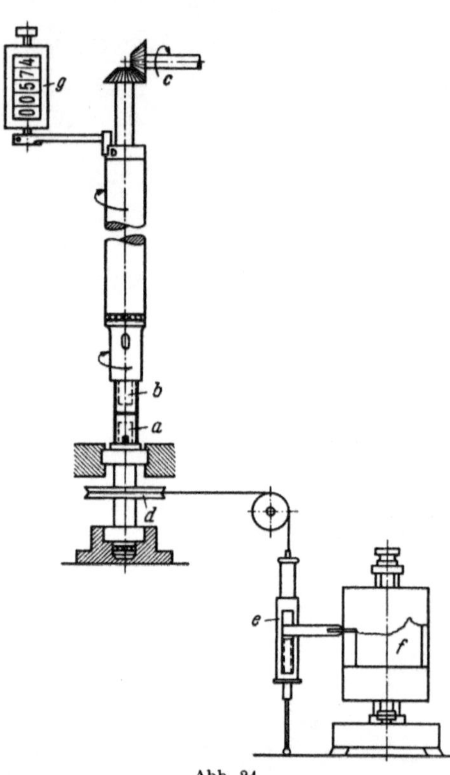

Abb. 24. Verschleißprüfmaschine (Schema). (Nach SUZUKI.) *a* untere Probe; *b* obere Probe; *c* Antrieb; *d*, *e* Reibungsmeßeinrichtung; *f* Schreibtrommel; *g* Zählwerk.

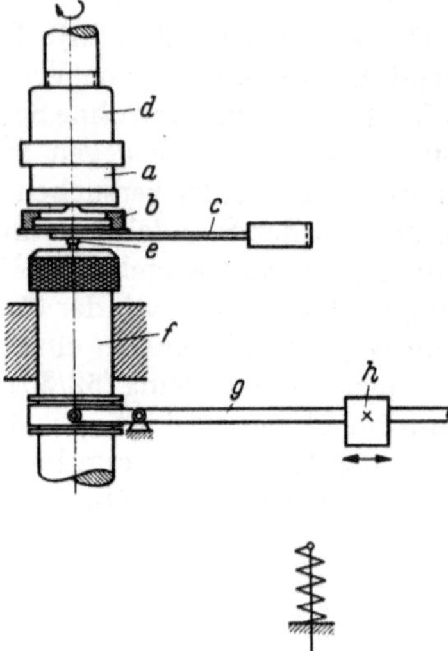

Abb. 25. Verschleißprüfmaschine nach SIEBEL und KEHL von der M.P.A. Stuttgart (Schema). $P_{max} = 300$ kg; $n_{max} = 6000$ U/min. *a* obere Probe; *b* untere Probe; *c* unterer Probenhalter mit Vorrichtung zur Messung des Reibungsmomentes; *d* oberer Probenhalter; *e* Spitzenlagerung; *f* verschiebbare Spindel; *g* Belastungshebel; *h* Laufgewicht.

Die Maschine von SUZUKI[1] mit 2 Hohlzylindern *a* und *b* als Proben (19,6/16 mm ⌀, 40 bis 50 mm hoch), von denen der obere angetrieben wurde, während der untere Verbindung mit einer Drehmomentenwaage *d* und *e* zur Messung der Reibungskraft hatte, deren Größe auf der Schreibtrommel *f* aufgezeichnet wurde (Abb. 24). Die Versuchsbedingungen waren $n = 300$ U/min und $p = 18$ kg/cm². Gemessen wurde der Gewichtsverlust der Proben.

Die nach dem gleichen Prinzip arbeitende Verschleißprüfmaschine nach SIEBEL und KEHL[2] von der M. P. A. Stuttgart (Abb. 25 und 26) verwendet gewöhnlich 2 Hohlzylinder, die mit ihren Stirnflächen gegeneinander gepreßt werden; die obere Probe *a* läuft um ($n_{max} = 6000$ U/min), während die untere *b* stillsteht. Im allgemeinen ist die obere Probe als Vollring ausgebildet, während die untere zur Erleichterung des Kühlluftdurchtritts und zur Entfernung des

[1] Stahl u. Eisen Bd. 49 (1929) S. 703.
[2] KEHL, B., u. E. SIEBEL: Arch. Eisenhüttenw. Bd. 9 (1935/36) S. 563.

Abriebes 4 Schlitze aufweist. Um bei der gegebenen Grenzlast der Maschine ($P_{max} = 300$ kg) auch bei sehr hohen Flächenpressungen arbeiten zu können, wurden die unteren Proben bis auf 3 Füßchen von je 2 mm Breite abgearbeitet, so daß spezifische Flächenpressungen über 1500 kg/cm² erzielt werden konnten (Abb. 25)[1]. Eine einstellbare Lagerung *e* — gewöhnlich auf einer Spitze — sorgt für eine gleichmäßige Berührung der Proben. Um einen gleichmäßigen Verschleiß der beiden Proben über ihre Breite zu gewährleisten, kann die untere Probe eine Exzenterbewegung ausführen ($e = 0{,}75$ mm, $n = 2$ U/min). Die Belastung wird stoßfrei über eine Öldämpfung aufgebracht und das im Versuch auftretende Drehmoment ebenfalls unter Zwischenschaltung einer Öldämpfung an einer Momentenwaage (Feder oder Pendel) gemessen und aufgezeichnet. Die Maschine ist sowohl für Trockenlauf als auch für Schmiermittel ohne und mit Verschleißmittelzugabe[2,3] geeignet. Beim Arbeiten mit Verschleißmitteln kann mit einmaliger Füllung des Prüftopfes oder mit stetiger Zugabe aus einem Vorratsbehälter, der eine Rühreinrichtung und eine elektrische Heizung besitzt, gearbeitet werden. Bei Versuchen in Schmiermitteln sorgt eine Heizung des Prüftopfes für nahezu gleichbleibende Badtemperatur (±1° C), indem bei Überschreiten der Solltemperatur durch ein Schaltthermometer die Heizung ausgeschaltet und ein Kühlgebläse eingeschaltet wird. Durch Zusatzeinrichtungen gelang es auch, Versuche in anderen Atmosphären (CO_2, N_2, O_2 und deren Gemischen) auszuführen[4].

Abb. 26. Verschleißprüfmaschine nach SIEBEL- und KEHL von der M.P.A. Stuttgart.
a Schmiermittelbehälter mit Rühreinrichtung und elektrischer Heizung; *b* Schaltzähler; *c* Schaltrelais für Badheizung bzw. Kühlgebläse; *d* Antriebsmotor; *e* Ausgleichsgewicht; *f* Proben; *g* Schreibtrommel zur Aufzeichnung des Reibungsmomentes; *h* Kühlgebläse; *i* Exzenterantrieb der unteren Probe.

Die *Verschleißprüfmaschine Bauart* SIEBEL-KEHL *der Mohr & Federhaff A.G.* (Abb. 27) verwendet eine starre Einspannung der unteren Probe; im Prinzip ist der Aufbau etwa der gleiche wie bei der zuvor beschriebenen.

Die gleiche Art von ringförmigen Probekörpern wurde auch im Gerät von ROTHERT, in der *Ansonia-Maschine* und in der Reibungsprüfmaschine nach WELLS verwendet.

---

[1] SIEBEL, E., u. R. KOBITZSCH: Mitt. K.-Wilh.-Inst. Eisenforschg. Bd. 26 (1943) S. 97.
[2] BROCKSTEDT, H. C.: Diss. T. H. Stuttgart 1942.
[3] WELLINGER, K.: Z. VDI Bd. 92 (1950) S. 371.
[4] SIEBEL, E., u. R. KOBITZSCH: Verschleißerscheinungen bei gleitender trockener Reibung. Berlin: VDI-Verlag 1941.

Abb. 27.
Verschleißprüfmaschine Siebel-Kehl der Mohr Federhaff A. G., Mannheim. $P_{max} = 150$ kg; $n = 2000$ bis 4000 U/min.
a Antriebsmotor; b Federwaage zur Messung des Reibungsmomentes; c Belastungshebel; d Kühlluftzufuhr; e Probekörper; f Umdrehungszähler.

Für Gußeisenuntersuchungen bediente sich T. Klingenstein[1] auch einer Vorrichtung, in der ein sich drehender Gußeisenstift (10 mm ⌀, $n = 325$ U/min) nach Art eines Bohrers gegen eine feststehende, ebene Gußeisenscheibe gedrückt wurde ($p = 24$ kg/cm²). Gemessen wurde der Gewichtsverlust beider Proben.

d) Sonstige Geräte für Gleitreibung.

Neben den vorstehend genannten Maschinen findet sich noch eine Anzahl im Gebrauch, die sich nicht in die genannten Typen einfügen. Es handelt sich dabei u. a. um Geräte zur Bestimmung des Zahnrad- und Kolbenring-Verschleißes.

Für die Untersuchung der Grübchenbildung an Zahnrädern wurde von H. Niemann[2] eine Einrichtung verwendet, in der gegen eine umlaufende Probe von 40 mm ⌀ mehrere Rollen mittels Federkraft angedrückt wurden (Abb. 28). Durch Veränderung der Federkraft wurde der Zeitpunkt der Entstehung von Grübchen als Funktion der Umlaufzahl ermittelt.

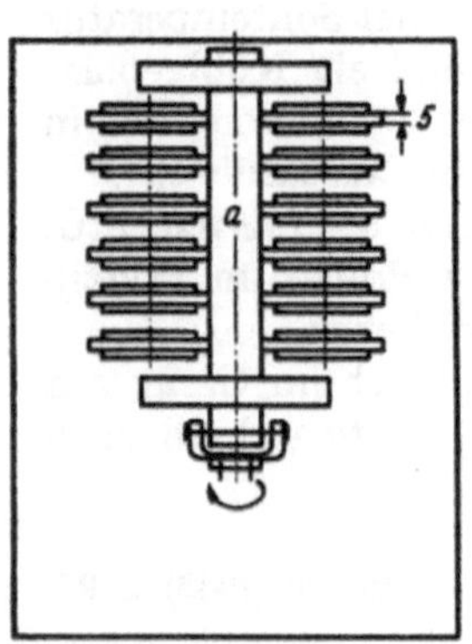

Abb. 28.
Gerät von Niemann (Schema). a Probe; b Druckrollen; c Anpreßhebel; d Anpreßfeder.

Die Bewegungsverhältnisse an den Flanken von Zahnrädern werden in der *Zahnräder-Verschleißprüfmaschine* der M. A. N. (System Dr. Tuschy) auf 2 aufeinander abrollenden zylindrischen Proben (80 mm ⌀, 40 mm Bohrung und 20 mm Breite) nachgeahmt, deren Antrieb 2 miteinander gekuppelte exzentrische Zahnräder bilden (Abb. 29). Die mittels eines verschiebbaren Gewichtes hervorgebrachte Belastung ist zwischen 300 und 800 kg einstellbar; die Drehzahlen sind 1000, 1500 und 2000 U/min. Auf diese Weise eilt beispielsweise während des ersten Teiles einer Umdrehung die eine Probe der anderen voraus, um dann bis zum Beginn der nächsten Umdrehung hinter ihr zurückzubleiben; dazwischen liegt ein Bereich, in dem zwischen beiden Proben keine Relativgeschwindigkeit herrscht

[1] Mitt. Forsch.-Anst. Gutehoffnungshütte-Konzerns Heft 4 (1930–1932) S. 80.
[2] Z. VDI Bd. 87 (1943) S. 521.

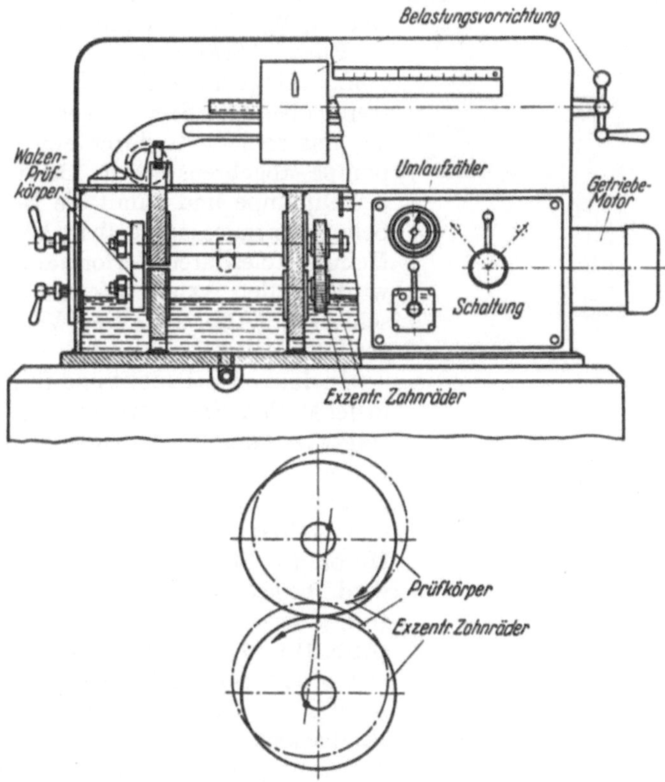

Abb. 29. Zahnräder-Verschleißprüfmaschine der M.A.N., Werk Nürnberg, System Dr. TUSCHY.

Abb. 30. Schneckenrad-Verschleißprüfmaschine der M.A.N., Werk Nürnberg.
a Probe; *b* Antriebsmotor; *c* Knebel zur Verstellung der Zahnradpumpe; *d* Meßuhr.

(größter Schlupf 10%). Man erreicht so eine Angleichung der Gleitverhältnisse an die bei Zahnrädern herrschenden. Im ausländischen Schrifttum finden sich weitere Maschinen ähnlichen Systems[1,2].

Eine *Schneckenrad-Verschleißprüfmaschine* bringt die M. A. N. heraus. Ein Motor treibt über eine Schnecke ein Schneckenrad an, das seinerseits durch eine Zahnrad-Öl-pumpe abgebrenst wird. Die Fördermenge der Ölpumpe und damit die Belastung des Schneckenrades ist regelbar. Aus der an einer Meßuhr ablesbaren Verformung einer Feder wird auf den Axialdruck der Schnecke geschlossen (Abb. 30). Der Verschleiß wird gewichtsmäßig bestimmt.

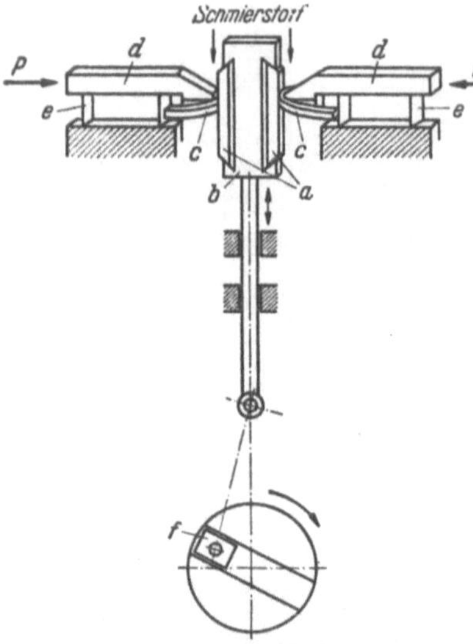

Abb. 31. Kolbenring-Verschleißprüfmaschine nach SIEBEL und HOLZHAUER (Schema). $P_{max} = 10$ kg; Hub = 0 bis 60 mm; $n = 1410$ (2820) U/min.
a Probestreifen aus Zylinderwerkstoff; *b* Probehalter für Zylinderwerkstoff; *c* Stück eines Kolbenringes; *d* Probehalter dazu; *e* Blattfeder; *f* verstellbarer Kurbeltrieb; *g* Schmiermittel-Zugabe.

In der von E. SIEBEL und R. HOLZHAUER[3] in der M. P. A. Stuttgart entwickelten *Kolbenring-Verschleißprüfmaschine* werden die praktischen Verhältnisse in Kolbenmotoren weitgehend nachgeahmt. Ein Kurbeltrieb, der unmittelbar von einem polumschaltbaren Motor ($n = 1410$ und 2830 U/min) angetrieben wird, bewegt 2 ebene, aus Zylinderwerkstoff gefertigte, Probekörper *a* auf und ab (Abb. 31 und 32), während von beiden Seiten je 1 Stück eines Kolbenringes *c* mit verstellbarer Federkraft angepreßt wird. Die Verstellbarkeit des Kurbeltriebes gestattet die Änderung der Geschwindigkeit in gewissen Grenzen. Die Versuche können mit und ohne Schmiermittelzugabe vorgenommen werden, außerdem ist eine Zusatzeinrichtung zur Beheizung der auf- und abgehenden Proben bis auf ~200° C vorhanden. Als Verschleißmaß dient die Anschliffbreite am Kolbenring und an seinem Gegenstück.

Abb. 32. Kolbenringverschleiß-Prüfmaschine. (Nach SIEBEL u. HOLZHAUER.) *a* Schmiermittelbehälter mit Rührwerk; *b* Gegenstück; *c* Probenhalter mit Kolbenringabschnitt; *d* Belastungsfeder; *e* Kolbenringabschnitt.

Für seine Stahlgußuntersuchungen bediente sich K. ROESCH[4] ebenfalls eines Kurbeltriebes, und zwar nach Art einer Bügelsäge, deren Sägeblatt aber durch einen gehärteten Stahlstab als Gegenstoff (1,12% C) ersetzt worden war, der über einer Probe hin- und herglitt. Stahlstab und Probe befanden

[1] MELDAHL, A.: Schweizer Arch. angew. Wiss. Techn. Bd. 6 (1940) S. 285. — [2] Testing gear materials. A new method for determining wearing qualities under load. Autom. Engr. Bd. 31 (1941) S. 97. — [3] Techn. Zbl. prakt. Metallbearb. Bd. 51 (1941) S. 474, 525 u. 580.
[4] Gießerei Bd. 23 (1936) S. 97.

sich in einem mit Quarzsand (als Zwischenstoff) gefüllten Behälter. Die Belastung des Stahlstabes konnte bis auf 200 kg/cm² gesteigert werden. Gemessen wurde der Gewichtsverlust in g/cm² bezogen auf 1000 m Gleitweg.

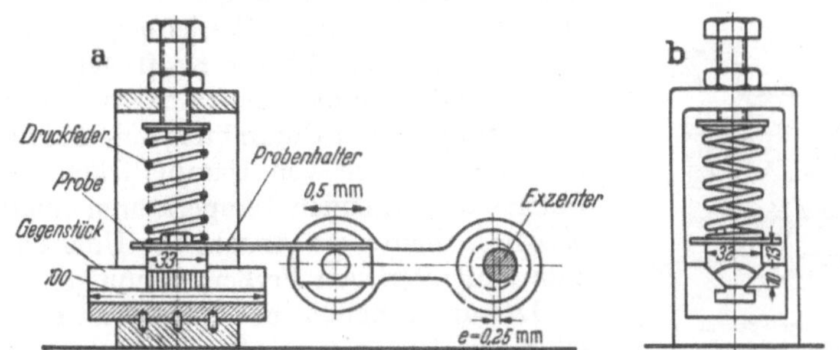

Abb. 33a u. b. Prüfeinrichtung von DIES zur Untersuchung der Reiboxydation (Schema). a Längsschnitt; b Seitenansicht. $P = 75$ kg; $p = 11{,}5$ kg/cm²; $n = 2860$ U/min; $Z = 7{,}5 \cdot 10^6$ Umläufe.

Zur Erforschung der Reiboxydation benutzte K. DIES[1] eine Einrichtung, in der ein Probenhalter über einen Exzenter und eine Schubstange angetrieben wurde (Abb. 33). Der Probenhalter trug 2 Proben, die durch Federkraft gegen die V-förmige Innenfläche eines Gegenstückes (Gegenstoff) gepreßt wurden, das seinerseits zur Entfernung des Abriebes wie die Proben mit eingefrästen Schlitzen versehen war.

TOMLINSON, THORPE und GOUGH untersuchten die Reiboxydation in einem Gerät[2], in dem 3 Hohlzylinder (38/32 mm ⌀) stirnseitig gegeneinandergepreßt wurden ($P_{max} = 1360$ kg). Die beiden äußeren Hohlzylinder wurden festgehalten, wohingegen der mittlere über einen Arm mit einer Dauerprüfmaschine verbunden wurde. Der Normaldruck und die gleichzeitige Tangentialbewegung (unter 1μ) bildeten die Voraussetzung für die Entstehung der Reiboxydation. In einer anderen Einrichtung der gleichen Forscher wurde ein Zylinder mit seinen ballig ausgebildeten Stirnflächen zwischen 2 ebenen Platten, die gegen ihn gepreßt wurden, um bestimmte kleinste Ausschläge hin- und herbewegt. Auch in diesem Fall kam es zur Ausbildung der Reiboxydation[3].

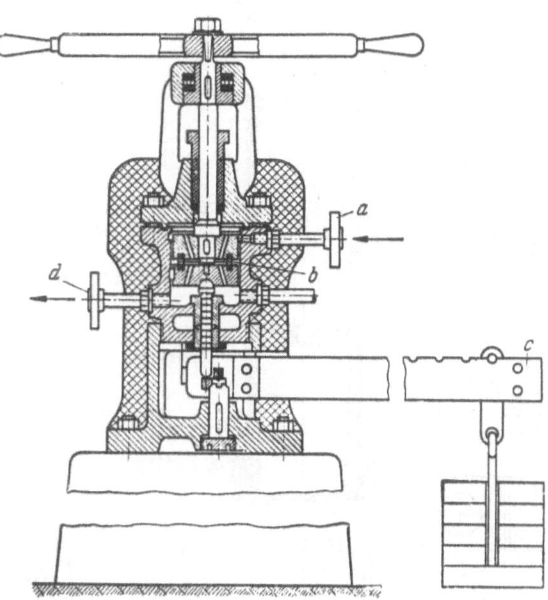

Abb. 34. Reibverschleißgerät von Schäffer & Budenberg, Madeburg. *a* Dampfzutritt; *b* unterer und oberer Ring; *c* Belastungshebel; *d* Dampfaustritt.

[1] Techn. Mitt. Krupp. Forschungsber. Bd. 5 (1942) S. 127.
[2] Autom.-techn. Z. Bd. 42 (1939) S. 162.
[3] Vgl. auch G. A. TOMLINSON: Proc. Roy. Soc., Lond. A Bd. 115 (1927) S. 472.

Ein Sondergerät zur Untersuchung des Verschleißverhaltens, vornehmlich der Anfreßneigung von Dichtungswerkstoffen für Heißdampf-Absperrorgane, wurde von der Firma *Schäffer & Budenberg G. m. b. H.*, Magdeburg, gebaut (Abb. 34)[1]. 2 Dichtungsringe *b* in Originalgröße und aus dem betreffenden Werkstoffpaar hergestellt, wurden mit einstellbarer Kraft gegeneinandergedrückt und dann der obere Ring mittels des Handrades um jeweils 1 Umdrehung hin- und hergedreht. Durch Einleitung von Dampf ließen sich die im Betrieb herrschenden Temperaturen einstellen. Als Maßstab diente die Anzahl der Umdrehungen bis zum Auftreten von Freßerscheinungen.

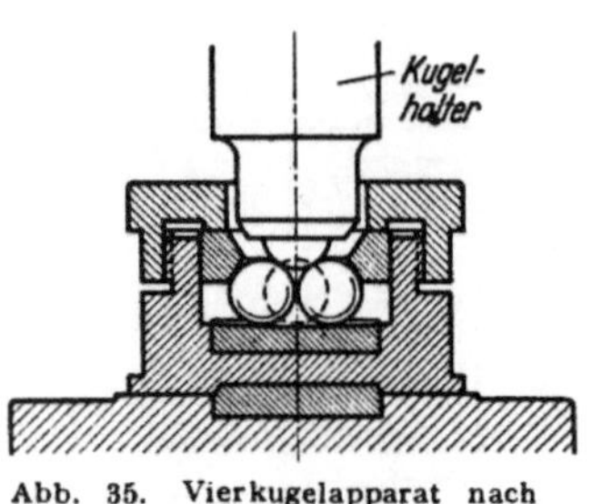

Abb. 35. Vierkugelapparat nach BOERLAGE (Schema).

Der ursprünglich zur Prüfung von Höchstdruckschmierstoffen entwickelte *Vierkugelapparat* nach G. D. BOERLAGE[2], z. B. in der Konstruktion der früheren *Deutschen Versuchsanstalt für Luftfahrt* (*DVL*)[3] oder der *Rhenania Ossag* eignet sich auch für Verschleißuntersuchungen. Die Schmierstelle wird von 3 einander berührenden und durch einen Klemmring festgehaltenen Kugeln, gegen die von oben eine 4. Kugel gepreßt wird, gebildet (Abb. 35). Die obere Kugel, die von einem Elektromotor angetrieben wird, bringt ein Reibungsmoment hervor, das laufend verfolgt wird. Die Proben besitzen als Kugeln eine sehr genau reproduzierbare Form. Als Verschleißmaß gilt die Größe der an den unteren Kugeln verschlissenen Kalotten, die mit dem Mikroskop ausgemessen werden. Es sind auch Versuche mit Kugeln durchgeführt worden, die eine Oberflächenbehandlung bestimmter Dicke erhalten hatten, deren Abtragung durch Auftreten einer anderen Färbung sichtbar wurde.

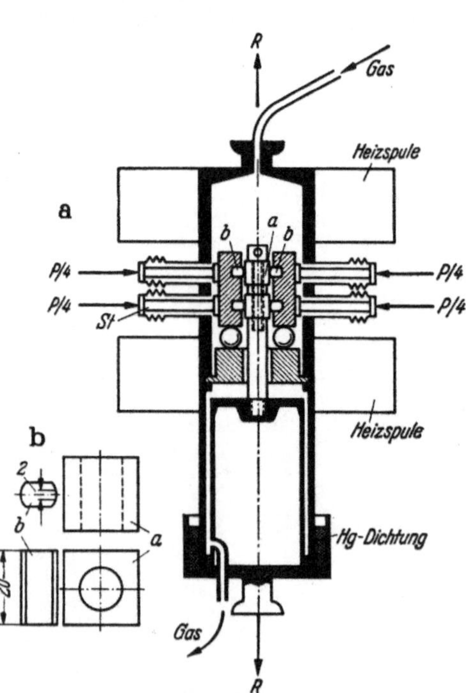

Abb. 36a u. b. Versuchseinrichtung (Schema). (Nach DONANDT.) a Längsschnitt; b Probenform. $P = 1000$ kg; $p = 625$ g l/cm².

3. Sonstige Geräte.

Mit den Verschleißvorgängen bei hohen Flächenpressungen und gleichzeitig geringen Gleitgeschwindigkeiten befaßte sich C. DONANDT[4], der eine Einrichtung entwickelte, in der 4 Gleitbacken aus gehärtetem Cr-Stahl (2 % C; 12,5 % Cr) durch Federkraft gegen Gleitbahnen aus ungehärtetem Einsatzstahl C10 gepreßt wurden (Abb. 36). Die ganze Einrichtung, die von einem Mantel umgeben war, so daß mit anderen Gasen und bei verschiedenen Temperaturen gearbeitet werden konnte, wurde in eine Zerreißmaschine eingespannt. Meßgröße war neben den Reibungszahlen der gewichtsmäßig festgestellte Verschleiß.

[1] KNÖRLEIN, M.: Arch. Wärmew. u. Dampfkesselwes. Bd. 20 (1939) S. 241. — [2] Engr. (1933) S. 46; — siehe auch H. DIERGARTEN, J. STÖCKER u. H. WERNER: Erdöl und Kohle Bd. 8 (1955) S. 912. — [3] KRIENKE, C. F.: Öl u. Kohle Bd. 40 (1944) S. 19. — [4] In: Reibung und Verschleiß S. 42. Berlin: VDI-Verlag 1939.

E. PIETSCH[1] und E. HEIDEBROEK[2] gaben eine zur Erforschung der Pittingbildung gedachte Einrichtung („Abreißvorrichtung") an, die aus einem senkrechten zwangläufig bewegten Stößel und einer waagerechten Grundplatte bestand, zwischen die ein Schmierstoff gegeben wurde. Nach einer gewissen Anzahl von Hin- und Herbewegungen des Stößels ließen sich pittingähnliche Zerstörungen feststellen.

Zur Untersuchung des Verhaltens gegenüber bewegten Verschleißmitteln sind u. a. von KESSNER[3], RATNER-SCHWARZ[4], PIWOWARSKY und HEIMES[5] sog. Verschleißtöpfe angegeben worden. Es handelt sich hierbei um mit Verschleißmitteln bestimmter Art und Körnung gefüllte Behälter, in denen eine oder mehrere Proben bewegt werden. Abgesehen von der Möglichkeit, den Probenwerkstoff und seine Gestalt sowie die Art und Körnung des Verschleißmittels zu ändern, sind geringe Variationsmöglichkeiten gegeben.

Um einen Einblick in die Verschleißvorgänge zu erhalten, sind aus den eingangs genannten Gründen neben den Versuchen mit den vorstehend erwähnten Geräten auch häufig Betriebsversuche angewendet worden, z. B. im Motorenbau[6,7,8,9], im Eisenbahnwesen[10,11,12], bei Werkzeugmaschinen[13], im Getriebebau[14,15] und im Bergbau[16].

B. Verfahren und Einrichtungen zur Prüfung von Lagerwerkstoffen.

Von R. KÜHNEL, Minden.

Die Gleiteigenschaft der Lagerwerkstoffe unterliegt dem Zusammenwirken einer ganzen Anzahl von Einflüssen, in erster Linie der Formgebung und Schmierung, weiterhin der Belastung, der Geschwindigkeit und schließlich dem Oberflächenzustand von Ausguß und Welle. Wenn es auch gelingt, bei Laufversuchen unter stets gleichbleibenden Bedingungen, das Gleitverhalten der einzelnen Lagerwerkstoffe zu erforschen, so können solche Versuche nicht

[1] Dtsch. Kraftfahrtforsch. Heft 59. Berlin: VDI-Verlag 1941.
[2] Angew. Chem. Bd. 54, (1941) S. 85.
[3] DRP. 380345. Verfahren zur Ermittlung der Widerstandsfähigkeit fester Körper gegen Abnutzung durch Verschleiß.
[4] A.P. 1444803. Method for Testing Materials.
[5] HEIMES, F., u. E. PIWOWARSKY: Arch. Eisenhüttenw. Bd. 6 (1932/33) S. 501.
[6] BECK, G.: Dtsch. Kraftfahrtforsch. im Auftr. d. Reichs-Verkehrsministeriums Heft 29. Berlin: VDI-Verlag 1939.
[7] Verschleiß von Zylinderbohrungen nach Versuchsreihen. Techn. Zbl. Prakt. Metallbearb. Bd. 50 (1940) S. 468 u. 528.
[8] ROENSCH, M. M.: Soc. Automot. Engrs. Bd. 46 (1940) S. 221.
[9] WILLIAMS, C. G., u. H. LUDICKE: Soc. Automot. Engrs. Bd. 46 (1940) S. 93.
[10] ARAKI, H., u. S. SAITO: 2. int. Schienentagg. Zürich 1932.
[11] SZEMERE, J.: 3. int. Schienentagg. Budapest 1935.
[12] KÜHNEL, R.: Stahl u. Eisen Bd. 57 (1937) S. 553.
[13] OPITZ, H., u. K. ESCHER: Gießerei Bd. 29 (1942) S. 253.
[14] ULRICH, M., u. H. GLAUBITZ: Prüfung von Zahnrädern, insbesondere für Kraftfahrzeuge. Stuttgart: Franckhsche Verlagshandlung 1950.
[15] ULRICH, M.: Verschleißversuche mit Zahnrädern für Kraftwagen. Forsch.-Arb. f. d. Kraftfahrw. Reichsverband der Automobilindustrie. Berlin 1932.
[16] MAIER, E.: Untersuchungen über den Verschleiß von Blasversatzrohren und -krümmern. Essen: Verlag Glückauf 1952.

ständig bei der Serienherstellung von Lagern und noch weniger bei der Lieferung von Rohblöcken wiederholt werden. Um daher die Übertragbarkeit der Ergebnisse solcher Laufversuche und gleichzeitig die Gleichmäßigkeit der Lieferungen von Lagerwerkstoffen zu sichern, ist man gezwungen, auch die wesentlichsten Bestandteile der chemischen Zusammensetzung und diejenigen mechanischen Eigenschaften zu ermitteln, die in einer gewissen Beziehung zur Gleiteigenschaft stehen. Ein Normblatt über allgemeine Gesichtspunkte bei der Durchführung von Laufversuchen ist vom Fachnormenausschuß Materialprüfung (F.N.M.) ausgearbeitet worden, das alle die Prüfungen und Angaben enthält, die eingehalten bzw. ermittelt werden sollen, um die Übertragbarkeit der Ergebnisse auf ähnliche Fälle und die gleichmäßige Lieferung des Werkstoffes zu erleichtern[1].

1. Chemische Zusammensetzung.

Probenahme. Meist wird man die chemische Untersuchung nur am Rohblock vornehmen. Da bei manchen Lagerwerkstoffen mit Entmischungen zu rechnen ist, muß die Probe über den ganzen Querschnitt entnommen werden. Sägespäne ergeben dabei eine bessere Gleichmäßigkeit als Bohrspäne.

Untersuchung. Die Untersuchung wird nach den Richtlinien des Chemiker-Fachausschusses der Gesellschaft deutscher Metallhütten- und Bergleute durchgeführt[2].

Einfluß der Bestandteile. Man kennt schädliche und günstig wirkende Bestandteile. Betriebserfahrungen und Laboratoriums-Versuchsergebnisse haben zu einer Festlegung des zulässigen Höchst- bzw. Mindestgehalts und des Streubereichs geführt. Sie sind in den einschlägigen DIN-Normen festgelegt, die in den meisten Fällen auch einen Hinweis in den Richtlinien für die Verwendung enthalten, ob sich der betreffende Werkstoff für Lager eignet und für welche Anwendung.

Einschlägige DIN-Normen. Die am häufigsten verwendeten Lagerwerkstoffe sind die Weißmetalle. Man versteht darunter die Legierungen mit Zinn oder Blei als Hauptbestandteil, wie sie als Lg Sn 80 F (WM 80 F), Lg Sn 80 (WM 80), Lg PbSn 10 (WM 10) und Lg Pb Sn 5 (WM 5) DIN 1703 enthalten sind. Die Bezeichnung Weißmetall ist eigentlich nicht ganz richtig, denn auch die Zinklegierungen und die Leichtmetalle sind ja weiß und haben sich inzwischen zu angewendeten Lagerwerkstoffen entwickelt. DIN 1703 trägt daher jetzt die Überschrift „Lagermetalle auf Blei- und Zinngrundlage“ und erfaßt auch noch zinnfreie und kadmiumhaltige Lagermetalle. Feinzinkgußlegierungen für Lagerzwecke sind in DIN 1743 festgelegt. Dagegen sind die Leichtmetall-Legierungen hierfür noch nicht genormt. Es wird notwendig sein, einmal ein Blatt mit einer Gesamtübersicht der heute anwendbaren Lagerwerkstoffe aufzustellen. Von den Rotmetallen kommen vorzugsweise die Bleibronzen als Lagerwerkstoff in Frage. Die näheren Angaben darüber finden sich in DIN 1716 Bl. 1 und 2, Bronzen und Rotgußlegierungen finden sich in DIN 1705 Bl. 1 und 2, die ihnen nahestehenden Sondermessinge in DIN 1709 Bl. 1 und 2, die Aluminiumbronzen in DIN 1714 Bl. 1 und 2. Für die übrigen Lagerwerkstoffe sind Normen mit einem Hinweis für die Verwendung als Gleitwerkstoff noch nicht bekannt.

---

[1] DIN 50280, Werkstoffprüfung, Laufversuch an Quergleitlagern (Radiallager), Allgemeine Gesichtspunkte. Berlin W 15 u. Köln: Beuthvertrieb 1954.

[2] Analyse der Metalle. Berlin/Göttingen/Heidelberg: Springer. Bd. 1 Schiedsverfahren (1949), Bd. 2 Betriebsanalysen (1953).

2. Mechanische Eigenschaften.

Probenahme. Lagerausgüsse erlauben nicht die Entnahme üblicher Werkstoffproben der zerstörenden Prüfung für den Zug-, Druck- oder Biegeversuch. Will man sie für Forschungen entnehmen, so wird in Übereinstimmung mit den

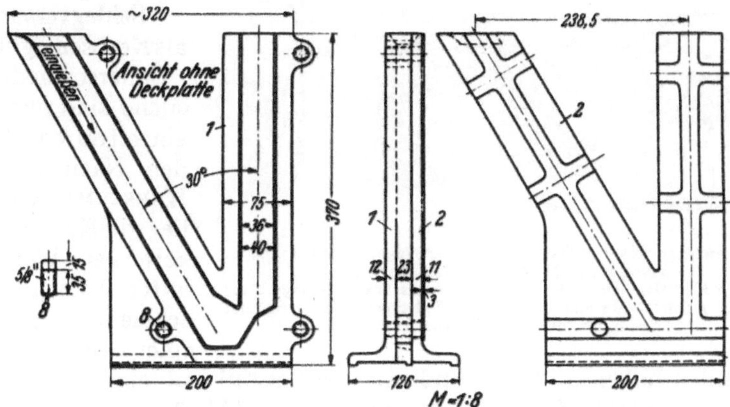

Abb. 1. Gießform für die Herstellung von Probegüssen aus Weißmetall.

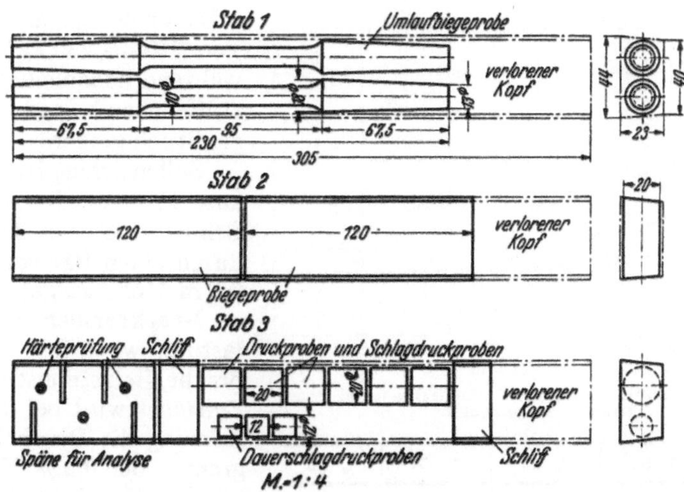

Abb. 2. Anordnung der Proben in den Probegüssen.

Betriebsverhältnissen eine Kokille zur Herstellung der Probegüsse angewendet. Abb. 1 enthält die Abmessungen, die dabei nach einer Vereinbarung der Materialprüfämter seiner Zeit von dem Bundesbahnversuchsamt für Lager in Göttingen entwickelt wurden. Der schräge Ast ist der Einguß, in dem senkrechten befindet sich das Material für die Proben. Abb. 2 zeigt die Lage und die Abmessungen der zu entnehmenden Proben.

Biege- und Umlaufbiegeversuch. Er wird verhältnismäßig selten durchgeführt. Die Probenahme ist aus Abb. 2 ersichtlich. Ebenso selten wird auch der Zugversuch für die Beurteilung von Lagerwerkstoffen herangezogen. Besondere Vorschriften für die Durchführung solcher Versuche bei Gleitlagerwerkstoffen bestehen nicht. Für den Zugversuch gilt DIN 50146, für den Umlaufbiegeversuch DIN 50113. Die Weißmetalle haben 6 bis 9 kg/mm² Zugfestigkeit, die Werte der übrigen Gleitlagerwerkstoffe sind aus den im vorhergehenden Abschnitt genannten DIN-Normen zu entnehmen. Die Biegewechselfestigkeit liegt bei Weißmetallen zwischen 1 bis 3 kg/mm², bei den übrigen Gleitstoffen zwischen 7 bis 12 kg/mm².

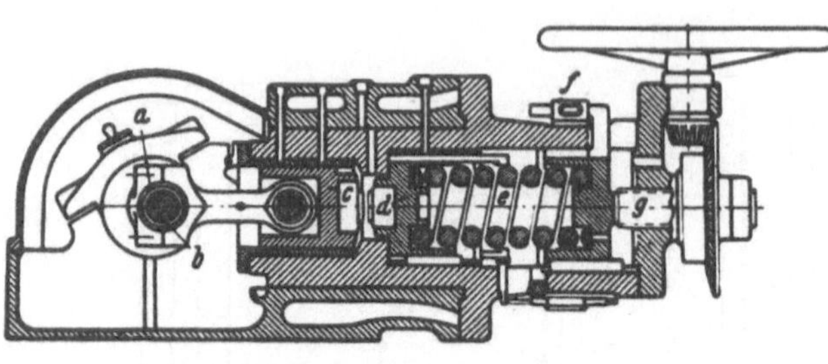

Abb. 3. Dauerschlagdruck-Prüfmaschine an Pleuellagern nach THUM u. STROHAUER (M. P. A. Darmstadt). *a* Prüflager; *b* Kurbelwellen; *c* Kolben mit Schlagstück; *d* Schlagplatte; *e* Druckfeder; *f* Schublehre zum Messen der Federspannung; *g* Spindel zum Vorspannen der Feder.

Schlagversuche, sei es als Kerbschlagbiege-oder Dauerschlagdruckversuche, sind nur ganz vereinzelt durchgeführt worden. Nach Angaben von HERSCHMANN und BASIL liegt die Kerbschlagzähigkeit bei Weißmetallen unter 0,5 kgm/cm². Die schlagähnliche Belastung eines Lagerausgusses aus Weißmetallen haben A. THUM und R. STROHAUER[1] auf einer von ihnen ausgeführten Dauerschlagdruck-Prüfmaschine nach Abb. 3 untersucht.

Sie erhielten dabei die in Abb. 4 aufgezeichneten Werte. Weißmetalle mit hohem Zinngehalt hielten einer Dauerschlagbeanspruchung von 210 bis 280 kg/cm² stand, während hochbleihaltige Gleitstoffe schon bei etwa 150 kg/cm² zu Bruch gingen.

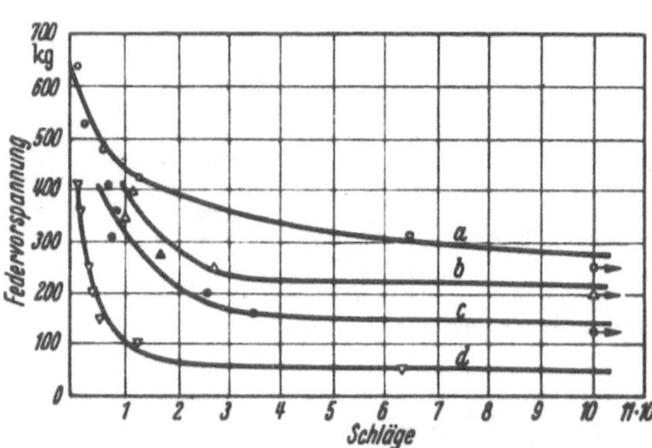

Abb. 4. Dauerschlagdruck-Festigkeit von Weißmetallen (nach THUM u. STROHAUER.)

Kurve	% Sn	% Sb	% Cu	% Pb
a	86,5	7,5	6,0	–
b	80,0	10,0	10,0	–
d	50,0	14,0	3,0	33,0
c	10,0	15,0	1,5	73,5

Sollen Schlagdruckversuche ausgeführt werden, so wird eine Schlagarbeit von 2,5 kgm/cm² durch einen Bär von 30 kg aus 0,5 m Höhe aufgebracht.

Druckversuch. Die Belastung wird in 5 sek aufgebracht, Belastungsdauer 15 sek. Zunächst wird bei 0,02% Verformung die Druckelastizitätsgrenze, bei 0,2% Verformung die Druckstreckgrenze (Quetschgrenze) bestimmt. Die Belastung beim ersten Anriß wird als Druckfestigkeit bezeichnet und in kg/mm² auf den Anfangsquerschnitt bezogen. Die Verformung beim ersten Anriß in % der Ausgangshöhe wird als Quetsch- oder Stauchgrad bezeichnet. Tritt kein Anriß ein, wird bis zu 50% Verformung gedrückt.

Härteprüfung. Die Härteprüfung wird als einfache und halbzerstörungsfreie Prüfung zur Bewertung der Gleitlagerwerkstoffe am meisten angewendet. Da überwiegend Gußlegierungen zu prüfen sind, so kommt das Brinellprüfverfahren nach DIN 50351 zur Anwendung. Zu beachten ist, daß gewisse Legierungen, besonders die Blei- und Zinklegierungen, unter der Belastung

[1] Z. VDI Bd. 81 (1937) S. 1245.

nachfließen, so daß eine Mindesteindruckdauer von 3 min notwendig wird. Alle Normblätter, die vorzugsweise Lagerwerkstoffe betreffen, enthalten auch die entsprechenden Härtewerte. Die verwendbaren Gleitlagerwerkstoffe umfassen einen Härtebereich von 15 bis etwa 250 kg/mm².

Da bei den normalen Lagertemperaturen im Verlauf der Betriebszeit bei manchen Lagerlegierungen schon Umwandlungen des Aufbaues mit entsprechender Enthärtung zu erwarten sind, so muß man über die Warmhärte der Gleitlagerwerkstoffe unterrichtet sein. Die DIN-Normen für Lagerwerkstoffe enthalten daher auch Angaben darüber. In DIN 50132 ist ein Verfahren für die Prüfung der Warmhärte genormt. Abb. 5 zeigt das Warmhärteprüfgerät.

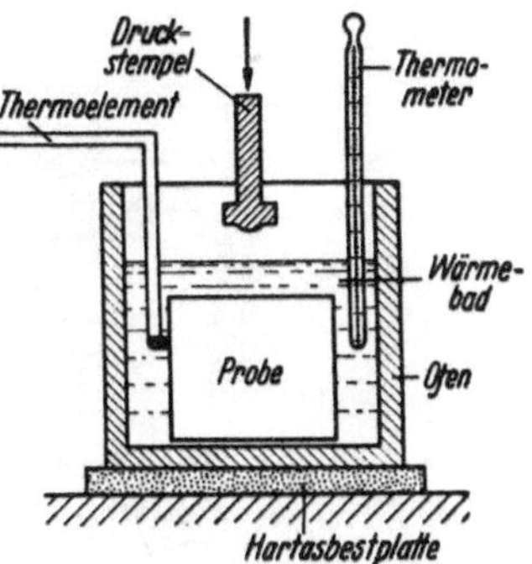

Abb. 5 Einrichtung für die Warmhärteprüfung nach DIN 50132.

Ein elektrisch geheiztes Ölbad dient zur Aufheizung und späteren Gleichhaltung der Temperatur. Da die Lagertemperaturen in der Regel 200°C kaum überschreiten werden, so genügt für die Temperaturmessung ein Glasthermometer. Das Ölbad wird nach unten mit einer wärmeisolierenden Platte abgeschirmt. Die nächste Abbildung 6 zeigt den Abfall der Wärme bei einer Anzahl von Lagerlegierungen mit ansteigender Prüftemperatur. Für die Auswertung des Bildes muß beachtet werden, daß Warmhärtewerte einen gewissen Streubereich aufweisen, der auf Unterschiede der Zusammensetzung der Ausgußdicke und des Gießverfahrens zurückzuführen ist. Soweit die DIN-Normen Warmhärtewerte enthalten, geben sie den Streubereich an. Es ist noch zu erwähnen, daß bei der langfristigen Erwärmung im Betriebe die Härtewerte noch etwas abfallen können.

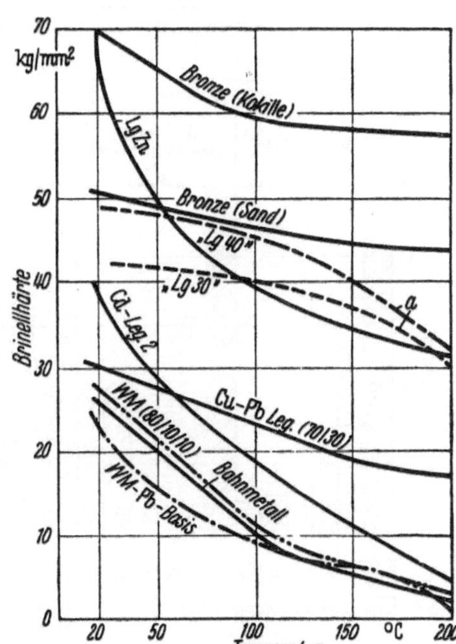

Abb. 6. Warmhärte (Brinell) von Lagerwerkstoffen.

Härteprüfungen sind bei ihrer Beziehung zur Bearbeitbarkeit, zum Einlauf und zum Verschleißverhalten das gegebene Prüfverfahren für Gleitstoffe, zumal da sie außerdem praktisch zerstörungsfrei durchgeführt werden können.

Verschleißprüfung. Ein besonders geringer Verschleiß des Ausgusses ist nicht erwünscht, weil er zu Lasten der schwerer ersetzbaren Welle gehen würde. Untersuchungen von Lagerwerkstoffen auf den allgemein angewendeten Verschleißprüfmaschinen empfehlen sich nicht, weil die Schmierverhältnisse des Lagers dabei nicht nachgeahmt werden können. Geeignet ist eine Prüfmaschine, nach Abb. 7, die vom Lagerversuchsamt Göttingen[1] für solche Zwecke entwickelt wurde. R. Weber[2] gibt eine Übersicht über das Verschleißverhalten solcher

[1] Linicus, W.: Schriften d. hess. Hochschulen. T. H. Darmstadt 1933, H. 2.
[2] Z. Metallkde. Bd. 39 (1948) S. 240.

Werkstoffe und setzt das Verschleißverhalten in Beziehung zum Einlaufverhalten, zur Störungsunempfindlichkeit, s. Abb. 8, und zur Warmhärte bei

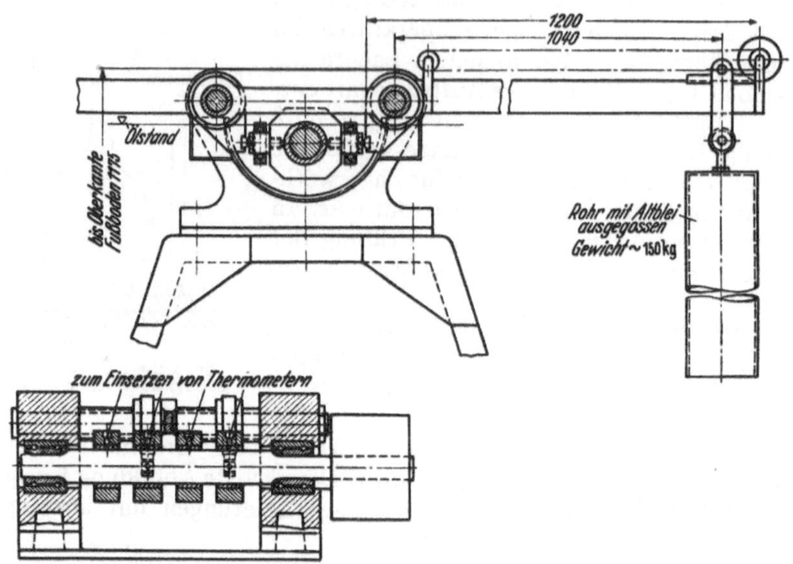

Abb. 7. Verschleißprüfmaschine der deutschen Bundesbahn, Bauart Lagerversuchsamt Göttingen.

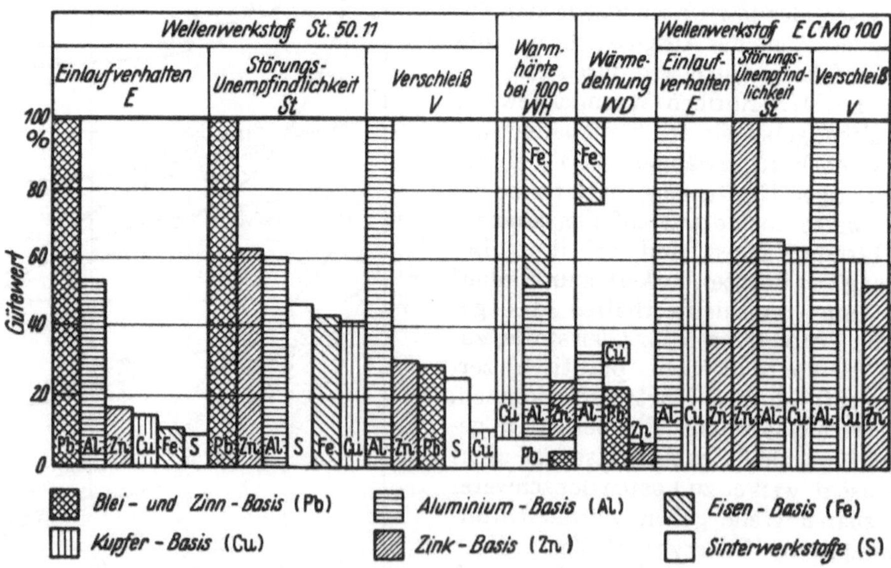

Abb. 8. Verschleiß, Einlaufverhalten, Störungsunempfindlichkeit und Warmhärte bei 100° C. (Nach R. WEBER.)

100° C. Der Gütewert, der auf der Ordinate eingetragen ist, wurde so erhalten, daß aus den Gütewerten der einzelnen Legierungen das arithmetische Mittel gebildet und das der besten Legierung gleich 100% gesetzt wurde.

Bearbeitbarkeit. Verschleißverhalten und Bearbeitbarkeit stehen in Beziehung zueinander, da sie ja beide einem Abspanen des Werkstoffes in feinster Form bei Teilschmierung entsprechen. Ein gutes Gleiten des Ausgußwerkstoffes auf dem der Welle ist nur möglich, wenn die Bearbeitung vorher eine weitgehende Einebnung der Oberfläche vorgenommen hat. Im allgemeinen sieht man hier nur Feinstdrehen vor, aber man muß daran denken, daß auch das Schleifen noch ein abspanender Vorgang ist. Eine geschliffene Oberfläche wird daher immer noch Neigung haben, ihr Gegenüber abspanend zu verformen; soweit nicht eine niedrige Härte des Werkstoffes, wie die der Weißmetalle, von vornherein eine Einebnung der Gleitfläche durch Verformen erleichtert. Bei härteren Lagerwerkstoffen aber wird man durch verformende Einebnung der Oberfläche, also Polieren, Honen usw., eine Gleitfläche schaffen, die ihr Gegenüber nur ganz wenig und ohne viel Verschleißspan angreift und somit eine weit höhere Belastung des Lagers ermöglicht.

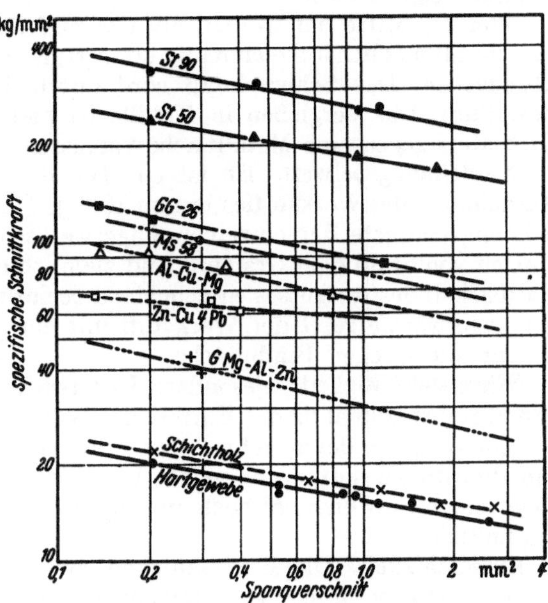

Abb. 9. Spezifische Schnittkraft in Abhängigkeit vom Spanquerschnitt. (Nach SCHALLBROCK von DODERER.) Drehmeißel: Hartmetall; Schnittgeschwindigkeit: 100 m/min; Verhältnis Schnittiefe: Vorschub = 5:1; Trockener Schnitt.

Selbst dann noch steht die Oberflächengestaltung im Zusammenhang mit dem Aufbau, so daß unter gleicher Art der Bearbeitung doch ein etwas abweichender Oberflächenzustand entsteht. Man kann also die Werkstoffeigenschaft „Zerspanbarkeit" in Beziehung zum Einlauf und zum Verschleißverhalten stellen. Es ist bekannt, daß das Aluminium besondere Forderungen an seine Bearbeitung stellt, und so kann man nicht überrascht sein, daß es auch als Gleitstoff sich vielfach abweichend verhält. H. SCHALLBROCH und VON DODERER[1] haben die Zerspanbarkeit geschichteter Kunstharzpreßstoffe in Beziehung zu der von Lagerwerkstoffen mit Ausnahme der Weißmetalle gesetzt (auch zu der von Holz) (Abb. 9). Man erhält dabei eine Reihenfolge, die der der Wertung der Gleitstoffe für den guten Lauf ähnlich ist.

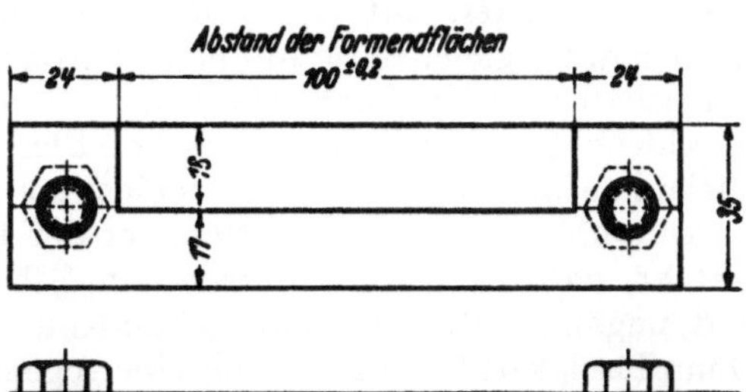

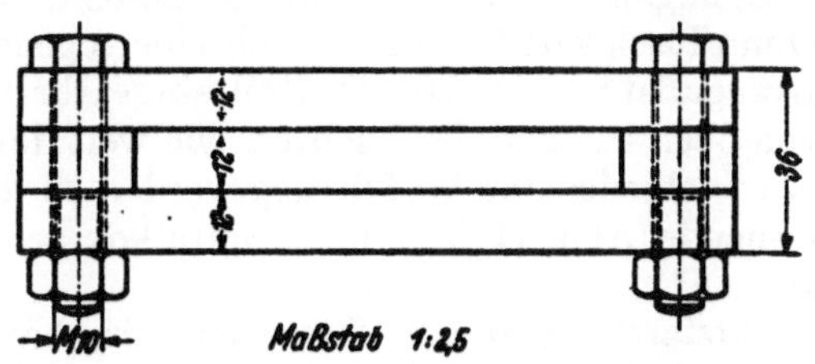

Abb. 10. Gießform für Schwindmaßbestimmung nach DIN 50131.

3. Gießtechnische Eigenschaften.

Schwindmaß. Das Schwindmaß ist die Zusammenziehung der Legierung während des Erstarrens in % des Ausgangsmaßes. Zu seiner einheitlichen

[1] Kunststoffe Bd. 33 (1943) S. 205.

Ermittlung wurde DIN 50131 entwickelt. Die Bedingungen für das Schmelzen und Vergießen des Werkstoffes sind darin festgelegt. Die dabei anzuwendende Kokille zeigt Abb. 10.

Von der Mitte her werden etwa 20 cm³ der Schmelze eingegossen. Damit das Metall möglichst gleichmäßig erstarrt, ist die Kokille oben durch ein Blech abzudecken. Das Schwindmaß wird durch die gewählten Gießbedingungen beeinflußt. Ein Vergießen in Kokille ist hier angebracht, weil in der Praxis auch stets gegen eine Metallfläche vergossen wird.

Ausdehnungsbeiwert. Er ist ein Teil des Schwindmaßes und drückt die Ausdehnung des Werkstoffes in mm 10^{-6} je ° C aus. Die Unterschiede der Ausdehnungsbeiwerte der einzelnen Lagerwerkstoffe untereinander und zu denjenigen von Stahl oder Grauguß sind ziemlich erheblich, und dadurch wird die Haltbarkeit des Ausgusses entscheidend beeinflußt, denn bei jeder Veränderung der Lagerwärme zerrt der Werkstoff mit der größeren Wärmeausdehnung an der metallurgischen Bindefläche.

Wärmeleitfähigkeit. Besondere Untersuchungen werden hier kaum noch durchgeführt, zumal da der Einfluß der Wärmeleitfähigkeit bei den heute überwiegend angewendeten sehr dünnen Ausgüssen stark zurücktritt. Bei Holz und Preßstoffen muß durch verstärkte Kühlung dafür gesorgt werden, daß die Lagertemperatur nicht zu hoch ansteigt, da diese Stoffe ab etwa 100° C wärmeempfindlich sind.

Bindefähigkeit. Die Bindefähigkeit zweier Stoffe ist durch ihre Neigung, miteinander zu verlöten, bestimmt. Auskunft über die Möglichkeit des Legierens mit dem höher schmelzenden Werkstoff der Lagerschale gibt uns das Erstarrungsschaubild. Die Festigkeit einer solchen Lötung kann man im Zug-, Scher- oder Biegeversuch an entsprechend hergestellten Ausschnitten prüfen. Die Bindung läßt sich durch die Klangprüfung, die Röntgenprüfung oder mit Hilfe des Ultraschalls[1] zerstörungsfrei kontrollieren. Bei Ultraschallprüfung liegt die Lagerschale in einem Öltrog, der um eine senkrechte Achse drehbar ist. Zwei Rohre, an deren unterem Ende sich Schallgeber und Empfänger befinden, werden dabei gleichzeitig mit einer Leitspindel auf- und abwärts bewegt, so daß der Schallstrahl die Lagerschale in einer Schraubenlinie abtastet. Die Röntgendurchleuchtung wird besonders bei Bleibronze angewendet, weil Stellen von Bleianhäufungen auch solche schlechter Bindung sind[2].

Dünnflüssigkeit. Je dickflüssiger der Lagerausguß ist, desto größer ist die Gefahr, daß die Schmelze zwischen Schale und Kern zu frühzeitig erstarrt und unganze oder schlecht gebundene Stellen entstehen. Zur Prüfung der Dünnflüssigkeit kann man sich eine sogenannte Keilkokille herstellen, also ein Graugußstück, in das ein Keil eingearbeitet ist. Man gießt nun die Schmelze von oben ein und beobachtet, wie weit der Keil ausfließt. Auch Spiralkokillen in verschiedenster Ausführung werden zu diesem Zweck angewendet. Die nachstehende Abb. 11 läßt eine Spiralkokille Bauart M. P. A. Berlin-Dahlem erkennen[3].

Erstarrungsbereich. Das Zustandsschaubild der einzelnen Legierungen gibt uns Aufschluß über ihren Erstarrungsverlauf. Man entnimmt ihm den Beginn und den Abschluß der Erstarrung, die Art der sich abscheidenden Kristalle und ihre Menge. Da die Erstarrung in der Metallform erfolgt, so liegt bei ihrem

---

[1] BERGMANN, L.: Anwendung von Ultraschall bei der Werkstoffprüfung. Z. VDI Bd. 92 (1950) S. 711.

[2] KEIL, A.: Bemerkungen zur Gießereikontrolle von Bronzelagern. Z. Metallkde. Bd. 51 (1950) S. 325.

[3] LUDWIG, N.: Werkst. u. Betr. Bd. 83 (1950) S. 372.

Abschluß ein unvollkommenes Gleichgewicht der abgeschiedenen Bestandteile vor. Änderungen des Kristallaufbaues bei Erwärmung des Ausgusses müssen also eintreten. Je niedriger die untere Erstarrungslinie liegt, desto eher ist damit zu rechnen, daß die Umwandlung und die damit verbundene Erweichung des Lagerwerkstoffs noch in Temperaturen normaler Lagerwärme vor sich geht. Das ist vorteilhaft und nachteilig zugleich. Vorteilhaft insofern, als der erweichende Werkstoff sich gut verformt und daher etwaige Unebenheiten der Oberfläche durch Verformung ausgleicht, ohne daß es dabei zum Spanabheben und zu einer damit verbundenen Behinderung des Gleitens kommt. Nachteilig kann es sein, wenn die Dauerbiegefestigkeit des Werkstoffes zu weit herabgesetzt wird, weil dann eine frühzeitige Zermürbung zu befürchten ist.

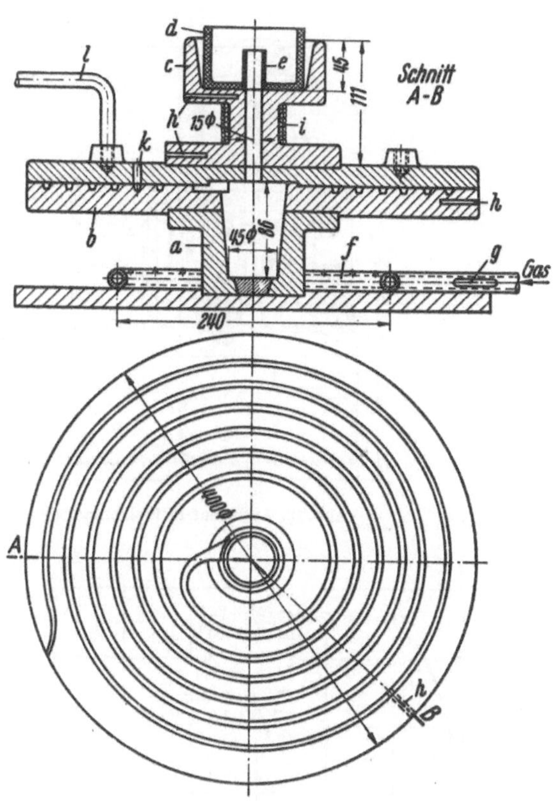

Abb. 11.
Spiralkokille nach COURTY, Bauart M. P. A. Berlin-Dahlem. *a* Tümpel; *b* Kokille; *c* Aufsatz; *d* Graphittiegel; *e* Überlaufrohr; *f* Gasbrenner; *g* Luftzufuhr für Gasbrenner; *h* Temperaturmeßstellen; *i* Asbestisolierung; *k* Entlüftungsbohrungen; *l* Handgriff zum Abheben des Deckels.

Gefüge. Alle Lagerwerkstoffe lassen sich gut schleifen, polieren und ätzen, so daß besondere Ausführungen hierüber nicht nötig sind[1]. Die Annahme, daß harte Gefügebestandteile in einer weichen Grundmasse vorhanden sein *müßten*, um einen guten Lagerlauf zu gewährleisten, wird heute kaum noch aufrechterhalten. Sicher ist aber, daß der Mikroaufbau die Oberflächenausbildung beeinflußt. Dagegen ist das Vorhandensein schmierender Bestandteile, wie Blei und Graphit, zweifellos von wesentlichem Einfluß auf die Gleitfähigkeit. A. RÜHENBECK geht sogar so weit, die Erfahrungen des Legierens bei der Lagertechnik für Automatenstähle zu empfehlen[2].

4. Gleitfähigkeit.

Die Prüfung der Gleitfähigkeit wird auf Lagerprüfständen durchgeführt. In Abb. 12 ist als Beispiel die Lagerprüfmaschine nach KAMMERER-WELTER[3] wiedergegeben. Eine Zusammenstellung derartiger Prüfmaschinen findet man

---

[1] SCHRADER, A., u. H. HANEMANN: Über die mikroskopische Untersuchung von Blei und Bleilegierungen. Z. Metallkde. Bd. 28 (1934) S. 37.

[2] RÜHENBECK, A.: Eine neue Hochleistungsautomatenlegierung als Beispiel für die Anwendung der Gleitlagererfahrungen auf den Bearbeitungsvorgang. Z. Metallkde. Bd. 5 (1951) S. 486.

[3] CZOCHRALSKI, J., u. G. WELTER: Lagermetalle und ihre technologische Bewertung, 2. Aufl. Berlin: Springer 1924.

in dem Buch von E. SCHMIDT und R. WEBER[1]. Wenn alle Versuchsbedingungen gleichgehalten werden, was keineswegs immer leicht ist, und wenn man die vordem genannten Werkstoffeigenschaften bestimmt hat, so können aus dem

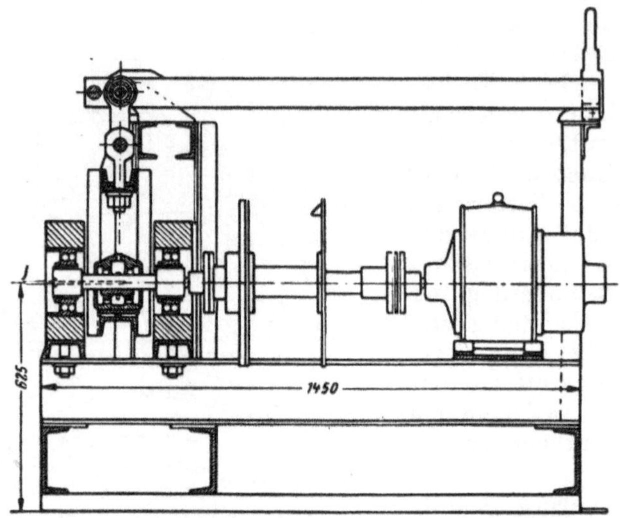

Abb. 12. Lagerlauf-Prüfmaschine. (Nach WELTER-KAMMERER.)

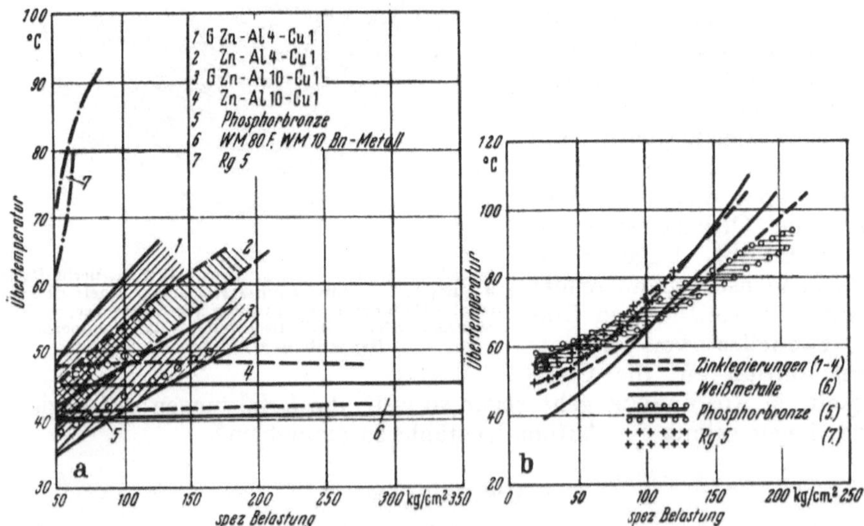

Abb. 13. Ergebnisse von Lagerlaufversuchen nach R. WEBER bei Grenzschmierung (links) und bei Vollschmierung (rechts).

Temperaturanstieg bei steigender Belastung Schlüsse auf die Gleitfähigkeit des Werkstoffes gezogen werden. Bei Vollschmierung tritt im allgemeinen kein Unterschied in dem Verhalten der Gleitstoffe ein, sofern man sich nicht der Grenze der Belastbarkeit nähert. Versuche von R. WEBER[2] (Abb. 13, rechts)

---

[1] SCHMIDT, E., u. R. WEBER: Gleitlager. Berlin/Göttingen/Heidelberg: Springer 1953.
[2] Z. Metallkde. Bd. 31 (1940) S. 384.

zeigen aber, daß sich die Wärmeempfindlichkeit der Weißmetalle bei steigender Belastung bemerkbar macht. Die Weißmetalle rücken in das obere Feld des Kurvenbildes, während sie sonst unten liegen.

Deutlich wird dagegen der Unterschied im Verhalten der einzelnen Gleitstoffe, sobald man in den Bereich der Grenzschmierung gerät (Abb. 13, links). Dieser Versuch wurde mit einer Gleitgeschwindigkeit von 0,1 m/sek durchgeführt, der bei Vollschmierung dagegen bei 6 m/sek. Vereinzelt sind auch Versuche mit der einfachen Prüfmaschine (Klötzchenprüfmaschine)[1] nach Abb. 14 durchgeführt worden. Es handelt sich hierbei lediglich um eine Werkstoffprüfung bei der aber von der Praxis abweichende Schmierverhältnisse vorliegen und auch die Formgebung des Lagers nicht mit in Erscheinung tritt.

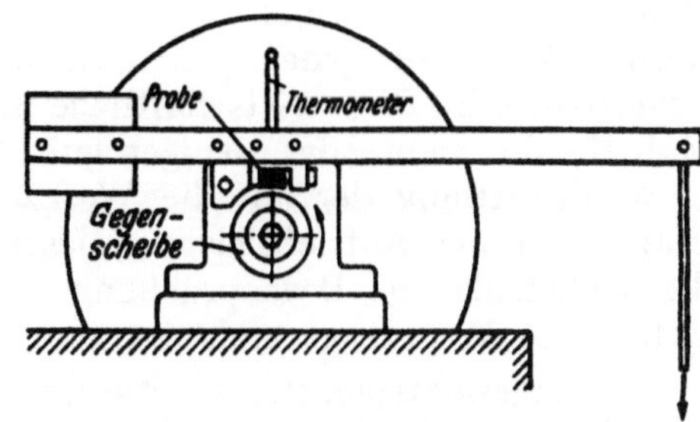

Abb. 14. Klötzchenprüfmaschine. (Bauart von Hanfstengel.)

C. Zerspanbarkeit.

Von F. Schwerd †.

Die Prüfung der Zerspanbarkeit wurde nach 2 Richtungen hin entwickelt, nämlich nach der Ermittlung

1. von Richtlinien für die wirtschaftlichste Schnittgeschwindigkeit und die bei dieser auftretenden Schnittkräfte und

2. der Vorgänge bei der Spanbildung im Hinblick auf die Verschiebungen, Spannungen, Temperaturen und Festigkeitsänderungen an jeder Stelle im Span, Werkstück und Werkzeug.

Die erstere Forschung kann als *Zweckforschung* zum unmittelbaren Gebrauch der sich ergebenden Richtlinien im Betriebe gekennzeichnet werden, die letztere als ***grundlegende Forschung*** zur Aufklärung der bei der Spanabnahme auftretenden Einzelerscheinungen sowie zur Gewinnung neuer Gesichtspunkte für die optimale, dabei zweckentsprechende und damit wirtschaftlichste Spanabnahme. Optimal ist dabei der umfassendere Begriff, welcher außer der wirtschaftlichen Spanabnahme als solcher auch noch die für den Verwendungszweck des Werkstücks gerade ausreichende Genauigkeit und Oberflächengüte einschließt. Dieser umfassende Begriff kommt indessen bei der bislang in erster Linie durchgeführten Zweckforschung zur Spanabnahme durch Schruppen in der Regel nicht in Betracht.

1. Zweckforschung.

a) Das Ziel der Prüfung.

Bei der Aufgabe der Spanabnahme durch Schruppen, d. h. vom Werkstoff in wirtschaftlicher Weise möglichst schnell den zu zerspanenden Werkstoffanteil bis auf die Zugabe für die Fertigbearbeitung abzutrennen, besteht das Ziel der Prüfung der Zerspanbarkeit darin:

[1] Hanfstengel, G. v.: Masch.-Bau, Betrieb Bd. 2 (1922/23) S. 465.

1. Genaue Definition des Werkstoffs im Hinblick auf sein Verhalten bei der Spanabnahme.

2. Feststellung der wirtschaftlichen Schnittgeschwindigkeit, mit der anstandslos während einer angestrebten Standzeit des Werkzeugs gearbeitet werden kann, für jeden genau definierten Werkstoff mit zuvor erprobten Schnittwinkeln. Diese wirtschaftliche Schnittgeschwindigkeit gilt dann auch als Maß für die mehr oder weniger gute Zerspanbarkeit beim Schruppen.

3. Ermittlung der auf die Werkzeugmaschine zurückwirkenden Schnittkräfte, um die Antriebsleistung festzustellen und um bei der Zerspanung die höchstzulässige Beanspruchung im Hinblick auf Zurückweichen und Erzittern des Werkzeugs nicht zu überschreiten.

Sondergesichtspunkte, wie die Gefährdung des Arbeiters durch einen steif abfließenden, scharf gezackten Span, wie das Wickeln von dünnen Spänen um das Werkstück (bei Automatenarbeit), wie ferner die Spantemperaturen, die Schneidenansätze usf. wurden zwar beachtet, aber nicht im Hinblick auf die Entstehungsgründe erforscht. Auch die Bewältigung der Spanmenge blieb zunächst ein wunder Punkt.

Für die Wirtschaftlichkeit der Zerspanung ist maßgebend

1. der geringste Zeitaufwand für eine bestimmte Spanmenge,

2. der geringste Aufwand an Werkzeug und Hilfsmaterial,

3. die Anpassung an die Starrheit und an die einrückbaren Arbeitsgeschwindigkeiten (Schnitt und Vorschub) bei der gerade zur Verfügung stehenden Werkzeugmaschine,

4. die im Hinblick auf den Zeitbedarf für das Nachschleifen des Werkzeugs günstigste Standzeit desselben, z. B. 60 min beim Abdrehen eines Baustahls mit Schnellarbeitsstahl oder z. B. 240 bzw. 480 min bei Automatenarbeit oder auch im Hinblick auf den Zeitbedarf bei Neueinrichtung des Automaten für ein anderes Werkstück,

5. die Rücksichtnahme auf die Arbeitsfähigkeit und auf die Gefährdung des Arbeiters,

6. die Rücksichtnahme auf eine ausreichende Lebensdauer der Werkzeugmaschine bis zur erforderlichen Überholung bzw. Ersetzung durch eine neue.

Die Prüfung galt bislang vorzugsweise der Schrupparbeit und wurde systematisch durch die bahnbrechende Arbeit von F. W. Taylor[1] eingeleitet, damals, um die mit Schnellstahl wirtschaftlich erzielbaren Spanmengen zu ermitteln. Die Übernahme dieser Forschungsergebnisse unmittelbar nach Deutschland scheiterte an dem nicht einfach herzustellenden Werkzeug sowie auch daran, daß die amerikanischen Werkstoffe mit den deutschen nicht identisch waren.

In Deutschland wurde von den Hochschulen Aachen und Berlin eine den deutschen Verhältnissen angepaßte systematische Prüfung der Werkstoffe im Anschluß an die Taylorschen Arbeiten durchgeführt. Diese Arbeiten sind aber heute z. T. überholt infolge der vielfachen Abänderungen des Werkstoffs sowohl der Werkzeuge wie der Werkstücke. Demzufolge hatte der AWF (Ausschuß für wirtschaftliche Fertigung) das Institut für Werkzeugmaschinen der Technischen Hochschule München mit Prüfung der Zerspanbarkeit der neuen Werkstoffe beauftragt. Dieser Auftrag befaßte sich in erster Linie mit der Ermittlung der Schnittgeschwindigkeit für eine bestimmte Standzeit des Werkzeugs, nämlich 60, 240 bzw. 480 min. Das Ergebnis wurde vom AWF in der Kurzausgabe AWF 154 in den Jahren 1943 und 1944 veröffentlicht. Auch die

[1] Proc. Amer. Soc. mechan. Engrs. (1906) S. 1.

letztere Kurzausgabe gilt für das Schruppen, wobei mit dem Vorschub 0,1 bis 0,2 mm/U bis an die Grenze des Schlichtens heruntergegangen wurde. 1949 erschien nochmals eine jedoch nur in der Anordnung der Zahlen neue Ausgabe.

Das Schlichten, also die Entfernung der am Werkstück für die Fertigbearbeitung belassenen Zugabe durch das Schlichtwerkzeug oder z. B. bei im Einsatz gehärteten bzw. bei vergütetem Werkstoff durch das Schleifen sowie durch die Methoden der Fein- und Feinstbearbeitung zur Erreichung höchster Genauigkeit und Dauerhaftigkeit der Werkstücke, ist bis heute ungeachtet vieler wertvoller Arbeiten systematisch noch nicht durchgearbeitet worden. Diese Arbeit bleibt künftiger, sehr vielseitiger Forschung vorbehalten. Viele Betriebe, insbesondere der Massenfertigung, erwarten von solcher Forschung wesentlichen Fortschritt. Die Untersuchung müßte sich dabei auf die einfachste und wirtschaftlichste Fertigbearbeitung erstrecken behufs Erzielung eines

1. gesunden Werkstücks, d. h. eines solchen, dessen Struktur an und unter der Oberfläche durch Überdehnung und Risse nicht gelitten hat,
2. maßhaltigen Werkstücks (ohne Übertreibung der Genauigkeitsgrenze) und
3. einer Oberfläche von solcher Glätte, daß die erwartete Genauigkeit und Verschleißeinschränkung nach Einbau des Werkstücks erreicht wird.

Auf diesem Gebiet ist die Zahl der zu beachtenden Sondergesichtspunkte eine sehr große, z. B. die Vermeidung kleinster Schwingungsvorgänge, die Feststellung der Grenze für den Vorschub, von welcher aus das Werkzeug mit Sicherheit und nicht nur sprungweise das Werkstück angreift, die Feststellung des Einflusses der beginnenden Stumpfung des Werkzeugs auf das Abmaß des Werkstücks sowie der Erwärmung von Werkstück und Maschine aut die Arbeitsgenauigkeit u. a. m.

Die Prüfung der Zerspanbarkeit beim Schlichten liegt also, von Sonderfällen abgesehen, heute noch im argen.

b) Die Durchführung der Prüfung der Zerspanbarkeit.

Drei Voraussetzungen werden bei der Durchführung der Prüfung auf Zerspanbarkeit gemacht,

1. daß die Werkzeugmaschine so starr ist, daß die durch den Spanablauf und die Unwucht des Werkstücks gegebenen Impulse die Maschine nicht zum Rattern bringen, oder umgekehrt, daß nur entsprechend dünne Späne genommen werden,
2. daß das Werkzeug bei seiner Erprobung, sei es Werkzeugstahl, Schnellstahl oder Hartmetall, stets in seiner Legierung, Struktur und Gestaltung genau das gleiche ist und
3. daß auch jeder Werkstoff identisch in seinen Eigenschaften bei den Versuchen zur Verfügung steht.

Daß diese Forderungen niemals genau einzuhalten sind, liegt auf der Hand. Es steht außer Zweifel, daß also selbst bei Wiederholung der Versuche z. B. an einem anderen Ort mit der gleichen Maschine, dem gleichen Werkzeug und dem gleichen Werkstoff wesentlich verschiedene Ergebnisse herauskommen können. Hieraus allein schon erklärt sich die nicht seltene Diskrepanz in den Feststellungen der Forscher an verschiedenen Orten.

Das eingangs erwähnte Prüfungsziel der wirtschaftlichen Spanabnahme kann durch die Standzeitermittlung erreicht werden, aus welcher die wirtschaftliche Schnittgeschwindigkeit abgeleitet wird, und durch die Feststellung der Schnittkräfte mit dem Schnittkraftmesser (S. 567), vorausgesetzt, daß die unter 3 genannte Bedingung identischen Werkstoffs eingehalten werden kann.

α) *Die Prüfung der Zerspanbarkeit bei Anwendung eines positiven Spanwinkels.*

Das Kriterium der Abstumpfung. In erster Linie gilt diese Prüfung der Zerspanbarkeit dem Verhalten des Werkzeugs beim Schruppen bis zu seiner Stumpfung und nicht der durch die Spanabnahme erreichten Oberfläche des Werkstücks. Das Verhalten des Werkzeugs bei der Spanabnahme muß zunächst festgestellt werden, um zu erkennen, wie die Bearbeitbarkeit des Werkstoffs geprüft werden kann, also um das Prüfverfahren festzustellen. Die nachstehenden Ausführungen enthalten auszugsweise den Inhalt der Kurzausgabe 158 des AWF von 1949 für ausgewählte Werkstoffe und einen Auszug aus dem Abschlußbericht VA 128/50[1].

Von vornherein ergab sich eine Schwierigkeit des Verfahrens, um das genaue Kriterium der Abstumpfung festzustellen. Der Vorgang der Stumpfung ist nur zum Teil, wie aus nachstehendem hervorgeht, geklärt. Die genaue Erforschung der Ursachen, z. B. die Auskolkung, steht erst auf dem Programm.

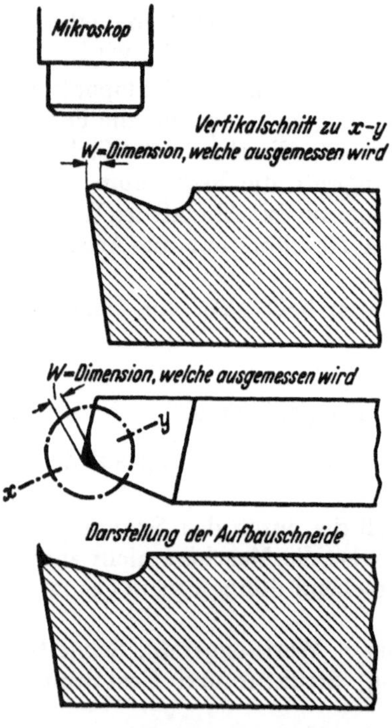

Bei Werkzeugstahl, der in den soeben erwähnten Arbeiten nicht mehr mitbehandelt wurde, hat man sich in England (und analog in Deutschland) damit geholfen, das Werkzeug für stumpf anzusehen und nachzuschleifen, wenn der Verschleiß an der Freifläche, auf der Spanfläche des Werkzeugs mit dem Mikroskop gemessen, an seiner breitesten Stelle z. B. 0,005″ = 0,125 cm (bzw. 0,1 mm in Deutschland) erreicht hat (Abb. 1)[2]. Es versteht sich, daß es von der einzuhaltenden Arbeitsgenauigkeit am Werkstück abhängt, welcher Verschleiß, also welches Zurückweichen der Schneide, und damit welche Durchmesservergrößerung an den zuletzt bearbeiteten Werkstücken noch zugelassen werden kann.

Versuche haben ergeben, daß bei Werkzeugstahl bei starken Spänen und hoher Schnittgeschwindigkeit auch ein Auskolken an der Spanfläche eintritt.

Da Werkzeugstahl heute nur noch verhältnismäßig selten, wie z. B. bei der Herstellung besonders geformter, einzelner Werkstücke, im Gebrauch ist, erübrigt es sich, hier auf die Stumpfungsart näher einzugehen.

Abb. 1. Abstumpfung des Werkzeugstahls (nach RIPPER), Darstellung, welche die Methode der Ausmessung des Verschleißes angibt.

Bei Schnellstahl hat sich das von TAYLOR angewandte Kriterium des „Erliegens“ des Drehstahls und das dabei eintretende Blankbremsen des Werk-

[1] Abschlußbericht 128/50 des Versuchsfeldes f. Werkzeugm. d. T. H. München, verfaßt von R. SCHAUMANN, mit einer abschließenden Kritik von F. EISELE (noch unveröffentlicht).

[2] RIPPER, W.: Engineering (1913) S. 715 u. 737; vgl. M. KURREIN: Stahl u. Eisen Bd. 34 (1914) S. 1126.

stoffs in Verbindung mit mehr oder weniger großer Riefenbildung an der Freifläche auch bei den Versuchen an der Technischen Hochschule in München bewährt. Mit der Spanabnahme beginnt auf der Spanfläche des Drehstahls die Auskolkung infolge von Verschleiß und zunehmender auf die Temperatursteigerung zurückzuführender Enthärtung des Schnellstahls, und zwar in einer Entfernung je nach der Spandicke, z. B. von zunächst etwa 0,7 mm von der Schneidkante. Dieser Abstand verringert sich mit zunehmender Tiefe der Auskolkung und dem gleichzeitigen Verschleiß an der Freifläche bis auf einen scharfen Rand. Dann bricht die Schneide vollkommen zusammen. Da dieser Zusammenbruch der Schneide unter Blankbremsen des Werkstücks momentan einsetzt, ist dieses Kriterium der Abstumpfung leicht und sicher festzustellen.

Das Hartmetallwerkzeug erliegt in der Regel durch Verschleiß, der am sichtbarsten an der Freifläche des Werkzeugs auftritt. Daher wird bislang bei Hartmetall auf den Verschleiß an der Freifläche zurückgegriffen, der in einem zunehmenden Abreiben und Abspalten von Werkstoffteilchen sich auswirkt. Es entsteht ein Verschleißband (Abb. 2) an der Freifläche des Drehmeißels,

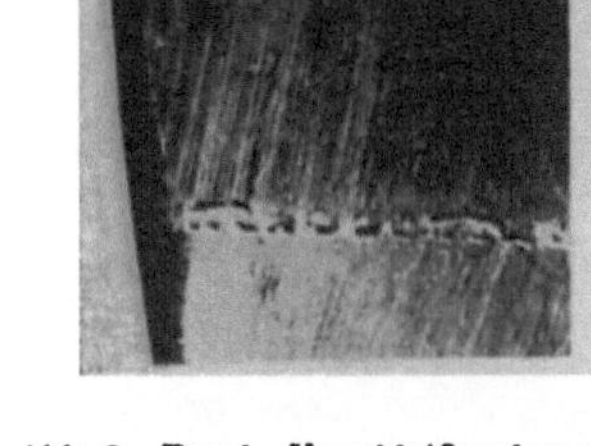

Abb. 2. Durch Verschleiß erlegene Hartmetallschneide. Abschlußbericht VA 128/50,

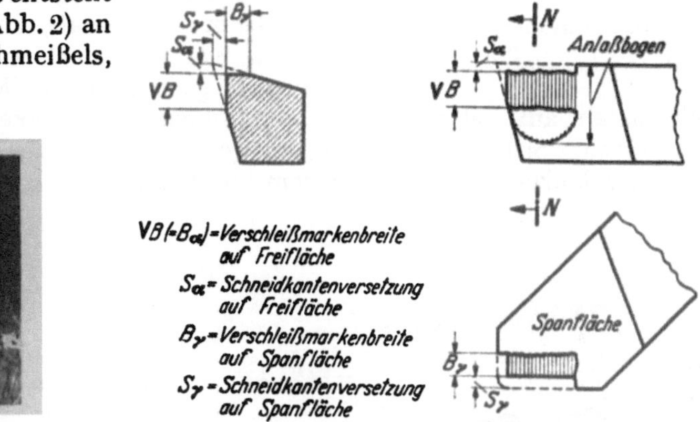

Abb. 3. Meßgrößen für Werkzeugverschleiß an der Drehmeißelschneide. VA 128.

der an der Schneide beginnend sich unter derselben über die ganze Länge der beanspruchten geraden Schneide nahezu gleichmäßig ausbreitet, so daß ein erheblicher Einfluß der Schnittiefe in der Regel, d. h. bei einer Spanbreite, welche einen merklichen Einfluß der Spitzenabrundung ausschließt, nicht festzustellen ist. Man hat demnach als Kriterium für die Stumpfung eine mittlere Verschleißmarkenbreite VB (Abb. 3) angesetzt, die sich nach der Bearbeitungsaufgabe, d. h. der einzuhaltenden Paßtoleranz und Oberflächengüte des Werkstücks, und nicht zuletzt nach der wirtschaftlichsten Art des Nachschleifens richtet. Solche Verschleißmarkenbreiten (VB) werden bei der Stahlbearbeitung zwischen 0,5 und 1,2 mm, in der Regel zwischen 0,5 und 0,8 mm gewählt. Bei Elektron wird in Anbetracht der erhöhten Reibungswärme bei größerer Verschleißmarkenbreite und der damit erhöhten Gefahr der Entzündung der Späne die Verschleißmarkenbreite auf 0,1 mm begrenzt. Bei den anderen Leichtmetallsorten wählt man $VB = 0{,}1$ bis 0,3 mm als höchstzulässigen Freiflächenverschleiß.

Die Verschleißmarkenbreite wird in allen Fällen mit dem Mikroskop oder einer entsprechenden Lupe mit einer Genauigkeit von 0,01 mm gemessen.

Diese Bedingung ist lästig, so daß in Zukunft noch andere Kriterien angestrebt werden sollten.

Standhalten würde das Hartmetall unter Umständen auch mit noch über 0,5 bis 0,8 mm zunehmender Verschleißmarkenbreite, z. B. über die dreifache Zahl hinaus, da mit der Zunahme des Verschleißes der Freiwinkel[1] abnimmt, der Keilwinkel aber zunimmt, so daß die Werkzeugschneide sogar mechanisch widerstandsfähiger wird. Aber in der Regel fängt mit der Zunahme des Verschleißes, d. h. der Abnahme des Freiwinkels, der Meißel an zu drücken. Die dadurch entstehende größere Reibungswärme (Schnittemperatur) und die erhöhte Schnittkraft, vor allem Vorschub- und Rückkraft, zerstören das Hartmetallplättchen sodann durch Risse und Totalbruch. Damit wird das Hartmetallplättchen vollständig unbrauchbar. Eine Weiterbenützung eines Hartmetallmeißels über die Grenzen des im Hinblick auf wirtschaftliches Nachschleifen zulässigen Verschleißes kann demnach mehr Schaden als Nutzen stiften.

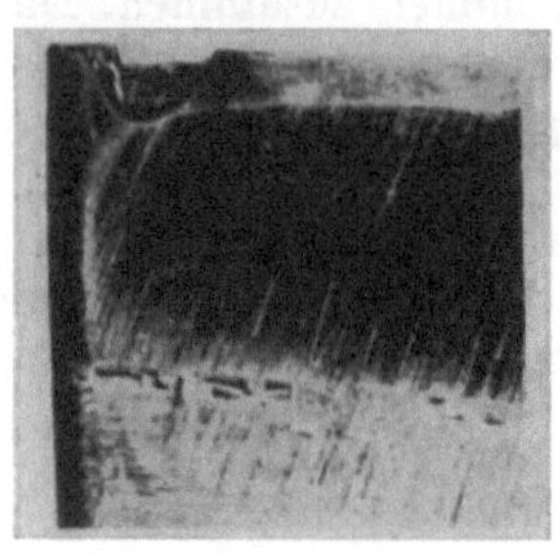

Abb. 4. Durch Auskolkung infolge der Temperatureinwirkung erlegene Hartmetallschneide. VA. 128.

Auch beim Hartmetall, und zwar bei H_1- und H_2-Meißeln (vgl. DIN 4990, Ausg. 5.42×), tritt das Auskolken in ganz ähnlicher Weise (Abb. 4) wie bei Schnellstahl auf, selbst bei Stahl mit höherer Festigkeit ($\sigma_B > 80$ kg/mm²) und höherer Schnittgeschwindigkeit (etwa über 150 m/min). Das Erliegen durch Auskolken darf aber bei dem teuren Hartmetall nicht abgewartet wer-

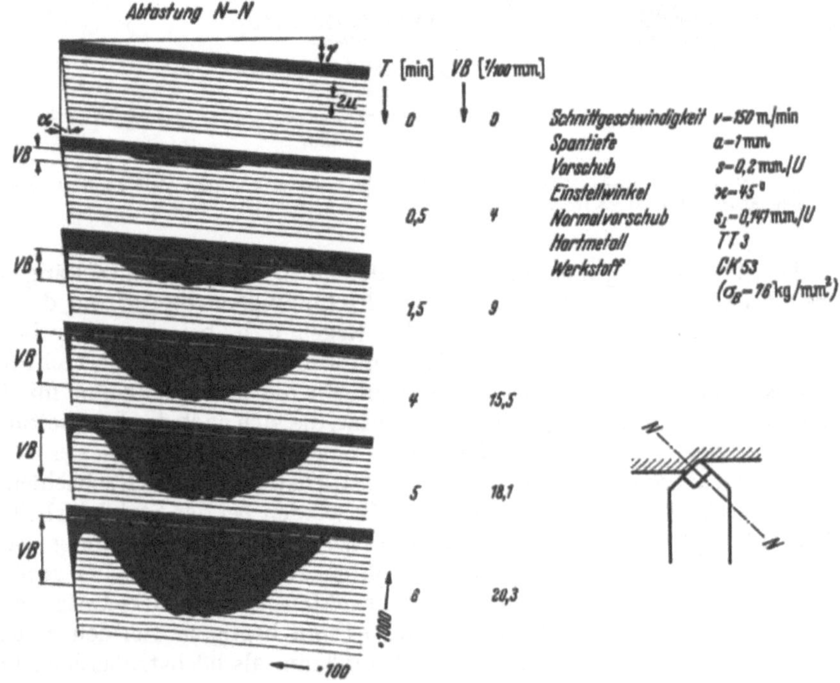

Abb. 5. Einfluß der Schnittzeit auf den Verschleiß am Drehmeißel. (Nach Opitz und Weber.)

[1] Bezeichnung der Schneidwinkel am Drehmeißel nach DIN 768 (vgl. Abb. 8).

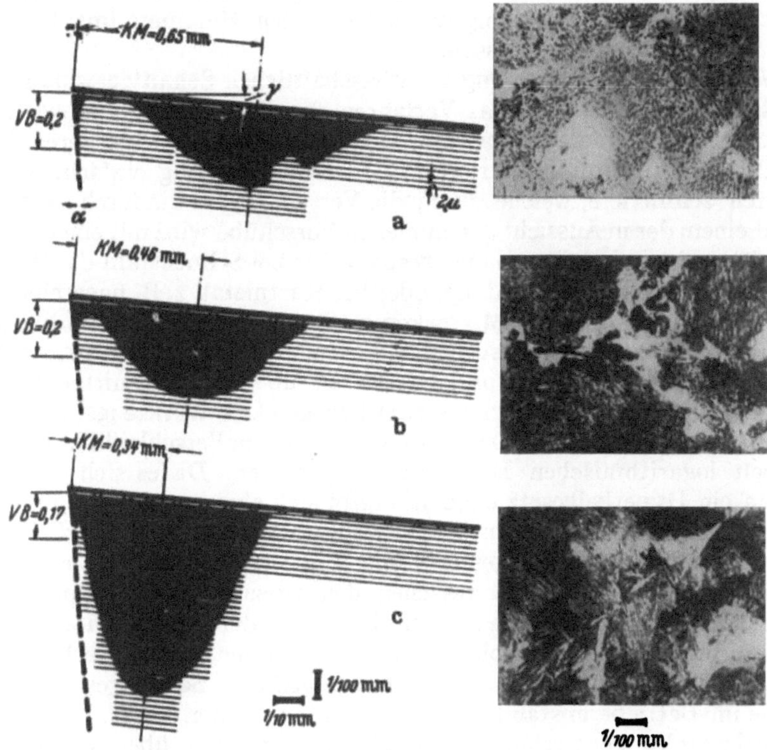

Abb. 6. Verschleißformen bei gleichem *BV*. (Nach OPITZ und WEBER.)

den, weil untragbare Kosten durch das Beseitigen der Auskolkung durch Nachschleifen entstehen würden.

Zu diesem Fall haben H. OPITZ und C. WEBER im Aachener Institut Versuche unternommen (Abb. 5 und 6)[1], von denen die ersteren die mit der Schnittzeit zunehmende Auskolkung nachweisen und die letzteren zeigen, daß bei gleicher VB die Kolktiefe (KT) sehr unterschiedlich ausfällt bei gleichem Werkstoff CK 60 und drei verschiedenen voraufgehenden Wärmebehandlungen.

Schließlich wurde noch gezeigt (Abbildung 7), wie verschieden bei den Hartmetallmeißeln TT_1 und TT_3 die Standzeiten sind, wobei die Verschleißmarkenbreite $VB = 0{,}2$ mm bzw. die Kolktiefe $KT = 20\ \mu$ als Kriterium zugrunde gelegt wurde.

Somit geht aus vorstehendem hervor, daß zur Feststellung von Richtlinien für die wirtschaftliche Schnittgeschwindig-

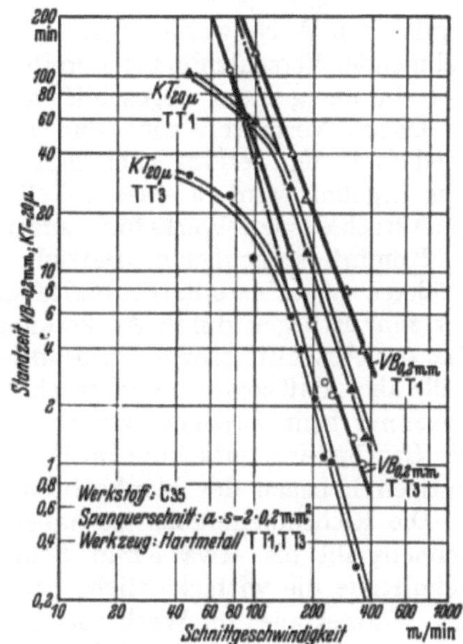

Abb. 7. Standzeitkurven für VB = 0,2 mm und Kolktiefe KT = 20 μ. (Nach OPITZ und WEBER.)

[1] Ind.-Anz. Bd. 75 (1953) Nr. 71, S. 906.

keit gegebenen Falles statt *VB KT* herangezogen werden muß und man sich nach systematischer Erforschung der betreffenden Hartmetallmeißel auf bestimmte *KT* wird einigen müssen.

Das Verfahren zur Bestimmung der wirtschaftlichen Schnittgeswindigkeit für Schnellstahl und Hartmetall. Das Verfahren zur Bestimmung der wirtschaftlichen Schnittgeschwindigkeit bis zum Eintritt des einen oder anderen der beiden geschilderten Stumpfungskriterien ist verhältnismäßig einfach. Mit einer bestimmten Schnittiefe, welche durch die Versuchsreihe hindurch eingehalten wird, und einem der in Aussicht genommenen Vorschübe wird mit einer bestimmten Schnittgeschwindigkeit so lange gespant, bis bei Schnellstahl das Werkzeug erliegt, also Blankbremsung eintritt, oder bei Hartmetall z. B. nach einer Laufzeit von 120 min eine mit dem Mikroskop meßbare Verschleißmarkenbreite entstanden ist (Abb. 3). Dieser Versuch wird in beiden Fällen mit anderen Schnittgeschwindigkeiten wiederholt, und es werden über den Schnittgeschwindigkeiten in einem Falle die Zeiten bis zum Erliegen des Werkzeugs, im anderen Falle, z. B. bei der Zeit von 120 min, die entstandenen Verschleißmarkenbreiten im doppelt logarithmischen Diagramm aufgetragen. Da es sich erfahrungsgemäß um ein Hyperbelgesetz handelt, ergibt sich eine gerade, mit zunehmender Schnittgeschwindigkeit beim Schnellstahl abfallende Linie der Erliegezeit, beim Hartmetall eine ansteigende Linie der Verschleißmarkenbreiten. Die Gerade ist eine mittlere Linie zwischen den einzelnen Versuchspunkten.

Bei Schnellstahl wird sodann auf der Linie der Erliegezeiten die Zeit von 60 min und durch Herabloten die zugehörige Schnittgeschwindigkeit festgestellt, die um 10% gekürzt die wirtschaftliche Schnittgeschwindigkeit ergibt, die im Betriebe anstandslos durchgehalten werden kann. Die Streuung der Versuchspunkte geht erfahrungsgemäß nicht um 10% über oder unter die Zeitlinie hinaus.

Bei Hartmetall wird herablotend von der im Hinblick auf die zu erledigende Bearbeitungsaufgabe die zugehörige Schnittgeschwindigkeit festgestellt. Die ermittelten Werte werden beim Hartmetall *nicht* um 10% gekürzt, weil bei zunehmender Verschleißmarkenbreite kein Erliegen der Schneide eintritt, sondern nur ein wenig mehr abgeschliffen werden muß.

Dieses Verfahren wird nun mit den übrigen festgesetzten Vorschüben wiederholt und ergibt auch hier die wirtschaftliche Schnittgeschwindigkeit. Das Ergebnis wird in einer Tabelle unter der Bezeichnung „Richtwerte" für die verschiedenen Werkstoffe zusammengestellt.

Kommt es nachher im Betriebe vor der Zeit von 60 bzw. 120 min zu einer größeren Verschleißmarkenbreite als festgesetzt oder in besonderen Fällen gar zum Erliegen durch Auskolkung, so bedeutet dies im ersteren Falle nur, daß der Abschliff größer als beabsichtigt ausgeführt werden muß, im zweiten Falle aber, daß sogleich nachgeschliffen werden muß. Ein großer Schaden kann dabei nur beim Erliegen entstehen, wenn der Schnellstahl bis zur Vollendung der Bearbeitung unbedingt im Schnitt erhalten werden muß, so daß beim vorzeitigen Erliegen das blankgebremste Werkstück Ausschuß wird.

Die Richtlinienergebnisse haben nach den bisherigen Untersuchungen für Schnellstahl bis etwa 5 mm Schnittiefe Gültigkeit, während bei größerer Schnittiefe die wirtschaftliche Schnittgeschwindigkeit infolge des zunehmenden Wärmestaues im Werkzeug um 10 bis schließlich 20% zu kürzen ist. Bei Hartmetall ist die Schnittiefe, wie erwähnt, einflußlos, so daß die Werte für jegliche Schnittiefe gelten. Der Grund ist die Erfahrung, daß die Verschleißmarkenbreite gleichmäßig groß unter der gesamten im Schnitt stehenden Schneidenlänge sich ausbildet.

Untersuchungen über die Beeinflussung der Standzeit beim Schnellstahl, die auf Faktoren wie Abrundung der Werkzeugspitze, Reibwärme durch den Rückdruck an der Nebenfreifläche und Veränderlichkeit des Wärmestaus in bezug auf Größe und Ort des Maximums mit Änderung der Schnittiefe zurückzuführen sind, sind noch fällig.

Die Kurzausgabe 158 des AWF[1]. Die nachstehenden Tabellen enthalten der Kurzausgabe 1949 auszugsweise entnommene Zahlenwerte, die für die verschiedensten Werkstoffe nach deren Festigkeit bzw. Brinellhärte für Schnellstahl oder Hartmetall geordnet und für verschiedene Vorschübe unterteilt sind. So enthält

Tab. 1 die zuvor erprobten Schnittwinkel,

Tab. 2 die wirtschaftlichen Schnittgeschwindigkeiten,

Tab. 3 die mittleren Schnittkräfte K_m.

Der verwendete Schnellstahl ABC III enthielt 4,0% Cr, 2,5% Mo, 2,5% V, 2,5% W. Das Hartmetall entsprach den Bezeichnungen S_1, S_2, S_3, H_1 und G_1 nach DIN[2].

Die angegebenen Richtwerte stützen sich auf die Forschungsergebnisse des Münchner Instituts, die in dem S. 554 erwähnten Abschlußbericht zusammengefaßt sind, sowie auf einige frühere Arbeiten. Da die Münchner Versuche mit Zeiten von 60 bis 120 min durchgeführt sind, war für die Bestimmung der wirtschaftlichen Schnittgeschwindigkeit v_{60} irgendwelche Extrapolierung nicht erforderlich. Zur Bestimmung der v_{240}- und v_{480}-Werte wurde nur je ein Versuchspunkt mehrfach in seinem Zahlenwert ermittelt. Die übrigen Zahlenwerte wurden durch die erfahrungsgemäß zu der v_{60}-Geraden parallel laufenden Geraden der wirtschaftlichen Schnittgeschwindigkeiten v_{240} und v_{480} über den Vorschüben entnommen. Diese Geraden haben freilich für einzelne Werkstoffe eine verschiedene Neigung. Die Parallelität gilt also nur für ein und denselben Werkstoff. Um Zeit und Kosten zu sparen, wurden die Schnittzeiten nicht über 120 min ausgedehnt, was genügte, um die Richtung der Versuchsgeraden festzustellen. Die Schnittiefen wurden möglichst klein gehalten, bei Schnellstahl 2 mm, bei Hartmetall 3 mm.

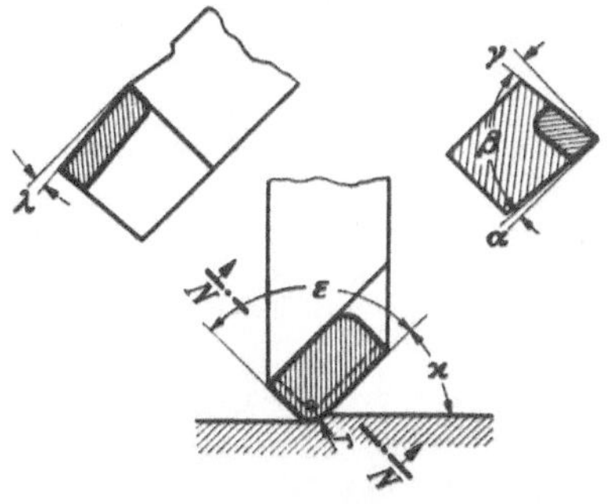

Abb. 8. Die Werkzeugwinkel und deren Toleranzen bei Winkeln unter 10° ± 1%, Winkeln über 10° ± 2%. Kurzausgabe 158 des AWF (Abbildung mit Winkelbemessung). α Freiwinkel; β Keilwinkel; γ Spanwinkel; $\varkappa$ Einstellwinkel; ε Spitzenwinkel; λ Neigungswinkel; r Spitzenabrundung.

Der Einstellwinkel $\varkappa$ (Abb. 8) betrug stets 45°, der Spitzenwinkel ε 90°, der Neigungswinkel λ wurde zwischen 0° und 8°, bei Leichtmetallen zwischen 5° und 10° gewählt, wachsend mit steigenden Vorschüben und Schnitttiefen. Positiv ist λ nach deutscher Form, wenn die Hauptschneide zur Schneidenspitze hin abfällt. Die Spitzenabrundung r betrug bei den kleineren Vorschüben 0,5 bis 1 mm, bei Vorschüben über 0,4 mm 1 bis 2 mm.

Die DIN 768 (Ausg. 10. 30), in welcher die der Spanabnahme zugrunde liegenden Anschauungen festgestellt und die Begriffe definiert werden, ist nicht

---

[1] AWF-Betriebsblatt: Richtwerte für das Drehen mit Schnellarbeitsstahl und Hartmetallwerkzeugen. 5. Aufl. Berlin 1949.

[2] Im November 1951 hat die Widia-Fabrik, Essen, eine Farbentabelle unter der Nr. 99,24 herausgebracht, welche auf Verlangen zugesandt wird. Sie bringt neue Sorten Hartmetalle und entsprechend abgeänderte Bezeichnungen FT_1 und TT_1 bis TT_4 sowie AT und G_3.

einwandfrei, worauf J. WITTHOFF[1] und E. BICKEL[2] hingewiesen haben. Die Winkel an der Werkzeugschneide selber sind von den Winkeln, die sich aus der Art der Einspannung des Werkzeugs gegenüber dem Werkstück ergeben und für die Spanabnahme maßgebend sind, nicht eindeutig auseinandergehalten. Die Definitionen (Bezugsbegriffe) treffen zwar für die in der DIN 768 gezeichnete Anordnung des Schruppstahls zum Werkstück zu, aber nicht allgemein. Angestrebt werden allgemeingültige Definitionen für alle Werkzeuge (Drehwerkzeuge, Fräser, Bohrer usf.). Dieses Bestreben ist gegeben, weil die Spanabnahme an allen Schneiden gleichartig erfolgt. Da die Winkel am Werkzeug selbst eindeutig festliegen, die Winkel hingegen, von denen die Spanabnahme abhängt, von der Einspannung des Werkzeugs in ihrer Größe abhängen, ist zwischen den ersteren, den *Werkzeugwinkeln*, und zwischen den letzteren, den *Arbeitswinkeln*, zu unterscheiden.

Die Hochschulen Aachen und Hannover bereiten zur Zeit einen entsprechenden Vorschlag zur DIN 768 vor, den schon jetzt zu erörtern verfrüht wäre.

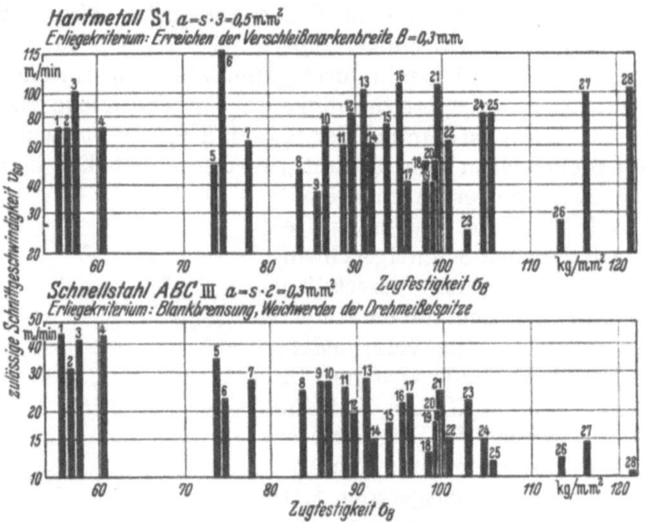

Abb. 9. Abhängigkeit der Schnittgeschwindigkeit v_{60} von der Zugfestigkeit σ_B des zerspanten Werkstoffes beim Drehen von Stahl.

Es wird daher nachstehend an den Definitionen der DIN 768 festgehalten und damit die Anschauung auf das Schruppdrehen beschränkt. Diese Einschränkung erleichtert zudem das Einarbeiten. Der Übergang auf die endgültige Fassung der Norm wird auch für den Anfänger keine Schwierigkeit sein.

Die Angaben für die wirtschaftlichen Schnittgeschwindigkeiten können nur als Richtwerte dienen. Für Serienbearbeitung oder gar bei Massenproduktion muß auch heute noch die Schnittgeschwindigkeit auf Grund der am Werkstück gemachten Erfahrung kontrolliert und gegebenenfalls der Arbeit angepaßt werden, um untragbaren Werkzeugverschleiß oder andererseits Zeitverlust zu vermeiden.

Es fehlt den Richtwerten für die wirtschaftliche Schnittgeschwindigkeit die Angabe der Grenze, bis zu welcher der Schneidenansatz auftritt.

[1] Werkst. u. Betr. Bd. 82 (1949) H. 2.

[2] Industr. Organisation Bd. 18 (1949) S. 7, 40 u. 80.

Wie S. 558 erwähnt, muß man schon bei der Wiederholung der Versuche mit demselben Werkstück auf Schwankungen der Ergebnisse um ±10% gefaßt sein. Filmaufnahmen (Abb. 42, S. 591) haben zudem gezeigt, daß bei ein und demselben Werkstück Übergänge sogar von einer Spanart zur anderen, z. B. vom Fließspan zum Scherspan und wieder zurück zum Fließspan, innerhalb von einigen hundertstel Sekunden vorkommen. Die wirtschaftliche Schnittgeschwindigkeit für den Scherspan gegenüber dem Fließspan beim gleichen Werkstoff ist aber nicht die gleiche, so daß die ermittelte Schnittgeschwindigkeit eine zufällige sein kann.

Die Nachprüfung der Zahlenangaben der Kurzausgabe für die wirtschaftlichen Schnittgeschwindigkeiten der Edelstähle, auch diese geordnet nach Festigkeiten, kann zu Unterschieden von mehreren 100% führen, wie durch im Institut für Werkzeugmaschinen der T.H. München von R. SCHAUMANN ausgeführte Nachprüfungen (Abb. 9) festgestellt wurde.

Tabelle 1. *Richtwerttafel für Schneidenwinkel.*

Nr.	Werkstoff	Zugfestigkeit (bzw. Härte) kg/mm²	Schnellstahlwerkzeuge $\alpha°$	Schnellstahlwerkzeuge $\gamma°$	Hartmetallwerkzeuge $\alpha°$	Hartmetallwerkzeuge $\gamma°$
1	St 34.11, St 37.11, St 42.11	bis 50	8	14	5	10
2	St 50.11	50 bis 60	8	14	5	10
3	St 60.11	60 bis 70	8	14	5	10
4	St 70.11	70 bis 85	8	14	5	10
5	unlegierter Stahl	85 bis 100	8	10	5	6
6	Mn-Stahl, Cr-Ni-Stahl	70 bis 85	8	14	5	10
7	Cr-Mo-Stahl	85 bis 100	8	10	5	6
8	andere legierte Stähle	100 bis 140	8	6	5	6
9	andere legierte Stähle	140 bis 180	8	6	5	6
10	Werkzeugstahl	150 bis 180	8	6	5	6
11	GG–12/14	Brinellhärte bis 200	8	0	5	0
12	GG–18/26	Brinellhärte 200 bis 250	8	0	5	0
13	Ge legiert	Brinellhärte 250 bis 400	8	0	5	0
14	Messing	Brinellhärte 80 bis 120	8	0	5	6
15	Rotguß		8	0	5	6
16	Reinaluminium		12	30	12	30
17	Aluminiumlegierungen mit hohem Si-Gehalt (11 bis 13% Si)		12	18	12	18
18	Kolbenlegierung Al-Si (zäh) (11 bis 13% Si)		12	14	12	14
19	Hartgummi Ebonit		8	6	5	6
20	Gummifreie Isolierpreßmassen: Novotext, Bakelite, Pertinax		12	14	12	14
21	Glas				5	6
22	Porzellan				5	0

Es ist ein Mangel der Tab. 2, daß die wirtschaftlichen Schnittgeschwindigkeiten auf die Festigkeit des betreffenden Werkstoffs allein bezogen werden, obwohl bei gleicher Festigkeit andere Eigenschaften von wesentlichem Einfluß sein können, z. B. die Zähigkeit, die Legierungsbestandteile, das Gefüge und die voraufgehende Wärmebehandlung. In USA hat man an Stelle der Zugfestigkeit die Härtezahl gesetzt. Damit wird aber kein Fortschritt erreicht.

Eine Unterteilung der Zugfestigkeiten durch Zähigkeitsgrade ist so lange undurchführbar, als es eine eindeutige allgemeine Definition der Zähigkeit, gültig für den gesamten Geschwindigkeits- und Temperaturbereich der Span-

Tabelle 2. *Richtwerttafel für Schnittgeschwindigkeiten.*

Nr.	Werkstoff	Zugfestigkeit des Werkstoffs kg/mm²	Werkzeuge**	Vorschübe in mm/U: 0,1			0,2			0,4			0,8			1,6			3,2		
			Standzeiten des Werkzeuges in min	60	240	480	60	240	480	60	240	480	60	240	480	60	240	480	60	240	480
				Schnittgeschwindigkeiten v in m/min																	
				Baustähle																	
1*	St 34.11, St 37.11, St 42.11	bis 50	SS				60	43	36	45	32	27	34	24	20	25	18	15	19	13	11
			S 1	315	280	250	280	236	212	250	200	180	212	170	150						
			S 2				200	170	150	180	140	125	150	118	106	125	100	90			
			S 3							118	95	85	100	80	71	85	67	60	71	56	50
2*		50 bis 60	SS				48	34	28	36	25	21	27	19	16	20	14	12	15	11	9
			S 1	300	250	224	265	212	190	224	180	160	190	150	132						
			S 2				180	140	125	150	118	106	125	100	90	106	85	75			
			S 3							100	80	71	85	67	60	71	56	50	60	48	43
3*	St 60.11	60 bis 70	SS				40	28	24	30	21	18	22	16	13	17	12	10	13	9	7,5
			S 1	280	236	212	250	200	180	212	170	150	180	140	125						
			S 2				150	118	106	125	100	90	106	85	75	90	71	63			
			S 3							85	67	60	71	56	50	60	48	43	50	40	36
4*	St 70.11	70 bis 85	SS				32	22	19	24	17	14	18	13	11	13	9,5	8	10	7,1	6
			S 1	250	200	180	212	170	150	170	132	118	132	106	95						
			S 2				125	100	90	100	80	71	80	63	56	63	50	45			
			S 3							67	53	48	53	43	38	43	34	30	34	27	24
5*	unlegierter Stahl	85 bis 100	SS				25	18	15	19	13	11	14	10	8,5	11	7,5	6,3	8	5,6	4,8
			S 1	212	170	150	180	140	125	140	112	100	112	90	80						
			S 2				106	85	75	85	67	60	67	53	48	53	43	38			
			S 3							56	45	40	45	36	32	36	28	25	28	22	20

Legierte Stähle

6*		70 bis 85	SS				30	21	18	21	15	13	15	11	9	11	7,5	6,3	7,5	5,3	4,5
			S 1	250	200	180	212	170	150	170	132	118	132	106	95						
			S 2				125	100	90	100	80	71	80	63	56	63	50	45			
			S 3							67	53	48	53	43	38	43	34	30	34	27	24
7*	Mn-Stahl, Cr-Ni-Stahl, Cr-Mo-Stahl und andere legierte Stähle	85 bis 100	SS				24	17	14	17	12	10	12	8,5	7,1	8,5	6	5	(6)	(4,2)	(3,5)
			S 1	190	150	132	150	118	106	118	95	85	95	75	67						
			S 2				90	71	63	71	56	50	56	45	40	45	36	32			
			S 3							48	38	34	38	30	27	30	24	21	25	20	18
8*		100 bis 140	SS				16	11	9,5	11	8	6,7	8	5,6	4,8	(5,6)	(4)	(3,4)			
			S 1	118	95	85	95	75	67	75	60	53	63	50	45						
			S 2				56	45	40	45	36	32	38	30	27	30	24	21			
			S 3							30	24	21	25	20	18	20	16	14	16	19	12
9*		140 bis 180	SS				9,5	6,7	5,6	6	4,2	3,5									
			S 1	75	60	53	60	48	43	48	38	34	40	32	28						
			S 2				36	28	25	28	22	20	24	19	17	19	15	13			
			S 3							19	15	13	16	13	11	13	10	9	10	8	7,1
10*	Werkzeugstahl	150 bis 180	SS				9	6,3	5,3	5	3,5	3									
			S 1	63	50	45	50	40	36	40	32	28	34	27	24						
			S 2				30	24	21	24	19	17	20	16	14	16	13	11			
			S 3							16	13	11	13	11	9,5	11	8,5	7,5	8,5	6,7	6
11*	Manganhartstahl		SS																		
			S 1	50	40	36	40	32	28	32	25	22	25	20	18						
			S 2				24	19	17	19	15	13	15	12	11	13	10	9			
			S 3							13	10	9	10	8	7,1	8,5	6,7	6	6,7	5,3	5

* Die Werte für v müssen beim Abdrehen einer Gußhaut bzw. einer infolge des Schmiede-, Walz- oder Vergütungsvorganges entstandenen Kruste um 30 bis 50 v. H. verringert werden.

** SS = Schnellstahl. S 1, S 2, S 3 = Hartmetalle nach DIN.

Tabelle 2. (Fortsetzung.)

Nr.	Werkstoff	Zugfestigkeit des Werkstoffs kg/mm²	Werkzeuge**	Standzeiten des Werkzeuges in min																	
				60	240	480	60	240	480	60	240	480	60	240	480	60	240	480	60	240	480
				Vorschübe in mm/U																	
				0,1			0,2			0,4			0,8			1,6			3,2		
				Schnittgeschwindigkeiten v in m/min																	
	Grauguß																				
12*	GG-12/14	Brinellhärte bis 200	SS				48	34	28	27	19	16	18	13	11	14	11	9	9,5	6,7	5,6
			G 1	200	140	118	170	118	100	132	95	80	112	80	67	95	67	56			
13*	GG-18/26	Brinellhärte 200 bis 250	SS				32	22	19	18	13	11	13	9,5	8	9,5	6,7	5,6	6,3	4,5	3,8
			H 1	150	106	90	125	90	75	106	75	63	90	63	53	75	53	45			
14*	Ge legiert	Brinellhärte 250 bis 400	SS				24	17	14	15	11	9	10	7,1	6	7,1	5	4,2	4,8	3,4	2,8
			H 1	106	75	63	90	63	53	75	53	45	60	43	36	50	36	30			
	Kupfer und Kupferlegierungen																				
16	Kupfer		SS				63	53	48	45	38	34	34	28	25	25	21	19	19	16	14
			G 1	1120	500	335	1000	450	300	850	375	250	750	335	224	670	300	200			
17	Messing	Brinellhärte 80 bis 120	SS				125	95	80	85	63	53	56	43	36	36	27	22			
			G 1	1320	600	400	1180	530	355	1000	450	300	900	400	265	800	355	236			
18	Rotguß		SS				85	63	53	63	48	40	48	36	30	34	25	21	24	18	15
			G 1	710	500	425	630	450	375	530	375	315	475	335	280	425	300	250			
	Leichtmetalle																				
19	Reinaluminium		SS	400	224	170	300	170	125	200	112	85	118	67	50	75	43	32			
			G 1	2360	1320	1000	2000	1120	850	1700	950	710	1500	850	630	1250	710	530			
20	Aluminiumlegierung mit hohem Si-Gehalt (11 bis 13 v.H. Si)		SS	100	56	43	67	38	28	45	25	19	30	17	13						
			G 1	500	224	150	425	190	125	355	160	106	315	140	95	265	118	80			

21	Kolben-Legierung Al-Si (zäh) 11 bis 13,5 v. H. Si		G 1	100	50	36	90	45	32	80	40	28	71	36	25	67	34	24			
Kunst- und Preßstoffe																					
22	Hartgummi Ebonit		G 1	600	300	212	560	280	200	500	250	180	450	224	160	400	200	140			
23	Gummifreie Isolierpreßmasse Novotext, Bakelit, Pertinax		G 1	560	280	200	425	212	150	335	170	118	265	132	95	200	100	71			
Glas, Porzellan																					
24	Glas		H 1	140	71	50	125	63	45	112	56	40	90	45	32	71	36	25			
25	Porzellan		H 1	40	20	14	34	17	12	28	14	10	22	11	8	16	8	5,6			

* Die Werte für v müssen beim Abdrehen einer Gußhaut einer infolge des Schmiede-, Walz- oder Vergütungsvorganges entstandenen Kruste bzw. um **30** bis **50** v. H. verringert werden.

** SS = Schnellstahl. S 1, S 2, S 3, = Hartmetalle nach DIN.

abnahme, nicht gibt und eine Apparatur zum Messen der hier in Betracht kommenden Zähigkeitsgrade nicht existiert.

So fehlt zur Zeit noch eine einfache, allgemeingültige Methode, um bei Nachlieferung von Werkstoff nachzuprüfen, ob derselbe die gleiche wirtschaftliche Schnittgeschwindigkeit besitzen wird.

Aus solcher Erfahrung ergibt sich der Bedarf nach zwei Meßverfahren,

1. einem Verfahren, das die Standzeitfeststellung zu einem noch nicht erforschten Werkstoff auf einen Kurzversuch beschränkt, um den großen Zeit- und Kostenaufwand des normalen Standzeitversuchs zu vermeiden, und

2. einem allgemeingültigen Verfahren, um die Identität des nachgelieferten Werkstoffes in bezug auf die gleiche wirtschaftliche Schnittgeschwindigkeit in einfacher Weise festzustellen.

Für die erste Anforderung der Abkürzung des Standzeitversuches gibt es zur Zeit noch keine allgemein befriedigende Lösung. Von den in großer Zahl in Vorschlag gebrachten Kurzprüfverfahren scheinen nur wenige Aussicht zu haben, praktische Bedeutung zu erlangen. Eine sichere Aussage ermöglicht bis heute nur der von Fall zu Fall durchgeführte Standzeitversuch, je nach den vorliegenden Arbeitsbedingungen als „Temperatur-Standzeit"-Versuch auf Grund des Blankbremsens oder als „Verschleiß-Standzeit"-Versuch durchgeführt. Daß die Standzeitermittlung durch Kurzverfahren und damit die Ermittlung der wirtschaftlichen Schnittgeschwindigkeit, abgesehen von Einzelfällen in engbegrenztem Gebiet, bislang versagt hat, darf nicht wundernehmen, da das Ergebnis des abgekürzten Verfahrens ebenso nicht nur von der Zerreißfestigkeit, sondern erst recht von Zähigkeit, Temperatur, Struktur, Gießverfahren u. a. m. beeinflußt wird.

Immerhin aber kann an diesen Kurzprüfvorschlägen nicht achtlos vorübergegangen werden, weil gerade aus ihnen und ihren Mißerfolgen hervorgeht, warum sie im allgemeinen versagen mußten.

Die Kurzprüfverfahren[1]. a) Das Verfahren mit von Zeit zu Zeit gesteigerter Schnittgeschwindigkeit und mit Dreiwegmessung. Verfahren mit unmittelbarer Zeitbestimmung oder mit Zeitbestimmung aus der Standwegmessung nach W. LEYENSETTER.

b) Durch die Bestimmung der Schnittemperatur 1. nach K. GOTTWEIN und W. REICHEL; 2. nach E. BICKEL; 3. nach dem Hannoverschen Verfahren (S. 567); 4. nach den Umschlagfarben.

c) Durch die Messung der Schnittkräfte.

d) Durch die Beobachtung des Spanablaufs: 1. Verformkennziffer nach W. LEYENSETTER; 2. Spanraumzahl nach H. SCHALLBROCH und R. WALLICHS; 3. Spanart nach H. SCHALLBROCH und H. BETHMANN.

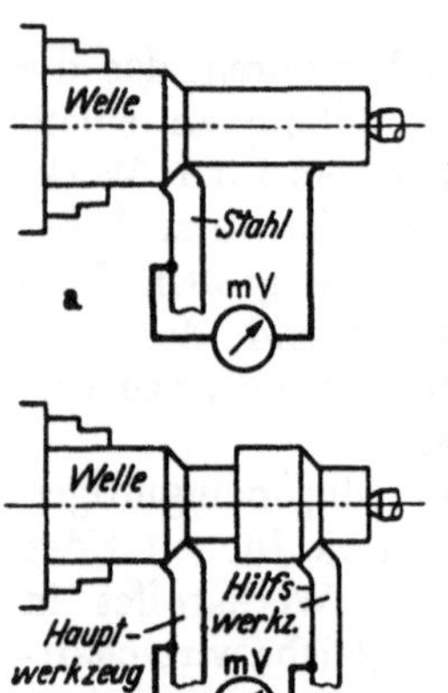

Abb. 10a u. b. a) Einstahl-Temperaturmeßmethode nach GOTTWEIN. b) Zweistahl-Temperaturmeßmethode (nach REICHEL).

a) Das unter a) erwähnte v-Steigerungsverfahren besteht in der Steigerung der Schnittgeschwindigkeit, z. B. um jedesmal 5 m/min nach Zurücklegung eines bestimmten Drehweges, z. B. von 25 m um das Werkstück herum, bis das Werkzeug (Schnellstahl) zum Erliegen kommt. Der bis dahin zurückgelegte, gesamte Drehweg wird am sichersten am Werkstück selbst bestimmt. Näheres s. S. 569.

Wenn nun für einen bestimmten Werkstoff die Schnittgeschwindigkeit, z. B. v_{60}, ermittelt worden ist und ferner das v-Steigerungsverfahren einen bestimmten Vergleichswert v_c ($v_c = v_{\text{comparativ}}$) ergeben hat, so kann diesem Vergleichswert der Vergleichswert eines z. B. nachgelieferten Werkstoffs gegenübergestellt und auf die Identität der beiden Werkstofflieferungen und damit auf die gleiche wirtschaftliche Schnittgeschwindigkeit geschlossen werden.

b) 1. Die Bestimmung der Schnittemperatur nach K. GOTTWEIN und W. REICHEL ist das im Anschluß an das Einstahlthermoverfahren von K. GOTTWEIN (Abb. 10a) durch W. REICHEL entwickelte Zweistahlthermoverfahren (Abb. 10b), welches jedoch eine Reihe von Nachteilen hat. Es ist nämlich nicht gesichert, daß an beiden Schneiden, wie vorausgesetzt wird, die gleiche Temperatur entsteht. Das zu untersuchende Hauptwerkzeug kann nicht mit höheren Schnittleistungen beansprucht werden wie das Hilfswerkzeug. Die Thermospannungen schwanken bei kleinen örtlichen Unterschieden in dem chemischen und strukturellen Zustande des Werkzeugs viel zu stark, als daß man mit einer einmaligen Eichung auskommen könnte. Die Zweistahlmethode erfordert einen größeren Werkstoffaufwand.

2. So hat E. BICKEL ein Einstahlthermoverfahren (Abb. 10c) in Vorschlag gebracht, dessen Beschreibung im einzelnen zu weit gehen würde, dessen Grundidee, ohne Schleifkontakte am rotierenden Werkstück auszukommen, aus der Abbildung hervorgeht. Das Verfahren vermeidet die bislang festgestellten

[1] SCHALLBROCH, H., u. H. BETHMANN: Kurzprüfverfahren der Zerspanbarkeit. Teubner 1950.

Mängel und wird zur Erforschung der Temperaturen bei der Spanabnahme noch von Wert sein. Die Höchsttemperaturen an bestimmter Stelle allerdings lassen sich auch mit ihm nicht ermitteln.

3. Das Hannoversche Temperaturbestimmungsverfahren gestattet, die Temperaturen an der Seitenfront (s. S. 596 ff.) von Werkzeug, Werkstück und Span mit dem Thermoelement abzunehmen. Inwieweit dabei auf die bei der Spanabnahme nach dem ebenen Problem sich ergebende Höchsttemperatur im Inneren geschlossen werden kann, bleibt in Aussicht genommener Feststellung vorbehalten.

4. Das Beobachten der Umschlagfarben ist ein Verfahren, das eine Temperaturbestimmung in engeren Grenzen nicht ermöglicht.

Alle diese Temperaturbestimmungsverfahren, so wichtig sie zur Erforschung der Spanbildung sind, kommen für die Ermittlung der wirtschaftlichen Schnittgeschwindigkeit nicht in Frage, weil nach den bisherigen Forschungsergebnissen die Temperatur und die Standzeit nicht bzw. nicht in einfacher Beziehung zueinander stehen.

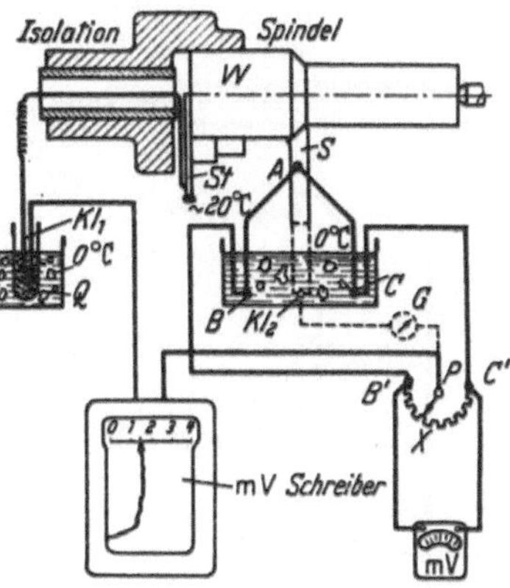

Abb. 10c. Temperaturmeßmethode mittels virtueller Kaltlötstelle, nach BICKEL.

c) Die Messung der Schnittkräfte wird mit einem Schnittkraftmesser (Abb. 11a bis c) z. B. nach H. SCHALLBROCH und H. SCHAUMANN (früher hergestellt von Siemens, Abt. Meßtechnik) oder durch ähnliche Geräte, z. B. von Schieß in Düsseldorf, von Schoppe und Faeser in Minden, von Feinprüf in Göttingen, ausgeführt. Die Messung dient der Feststellung der Beanspruchung des Werkzeugs und damit der Werkzeugmaschine durch Druck und Zug und der erforderlichen Werkzeugmaschinenleistung. Wünschenswert ist die Feststellung dieser Beanspruchung in allen interessierenden Richtungen. Mehrere solche Instrumente sind zur Zeit in Entwicklung begriffen. Aus der Schnittkraftbestimmung kann aber, wie bereits F. W. TAYLOR erkannt hat, nicht auf die wirtschaftliche Schnittgeschwindigkeit geschlossen werden.

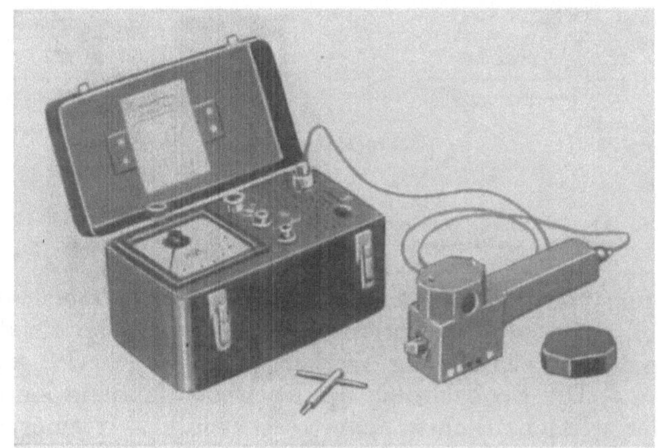
Abb. 11a. Schnittkraftmesser.

Auf die Schnittkraft muß um ihrer Einwirkung auf die Standzeit willen noch besonders eingegangen werden.

Die in Schnittrichtung gemessene Schnittkraft dividiert durch den Querschnitt des Spans vor seiner Abtrennung vom Werkstück wird in der Literatur bislang als spezifischer Schnittdruck k_s bestimmt. Dieses k_s ist aber in Wirklichkeit kein spezifischer Schnittdruck in kg/cm² an irgendeiner Stelle des Werkzeugs, sondern ein durchschnittlicher Schnittdruck, bezogen auf den

Spanquerschnitt des Spans vor der Abtrennung vom Werkstück, ein mittlerer Schnittdruck. Die derzeitige Definition von k_s ist *irreführend.*

Es kommt aber nicht allein auf den mittleren Schnittdruck, sondern auf den spezifischen Schnittdruck k_s an, welcher sich im Maximum an irgendeiner Stelle der Spanfläche auswirkt.

Dieser örtliche spezifische Schnittdruck k_s kann bei geringer Größe des mittleren Schnittdrucks (also großer Spanstärke, vgl. Tab. 3), sehr viel größer werden, wenn sich die bei größerer Spanstärke größere Gesamtschnittkraft auf eine Stelle der Schneide konzentriert. Daher erklärt es sich, daß mit abnehmender Spanstärke, also zunehmendem mittlerem Schnittdruck, die wirtschaftliche Schnittgeschwindigkeit zunimmt. *Demzufolge sollte mit k_s der über die Spanfläche veränderliche spezifische Schnittdruck in kg/mm² an irgendeiner Stelle und dessen Maximum mit $k_{s\,max}$ bezeichnet werden,* während der *mittlere Schnittdruck*, bezogen auf den Spanquerschnitt, wie ihn der Span vor seiner Abtren-

220V, 50Hz
Netzschalter
Magnetischer Spannungsregler
Vergleichs-Drossel
Meßstahlhalter
Meßbereichwähler
Umschalter
Schreiber
Anzeige-Instrument

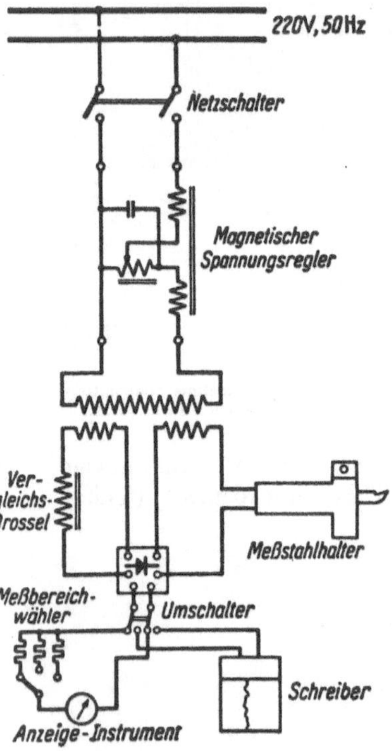

Abb. 11b. Elektrische Schaltung des Schnittkraftmessers.

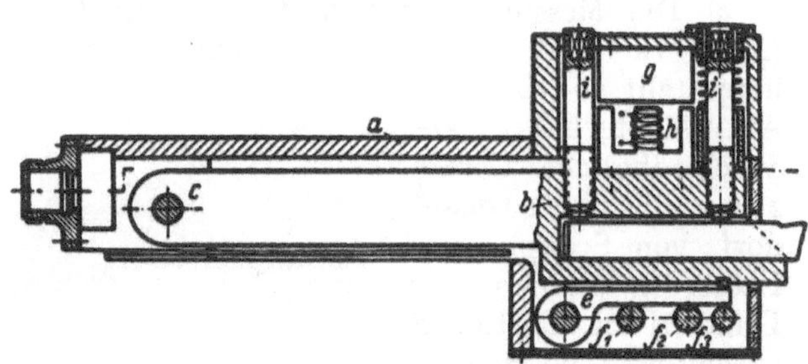

Abb. 11c. Meßstahlhalter.

nung vom Werkstück besaß, *mit k_m statt wie bislang mit k_s* bezeichnet werden sollte. So ist k_m der mittlere Schnittdruck, der für die aufzubringende Energie und die Leistung der Werkzeugmaschine in PS maßgebend ist.

d) Die Beobachtung des Spanablaufs allein kann niemals zur Feststellung der wirtschaftlichen Schnittgeschwindigkeit eines nachgelieferten Werkstoffs ausreichen.

Da nach bisheriger Erfahrung, abgesehen von dem nachstehend mitgeteilten verhältnismäßig einfachen Fall eines Feinschnittverfahrens, keines der vorstehend aufgezählten Kurzverfahren zur Identitätsbestimmung eines nachgelieferten Werkstoffs mit einem erprobten im Hinblick auf die wirtschaftliche Schnittgeschwindigkeit genügt hat, wurde vorgeschlagen, die Erprobung des nachgelieferten Werkstoffs in *mehreren* Kurzverfahren durchzuführen, die nach den gerade vorliegenden Eigenschaften des Werkstoffs ausgewählt werden. Dieser Vorschlag führt zu unerwünschtem Zeitverlust und erheblichen Unkosten, selbst wenn er im einen oder anderen Falle zum Ziel führt. Immerhin gibt die Anwendung mehrerer Kurzprüfverfahren eine sicherere Auskunft über die Zerspanbarkeitsaussichten eines Werkstoffs.

Die Eignung des Versuchs mit ansteigender Schnittgeschwindigkeit zur Abnahmeprüfung legierter Stähle bei Zerspanung mit Schnellstahl im Spezialfall eines Feinschnittverfahrens wurde von G. WAGNER und P. WIEST[1] eingehend untersucht. Die Verfasser stellten fest, daß mit diesem Verfahren das Standzeitverhalten der untersuchten Stahlsorten mit genügender Sicherheit beurteilt werden kann. Das Verfahren bezieht sich allerdings auf das Drehen im Feinschnitt[2] und ist nur bei solchem als erster gelungener Versuch zu werten, die Zerspanungseigenschaften von legierten Stählen bekannter Legierung und Struktur festzustellen, an die zudem hohe Anforderungen gestellt werden. Es besteht aber die Möglichkeit, daß das Verfahren auch beim Schruppen brauchbare Ergebnisse liefert.

Tabelle 3. *Richtwerttafel für Mittelwerte K_m der Schnittkräfte.*

Nr.	Werkstoff	Zugfestigkeit (bzw. Härte) kg/mm²	Vorschub in mm/U 0,1	0,2	0,4	0,8
			Spezifische Schnittkräfte kg/mm²			
1	St 34.11, St 37.11, St 42.11.	bis 50	360	260	190	135
2	St 50.11	50 bis 60	400	290	210	152
3	St 60.11	60 bis 70	420	300	220	156
4	St 70.11	70 bis 85	440	315	230	164
5	unlegierter Stahl	85 bis 100	460	330	240	172
6	Mn-Stahl, Cr-Ni-Stahl . . .	70 bis 85	470	340	245	176
7	Cr-Mo-Stahl	85 bis 100	500	360	260	185
8	andere legierte Stähle .	100 bis 140	530	380	275	200
9		140 bis 180	570	410	300	215
10	Werkzeugstahl	150 bis 180	570	410	300	215
11	GG–12/14	Brinellhärte bis 200	190	136	100	72
12	GG–18/26	Brinellhärte 200 bis 250	290	208	150	108
13	Ge legiert	Brinellhärte 250 bis 400	320	230	170	120
14	Messing.	Brinellhärte 80 bis 120	160	115	85	60
15	Rotguß		140	100	70	52
16	Reinaluminium		105	76	55	40
17	Aluminiumlegierungen mit hohem Si-Gehalt (11 bis 13% Si).		140	100	70	52
18	Kolbenlegierung Al-Si (zäh) (11 bis 13% Si)		140	100	70	52
19	Hartgummi, Ebonit		48	35	25	18
20	Gummifreie Isolierpreßmassen: Novotext, Bakelite, Pertinax		48	35	25	18

Bei dem Verfahren wird die Schnittgeschwindigkeit v von einer bestimmten Anfangsgeschwindigkeit bis zum Erliegen der Schnellstahlschneide jeweils nach Zurücklegung eines Drehwegs $\lambda = 25$ m um jedesmal $\Delta v = 5$ m/min gesteigert. Dabei hat die Erfahrung gelehrt, daß es auf die Wahl der Anfangsgeschwindigkeit nicht ankommt, vorausgesetzt, daß sie schätzungsweise der Art des Werkstoffs angepaßt ist.

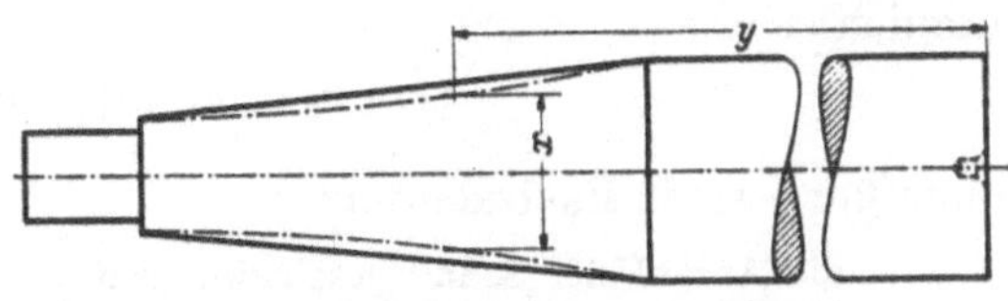

Abb. 12. Drehprobe für das Schnittgeschwindigkeitssteigerungsverfahren. (Nach WAGNER-WIEST.)

Bei diesem Verfahren muß also mit Abnahme des Drehdurchmessers behufs Einhaltung des gleich langen Drehwegs die Drehlänge gemessen in Achs-

[1] Stahl u. Eisen Bd. 71 (1951) S. 1317.
[2] Von vorschriftsmäßig gelieferten Stahlsorten.

richtung des Werkstücks nach jedem Überdrehen derselben vergrößert werden, entsprechend der Formel:

$$\frac{y}{s} x \pi = l \quad \text{(Abb. 12)},$$

worin bedeutet:

l den gesamten Drehweg um das Werkstück herum,
s den Vorschub beim Längsdrehen,
x den gerade bestehenden Durchmesser des Probestücks,
y die gesuchte zu x gehörige Drehlänge, gemessen in Achsrichtung des Werkstücks.

Die Gleichung ergibt eine Hyperbel, die aber praktisch durch eine entsprechende gerade Konusmantellinie ersetzt werden kann.

Das Werkzeug ist der nach Abb. 13 sehr einfach gehaltene Schnelldrehstahl mit dem Spanwinkel $\gamma = 20°$, Freiwinkel $\alpha = 5°$, Einstellwinkel $\varkappa = 73°$, Spitzenwinkel $\varepsilon = 60°$ und dem Abrundungsradius an der Spitze $r = 0{,}6$ mm.

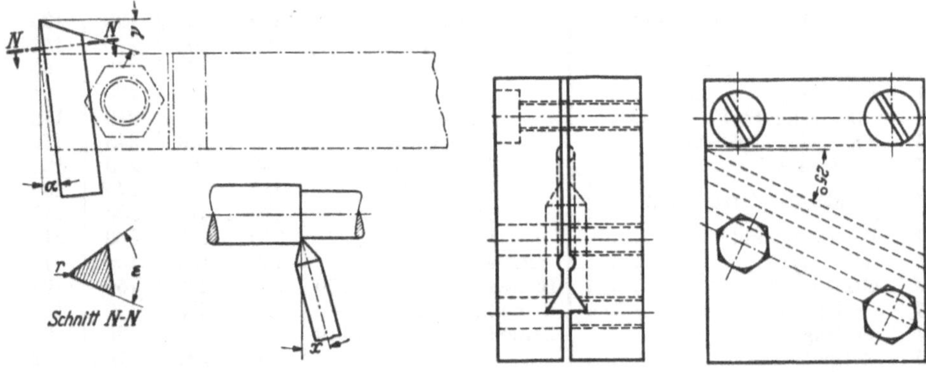

Abb. 13. Dreikant-Profil-Drehmeißel und Stahlhalter. (Nach WAGNER-WIEST.)

Abb. 14. Läppvorrichtung für Dreikant-Profil-Drehmeißel. (Nach WAGNER-WIEST.)

Diese Meißelform gewährleistet einerseits die genaue Einhaltung der Schneidenform und andererseits ein rasches Nachschleifen. Der Drehmeißel wird an der Spanfläche vorgeschliffen und anschließend in einer Vorrichtung (Abb. 14) feinstgeschliffen.

Das Erliegen des Schnellstahls markiert sich durch die Blankbremsung, die dabei vorhandene Schnittgeschwindigkeit ist der Vergleichswert des v-Steigerungsverfahrens. Eine feinere Unterteilung der Vergleichszahlen wird auf Vorschlag von SCHALLBROCH erreicht, wenn die Schnittgeschwindigkeitssprünge Δv rechnerisch überbrückt werden und der Vergleichswert $v_{\text{comparativ}} = v_c$, nämlich

$$v_c = v_{z-1} + \frac{L_z}{L_{z-1}} \Delta v$$

eingeführt wird. Es bedeutet:

z die Anzahl der Schnittgeschwindigkeiten bis zum Eintreten der Blankbremsung,
v_{z-1} die Schnittgeschwindigkeit der vorletzten Stufe,
L_z die achsparallel gemessene Drehlänge der letzten Geschwindigkeitsstufe bis zum Erliegen der Schneide,
L_{z-1} die achsparallel gemessene Drehlänge der vorletzten Geschwindigkeitsstufe,
Δv den Stufensprung 5 m/min.

Der unmittelbare Vergleich der Ergebnisse des v-Steigerungsverfahrens mit v_{60}-Werten des Standzeitversuchs ist zur Zeit noch nicht möglich, da für die untersuchten Stahlsorten bisher keine v_{60}-Werte bekannt sind. Die Verfasser zeigen jedoch, daß das Standzeitverhalten legierter Stähle mit der Kennziffer v_c in gleicher Weise unterschieden wird wie mit der Schnittgeschwindigkeit v_{60} des Standzeitversuchs.

Laut Rücksprache mit A. EICHINGER könnte der erweiterte Zugversuch sich zur Identitätsprüfung bewähren. Die Erweiterung würde darin bestehen, daß nicht nur die übliche Kurve der durchschnittlichen Querschnittsbelastung, bezogen auf den ursprünglichen Querschnitt des Probestücks, von der Maschine aufgezeichnet wird, sondern daß diese Kurve nachträglich durch Hinzufügung der Kurve (Abb. 15) der Durchschnittsbelastung des tatsächlichen jeweils vorliegenden Querschnitts ergänzt wird. Voraussetzung ist allerdings, daß der Verlauf der Kurve der spezifischen Querschnittsbelastung bei den Probestücken des gleichen Werkstoffs der gleiche ist und nicht von unbemerkbaren zufälligen Unterschieden in der Beschaffenheit des Werkstoffs an der Stelle der Einschnürung stark beeinflußt wird.

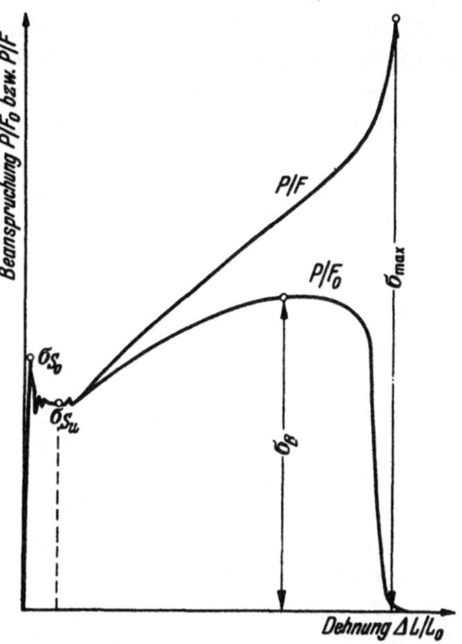

Abb. 15. Erweitertes Zugfestigkeitsdiagramm zu DIN 50145.

Die umfassende Auswertung des erweiterten Zugversuchs erstreckt sich demnach auf die Feststellung

1. der Proportionalitätsgrenze; 2. der oberen Streckgrenze σ_{S_0} 3. der unteren Streckgrenze σ_{S_u}; 4. des Fließbereichs; 5. der Gleichmaßdehnung δ_g; 6. der Brucheinschnürung ψ; 7. der Zugfestigkeit σ_B, wie üblich auf den Anfangsquerschnitt F_0, und 8. auf einen entsprechenden Festigkeitskennwert bezogen, bei Raumtemperatur, wie auch noch, wenn erforderlich, bei Temperaturen von etwa 300° C des Werkstücks.

So wird wenigstens die Zähigkeit, nämlich der Widerstand gegen die Dehnung in jedem Augenblick, bei der Identitätsprüfung mit berücksichtigt.

Bei Werkstoffen höherer Festigkeit, also auch bei manchen Edelstählen, schrumpft das Gebiet zwischen oberer und unterer Streckgrenze zusammen. Man bestimmt dann die Spannungen an der elastisch-plastischen Dehngrenze ($\sigma_{0,2}$) und an der technischen Elastizitätsgrenze ($\sigma_{0,01}$) nach DIN 50145.

Wieweit man die Reihe der Prüfungen auf andere Spannungszustände des Werkstoffs auszudehnen hat, wieweit die vorstehende Reihe der Feststellungen vorgesehen werden muß, hängt von der jedesmaligen Eigenart des Werkstoffs ab.

In manchen Fällen würde dieser einfache, erweiterte Zugversuch vielleicht schon zur Feststellung der ausreichenden Identität der Werkstoffe genügen. Die Bestätigung hierzu kann nur durch entsprechende Erprobung erreicht werden.

Jedenfalls fällt die Entscheidung über den Gebrauchswert der durch die so teuren Standzeitversuche ermittelten wirtschaftlichen Schnittgeschwindigkeit erst mit dem Auffinden einer brauchbaren Identitätsbestimmung.

β) Die Prüfung der Zerspanbarkeit bei Anwendung eines negativen Spanwinkels.

Noch heute beherrscht die Anwendung eines positiven Spanwinkels die gesamte Fertigung. Der in den letzten 10 Jahren zur Anwendung gekommene negative Spanwinkel blieb auf bestimmte Fertigungsaufgaben beschränkt. Negative Spanwinkel werden vorzugsweise bei Dreh- und Fräswerkzeugen mit Hartmetallschneiden angewandt, wobei die Schnittgeschwindigkeit mit Rücksicht auf das Vermeiden der Schneidenansatzbildung etwas höher als sonst üblich gewählt werden kann. Der Vorteil des negativen Spanwinkels liegt dabei in dem erzielbaren größeren Keilwinkel und damit der günstigeren Gestaltfestigkeit der Schneide, oftmals auch an der Erzielung günstigerer Spanform und guter Oberflächen. Nachteilig sind die höheren Hauptschnittkräfte sowie die oftmals wesentlich höheren Vorschubkräfte. Daher konnte der negative Spanwinkel schon wegen Fehlens der Werkzeugmaschinen mit ausreichender Starrheit und genügend hohen Drehzahlen sich noch nicht durchsetzen. Eine systematische Durcharbeitung und Abgrenzung des Anwendungsgebiets des negativen Spanwinkels gibt es zur Zeit noch nicht.

Angewendet werden in der Regel Spanwinkel $\gamma = 0°$ bis $-10°$. Versuche wurden bis auf $\gamma = -30°$ erstreckt. Wie bereits angegeben, erfordert die Spanabnahme mit negativem Spanwinkel

1. Hartmetallwerkzeuge mit negativem Spanwinkel γ und in der Regel positivem Spanwinkel γ_n an der Nebenschneide des leichteren Spanablaufs wegen;
2. hohe Schnittgeschwindigkeit;
3. erheblich starrere Werkzeugmaschine (Drehbank, Fräsmaschine).

Als erster und wichtigster Vorteil dieses Verfahrens wird nach neuen Untersuchungen beim Drehen und Fräsen von Baustählen als Folge einer Verlagerung der entstehenden Auskolkung von der Schneidkante weg oftmals eine *Erhöhung* der Standzeit des Werkzeugs, z. B. auf das Dreifache, erzielt. In Einzelfällen, z. B. bei zähharten Werkstoffen, sowie bei Werkstücken mit Schnittunterbrechung oder harten Außenschichten, kann die erzielte Standzeit bis auf das Zehnfache gegenüber der üblichen bei positivem Spanwinkel steigen. Daraus ergibt sich eine ungeahnte Ersparnis an Werkzeug oder aber, wenn man eine kürzere Standzeit, also ein häufigeres Nachschleifen, zuläßt, eine sehr erhebliche Steigerung der Schnittgeschwindigkeit, in jedem Falle also eine Steigerung der Wirtschaftlichkeit.

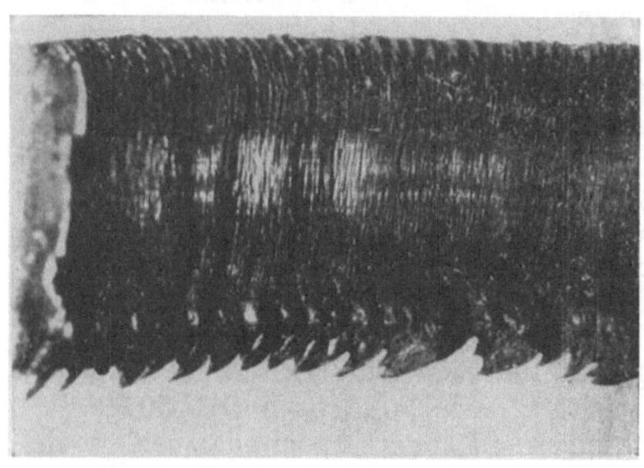

Abb. 16. Span mit $\gamma = -30°$ abgenommen.

Ein zweiter wesentlicher Vorteil besteht in der hohen Oberflächengüte, welche gerade bei zähharten Werkstoffen erreicht wird. Der Werkstoff gerät nämlich an der Oberfläche ins Fließen und wird so glatt abgestrichen, daß ein Nacharbeiten der Flächen durch Schleifen in vielen Gebrauchsfällen nicht notwendig ist.

Es läuft ein rotglühender Span ab, während Werkzeug und Werkstück kühl bleiben, beim Fräsen sogar so kühl, daß beide nicht über lauwarm werden. Zum Wärmeübergang in Werkzeug und Werkstück ist nicht genügend Zeit bei den hohen Schnittgeschwindigkeiten (200 m/min und mehr) gegeben.

Der Vorgang der Spanbildung ist im einzelnen noch nicht erforscht. Auch Abbildungen zum ebenen Problem (vgl. Abschn. 2a) sind noch nicht bekanntgeworden.

Abb. 16 zeigt einen Span bei der Spanabnahme mit dem extremen Spanwinkel $\gamma = -30°$.

Die Einzelangaben über das Verfahren für warm vorgewalzten und zu Ringen geschmiedeten Chromstahl, vor der Bearbeitung auf 180 bis 200 Brinellhärte vorgeglüht, sind wie auch die Angabe für die Winkel (Abb. 17) den Mitteilungen eines amerikanischen Betriebes entnommen[1].

Die Werkzeugwinkel werden in USA nicht wie in Deutschland in Ebenen senkrecht zur Horizontalreaktion der Schnittkante gemessen, sondern (Abb. 17) in Schnittebenen, die durch die Werkzeugspitze parallel zu den Seitenflächen des Vierkantmeißels und quer zur Längsrichtung desselben gelegt sind. In der Originalabbildung sind diese Winkel zusammenhanglos und undeutlich dargestellt. Daher sind in Abb. 17 die Winkel in ihrem Zusammenhang und außerdem der Deutlichkeit halber größer gewählt, als den Angaben 10° und 5° der Abbildung entspricht. Ferner ist in dünner Strichführung die Lage der ebenen Spanfläche mit den gleich großen, aber negativen Spanwinkeln eingetragen. Im letzteren Falle ist der Neigungswinkel λ (nach deutscher Norm) positiv. Ebenso aber kann bei negativen Winkeln a und b die Spanfläche so angeschliffen werden, daß der Neigungswinkel λ negativ wird, wie ihn die Amerikaner bevorzugen.

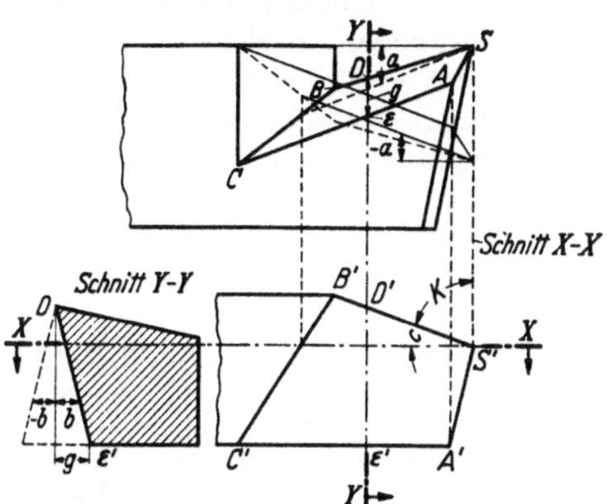

Abb. 17. Spanflächen mit positiven bzw. mit negativen Winkeln nach den USA-Normen (nach American Machinist).

Bei diesen Versuchen betrugen bzw. wurden empfohlen

eine Schnittgeschwindigkeit $v = 100$ bis 400 m/min (häufig werden $v = 200$ bis 250 m/min angewandt),

eine Schnittiefe $t = 0{,}25$ bis 1,5 mm (beim Schlichten $t < 0{,}1$ mm),

ein Vorschub gewöhnlich = 0,5 mm/U, nicht unter 0,2 mm/U,

eine Energiezufuhr zur Werkzeugmaschine von 10 ~ 30 PS (nicht selten 30 PS und mehr).

Auf diese Weise läßt sich eine Oberflächengüte unter 0,001 mm Rauhigkeitsgrad erreichen.

γ) *Schlußbemerkung.*

Aus dem bislang Mitgeteilten geht bereits hervor, daß eine Wiederholung des Standzeitversuchs mit dem gleichen Werkstoff, demselben Werkzeug und auf der gleichen Drehbank keineswegs zu einem identischen Ergebnis führen muß. Erhebliche Unterschiede in der wirtschaftlichen Schnittgeschwindigkeit können, wie bereits erwähnt, vorkommen. Der Werk*stoff* kann an der nunmehr zur Bearbeitung kommenden Stelle eine veränderte Struktur und nach Größe und Verteilung veränderte Karbideinschlüsse enthalten. Das Werk*zeug* kann im Schliff oder in der Politur nicht genau den gleichen Zustand besitzen, und selbst die Maschine kann sich im Hinblick auf Schwingungsmöglichkeit an der nunmehr vom Support eingenommenen Stelle anders verhalten. Kommt gar eine neue Werkstoffanlieferung, ein anderes Schnellstahlwerkzeug und eine andere Drehbank zur Anwendung, so können die ermittelten Schnittgeschwindigkeitswerte noch mehr abweichen.

---

[1] American Machinist (1946), S. 112.

Aus solchen Gründen dürfen weder Richtlinien noch Bedienungsvorschriften allein maßgebend sein. Die Spanbildung und der Spanablauf müssen ständig beobachtet werden, um rechtzeitig eingreifen zu können und die maximale wirtschaftliche Leistung aufrechtzuerhalten. Dazu gehört aber die Kenntnis der Einzelheiten bei der Spanbildung, damit Zeitstudienmann, Einrichter und Arbeiter wissen, worauf es bei der Spanabnahme ankommt und worauf auch während derselben zu achten ist, um Anzeichen nicht unbeachtet zu lassen, die auf eine veränderte Art der Spanbildung und der Oberflächenbeschaffenheit des Werkstücks schließen lassen. Nur so können Verluste bis zu 100% und mehr vermieden werden.

Hieraus ergibt sich eine doppelte Anforderung, nämlich:

1. daß die Zweckforschung im engsten Zusammenhang mit der grundlegenden Forschung betrieben wird, und ferner,

2. daß die Ergebnisse der grundlegenden Forschung in der Art herausgebracht werden, daß sie dem Betriebe und gerade auch dem Arbeiter von unmittelbarem Nutzen sind.

2. Grundlegende Forschung, d. h. Erforschung der Spanbildung im einzelnen.

a) Das Verschiebungsfeld.

Die Erforschung der Spanbildung hat von jeher das größte Interesse erregt. Aber die noch so sorgfältige Beobachtung führte zunächst zu unhaltbaren Vorstellungen. Ein Beispiel hierfür ist Abb. 18, welche den bahnbrechenden Arbeiten F. W. TAYLORs entnommen ist[1]. Man muß sich heute fast wundern, wie dieser Forscher annehmen konnte, daß der Schervorgang sich erst im bereits gebildeten Span vollziehe und an einer Stelle zum Abschluß komme, von welcher an der Span gar keiner Beanspruchung mehr ausgesetzt ist, sondern sich von der Werkzeugbrust lösend frei durch die Luft abläuft. Auch heute noch findet man in Schriften Abbildungen, in denen bei unter Scherwirkung ablaufenden nicht spröden Werkstoffen der Spanablauf nach F.W. TAYLOR dargestellt ist und dazu weit vorauslaufende Risse eingezeichnet sind, Risse, wie sie nur bei sprödem Werkstoff entstehen.

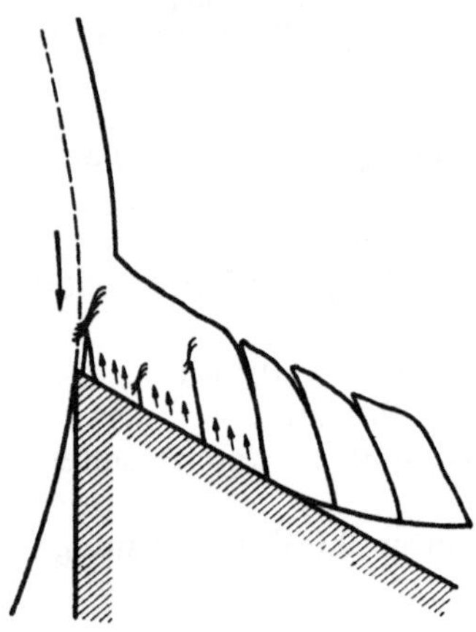

Abb. 18. Spanablauf (nach TAYLOR).

Außerordentliche Mühe ist von Engländern, Amerikanern und nicht zuletzt von Japanern aufgewandt worden, um in die Geheimnisse der Spanbildung einzudringen. Selbst spannungsoptische Methoden haben Anwendung gefunden, aber immer nur bei Aufnahmen, welche nach dem Abbremsen der Werkzeugmaschine erfolgten (Stillstandsaufnahmen) oder nur bei ganz langsamen Schnittgeschwindigkeiten (unter 1 m/min). Versuche bei hohen Schnittgeschwindigkeiten mißlangen, da die erforderlichen kurzen Belichtungszeiten nicht erreicht wurden.

Die Erfahrung hat aber gelehrt, daß die Vorgänge, welche sich bei schnellerem Spanablauf vollziehen, nicht übereinstimmen mit denjenigen bei sehr langsamer Spanabnahme, und selbst ein momentanes Anhalten des Werkstücks erfolgt nicht so schnell, daß nicht eine Störung des Vorgangs eingetreten ist, bevor das Werkstück annähernd zum Stillstand kam, so daß die Aufnahme stattfinden konnte.

[1] Proc. Amer. Soc. mechan. Eng. (1906) S. 1.

Das eigentliche Problem bestand demnach darin, während des Spanablaufs bei Schnittgeschwindigkeiten bis zu den höchstzulässigen (z. B. für Stahl etwa 250 bis 300 m/min, für Aluminium bis 2000 m/min) Momentaufnahmen und, wie es sich zeigen wird, in manchen Fällen auch kinematographische Aufnahmen zu machen, um den Spanablauf in seinem wechselvollen Vorgange zu erforschen.

Die Forschung[1] erstrebte für alle, auch die höchsten Schnittgeschwindigkeiten die Feststellung

a) des Verschiebungsfeldes an der Spanwurzel,

b) des Spannungsfeldes, aus welchem sich das erstere ergibt,

c) des Temperaturfeldes an jedem Punkt des Werkzeugs, des Werkstücks und des ablaufenden Spans im Gebiet der Spanbildung und

d) des Feldes der Festigkeitsänderungen des Werkstoffs im Gebiet der plastischen Verformung an der Spanwurzel.

Abb. 19. Spanablauf nach dem ebenen Problem.

Es lag auf der Hand, daß die Forschung mit dem Studium des unter einfachsten Schnittbedingungen ablaufenden Spans beginnen mußte, d. h. unter Zugrundelegung des sog. *ebenen Problems*. Dieser Fall liegt vor, wenn der Span nach Abb. 19 über die Schneide eines Werkzeugs von der Art eines Einstechstahls abläuft, ohne daß die beim Einstechen auftretenden Zwängungen den Spanablauf beeinflussen, d. h. der Einstechstahl entnimmt den Span am Umfang einer schmalen Scheibe. Die Scheibe muß schmal sein, um das beim breiten Schnitt, selbst bei einer starken Drehbank auftretende Erzittern des Werkzeugs zu vermeiden. Bei dieser Art der Spanabnahme treten, wie eine einfache Überlegung ergibt, in allen Querschnitten senkrecht zur Schneide dieselben Beanspruchungen, dieselben Spannungen und dieselben Temperaturen auf. Die Forschung kann demnach beschränkt werden auf die Vorgänge in einer Ebene senkrecht zur Schneide und somit auf die Seitenfront von Werkzeug, Werkstück und Span.

Gerade bei Werkstoffen, welche nicht weich sind, sondern eine gewisse Steifheit besitzen — und das sind Stahl und die wesentlichen Metalllegierungen —, entspricht das Verschiebungsfeld an der Oberfläche des Werkstücks, also im vorliegenden Falle an der Stirnfläche, nahezu genau dem Vorgang im Innern. Photographische Aufnahmen gegen die Stirnfläche des Werkstücks übermitteln daher eine annähernd genaue Vorstellung von dem Verschiebungsfeld auch von jedem Querschnitt im Innern des Spans. Schliffe aus dem Innern des Werkstoffs haben die Richtigkeit dieser Überlegung bestätigt.

Es kam nun nur darauf an, die Belichtungszeiten so abzukürzen, daß während der Aufnahme das Werkstück an der Spanwurzel keinen größeren Weg zurücklegt als etwa $^1/_{50}$ mm, damit die Bilder scharf bleiben. Eine einfache Rechnung ergibt, daß bei Momentaufnahmen, z. B. bei der Schnittgeschwindigkeit von 600 m/min, die Belichtungszeit $1/_{500000}$ s nicht überschreiten darf. Filme erfordern noch kürzere Belichtungszeiten, weil in diesem Falle die Bilder

[1] F. Schwerd: Stahl u. Eisen Bd. 51 (1931) S. 481. Die nunmehr folgenden Abbildungen sind, wenn nicht ausdrücklich ein Autor angegeben, im Institut für Werkzeugmaschinen der T. H. Hannover entstanden.

aneinandergereiht kreisen müssen und weil bei diesem Vorgang das Bild ebenfalls nur etwa $^1/_{50}$ mm während der Aufnahme zurücklegen darf. Bei einer

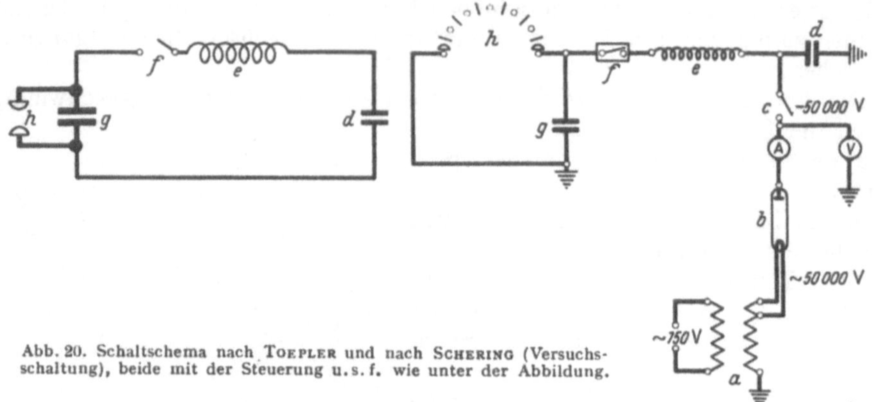

Abb. 20. Schaltschema nach TOEPLER und nach SCHERING (Versuchsschaltung), beide mit der Steuerung u.s.f. wie unter der Abbildung.

Bildfolge in $^1/_{2000}$ s und einer Bildbreite von 30 mm erfordert dies bereits eine Einschränkung der Belichtungszeit auf $^1/_{3\,000\,000}$ s.

Es kam also darauf an, eine schnelle Folge lichtstarker Funken von sehr kurzer Funkendauer herzustellen. Dies gelang mit einer von H. SCHERING angegebenen Variante (Abb. 20) der TOEPLERschen Schaltung[1]. In dieser Variante war eine Vielfachfunkenstrecke in Luft [mit 86 in Kreisen angeordneten Funkenstrecken (Abb. 21)] vorgesehen, die später durch die nachstehend noch erörterte Preßgasfunkenstrecke ersetzt wurde. Die Ausführung [(Abb. 22) ohne Darstellung der Funkenstrecke] war insofern noch umständlich, als zur Herstellung des Aufladestroms von 50 kV für die Speicherbatterie eine Wechselspannung nicht zur Verfügung stand (Abb. 23).

Abb. 21. Vielfachfunkenstrecke mit 86 in Reihen angeordneten Funkenstrecken und mit 86 vorgebauten Glaslinsen. *a* Funkenstrecken; *b* Funkenkapazität; *c* Zuleitung; *d* Ableitung zur Erde; *e* Balg; *f* Tubus mit Objektiv.

Die Ladung des auf 50 kV aufgeladenen Speicherkondensators von 0,5 μF „schwingt" beim Schließen des Preßgasschalters über die Drossel mit geradem Eisenkern in den Funkenkondensator von 0,03 μF, der sich jedesmal über die am Funkenkondensator angebaute Beleuchtungsfunkenstrecke entlädt, sobald seine Spannung die Überschlagsspannung erreicht. Es entsteht eine „selbstgesteuerte" Funkenfolge. Die zeitlichen Abstände der Funken sind — abgesehen von den ersten und letzten —

[1] GLATZEL, B.: Elektrische Methoden der Momentphotographie. Braunschweig: Vieweg 1915. — F. SCHWERD: Z. VDI. Bd. 80 (1936) S. 233.

annähernd gleich. Sie lassen sich durch die eingeschaltete Windungszahl der Drossel einstellen, bequemer aber noch bei der Preßgasfunkenstrecke durch Verstellen der Länge der Funkenstrecke.

Abb. 22. Ansicht der Versuchsanlage ohne Darstellung der Funkenstrecke. Preßgasfunkenstrecke.

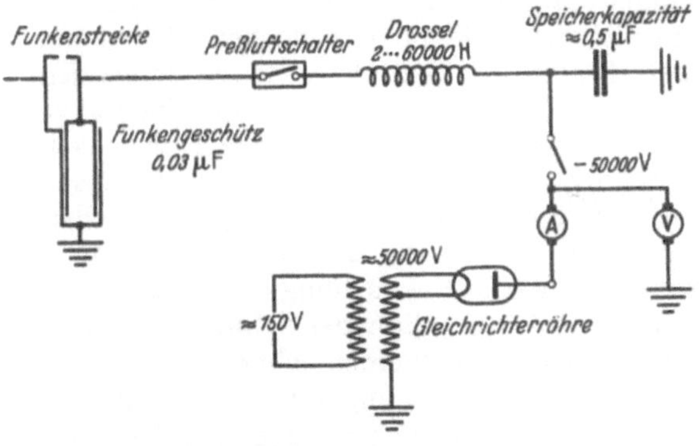

Abb. 23. Schaltschema zu Abb. 22.

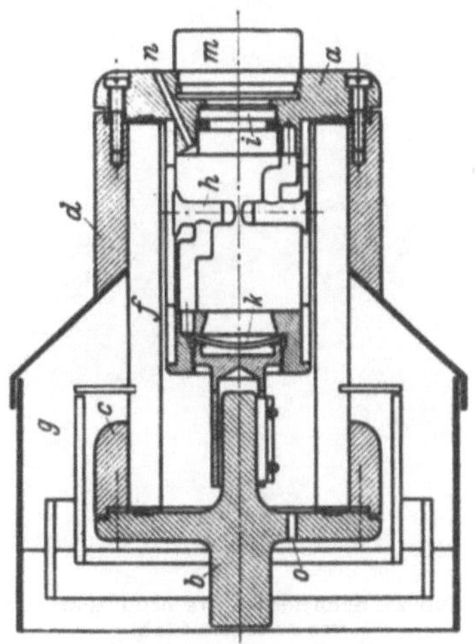

Abb. 24. Preßgasfunkenstrecke.
a vorderer Deckel; *b* hinterer Deckel; *c*, *d* Schrumpfringe; *f* Hartpapierrohr; *g* Wachs-Kollophonium-Verguß; *h* Wolfram-Elektroden; *i* Plangasplatte; *k* Hohlspiegel; *m* Kondensor (Linse); *n* Druckgaseintritt; *o* Druckgasaustritt.

Der Ersatz der Vielfachfunkenstrecke durch die Preßgasfunkenstrecke (20 atü CO_2) (Abb. 24) mit einem einzigen Beleuchtungsfunken von wenigen mm Länge ergab eine fast punktförmige Lichtquelle. Die Kohlensäure erhöht die Helligkeit. Der Widerstand des kurzen Funkens im Preßgas ist allerdings erheblich kleiner als derjenige der vielen Funken in Reihe in Luft. Um dennoch eine oszillatorische Einzelentladung zu vermeiden, zumindest die zweite Amplitude des Funkenstroms so klein zu halten, daß kein nachträgliches Störbild entsteht, wurde die Induktivität des Funkenwerferkreises herabgedrückt, indem die Funkenstrecke mit dem Funkenkondensator durch zwei konzentrische Rohre fest verbunden wurde.

Die erhebliche Lichtausbeute gestattete es, die auch noch mit dem Gasdruck bequem zu regelnde Überschlagsspannung der Beleuchtungsfunkenstrecke erheblich niedriger zu wählen als die Anfangsspannung des Speicherkondensators. Dadurch wuchs die Funkenzahl bis zur Entleerung des Speicherkondensators erheblich (von 10 auf etwa 60 Funken), und der zeitliche Funkenabstand sank.

Das Bild wird durch einen rotierenden Platinspiegel auf einen feststehenden Film geworfen. Die Geschwindigkeit des Bildes kann bis auf mehrere hundert m/sek, also langsame Geschoßgeschwindigkeit, gesteigert werden. Damit erhält man Bildfolgen in etwa 0,002 bis 0,0002 s bei Bildlängen von $1^1/_2$ bis etwa 4 cm.

Die keineswegs einfache Durchrechnung des Schwingungsvorgangs geht von der Differentialgleichung

$$\frac{d^2 i}{d t^2} + \frac{R\,di}{L\,dt} + \frac{i}{L\,C\,r} = 0$$

aus und wurde von SCHERING in Zusammenarbeit mit den Mathematikern der Hochschule gelöst.

Machte man Momentaufnahmen auf eine photographische Platte, so konnten dieselben in 15facher Vergrößerung aufgenommen werden, während bei Filmen infolge der kürzeren Belichtungszeiten die Vergrößerung nur etwa 5fach genommen werden durfte, damit die Bilder lichtstark blieben.

Abb. 25. Schneidenansatz beim Abdrehen von weichem Stahl. Werkstoff: Stahl St 42.11; Schnittgeschwindigkeit $v = 22{,}6$ m/min; Vorschub $s = 0{,}33$ mm/U.

Mit dieser Apparatur wurden zunächst Momentaufnahmen gemacht vom Spanablauf eines Stahls St 42.11. Gerade bei solchen weichen Konstruktionsstählen tritt der Schneidenansatz auf — fälschlich Aufbauschneide genannt, denn es ist keine Schneide, wie nachstehend gezeigt wird —. Der Schneidenansatz verhindert das Entstehen einer glatten Oberfläche am Werkstück. Der Zufall brachte es mit sich, daß die Erforschung der Spanbildung gerade mit dem Studium des Schneidenansatzes begann. Abb. 25 zeigt einen Schneidenansatz bei einer Schnittgeschwindigkeit von 22,6 m/min. Eine Stillstandsaufnahme und ein Bild von Teilen des Schneidenansatzes in 110facher Vergrößerung (Abb. 26 und 27) vervollständigten die Unterlagen zur Erklärung des Vorgangs bei der Bildung des Schneidenansatzes. Der Werkstoff wird von der Schneide nicht durchschnitten, sondern dehnt sich über die Schneide hinweg und schichtet sich über derselben auf, indem die Kristallkörper, wie Abb. 27 (links unten) zeigt, scharf umgebogen werden. Dann reißt der Werkstoff ab, und es bilden sich Einrisse an der Oberfläche des Werkstücks und an der Unterfläche des Spans. Im Querschnitt haben diese Einrisse die Form von Schluchten unter heraustretenden Zipfeln (Abb. 26 u. 28).

Es entstand nun die Frage, wie kann diese schichtenförmige Überlagerung vor der Schneide sich fortsetzen und ihr Ende finden. Die sicherste Erklärung

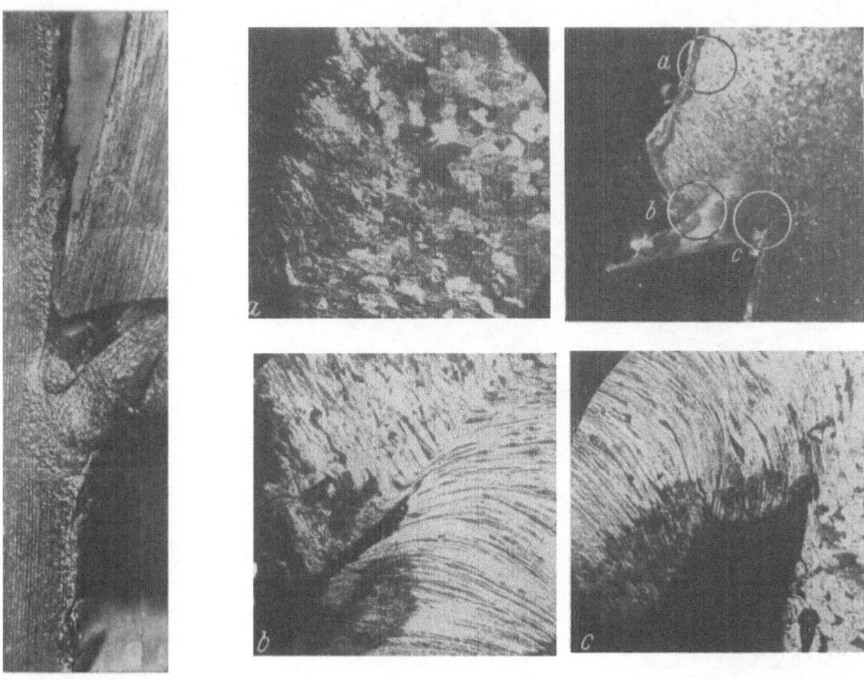

Abb. 26. Stillstandsaufnahme gleichfalls mit St 42.11.

Abb. 27. Teile des Schneidenansatzes von Abb. 25 in 110facher Vergrößerung. Die 3 Kreis'chen in der Orientierungsabbildung rechts oben deuten die Stellen an, zu welchen die 110fachen Vergrößerungen gehören.

hierfür gaben die Filmaufnahmen. Sie lehrten, daß der Schneidenansatz sehr schnell in seiner Aufschichtung so sehr anwächst, daß er unstabil wird und abwandern muß. Die in der angefügten Bildtafel wiedergegebenen Filmaufnahmen (Abb. 29) läßt die Zeit des Entstehens und Abwanderns des Schneidenansatzes im vorliegenden Zerspanungsvorgang bei einer Schnittgeschwindigkeit von 17 m/min berechnen. Die Zeit zwischen zwei Abbildungen ist in Millisekunden jeweils unten im Zwischenraum zwischen 2 Abbildungen eingeschrieben. Der Schneidenansatz wächst in diesem Falle über eine Bildfolge von 10 Bildern, d. h. in einer Zeit von rund 0,02 sek an und wandert ab, und sogleich beginnt die Neubildung des folgenden. Ein Schema hierzu gibt Abb. 30. Dieses Schema kennzeichnet indessen den selteneren Fall, daß ein Teil des Schneidenansatzes, wenn auch nur vorübergehend, einmal während etwas längerer Zeit am Werkzeug haftenbleibt, während gewöhnlich der Schneidenansatz im ganzen abwandert.

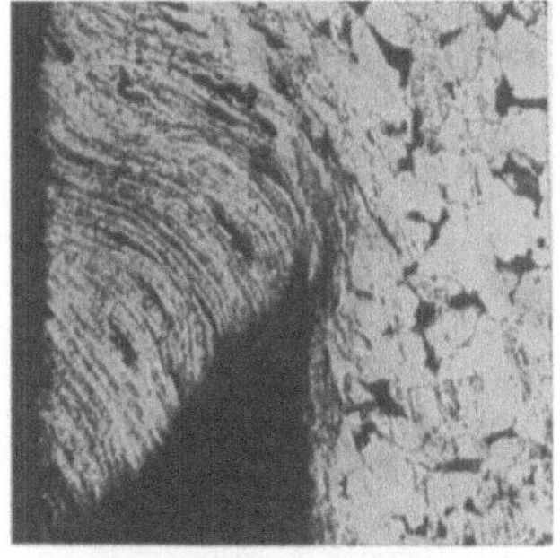

Abb. 28. Am Werkstock stehengebliebener Teil eines Schneidenansatzes $v = 10$ m/min.

2,5
2,6
2,1
2,3
2,0
1,7 ms
2,0
1,9
1,9
2,0
1,8
1,6
1,4
1,5
1,6
1,6 ms
1,4
1,5
1,6
1,4
1,4
1,7
1,4
1,6
1,7 ms

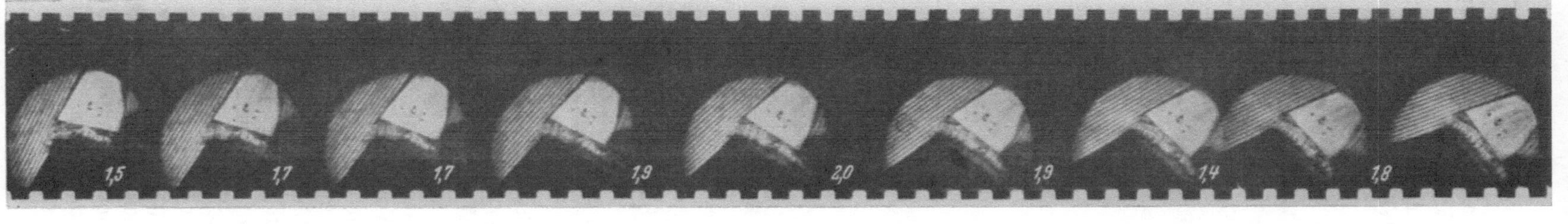

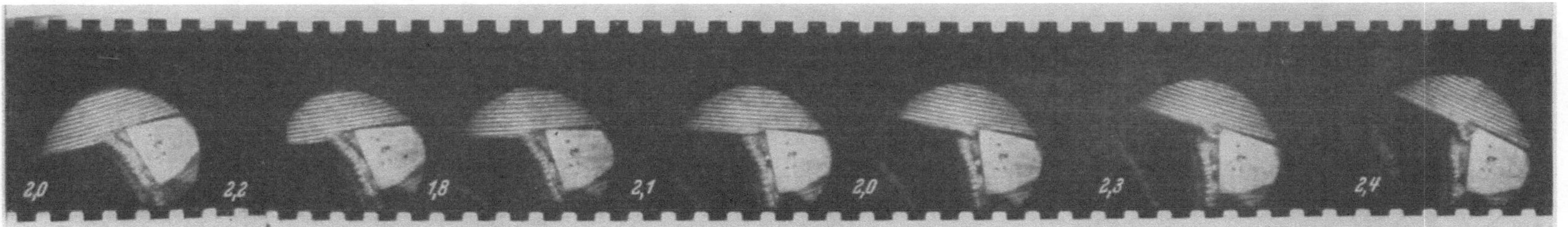

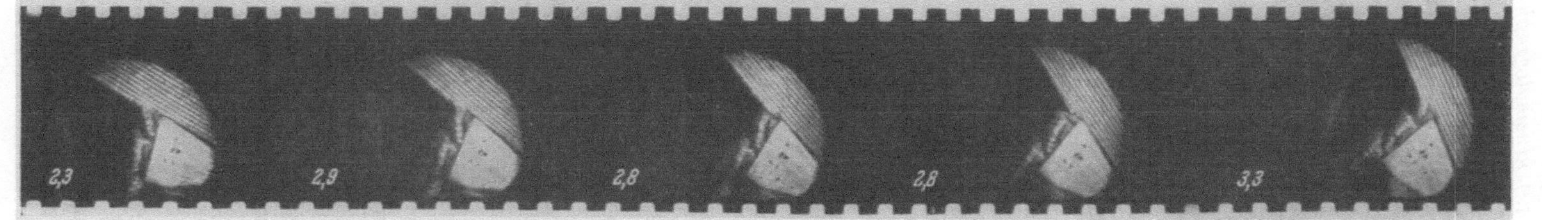

Abb. 29. St. 42,11 Schnittgeschwindigkeit $v = 17$ m/min, Schneidenansatz. Vorschub $s = 0,4$ mm/U; Spanwinkel $\gamma = 15°$; Freiwinkel $\alpha = 6°$; Vergrößerung in der Aufnahme: 3fach.

Auf jeden Fall aber beweist schon dieses erste Ergebnis die *Notwendigkeit, auch auf kinematographischem Wege die Forschung durchzuführen.*

Selten bleibt der Schneidenansatz längere Zeit bestehen und wirkt aufspaltend. Immer aber verdirbt er die Oberfläche des Werkstücks.

Die Grenzgeschwindigkeit, oberhalb deren der Schneidenansatz sich nicht mehr bildet, hängt ab von

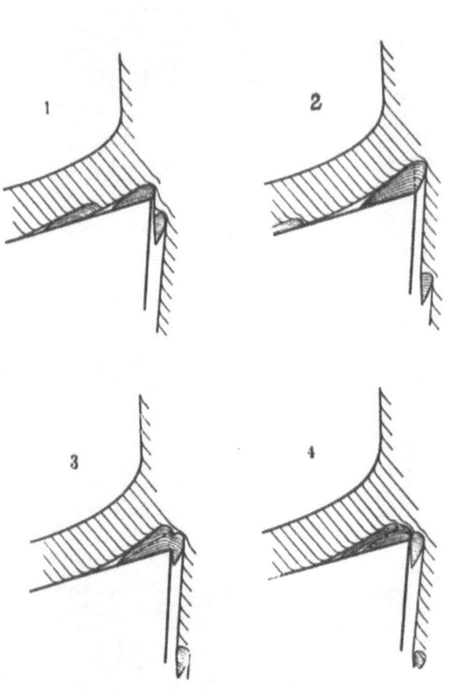

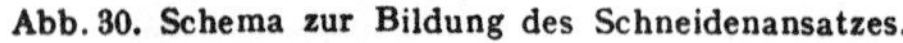

Abb. 30. Schema zur Bildung des Schneidenansatzes.

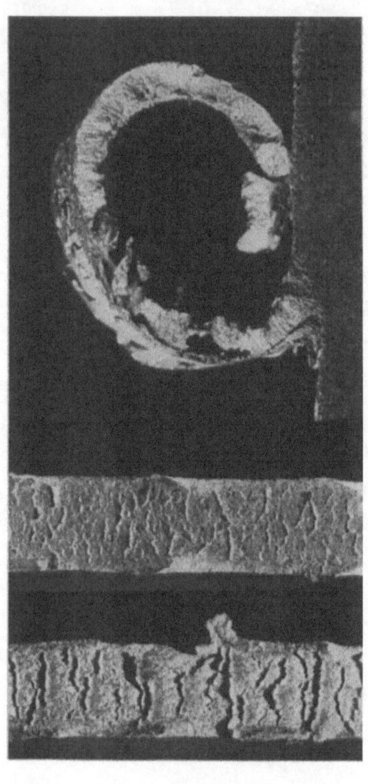

Abb. 31. Zunahme der Einrisse (Schluchten) mit abnehmender Schnittgeschwindigkeit.

1. dem Werkstoff des Werkzeugs und des Werkstücks und deren Neigung zum Verschweißen; 2. der Glätte der Spanfläche; 3. der Schnittgeschwindigkeit; 4. dem Vorschub (Scherspan); 5. der Temperatur, Wärmeableitfähigkeit; 6. der Rauhigkeit des abwandernden Spans.

Die in den Abb. **29**, **39** bis **43** und **45** gezeigten Filmstreifen stellen jeweils lückenlose Folgen in den Aufnahmen des betreffenden Vorgangs dar.

In der Praxis war es bereits bekannt, daß bei hohen Schnittgeschwindigkeiten die Oberflächen weniger rauh ausfallen, als es im vorliegenden Falle aus der Stillstandsaufnahme (Abb. **26**) hervorgeht. Abb. **31** bei ganz langsamer Schnittgeschwindigkeit zeigt, daß die Schluchten mit abnehmender Schnittgeschwindigkeit zunehmen; der Werkstoff gewinnt Zeit, tiefer einzureißen. Die beiden Aufnahmen unten stammen von der Peripherie der Werkstückscheibe und zeigen diese Schluchten. Die obere dieser beiden Aufnahmen stammt etwa von der Stelle, an welcher der ringförmige Span abgetrennt wurde, der sich oben (Abb. **31**) an die Peripherie des Werkstücks angelegt hat. Die Umfangs- und somit die Schnittgeschwindigkeit betrug noch etwa **3** m/min. Die untere Aufnahme gehört zu der Stelle unmittelbar unter dem Schneidenansatz. Bei dieser Aufnahme befand sich die Drehbank schon nahezu im Stillstand.

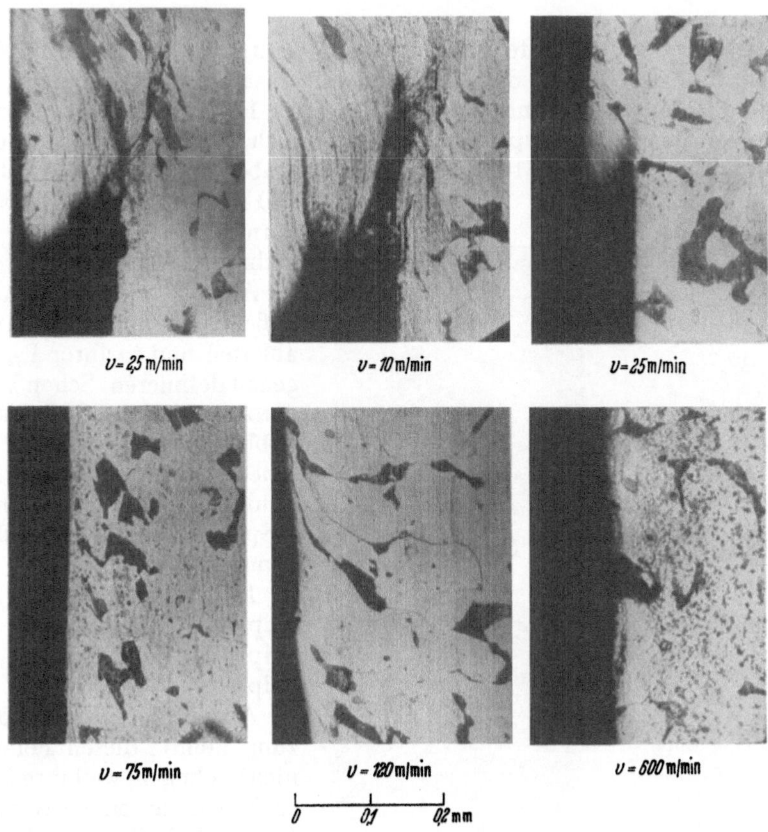

Abb. 32. Querschnitte senkrecht zur Oberfläche des Werkstückes in Schnittrichtung.

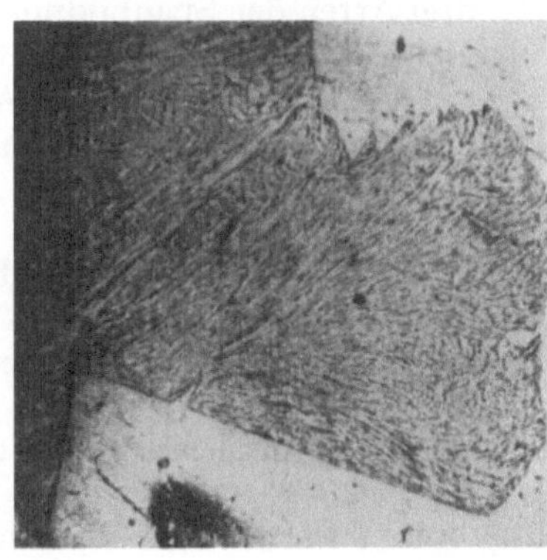

Shear Chip

Tear Chip

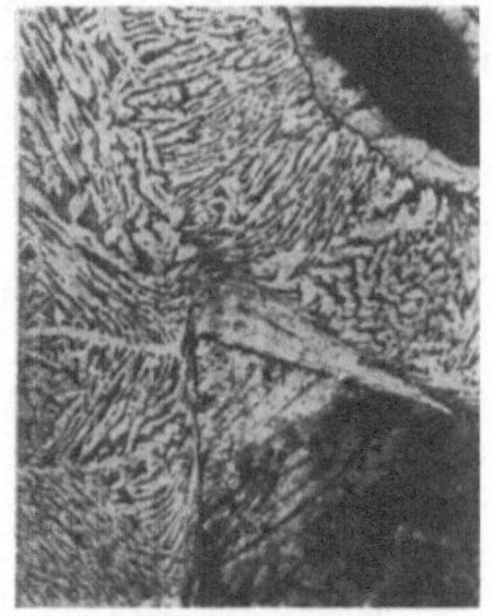

Flow Chip

Abb. 33. Die 3 Spantypen.
(Nach ROSENHAIN und STURNEY.)

Abb. 32 gibt Querschnitte senkrecht zur Oberfläche des Werkstücks in Schnittrichtung. Sie lehren, daß die Schneidenansatzbildung bei dem Stahl St 42.11 und Schnittgeschwindigkeiten über etwa 120 m/min nicht mehr auftritt, daß aber die Kristallkörper am Werkstoff noch umgelegt werden und daß dieser Vorgang erst bei Schnittgeschwindigkeiten über 120 m/min aufhört. Bei 600 m/min sind die Kristallkörner in der Abbildung nicht mehr umgelegt.

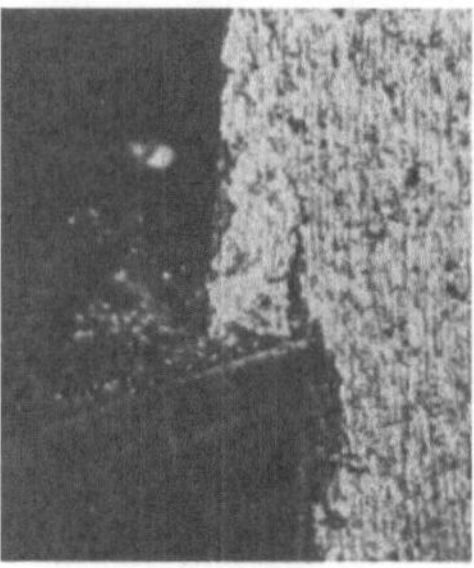

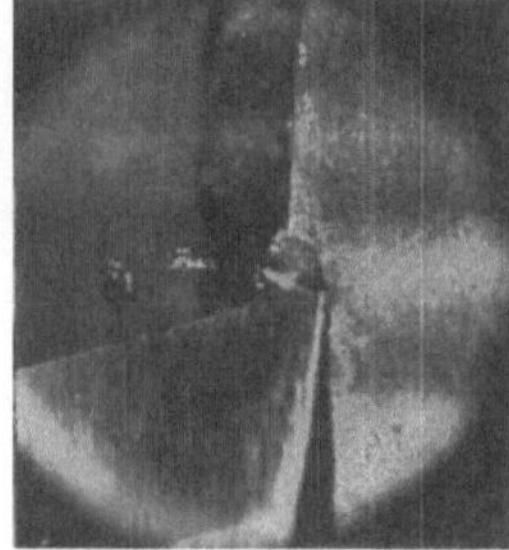

Abb. 34. Spantypen. (Nach SCHWERD.)

Aus zahlreichen Aufnahmen ließen sich nun 3 Spantypen ableiten und in ihrer Eigenart genau definieren. Schon W. ROSENHAIN und A. C. STURNAY[1] (Abb. 33) haben auf die typischen Arten der Spanbildung hingewiesen und folgende 3 Spanformen als typisch gekennzeichnet:

1. den Reißspan (Shear chip); 2. den Fließspan (Flow chip); 3. den Scherspan (Tear chip).

Aber eine scharfe Abgrenzung konnte diesen Forschern nicht gelingen, weil ihre Untersuchungen an einem Werkstoff (vermutlich Rotguß) durchgeführt wurden, bei welchem diese drei Arten der Spanbildung im Reinzustand nicht auftreten.

Auf Grund zahlreicher Aufnahmen mit der vorerwähnten funkenkinematographischen Apparatur kann nach Abb. 34 folgende genaue Definition[2] gegeben werden:

Der Reißspan entsteht, wenn die Normalspannung im Werkstoff überwunden wird, die Trennungsflächen also senkrecht auseinanderplatzen.

Der Fließspan entsteht, wenn in kontinuierlicher Scherung ein Abscheren des Werkstoffs vom Werkstück stattfindet.

Der Scherspan entsteht, wenn dieses kontinuierliche Abscheren durch diskontinuierliche Scherung unterbrochen wird.

Neuerdings ist hierzu ein Lehrfilm[3] herausgebracht worden, der ablaufend diese drei Spanbildungen eindrucksvoll vorführt.

Genauer betrachtet, ergibt sich für die 3 Spanbildungen folgende Erklärung:

Der Reißspan entsteht bei spröden Werkstoffen, ohne daß merkliche Gleitung eintritt. Die Trennfestigkeit wird überwunden, indem die durch die Schnittkraft entstehenden Normalspannungen die Bruchgrenze erreichen. Die Bruchfläche ist oft eine zufällige muschelartig abgesprengte. Krasse Beispiele für

---

[1] Engg. Bd. 119 (1925) S. 137 u. 178.
[2] SCHWERD, F.: Techn. Zbl. prakt. Metallbearb. Nr. 21/22 (1936).
[3] Institut für Film und Bild in Wissenschaft und Unterricht, Abt. Hochschule u. Forschung in Göttingen.

Reißspanbildung gibt Abb. 35a u. b, nämlich das Absprengen großer Spanstücke beim Abdrehen einer Hartgußwalze.

Der Fließspan kann nur entstehen bei mehr oder weniger zähem Werkstoff und bei starr seine Lage senkrecht zur Schnittkraft beibehaltendem

a b

Abb. 35a und b. Reißspanbildungen. Werkstoff: Hals einer Hartgußwalze.

Werkzeug, d. h. bei relativ leichten Spänen und starken Maschinen sowie bei verhältnismäßig hoher Schnittgeschwindigkeit. In diesem Falle entsteht eine fortdauernde Scherung, schichtenweise in dünnen, nahezu ebenen Schichten. Der Scherwinkel ϑ (Abb. 36), bei welchem das Gleiten den geringsten Widerstand findet, beträgt etwa 35° bei geringer Schnittgeschwindigkeit, er steigt an bis auf 45° bei hoher Schnittgeschwindigkeit.

Folgende Anschauung erklärt den Vorgang: Die Scherung versteift die Werkstoffschicht in der Scherfläche durch eine Art Blockierung infolge von Härtung. So bietet die nächstbenachbarte Schicht den geringeren Widerstand, und die Scherung geht auf diese Schicht über. Es ergibt sich ein zusammenhängender, gestauchter, feingeschichteter Span, kürzer, als er noch unabgetrennt am Werkstück war.

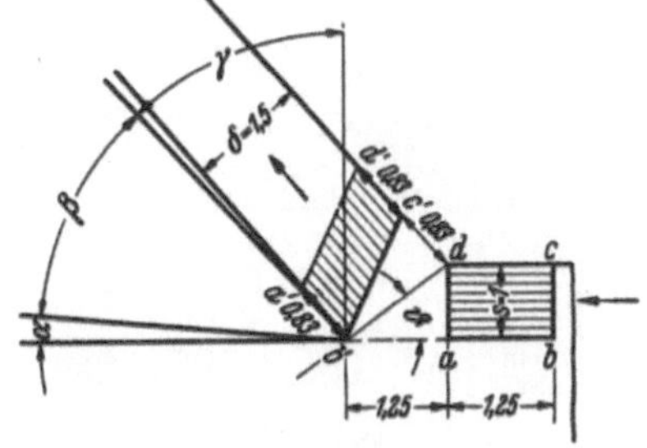

Abb. 36. Scherwinkel ϑ bei kontinuierlicher Scherung (Fließspanbildung).

Bei Erhöhung der Schnittgeschwindigkeit ist nicht mehr Zeit, die Dehnung auf ein so großes Gebiet wie bei langsamem Schnitt zu erstrecken. Das plastische Deformationsgebiet schrumpft zusammen, der Scherwinkel ϑ wird größer, und damit wird auch die gesamte Arbeitsleistung für 1 kg Späne bei eintretender Temperatursteigerung, die sich dann auf ein kleineres Gebiet erstreckt, geringer, und die Schnittkraft nimmt ab.

Versuche von SCHALLBROCH (Abb. 37) geben eine Vorstellung von der Abnahme der Schnittkraft mit zunehmender Schnittgeschwindigkeit bei gleichen Vorschüben.

Der Scherspan entsteht ebenfalls bei mehr oder weniger zähem Werkstoff, aber unter elastischem Zurückweichen des Werkzeugs vor der Schnittkraft, insbesondere bei starken Spänen. Dünnen Spänen gegenüber behält das Werkzeug seine Lage nahezu starr bei, da die Schnittkraft gering ist. Der Anlaß zur Scherspanbildung wird vermieden. Bei stärkeren Spänen aber weicht das Werkzeug mehr und mehr mit dem vom Anschnitt ab ansteigenden Spanquerschnitt und der zunehmenden Schnittkraft zurück, bis die Anspannung von Werkzeug und Maschine so groß geworden ist, daß ein weiteres Zurückweichen vor der Schnittkraft nicht mehr stattfindet und der maximale Scherwiderstand überwunden wird. Mit dem momentanen Überschreiten des maximalen Scherwiderstandes aber nimmt derselbe unmittelbar weiter ab, das Werkzeug schnellt vor und verursacht so in nahezu derselben Scherfläche eine Durchscherung, die bei spröderen Werkstoffen bis zum Scherbruch führen kann. Die Durchscherung erfolgt also ruckweise. Getrennte Scherschuppen fallen vom Werkstück ab. Gewöhnlich allerdings behalten die Schuppen ihren Zusammenhang miteinander, und das Ergebnis ist ein nach Schuppen unterteilter, zusammenhängender, ziemlich brüchiger Span.

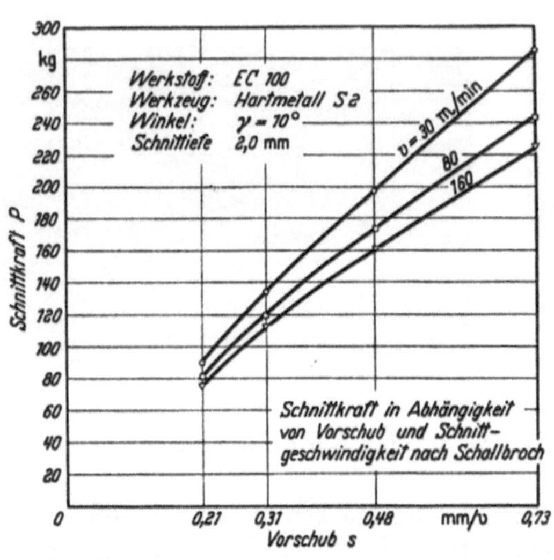

Abb. 37. Schnittkraft in Abhängigkeit vom Vorschub und Schnittgeschwindigkeit. (Nach SCHALLBROCH.)

Das Werkzeug setzt zur Bildung der nächsten Spanschuppe an, indem eine Scherfläche bei kleinem Spanquerschnitt und bei anfänglich kleinem Scherwiderstand nicht parallel zur bisherigen Durchscherfläche, sondern schräg zu derselben entsteht. Stets aber hat die Bildung eines Scherspans ein, wenn auch geringes, elastisches Zurückweichen des Werkzeugs zur Voraussetzung.

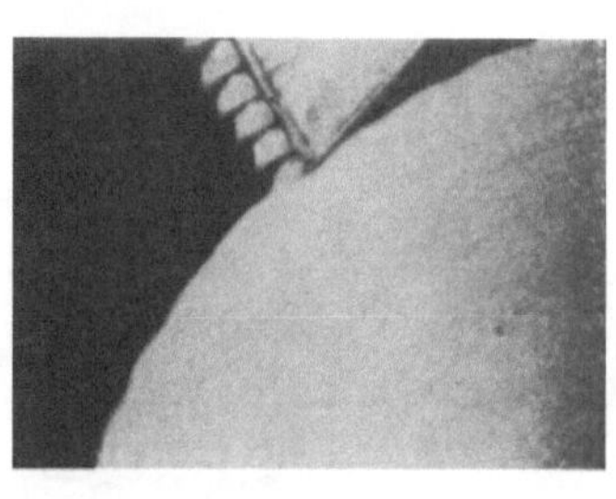

Abb. 38. Automatenstahl Auro $v = 7{,}6$ m/min; $s = 0{,}33$ mm/U. $b = 3$ mm; $\gamma = 15°$; $v = 3$ mal.

Daß an dieser Scherspanbildung das Zurückweichen des Werkzeugs beteiligt ist, zeigt Abbildung 38.

Mit vorstehenden Feststellungen steht die häufige Anweisung an den Arbeiter im Einklang, einen stärkeren Drehstahl zu nehmen bzw. den Stahl kürzer und damit starrer einzuspannen, nicht nur, um das rhythmische Vorschnellen und damit das Hämmern des Werkzeugs zu vermeiden, um also die Werkzeugschneide zu schonen, sondern auch, um eine glattere Oberfläche am Werkstück zu erhalten.

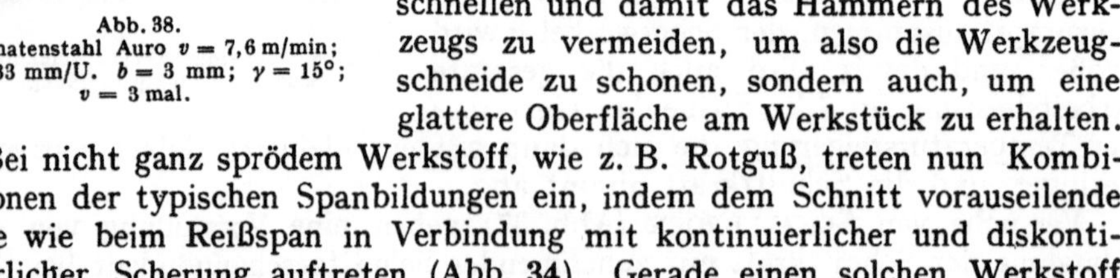

Bei nicht ganz sprödem Werkstoff, wie z. B. Rotguß, treten nun Kombinationen der typischen Spanbildungen ein, indem dem Schnitt vorauseilende Risse wie beim Reißspan in Verbindung mit kontinuierlicher und diskontinuierlicher Scherung auftreten (Abb. **34**). Gerade einen solchen Werkstoff hatten W. ROSENHAIN und A. C. STURNEY ihren Untersuchungen zugrunde gelegt.

Ausschnitte aus den 4 Filmen (Abb. **39** bis **42**[1]) wie auch in Abb. **29**[1] zeigen den Verlauf der Spanbildung während eines Zeitraums, bis zu dem sich der Vorgang wiederholt.

[1] des Instituts für Werkzeugmaschinen und Fabrikbetrieb an der T. H. Hannover.

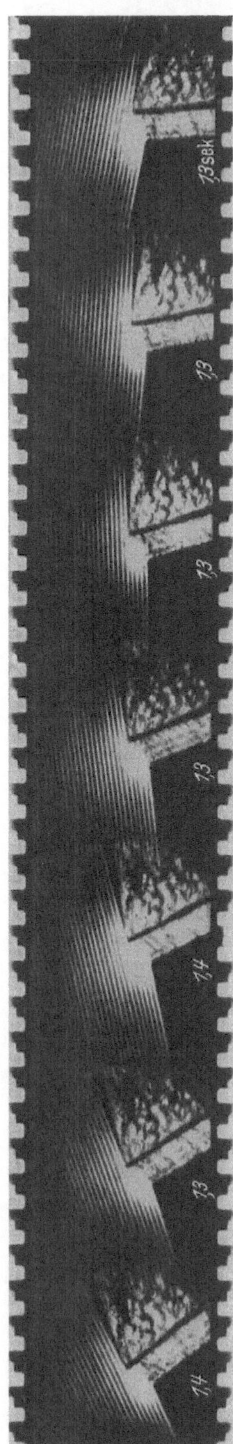

Abb. 39. St 42.11. Schnittgeschwindigkeit $v = 360$ m/min; Vorschub $s = 0{,}7$ mm/U; Spanwinkel $\gamma = 15°$; Freiwinkel $\alpha = 6°$; Vergrößerung in der Aufnahme 3fach.

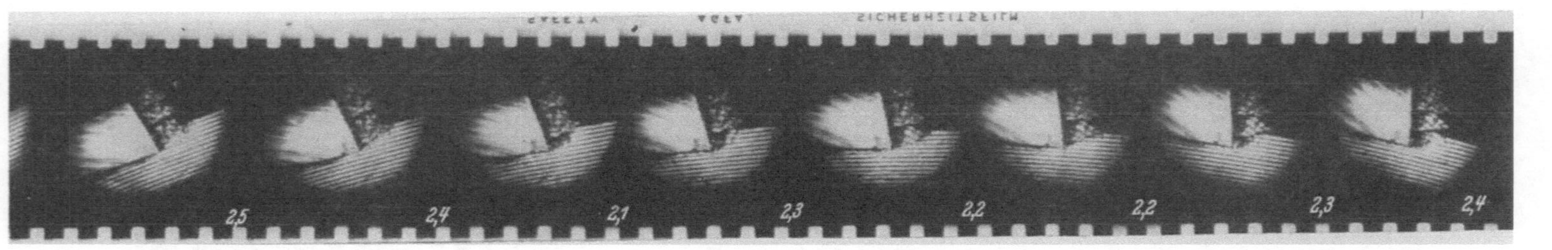

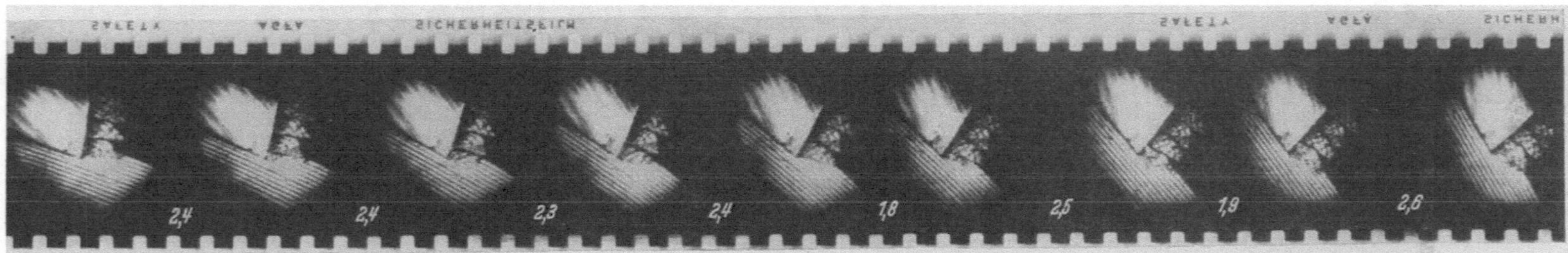

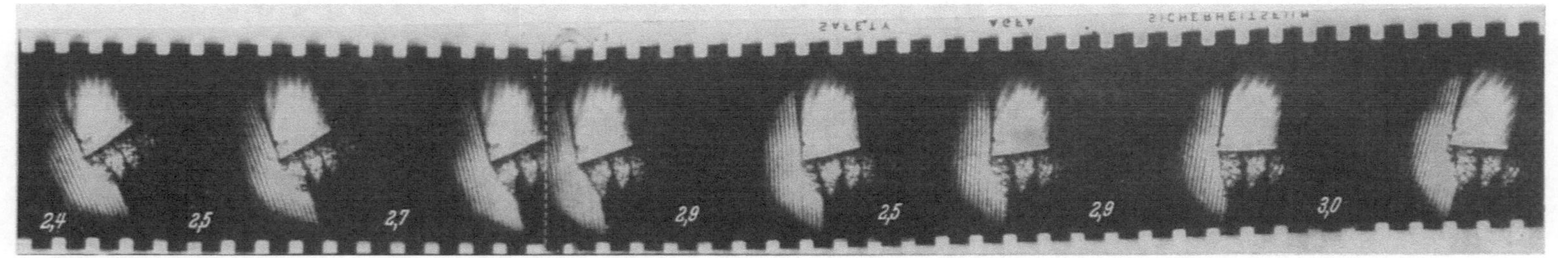

Abb. 40. St 70.11. Scherspan. Schnittgeschwindigkeit $v = 14$ m/min; Vorschub $s = 0{,}85$ mm/U; Spanwinkel $\gamma = 10°$; Freiwinkel $\alpha = 8°$; Vergrößerung in der Aufnahme 3fach.

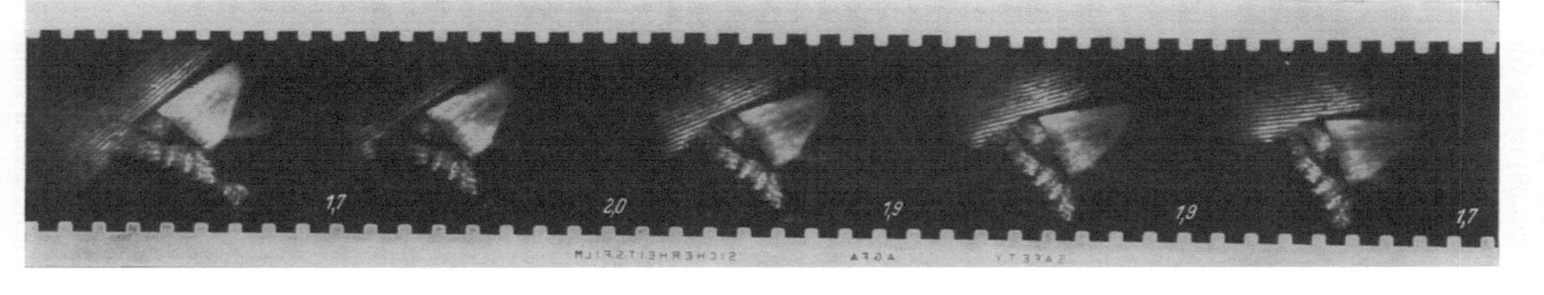

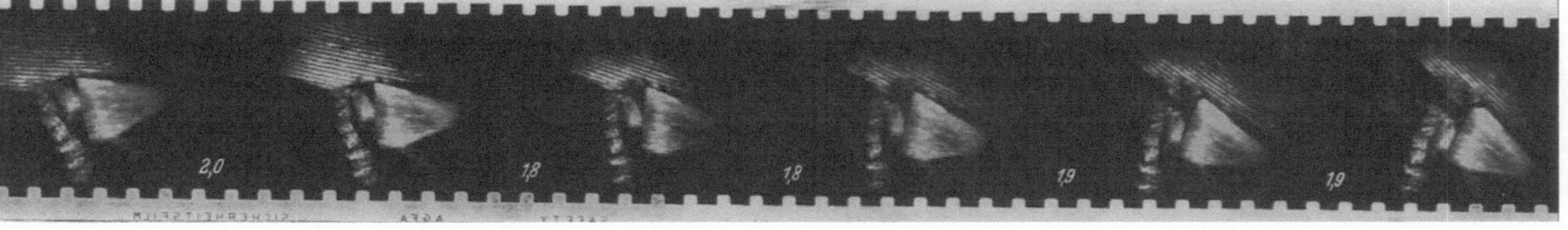

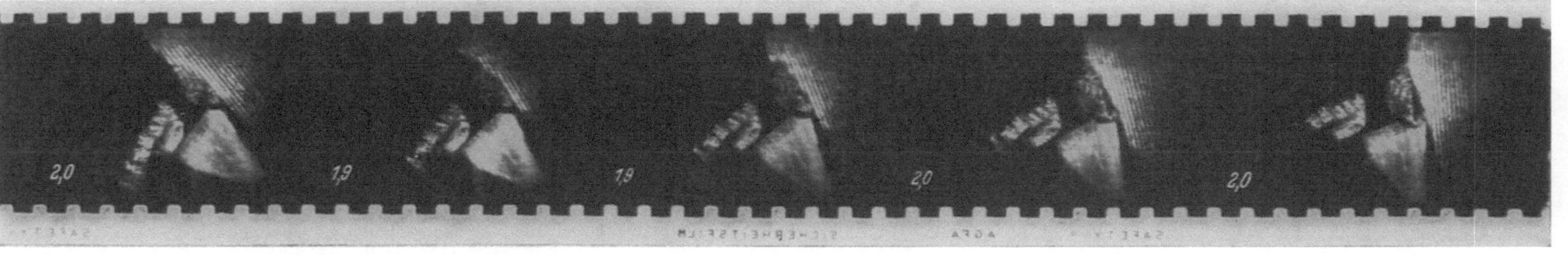

Abb. 41. St 42.11. Schnittgeschwindigkeit $v = 17$ m/min; Vorschub $s = 0{,}7$ mm/U; Spanwinkel $\gamma = 15°$; Freiwinkel $\alpha = 6°$; Vergrößerung in der Aufnahme 3fach.

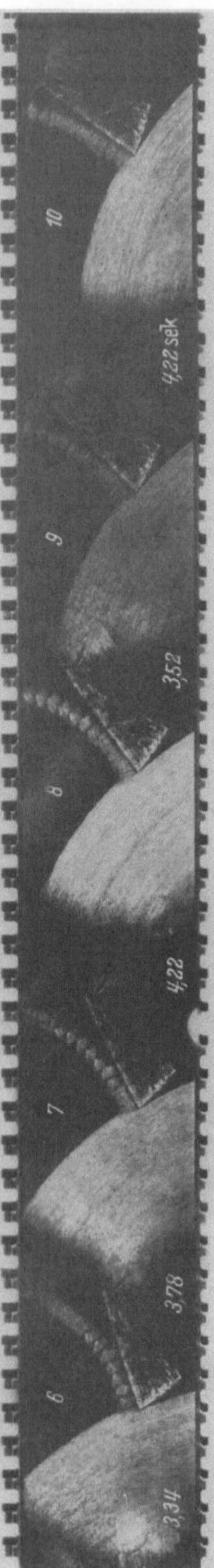

Abb. 42. Hasperit Automatenstahl $v = 45{,}3$ m/min; $s = 0{,}395$ mm/U; $b = 3$ mm; $\gamma = 10°$; VdA: 3 fach.

Bei dem Fließspan (Abb. **39**) ist die Gleichmäßigkeit beim Abfluß des Spans so groß, daß von Bild zu Bild ein wesentlicher Unterschied nicht auftritt.

Bei dem Scherspan (Abb. **40**) kann man die Bildung einer Spanschuppe im einzelnen verfolgen und die Zeiten feststellen, welche während der fortschreitenden Spanbildung verfließen. Die Zeiten von Bild zu Bild sind auch hier wieder unter den Zwischenräumen in ms angegeben.

In gleicher Weise kann in Abb. **41** das Entstehen, Wachsen und Abwandern des Schneidenansatzes bei stärkerem Span als in Abb. **29** verfolgt werden (vgl. S. 578/79). Die Abb. **39** bis **41** veranschaulichen die Bildung des Schneidenansatzes unter gelegentlicher Abscherung des Spans. Bei einem solchen Span würde die Unregelmäßigkeit in der Spanbildung auch mit bloßem Auge erkenntlich sein. In anderen Fällen hingegen läuft der Span, von der Oberseite gesehen, nahezu wie ein glatter Fließspan über den Schneidenansatz ab. Daraus folgt, daß der Dreher aus dem sichtbaren Spanablauf, also während der Arbeit, nicht immer einen sicheren Schluß auf die Güte der erzeugten Oberfläche ziehen kann.

Um so mehr ist es erforderlich, daß die Forschung Aufschluß gibt über den zu verwendenden Werkstoff und über die Schnittgeschwindigkeit, bei welcher der Schneidenansatz sich nicht mehr bildet. Wenn nämlich die Schnittgeschwindigkeit über eine bestimmte Grenze, bei welchem Stahl beispielsweise über 80 m/min, gesteigert wird, so hat der Werkstoff nicht Zeit, sich während des Schnitts zu verformen, und wird glatt durchschnitten. Die Schneidenansatzbildung unterbleibt, wie bereits auf S. 582 erwähnt wurde.

Eine solche kritische Grenze ist nun für alle Werkstoffe, die bei langsamer Zerspanung Schneidenansatzbildung aufweisen, feststellbar. Sie liegt in der Regel unterhalb der vom AWF für Hartmetallwerkzeuge ermittelten wirtschaftlichen Schnittgeschwindigkeiten der untersuchten Stahlsorten. Für Schnellstahl hingegen liegen diese Schnittgeschwindigkeiten tiefer, und so gerät man bei der jetzt noch in der Praxis zumeist üblichen Anwendung des Schnellstahls in das Gebiet des Schneidenansatzes.

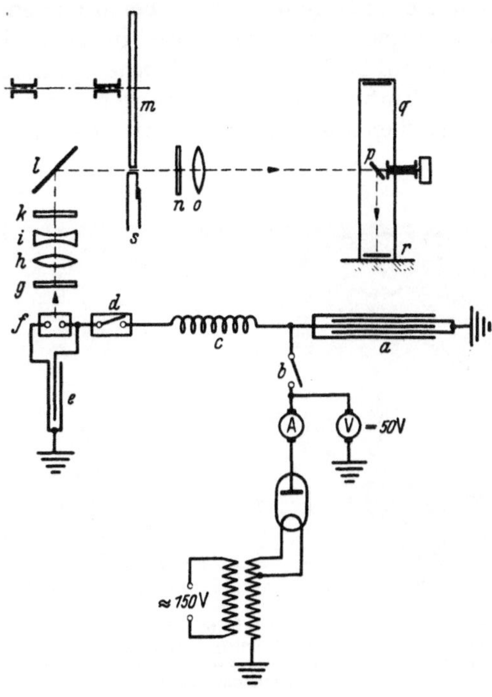

Abb. 43. Schema der spannungsoptischen Apparatur. *a* Speicherkapazität; *b* Schalter zum Abschalten der Stromerzeugungsanlage; *c* Drossel; *d* Preßluftschalter; *e* Funkenkapazität; *f* Funkenstrecke; *g* Blaufilter; *h* Kondensator; *i* Zerstreuungslinse; *k* Polarisator; *l* Planspiegel; *m* Werkstück aus Astralon; *n* Analysator; *o* Objektiv; *p* rotierender Planspiegel; *q* Filmtrommel; *r* Film in Trommel eingelegt; *s* Werkzeug.

Man hat in früherer Zeit die dabei entstehenden rauhen Oberflächen mit ihren Schluchten nicht einmal ungern gesehen, weil in der Regel die Schlußbearbeitung, also das Schlichten über das Paßmaß, mit der Schleifscheibe auf der Rundschleifmaschine ausgeführt wurde und die gehärtete rauhe Oberfläche des Werkstücks die Schleifscheibe offen hielt. Es besteht aber bei der Werkstückherstellung nach solchem Verfahren die große Gefahr, daß durch das Schleifen ebenso wie auch durch das Feinschlichten mit dem Drehstahl die Werkstoffschicht nicht bis auf eine solche Tiefe entfernt wird, daß die bei der Schneidenansatzbildung auftretenden Oberflächenrisse ausgemerzt werden. Wird das Werkstück, wie erwähnt, vergütet oder gar eingesetzt, um eine glasharte Oberfläche zu bekommen, so setzen sich die Rißchen infolge der bei der Härtung auftretenden Spannungen ins Innere fort, und die Festigkeit des Maschinenteils sinkt auf einen Bruchteil der beabsichtigten herab. Brüche an Maschinenteilen, an Schubstangen, vor allem aber auch an dünnen Teilen, wie Spinnspindeln u. dgl., haben auf diese Weise ihre Erklärung gefunden.

Der Film (Abb. 42) zeigt das erwähnte (s. S. 561) Umspringen vom Fließspan zum Scherspan und wieder zurück zum Fließspan in etwa im ganzen 0,02 sek, worauf sich der Vorgang wiederholt. Daher ist die Spanbildung stets mit zu beobachten, wenn wirtschaftliche Schnittgeschwindigkeiten ermittelt werden sollen.

b) Das Spannungsfeld.

Nach dem Vorgang der Engländer und Japaner[1], welche bereits spannungsoptische Messungen beim Spanablauf — allerdings nur im Stillstand oder bei Schnittgeschwindigkeiten unter $v = 1$ min /m — vorgenommen haben, gelang es in Hannover[2] auch bei mittleren und hohen Schnittgeschwindigkeiten spannungsoptische Messungen durchzuführen.

Die auf S. 576/77 beschriebene Apparatur (Abb. 22) wurde zu diesem Zweck durch Einfügen eines Polarisators k und Analysators n (Abb. 43) ergänzt[3]. Dazwischen mußte noch ein unter 45° gegen den einfallenden Strahl orientierter Spiegel l aus raumtechnischen Gründen eingeschaltet werden, da mit durchfallendem Licht gearbeitet werden muß und die Funkenstrecke aus räumlichen Gründen nicht in die optische Achse des Aufnahmeapparates gelegt werden konnte. Der Werkstoff war Astralon, eine Vinylpolymerisat.

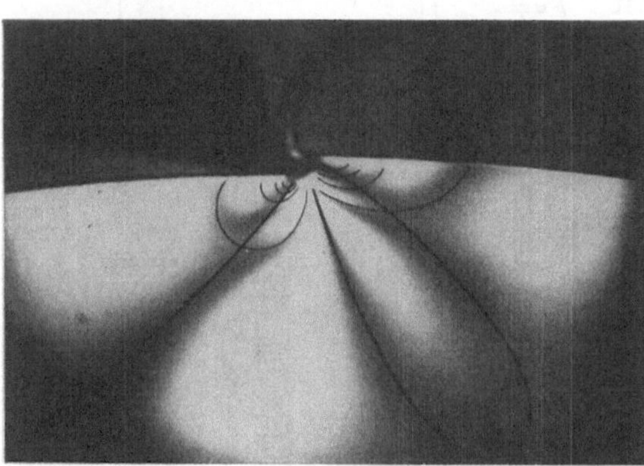

Abb. 44. Spannungsoptische Aufnahme mit eingezeichneten Isolkinen und Isochromaten. Schnittgeschwindigkeit $v = 30$ m/min; Spanwinkel $\gamma = 25°$; Vorschub $s = 0{,}33$ mm²/U; Winkelstellung der Polarisationsachsen $\delta = 40°$.

Abb. 44 zeigt die Isoklinen und die Isochromaten, wie sie bei Abtasten des Spannungsfeldes, erstere entsprechend einer bestimmten Winkelstellung der Polarisationsachsen, erscheinen. Aus einer Mehrzahl solcher Aufnahmen mit jeweils etwa um 5° gedrehtem Polarisationskreuz wird sodann das Isoklinenfeld abgeleitet. Aus diesem ergibt sich das Feld der Hauptspannungstrajektorien (Abb. 46). Die zugehörigen Isochromaten geben zu den Punkten dieses Feldes die Werte der Hauptschubspannung. Über der Hauptspannungstrajektorie b sind die nach einem graphischen Integrationsverfahren von FILON[4] ermittelten Hauptspannungen im Maßstab 10 mm = 1,9 kg/mm² aufgetragen, ebenso über einer der dazu senkrecht verlaufenden Trajektorien. Durch das Feld der Hauptspannungstrajektorien ist auch das Feld der Hauptschubspannungslinien oder Gleitlinien festgelegt, welches seinerseits mit den auftretenden Verschiebungen zu vergleichen von Interesse ist.

In Abb. 45 ist ein Abschnitt aus einer spannungsoptischen Filmaufnahme bei $v = 75$ m/min gezeigt. Solche Aufnahmen lassen sich in gleicher Bildschärfe ohne Schwierigkeit bis zu den höchstvorkommenden Schnittgeschwindigkeiten herstellen.

Die Erfahrung hat uns gelehrt, daß bei Fließspänen und bei Reißspänen an der Grenze des Verformungsfeldes Übereinstimmung der Hauptschubspan-

---

[1] COKER, E. G.: Engg. Bd. 119 (1925) S. 357, 363 u. 403. — COKER, E. G., u. CHAKKO: Engg. Bd. 116 (1922) S. 567. — OKOSHI, M.: Sci. Pap. Inst. phys. chem. Res., Tokio Bd. 14 (1930) S. 193. — OKOSHI, M., u. S. FUKUI: Sci. Pap. Inst. phys. chem. Res., Tokio Bd. 22 (1933) S. 97.

[2] DIETRICH, P.: Diss. Hannover, 1938.

[3] HAASE: Z. techn. Phys. Bd. 18 (1937) S. 69.

[4] FÖPPL, L., u. H. NEUBER: Festigkeitslehre mittels Spannungsoptik. München-Berlin 1935. — FILON u. E. G. COKER: A Treatise on photoelasticity. Cambridge 1931.

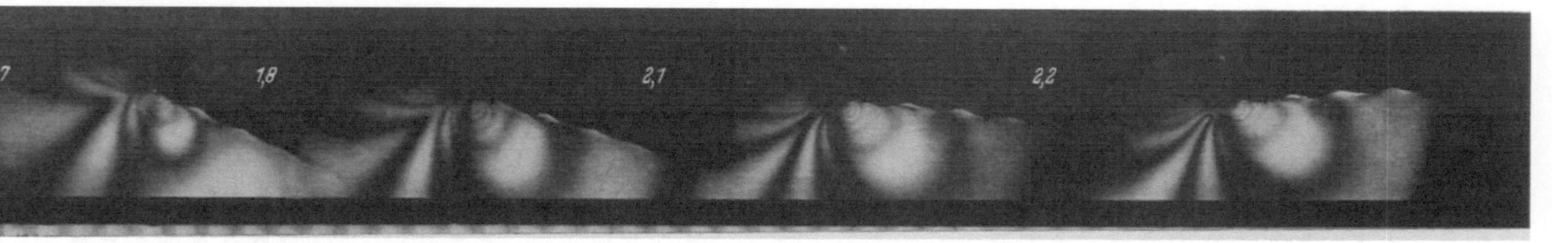

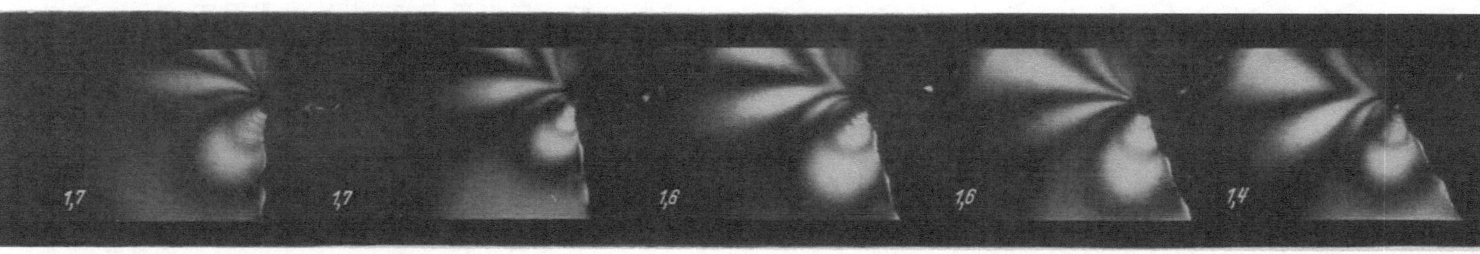

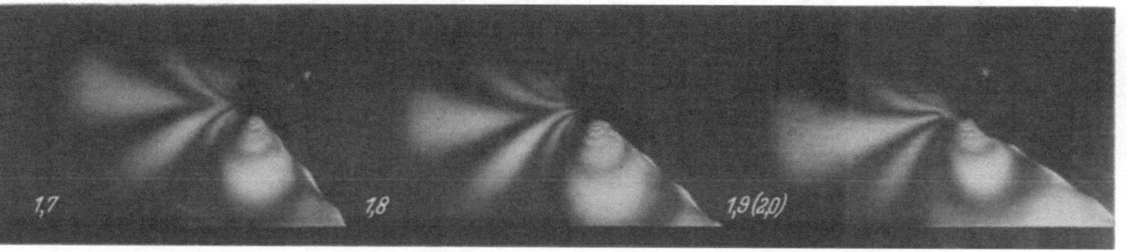

Abb. 45. Spannungsoptischer Film. (Ausschnitt aus einer Bildfolge von 28, im Zeitraum von etwa 2 ms aufeinanderfolgenden Aufnahmen.) Schnittgeschwindigkeit $v = 75$ m/min; Vorschub $s = 1{,}3$ mm/U; Spanwinkel $\gamma = 25°$; Freiwinkel $\alpha = 6°$; Winkelstellung der Polarisationsachsen $\delta = 0°$; Vergrößerung in der Aufnahme $2^1/_2$ fach.

nungsrichtungen mit den Gleitlinien besteht. Die Verschiebungen innerhalb des Verformungsfeldes aber entsprechen nicht mehr den Gleitlinien nach dem Spannungsfeld, weil sie durch Reibungskräfte und die speziellen Werkstoffeigenschaften beeinflußt sind.

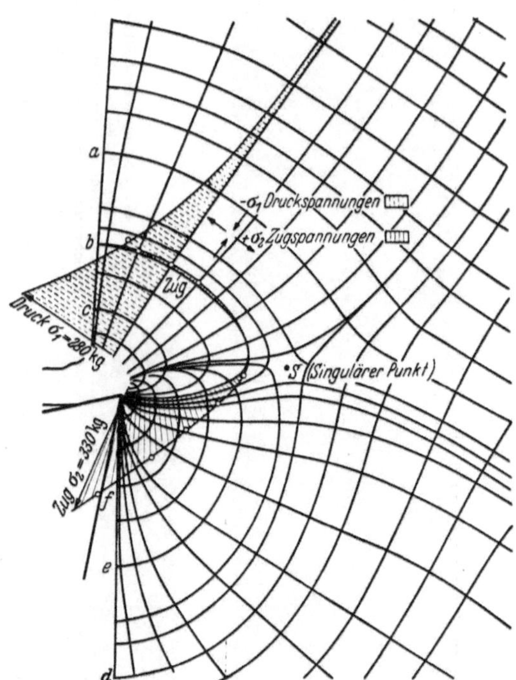

Abb. 46. Spannungsfeld. Spanwinkel $\gamma = 15°$; Freiwinkel $\alpha = 6°$; Schnittgeschwindigkeit $v = 30$ m/min; Vorschub $s = 0{,}45$ mm U.

Das Spannungsfeld (Abb. 46) zerfällt in ein Gebiet vorherrschender Druckspannungen über der Schneide und ein Gebiet vorherrschender Zugspannungen unter der Schneide, welche in dem Streifen zwischen Stahlspitze und singulärem Punkt ineinander übergehen. Im singulären Punkt S sind beide Spannungen gleich Null.

Im wesentlichen ergab sich, daß im Bereich der Untersuchungen

1. bei Vergrößerung des Spanwinkels das Gebiet der Druckspannungen über der Schneide zusammenschrumpft,

2. die Fläche des Schubspannungsfeldes proportional mit der Spanstärke, also einer linearen Größe, anwächst,

3. das Spannungsfeld von der Schnittgeschwindigkeit unabhängig ist, obwohl das Verformungsfeld mit Zunahme der Schnittgeschwindigkeit und der entsprechend geringeren Verformungszeit kleiner wird. Diese Feststellung bedarf noch eingehender Nachprüfung.

Der Vergleich gleichartiger Verschiebungsfelder bei spannungsoptischen Werkstoffen mit solchen von undurchsichtigem Werkstoff wie Metallen gestattet Rückschluß auf das Spannungsfeld und den Einfluß der Spanwinkel auch bei diesen. In den Grundgleichungen der Elastizitätstheorie

$$\frac{\partial \sigma_x}{\partial_x} + \frac{\partial \tau_{xy}}{\partial_y} + \frac{\partial \tau_{zx}}{\partial_z} + x = 0 \quad \text{u. s. f.}$$

kommen die Werkstoffkonstanten noch nicht vor. Der Spannungszustand ist also von den Werkstoffkonstanten bei rein elastischer Deformation unabhängig.

Die Hannoversche Apparatur wurde in Berlin durch unsachgemäße Behandlung zerstört. So ergab sich die Gelegenheit, die Apparatur noch leistungsfähiger neu herzustellen[1].

Die Speicherspannung wurde, an Stelle von 50 kV bei der alten Apparatur, auf 120 kV erhöht. Hierdurch wurde die Lichtintensität so gesteigert, daß die Filme mit 15facher linearer Vergrößerung aufgenommen und durch Umkopieren auf 75fache lineare Vergrößerung gebracht werden konnten. So

[1] Diese Apparatur wurde mit Unterstützung von Professor Dr. SCHERING, Hannover, Direktor BAUERSACHS, Berlin, Siemens & Halske, durch meinen Assistenten Dr. MENSE bei der Werkzeugmaschinenfabrik Kärger, Bernau bei Berlin, aufgestellt.

können vorgeätzte Scheiben beim Abdrehen in ihren Strukturänderungen metallographisch untersucht werden.

Der Aufladestrom wurde durch eine Röntgenapparatur (Abb. 47 rechts) erzeugt. Der Speicherkondensator etwa 1,0 μF (Abb. 47 Mitte) bestand aus

Abb. 47. Spannungsoptische kinematographische Apparatur, Erzeugung des Funkenstromes. Rechts: Stromerzeugungseinrichtung für Gleichstrom 120000 Volt. In der Mitte: Speicherkondensator. Darüber: Spannungsanzeiger. Links: Drossel mit Anschlußkabel. Nicht sichtbar: Druckluftschalter. Im Vordergrund: Drehbank mit Astralonscheibe.

Abb. 48. Spannungsoptische kinematographische Apparatur. Links im Hintergrund: Funkenkapazität mit Anschlußkabel. Davor: Spannungsoptisches Eichgerät nach Föppl, nicht Bestandteil der Apparatur. Rechts: Filmtrommel mit Antriebsmotor. Davor: Analysator und Objektiv mit anschließendem Balg.

3 parallel geschalteten Kondensatoren von je 0,3 μF. Die Drossel (Abb. 47 links) war unter Öl gesetzt (versuchsweise, um gegen Durchschläge mehr als bisher zu sichern). Die Windungszahl konnte eingestellt werden. Das auf der Abbildung dunkle, 10 m lange Hochspannungskabel führte zum Funkenkondensator von 0,03 μF, der (Abb. 48) von unten angeschlossen ist. In dem Raum um die Funkenstrecke stellt der dünne Schlauch die Verbindung mit der Kohlensäureflasche dar. Der Gasdruck war einstellbar bis 20 atü.

Abb. 49. Spannungsoptische kinematographische Apparatur: Drehbank mit Astralonscheibe und Drehstahl. Dahinter: Funkenkapazität mit Polarisator. Links: Analysator mit Gradeinteilung am Rande desselben.

Zu spannungsoptischen Aufnahmen im besonderen wurde vor der Funkenstrecke der Polarisator (wie in Abb. 49, Ausschnitt der Abb. 47) angeordnet. Nach Durchtritt durch denselben trifft der polarisierte Lichstrahl auf einen Spiegel und wird um 90° in der Richtung parallel der Filmtrommelachse umgeleitet. Dann tritt er durch das spannungsoptische Werkstück und durch den Analysator und gelangt (Abb. 48) in der Filmtrommel auf den umlaufenden Platinspiegel, dessen Antrieb in Abb. 48 zu sehen ist.

Mit dieser Apparatur waren gerade die ersten Versuchsreihen abgeschlossen worden, als das russische Heer eindrang.

c) Das Temperaturfeld.

Die Bestimmung des Temperaturfeldes[1] erfolgte mit dem Temperaturfeldmeßgerät nach Schwerd und Mackensen. Für wissenschaftliche Zwecke wurden Flächen von $^2/_{10}$ mm Dmr., also von $^3/_{100}$ mm², der Temperaturmessung zugrunde gelegt.

Abb. 50 gibt eine Vorstellung von der Größe dieser Flächen im ablaufenden Span. Die Einschränkung der Flächen auf das gegebene Ausmaß gelang durch Anwendung eines Thermoelementes gleichen Ausmaßes (von $^2/_{10}$ mm Dmr.). Die Strahlen werden unmittelbar vom ablaufenden Span durch die Flußspatlinse auf das Thermoelement und von dort auf ein Schleifengalvanometer

[1] Schwerd, F.: Z. VDI. Bd. 77 (1933) S. 211.

gebracht. Damit der Abstand zwischen Stahlschneide und Temperaturfeld auch in der Messung gewahrt bleibt, wird der Apparat an das Werkzeug angeschraubt (Abb. 51) und macht somit eventuelle Schwankungen, Erzitterungen des Werkzeugs mit.

Für praktische Zwecke genügt es in der Regel, die wesentlich einfachere Temperaturmessung in einer größeren Fläche, z. B. von $^5/_{10}$ mm Dmr., anzuwenden[1].

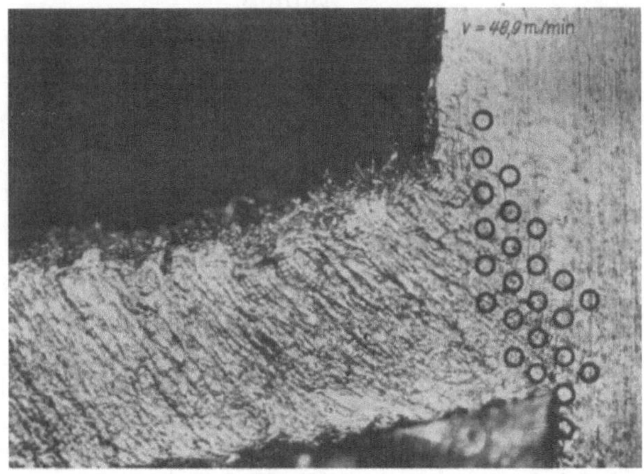

Abb. 50. Fließspan mit eingetragenen, durch Kreise begrenzten Meßfeldern.

Das Ergebnis solcher Messungen ist in Abb. 52 niedergelegt. Im wesentlichen führte die Aufnahme zu folgender Erkenntnis:

1. Infolge von Verschiebungsarbeit mit Wärmeübergang erwärmt sich auch das Werkstück und kommt an die Stelle der Spanabnahme bereits mit einer hohen Temperatur (z. B. über 2000° C). Diese Beobachtung erleichtert die Vorstellung von der Wirkung einer das Werkstück umschließenden Ölkühlung, wie sie z. B. bei Automaten üblich ist.

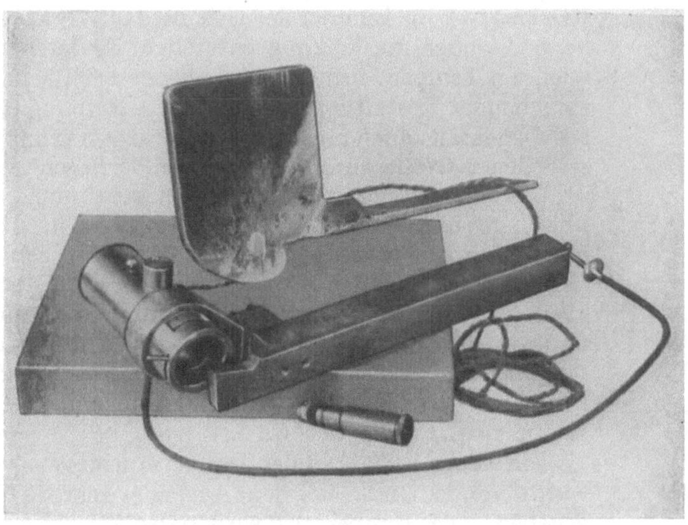

Abb. 51. Drehstahl mit angeschraubtem Thermoapparat.

2. Die Höchsttemperaturen im Span liegen dicht vor und unterhalb der Werkstoffschneide. Das Werkzeug selbst besitzt infolge der konstanten Wärmezufuhr aus dem ablaufenden Span und der zusätzlichen Wärmezufuhr infolge

---

[1] Kraemer, G.: Diss. T. H. Hannover, Drucklegung Robert Noske, Borna b. Leipzig 1937.

der Reibung des Spans und des Werkstücks am Werkzeug eine (im vorliegenden Falle um nahezu 100° C) höhere Temperatur als diejenige, welche im Span entsteht. Darauf ist auch der Wärmestau bzw. die Wärmeableitfähigkeit des Werkstoffs des Werkzeugs von Einfluß.

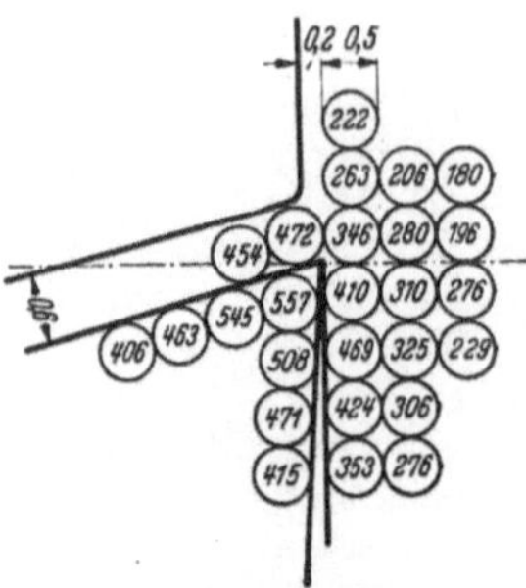

Abb. 52. Temperaturfeld in ° C. St 42.11, Widia XX; $v = 140$ m/min; $s = 0{,}2$ m/mU; $\gamma = 150$; $\alpha = 40$.

Auch diese Apparatur wurde noch vervollkommnet durch Beschaffung des trägheitsfreien Kathodenoszillographen zum Ersatz des Schleifengalvanometers mit seinem nicht ganz trägheitslos ausschwingenden Spiegelchen.

Die Arbeit Kraemers war noch ein erster Versuch, die Temperaturen am Werkzeug Punkt für Punkt zu ermitteln und damit den Vergleich zu ermöglichen zwischen den Temperaturen im Werkzeug mit denjenigen im Span und im Werkstück. Es war beabsichtigt, solche Forschung fortzuführen unter Einschränkung des Meßfeldes auf einen Durchmesser von 0,2 mm, wie er ursprünglich Anwendung gefunden hatte, und unter Anwendung des bereits angeschafften trägheitslosen Kathodenoszillographen. Dabei lag es nahe, mit den Meßpunkten bis an die Kontur des Werkzeugs heranzugehen und z. B. auch die Kontur einer Auskolkung mit zu erfassen.

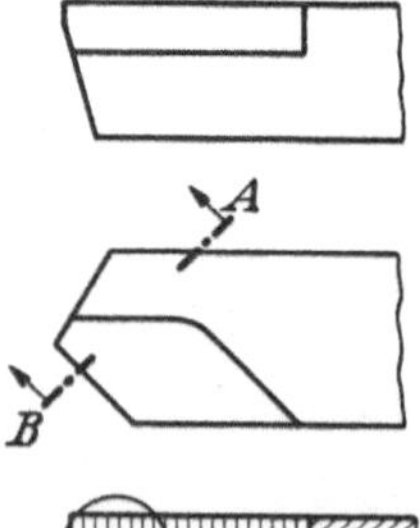

Abb. 53. Temperaturmessung mit eingebautem Thermoelement. (Nach Opitz.)

Es besteht kaum ein Zweifel, daß in den meisten Fällen das Temperaturmaximum nicht gerade in der Spitze liegt, sondern an den Stellen der größten Reibung, also auf der Spanfläche in dem Abstande von der Schneide, in welchem die Auskolkung beginnt, und danach an Punkten, welche etwa im Inneren der sich in das Werkzeug hinein vergrößernden Auskolkung entstehen. Andererseits kann auch ein Temperaturmaximum an der Freifläche bei entsprechender Gestaltung durch erhöhte Reibung entstehen, gegebenenfalls auch mehrere Temperaturmaxima von verschiedener Größe an örtlich auseinanderliegenden Stellen.

Die Ermittlung des Temperaturmaximums auf graphischem oder rechnerischem Wege bis in die Spitze hinein wird in der Regel aus den soeben angegebenen Gründen der Wirklichkeitsnähe entbehren. Gerade in solchen Fällen verknöchert die Rechnung die Anschauung und erlaubt nicht, auf den tatsächlichen Erwärmungsvorgang und Wärmestau so ausreichend Rücksicht zu nehmen, daß das Temperaturmaximum nach Lage und Größe richtig ermittelt wird.

Ein neues Verfahren der Temperaturmessung (Abb. 53) wurde von H. Opitz aus dem Aachener Institut[1] bekanntgegeben. Die Temperatur wird dabei durch Anbringung sehr feiner Bohrungen, Durchmesser 0,04 mm, mit Hilfe eines in dieselben eingebrachten Thermoelements gemessen. Das Verfahren ist nicht so einfach durchführbar als das vorstehend geschilderte, aber dafür für jedes Werkzeug anwendbar. Freilich auch das Aachener Verfahren ermöglicht nicht die Messung an der Span- und Freifläche selbst. Interessant wären Vergleichswerte zwischen den beiden Verfahren.

[1] Vortrag auf dem Eisenhüttentag am 6. 11. 52 in Düsseldorf; s. a. Werkstattstechn. u. Masch.-Bau Bd. 43 (1953) S. 92.

d) Das Feld der Festigkeitsänderung.

Es leuchtet ein, daß infolge der Erwärmung sich die Festigkeitseigenschaften des Werkstoffs an der Spanwurzel ändern, und es wäre von großem Interesse, diese Festigkeitsänderungen festzustellen, sei es auf indirektem Wege, sei es auf dem Wege unmittelbarer Messung. Dabei entsteht die Frage, mit welcher Geschwindigkeit die Festigkeitsänderungen einer im Werkstoff selbst entstehenden Erwärmung folgen. So lange hierüber nichts bekannt ist, dürfte nur die unmittelbare Messung sichere Werte ergeben. Jedenfalls ist diese Aufgabe nicht einfach und bedarf erst der Auffindung einer genügend feinfühligen Untersuchungsmethode.

e) Schlußbemerkungen.

Aus der vorstehenden Abhandlung geht der große Einfluß hervor, welchen die Spanbildung auf die Oberflächengüte ausübt. Nicht nur, daß feinste Spanabnahme mit dem Drehstahl oft gar nicht gelingt, sondern daß die Schleifscheibe zu Hilfe genommen werden muß, nicht nur, daß die Maßhaltigkeit des Werkstücks, die flächengerechte und glatte Oberfläche durch die Art der Spanabnahme bedingt ist, auch unter die Oberfläche des Werkstücks geht die Einwirkung der Spanbildung je nach ihrer Art, sei es, daß die Beanspruchung des Werkstoffs über die Elastizitätsgrenze hinaus erfolgt und die in der Abhandlung erwähnten Verschiebungen und Zerrungen der Kristallkörner an und unter der Oberfläche erfolgen, sei es, daß gar Schlünde und Einrisse unter der Oberfläche das Werkstück krank machen.

Daher war es ein äußerst wertvolles und dankbares Unternehmen[1], nunmehr die Prüfung der Oberfläche zu einem wissenschaftlichen Fachgebiet zu erheben und Untersuchungen zwecks Feststellung und schließlich Normung der Gütegrade der Oberfläche durchzuführen. Dabei ist bislang allerdings der kranken Oberfläche noch nicht genügend Aufmerksamkeit geschenkt worden. Erst wenn es gelingt, hier sichere Grundlagen zu schaffen, kann die Güte des erzielten Werkstücks eindeutig erfaßt und ein gleichlautendes Urteil in allen Betrieben erreicht werden. Das ist heute noch nicht der Fall.

Die in der Zerspanungsforschung angestrebte Klassifizierung der Werkstoffe im Hinblick auf ihre Zerspanbarkeit hat eine Einigung über den Begriff der Zerspanbarkeit zur Voraussetzung[2]. Jedenfalls aber wird in Zukunft die Prüfung auf Zerspanbarkeit eine der wichtigsten Materialprüfungen werden.

Die vorstehende Abhandlung wurde aus guten Gründen auf die Spanbildung durch das Drehen beschränkt. Die Grundgesetze der Spanbildung und der dabei auftretenden Erscheinungen wie der Bildung des Schneidenansatzes gelten aber ebenso für das Hobeln und ebenso für das Fräsen. Bei ganz feinen Spänen kann ein Schneidenansatz nicht entstehen, und das ist der Grund, weshalb gute und gesunde Oberfläche häufig, und zwar stets dann, wenn genügend hohe Schnittgeschwindigkeiten mit der Maschine nicht erreichbar sind, nur mit feinen Spänen bei langsamem Schnitt erreicht werden. Das ist auch der Grund, weshalb beim Gegenlauffräsen, in welchem Falle am Werkstück nur

---

[1] SCHMALTZ, G.: Technische Oberflächenkunde, Berlin: Springer 1936.

[2] Vorgeschlagen ist lt. Stahl-Eisen-Prüfblatt 1160 (Ausg. 3.52): „Mit Zerspanbarkeit bezeichnet man die Eigenschaft eines Werkstoffs, sich durch schneidende Werkzeuge in eine gewünschte Form bringen zu lassen. Die Zerspanbarkeit ist um so besser, je länger die Haltbarkeit der Schneide, je kürzer die Zeit zur Abtrennung eines bestimmten Spanvolumens, je besser der Zustand der bearbeiteten Oberfläche, je geringer der erforderliche Energieaufwand und je günstiger die Ausbildung der Späne ist."

ein feinspanig beginnender Angriff der Schneide an der Oberfläche des Werkstücks sich auswirkt und darum ein Schneidenansatz noch nicht entstanden ist, sich eine gesunde und glatte Oberfläche ergibt, während beim Gleichlauffräsen der Auslauf von einem groben Span mit Schneidenansatzbildung die Werkstückoberfläche verdirbt.

Gewiß liegen auch für das Fräsen sowie für das Bohren, Reiben, Läppen usw. zahlreiche Untersuchungen vor. Aber die Zerspanung erfolgt hier noch weniger einfach als auf der Drehbank nach dem ebenen Problem und auch weniger einfach, wie wenn auf der Drehbank so zerspant wird, wie es im normalen Betriebe die Regel ist.

Stellt schon der normale Drehvorgang der Forschung neue, noch ungelöste Aufgaben, so ist dies erst recht der Fall bei den vorerwähnten übrigen Arten der Zerspanung. Zu solcher Spanabnahme kann man aus dem ebenen Problem vorerst nur Vorstellung und Abschätzung des Erforderlichen zu wirtschaftlicher Arbeit gewinnen.

Wenn also die zahlenmäßige Erfassung eines Zerspanungsvorgangs noch nicht gelungen ist, so kann, wie bereits des öfteren erwähnt wurde, nur vertiefte Anschauung in die sich abspielenden Spanbildungsvorgänge den Betriebsingenieur die Maßnahmen erkennen lassen, welche er dem Betriebe für die Durchführung der Arbeit vorschreiben sollte.

Nicht am Schluß solcher Forschung stehen wir heute, wie es von wissenschaftlicher Seite bereits behauptet wurde, sondern erst am Anfang, und es kann nicht genug darauf hingewiesen werden, daß die Forschung auf diesem Gebiete für die wirtschaftliche Fertigung ein Gebot der Zeit ist.

Die nächstliegenden grundlegenden Forschungsaufgaben sind:

1. Beschaffung der kinematographischen Apparatur zu Originalaufnahmen in 10- bis 15facher Vergrößerung, die noch 5fach vergrößert zu metallographischen Ermittlungen umkopiert werden können, nebst Ergänzung zu entsprechenden spannungsoptischen Aufnahmen.

2. Nachprüfung des Verhaltens der Drossel und der Funkenstrecke bei 500 bis 5000 Bildfolgen in der Sekunde.

3. Feststellung der Grenze, bei welcher die Schneidenansatzbildung aufhört.

4. Untersuchung, in welchen Fällen oberhalb der Schneidenansatzbildung das Umlegen der Werkstoffkristalle noch von schädlichem Einfluß auf das fertiggestellte, im Betrieb arbeitende Werkstück ist.

5. Erforschung der Spanbildung bei Schlichtarbeit und der Voraussetzungen für den Angriff der Werkzeugschneide am Werkstück bei feinster Spanabnahme.

6. Aufnahme der Spanbildung unter dem Einfluß von Schwingungen (Erzitterungen) der Schneide, des Werkstücks sowie der Werkzeugmaschine und Ermittlung des Einflusses solchen Hämmerns zwischen der Schneide und dem Werkstück auf die Standzeit des Werkzeugs.

7. Erforschung des Zusammenhangs zwischen Spanbildung und Spanform.

8. Feststellung einer für die Spanforschung geeigneten Definition der Zähigkeit, also der Eigenschaft des Werkstoffs, sich unter Zunahme und folgender Abnahme des Widerstands zu dehnen, bis der Bruch erfolgt, sowie eines Verfahrens, diese Zähigkeit festzustellen, als eine der Grundlagen für die Eignungsprüfung des Werkstoffs zur Spanabnahme.

9. Feststellung der Gesichtspunkte, nach welchen die Festigkeit des Werkstoffs zu unterteilen ist behufs einwandfreier Angabe, d. h. Klassifizierung des

Werkstoffs im Hinblick auf seine wirtschaftliche Schnittgeschwindigkeit beim Schruppen.

10. Unterteilung der Eignungsprüfung zum Schlichtverfahren je nach den Anforderungen, die für den bestimmten Verwendungszweck an das Werkstück zu stellen sind.

11. Kinematographische Aufnahmen im ebenen Problem, jedoch mit schräg gestellter Schneide, z. B. $\varkappa = 45°$.

12. Übergang zu kinematographischen Aufnahmen beim Fräsen, insbesondere mit Messerköpfen.

13. Wiederholung der DIETRICHschen Aufnahmen mit Astralon, wobei aber auch genaue Aufnahmen des Verschiebungsfeldes mit herzustellen sind, und Kontrolle der Spannungsermittlung nach FILON durch das FÖPPL-NEUBERTsche Verfahren.

14. Kinematographische Aufnahme zur Schneidenansatzbildung bei geeignetem spannungsoptischem Werkstoff, also bei entsprechender Zähigkeit desselben bis herab zu derjenigen Spanstärke, bei welcher Schneidenansatzbildung nicht mehr auftritt.

15. Fertigstellung einer Eichapparatur unter Verwendung großer Filterplatten.

16. Spannungsoptische Aufnahmen mit Farbfilmen.

17. Momentaufnahmen mit spannungsoptischen Werkzeugschneiden an geeigneten Werkstoffen.

18. Spannungsoptische kinematographische Aufnahmen mit geeigneten spannungsoptischen Schneiden bei der Bearbeitung von Astralon und Dekorit, gegebenenfalls auch von anderen Kunstharzen.

19. Aufnahmen mit spannungsoptischen Werkstoffen, deren Verschiebungsfeld einem Stahl- bzw. Metallwerkstoff adäquat ist, so daß auf die Spannungsrichtung und Größe in diesen Werkstoffen geschlossen werden kann.

20. Aufnahmen mit negativem Spanwinkel a) des Verschiebungsfeldes; b) des Spannungsfeldes (spannungsoptisch); c) des Temperaturfeldes (mit dem Kathodenoszillographen).

21. Feststellung der Größe des Einflusses der Oberflächengüte des umlaufenden Werkstückes auf den Lagerverschleiß.

22. Prüfung der Spanbildung unterkühlten Werkstoffes.

23. Spanbildung des Werkstoffes bei Blauhärtung (etwa 300° C).

Möge es gelingen, wenigstens die wichtigsten dieser Forschungsaufgaben in nicht allzu ferner Zeit zu bewältigen!

D. Erosionsprüfung metallischer Werkstoffe.

Von **H. NOWOTNY**, Wien.

1. Begriffe und Erscheinungsformen der Erosion.

Mit „Erosion" sei jener Verschleißvorgang definiert, bei dem Zerstörungen des Werkstückes durch bewegte Flüssigkeiten verursacht werden. Folgt man der grundlegenden Darstellung von P. DE HALLER [*1*], dann lassen sich unter diesem Oberbegriff im wesentlichen zwei Verschleißarten unterscheiden:

Erosion durch reinen Flüssigkeitsangriff, den wir mit „Kavitation" kennzeichnen wollen.

Erosion durch mitbewegte feste Stoffe: „Sanderosion".

Was den Kavitationsverschleiß betrifft, so werden wegen der verschiedenen möglichen äußeren Bedingungen, die zu Werkstoffzerstörungen führen, Erosion durch Tropfenschlag einerseits und jene durch Hohlraumbildung (sogenannte reine Kavitation) andrerseits manchmal getrennt behandelt [*1*].

Die Zuordnung der Erosion zum Verschleißgebiet bedeutet, daß die Oberflächenveränderung des Werkstoffes mechanisch, genauer gesagt, weitgehend mechanisch bedingt ist. Es sind hier demnach die üblichen chemischen bzw. elektrochemischen Angriffe, die unter dem Sammelnamen ,,Korrosion" verstanden werden, ausgeschlossen, nicht aber jene Vorgänge oder Begleitreaktionen, die zum Wesen der unmittelbaren Kavitationserscheinung selbst gehören; denn eingehende Untersuchungen der zur Kavitation führenden Primärakte weisen vielfach darauf hin, daß es sich bei dem hier zu besprechenden Gebiet um eine Art mechano-chemischer Vorgänge handelt [*2*, *3*]. Was die Beurteilung der in der Technik vorkommenden Anfressungen und Abnutzungen erschwert, ist die Tatsache, daß man es sehr häufig mit zusammengesetzten Angriffen zu tun hat (z. B. Kavitation, Sanderosion und Korrosion). In diesem Falle kann dann selbst eine Analyse des Gesamtvorganges und das Studium der einzelnen Angriffe im Modellversuch für sich allein naturgemäß keine erschöpfende Auskunft hinsichtlich der Bewertung eines Werkstoffes geben, da sich die verschiedenen Angriffsarten gegenseitig beeinflussen. So wird z. B. ein das Metall schützender Oxydfilm als Folge von Kavitation durchgeschlagen, wodurch das nackte Metall einem erhöhten chemischen Angriff ausgesetzt ist und umgekehrt wird eine durch Korrosion angegriffene, aufgerauhte Oberfläche sehr stark jene Vorgänge beschleunigen, die wie insbesondere die Dauerschwingfestigkeit von der Kerbwirkung beträchtlich abhängen. Der Gesamtverschleiß setzt sich daher keineswegs additiv aus jenen Anteilen, bedingt durch die einzelnen Angriffsarten zusammen.

Die Vergesellschaftung des Kavitationsangriffs mit chemischen Reaktionen ist in der Tat — sofern das Verschleißmittel Wasser oder Meerwasser, also ein Elektrolyt, ist — eine bemerkenswerte. Abgesehen von dem Schluß, den man aus dem recht ähnlichen Aussehen von Kavitationsschäden einerseits und Korrosionsschäden andrerseits zog und deshalb auch den Namen ,,Kavitations-Korrosion" prägte, wird insbesondere von U. R. Evans [*4*] der oben erwähnten beschleunigten Korrosion nach mechanischem Angriff auf die bei vielen Metallen und Legierungen vorhandene schützende Oberflächenschicht eine erhebliche Bedeutung beigemessen. Durch Kavitation wird die schwächste Bindung (Metall-Metalloxyd) aufgebrochen [*3*]. Die zwischen bedeckter und unbedeckter Oberfläche sich ausbildenden Lokalelemente führen dann zu einer verstärkten elektrochemischen Korrosion. Ansichten, daß Kavitation in merklichem Maße auf Korrosion zurückzuführen sei, werden immer wieder geäußert [*5*], aber auch die Meinung, wonach man viele Korrosionsprozesse als Kavitationserscheinung ansehen kann, wird vertreten [*6*].

Obwohl das Interesse an der Kavitationsforschung während der vergangenen 20 Jahre erheblich zugenommen hat und viele systematische Untersuchungen durchgeführt wurden, ist die Kavitationsprüfung bisher nicht auf jenem Stande, wie sie für eine normalisierte Methodik wünschenswert schiene. Vor allem fehlen quantitative Vergleichsmessungen der verschiedenen Verfahren untereinander, so daß man in der Praxis auf die Summe von Erfahrungen, wie sie in zahlreichen, meist unveröffentlichten Untersuchungen bedeutender Werke und Unternehmungen gewonnen wurden, kaum ganz verzichten können wird. Der rationellen Kavitationsprüfung stehen ganz allgemein zwei Tatsachen entgegen: Einmal die Ermittlung und damit die mögliche Definition des Angriffes — „Kavitationsangriff" — sowohl auf Grund äußerer wie innerer Kennzahlen und zum anderen der Umstand, daß sich die zu prüfende Fläche in einer nicht vorherzusehenden Weise verändert, was seinerseits wiederum auf die Art des Kavitationsangriffes rückwirkt. Dies zeigt auch die zeitliche Entwicklung des Volumverlustes, indem nach einer mehr oder weniger ausgeprägten Anlaufzeit (Inkubationszeit) die eigentliche Werkstoffzerstörung mit fühlbarem Gewichtsverlust einsetzt; zumeist geht nach sehr langer Prüfzeit der Volumverlust je Zeiteinheit wegen der grundsätzlichen Änderung des Strömungsverlaufes wieder zurück.

Abb. 1. Kavitationszerstörungen (Pittings) am Zahnrad eines Ölgetriebes. (Nach VAN ITERSON: De Ingenieur.)

Auf die Wiedergabe der mannigfachen Beispiele von Kavitationsschäden bei Wasserkraftmaschinen sei hier verzichtet. Es hat sich im Laufe der letzten Jahre gezeigt, daß die Erscheinungen der Kavitation viel weiter verbreitet sind, als man ursprünglich annahm. Darauf wurde insbesondere von F. K. TH. VAN ITERSON [7] aufmerksam gemacht. In seiner Arbeit werden Kavitationszerstörungen (Pittings) an Zahnrädern aus Ölgetrieben (Abb. 1), ferner an Unterwasserschallsendern (Abb. 2), an Lagern neben anderen bekannten Fällen — an Turbinen, Pumpen, Schiffspropellern usw. — angeführt. Bemerkenswert sind auch die von W. GLAMANN [8] erstmals in dieser Richtung gedeuteten Klopfzerstörungen, die bei Flugmotoren auftreten (Abb. 3a, b). Ein weiteres Beispiel liegt bei Zerstäuberventilen von Kraftstoffen vor [9], woraus man ebenfalls erkennt, daß das Verschleißmittel eine beliebige Flüssigkeit sein kann (Abb. 4). Zahlreiche interessante Fälle von Kavitationszerstörungen sind in eindrucksvollen Bildern bei F. KRISAM [10] wiedergegeben.

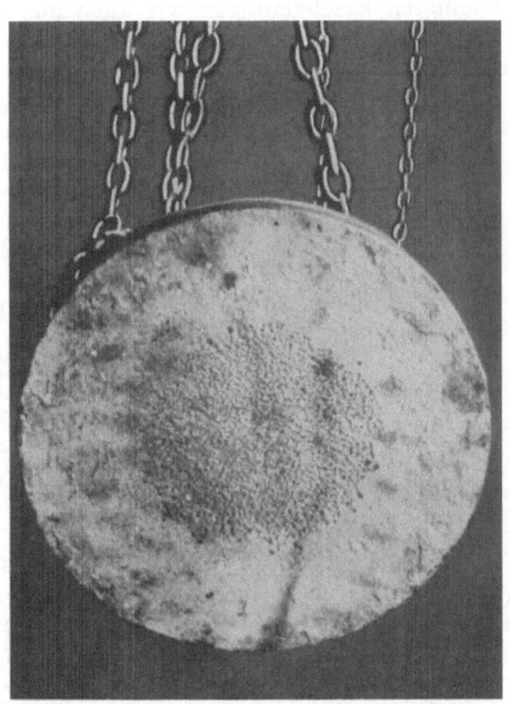

Abb. 2. Kavitationszerstörung an einer Membran eines Unterwasser-Senders. (Nach VAN ITERSON: De Ingenieur.)

2. Theorien der Kavitation.

Wenn auch von einer allgemein gültigen Theorie sowie von deren nutzbringender (quantitativer) Anwendung in der Praxis noch keine Rede sein kann, so hat sich doch aus den neueren Beobachtungen und Meßergebnissen an den

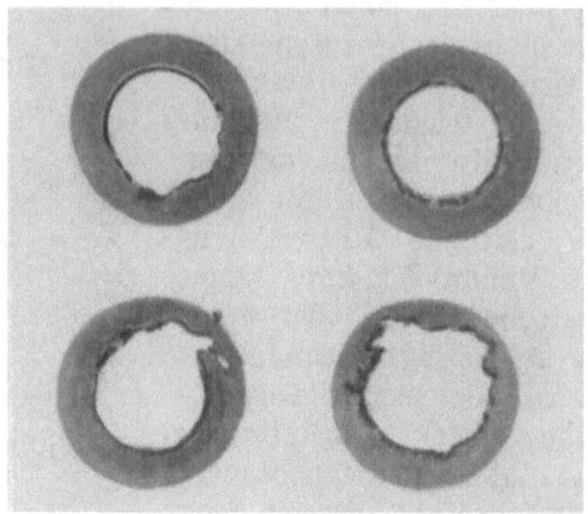

a b

Abb. 3a u. b. Klopfzerstörungen am Kolben und an Ringen. (Nach GLAMANN: Jb. dtsch. Luftfahrtforschg.)

beteiligten Erscheinungen wie auch aus den zum Teil recht gegensätzlichen Ansichten bereits ein einigermaßen geschlossenes Bild ergeben. Die Anschauung über das Wesen des „Kavitationsangriffs" wird allerdings meist indirekt aus dem Verhalten des Werkstoffs, worin jedoch der spezifische „Kavitationswiderstand" desselben miteingeht, erschlossen; das gilt ebenso für den Vergleich der verschiedenen Prüfverfahren untereinander. Neuerdings wird daher vorgeschlagen, den Begriff „hydraulische Schädigung" zu verwenden.

Abb. 4. Durch Kraftstoff zerstörtes Düsenventil. (Nach DAIMLER-BENZ: Versuchsbericht.)

a) Der Kavitationsangriff.

Als Ursache für diesen wurden die Stöße bzw. die Stoßwellen der Flüssigkeit auf die feste Fläche, sei es beim unmittelbaren Tropfenschlag, sei es bei Hohlraumbildung, verantwortlich gemacht [*10*]. Daneben wird auch die Wirkung der Stöße einer Flüssigkeit gegen diese selbst beim Einsturz der Hohlräume erörtert. Was den direkten Stoß einer Flüssigkeitspartikel angeht, so konnte man sich nicht aus dem Dilemma befreien, welches darin besteht, daß selbst bei Berücksichtigung von Tropfendeformation u. a. [*11, 12*] sowie der Einbeziehung der angeblich maßgebenden Schallgeschwindigkeit [*13*] wie auch des Elastizitätsmoduls des Werkstoffs [*14*] die nach der Formel:

$$p = \frac{\varrho_F a_F}{1 + \frac{\varrho_M a_M}{\varrho_F a_F}} v$$

v Aufschlaggeschwindigkeit, a Schallgeschwindigkeit, ϱ Dichte, F Flüssigkeit, M Werkstoff.

berechneten Drucke p viel zu klein sind, um mechanische Zerstörungen zu erzeugen; ja diese Drucke liegen im allgemeinen weit unterhalb der Dauerschwingfestigkeit, so daß auch die periodischen Stöße — und mit solchen kann man bei allen praktischen Kavitationsvergängen rechnen — nicht zu den beobachteten Zerstörungen führen könnten.

Wohl reichen bei einer bereits durch Risse und Mikrozerstörungen veränderten Oberfläche die geringen Drucke hin, um durch Kerbwirkung Beschädigungen herbeizuführen. Dies sind aber bestenfalls Folgeerscheinungen, die sich dem eigentlichen Kavitationsangriff überlagern. Man hat daher nach einem Multiplikationsmechanismus gesucht, der die notwendigen Druckerhöhungen gibt, obzwar nach hydrodynamischen Überlegungen das Bestehen eines derartigen Mechanismus als wenig wahrscheinlich angesehen wurde [*15*]. Wie sich aber aus dem mikroskopischen Studium lokalisierter Eindruckstellen bei kurzdauerndem Tropfenschlag [*16*] (Abb. 5) oder nach einem Einzelschlag [*17*] (Abb. 6)

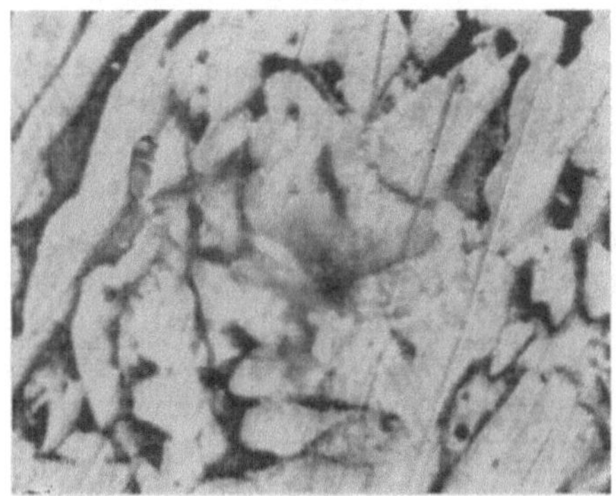

Abb. 5. Mikrobeschädigung an Messing, 260:1. (Nach v. SCHWARZ u. MANTEL: Z. VDI.)

Abb. 6. Einzelschlag-Beschädigung an Kupfer, 20:1. (Nach VATER, Z. Metallkde.)

zeigt, müssen außergewöhnlich hohe Drucke auf sehr kleine Flächenbereiche wirken, da die Ausdehnung der Verformungsstellen mitunter kleiner als $10^{-3}\,mm^2$ ist. Würde man daher umgekehrt, Normalbedingungen vorausgesetzt, nach dem erforderlichen Druck fragen, der derartige Verformungen zustande bringt, so müßte man im Sinne von W. MANTEL [*16*] sowie M. v. SCHWARZ [*18*] Drucke bzw. Druckspitzen von $10000\,kg/cm^2$ oder gar $30000\,kg/cm^2$ annehmen. P. DE HALLER [*1*] gelangt auf Grund der Ergebnisse an einem Stoßgerät [*19*] zur Ansicht, daß vor allem die Geschwindigkeit des Druckanstiegs in der Stoßwelle wesentlich sei. Über die Wirkung steiler Wellenfronten auf feste Materie ist allerdings wenig veröffentlicht. Die Beanspruchung soll daher nach M. v. SCHWARZ [*18*] darin bestehen, daß kurze, harte Schläge von geringem Energiegehalt auf mikroskopisch kleine Flächen ausgeübt werden.

Diese Anschauung läßt jedoch weiter die Frage offen, welcher Primärvorgang die Stoßwelle auslöst. Genügten der frei fliegende Flüssigkeitstropfen oder der geschlossene Strahl als unmittelbare Ursache, um Beschädigungen hervorzurufen? Man kann dazu sagen, daß sowohl nach der direkten Beobachtung wie nach indirekter Schlußfolgerung die Vermutung weitgehend gestützt wird, wonach die Zerteilung der Flüssigkeit, also die Bildung von Hohlräumen oder allgemein eines Zweiphasenzustandes: Flüssigkeit-Dampf (Gas), für das Zustandekommen des Angriffs unerläßlich ist. So weiß man, daß ein geschlossener Strahl, solange er vollkommen zusammenhängend bleibt, zu keinerlei Angriff führt, während eine Beschädigung sofort eintritt, wenn er zerteilt — in Tropfen aufgelöst — wird [*14, 20*]. Bekannt und ebenso auffallend ist die Erscheinung, daß starke Beschädigungen an Freistrahlturbinen, Peltonrädern usw. besonders dann auftreten, wenn der Strahl vor dem Eintritt gestört wird, wie auch in den Bechern solcher Antriebsmaschinen die Anfressungen an jenen Stellen liegen, wo sich der geschlossene Strahl aufzulösen beginnt; dies kann man auch durch Versuche mit einer ebenen Platte nachweisen. Bei den Laufschaufeln an Dampfturbinen, die durch Tropfenschlag angegriffen werden, ist dieser zerteilte Zustand von vornherein gegeben. Kein Anzeichen einer Zerteilung der Flüssigkeit liegt allerdings bei dem Stoßgerät nach J. ACKERET und P. DE HALLER [*19*] vor, worauf noch eingegangen wird. Daß die Ursache der Anfressungen bei Peltonrädern und Maschinen, wo man es gemäß der Stromführung mit einer Art Flüssigkeitsschlag zu tun hat, letzten Endes auf die Hohlraumbildung zurückzuführen ist, wurde bereits von H. MÜLLER [*21*] sowie anderen Forschern vermutet [*22—26*] und von VAN ITERSON [*7*] auf Grund einer kritischen Betrachtung aller Für und Wider mit Nachdruck betont. In analoger Weise deutet dieser Autor die Zerstörungen an Kondensatorrohren [*27*], so daß es gerechtfertigt erscheint, die Gesamtheit der Tropfenschlagerscheinungen [*1, 28—49*] vom Gesichtspunkt der Hohlraumbildung verstehen zu lernen.

Es läßt sich zwar die Hohlraum-Blasenbildung beim Flüssigkeitsschlag einer direkten Beobachtung nicht immer zugänglich machen, doch sprechen außerdem noch andere gewichtige Gründe für die Existenz des sogenannten Blasenmechanismus. Es ist dies die weitgehende zumindestens qualitative Entsprechung der Vorgänge, erschlossen aus der Gleichartigkeit der Zerstörungen wie deren Abhängigkeit von äußeren Versuchsbedingungen bei Tropfenschlag einerseits und bei jenen Versuchen, bei denen die Hohlraumbildung unmittelbar sichtbar ist, andrerseits. Auf das rhythmische Abheben des abgeschlagenen Stromfadens beim Tropfenschlag und die mögliche Bildung von Hohlräumen weist übrigens auch M. v. SCHWARZ [*46, 50*] hin.

Einen Angriff durch sichtbare oder leicht feststellbare Hohlraumbildung findet man überall dort, wo sich eine bewegte Flüssigkeit wegen zu hoher Geschwindigkeit (und damit geringem Druck) von der Werkstoffwand (Grenzfläche) ablöst. Dieser Strömungszustand bzw. das Auftreten von Kavitation kann z. B. bequem mit Hilfe eines elektrischen Troges (Analogieprinzip) ermittelt werden [*51*]. Wird der Sättigungsdruck der Flüssigkeit in dem an der Grenzfläche verlaufenden Stromfaden erreicht, so gibt dies zur Ausbildung von Hohlräumen (Blasen) Anlaß, die ihrerseits im Gebiet des folgenden Druckanstieges implodieren. Dieser Vorgang des Einsturzes — Primärakt — führt dann zu einer außergewöhnlichen hohen, örtlichen Energiedichte, womit für die eigenartige Zerstörung die notwendige Voraussetzung geschaffen wird. Solche typische Kavitations- (Hohlsog-) Erscheinungen lassen sich in einfacher Weise mit einer Düse bewerkstelligen (z. B. eine rechteckige Düse mit Störstelle).

Die überraschend große Ähnlichkeit im Aussehen der Anfressungen sowie das analoge Verhalten der verschiedenen Werkstoffe bei Beanspruchung durch Tropfenschlag auf der einen Seite und durch Hohlraumbildung (Hohlsog) auf der anderen fällt stark ins Auge (Abb. 7). Ein ähnlicher Befund ergibt sich auch aus dem Vergleich der Zeit-Volumverlust-Kurven. Vollkommen übereinstimmend ist das mikroskopische Bild der auftretenden Verformungen und Zerstörungen: Gleitlinien [*18, 52*] (Abb. 8 u. 9), Haarrisse sowie typische lochartige Zerstörungen. Ebenso treten nach beiden Methoden, wie W. SPANNHAKE [53], H. SCHRÖTER [*54*] sowie M. VATER [*17*] bei Düsenkavitation und M. v. SCHWARZ [*18*] beim Tropfenschlag beobachteten, an vielen metallischen Werkstoffen nach kurzer Zeit kräftige Anlaufschichten (Oxyde) auf, ja selbst die Freilegung des Gefüges, das mitunter

a

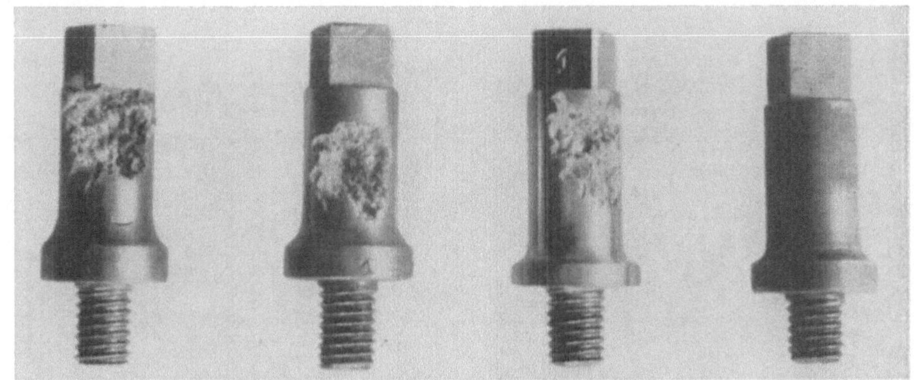

b

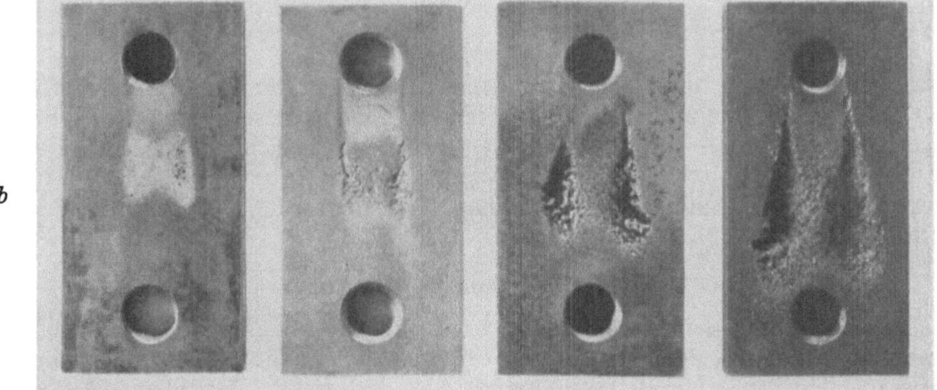

Abb. 7. Zerstörungen an Bronze, Stahl, rostfreiem Stahl und gehärtetem Nickelstahl durch *a* Tropfenschlag; *b* Hohlraumbildung. (Nach DE HALLER: Escher-Wyß-Mitt.)

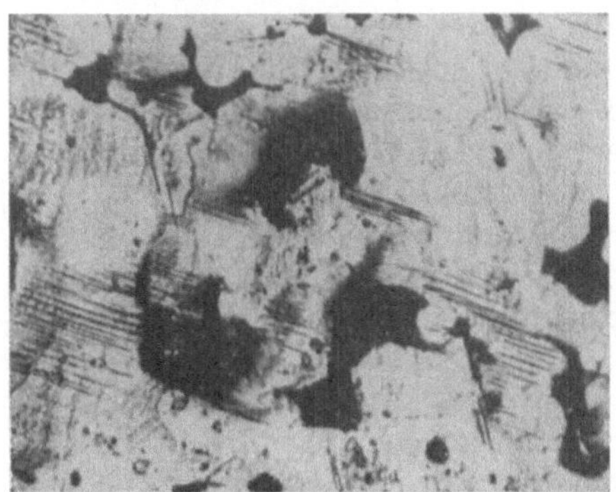

Abb. 8. Gleitlinienbildung in kavitierter Stahlprobe (Düse), 140:1. (Nach BÖTCHER: Trans. A. S. M. E.)

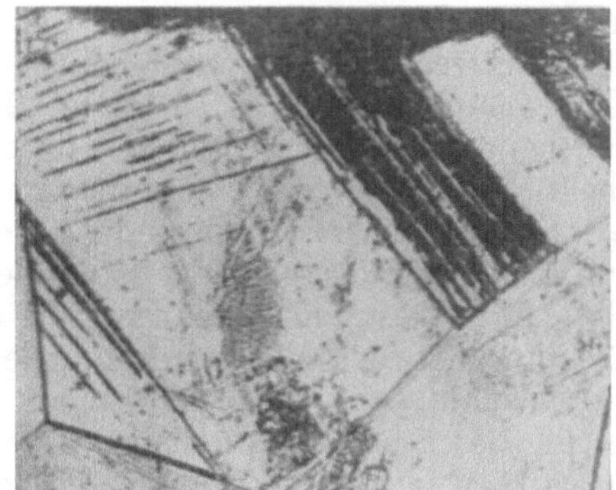

Abb. 9. Gleitlinien-(Riß-)Bildung an Bronze (Tropfenschlag), 150:1. (Nach v. SCHWARZ: Metallwirtsch.)

wie bei einer chemischen Ätzung zum Vorschein kommt, ist in beiden Fällen gleich [*46*, *55*, *56*] (Abb. 10 u. 11). Auch die Makroverformungen oder die Kaltverfestigung durch die Beanspruchung selbst [*52, 57*] machen es unverkennbar, daß ein und derselbe Grundvorgang maßgebend ist [*18, 39*]. Mit der Erweiterung der Versuchsmethodik, insbesondere durch die Einführung der Schwing-

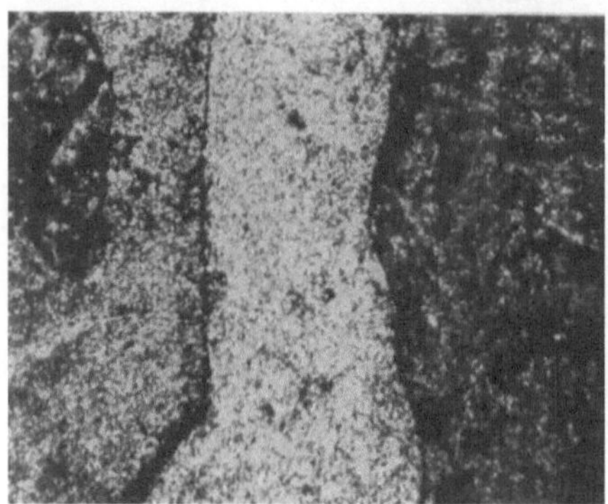

Abb. 10. Durch Kavitation am Schwinger geätztes Magnesium, 60:1.

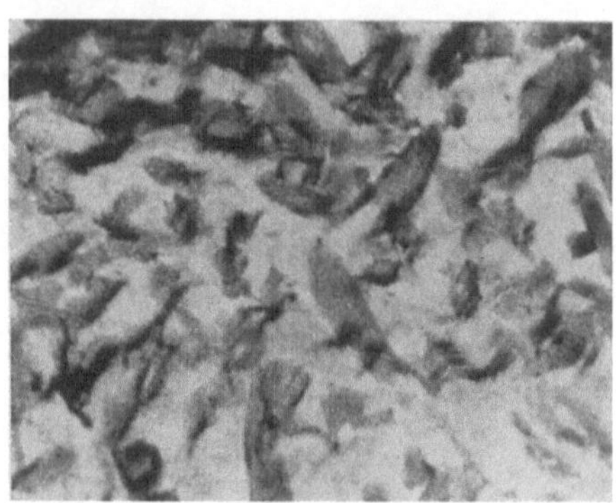

Abb. 11. Durch Tropfenschlag geätztes Sondermessing, 100:1. (Nach v. SCHWARZ: Metallwirtsch.)

geräte [*58, 59*], aber auch bei dem neuen Spritzgerät nach P. SOMMER [*57*], hat sich gezeigt, daß alle diese Erosionserscheinungen dieselbe Ursache — den Blasenmechanismus — zu besitzen scheinen. Über zahlreiche vorwiegend praktische Fälle der typischen Kavitation wird in der Literatur berichtet [*60—84*], wesentliche Erkenntnisse verdankt man vor allem den Arbeiten H. FÖTTINGERS [*85*].

b) Der Blasenmechanismus.

Die Bedeutung der Blasenbildung ergibt sich klar aus den ausführlichen Untersuchungen mit dem Schwinggerät [*55, 56, 86*]. Es läßt sich hier der enge Zusammenhang zwischen Blasenbildung und Werkstoffangriff sofort nachweisen. Ist die Blasenwolke im Zentrum, so findet man auch dort die Zerstörung (Abb. 12), wandert hingegen die Blasenwolke an den Rand, dann treten an diesem auch die Beschädigungen auf (Abb. 13). Über das Implodieren der Bläschen sind zahlreiche Rechnungen durchgeführt [*7, 29, 78, 87—90*], die im wesentlichen alle darauf hinauslaufen, daß bei der spontanen Implosion sehr hohe Druckspitzen und entsprechend der fast adiabatischen Verdichtung beachtliche Temperaturspitzen entstehen. Dabei muß gleichzeitig mit VAN ITERSON angenommen werden, daß bei einer kugelförmigen Blase die Oberflächenenergie: $A = 4 r_0^2 \sigma$ (r_0 Blasendurchmesser vor dem Einsturz, σ Oberflächenspannung) in einem verschwindend kleinen Zentrum frei wird [*7*]. Damit haben wir für die geforderte lokale, hohe Energiedichte eine Vorstellung und ein mehr als qualitatives Maß gewonnen. Wie die Rechnungen ergeben, spielt sich der Einsturz in Bruchteilen von Sekunden ab (10^{-4} sek bei $r_0 = 0{,}1$ mm), so daß die nachstürzende Flüssigkeitsmasse einen außergewöhnlichen Stoßdruck erreicht. Das Einstürzen von Blasen bei Kavitationserscheinungen wurde schon durch H. MÜLLER [*91*] verfolgt, wogegen lange Zeit für das Auftreten der hohen Drucke durch Messungen mit Piezoquarzen kein direkter Nachweis erbracht werden konnte. Durch Funkenaufnahmen gelang es H. SCHARDIN und W. STRUTH [*92*] zu zeigen, daß die nach dem Blaseneinsturz ausgelöste Wellenfront sehr steil ist. Die von P. DE HALLER [*35*] sowie J. C. HUNSAKER [*93*] bestimmten Drucke von max. rd. 200 kg/cm² sind natürlich kein Anhaltspunkt, weil diese so gemessenen Drucke über im Vergleich zu den Mikrobeschädigungen viel zu große Flächen (etwa 1 mm²) integrieren und nur einen Mittelwert darstellen. Bei den Messungen von G. VOGELPOHL [94] zeigte sich bereits, daß bei kleineren Durchmessern der Drucksonde die Spitzendrucke anstiegen. H. C. MÖLLER und A. SCHOCH [95] geben auf Grund oszillographischer Druckmessungen einen unteren Wert von 150 bis 500 kg/cm² an, wobei darauf aufmerksam gemacht wird, daß es sich hier nicht um den Spitzendruck im Kavitationszentrum selbst handelt. Das Schwingen stabiler und instabiler Hohlräume

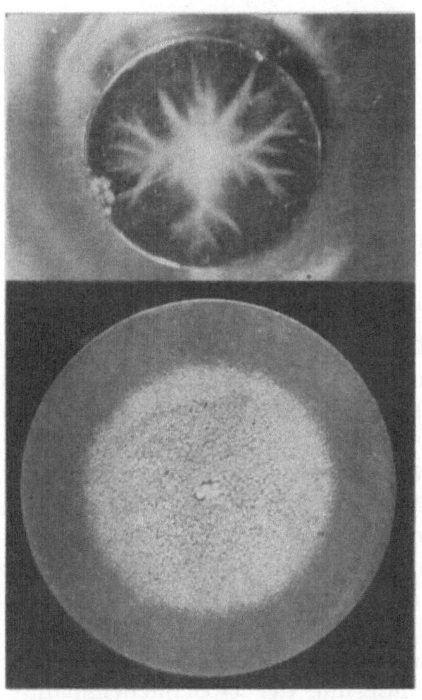

Abb. 12. Blasenwolke und Beschädigungsbereich auf Aluminium (Wasser bei 20° C).

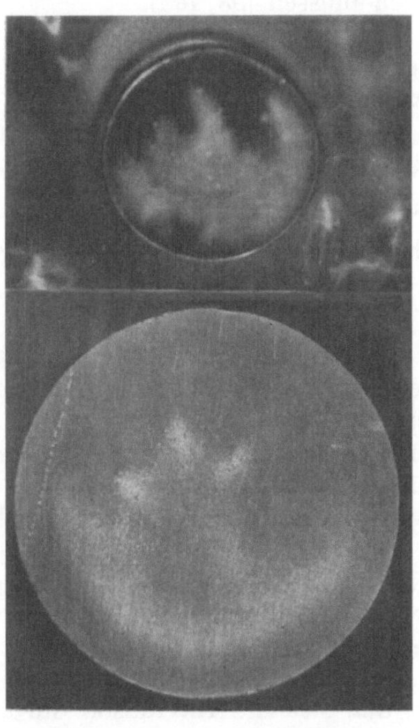

Abb. 13. Blasenwolke und Beschädigungsbereich auf Aluminium (Wasser bei 80° C).

in Flüssigkeiten sowie deren Implosion wurde auch von M. KORNFELD und L. SUVOROV [96] durch Momentaufnahmen (10^{-7} sek) experimentell studiert; sie fanden mehrere 1000 kg/cm². Aufnahmen von Blasenspuren wurden auch von W. H. PIELEMEIER [97] gemacht, und zwar bei ganz niedrigen Frequenzen (30 Hz). Diese Spuren schwingender Blasen erinnern in ihrem Aussehen sehr stark an die charakteristischen reihenförmigen Beschädigungen bei Kavitation.

Bereits nach diesen Ergebnissen sowie auf Grund neuer Berichte [98] unterliegt es keinem Zweifel mehr, daß die Blasenimplosion energetisch einen sehr ergiebigen Prozeß darstellt, und es wurde sogar der Vorschlag gemacht, derartige Vorgänge in der Kern- und Stellarphysik als maßgebende Energieverdichter heranzuziehen [99]. Auf die hohe Energiekonzentration ist auch aus den Lumineszenzerscheinungen bei Kohlenwasserstoffen (Benzol u. a.) [100] sowie insbesondere aus den beträchtlichen elektrischen Ladungen (101, 102] zu schließen, die bei Kavitation entstehen. Alle diese hochaktivierten Zustände machen eine erhöhte thermische Bewegung — nach H. KELLER [98] einige

100° C — mehr als wahrscheinlich, und wenn man bedenkt, daß das chemische Reaktionsvermögen exponentiell mit der Temperatur zunimmt, so ergibt sich aus der ganz beträchtlichen Beschleunigung chemischer Vorgänge bei der Kavitation ein weiterer Beweis für die Richtigkeit der Annahme des Blasenmechanismus. An Ultraschallkavitation in Wasser, bei welcher nach längerer Versuchsdauer der Außendruck von 0,003 bis etwa 5,7 kg/cm² variiert wurde, konnte sogar die Bildung von H_2O_2, NO_2^-- und NO_3^--Ionen nachgewiesen werden; auch zeigen hier Analogieversuche (künstliche Kavitation mit überhitztem Dampf), daß die beim Blaseneinsturz entstehenden Drucke in der Größenordnung von 1000 kg/cm² und die Temperaturen sehr hoch (gegen 2700° C) liegen müssen [*98*, *103*].

Über Temperatursteigerungen und chemische Reaktionsbeschleunigungen liegen zahlreiche Arbeiten vor [*104*—*107*], über die eingehend bei L. BERGMANN berichtet wird [*108*].

Weitere indirekte Stützen zu dieser Auffassung ergibt die Abhängigkeit des Kavitationsangriffs von jenen Bedingungen, die spezifisch die Blasenstabilität $\left(p_{\text{innen}} = p_{\text{außen}} + \frac{2\sigma}{r}\right)$ beeinflussen. Als Innendruck (Blasendruck) geht praktisch der Dampf- (Sättigungs-)Druck ein.

c) Abhängigkeit des Kavitationsangriffs.

Während in den ersten Anfängen der Kavitationsforschung nur Wasser oder Meerwasser und diese meist nur bei einer bestimmten Temperatur in ihrer Wirkung verfolgt wurden, erlaubt es das Schwinggerät, ganz verschiedene Flüssigkeiten und diese außerdem unter variablen Bedingungen (Temperatur, Außendruck usw.) anzuwenden. H. NOWOTNY [*55*] zeigte so, daß der Kavitationsangriff in der Tat mit wachsender Oberflächenspannung zunimmt, entsprechend der Annahme von VAN ITERSON über die Wirkung der Oberflächenenergie. Auch R. AUERBACH [*109*] weist darauf hin, daß die Kavitationserscheinungen durch oberflächenaktive Stoffe sowie durch Benetzungsvorgänge wesentlich beeinflußt werden.

Die Bedeutung der Oberflächenspannung geht ferner aus der Tatsache hervor, daß sich die Kavitation durch Verminderung der Oberflächenspannung an der Grenzfläche weitgehend unterdrücken läßt, wie das z. B. durch Anwendung von Ölfilmen oder von Metallseifen möglich sein soll [*110*]. Die Dichte ist von geringem Einfluß, was ebenfalls gegen den rein mechanischen Stoß spricht. Das gleiche gilt auch von der Zähigkeit, dagegen wird in Übereinstimmung mit der bereits von D. THOMA [*13*] eingeführten Kavitationszahl, in die als wesentlich die Differenz: Außendruck-Sättigungsdruck eingeht, sowie mit dem von R. W. BOYLE und G. B. TAYLOR [*111*] angegebenen Ausdruck für die Energiedichte bei gerade verschwindender Kavitation (hier geht diese Differenz im Quadrat ein) gefunden, daß in jedem Fall, wo $p_a - p_s = 0$ ist, Kavitation und damit jeder Angriff ausbleibt [*112*]. Dabei kann diese Bedingung sowohl durch Erhitzen der Flüssigkeit bei Normaldruck bis zum Siedepunkt erreicht werden oder indem man bei Raumtemperatur den Außendruck auf die Dampfspannung absenkt (Abb. 14). Die Abhängigkeit des Druckes bei Kavitationsbeginn von der Temperatur wurde von F. C. ROESLER [*113*] auch bei Düsenversuchen mit entlüftetem Äthanol beobachtet. Im Bereich zwischen 15 bis 40° C ergab sich eine Druckänderung bei Kavitationsbeginn, die tatsächlich der Dampfdruckänderung entspricht. Bei höheren Drucken (15 bis 20 kg/cm²) geht, wie R. GREIF [*114*] durch systematische Versuche an Wasser, Benzinen und Ölen ermittelte, der Kavitationsangriff nach anfänglicher

Zunahme bei weiter ansteigendem Druck wieder auf Null zurück (Abb. 15). Dieses Verschwinden des Angriffs läßt sich aus den Anschauungen über Keimbildung und Blasenstabilität heraus deuten [*115—121*]. So ist längst bekannt, daß man Flüssigkeiten unter besonderen Umständen unter ganz erhebliche Zugspannungen bringen kann; z. B. läßt sich Wasser bis zu 270° C (54 kg/cm²), ohne zu explodieren, erhitzen [*118*]; es darf in solchen Fällen eben zu keiner Blasenbildung kommen. Das ist dann möglich, wenn man dafür sorgt, daß alle Blasenkeime verschwinden. Eine der Methoden, die Blasenkeime zu entfernen, besteht darin, daß man den Außendruck stark erhöht; es lösen sich auf diese Weise sämtliche Mikrokeime in der Flüssigkeit. Eine derartige Flüssigkeit bildet bei Anwendung von Ultraschall keine Blasen mehr, verursacht also keine Kavitation und führt damit zu keiner Zerstörung [*115*]. Die Größe der Keime wird zu 10^{-3} bis 10^{-5} cm angenommen.

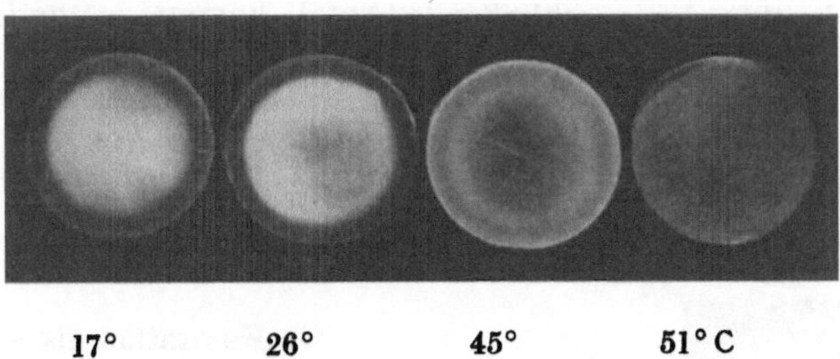

Abb. 14. Am Schwinger kavitierte Aluminium-Proben (Wasser, Außendruck = 360 Torr).

Eng mit dieser Frage hängen auch die verschiedenen bisher ungeklärten Erscheinungen über den Einfluß des Gas- (Luft-) Gehaltes zusammen. Die, wenn auch meist schwache Wirkung der echt oder in Mikrokeimen gelösten Gase ist ebenfalls ein Merkmal, das für den Blasenmechanismus spricht [*52, 83, 96, 122—124*]. Der Luftgehalt vermindert infolge dämpfender Wirkung den Kavitationsangriff; Luftabscheidung und Wasserdampfbildung verlaufen verschieden, weshalb der richtige p_s-Wert zu berücksichtigen ist. Zu dem Problem der Ausscheidung gelöster Gase durch Kavitation nehmen auch A. Pischinger [*125*] und W. Frössel [*126*] Stellung. Aus ihren Untersuchungen folgt eine Abhängigkeit des Ausscheidungsdruckes vom Gasgehalt. Roesler [*113*] berichtet über ähnliche Versuche, wobei er als Düse eine gewöhnliche Wasserstrahlpumpe sowie ein konvergent-divergentes Rohr benutzt. Unter anderem wurde der Einfluß des Luftgehaltes bei Äthanol als Versuchsflüssigkeit studiert. Mit steigendem Gasgehalt ergeben sich bezüglich des statischen Druckes für Kavitationsbeginn recht unübersichtliche Verhältnisse. Man beobachtet dabei eine Abhängigkeit von der Düsenform, die dadurch erklärt wird, daß die Verweilzeit der blasenbildenden Flüssigkeit in dem kritischen Gebiet niedriger Drucke bei verschieden gebauten Düsen verschieden lang ist. Für die Deutung dieser unterschiedlich ablaufenden Gasausscheidung müssen kinetische und Diffusionsvorgänge herangezogen werden. Turbulente Schwankungen scheinen nach diesem Autor verantwortlich zu sein für das Einsetzen von Kavitation bei Drucken, die über dem Stabilitätsdruck liegen. Gelegentlich wird daher auch von „echter“

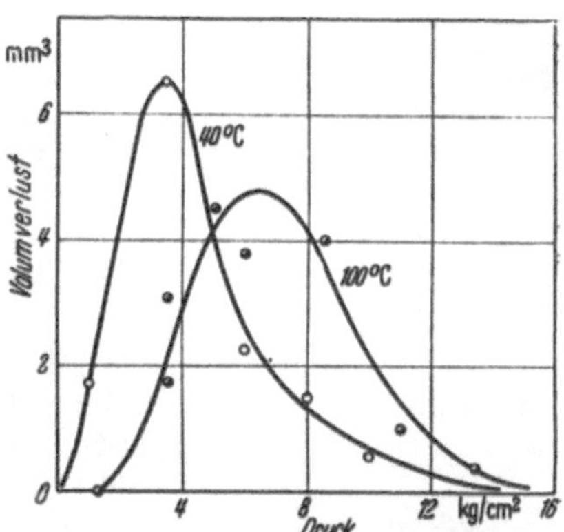

Abb. 15. Einfluß von Druck und Temperatur auf den Volumverlust. (Aluminium-Proben in Flugbenzol am Schwinger.) (Nach Greif: Dtsch. Luftfahrtforschg.)

Kavitation (heftig) an entgasten Flüssigkeiten und „unechter" Kavitation (mild) gesprochen.

Der zunächst mit der Temperatur ansteigende Angriff hat seine Ursache in der wesentlichen Zunahme der Blasenbildung infolge des höheren Dampfdrucks; der anschließende Abfall kommt zustande wegen der immer größer werdenden Instabilität der Blasen. Daß die Dampfblasen weit überwiegen (gegenüber den Gasblasen), ist schon von Ackeret [*88*] betont worden. Die anfängliche Zunahme der Kavitation mit steigender Temperatur wird in der Düse [*39*] wie am Tropfenschlaggerät [*127*] festgestellt.

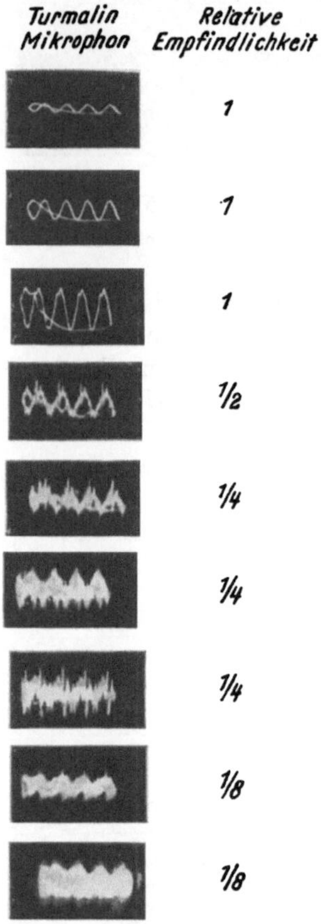

Turmalin Mikrophon	Relative Empfindlichkeit
	1
	1
	1
	1/2
	1/4
	1/4
	1/4
	1/8
	1/8

Abb. 16. Schalldruckoszillogramm am Schwinger. (Nach Möller u. Schoch, Akust. Z.)

d) Kavitation als Schwingungsphänomen.

Das Verfolgen des Schicksals schwingender Blasen ist am Schwinggerät selbst am einfachsten [*55*]. H. G. Möller und A. Schoch [*95*] beobachteten eine in einem Loch des Schwingstempels festgehaltene Blase und fanden eine merkliche Verzerrung der sinusförmigen Schwingungen infolge der Druckstöße, die bei schwacher Kavitation ganz regelmäßig, bei starker so zahlreich auftraten, daß sie im Oszillogramm nicht mehr aufgelöst erscheinen (Abb. 16). Eine ausgesprochene Frequenz stellt sich aber auch bei Düsenkavitation ein, wofür von E. Spannhake [*122*] eine einfache Beziehung angegeben wurde: f prop. $\frac{v_{\max}}{L}$ (L = Hohlraumlänge). Messungen von P. de Haller [*35*] sowie von J. C. Hunsaker [*93*] ergaben Frequenzen von 20000 bis 25000 Hz. Bei den Tropfenschlaggeräten und Stoßgeräten ist der rhythmische Vorgang unmittelbar gegeben. Damit liegen Schwingungsbeanspruchungen durchaus im Bereich der Möglichkeit, so daß sie insbesondere bei stärkerer Kavitation eine merkliche Nebenrolle spielen können. Tatsächlich fand H. N. Bötcher [*52*] typische mikroskopische Anzeichen für Dauerbrüche. E. Englesson [*65*] sowie andrerseits M. Vater und W. Sorberger [*127*] deuten daher die Kavitationszerstörungen als eine Folge der Ermüdung bzw. einer Korrosionsermüdung, sei es in der Düse oder beim Tropfenschlaggerät. Dagegen sieht H. Umstätter [*128*] die Kavitation als Resonanzphänomen an und vermutet, daß sich maximale Zerstörungen immer dann ergeben, wenn eine Übereinstimmung zwischen den inneren Schwingfrequenzen des Festkörpers und den Frequenzen der äußeren Schwingungsbeanspruchungen vorkommt. Aus diesem Grunde sollen polierte oder amorphe Schichten, insbesondere hochviskose Überzüge den Werkstoff vor Kavitation schützen. Bei einfachen Lackschichten, auch Einbrennlacken, die auf verschiedenen Metallen aufgebracht waren, zeigte sich bei ausgedehnten Untersuchungen am Schwinggerät jedoch, daß diese in kürzester Zeit zerstört werden [*129*]. Dasselbe gilt auch von Wachs- und Schellacküberzügen, die nur anfänglich eine Schutzwirkung zeigen. Das Ablösen von schützenden Oxydschichten auf Aluminium wird bereits bei Frequenzen von 30 Hz beobachtet [*97*]. Frequenzen zwischen 10000 und 20000 Hz dürften ganz allgemein am wirksamsten sein.

3. Prüfverfahren.

Obzwar dies nicht an genormten Geräten geschieht, lassen sich doch sichere Verhältniszahlen des Kavitationswiderstandes (relativer Kavitationswiderstand) am jeweiligen Prüfgerät gewinnen. Je nach dem praktischen Problem wird man aber wegen der Anpassung an die äußeren Strömungsverhältnisse dem einen oder anderen Prüfverfahren den Vorzug geben, solange keine ausgedehnten systematischen Vergleichsuntersuchungen quantitativer Art mit den verschiedenen Laboratoriumsgeräten durchgeführt sind.

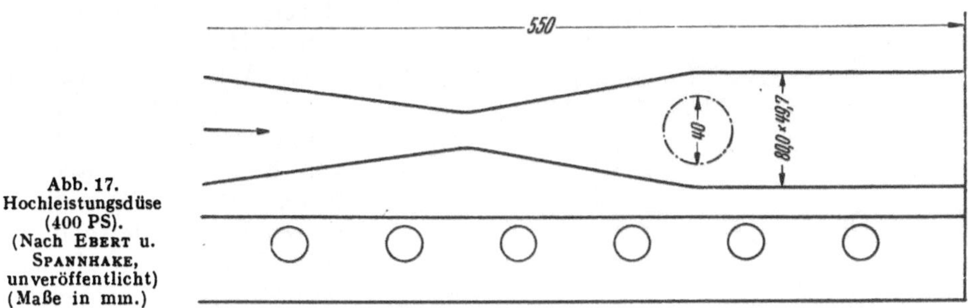

Abb. 17. Hochleistungsdüse (400 PS). (Nach EBERT u. SPANNHAKE, unveröffentlicht) (Maße in mm.)

a) Die Prüfgeräte.

Das älteste und einfachste Verfahren [*85*] ist die Prüfung in einer konvergent-divergenten Düse von rechteckigem Querschnitt, bei der die Proben in die planparallelen Wände eingelegt werden können (Abb. 17). Wichtig ist die

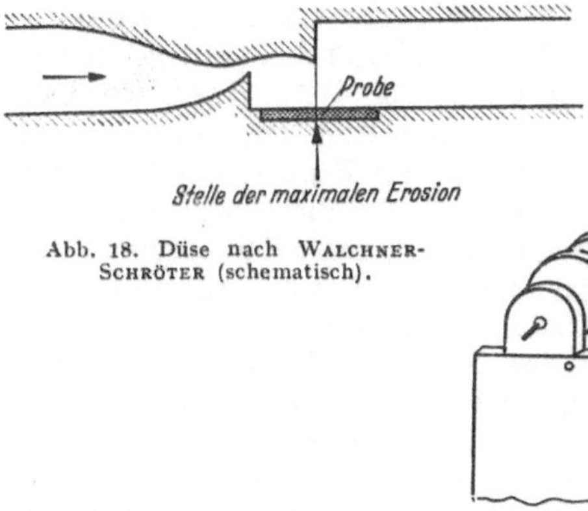

Abb. 18. Düse nach WALCHNER-SCHRÖTER (schematisch).

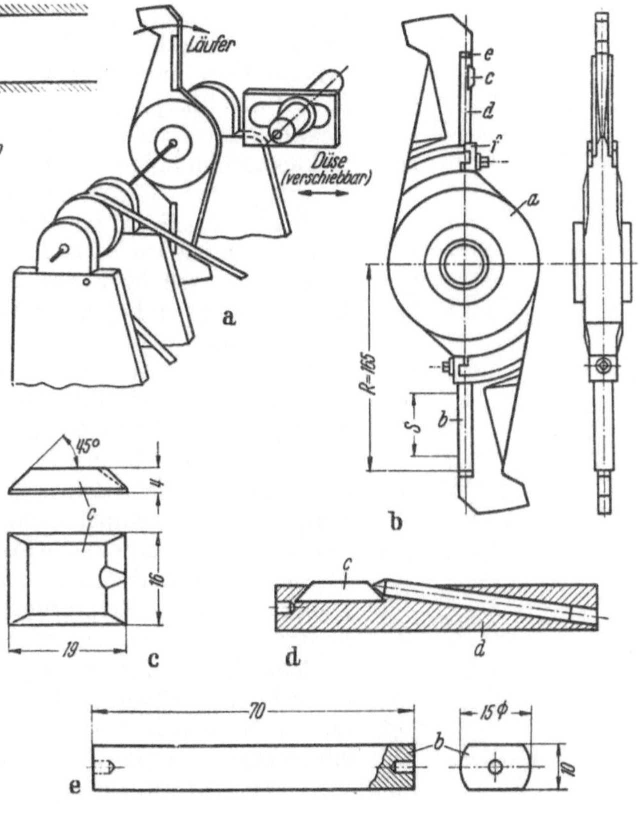

Abb. 19. Tropfenschlaggerät mit verschiedenen Probenformen. (Nach v. SCHWARZ: Z. Metallkde.)
a Skizze des Wasserschlaggerätes; b Läufer mit Proben; c Kleinprobe; d Probenhalter mit Kleinprobe; e Normalprobe.

Lage der Probe in bezug auf die Kavitationszone ($p_a - p_s$ muß größer Null sein). Der Antrieb kann durch natürliches Gefälle oder durch Pumpen erreicht werden; eine solche Anlage erfordert im allgemeinen einen erheblichen Aufwand. Eine abgeänderte Form der Düse wurde anschließend von O. WALCHNER und H. SCHRÖTER [83] entwickelt (Abb. 18). Der Strahl wird teilweise unmittelbar auf die Probe gelenkt, wodurch sehr rasch Zerstörung eintritt. Diese auch von J. M. MOUSSON [39] benützte Düse stellt sozusagen einen Übergang zum direkten Tropfenschlaggerät dar, das von E. HONEGGER [38] und P. DE HALLER [35] erstmalig verwendet wurde und von M. v. SCHWARZ und Mitarbeitern [46] sowie insbesondere von M. VATER [47] zu einem Prüfgerät ausgebaut wurde (Abb. 19). Der Flüssigkeitsstrahl wird hierbei periodisch durch das Durchlaufen der Probe zerteilt. (Mit den notwendigen Pumpenanlagen sind alle diese Prüfgeräte noch ziemlich umfangreich.) Eine Abwandlung des Tropfenschlagverfahrens — periodische Unterbrechung — finden wir in der Versuchsanordnung von P. SOMMER [57] wieder (Abb. 20). Bei diesem Gerät trifft ein intermittierender Strahl auf die ruhende Probe. Ein ähnliches Prinzip liegt auch dem Gerät von W. S. HAMILTON und E. A. BECK [130] zugrunde, dessen Konstruktion sich nach Angaben der Verfasser sehr gut zur Ermittlung von Kavitationswiderständen, aber auch für die Erforschung der Vorgänge bei verschiedenen Flüssigkeiten eignen soll (Abb. 21). Das Gerät ist klein und wird von einem Elektromotor angetrieben. Die Flüssigkeit steht unter Außendruck und wird über eine Nocke periodisch abgehoben. Die Nocke ist dabei so ausgebildet, daß ein Flüssigkeitsstoß zustande kommt. Nach PIELEMEIER [97] lassen sich Kavitationsuntersuchungen auch mit einer Dauerprüfmaschine ($^3/_4$ PS-Motor) bei Frequenzen von nur 30 Hz durchführen, allerdings sind die Amplituden wesentlich größer als bei Schwingern hoher Frequenz. Ein anderes mechanisch angetriebenes Versuchsgerät kann in dem schwingenden Stempel nach HEIDEBROCK [131] erblickt werden. Ein Stempel schwingt gegen eine ruhende Platte, bleibt aber stets durch eine Flüssigkeitsschicht getrennt. Dabei soll für die Zerstörung allerdings die Haftfestigkeit an der Grenzfläche mit maßgebend sein [132].

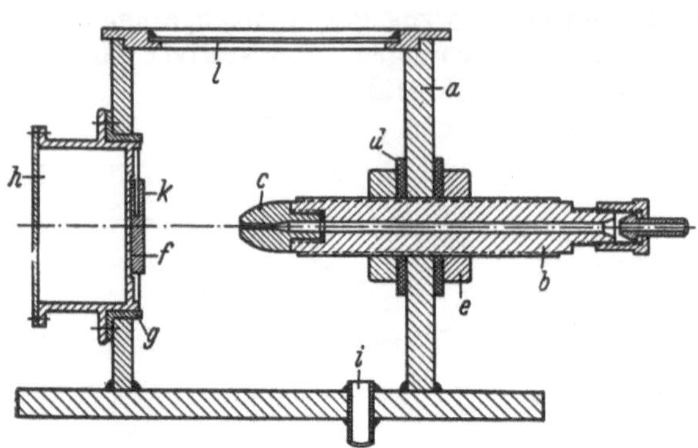

Abb. 20. Spritzgerät. (Nach SOMMER: Techn. Ber.)
a Gehäuse; b Düsenhülse; c Düseneinsatzstück; (0,25 mm Durchmesser); d Dichtung; e Feststellmuttern; f Werkstoffprobe (40 mm Durchmesser); g Isolierung; h Heizung; i Abflußrohr; k Bohrung für Thermoelement; l Deckel mit Glasscheibe.

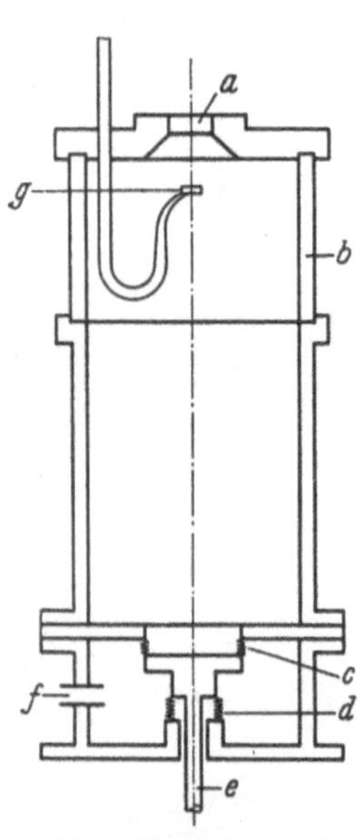

Abb. 21. Kavitationsgerät, schematisch. (Nach HAMILTON u. BECK: Eng. News-Record.)
a Probenhalter; b Glaswand; c oberes Federrohr; d unteres Federrohr; e zur Nocke; f Lufteinlaß; g Drucksonde.

Man käme nun zwangsläufig zur Besprechung der eigentlichen Schwinggeräte, doch soll vorher noch kurz auf das Stoßgerät von J. ACKERET und P. DE HALLER [19] eingegangen werden (Abb. 22). Bei diesem Gerät wird ebenfalls ein Kolben A mechanisch gegen die Flüssigkeit B gestoßen, die ihrerseits gegen die Probe C drückt. Dabei werden nach einer genügend großen Anzahl von Stößen ganz ähnliche Zerstörungen gefunden, wie es bei Kavitation der Fall ist. Nun befindet sich aber hier die Flüssigkeit unter einem ständigen Überdruck von mehreren Atmosphären, weshalb die Verfasser annehmen, daß

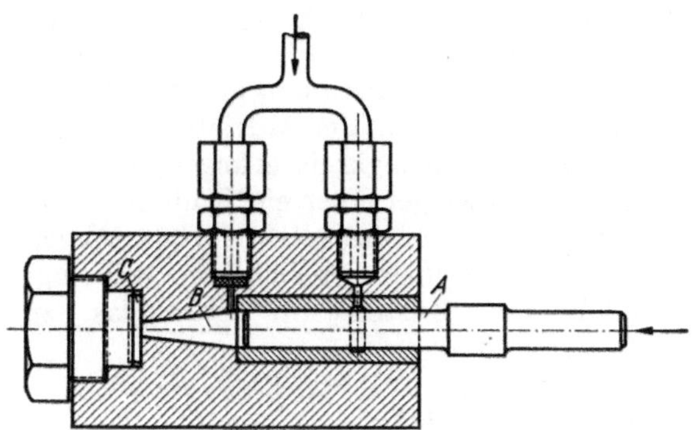

Abb. 22. Stoßgerät. (Nach ACKERET u. DE HALLER: Schweiz. Bauztg.)

es zu keiner Blasenbildung kommen sollte. Der angewendete Überdruck war möglicherweise nicht ausreichend, um die Gasblasenkeime zum Verschwinden zu bringen, so daß eine Bildung von Bläschen bei der raschen Entspannung (Frequenz 16 Hz) trotzdem nicht völlig auszuschließen ist.

Das Prüfverfahren wird besonders stark durch die Verwendung von Schwingern abgekürzt, die außerdem den Vorzug eines einfachen laboratoriumsmäßigen Gerätes besitzen. Dies gestattet der Übergang zu hohen Schwingungen (8000 bis 20000 Hz). Das Prüfverfahren wurde von N. GAINES [*58*] angegeben und von zahlreichen anderen Autoren [*55, 59, 82, 90, 133*] weiterentwickelt. Es wird hier die Magnetostriktion eines Stabes oder Blechpaketes bzw. eines Rohres aus Nickel ausgenützt; diese liegen in einem elektrischen Schwingkreis, der im allgemeinen keine größere Leistung als 500 W benötigt (Abb. 23).

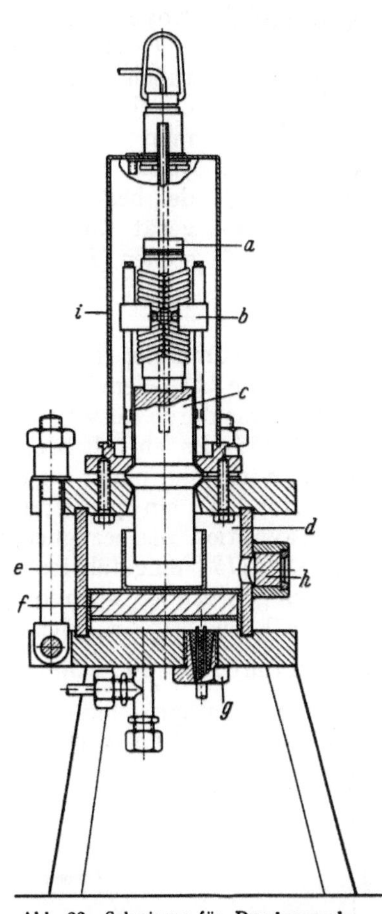

Abb. 23. Schwinger für Druckversuche. (Nach GREIF: Dtsch. Luftfahrtforschg.) a Nickelpaket; b Einspannung; c Koppelstab; d Druckkessel; e Flüssigkeit; f Heizofen; g Durchführung für Thermoelement; h Quarzfenster; i Kühlmantel.

Die Länge L des Nickelrohres (-paket, -stab) ist mit der Frequenz f nach der Formel: $L = \frac{1}{2f}\sqrt{\frac{E}{\varrho}}$ (E = Elastizitätsmodul) verknüpft. Die am Ende des Rohres befestigte Probe taucht in die ruhende Versuchsflüssigkeit. Damit ein derartiges Gerät einwandfrei arbeitet, sind mehrere Dinge zu beachten. Die Wasserkühlung der Nickelröhre darf die Schwingung nicht unregelmäßig dämpfen. Bei TH. RUTENBECK [*56*] wurde mit fester Kohlensäure gekühlt und dabei gute Erfahrung gemacht. Ebenso bewährt sich die Druckluftkühlung [*134*]. Die Probeform nach Y. BONNARD und E. JOSSO [*134*] und deren Befestigung gewährleistet reproduzierbare Ergebnisse (Abb. 24). Das Gewicht der Probe soll wegen seines Einflusses auf die Frequenz [55] konstant sein und wird von obigen Autoren mit 30 g gewählt. Lose befestigte Proben führen zu einer sehr starken Dämpfung der Kavitation. Von der Befestigung hängt es auch ab, ob sich symmetrische Querschwingungen ausbilden, so daß gelegentlich sternförmige Beschädigungen auftreten.

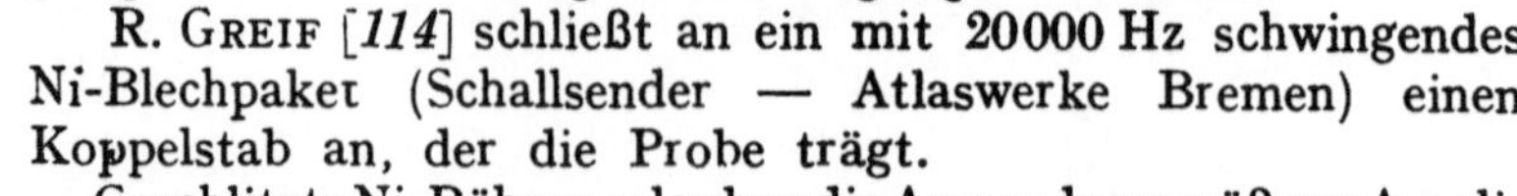

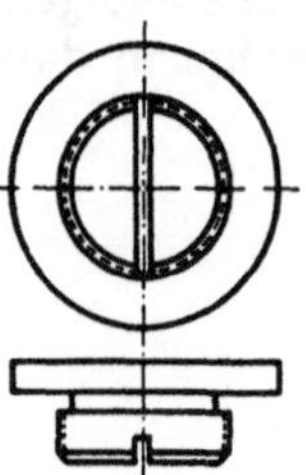

Abb. 24. Probenform für Schwinger etwa 1:2. (Nach BONNARD u. JOSSO: Métaux et Corrosion.)

R. GREIF [114] schließt an ein mit 20000 Hz schwingendes Ni-Blechpaket (Schallsender — Atlaswerke Bremen) einen Koppelstab an, der die Probe trägt.

Geschlitzte Ni-Röhren erlauben die Anwendung größerer Amplituden, neigen aber leichter zum Bruch. Der Antrieb muß nicht durch einen röhrengesteuerten Schwingkreis erfolgen, sondern man kann den eigentlichen Schwinger über ein Schlupfsystem direkt an eine Hochfrequenzmaschine anschließen [135]. Wegen der beachtlichen Schalleistung empfiehlt es sich, das Schwinggerät in einen schalldichten Kasten mit Schauglas zu stellen [134].

b) Durchführung der Prüfung.

Die Bestimmung des relativen Kavitationswiderstandes läßt sich grundsätzlich wie bei jedem Verschleißversuch aus dem zeitlichen Volumverlust ermitteln, was durch Auswägen oder aber auch durch mikroskopische Auszählung erfolgt [136]. Es fehlt allerdings die Möglichkeit, absolute Bestimmungen durchzuführen, da man weder für den Verschleißangriff K_a noch für den Verschleißwiderstand K_w ein quantitatives Maß kennt [137]. Ordnende Gesichtspunkte bei Kavitation diesbezüglich gibt es überhaupt keine. Im Sinne eines von M. VATER [138] eingeführten Grenzwiderstandes, der z. B. beim Tropfenschlagversuch gegeben ist, wenn keinerlei wägbarer Gewichtsverlust mehr festgestellt werden kann, wäre K_a kleiner K_w. Es läßt sich aber ebensogut der Volumverlust durch eine Bezeichnung: $\Delta V = \frac{K_a}{K_w}$ definieren. Wird K_a und ΔV (mm³/h) konstant gehalten, so hat man K_w als Widerstandszahl bei Kavitation zu bezeichnen. Der Verschleißangriff kann eben nur aus äußeren Bestimmungsstücken und nicht als Kraft oder Arbeitsvermögen angegeben werden. Bei Düsen ist es für ein festgelegtes Profil die Geschwindigkeit v, die als maßgebliche Größe aufscheint und auch systematisch variiert werden kann. Die Streuung der Versuchsergebnisse dürfte hier am größten sein, weil sich mit veränderter Geschwindigkeit auch die Kavitationszone verschiebt. Die Tropfenschlaggeräte arbeiten in dieser Hinsicht besser, was übrigens für alle mechanisch angetriebenen Systeme gilt. Hier läßt sich die Durchschlagsgeschwindigkeit v (z. B. 70 m/sek) sowie die Strahlgeschwindigkeit und Strahldicke d einstellen; ein Einfluß der Strahlgeschwindigkeit [127] sowie jener der Strahldicke auf die Kavitation ist nur in geringem Maße vorhanden [1] (Abb. 25). Bei den Schwinggeräten wird der Kavitationsangriff durch die Schwingamplitude a (z. B. 0,03 mm) bzw. die daraus errechnete maximale Geschwindigkeit v_{max} be-

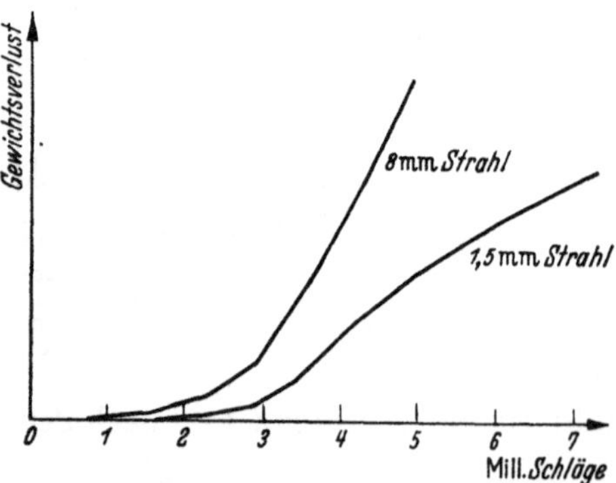

Abb. 25. Einfluß der Strahldicke auf den Gewichtsverlust. (Nach DE HALLER: Hdb.)

stimmt. Aber auch Probengröße sowie die Druckdifferenz $p_a - p_s$ beeinflussen ihrerseits die Größe der Kavitationszone [*136*], aus der mitunter eine strichartige Zerstörung hinausläuft (Abb. 26). Man muß demnach auch diese Größen konstant halten, um zu vergleichbaren Werten zu gelangen. Beim Spritzgerät nach P. SOMMER ist v etwa 200 m/sek, die Bohrung 0,25 mm. Bei den Stoßgeräten kann man Frequenz, Amplitude, unter Umständen auch die Beschleunigung des Stempels oder Kolbens angeben.

Ferner ist zu beachten, daß die Kavitation vom Abstand Strahlaustritt—Probe (z. B. beim Spritzgerät, Abb. 27) sowie vom Auftreffwinkel abhängig ist und daß es nicht ohne Einfluß ist, wie weit die am Schwingstab befestigte Probe in die Flüssigkeit eintaucht. Bei geringer Eintauchtiefe ist der Volumverlust am größten (z. B. bei 2 mm etwa 30 mg/30 min), dagegen ist die Kavitation bei größerer Eintauchtiefe geringer (10 bis 30 mm etwa 20 mg/30 min vergleichsweise), aber viel stabiler, weshalb letzteres Prüfverfahren vorzuziehen ist [*134*].

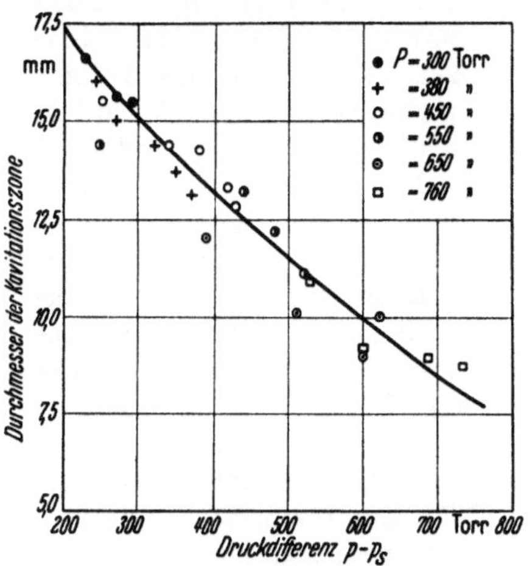

Abb. 26. Einfluß der Druckdifferenz $p_a - p_s$ auf die Kavitationszone.

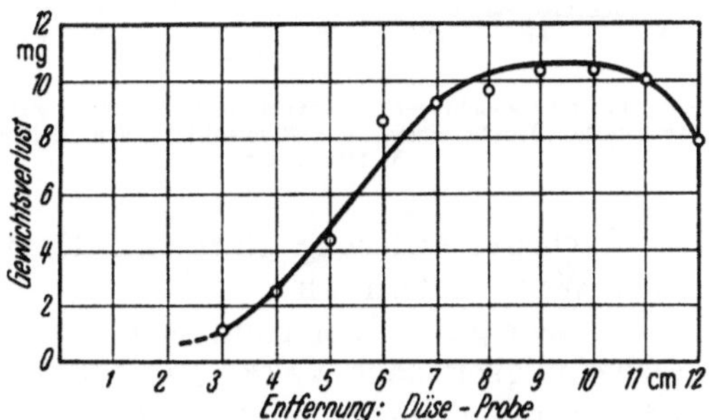

Abb. 27. Einfluß der Spritzweite auf den Volumverlust. (Nach SOMMER: Techn. Ber.)

Die Gesamtheit aller Zeit-Volumverlust-Kurven ergibt, wie gesagt, ein einheitliches Bild, indem erst nach einer Anlaufperiode (ohne registrierbaren Volumverlust — hier wird bei chemisch wenig widerstandsfähigen Metallen gelegentlich sogar eine Volumzunahme infolge Oxydation festgestellt) der richtige Volumverlust einsetzt. Auf die Besonderheit der Oberflächenveränderung in zwei Stufen wird mehrfach hingewiesen [*35*, *68*, *139*]. Die Beurteilung mag daher auch im Hinblick auf praktische Probleme in verschiedener Art erfolgen. Man kann als Kriterium erstens die sogenannte Anlaufzeit (Inkubationszeit) heranziehen, innerhalb welcher also nur eine Aufrauhung der Oberfläche eintritt. Für die Praxis dürfte eine solche Darstellung des Kavitationswiderstandes insofern zweckmäßig sein, als der Fall starker Kavitation bei Maschinen selten vorkommen wird. In der Regel hat man es mit lang dauernden Beanspruchungen zu tun, wo eben bei mäßigen Kavitationsangriffen der Kavitationswiderstand eines Werkstoffes entscheidend ist. Eine zweite Möglichkeit, das Werkstoffverhalten zu charakterisieren, besteht darin, daß man den sogenannten Fortschrittsgrad, also den Volumverlust je Zeiteinheit nach der Anlaufzeit angibt; dieses Maß differenziert die Werkstoffe sehr stark (1 : 1000 und mehr). Dabei gibt es offensichtlich keinen Zusammenhang zwischen Anlaufzeit und der zuletzt genannten Kenngröße (Abb. 28). Der eine Werkstoff ist z. B. durch eine lange Anlaufzeit und einen großen Fortschrittsgrad gekennzeichnet, während bei einem anderen Werkstoff nach langer Inkubation ein kleiner

Fortschrittsgrad beobachtet wird. Schließlich kann man drittens auch einen Mittelwert über den gesamten Zeitraum angeben.

Die Versuchszeiten erstrecken sich beim Tropfenschlaggerät wie auch beim Spritzgerät auf einige Stunden, während bei den Magnetostriktionsschwingern — Kurzmethode — viel rascher gearbeitet werden kann. Die radikale Kurzprüfung verändert aber, wie es häufig auch auf ganz anderen Gebieten (Verschleiß oder Korrosion) vorkommt, das Gewicht der Teilvorgänge. Es werden deshalb auch beim Schwinger längere Zeiten, z. B. 60 Minuten in Wasser und Meerwasser, mit Erfolg benutzt [*140*]. Bonnard und Josso [*134*] schlagen die Angabe des Volumverlustes zwischen 3. und 5. Stunde vor. Hier handelt es sich wohl mehr um den Fortschrittsgrad. Die Versuche bis zu starken Verlusten auszudehnen, ist sicher unzweckmäßig, da — wie schon betont — eine sehr starke Oberflächenveränderung stets den Kavitationsangriff selbst in unübersichtlicher Weise ändern wird.

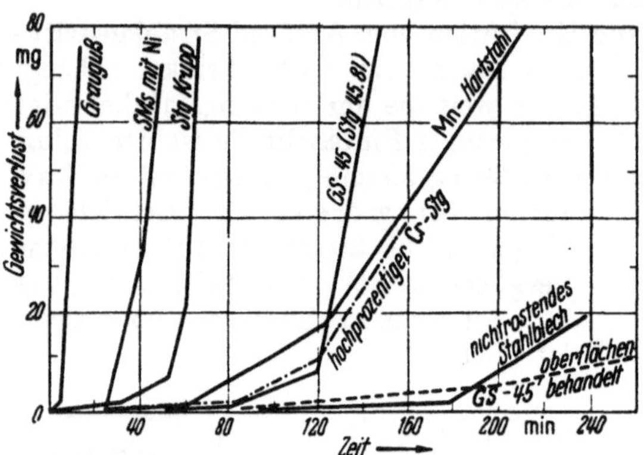

Abb. 28. Zeit-Gewichtsverlust-Kurven verschiedener metallischer Werkstoffe (Tropfenschlag, $v = 72$ m/sek). (Nach v. Schwarz: Metallwirtsch.)

Ein sehr gutes Kriterium scheint viertens in der Feststellung der Grenzgeschwindigkeit nach Vater gegeben zu sein [*138*]. Der reziproke Volumverlust, gegen die Geschwindigkeit des Strahles aufgetragen, ergibt nach Art von Wöhler-Linien für die verschiedenen Werkstoffe jene Grenzgeschwindigkeiten, unterhalb welcher ein feststellbarer Volumverlust nicht mehr eintritt und daher ein für praktische Zwecke wichtiges Maß. In ähnlicher Weise kann man auch bei den Schwinggeräten die Schwingamplitude so weit erniedrigen, bis nur Oberflächenaufrauhungen, aber keine Volumverluste in Erscheinung treten.

Für die Prüfung mit verschiedenen Flüssigkeiten hat sich das Schwinggerät am geeignetsten erwiesen; das Flüssigkeitsgefäß kann hier außerdem bequem von einem Thermostaten aufgenommen werden. Aber auch das Spritzgerät läßt sich dafür verwenden.

4. Versuchsergebnisse — Kavitationswiderstand.

Das Ziel, den Kavitationswiderstand auf andere bekannte mechanische Kennwerte oder auf eine Kombination derselben zurückzuführen, ist bisher nicht erreicht worden. Nach den Vorstellungen über den Kavitationsangriff besteht auch nur geringe Aussicht, einen allgemeingültigen Zusammenhang zwischen Kavitationswiderstand und Härte, Streckgrenze, Zugfestigkeit, Arbeitsvermögen usw. herzustellen. Das Bild der Zerstörungen, die, mikroskopisch betrachtet, mitunter wie Aufschmelzungen erscheinen (Abb. 29), oder die Beschädigungsreihen deuten auf eine besondere Art von Beanspruchung hin [*55, 114*]. So wurde röntgenographisch auch beobachtet [*55*], daß das Kristallkorn an der Oberfläche stark zerteilt wird, wobei mitunter diese Zerteilung so weit gehen kann, daß das Metall in der Flüssigkeit dispergiert wird. Bei den abgesprengten Teilchen finden sich einerseits metallische, andererseits auch oxydierte Partikeln vor [*55, 134*].

Ferner ist das Auftreten von Gleitlinien und Anrissen unterhalb der Eindruckstellen bekannt, die auf einen durch Spannung veränderten Oberflächenzustand hinweisen [*141, 142*], was übrigens auch die gelegentlich beobachtete Zunahme der Härte infolge der Beanspruchung selbst beweist. Dazu kommen noch die Dauerschwingrisse und viele chemische Begleiterscheinungen.

Aus der bis heute bekanntgewordenen nicht unerheblichen Zahl von Kavitationsprüfungen scheint sich in großer Näherung der Zusammenhang herauszuschälen, daß mechanisch wenig feste (weiche) Metalle oder Legierungen auch weniger widerstandsfähig gegen Kavitation sind [*39, 55, 83, 93, 143*]. Die Härte ist aber nicht so entscheidend wie die Struktur [*144*]. Erwärmte Proben weisen im allgemeinen einen geringeren Kavitationswiderstand auf [*57*]. Nach M. v. Schwarz und Mitarbeitern [*46*] sind drei Gruppen von Werkstoffen hinsichtlich des Kavitationsverhaltens zu unterscheiden. Die elastische Verformungsarbeit eines Werkstoffes kann erstens kleiner sein als die Energie des Einzelschlages. Sie kann aber auch im zweiten Fall größer sein. In der dritten Gruppe wären die spröden Stoffe zu nennen, deren Härte unterhalb der Druckspitzenhöhe bleibt. Die ersterwähnten Werkstoffe sollen mit Hilfe der von Döhmer eingeführten Höchsthärtezahl maßgeblich in ihrem Kavitationswiderstand beurteilt werden können. Der Verschleiß hängt hier von Festigkeit und Kaltverformungsvermögen ab.

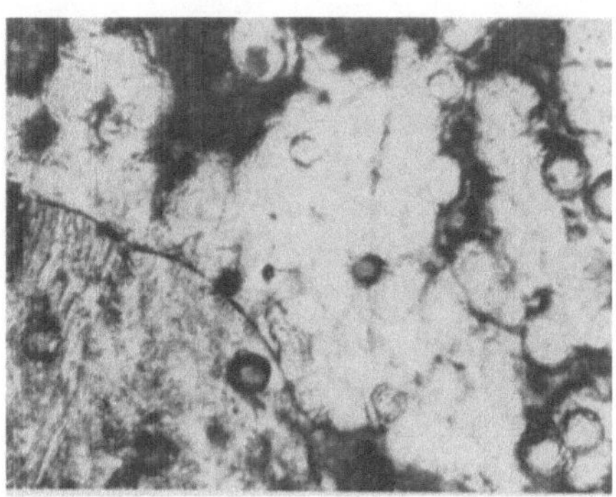

Abb. 29. Tröpfchenförmige Ausbildungen an kavitiertem Magnesium (Schwinger), 150:1.

Geprüft wurden bisher Hartmetalle, Stellite, zahlreiche Stähle, Grauguß, Kupfer und verschiedenste Bronzen, Rotguß, Messinge, Nickellegierungen, Aluminium und seine Legierungen, Magnesium, Zink und seine Legierungen, Kadmium, Blei, Edelmetalle und deren Legierungen [*145—149*]. Neben den hochwertigen Stelliten ragen besonders austenitische Stähle, bemerkenswerterweise auch Aluminiumbronzen sowie Nickellegierungen durch hohen Kavitationswiderstand hervor. Es liegen in der Literatur umfangreiche Tabellen vor.

Kunststoffe und Gläser wurden ebenfalls auf ihren Kavitationswiderstand geprüft. Sie zeigen durchweg ein schlechtes Verhalten.

Die Abhängigkeit des Kavitationswiderstandes von Werkstoff- und Oberflächenzustand.

Gut polierte Proben mit fehlerfreier Oberfläche verhalten sich gegenüber Kavitationsangriff fast durchwegs besser als solche mit rauher Oberfläche [*55, 128, 134*]. Für Vergleichsuntersuchungen muß daher stets die gleiche Glätte der Probenoberfläche angestrebt werden. Die Ausnahmen, wo nach Polieren ein verstärkter Angriff festgestellt wird, lassen sich aus der dabei erfolgenden Reliefbildung infolge stark heterogener Gefüge erklären [*57*]. Man sieht dies auch durch die Tatsache bestätigt, daß die geätzte Oberfläche eines Werkstoffes stärker kavitiert wird als die polierte [*147*]. Die Erscheinung erklärt sich einfach aus dem mehr oder weniger leichten Festhalten der Bläschen an der Grenzfläche; das Haften der Gasblasen wird durch Unebenheiten, insbesondere Poren (Mikrolunker) sehr begünstigt. So erkennt man auf manchen Proben, in deren Oberfläche sich derartige Poren befinden, wie diese unmittelbar zu Kavitationszentren werden [*136*] (Abb. 30).

Grobkörniges Gefüge ist weniger widerstandsfähig als feinkörniges [*1*, *46*, *147*]. Besonders gut sollen amorphe Oberflächen sein [*128*]. Unterschiede ergeben sich auch, je nachdem, ob der Werkstoff im Guß- oder im Preßzustand

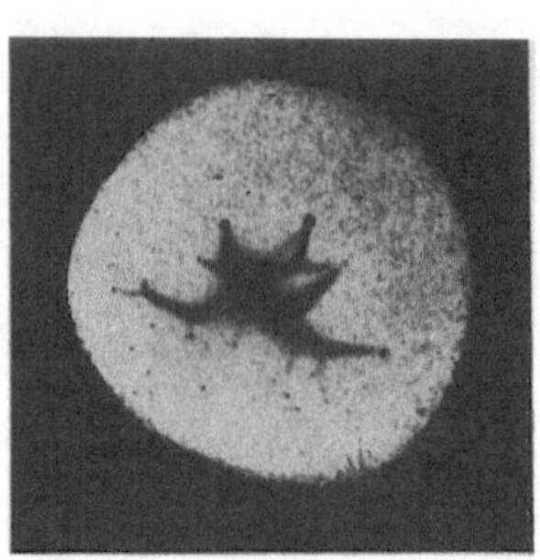

Abb. 30. Mikrolunker als Kavitationszentrum.

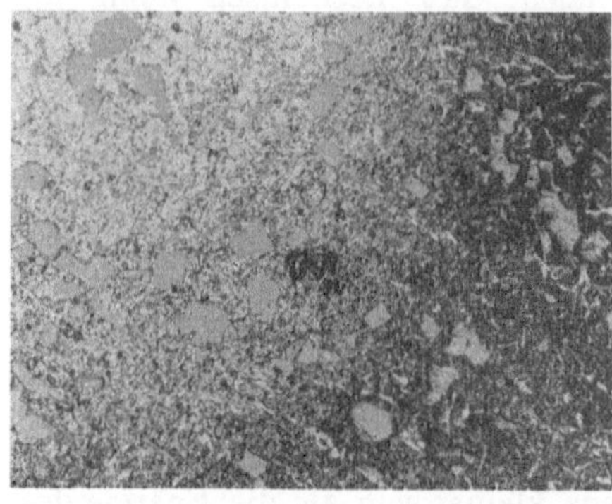

Abb. 31. Kavitiertes Gefüge einer übereutektischen Leichtmetall(Al-Si)-Kolbenlegierung (Schwinger), 200:1.

verwendet wird. Der vergütete Zustand (höhere Härte) zeigt im allgemeinen ein besseres Kavitationsverhalten. Sehr schädlich sind nichtmetallische Einschlüsse wie Schlackenzeilen oder Graphit im Grauguß, die zu rascher Porenoder Mikrorißbildung und damit verstärkter Kavitation Veranlassung geben.

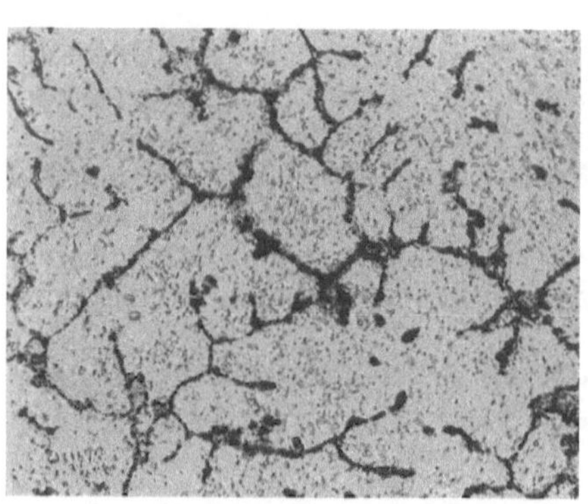

Abb. 32. Kavitiertes Gefüge einer Leichtmetall-(Al-Cu)-Kolbenlegierung (Schwinger), 200:1.

Abb. 33. Kavitiertes Gefüge von gehärtetem Stahl (Tropfenschlag), etwa 250:1. (Nach v. SCHWARZ: Metallwirtsch.)

Nach H. UMSTÄTTER [*128*] sind leichte, harte Werkstoffe widerstandsfähiger als weiche, schwere Werkstoffe. Die weichen Kristallite werden, wie mikroskopisch nachweisbar ist [*136*], bei manchen Legierungen tatsächlich zuerst zerstört und herausgeschlagen. Die harten Bestandteile, die mitunter auf ihrer Oberfläche kaum einen Angriff erkennen lassen, fallen dann als Ganzes aus dem stark aufgelockerten Verband heraus (Abb. 31). Andere Werkstoffe werden wieder mehr entlang der Korngrenzen angegriffen, wo sich zuerst die Korngrenzensubstanz oder mitunter das eutektische Gefüge herauslöst. Der Angriff wird in solchen Fällen weitgehend durch die Korngrenzen gesteuert (Abb. 32 u. 33).

Oberflächenschichten schützen nur, wenn sie hart und im Grundmetall genügend verankert sind [*147*]. Bei der heute allgemein bekannten Ultraschalllötung von Aluminium bzw. seiner Legierungen wird das Kavitationsphänomen zur Zerstörung der natürlichen Oxydschicht ausgenützt. Diese Kavitation an der Grenzfläche: Flüssiges Metall (Lot) — Aluminium wurde von B. E. Noltingk und E. A. Neppiras [*150*] ausführlich studiert, und sie fanden u. a. übereinstimmend mit den Ergebnissen von Greif [*114*], daß bei 4 kg/cm² Überdruck der Effekt wieder abnimmt.

Kaltverformte Oberflächen vergrößern den Kavitationswiderstand nur dann, wenn die Härte erhöht wird. Im anderen Fall wird der Widerstand eher erniedrigt [*18*]. Stahl (0,21—0,44% C), aber auch Messing werden nach Kugelstrahlung kavitationsfester [*151*].

5. Sanderosion.

Es ist nach unserer Kenntnis vom Wesen des Kavitationsangriffs nicht mehr so auffallend, daß die Kavitationsbeanspruchung ein grundsätzlich anderes Verhalten zeigt als ein Verschleiß durch Sandstrahl, obzwar eine Ähnlichkeit in der Hammerwirkung der Flüssigkeitströpfchen gegeben scheint [*82, 137, 152*]. Ganz verschieden davon ist auch die „Sanderosion", wo infolge der in der Flüssigkeit mitbewegten Sandkörner ein reichlich komplexer Verschleißvorgang vorliegt. Die Erscheinung ist kaum erforscht und auch Anfänge einer systematischen Verschleißprüfung fehlen. Ein verwandtes Gebiet: der Verschleiß durch in Flüssigkeiten mitbewegte Feststoffe zwischen zwei aufeinandergepreßten Metallflächen, wird an anderer Stelle (Abschnitt IX A) behandelt, ebenso Verschleiß durch von Gasen mitbewegte Feststoffe (Strahlverschleiß). Die von der Strömung mitgenommenen Sandkörner schleifen den Werkstoff ab, so daß wellige, aber glatte Schliffstellen entstehen. Sandgehalt, Strömungsgeschwindigkeit und Korngröße bestimmen die Angriffsstärke. Weniger spielt die Form des Korns und seine Härte eine Rolle. Die Welligkeit der Werkstoffwand wird nach J. Kozeny [*153*] bzw. J. Ackeret [*154*] durch die Wirbelbildung in der Nähe der Wand erklärt. Der Einfluß des Sandgehalts auf die Lebensdauer von Maschinen ist nach Dutoit und Monnier [*64*] ein ganz bedeutender. Typische Beispiele von Sanderosion sind bei P. de Haller [*1*] zusammengestellt.

Literatur.

1. De Haller, P., in E. Siebel: Handbuch der Werkstoffprüfung, Bd. II, S. 471, Berlin: Springer 1939.
2. Evans, U. R.: Metallic Corrosion, Passivity and Protection, S. 456. London: Arnold-Verlag, 2. Aufl. 1948.
3. Weyl, W. A., and E. C. Marboe: Research (London) Bd. 2 (1949) S. 19.
4. Evans, U. R.: Engineering Bd. 155 (1943) S. 494.
5. Fontana, M. G., and A. W. Luce: Corrosion Bd. 5 (1949) S. 189.
6. Petraedu, G.: Metallurg. ital. Bd. 41 (1949) S. 1.
7. Iterson, F. K. Th. van: Ingenieur, Haag Nr. 19 (1940) — Werktuig en Scheepsbouw Bd. 3, Koninkl. Akad. van Wetensch,. Amsterdam Bd. 39 (1936) S. 138, 330.
8. Glamann, W.: Jb. dtsch. Luftf.-Forschg. Bd. 2 (1939) S. 119.
9. Daimler-Benz A.G. Stuttgart-Untertürkheim, Versuchsbericht 1942.
10. Krisam, F.: Wärme Bd. 65 (1942) S. 149.
11. Honegger, E.: BBC-Nachr. Bd. 14 (1924) S. 74.
12. Pohl, E.: Masch.-Schad. Bd. 13 (1936) S. 185; Bd. 14 (1937) S. 1.
13. Thoma, D.: in Hydraulische Probleme, S. 65. Berlin: VDI-Verlag 1926.
14. Ackeret, J.: in Hydromechanische Probleme des Schiffsantriebes, S. 227. Berlin: Springer 1932.
15. Müller, H.: Stahl u. Eisen Bd. 58 (1938) S. 881.

16. Mantel, W.: Untersuchungen mit einem Tropfenschlagapparat. München: Hanser-Verlag 1937.
17. Vater, M.: Z. Metallkde. Bd. 36 (1944) S. 38.
18. Schwarz, M. v.: Metallwirtsch. Bd. 20 (1941) S. 1.
19. Vgl. auch J. Ackeret, u. P. de Haller: Schweiz. Bauztg. Bd. 108 (1936) S. 105 — Schweiz Arch. angew. Wiss. Techn. Bd. 4 (1938) S. 293.
20. Ackeret, J., u. P. de Haller: Forsch. Ing.-Wes. Bd. 2 (1931) S. 343.
21. Müller, H.: Masch.-Schad. Bd. 12 (1935) Bd. S. 188.
22. Fulton, A. A.: Engineering Bd. 144 (1937) S. 535.
23. Tenot, A.: Wasserkr. u. Wasserwirtsch. Bd. 34 (1939) S. 34, 152.
24. Durand, W. F.: Mech. Engng. Bd. 61 (1939) S. 511.
25. Escher Wyss Mitt. Bd. 12 (1939) Heft 1—2, S. 1.
26. Vgl. die bei 7 angegebene ältere Literatur.
27. Parsons, C. A.: Mar. Engng. Philadelphia, Bd. 32 (1927) S. 336 — Werft Reed. Hafen Bd. 2 (1927) S. 232.
28. Ackeret, J., u. P. de Haller: Schweiz. Bauztg. Bd. 98 (1931) S. 309.
29. Cook, S. S.: Proc. roy. Soc., Lond. A Bd. 119 (1928)S. 481.
30. Faber, P.: BBC.-Mitt. Bd. 21 (1934) S. 29 — Elektrizitätswirtsch. (1933) S. 220.
31. Freudenreich, J. v.: Z. VDI Bd. 71 (1927) S. 664.
32. Gardner, O.: Engineer, Lond. Bd. 153 (1932) S. 146, 174, 202 — Power Bd. 76 (1922) S. 490.
33. Gropp, F., u. W. Ellrich: Elektrizitätswirtsch. Bd. 31 (1931) S. 589; Bd. 32 (1932) S. 413; Bd. 33 (1933) S. 50, 77.
34. Hake, B.: Elektrizitätswirtsch. Bd. 32 (1933) S. 144.
35. Haller, P. de: Schweiz. Bauztg. Bd. 101 (1933) S. 243, 260 — Escher Wyss Mitt. Bd. 6 (1933) S. 77.
36. Hengstenberg, T. F.: Power Bd. 76 (1932) S. 118.
37. Hoffmann, K.: Wärme Bd. 55 (1932) S. 887.
38. Honegger, E.: Schweiz. techn. Z. (1928) S. 489 — Verh. 2. Int. Kongr. techn. Mech. Zürich 1926, S. 347.
39. Mousson, J. M.: Edison electr. Inst. Bd. 5 (1937) S. 373, 423 — Trans. Amer. Soc. mech. Engrs. Bd. 59 (1937) S. 309 — Z. VDI Bd. 82 (1938) S. 397.
40. Parsons, C. A., u. S. S. Cook: Engineering Bd. 107 (1919) S. 501 — Schiffbau Bd. 28 (1927) S. 216.
41. Parsons, H. C.: The development of the Parsons Steam Turbine, S. 229.
42. Paul, H.: Z. VDI Bd. 81 (1937) S. 1004.
43. Pohl, E.: Masch.-Schad. Bd. 14 (1937) S. 17, 37.
44. Ray, J. L.: Power Bd. 75 (1931) S. 804.
45. Soderberg, C. R.: Electr. J. Bd. 32 (1935) S. 533 — Electr. Weld. (1932) S. 772.
46. Schwarz, M. v., u. W. Mantel: Z. VDI Bd. 80 (1936) S. 863 — Schweiz. Bauztg. Bd. 109 (1937) S. 225 — Korrosion u. Metallsch. Bd. 13 (1937) S. 375. — Schwarz, M. v., W. Mantel u. H. Steiner: Z. Metallkde. Bd. 33 (1941) S. 236.
47. Vater, M.: Stahl u. Eisen Bd. 58 (1938) S. 381 — Z. VDI Bd. 81 (1937) S. 1305; Bd. 82 (1938) S. 672.
48. Zerkowitz, G.: Arch. Wärmew. Bd. 10 (1929) S. 271.
49. Zschokke, H.: Korrosion u. Metallsch. Bd. 13 (1937) S. 386.
50. Beilhack, M.: Diss. T.-H. München 1931.
51. Rouse, H., u. M. M. Hassan: Mech. Engineer Bd. 71 (1949) S. 213.
52. Bötcher, H. N.: Trans. Amer. Soc. mech. Engrs. Bd. 58 (1936) S. 355 — Z. VDI Bd. 80 (1936) S. 1489.
53. Spannhake, W.: Versuche am Massachusetts Inst. of Techn. 1932, unveröffentl. — Ebert, L., u. W. Spannhake: Versuche T.-H. Karlsruhe 1938, unveröffentl.
54. Schröter, H.: Z. VDI Bd. 76 (1932) S. 511; Bd. 77 (1933) S. 865.
55. Nowotny, H.: Umschau Bd. 45 (1941) S. 809 — Werkstoffzerstörung durch Kavitation. Berlin: VDI-Verlag 1942.
56. Rutenbeck, Th.: Z. Metallkde. Bd. 33 (1941) S. 145.
57. Hörstke, K., u. P. Sommer: Techn. Ber. Bd. 10 (1943) S. 249. — Sommer, P., u. W. Uthmann, Techn. Ber. Bd. 10 (1943) S. 265.
58. Gaines, N.: Physics Bd. 3 (1932) S. 209.
59. Kerr, S. L.: Trans. Amer. Soc. mech. Engrs. Bd. 59 (1937) S. 373.
60. Ackeret, J.: Escher Wyss Mitt. Bd. 1 (1928) S. 40.
61. Andreae, M. P.: Werft Reed. Hafen Bd. 6 (1931) S. 141.
62. Barnaby, S. W.: Trans. Instn. naval Archit. Bd. 39 (1897) S. 139.
63. Belart, H.: Escher Wyss Mitt. Bd. 4 (1931) S. 65.

64. DUTOIT, M., u. M. MONNIER: Bull. schweiz. elektrotechn. Ver. Bd. 23 (1932) S. 537.
65. ENGLESSON, E.: Engineer Bd. 150 (1930) S. 418 — Wasserkr.-Jb 1928/29, S. 366 — Ing. Vetensk. Akad. Stockholm 1938.
66. FEIFEL, E.: Z. VDI Bd. 69 (1925) S. 815.
67. GOLDHORN, H.: Werft Reed. Hafen Bd. 15 (1940) S. 203.
68. HALLER, P. DE: Z. VDI Bd. 77 (1933) S. 1099 — Schweiz. Arch. Bd. 6 (1940) S. 61.
69. HUNSAKER, J. C.: Progress Report, Mass. Inst. of Techn. Cambridge 1934, Trans. A.S.M.E. Bd. 57 (1935) S. 423.
70. KAPLAN, V.: Wasserkr.-Jb. Bd. 1 (1923) S. 421.
71. KRISAM, F.: Wärmew. Bd. 20 (1940) S. 255.
72. LEERBS, H.: Werft Reed. Hafen Bd. 6 (1931) S. 243; Bd. 7 (1932) S. 1, in Hydromech. Probleme 1932, S. 287; in Hydromech. Probleme des Schiffantriebes 1940, Bd. 2.
73. MERRIAM, C. F.: Safe Harbour Water Power Co., Baltimore 1933, unveröffentl.
74. MÜLLER, H.: Z. VDI Bd. 79 (1935) S. 1165.
75. MYERS, A. M.: Electr. Weld (1932) S. 328.
76. PAGON, M. W.: Annual Meeting of the Amer. Soc. mech. Engrs. 1935, unveröffentl.
77. PARSONS, C. A., u. S. S. COOK: Trans. Instn. naval. Archit. Bd. 61 (1919) S. 223; Bd. 69 (1927) S. 1.
78. Lord RAYLEIGH: Sci. Pap. Bd. 6 (1911—1919) S. 504 — Phil.Mag. Bd. 34 (1917) S. 94.
79. N. E. L. A. Publ. (1932) S. 539.
80. SPRINGORUM, K.: in Hydromech. Probleme des Schiffsantriebes, 1932.
81. SILBERRAD, D.: Engineering Bd. 94 (1912) S. 34.
82. SCHUMB, W. C., H. PETERS u. L. W. MILLIGAN: Metals & Alloys Bd. 8 (1937) S. 126 — Trans. Amer. Soc. mech. Engrs. Bd. 59 (1937) S. 375.
83. SCHRÖTER. H.: Z. VDI Bd. 78 (1934) S. 349, 1161 — Mitt. Forsch.-Inst. Wasserbau u. Wasserkr. München, 1935, S. 30 — Z. VDI Bd. 80 (1936) — Hydromech. Probleme des Schiffsantriebes 1932, S. 322.
84. THORESEN, H.: Masch.-Schad. Bd. 6 (1929) S. 8, 33, 47.
85. FÖTTINGER, H.: Hydr. Probleme, S. 14. Berlin: VDI-Verlag 1926 — Hydromech. Probleme des Schiffsantriebes, 1932, S. 243.
86. NOWOTNY, H.: Z. VDI Bd. 86 (1942) S. 279.
87. PARSONS, C. A., u. S. S. COOK: Engineering Bd. 108 (1919) S. 515. — COOK, S. S.: Proc. Univ. Durham Phil. Soc. Bd. 8 (1929) S. 88.
88. ACKERET, J.: Techn. Mech. Thermodyn. Bd. 1 (1930) S. 1, 63.
89. SMITH, F.: Phil. Mag. (VII) Bd. 19 (1935) S. 1147.
90. BEECHING, R.: Trans. Instn. Engrs. Shipb. Scotl. Bd. 85 (1942) S. 210 u. 274 — Engineering Bd. 153 (1942) S. 238.
91. MÜLLER, H.: Naturwiss. Bd. 16 (1928) S. 423, in Hydromech. Probleme des Schiffsantriebes, 1932, S. 311.
92. SCHARDIN, H., u. W. STRUTH: Z. techn. Phys. Bd. 18 (1937) S. 474.
93. HUNSAKER, J. C.: Mech. Engng. Bd. 57 (1935) S. 211.
94. VOGELPOHL, G.: Z. VDI Bd. 77 (1933) S. 1099.
95. MÖLLER, H. G., u. A. SCHOCH: Akust. Z. Bd. 6 (1941) S. 165; vgl. auch TH. LANGE Akust. Beihefte, Heft 2 (1952) S. 75.
96. KORNFELD, M., u. L. SUVOROV: J. appl. Phys. Bd. 15 (1944) S. 495.
97. PIELEMEIER, W. H.: J. acoust. Soc. Amer. Bd. 23 (1951) S. 224.
98. Vgl. G. SCHMID: Naturw. Bd. 37 (1950) S. 14, Bericht über Ultraschalltagung. Erlangen 1949. — H. KELLER, ebenda.
99. DARWIN, C.: Nature, Lond. Bd. 164 (1949) S. 1112.
100. CHAMBERS, L. A.: J. Chem. Phys. Bd. 5 (1937) S. 290; vgl. auch W. T. RICHARDS: Rev. Modern. Phys. Bd. 11 (1939) S. 36.
101. KONSTANTINOW, W. A.: Bull. Acad. Sci. USSR (1947) S. 657.
102. NATANSON, G. L.: Doklady Akad. Nauk USSR Bd. 59 (1948) S. 83.
103. POLOTSKII, I. G.: J. Gen. Chem. USSR Bd. 17 (1947) S. 1048.
104. BEUTHE, H.: Z. phys. Chem. (A) Bd. 163 (1933) S. 166.
105. DOGNON, A. u. E., u. H. BIANCINI: Ultra-sons et Biologie. Paris: Gauthier-Villars 1937.
106. BONDY, C., u. K. SÖLLNER: Trans. Faraday Soc. Bd. 31 (1935) S. 835, 843. — K. SÖLLNER: Trans. Faraday Soc. Bd. 32 (1936) S. 1537; Bd. 34 (1938) S. 1170.
107. WOOD, R. W., u. K. L. LOOMIS: Phil. Mag. (VII) Bd. 4 (1927) S. 417.
108. BERGMANN, L.: Der Ultraschall. 5. Aufl. Zürich: Hirzel-Verlag 1949.
109. AUERBACH, R.: Kolloid-Z. Bd. 118 (1950) S. 114.
110. POULTER, T. C.: J. appl. Mech. Bd. 9 (1942) S. 31, U.S. Patent 2230273 (1937).
111. BOYLE, R. W. u. G. B. TAYLOR: Phys. Rev. (II) Bd. 27 (1926) S. 518.

112. NUMACHI, F.: Forsch. Ing.-Wes. Bd. 11 (1940) S. 303; vgl. Auszug W. SPANNHAKE: Z. VDI Bd. 85 (1941) S. 547.
113. ROESLER, F. C.: Anz. österr. Akad.-Wiss. Math.-Naturwiss. Kl. (1950) Nr. 9, S. 185.
114. GREIF, R.: Dtsch. Luftf.-Forsch. ZBW.-Mitt. Nr. 7202 (1944).
115. PEASE, D. C., u. L. R. BLINKS: J. phys. coll. Chem. Bd. 51 (1947) S. 556; daselbst weitere Literatur. — HARVEY, E. N., D. K. BARNES, W. D. McELROY, A. H. WHITELEY u. D. C. PEASE: J. Amer. chem. Soc. Bd. 67 (1945) S. 156; vgl. auch F. G. BLAKE: Jr. Phys. Rev. Bd. 8 (1949) S. 1313.
116. ZELDOVICH, Y. B.: Acta Physicochem. USSR Bd. 18 (1943) S. 1.
117. WATSON, R. M.: Proc. Natl. Conf. Ind. Hyg. 3d Meet. 1947, S. 50.
118. KENRIK, F. B.: J. phys. Chem. Bd. 28 (1924) S. 1297, 1308.
119. SILVER, R. S.: Engineering Bd. 154 (1942) S. 501; Bd. 156 (1943) S. 114 — J. sci. Instrum. Bd. 20 (1943) S. 53.
120. FÜRTH, R.: Proc. Cambridge Phil. Soc. Bd. 37 (1941) S. 292.
121. FISCHER, J. C.: J. appl. Phys. Bd. 19 (1948) S. 1062.
122. SPANNHAKE, E.: Z. angew. Math. Mech. Bd. 14 (1931) S. 374.
123. NUMACHI, F.: Ing.-Arch. Bd. 7 (1936) S. 396.
124. VUSCOVICH, J.: Escher Wyss. Mitt. Bd. 13 (1947) S. 83 — Z. VDI Bd. 86 (1942) S. 411.
125. PISCHINGER, A.: Metallwirtsch. Bd. 4 (1949) S. 97.
126. FRÖSSEL, W.: Öl u. Kohle (1943) S. 257.
127. VATER, M., u. W. SORBERGER: Z. VDI Bd. 83 (1939) S. 725.
128. UMSTÄTTER, H.: Kolloid-Z. Bd. 110 (1948) S. 153.
129. SPANNHAKE, W., u. H. NOWOTNY: Versuchsbericht Germania-Werft. Kiel 1941, unveröffentl.
130. HAMILTON, W. S., u. E. A. BECK: Eng. News-Record Bd. 142 (1949) S. 22.
131. Vortr. Verschleißtagung des VDI. Berlin 1941.
132. WOLF, K. L.: Angew. Chem. Bd. 55 (1942) S. 295; vgl. auch M. REINER, Engineering Bd. 155 (1943) S. 454.
133. HUNSAKER, J. C.: Trans. Amer. Soc. mech. Engrs. Bd. 57 (1935) S. 423; vgl. auch W. SPANNHAKE: Z. VDI Bd. 82 (1938) S. 557.
134. BONNARD, Y., u. E. JOSSO: Metaux et Corrosion Bd. 23 (1948) S. 116.
135. DURER, A.: Metall-Ges. Frankfurt, 1942, mündl. Mitt.
136. NOWOTNY, H.: Z. Metallforschg. Bd. 1 (1946) S. 186.
137. WAHL, H.: Allgemeine Verschleißfragen. Berlin: Dtsch. Arbeitsfront 1942.
138. VATER, M.: in Reibung und Verschleiß. Berlin: VDI-Verlag 1939.
139. MEARNS, E. A.: Trans. Inst. Eng. Scotland Bd. 85 (1942) S. 247; vgl. auch T. C. BAKER: Glass. Ind. Bd. 22 (1941) S. 469, 485.
140. BEECHING, R.: Prod. Eng. Bd. 19 (1948) S. 110.
141. HALLER, P. DE: Schweiz. Arch. Bd. 4 (1938) S. 293.
142. HUNSAKER, J. C.: 4th Congress für appl. Mech. Cambridge 1934.
143. SCHWARZ, M. v.: Korrosion u. Metallsch. Bd. 19 (1943) S. 89, 90.
144. ANDREAE, M. P.: Korrosion u. Metallsch. Bd. 7 (1931) S. 127.
145. DONALDSON, J. W.: Foundry Trade J. Bd. 59 (1938) S. 89 — Met. Ind. Bd. 60 (1942) S. 383, 401.
146. RJASHSKAJA, T. K.: Metallurgist (russ.) Bd. 14 (1939) S. 50.
147. SCHWARZ, M. v.: Z. Metallkde. Bd. 35 (1943) S. 76.
148. SCHWARZ, M. v.: Z. Metallkde. Bd. 35 (1943) S. 73.
149. NOWOTNY, H.: Fiat-Review Bd. 31 (1946) S. 223.
150. NOLTINGK, B. E., E. A. NEPPIRAS: Nature, Lond. Bd. 166 (1950) S. 615.
151. N. GROSSMANN, Bull. Amer. Soc. Test. Mat. Bd. 183 (1952) S. 61.
152. VATER, M.: Z. VDI Bd. 82 (1938) S. 836.
153. KOZENY, J.: Wasserwirtsch., Wien Bd. 16 (1923) S. 397.
154. ACKERET, J.: Vortrag Naturforsch. Ges., Zürich 1930.

E. Korrosionsprüfungen metallischer Werkstoffe.

Von A. Fry, Frankfurt/Main.

1. Einführung.

Unter dem Sammelbegriff *Korrosion* werden chemische Zerstörungsvorgänge an metallischen und nichtmetallischen Werkstoffen verstanden, die in ihren Ursachen und Auswirkungen sehr verschiedenartig sein können. Bei Metallen und Legierungen wird die Korrosion als *Zerstörung durch chemische oder elektrochemische Reaktionen mit seiner Umgebung* (DIN 50900, Ausg. 6.51) definiert. Demnach haben solche Vorgänge, die zwar in ihren Auswirkungen der Korrosion ähneln, die aber keinen chemischen Angriff, sondern lediglich eine physikalische Veränderung bedeuten, nicht als Korrosion zu gelten, wie z. B. die Zinnpest, die eine allotrope Umwandlung von weißem in graues Zinn ist. Ähnlich sind Diffusionsvorgänge, bei denen keine Zerstörung auftritt, also etwa die Zementation des Eisens, nicht als Korrosion zu werten.

Da die Korrosionsvorgänge oft vielgestaltig und theoretisch kompliziert sind, müssen große Anforderungen an die Durchführung von Korrosionsprüfungen gestellt werden. Will man brauchbare und reproduzierbare Prüfergebnisse erhalten, so ist es mit einer schematischen Anwendung einiger, zum Teil auch genormter, einfacher Prüfverfahren nicht getan. Vielmehr ist für die richtige Auswahl, für die einwandfreie Durchführung und für die Auswertung von Korrosionsprüfungen die Kenntnis der *Grundlagen der Korrosionstheorie* notwendig[1].

Es ergibt sich dabei, daß sich die Korrosionsvorgänge in eine Anzahl typischer Zerstörungsarten mit oft scharf gekennzeichneten Erscheinungsformen gliedern lassen, bei deren Kenntnis auch die verwickelten, in der Praxis auftretenden Korrosionsvorgänge verständlich werden, selbst wenn in schwierigen Fällen durch Überlagerung verschiedener Einzelvorgänge Komplikationen auftreten.

2. Theoretische Grundlagen und Erscheinungsformen der Korrosion.

a) Allgemeine Grundlagen.

Befindet sich ein Metall in einem Elektrolyten, also in einer in Ionen spaltbaren Flüssigkeit, so hat es das Bestreben, eigene Ionen in Lösung zu senden. Metalle mit geringem Lösungsbestreben, wie Gold oder Platin, werden als *edle* Metalle, Metalle mit starkem Lösungsbestreben als *unedle* Metalle bezeichnet. Als Vergleichsmaßstab für das Lösungsbestreben der Metalle dient die elektrochemische Spannungsreihe, in der die Metalle nach ihren Spannungen in Normallösungen geordnet sind. In dieser Spannungsreihe bildet der Wasserstoff definitionsgemäß den Nullpunkt (Tab. 1). Entsprechend der Stellung eines Metalles in der Spannungsreihe verdrängt in der Regel ein unedleres Metall in der Salzlösung eines edleren Metalles dieses aus der Lösung

---

[1] Ausführliche Abhandlungen über die Korrosionstheorien finden sich beispielsweise bei U. R. Evans: Metallic Corrosion Passivity and Protection, 2. Auflage, London: Edward Arnold & Co., Neudruck 1948. — F. Tödt: Korrosion und Korrosionsschutz. W. de Gruyter, Berlin 1955.

Einem Wunsch des Verfassers, eine kurze Darstellung der hauptsächlichen theoretischen Zusammenhänge der chemischen und elektrochemischen Korrosion einzufügen, konnte aus Platzgründen leider nicht entsprochen werden.

und setzt sich an seine Stelle, wobei sich ein Niederschlag des edleren Metalles bildet. Von dieser Regel werden allerdings viele scheinbare Ausnahmen beobachtet.

Tabelle 1. *Metallpotentiale bei verschiedener Ionenkonzentration in Vdt.*

Metall	Ion	Ionenkonzentration				
		$\frac{n}{1}$	$\frac{n}{10}$	$\frac{n}{100}$	$\frac{n}{1000}$	$\frac{n}{10000}$
Gold	Au···	+0,99 (?)	—	—	—	—
Platin	Pt····	>+0,86 (?)	—	—	—	—
Silber	Ag·	+0,7987	+0,741	+0,683	+0,625	+0,567
Quecksilber	Hg··	+0,7928	+0,764	+0,735	+0,706	−0,677
Kupfer	Cu··	+0,3469	+0,318	+0,286	+0,260	−0,231
Kupfer	Cu·	+0,52	—	—	—	—
(Wasserstoff) . . .	H	+0,006	−0,058	−0,116	−0,174	−0,232
Blei	Pb··	−0,132	−0,161	−0,190	−0,219	−0,248
Zinn	Sn··	−0,146	−0,175	−0,204	−0,233	−0,262
Nickel	Ni··	−0,20	−0,23	−0,26	−0,29	−0,32
Kobalt	Co··	−0,23	−0,26	−0,29	−0,32	−0,35
Cadmium	Cd··	−0,420	−0,449	−0,478	−0,507	−0,536
Eisen	Fe··	−0,44	−0,47	−0,50	−0,53	−0,56
Zink	Zn··	−0,770	−0,799	−0,828	−0,857	−0,886
Aluminium	Al···	−1,337	−1,356	−1,375	−1,394	−1,413
Magnesium	Mg··	−1,8	−1,8	−1,9	−1,9	−1,9
Natrium	Na·	−2,715	−2,773	−2,831	−2,889	−2,947
Kalium	K·	−2,925	−2,983	−3,041	−3,099	−3,157

Die Stellung eines Metalles in der Spannungsreihe wird dadurch bestimmt, daß man das Metall mit einer Normalelektrode, meist mit einer Kalomel-Normalelektrode oder mit einer Wasserstoffelektrode in Verbindung bringt und dann hierbei in der Schaltung eines Elementes das auftretende Potential mißt.

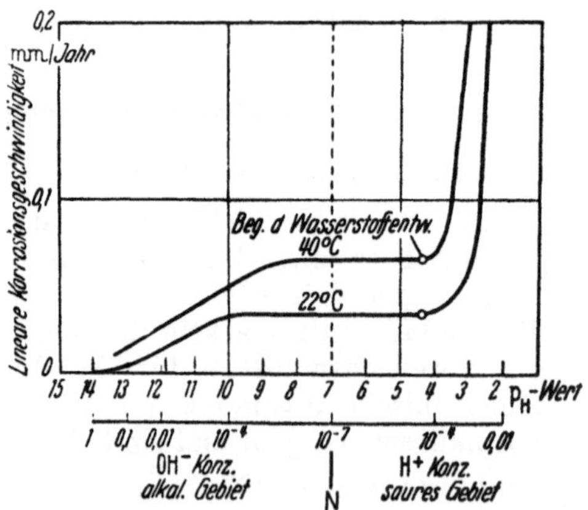

Abb. 1. Abhängigkeit der linearen Korrosionsgeschwindigkeit des Eisens von der Wasserstoffionenkonzentration (p_H-Wert der Lösung.)

Je unedler ein Metall und je stärker also sein Lösungsbestreben ist, um so mehr ist es von Natur der Gefahr der Korrosion ausgesetzt.

Für den Verlauf der Korrosion ist gleichzeitig die Art des Elektrolyten von Bedeutung. In der Praxis ist häufig die genaue Messung der Azidität oder Basizität schwach saurer, neutraler oder basischer Elektrolyte wichtig. Zu ihrer zahlenmäßigen Festlegung bedient man sich der Messung des sog. p_H-Wertes, der eine Vergleichszahl für die Wasserstoffionenkonzentration der Elektrolyte darstellt. Ein p_H-Wert 0 entspricht einer 1,2 n-Salzsäure, ein p_H-Wert 7 bezeichnet eine neutrale Lösung, ein p_H-Wert 14 entspricht einer 1,2 n-Kalilauge[1] (Abb. 1).

Die elektrolytische Korrosion bedeutet Lösungsvorgänge, wie sie in galvanischen Elementen eintreten. Dabei gehen die anodischen Teile des Metalls unter Aussendung von Metallionen in Lösung, während an den kathodischen Teilen eine Schutzwirkung auftritt.

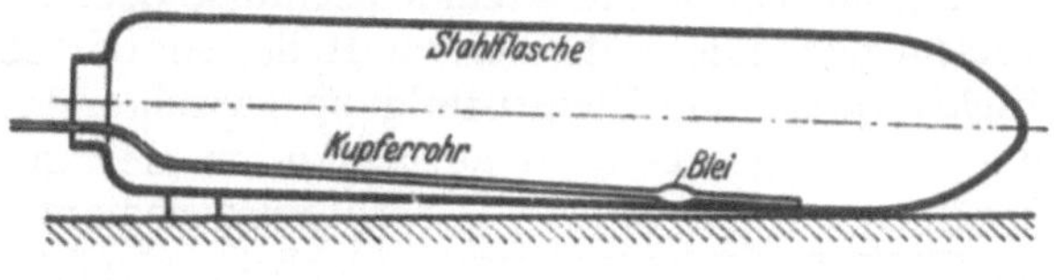

a

b

Abb. 2a u. b. Berührungskorrosion in einer Stahlflasche. a) Schematische Skizze; b) Innenansicht, 7:1.

Entsteht Korrosion bei Berührung eines Metallgegenstandes mit anderen (auch nichtmetallischen) Körpern, so wird die auftretende Zerfressung als *Berührungskorrosion* bezeichnet (Abb. 2).

Umgekehrt tritt elektrolytische Korrosion auch ein, wenn zwei aus dem gleichen Metall bestehende Elektroden in einen Elektrolyten eingetaucht und mit den Polen einer Stromquelle verbunden werden. Auch hier wird die Anode durch elektrolytische Korrosion angegriffen, während an der Kathode eine Schutzwirkung entsteht. Letzterer Fall tritt praktisch auf, wenn ein langgestreckter metallischer Körper, z. B. ein Rohr, der von einem Elektrolyten, etwa Bodenfeuchtigkeit, umgeben ist, von abirrendem Fremdstrom eines Leitungsnetzes durchflossen wird, wie es gelegentlich bei Rohren in der Nähe von Straßenbahnen vorkommt. Man spricht dann von der Korrosion durch *vagabundierende Ströme* (Fremdströme, Irrströme) (Abb. 3).

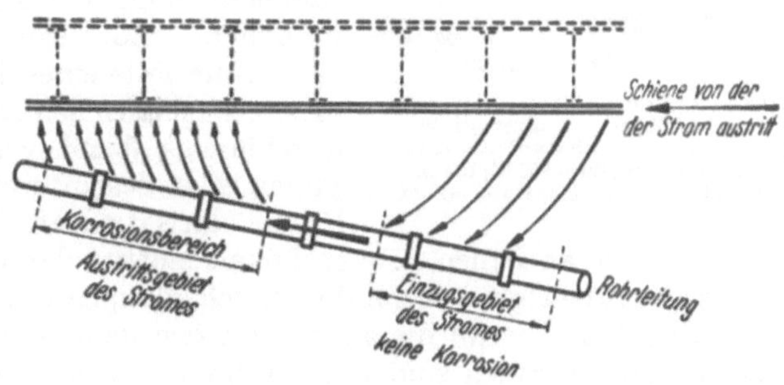

Abb. 3. Wirkung von Streuströmen (durch Pfeile gekennzeichnet).

Ist die Korrosion eines Metalls in einem Elektrolyten eingeleitet, so wird der weitere Verlauf häufig von der *Diffusions- und Konvektionsgeschwindigkeit* des angreifenden Stoffes geregelt.

Dabei kann durch Bildung schwerlöslicher Deckschichten aus Korrosionsprodukten auf dem Metall eine Hemmung des Korrosionsablaufes eintreten. Entsteht dabei eine gleichzeitig Potentialveredlung, so spricht man von *Passi-*

[1] Über die Grundlagen und Ausführung der p_H-Messung vgl. J. Eggert: Physikal. Chemie. Leipzig 1948. — G. Lehmann: Die Wasserstoffionenmessung. Leipzig 1948.

vierung. Dieser Vorgang erklärt z. B. die Erhöhung des Korrosionswiderstandes von nichtrostendem Chromnickelstahl in Schwefelsäure durch Zusatz von wenigen Prozent Salpetersäure, die infolge ihrer oxydierenden Wirkung zur Bildung von undurchlässigen Oxydschichten auf der Stahloberfläche führt.

b) Korrosion heterogener Gefüge.

Enthält ein Metall Fremdeinschlüsse oder befinden sich in einer Legierung verschieden edle Gefügebestandteile, so tritt bei der Berührung mit einem Elektrolyten eine Elementbildung zwischen den verschiedenen Bestandteilen und als Folge davon eine Korrosion der unedleren Bestandteile ein (Berührungselement). Ist die eine Art dieser Gefügebestandteile sehr klein, so bezeichnet man die sich bildenden Elemente nicht mehr als Berührungselemente, sondern als *Lokalelemente*. Da Lokalelemente einen sehr geringen inneren Widerstand haben, ist ihre Wirkung oft sehr stark und führt zu besonders scharfen Korrosionen.

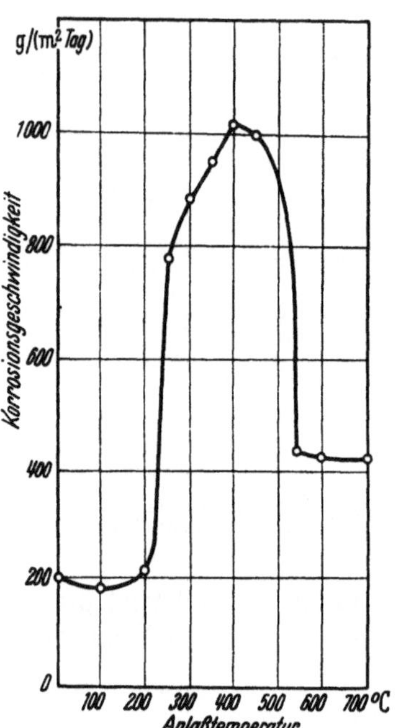

Abb. 4. Einfluß der Anlaßtemperatur auf die Löslichkeit von abgeschrecktem Kohlenstoffstahl (nach Endō). C = 0,5%; Abschrecktemperatur = 900° C; Lösungsmittel = 1% H_2SO_4; Temperatur = 20° C.

Wenn in einem Metall zahlreiche Lokalelemente auftreten, so wird dadurch der Korrosionsangriff in der Regel erheblich *verstärkt*. Dieser Fall kann in ausgeprägtem Maße z. B. in schnell abgekühlten ausscheidungsfähigen Legierungen eintreten, wenn sich aus ihnen unter dem Einfluß der Zeit oder einer Anlaßbehandlung feinverteilte Gefügebestandteile ausscheiden. Abb. 4 zeigt die Verstärkung des Korrosionsangriffes von abgeschrecktem Stahl durch Anlaßbehandlung bei verschiedenen Temperaturen. Mit steigender Anlaßtemperatur tritt nach Erreichen eines Höchstwertes durch Zusammenballung der Ausscheidungen eine Minderung der Korrosion ein.

Da die Pole eines Lokalelementes nicht wie die eines technischen Elementes durch eine halbdurchlässige Wand voneinander getrennt sind, bilden sich des öfteren an beiden Polen deutliche Polarisationserscheinungen aus.

In besonderen Fällen können Lokalelemente dann einen vollständigen Korrosionsschutz bewirken, wenn die Ausscheidungen äußerst fein und gleichmäßig verteilt sind, und wenn die an den Anoden gebildeten Korrosionsprodukte im Elektrolyten unlöslich sind und zu einer dichten Schicht zusammenwachsen. So wird beispielsweise das sehr korrosionsempfindliche wismuthaltige Blei bei Angriff von Schwefelsäure durch einen geringen Legierungszusatz von Kupfer, der sich fein verteilt ausscheidet, durch Bildung einer Sulfat-Schutzschicht infolge des Auftretens von Lokalelementen gegen die Korrosionswirkung der Schwefelsäure gesichert.

Mit der Wirkung von Lokalelementen verwandt ist das Auftreten der *selektiven Korrosion* in manchen Legierungen. Sie stellt eine bevorzugte Korrosion bestimmter Gefügebestandteile dar. Selektive Korrosion tritt beispielsweise als bevorzugte Korrosion des β-Messings in Messing mit α- und β-Kristallen auf (Entzinkung des Messings unter Bildung von Kupferpfropfen (Abb. 5).

Im Grauguß tritt gegelentlich eine Korrosion des Eisens ein, während Graphit und Zementit unangegriffen bleiben. Dieser Vorgang, der gleichfalls eine selektive Korrosion darstellt, wird als Spongiose bezeichnet (Abb. 6).

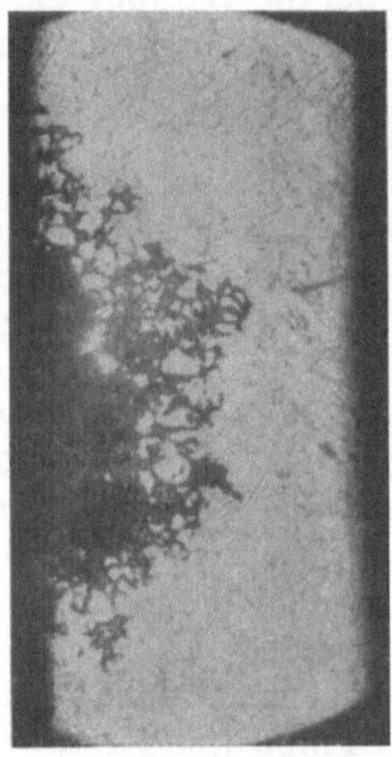

Abb. 5. Entzinkung in Messing mit $\alpha + \beta$-Gefüge.

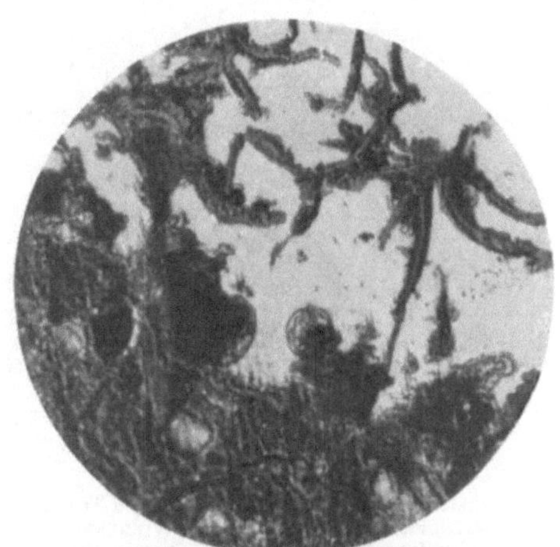

Abb. 6. Spongiose in Grauguß.

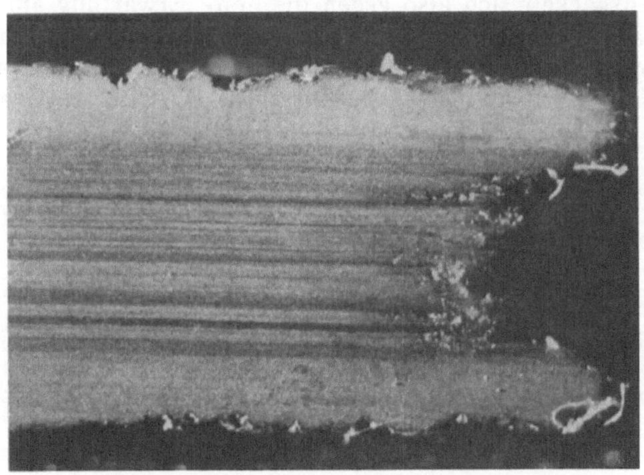

Abb. 7. Phosphorseigerungen in Thomasstahlblech, 20:1.

Auch der Korrosionsangriff in Seigerungszonen ist als selektive Korrosion aufzufassen (Abb. 7).

c) Korrosion homogener Gefüge.

Elementbildung in einem Metall oder einer Legierung kann jedoch nicht nur bei heterogenem Gefügeaufbau entstehen, sondern auch in *homogenen* Metallen oder Legierungen als Folge von anderen *Ungleichmäßigkeiten*, z. B. durch Beschädigung der Oberfläche (Risse, Kratzer), durch örtliche Spannungen oder Kaltverformungen, durch Temperaturunterschiede oder unterschiedliche Zusammensetzung des Elektrolyten, durch verschiedene Belüftung und ähnliches. Selbst Korngrenzen sind schon als elementbildende, störende Ungleichmäßigkeiten dieser Art zu werten. Da solche Erscheinungen, die leicht übersehen werden können, für den Verlauf der Korrosion oft von größter Bedeutung sind, sei die Wirkung einiger typischer Vorgänge dieser Art im folgenden näher erörtert.

Abb. 8 u. 9. Verhalten eines auf Eisen aufgebrachten Tropfens einer Kalium- oder Natriumchloridlösung. (Aus W. Wiederhold: Korrosionsprüfverfahren, Berlin: Verlag Chemie 1945.)

Bringt man auf die Oberfläche von Eisen einen Tropfen Kochsalzlösung und setzt das System der Einwirkung von Luft aus, so nimmt der entstehende Korrosionsvorgang einen zunächst überraschenden Verlauf. Nach kurzer Übergangszeit bildet sich in dem Tropfen ein Element, dessen Kathode der dem Sauerstoff leicht zugängliche Tropfenrand ist, während als Anode die unter der Tropfenmitte liegende Zone des Eisens auftritt, zu der der Sauerstoff verhältnismäßig schwer Zutritt hat. Der auf den Sauerstoffangriff fußende Korrosionsvorgang entwickelt sich also gegen die erste Erwartung am stärksten in den sauerstoffarmen Zonen des Systems. Diese zunächst widersinnig erscheinende Wirkung wurde erstmalig von U. R. Evans[1] beobachtet und erklärt und später durch E. Baisch und M. Werner[2] sowie durch U. R. Evans in einem

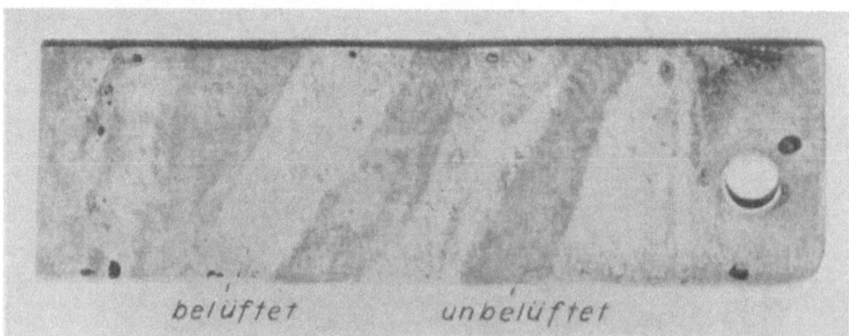

Abb. 10. Belüftungskorrosion. Rosten von Eisen unter einer Binde. (Nach E. Baisch und M. Werner.)

äußerst geschickten Experiment nachgewiesen, wobei der Stromverlauf durch Farbindikatoren augenfällig sichtbar gemacht wurde. Die Ursache dieses Phänomens ist das Auftreten eines schützenden Überzuges von Eisen(III)-hydroxyd an dem stark belüfteten sauerstoffreichen Tropfenrand, das bei der Elementbildung als Kathode wirkt, während in der Tropfenmitte das Eisen unter Lösung als Eisen(II)-hydroxyd zur Anode wird. Dieses eigentümliche, in der Praxis häufige und wichtige Element wird als *Belüftungselement* oder *Evans-Element* bezeichnet (Abb. 8 bis 10).

[1] Metallic Corrosion Passivity and Protection, London 1948.
[2] Korrosionstagung Berlin 1931, I, S. 84 u. 87.

Wird dieser Versuch dahin abgewandelt, daß die den Kochsalztropfen umgebende Atmosphäre durch ein sauerstofffreies Gas ersetzt wird, so tritt durch diese scheinbar geringfügige Änderung der Versuchsbedingungen eine Umkehrung der Stromrichtung und daher eine Verlagerung der Angriffszone zum Tropfenrand ein.

Eine besondere Abart des Belüftungselementes bildet sich in der Praxis häufig in Spalten eines metallischen Systems, wenn das System dem Sauerstoff zugänglich ist. Hier wird die Spaltöffnung zur Kathode, während der Spaltgrund durch Entstehung eines Belüftungselementes zur Anode wird und verstärkte Korrosion erfährt.

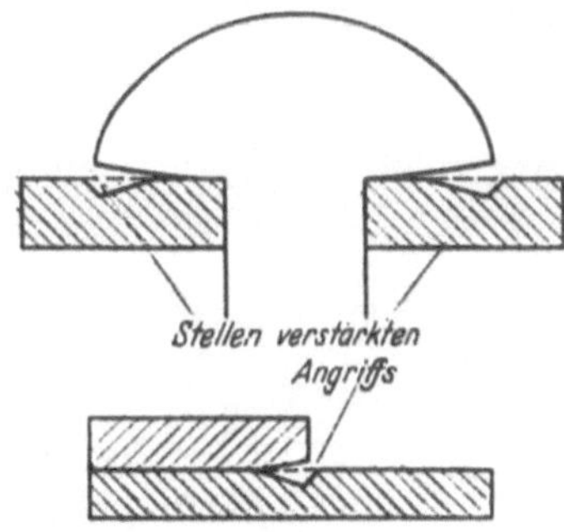

Abb. 11. Spaltkorrosion bei Konzentrationsketten.

Dieser Korrosionsfall wird als *Spaltkorrosion* bezeichnet.

Bei der Korrosion in Spalten entsteht jedoch eine zusätzliche Besonderheit dadurch, daß durch Verbrauch des Elektrolyten im Spaltgrund bei langsamem Konzentrationsausgleich die Tendenz zur Verminderung des Korrosionsangriffs im *Spaltgrund* auftritt, der dann zur *Kathode* werden kann. Man spricht dann von der Bildung von *Konzentrationsketten* (Abb. 11).

Ähnlich sorgfältige Beachtung verlangt die Wirkung von *Spannungen*, wie sie durch elastische oder plastische Verformungen auftreten können. Es ist verständlich, daß eine *Zugspannung* eine *Verstärkung der Zerfallsenergie* des Metalls bedeutet, während umgekehrt eine *Druckspannung* dem Zerfall *entgegenwirkt*. Sind in einem Metall spannungsfreie und mit Zugspannungen behaftete Zonen vorhanden, so werden die letzteren in Berührung mit einem Elektrolyten unter Elementbildung bevorzugt korrodieren. Dieser Vorgang tritt mikroskopisch beispielsweise schon an *Korngrenzen* auf, wo sich die Gitter aneinandergrenzender Kristallite unter Bildung spannungsbehafteter Grenzzonen miteinander ins Gleichgewicht setzen müssen (Abb. 12). Er erklärt den verstärkten Angriff

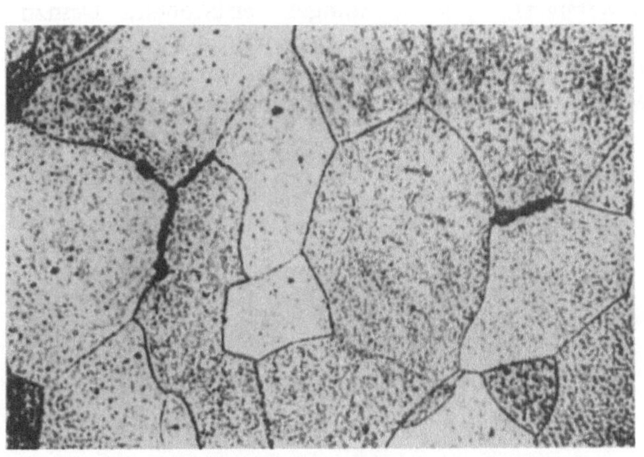
Abb. 12. Beginn der Rostbildung an den Korngrenzen. (Nach E. PIETSCH.)

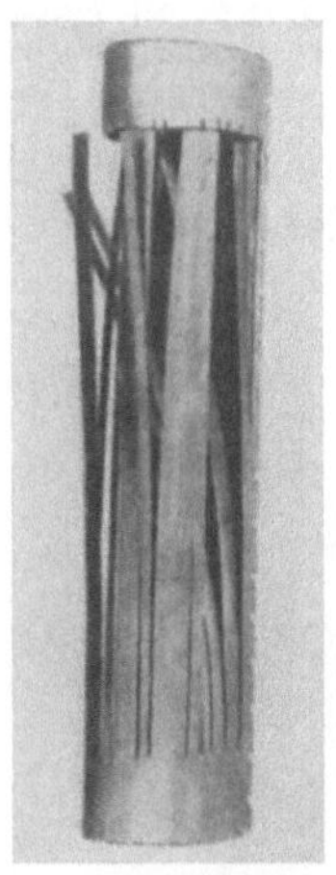
Abb. 13. Spannungskorrosion in einer Leichtmetallstrebe. (Nach P. BRENNER.)

korrodierender Ätzmittel auf Korngrenzen. Treten Zugspannungen in grober Verteilung in Konstruktionsteilen auf, so kann durch den gleichen als *Spannungskorrosion* bezeichneten Vorgang eine Zerstörung der Werkstücke durch Aufklaffungen entstehen (Abb. 13).

Ist bei der Spannungskorrosion durch *Zugspannungen* der erste Angriff erfolgt, so tritt naturgemäß an der Stelle des tiefsten Angriffes, die als Kerbe wirkt, eine Zugspannungshäufung im Kerbgrund ein, die das rißförmige Aufreißen des Kerbgrundes begünstigt. Bei Gegenwart von Luft wird die Ausbildung der Spannungskorrosion durch das Auftreten von Belüftungselementen zusätzlich gefördert. Umgekehrt wirken *Druckspannungen* der Bildung von Spannungsrissen entgegen

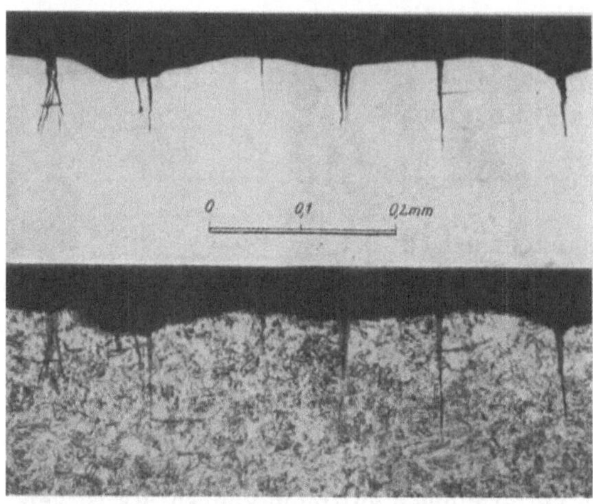

Abb. 14. Korrosionsermüdungsrisse in einem Vergütungs-Chromnickelstahl (3,5% Ni; 0,75% Cr) bei 6—13 kg/mm² in Leitungswasser. (Nach Ludwik u. Krystoff.)

Die Erscheinung der Spannungskorrosion tritt selbstverständlich auch bei der Korrosion unter schwingender Beanspruchung auf, wenn hierbei zeitweise Zugspannungen entstehen. Demzufolge wird die Dauerschwingfestigkeit von Metallen durch Korrosion außerordentlich stark herabgesetzt. Der Zerstörungsvorgang wird als *Korrosionsermüdung* bezeichnet. Im Stahl

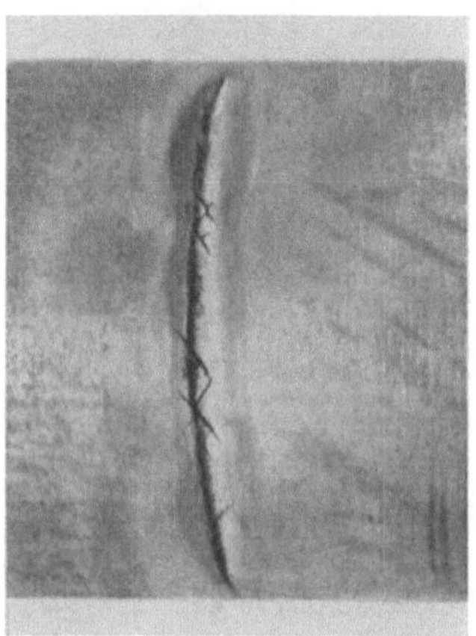
Abb. 15. Korrosionsermüdungsrisse in einer Schiffswelle. (Stark verkleinert.)

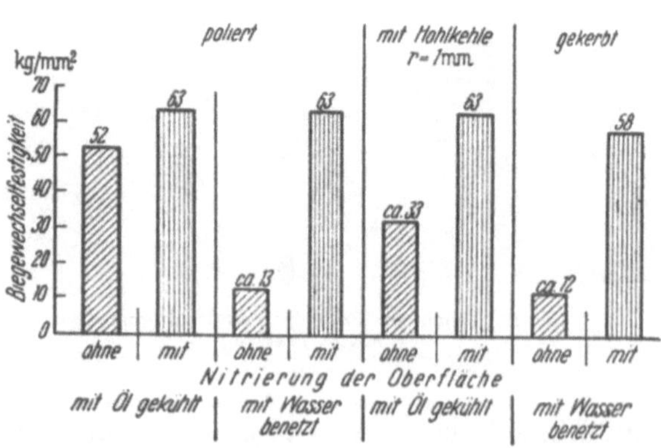

Abb. 16. Biegewechselfestigkeit von Nitrierstahl C = 0,35%; Cr = 1,5%; Al = 1%; Ni = 1,8%. (Nach R. Mailänder.)

wird die Dauerschwingfestigkeit durch Korrosionsermüdung auf etwa 12 kg/mm² gesenkt, unabhängig von der Höhe der Dauerschwingfestigkeit in Luft. Die Brüche durch Korrosionsermüdung verlaufen naturgemäß intrakristallin (Abb. 14).

Bilden sich solche Spannungskorrosionen sehr langsam aus, so treten die Risse gelegentlich klar geordnet in den Zonen maximaler Zugspannungen auf, wie es sich an den Kreuzrissen einer Schiffswelle beobachten läßt (Abb. 15). Nach Einsetzen des ersten Anrisses führt die in dem Spalt auftretende *Pumpwirkung* zu einer ständigen Erneuerung des Elektrolyten und dadurch zu einer Beschleunigung des Korrosionsvorganges.

Durch Schaffung von Druckvorspannungen in den Oberflächen der Werkstücke kann man der Korrosionsermüdung entgegenwirken. Hiervon macht man praktisch durch Anwendung des Nitrierhärtungsverfahrens Gebrauch, das den Werkstücken zugleich mit Druckspannungen in der Härtungsschicht auch einen Korrosionsschutz der Oberfläche durch Eisennitrid verleiht (Abb. 16).

d) Kombinierte Korrosionswirkungen.

Wenn in einem Metall etwa durch eingelagerte Schlackenpartikel Lokalelemente entstehen und die angreifende Wirkung des Elektrolyten so abgestimmt ist, daß ein flächiger Angriff der Metalloberfläche gerade eben nicht zustande kommt, so kann eine besondere Form des Korrosionsangriffs auftreten, die als *Lochfraß* bezeichnet wird. Nach Herauslösen des Schlackenteilchens durch Bildung eines Lokalelements setzt sich dann der Korrosionsangriff in der Art der Spaltkorrosion fort, wobei sich oft tiefe, nadelstichartige Löcher ausbilden (Abb. 17). Eine andere Entstehungsursache für Lochfraß sind zuweilen poröse Deckschichten.

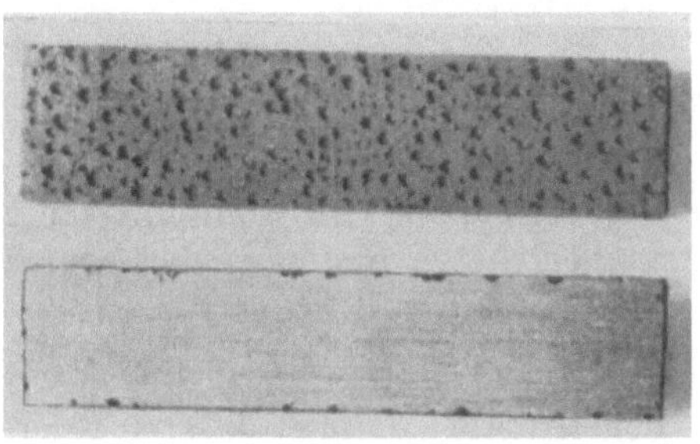

Abb. 17 a u. b. Lochfraß im Stahl mit 14% Cr durch Eisenchlorid. a Ansicht; b Querschliff. 1:1.

Eine dem Lochfraß verwandte Form der Korrosion tritt ein, wenn die *Korngrenzen* von Metallen oder Legierungen dünne, meist mikroskopisch unsichtbare Schichten von löslichen Ausscheidungen oder andere korrosionsfördernde Ungleichmäßigkeiten enthalten, und wenn das angreifende Medium wiederum so abgestimmt ist, daß eine flächige Korrosion eben vermieden wird. Dann konzentriert sich der Korrosionsangriff örtlich auf die Korngrenzen, die stark angegriffen und oft bis in große Tiefen völlig zerstört werden. Diese Korrosionsform wird als *interkristalline Korrosion* bezeichnet. Sie wird in vielen Metallen und Legierungen beobachtet, so in weichem Stahl, nichtrostenden Legierungen,

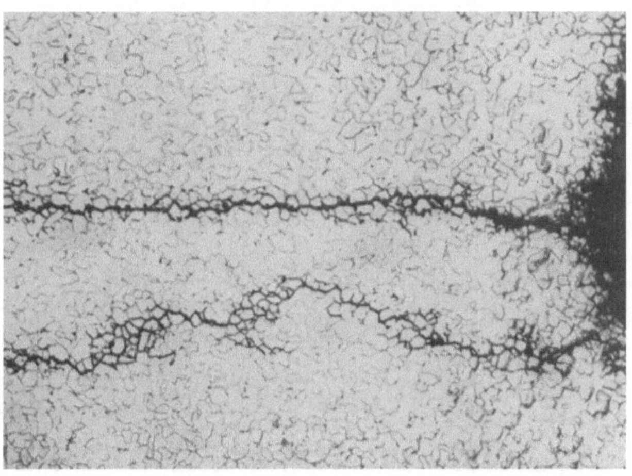

Abb. 18. Interkristalline Korrosion in Stahl durch Natronlauge, 50:1.

Leichtmetallen usw. Sie ist oft die Ursache von Nietlochrissen oder Rissen in Dampfkesseln, Laugeneindampfern, Säurebehältern, Konstruktionsteilen aus Messing, Leichtmetall u. dgl. In Schweißungen tritt interkristalline Korrosion gelegentlich als Folge von Ausscheidungen durch die Anlaßwirkung des Schweißens neben der Schweißnaht auf.

Da die bei der interkristallinen Korrosion sich bildenden Lokalelemente einen geringen inneren Widerstand haben und, infolge der kleinen Oberflächen der Anoden, sehr hohe Stromdichte besitzen, ist ihre Wirkung sehr stark. Die Wirkung der *interkristallinen Korrosion wird durch Zugspannungen drastisch verstärkt,* durch Druckspannungen dagegen vermindert. Im mikroskopischen Bild ist die Erscheinung leicht durch den interkristallinen Verlauf der Risse zu identifizieren (Abb. 18).

Abb. 19. Korrosion eines Stahlwinkels durch Milchsaure an den Stellen von Kraftwirkungsfiguren. (Nach M. Werner.)

Ein technisch und wissenschaftlich besonders interessanter Fall kombinierter Korrosionswirkungen liegt in den durch Ätzung erzeugten *Kraftwirkungsfiguren* vor. Durch Ätzmittel[1]:

Mikroskopische Ätzung		*Makroskopische Ätzung*	
Wasser	30 ml	Wasser	100 ml
Konzentrierte Salzsäure	40 ml	Konzentrierte Salzsäure	120 ml
Äthylalkohol	25 ml	Kristallisiertes Kupferchlorid	90 g
Kristallisiertes Kupferchlorid	5 g		

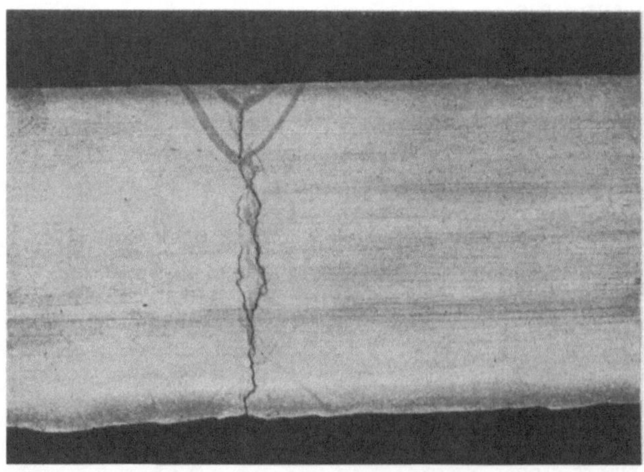

Abb. 20. Interkristalline Korrosion in Kraftwirkungslinien, Angriff von Natronlauge auf Stahlblech, 1 : 1.

werden in unruhig vergossenen und dadurch ausscheidungsfähigen weichen Stählen diejenigen Zonen angegriffen, die durch Alterung eine starke Versprödung erleiden. Während dieser Ätzangriff bei „Flachätzung", die etwa

[1] Fry, A.: Stahl und Eisen Bd. 41 (1921) S. 1093.

5 min dauert, erst nach Kaltverformung und Lagern oder Anlassen, also nach vollendeter Alterung eintritt, korrodiert eine „Tiefätzung" von 10 bis 20 h Dauer die kaltverformten Zonen spontan, selbst ohne Lagern und Anlassen. Hier vermittelt ein Korrosions-Prüfverfahren höchst bedeutsame Urteile über die metallurgische Güte, insbesondere die Sprödbruchsicherheit des Stahls (Abb. 19 und 20).

Unter den komplexen Korrosionsvorgängen sei endlich die Zerstörung von Metallen unter Mitwirkung von *Mikroorganismen* im Erdboden erwähnt. So kann eine Mikrobe, *Vibrio desulfuricans*, die Aufspaltung von Sulfaten im Boden bewirken, wodurch Säure gebildet wird, die schwere Korrosionen hervorruft. In solchen Fällen ist eine Senkung des p_H-Wertes auf 3,7 festgestellt worden.

3. Prüfverfahren des Korrosionsangriffs.

a) Grundsätzliche Richtlinien für die Korrosionsprüfung.

Besteht die Aufgabe darin, einen vorliegenden Korrosionsfall auf seine Ursachen zu prüfen, so sollte die alte erprobte Regel der Materialprüfung angewandt werden, die Untersuchung mit einer sorgfältigen Beobachtung der Proben mit dem bloßen Auge zu beginnen, gegebenenfalls unter Anwendung schwacher Vergrößerungsgeräte fortzusetzen und dann die genauen Bedingungen klarzustellen, unter denen die Korrosion entstanden ist. Hierbei ist auf konstruktive Besonderheiten, wie etwa die Bildung von Wassersäcken, zu achten. Eine Prüfung von flächiger Korrosion muß auf völlig anderen Grundlagen aufgebaut werden als etwa Prüfungen auf Lochfraß, auf interkristalline Korrosion, auf Spannungskorrosion und Korrosionsermüdung od. dgl. Erst wenn bei diesen Voruntersuchungen der Typus des Korrosionsvorganges klar erkannt ist, kann, je nach der Aufgabe, das auf den besonderen Fall abgestimmte Prüfverfahren gewählt werden. Korrosionsprüfungen können dabei folgende Aufgaben haben:

Feststellung des Korrosionsverhaltens eines *bestimmten Werkstoffs* bei verschiedenen chemischen Beanspruchungen:

Feststellung der Korrosionswirkung eines *bestimmten chemischen Mediums* auf verschiedene Werkstoffe;

Feststellung der Auswirkungen *zusätzlicher Einflüsse* auf den Ablauf eines bestimmten Korrosionsvorganges;

Wissenschaftliche *Erforschung* der Korrosionsvorgänge.

Für diese Aufgaben steht eine sehr große Anzahl von Prüfverfahren zur Verfügung, von denen hier nur eine Auswahl besonders typischer und bewährter Verfahren behandelt werden kann.

Jedoch ist der Schrifttumsnachweis so gestaltet, daß entweder durch unmittelbares Zitat oder durch Zitat neuer Lehrbücher, die ausführliche Bearbeitung der Einzelgegenstände enthalten, dem näher Interessierten eine Erfassung des gesamten Schrifttums bis in die jüngste Zeit möglich gemacht wird.

Es erscheint zunächst natürlich, Korrosionsprüfungen der praktischen Korrosionsbeanspruchung anzugleichen. Wird dieser Weg beschritten, so muß die Angleichung mit großer Sorgfalt erfolgen. (Naturversuch.)

Verschärfungen der Versuchsbedingungen, wie sie im Laboratoriumsversuch üblich sind, müssen so begrenzt werden, daß die Grundforderung der Ähnlichkeit des Versuches mit der praktischen Beanspruchung erfüllt bleibt. So hat beispielsweise beim Erhöhen der Versuchstemperaturen, die im allgemeinen eine Beschleunigung der Korrosion bedeuten, Vorsicht zu walten. Eine Übersteigerung der Temperatur kann gelegentlich, wie z. B. im Kochversuch, durch Austreiben des für die Korrosion entscheidenden Sauerstoffs ein Herabsetzen des Korrosionsangriffs zur Folge haben.

Die Korrosionsprüfungen sollen so durchgeführt werden, daß eine Reproduzierbarkeit der Ergebnisse sichergestellt ist. Das erfordert zunächst die genaue Beschreibung des untersuchten Werkstoffs und der Versuchsdurchführung. Bei Metallen und Legierungen muß die Feststellung der chemischen Zusammensetzung einschließlich etwa vorhandener wirksamer schädlicher Bestandteile selbstverständlich sein. Daneben spielt besonders bei Stahl die Festlegung des Schmelz- und Gießverfahrens (z. B. Thomas-Stahl, Siemens-Martin-Stahl, ruhig oder unruhig vergossen) mitunter eine wesentliche Rolle. Guß- oder Schmiedezustand der Proben, Wärmebehandlung und gegebenenfalls Art und Maß einer Kaltverformung müssen festgelegt werden. In manchen Fällen muß die Wirkung von Ecken und Kanten durch deren Abdeckung mit neutralen Stoffen unterbunden werden. Das Abdecken von Schnittflächen kann auch bei Proben mit starken Seigerungen erforderlich werden. Wo die Wahl von Proben in Form dünner Bleche von großer Oberfläche möglich ist, tritt die Wirkung von Ecken und Kanten von selbst zurück. Beim Herrichten der Probenoberflächen spielt es eine wesentliche Rolle, ob die Oberfläche durch Beizen, Drehen oder Schleifen gereinigt wird. Die Art des angewandten Verfahrens, z. B. Durchführungsart des Schleifprozesses, ist in den Versuchsnotizen zu vermerken. Diese Notizen müssen weiterhin über Dauer der Versuche, etwaige Unterbrechungen, Temperaturen, Konzentrationen, etwaige Strömungsverhältnisse und alle auftretenden Besonderheiten genaue Auskünfte geben.

Besonders angenehm ist es, wenn es gelingt, ein Prüfverfahren so auszuwählen, daß gutes und schlechtes Verhalten der Materialien in der Praxis durch eine in Zahlenwerten scharf festgelegte Prüfgrenze voneinander geschieden wird.

Nicht immer ist es jedoch möglich oder auch nur ratsam, ein der praktischen Beanspruchung genau entsprechendes Prüfverfahren zu wählen. In manchen Fällen schafft vielmehr die *freie Wahl* solcher Prüfverfahren besonders wichtige und schnelle Ergebnisse, die von der praktischen Beanspruchung stark abweicht. Als Beispiel seien Prüfungen des Stromverlaufs durch *Farbindikatoren* oder Prüfungen der Sicherheit gegen interkristalline Korrosion durch eine *Alterungskerbschlagprobe* oder Ätzung auf Kraftwirkungsfiguren erwähnt. *Stets muß jedoch in solchen Fällen die Vorbedingung erfüllt werden*, daß die zu prüfende *Korrosionswirkung in strengem, kausalem Zusammenhang mit dem angewandten Prüfverfahren steht*, und daß die Prüfergebnisse die Wirkung des betrachteten Korrosionsangriffs zuverlässig aufdecken.

Die Übersichtlichkeit und internationale Vergleichbarkeit der Ergebnisse von Korrosionsprüfungen wird durch Anwendung *genormter Prüfverfahren* wesentlich gefördert. Ebenso dient die Festlegung der Begriffe einer klaren Verständigung auf dem schwierigen Gebiet der Korrosionswissenschaft und Korrosionsuntersuchung.

Infolge der Kompliziertheit der Korrosionsvorgänge ist es nicht möglich und nicht ratsam, die Grenzen der Normung allzu eng zu ziehen. Bewährt ist die *Normung allgemein verwendbarer Prüf- und Meßverfahren*. Förderlich ist auch die Normung *allgemeingültiger Richtlinien für die Durchführung und Auswertung von Korrosionsversuchen*. Dagegen soll die Normung nicht die Freiheit beschränken, besondere Korrosionsfälle nach Verfahren zu untersuchen, die den besonderen Anforderungen des Falls eigens angepaßt sind. In der deutschen Normung sind folgende Richtlinien zur Zeit gültig:

DIN 50900, 6.51 Korrosion der Metalle, Begriffe;
DIN 50905, 11.52 Richtlinien für die Durchführung und Auswertung;
DIN 50901, Entwurf, 5.54 Korrosion der Metalle, Korrosionsgrößen bei ebenmäßigem Angriff, Begriffe, Einheiten;
DIN 4852, 8.39 Korrosion — Prüfung in kochenden Flüssigkeiten;
DIN 50907, 1.52 Prüfung von Leichtmetallen, Korrosionsprüfung auf Meerklima und Meerwasserbeständigkeit;
DIN 50908, Entwurf, 2.53 Prüfung von Leichtmetallen, Spannungs-Korrosionsversuche;
DIN 50909, 10.54 Prüfung metallischer Werkstoffe, Korrosionsversuche im Erdboden in Abwesenheit von elektrischen Erdströmen;
DIN 50910, 4.55 — — —, Einflußgrößen und Meßverfahren bei der Korrosion im Erdboden in Gegenwart von elektrischen Erdströmen;
DIN 4854, 8.42 Korrosion — Druckgefäßversuch, Prüfung bei Druck- und Temperaturerhöhung;
DIN 53210, 2.30 Anstrichfarben, Bezeichnung des Rostgrades.

In Bearbeitung befindet sich ein Normentwurf für die Prüfung der interkristallinen Korrosion von nichtrostenden Stählen mit Kupfersulfatlösung[1]. Ferner wird die Normung galvanischer Überzüge vorangetrieben: DIN 50960 bis DIN 50964 und DIN 50950 bis 50956[2].

Die wichtigsten Einheiten der Korrosion sind (DIN 50901):

g/m^2 je Tag (Korrosionsgeschwindigkeit vK) als Wert, der sich aus den Versuchen unmittelbar ergibt,

mm/Jahr (lineare Korrosionsgeschwindigkeit vL) als errechneter Wert, der für den Konstrukteur besonders anschaulich ist.

Für die flächige Korrosion von Metallen und Legierungen von Stählen hat sich die Beurteilung der Werkstoffe nach folgender Liste bewährt:

Gewichtsabnahme	unter 0,1 $g/m^2 h$	= vollkommen beständig,
,,	0,1 bis 1,0 $g/m^2 h$	= genügend beständig,
,,	1,0 bis 10,0 $g/m^2 h$	= ziemlich bis wenig beständig,
,,	über 10,0 $g/m^2 h$	= unbeständig.

Es hat sich vielfach eingebürgert, die Korrosionsversuche in *Naturversuche* und *Laboratoriumsversuche* bzw. in *Langzeit-* und *Kurzzeitversuche* zu gliedern. *Naturversuche* haben den Vorteil, eine Reihe verschiedener, in der Praxis zusammenwirkender Einflüsse in ihrer Gesamtwirkung prüfen zu können. Wenn jedoch gelegentlich die Ansicht ausgesprochen worden ist, daß allein Naturversuche für die Entscheidung über das Korrosionsverhalten von Metall in der Atmosphäre brauchbar wären, und daß Laboratoriumsversuche nur sehr begrenzten Wert besäßen, so kann dieser Anschauung nicht zugestimmt werden. Es ist bekannt und durch viele Prüfungen festgestellt worden, daß Naturversuche in Abhängigkeit von der Witterung und von klimatischen Verhältnissen weit größere Streuungen der Versuchswerte aufweisen als sorgfältig ausgeführte Laboratoriumsversuche. Ferner hat sich z. B. bei Naturversuchen verzinkter Proben herausgestellt, daß der Korrosionsfortschritt stark davon abhängt, bei welcher Witterung (Jahreszeit) der Versuch begonnen wurde, da die Ausbildungsform, insbesondere die Undurchlässigkeit der ersten gebildeten Deckschicht, durch Witterungseinflüsse entscheidend bestimmt wird. Diese Beispiele lassen erkennen, daß auch Naturversuche einer sehr vorsichtigen Auswertung bedürfen.

Andererseits haben *Laboratoriumsversuche* den Vorteil, daß alle Versuchsbedingungen nach Belieben gewählt, genau abgegrenzt und über den ganzen Verlauf des Versuchs exakt eingehalten werden können. Laboratoriumsversuche haben damit den Vorteil besserer Reproduzierbarkeit, die insbesondere bei

[1] Stahl-Eisen Prüfblatt 1875 (Ausg. 4.53).

[2] Über amerikanische Normung von galvanischen Überzügen und ihren Prüfverfahren siehe Amer. Soc. Test. Mat., Special Compilation, Electrodeposited Metallic Coatings. Philadelphia (1953).

Dauertauchversuchen sehr befriedigend ist. Für wissenschaftliche Untersuchungen ist die Freiheit der Wahl bestimmter, klar definierter Korrosionsbedingungen, die der Laboratoriumsversuch bietet, oft unersetzlich.

In langjährigen Arbeiten des Verfassers konnte nachgewiesen werden, daß es z. B. bei der sehr schwierigen Prüfung des Korrosionsschutzes von Anstrichsystemen auf Metallen gelingt, auf Grund kurzer, wohl ausgewählter Laboratoriumsprüfungen die Schutzwirkung der Systeme unter verschiedensten Angriffsbedingungen auf Jahre hinaus sicher vorauszusagen.

Als Übergangsform zwischen Naturversuch und Laboratoriumsversuch sei der *Betriebsversuch* erwähnt, der teils durch Einbau ganzer Konstruktionsteile aus dem zu prüfenden Werkstoff durchgeführt wird, teils durch Einsetzen von Proben in die Betriebsapparate. Der Betriebsversuch ist vor allem dann am Platz, wenn die Korrosionsbeanspruchung der Werkstoffe zu vielgestaltig und zu unklar ist, als daß sie durch Naturversuche oder Laboratoriumsversuche nachgeahmt werden könnte.

b) Entfernung der Korrosionsprodukte von Oberflächen.

Die Mehrzahl der Korrosionsuntersuchungen stellt das Fortschreiten der Korrosion durch Wägen oder Messen fest. Daraus ergibt sich die Notwendigkeit, Verfahren zu finden, mit denen es gelingt, die Korrosionsprodukte von der metallischen Unterlage zu entfernen, ohne einen wesentlichen Angriff des Metalls zu bewirken.

Die Beseitigung der Korrosionsprodukte kann durch *mechanische*, *chemische* oder *elektrochemische* Verfahren vorgenommen werden. Als *mechanische* Verfahren können insbesondere Klopfen, Biegen, Abschrecken, Schleifen, Abstrahlen mit Sand oder mit Stahlkugeln angewandt werden. Die Verfahren sind roh und ungenau und reichen nur bei Versuchen geringer Empfindlichkeit aus.

Wesentlich bessere Ergebnisse lassen sich durch *chemische* oder insbesondere *elektrochemische* Abbeizung der Versuchsproben erzielen. Dabei müssen die Beizflüssigkeit und Beizbedingungen dem zu reinigenden Grundmaterial sorgfältig derart angepaßt werden, daß jeder Angriff des Grundmetalls zuverlässig vermieden wird.

Zur Entfernung der Korrosionsprodukte auf chemischem Wege werden in DIN 50905 folgende Mittel empfohlen:

für Aluminium:	5%ige kalte Salpetersäure,
für Eisen und Stahl:	10%ige Salzsäure bzw. Schwefelsäure mit geeignetem Inhibitor oder kathodische Behandlung in 10%iger Natronlauge,
für Chrom- und Chrom-Nickelstähle:	Salpetersäure,
für Kupfer- und Kupferlegierungen:	5%ige Natriumzyanidlösung oder 5%ige Schwefelsäure,
für Zink und Blei:	5%ige Essigsäure oder konz. Ammoniumazetatlösung,
für Kadmium:	5%ige Natriumzyanidlösung,
für Zinn:	5%ige Salzsäure,
für Magnesium:	5- bis 10%ige Kaliumbichromatlösung.

Zum Vergleich ist beim Ablösen der Korrosionsprodukte ein Blindversuch mit einer unkorrodierten Probe des gleichen Werkstoffs zu empfehlen, um genaue Angaben über die angreifende Wirkung der Lösung auf den Werkstoff zu erhalten.

Für das Abbeizen von Korrosionsprodukten von anderen Metallen sind die zahlreichen in der Praxis entwickelten technischen Beizverfahren auch bei

Korrosionsuntersuchungen dann anwendbar, wenn keine sehr hohen Genauigkeitsanforderungen gestellt werden und wenn das Beizen vorsichtig nur gerade bis zum Freilegen der Metalloberflächen betrieben wird[1].

Zur Beizung von nichtrostenden Chromnickelstählen unter Schonung der Metalloberfläche hat sich eine 2-Bad-Beize folgender Zusammensetzung bewährt:

1. Vorbeize:

50 l Wasser
27 l konz. HCl
23 l konz. H_2SO_4
0,15 l Sparbeize; Beiztemperatur 45° C

2. Nachbeize:

75 l Wasser
11 l konz. H_2SO_4
13 l konz. HCl
1 l konz. HNO_3
0,01 l Sparbeize; Beiztemperatur 55 bis 65° C.

Als besonders geeignet zur Entfernung von Korrosionsprodukten von Metalloberflächen haben sich die *elektrochemischen Beizverfahren* erwiesen. Hier ist grundsätzlich den *kathodischen* Beizverfahren der Vorzug zu geben, da sie selbsttätig den Angriff der Beizflüssigkeit auf das Metall verhindern. Es sei auf das einschlägige Schrifttum verwiesen[1]. Erwähnt sei ein von W. Machu und C. Ungersböck ausgearbeitetes kathodisches Beizverfahren mit geringem Sparbeizezusatz, das sich für Eisen, Stahl, Eisenlegierungen, rostsicheren Stahl, Aluminium und seine Legierungen eignet[2].

c) Verfahren zur Prüfung des Korrosionsangriffs durch Naturversuche.

Unter den Naturversuchen ist der *Bewitterungsversuch* oder *Freilagerversuch* besonders wichtig. Da jedoch die Streuungen dieser Versuchsart als Folge der unterschiedlichen klimatischen Einflüsse, wie erwähnt, sehr groß sind, sollte der Bewitterungsversuch in erster Linie *nur zur Vergleichsprüfung* verschiedener Werkstoffe unter gleichen Witterungsbedingungen benutzt werden.

Die Versuchsbedingungen sind bisher nur für Meerklima einheitlich festgelegt worden (s. DIN 50907). Nachstehende Versuchsdurchführung hat sich bewährt und ist mit geringen Abwandlungen heute weit verbreitet:

Die Werkstoffe werden als Bleche von mindestens 100 mm × 150 mm Fläche geprüft. Die Proben werden in einem Holzgestell so befestigt, daß sie — in einem Winkel von 45° geneigt — nach Süden gerichtet sind. Bei der Befestigung der Proben ist darauf zu achten, daß jede leitende Verbindung mit Metallen und die Ansammlung von Feuchtigkeit vermieden werden. Die Proben sollen mindestens einen halben Meter über dem Erdboden angebracht sein, um die Benetzung durch rückprallende Regentropfen zu vermeiden.

Bei Bewitterungsversuchen ist der genauen Aufzeichnung der Versuchsbedingungen und Besonderheiten, wie Wetteränderungen, Beachtung zu schenken.

Nicht selten ist der Bewitterungsversuch mit einer regelmäßigen, intermittierenden Benetzung der Proben durch Sprühwasser verbunden worden. Diese Untersuchungsart stellt eine Halbheit dar, die sich nur in besonderen Fällen empfiehlt und deren Ergebnisse gegenüber den Laboratoriumsuntersuchungen mit Sprühgeräten im Nachteil sind.

Gelegentlich ist die Durchführung der Bewitterungsversuche unter besonderen klimatischen Bedingungen erforderlich, so z. B. zur Prüfung der Brauchbarkeit von Leichtmetall für Freileitungen im *Meerklima*, wo die Wirkung des

---

[1] Siehe z. B. W. Machu: Metallische Überzüge, 2. Aufl. Leipzig: Akademische Verlagsgesellschaft Becker & Erler K.G. 1943.

[2] Korrosion u. Metallsch. Bd. 17 (1941) S. 324.

Salzgehaltes der Luft und die mechanischen Wirkungen der Schwingungen von Seilen im Wind gleichzeitig erfaßt werden.

Neben den Bewitterungsversuchen sind *Naturversuche in Flüssigkeiten* zu beachten. Sie kommen besonders als Prüfung im Flußwasser, im Meerwasser, in mineralischen Wässern, in Abwässern u. dgl. in Betracht. Zuweilen müssen dabei mechanische Wirkungen, wie die Verschleißwirkung mitgeführten Sandes, berücksichtigt werden.

Da die Korrosion eines Metalls von der Belüftung stark abhängig ist, muß die Tiefe der Probe unter dem Flüssigkeitsspiegel festgelegt werden.

Wenn Metalle dem wechselnden Angriff von Flüssigkeit und Luft unterliegen, wie etwa Bauteile, die der Ebbe und Flut ausgesetzt sind, so müssen in solchen Fällen die Korrosionsversuche, die über das praktische Verhalten der Metalle Aufschluß geben sollen, diesen Angriffsbedingungen Rechnung tragen (vgl. DIN 50907).

Soll die Korrosion von Bauteilen, die aus einer Flüssigkeit herausragen, versuchsmäßig geprüft werden, so ist auch hier die Nachahmung dieser Beanspruchung im Prüfversuch erforderlich, da die Übergangszone zwischen Flüssigkeit und Atmosphäre besonders geartete scharfe Korrosionsbeanspruchung erfährt.

Gelegentlich ist die Korrosionsbeständigkeit von metallischen Werkstoffen in natürlichen *Bodensorten* zu bestimmen (vgl. DIN 50909 und 50910). Hier ist, wenn möglich, der Versuch an Ort und Stelle zu führen, mindestens aber die Bodenart genau den praktischen Verhältnissen entsprechend zu wählen. Ferner muß die Art des Grundwassers genau klargestellt und im Versuch eingehalten werden. Der p_H-Wert des Grundwassers ist zu ermitteln. Es empfiehlt sich besonders, einen Teil der Proben an Ort und Stelle oberhalb des Grundwasserspiegels, einen anderen Teil unterhalb des Grundwasserspiegels einzubetten. Eine dritte Gruppe von Proben wird zweckmäßig senkrecht so eingegraben, daß der Grundwasserspiegel in der Mitte der Proben liegt.

d) Verfahren zur Prüfung des Korrosionsangriffs durch Laboratoriumsversuche.

α) *Prüfung der Zunderbeständigkeit.*

Die hier beschriebenen Prüfverfahren dienen vorwiegend zur Prüfung von hitzebeständigen metallischen Werkstoffen. In der Regel handelt es sich dabei um die Prüfung der Wirkung von Deckschichten, die sich beim Korrosionsangriff auf den Oberflächen bilden. Bei dem Ansatz der Prüfverfahren muß berücksichtigt werden, ob im praktischen Betrieb eine ständige Bedeckung der Oberfläche mit ungestört sich bildenden Deckschichten vorliegt, oder ob diese Deckschichten durch Verschleiß, durch plötzlichen Temperaturwechsel od. dgl. zeitweilig abgetragen werden. In besonderen Fällen müssen die Prüfverfahren auch solche Störungen berücksichtigen, die durch zusätzliche Einwirkung von Fremdstoffen auf die Deckschichten eintreten.

Großer Sorgfalt bedürfen die Prüfungen der Zunderbeständigkeit in *zersetzlichen* strömenden *Gasen*, da dann die *Gasgleichgewichte* zwischen dem angreifenden Medium, seinen Zerfallsprodukten und dem korrodierenden Metall vielfach sehr empfindlich sind. Bei der Verwendung von Röhrenöfen für solche Versuche ist auf die Wahl ausreichend weiter Rohre Bedacht zu nehmen, um Wirbelungen zu verhindern und um guten Temperaturausgleich zu sichern. Für ausreichende Durchflußgeschwindigkeit der Prüfgase ist Sorge zu tragen. Durch häufige Umkehrung der Richtung des Gasstromes läßt sich die Zuverlässigkeit der Versuchsergebnisse verbessern. Bei leicht zersetzlichen Gasen, wie Ammoniak,

Schwefelwasserstoff u. dgl., ist darauf zu achten, daß der an den Proben herrschende Zersetzungsgrad geprüft und geregelt wird. Beeinflussung der Zunderung durch störende Stoffe ist zu beachten.

Die *Haftung* von hitzebeständigen Deckschichten läßt sich besonders einfach prüfen, wenn man den Werkstoff in Form eines Spiraldrahtes elektrisch erhitzt und nach dem Abkühlen den Draht geradezieht und den abgesprungenen Zunder wiegt. Die Unempfindlichkeit von Deckschichten gegen Temperaturwechsel prüft man zweckmäßig in ähnlicher Weise an elektrisch beheizten Drahtspiralen, die in häufiger Wiederholung erhitzt und abgekühlt werden. Da bei diesen Proben der Widerstand der Drähte sich ändert, muß zum Einhalten gleichmäßiger Temperatur die Verkleinerung des Querschnitts durch Anpassen der Spannung berücksichtigt werden.

Sind Einwirkungen von Fremdeinflüssen auf Deckschichten zu prüfen, so setzt man die mit den Deckschichten überzogenen Proben in einer zweiten Glühung der Einwirkung der Fremdstoffe oder der zu prüfenden Gasatmosphäre aus.

Sehr einfach gestaltet sich in der Regel die Prüfung des Korrosionsangriffs in geschmolzenen Salzbädern, Metallbädern od. dgl. Bei derartigen Versuchen werden die Proben in ein Bad eingehängt, dessen Temperatur und Zusammensetzung den zu prüfenden Betriebsverhältnissen angepaßt wird. Etwa gebildete Korrosionsschichten werden in der beschriebenen Weise durch mechanische, chemische oder elektrochemische Verfahren entfernt und der Korrosionsverlust durch Wägung ermittelt. Über die Messung der Dicke von Schutzschichten ist im folgenden Abschnitt ausführlich berichtet.

Ist der Korrosionsangriff für solche Fälle zu prüfen, wo Werkstoffe teils in Schmelzen eintauchen, teils aus ihnen herausragen, so muß diese Besonderheit im Versuch nachgeahmt werden, da die Übergangszone zwischen Schmelze und Luft in der Regel den stärksten Korrosionsangriff erleidet. Wo dieser Oberflächenangriff im Betrieb unterdrückt wird, wie etwa bei Bleibädern durch Aufstreuen von Holzkohle, ist diese Maßnahme auch im Versuch nachzuahmen.

β) *Prüfung von elektrochemischen Korrosionswirkungen.*

Für die Prüfung der vielgestaltigen elektrochemischen Korrosionswirkungen sind ***sehr zahlreiche*** Prüfverfahren geschaffen, deren richtige Anwendung eine gute Kenntnis der korrosionstheoretischen Vorgänge erfordert, um zuverlässige Aussagen über den praktisch zu prüfenden Fall machen zu können.

Chemische Untersuchungen. Die Aufgabe der *chemischen Analyse* bei Korrosionsuntersuchungen ist sehr vielgestaltig. Sie kommt zur Prüfung der Grundzusammensetzung der Metalle, des Gehaltes an schädlichen Beimengungen und der Zusammensetzung der korrodierenden Mittel, seien es Flüssigkeiten oder Gase, in Betracht. Gelegentlich genügt die chemische Analyse zur vollen Aufklärung von Korrosionsfällen, etwa wenn in rost- oder hitzebeständigen Stählen eine Unterschreitung der notwendigen Chromgehalte vorliegt oder wenn umgekehrt in Metallen und Legierungen die zulässigen Höchstgehalte schädlicher Beimengungen, wie Schwefel oder Phosphor, überschritten werden. Auch die Prüfung der chemischen Zusammensetzung von Korrosionsschichten kann wichtige Aufschlüsse zur Klärung von Korrosionsfällen vermitteln. Die für Korrosionsuntersuchungen benutzten chemischen Prüfungen weichen von den allgemein bekannten Analysenverfahren nicht ab, so daß eine Einzelaufführung sich erübrigt.

Metallographische und mechanische Prüfungen. Eine wichtige Ergänzung der chemischen Prüfverfahren bedeuten die ***metallographischen Untersuchungen.***

Das Auftreten von makroskopischen Seigerungen oder von mikroskopischen Einschlüssen oder Ausscheidungen edler oder unedler Bestandteile, die Lokalelemente bilden, kann zur Klärung eines Korrosionsfalles ausschlaggebend wichtig sein. Auslaugungen von Randschichten, wie die Hochdruckentkohlung des Stahls durch Wasserstoff, die Spongiose von Grauguß, die Entzinkung von Messing sind am einfachsten durch metallographische Untersuchungen aufzuklären. Die Prüfung verwickelter Korrosionsfälle, wie sie sich bei den Phänomenen der interkristallinen Korrosion oder der Spannungskorrosion ergeben, Untersuchungen des Lochfraßes u. dgl. sind ohne metallographische Prüfung undenkbar.

Der Angriff der interkristallinen Korrosion wird bei Stählen gelegentlich, bei Leichtmetallen fast immer durch Zugversuche zahlenmäßig festgelegt. Der Befall eines Metalls von interkristalliner Korrosion kann vielfach durch eine Klangprüfung in einfacher Weise aufgedeckt werden. Zum Verfolgen des Fortschreitens interkristalliner Korrosion eignen sich Dämpfungsversuche. Die Empfindlichkeit gegen interkristalline Korrosion läßt sich bei weichem Stahl durch die Alterungskerbschlagprobe feststellen. Die wichtigsten Prüfversuche für interkristalline Korrosion sind diejenigen, in denen mechanische und chemische Einwirkungen vereinigt werden. Sie sind auf S. 652—656 ausführlich behandelt.

p_H-Wert (Wasserstoffionenkonzentration). Die Messung des p_H-Wertes, der für die Angriffsfähigkeit schwach saurer, neutraler und schwach basischer Lösungen sehr kennzeichnend ist, hat heute durch die Entwicklung gut ausgearbeiteter Prüfverfahren so einfache Formen angenommen, daß er routinemäßig leicht durchgeführt werden kann.

Eine Zusammenstellung der Gleichgewichtspotentiale von Wasserstoff bei atmosphärischem Druck in verschiedenen Flüssigkeiten gibt Tab. 2 nach U. R. EVANS[1].

Tabelle 2. *Gleichgewichtspotentiale von Wasserstoff bei Atmosphärendruck in verschiedenen Flüssigkeiten* (nach U. R. EVANS).

Wasserstoffionenaktivität in der Flüssigkeit	p_H-Wert	Beispiel	Potential der gesättigten Wasserstoffelektrode an Platin
über 1,0 n	negativ	HCl über 1,2 n	kleine positive Werte
1,000 n	0,000	1,2 n HCl	0,000 (konventioneller Nullpunkt)
10^{-1} n	1	0,12 n HCl	−0,058
10^{-2} n	2	0,011 n HCl	−0,116
10^{-3} n	3	10^{-3} n HCl	−0,174
10^{-4} n	4	10^{-4} n HCl	−0,232
10^{-5} n	5	10^{-5} n HCl	−0,290
10^{-6} n	6		−0,348
10^{-7} n	7	Reines Wasser	−0,406
10^{-8} n	8		−0,464
10^{-9} n	9	10^{-5} n KOH	−0,522
10^{-10} n	10	10^{-4} n KOH	−0,580
10^{-11} n	11	10^{-3} n KOH	−0,638
10^{-12} n	12	0,011 n KOH	−0,696
10^{-13} n	13	0,12 n KOH	−0,754
10^{-14} n	14	1,2 n KOH	−0,812

[1] Metallic Corrosion Passivity and Protection, London 1948, dort S. XXVII.

Eine einfache, *überschläglich genaue* Prüfung des p_H-Wertes kann chemisch mit den im Handel erhältlichen, in ihrer Wirkung stufenweise geordneten *Reagenzien* erfolgen. Hier seien die p_H-Indikatoren nach SÖRENSEN, nach CLARK und LUBS, nach L. MICHAELIS und nach THIEL erwähnt. Für die besonderen Zwecke der Bodenreaktionen sind Indikatoren von WHERRY geschaffen worden.

Der p_H-Wert läßt sich durch *elektrische Meßverfahren* sehr genau bestimmen, wobei Genauigkeiten bis zu 0,01 p_H erreicht werden können. Derartige Geräte sind in zahlreichen Ausführungen im Handel erhältlich[1].

Dielektrode. Bei der Bedeutung des Stromflusses für elektrochemische Korrosionsvorgänge ist es zuweilen notwendig, den Stromverlauf versuchsmäßig nachzuweisen. Hierzu wurde von R. S. THORNHILL und U. R. EVANS[2] die sog. „Dielektrode" entwickelt, die in der vorgeschlagenen Ausführung aus 2 Silber-Silberchlorid-Elektroden besteht, deren Flüssigkeitspole als Glasrohre mit einer feinen Öffnung ausgebildet sind. Durch Anpressen einer der Öffnungen an die zu prüfende Metalloberfläche entsteht ein Strom, dessen Richtung und Stärke zwischen den Silberpolen durch ein Galvanometer gemessen werden kann (Abb. 21).

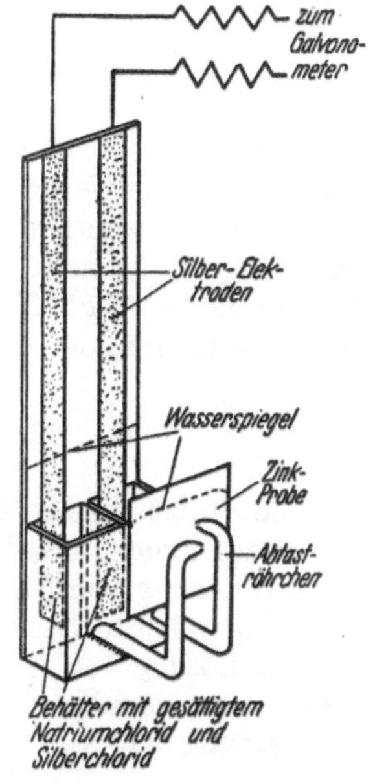

Abb. 21. Dielektrode. (Nach S. THORNHILL u. U. R. EVANS.)

Messung der Schichtdicke von Schutzschichten. Für die Messung der *Dicke* von Schutzschichten sind *zahlreiche Verfahren* ausgearbeitet worden, die auf sehr verschiedenen Grundlagen beruhen. Im folgenden soll eine Auswahl derjenigen Verfahren genannt werden, die heute am meisten Beachtung verdienen.

In einfachen Fällen kann die Schicht *metallographisch* gemessen werden. Die Proben sollen hierbei stets in eine Umhüllung eingebettet werden. Die Genauigkeit der Messungen kann gelegentlich durch Verwendung von Schrägschliffen erhöht werden (z. B. DIN 50950, Ausg. 9.52).

Zur Prüfung von Schichtdicken, wie sie nach bestimmten festgelegten Fertigungsverfahren erzielt werden, eignet sich die Messung *konischer* Probekörper vor und nach dem Aufbringen der Überzüge, wobei *Meßlehren* und Meßuhren Verwendung finden.

Andere Meßverfahren sind auf *physikalischen* Grundlagen aufgebaut. So läßt sich die Dickenmessung *durchsichtiger* Schichten, z. B. der Eloxalschichten oder Klarlackschichten, *optisch* in einfacher Weise dadurch bewerkstelligen, daß die *Scharfstellung* eines Mikroskops einmal auf die Oberfläche der Schutzschicht und dann auf die Oberfläche des Grundwerkstoffs erfolgt, worauf die Differenz der Tiefeneinstellung abgelesen wird.

Weitere optische Verfahren der Schichtdickenmessung sind unter Benutzung der *Polarisation* und der *Interferenz* entwickelt worden. Über diese Verfahren hat A. B. WINTERBOTTOM in dem Buch von U. R. EVANS ausführlich berichtet[3].

---

[1] KUNTZE, A.: p_H-Wertmessung, -registrierung und -regelung, insbesondere mit hochohmigen Glaselektroden. — H. LANGE: Neuere Geräte für photoelektrische und p_H-Messungen. Dechema-Monographien, Bd. 14 (1950).

[2] J. Chem. Soc. 1938, S. 2109.

[3] Metallic Corrosion Passivity and Protection, London 1948, S. 802.

Auch die Messung mit *Röntgenstrahlen* ist zur Ermittlung der Schichtdicke von Überzügen herangezogen worden[1].

Zur zerstörungsfreien Schichtdickemessung von unmagnetischen Schichten auf ferromagnetischen Grundkörpern wurde ein *magnetisches Prüfverfahren* entwickelt[2].

Die Dicke elektrisch nicht leitender Überzüge kann zerstörungsfrei auf *elektrokapazitivem* Weg durchgeführt werden.

Sehr zahlreich und bedeutungsvoll sind die *chemischen und elektrochemischen Verfahren zur* Ermittlung der Schichtdicke von Überzügen, die zunächst die *Schutzschicht entfernen* und ihre Dicke dann *gravimetrisch* oder *meßtechnisch* ermitteln. Auf diesem Gebiet sind insbesondere in den letzten Jahren eine Reihe beachtlicher Fortschritte erzielt worden.

Die Prüfung von *Zinküberzügen auf Eisen* wird nach einem älteren Verfahren von O. BAUER[3] durch Behandlung in folgender Lösung ausgeführt:

20 ml konz. Schwefelsäure
2 g Arsentrioxyd
in 1 Liter Lösung.

Zinküberzüge auf Eisen lassen sich auch durch anodische Behandlung in einer Lösung entfernen, die 10% Zinksulfat und 20% Natriumchlorid enthält, wobei der Stromdichte sorgfältige Beachtung geschenkt werden muß. Die Ablösung ist beendet, wenn die Stromdichte scharf abfällt[4].

Zur Lösung von *Kadmiumüberzügen auf Eisen eignet* sich folgende ammoniakalische Ammoniumpersulfatlösung:

5 g $(NH_4)_2S_2O_8$
30 g NH_3
in 100 ccm Lösung.

Die Proben sind in der Lösung zu bewegen und nach erfolgter Lösung sofort herauszunehmen, um Rostbildung zu verhindern[5].

Zur Lösung von *Kadmiumüberzügen auf Eisen* benützen W. BLUM u. Mitarb[6]. eine angewärmte Lösung von Ammoniumnitrat oder Ammoniumpersulfat.

Zur Lösung von *Kupferüberzügen auf Eisen* kann eine der vorbeschriebenen Ammoniumpersulfatlösung ähnliche Beize benutzt werden[7]. Folgende Zusammensetzung hat sich bewährt:

6 g Ammoniumpersulfat
20 ml Ammoniak
130 ml Wasser.

Zinnüberzüge auf Eisen werden in einer Salzsäure gelöst, die zur Verhinderung des Angriffs auf Eisen einen Zusatz von Antimonchlorid enthält[8].

Die Dicke von *Zinnüberzügen auf Eisen* kann auch indirekt gemessen werden. Dabei wird der Überzug gelöst und die Menge des Zinns je Flächeneinheit durch quantitative Analyse nach einem der üblichen Verfahren gravimetrisch bestimmt und sodann die Schichtdicke errechnet.

---

[1] SCHENK, D.: Prüfung der Schichtdicke von Überzügen auf physikalischer Grundlage. Buch „Korrosionsverfahren". Verlag Chemie 1945. S. 109.
[2] SOMMEREGGER: Metallwirtschaft 1942, Nr. 41 u. 42.
[3] Mitt. dtsch. Mat.-Prüf.-Anst. (1914) S. 456.
[4] BRITTON, S. C.: J. Inst. Metals Bd. 58 (1936) S. 211.
[5] VOLLMER, A.: Arch. Metallkde. Bd. 3 (1949) S. 145.
[6] BLUM, W., P. W. C. STRAUSSER u. A. BRENNER: Bur. Stand. J. Res., Wash. 1936, S. 207.
[7] SCHÜRMANN, E., u. H. BLUMENTHAL: ETZ. Bd. 48 (1927) S. 1295.
[8] CLARKE, S. G.: Trans. electrochem. Soc. Bd. 69 (1936) S. 131 sowie A. W. HOTHERSALL u. W. N. BRADSHAW: J. Iron Steel Inst. Bd. 133 (1936) S. 233.

Überzüge von *Nickel auf Eisen* werden nach einem Verfahren von R. B. MEARS[1] durch anodische Behandlung in einer 20%igen Lösung von Natriumzyanid aufgelöst, wobei die Strombedingungen so eingehalten werden müssen, daß ein Angriff des Eisens vermieden wird.

Die Dickenmessung von *Chromüberzügen* mittels eines elektrochemischen Verfahrens wurde von G. ANDERSEN und R. W. MANUEL ausgearbeitet[2].

Überzüge von *Zinn auf Messing* werden durch Lösung in heißer, verdünnter Salzsäure (Dichte = 1,12 g/ml) entfernt. Bei dünnen Überzügen durch Sudverzinnung bewährt sich dieses Verfahren gut. Für stärkere galvanische Überzüge verwendet man zweckmäßig zunächst zur Lösung der Hauptmenge des Zinns das später zu erwähnende Sonderlösungsmittel 1 von A. VOLLMER und darauf das vorgenannte Lösungsverfahren in Salzsäure[3].

Zinnüberzüge auf Kupfer werden zweckmäßig nach einem von SCHÜRMANN und BLUMENTHAL ausgearbeiteten Verfahren in folgender Beize gelöst[4] (DIN 51213, Ausg. 6.40):

100 ml einer wäßrigen Lösung aus 2% Ammoniak und 1% Ammoniumpersulfat.

Geprüft wird bei Raumtemperatur.

Unter den neuen Lösungsmitteln für metallische Überzüge seien ferner 3 Lösungsmittel erwähnt, die von A. VOLLMER[5] ausgearbeitet wurden. Sie eignen sich für die Ablösung von Schichten aus *Zinn, Kupfer, Messing, Zink, Kadmium, Nickel und Blei*. Ihre Lösungsgeschwindigkeit bei der Gebrauchstemperatur von 60° C bis 70° C beträgt je 1 dm² Oberfläche in 5 min:

Metall	*Lösungsmittel*	*Gramm*
Zinn	1	1,02
Kupfer	2	1,00
Messing	2	0,70
Zink	2	0,45
Kadmium	2	0,96
Nickel	2	0,10
Blei	3	1,54

Zur Ablösung von *nichtmetallischen Schutzschichten auf Aluminium und auf Zink* haben sich kathodische, elektrochemische Ablösungsverfahren bewährt[6].

Zur Ablösung von *Eloxalüberzügen auf Aluminium und Aluminiumlegierungen* sind folgende weitere Verfahren benutzt worden: Beizung in antimonhaltiger Schwefelsäure, in alkalischer Zinkatlösung, und kathodische Behandlung in zitronensaurer Kochsalzlösung. Die genannten Verfahren besitzen jedoch nicht die gewünschte analytische Genauigkeit.

Dagegen hat sich für die Ablösung von *Eloxalüberzügen auf Aluminium und seinen Legierungen* eine Beizung bei 80° C in folgender Lösung bewährt:

320 ml Phosphorsäure
160 g Chromsäure
in 1 Liter Lösung.

Unter den chemischen Verfahren zur Bestimmung der Schichtdicken von Nickel, Kadmium und Zink seien ferner die vergleichenden Methoden nach dem *Tropf- bzw. Strahlverfahren* (DIN 50351, Entwurf 9.52) sowie die *Preece-Probe* genannt.

Bei diesen Verfahren werden die entsprechenden Lösungen so lange in fest bemessener Geschwindigkeit und bei bestimmter Temperatur auf die Oberfläche getropft bzw. gestrahlt, bis das Grundmetall freigelegt ist. Die Zeit bis zur Freilegung des Grundmetalls dient als Maßstab.

[1] J. Electrodep. Soc. Bd. 9 (1934) S. 55.
[2] Trans. electrochem. Soc. Bd. 78 (1940) S. 373.
[3] Die Chem. Fabrik Bd. 11 (1938) S. 465.
[4] SCHÜRMANN, E., u. H. BLUMENTHAL: ETZ. Bd. 48 (1927) S. 1295.
[5] Arch. Metallkde. Bd. 3 (1949) S. 145 (Lieferant: Schering, Berlin).
[6] LIEBREICH, E., u. W. WIEDERHOLT: Z. Elektrochem. Bd. 31 (1925) S. 14. — K. HABER: Z. Elektrochem. Bd. 48 (1942) S. 26.

Bei der *Preece-Probe* zur Feststellung der Dicke von *Zinküberzügen auf Eisen* wird die Probe bei 20° C in eine Lösung von 1 Gewichtsteil chemisch reinem kristallisiertem Kupfersulfat in 5 Gewichtsteilen destilliertem Wasser 1 Minute senkrecht getaucht. Die Probe wird dann in fließendem Wasser abgespült und mit sauberer Watte oder einem weichen Lappen getrocknet. Dieser Vorgang wird als eine Tauchung bezeichnet. Die Zahl der Tauchungen bis zur Entstehung einer dichten Kupferschicht auf dem Eisen wird als Maßstab für die Dicke gewählt (vgl. DIN 51213).

Für die Prüfung dünner Chromschichten auf Nickelüberzügen ist das sog. Tüpfelverfahren (spot test) in DIN 50953 (Ausg. 1.55) genormt.

Unter den Verfahren zur indirekten Prüfung der Dicke von Schutzschichten seien auch diejenigen erwähnt, bei denen durch Aufstellung von *Zeitpotentialkurven* der Augenblick der ersten Durchdringung der Schutzschichten durch das angreifende Medium festgestellt wird, der sich durch Auftreten eines neuen Potentials scharf ausprägt.

Porenprüfung bei metallischen und nichtmetallischen Überzügen. Nach Untersuchungen von W. I. MÜLLER und gemeinsamen Arbeiten von W. I. MÜLLER und W. MACHU[1] ist der Angriff eines korrodierenden Mittels auf ein durch eine nichtmetallische Deckschicht geschütztes Metall von dem prozentualen Flächenanteil der Poren an der Gesamtoberfläche der Deckenschicht dergestalt abhängig, daß vollkommener *Korrosionsschutz* erst bei einer *Porenfläche von weniger als 0,1% der Oberfläche* eintritt.

Will man die praktische Bedeutung der Poren in Schutzschichten ermitteln, so ist jedoch in der Regel die schwierige Messung ihres Flächenanteils nicht erforderlich, vielmehr genügt es hierzu, die *Menge und Verteilung der Poren durch Indikatoren* sichtbar zu machen und ihre Wirkung durch Augenschätzung zu beurteilen. Zur Durchführung dieser Porenprüfung sind die nachfolgend beschriebenen Verfahren entwickelt worden.

αα) *Porenprüfung metallischer Überzüge auf Eisen.* Die Porenprüfung von Schutzüberzügen aus Metallen, die *edler* sind als Eisen, wird mit dem sog. *Ferroxylindikator* vorgenommen. Dies ist eine wäßrige Lösung von 1 g rotem Blutlaugensalz, $K_3Fe(CN)_6$, 1 g Phenolphthalein, 30 g NaCl und gegebenenfalls 60 g harter Gelatine in 1 l destilliertem Wasser. Bei dieser Lösung werden die anodischen Stellen durch Blaufärbung, dagegen die kathodischen Stellen durch Rotfärbung angezeigt (DIN 50900).

Überzüge von *Nickel und Chrom* auf Eisen lassen sich am einfachsten mittels einer Lösung von 200 g kristallisiertem *Kupfersulfat in* 1 l Wasser prüfen. Bei diesem Verfahren werden stärkere Poren durch Niederschläge von metallischem Kupfer angezeigt.

Die Porenprüfung von Überzügen auf Metallen, die *unedler* sind als Eisen, so von Überzügen auf *Zink oder Kadmium*, erfordert die Verwendung des elektrischen Stromes, um das Eisen kathodisch zu schützen. Hier hat sich das Verfahren von B. GARRE[2] bewährt. In einen Stromkreis von 4 V wird die Probe als Anode geschaltet. Als Kathode dient ein Blech aus dem Werkstoff des Schutzüberzuges. Der Elektrolyt hat folgende Zusammensetzung:

40 g gelbes Blutlaugensalz
2 g Magnesiumsulfat
1 l Wasser.

Durch anodisches Inlösunggehen des in den Poren freiliegenden Eisens bildet sich dort Berliner Blau.

[1] MÜLLER, W. I.: Z. Elektrochem. Bd. 40 (1934) S. 119 sowie W. MACHU: Metallische Überzüge. Leipzig: Becker & Erler 1943. [2] Arch. Eisenhüttenw. Bd. 9 (1935/36) S. 91.

ββ) Porenprüfung metallischer Überzüge auf Nichteisenmetallen. Für die Porenprüfung von Überzügen auf Zink und Zinklegierungen ist das Kupfersulfatverfahren in DIN 50956 (Ausg. 12. 54) genormt. Ist *Kupfer* mit *edleren* Metallen überzogen, so geht in den Poren des Überzuges bei Gegenwart eines angreifenden Elektrolyten Kupfer anodisch in Lösung. Enthält der Elektrolyt Ferrozyankalium, so entsteht an den Undichtigkeiten ein rotbrauner Niederschlag von Kupfereisenzyanid.

Nach einem Verfahren von E. SCHÜRMANN und H. BLUMENTHAL[1] wird die Dichtigkeit von *Verzinnungen auf Kupfer* indirekt durch kolorimetrische Bestimmung der Kupfermenge ermittelt, die aus einer 20 cm² großen Oberfläche bei 10 min Angriffsdauer in folgender Prüflösung in Lösung geht:

1 g Ammoniumpersulfat
2 ml Ammoniak
in 100 ml Lösung.

Für die Porenprüfung von *unedleren* Metallüberzügen auf *Kupfer* hat sich folgender Indikator bewährt:

2 g rotes Blutlaugensalz	4 g Gelatine
3 ml Ammoniak 25 % ig	100 ml Wasser.

γγ) Porenprüfung von Phosphatüberzügen. Nach DIN 50942 (Ausgabe 1955) erfolgt die Porenprüfung von *Phosphatüberzügen auf Eisen* mittels einer 3 % igen bzw. 1 % igen Kochsalzlösung im *Standgefäß*. Die Poren werden hier durch Rostbildung sichtbar gemacht.

Bei einem anderen Porenprüfverfahren werden die Phosphatüberzüge 30 sek lang in eine frisch angesetzte Lösung folgender Zusammensetzung eingetaucht:

1 g rotes Blutlaugensalz	2 ml 3 % iges Wasserstoffsuperoxyd
3 g Natriumchlorid	in 100 ml Lösung.

δδ) Porenprüfung von Eloxalüberzügen. Die Porenprüfung von *Eloxalüberzügen* auf Leichtmetallen bereitet nach den älteren Verfahren einige Schwierigkeiten. Nach diesen Verfahren wurden beispielsweise durch Behandlung mit Kupfernitrat oder Mangansulfat farbige *Niederschläge* in den Poren erzeugt. Der Angriff wurde noch stärker bei Verwendung einer 1 % igen Natriumchloridlösung, die mit Indikatoren und Gelatine versetzt war. W. BAUMANN[2] beschreibt ferner ein Verfahren, das 3- bis 5 % ige Bariumchloridlösung unter Zusatz von Phenolphthalein benutzt. Bei einer Klemmenspannung von 4 bis 6 V wird die Probe als Kathode und ein Kupferblech als Anode geschaltet.

Während die bisher genannten Prüfverfahren das Leichtmetall angreifen und daher zu Zerstörungen der Eloxalschicht führen, wird dieser Nachteil durch ein Verfahren von V. DUFFEK[3] vermieden. Bei diesem Verfahren werden durch anodische Schaltung der Proben bei 10 bis 100 V in wäßrigen Lösungen bestimmter Farbstoffe, z. B. alizarinsulfosaurem Natrium, Poireesblau u. a. in den Poren der Eloxalschichten Farbmoleküle durch *elektrophoretische Abscheidungen* niedergeschlagen. Die Behandlungsdauer beträgt etwa 15 sek. Durch Zusätze von Aminen kann die Haftfähigkeit der Farbkörper so gesteigert werden, daß die Proben in fließendem Wasser abgespült werden können.

Einige der von V. DUFFEK entwickelten 5 elektrophoretisch abgeschiedenen Indikatoren können auch für den Porennachweis von *Chromüberzügen auf Aluminium* Verwendung finden. Die Abscheidungsbedingungen und Anwendungsgebiete der Indikatoren sind in Tab. 3 mitgeteilt:

---

[1] Elektrotechn. Z. Bd. 48 (1927) S. 1295. — Oberflächentechn. Bd. 14 (1937) S. 143.
[2] Metallwirtsch. Bd. 17 (1938) S. 236.
[3] Z. Metallkde. Bd. 30 (1938) S. 265.

Tabelle 3. *Elektrophoretisch abgestimmte Indikatoren zur Porenprüfung* (nach V. DUFFEK).

Prüf-indikator Nr.	Abscheidungs-spannung in Volt	Farbe und Abscheidungs-form der Farbkörper	Zeit der Abscheidungs-spannung in Sek.	Eignung zur Porenprüfung für
1	10 bis 30	purpurrot amorph feinkörnig	10 bis 15	metallische Überzügen auf Al, Al-Legierungen, glatte Eloxalflächen mit verschiedenen Nachbehandlungen
2	20 bis 30	gelb-orange voluminös	10 bis 15	Eloxal mit verschiedenen Nachbehandlungen, besonders Proben mit Gewinden, scharfen Kanten u. ähnl.
3	20 bis 100	dunkelbraun amorph dicht	5 bis 10	sämtl. oxyd. oder organ. Überzügen auf Al (bes. Sprünge im Überzug, Haarrisse), Lackfarben auf Al und Al-Legierungen
4	10 bis 30	dunkelblau kristallin	10 bis 20	nachbehandelte Eloxalüberzügen, insbes. allen Überzügen auf Mg und Mg-Legierungen
5	8 bis 12	weiß amorph plastisch	2 bis 4	sämtliche elektrischen nichtleitenden Schutzüberzügen auf Eisen und Zink, insbes. Einbrennlacke

Messung der Gasentwicklung durch Korrosion. In denjenigen Fällen, wo der Korrosionsangriff zwangsläufig mit der Entwicklung von Gasen verbunden ist, läßt sich der Fortgang der Korrosion durch Auffangen der frei werdenden Gase in einer Meßbürette einfach verfolgen.

Volta-Spannung. Es ist festgestellt worden, daß die zeitliche Veränderung der Eigenschaften einer Metalloberfläche durch Messen der *Elektronen-Austrittsarbeit* zahlenmäßig verfolgt werden kann. Die Elektronen-Austrittsarbeit wird durch Messen der *Volta-Spannung* zwischen der zu untersuchenden Oberfläche und einer Bezugsoberfläche bestimmt. Wie H. NEUERT und H. HÄNSEL[1] mitteilen, ist die Messung der Volta-Spannung nach dem KELVINschen Verfahren in einer von MEYERHOF angegebenen Anordnung geeignet, rasch abklingend Anfangseffekte der Korrosion zu beobachten und die Ausbildung der obersten Schichten von Korrosionsprodukten in ihrem Wachstum zu verfolgen.

Oxydimeter nach TÖDT. Zur quantitativen Messung des Rostanstrichs hat F. TÖDT[2] ein als „*Oxydimeter*" bezeichnetes Gerät entwickelt, das die Korrosion durch direkte Bestimmung der *Stromstärke* mißt. In einem Glasgefäß, das die korrodierende Lösung enthält, befindet sich eine Platinelektrode bestimmter Flächengröße, ihr gegenüber steht in bestimmtem Abstand eine Elektrode aus dem zu prüfenden Metall. Nach dem FARADAYschen Gesetz ist die Stromstärke des so gebildeten Elements ein Maß für den Korrosionsangriff. Bei diesem Meßverfahren werden alle kathodischen Vorgänge an das edle Metall — Platin — verlegt. Abweichungen gegenüber dem natürlichen Korrosionsverhalten durch Deckschichtenbildung oder Polarisation sind daher in Betracht zu ziehen.

Rostapparat nach DUFFEK. V. DUFFEK[3] bestimmt die Rostgeschwindigkeit von Stahl in einem „*Rostapparat*" genannten Gerät ebenfalls durch Messung der *Stromstärke*. Eine Glasglocke, in die *Sauerstoff unter erhöhtem Druck* ein-

[1] Z. angew. Phys. Bd. 2 (1950) S. 319.
[2] TÖDT, F.: Z. Elektrochem. Bd. 34 (1928) sowie Korrosion u. Metallsch. Bd. 5 (1929).
[3] DUFFEK, V.: Korrosion u. Metallsch. Bd. 2 (1926), Bd. 5 (1929), Bd. 7 (1931).

geleitet wird, enthält ein Gefäß zur Aufnahme des Elektrolyten, in das die Probe und eine Quecksilberelektrode eintauchen. Die Stromstärke wird unter Zwischenschaltung eines hochohmigen Widerstandes durch einen Meßschreiber aufgezeichnet. Der Widerstand wird so gewählt, daß in der Probe nur sehr geringe Stromdichten auftreten (Reststromgebiet). Der Eintritt des Rostbeginns zeichnet sich auf der Stromstärke-Zeit-Kurve durch einen Knick ab. Bei einem Sauerstoff-Überdruck von 300 mm Wassersäule ist die Geschwindigkeit des Restvorganges im Rostapparat etwa 120fach höher als die Rostung in Luft.

Prüfung des Flüssigkeitsangriffs im Dauertauchversuch (DIN 50905). Die *Korrosionsprüfung im Dauertauchversuch* ist einfach und gibt in verhältnismäßig kurzer Zeit und in gut reproduzierbaren Werten einen Überblick über die Korrosionsbeständigkeit von Metallen in Flüssigkeiten. Es ist sowohl für die Prüfung schwach angreifender als auch stark angreifender Reagenzien geeignet.

Im Prüfgefäße von ausreichender Größe werden die Proben an Glashaken oder Haaren eingehängt. Gegen Staub wird die Flüssigkeit durch Glasplatten abgedeckt. Die Gefäße sollen gegen Sonnenlicht oder, bei Vergleichsprüfungen, gegen ungleichmäßige Wärme geschützt sein. Zur Erzielung besonders genauer Versuchswerte ist die Anwendung von Thermostaten notwendig. Die Prüftemperaturen können dann nach Wunsch gewählt werden.

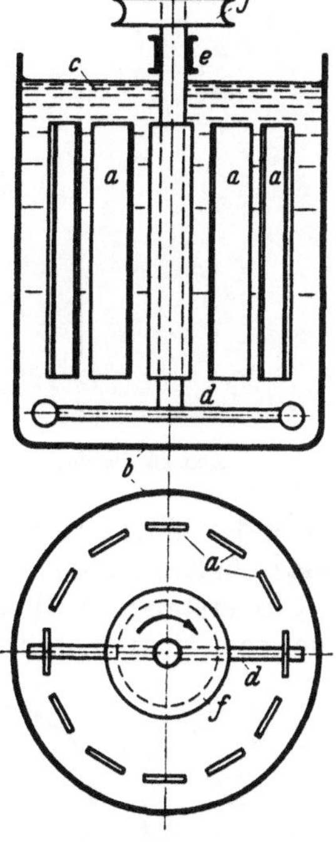

Abb. 22. Anordnung für den Rührversuch nach DIN 50907. *a* Proben; Glasgefäß; *c* Prüflösung; *d* Rührer (Bild 3 in DIN 50907); *e* Lagerung der Welle des Rührers; *f* Antrieb des Rührers.

Werden die Versuche nicht unter Fernhaltung der Luft durchgeführt, so muß der Luftzutritt bei allen Gefäßen gleichmäßig gewählt werden. Man hängt die Proben mindestens 30 mm unter dem Flüssigkeitsspiegel auf, um übermäßige Belüftungseinflüsse auszuschließen. Die Flüssigkeitsmenge wird so gewählt, daß mindestens 10 ml auf 1 cm² Probenoberfläche vorhanden sind. Die Erneuerung der Lösung richtet sich nach der Stärke des Angriffs. Sie ist in den Versuchsberichten zu vermerken. Für die Auswertung der Versuche werden die Korrosionsprodukte abgebeizt und die Proben gewogen. In einer Abwandlung des Dauertauchversuches werden die Proben nur zur Hälfte eingetaucht, um die besonders gearteten Verhältnisse in der Übergangszone zwischen Elektrolyt und Luft zu prüfen.

Als Prüflösungen können Lösungen sehr verschiedener Art verwandt werden. Oft kommen die in den folgenden Abschnitten genannten Lösungen zur Anwendung.

Prüfung des Flüssigkeitsangriffs im Rührgerät (DIN 50907). Gegenüber dem Dauertauchversuch kann der Korrosionsangriff entsprechend mancher praktischen Beanspruchung durch Bewegung des angreifenden Mittels beschleunigt werden. Für derartige Prüfungen werden sog. „*Rührgeräte*" verwandt. Für die Prüfung von Leichtmetall ist in DIN 50907 ein Rührgerät genormt worden. Die Proben werden in einem zylindrischen Glaskäfig oder an Porzellanringen befestigt und so in ein Glasgefäß von 210 mm Durchmesser und 320 mm Höhe eingebracht. Das Gefäß enthält dicht über dem Boden einen Rührer bestimmter Form, der mit 135 Umdrehungen pro Minute umläuft (Abb. 22).

Als Prüflösung findet neben gewöhnlichem Wasser und 3% Kochsalzlösung häufig auch natürliches oder künstliches *Meerwasser* Verwendung.

Die Zusammensetzung des ***künstlichen Meerwassers*** wird dabei zweckmäßig wie folgt gewählt·

28 g $NaCl$	2,4 g $CaCl_2 \cdot 6\,H_2O$
7 g $MgSO_4 \cdot 7\,H_2O$	0,20 g $NaHCO_3$
5 g $MgCl_2 \cdot 6\,H_2O$	1000 g destilliertes Wasser.

Die Wirkung von 3%iger Kochsalzlösung und von Meerwasser ähneln einander in den meisten Fällen. Jedoch ist bei Zink die korrodierende Wirkung der Kochsalzlösung wesentlich stärker als die des Meerwassers[1].

Abb. 23. Batterie von Rührgeräten.

Rührgeräte lassen sich in einfacher Weise zu Batterien zusammenbauen und ermöglichen dann schnelle Durchführung großer Versuchsreihen (Abb. 23).

Prüfung des Flüssigkeitsangriffs im Wechseltauchversuch (DIN 50907). In manchen Fällen ist es erforderlich, den Korrosionsverlauf unter einer Wechselwirkung von Flüssigkeit und Luft zu untersuchen. Hierzu sind „*Wechseltauchgeräte*" entwickelt worden.

In Wechseltauchgeräten erfolgt ein häufiger Wechsel zwischen der Wirkung von Flüssigkeit und Luft entweder durch *wiederholtes Absenken des Flüssigkeitsspiegels* oder durch wiederholtes *Herausheben* der Proben.

In ersterem Fall kann man nach einem Vorschlag von A. Fry sehr einfach so verfahren, daß man unten am Prüfgefäß einen Heber anbringt, den man an seinem höchsten Punkt kugelförmig erweitert, und die Prüflösung langsam zuströmen läßt. Wenn der Flüssigkeitsspiegel bis zum höchsten Punkt des Hebers gestiegen ist, wird das Gefäß schnell geleert. Darauf füllt sich das Gefäß selbsttätig wieder auf und so fort

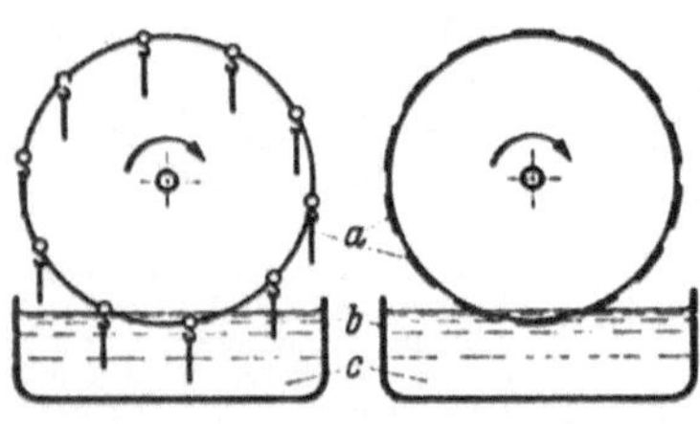

Abb. 24. Wechseltauchgerät in Form eines Rades. *a* Proben; *b* Glasgefäß; *c* Prüflösung

Eine Vorrichtung zum *periodischen Herausheben* der Proben kann als langsam umlaufendes *Rad* geschaffen werden, das die Proben eintaucht (Abb. 24). Besser geeignet ist eine Versuchsanordnung, bei der die Proben an einem Rahmen aufgehängt sind, der in bestimmten Zeitabständen gehoben und gesenkt wird, so daß die angehängten Proben in Bechergläser, die mit der Prüflösung gefüllt sind, in regelmäßiger Folge eintauchen. Dieses Gerät bietet die Möglichkeit, gleichzeitige Prüfungen in zahlreichen *verschiedenen Lösungen* vorzunehmen. Das Gerät kann elektrisch gesteuert werden (Abb. 25)

Wechseltauchversuche sollten stets so durchgeführt werden, daß die Proben so lange im Angriffsmittel bleiben, bis eine vollständige Durchdringung der etwa gebildeten Deckschichten mit Flüssigkeiten eingetreten ist. Darauf sollte die

[1] Schikorr, G.: Z. Metallkde. Bd. 32 (1940) S. 316.

Trockenzeit in der Regel so gewählt werden, daß eine völlige Trocknung der Proben eintritt. Um gleichmäßige Trockenzeiten im Laufe einer Versuchsreihe zu erhalten, empfiehlt es sich, für gleichbleibende Luftfeuchtigkeit und gleichbleibende Temperatur im Versuchsraum zu sorgen.

Prüfung des Flüssigkeitsangriffs im Kochversuch (DIN 4852). Zur Prüfung des Korrosionswiderstandes in Lösung bei höheren Temperaturen ist der „Kochversuch" entwickelt worden, der zweckmäßig nach DIN 4852 ausgeführt wird (Abb. 26). Der Versuch ist besonders zur Prüfung scharf wirkender An-

Abb. 25. Elektrisch gesteuertes Wechseltauchgerät für gleichzeitige Prüfung in verschiedenen Lösungen.

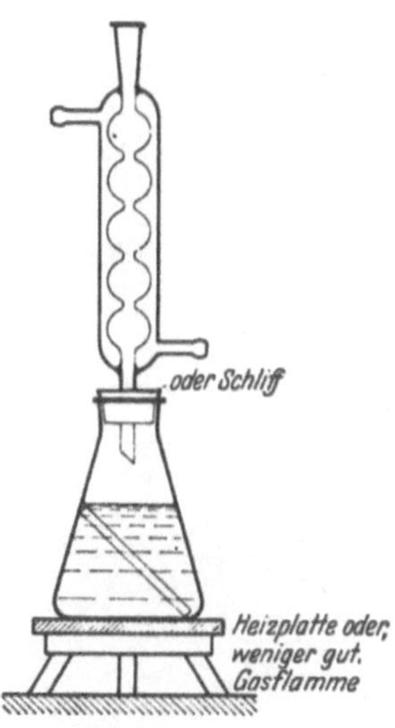

Abb. 26. Versuchsanordnung für den Kochversuch nach DIN 4852.

griffsmittel geeignet. Er findet beispielsweise zur Prüfung säurebeständiger Legierungen oder auch treibstoffbeständiger Schutzüberzüge Verwendung. Die Versuchsanordnung ermöglicht es, den Einfluß des Sauerstoffs auf den Korrosionsverlauf gegebenenfalls auszuschalten.

Der Kochversuch eignet sich gleichfalls zur Prüfung der Empfindlichkeit von Metallen gegen Lochfraß oder gegen interkristalline Korrosion.

Druckgefäßversuch (DIN 4854). Für besondere Fälle ist die Prüfung des Korrosionsangriffs in Flüssigkeiten oder Dämpfen unter hoher Temperatur (hohem Druck) von Bedeutung. Da solche Versuche nicht allein zur Erzielung vergleichbarer Ergebnisse, sondern auch aus Sicherheitsgründen großer Sorgfalt bedürfen, ist für sie eine besondere Norm (DIN 4854) ausgearbeitet worden.

Prüfung des Korrosionsangriffs in feuchter Atmosphäre durch Sprühgeräte. Zur Nachahmung der Beanspruchungen, denen Metalle an der Atmosphäre durch Regen, Tau u. dgl. ausgesetzt sind, bedient man sich im Laboratoriumsversuch der „*Sprühgeräte*". Die Beanspruchung ähnelt grundsätzlich dem Bewitterungsversuch, ermöglicht aber die Anwendung beliebig gewählter, klar definierter und reproduzierbarer Versuchsbedingungen und führt schneller zum Ziel als der Naturversuch.

Die Geräte, die — in verschiedenster Bauart — so hergestellt werden, daß eine Beobachtung der Proben möglich ist, werden derart betrieben, daß ein feiner Nebel aus Wasser oder anderen Lösungen, wie Meerwasser, Kochsalzlösungen, destilliertem Wasser u. dgl., eine bestimmte kurze Zeit in den Versuchsraum gesprüht wird und daß anschließend die, Proben der gebildeten Atmosphäre ausgesetzt bleiben. Diese Behandlung wiederholt sich in regelmäßigen Zeitabständen. Es hat sich als zweckmäßig erwiesen, die Probe stündlich einmal 5 Minuten lang zu besprühen (DIN 50907) und dabei die Steuerung so vorzunehmen, daß der Versuch Tag und Nacht läuft. In Abb. 27 ist ein derartiges Gerät dargestellt, das aus einem großen Glaszylinder besteht und so eine allseitige Beobachtung der Proben ermöglicht. In diesem Gerät wird die Probe mittels einer SCHLICKschen Düse, die auf feine Vernebelung eingestellt ist, besprüht. Der Nebel wird zunächst senkrecht gegen eine Platte geblasen, um dicke Tropfen herauszufangen. Oft empfiehlt sich die gleichzeitige Untersuchung von Metallen in mehreren derartigen Sprühgeräten, die mit verschiedenen Prüflösungen, beispielsweise destilliertem Wasser und 3%iger Kochsalzlösung, betrieben werden.

Abb. 27. Sprühgerät, Bauart ehem. Chem. Techn. Reichsanstalt.

Feuchtlagerung und Dampfversuch. Für die praktische Beurteilung der Korrosionssicherheit von Metallen ist in vielen Fällen deren Prüfung in *feuchter Luft* erforderlich. Die Versuche können sehr einfach und zweckmäßig so durchgeführt werden, daß ein fein verteilter Luftstrom durch Wasser geleitet und so mit Feuchtigkeit gesättigt wird. Dieser Luftstrom wird dann in einem abgeschlossenen Gefäß zur Einwirkung auf die Proben gebracht. Diese Anordnung bringt zuverlässigere Ergebnisse als die einfache Lagerung über Wasser.

Leitet man den Luftstrom durch Wasser bestimmter höherer Temperatur, so kann der Versuch durch die dann auftretende Abscheidung von Kondenswasser verschärft werden. Für Tropenprüfung sind besondere Prüfräume und Prüfverfahren entwickelt worden[1].

Zur Prüfung von *Zink* und seinen Legierungen wird gelegentlich eine Prüfung in Dampf von 95° C angewandt.

Die Prüfung der interkristallinen Korrosion. Die Prüfung der interkristallinen Korrosion erfolgt nach drei grundsätzlich voneinander zu unterscheidenden Verfahren[2], und zwar

Prüfung der interkristallinen Korrosion *ohne äußere Spannungen;*

Prüfung der interkristallinen Korrosion *mit äußeren Zugspannungen* die sich während des Versuches abbauen;

Prüfung der interkristallinen Korrosion *mit äußeren Zugspannungen*, die *nicht abgebaut werden.*

In allen drei Fällen ist es möglich, die Wirkung plastischer Verformung mitzuprüfen. Die an zweiter und dritter Stelle genannten Prüfverfahren können auch zur Prüfung der Spannungskorrosion verwandt werden. Diese Versuchsart ist für die Prüfung der Leichtmetalle in DIN 50908 genormt.

αα) *Prüfung der interkristallinen Korrosion ohne äußere Spannungen.* In manchen Fällen, z. B. bei *heterogenen Leichtmetallen*, bei einigen kohlenstoff-

[1] METZ, L., A. SEEKAMP u. B. SCHINKE: Z. VdI. Bd. 87 (1943) S. 132.

[2] FRY, A.: Chim. et Ind. Bd. 41 (April 1939) Nr. 4, bes. Sonderheft über Internat. Korrosionstagung in Paris 1938.

reichen *rostbeständigen Stählen* und bei manchen Messingarten tritt interkristalline Korrosion bereits in *praktisch spannungsfreiem Zustand* auf. Die Prüfung der Empfindlichkeit gegen interkristalline Korrosion wird dann in der Regel so vorgenommen, daß die Proben zunächst in einem interkristallin angreifenden Medium korrodiert und darauf einer mechanischen Beanspruchung unterworfen werden. Bei *Leichtmetallen* verfährt man beispielsweise so, daß man Zugproben im Rührgerät oder Sprühgerät dem Angriff einer Kochsalzlösung aussetzt. In verschiedenen Zeitabständen werden dann einzelne Proben zerrissen und auf diese Weise die Veränderungen der Zugfestigkeit, Bruchdehnung oder Brucheinschnürung in Abhängigkeit von der Korrosionsdauer ermittelt. Bei diesen Prüfungen sind insbesondere die Dehnung und die Bruchdehnung und die Brucheinführung ein Maß für den interkristallinen Angriff. Auch die Prüfung der Dämpfung[1] in Abhängigkeit von der Korrosionsdauer kann wertvolle Aufschlüsse geben.

Bei rostbeständigen *austenitischen Chrom-Nickelstählen* prüft man Blechstreifen im Kochgerät (DIN 4852) in einer siedenden schwefelsauren Kupfersulfatlösung, die durch Eintragung von 10% $CuSO_4 \cdot 5\,H_2O$ in 10%ige Schwefelsäure hergestellt ist. Der Fortgang der interkristallinen Korrosion wird dann durch Biegen der Blechstreifen oder metallographisch durch Untersuchung von Querstreifen festgestellt.

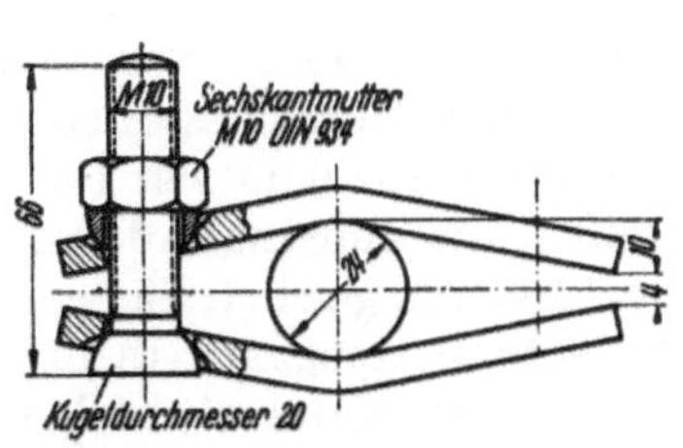

Abb. 28. Zwei für den Versuch gespannte JONES-Proben.

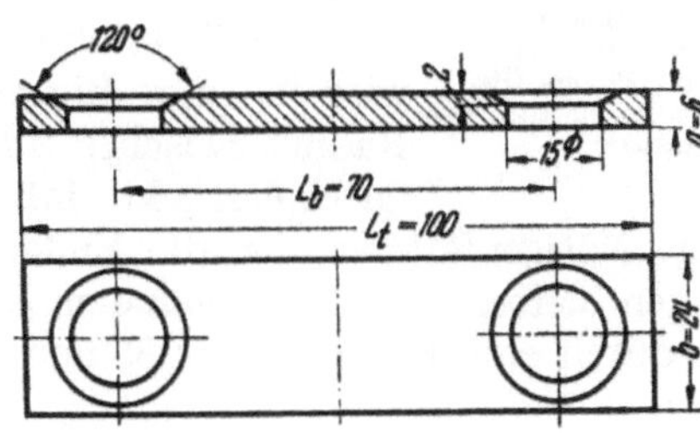

Abb. 29. JONES-Probe.

In *Messing* wird die durch Eigenspannungen bedingte interkristalline Korrosion durch Ammoniak in Lösungen oder in der Atmosphäre hervorgerufen. Interkristalline Korrosion durch verästelte Entzinkung entsteht in Messing durch den Angriff einer 1%igen Kochsalzlösung, der 0,02 bis 0,3% Schwefel- oder Salpetersäure zugesetzt sind, wobei eine Temperatur des Angriffsmittels von 40° C bis 50° C gewählt wird.

ββ) Prüfung der interkristallinen Korrosion mit äußeren Zugspannungen, die sich während des Versuches abbauen. Im praktischen Betrieb kommen nicht selten Fälle vor, wo in Bauteilen bei der Herstellung elastische Spannungen auftreten, die sich im Laufe der Zeit durch Ausheilung vermindern können. Vielfach treten solche Beanspruchungen gleichzeitig in Verbindung mit plastischen Verformungen auf. Derartige Fälle liegen z. B. bei Nietungen und Schweißungen vor.

Um das Verhalten solcher Bauteile gegen interkristalline Korrosion zu prüfen, sind Proben entwickelt worden, bei denen Streifen aus dem zu untersuchenden Werkstoff um einen Dorn gebogen und dann durch Festklammern elastisch verspannt gehalten werden. J. A. JONES[2] schlug eine Probe vor, bei der 2 Blechstreifen beispielsweise von 6 mm ($^1/_4''$) Dicke, 24 mm (1'') Breite

[1] SCHNEIDER, A., u. F. FÖRSTER: Z. Metallkde. Bd. 29 (1927) S. 287
[2] Engineering 1921, S. 469.

und 100 mm (4″) Länge um einen Dorn von 24 mm (1″) Durchmesser durch Schraubzwingen gebogen werden (Abb. 28 und 29). Die Prüfungen wurden von Jones in verschiedenen Salzmischungen bei verschiedenen Temperaturen durchgeführt. Von H. Moore, S. Beck und A. E. Mallison[1] wurden zur Prüfung der interkristallinen Korrosion von Messing Blechstreifen in Klammern gebogen und dem Angriff von Quecksilber oder Quecksilbersalzen ausgesetzt.

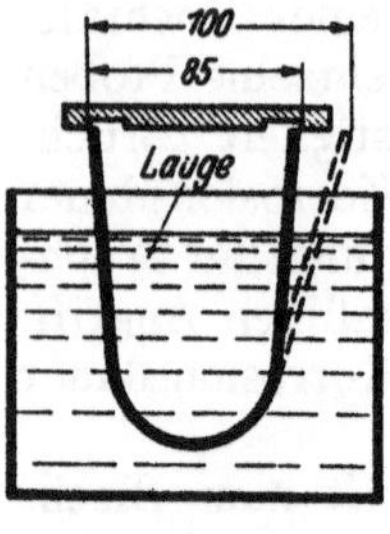

Abb. 30. Bügelprobe nach Fry. Probestreifen 5 × 15 × 250 mm auf 100 mm Öffnungsweite der Biegeprobe plastisch verformt, dann auf 85 mm Öffnungsweite elastisch gespannt.

A. Fry[2] entwickelte zur Prüfung der interkristallinen Korrosion von *weichem Stahl* (die man fälschlich auch als „kaustische Sprödigkeit“, „Laugenbrüchigkeit“ oder „Kornzerfall“ bezeichnet hat) zwei Sonderproben, von denen die eine als *Bügelprobe* bezeichnet und zur Prüfung der Wirkungen von Zugspannungen, die sich im Lauf des Versuches abbauen können, benutzt wird. Die zweite, als *Hebelprobe* bezeichnete Probe, die zur Prüfung der Wirkungen gleichbleibender elastischer Zugspannungen dient, wird im Abschnitt $\gamma\gamma$ behandelt.

Der Versuch mit der Bügelprobe wird folgendermaßen durchgeführt: Ein Blechstreifen von $5 \times 15 \times 250$ mm³ wird in einer Biegepresse mittels eines Dornes von 25 mm Radius zwischen 2 Rollen von 50 mm Durchmesser so hindurchgedrückt, daß die Enden einen Abstand von 100 mm haben. Nötigenfalls werden die Enden der Streifen, die außerhalb der Prüflösungen bleiben, auf diesen genauen Abstand von 100 mm gelehrt. Sie werden dann durch eine Klammer auf 85 mm Abstand elastisch verspannt (Abb. 30).

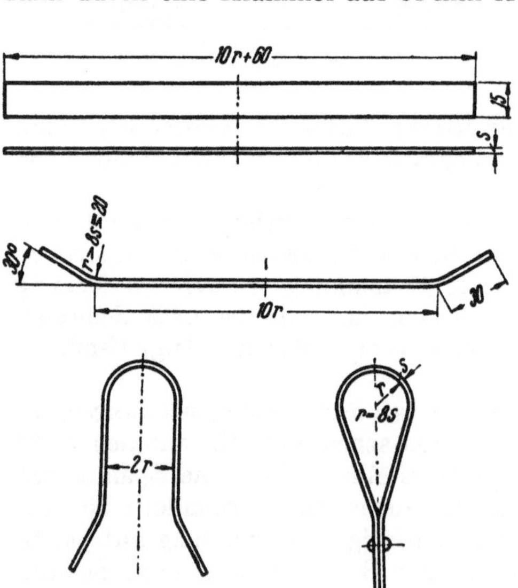

Abb. 31. Schlaufenprobe nach DIN 50908.

Als Korrosionsmittel wird folgende Prüflösung verwandt, deren Temperatur auf 100° C bis 105° C gehalten wird:

600 g Kaliumnitrat
50 g Ammoniumnitrat
350 g Wasser.

Als Maß der Korrosionsbeständigkeit gilt die Zeit bis zum Reißen der Proben.

Das Prüfverfahren kann bei Anwendung geeigneter Prüflösungen auch für andere Metalle als Eisen Anwendung finden. Für Leichtmetalle ist eine ähnliche Probe von Brenner vorgeschlagen[3] und als Schlaufenprobe in DIN 50908 genormt worden (Abb. 31).

Das Prüfverfahren ist zugleich geeignet, die Wirkung von Sonderbehandlungen (z. B. Glühen, Vergüten, Rekristallisieren, Kaltverformen) auf die Entwicklung der interkristallinen Korrosion zu untersuchen.

---

[1] Engineering 1921, S. 262, 297 u. 327.
[2] Fry, A.: Elektroschweißg. Bd. 4 (1933) Nr. 11.
[3] Brenner, P.: Aluminium Bd. 25 (1943) S. 346.

Bei diesem Prüfverfahren bilden sich die Risse bevorzugt an dem Übergang zwischen plastisch verformter Zone und elastisch verformter Zone aus.

$\gamma\gamma$) *Prüfung der interkristallinen Korrosion unter äußeren Zugspannungen, die nicht abgebaut werden.* Viele Bauteile sind einem Korrosionsangriff ausgesetzt, während gleichbleibende Zugspannungen einwirken, die *nicht abgebaut werden.* Dieser Fall liegt z. B. bei Dampfkesseln und Dampfrohren vor. Zugleich können solche Bauteile Kaltverformungen enthalten. Zur Prüfung des

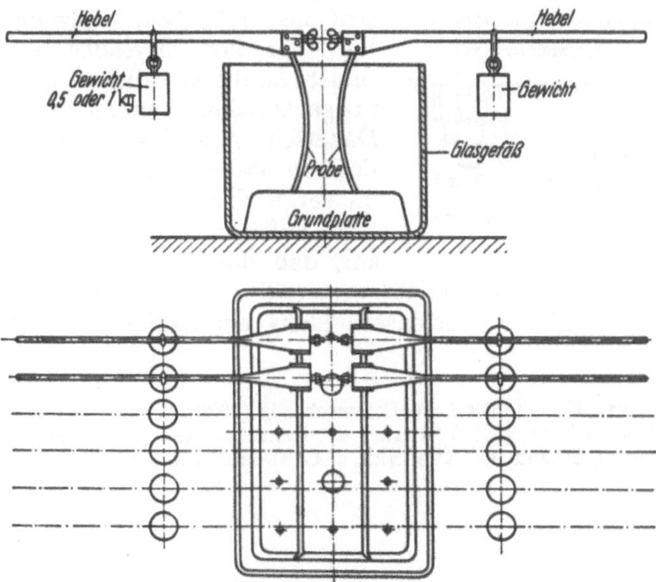

Abb. 32. Versuchsanordnung für den Hebelversuch nach DIN 50908.

Verhaltens von Werkstoffen unter derartigen Versuchsbedingungen, die von den im vorigen Abschnitt genannten Bedingungen grundlegend abweichen, sind mehrere Verfahren entwickelt worden.

Die Versuche mit der im vorigen Abschnitt erwähnten *Hebelprobe nach* A. FRY werden wie folgt durchgeführt: Eine Probe von $5 \times 15 \times 180$ mm³ wird senkrecht in eine Grundplatte gesteckt und mittels Hebel und Gewichtsbelastung verspannt. Die Biegespannungen können nach Wunsch bemessen werden und sind leicht genau zu errechnen. Die Biegespannungen sind dann über die ganze Probe gleichmäßig verteilt und bleiben über die gesamte Versuchsdauer unverändert. Geprüft wird in der gleichen Lösung und bei der gleichen Temperatur, wie sie im vorigen Abschnitt für die Bügelprobe angegeben wurden (Abb. 32).

Für Leichtmetalle ist neben der Hebelprobe eine Spannhebelprobe genormt (Abb. 33 und 34). Auch bei diesen Proben kann, ähnlich wie bei der Bügelprobe, der Einfluß verschiedener Wärmebehandlung, Kaltverformung od. dgl. auf den Ablauf der interkristallinen Korrosion verfolgt werden. Bei nicht kaltverformten Proben wird die Prüfung meist bei einer Belastung 10% unter der Streckgrenze durchgeführt.

Abb. 33. Spannhebelprobe nach DIN 50908.

Prüfung der Korrosionsermüdung. Um den praktisch wichtigen Einfluß der Korrosionsermüdung zu untersuchen, macht man Dauerschwingversuche mit vorangehender oder gleichzeitiger Einwirkung korrodierender Stoffe. Oft werden dabei sehr schwach wirkende Korrosionsmittel, wie Wasser oder schwache wäßrige Lösungen, verwandt. Im ersteren Fall wird die Probe in üblicher Weise der Korrosion unterworfen und danach die Dauerschwingfestigkeit auf einer Dauerschwingprüfmaschine bestimmt. Im zweiten Fall wird die Korrosion entweder durch einfaches Berieseln während der Beanspruchung hervorgerufen oder dadurch, daß sich die Probe beim Schwingen in einem Bad der korrodierenden Flüssigkeit befindet. Zu dieser Prüfung sind verschiedenartige Maschinen entwickelt worden[1]. Die Dauerschwingfestigkeit unter Korrosion liegt in vielen Fällen, so z. B. bei Stahl, im Vergleich zur Dauerschwingfestigkeit in Luft außerordentlich niedrig. Dabei fällt auf, daß die WÖHLER-Kurve selbst nach Lastspielzahlen von etwa $50 \cdot 10^6$ weiterfällt. Es erscheint danach fraglich, ob überhaupt für die Korrosionsermüdung ein Zahlenwert angegeben werden kann.

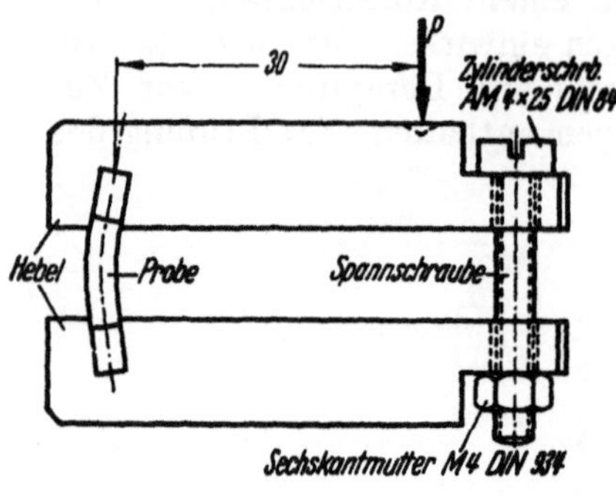

Abb. 34. Versuchsanordnung für den Spannhebelversuch.

[1] HOTTENROTT, E.: Wöhler-Inst. Braunschweig (1932) Nr. 10. — TH. DUSOLD: Mitt. Wöhler-Inst. Braunschweig (1933) Nr. 14. — P. BRENNER: Aus „Die Korrosion metallischer Werkstoffe" von O. BAUER, O. KRÖHNKE u. G. MASING Bd. 2, S. 32. Leipzig 1938.

X. Physikalische Prüfungen.

Von F. WEVER, Düsseldorf.

Die Entwicklung der Werkstoffprüfung ist aus ihrer besonderen Aufgabestellung heraus vielfach andere Wege gegangen als die der Physik. Die Folge davon ist, daß man heute noch im Rahmen der allgemeinen Werkstoffprüfung von eigenen physikalischen Prüfungen spricht. Man versteht darunter solche Verfahren, die aus der Physik übernommen wurden und zur Bestimmung von Eigenschaften dienen, die für die Werkstoffprüfung ursprünglich keine oder nur geringere Bedeutung besaßen. Die Gruppe der physikalischen Prüfungen ist daher nicht klar abgegrenzt; in zahlreichen Fällen sind sowohl physikalische als auch technologische Verfahren nebeneinander zur Bestimmung derselben Eigenschaft im Gebrauch.

Die physikalischen Prüfungen können aus zwei ganz verschiedenen Gesichtspunkten heraus betrieben werden. Sie dienen einmal dazu, die physikalisch gekennzeichneten Werkstoffeigenschaften nach Größe und Abhängigkeit von verschiedenen Einflüssen, insbesondere von Temperatur und Druck, festzulegen. Sie werden andererseits vielfach in der Weise benutzt, daß aus der Unregelmäßigkeit der Temperaturabhängigkeit Rückschlüsse auf das Auftreten von Zustandsänderungen gezogen werden, während die gemessenen Eigenschaften selbst in diesem Zusammenhang mehr oder weniger gleichgültig sind. Diese zuletzt angedeutete Anwendung physikalischer Prüfverfahren zur Ermittlung von Zustandsänderungen wird ausführlich in Abschn. IX, E behandelt, so daß wir uns hier auf die erstgenannten Anwendungen beschränken können.

Eine ausgezeichnete, vollständige Darstellung der gesamten Verfahren der messenden Physik findet sich in der Neubearbeitung der „Praktischen Physik" von F. KOHLRAUSCH (19. Aufl., herausgeg. von F. HENNING. Leipzig 1940). Alle hier nicht besprochenen Einzelheiten können dort nachgelesen werden.

1. Elastisches Verhalten. Dehnung und Drillung.

a) Begriffsbestimmung.

Eine durch äußere Kräfte oder Momente hervorgerufene Gestaltsänderung eines festen Körpers heißt *elastisch*, wenn sie nach dem Entlasten wieder vollständig zurückgeht (reversible Änderung). Mit der elastischen Verformung treten Spannungen in dem Körper auf, die nach Festlegung eines rechtwinkligen x, y, z-Koordinatensystems an jedem Punkt des Körpers durch den Spannungstensor (σ) mit den Komponenten

$$\sigma_x, \sigma_y, \sigma_z, \tau_{xy}, \tau_{yz}, \tau_{zx}$$

angegeben werden.

Die physikalische Bedeutung dieses Spannungstensors erhellt aus Abb. 1, die einen kleinen, parallel zu den Koordinatenachsen aus dem verspannten Körper herausgeschnittenen Würfel zeigt. Die auf seine Flächen wirkenden Kräfte je Flächeneinheit sind durch Pfeile dargestellt. Die Spannungskomponenten σ_x, σ_y, σ_z stehen senkrecht auf den Würfelflächen, deshalb nennt man sie Zug- (Druck-) Spannungen. Die Komponenten τ_{xy}, τ_{yz}, τ_{zx} liegen in den Würfelflächen, sie heißen Schubspannungen. Der Spannungstensor ist symmetrisch:

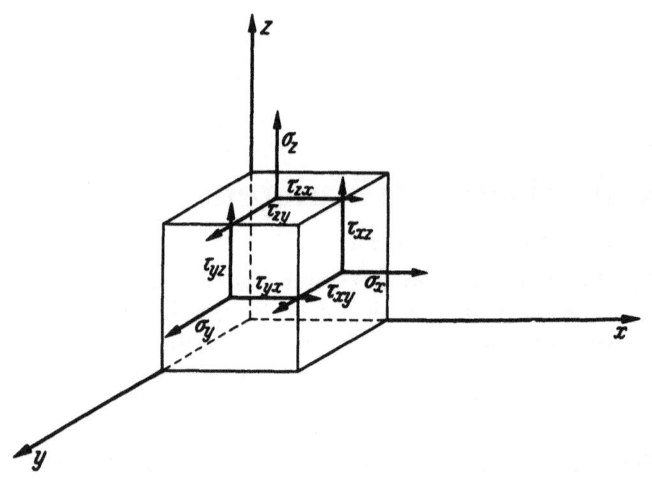

Abb. 1. An Würfelflächen angreifende Spannungskomponenten.

$$\tau_{xy} = \tau_{yx},$$

$$\tau_{yz} = \tau_{zy},$$

$$\tau_{zx} = \tau_{xz},$$

deshalb genügen außer den drei Zugspannungskomponenten bereits drei Schubspannungskomponenten zur vollständigen Festlegung des Spannungstensors.

Der Verzerrungszustand wird durch den Verzerrungstensor (ε) mit den Komponenten

$$\varepsilon_x, \ \varepsilon_y, \ \varepsilon_z, \ \gamma_{yz}, \ \gamma_{zx}, \ \gamma_{xy}$$

bestimmt.

Der Verzerrungstensor ist ebenfalls symmetrisch, er gibt physikalisch die Formänderung eines kleinen, ursprünglich würfelförmigen Volumenelementes

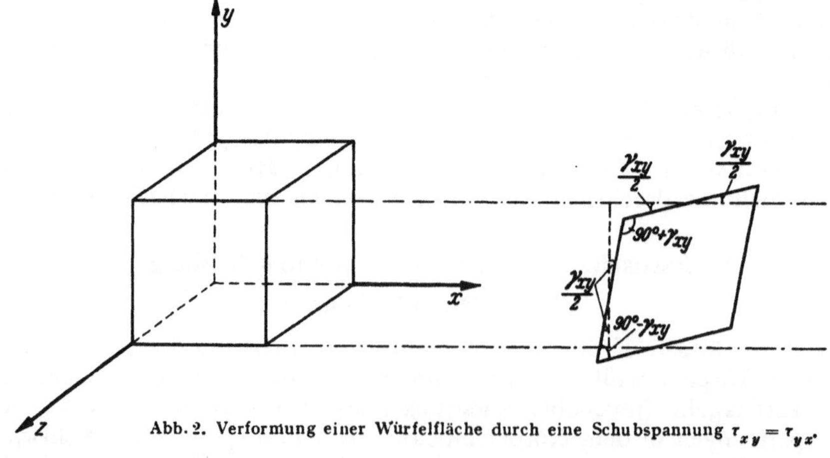

Abb. 2. Verformung einer Würfelfläche durch eine Schubspannung $\tau_{xy} = \tau_{yx}$.

wieder. Die Komponenten ε_x, ε_y, ε_z beschreiben die Längenänderungen seiner Kanten, während die restlichen drei Komponenten γ_{yz}, γ_{zx}, γ_{xy} die Winkeländerung der ursprünglich rechten Winkel zwischen den Würfelkanten angeben. Abb. 2 zeigt einen unverformten Würfel und die vordere Würfelfläche nach einer Verformung des Würfels durch eine Schubspannung $\tau_{xy} = \tau_{yx}$, daraus geht die Bezeichnung von γ_{xy} als Winkeländerung eines ursprünglich rechten Winkels hervor. Die Komponenten γ_{yz} und γ_{xz} des Dehnungstensors haben entsprechende Bedeutung.

Bei Drehung des Koordinatensystems ändern sich die Spannungskomponenten entsprechend der Tensortransformation. Insbesondere läßt sich durch geeignete Wahl des Koordinatensystems erreichen, daß die Schubspannungen zum Verschwinden gebracht werden, so daß nur Zug- (Druck-) Spannungen übrigbleiben. Man nennt diese die Hauptspannungen:

$$\sigma_1,\ \sigma_2,\ \sigma_3$$

und das Koordinatensystem das Hauptachsensystem. Entsprechendes gilt für den Verzerrungstensor; in seinem Hauptachsensystem sind seine Komponenten die drei Hauptdehnungen:

$$\varepsilon_1,\ \varepsilon_2,\ \varepsilon_3.$$

Ist der Körper elastisch homogen und isotrop, so fällt das Hauptachsensystem der Spannungen mit dem der Dehnungen zusammen[1]. Wenn nur eine der Hauptspannungskomponenten, etwa σ_1, von Null verschieden ist, so ergeben sich leicht übersehbare Verhältnisse. Man spricht dann von einem einachsigen Spannungszustand. Für nicht zu große elastische Dehnungen oder Stauchungen besteht Proportionalität zwischen σ_1 und ε_1:

$$\sigma_1 = E\,\varepsilon_1$$

(HOOKEsches Gesetz). Die Konstante E heißt Elastizitätsmodul der Dehnung (Stauchung) oder Elastizitätsmodul schlechthin. Mit der Längsdehnung ε_1 sind Querzusammenziehungen $-\varepsilon_2$ und $-\varepsilon_3$ verbunden, die beide gleich und proportional zu ε_1 sind:

$$-\varepsilon_2 = -\varepsilon_3 = \nu\,\varepsilon_1 = \frac{1}{m}\,\varepsilon_1.$$

Hierin heißt der Proportionalfaktor ν *Poissonscher Bruch* und sein Kehrwert $m = \frac{1}{\nu}$ *Poissonsche Zahl*. Für Metalle liegt m bei Raumtemperatur zwischen 3,3 und 4,0. Aus den beiden letzten Gleichungen folgt, daß beim einachsigen Spannungszustand auch die Querzusammenziehungen $-\varepsilon_2$ und $-\varepsilon_3$ proportional zu σ_1 sind:

$$-\varepsilon_2 = -\varepsilon_3 = \frac{\nu\,\sigma_1}{E} = \frac{\sigma_1}{m\,E}.$$

Zur Messung des E-Moduls wird meist ein einachsiger Spannungszustand verwendet. Er entsteht z. B. in einem zylindrischen Stab, der durch eine Kraft P in Längsrichtung elastisch gedehnt wird. Ist l seine Länge (in cm), q sein Querschnitt (in cm²) nach Anlegen der Kraft, Δl seine Längsdehnung (in cm), so wird sein Elastizitätsmodul E, wenn P in kg gemessen wird ($1\,\text{kg} = 9{,}81 \cdot 10^5\,\text{dyn}$):

$$E = \frac{\sigma_1}{\varepsilon_1} = \frac{\frac{P}{q}}{\frac{\Delta l}{l}} = \frac{l\,P}{\Delta l\,q}\ [\text{kg/cm}^2].$$

Infolge der Querkontraktion ist der Querschnitt q um den Faktor $\left(1 - \nu\frac{\Delta l}{l}\right)^2$ kleiner als der Querschnitt im unbelasteten Zustand.

---

[1] Für eine leicht faßliche Darstellung des Tensorkalküls siehe: H. HENCKY: Neuere Entwicklungen in der Festigkeitslehre. München 1951.

Bei einer einkomponentigen reinen Schubbeanspruchung, bei der etwa nur die Komponente $\tau = \tau_{xy}$ des Spannungstensors von Null verschieden ist, ist im Bereich elastischer Verformungen auch nur die Komponente $\gamma = \gamma_{xy}$ des Verzerrungstensors von Null verschieden. Für nicht zu große elastische Schubverformungen gilt Proportionalität zwischen τ und γ:

$$\tau = G\gamma.$$

Die Konstante G heißt *Schubmodul*, ihr Kehrwert *Schubzahl*.

Eine nahezu reine Schubbeanspruchung erhält man bei der Drillung eines dünnwandigen zylindrischen Rohres. Sie kann deshalb zur Bestimmung des Gleitmoduls dienen. Ist r der Radius des Rohres (in cm), Δr seine Wandstärke (in cm), l seine Länge (in cm), und werden seine beiden Endflächen durch ein Drehmoment M (in kg cm) um den Winkel φ (in Bogenmaß) gegeneinander verdrillt, so tritt in jedem Querschnitt in Umfangrichtung die Schubspannung

$$\tau = \frac{\frac{M}{r}}{2\pi r\,\Delta r} = \frac{M}{2\pi r^2\,\Delta r}\ [\text{kg/cm}^2]$$

auf. Nach der Verdrillung sind die ursprünglich achsenparallelen Mantellinien gegen die Achsenrichtung um den Winkel

$$\gamma = \frac{\varphi r}{l}$$

geneigt. Abb. 3 zeigt das verdrillte Rohr und daneben ein durch benachbarte Quer- und Längsschnitte herausgeschnittenes sehr kleines Oberflächenelement vor und nach der Verformung. Der Winkel γ gibt also nach Abb. 2 die durch τ hervorgerufene Schiebung an. Damit läßt sich der Schubmodul berechnen:

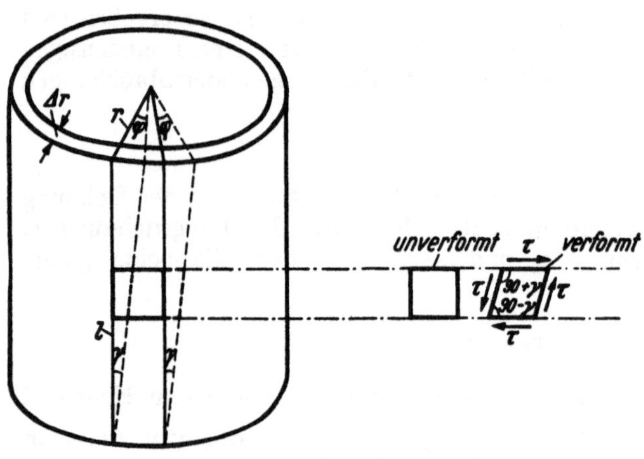

Abb. 3. Verdrehversuch nach GEIGER-SCHEEL. (Handbuch der Physik, Bd. 6.)

$$G = \frac{M\,l}{2\pi\,\varphi\,r^3\,\Delta r}\ [\text{kg/cm}^2].$$

Da er aus der Drillung gewonnen werden kann, nennt man ihn auch *Elastizitätsmodul der Drillung* oder *Drillungsmodul*.

Das elastische Verhalten eines homogenen und isotropen Körpers ist bereits durch zwei der Konstanten E, ν, G eindeutig bestimmt, d. h. jede von ihnen läßt sich durch die beiden anderen ausdrücken. Wählt man etwa E und ν, so ergibt sich G in der Form

$$G = \frac{E}{2(1+\nu)}.\ [1]$$

[1] Als weitergehende Einführung siehe etwa: A. BUSEMANN u. O. FÖPPL: Physikalische Grundlagen der Elastomechanik, GEIGER u. SCHEEL, Handbuch der Physik, Bd. IV, S. 10f. Berlin 1928. — R. FÖPPL: Vorlesungen über technische Mechanik, Bände I bis III. München 1948.

b) Meßverfahren.

Elastizitätsmodul. Die physikalischen Verfahren zur Bestimmung des Elastizitätsmoduls aus Last und Dehnung bei einachsigem Spannungszustand sind grundsätzlich nicht von den a. a. O. beschriebenen technischen Verfahren verschieden. Für die Messung der Dehnung kurzer Stäbe hat E. GRÜNEISEN ein interferometrisches Verfahren angegeben, dessen Grundzüge aus Abb. 4 hervorgehen[1]. Die Längenänderung der Probe zwischen den Querschnitten Q_1 und Q_2 wird mittels zweier Rohre, die bei Q_1 und Q_2 mit Schrauben befestigt sind, auf zwei Paare von Querstücken übertragen, an denen planparallel Glasplatten sitzen. Man beobachtet die Verschiebung der Interferenzstreifen bei allmählicher Belastung. Die Verschiebung um eine Streifenbreite entspricht einer Längenänderung von einer halben Wellenlänge. Ein ähnlich arbeitendes Gerät dient zur Messung der Querkontraktion[2]. Der Elastizitätsmodul läßt sich auch mit guter Genauigkeit aus Biegeversuchen bestimmen, die nur einfacher Mittel bedürfen. Wird ein gerader Stab von rechteckigem Querschnitt an dem einen Ende fest eingespannt, am freien Ende durch ein Gewicht P (in kg) belastet, so mißt man eine elastische Durchbiegung (Biegungspfeil) durch die Abweichung (in cm) des freien Endes aus der Ruhelage. Ist h klein gegen die Stablänge l (in cm), der Krümmungshalbmesser groß gegen die Stabhöhe a (in cm), und bezeichnet b die Stabbreite (in cm), so gilt mit guter Annäherung:

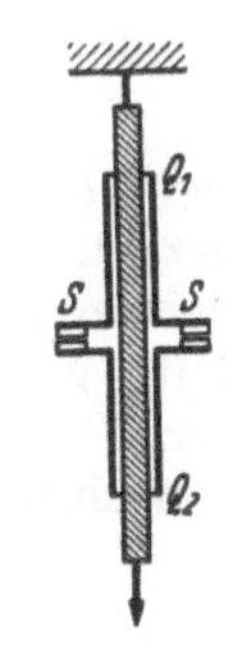

Abb. 4. Dehnungsmessung mit Interferometer. (Nach KOHLRAUSCH: Physik 1935.)

$$E = \frac{4\,l^3\,P}{h\,a^3\,b}\ [\mathrm{kg/cm^2}].$$

Die ursprünglich senkrechte Endfläche wird dabei um einen Winkel α gedreht, und dabei gilt:

$$E = \frac{6\,l^2\,P}{a^3\,b\,\mathrm{tg}\,\alpha}\ [\mathrm{kg/cm^2}].$$

Die Senkung des freien Endes kann mit einem Kathetometer oder einem Spiegelmaßstab gemessen werden. Besonders genau ist die Messung der Neigung der Endfläche mit Spiegel und Skala.

Ein an beiden Enden frei aufliegender und in der Mitte durch P belasteter Stab verhält sich annähernd so, als ob er in der Mitte fest eingespannt und an den Enden durch Kräfte $\frac{P}{2}$ nach oben gezogen würde. Bei gleicher Last P beträgt die Durchbiegung der Mitte dann nur $^1/_{16}$ von der bei einseitiger Einspannung und die Neigung der Endflächen $^1/_8$. Zur Messung des Elastizitätsmoduls mit einem solchen an den Enden frei aufliegenden Stab beobachtet man zweckmäßig die Neigung der Endflächen.

Die Formeln sind nur gültig, solange die genannten Voraussetzungen (z. B. $h \ll l$) erfüllt sind. Im anderen Fall müssen Berichtigungsglieder eingeführt werden.

Unter besonderen Verhältnissen hat es sich als vorteilhaft erwiesen, den Elastizitätsmodul mit Hilfe von Schwingungsversuchen zu bestimmen. Die in einem Stab erregten longitudinalen Schallschwingungen hängen in einfacher

---
[1] GRÜNEISEN, E.: Z. Instrumentenkde. Bd. 27 (1907) S. 38.
[2] Z. Instrumentenkde. Bd. 28 (1908) S. 89.

Weise mit dem Elastizitätsmodul zusammen. In einem Körper von der Dichte ϱ [g/cm³] gilt für die Fortpflanzungsgeschwindigkeit U einer elastischen Longitudinalwelle die Beziehung:

$$U = \sqrt{98{,}1 \frac{E}{\varrho}} \text{ [m/s]},$$

wenn E [in kg/cm²] gemessen wird. Ist der Stab an einem Ende eingespannt, und erfolgt die Schwingung mit einem Knoten in der Mitte, so gilt:

$$U = 2lN;$$

hierin ist l die Länge des Stabes und N die aus der Tonhöhe ermittelte Schwingungszahl.

Bei der praktischen Ausführung werden hinreichend steife Stäbe meist in der Mitte gehalten, dünne Drähte müssen jedoch an beiden Enden eingespannt werden. Die Schwingungen werden durch Reiben angeregt. Die Tonhöhe kann auf verschiedene Weise ermittelt werden[1].

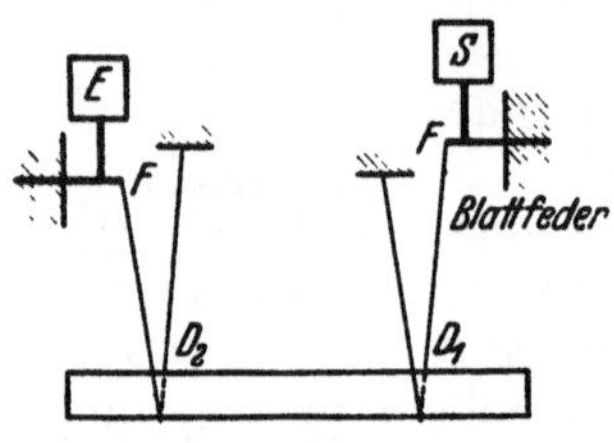

Abb. 5. Bestimmung des Elastizitätsmoduls aus transversalen Schallschwingungen. (Nach FÖRSTER, Z. Metallkde. Bd. 29.)

Es ist auch möglich, den Elastizitätsmodul aus transversalen Schallschwingungen abzuleiten[2]. F. FÖRSTER[3] hängt einen Stab möglichst genau in den Knotenpunkten bei $^1/_4$ und $^3/_4$ seiner Länge in Fadenschlingen auf, um möglichst geringe Koppelstörungen zu erhalten, und erregt ihn mit Hilfe eines Tonsenders zu transversalen Schwingungen. Diese werden von einem Empfänger aufgenommen und die Eigenfrequenz aus dem Maximum der Resonanzkurve abgeleitet. Abb. 5 gibt den Aufbau der Versuchsanordnung wieder. Die Schwingungen werden vom Sender S über die Blattfeder F auf die rechte Schlinge übertragen und von der linken Schlinge über eine ähnliche Feder F auf den Empfänger E geleitet. Das Verfahren ist auch für höhere Temperaturen geeignet.

P. LE ROLLAND und P. SORIN bestimmen den Elastizitätsmodul aus den Schwingungen zweier Pendel, wobei die Probe als Kopplungsglied dient[4, 5]. Beide Verfahren gestatten es außerdem, die Dämpfung zu messen.

Die elastischen Konstanten werden heute häufig in der Weise bestimmt, daß man kurzzeitige Impulse durch die Probe sendet, den Zeitunterschied zwischen primärem und an der Endfläche reflektiertem Impuls mißt und so die Schallgeschwindigkeit bestimmt[6].

Schubmodul (Drillungsmodul). Der Schubmodul wird meistens mit Hilfe von Verdrehversuchen bestimmt. Wird ein kreiszylindrischer Stab (Draht) von der Länge l (in cm) und dem Radius r (in cm) durch ein an einem Ende angreifendes Drehmoment $P\,h$ (in kg cm; P = Kraft, h = Kraftarm) um den Winkel φ (in Bogenmaß) elastisch verdreht, so ergibt sich der Schubmodul G zu:

$$G = \frac{2\,l\,h\,P}{\varphi\,\pi\,r^4} \text{ [kg/cm}^2\text{]}$$

---

[1] KOHLRAUSCH, F.: Praktische Physik S. 110.
[2] KOHLRAUSCH, F.: Praktische Physik S. 94
[3] Z. Metallkde. Bd. 29 (1937) S. 109.
[4] C. R. Acad. Sci. Bd. 176 (1933) S. 536.
[5] GUILLET, L. jr.: Rev. Metall Bd. 36 (1939) S. 497.
[6] Vgl. L. BERGMANN: Der Ultraschall und seine Anwendungen in Wissenschaft und Technik 5. Aufl. Stuttgart 1949.

Die Verdrehung des Stabes wird am besten mit Spiegel und Fernrohr bestimmt.

Ein weiteres Verfahren besteht darin, daß man eine belastete Probe Drillungsschwingungen ausführen läßt und den Schubmodul aus der Schwingungsdauer t (in s) berechnet. Ist l die Länge der Probe (in cm), r ihr Radius (in cm), der durch eine Masse vom Trägheitsmoment k (in cm² g) belastet ist, so gilt für den Schubmodul

$$G = \frac{8\pi}{9{,}81 \cdot 10^5} \frac{l\,k}{r^4 t^2} \,[\mathrm{kg/cm^2}].$$

Auf die Bestimmung des Drillungsmoduls mit Hilfe von akustischen Drillungsschwingungen soll hier nur hingewiesen werden[1].

Poissonsche Zahl. Die unmittelbare Bestimmung von Dehnung und Querkontraktion erfordert wegen der Kleinheit der zu messenden Änderungen empfindliche Geräte und Sorgfalt in ihrer Anwendung. Die Berechnung der POISSONschen Zahl aus statischen Messungen von Elastizitäts- und Schubmodul gibt keine sehr genauen Werte, da diese Messungen im allgemeinen nicht mit der erforderlichen Genauigkeit durchgeführt werden können. Besser ist die gleichzeitige Bestimmung beider Moduln aus Dehnungs- und Drillungsschwingungen nach A. SOMMERFELD[2].

2. Dichte.

a) Begriffsbestimmung.

Die *Dichte* ϱ eines Körpers ist das Verhältnis seiner Masse zu seinem Volumen (g cm^{-3}).

Die *Dichtezahl D* (früher spezifisches Gewicht) ist die unbenannte Zahl, die angibt, wievielmal schwerer der Körper ist als ein Vergleichskörper gleichen Volumens bei gegebenem Zustand bzw. das Verhältnis der Dichte des Körpers zu der des Vergleichskörpers. Der Vergleichskörper war ursprünglich ein Kubikzentimeter Wasser von 4° C bei 760 Torr; die Dichte in diesem Zustand ist jedoch nicht 1 g/ml, sondern 0,999972 g/ml. Die Dichtezahl verhält sich demnach zahlenmäßig zur Dichte wie Liter zu Kubikdezimeter, d. h. wie 1 : 0,999972.

Die *Wichte* γ eines Körpers ist das Verhältnis seines Gewichtes zu seinem Volumen. Die Wichte ist wie das Gewicht abhängig von der Schwerebeschleunigung (Normalwert 9,80665 m s^{-2}). Dichte und Wichte sind zahlenmäßig gleich, wenn die Dichte in Einheiten des physikalischen Maßsystems und die Wichte in solchen des technischen Maßsystems ausgedrückt wird. Bei Übertragung beider Größen in das gleiche Maßsystem tritt die Schwerebeschleunigung als Faktor auf.

Die *Wichtezahl* ist das Verhältnis der Wichte γ des Körpers zu der Wichte eines Vergleichskörpers. Sie stimmt zahlenmäßig mit der Dichtezahl überein.

Spezifisches Volumen ist das Volumen der Masseneinheit, d. h. der reziproke Wert der Dichte.

Molekularvolumen oder *Molvolumen* ist das in Kubikzentimetern ausgedrückte Volumen eines Grammoleküls (eines Mols) bzw. das Produkt aus spezifischem Volumen und Molekulargewicht.

Wegen der vielfachen Verwechslungen und Mißverständnisse sollte der Begriff spezifisches Gewicht tunlichst vermieden werden.

---

[1] KOHLRAUSCH, F.: Praktische Physik, S. 96.

[2] WÜLLNER-Festschrift S. 162. Leipzig 1905.

b) Meßverfahren.

Nach der oben gegebenen Begriffsbestimmung erfordert die Dichtemessung die Kenntnis des Volumens und der Masse. Die Bestimmung der Masse erfolgt durch Wägung. Für die Messung des Volumens sind verschiedene Wege angegeben worden.

Volumenbestimmung durch Ausmessen. Die Ermittlung des Volumens durch Ausmessen ist nur bei einfacher Gestalt möglich. Die erreichte Genauigkeit ist meist gering.

Bei unregelmäßiger Gestalt kann das Volumen bestimmt werden, indem man den Körper in ein Meßgefäß bringt, das mit einer Flüssigkeit gefüllt ist. Der scheinbare Volumenzuwachs der Flüssigkeit gibt dann das gesuchte Volumen an. Das Verfahren ist auch für zerkleinerte Stoffe, wie z. B. Feilspäne usw., geeignet. Die Genauigkeit ist gering.

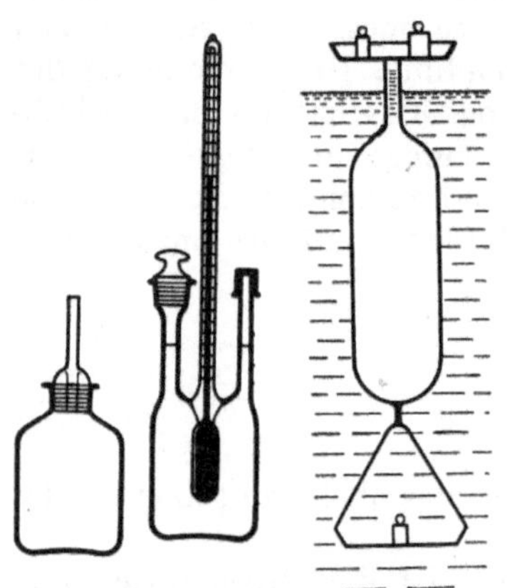

Abb. 6. Pyknometer. Abb. 7. Senkwaage. (Nach KOHLRAUSCH.)

Eine wesentliche Verbesserung der Genauigkeit ergibt sich, wenn die verdrängte Flüssigkeit durch Auswägen bestimmt wird. Man bedient sich hierzu eines Gefäßes von geeigneter Form, Pyknometer (Abb. 6), dessen Volumen zuerst durch Auswägen mit Wasser bestimmt wird und das nach Einbringen der Probe wieder mit Wasser gefüllt und erneut ausgewogen wird. Bei Berücksichtigung der Temperatureinflüsse lassen sich mit diesem Verfahren hohe Genauigkeiten erzielen.

Auftriebsverfahren. Das Auftriebsverfahren (hydrostatische Waage) benutzt das ARCHIMEDESsche Prinzip, wonach ein in Flüssigkeit eingetauchter Körper so viel von seinem Gewicht verliert, wie die verdrängte Flüssigkeit wiegt. Das Verfahren ist einfach und genau.

Die *Senkwaage von* NICHOLSON (Abb. 7) dient zur Bestimmung von Masse und Volumen. Sie besteht aus einem Schwimmkörper, der oben und unten Waagschalen trägt. Die Probe wird einmal in Wasser und einmal in Luft gewogen, indem man sie auf die entsprechende Waagschale legt und den Schwimmer durch Zufügen von Gewichten bis zu einer Marke eintauchen läßt. Der Gewichtsunterschied Waage leer gegen Probe oben gibt die Masse, der Gewichtsunterschied oben gegen unten das gesuchte Volumen.

Abb. 8. Federwaage. (N. KOHLRAUSCH.)

Bei der *Federwaage* von JOLLI (Abb. 8) sind an einer Feder untereinander zwei Waagschalen befestigt, von denen die untere in ein Gefäß mit Wasser eintaucht. Über der oberen Schale ist eine Marke angebracht, deren Höhe an einer Skala abgelesen werden kann. Die Probe wird wiederum nacheinander in Luft und in Wasser gewogen, indem man die Waage jeweils durch Hinzufügen von Gewichten auf gleiche Höhe der Marke einstellt.

Schwebeverfahren. Ein sehr genaues Verfahren zur Bestimmung der Dichte von pulverförmigen Körpern oder von Stoffen, von denen nur sehr kleine Teilchen vorliegen, besteht darin, daß man diese in einer Flüssigkeit zum Schweben bringt. Die Dichten von Probe und Flüssigkeit sind dann gleich. Als schwere Flüssigkeiten werden wäßrige Salzlösungen oder Mischungen von Chloroform (Dichte 1,49 g/ml), Bromoform (Dichte 2,9 g/ml) oder Methylenjodid (Dichte 3,3 g/ml) mit Benzol, Toluol oder Xylol (Dichte 0,87 bis 0,89 g/ml) verwandt.

Scheinbare Dichte poriger Stoffe. Zur Bestimmung der scheinbaren Dichte poriger Stoffe kann man diese nach der ersten Wägung in Luft mit einer geeigneten Deckschicht überziehen, die das Eindringen des Wassers beim Wägen in Wasser verhindern soll. Dabei muß darauf geachtet werden, daß das Deckmittel möglichst wenig in die Poren eindringt. Nach der Wägung der überzogenen Probe in Luft wird der Auftrieb in Wasser bestimmt und davon der Auftrieb der Deckschicht abgezogen, der aus ihrem Gewicht und ihrer Dichte berechnet werden kann[1].

Wird für die Dichtebestimmung eine Genauigkeit bis zu 3 Dezimalen oder darüber gefordert, so ist der Auftrieb der Körper in Luft zu berücksichtigen, das Gewicht also auf den leeren Raum zu reduzieren und auf eine Wassertemperatur von 4° C zu berichtigen.

3. Spezifische Wärme.

a) Begriffsbestimmung.

Die spezifische Wärme c eines Körpers ist die Wärmemenge Q, durch die seine Masseneinheit m (g) um 1° C (von 14,5 auf 15,5° C) erwärmt wird (cal g^{-1} $grad^{-1}$). Das Produkt aus spezifischer Wärme und Atomgewicht oder Molekulargewicht heißt *Atomwärme* bzw. *Molwärme* C.

Die spezifische Wärme der Körper ändert sich mit der Temperatur. Unter des *wahren spezifischen Wärme* eines Körpers von der Masse m versteht man das Verhältnis der Wärmemenge dQ, die der Körper bei einer unendlich kleinen Temperaturerhöhung $d\Theta$ aufnimmt, zu dieser Temperaturerhöhung:

$$c_\Theta = \frac{1}{m}\,\frac{dQ}{d\Theta}\,.$$

Unter der *mittleren spezifischen Wärme* zwischen zwei Temperaturen Θ_1 und Θ_2 wird das Verhältnis der Wärmemenge Q, durch die eine Temperaturerhöhung von Θ_1 auf Θ_2 bewirkt wird, zu dieser Temperaturdifferenz verstanden·

$$\bar{c} = \frac{1}{m}\,\frac{Q}{\Theta_2 - \Theta_1}\,.$$

Es ist zu unterscheiden zwischen der spezifischen Wärme bei konstantem Druck c_p und bei konstantem Volumen c_v. Bei festen Körpern wird fast ausschließlich c_p gemessen; für dieses gilt:

$$c_p = c_v + \alpha^2 \frac{T}{\varrho\,\chi}\,,$$

darin bedeutet α den kubischen Ausdehnungsbeiwert, T die absolute Temperatur, ϱ die Dichte und χ die kubische Kompressibilität.

b) Meßverfahren.

Mischungsverfahren. Bei den *Flüssigkeitskalorimetern* wird die Probe von der Masse m in einem Vorwärmer auf die Ausgangstemperatur Θ_1 aufgeheizt und danach in ein Kalorimetergefäß übergeführt, das mit m' g Wasser von der Temperatur Θ_2 gefüllt ist. Die Temperaturerhöhung $\Delta\Theta$ des Wassers wird mit

[1] Wüst, F., u. P. Rütten: Mitt. K.-Wilh.-Inst. Eisenforschg. Bd. 5 (1924). S 1.

einem empfindlichen Thermometer gemessen. Die von der Probe nach Einstellen des Gleichgewichtes abgegebene Wärmemenge ist dann der vom Kalorimeter aufgenommenen gleich:

$$\bar{c}\, m(\Theta_1 - (\Theta_2 + \Delta\Theta)) = c_{\Theta_2} m' \Delta\Theta;$$

$\bar{c}$ ist die mittlere spezifische Wärme der Probe zwischen Θ_1 und Θ_2, c_{Θ_2} die spezifische Wärme des Wassers bei Θ_2. Für $\bar{c}$ folgt sodann:

$$\bar{c} = \frac{\Delta\Theta}{m} \, \frac{c_{\Theta_2} m'}{\Theta_1 - (\Theta_2 + \Delta\Theta)}.$$

Bei der Messung werden das Kalorimetergefäß, das Thermometer und das Rührwerk mit erwärmt. An Stelle der Wasserfüllung m' muß daher ein berichtigter Wert, der *Wasserwert* des Kalorimeters, eingeführt werden. Man versteht darunter die Wassermenge, die bei einer Temperaturerhöhung um 1° dieselbe Wärmemenge aufnimmt wie das Kalorimeter. Die Bestimmung des Wasserwertes erfolgt am genauesten durch elektrische Eichung, bei der dem Kalorimeter eine gemessene elektrische Energiemenge zugeführt und die dadurch bewirkte Temperaturerhöhung bestimmt wird.

Abb. 9 zeigt ein von G. NAESER[1] für die Bestimmung der spezifischen Wärme von Schlacken entwickeltes Wasserkalorimeter. Das Gerät besteht aus einem elektrischen Ofen mit Aufhängevorrichtung für die Probe und Thermoelement als Vorwärmer und dem eigentlichen Kalorimeter mit Wärmeschutz, Rührvorrichtung und Thermometer. Der Vorwärmeofen ist seitlich ausschwenkbar über dem Kalorimeter angebracht und steht beim Versuch nur wenige Sekunden über der Einwurföffnung, so daß die Beeinflussung des Kalorimeters klein bleibt. Das wassergefüllte Kalorimetergefäß besteht aus dünnem Kupferblech und ist zur Verminderung der Ausstrahlung vernickelt und poliert. Es ist oben mit einem übergreifenden polierten Deckel verschlossen, in dem sich Öffnungen für das Thermometer, den Rührer und den Einwurf befinden. Das Kalorimeter ist durch einen doppelten Luftmantel gegen Wärmeabgabe geschützt und nach außen von einem sehr großen Wasserbad umgeben, dessen Temperatur durch einen Thermostaten sehr genau auf 20° gehalten wird.

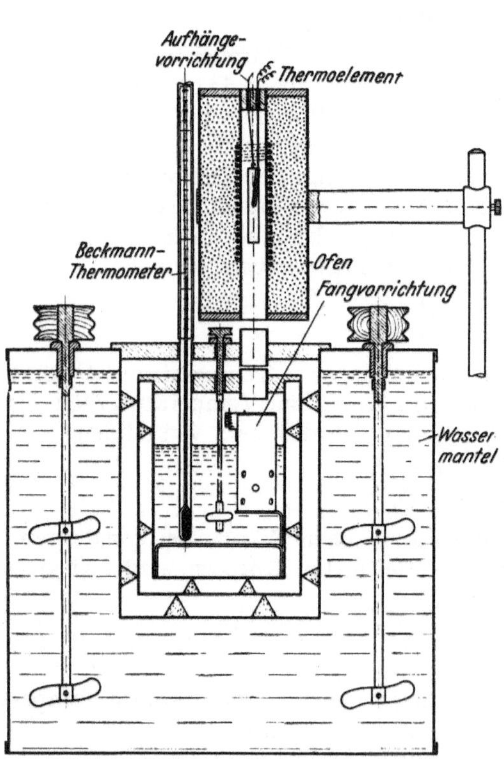

Abb. 9. Wasserkalorimeter.
(Nach G. NAESER, Mitt. K.-Wilh.-Inst. Eisenforschg. Bd. 12.)

Das Wasserkalorimeter ist an sich nicht zur Messung bei hohen Temperaturen geeignet, weil dann Wärmeverluste durch Verspritzen und Verdampfen

[1] Mitt. K.-Wilh.-Inst. Eisenforschg. Bd. 12 (1930) S. 8.

eintreten. G. NAESER umgeht diese Schwierigkeit durch eine Fangvorrichtung, die sich nach dem Einwurf der Probe selbsttätig schließt. W. OELSEN[1] verwendet bei einer Bestimmung von Mischungswärmen schmelzflüssiger Metalle mit dem Wasserkalorimeter einen Pufferkörper, der in Abb. 10 im Schnitt wiedergegeben ist. Das geschmolzene Metall wird in einen Tiegel *d* gegossen, der in die Bohrung eines Metallkörpers *f* eingesetzt ist. Der Tiegel wird sofort nach dem Eingießen durch einen Deckel aus feuerfestem Stoff *a* verschlossen und darüber ein dicht schließender Metalldeckel *b* gesetzt. Der Pufferkörper wird dann möglichst schnell in ein Wasserkalorimeter gebracht. Die Deckel werden erst geöffnet, nachdem das Metall vollständig erstarrt ist.

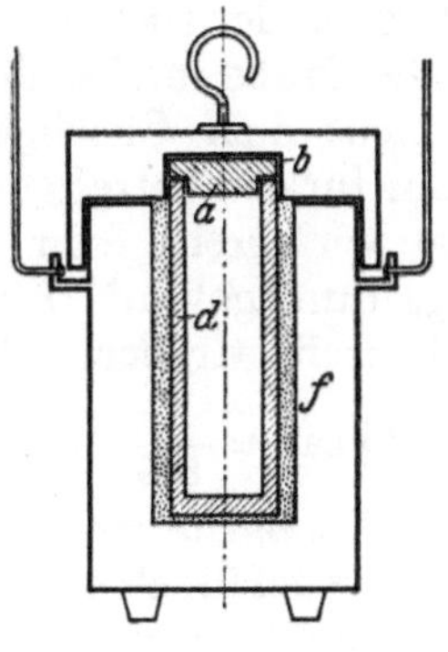

Abb. 10. 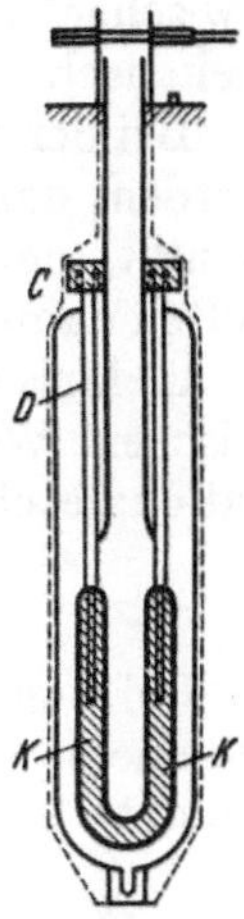 Abb. 11.

Abb. 10. Pufferkörper. (Nach F. KÖRBER.)
Abb. 11. Metallkalorimeter. (Nach KOHLRAUSCH.)

Das von W. NERNST angegebene *Metallkalorimeter* (Abb. 11) ist in abgewandelten Formen vielfach für die Untersuchung von Metallen bei höheren Temperaturen benutzt worden. Der Wärmeempfänger besteht aus einem Block aus gutleitendem Metall *K*, der in ein DEWARsches Gefäß *D* eingepaßt ist. Die Temperaturänderungen werden durch Thermoelemente gemessen, die mit WOODschem Metall eingelötet sind. Die Kaltlötstellen werden in einem Metallring *C* auf konstanter Temperatur gehalten.

Für die Messung von Anlaßwärmen gehärteter Stähle haben F. WEVER und G. NAESER[2] die „umgekehrte Kalorimetrie" angewandt, bei der die kalte Probe in ein aufgeheiztes Kalorimeter geworfen und dessen Temperaturerniedrigung bestimmt wird. Die in Abbildung 12 dargestellte Versuchsanordnung besteht aus einem Thermostaten zur Aufnahme der Probe vor dem Versuch, dem auf Meßtemperatur erwärmten Kalorimeter, das mit einer geschmolzenen Salzmischung gefüllt ist, und der Temperaturmeßeinrichtung. Als Kalorimetergefäß dient ein oben offener Becher *A* aus V2A-Stahl. Der dreiflügelige Rührer *BCD* ist aus dem gleichen Werkstoff

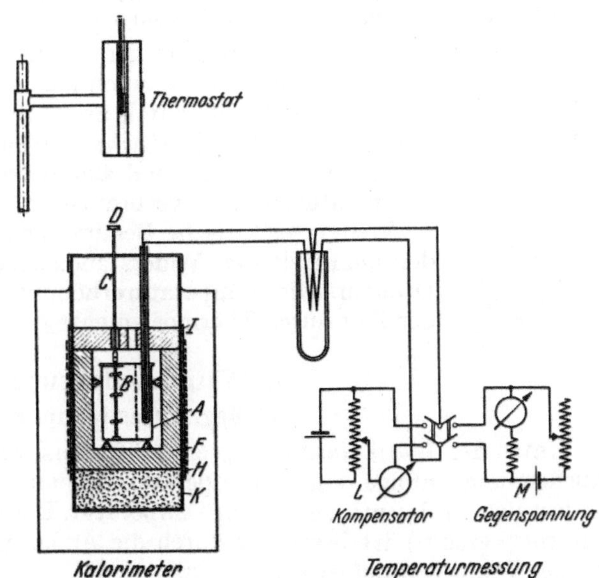

Abb. 12. Umgekehrtes Kalorimeter.
(Nach G. NAESER: Mitt. K.-Wilh.-Inst. Eisenforschg. Bd. 15.)

[1] KÖRBER, F.: Stahl u. Eisen Bd. 50 (1936) S. 1401.
[2] Mitt. K.-Wilh.-Inst. Eisenforschg. Bd. 15 (1933) S. 38.

hergestellt. Der Kalorimeterbecher steht auf Quarzspitzen in der Bohrung eines sehr schweren Kupferblockes F, der durch einen schweren Deckel aus Kupfer verschlossen ist. Der Kupferblock ruht auf einem Schamottestein K in einem zylindrischen Gefäß aus Eisen, auf das die Heizspirale H mit einer Zwischenlage aus Kupfer J aufgewickelt ist. Die Temperatur wird thermoelektrisch gemessen, die Eichung wird elektrisch durchgeführt.

Bei der Messung der spezifischen Wärmen von Metallen muß stets beachtet werden, daß die Probe infolge der Abschreckung häufig einen Gefügezustand besitzt, der nicht dem Gleichgewicht entspricht. Die gemessenen Wärmen gelten dann nur für den betreffenden unterkühlten Zustand.

Elektrische Verfahren. Sehr genaue Wärmemessungen werden auf elektrischem Wege durchgeführt. Für die Wärmeeinheiten, definiert durch internationale elektrische Größen, gilt:

$$1\,\text{kcal} = \frac{1}{860}\ \text{int. KWh}; \quad 1\,\text{cal} = 4{,}1860\ \text{int. Ws.}$$

Bei dem *Vakuumkalorimeter* von W. NERNST (Abb. 13) wird die Probe K in einem Vakuumgefäß elektrisch mit einer bekannten Wärmemenge beschickt. Die dadurch bewirkte Temperaturerhöhung wird gemessen, wobei die Heizwicklung als Widerstandsthermometer dient. Das Vakuumgefäß ist in ein Bad von konstanter Temperatur eingetaucht.

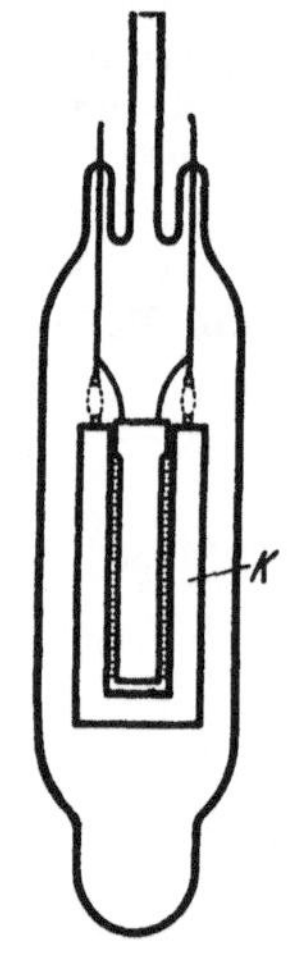

Abb. 13. Vakuumkalorimeter. (Nach NERNST.)

Eine elektrische Beheizung der Probe benutzt auch das Verfahren von SYKES und JONES, s. a. W. JELLINGHAUS[1], zur Bestimmung der spezifischen Wärme von festen Körpern, insbesondere von Metallen, bis zu Temperaturen von 900° C. Die Hohlprobe wird von einem beheizten Metallmantel, der stets auf die Temperatur der Probe geregelt ist, im Vakuum umgeben. Die Hohlprobe nimmt die Wärmemenge einer Innenheizung adiabatisch auf. Der Versuch läßt sich bei stetiger Temperaturregelung des Metallmantels über einen großen Temperaturbereich durchführen. Die spezifische Wärme ergibt sich aus der Erhitzungsgeschwindigkeit und aus der von der Probe zwischen zwei Temperaturpunkten verbrauchten elektrischen Leistung.

Weitere elektrische Bestimmungsverfahren ergeben sich aus der unmittelbaren Widerstandsheizung von Metallstäben oder Drähten. Die Temperaturerhöhung wird in Abhängigkeit von der Zeit durch Thermoelemente gemessen.

4. Wärmeausdehnung.

a) Begriffsbestimmung.

Unter der *Wärmeausdehnung* eines Körpers versteht man die (reversible) Ausdehnung infolge einer Temperaturerhöhung. Der Ausdehnungsbeiwert ändert sich im allgemeinen mit der Temperatur. Der *wahre Ausdehnungsbeiwert* β_Θ ($\text{cm}\,\text{cm}^{-1}\,\text{grad}^{-1}$) ist bestimmt durch die Änderung der Länge bei unendlich kleiner Temperaturänderung.

$$\beta_\Theta = \frac{1}{l_0}\left(\frac{dl}{d\Theta}\right).$$

In gleicher Weise gilt für den *kubischen Ausdehnungsbeiwert* α_Θ bei der Temperatur Θ:

$$\alpha_\Theta = \frac{1}{v_0}\left(\frac{dv}{d\Theta}\right).$$

[1] Arch. Eisenhüttenw. Bd. 22 (1951) S. 65.

Bei isotropen festen Körpern gilt in ausreichender Näherung

$$\alpha = 3\beta.$$

Für nicht reguläre Kristalle ist die Ausdehnung in verschiedenen Richtungen im allgemeinen ungleich.

Der mittlere Ausdehnungsbeiwert $\bar{\beta}$ zwischen zwei Temperaturen Θ_1 und Θ_2 ist das Verhältnis der entstehenden Längenänderung zu der Temperaturdifferenz

$$\bar{\beta} = \frac{1}{l_0} \frac{l_2 - l_1}{\Theta_2 - \Theta_1}.$$

Wählt man als Ausgangstemperatur den Nullpunkt, so gilt für die Länge bei der Temperatur Θ

$$l_\Theta = l_0(1 + \beta\Theta),$$

und ebenso für das Volumen

$$v_\Theta = V_0(1 + \alpha\Theta).$$

Diese Ansätze gelten nur für kleine Temperaturbereiche. Bei höheren Anforderungen an die Genauigkeit muß die Längenänderung durch eine Formel von der Gestalt

$$l_\Theta = l_0(1 + \beta_1\Theta + \beta_2\Theta^2)$$

ausgedrückt werden, deren Beiwerte β_1 und β_2 durch mindestens drei Längenmessungen bei verschiedenen Temperaturen zu bestimmen sind.

Im allgemeinen werden mittlere lineare Ausdehnungsbeiwerte angegeben, die sich aus Differenzmessungen zwischen einer Ausgangstemperatur von 0° C oder Raumtemperatur und einer erhöhten Temperatur ergeben, z. B. für unlegierten Kohlenstoffstahl

zwischen Raumtemperatur und 100° C $\beta = 12{,}0 \cdot 10^{-6}$ [cm cm^{-1} grad^{-1}]
zwischen Raumtemperatur und 600° C $\beta = 14{,}7 \cdot 10^{-6}$ [cm cm^{-1} grad^{-1}].

b) Meßverfahren für den linearen Ausdehnungsbeiwert β.

Unmittelbare Verfahren. Bei den absoluten Meßverfahren wird die Länge der Probe bei irgendeiner Ausgangstemperatur Θ_1 mit einem Maßstabe, z. B. mit dem Komparator bestimmt, und diese Messung nach Erwärmen auf die Temperatur Θ_2 wiederholt.

Röntgenographische Gitterabstandsbestimmungen (s. Verfahren zur Bestimmung der Feinstruktur) lassen sich ebenfalls zur unmittelbaren Messung des Ausdehnungsbeiwertes benutzen. Ebenso ermöglichen auch die weiter unten geschilderten interferometrischen Verfahren eine Absolutmessung.

Vergleichsverfahren. Sehr viel einfacher als absolute Messungen sind Vergleichsmessungen durchzuführen, bei denen die Probe zusammen mit einer Vergleichsprobe von bekannter Ausdehnung erwärmt und der Unterschied der Längenänderung gemessen wird. Abb. 14 zeigt eine einfache Anordnung dieser Art. Die Probe ruht in einem einseitig geschlossenen Rohr aus Glas oder Quarzglas auf einer Spitze. Auf das obere Ende der Probe ist ein Übertragungsstab aufgesetzt, der aus dem gleichen Stoff wie das Rohr besteht. Rohr und Übertragungsstab sind an ihren oberen Enden mit Teilungen versehen, deren gegenseitige Lage mit einem Meßmikroskop bestimmt wird. Für absolute Messungen muß das Gerät mit Hilfe eines Stabes von bekannter Ausdehnung geeicht werden.

Bei den Hebeldilatometern, von denen zahlreiche Bauarten auf dem Markte sind, wird die Ausdehnung der Probe durch ein Hebelsystem mechanisch oder optisch vergrößert.

Bei den *interferometrischen Ausdehnungsmeßgeräten* wird die Dickenänderung der Luftschicht zwischen der ebenen, polierten Probenoberfläche und einem Deckglas beobachtet. Bei dem Dilatometer von FIZEAU liegt die Probe auf einem Stahltischchen, über dem eine planparallele Glasplatte auf drei Schrauben ruht. Bei der Betrachtung im homogenen Licht erscheinen Interferenzstreifen, deren Verschiebung bei Temperaturänderung mittels eines Fernrohres ausgemessen wird und ein Maß für den Unterschied der Ausdehnung von Probe und Stahlschrauben gibt. Von PULFRICH wurden die Stahlschrauben durch einen Quarzring ersetzt (Abb. 15).

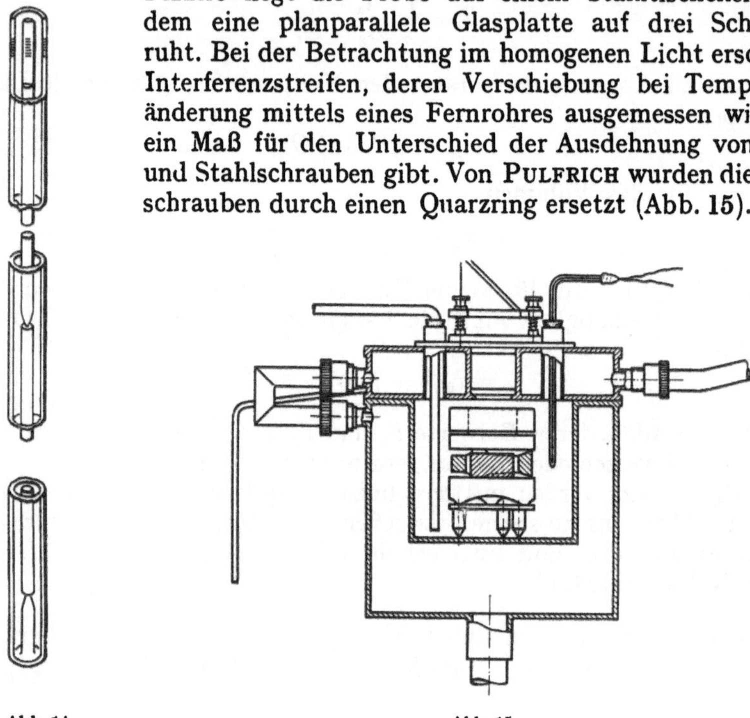

Abb. 14. Abb. 15.

Abb. 14. Ausdehnungsmesser. (Nach Werkstoff-Handbuch Stahl u. Eisen 1. Aufl.)
Abb. 15. Interferometer mit Quarzring in Thermostat. (Nach Werkstoff-Handbuch.)

Die Vergleichsverfahren sind neuerdings in der Weise abgewandelt worden, daß die Längenänderung durch Widerstands-, Induktions- oder Kondensator-Meßbrückenanordnungen in elektrisches Maß überführt wurden (s. a. F. WEVER und A. ROSE[1]). Die Registrierung läßt sich sehr einfach durchführen und Temperatur und Ausdehnung in beliebigem Verhältnis vergrößern. Die Meßanordnungen besitzen geringe Trägheit und kleinen Auflagedruck.

c) Meßverfahren für den kubischen Ausdehnungsbeiwert α.

Die kubische Ausdehnung wird meist über die Dichte ermittelt. Sind ϱ_1 und ϱ_2 die Dichten bei den Temperaturen Θ_1 und Θ_2, so folgt der kubische Ausdehnungsbeiwert zu:

$$\alpha = \frac{\varrho_1 - \varrho_2}{\varrho_2} \frac{1}{\Theta_2 - \Theta_1}.$$

[1] Mitt. K.-Wilh.-Inst. Eisenforschg. Bd. 20 (1938) S. 55.

5. Wärmeleitung.

a) Begriffsbestimmung.

Die Wärmeleitfähigkeit λ oder Wärmeleitzahl eines Werkstoffes ist die Wärmemenge, die in der Zeiteinheit die Flächeneinheit bei einem Temperaturgefälle von 1° C senkrecht durchfließt (cal cm^{-1} s^{-1} $grad^{-1}$): technisch häufig kcal m^{-1} h^{-1} $grad^{-1}$, umgerechnet 1 cal cm^{-1} s^{-1} $grad^{-1}$ = 4,186 Watt cm^{-1} $grad^{-1}$ = 360 kcal m^{-1} h^{-1} $grad^{-1}$. Die in der Zeiteinheit durch eine beliebige Fläche fließende Wärmemenge ist der „Wärmestrom" W. λ wird im allgemeinen bei konstantem Wärmestrom, d. h. in einem stationären Zustand, bestimmt.

b) Meßverfahren.

Unmittelbare Verfahren bei stationärer Strömung. Abb. 16 zeigt eine von I. W. Donaldson angegebene Anordnung für die absolute Bestimmung der Wärmeleitzahl von Metallen. Die Probe *a* ist mit dem unteren Ende in einem elektrisch geheizten Metallklotz befestigt. Das obere Ende steckt in einem Durchflußkalorimeter *c*, mit dem die überführte Wärme aus Temperaturerhöhung und Menge des Kühlwassers bestimmt wird. Die Probe ist von einem Schutzrohr *g* umgeben, das mit dem unteren Ende an dem Metallklotz befestigt ist und daher dort gleiche Temperatur hat wie die Probe. Das obere Ende wird auf die Temperatur des Kalorimeters abgekühlt. Das Schutzrohr nimmt so an allen Stellen nahezu die gleiche Temperatur an wie die Probe. Das Temperaturgefälle in der Probe wird durch drei seitlich angebrachte Thermoelemente *def* gemessen[1].

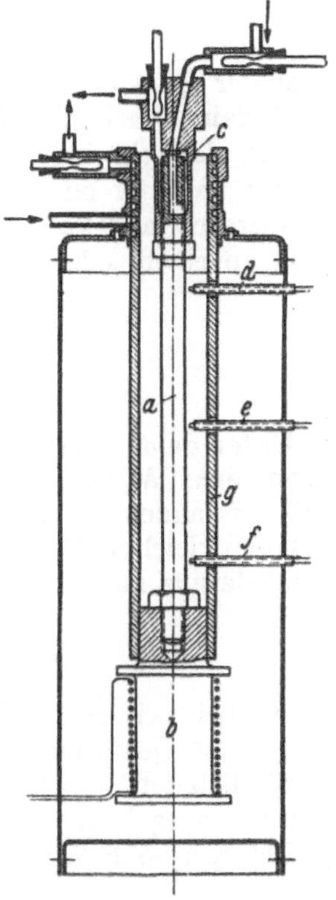

Abb. 16. Gerät zur Bestimmung der Wärmeleitzahl. (Nach M. Jakob.)

Vergleichsverfahren bei stationärer Strömung. Bei den Vergleichsverfahren wird die Messung auf einen Vergleich mit einem Normalstoff zurückgeführt. Dabei kann z. B. der gleiche Wärmestrom nacheinander durch Platten oder Stäbe aus der Probe und dem Normalstoff geschickt werden. Bei gleichen Schichtdicken oder Stablängen und gleichen Querschnitten verhalten sich dann die Temperaturgefälle umgekehrt wie die Wärmeleitzahlen. Bei guten Wärmeleitern, wie den Metallen, wird man meist stabförmige Proben verwenden. Der Wärmeaustritt durch die Staboberfläche muß durch übergeschobene Schutzrohre verhindert werden, die an jeder Stelle gleiche Temperatur haben wie die darunterliegende Staboberfläche.

Bei dem Verfahren von Despretz werden Stäbe gleicher Abmessungen und Oberflächenbeschaffenheit aus Probe und Normalstoff an einem Ende auf gleiche Temperatur gebracht, z. B. durch Eintauchen in siedendes Wasser oder durch Einstecken in einen geheizten Metallblock. Nach Eintreten des Temperaturgleichgewichtes werden die Stellen gleicher Temperatur durch eingelas-

[1] Jakob, M.: Z. Metallkde. Bd. 18 (1926) S. 55.

sene Thermoelemente oder einfacher durch Überziehen der Stäbe mit einem Stoff bestimmt, der bei einer passenden Temperatur schmilzt, wie Wachs oder Elaidinsäure, oder der eine erkennbare Veränderung erleidet, wie Quecksilberjodid. Die Wärmeleitzahlen verhalten sich dann umgekehrt wie die Quadrate der gemessenen Längen.

Vergleich der Wärmeleitfähigkeit λ von Metallen mit ihrer elektrischen Leitfähigkeit $\varkappa$ (Kohlrausch). Die stabförmige Probe wird durch einen gleichbleibenden elektrischen Strom i aufgeheizt, wobei die Mantelfläche gegen Wärmeabgabe geschützt ist. Die Enden der Probe werden durch Flüssigkeitsbäder auf gleichbleibender Temperatur gehalten. Nach Einstellen des Gleichgewichtes mißt man den Temperaturunterschied Θ zwischen Stabmitte und zwei Stellen im Abstande l von der Mitte sowie das Potential e zwischen den gleichen Stellen. Dann gilt für das Verhältnis zwischen Wärmeleitvermögen λ und elektrischem Leitvermögen $\varkappa$:

$$\frac{\lambda}{\varkappa} = \frac{1}{8}\,\frac{e^2}{\Theta}.$$

Für das elektrische Leitvermögen gilt gleichzeitig nach dem OHMschen Gesetz:

$$\varkappa = \frac{2l}{q}\,\frac{i}{e};$$

q ist der Querschnitt der Probe.

Verfahren bei nichtstationärer Strömung. Die meisten Verfahren beruhen darauf, daß ein in allen Punkten auf konstanter Temperatur befindlicher Körper an einer oder mehreren Flächen auf eine tiefere konstant gehaltene Temperatur abgekühlt wird. Die zeitlichen Temperaturänderungen werden dann an einem oder mehreren Punkten gemessen.

6. Elektrischer Widerstand.

a) Grundbegriffe.

Unter dem *spezifischen Widerstand* ϱ eines Werkstoffes wird der Widerstand eines Würfels von 1 cm Kantenlänge bei gleichzeitigem Stromdurchfluß verstanden (Ω cm). Ist R der Widerstand eines Leiters von der Länge l und dem gleichmäßigen Querschnitt q, so berechnet sich der spezifische Widerstand daraus nach der Beziehung:

$$\varrho = R\,\frac{q}{l}\,[\Omega\,\mathrm{cm}].$$

Es ist bei Leitungsdrähten gebräuchlich, den Widerstand für 1 km Länge und 1 mm² Querschnitt $= 10^7\,\varrho$ anzugeben. Bei Widerstandslegierungen wird gewöhnlich der Wert für eine Länge von 1 m und einen Querschnitt von 1 mm² $= 10^4\,\varrho$ angegeben.

Der reziproke Wert des spezifischen Widerstandes,

$$\varkappa = \frac{1}{\varrho}\,[\Omega^{-1}\,\mathrm{cm}^{-1},]$$

wird *elektrische Leitfähigkeit* genannt. Die Leitfähigkeit wird bei Widerstandslegierungen meist auf 1 m Länge und 1 mm Querschnitt bezogen.

Bei den meisten Metallen nimmt der Widerstand mit der Temperatur zu. Innerhalb nicht zu großer Temperaturbereiche gilt in Näherung die Beziehung:

$$R_\Theta = R_0(1 + \alpha\,\Theta);$$

der Beiwert

$$\alpha = \frac{R_\Theta - R_0}{R_\Theta} \frac{1}{\Theta - \Theta_0}$$

wird Temperaturkoeffizient des Widerstandes genannt. Zur Bestimmung des meist zugrunde gelegten Wertes ϱ_{20} bei 20° C genügt es, ϱ für je eine Temperatur nicht zu weit unterhalb und oberhalb von 20° zu ermitteln und linear auf ϱ_{20} umzurechnen.

b) Meßverfahren.

Für die Messung des elektrischen Widerstandes sind eine große Anzahl von Verfahren bis zu den höchsten Genauigkeiten entwickelt worden. Für technische Zwecke genügen meist einfache Anordnungen.

α) *Brückenverfahren.* Der Strom eines Elementes B (Abb. 17) verzweigt sich in den Leitungen ab und cd, zwischen die eine Brücke mit dem Galvanometer G gelegt ist Der in der Brücke fließende Strom verschwindet, sobald die Beziehung

$$\frac{a}{b} = \frac{c}{d}$$

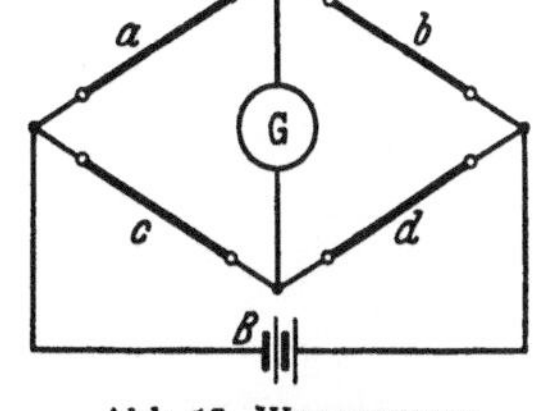

Abb. 17. WHEATSTONE-KIRCHHOFF-Brücke. (Nach Werkstoff-Handbuch.)

erfüllt ist. Bei Kenntnis eines Widerstandes d sowie des Verhältnisses a/b ist damit der gesuchte Widerstand c bestimmt. Bei der einfachsten Form der WHEATSTONE-KIRCHHOFF*schen Drahtbrücke* besteht der Zweig a/b aus einem geradegespannten Draht, über dem ein Schleifkontakt längs einer Teilung verschoben werden kann. Die Widerstände der Zuleitungen gehen bei dem Verfahren mit in die Messung ein.

Die praktisch nicht erfüllbare Forderung, daß die Verbindungen zwischen den zu messenden Widerständen selbst widerstandsfrei sein müssen, wird in der Anordnung der THOMSON-*Brücke* umgangen, deren Schaltschema Abb. 18 zeigt. Der Probestab P liegt mit einem Normalwiderstand N in einem Stromkreis. Die Spannungsschneiden an der Probe sind über die Widerstände ab und $a'b'$ mit den Klemmen des Normalwiderstandes verbunden. Das zwischen ab und $a'b'$ liegende Galvanometer G wird durch passende Einstellung von a stromlos gemacht, wobei gleichzeitig $a' = a$ und $b = b'$ gehalten wird. Dann gilt:

$$R = N \frac{a}{b}.$$

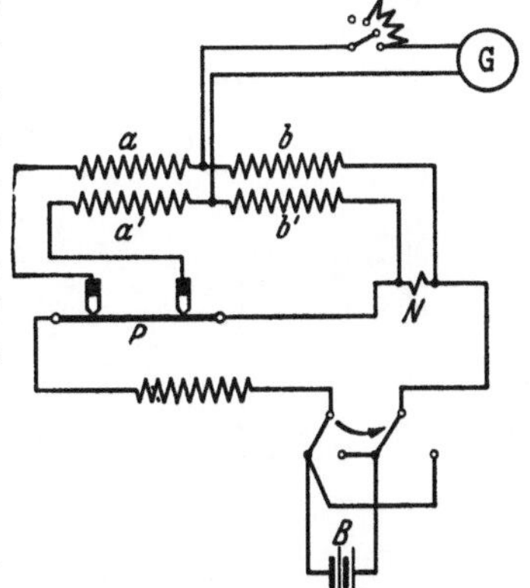

Abb. 18. THOMSON-Brücke. (Nach Werkstoff-Handbuch.)

Die Widerstände der Zuleitungen fallen dabei heraus. Das Verfahren ist daher besonders für die Messung sehr kleiner Widerstände geeignet. Bei mäßigen Ansprüchen an die Genauigkeit wird der Normalwiderstand N durch einen Schleifdraht ersetzt und das Widerstandsverhältnis $a/b = a'/b'$ nur in groben Stufen geändert. Die Stellung des Schleifkontaktes kann an einer Teilung abgelesen werden und ergibt unmittelbar den gesuchten Widerstand E.

β) *Strom-Spannungsmessung.* Der Probestab P wird mit einer Batterie B in einen Stromkreis gelegt und die Stromstärke J mit dem Amperemeter A

gemessen (Abb. 19). Die Spannung E über dem Probestab wird mittels zweier Schneiden abgegriffen und mit einem Voltmeter vom inneren Widerstand r gemessen. Dann ist:

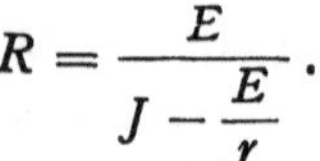

$$R = \frac{E}{J - \frac{E}{r}}.$$

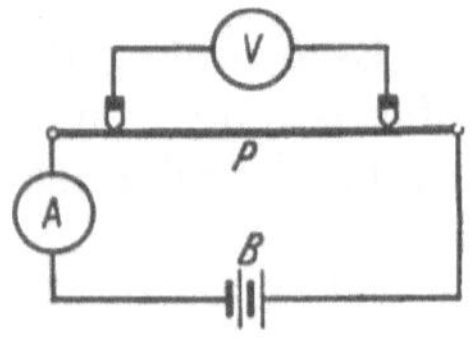

Abb. 19. Strom-Spannungsmessung. (Nach Werkstoff-Handbuch.)

Bei mäßigen Ansprüchen an die Genauigkeit und hohem Voltmeterwiderstand kann der im Voltmeter fließende Strom E/r gegen J vernachlässigt werden.

Das Strom-Spannungsmeßverfahren wurde von G. GRUBE und G. BURKHARDT[1] für die Messung des elektrischen Widerstandes von Legierungsreihen bei höheren Temperaturen ausgebildet (Abb. 20). Die stabförmige Probe V ist mit Hilfe kleiner Spannfutter in die Stromzuführungen aus V2A-Stahl eingesetzt. Die Meßspannung wird mit Hilfe von zwei Schneiden aus V2A abgenommen, die durch Federn aus V2A angepreßt werden. Als Schutzgas wird Wasserstoff verwandt. G. GRUBE und H. KNABE[2] vereinfachten später die Probenbefestigung, indem sie die Zuführungs- und Potentialdrähte in Bohrungen der Probe steckten.

F. WEVER und W. JELLINGHAUS[3] benutzten das Strom-Spannungsmeßverfahren zur Untersuchung der isothermen Umwandlung des Austenits. Die Versuchsanordnung ist in Abb. 21 wiedergegeben. Die drahtförmige Probe ist zwischen die Enden der Stromzuführungen geschweißt, ebenso sind die Potentialdrähte angeschweißt. Die Probe hängt in der Mitte eines Glaskolbens, der in einem Ölbad auf gleichbleibender

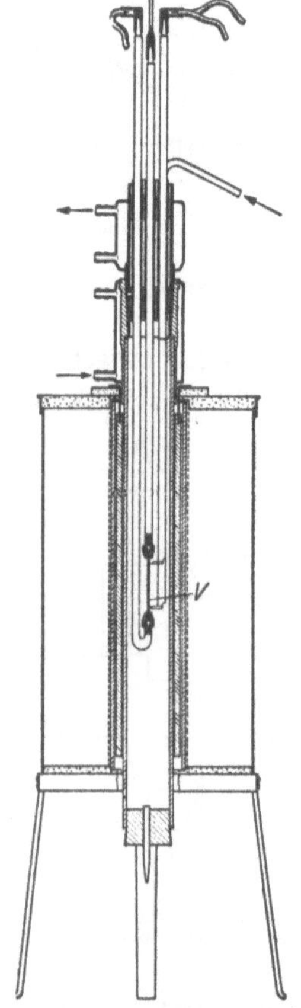

Abb. 20. Temperatur-Widerstandsmessung für die thermische Analyse. (Nach G. GRUBE und G. BURKHARDT)

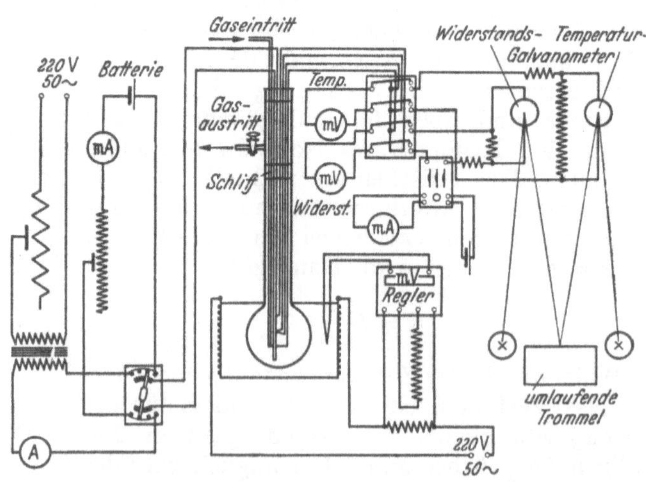

Abb. 21. Temperatur-Widerstandsmessung für die Untersuchung der isothermen Austenitumwandlung. (Nach F. WEVER und W. JELLINGHAUS.)

---

[1] Z. Elektrochem. Bd. 35 (1929) S. 315. [2] Elektrochem. Bd. 42 (1930) S. 793.
[3] Mitt. K.-Wilh.-Inst. Eisenforschg. Bd. 15 (1933) S. 167.

Temperatur gehalten wird. Sie wird vor dem Versuch durch Stromleitung auf Härtetemperatur erhitzt und dann durch Abschalten des Stromes und gleichzeitiges Anblasen mit Wasserstoff möglichst schnell auf die Umwandlungstemperatur abgeschreckt.

γ) *Messungen mit dem Differentialgalvanometer.* Das Meßsystem des Differentialgalvanometers besteht aus zwei gegeneinander isolierten Spulen von gleichem Widerstand und gleicher Windungszahl. Es gestattet einfache und zugleich genaue Widerstandsmessungen. Das von F. KOHLRAUSCH angegebene Verfahren des *übergreifenden Nebenschlusses* dient zum Vergleich gleich großer Widerstände; die Schaltung ist in Abb. 22 angegeben. Die Widerstände W und R sind gleich, wenn sich bei einem Verlegen der Stromquelle aus AB' nach BA' der Ausschlag des Galvanometers nicht ändert. Für die Umschaltung der Stromquelle dient ein sechsnäpfiger Kommutator, dessen Näpfe durch Kupferbügel entweder so verbunden werden, wie die stark ausgezogenen oder wie die schwachen Linien angeben. Die Widerstände der Verbindungen fallen dabei heraus; das Galvanometer braucht nicht in sich genau abgeglichen zu sein.

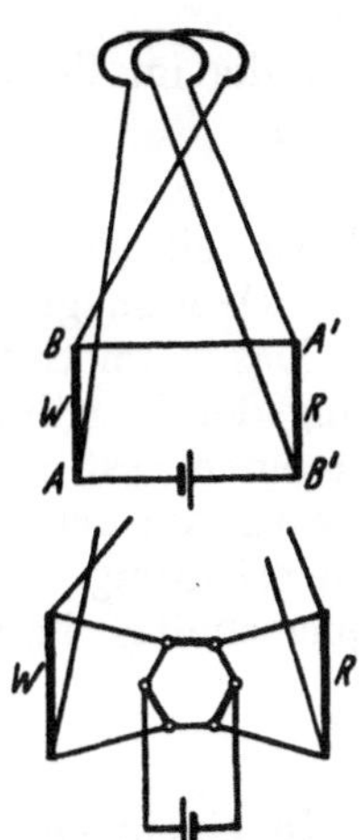

Abb. 22. Verfahren des übergreifenden Nebenschlusses mit Differentialgalvanometer. (Nach KOHLRAUSCH.)

δ) *Messungen mit dem Kompensator.* Der Kompensationsapparat kann zum Vergleich von Widerständen benutzt werden. Man schaltet die Widerstände hintereinander in einen Stromkreis und mißt mit Hilfe eines Umschalters abwechselnd die Spannungen an ihren Enden. Die Widerstände verhalten sich dann wie die entsprechenden Spannungen.

7. Magnetische Eigenschaften.

a) Grundbegriffe.

Elektrischer Strom und magnetisches Feld gehören untrennbar zusammen. Jede bewegte elektrische Leitung erzeugt ein magnetisches Feld, und jede Änderung eines magnetischen Feldes ist mit dem Auftreten geschlossener elektrischer Feldlinien verbunden. Die Darstellung der magnetischen Eigenschaften und der zugehörigen Meßverfahren wird dadurch erschwert, daß mehrere Maßsysteme nebeneinander im Gebrauch sind, die sich nicht nur in den absoluten Größen der Einheiten, sondern auch teilweise in den Begriffen und Dimensionen unterscheiden.

Das *praktische elektromagnetische Maßsystem* ist auf dem Induktionsgesetz begründet und betrachtet das magnetische Feld als eine Begleiterscheinung des elektrischen Stromes. Das ältere CGS-System geht von der Vorstellung der Polstärke aus und definiert die magnetische Feldstärke durch die auf den Einheitspol ausgeübte mechanische Kraft. Die Technik benutzt heute vorzugsweise das praktische elektromagnetische Maßsystem mit den Grundeinheiten Volt, Ampere, Sekunde und Zentimeter; die folgende Darstellung benutzt daher vorwiegend das praktische Maßsystem. Da jedoch im älteren Schrifttum auf dem Gebiete des Magnetismus und auch in der theoretischen Physik meist mit dem CGS-System gerechnet wird, sollen an einzelnen Stellen Hinweise gegeben werden, die eine Umrechnung in dieses System ermöglichen.

Zur *Erzeugung magnetischer Felder* für Meßzwecke verwendet man meist zylindrische Spulen, die von einem elektrischen Strom durchflossen werden. Die Stärke H des in einer Spule von der Länge l entstehenden magnetischen

Feldes bestimmt sich aus der Stromstärke i und der Windungsdichte n/l, welche als gleichmäßig vorausgesetzt wird. Als Einheit der Feldstärke gilt das Produkt aus Stromstärke und Windungsdichte vom Betrage 1 A/cm.

$$H = \frac{n\,i}{l}.$$

Für die im CGS-System gebräuchliche Feldstärkeneinheit Oerstedt (Oe) gilt dann:

$$1\,\text{Oe} = 0{,}8\ \text{A/cm}.$$

Neben eisenlosen Spulen werden zur Felderzeugung auch Elektromagnete und Dauermagnete benutzt.

Das magnetische Feld wird bildlich durch *Kraftlinien* dargestellt. Die Richtung der Kraftlinien gibt die Feldrichtung an. Die Summe der Kraftlinien, die einen bestimmten Querschnitt q durchsetzen, heißt *magnetischer Fluß* Φ. Die Anzahl der Kraftlinien, bezogen auf die Flächeneinheit eines zur Kraftlinienrichtung senkrechten und von den Kraftlinien gleichmäßig erfüllten Querschnitts, heißt *Kraftliniendichte* B.

$$B = \frac{\Phi}{q}.$$

In einem elektrischen Leiter, der einen bestimmten magnetischen Fluß mit *einer* Windung umschließt, entsteht, wenn sich der Fluß ändert, nach dem *Induktionsgesetz* eine elektrische Spannung U, die der Änderungsgeschwindigkeit des Flusses proportional ist. Bei mehrfacher Umschließung steigt die Spannung entsprechend der Windungszahl n.

$$U = -n\frac{d\Phi}{dt}.$$

Die Flußänderung ist daher dem Zeitintegral der Spannung ($\int U\,dt$) proportional und wird in Voltsekunden oder Weber (1 Vs = 1 Weber) gemessen. Für den Fall, daß die Feldlinien im leeren Raum verlaufen, besteht zwischen der Feldstärke H (gemessen in A/cm), dem von den Feldlinien in gleichmäßiger Stärke durchsetzten und zur Feldrichtung senkrechten Querschnitt q (cm^2) und dem in Vs gemessenen Spannungsstoß bei der Windungszahl n die Bezeichnung:

$$\int U\,dt = n\,q\,H\,\mu_0.$$

Der Zahlenwert des Proportionalitätsfaktors μ_0 beträgt $1{,}256 \cdot 10^{-8}$ Vs/Acm; μ_0 wird auch als *Induktionskonstante* oder als absolute Permeabilität des leeren Raumes bezeichnet und ist von der Stärke des Feldes unabhängig.

Ersetzt man den leeren Raum durch einen im landläufigen Sinne unmagnetischen Stoff, so wird der Proportionalitätsfaktor nur wenig geändert. Das Verhältnis des dem Stoff zugehörigen Proportionalitätsfaktors zur absoluten Permeabilität des Vakuums heißt *relative Permeabilität*. Die Metalle Eisen, Nickel und Kobalt sowie eine Anzahl ihrer Legierungen besitzen eine vielfach höhere Permeabilität als der leere Raum; die relativen Permeabilitäten dieser als Ferromagnetika bezeichneten Stoffe betragen bis zu 10^6. Die relative Permeabilität ist bei den ferromagnetischen Stoffen vom Betrage der Feldstärke abhängig. Nur in meist ziemlich engen Feldstärkenbereichen findet man eine angenäherte Konstanz; bei sehr hohen Feldstärken sinken die relativen Permeabilitäten der ferromagnetischen Stoffe und nähern sich der Zahl 1.

Da der magnetische Fluß in Vs gemessen wird, ergibt sich für die Kraftliniendichte B die Einheit von 1 Vs/cm^2. Gewöhnlich benutzt man jedoch eine um den Faktor 10^{-8} kleinere Einheit, welche zahlenmäßig der im CGS-System benutzten Einheit gleichkommt:

$$1\,\text{Gauß} = 10^{-8}\,\text{Vs/cm}^2.$$

Die Kraftliniendichte, auch Induktion genannt, errechnet sich für den leeren Raum aus der Gleichung:

$$B = \mu_0 H.$$

Für Stoffe mit der relativen Permeabilität μ berechnet man die Induktion aus der Gleichung:

$$B = \mu\,\mu_0 H,$$

und den Fluß aus der Gleichung:

$$\Phi = B\,q = q\,\mu\,\mu_0 H.$$

Feldstärke und Induktion besitzen im praktischen Maßsystem verschiedene Dimensionen; die absolute Permeabilität ist dort dimensionsbehaftet, die relative Permeabilität ist eine dimensionslose Zahl. Im CGS-System sind Feld stärke und Induktion von gleicher Dimension; die Permeabilität ist dimensions los und stimmt im Zahlenwert mit der relativen Permeabilität überein.

Um die Beziehung zwischen Feldstärke, magnetischem Fluß und Kraftliniendichte deutlich zu machen, stelle man sich eine lange, einlagige Spule von der Windungsdichte 4 W/cm und dem lichten Querschnitt 2 cm² vor. Der Strom in der Spule betrage 0,100 A. Die Feldstärke in der Mitte der Spule beträgt dann $0{,}1 \cdot 4 = 0{,}4$ A/cm.

Zunächst sei die Spule leer. Da die relative Permeabilität der Luft praktisch gleich der des leeren Raumes ($\mu = 1$) ist, ergibt sich für den magnetischen Fluß:

$$\Phi = 2 \cdot 1 \cdot 1{,}256 \cdot 10^{-8} \cdot 0{,}4 \sim 1 \cdot 10^{-8}\ [\text{Vs}].$$

Die Kraftliniendichte beträgt:

$$B = \frac{\Phi}{q} = 0{,}5 \cdot 10^{-8}\ [\text{Vs/cm}^2] = 0{,}5\ [\text{Gauß}].$$

Die Spule werde nun mit einem zylindrischen Eisenstab von der relativen Permeabilität 500 beschickt; die Stablänge sei etwa gleich der Spulenlänge und der Stabquerschnitt mit 2 cm² gleich dem Spulenquerschnitt. Die Feldstärke bleibt die gleiche wie zuvor. Der Fluß hingegen beträgt jetzt $500 \cdot 10^{-8}$ Vs und die Kraftliniendichte 250 Gauß. Bei gleicher Feldstärke stehen also die Kraftliniendichten im Verhältnis der relativen Permeabilität. Die absolute Permeabilität, d. h. das Verhältnis der Kraftliniendichte zur Feldstärke, beträgt bei dem Weicheisenstab:

$$\mu_{\text{abs}} = \frac{B}{H} = 250 \cdot 10^{-8} \frac{1}{0{,}4} = 625 \cdot 10^{-8}\ [\text{Vs/A} \cdot \text{cm}^2].$$

Die Differenz zwischen der Kraftliniendichte B des ferromagnetischen Werkstoffes und der Kraftliniendichte des Vakuums B_0 bei gleicher Feldstärke beträgt im vorliegenden Falle $250 \cdot 10^{-8} - 0{,}5 \cdot 10^{-8} = 249{,}5 \cdot 10^{-8}$ Vs/cm². Diese Größe heißt *Magnetisierung* J.

$$J = B - B_0 = B - \mu_0 H.$$

Die Möglichkeit, die Kraftliniendichte B (auch Induktion genannt) aus der Feldstärke und der Permeabilität zu berechnen, ist beschränkt, weil bei der Mehrzahl der ferromagnetischen Stoffe die Permeabilität nicht konstant, sondern von der Feldstärke abhängig ist und weil nur wenige Stoffe nach dem Magnetisieren und Abschalten des Feldes wieder zur Magnetisierung Null zurückgehen. Meist findet man eine bleibende Magnetisierung, deren Betrag von der Gestalt des Werkstückes und der Höhe der vorhergehenden Magnetisierung abhängt. Die Erscheinung des Zurückbleibens einer Magnetisierung nennt man *Hysteresis*. Durch die Hysteresis werden die Beziehungen zwischen Feldstärke und Induktion vieldeutig und unübersichtlich. Zur Kennzeichnung des Werkstoffverhaltens benutzt man in erster Linie zwei (untereinander verschiedene) Kennlinien, die hinsichtlich der Hysteresis deutlich definiert sind, nämlich die *Neukurve* und die *Hysteresisschleife*. Die Neukurve gibt unter der Voraussetzung, daß die Probe zuvor völlig entmagnetisiert war, den Verlauf der Induktion bei stetig gesteigerter Feldstärke an (Abb. 23). Die Anfangsneigung der Neukurve, nämlich $dB/dH_{H=0}$ kann zahlenmäßig in Vs/A cm ausgedrückt werden. Es ist jedoch gebräuchlich, statt dessen die relative *Anfangspermeabilität* μ_a anzugeben, welche mit der erstgenannten Größe durch die Beziehung:

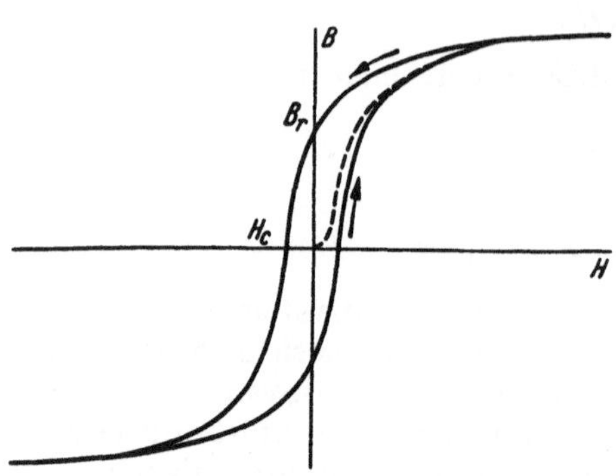

Abb. 23. Neukurve und Hysteresisschleife. (Nach Becker-Döring: Ferromagnetismus.)

$$\frac{dB}{dH}_{H=0} = \left(\frac{dB}{dB_0}\right)_{H=0} \mu_0 = \mu_a \mu_0$$

verknüpft ist. Für Felder, die merklich größer als Null sind, bezeichnet man den Quotienten $B/H = \mu\,\mu_0$ als Permeabilität. Wenn ausdrücklich die Neigung der Neukurve oder einer anderen Magnetisierungskurve angegeben werden soll, benutzt man den Differentialquotienten und spricht von der differentiellen Permeabilität:

$$\frac{dB}{dH} = \mu_{\mathrm{diff}}\,\mu_0.$$

Der Maximalwert des Quotienten B/H heißt *Maximalpermeabilität*:

$$\left(\frac{B}{H}\right)_{\max} = \mu_{\max}\,\mu_0.$$

Die Neigung der Neukurve ist von Stoff zu Stoff verschieden; aber alle Kurven steigen mit zunehmendem Feld, werden allmählich flacher und verlaufen bei hohen Feldern mit derselben konstanten Neigung, welche durch die Bedingung $dB/dH = 1\,\mu_0$ ausgedrückt wird. Mit anderen Worten bedeutet dies, daß die Magnetisierung $J = B - B_0$ bei hohen Feldern einen Grenzwert erreicht, welcher *Sättigung* J_∞ genannt wird. Hat man z. B. eine Reihe von Induktionswerten $B_1, B_2, \ldots, B_{n-1}, B_n$ gemessen und findet man dann, daß die Differenzenquotienten $\frac{B_n - B_{n-1}}{H_n - H_{n-1}}$ bei hohen Feldstärken konstant, nämlich gleich μ_0 geworden sind, so berechnet sich die Sättigung durch Extrapolation dieses linearen Kurvenstückes auf $H = 0$, gemäß

$$J_\infty = B_n - \mu_0 H_n.$$

Kehrt man von irgendeinem Punkt der Neukurve, dessen Feldstärke nicht ausreicht, um die Sättigung zu erreichen, zu kleineren Feldstärken zurück, so deckt sich die absteigende Kurve von $B = f(H)$ nicht mit der Neukurve, und die Induktion bei Rückkehr zum Felde $H = 0$ ist größer als Null. Liegt der Umkehrpunkt bei kleinen Induktionswerten, die im Verhältnis zur Sättigung klein sind, so ist auch die bleibende Magnetisierung klein. Liegt der Umkehrpunkt höher, so ist auch die bleibende Magnetisierung höher. Von einem gewissen, von Stoff zu Stoff verschiedenen Mindestwert der vorher erreichten Maximalinduktion an fallen aber die bei $H = 0$ erreichten Beträge der bleibenden Induktion zusammen; dieser Grenzwert heißt *Remanenz* (B_r). Kehrt man am Remanenzpunkt die Feldrichtung um und steigert sie zu negativen Werten, so sinkt die Induktion zunächst bis auf Null. Die hierfür erforderliche negative Feldstärke nennt man *Koerzitivkraft* (H_c). Die Induktion nimmt bei noch größeren negativen Feldern negative Werte an. Die negativen Induktionswerte steigen mit zunehmender negativer Feldstärke immer langsamer an, bis schließlich genau wie auf der positiven Seite die Neigung der Kurven $= \mu_0$ wird und die negative Sättigung erreicht ist. Die Beträge von positiver und negativer Sättigung sind gleich. Man kann nun bei weiteren Änderungen der Feldstärke diese wieder in der positiven Richtung anwachsen lassen, wobei die negativen Induktionswerte erst kleiner werden, bei $H = 0$ entgegengesetzt gleich der positiven Remanenz werden und bei einer positiven Feldstärke gleich der Koerzitivkraft den Wert Null erreichen. Bei noch höheren positiven H-Werten wird das Vorzeichen der Induktion ebenfalls positiv, und schließlich fallen bei hohen Feldstärken die Induktionswerte mit denen der Neukurve zusammen. Der geschlossene Kurvenzug, welcher die Induktion als Funktion der Feldstärke angibt, heißt Hysteresisschleife. Er ist durch die Spitzen im ersten und dritten Quadranten und durch die einfache Symmetriebedingung gekennzeichnet:

$$B = f(H) = -f(-H),$$

d. h. jedem Wertepaar von B und H entspricht ein zweites Wertepaar der Einzelwerte von B und H, die denen des ersten Wertepaares entgegengesetzt gleich sind; der sogenannte aufsteigende und der absteigende Ast der Schleife (Abb. 23) können durch eine Drehspiegelung zur Deckung gebracht werden. Die Hysteresisschleife kann ebenso wie die Neukurve nur in dem einen bezeichneten Sinne durchlaufen werden.

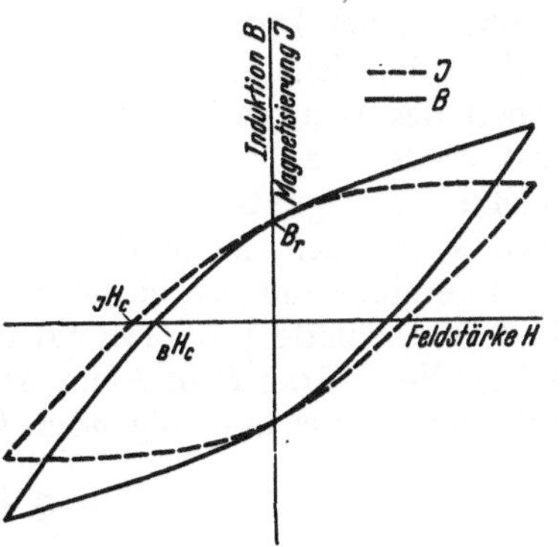

Abb. 24. Doppelschaubild $B = f(H)$ und $J = F(H)$.

Die Darstellung der Veränderungen im magnetischen Zustand eines Werkstoffes durch die Induktion als Funktion der Feldstärke ist nicht die einzig mögliche. Man kann ebensogut die Magnetisierung, die durch die Gleichung $J = B - B_0 = B - \mu_0 H$ mit der Induktion und dem Feld verknüpft ist, als Funktion des Feldes darstellen und in dieser Art eine Neukurve und eine Hysteresisschleife zeichnen (Abb. 24). Diese Neukurve als Funktion der Magnetisierung geht ebenfalls vom Koordinatennullpunkt aus; sie verläuft bei kleinen Feldern ganz ähnlich wie die Induktionskurve und wird bei hohen Feldstärken immer flacher. Vom Erreichen der Sättigung an ist sie eine Parallele zur Feldstärkenachse. Eine mit der Magnetiserung als Funktion von H gezeichnete Hysteresisschleife hat nur die beiden Remanenzpunkte mit der Induktionsdarstellung gemeinsam. Die Schnittpunkte mit der Feldstärkenachse, welche die Magnetisierungskoerzitivkraft ($_JH_c$) angeben, liegen bei höheren Feldstärken als die Induktionskoerzitivkraft ($_BH_c$). Bei magnetisch weichen Werkstoffen ist dieser Unterschied meist unbedeutend, bei magnetisch harten Stoffen mit Koerzitivkräften von einigen hundert A/cm und mehr können die Unterschiede beträchtlich werden.

Die Hysteresisschleife ist der Rahmen, innerhalb dessen bei einer gegebenen Temperatur und einem gegebenen Gefügezustand des Werkstoffes alle möglichen Magnetisierungszustände und Magnetisierungsänderungen liegen. Die Neukurve verläuft innerhalb der Schleife und gibt einen Anhalt dafür, welche Induktionsbeträge bei periodischem Richtungswechsel der Feldstärke erreicht werden. Innerhalb der Hysteresisschleife kann man sich zahlreiche kleinere zum Koordinatennullpunkt symmetrische Schleifen vorstellen, die bei kleinen periodisch wechselnden Feldstärken durchlaufen werden (Abb. 25).

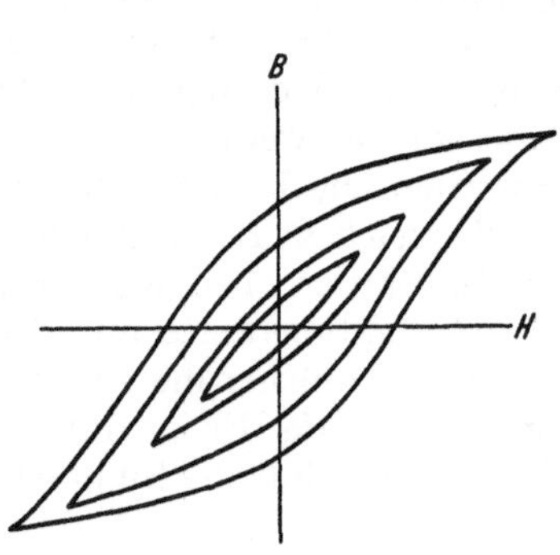

Abb. 25. Unvollständig ausgesteuerte Kurven innerhalb der Hysteresisschleife. (Nach BECKER-DÖRING: Ferromagnetismus.)

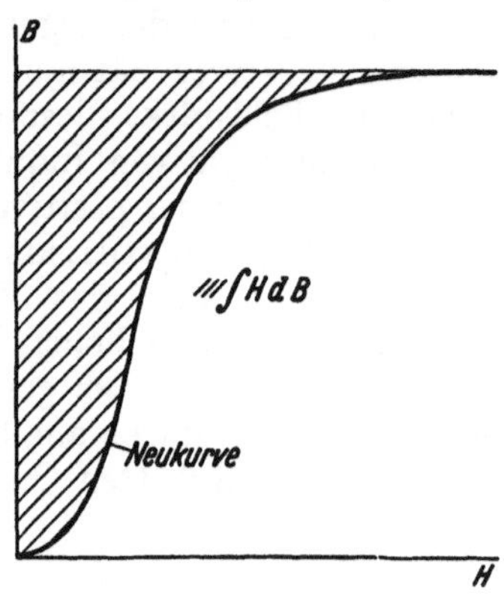

Abb. 26. Darstellung des magnetischen Energieinhalts.

Das in Abb. 26 schraffiert dargestellte Flächenstück, welches von der Neukurve, der Induktionsachse und einer Parallelen zur Feldachse begrenzt wird, ist dem Energiebetrag proportional, der beim Magnetisieren der Volumeneinheit des Werkstoffes von 0 bis B_1 benötigt wird. Ein Teil dieser Energie wird wieder frei, wenn man die Feldstärke wieder auf Null abnehmen läßt. Erfolgt die Magnetisierung periodisch mit abwechselndem positiven und negativen Vorzeichen, so wird für jeden vollständigen Zyklus je Volumeneinheit ein Energiebetrag verbraucht, der dem Flächeninhalt der durchlaufenen Hysteresisschleife proportional ist. Wird die Induktion B in Gauß angegeben und die Feldstärke H in A/cm, so errechnet sich der *Hysteresisverlust* V je Umlauf und je cm³ aus folgender Gleichung:

$$V = \oint B\,dH \cdot 10^{-8}\ [\mathrm{Ws/cm^3}].$$

Im CGS-System ist der Hysteresisverlust aus der in Gauß und Oerstedt aufgezeichneten Hysteresisschleife wie folgt zu berechnen:

$$\int B\,dH \frac{1}{4\pi} [\text{Gauß} \cdot \text{Oe}] = V\ [\mathrm{erg/cm^3}].$$

In der Elektrotechnik ist es üblich, statt des Hysteresisverlustes die bei einer bestimmten periodisch durchlaufenen Maximalinduktion und einer bestimmten Frequenz je kg des ferromagnetischen Werkstoffes aufgewandte Verlustleistung anzugeben; diese heißt *Verlustziffer*. Die Abkürzung V_{10} bedeutet die je kg Trafoblech aufgewandte Verlustleistung bei einer Magnetisierung mit sinusförmiger Spannung, einer Frequenz von 50 Hz und einer Maximalinduktion $B_{\max}$

von 10000 Gauß. Diese Leistung enthält die Summe der im Eisen auftretenden Verluste, welche sich aus Hysteresisverlust, Wirbelstromverlust und Nachwirkungsverlust zusammensetzen. Der Hysteresisverlust nimmt bei steigender Frequenz einfach proportional der Frequenz zu; der Wirbelstromverlust steigt mit dem Quadrat der Frequenz. Wenn die Hysteresisschleife mit Wechselstrom von der vorgeschriebenen Frequenz gemessen ist, so läßt sich die Verlustziffer aus der Hysteresisschleife wie folgt entnehmen:

$$V_{10} = \oint B\,dH\,10^{-5} f \frac{1}{\varrho} \text{ [Watt/kg]}.$$

ϱ gibt das spezifische Gewicht des Werkstoffes an. In der statisch gemessenen Hysteresisschleife ist der Wirbelstromanteil der Verlustziffer nicht enthalten.

Um die von magnetischen Feldern auf magnetisierte Körper ausgeübten mechanischen Kräfte darzustellen, benutzt man den Begriff des ***magnetischen Moments***. Die Elektrodynamik lehrt, daß ein magnetisches Feld auf den Träger eines elektrischen Stromes J, der eine ebene Fläche F umschließt, ein Drehmoment $\mathfrak{D}$ ausübt, welches der Stromstärke J und dem vektoriellen Produkt aus der Fläche F und der Stärke H des magnetischen Feldes gleich ist. Die Fläche wird hierbei durch einen Vektor $\mathfrak{f}$ dargestellt, dessen Betrag gleich dem Flächeninhalt ist und dessen Richtung der Flächennormale entspricht.

$$\mathfrak{D} = J\,\mu_0\,[\mathfrak{f}\,\mathfrak{H}].$$

Das Produkt des Vektors $\mathfrak{f}$ mit der Induktionskonstanten μ_0 sowie mit der Stromstärke J und (sofern es sich nicht um eine einzelne Stromschleife, sondern eine Spule mit n Windungen handelt) der Windungszahl n nennt man das magnetische Moment $\mathfrak{M}$ der Spule,

$$\mathfrak{M} = \mu_0\,n\,J\,\mathfrak{f}.$$

Ein magnetisierter Körper, beispielsweise ein zylindrischer Magnetstab, erfährt in gleicher Weise ein Drehmoment im magnetischen Feld. Man schreibt auch ihm ein magnetisches Moment zu und erklärt die Übereinstimmung im Verhalten der stromdurchflossenen Spule mit dem des Magnetstabes dadurch, daß der Magnetstab aus Elementarmagneten zusammengesetzt ist, deren magnetisches Moment durch die Rotation von Elektronen um den Atomkern entstehen. Die Summe einer sehr großen Zahl parallel gerichteter Vektoren, von denen jeder ein kreisendes Elektron repräsentiert, macht sich als magnetisches Moment genauso bemerkbar wie das Moment der vom Strom durchflossenen Spule. Die Einheit des magnetischen Moments ist 1 Vs $\cdot\, 10^{-8} \cdot$ 1 cm (im CGS-System 1 Gauß $\cdot$ 1 cm^3). Für einen homogen magnetisierten Körper ist das magnetische Moment gleich dem Produkt aus der Magnetisierung und dem Volumen.

Ein magnetisches Feld übt nun auf den magnetisierten Körper ein Drehmoment aus, welches dem Vektorprodukt von Feldstärke und magnetischem Moment gleich ist.

$$\mathfrak{D} = [\mathfrak{H}\,\mathfrak{M}].$$

Diese Beziehung ist sowohl für die Bestimmung der magnetischen Werkstoffeigenschaften als auch für die Elektrotechnik von größter Bedeutung. Bei einer Reihe von Meßverfahren wird die Magnetisierung auf dem Wege über das magnetische Moment gefunden.

Bei den bisher besprochenen Beziehungen zwischen der Induktion und der Feldstärke war stillschweigend vorausgesetzt, daß das äußere Feld und das Feld im Innern des Werkstoffes, das sogenannte wahre Feld, gleich sind. Ferner ist immer eine gleichmäßige Magnetisierung über das ganze Volumen angenommen. Da magnetische Kraftlinien stets als geschlossene Kurven zu deuten sind, können die beiden Annahmen nur bei Proben verwirklicht werden, deren Gestalt einen geschlossenen Verlauf der Kraftlinien bei gleicher Länge der Kraftlinien und bei gleicher Dichte in jedem zur Flußrichtung senkrechten Querschnitt ermöglicht, also bei Ringen, deren Stärke klein im Verhältnis zum Durchmesser ist.

Bei ungeschlossenen Probenformen dagegen, z. B. bei zylindrischen Stäben, müssen die Kraftlinien, um sich zu schließen, aus dem magnetischen Körper austreten und in irgendwelchen Bahnen im Außenraum zum anderen Ende des Prüflings hinlaufen und dort wieder in diesen eintreten. Durch diese zurückkehrenden Kraftlinien wird das Magnetfeld um die Probe herum verzerrt und geschwächt. Demzufolge wird auch die Induktion geändert, in der geschlossenen Probe tritt eine teilweise Selbstentmagnetisierung ein. Das durch die rückläufigen Kraftlinien verminderte Feld unmittelbar an der Oberfläche der Probe bezeichnet man als wahres Feld H_w. Die Feldstärke, die man ohne die Anwesenheit der Probe erreichen oder die man aus der Windungszahl und der Stromstärke der das Feld erzeugenden Spule errechnen würde, nennt man äußeres Feld (H_a). Die Differenz zwischen dem äußeren und dem wahren Feld ist um so größer, je höher die Magnetisierung der Probe ist; außerdem wird sie von der geometrischen Gestalt in der Probe beeinflußt. Für einige Probenformen mit hochsymmetrischer Gestalt, z. B. Ellipsoide und Zylinder, kann man die Differenz des äußeren und des wahren Feldes mit Hilfe gewisser Formkonstanten, die man *Entmagnetisierungsfaktoren* N nennt, berechnen, wenn die Magnetisierung J bekannt ist.

$$H_w = H_a - N J \frac{1}{\mu_0}; \quad (J \text{ ist hier in Vs/cm}^2 \text{ gerechnet; } H_w \text{ und } H_a \text{ in A/cm}).$$

Tabelle 1. *Entmagnetisierungsfaktoren für Ellipsoide und Zylinder, Magnetisierung = lange Achse.*

Dimensionsverhältnis	Entmagnetisierungsfaktor N		Dimensionsverhältnis	Entmagnetisierungsfaktor N	
l/d	Ellipsoid	Zylinder	l/d	Ellipsoid	Zylinder
1	0,3333	—	30	0,00344	0,00274
2	0,1736	—	40	0,00212	0,00168
5	0,0558	—	50	0,00144	0,00115
10	0,0903	0,0162	80	0,000637	0,000497
15	0,01075	0,00843	100	0,008430	0,000334
20	0,00675	0,00535	200	0,008125	0,000095

Genauere Werte für Zylinderstäbe mit Berücksichtigung der Suszeptibilität bei F. STÄBLEIN und H. SCHLECHTWEG: Z. Phys. Bd. 95 (1935) S. 630.

Tab. 1 enthält einige Entmagnetisierungsfaktoren von in Längsrichtung magnetisierten Ellipsoiden oder Zylindern und die Dimensionsverhältnisse $\frac{\text{Länge}}{\text{Durchmesser}}$, die der Berechnung von N zugrunde gelegt sind. Die Aufgabe der Entmagnetisierungsfaktoren ist eine doppelte; einerseits kann man mit ihrer Hilfe den experimentell gemessenen Zusammenhang zwischen der Induktion oder der Magnetisierung und dem äußeren Feld auf das wahre Feld zurückführen und damit die zunächst nur für die gerade vorliegende Probenform gültige Messung zur Berechnung gestaltsunabhängiger Werkstoffkennziffern benutzen. Andererseits kann man, wenn die Induktion als Funktion des wahren Feldes bekannt ist, für jede Gestalt, deren Entmagnetisierungsfaktor bekannt ist, vorausberechnen, welche Induktion sie in einem gegebenen äußeren Feld erreichen wird. Für Messungen, bei denen hohe Genauigkeit angestrebt wird, verwendet man gern Ellipsoide, weil diese bei Magnetisierungen in Achsenrichtung im ganzen Volumen gleichmäßige Magnetisierung erreichen; bei Zylinderstäben ist dies nicht der Fall. Ellipsoide sind aber kostspieliger in der Herstellung; sie können nach MAURER und MEISSNER durch Kegelstäbe, die aus mehreren Abschnitten zusammengesetzt sind, mit ausreichender Genauigkeit ersetzt werden.

Die festen Werkstoffe können hinsichtlich ihres magnetischen Verhaltens in *paramagnetische*, *diamagnetische* und *ferromagnetische* Stoffe eingeteilt werden. Paramagnetische und diamagnetische Stoffe sind im alltäglichen Sprachgebrauch unmagnetisch; ihre relative Premeabilität ist von 1 nur um geringfügige Beträge in der Größenordnung von 10^{-5} verschieden, bei den paramagnetischen Stoffen größer als 1 und bei den diamagnetischen Stoffen kleiner als 1. Die ferromagnetischen Stoffe, deren Permeabilität bis zu 10^6 betragen kann, besitzen diese Eigenschaft nur in einem beschränkten Temperaturbereich, der nach oben durch die CURIE-Temperatur begrenzt wird.

Da die Permeabilität der paramagnetischen und diamagnetischen Stoffe von 1 nur wenig verschieden ist, benutzt man zur Kennzeichnung ihres magnetischen Verhaltens meist die *Suszeptibilität* $\varkappa$, welche das Verhältnis der Magnetisierung zur Kraftliniendichte im leeren Raum darstellt.

$$\varkappa = \frac{B_m - B_0}{B_0} = \frac{J}{B_0}.$$

Die mit Benutzung des CGS-Systems ermittelten Zahlenwerte der Suszeptibilität sind entsprechend der dort benutzten Definition der Magnetisierung um den Faktor 4π kleiner.

b) Eigenschaften der ferromagnetischen Werkstoffe.

Die ferromagnetischen Stoffe lassen sich nach ihren magnetischen Eigenschaften, z. B. nach der Größe der magnetischen Sättigung, in schwach magnetisierbare und stark magnetisierbare, nach der Koerzitivkraft in magnetisch weiche und magnetisch harte oder nach der Temperaturabhängigkeit der Magnetisierung, tiefer oder hoher Curiepunkt, schließlich auch nach der Richtungsabhängigkeit der Magnetisierung in Werkstoffe mit magnetischer Textur und solche mit quasiisotroper Magnetisierbarkeit ordnen. Hierbei ergeben sich aber je nach der Eigenschaft, welche man betrachtet, recht verschiedene Einteilungen. Vom technischen Gesichtspunkt aus kann man eine Einteilung vornehmen in solche Werkstoffe, deren magnetische Eigenschaften für ihre Verwendung keine oder nur geringfügige Bedeutung haben, und solche, die eigens um der magnetischen Eigenschaften willen hergestellt werden. Von letzteren seien die wichtigsten Untergruppen hier kurz genannt.

Dauermagnete werden nur in ungeschlossenen Formen hergestellt und verwandt, denn sie sollen ein nach außen nutzbares magnetisches Feld liefern. Man verlangt von ihnen, daß sie nach einmaliger Magnetisierung trotz der ungeschlossenen Form eine möglichst hohe bleibende Magnetisierung behalten, um entweder bei halbgeschlossenen Formen eine große Feldstärke im Luftspalt oder bei ganz ungeschlossenen Formen ein hohes magnetisches Moment zu liefern. Der Betrag der bleibenden Magnetisierung wird nicht nur durch die Werkstoffeigenschaften, d. h. durch die Hysteresisschleife, sondern auch durch den von der Gestalt her bedingten Entmagnetisierungsfaktor bestimmt. Setzt man nämlich in Gleichung $H_w = H_a - NJ\frac{1}{u_0}H_a = 0$, so wird beim Dauermagneten $H_w = -N\frac{J}{\mu_0}$; das wahre Feld wird also negativ und bestimmt sich durch den Schnittpunkt des absteigenden Astes der Hysteresisschleife mit einer Geraden, die durch den Koordinatennullpunkt verläuft und mit der Magnetisierungsachse einen Winkel $\alpha = \operatorname{arc\,tg} N$ bildet. Die durch diesen Schnittpunkt bezeichnete Magnetisierung gibt nun auch die scheinbare Remanenz des Dauermagneten an. Hieraus wird ersichtlich, daß die Höhe der wahren Remanenz bei gegebener Magnetform durchaus nicht entscheidend für die Bewertung des Magnetwerkstoffes zu sein braucht. Wie Abb. 27 zeigt, kann bei gegebener Gestalt und damit festgelegtem Entmagnetisierungsfaktor ein Magnetwerkstoff mit stark gewölbter Magnetisierungskurve bei geringerer

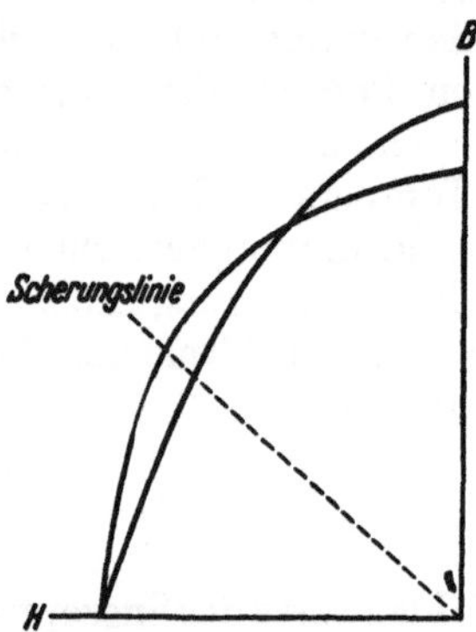

Abb. 27. Darstellung des absteigenden Astes der Hysteresisschleife für 2 Magnetwerkstoffe mit verschiedener Remanenz und gleicher Koerzitivkraft.

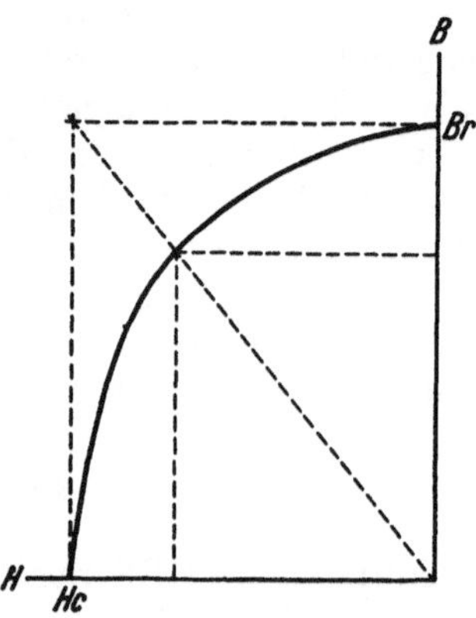

Abb. 28. Geometrische Bestimmung der Güteziffer (BH_{max}) für einen Dauermagneten.

Remanenz einem Werkstoff mit höherer Remanenz überlegen sein. Man benutzt zur Bewertung von Magnetwerkstoffen die EVERSHED*sche Güteziffer*, welche den Höchstwert des Produkts der durch die Magnetisierungskurve koordinierten Werte von B und H angibt. Diese Güteziffer $(B\,H)_{max}$ wird gewöhnlich durch geometrische Konstruktion ermittelt, indem man über der Koerzitivkraft und der Remanenz ein Rechteck beschreibt und durch den Koordinatennullpunkt die Rechtecksdiagonale zieht; der Schnittpunkt der Diagonale mit der Magnetisierungskurve gibt mit ausreichender Genauigkeit den günstigsten Arbeitspunkt an (Abb. 28). Die Neigung der Diagonale gegen die Induktionsachse, also das Verhältnis $\frac{H_c}{B_r}$, gibt gleichzeitig den für den betreffenden Werkstoff günstigsten Entmagnetisierungsfaktor an. Wird H in A/cm und B_r in Gauß angegeben, so rechnet man $N = \frac{H_c \cdot 1{,}256}{B_r}$; wird H_c in Oersted angegeben, so rechnet man $N = \frac{H_c}{B_r}$. Bei Magneten, deren Luftspaltgröße sich im Gebrauch gelegentlich oder periodisch ändert, bewegt sich die Induktion auf einer von der äußeren Magnetisierungskurve ins Innere der Schleife verlaufenden Linie; bei Verengung des Luftspalts sinkt der Entmagnetisierungsfaktor. Die Neigung dieser „inneren“ Magnetisierungskurve gegen die Feldstärkenachse heißt *reversible Permeabilität* des Dauermagneten.

Verlangt man vom Dauermagneten eine hohe bleibende Magnetisierung gleichzeitig mit hoher Koerzitivkraft, so wird vom *Relaiseisen* gerade das Umgekehrte gefordert: kleine Feldstärken sollen bereits eine hohe Magnetisierung bewirken, beim Abschalten der Erregung soll aber die Magnetisierung möglichst restlos verschwinden. Als Relaiseisen ist daher nur ein Werkstoff mit kleiner Koerzitivkraft geeignet, damit auch bei kleinem Entmagnetisierungsfaktor eine Selbstentmagnetisierung stattfindet.

Dynamostahlguß ist ein Werkstoff, von dem man sowohl hohe Magnetisierbarkeit als auch eine hohe Festigkeit verlangt; zwischen diesen beiden Forderungen muß ein Ausgleich gefunden werden.

Bei *Dynamo- und Transformatorenblechen* zielt die technische Forderung in erster Linie auf hohe, mit kleinen Feldern erreichbare Magnetisierung und auf geringe Ummagnetisierungs- und Wirbelstromverluste. Da die von einem Transformator abgegebene Leistung bei gegebener Frequenz ungefähr dem Produkt aus dem magnetischen Fluß im Eisen mit der Zahl der Amperewindungen proportional ist, muß man, um das Gewicht zu begrenzen, eine hohe Magnetisierbarkeit des Werkstoffes fordern. Die Höhe der maximal erreichbaren Kraftliniendichte ist jedoch nicht entscheidend. Denn das Verhältnis der Kraftliniendichte zur Zahl der Amperewindungen je cm, d. h. die Permeabilität durchläuft mit zunehmender Feldstärke einen Höchstwert; die bei μ_{max} erreichte Kraftliniendichte liegt jedoch meist weit unterhalb der Sättigung. Eine Steigerung der Kraftliniendichte über diesen Betrag hinaus erfordert also merklich größere Ströme und führt daher zu höheren Energieverlusten in der Wicklung des Transformators; gleichzeitig tritt auch eine starke Erhöhung der Eisenverluste ein. Für Transformatoren, die nur für die Dauer der Arbeitsleistung an das Netz angeschlossen werden, ist diese Steigerung der Verluste wirtschaftlich leichter tragbar als für dauernd an Spannung liegende Transformatoren, deren Betriebszeit nur einen kleinen Bruchteil des Tages ausmacht. Da die Kupferverluste im Leerlauf gering sind, spielt der Energieverlust im Eisen, der ja auch bei Leerlauf stattfindet, für diese schlecht ausgenützten Transformatoren eine große Rolle.

Um die Eisenverluste herabzusetzen, hat man mehrere Wege beschritten. Da die Wirbelstromverluste mit sinkender elektrischer Leitfähigkeit zurückgehen, hat man einerseits durch Legierungszusätze, z. B. Silizium, den spezifischen Widerstand des Werkstoffes erhöht, und andererseits hat man statt massiven Eisens Bleche von geringer Stärke benutzt, die durch ihre Zunderhaut oder auch durch Isolierstoffe voneinander getrennt sind, und hat hierdurch die Ausbildung der Wirbelströme eingeschränkt. Ein anderer Weg zur Verbesserung der Bleche besteht in der Züchtung solcher Texturen, bei denen ein möglichst großer Teil der Kristalle mit der Richtung leichtester Magnetisierbarkeit in der Längsrichtung des Blechs oder des Bandes liegt. Durch sorgfältige Schmelzführung, niedrigste Kohlenstoffgehalte und Wärmebehandlung, welche die elastischen Spannungen im Werkstoff herabsetzt, hat man die Koerzitivkraft merklich unter 1 A/cm herabgedrückt und die Permeabilität erhöht.

Bei den magnetischen Werkstoffen der Schwachstromtechnik, insbesondere der Fernmeldetechnik, wird auf die Einschränkung der Kupferverluste und der Verluste im Eisen womöglich noch höherer Wert gelegt. Für *Übertragerkerne* werden Eisen-Nickel-Legierungen benutzt, von denen hohe Anfangspermeabilität ($\mu_a = 10000$ bis 100000) neben hoher Maximalpermeabilität verlangt wird. Für die Verwendung von Übertragerspulen spielen auch die Konstanz der Permeabilität bei kleinen Feldern und die Beeinflußbarkeit der Permeabilität durch vorübergehende Magnetisierung eine Rolle. Ferrite bestehen aus ferromagnetischen Oxyden mehrerer Metalle; sie vereinigen hohe Anfangspermeabilität mit gegenüber Metallen sehr kleiner elektrischer Leitfähigkeit und ermöglichen daher eine bedeutsame Verminderung der Wirbelstromverluste.

Schließlich seien noch die Werkstoffe mit hohen Temperaturkoeffizienten der Magnetisierung genannt. An sich weisen sämtliche ferromagnetische Werkstoffe eine *Temperaturabhängigkeit der Magnetisierung* auf. Soweit sie nur *einen* ferromagnetischen Gefügebestandteil enthalten, besteht für die Beziehung zwischen Magnetisierung und Temperatur formal das gleiche Gesetz, demzufolge die Magnetisierung zwischen dem Höchstwert beim absoluten Nullpunkt der Temperatur und etwa $^3/_4$ der von dort an gezählten Curietemperatur stetig und nur um etwa $^1/_5$ abnimmt, während bei noch weiterer Annäherung an den Curiepunkt die Magnetisierung beschleunigt sinkt (Abb. 29). Bei der Mehrzahl der technisch benutzten Eisenlegierungen macht sich wegen des hohen Curiepunktes, für reines Eisen 768° C, die Temperaturabhängigkeit in der Nähe von Raumtemperatur wenig bemerkbar. Werkstoffe mit niedrigem Curiepunkt dagegen können bei gewissen Temperaturen noch merklich ferromagnetisch sein und bei geringer Temperaturerhöhung bereits einen großen Teil ihrer Magnetisierbarkeit einbüßen. Als magnetische Nebenschlüsse können solche Stoffe dazu dienen, den magnetischen Fluß in einem Meßinstrument oder einem anderen magnetischen Kreis mit sehr hoher Genauigkeit unabhängig von Temperaturschwankungen zu machen.

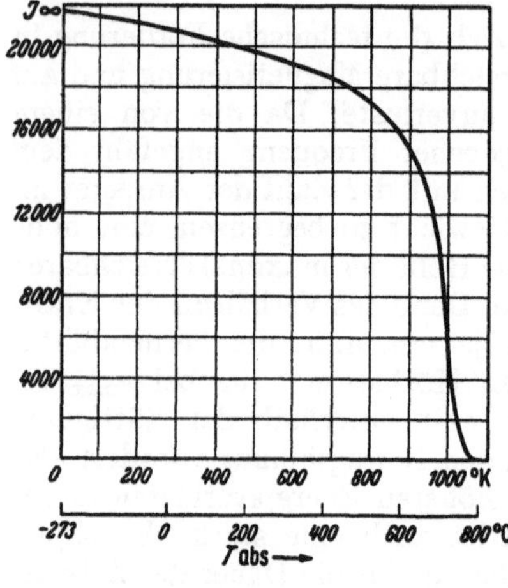

Abb. 30. Temperatur-Magnetisierungskurve von Eisen.

Zum Schluß dieses kurzen Überblickes seien die *Magnetostriktionswerkstoffe* genannt. Die große Mehrzahl der ferromagnetischen Stoffe ändert bei der Magnetisierung ihre Länge und ihr Volumen; diese Erscheinung heißt *Magnetostriktion*. Die Längenänderung durch Magnetostriktion ist sehr klein und erreicht im Höchstfall einige Hunderttausendstel der Länge. Auf dem Wege über die Magnetostriktion kann der Magnetisierungszustand eines Werkstoffs durch elastische Spannungen beeinflußt werden; die Magnetisierung eines Werkstoffes mit positiver Magnetostriktion wird durch Zug vergrößert und durch Druck verkleinert; Werkstoffe mit negativer Magnetostriktion verhalten sich umgekehrt. Eine technische Anwendung der Magnetostriktion besteht in der Erzeugung elastischer Schwingungen durch Wechselmagnetisierung eines Magnetostriktionswerkstoffes zur Erzeugung von Ultraschall.

c) Meßverfahren.

In den vorausgehenden Abschnitten sind die zur magnetischen Kennzeichnung eines Werkstoffes gebräuchlichen Größen definiert und ihre Zusammenhänge besprochen worden. Auch in diesem den Meßverfahren gewidmeten Abschnitt können nur die Grundzüge der wichtigsten Verfahren besprochen werden. Für die Einzelheiten der zur Zeit gebräuchlichen Meßgeräte, ihre Abmessungen und Schaltungen muß auf die Anleitungen und Leitfäden der physikalischen und elektrotechnischen Messungen[1] sowie auf die Zeitschriftenliteratur verwiesen werden; hier sei besonders das Archiv für technisches Messen erwähnt.

Die Zahl der bisher zur Anwendung gekommenen magnetischen Meßverfahren ist ziemlich klein. Entweder mißt man einen Induktionsstoß, der bei

[1] Z. B. WERNER JELLINGHAUS: Magnetische Messungen an ferromagnetischen Stoffen. Walter de Gruyter, Berlin 1952.

einer Änderung eines magnetischen Flusses oder bei einer Bewegung eines elektrischen Leiters relativ zu einem magnetischen Fluß entsteht, oder man mißt eine mechanische Kraft, die von einem homogenen oder inhomogenen Magnetfeld auf einen Körper ausgeübt wird, der mit einem magnetischen Moment behaftet ist, oder man mißt bei Wechselmagnetisierung eine induzierte Spannung oder einen induktiven Widerstand oder schließlich eine elektrische Leistung. Der weitaus größte Teil der magnetischen Messungen fällt in eine der genannten Gruppen.

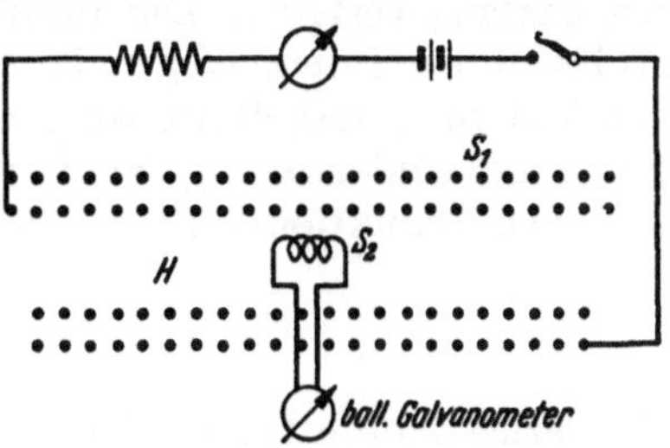

Abb. 30. Feldstärkenmessung mit dem ballistischen Galvanometer.

Als Beispiel für eine *Messung eines Induktionsstoßes* nennen wir zunächst eine Feldbestimmung. Die mit dem *ballistischen Galvanometer* verbundene Induktionsspule S_2, deren Windungsfläche $n_2 q = F$ ist, befindet sich innerhalb der Feldspule S_1 (Abb. 30). Durch Einschalten des Stromes in S_1 entsteht in S_2 ein Induktionsstoß vom Betrage

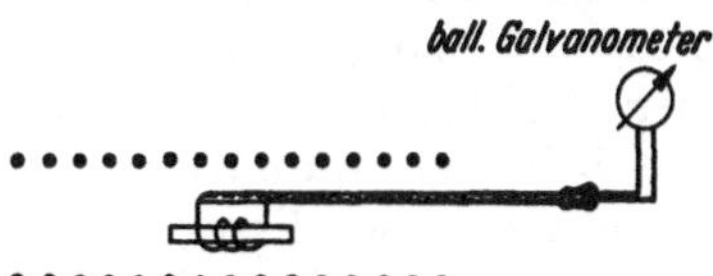

Abb. 31. Ballistische Induktionsmessung in offener Spule.

$$\int U\,dt = \frac{n_1 i}{l} n_2 q \mu_0 \text{ [Vs]}.$$

Beim Ausschalten des Stromes tritt ein Induktionsstoß in entgegengesetzter Richtung ein. Statt das Feld ein- und auszuschalten, kann man auch die Induktionsspule aus einem Raum, in dem das Feld annähernd Null ist, in das bereits in der Spule S_1 erzeugte Feld einführen oder aus dem Felde entfernen und die zufolge der Änderung in der Zahl der von der Spule S_2 umschlossenen Kraftlinien auftretenden Spannungsstöße messen.

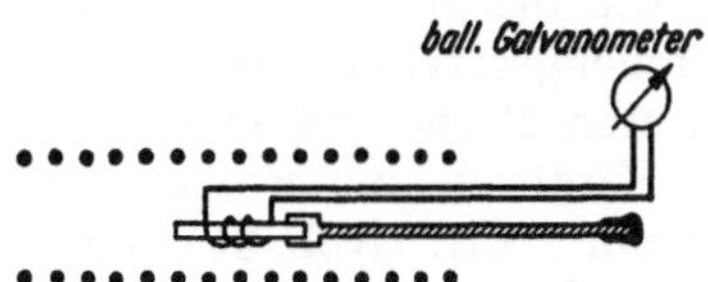

Abb. 32. Ballistische Messung der Magnetisierung in offener Spule.

Die Induktion in einem magnetisierten Körper wird grundsätzlich ebenso gemessen wie die eben beschriebene Feldmessung. Bezüglich der Gestalt der Probe und der dadurch bedingten Anordnung sind drei Hauptfälle zu unterscheiden: Im ersten Falle ist der Kreis der in der Probe induzierten Kraftlinien nicht geschlossen; man verwendet Proben in Form von *Ellipsoiden* oder ziemlich langgestreckten *Zylindern*. Die Induktionsspule soll die Probe ziemlich dicht umschließen. Die Induktion wird gemäß Abb. 31 durch Abziehen einer Spule von der Probe gemessen; sie kann auch bei Änderung des Feldes gemessen werden. Eine Abart dieses Verfahrens, bei der die Spule an ihrem Ort im Felde bleibt und die Probe fortgeführt wird, liefert die Magnetisierung (Abb. 32). Für die zur Induktion zugehörige Feldstärke an der Probe muß der Entmagnetisierungsfaktor der Probe berücksichtigt werden.

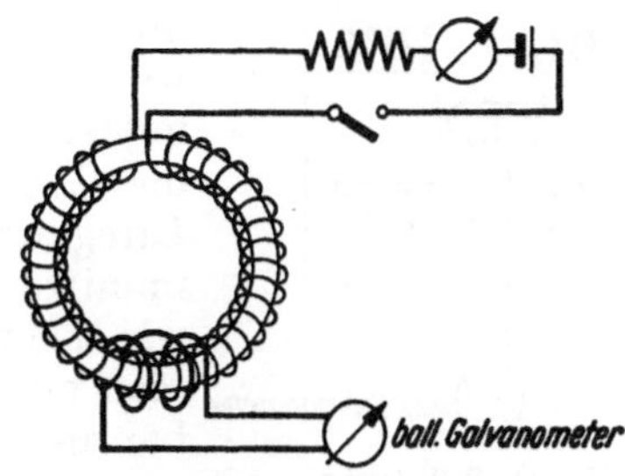

Abb. 33. Ballistische Induktionsmessung an ringförmigen Proben. (Nach FISCHER: Abriß der Dauermagnetkunde.)

Das zweite Verfahren besteht in der Verwendung eines geschlossenen Eisenkreises von gleichmäßigem Querschnitt; die Probe muß als geschlossener Ring vorliegen. In der Praxis wird dies Verfahren bei gestanzten *Ringen oder Bandkernen* benutzt (Abb. 33). Zur Magnetisierung solcher geschlossener Eisenkreise wird eine Wicklung benötigt, deren Windungen sich gleichmäßig über den Umfang verteilen. Die Induktionsmessung kann im Gegensatz zu offenen Proben nur auf dem Wege über die bei einer Feldänderung erfolgende Induktionsänderung ausgeführt werden; eine unmittelbare Erfassung der Induktion ohne eine Feldänderung ist nicht möglich. Die Induktion wird aus dem gemessenen Induktionsstoß berechnet:

$$\Delta B = \frac{\int U\,dt}{n\,q}.$$

Als Bezugspunkte für die Induktionsmessung werden vorzugsweise die Induktion Null im entmagnetisierten Zustand oder die Induktion bei einer bestimmten, zur Sättigung ausreichenden Feldstärke benutzt. Die zur Messung der Induktion erforderliche Wicklung kann an beliebiger Stelle auf dem Eisenquerschnitt aufgewickelt werden. Um kleine Flußänderungen mit ballistischen Galvanometern von geringer Empfindlichkeit zu messen, wird eine hohe Zahl von Induktionswindungen benötigt. Die Feldstärke wird aus der Windungszahl der Erregerwicklung und der Stromstärke unter Beziehung auf den mittleren Umfang des Kreisrings berechnet. Im geschlossenen homogenen Eisenkreis von gleichmäßigem Querschnitt tritt keine Selbstentmagnetisierung auf.

Die dritte Abart der ballistischen Induktionsmessung benutzt einen zusammengesetzten Eisenkreis mit einer meist prismatisch oder zylindrisch geformten Probe und einem Rückschluß aus weichem Eisen, welcher meistens im Vergleich zur Probe merklich größeren Querschnitt aufweist und *Joch* genannt wird (Abb. 34). Zur Felderzeugung werden eine oder mehrere Wicklungen benötigt, die entweder die Probe oder auch die unmittelbar an die Probe anstoßenden Jochschenkel umschließen. Die Meßordnung eignet sich in erster Linie für Werkstoffe von hoher und mittlerer Koerzitivkraft. Die Induktion wird meistens mit einer Wicklung gemessen, die unmittelbar auf die Probe aufgewickelt ist; man mißt die Induktionsänderungen, die bei Änderungen der Erregung eintreten. Eine Berechnung der Feldstärke unmittelbar aus der Amperewindungszahl der Erregung wie beim homogenen Eisenkreis ist nicht möglich. Man muß meistens eine Feldstärkenmessung unmittelbar an der Probenoberfläche vornehmen.

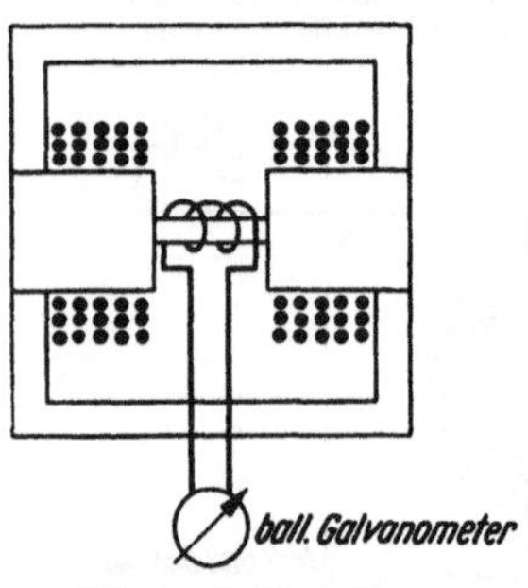

Abb. 34. Ballistische Induktionsmessung im Joch.

Bei den bisher beschriebenen induktiven Verfahren werden Spannungsstöße gemessen, die bei *einmaliger* Änderung des Feldes oder des magnetischen Flusses auftreten. *Periodische* Spannungsstöße werden erhalten, wenn der den Kraftschluß umschließende Leiter entweder eine periodische Bewegung senkrecht zum Fluß ausführt oder wenn bei stillstehendem Leiter der Fluß oder das Feld sich periodisch ändern. Die an erster Stelle genannte Messung eines zeitlich konstanten Feldes durch einen periodisch bewegten Leiter nennt man *Meßgeneratorverfahren,* weil dabei eine Wechselspannung zu Meßzwecken erzeugt wird. Gewöhnlicherweise läßt man eine Induktionsspule um eine zur Flußrichtung senkrechte Achse rotieren; die Normale zur Windungsfläche soll dabei senkrecht zur Rotationsachse gerichtet sein. Die entstehende Wechselspannung ist proportional der zu messenden Feldstärke, proportional der Windungsfläche der rotierenden

Spule und proportional der Rotationsfrequenz:

$$E_{eff} = n\, q\, \mu_0\, H\, \omega \frac{1}{\sqrt{2}}.$$

$\omega = 2\pi f$ bezeichnet die Kreisfrequenz.

Die induzierte Wechselspannung wird oft aus meßtechnischen Gründen mittels eines Kollektors oder eines Gleichrichters in pulsierende Gleichspannung umgeformt.

Unter den Verfahren, welche die von einem magnetischen Feld ausgeübten Kräfte messen, sei zuerst das *Drehspulverfahren* genannt, welches uns in der elektrischen Meßtechnik bei den Gleichstrommessungen immer wieder begegnet. Bei der bekannteren elektrischen Anwendung dieses Meßprinzips wird eine Stromstärke bestimmt derart, daß der Strom eine drehbare Spule durchfließt und ihr damit ein magnetisches Moment verleiht; die Spule befindet sich in einem Magnetfeld, welches die Richtung des magnetischen Moments mit seiner eigenen Richtung parallel zu stellen versucht. Eine elastische Kraft (Spiralfeder, Torsionsfaden, Spannband) wirkt dieser drehenden Kraft entgegen, so daß sich die Spule nur bis zu einem Winkel α dreht, bei dem das durch die Federspannung erzeugte Drehmoment dem durch das Produkt aus der Stärke des Feldes und dem magnetischen Moment der stromdurchflossenen Spule bestimmten elektrodynamischen Drehmoment das Gleichgewicht hält. Bei der magnetischen Anwendung dieses Meßprinzips ist die Anordnung grundsätzlich die gleiche, man kennt jedoch den durch die Drehspule fließenden Strom und soll nun mittels des durch die Auslenkung der Spule bekannten Drehmoments die bisher unbekannte Feldstärke ermitteln. Das Drehmoment ist gleich dem Vektorprodukt von magnetischem Moment M und Feldstärke H.

$$|\mathfrak{T}| = |[\mathfrak{M} \cdot \mathfrak{H}]| = M H \sin(M, H).$$

Die stromdurchflossene Spule mit ihrem magnetischen Moment kann durch einen starken Dauermagneten ersetzt werden, sofern dessen magnetisches Moment hinreichend beständig gegen Felder von der Größe des gemessenen Feldes ist. Schließlich kann die Drehmomentbestimmung bei bekanntem Feld zur Bestimmung des unbekannten magnetischen Moments eines Dauermagneten dienen (Abb. 35).

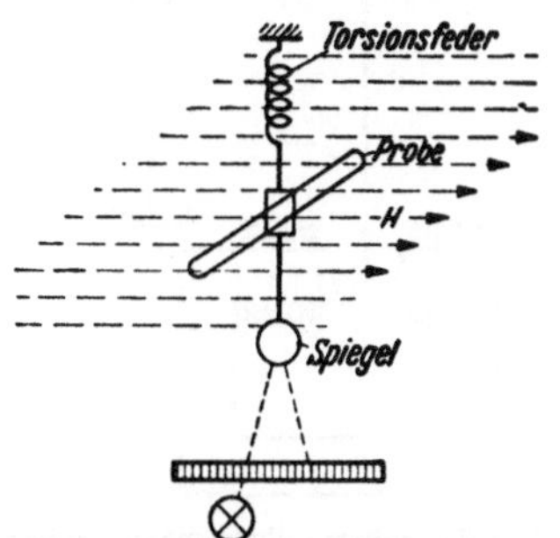

Abb. 35. Bestimmung des magnetischen Moments durch das vom homogenen Felde ausgeübte Drehmoment.

Bei dem bereits von Gauss benutzten und später von Kohlrausch und Holborn verbesserten *Magnetometer* wird ebenfalls von dem elektrodynamischen Drehmoment Gebrauch gemacht, welches von einem zunächst unbekannten Feld auf eine Magnetnadel mit bekanntem magnetischem Feld M_2 ausgeübt wird. Dieses unbekannte Feld stammt von einem in merklicher Entfernung von der beweglichen Nadel fest aufgestellten Körper mit dem magnetischen Moment M_1. Die Länge dieses Körpers (Zylinder oder Ellipsoid) soll klein gegen den Abstand R von der Nadel M_2 sein. Man bringt M_1 in eine Lage derart, daß die im Mittelpunkt der unabgelenkten Nadel senkrecht zu ihrer Längsachse verlaufende Richtung mit der des magnetischen Moments M_1 zusammenfällt (1. Gausssche Hauptlage, Abb. 36). Die Nadel dreht sich unter der Wirkung des von M_1 herrührenden Feldes um einen Winkel φ gegen die magnetische Nord-Süd-Richtung. Bei bekannter Stärke des Erdfeldes H_E wird M_1 aus folgender Beziehung gefunden:

$$\operatorname{tg}\varphi = \frac{M_1}{2\pi R^3 \mu_0 H_E}.$$

Das hier in der ursprünglichen Form geschilderte Verfahren ist mehrfach verbessert worden. KOHLRAUSCH und HOLBORN haben die Wirkung des Erdfeldes auf die bewegliche Nadel durch einen an der gleichen Achse in größerem Abstande angebrachte zweite Nadel ausgeglichen und an Stelle des Erdfeldes die

Abb. 36. Erste GAUSSsche Hauptlage.

Abb. 37. Astatisches Magnetometer mit Feldspule und Kompensationsspule.

elastische Richtkraft des Aufhängungsfadens eingeführt. Auch hat man durch Magnetisierungsspulen, die die Probe umschließen, und durch Kompensationsspulen, die deren Wirkung auf das Magnetometer aufheben, die Anwendung erweitert, so daß auch bei von Null verschiedenen äußeren Feldern Messungen durchgeführt werden können (Abb. 37).

Bei der *magnetischen Waage* benutzt man die mechanische Kraft, die ein inhomogenes Feld auf einen magnetisierten Körper ausübt, zur Bestimmung der Magnetisierung dieses Körpers. Die Kraft P ist proportional dem Volumen V des Körpers, der Magnetisierung J und dem Feldstärkengefälle dH/dx (Abb. 38).

$$P = V J \frac{dH}{dx}.$$

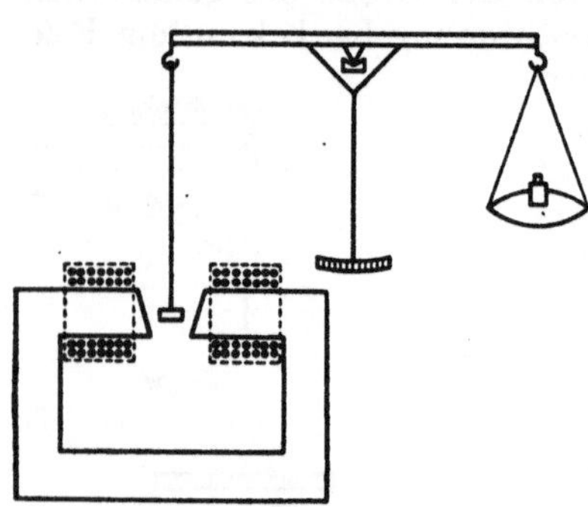

Abb. 38. Schema einer magnetischen Waage.

Das Verfahren wird insbesondere bei hohen Temperaturen als Ersatz für ballistische Sättigungsmessungen gebraucht, eignet sich aber in der üblichen Ausführung nicht für die Aufnahmen der Neukurve oder der Hysteresisschleife.

Magnetische Messungen im Wechselfeld werden in erster Linie ausgeführt, um den induktiven Widerstand eines mit Wechselstrom betriebenen Stromkreises und ferner, um die durch die Wechselmagnetisierung verursachten Energieverluste im Eisen zu bestimmen.

Die Messungen werden zum größten Teil mit der gebräuchlichen technischen Niederfrequenz von 50 Hz ausgeführt, weil die der Energieerzeugung und der Energieumformung dienenden Generatoren, Motoren und Transformatoren der Starkstromtechnik vorwiegend mit Niederfrequenz arbeiten. Für Sonderzwecke (an erster Stelle für die Nachrichtentechnik) werden höhere Frequenzen verlangt. Mit zunehmender Frequenz nimmt der induktive Widerstand zu;

der Hystereseanteil der Eisenverluste steigt, wie bereits erwähnt, einfach proportional mit der Frequenz und der Wirbelstromanteil mit deren Quadrat. Demzufolge ändern sich die Aufgaben der Messung mit steigender Frequenz. Bei Niederfrequenz, z. B. beim Betrieb von Hochleistungstransformatoren, werden noch Induktionen angestrebt, die der magnetischen Sättigung des Werkstoffs ziemlich nahe kommen. Mit zunehmender Frequenz verzichtet man wegen der steigenden Verluste mehr und mehr auf hohe Induktionen; man magnetisiert nur noch bis zur Maximalpermeabilität, und bei sehr hohen Frequenzen interessiert an erster Stelle nur noch das magnetische Verhalten im Bereich der Anfangspermeabilität.

Die *Induktion bei Wechselmagnetisierung* wird vorwiegend im geschlossenen homogenen Eisenkreis gemessen, ähnlich wie es bei den Gleichfeldmessungen an Ringen beschrieben ist. An die Stelle des ballistischen Galvanometers treten jedoch andere Spannungsmesser, welche entweder als Oszillographen den zeitlichen Verlauf der zu messenden Spannung oder aber bei größerer Trägheit einen Mittelwert anzeigen. Bei den letzteren ist wiederum je nach der Arbeitsweise des Geräts zwischen dem *Effektivwert* (definiert als Wurzel aus dem zeitlichen Mittelwert der Quadrate der Meßgröße) und dem einfachen *arithmetischen Mittelwert* (gemessen über einer Halbperiode) zu unterscheiden. Die Messung der Mittelwerte kann natürlich nur dann eine eindeutige Aussage geben, wenn (neben anderen Bedingungen) die vorgeschriebene Kurvenform erfüllt ist. Für die Prüfung von Elektroblechen wird z. B. sinusförmige Spannung vorgeschrieben. Bei der Bildung arithmetischer Mittelwerte über eine Halbperiode müssen außerdem noch die Phasenwinkel, zwischen denen sich die Halbperiode erstreckt, bekannt sein (Abb. 39). Für Messungen bei technischer Niederfrequenz sind sogenannte Schwingkontakte entwickelt worden, die aus einer Strom- oder Spannungskurve bei beliebigen einstellbaren Phasenwinkeln eine Halbwelle herauszuschneiden gestatten. Die während der Kon-

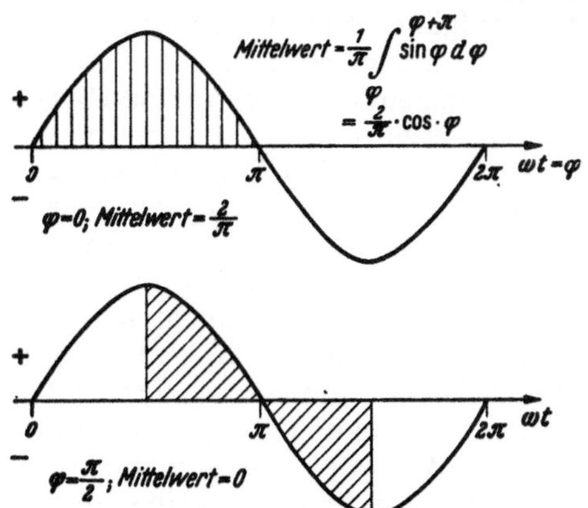

Abb. 39. Einfluß des Phasenwinkels auf den über eine Halbperiode gemittelten Wert einer Sinusfunktion.

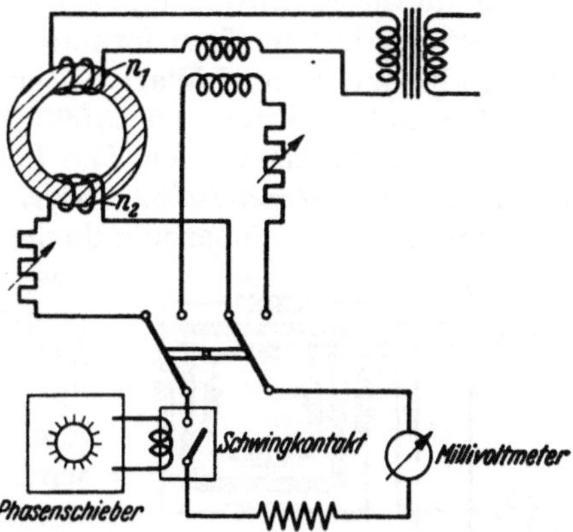

Abb. 40. Schaltbild für die Messung der Induktion und der Feldstärke bei Wechselmagnetisierung mit 50 Hz mittels Phasenschieber, Schwingkontakt und Millivoltmeter.

taktzeit entnommene Spannung wird einem langsam schwingenden Gleichspannungsmeßgerät zugeführt, welches selbsttätig das zeitliche Mittel über die Summe der Momentanwerte bildet. Das Verfahren hat außerdem wegen der hohen Spannungsempfindlichkeit der Drehspulmeßgeräte den Vorteil, daß auch kleine Wechselspannungen weit unter 1 Volt mit Zeigerinstrumenten gemessen werden können (Abb. 40). Damit ist eine Möglichkeit gegeben, auch

Momentanwerte von Strömen oder Spannungen zu messen, allerdings unter der einschränkenden Bedingung, daß die Magnetisierungskurve des Werkstoffs symmetrisch ist; bei Überlagerung von Gleich- und Wechselfeldern ist im allgemeinen nicht mit völliger Symmetrie der Schleife zu rechnen.

Die Momentanwerte der in den Induktionsspulen gemessenen Spannungen geben nicht die Induktion selbst, sondern ihre Ableitung nach der Zeit an. Die Integration der Ableitungen, welche bei der Mittelwertsbildung stattfindet, liefert daher die ursprüngliche Funktion zurück.

$$E_t = c\frac{dB}{dt} = c\,B_{\max}\frac{d\sin\omega t}{dt} = c\,B_{\max}\varkappa\cos\omega t \quad \text{Momentanwert,}$$

$$E_m = c\,B_{\max}\frac{\omega}{\pi}\int\limits_{\varphi}^{\varphi+\pi}\cos\varkappa\,t\,d\omega t = c\,B_{\max}2f\int\limits_{\varphi}^{\varphi+\pi}\sin\omega t = c\,B_{\max}4f\sin\omega t \quad \text{Mittelwert.}$$

Auch für die Strommessungen sind Differentialschaltungen angegeben worden, die über die Mittelwertsbildung wieder zur ursprünglichen Funktion zurückführen. Auf diese Phasenbeziehungen muß geachtet werden, um Unstimmigkeiten zu vermeiden. Es sei hier erwähnt, daß bei Wechselmagnetisierung als „*Scheinpermeabilität*“ nicht der Quotient der zusammengehörigen Werte von B und H, sondern der Quotient $H_{\max}/B_{\max}$ anzugeben ist, wobei $B_{\max}$ und $H_{\max}$ unter Umständen bei merklich verschiedenen Phasenwinkeln gemessen werden.

Bisweilen werden von der magnetischen Prüfung nicht reine, von den Abmessungen der Proben unabhängige Werkstoffkennziffern, sondern auch solche Meßgrößen verlangt, die nicht nur vom Stoff, sondern auch durch die Gestalt bestimmt werden; hierzu gehört beispielsweise die Induktivität L einer eisenhaltigen Spule, welche in einer *Induktivitätsmeßbrücke* best.mmt wird; es kann darauf nicht näher eingegangen werden.

Eine für die Elektrotechnik sehr wichtige Aufgabe ist auch die Bestimmung der *Wattverluste* von Transformatoren- und Dynamoblechen. Die Verlustziffer V_{10} gibt an, wieviel Watt bei einer Wechselmagnetisierung mit 50 Hz bei einer Maximalinduktion von 10000 Gauß je kg Eisen in einem Transformator in Wärme umgesetzt werden. Die *Verlustziffer* kann auf drei Wegen bestimmt werden. Beim *wattmetrischen Verfahren* werden der primäre Magnetierungsstrom und die sekundärseitig induzierte Spannung einem Wattmeter zugeführt; das vom Wattmeter angezeigte Produkt ist proportional der im Eisen verbrauchten *Wirkleistung* (Abb. 41). Der zweite Weg geht über die mit Wechselstrom gemessene *Hysteresisschleife*, deren Flächeninhalt planimetriert wird. Der dritte Weg geht über die Maximalwerte von Feldstärke und Induktion, deren Produkt mit dem Sinus des *Verlustwinkels* den Verlust ergibt. Auf Einzelheiten kann hier nicht eingegangen werden.

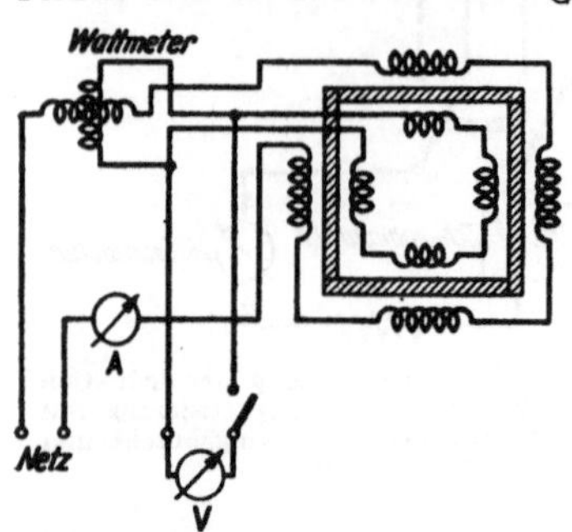

Abb. 41. Wattverlustmessung mit dem Wattmeter (EPSTEIN-Gerät).

Zur Messung der *Magnetostriktion* sei nur kurz bemerkt, daß die Sättigungsmagnetostriktion vieler ferromagnetischer Stoffe in der Größenordnung liegt, welche bei einer Temperaturänderung um 1° C als relative Längenänderung beobachtet wird; die Messung kann optisch durch Drehung eines Lichtzeigers (Spiegelwalze) oder elektrisch durch Veränderung einer Kapazität (eine Kondensatorplatte beweglich) ausgeführt werden.

8. Feinstrukturuntersuchungen.

Unter dem Begriff „Feinstrukturuntersuchungen“ faßt man eine Reihe von Prüfverfahren zusammen, deren Aussagen auf Grund von Röntgenbeugungsbeobachtungen gewonnen werden. Man benutzt dazu Röntgenlicht, dessen Wellenlängen dem Atomabstand im Kristallgitter der Werkstoffe vergleichbar sind, so daß Beugungserscheinungen eintreten. Die Auswertung des Beugungsbildes ermöglicht eine mehr oder weniger vollständige Bestimmung der Atomanordnung im Gitter (Strukturanalyse). Gleichzeitig können die absoluten Gitterabmessungen mit hoher Genauigkeit bestimmt und daraus Schlüsse auf die Zusammensetzung von Mischkristallen, auf innere Spannungen usw. gezogen werden. Das Beugungsbild ermöglicht weiterhin die Identifizierung der vorliegenden Kristallarten sowie die Bestimmung der Kristallgröße und des Gitterzustandes bzw. dessen Veränderungen durch Verformungsvorgänge, Ausscheidungen usw. Auch Regelmäßigkeiten im Zusammenbau der Kristallite zum polykristallinen Werkstoff (Kristalltexturen) können festgestellt werden.

a) Kristallographische Grundlagen.

Die metallischen Werkstoffe sind durchweg kristallin aufgebaut; d. h. die Metallatome sind nicht wie in einer Schmelze lediglich unter Einhaltung eines mittleren Atomabstandes ungeordnet verteilt; sie besetzen vielmehr die Gitterpunkte von regelmäßigen, dreidimensional periodischen Raumgittern. Die einzelnen *Kristallite* des im allgemeinen vielkristallinen Werkstoffes unterscheiden sich von frei gewachsenen Kristallen nur dadurch, daß sie nicht von regelmäßigen Wachstumsflächen begrenzt sind, die schon äußerlich ihre Symmetrie erkennen lassen. Ihre unregelmäßigen Grenzflächen, die *Korngrenzen*, sind durch die Zufälligkeiten der Lage zu den angrenzenden Nachbarkristallen bedingt.

Kristallgeometrie. Auf dem Raumgitteraufbau der Kristalle beruht die Richtungsabhängigkeit, die Anisotropie, ihrer physikalischen Eigenschaften, so auch die Symmetrie der Eigenschaften auf der Symmetrie der Raumgitter. Zur Beschreibung eines Kristallgitters benutzt man ein seiner Symmetrie angepaßtes Achsenkreuz, das durch die Längen a, b, c der Maßeinheit auf den Achsen und die Winkel α, β, γ zwischen den Achsen gekennzeichnet ist. Eine Übersicht über die den 7 Kristallsystemen entsprechenden Achsenkreuze ist in Tab. 2 gegeben.

Tabelle 2. *Übersicht über die 7 Kristallsysteme.*

Kristallsystem	Achsenlängen			Achsenwinkel		
Triklin	a	b	c	α	β	γ
Monoklin	a	b	c	90°	β	90°
Rhombisch	a	b	c	90°	90°	90°
Tetragonal	a	a	c	90°	90°	90°
Hexagonal	a	a	c	90°	90°	120°
Rhomboedrisch	a	a	a	α	α	α
Kubisch	a	a	a	90°	90°	90°

Die Symmetrie eines Kristalles ist durch die Angabe der Deckbewegungen (Symmetrieoperationen) gekennzeichnet, die die Gruppe physikalisch gleichwertiger Richtungen bzw. das ganze unendlich ausgedehnte Gitter mit sich selbst zur Deckung bringen. Als Deckbewegungen sind möglich die *Translation* (Parallelverschiebung um ganze Vielfache der Gitterabstände), die

Drehung (um 2-, 3-, 4- oder 6zählige Achsen), die *Spiegelung* (an einer Ebene) und Kombinationen dieser Operationen (*Drehspiegelung, Schraubung, Gleitspiegelung*). Die Frage, welche Verbindungen von Symmetrieoperationen möglich sind, bzw. wie viele Kristallarten nach ihrer Symmetrie überhaupt unterschieden werden können, wurde im Jahre 1890 von SCHÖNFLIES dahin beantwortet, daß insgesamt 230 und nur 230 verschiedene Verbindungen von Symmetrieelementen, *Raumgruppen* genannt, mit den Eigenschaften der Kristalle vereinbar sind. Betrachtet man den Kristall als Kontinuum, so fällt die Translation als Symmetrieoperation fort, und die 230 Raumgruppen fallen in 32 Symmetrieklassen zusammen, in die die Kristalle auf Grund der Richtungsverteilung makroskopisch feststellbarer physikalischer Eigenschaften, z. B. der Wachstumsgeschwindigkeit, eingeteilt werden können.

Die Aufgabe der *Strukturanalyse* besteht danach in der Zuordnung eines Kristalls zu einer der 32 Symmetrieklassen bzw. der 230 Raumgruppen und in der Ermittlung der Abmessungen des Elementarkörpers, auf dem sich das Gitter aufbaut. Schließlich ist noch die Anzahl und räumliche Verteilung der Atome bzw. Ionen (Gitterbausteine) innerhalb der Elementarzelle zu bestimmen. Die Strukturanalyse selbst ist nicht eine Aufgabe der Werkstoffprüfung; wohl aber bilden ihre experimentellen Verfahren auch die Grundlage der Feinstrukturuntersuchung, deren Aufgaben und Möglichkeiten eingangs kurz gekennzeichnet wurden.

Gesetze der Röntgenstrahlenbeugung. Die experimentellen Verfahren der Strukturanalyse gründen sich auf die Entdeckung von LAUE, FRIEDRICH und KNIPPING aus dem Jahre 1912, daß die Röntgenstrahlen von einem Kristall gebeugt werden. Bei der Einstrahlung von Röntgenlicht in einen Kristall wird jedes Atom Ausgangspunkt einer Kugelwelle. Die abgebeugten Strahlen summieren sich dabei wegen der regelmäßigen Anordnung der Beugungszentren so, als ob der Primärstrahl an den inneren Atomebenen des Kristalls, *Netzebenen*, gespiegelt würde. Dabei besteht gegenüber der Spiegelung von sichtbarem Licht an einer ebenen Fläche nur der Unterschied, daß die Spiegelung des Röntgenlichtes an sehr vielen parallelen Gitterebenen erfolgt und sich daher die so erhaltenen Teilwellen nur dann zu einem Strahl von merklicher Intensität summieren können, wenn ihre Gangunterschiede ganze Vielfache einer Wellenlänge betragen. Nach W. H. BRAGG kann dieses Gesetz in der einfachen Form ausgesprochen werden, daß nur dann ein gespiegelter Strahl zustande kommt, wenn zwischen der Wellenlänge λ des Röntgenlichtes, dem Abstand d der reflektierenden Atomebenen voneinander (Netzebenenabstand) und dem Einfallswinkel ϑ die Beziehung

$$n\lambda = 2d\sin\vartheta$$

erfüllt ist; n ist eine ganze Zahl (Abb. 42). Das BRAGGsche Gesetz läßt erkennen, daß die *Lage* der Röntgeninterferenzen bei gegebener Wellenlänge lediglich von den vorhandenen Netzebenenabständen, also von den Abmessungen des Kristallgitters, abhängt. Somit können auch die Abmessungen der Elementarzelle allein aus Beobachtungen der Lage von Interferenzpunkten oder -linien abgeleitet werden.

Nach dem BRAGGschen Gesetz bestehen grundsätzlich drei verschiedene Möglichkeiten, Röntgeninterferenzen an Kristallen zu erzeugen:

1. Man kann bei festaufgestelltem Kristall (gegebenem ϑ) die Wellenlänge λ so verändern, daß ein reflektierter Strahl zustande kommt, LAUE-*Verfahren*.

2. Man kann bei gegebenem λ den Kristall über einen passenden Winkelbereich schwenken. Es wird dann bei derjenigen Stellung eine Spiegelung

zustande kommen, in der die BRAGGsche Beziehung erfüllt ist, BRAGG- *und Drehkristallverfahren.*

3. Man kann bei gegebenem λ ein Kristallpulver bestrahlen, in dem sich alle möglichen Kristallagen, darunter auch die reflektierenden, vorfinden, DEBYE-SCHERRER- *und* HULL-*Verfahren.*

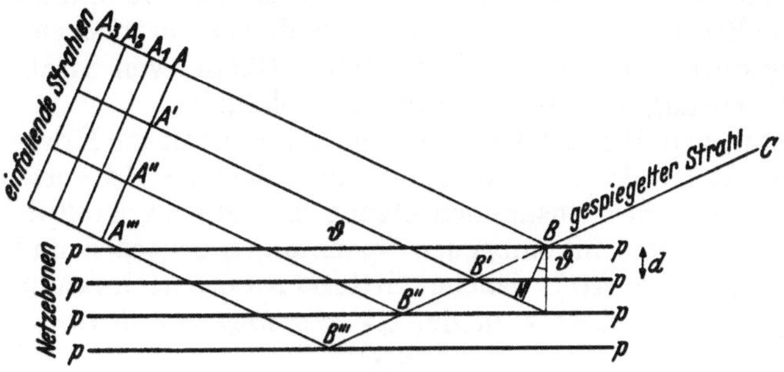

Abb. 42. BRAGGsches Gesetz.

Die Intensität I einer Röntgeninterferenz ist durch einen verwickelten Ausdruck gegeben, der mehrere zum Teil nicht einmal theoretisch gut erfaßte Einflußgrößen enthält. Es gilt

$$I = c\,P\,L\,p\,A\,|S|^2.$$

Der Ausdruck enthält neben einem Proportionalitätsfaktor c zunächst zwei nur vom Glanzwinkel ϑ abhängige Faktoren, den *Polarisationsfaktor* P, der die Richtungsabhängigkeit der Streuintensität um ein freies klassisch streuendes Elektron darstellt, und den LORENTZ-*Faktor* L, der die Empfindlichkeit der Reflexionsbedingung (BRAGGsches Gesetz) für kleine Verstimmungen von ϑ und λ berücksichtigt. Der *Häufigkeitsfaktor* p entspricht der Anzahl kristallographisch gleichwertiger Flächen, die dem Aufnahmeverfahren entsprechend an einer Interferenz mitwirken. Der *Absorptionsfaktor* A, der außer vom Glanzwinkel stark von Beschaffenheit und Form der Probe abhängt, soll die Absorption der Strahlung innerhalb der Probe erfassen. Der *Strukturfaktor*

$$|S|^2 = \left|\sum f_0\, e^{2\pi i\left(\frac{hx}{a} + \frac{ky}{b} + \frac{lz}{c}\right)}\, e^{-M}\, e^{-M'}\right|^2$$

berücksichtigt das Zusammenwirken der von den einzelnen Atomen der Elementarzelle ausgehenden Streuwellen entsprechend ihren Gangunterschieden. Er enthält deshalb für die durch h, k, l gegebene Beobachtungsrichtung (ϑ) die Koordinaten x, y, z der Atome in der Zelle mit den Kantenlängen a, b, c. Die Summierung ist über alle Atome innerhalb der Elementarzelle auszuführen. Er enthält weiter den *Atomfaktor* f_0, der das Streuvermögen eines Atoms beim absoluten Nullpunkt der Temperatur darstellt. Wegen der mit der Wellenlänge λ vergleichbaren Ausdehnung des Atoms ist dieser Faktor ebenfalls von der Beobachtungsrichtung, und zwar von $\sin\vartheta/\lambda$, abhängig. Der Einfluß der Aufnahmetemperatur wird durch den *Temperaturfaktor* e^{-M} berücksichtigt. Unregelmäßige *Gitterstörungen*, die man als „eingefrorene Wärmeschwingungen" auffassen kann, werden durch den Störungsfaktor $e^{-M'}$ erfaßt. Die Streuamplituden sind nach obiger Gleichung im allgemeinen komplex; für die Intensität ist der absolute Betrag $|S|^2$ maßgebend.

Aus den Gleichungen für den Struktur- und den Intensitätsfaktor ergibt sich, daß die Beobachtung der Interferenzintensitäten einerseits die eigentliche

Strukturanalyse, d. h. die Bestimmung der Atomlagen innerhalb der Zelle, ermöglicht und daß andererseits bei bekannter Struktur der Störungsfaktor $e^{-M'}$ bestimmt werden kann, so daß Schlüsse auf unregelmäßige Gitterstörungen gezogen werden können.

Das letzte Kennzeichen einer Interferenz außer Lage und Intensität ist ihre *Schärfe*, die besonders als *Linienbreite* in DEBYE-SCHERRER-Aufnahmen wichtig ist. Die Breite einer Linie ist außer von den geometrischen Bedingungen der Abbildung durch ein endlich ausgedehntes Bündel von Strahlen verschiedener Einfallsrichtung von zwei Einflüssen abhängig.

In vielkristallinen Werkstoffen können von Kristall zu Kristall oder auch innerhalb eines Kristalls Gitterkonstantenunterschiede Δd vorkommen, entweder infolge ungleicher Zusammensetzung bei Mischkristallphasen (Legierungen) oder infolge von inhomogenen Spannungen zwischen und in den Kristallen (Spannungen 2. Art). Solche Gitterkonstantenschwankungen führen nach dem BRAGGschen Gesetz zu der „*Verzerrungsverbreiterung*“

$$\Delta\vartheta = -\frac{\Delta d}{d}\operatorname{tg}\vartheta.$$

Ebenso tritt eine Verbreiterung ein, wenn die absolute Größe der Kriställchen bzw. der kohärent streuenden Gitterbereiche zu sehr abnimmt, und zwar wird die Verbreiterung bei Kantenlängen unter etwa 10^{-5} cm merklich. Die „*Teilchengrößenverbreiterung*“ ist nach M. v. LAUE unter bestimmten Voraussetzungen gegeben durch

$$\Delta\vartheta = \frac{\lambda}{\Lambda\cos\vartheta},$$

worin Λ die Kantenlänge der würfelförmig angenommenen, kubisch kristallisierten Teilchen bedeutet. Beobachtungen der Linienbreite ermöglichen hiernach Schlüsse auf Gitterkonstantenschwankungen und Größe der reflektierenden Kristallite.

b) Aufnahmeverfahren.

Das LAUE-Verfahren. Die von LAUE verwandte Versuchsanordnung ist in Abb. 43 schematisch dargestellt. Sie besteht im wesentlichen aus einem Blendensystem, das aus dem von der Röntgenröhre geliefertem Licht ein enges

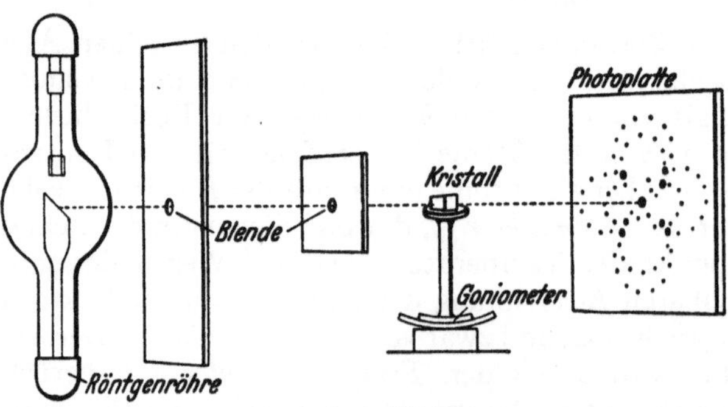

Abb. 43. LAUE-Verfahren.

Bündel aussondert, einem Tisch für die Aufstellung des Kristalls sowie einem Halter für die photographische Platte. Die zur Durchstrahlungsrichtung parallelen Symmetrieelemente des Kristalls können aus der LAUE-Aufnahme unmittelbar abgelesen werden. Dadurch hat die LAUE-Aufnahme für die Bestimmung der kristallographischen Orientierung von Metalleinkristallen besondere Bedeutung gewonnen. Für die Bestimmung der Elementarzelle ist sie den Drehkristallverfahren unterlegen.

Die Drehkristallverfahren. Das Grundsätzliche der Drehkristallverfahren ist in Abb. 44 schematisch dargestellt. Man benutzt im Gegensatz zum LAUE-Verfahren monochromatisches Licht und trägt der Reflexionsbedingung dadurch Rechnung, daß der Kristall während der Aufnahme gedreht wird. Die

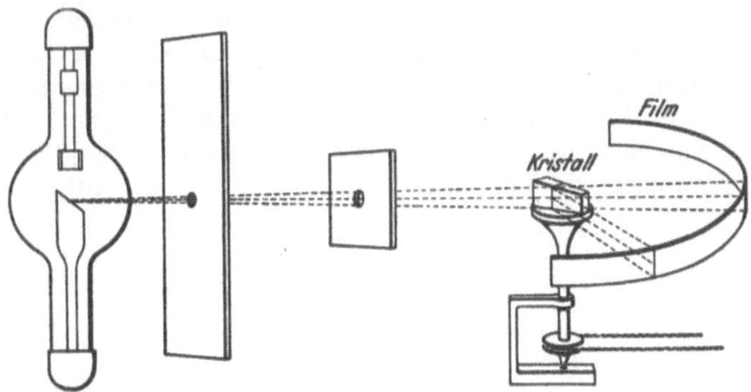

Abb. 44. Drehkristallverfahren.

verschiedenen Abarten des Drehkristallverfahrens sind für die Strukturanalyse von großer Bedeutung. Dreht man einen Kristall um eine dicht mit Atomen besetzte Gitterrichtung und fängt die reflektierten Strahlen auf einem zylindrischen Film auf, dessen Achse parallel zur Drehachse liegt, so ordnen sich die Reflexe nach dem Ausbreiten des Filmes auf parallelen Geraden, die nach M. POLANYI *Schichtlinien* genannt werden. Aus dem Schichtlinienabstand ergibt sich durch einfache Beziehung unmittelbar die Translationsperiode in der Drehrichtung. Durch drei Aufnahmen in verschiedenen niedrig indizierten Richtungen erhält man sofort die Abmessungen einer Elementarzelle.

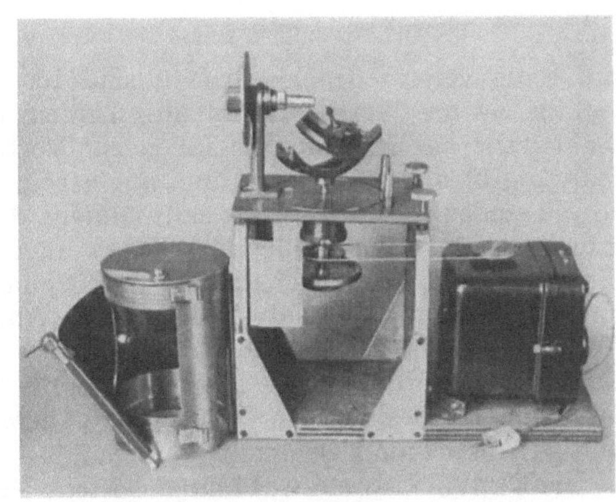

Abb. 45. Drehkristallapparat (nach GLOCKER).

Eine von R. GLOCKER[1] angegebene Drehkristallkammer ist in Abb. 45 wiedergegeben. Sie besteht aus einem Blendenträger, einem kleinen zweikreisigen Goniometerkopf für die Aufstellung des Kristalls und einem Filmträger in Form einer Büchse, im Bilde links unten. Die von E. SAUTER[2] angegebene Kegelkammer, bei der der Film zu einem Kreiskegel gebogen wird, ermöglicht auch die Aufnahme von Schichtlinien in größerer Entfernung vom Filmäquator.

---

[1] GLOCKER, R.: Materialprüfung mit Röntgenstrahlen, 3. Aufl., S. 185. Berlin/Göttingen/Heidelberg: Springer 1949.
[2] SAUTER, E.: Z. Kristallogr. Bd. 85 (1933) S. 156; Bd. 93 (1936) S. 93.

Eine Fortentwicklung der Drehkristallverfahren stellen die Röntgengoniometerverfahren dar. Bei diesen wird durch eine mit der Kristalldrehung gekoppelte Bewegung des Films über die Bestimmungsstücke der Drehkristallaufnahme hinaus auch noch eine Bestimmung der Kristallstellung im Augenblick der Reflexion für jede Netzebene erreicht. Man erhält dadurch auch die Winkel zwischen den Netzebenen und völlige Eindeutigkeit der Indizierung Es sind verschiedene Goniometerverfahren angegeben worden (WEISSENBERG[1], SCHIEBOLD-SAUTER[2], DAWSON[3], KRATKY[4]), die sich durch die Form der Filmfläche und die Art der Filmbewegung unterscheiden.

Das DEBYE-SCHERRER-Verfahren. Das Kristallpulververfahren, dessen grundsätzliche Anordnung aus Abb. **46** hervorgeht, ersetzt das zeitliche Nacheinander der reflektierenden Stellung eines Kristalls bei der Drehkristallaufnahme durch das räumliche Nebeneinander in einem Kristallpulver, dessen Teilchen vollkommen regellos angeordnet sind. Dieses Aufnahmeverfahren

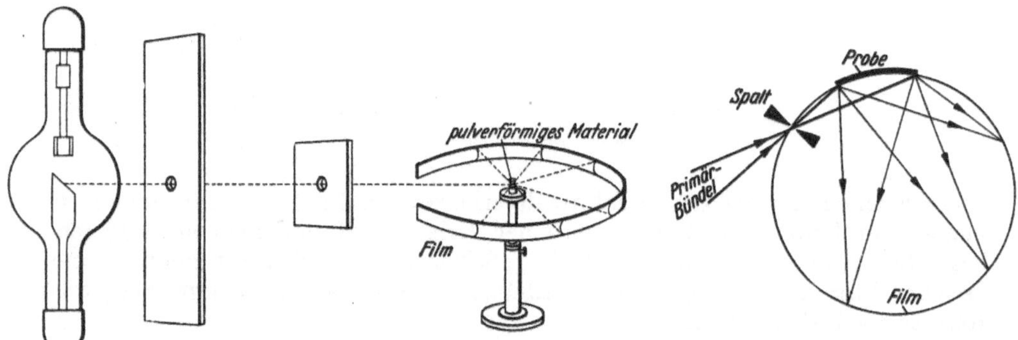

Abb. 46. DEBYE-SCHERRER-Verfahren.

Abb. 47. SEEMANN-BOHLIN-Verfahren.

und seine verschiedenen Abarten sind für die Werkstoffprüfung besonders wichtig, da die Werkstoffe im allgemeinen vielkristallin aufgebaut sind und Einkristalle nur in Ausnahmefällen zur Verfügung stehen. Für die Strukturanalyse gibt die Pulveraufnahme nur geringen Aufschluß; sie liefert von den für die eindeutige Indizierung notwendigen drei Bestimmungsstücken für jede Interferenz nur eine Größe, den Glanzwinkel ϑ, und damit gemäß BRAGGscher Gleichung den Netzebenenabstand d. Mit einer einzigen Aufnahme erhält man eine Darstellung aller Netzebenen, deren Abstände größer sind als die halbe Wellenlänge des benutzten Röntgenlichtes. Man erhält jedoch unmittelbar keine Aussage über die gegenseitige Lage der reflektierenden Ebenen und über die Symmetrie des Gitters. Diese muß auf dem Wege über eine nicht immer eindeutige Auswertung ermittelt werden.

Die DEBYE-SCHERRER-Kammer besteht aus Blende, Probenhalter und dem meist zylindrischen Film, auf dem die kegelförmigen Interferenzen aufgefangen werden. In der normalen Ausführung befindet sich die möglichst dünne zylindrische Probe auf der Achse des Filmzylinders, die vom Primärstrahl senkrecht getroffen wird. Bei dem von H. SEEMANN[5] und H. BOHLIN[6] angegebenen

---

[1] WEISSENBERG, K.: Z. Physik Bd. 23 (1924) S. 229. — J. BÖHM: Z. Phys. Bd. 23 (1926) S. 557.

[2] SCHIEBOLD, E: Fortschr. Min. Bd. 11 (1927) S. 113. — E. SAUTER: Z. phys. Chem. B Bd. 23 (1933) S. 370.

[3] DAWSON, W. E.: Phil. Mag. Bd. 5 (1928) S. 726.

[4] KRATKY, O.: Z. Kristallogr. Bd. 72 (1930) S. 529.

[5] Ann. Phys. Bd. 59 (1919 S. 455.

[6] Ann. Phys., Bd. 61 (1920) S. 421.

fokussierenden Verfahren tritt ein divergentes Strahlenbündel durch einen engen Spalt in der Zylinderwand ein; die Probe ist als Pulver auf einem Teil der Zylinderwand aufgetragen (Abb. 47). Alle Strahlen, die durch den Spalt auf die Probe fallen, werden nach der Reflexion unter dem Glanzwinkel ϑ wieder in einer scharfen Abbildung des Spaltes auf dem Filmzylinder vereinigt. Vorteilhaft ist die große Lichtstärke dieses Verfahrens; nachteilig ist, daß die Interferenzkegel den Film nicht senkrecht durchsetzen. Für Aufnahmen an größeren kompakten Proben und für besonders genaue Messungen von Netzebenenabständen ist das *Rückstrahlverfahren* geeignet, bei dem nur Interferenzen mit großen Glanzwinkeln aufgenommen werden (Abb. 48).

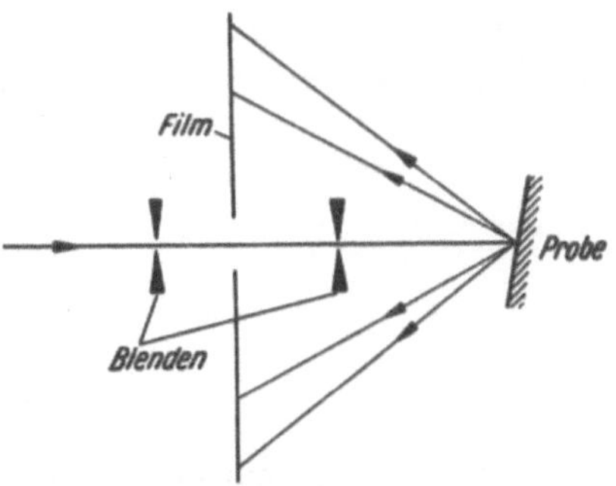

Abb. 48. Rückstrahlverfahren.

Auch bei diesem Verfahren kann das Fokussierungsprinzip ausgenutzt werden, indem man Eintrittsblende, Probenoberfläche und Schnittpunkt der Interferenzstrahlen mit dem Film auf einem Kreise anordnet.

Für *Untersuchungen bei hohen oder tiefen Temperaturen* sind besondere Aufnahmekammern entwickelt worden (Abb. 49).

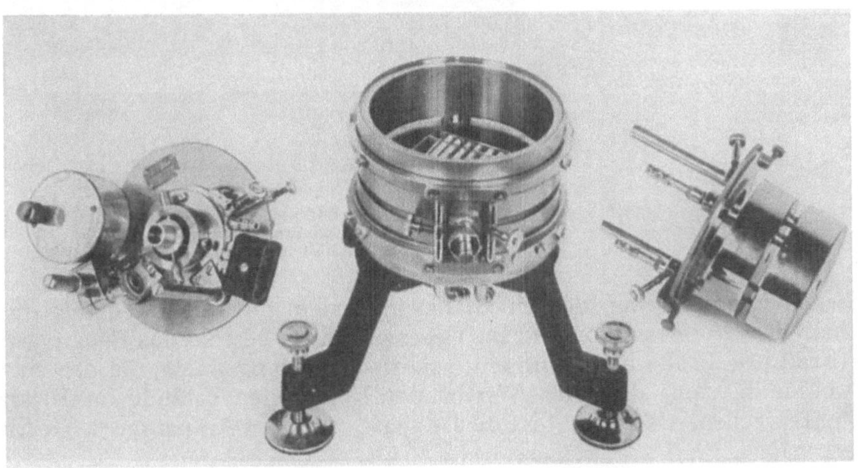
Abb. 49. Hochtemperaturkammer (nach SEEMANN).

Das von der Röntgenröhre gelieferte Gemisch von Bremsstrahlung und charakteristischer Strahlung des Anodenelements kann für die Pulververfahren vielfach unverändert verwendet werden. Häufig erweist es sich jedoch als zweckmäßig, den kurzwelligen Teil der Bremsstrahlung und besonders die $K\beta$-Strahlung der Antikathode durch ein geeignetes Filter am Röhrenfenster selektiv zu schwächen. Bei sehr linienreichen oder schlecht kristallisierten Stoffen ist streng monochromatische Strahlung vorteilhaft. Zu diesem Zweck läßt man die $K\alpha$-Strahlung unter dem BRAGGschen Winkel auf einen Kristall, z. B. Steinsalz, Pentaerythrit oder Lithiumfluorid, auffallen und benutzt die reflektierte Strahlung als Primärstrahlung (Abb. 50). Lichtstärker ist eine Anordnung, die nach den Vorschlägen von Y. CAUCHOIS[1] und A. GUINIER[2] einen gebogenen JOHANNSSON-Monochromatorkristall[3] (meistens Quarz) verwendet (Abb. 51).

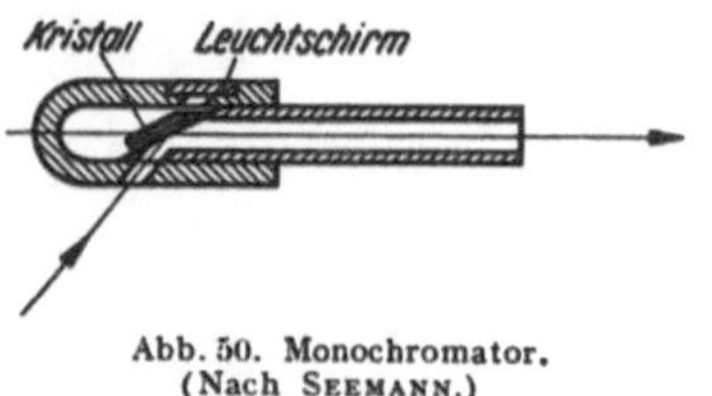

Abb. 50. Monochromator. (Nach SEEMANN.)

Die Registrierung der Interferenzen erfolgt im allgemeinen durch lichtempfindliche Filme oder Platten. W. H. BRAGG hat jedoch Linienlagen und -intensitäten bereits mit einer *Ionisationskammer* ausgemessen. Neuerdings werden häufig GEIGER-MÜLLER-*Zählrohrgeräte* verwendet[4], die in sehr vollkommener Form für diesen Zweck käuflich sind.

c) Anwendungen.

Unterscheidung amorpher und kristalliner Stoffe. Die einfache Betrachtung einer etwa nach dem DEBYE-SCHERRER-Verfahren gewonnenen Aufnahme ermöglicht eine Entscheidung darüber, ob die vorliegende Probe *kristallin* oder *amorph* ist. Abb. 52 zeigt diesen Unterschied. Das Beugungsbild eines amorphen Stoffes, z. B. Kollolith, besteht aus einem breiten und verwaschenen Beugungsring, der im Glanzwinkel dem mittleren Molekülabstand innerhalb des Stoffes entspricht. Im Gegensatz dazu besteht das Beugungsbild der kristallinen Probe aus mehreren, scharfen Beugungslinien, die den einzelnen wohldefinierten, diskreten Werten der Netzebenenabstände im Kristallgitter entsprechen. Als Beispiel ist die DEBYE-SCHERRER-Aufnahme von α-Eisen wiedergegeben.

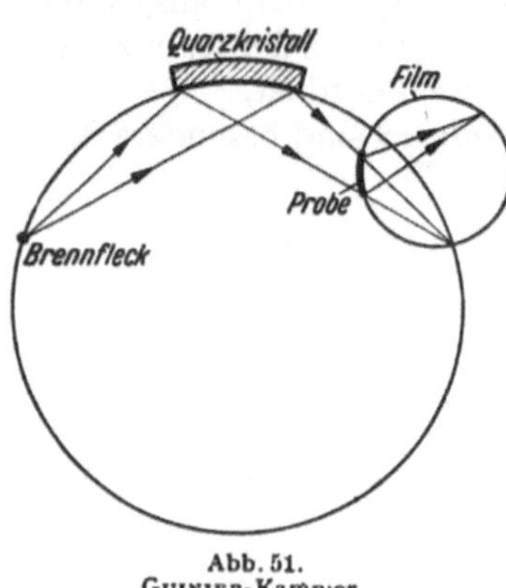

Abb. 51. GUINIER-Kammer

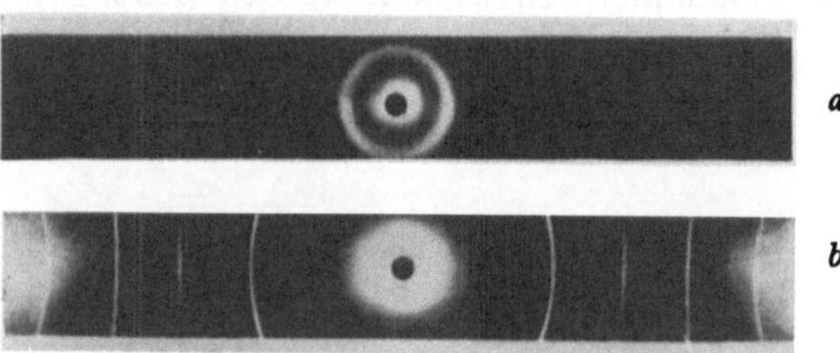

Abb. 52. Interferenzbild amorpher und kristalliner Stoffe *a* Kollolith; *b* α-Eisen. [Nach Arch. Eisenhüttenw. Bd. 12 (1938/39) S. 238.]

Identifizierung von Kristallarten. Das Röntgenbeugungsbild ist durch die Art und die Anordnung der Atome im Kristallgitter, die Kristallstruktur, zwangsläufig bedingt. Es ist also durchaus für eine bestimmte Kristallart kennzeichnend und kann somit auch zur Identifizierung dieser Kristallart benutzt werden. Wenn das DEBYE-SCHERRER-Bild einer unbekannten Probe nach Lage und Intensität der Linien mit dem einer bekannten Kristallart übereinstimmt, so ist das Vorliegen dieser Kristallart in der unbekannten Probe damit sicher-

[1] C. R. Acad. Sci., Paris Bd. 195 (1932) S. 228.
[2] C. R. Acad. Sci., Paris Bd. 204 (1937) S. 1115.
[3] JOHANSSON, T.: Z. Phys. Bd. 82 (1933) S. 507.
[4] LINDEMANN, R., u. A. TROST: Z. Phys. Bd. 115 (1940) S. 456. — H. MÖLLER u. H. NEERFELD: Arch. Eisenhüttenw. Bd. 19 (1948) S. 187. H. MÖLLER u. V. HAUK: Arch. Eisenhüttenw. Bd. 26 (1955) S. 171.

gestellt. Für diese Feststellung sind im allgemeinen keine verwickelten Auswertungen nötig; in den meisten Fällen genügt dazu der Vergleich der beiden Aufnahmen durch einfaches Betrachten. Die Aussagen des damit gewonnenen Analysenverfahrens gehen über die der chemischen Analyse, die die in einem Stoff vorhandenen Atomarten bestimmt, insofern hinaus, als durch die Angabe der vorhandenen Kristallarten auch bestimmt wird, welche chemischen Bindungen zwischen den Atomarten bestehen. Dieser Umstand ist wichtig, weil manche Eigenschaften eines Erzeugnisses häufig nicht so sehr an eine bestimmte chemische Zusammensetzung als vielmehr an eine bestimmte Kristallstruktur gebunden sind. So ist Eisenoxyd Fe_2O_3 nur magnetisierbar, wenn es als γ-Fe_2O_3 in der Spinellstruktur vorliegt, in der auch das ebenfalls magnetische Fe_3O_4 kristallisiert; α-Fe_2O_3 ist dagegen unmagnetisch. Andere Beispiele sind die Untersuchungen der Kristallarten in den Thomasschlacken (Unlöslichkeit beim Vor-

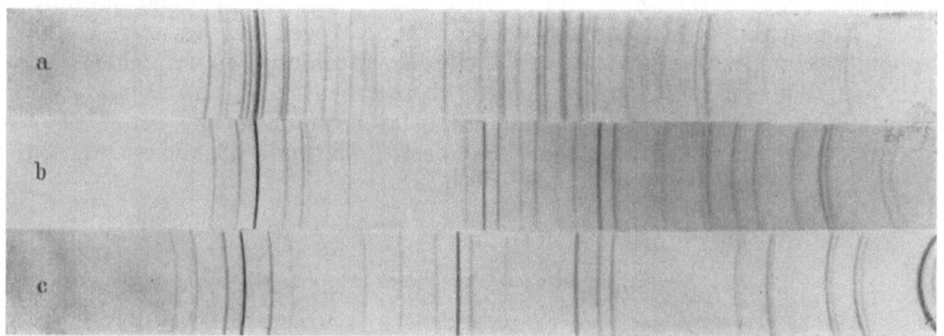

Abb. 53. DEBYE-SCHERRER-Aufnahmen von Karbideinschlüssen aus Molybdänstählen. a) Fe_3C; b) $Fe_{21}Mo_2C_6$; c) Fe_3Mo_3C (Co-Strahlung).

liegen der Apatitstruktur) oder der nichtmetallischen Einschlüsse in legierten Stählen. Abb. 53 zeigt Aufnahmen von karbidischen Einschlüssen, die aus Molybdänstählen isoliert wurden.

Sehr fruchtbar hat sich die Anwendung des Röntgenverfahrens bei der Untersuchung polymorpher Modifikationen sowie von Zwei- und Mehrstoffsystemen erwiesen. Die auftretenden Phasen können leicht an ihren kennzeichnenden Interferenzbildern erkannt werden. Bei Mehrphasengebieten überlagern sich die Bilder der einzelnen Kristallarten, und das Intensitätsverhältnis der Linien erlaubt quantitative Schlüsse auf ihre Mengenverhältnisse. Für diese Aufgabe erscheinen auch Zählrohrverfahren besonders geeignet. Wichtig ist, daß solche Untersuchungen mit Hilfe von Hochtemperaturkammern auch bei erhöhter Temperatur im Gleichgewichtszustand ausgeführt werden können.

Texturuntersuchung. Die röntgenographische Untersuchung kaltverformter Metalle führte schon frühzeitig zu der Feststellung, daß sich bei der Umformung grundlegende strukturelle Veränderungen vollziehen, die als Übergang des ursprünglich vorhandenen quasiisotropen Gefügeaufbaues in einen Zustand mehr oder weniger ausgeprägter statistischer Anisotropie gedeutet werden konnten, den man Textur genannt hat. In der DEBYE-SCHERRER-Aufnahme tritt eine Textur dadurch in Erscheinung, daß sich die ursprünglich gleichmäßige Schwärzung der Interferenzlinien zu kurzen Bogenstücken zusammenzieht.

Für die Beschreibung der Textur hat sich nach F. WEVER[1] eine Darstellung durch Polfiguren bewährt, bei der die Lage einer jeden Netzebene durch

[1] Mitt. K.-Wilh.-Inst. Eisenforschg. Bd. 5 (1924) S. 69.

den Schnittpunkt ihres Lotes mit einer umbeschriebenen Kugel, durch ihren Flächenpol, wiedergegeben wird. Für die Darstellung der Kristallagen im Vielkristallverband wird zur Erleichterung der Übersicht die Polfigur für jede Netzebenenart gesondert betrachtet. Man ordnet einem quasiisotropen Körper aus sehr vielen, vollkommen regellos angeordneten Kristalliten eine gleichmäßig dichte Belegung der Kugel mit Flächenpolen zu. Eine Mittelstellung zwischen Einkristall und regellosem Vielkristall nehmen statistisch anisotrope Körper ein, bei denen bestimmte kristallographische Richtungen mehr oder weniger genau parallel gestellt sind. Die Belegung der Polkugel zieht sich dann zu Flecken kennzeichnender Gestalt zusammen, deren gegenseitige Anordnung die Anisotropie des untersuchten Werkstoffes erschöpfend und anschaulich kennzeichnet.

Zur Durchführung einer Texturuntersuchung wird dem Werkstoff unter Anmerkung der Verformungsrichtungen (z. B. Walzrichtung und Querrichtung) eine Probe entnommen und so dünn geätzt, daß sie mit monochromatischem Röntgenlicht durchstrahlt werden kann. Wegen des besseren Durchdringungsvermögens ist kurzwelliges Licht (Mo-Strahlung) zu empfehlen. Das Interferenzbild wird meistens auf einem ebenen, senkrecht zum Primärstrahl aufgestellten Film aufgefangen; die Intensitätsverteilung auf den Debye-Scherrer-Kreisen kann aber auch mit einem Zählrohr abgetastet werden.

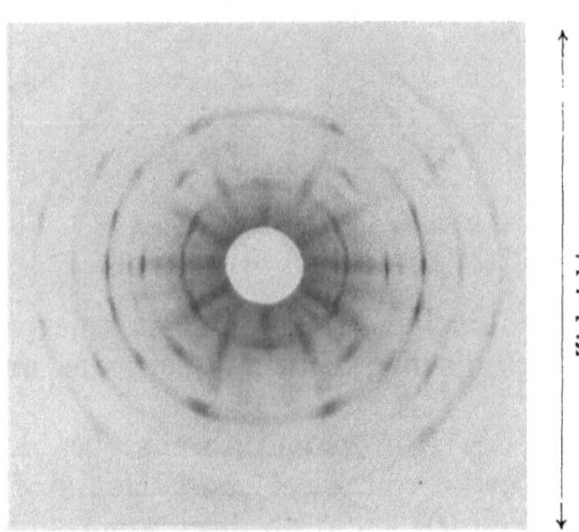

Abb. 54. Textur eines kaltgezogenen Eisendrahtes (Mo-Strahlung).

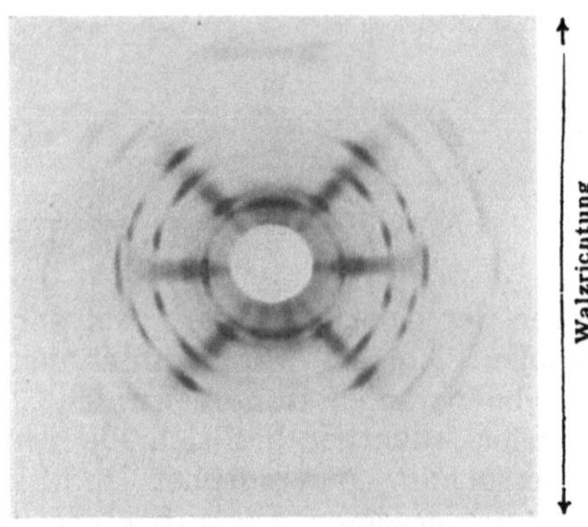

Abb. 55. Textur einer kaltgewalzten Aluminium-Folie (Mo-Strahlung).

In den Abb. 54 und 55 sind Aufnahmen eines kaltgezogenen Eisendrahtes und eines kaltgewalzten Aluminiumblechs als Beispiele wiedergegeben. Jeder Debye-Scherrer-Kreis entspricht einem Schnitt durch die Lagenkugel. Es sind Aufnahmen mit verschiedenen Einstrahlungsrichtungen so auszuführen, daß die abgebildeten Kugelschnitte ein ausreichend dichtes Netz über die Kugeloberfläche schließen. Aus den einzelnen Aufnahmen werden die Polfiguren für die einzelnen Netzebenen zusammengestellt. Die Zeichenarbeit wird dabei durch Verwendung von Netzen erleichtert, mit denen die Schwärzungsflecke der Aufnahme ohne weiteres in eine stereographische Projektion der Polkugel übertragen werden können[1].

Messung von Gitterkonstanten. Die Bestimmung der Gitterabmessungen erlaubt im Rahmen der Werkstoffprüfung mehrere wichtige Anwendungen. Hier ist zunächst die Untersuchung von *Mischkristallphasen* zu nennen. In

[1] Wever, F., u. W. E. Schmid: Mitt. K.-Wilh.-Inst. Eisenforschg Bd. 11 (1929) S. 109.

einem homogenen Mischkristallgebiet ändert sich die Gitterkonstante stetig mit der Konzentration des gelösten Bestandteils. Nach entsprechender Eichung kann die Gitterkonstantenmessung also zur Bestimmung der Zusammensetzung homogener Legierungen herangezogen werden. Abb. 56 zeigt als Beispiel Präzisionsmessungen der Gitterkonstanten von Eisen-Chrom-Legierungen[1]. Die Gitterkonstante gibt somit Aufschluß über Ausscheidung oder Auflösung von Legierungselementen im Grundgitter des Werkstoffes etwa nach einer Wärmebehandlung. Wichtig ist auch die Anwendung zur Bestimmung von Löslichkeitsgrenzen im Zustandsschaubild. Der Nachweis einer neuen Phase aus dem Auftreten ihrer Interferenzen im Röntgenbild ist für

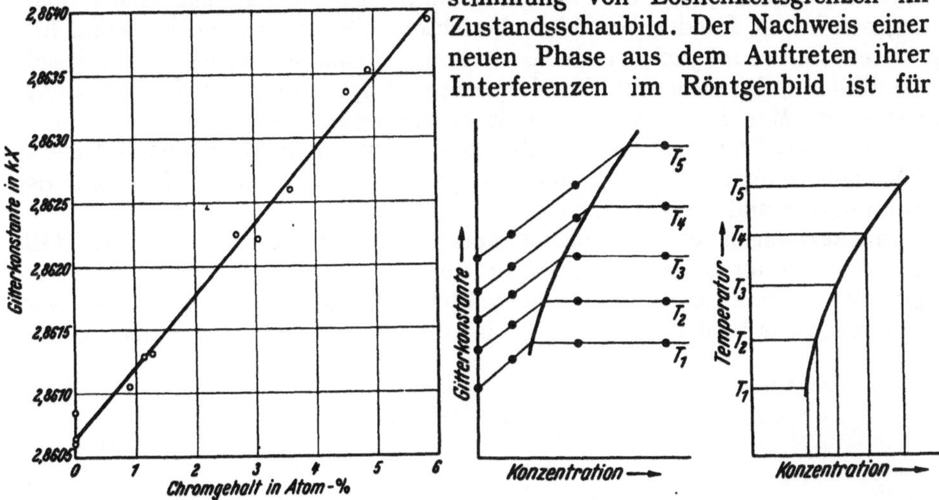

Abb. 56. Gitterkonstanten von Eisen-Chrom-Legierungen.

Abb. 57. Bestimmung einer Phasengrenze durch Gitterkonstantenmessungen.

diesen Zweck zu unempfindlich, da schon verhältnismäßig große Mengen ausgeschieden sein müssen, ehe die neuen Linien im Röntgenbild sichtbar werden. Dagegen ermöglicht die Messung der Gitterkonstanten eine recht genaue Festlegung der Phasengrenzen. Die Gitterkonstante ist nur im homogenen Gebiet von der Zusammensetzung abhängig, während sie in heterogenen Gebieten unverändert bleibt. Trägt man also die Gitterkonstante in Abhängigkeit von der Konzentration auf, so zeigt ein scharfer Knick in der Kurve mit großer Genauigkeit die Löslichkeitsgrenze an. In Abb. 57 ist dargestellt, wie sich die Gitterkonstante mit der Konzentration des Legierungselementes bei verschiedenen Prüftemperaturen T_i ändert und wie daraus die Phasengrenze ermittelt werden kann.

Messungen der Elementarzelle und des spezifischen Gewichtes der Mischkristalle ermöglichen eine experimentelle Entscheidung der Frage, ob die Aufnahme der Fremdatome im Gitter durch *Substitution* oder durch *Einlagerung* erfolgt. So wurde z. B. festgestellt, daß Bor, Beryllium und Aluminium mit Eisen Substitutionsmischkristalle bilden, während Kohlenstoff in die Gitterlücken eingelagert wird[2]

Kleine Unterschiede der Gitterkonstanten gegen ihren Normalwert ergeben sich auch unter dem Einfluß von *elastischen Spannungen*, die entweder als Eigenspannungen (Abschreckspannungen, Verformungsspannungen) oder durch äußere Kräfte verursacht auftreten können. Die durch Spannungen hervor-

[1] MÖLLER, H., u. E. FUNCK: Arch. Eisenhüttenw. Erscheint demnächst.

[2] WEVER, F., u. P. RÜTTEN: Mitt. K.-Wilh.-Inst. Eisenforschg. Bd. 6 (1924/25) S. 1. — F. WEVER u. A. MÜLLER: Mitt. K.-Wilh.-Inst. Eisenforschg. Bd. 11 (1929) S. 193.

gerufenen Gitterdehnungen sind im allgemeinen klein; sie können aber durch Präzisionsbestimmungen der Gitterkonstante mit Hilfe der Rückstrahlverfahren so genau erfaßt werden, daß Röntgenverfahren zur Spannungsmessung darauf aufgebaut werden konnten[1]. Der einzigartige Vorteil dieses Verfahrens liegt darin, daß Eigenspannungen ohne Eingriff in den Spannungszustand, ohne Entlastung, also zerstörungsfrei gemessen werden können. Bei Belastungsänderungen sind Messungen von Spannungen und Spannungsänderungen auch dann noch möglich, wenn neben elastischen auch plastische Formänderungen stattfinden. Über die Röntgenverfahren zur Messung elastischer Spannungen wird in Band I besonders berichtet; hier sei nur noch darauf hingewiesen, daß es möglich ist, die Gitterkonstantenänderungen, die auf Mischkristallbildung beruhen, von den durch Spannungen hervorgerufenen getrennt zu erfassen. Man kann also einerseits Spannungsmessungen ausführen, ohne den „Nullwert" der Gitterkonstante für den spannungsfreien Zustand genau zu kennen, und man kann andererseits den „Nullwert" ohne Kenntnis des Spannungszustandes genau messen.

Untersuchungen des Kristallzustandes. Erkenntnisse über den Kristallzustand, worunter besonders Aussagen über Teilchengröße, inner- und interkristalline Spannungen sowie unregelmäßige Gitterstörungen verstanden werden, können aus Beobachtungen der Linienbreite und der Intensität abgeleitet

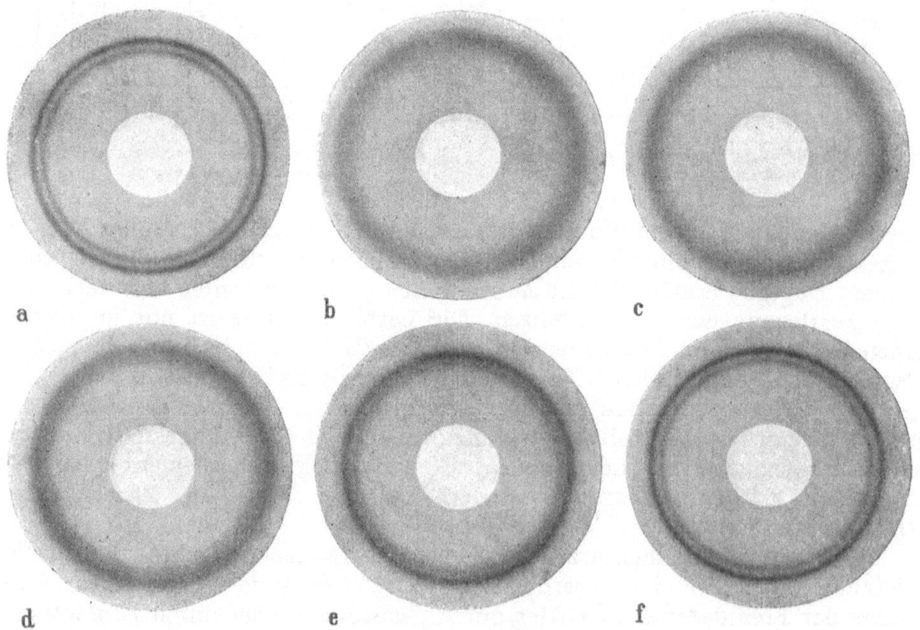

Abb. 58. Änderung der Linienbreite durch Kaltformung und Wechselbelastung.
a) unverformt; b) um 27% gereckt; c) nach 11,4 Mill. Lastspielen mit ± 23,5 kg/mm²; d) nach 6,52 Mill. Lastspielen mit ± 24,9 kg/mm²; e) nach 0,016 Mill. Lastspielen mit ± 30,5 kg/mm²; f) nach 0,0022 Mill. Lastspielen mit ± 36,2 kg/mm².
[Nach Arch. Eisenhüttenw. Bd. 25 (1954) S. 57.]

werden. Eine Verbreiterung der Interferenzen, die bei den Rückstrahllinien großen Glanzwinkels besonders groß ist, wurde zuerst bei kaltverformten Metallen beobachtet. Durch Rekristallisation werden die Linien wieder scharf oder

[1] WEVER, F., u. H. MÖLLER: Arch. Eisenhüttenw. Bd. 5 (1931/32) S. 215. — F. GISEN, R. GLOCKER u. E. OSSWALD: Z. techn. Phys. Bd. 17 (1936) S. 145.

lösen sich des größeren Kornes wegen in einzelne Interferenzpunkte auf. Die einfache Betrachtung der Aufnahme gibt so bereits Aufschluß darüber, ob ein Werkstoff kaltverformt oder rekristallisiert vorliegt. Auch bei einer Wechselbelastung metallischer Proben ergeben sich Änderungen der Linienbreite, und zwar können nach Untersuchungen von H. MÖLLER, M. HEMPEL und H.-R. SANDER[1] je nach Ausgangszustand und Art der Wechselbelastung sowohl scharfe Linien verbreitert als auch unscharfe Linien schärfer werden. Man erhält dadurch einen Einblick in die bei der Wechselbelastung gleichzeitig ablaufenden Vorgänge der Verfestigung und der Entfestigung, von denen je nach der Versuchsführung die einen oder die anderen überwiegen. Abb. 58 zeigt als Beispiel die (310)-Interferenzen von Weicheisen im feinkörnig-rekristallisierten Ausgangszustand, dann verbreitert nach einer Kaltreckung um 27% und schließlich nach darauffolgender Wechselbelastung verschiedener Höhe, wodurch die Linienschärfe des Ausgangszustandes mehr oder weniger wiederhergestellt wird.

Eine genaue Ausmessung der Linienbreite durch Photometrierung der Aufnahme oder unmittelbar mit dem Zählrohr erlaubt eine Berechnung der Teilchengröße und der Spannungen 2. Art mit Hilfe der oben angegebenen Gleichungen über Verzerrungs- und Teilchengrößenverbreiterung. A. KOCHENDÖRFER[2] hat gezeigt, daß sich Teilchengröße Λ und Gitterverzerrung $\Delta d/d$ getrennt ermitteln lassen, weil die beiden Einflüsse einen verschiedenen Gang der Verbreiterung mit dem Glanzwinkel bewirken. Bei reiner Verzerrungsverbreiterung bleiben die vorderen Linien verhältnismäßig scharf im Vergleich zu den Rückstrahllinien, während die Teilchengrößenverbreiterung auch die vorderen Linien stärker erfaßt. Die Anwendbarkeit des Verfahrens erstreckt sich auf Teilchengrößen im Bereich von etwa 10^{-5} bis 10^{-7} cm.

Genaue Intensitätsmessungen, für die sich ebenfalls Zählrohrverfahren als wertvoll erwiesen haben, ermöglichen einen Schluß auf den Grad der vorliegenden unregelmäßigen Gitterstörungen. Die dazu erforderliche Bestimmung des Störungsfaktors $e^{-M'}$ in oben angegebener Strukturfaktorgleichung erfolgt am besten durch Vergleich mit einer unter gleichen Aufnahmebedingungen von einer störungsfreien Probe hergestellten Aufnahme. Derartige Untersuchungen sind von R. FRICKE[3] und seinen Mitarbeitern besonders an aktiven Oxyden ausgeführt worden.

---

[1] HEMPEL, M., H.-R. SANDER u. H. MÖLLER: Stahl und Eisen Bd. 72 (1952) S. 1076. — H. MÖLLER u. M. HEMPEL: Arch. Eisenhüttenw. Bd. 25 (1954) S. 39.

[2] KOCHENDÖRFER, A.: Z. Kristallogr. Bd. 105 (1944) S. 393; Anwendung bei U. DEHLINGER u. A. KOCHENDÖRFER: Z. Kristallogr. Bd. 101 (1939) S. 134; 142; Z. Metallkde. Bd. 31 (1939) S. 231.

[3] Z. Elektrochemie Bd. 46 (1940) S. 491. — R. FRICKE u. K. HEINLE: Z. Elektrochem. Bd. 55 (1951) S. 261.

XI. Festigkeitstheoretische Untersuchungen.

Von **A. Eichinger**, Emmenbrücke.

A. Allgemeines.

Um etwas Stichhaltiges über die *Gebrauchseignung* eines Werkstücks aussagen zu können, müssen darauf gerichtete theoretische *Erkenntnisse* und praktische *Erfahrungen* auf verschiedenen Gebieten der Erzeugung, der Prüfung und des Verbrauchs gesammelt werden, was bei dem derzeitigen Stand der Technik vom einzelnen kaum mehr geleistet werden kann. Eine Folge davon ist die, daß das enge Fachwissen — ähnlich dem früheren Zunftwesen — immer mehr auf dem Gebiet der Ingenieurkunst an Boden gewinnt, was ihre völlige Zersplitterung herbeizuführen droht. Es handelt sich somit darum, Klarheit zu gewinnen darüber, wie die oben gestellte Aufgabe genauer lautet. und welches die Mittel zu deren Lösung sind

Geschichtlich bedingt hat sich darin eine Dreiteilung ergeben, indem

die *Festigkeitsforschung* die Begriffe und die für einen Werkstoff maßgebenden Kenngrößen zu definieren,

die *Materialprüfung* im engeren Sinne die Kenngrößen unter genau definierten Versuchsbedingungen zu ermitteln, und

die *Betriebserfahrung* das Verhalten der Werkstücke unter gegebenen, in der Regel sehr zusammengesetzten und wenig genau definierbaren Betriebsbedingungen festzustellen hat.

Erst auf diese Weise ist es möglich zu erfahren, *wie* sich ein Werkstück in einem gegebenen Fall verhält — über das *Warum* kann immer noch nichts ausgesagt werden. Dazu sind physikalisch-chemische Untersuchungen erforderlich, die aber keineswegs ausreichen, um die direkte Prüfung der technischen Werkstoffe im Werk bzw. in der Werkstatt oder auf der Baustelle, im Laboratorium und im Betrieb zu ersetzen. Man kann auf Grund der chemischen Zusammensetzung, der physikalischen Gefüge und Strukturuntersuchung allein, auch wenn man darin immer weitergehen sollte (von den elektromagnetischen Untersuchungen und der gewöhnlichen Mikroskopie zur Röntgenographie und Elektronenübermikroskopie), über die Festigkeitseigenschaften und Gebrauchseignung eines festen Körpers nichts aussagen. Darin wird auch — sofern es sich nicht nur um Idealgebilde, sondern um technische Werkstoffe wirklich handelt — kaum je ein Wandel von grundsätzlicher Art eintreten, denn die Mannigfaltigkeit aller Einflüsse aus der Vorgeschichte (vom Rohstoff, über die Erzeugung, Weiterverarbeitung und besondere Verhältnisse beim Gebrauch im Betrieb) ist völlig unübersehbar und daher auch das Ergebnis der Überlagerung auf Grund von Laboratoriumsversuchen allein nicht vorauszusagen. Die einzelnen Einflüsse aber, wie auch deren nicht einfache Überlagerungsgesetze, systematisch zu verfolgen, ist Sache der physikalisch-chemischen Forschung, und zwar ohne Rücksicht darauf, ob Aussicht auf baldige Lösung der gestellten Aufgaben besteht, oder ob man statt dessen zu ganz anderen Ergebnissen geführt wird, was ebenfalls positiv zu werten wäre.

Im Rahmen der Materialprüfung im weiteren Sinne hat die Festigkeitsforschung (auch technologische Mechanik nach P. LUDWIK, oder Werkstoffmechanik nach W. KUNTZE genannt) zur Aufgabe, jenes unumgängliche Mindestmaß an Merkmalen eines Werkstücks, welches zu seiner Festlegung und der an ihm gemachten Wahrnehmungen erforderlich und ausreichend ist und welches als seine *Charakteristik* bezeichnet wird, ausfindig zu machen. Zu dieser Charakteristik eines Werkstücks gehören physikalisch-chemische und mechanisch-technologische Kenngrößen. Im folgenden wird nur von den letzteren die Rede sein, wozu in der Hauptsache drei Grundbegriffe bzw. Vorstellungen von den Vorgängen bei der mechanischen Beanspruchung eines festen Körpers gehören, nämlich:

Spannung, Formänderung und *Anstrengung,*

die es nun so zu definieren gilt, daß man sie auch in jedem Einzelfall durch geeignete Messungen bestimmen kann.

B. Mechanische Beanspruchung eines festen Körpers.

Was wir zuerst als Folge der Beanspruchung durch äußere Kräfte wahrnehmen, sind die *Formänderungen* des festen Körpers. Aus dieser Veränderung der ursprünglichen Körperabmessungen können wir auf das Vorhandensein von inneren Kräften (*Spannungen*) schließen. Wie sich diese Spannungen im Inneren verteilen, das kann aus der Formänderung allein nocht nicht allgemein beantwortet werden, vielmehr erst, nachdem die Verknüpfung zwischen Spannung und Formänderung (das *Spannungs-Formänderungs-Diagramm*) für das gerade vorliegende Material bekannt ist. Als Beispiel zeigt Abb. 1 ein solches Diagramm bei Zugbeanspruchung.

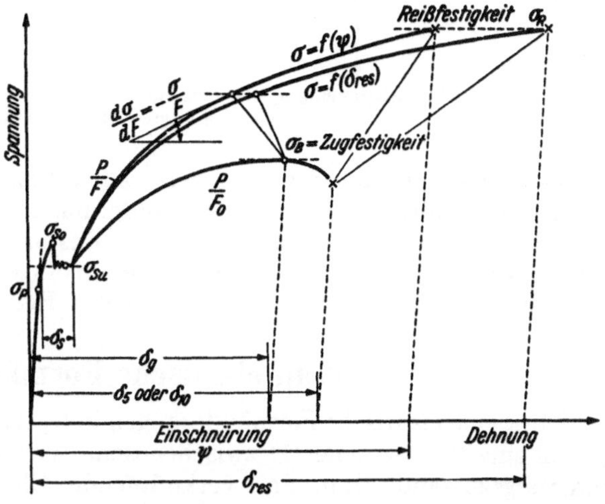

Abb. 1. Spannungs-Dehnungs-Diagramm bei einachsigem Zug bis zum Bruch (schematisch).

Die Spannung stellt man sich in der Regel als eine in der gedachten Schnittfläche pro Flächeneinheit wirkende Kraft vor, der eine Gegenkraft die Waage hält. Da jedoch in einem Punkt eines festen Körpers unendlich viele verschieden orientierte Schnitte denkbar sind, kann der Spannungszustand daselbst nicht durch eine einzige Zahl (Skalar) oder gerichtete Größe (Vektor) angegeben werden. Er kann vielmehr erst durch Angabe dreier sog. *Hauptspannungen*, mit der Orientierung ihrer aufeinander senkrecht stehenden Achsen im festen Körper $\sigma_1 \sigma_2 \sigma_3$ (Tensor), festgelegt werden (Abb. 2). Diesen ausgezeichneten Hauptrichtungen des Spannungszustandes entsprechen drei ebenso ausgezeichnete Hauptdehnungsrichtungen $\varepsilon_1 \varepsilon_2 \varepsilon_3$, die im besonderen Fall der Quasiisotropie mit den Hauptspannungsrichtungen zusammenfallen.

Die erwähnte Verknüpfung zwischen den Spannungs- und Dehnungskomponenten kann von Stoff zu Stoff noch sehr verschieden sein. Man muß aber bestrebt sein, die Spannungen und Dehnungen so zu definieren und zu messen, daß die Verknüpfungsgleichungen bzw. die Berechnungen möglichst einfach ausfallen. Dieses Ziel konnte auch in der Tat in zwei Fällen in befriedigender Weise erreicht werden, nämlich

bei rein elastischer Formänderung und
bei rein plastischer Verformung,

jedoch nur für Beanspruchungen, die noch genügend weit von der Bruchbeanspruchung entfernt sind.

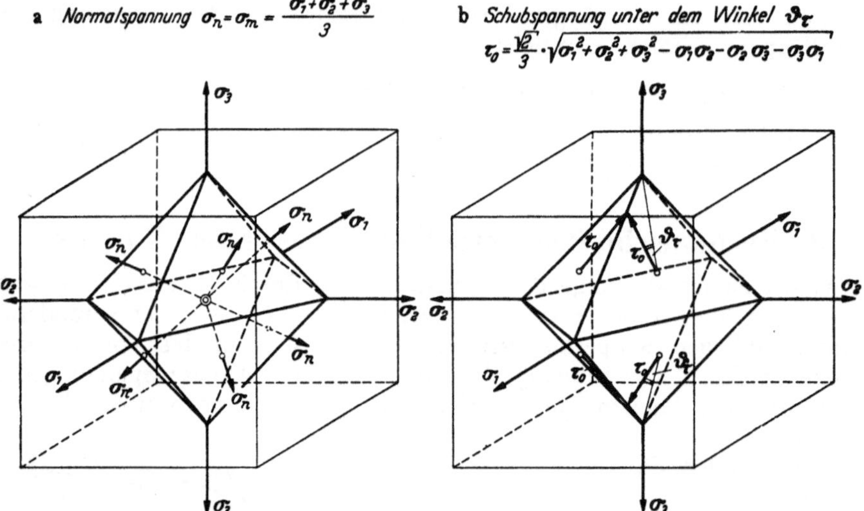

Abb. 2. Normalspannung σ_n und Schubspannung τ_0 der zu allen drei Hauptrichtungen gleich geneigten Oktaederebene.

Naturgemäß bestehen auch gesetzmäßige Beziehungen zwischen der mechanischen Beanspruchung bzw. Formänderung auf der einen und den übrigen thermischen und elektro-magnetischen Zustandsgrößen des festen Körpers auf der anderen Seite, die jedoch für die uns interessierenden Festigkeitseigenschaften in der Regel von untergeordneter Bedeutung sind.

C. Rein elastische Formänderung.

Für kleine elastische Formänderungen in festen Körpern besteht erfahrungsgemäß eine Proportionalität zwischen dem Spannungszustand und dem Formänderungszustand, d. h. das verknüpfende Gleichungssystem zwischen den Spannungskomponenten σ und den Formänderungskomponenten ε ist linear und lautet.

$$\varepsilon_1 = \frac{\sigma_1}{E} - \frac{\sigma_2 + \sigma_3}{m E} \qquad \sigma_1 = A\left(\varepsilon_1 + \frac{\varepsilon_2 + \varepsilon_3}{m-1}\right),$$

$$\varepsilon_2 = \frac{\sigma_2}{E} - \frac{\sigma_3 + \sigma_1}{m E} \qquad \text{bzw.} \qquad \sigma_2 = A\left(\varepsilon_2 + \frac{\varepsilon_3 + \varepsilon_1}{m-1}\right),$$

$$\varepsilon_3 = \frac{\sigma_3}{E} - \frac{\sigma_1 + \sigma_2}{m E} \qquad \sigma_3 = A\left(\varepsilon_3 + \frac{\varepsilon_1 + \varepsilon_2}{m-1}\right),$$

worin $A = E \frac{1 - \frac{1}{m}}{\left(1 + \frac{1}{m}\right)\left(1 - \frac{2}{m}\right)}$ bedeutet, mit E = Elastizitätsmodul in kg/mm² und m = Querdehnungszahl.

Im Sonderfall der häufig vorkommenden zweiachsigen Spannungzustände σ_x, σ_y nebst $\sigma_z = 0$ vereinfachen sich diese Elastizitätsgleichungen zu:

$$\varepsilon_x = \frac{\sigma_x}{E} - \frac{\sigma_y}{mE} \qquad \qquad \sigma_x = B\left(\varepsilon_x + \frac{\varepsilon_y}{m}\right),$$

bzw.

$$\varepsilon_y = \frac{\sigma_y}{E} - \frac{\sigma_x}{mE} \qquad \qquad \sigma_y = B\left(\varepsilon_y + \frac{\varepsilon_x}{m}\right).$$

worin für $B = \frac{E}{1 - \frac{1}{m^2}}$ einzusetzen ist.

Im Falle reiner Schiebung kann der Spannungszustand sowohl durch die Hauptspannungen $\sigma_1 = -\sigma_3$ nebst $\sigma_2 = 0$ wie auch mit Hilfe von $\tau_{\max} = \frac{\sigma_3 - \sigma_1}{2}$ in den 45° dazu geneigten Ebenen (Abb. 3) als $\tau_{\max} = \sigma_3$ dargestellt werden. Die sich daraus ergebende Beziehung zwischen der Schiebung $\gamma = \varepsilon_3 - \varepsilon_1 = 2\varepsilon_3 = 2\frac{\sigma_3}{E}\left(1 + \frac{1}{m}\right)$ und Schubspannung τ lautet dann: $\frac{\tau}{\gamma} = G$, welche Größe der Schubmodul des Materials genannt wird, nämlich $G = \frac{E}{2\left(1 + \frac{1}{m}\right)}$ (Abb. 3).

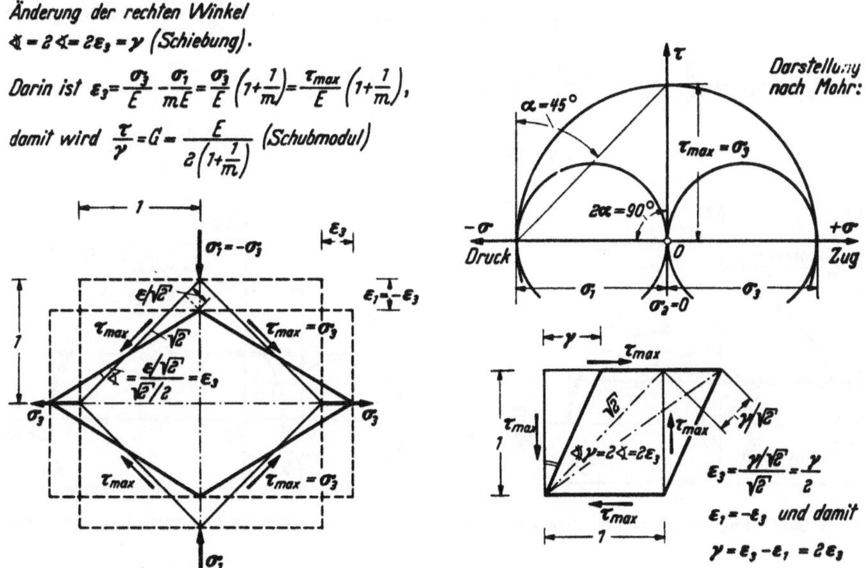

Abb. 3. Reiner Schub und gewöhnliche Schiebung.

Bezeichnet man die elastische Volumenänderung mit $\varepsilon_v = \varepsilon_1 + \varepsilon_2 + \varepsilon_3$, so stellen sich diese Gleichungen in der LAMÉschen Schreibweise dar wie folgt:

$$\sigma_1 = C\,\varepsilon_v + 2G\,\varepsilon_1, \qquad \sigma_2 = C\,\varepsilon_v + 2G\,\varepsilon_2. \qquad \sigma_3 = C\,\varepsilon_v + 2G\,\varepsilon_3,$$

worin $C = E \frac{\frac{1}{m}}{\left(1 + \frac{1}{m}\right)\left(1 - \frac{2}{m}\right)}$ und $G = \frac{E}{2\left(1 + \frac{1}{m}\right)}$ sind.

Eine neuere und anschaulichere Darstellungsweise der Elastizitätsgleichung besteht darin, daß man die gesamte Formänderung in zwei Teile zerlegt, nämlich in die

reine Volumenänderung $\varepsilon_v = \varepsilon_1 + \varepsilon_2 + \varepsilon_3 = 3\varepsilon_m$ und
reine Gestaltänderung $(\varepsilon_1 - \varepsilon_m)$, $(\varepsilon_2 - \varepsilon_m)$, $(\varepsilon_3 - \varepsilon_m)$,

worin ε_m die sog. *mittlere Dehnung* bedeutet:

$$\varepsilon_m = \frac{\varepsilon_1 + \varepsilon_2 + \varepsilon_3}{3} = \frac{\sigma_1 + \sigma_2 + \sigma_3}{3} \frac{1 - \frac{2}{m}}{E} = \sigma_m \frac{1 - \frac{2}{m}}{E} = \frac{\sigma_m \varkappa}{3}$$

mit $\frac{\sigma_1 + \sigma_2 + \sigma_3}{3}$ = *mittlere Spannung* σ_m und $3\frac{1 - \frac{2}{m}}{E}$ = *Kompressibilität* $\varkappa$.

Damit erhält man die reinen Gestaltänderungskomponenten (Abb. 4):

$$\varepsilon_{G1} = \varepsilon_1 - \varepsilon_m = \frac{2}{3}\left(\varepsilon_1 - \frac{\varepsilon_2 + \varepsilon_3}{2}\right) = \frac{\sigma_1 - \sigma_m}{2G} \quad \text{bzw.}$$

$$\sigma_{G1} = \sigma_1 - \sigma_m = \frac{2}{3}\left(\sigma_1 - \frac{\sigma_2 + \sigma_3}{2}\right) = 2G(\varepsilon_1 - \varepsilon_m),$$

$$\varepsilon_{G2} = \varepsilon_2 - \varepsilon_m = \frac{2}{3}\left(\varepsilon_2 - \frac{\varepsilon_3 + \varepsilon_1}{2}\right) = \frac{\sigma_2 - \sigma_m}{2G} \quad \text{bzw.}$$

$$\sigma_{G2} = \sigma_2 - \sigma_m = \frac{2}{3}\left(\sigma_2 - \frac{\sigma_3 + \sigma_1}{2}\right) = 2G(\varepsilon_2 - \varepsilon_m),$$

$$\varepsilon_{G3} = \varepsilon_3 - \varepsilon_m = \frac{2}{3}\left(\varepsilon_3 - \frac{\varepsilon_1 + \varepsilon_2}{2}\right) = \frac{\sigma_3 - \sigma_m}{2G} \quad \text{bzw.}$$

$$\sigma_{G3} = \sigma_3 - \sigma_m = \frac{2}{3}\left(\sigma_3 - \frac{\sigma_1 + \sigma_2}{2}\right) = 2G(\varepsilon_3 - \varepsilon_m).$$

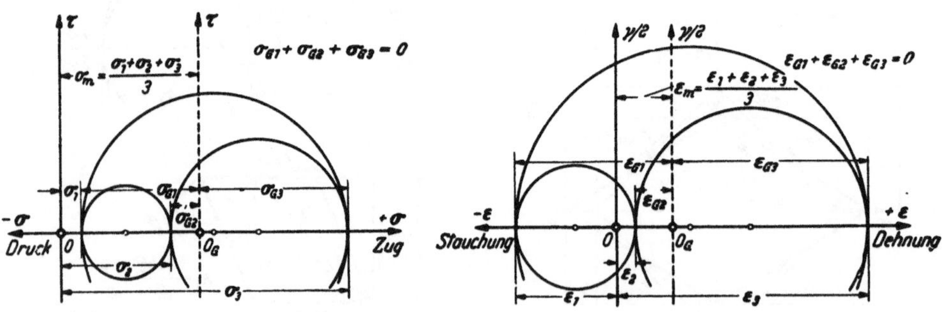

Abb. 4. Aufteilung der gesamten Formänderung in reine Volumenänderung und reine Gestaltänderung.

Die Elastizitätsgleichungen können dann geschrieben werden in der Form:

$$\varepsilon_1 = \underbrace{\frac{1 - \frac{2}{m}}{E}\sigma_m}_{\text{Volumenänderung}} + \underbrace{\frac{1 + \frac{1}{m}}{E}(\sigma_1 - \sigma_m)}_{\text{Gestaltänderung}} \quad \text{bzw.}$$

$$\sigma_1 = \underbrace{\frac{E}{1 - \frac{2}{m}}\varepsilon_m}_{\text{von der Volumenänderung}} + \underbrace{\frac{E}{1 + \frac{1}{m}}(\varepsilon_1 - \varepsilon_m)}_{\text{von der Gestaltänderung}},$$

$$\varepsilon_2 = \underset{\text{Volumenänderung}}{\frac{1-\frac{2}{m}}{E}\,\sigma_m} + \underset{\text{Gestaltänderung}}{\frac{1+\frac{1}{m}}{E}\,(\sigma_2 - \sigma_m)} \quad \text{bzw.}$$

$$\sigma_2 = \underset{\text{von der Volumenänderung}}{\frac{E}{1-\frac{2}{m}}\,\varepsilon_m} + \underset{\text{von der Gestaltänderung}}{\frac{E}{1+\frac{1}{m}}\,(\varepsilon_2 - \varepsilon_m)},$$

$$\varepsilon_3 = \underset{\text{Volumennäderung}}{\frac{1-\frac{2}{m}}{E}\,\sigma_m} + \underset{\text{Gestaltänderung}}{\frac{1+\frac{1}{m}}{E}\,(\sigma_3 - \sigma_m)} \quad \text{bzw.}$$

$$\sigma_3 = \underset{\text{von der Volumenänderung}}{\frac{E}{1-\frac{2}{m}}\,\varepsilon_m} + \underset{\text{von der Gestaltänderung}}{\frac{E}{1+\frac{1}{m}}\,(\varepsilon_3 - \varepsilon_m)}.$$

In diesem völlig symmetrisch gebauten Gleichungssystem sind die von der reinen Volumenänderung und der reinen Gestaltänderung herrührenden Anteile getrennt angegeben. Diese Gleichungen unterscheiden sich der Form nach grundsätzlich von der LAMEschen Schreibweise, wenn auch naturgemäß die Summe der an sich verschiedenen Anteile dieselbe sein muß.

An Stelle dieser üblichen Darstellungen des Spannungs- und Formänderungszustandes, an Hand der Spannungs- und Formänderungskomponenten eines nach den drei Hauptrichtungen orientierten würfelförmigen Körperelementes, kann derselbe Zweck auch so erreicht werden, daß man die Normal- und Schubspannung der zu den drei Hauptrichtungen *1, 2, 3* gleich geneigten *Oktaederebene* angibt (Abb. 2). Die Schubspannung dieses Oktaeders beträgt:

$$\tau_0 = \frac{\sqrt{2}}{3}\sqrt{\sigma_1^2+\sigma_2^2+\sigma_3^2-\sigma_1\sigma_2-\sigma_2\sigma_3-\sigma_3\sigma_1} = \frac{1}{\sqrt{3}}\sqrt{(\sigma_1-\sigma_m)^2+(\sigma_2-\sigma_m)^2+(\sigma_3-\sigma_m)^2},$$

und die tangentiale Komponente der Verschiebung des Schwerpunktes der im Abstand 1 vom Mittelpunkt liegenden Oktaederoberfläche ist gleich:

$$s_0 = \frac{\sqrt{2}}{3}\sqrt{\varepsilon_1^2+\varepsilon_2^2+\varepsilon_3^2-\varepsilon_1\varepsilon_2-\varepsilon_2\varepsilon_3-\varepsilon_3\varepsilon_1} = \frac{1}{\sqrt{3}}\sqrt{(\varepsilon_1-\varepsilon_m)^2+(\varepsilon_2-\varepsilon_m)^2+(\varepsilon_3-\varepsilon_m)^2},$$

wogegen die Normalkomponente dieser Verschiebung: $s_n = \frac{\varepsilon_1+\varepsilon_2+\varepsilon_3}{3} = \varepsilon_m$ der mittleren Dehnung entspricht. Letztere wird von der Normalkomponente der Spannung der Oktaederebene, der mittleren Spannung $\sigma_n = \sigma_m = \frac{\sigma_1+\sigma_2+\sigma_3}{3}$ hervorgerufen. Die Elastizitätsgleichungen können dann mit Hilfe dieser Ausdrücke geschrieben werden in der sehr einfachen Form:

$$2s_0 = \frac{\tau_0}{G} \quad \text{und} \quad 3s_n = 3\varepsilon_m = \frac{\Delta V}{V} = \sigma_m \varkappa.$$

Als notwendige dritte Größe — infolge der Dreidimensionalität der Raumerfüllung — tritt hier der Orientierungswinkel ϑ der Schubspannung τ_0 auf dessen Kosinusbetrag gleich:

$$\cos\vartheta_\tau = \frac{\sqrt{2}}{3}\,\frac{\sigma_3 - \frac{\sigma_1+\sigma_2}{2}}{\tau_0} = \frac{\sqrt{2}}{3}\,\frac{\varepsilon_3 - \frac{\varepsilon_1+\varepsilon_2}{2}}{s_0} = \cos\vartheta_s$$

ist.

Die Spannung an der Grenze des rein elastischen Verhaltens wird *Elastizitätsgrenze* genannt (σ_E). Bis zu dieser Beanspruchung zeigen kompakte metallische Werkstoffe auch eine Proportionalität zwischen Spannung und Formänderung, so daß sie in diesem Falle auch *Proportionalitätsgrenze* bezeichnet wird (σ_P). Dabei kann es sich naturgemäß nicht darum handeln, die absolute Proportionalitätsgrenze festzulegen, vielmehr muß die als maßgeblich anzusehende Abweichung von der Proportionalitätsgeraden vereinbart werden, wofür in der Materialprüfung Werte von 0,005% (EMPA-Zürich), 0,01% (DIN 50145) und 0,02% (VSM-Schweiz) anzutreffen sind.

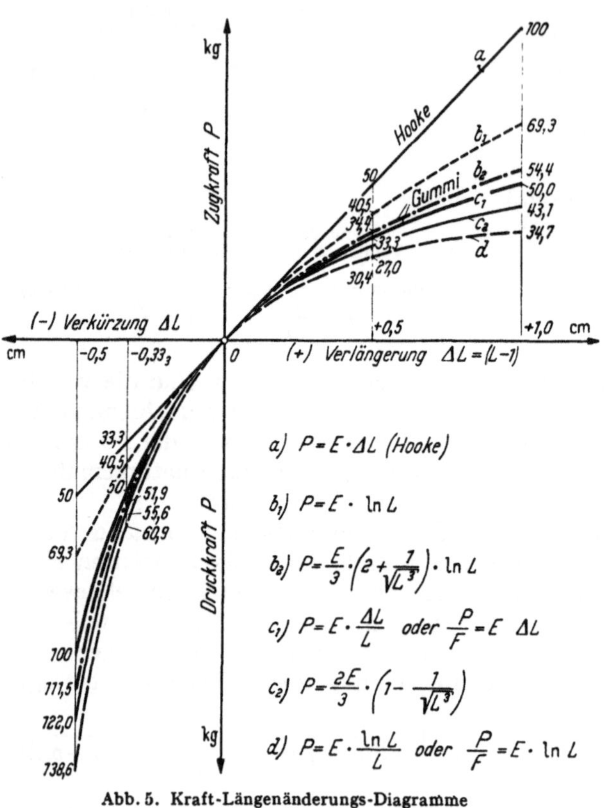

Abb. 5. Kraft-Längenänderungs-Diagramme für Gummi mit $E = 100\ \text{kg/cm}^2$.

Diese Ausführungen galten für den Fall kleiner elastischer Formänderungen. Darf diese Annahme nicht gemacht werden — wie beispielsweise bei Gummi —, dann taucht die komplizierte Frage des Beziehens von σ und ε auf die ursprünglichen bzw. die veränderten Abmessungen auf, was nur im Zusammenhang mit dem vom Stoff abhängigen Formänderungsmechanismus zu beantworten ist (Abb. 5).

D. Rein plastische Verformung.

Durch eine große Anzahl von Versuchen ist der Beweis erbracht worden, daß die plastische Verformung eines kompakten Vielkristallkörpers fast reine Gestaltänderung ist. Die bleibende Volumenänderung hat sich im Vergleich zu der plastischen Gestaltänderung als verschwindend klein erwiesen. Da aber die plastische Verformung sehr groß werden kann (z. B. 100% und mehr Dehnung), muß noch die Frage beantwortet werden, ob die Spannung und Verformung auf die ursprünglichen oder auf die jeweils vorhandenen Abmessungen zu beziehen sind. Beachtet man dabei, daß die plastische Verformung in der Hauptsache auf *Gleitungen* in kristallographisch bestimmten Gleitflächen und Gleitrichtungen beruht, und zwar so, daß die Anzahl tragender Atome der jeweils vorhandenen Querschnittsfläche proportional ist, so sieht man leicht ein, daß die Spannung so zu definieren ist, daß die Kraft P auf den verformten Querschnitt:

$$\sigma = \frac{P}{F}, \quad \text{d.h.} \quad \sigma_1 = \frac{P_1}{F_1}; \quad \sigma_2 = \frac{P_2}{F_2}; \quad \sigma_3 = \frac{P_3}{F_3},$$

und die Längenänderung dL auf die gerade vorhandene, veränderte Länge L bezogen wird, nämlich:

$$d\delta = \frac{dL}{L} \text{ und damit } \delta = \int_{L_0=1}^{L} \frac{dL}{L} = \ln L, \text{ d.h. } \delta_1 = \ln L_1;\ \delta_2 = \ln L_2;\ \delta_3 = \ln L_3,$$

Verfolgt man nun den Zusammenhang zwischen der Spannung und Gestaltänderung an Hand des oktaederförmigen Körperelementes, so stellt man auch bei der plastischen Verformung eines quasiisotropen Werkstoffs fest, daß die Verschiebung des Schwerpunktes s_0 mit der Richtung der Schubspannung τ_0 der Oktaederfläche zusammenfällt und daß die $\tau_0 \div s_0$-Verknüpfung bei metallischen Werkstoffen, innerhalb der normalerweise vorkommenden Grenzen, von der Normalspannung bzw. der mittleren Spannung $\sigma_m = \frac{\sigma_1 + \sigma_2 + \sigma_3}{3}$ praktisch unabhängig ist. Es besteht daher eine den vorliegenden Werkstoff kennzeichnende $\tau_0 \div s_0$-Beziehung, die man auch als sein Spannungs-Verformungs-Diagramm bezeichnen kann (Abb. 6).

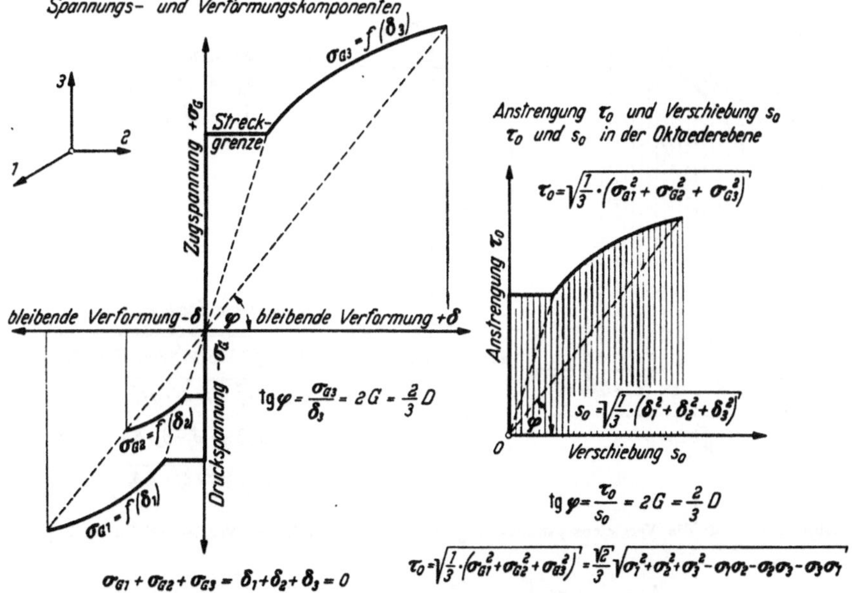

Abb. 6. Das Spannungsgesetz der plastischen Verformung, wenn keine Abhängigkeit vom allseitig gleichen hydrostatischen Druck vorhanden ist.

Da jedoch, wie gesagt, die bleibende Volumänderung $\delta_1 + \delta_2 + \delta_3$ praktisch gleich Null gesetzt werden darf und die Richtungen von τ_0 und s_0 bei quasiisotropen Stoffen zusammenfallen, muß die Querdehnungszahl m der plastischen Gestaltänderung gleich 2 sein, so daß die den Elastizitätsgleichungen analogen *Plastizitätsgleichungen* die Form annehmen:

$$\delta_1 = \frac{1 + \frac{1}{2}}{D}(\sigma_1 - \sigma_m) = \frac{3}{2D}\left(\sigma_1 - \frac{\sigma_1 + \sigma_2 + \sigma_3}{3}\right),$$

$$\delta_1 = \frac{1}{D}\left(\sigma_1 - \frac{\sigma_2 + \sigma_3}{2}\right), \quad \delta_2 = \frac{1}{D}\left(\sigma_2 - \frac{\sigma_3 + \sigma_1}{2}\right), \quad \delta_3 = \frac{1}{D}\left(\sigma_3 - \frac{\sigma_1 + \sigma_2}{2}\right).$$

Damit ist sowohl der Bedingung der Quasiisotropie wie auch der Forderung, daß sie Summe $\delta_1 + \delta_2 + \delta_3$ verschwindet, Genüge getan.

Darin ist D der von der Größe der Beanspruchung abhängige *Plastizitätsmodul*, dessen Definition sich aus der Bedeutung des Schubmoduls für plastische Gestaltänderung $\left(\text{analog zu } G_{\text{elastisch}} = \frac{E}{2\left(1+\frac{1}{m}\right)}\right)$ ergibt, nämlich:

$$G_{\text{plastisch}} = \frac{D}{2\left(1+\frac{1}{2}\right)} = \frac{D}{3} = \frac{\tau_0}{2\, s_{0\,\text{plastisch}}}.$$

Der Charakter der $\tau_0 \div s_0$-Beziehung ändert sich nicht, wenn man τ_0 und s_0 mit irgendwelchen konstanten Faktoren — sofern man sie nur ein für allemal behält — multipliziert. So hat es sich eingebürgert, an Stelle der Schubspannung τ_0 der Oktaederebene die sog. *Vergleichsspannung* σ_{res} zu definieren so, daß τ_0 mit $\frac{3}{\sqrt{2}}$ multipliziert wurde:

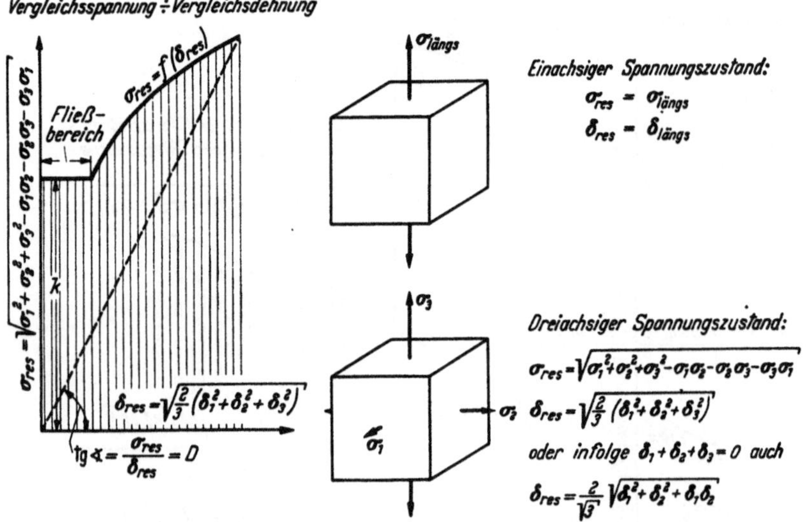

Abb 7. Maß für die Vergleichsspannung σ_{res}, und für die Größe der Vergleichsdehnung δ_{res}.

$$\sigma_{\text{res}} = \frac{3}{\sqrt{2}}\tau_0 = \sqrt{\sigma_1^2 + \sigma_2^2 + \sigma_3^2 - \sigma_1\sigma_2 - \sigma_2\sigma_3 - \sigma_3\sigma_1},$$

oder im Falle, daß der Spannungszustand nicht durch seine Hauptkomponenten angegeben ist:

$$\sigma_{\text{res}} = \sqrt{\sigma_x^2 + \sigma_y^2 + \sigma_z^2 - \sigma_x\sigma_y - \sigma_y\sigma_z - \sigma_z\sigma_x + 3\,(\tau_{xy}^2 + \tau_{yz}^2 + \tau_{zx}^2)}\,.$$

In ähnlicher Weise wurde die sog. *Vergleichsdehnung* δ_{res} definiert so, daß die Verschiebung s_0 mit $\sqrt{2}$ multipliziert wurde:

$$\delta_{\text{res}} = \sqrt{2}\, s_0 = \frac{2}{3}\sqrt{\delta_1^2 + \delta_2^2 + \delta_3^2 - \delta_1\delta_2 - \delta_2\delta_3 - \delta_3\delta_1},$$

was auch infolge $\delta_1 + \delta_2 + \delta_3 = 0$ geschrieben werden kann in der Form: $\delta_{\text{res}} = \sqrt{\frac{2}{3}\,(\delta_1^2 + \delta_2^2 + \delta_2^3)}$ oder im Falle, daß der Verformungszustand nicht durch seine Hauptkomponenten angegeben ist:

$$\delta_{res} = \sqrt{\frac{2}{3}(\delta_x^2 + \delta_y^2 + \delta_z^2) + \frac{1}{3}(\gamma_{xy}^2 + \gamma_{yz}^2 + \gamma_{zx}^2)}\,.$$

Dies hat sich als zweckmäßig erwiesen aus dem Grunde, weil im Falle des einachsigen Zuges $\sigma_3 = \sigma$ nebst $\sigma_1 = \sigma_2 = 0$, mit der bleibenden Dehnung $\delta_3 = \delta$ nebst $\delta_1 = \delta_2 = -\frac{\delta}{2}$, die Vergleichsspannung $\sigma_{res} = \sigma$ und $\delta_{res} = \delta$ werden. An die Stelle des $\tau_0 \div s_0$-Diagrammes tritt jetzt das $\sigma_{res} \div \delta_{res}$-Diagramm (Abb. 7), das dieselbe Form hat wie das $\sigma \div \delta$-Diagramm des einachsigen Zuges, wobei aber, wie gesagt, σ und δ auf die verformten Abmessungen zu beziehen sind. Zwei dreiachsige Spannungszustände führen bei einem

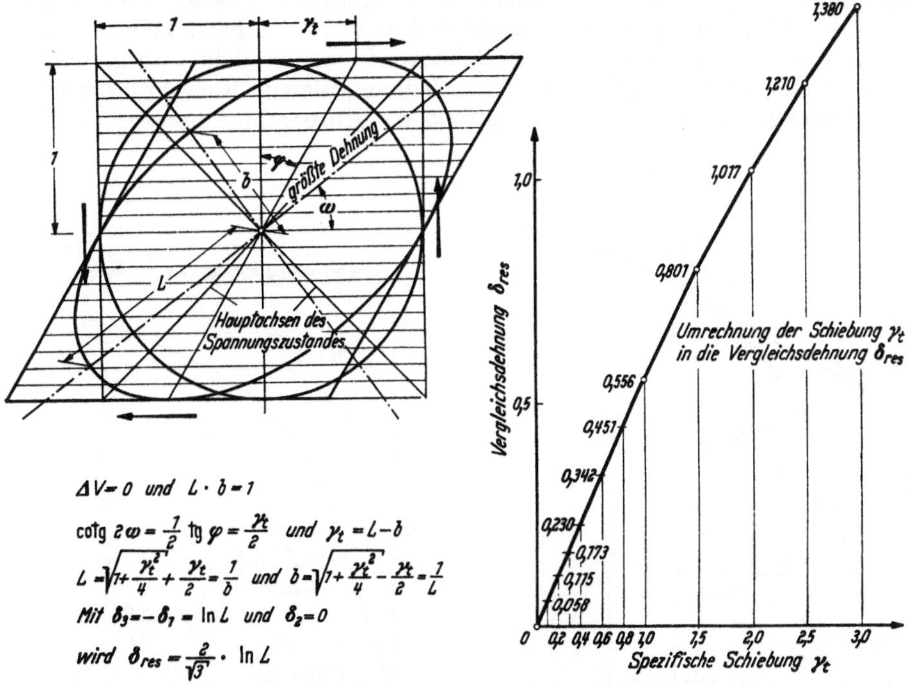

Abb. 8. Umrechnung der Schiebung γ in die Vergleichsdehnung δ_{res}.

quasiisotropen Material zu derselben plastischen Verformung δ_{res}, wenn deren τ_{res}-Beträge gleich groß sind. In diesem Fall ist auch der Plastizitätsmodul D derselbe. Für die Größe der plastischen Verformung eines kompakten und quasiisotropen festen Körpers ist demnach im Falle einer einmaligen Beanspruchung die Vergleichsspannung allein maßgebend.

Im Falle gewöhnlicher Schiebung γ, wie sie bei der Torsionsbeanspruchung vorkommt, ist bei elastischer Formänderung die Beziehung $G = \frac{\tau}{\gamma_{elastisch}}$ und im Falle plastischer Verformung $G_{plastisch} = \frac{D}{3} = \frac{\tau}{\gamma_{plastisch}}$ erfüllt. Dies gilt jedoch nur für kleine Verformung. Bei größerer Verformung ermittelt man zuerst die Hauptdehnungen $\delta_1 \delta_2 \delta_3$ und bestimmt damit die Vergleichsdehnung δ_{res}, wobei noch die Drehung der Hauptachsen im Körper zu beachten ist (Abb. 8).

Vollständigkeitshalber sei erwähnt, daß an Stelle der quadratischen Form für Stoffe, deren Fließgrenze von der mittleren Spannung σ_m unabhängig ist, auch eine allgemeinere kubische Form für den Fall, daß die Fließgrenze von σ_m

abhängt, vorhanden ist (siehe Angaben am Schluß), auf die jedoch mangels an Anwendungsmöglichkeiten für die Praxis hier nicht näher eingegangen werden soll.

Als Verformungsgrenze ist bei kompakten metallischen Werkstoffen die *Fließgrenze* σ_F gebräuchlich, an welcher zuerst deutlich wahrnehmbare Verformungen auftreten (speziell *Streckgrenze* σ_S bei einachsigem Zug, *Quetschgrenze* σ_Q bei einachsigem Druck). Im Falle ausgeprägten, plötzlich eintretenden Fließens sind noch die *obere* und *untere* Fließgrenze σ_{F_o} und σ_{F_u} (bzw. σ_{S_o} und σ_{S_u}, σ_{Q_o} und σ_{Q_u}) sowie der *Fließbereich* δ_F (bzw. δ_S und δ_Q) bis zum Wiedereinsetzen der Verfestigung für einen Werkstoff charakteristisch. Dabei hat die obere Fließgrenze nur im Falle sehr genau definierter Versuchsbedingungen (Übergänge an den Stabenden, Zentrierung) eine gewisse mehr theoretische Bedeutung, wogegen für praktische Zwecke in der Festigkeitsrechnung nur die untere Fließgrenze in Frage kommt. In diesen Fällen ausgeprägten Fließens treten auch Fließfiguren in Erscheinung, deren Orientierung zu den Hauptrichtungen noch davon abhängt, ob die Körperabmessungen (Proben-

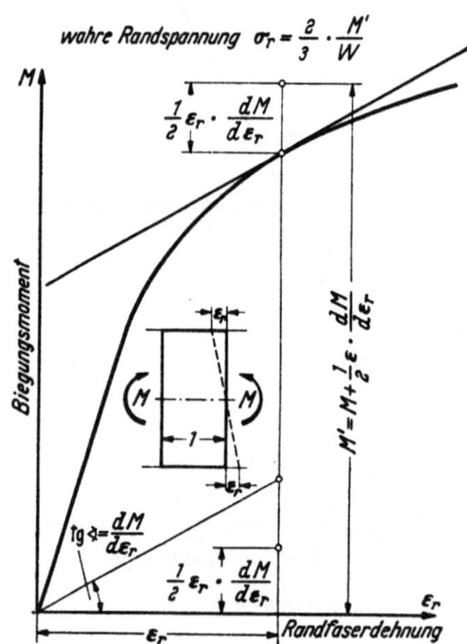

Abb. 9. Berechnung der wahren Randspannung σ_r in einem Rechteckbalken bei reiner Biegung.

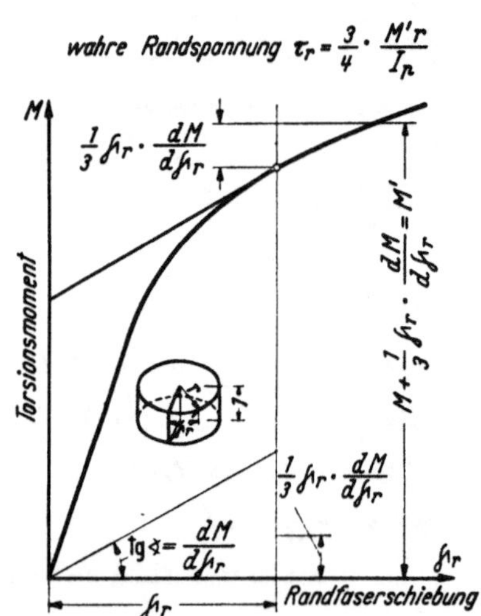

Abb. 10. Berechnung der wahren Randspannung τ_r in einem Vollzylinder bei reiner Torsion.

dicke) im Vergleich zu der Fließlinienbreite (Probenbreite) als groß oder als relativ klein zu gelten haben. Dieser Unterschied im Verhalten von dickwandigen und dünnwandigen Werkstücken ist darauf zurückzuführen, daß trotz plastischer Verformung bei dickwandigen Körpern die ganze Grenzfläche zwischen dem fließenden und dem noch rein elastisch bleibenden Teil ihre Abmessungen beibehalten muß, wogegen bei dünnwandigen Körpern sich diese Forderung nur auf die Länge der Fließlinie erstreckt.

Ist dagegen die Fließgrenze nicht ausgeprägt, so ist zur Zeit die 0,2%-Dehngrenze für den gewöhnlichen Druck- oder Zug- bzw. Biegeversuch und $0{,}2\sqrt{3}$%-Grenze für die Schiebung γ beim Torsionsversuch üblich. Letzteres geht daraus hervor, daß die Vergleichsdehnung in den beiden Fällen, nämlich $\delta = 0{,}2\%$ und $\gamma = 0{,}2\sqrt{3}\,\%$, gleich groß ist: $\delta_{\text{res}} = 0{,}2\%$.

Liegen Messungen im Falle von Biegeversuchen mit Rechteckstäben in Form der Beziehung zwischen dem Biegungsmoment und Randfaserdehnung ε vor, dann muß zuerst auf das wahre $\sigma - \varepsilon$-Diagramm (Abb. 9) umgerechnet werden; desgleichen im Falle von Torsionsversuchen mit kreiszylindrischen Vollstäben, wenn aus der Beziehung zwischen dem Torsionsmoment und der Randfaserschiebung γ die wahre τ-γ-Beziehung gewonnen werden soll (Abb. 10). Die Versuche haben gezeigt, daß bei genauer Einhaltung aller

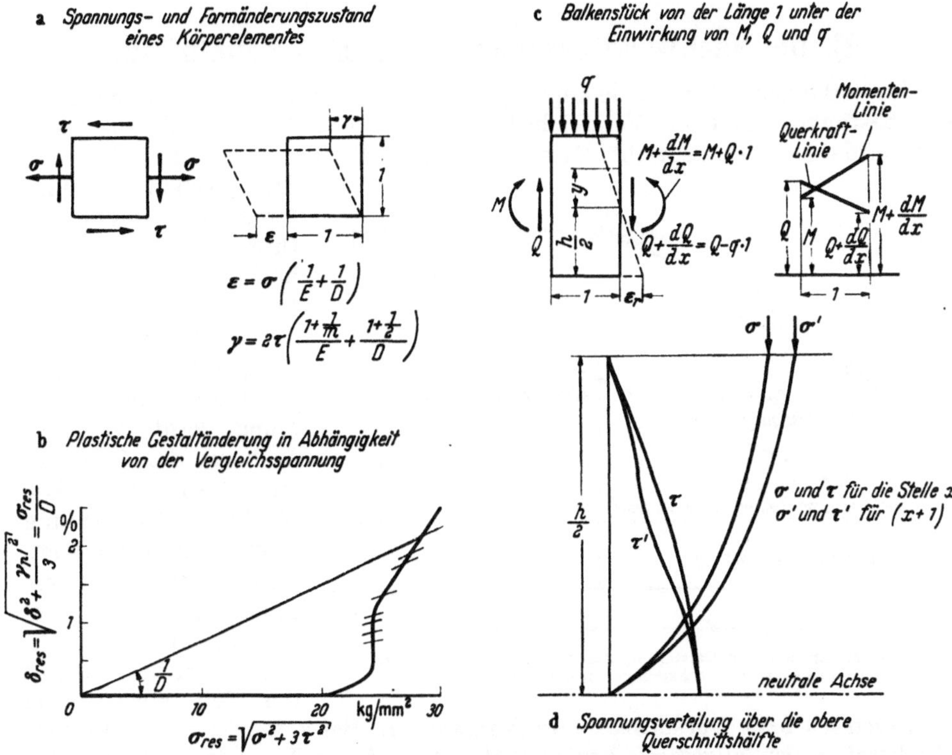

Abb. 11. Biegung mit Querkraft in einem Rechteckbalken bei einer Beanspruchung oberhalb der Fließgrenze.

Versuchsbedingungen, wie sie der Berechnung zugrunde liegen, das σ-ε-Diagramm aus dem Biegeversuch mit jenem aus dem Zugversuch genau übereinstimmt, was auch für das τ-γ-Diagramm von Voll- und Hohlstäben zutrifft.

Wirken in einem Stabquerschnitt sowohl ein Biegungsmoment M wie eine Querkraft Q, dann hängt die σ-Verteilung und die τ-Verteilung im Querschnitt nicht nur von der Form des σ-ε-Diagramms des vorliegenden Werkstoffs, vielmehr auch von Größenverhältnissen zwischen M und Q sowie von $q = \frac{dQ}{dx}$ ab (Abb. 11).

Stellt man die Frage nach der Ursache des ausgeprägten Fließbereichs, eventuell mit oberer und unterer Fließgrenze verbunden, dann bleibt nach Erwägung aller Möglichkeiten nur die Mosaikblockstruktur der Realkristalle bzw. Kristallite als Erklärung übrig, die allen Beobachtungen gerecht werden kann. Nach dieser bestehen die Kristallite aus Gitterbereichen, die innerhalb eines und desselben Kristallites noch geringe Schwankungen in ihren Gitterorienterungen aufweisen, die jedoch unter dem gewöhnlichen Mikroskop noch nicht erkennbar sind. Diese Schwankungen in der Orientierung der kristallographisch bestimmten Gleitflächen, in denen sich die plastische Verformung abspielt, im Zusammenwirken mit den Gitterstörungen an den Mosaikblockgrenzen wirken sich hemmend auf den Beginn der Gleitung aus. Werden diese Hemungen überwunden, dann verhält sich der Kristallit so, wie wenn die ursprüngliche Mosaikstruktur nicht vorhanden gewesen wäre. Das ist der Grund dafür, daß nach dem Durchlaufen des Fließbereichs bei σ_{Fu} die Verfestigungslinie des weichen Flußstahles wieder so weiterläuft, wie wenn die erwähnte Hemmung nicht vorhanden gewesen wäre.

E. Die Nachwirkungserscheinungen — Zeiteinfluß.

Im vorhergehenden wurde angenommen, daß jeder Vergleichsspannung σ_{res} eine bestimmte plastische Vergleichsdehnung δ_{res} — und zwar unabhängig von der Zeitdauer t — entspricht. Dies ist für einige Metalle — wie Blei, Zinn und Zink — schon bei Raumtemperatur nicht erfüllt. Für die übrigen hochschmelzenden Metalle trifft dies zumindest bei höheren Temperaturen ebenfalls nicht zu. Die Verformung wird vielmehr noch von der Zeitdauer mit bestimmt. Die plastische Verformung wächst unter der Last, selbst wenn letztere konstant gehalten wird, und nimmt nach vollzogener Entlastung mit der Zeit noch weiter ab (*Kriechen* bzw. *Nachdehnen* und *Nachkürzen*). Bei kompakten metallischen Werkstoffen ist allgemein der zeitliche Ablauf der Vergleichsdehnung δ_{res} derselbe, sofern derjenige der Vergleichsspannung σ_{res} gleichgehalten wird, und zwar auch dann, wenn es sich um verschiedene dreiachsige Spannungszustände handelt. Im besonderen Fall der ruhenden Belastung ist in einem bestimmten Augenblick die *Verformungsgeschwindigkeit* $v_{res} = \frac{d\,\delta_{res}}{dt}$ für verschiedene dreiachsige Spannungszustände $\sigma_1 \sigma_2 \sigma_3$ dieselbe, wenn auch die Vergleichsspannung σ_{res} überall den gleichen Betrag aufweist. Weil bei konstant gehaltenem $\sigma_1 \sigma_2 \sigma_3$ während eines Versuches die Verformung so zunimmt, daß

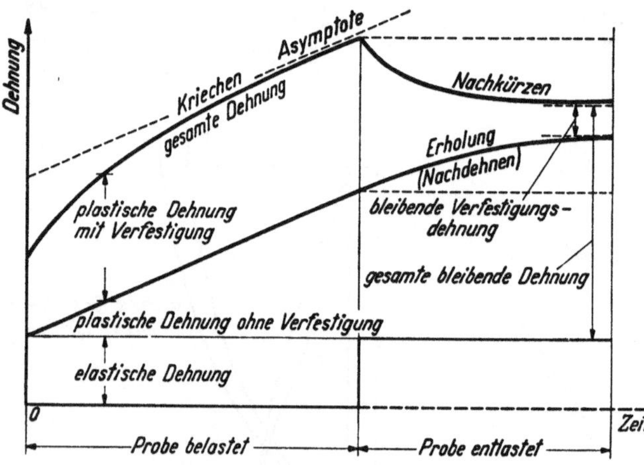

Abb. 12. Schematische Darstellung des Kriechens bei ruhender Belastung und des Nachkürzens im entlasteten Zustand.

$$\frac{d\delta_1}{\delta_1} = \frac{d\delta_2}{\delta_2} = \frac{d\delta_3}{\delta_3} = \frac{d\,\delta_{res}}{\delta_{res}}$$

stets erhalten bleibt, kann die Verformungsgeschwindigkeit berechnet werden gemäß:

$$\frac{d\,\delta_{res}}{dt} = \sqrt{\frac{2}{3}\left[\left(\frac{d\delta_1}{dt}\right)^2 + \left(\frac{d\delta_2}{dt}\right)^2 + \left(\frac{d\delta_3}{dt}\right)^2\right]}.$$

In Fällen, wo weder Umwandlungen noch Ausscheidungen im Material auftreten, nimmt die Verformungsgeschwindigkeit unter ruhender Belastung mit der Zeit ab (Abb. 12). Im Falle eines stationären Endzustandes stellt sich nämlich das Gleichgewicht zwischen der von der plastischen Verformung herrührenden Verfestigung und der durch die Einwirkung der Wärme zustande kommenden Erholung des Materials allmählich ein, dessen Folge eine noch von der Temperatur und Spannung abhängige — sonst zeitunabhängige — Endkriechgeschwindigkeit sein kann. Treten hingegen zu diesen inneren Vorgängen der Verfestigung und Erholung noch zeitlich stark veränderliche Ausscheidungsvorgänge aus übersättigten Mischkristallen hinzu, dann kann die Kriechgeschwindigkeit zuerst abnehmen und später wieder zunehmen, was aus dem vorhergehenden Verlauf der Zeitdehnlinie nicht vorausgesagt werden kann. Aus diesem Grunde kann man die Abkürzungsverfahren nur dann gebrauchen, wenn bekannt ist, um welche Werkstoffgruppe es sich handelt. Dazu kommen bei hohen Temperaturen Veränderungen der Oberfläche hinzu, die mit zunehmender Versuchs- bzw. Betriebsdauer immer ausschlaggebender werden, wodurch um so größere Abweichungen von der oben geschilderten Gesetzmäßigkeit auftreten können, je mehr im Spannungszustand der Zug vorherrscht.

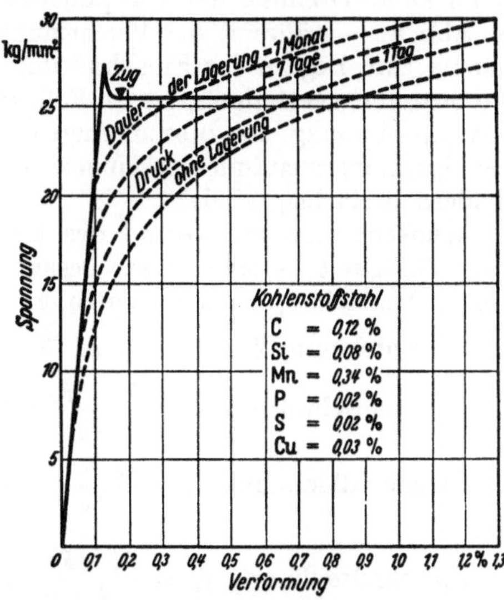

Abb. 13. Spannungs-Dehnungs-Linien bei dem erstmaligen Kaltrecken und der darauffolgenden Druckbeanspruchung nach verschieden langer Lagerung bei Raumtemperatur.

Bei der Ausführung von Dehnungsmessungen kommt es vor, daß nach verschiedener Zeit wiederholte Kontrollversuche nicht übereinstimmen, was oft auf die Nachwirkung einer vorausgegangenen Kaltverformung — eventuell vom Richten her — zurückzuführen ist. Führt man beispielsweise mit einem kaltgereckten Metallstab Druckversuche aus (oder in umgekehrter Reihenfolge), dann erhält man — je nach der Dauer der Lagerung bei Raumtemperatur — sehr verschiedene σ-ε-Diagramme (Abb. 13), was als ein Ergebnis der Erholung des durch plastische Verformung gestörten Kristallgitters einerseits und die Alterung als Folge von submikroskopisch feinen Ausscheidungsvorbereitungen anderseits zu betrachten ist.

F. Die Anstrengung fester Körper bei mechanischer Beanspruchung.

Die vorausgegangenen Ausführungen galten der Größe der plastischen Verformung vor dem Auftreten von Rissen im festen Körper — sie gelten jedoch nicht unmittelbar für den Bruch selbst. Mit anderen Worten kann derselbe Körper, je nach dem Spannungszustand, sehr verschieden große Vergleichsspannungen und Vergleichsdehnungen im Augenblick des Bruches aufweisen. Im Falle des einachsigen Zuges tritt bekannterweise eine örtliche Einschnürung auf, sobald die Verfestigungszunahme die Querschnittsabnahme bei weiterer Verformung nicht mehr kompensieren kann, d. h. sobald $d(\sigma F) = d P = 0$ und dadurch $\sigma\, dF + F\, d\sigma = 0$ wird (Abb. 1). Kennt man das wahre, auf die verformten Abmessungen bezogene σ-δ-Diagramm eines Werkstoffs, so kann mit Hilfe der angegebenen Plastizitätsgleichungen das auf die ursprünglichen, unverformten Abmessungen bezogene σ-δ-Diagramm für jeden dreiachsigen Spannungszustand abgeleitet werden, woraus auch die Lage der Höchstlast und der sog. *Gleichmaßdehnung* bis zu dieser Lastgrenze in Abhängigkeit vom Spannungszustand $\sigma_1\sigma_2\sigma_3$ zu gewinnen sind. Es ist jedoch darauf zu achten, daß diese Berechnung nur dann zutreffende Ergebnisse liefert, wenn keine Drehung der Hauptachsen des Spannungszustandes — wie etwa in Abb. 8 — während der Verformung stattfindet. Auch ist die Berechnung nur bis zum Beginn der Einschnürung in dieser einfachen Weise möglich, weil die Spannungsverteilung, die im Falle der glatten zylindrischen Probe homogen gewesen sein mag, von diesem Augenblick an es gewiß nicht mehr ist, und weil die Spannungszustände im eingeschnürten Probenteil nicht mehr einachsig, sondern dreiachsig sind.

Wünscht man auf Grund des klassischen Zugversuchs ein Material auf seine Zähigkeit — oder besser gesagt auf seine plastische Verformbarkeit — hin zu beurteilen, dann stehen u. a. folgende Kennwerte zur Verfügung:

Bruchdehnung δ_{10} oder δ_5 in %,

Brucheinschnürung $\psi = \frac{F_0 - F_B}{F_0} \cdot 100$ in %,

Gleichmaßdehnung $\delta_g = \frac{F_0 - F_g}{F_g} \cdot 100 \cong 2\delta_{10} - \delta_5$ in %

und

Einschnürdehnung $\delta_e = \frac{F_0 - F_B}{F_B} \cdot 100 = \frac{\psi}{100 - \psi} \cdot 100$ in %.

Die bleibende Verlängerung infolge der örtlichen Einschnürung allein beträgt: $\Delta l_e = \frac{\delta_5 - \delta_{10}}{100} \cdot 10d$ in mm.

Als Maß der Zähigkeit wird in der Praxis leider immer noch sehr häufig die Bruchdehnung angesehen. Diese ist aber das Ergebnis von ψ, δ_g und Δl_e. Bei gleichem δ_{10}-Betrag können die Werkstoffe noch sehr verschiedene ψ-Be-

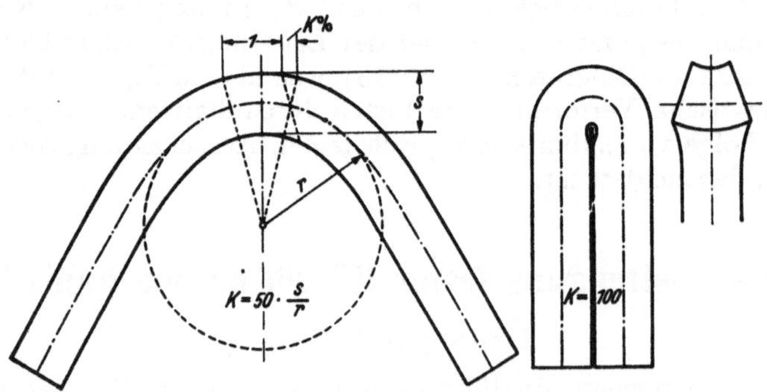

Abb. 14. Faltversuch mit dem Biegungskoeffizient K (nach TETMAJER).

träge aufweisen. So läßt sich oft kaltgezogener oder kaltverwundener Stahl mit relativ niedriger Bruchdehnung δ_{10} von etwa 10% und darunter anstandslos zusammenfalten oder bei Drähten der Knopfversuch durchführen, sofern nur die Brucheinschnürung ψ mehr als 50% beträgt. Beim vollständigen Zusammenfalten der Probe erreicht nämlich die Randfaserdehnung näherungsweise:

$$K = 50\frac{s}{r} = 100\frac{d}{D} \text{ in \%} \quad \text{(Abb. 14)},$$

somit im obigen Sonderfall infolge $r = \frac{D}{2}$ = mittlerer Krümmungsradius $= \frac{s}{2}$ bzw. $\frac{d}{2}$ den Wert gleich 100, wozu im Falle des einachsigen Zuges eine Einschnürung $\psi \cong 50\%$ mit einer Einschnürdehnung von $\delta_e \cong 100\%$ erforderlich ist. Andererseits aber kann ein anderer Stahl bei einer relativ hohen Bruchdehnung $\delta_{10} \cong 25\%$ einen K-Wert von nur 25% aufweisen, nämlich dann, wenn seine Brucheinschnürung $\psi \cong 20\%$ beträgt, d. h. wenn eine örtliche Verjüngung an der Bruchstelle fehlt.

Aus diesen Gründen kann weder δ_{10} noch δ_5 für sich allein und ohne nähere Angabe von ψ, δ_g, Δl_e und K als Maß der Zähigkeit in Erwägung gezogen werden.

Um die Frage der Anstrengung fester Körper zu beantworten, müssen die verschiedenen Beanspruchungsarten getrennt untersucht werden: statische Beanspruchung; wiederholte Beanspruchung — Dauerschwingbeanspruchung; schlag- und stoßartige Beanspruchung und Beanspruchung durch Reibung. In derselben Reihenfolge wird auch das Problem immer komplizierter, und man muß zugeben, daß man zur Zeit auf der zweiten Stufe stehengeblieben ist.

G. Die Bruchgefahr bei statischer Beanspruchung.

Wird die Beanspruchung langsam gesteigert bis zum Entzweigehen eines festen Körpers, so werden drei scheinbar verschiedene Brucharten beobachtet, so daß naturgemäß auch drei besondere Gesetzmäßigkeiten, denen die den Bruch bewirkenden Spannungszustände gehorchen, zur Geltung kommen (Abb. 15).

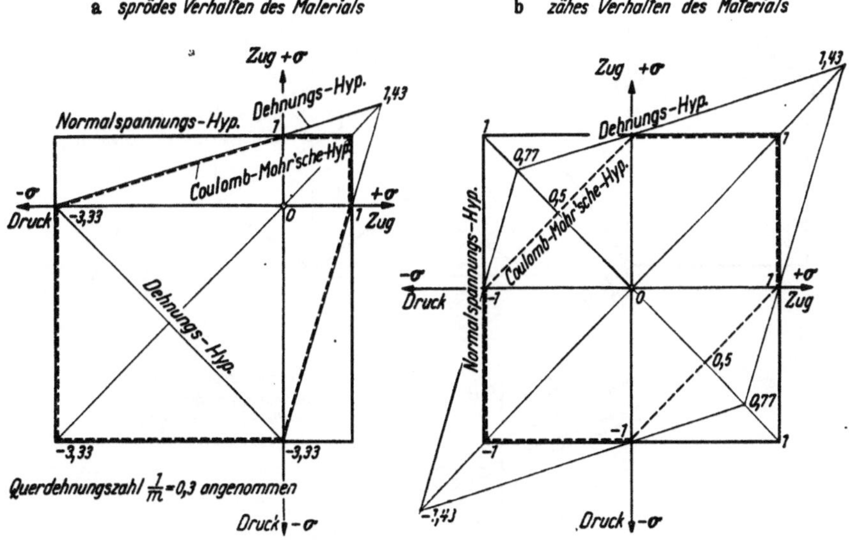

Abb. 15. Grenzfiguren für zweiachsige Spannungszustände an der Fließgrenze bzw. beim Bruch nach verschiedenen Hypothesen.

a) Bei zähem Verhalten tritt der *Gleitungsbruch* auf. In diesem Grenzfall stellt die größte Schubspannung $\tau_{\max} = \frac{\sigma_3 - \sigma_1}{2}$ — bezogen auf die effektiven verformten Abmessungen der unter 45° zu den beiden extremen Hauptspannungen σ_1 und σ_3 geneigten Abgleitungsfläche — eine Materialkonstante dar.

Die Richtung der mittleren Hauptspannung σ_2 liegt in der Bruchfläche und hat auf die Größe von τ_{max} und damit auf die Bruchgrenze im Falle reinen Gleitungsbruches keinen nennenswerten Einfluß.

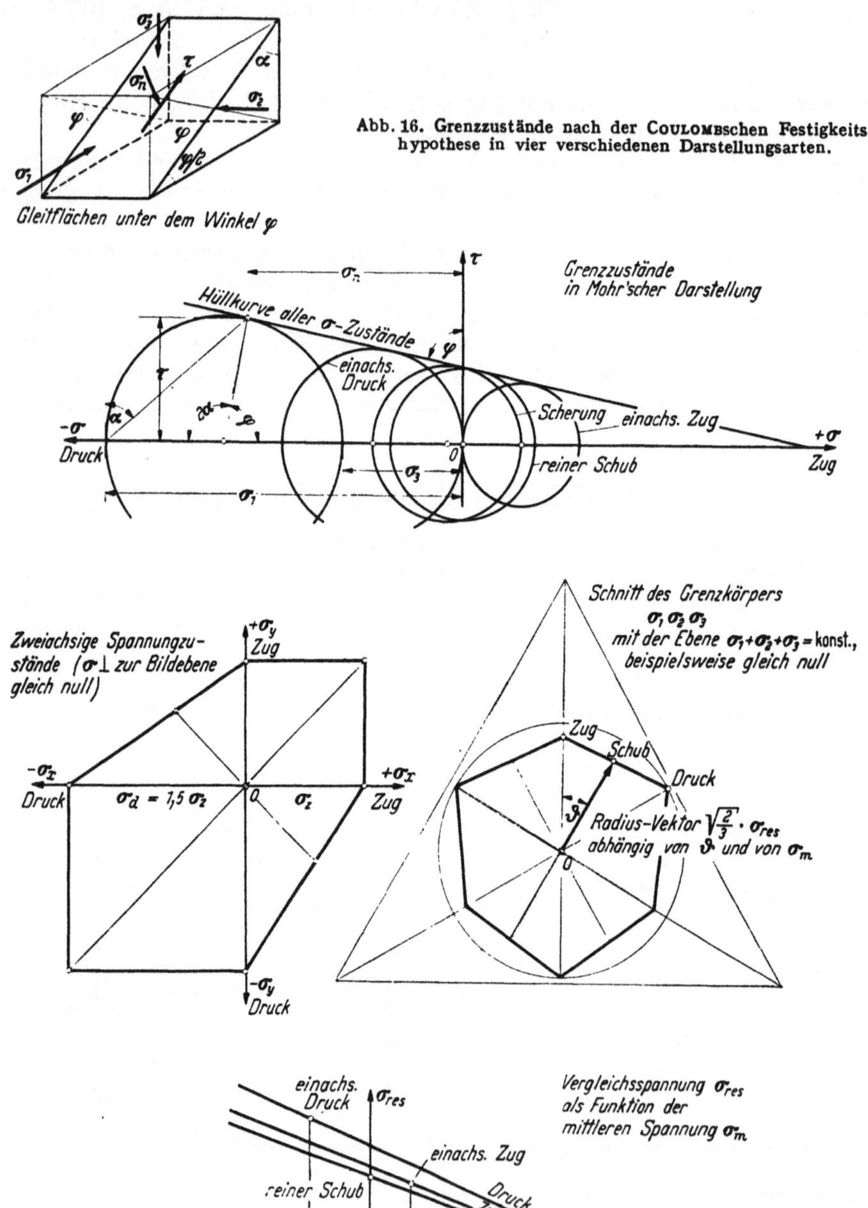

Abb. 16. Grenzzustände nach der COULOMBschen Festigkeitshypothese in vier verschiedenen Darstellungsarten.

b) Bei sprödem Verhalten tritt der *Trennungsbruch* auf. In diesem zweiten Grenzfall ist die größte Hauptspannung σ_3 auf die effektiven Abmessungen der auf der Richtung der algebraisch größten Normalspannung senkrecht stehenden Bruchfläche bezogen — eine Materialkonstante. Sie sollte im Falle reinen Trennungsbruches von der Größe der beiden anderen Hauptspannungen σ_1 und σ_2 praktisch unabhängig sein, wobei aber die Festigkeits- und Zähigkeitsanisotropie der technischen Werkstoffe beachtet werden muß.

c) Diese beiden Grenzfälle kommen in reiner Form nur selten vor. In der Regel tritt eine Mischung von Gleitungen und Trennungen im Bruchzustand in Erscheinung. Diese Bruchart wird auch *Verschiebungs-* oder *Mischbruch*

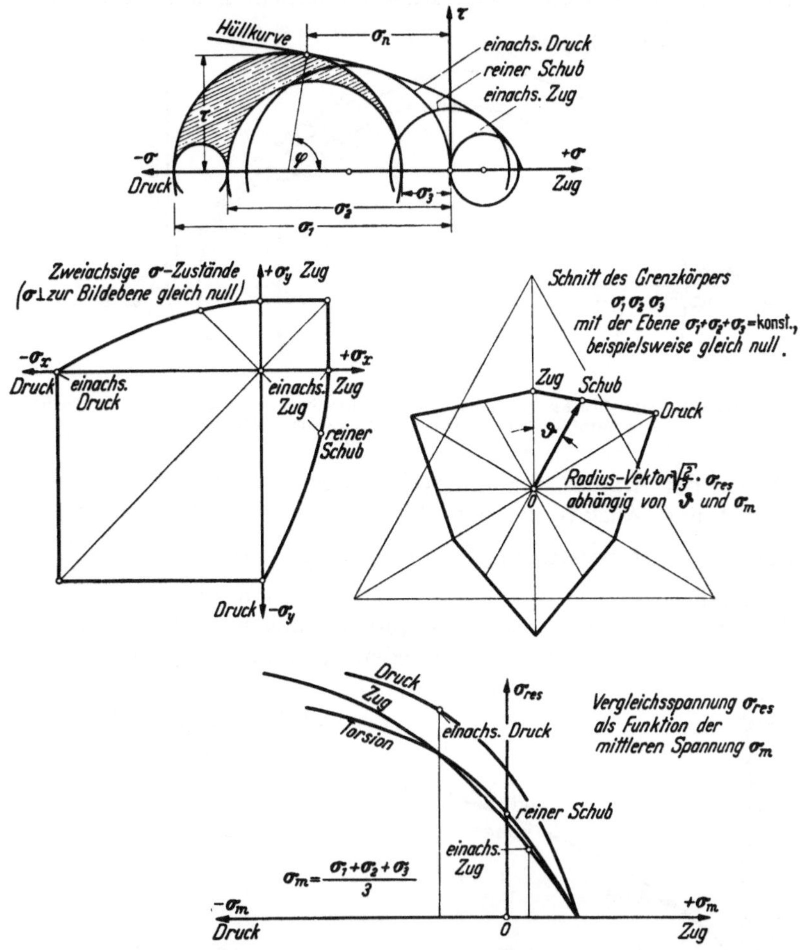

Abb. 17. Grenzzustände nach der MOHRschen Theorie der Bruchgefahr in vier verschiedenen Darstellungsarten.

genannt. In diesem Normalfall liegt die Bruchfläche weder unter 45° zu den Hauptspannungen σ_1 und σ_3 geneigt noch winkelrecht zu σ_3, sondern dazwischen, jedoch so, daß die Richtung der mittleren Hauptspannung σ_2 in der Bruchfläche enthalten ist. Letztere Hauptspannung σ_2 sollte nach der COULOMB-MOHRschen Hypothese auf die Bruchkraft keinen nennenswerten Einfluß ausüben (Abb. 16). In MOHRscher Darstellung müßten im allgemeinen sämtliche Größtkreise der Bruchzustände eine einzige Hüllkurve besitzen (Abb. 17), wobei der jeweilige Berührungspunkt die Orientierung der Bruchfläche im festen Körper wie auch deren Spannungskomponenten σ_n und τ als die im gegebenen Fall gefährlichste Lage der Schnittfläche angibt. Die Hüllkurve endigt auf der Zugseite mit dem reinen Trennungsbruch, wogegen sie auf der Druckseite in den Gleitungsbruch einmündet. Es gibt daher keine „*zähe*" oder „*spröde*" Stoffe, vielmehr kann sich derselbe Stoff je nach dem Spannungszustand sowohl zäh wie auch in anderen Fällen spröd verhalten.

Diese COULOMB-MOHRsche Vorstellung von der Anstrengung und Bruchgefahr eines festen Körpers bei verschiedenen dreiachsigen Spannungszuständen trifft nicht genau zu, und zwar besonders von jenem Augenblick an, wo im Inneren des Körpers die ersten Risse entstehen. Durch diese Risse wird

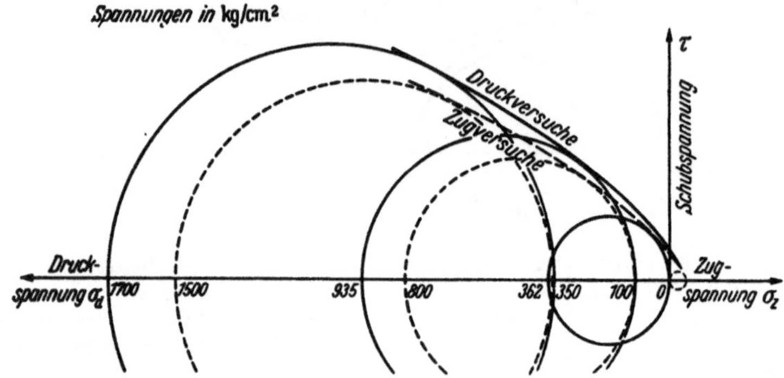

Abb. 18. Zementmörtel. Bruchzustände bei Zug- und Druckversuchen unter allseitig gleichem — hydrostatischem — Druck in MOHRscher Darstellung.

eine noch von der Art des Spannungszustandes — auch von σ_2 — abhängige Heterogenität und Anisotropie des Materials verursacht. Dabei werden die von den Durchschnittswerten der Spannungen $\frac{P}{F}$ vorkommenden Abweichungen (sog. vagabundierende Spannungen) so groß, und zwar bei unbekanntem Anteil derselben an den einzelnen Hauptspannungen $\sigma_1 \sigma_2 \sigma_3$, daß man nur auf dem Wege direkter Versuche für jeden einzelnen Spannungszustand die

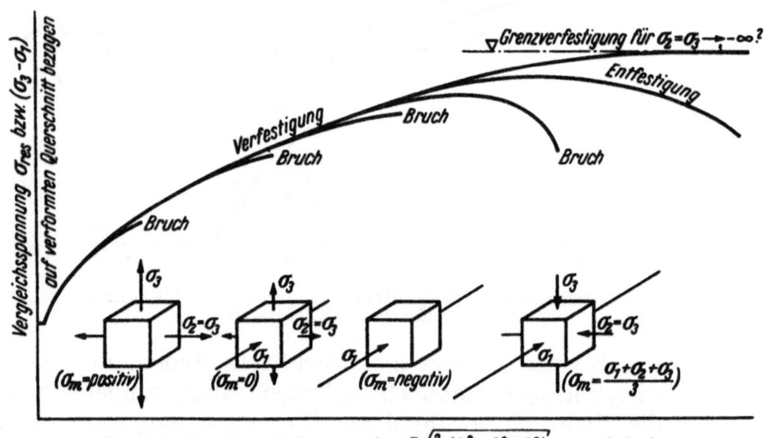

Abb. 19. Druckversuche unter allseitig gleichem — hydrostatischem — Zug bzw. Druck ($\sigma_2 = \sigma_3$).

gewünschte Antwort auf die Frage der Bruchgefahr gewinnen kann. Somit kann die obige Hypothese nur als eine in der Regel brauchbare Näherung gelten. Je nach dem besonderen Aufbau des gerade vorliegenden Materials sind die Hüllkurven der relativ einfach durchzuführenden Zug- und Druckversuche unter allseitig gleichem, hydrostatischem Druck verschieden zueinander gelagert. In der Regel liegt die Hüllkurve für Zugversuche über derjenigen für Druckversuche. Es kann aber auch der umgekehrte Fall vorkommen, wie beispielsweise bei dem stark heterogen aufgebauten Zementmörtel (Abb. 18). Mit zunehmendem allseitig gleichem Druck wird auch die maximale Bruchspannung wie auch die Bruchverformung immer größer, so daß die Frage nach dem Vorhandensein einer *Grenzverfestigung* bei extrem hohen Drücken an Bedeutung gewinnt (Abb. 19).

Im Falle des einachsigen Zugversuchs mit glatten, zylindrischen Proben darf die im Bruchzustand selbst ermittelte effektive Reißfestigkeit $\sigma_R = \frac{\text{Bruchlast}}{\text{Bruchquerschnitt}}$ als ein praktisches Maß der technischen Kohäsion des Materials für diese Beanspruchungsart gelten (Abb. 1).

H. Die Bruchgefahr bei schwingender Beanspruchung.

Daß die Dauerschwingfestigkeit oft nur einen Bruchteil von der statischen Festigkeit eines festen Körpers ausmachen kann, ist eine Erfahrung, die der Maschinenbauer teuer erkaufen mußte. Die Dauerschwingfestigkeit bei konstanter Temperatur hängt von den *Spannungsgrenzen* σ_0 = *Oberspannung* und σ_u = *Unterspannung*, von der *Lastspielgröße* N und von der Art des Spannungszustandes $\sigma_1\sigma_2\sigma_3$ ab.

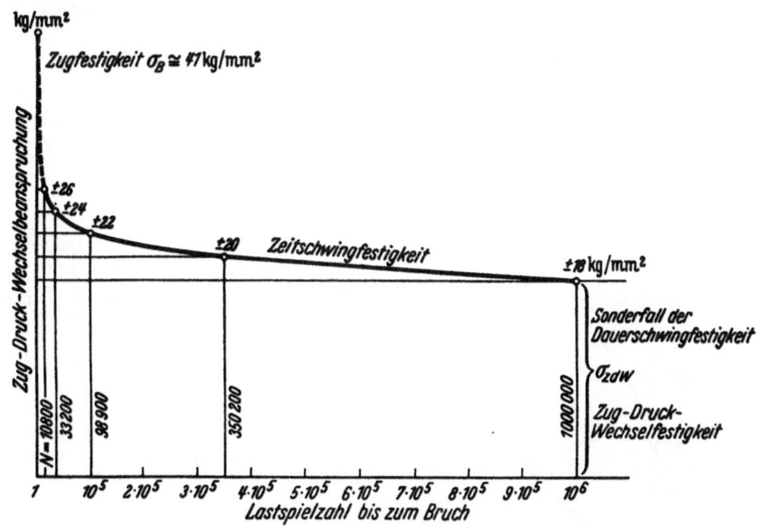

Abb. 20. Die WÖHLER-Kurve. Material Stahl, Blechdicke = 20 mm, allseitig bearbeitete zylindrische bzw. prismatische Proben.

Werden bei einem bestimmten Spannungszustand, und zwar für dasselbe Verhältnis $\frac{\sigma_u}{\sigma_o}$, mehrere Versuche bei jeweils konstant gehaltenen Spannungsgrenzen durchgeführt, dabei die letzteren von Versuch zu Versuch verschieden hoch gewählt und die Lastspiele jeweils bis zum Bruch wiederholt, so erhält man durch Auftragung der Bruchpunkte in einem einfachen σ-N-Koordinatensystem die bekannte WÖHLER-Kurve (Abb. 20), die der besseren Übersichtlichkeit wegen auch im einfach- oder doppellogarithmischen Koordinatensystem aufgetragen werden kann (Abb. 21). Sie besteht aus zwei Teilen, der von der Lastspielzahl bis zum Bruch abhängigen *Zeitschwingfestigkeit* und der praktisch unbegrenzt lange ertragenen *Dauerschwingfestigkeit*.

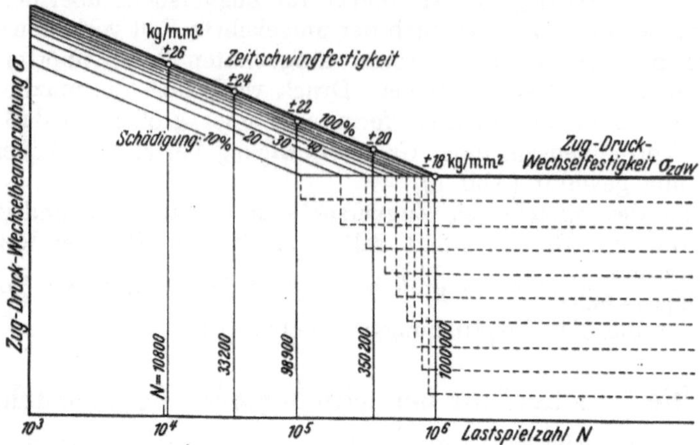

Abb. 21. Die WÖHLER-Kurve nach Abb. 20 im einfach-logarithmischem Koordinatensystem mit den Linien gleicher Schädigungsgrade nach der Hypothese der Schadensakkumulation.

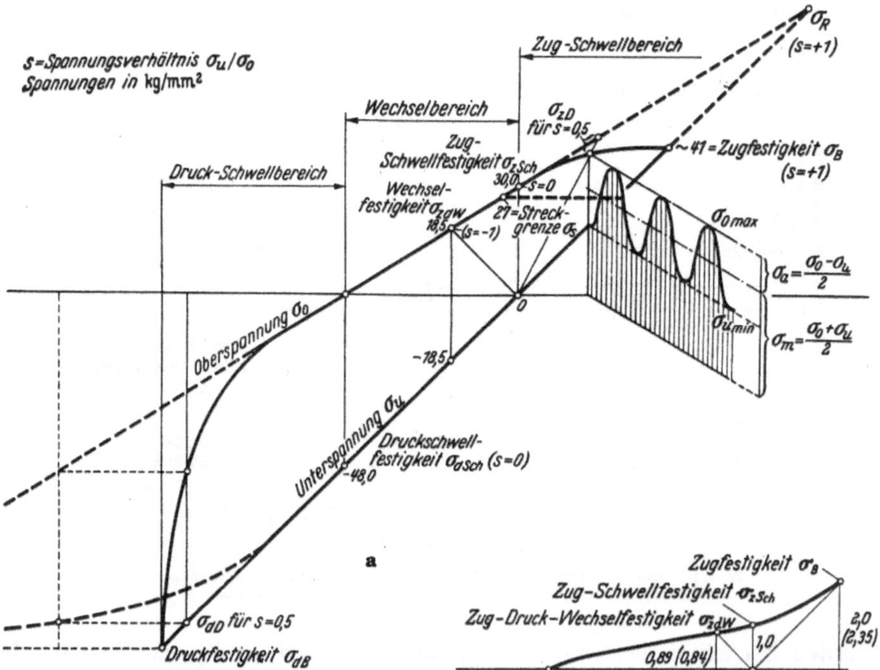

Abb. 22. Dauerfestigkeits-Schaubild nach Roš. (Abhängigkeit der Dauerschwingfestigkeit vom Spannungsverhältnis $\sigma_u:\sigma_o$). Allseitig bearbeitete zylindrische bzw. prismatische Proben: *a* Material St 37; *b* Gußeisen, Verhältniszahlen bezogen auf die Zug-Schwellfestigkeit für hochwertiges Gußeisen, und in Klammern für Grauguß, 10^6 Lastspiele bis zum Bruch.

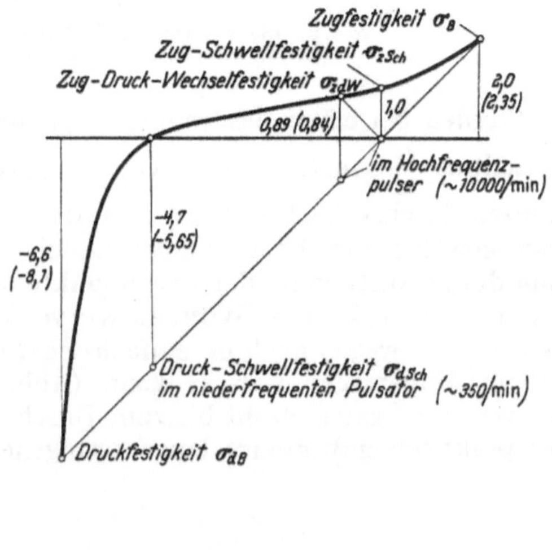

Nach der Verhältniszahl zwischen der Unter- und Oberspannung unterscheidet man:

die *reine Wechselfestigkeit* für $\frac{\sigma_u}{\sigma_o} = s = -1$;

die *reine Schwellfestigkeit* für $s = 0$ (gemeint ist in der Regel die Zug-Schwell-Festigkeit, wogegen die Druck-Schwell-Festigkeit im allgemeinen davon verschieden ist).

In allen Fällen mit $s > 0$ ist die Bezeichnung *Schwellfestigkeit*, hingegen für $s < 0$ *Wechselfestigkeit* gebräuchlich. Alle Dauerschwingfestigkeiten mit s von -1 bis $+1$ bilden das *Dauerfestigkeitsschaubild* (Abb. 22), und zwar jeweils für einen bestimmten Spannungszustand $\sigma_1 : \sigma_2 : \sigma_3$ und für eine bestimmte Lastspielzahl bis zum Bruch (beispielsweise 1 oder 2 Millionen Lastspiele bei Zug-Druck und 10 Millionen Lastspiele und mehr bei Biegung oder Torsion). Trägt man jeweils für ein bestimmtes s alle zweiachsigen Spannungszustände an der Dauerbruchgrenze in einem rechtwinkligen Koordinatensystem zusammen, so läßt sich, darauf gestützt, die Dauerbruchgefahr für jeden Fall näherungsweise abschätzen (Abb. 23).

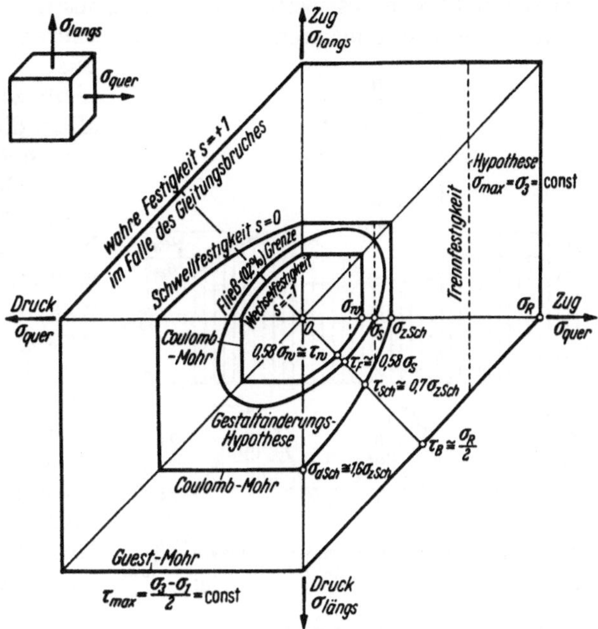

Abb. 23.

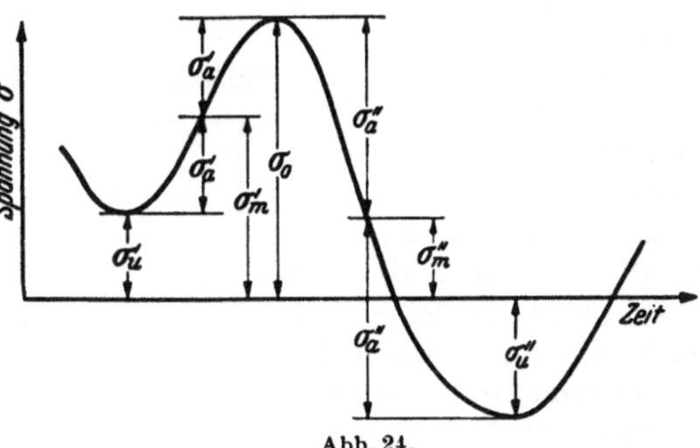

Abb. 24.

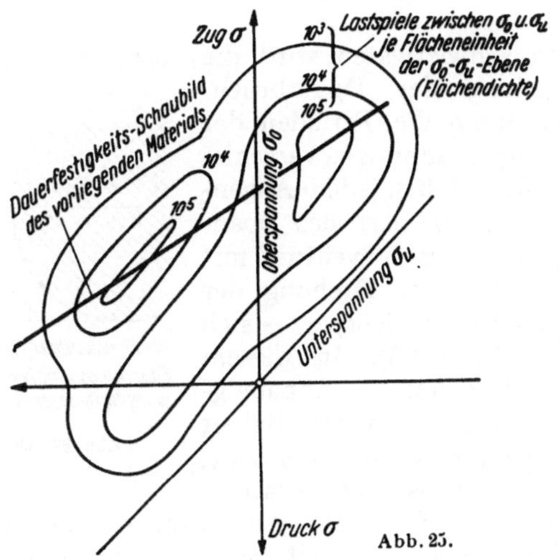

Abb. 25.

Abb. 23. Zweiachsige Grenzzustände für statische und schwingende Beanspruchungen, bei verschiedenen $\sigma_u : \sigma_{0(s)}$ und $\sigma_{quer} : \sigma_{längs}$.

Abb. 24. Zeitlicher Spannungsverlauf — allgemeiner Fall.

Abb. 25. Häufigkeit verschiedener Laststufen, unter Berücksichtigung der Ober- und Unterspannungen, mit dem Dauerfestigkeits-Schaubild.

Schwieriger wird es, wenn — im Gegensatz zu den bisherigen Betrachtungen — die Spannungsgrenzen σ_o und σ_u während des Versuches oder im Betrieb Veränderungen unterliegen (Abb. 24). In diesem Fall ist nicht allein die Häufigkeit der verschieden hohen Überbeanspruchungen von Bedeutung, vielmehr kann noch deren Art der Vermischung mitbestimmend sein (Abb. 25). Da hilft man sich zur Zeit mit der Vorstellung von der sog. *Schadensakkumulierung* über die Schwierigkeit hinweg. Hierbei nimmt man an, daß ein bestimmter Bruchteil jener Lastspielzahl, welche bei konstant gehaltenen Spannungsgrenzen und Spannungszustand zum Bruch führen würde, auch denselben Bruchteil der Schädigung zur Folge habe (Abb. 21). Addiert man die Schädigungen, die man bei verschiedenen Spannungszuständen und Lastgrenzen verursacht hat, so soll nach dieser Hypothese der Dauerbruch eintreten, sobald die Summe 100% erreicht. Versuche müssen dann zeigen, inwieweit die Wirklichkeit von dieser Annahme abweicht, so daß noch ein Korrekturfaktor für ein Material und gegebene Konstruktionsart bei der Bemessung berücksichtigt werden kann.

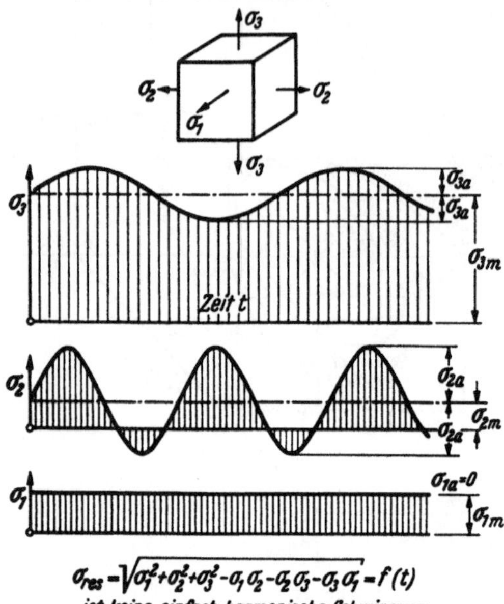

Abb. 26. Zeitlicher Ablauf der drei Hauptspannungskomponenten.

Am schwierigsten wird die Beurteilung der Dauerbruchgefahr, wenn die Perioden der drei Hauptspannungen verschieden sind, so daß in jedem Augenblick auch die Art des Spannungszustandes — eventuell mit hinzukommender Drehung der Hauptachsen im Körper — sich ändert (Abb. 26). In diesem Fall muß zuerst die Abhängigkeit der Dauerschwingfestigkeit vom Spannungszustand $\sigma_1\sigma_2\sigma_3$, vom Verhältnis der Anstrengungs- (nicht Spannungs-) Grenzen — und von der Lastspielzahl im Bereich der Zeitschwingfestigkeit bekannt sein — man kann aber selbst mit relativ

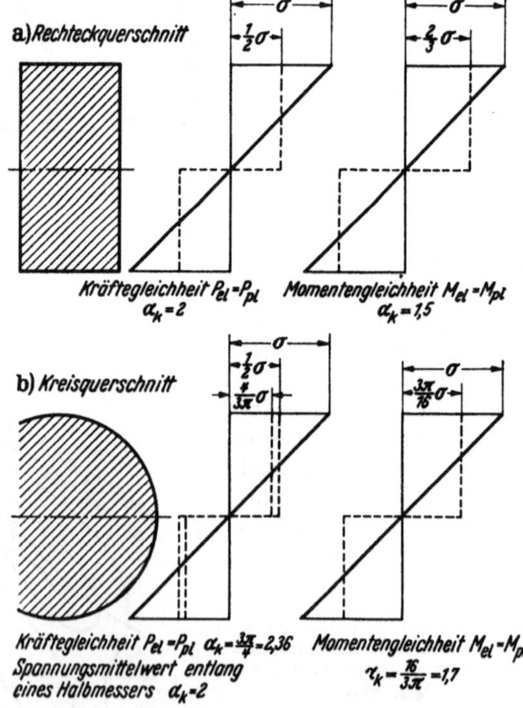

Abb. 27. Definition der Formzahl α_k im Falle reiner Biegungsbeanspruchung.

einfachen Annahmen in den Unterlagen immer noch befriedigende Werte im Endergebnis erzielen.

Die vorausgehenden Überlegungen galten der homogenen Spannung in der glatten zylindrischen oder prismatischen Probe. Liegt demgegenüber ungleichmäßige Spannungsverteilung in einem gelochten oder gekerbten Stab vor, so lehrt die Erfahrung, daß die rechnerische Spannungsspitze größer werden darf als die Spannung im glatten Stab, so daß man von einem *Größen- und Gestalteinfluß* sprechen kann. Der reine Größeneinfluß ist bei technischen Dimensionen vernachlässigbar klein. Wenn dennoch die großen Werkstücke in der Regel geringere Dauerschwingfestigkeit zeigen als die kleinen, homologen (d. h. äußerlich dem Ähnlichkeitsgesetz genügenden) Körper, so liegt es daran, daß die großen Stücke schwieriger herzustellen und daher aus geringwertigerem Material aufgebaut sind, was noch von den zur Verfügung stehenden Einrichtungen eines Werkes abhängt und allgemein gar nicht behandelt werden kann.

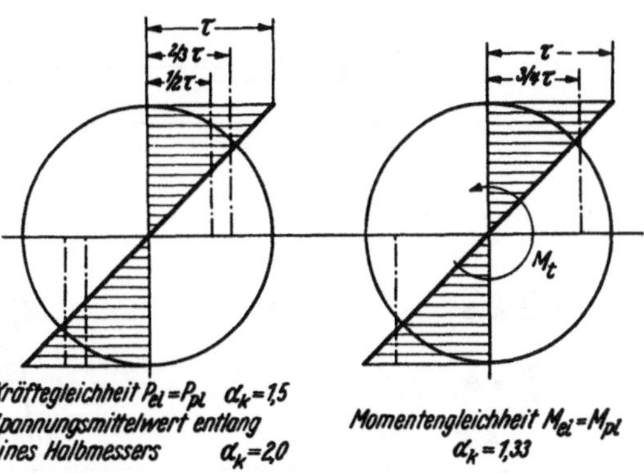

Abb. 28. Definition der Formzahl α_k im Falle reiner Torsionsbeanspruchung.

Demgegenüber zeigen Versuche eindeutig, daß ein Formeinfluß besteht, der an Hand der bekannten *Formzahl* α_k abzuschätzen ist. Wird ein beliebig geformter Körper irgendwie durch P sowie M_b (Abb. 27) oder M_t (Abb. 28) beansprucht, so kann die Formzahl α_k so definiert werden, daß man jene zwei Lastgrößen vergleicht, von welchen die eine bei idealplastischem Verhalten den ganzen Querschnitt restlos ausnützt und die andere unter der Annahme rein elastischen Verhaltens die Fließgrenze σ_F in der Randfaser gerade erreicht, nämlich:

$$\alpha_k = \frac{\text{Belastungsgröße im vollplastischen Zustand}}{\text{Belastungsgröße bei rein elastischem Verhalten bis zu } \sigma_F}\,.$$

Trägt man die Dauerschwingfestigkeiten der verschiedenen gelochten oder gekerbten, auf Zug beanspruchten Stäbe in Abhängigkeit von α_k auf, so erhält man für die rechnerischen Beanspruchungen an der Spannungsspitze eine Linie mit der Asymptote bei etwa 1,7 von der Dauerschwingfestigkeit des homogen auf Zug beanspruchten glatten zylindrischen Stabes (Abb. 29). Bei der Biegungsbeanspruchung muß zuerst die Umrechnung auf die hier allgemein definierte Formzahl α_k durchgeführt werden, worauf wieder gute Übereinstimmung mit der bei Zug-Druck-Versuchen gewonnenen Grenzlinie festzustellen ist (Abb. 30).

Wenden wir uns dem Einfluß des Spannungszustandes auf die Dauerschwingfestigkeit zu, so kann sofort vorweggenommen werden, daß für diese die Gestaltänderungshypothese nicht in Frage kommt, was schon daraus hervorgeht, daß die Druck-Schwell-Festigkeit um etwa 60% höher ist als die Zug-Schwell-Festigkeit.

Die eingehenden Versuche zeigen jedoch, daß auch für die Dauerschwingfestigkeit — wie für die statische Festigkeit im Falle des Verschiebungsbruches — die Coulomb-Mohrsche Hypothese eine brauchbare Näherung darstellt.

Soll nun auf Grund dieser Feststellungen etwas über den Vorgang im Inneren eines festen Körpers bei der Dauerschwingbeanspruchung ausgesagt

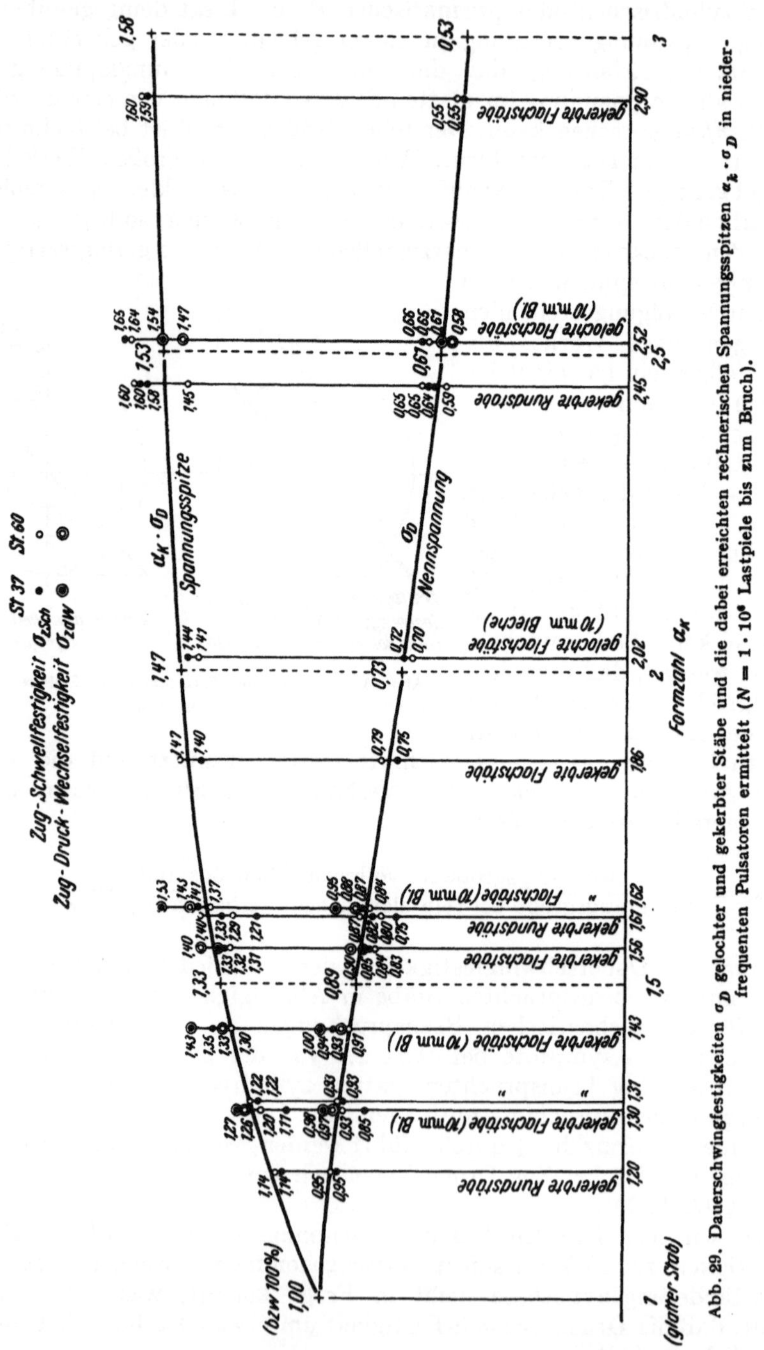

Abb. 29. Dauerschwingfestigkeiten σ_D gelochter und gekerbter Stäbe und die dabei erreichten rechnerischen Spannungsspitzen $\alpha_k \cdot \sigma_D$ in niederfrequenten Pulsatoren ermittelt ($N = 1 \cdot 10^6$ Lastpiele bis zum Bruch).

werden, so kann dies nur in einem beschränkten Umfang geschehen. Zwar ist jede Lastwiederholung eine nahezu statische Beanspruchung, nur daß sie auf einem durch voraufgegangene Beanspruchungen veränderten Körper zur

Wirkung gelangt. Daß sich der Werkstoff bei der Beanspruchung in der Nähe der Dauerschwingfestigkeit ändert, das beweisen die Veränderungen seiner

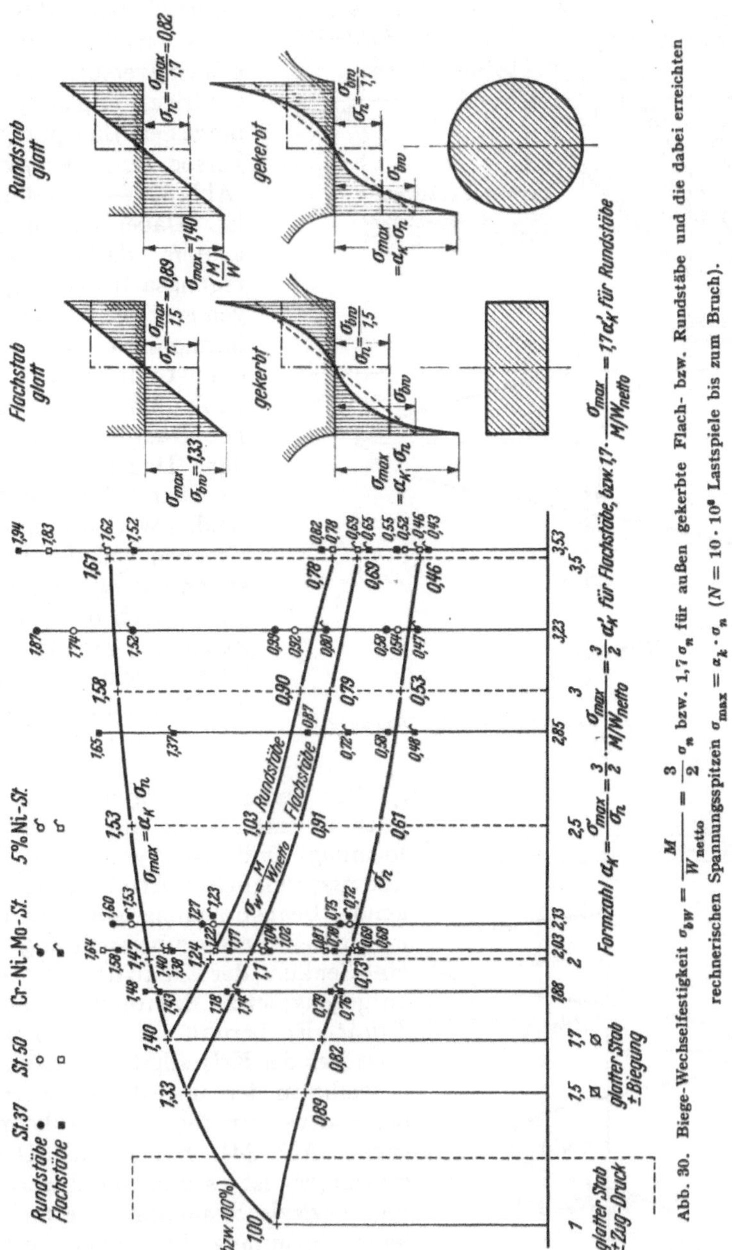

Abb. 30. Biege-Wechselfestigkeit $\sigma_{bW} = \frac{M}{W_{\text{netto}}} = \frac{3}{2}\sigma_n$ bzw. $1{,}7\,\sigma_n$ für außen gekerbte Flach- bzw. Rundstäbe und die dabei erreichten rechnerischen Spannungsspitzen $\sigma_{\max} = \alpha_k \cdot \sigma_n$ ($N = 10 \cdot 10^6$ Lastspiele bis zum Bruch).

übrigen Eigenschaften, wie Klang, Elastizitäts- und Fließgrenze, Bruchdehnung und Brucheinschnürung, Kerbschlagzähigkeit, thermische, elektrische und magnetische Kenngrößen. Besonders geeignet zur Verfolgung dieser Vor-

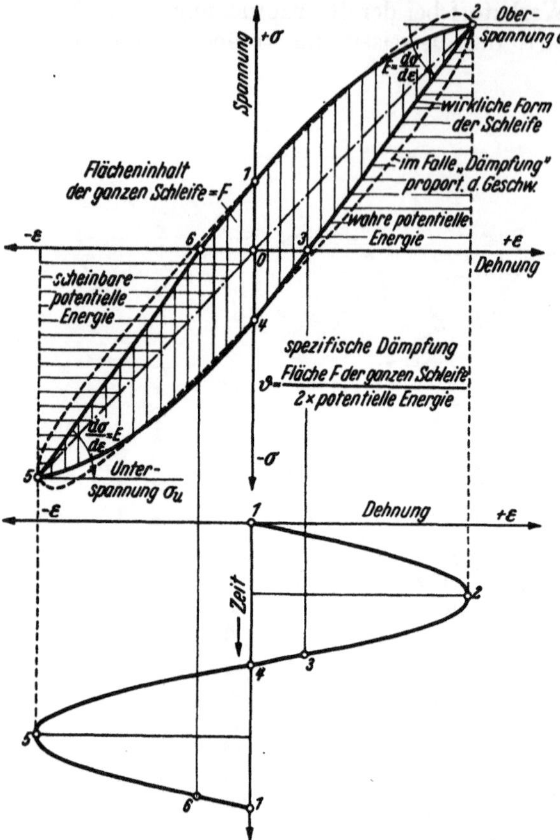

Abb. 31. Die Hysteresisschleife und die Dämpfung.

gänge im Inneren eines festen Körpers erscheint die *Dämpfungsmessung*, wobei noch zwischen jener in der Nähe der Dauerschwingfestigkeit ausgeführten (Abb. 31) und jener nach dem Dauerschwingversuch bei relativ niedrigen Spannungen gemessenen Dämpfung — z. B. bei sog. Ausschwingversuchen (Abb. 32) — zu unterscheiden ist. Dabei ist auch zu beachten, daß es zwei Erregungsarten von Schwingungen gibt: Entweder verläuft ε harmonisch mit der Zeit, dann trifft es für σ nicht zu (Abb. 33), oder umgekehrt. Die Dämpfung in der Nähe der Dauerschwingfestigkeit ist zwar bei zäh sich verhaltenden Werkstoffen in weiten Grenzen von der Vergleichsspannung σ_{res} allein abhängig — nach dem Beginn der *Zerrüttung* nimmt jedoch die letztere schneller zu, wenn die Normalkomponente der Gleitflächen eine Zugspannung ist.

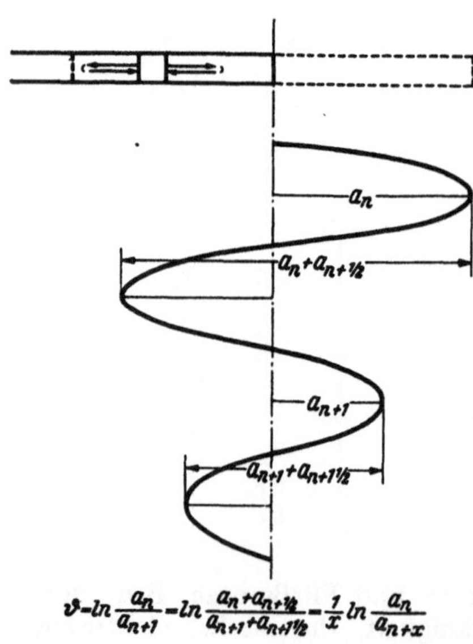

Abb. 32. Das logarithmische Dekrement ϑ.

Der Zerrüttungsvorgang beruht demnach in erster Linie auf plastischer Verformung, und zwar verursacht die über der ursprünglichen Elastizitätsgrenze liegende Beanspruchung eine Hebung von σ_E für diese Verformungsrichtung, dagegen eine Senkung der Elastizitätsgrenze für die entgegengesetzte Richtung — *Bauschinger Effekt*. Er beruht auf dem *Erinnerungsvermögen* des Kristallgitters, durch welches dasselbe in den ungestörten Zustand vor der Kaltverformung zurückzukehren versucht (Abb. 34). Bei solchen Dehnungsmessungen ist es manchmal wertvoll, die sog. *neutrale Spannung* zu ermitteln, die jener Spannung bei einer bestimmten Größe der bleibenden Dehnung entspricht, bei welcher weder ein Kriechen noch ein Nachkürzen stattfindet (Abb. 35), die jedoch noch stark zeitabhängig sein kann.

Außerdem wird durch die voraufgegangene bildsame Verformung eine Festigkeits- und Zähigkeitsanisotropie verursacht, die manchmal völlig unerwartetes Verhalten eines Werkstücks zur Folge haben kann, wie plötzliches, verformungsloses Brechen von zu stark in kaltem Zustand gebogenen End-

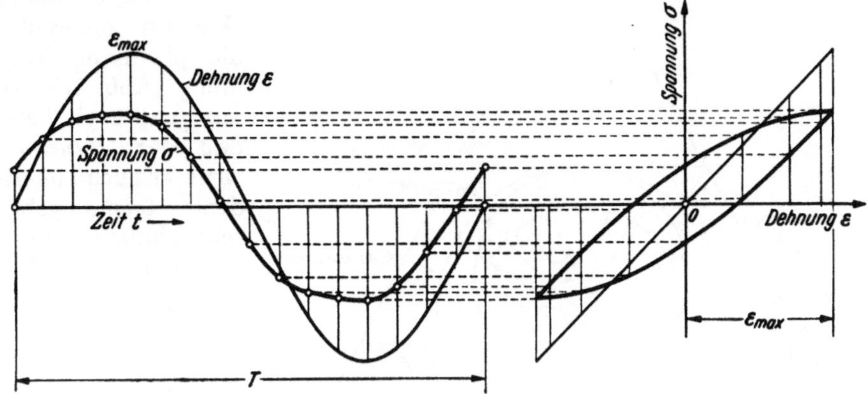

Abb. 33. Zeitlicher Ablauf der Spannung σ im Falle harmonischen Ablaufs der Dehnung ε.

haken bei Betoneisen, Dachrinnenhaken und ähnlichem, wozu die Eigenspannungen ihren Beitrag leisten. Zur Feststellung des Verhaltens eines Materials unter diesen Versuchsbedingungen ist unter Umständen die Faltprobe mit Entlastungen — Rißbildung in der Biegedruckzone — am Platze.

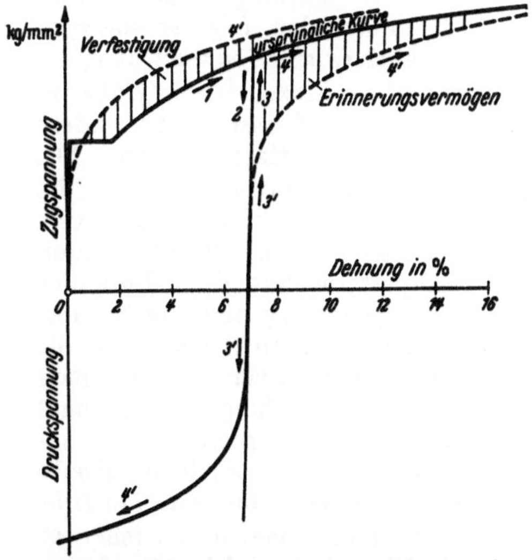

Abb. 34. Verfestigung und Erinnerungsvermögen bei der bildsamen Verformung durch einachsigen Zug und der darauffolgenden Rückverformung durch einachsigen Druck in gleicher Achse (Material: weicher Flußstahl).

Stellt man die Verformung und den Verformungswiderstand mit Hilfe von τ_0, s_0 und ϑ in der Ok-

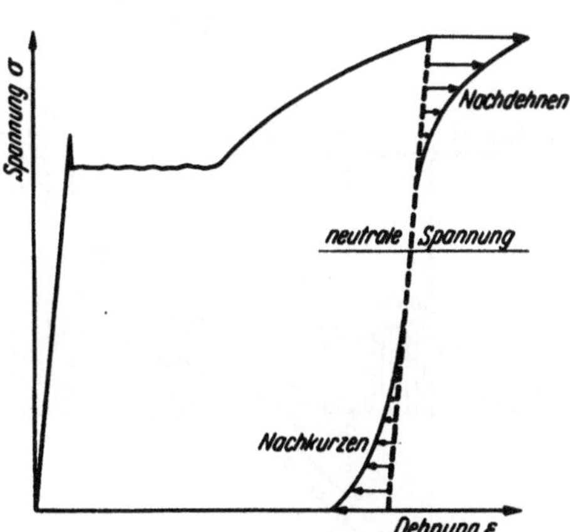

Abb. 35. Die neutrale Spannung (nach F. Körber und W. Rohland).

taederebene dar, dann kann der Einfluß des Erinnerungsvermögens als eine Verschiebung des Nullpunktes um ${}_i\tau_0$ des ursprünglich nach allen ϑ-Richtungen gleich groß gewesenen Gleitwiderstandes τ_0 dargestellt werden (Abb. 36). Dieses Erinnerungsvermögen kann aber im Laufe der Zeit auf dem Wege der Kristallerholung, Stabilisierung und Alterung — wenigstens teilweise — verlorengehen.

Wird durch Änderung der Beanspruchung eine wiederholte Richtungsänderung der überelastischen Gleitung in den Kristalliten verursacht, so wird eine mit der Zeit fortschreitende Zerrüttung eingeleitet, die anderen Gesetzen gehorcht als die plastische Verformung (Abb. 37). Daraus geht auch hervor, daß der *Dauerbruch*, wenn er auch äußerlich dem Trennungsbruch sehr ähnlich sieht, davon grundsätzlich abweichenden Mechanismus aufweisen muß.

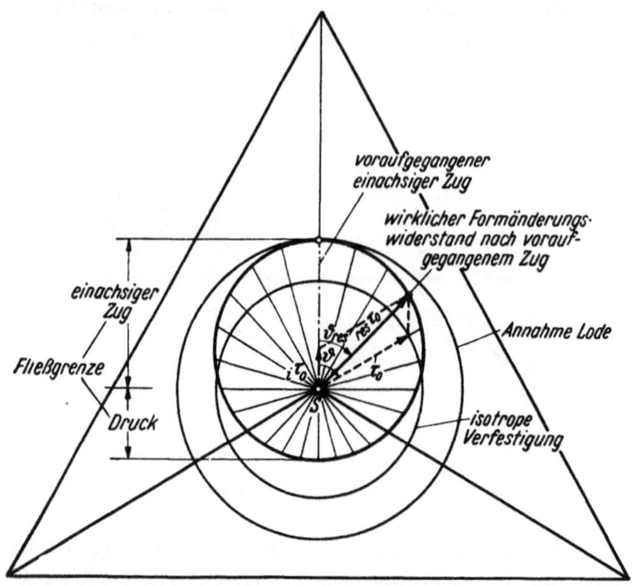

Abb. 36. Verfestigungsanisotropie — schematisch — als Folge der voraufgehenden bildsamen Verformung durch einachsigen Zug, für den Fall unveränderter Orientierung der Hauptspannungsachsen im ursprünglich quasi-isotrop gewesenen Körper.

Bei Werkstücken, die von der glatten zylindrischen Form abweichen, kommen noch die infolge des *Spannungsabbaues* bzw. *Lastausgleichs* (Abb. 38) sich während des Dauerschwingversuchs ständig ändernden *Eigenspannungen* — auch *innere Spannungen* σ_i genannt — hinzu, deren Größe im belasteten Zustand eine andere ist als im entlasteten (Abb. 39). Dies rührt davon her, daß die elastische Hysteresis der verschieden hoch beanspruchten Körperteile mit der Höhe der Beanspruchung nicht in linearer Beziehung steht, wie dies oft einfachheitshalber angenommen wird („Dämpfung proportional der Geschwindigkeit"). Aus diesem Grunde ist auch die Breite der Hysteresisschleife im P-ε-Diagramm verschieden von jener im σ-ε-Diagramm (Abb. 40). Diese Breite der Schleife bleibt während der Dauerschwingversuche oft lange Zeit konstant, um erst gegen den Bruch zu eine wesentliche Erweiterung — durch Hinzutreten der Zerrüttung — zu erfahren (Abb. 41). Dadurch wird in Körpern mit Spannungsspitzen die Möglichkeit geschaffen, höhere rechnerische Spannungshöchstwerte zu ertragen, als dies bei homogener Beanspru-

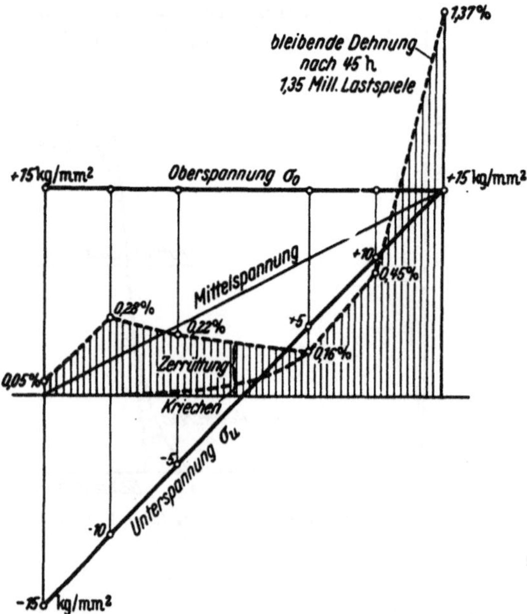

Abb. 37. Bleibende Zerrüttungs- und Kriechdehnung bei Dauerschwingversuchen mit einem Kohlenstoffstahl (C=0,58% und $\sigma_B \approx 80$ kg/mm²), und zwar bei stets derselben Oberspannung, bei 500° C und 500 Lastspielen/min. (Nach Hempel und Ardelt.)

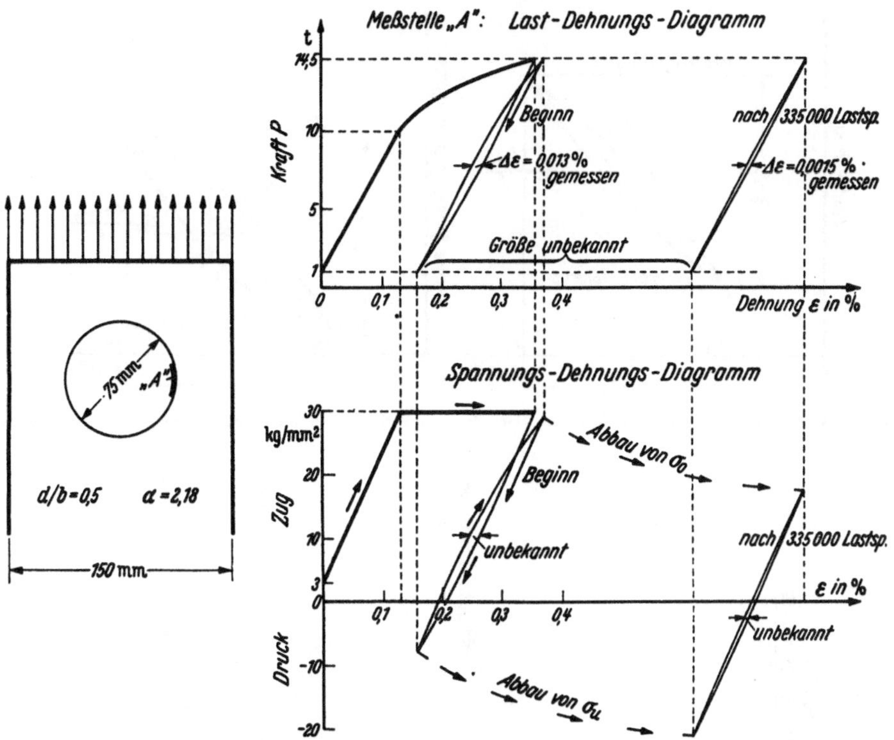

Abb. 38. Abbau der Mittelspannung, dagegen Erhaltung der Schwingungsamplitude — schematisch.

chung des ganzen Stabvolums der Fall ist. Auf diese Weise entsteht auch eine für die Höhe der Dauerschwingfestigkeit günstige Verlagerung der Beanspruchung an der Stelle der Spannungsspitze aus dem Zuggebiet des Dauerfestigkeitsschaubildes ins Druckgebiet, wo die noch erträgliche Amplitude größer ist (Abb. 42).

Naturgemäß ist der Einfluß der Eigenspannungen auch von der Art der Beanspruchung abhängig. So sind die sich während des Dauerschwing-Zug-Versuches ausbildenden Eigenspannungen in einem ursprünglich spannungsfrei gewesenen gelochten oder gekerbten Stab für dessen Dauerschwingfestigkeit von günstigem Einfluß, hingegen sind sie bei Dauerschwing-Druck-Versuchen ungünstig. Aus letzterem Grunde beträgt auch

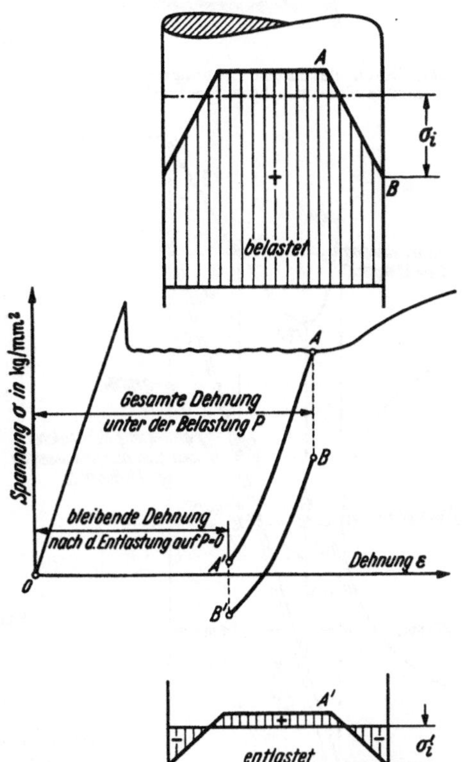

Abb. 39. Eigenspannungen im zylindrischen Stab σ_i, scheinbar im belasteten Zustand, und σ_i' nach der Entlastung.

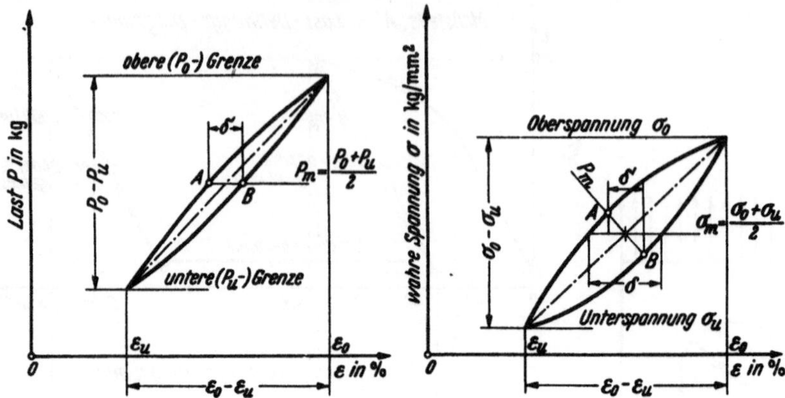

Abb. 40. Hysteresisschleife des P-ε-Verlaufs bzw. des σ-ε-Verlaufs an einer Stelle hoher Beanspruchung.

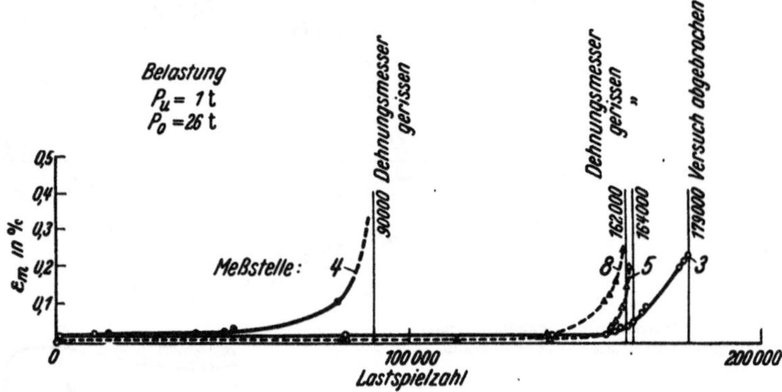

Abb. 41. Durch elektrische Dehnungsmesser ermittelte Mittelwerte der Dehnungen an der Stelle der Spannungsspitze eines gelochten Flachstabes aus weichem Flußstahl, in Abhängigkeit von der Lastspielzahl.

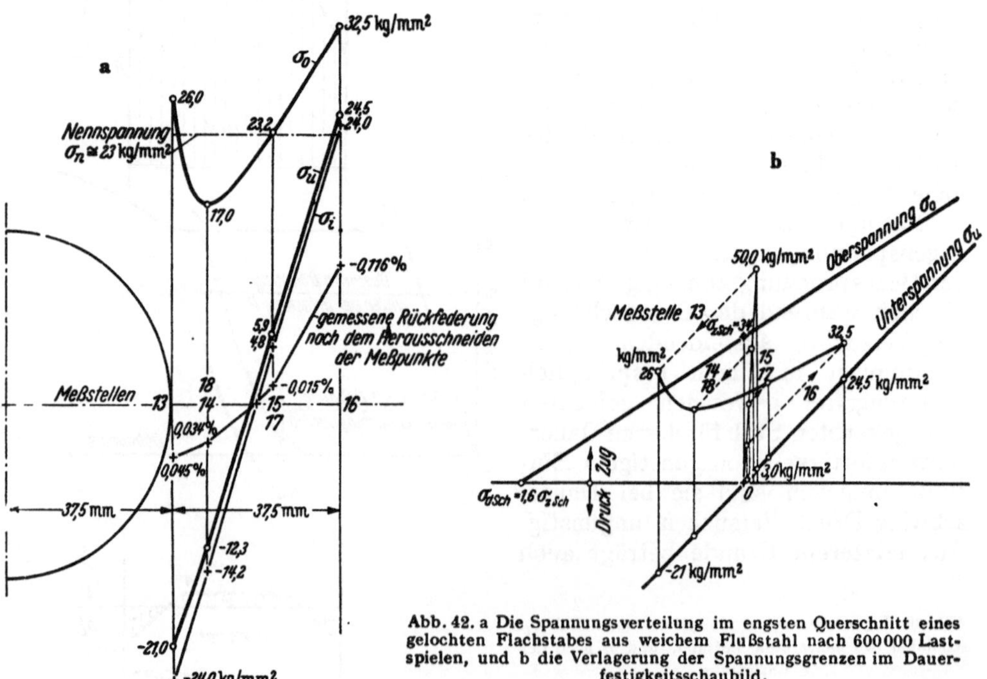

Abb. 42. a Die Spannungsverteilung im engsten Querschnitt eines gelochten Flachstabes aus weichem Flußstahl nach 600000 Lastspielen, und b die Verlagerung der Spannungsgrenzen im Dauerfestigkeitsschaubild.

die Verhältniszahl zwischen den beiden Schwellfestigkeiten für Druck und Zug bei glatten Stäben aus normalem Flußstahl etwa 1,6 und darüber, dagegen bei gelochten Stäben nur etwa 1,2 (Abb. 43).

In diesem Zusammenhang sei noch darauf hingewiesen, daß durch ein Hinzukommen einer Druckeigenspannung zu der wirksam gewesenen Schubspannung τ die Dauerschwingfestigkeit des Körperelementes erhöht werden kann (Abb. 44).

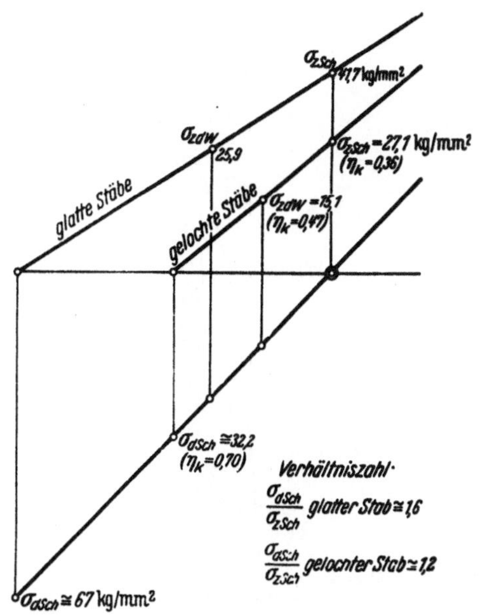

Abb. 43. Dauerfestigkeitsschaubild für glatte und gelochte Flachstäbe ($d/b = 1/5$) aus Flußstahl St 60/70 ($N = 1 \cdot 10^6$ Lastspiele bis zum Bruch).

Zu diesen makroskopisch sichtbar zu machenden Eigenspannungen 1. Art kommen noch die in mikroskopisch kleinen Bereichen stark schwankenden Eigenspannungen 2. Art und zuletzt die in submikroskopischen bzw. makromolekularen Gitterbereichen vorhandenen Gitterstörungen als Eigenspannungen 3. Art hinzu, deren Einfluß noch, je nachdem, ob es sich um den Verformungswiderstand bzw. Verformbarkeit bei statischer oder bei schwingender Beanspruchung handelt, noch sehr verschieden ausfallen kann. Wünscht man jedoch die Eigenspannungen in einen möglichst stabilen Zustand überzuführen, dann wird der Körper durch die sog. *Aussteuerung* allmählich vom Zustand der Höchstlast und um den zu erreichenden Endzustand herumpendelnd entlastet (Abb. 45).

Für die Praxis ist die Bestimmung der Dauerschwingfestigkeit in der Regel nur dann von Bedeutung, wenn es sich um den Gestalteinfluß und den Einfluß des *Oberflächenzustandes* (z. B. Walzhaut, Randentkohlung, Korrosion) eines Werkstücks handelt. Flußstähle im glatten Zustand der Oberfläche, sofern nur die Oberflächengüte so ist, daß die Eigenschaften des Inneren maßgebend werden, weisen — sofern keine inneren Fehler, wie manchmal in Schweißverbindungen vorkommen — eine so hohe Dauerschwingfestigkeit auf, daß andere Festigkeitseigenschaften maßgebend werden. Je nach Material und *Oberflächenempfindlichkeit* — die noch von der *Kerbempfindlichkeit* zu unterscheiden ist [beispielsweise ist Grauguß äußerst oberflächenunempfindlich, dagegen kerbempfindlich (Abb. 46)] — spielt noch die Art des Spannungszustandes sowie die Orientierung seiner Hauptachsen im anisotropen Körper und die Spannungsverteilung eine unterschiedliche Rolle.

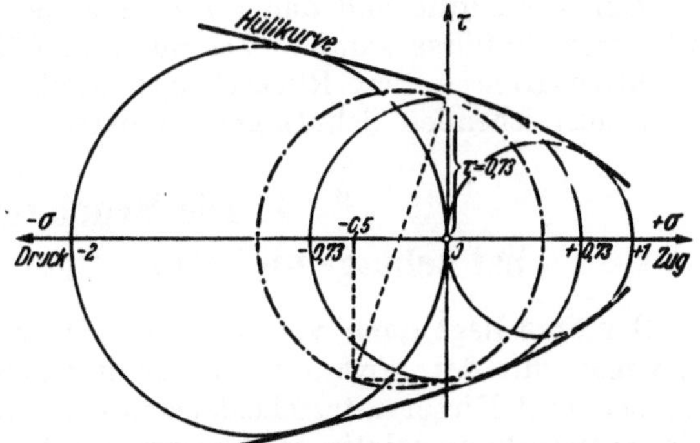

Abb. 44. Möglichkeit einer Steigerung der Torsions-Dauerschwingfestigkeit durch Längsdruck-Eigenspannungen.

Aus diesen Darlegungen geht deutlich hervor, daß man schon bei der Dauerschwingbeanspruchung fester Körper, als einem scheinbar einfachen Fall der technologischen Mechanik, mit komplizierter Überlagerung verschiedener Ein-

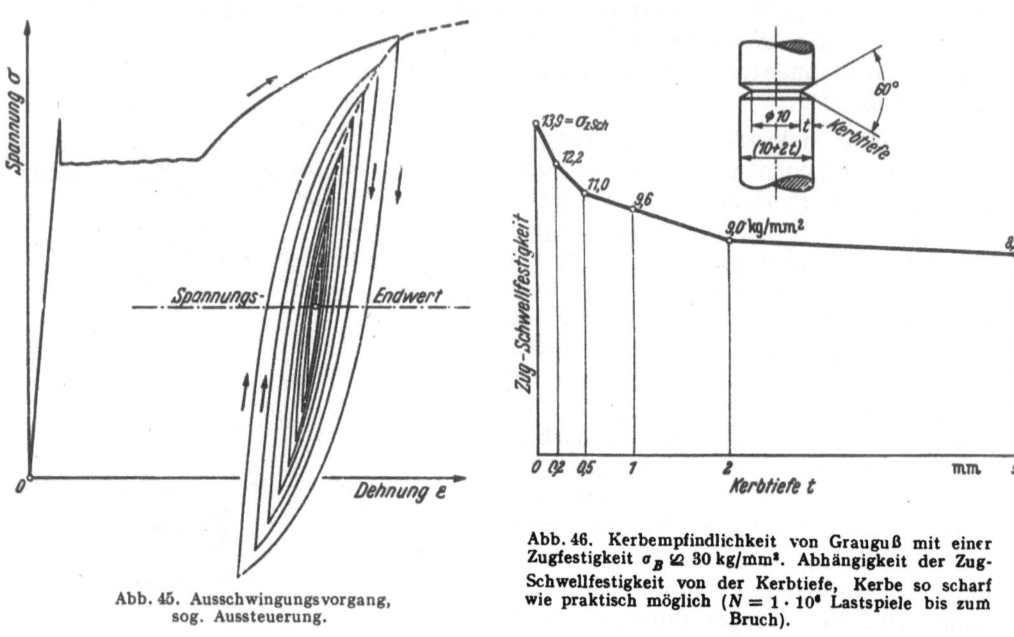

Abb. 45. Ausschwingungsvorgang, sog. Aussteuerung.

Abb. 46. Kerbempfindlichkeit von Grauguß mit einer Zugfestigkeit $\sigma_B \approx 30$ kg/mm². Abhängigkeit der Zug-Schwellfestigkeit von der Kerbtiefe, Kerbe so scharf wie praktisch möglich ($N = 1 \cdot 10^6$ Lastspiele bis zum Bruch).

flüsse es zu tun hat, nämlich: Temperatur; Art des Spannungszustandes $\sigma_1 \sigma_2 \sigma_3$, wobei noch der zeitliche Ablauf der drei Hauptspannungen voneinander abweichende Frequenzen aufweisen kann; Höhe der Beanspruchungsgrenzen sowie deren Verhältnis $\frac{\sigma_u}{\sigma_o}$; Lastspielzahl bei verschieden hohen Beanspruchungen und deren Art der Vermischung; Spannungsverteilung im Körper und damit der Formeinfluß und Oberflächengüte; Festigkeitsanisotropie der technischen Werkstoffe und daher Probenahme. Erst die gebührende Beachtung all dieser Einflüsse kann — besonders in Fällen neuartiger Stoffe und Konstruktionsarten — vor Rückschlägen infolge vorzeitiger Brüche einen technisch ausreichenden Schutz gewährleisten.

J. Die Bruchgefahr bei schlag- und stoßartiger Beanspruchung.

Der *Stoß* liegt dann vor, wenn die Dauer der Kraftwirkung so kurz ist, daß man mit der Wirkung der von der Angriffsstelle ausgehenden Wellen rechnen muß. Dieser unterscheidet sich vom *Schlag* dadurch, daß beim letzteren die Kraftwirkung relativ so langsam anwächst und die Schlagdauer so groß ist, daß bis zur Erreichung der größten Beanspruchung im Körper eine Überlagerung vieler Wellen zustande kommt und dabei mit den Federkonstanten bzw. Steifigkeiten der einzelnen Konstruktionsteile — nebst ihren Trägheitswiderständen — gerechnet werden kann.

Beim Stoß laufen die drei Phasen in den drei Hauptrichtungen des Spannungszustandes $\sigma_1 \sigma_2 \sigma_3$ mit den Geschwindigkeiten $c_1 c_2 c_3$ (Phasentensor). Beispielsweise beträgt:

$$c_1 = \sqrt{\frac{\sigma_1/\varepsilon_1}{\varrho}} = \sqrt{\frac{E}{\varrho\left(1 - \frac{1}{m}\,\frac{\sigma_2 + \sigma_3}{\sigma_1}\right)}}$$

und ähnlich für die *2*- und *3*-Hauptrichtung. Bei plastischen Wellen tritt an Stelle von $\frac{\sigma_1}{\varepsilon_1}$ — solange keine Entlastungen vorkommen — die Tangente an das Spannungs-Dehnungs-Diagramm bei der betreffenden Beanspruchung.

Das Ergebnis der Überlagerung mit allen reflektierten und refraktierten Wellen, die an den inneren Grenzflächen zwischen homogenen und isotropen Bereichen sowie an den Oberflächen zustande kommen, ist ein kompliziertes raum-zeitliches Spiel von Kräften und Anstrengungen im Material, wobei es noch darauf ankommt, ob die sich überlagernden Wellen kohärent sind oder nicht.

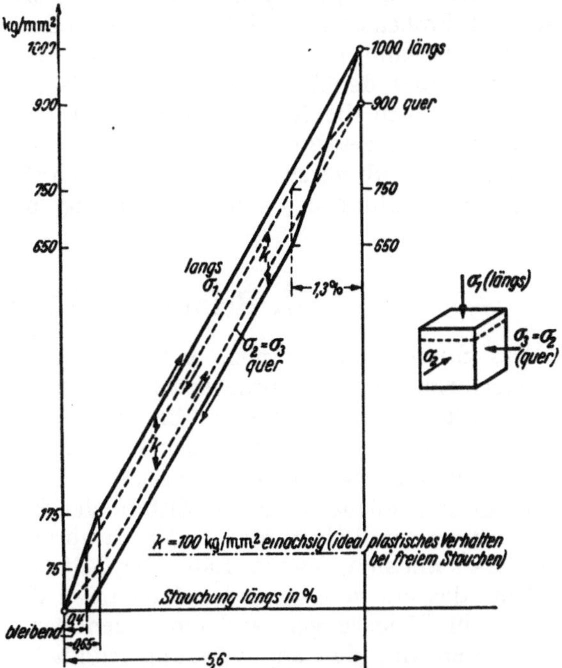

Abb. 47. Breitungsloses Stauchen bei idealplastischem Verhalten eines Stahles mit der Fließgrenze $\sigma_F \cong 100$ kg/mm², bei einer Druckbeanspruchung bis 1000 kg/mm².

Besondere Bedeutung kann die Reflexion der Stoßwelle an einer der Auftreffstelle gegenüberliegenden freien Oberfläche des Werkstücks erlangen. Schon die Überlagerung der ankommenden Druckwelle mit der reflektierten Zugwelle ergibt einen Rückgang der Spannungskomponente in der Richtung winkelrecht zur Oberfläche praktisch auf Null — nicht aber in der Richtung quer dazu. Staucht man nämlich ein Körperelement so zusammen, daß es quer nicht ausweichen kann ($\varepsilon_2 = \varepsilon_3 = 0$), dann sieht das σ-ε-Diagramm im Falle eines Werkstoffs mit ausgeprägter Fließgrenze $\sigma_F = \sigma_S = \sigma_Q = k = 10000$ kg/cm², und zwar bei einer Druckkomponente in der Längsrichtung gleich $\sigma_1 = 100000$ kg/cm² $= 10\,k$, so wie in Abb. 47 dargestellt, aus. Die bleibende Stauchung im belasteten Zustand ist eine andere als im entlasteten — außerdem ist die Querspannung nicht gleich Null, wenn längs vollständig entladet wurde. Diese Querspannung kann — wenn sie allein übrigbleibt —, und zwar je nach den Festigkeitseigenschaften des anisotropen Werkstoffs, den seitlich eingezwängten Körper schädigen oder gar zerstören (Schieferung des Gesteins im Gebirge wie auch der gepreßten Massen in stark federnden Formen). Bei der oben betrachteten Überlagerung von Wellen kann es bei sehr kurzer Stoßdauer auch dazu kommen, daß an gewissen Stellen im Inneren des Körpers die reflektierten Zugwellen allein übrigbleiben, die Trennungen verursachen.

Besonders gefährlich sind mehrachsige Spannungszustände dann, wenn alle drei Hauptspannungen Zugspannungen sind. Je schroffer der Querschnittsübergang ist, um so stärker wird ein auf Zug beanspruchtes Werkstück an der Einschnürung in der Querrichtung gehindert und um so höher wird das *Verhältnis der Quer- zur Längsspannung* sein, was besonders bei solchen Werkstoffen gefährlich ist, die ein stark anisotropes Verformungsverhalten — wie im Falle der Faserstruktur und Doppelungen — aufweisen. Während letztere bei genieteten Konstruktionen in der Regel ohne Belang sind, haben sie bei den steiferen, monolithischen Schweißverbindungen schon oft schwere Schäden verursacht. Man kann daher die Werkstoffe nicht allgemein im Hinblick auf ihre Kerbempfindlichkeit charakterisieren, weil dies noch sehr stark vom Verwendungszweck abhängt. Eine Angabe der sog. „*Kerbschlagzähigkeit*" eines Materials durch eine einzige Zahl ist oft irreführend. Sie beschränkt sich in der Regel auf nur eine Temperatur, Probengröße und Form, Schlaggeschwindigkeit und Probenahme (axial, tangential oder radial) sowie Beanspruchungsart (Zug, Biegung oder Torsion). Je nach Wahl der Versuchsbedingungen erhält man aber denkbar verschiedene Werte der Kerbschlagzähigkeit. Man muß daher auch die Kerbschlagzähigkeit — wie jede andere Kenngröße — im Rahmen der gesamten Charakteristik eines Werkstoffs betrachten und ihr ein dem Verwendungszweck und Versuchsbedingungen angemessenes Gewicht bei der Beurteilung der Gebrauchseignung beilegen.

K. Reibung und Verschleiß.

Das Studium dieser noch komplexeren Art der Beanspruchung, als es Dauerschwing- und Stoßbeanspruchung schon zur Genüge sind, ist bisher fast ausschließlich von Ingenieuren betrieben worden. Leider treten hier physikalisch-chemische Vorgänge in den äußeren Grenzschichten neben den mechanisch-technologischen in der inneren Grenzschicht in so hohem Maße in den Vordergrund, daß man ohne die Mithilfe der Physiker und Chemiker niemals zu allgemeinverständlich zu machenden Erfahrungen auf diesem Gebiet gelangen wird. Es kann sich zwar im Laufe der Zeit bei dem Einzelnen ein Gefühl entwickeln, das ihn in bestimmten Fällen das Richtige treffen läßt, ohne daß er seine Schlußfolgerungen anderen gegenüber zu begründen imstande wäre. Aus diesem Grunde kann vorläufig lediglich von einer beschreibenden Verschleißprüfung die Rede sein, und zwar getrennt nach den äußeren Versuchsbedingungen: Rollreibung oder Gleitreibung, trocken oder naß — und nach der Verschleißart: Freßerscheinung, Reiboxydation bzw. Passungsrost, Abblätterungen und gleichmäßiges Abtragen. Genaue Beobachtung des Verhaltens im Betrieb, unter Umständen gepaart mit systematischen Modellversuchen — welche nur dann etwas nützen, wenn die Verschleißart wirklich dieselbe ist wie im Betrieb — und besonders die genaue Verfolgung des Zusammenhangs mit den Kenngrößen der verwendeten Werkstoffe stellen den einzigen Weg zur notwendigen Erfahrung dar. Das Ziel dabei ist das Ausfindigmachen jener Geschwindigkeits- und Belastungsgrenze (die man Verschleißfestigkeit nennen kann), bei welcher die Reibungszahl, die Erwärmung, die Verschlechterung der Oberflächenglätte oder die Größe des Abriebs bzw. des Verschleißes noch im Rahmen des Tragbaren sich bewegen, was naturgemäß vom jeweils vorliegenden Verwendungszweck abhängig ist.

So sind beispielsweise in Fällen der Gleitreibung ohne oder mit künstlicher Schmierung im allgemeinen drei verschiedene Phasen zu beobachten (Abb. 48):

I. Bereich geringen Verschleißes bei glatt bleibenden Reibungsflächen infolge noch anhaftender Fett- und Flüssigkeitsspuren. Nachdem sich diese infolge der Reibungswärme verflüchtigt haben, folgt:

II. Bereich des höchsten Verschleißes infolge metallischer Berührung, verbunden mit starker Aufrauhung (Fressen) und hoher, stark schwankender Reibungszahl. Der chemische Angriff ist wegen rascher Verschweißung und Abtrennung relativ großer Teilchen nur gering.

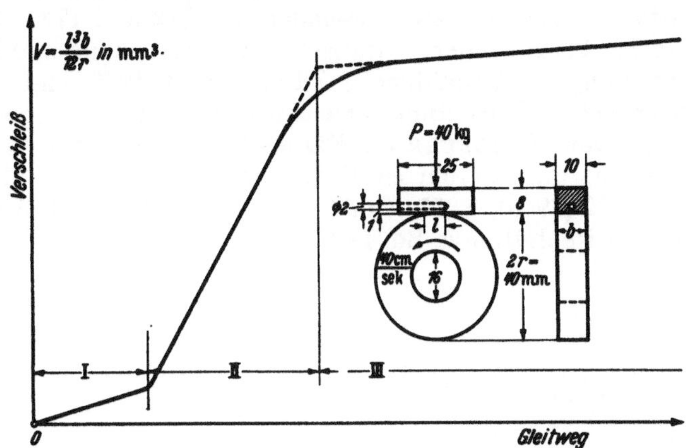

Abb. 48. Verschleiß in Abhängigkeit vom Gleitweg bei trockener Gleitreibung (schematisch).

III. Bereich geringen Verschleißes nach erfolgter Kaltverfestigung, Alterung, Oxydation und anderen Gefügeveränderungen infolge technologischer und thermischer Einflüsse in den Grenzschichten (Blankbremsen). Die Reibungsflächen passen sich gegenseitig an unter gleichzeitiger Verminderung der spezifischen Beanspruchung, die Reibungszahl bleibt zwar hoch, weist aber geringere Schwankungen auf, und der Abrieb kommt manchmal praktisch zum Stillstand.

In anderen Fällen der Rollreibung ohne und mit Schmierung kommt es auf das Zusammenwirken der Metalloberfläche mit der adsorbierten Schicht bei den in der Berührungsfläche herrschenden Beanspruchungen und Bewegungsvorgängen an, wobei sich die Schmierwirkung und Kavitation entgegenwirken, so daß es Fälle gibt, in denen durch die Anwesenheit gewisser Flüssigkeiten der Verschleiß wesentlich zunehmen kann.

Das Studium der einzelnen Einflüsse — wie jene der Gleit- oder Rollgeschwindigkeit, des zeitlichen Belastungsablaufs, des umgebenden Mediums — in dem Sinne, als ob damit diese Fragen ein für allemal beantwortet würden, führt im Falle der Reibung nicht zum Ziel, weil die mögliche Mannigfaltigkeit aller Einflüsse so groß ist. Man denke nur an die Art der Entstehung der Körperoberfläche, die bei scheinbar derselben geometrischen Gestalt noch grundverschiedenes Verhalten zeigen kann, je nachdem, wie sie in den Endzustand (durch Zerspanen, Spalten, Ätzen, elektrolytisches Polieren) gebracht wurde. Außerdem erleidet die Oberfläche im Betrieb oder beim Versuch Veränderungen, die schwierig zu verfolgen oder gar vorauszusagen sind. Das ist der Grund, warum sich die Physiker und Chemiker bisher an das Verschleißproblem noch nicht herangewagt haben, so daß man nicht einmal sagen kann, ob in dieser Angelegenheit bereits der rechte Anfang gemacht worden sei.

Abschließende Bemerkung.

Bei dem hier zur Verfügung stehenden Raum konnten die einzelnen Probleme der technologischen Mechanik bzw. Werkstoffmechanik nur angedeutet werden. Aus demselben Grunde konnte auch das umfassende Fachschrifttum nicht angeführt werden, wobei noch hinzukommt, daß zur Zeit zusammenfassende Darstellungen des vorliegenden Gegenstandes fehlen. Der dargelegte kurze Leitfaden stützt sich in der Hauptsache auf die unter der Leitung von M. Roš durchgeführten Versuche — siehe Berichte der Eidgenössischen Materialprüfungsanstalt Zürich, und zwar besonders Nr. 172 und 173, „Die Bruchgefahr fester Körper bei ruhender — statischer Beanspruchung und bei wiederholter Beanspruchung — Ermüdung", Zürich, Sept. 1949 und Sept. 1950, wo auch umfangreiches Schrifttumsverzeichnis zu finden ist, sowie auf die unter der Leitung von F. KÖRBER im Kaiser-Wilhelm-Institut für Eisenforschung in Düsseldorf durchgeführten Untersuchungen — siehe Mitteilungen K.-Wilh.-Inst. Bd. 22 (1940), S. 57; Stahl u. Eisen Bd. 60 (1940) S. 829, S. 854 und S. 882; Arch. Eisenhüttenw. Bd. 18 (1944/45) S. 73.

Namenverzeichnis.

Sachverzeichnis.

III/18/2 · 721/29/59